NCS(국가직무능력표준) 기반 출제기준 적용

기계설계산업기사

Industrial Engineer Machinery Design

기계기술사 **박병호** 지음

" 이 책을 선택한 당신, 당신은 이미 위너입니다! "

(주)도서출판 **성안당**

❝ **독자 여러분께 알려드립니다** ❞

기계설계산업기사 필기시험을 본 후 그 문제 가운데 10여 문제를 재구성해서 성안당 출판사로 보내주시면, 채택된 문제에 대해서 성안당 **기계분야 도서 중 희망하시는 도서를 1부 증정해 드립니다.** 독자 여러분이 보내주시는 기출문제는 더 나은 책을 만드는 데 큰 도움이 됩니다. 감사합니다.

🔍 e-mail <u>coh@cyber.co.kr</u>(최옥현)

★ 메일을 보내주실 때 성명, 연락처, 주소를 기재해 주시기 바랍니다.
★ 보내주신 기출문제는 집필자가 검토한 후에 도서를 증정해 드립니다.

■ 도서 A/S 안내

성안당에서 발행하는 모든 도서는 저자와 출판사, 그리고 독자가 함께 만들어 나갑니다.

좋은 책을 펴내기 위해 많은 노력을 기울이고 있습니다. 혹시라도 내용상의 오류나 오탈자 등이 발견되면 "좋은 책은 나라의 보배"로서 우리 모두가 함께 만들어 간다는 마음으로 연락주시기 바랍니다. 수정 보완하여 더 나은 책이 되도록 최선을 다하겠습니다.

성안당은 늘 독자 여러분들의 소중한 의견을 기다리고 있습니다. 좋은 의견을 보내주시는 분께는 성안당 쇼핑몰의 포인트(3,000포인트)를 적립해 드립니다.

잘못 만들어진 책이나 부록 등이 파손된 경우에는 교환해 드립니다.

저자 문의 : ppcp1@naver.com(박병호)
본서 기획자 e-mail : coh@cyber.co.kr(최옥현)
홈페이지 : http://www.cyber.co.kr   전화 : 031) 950-6300

✳ 머리말

　기계설계산업기사는 CAD시스템을 이용하여 기계도면을 작성하거나 수정, 출도를 하며, 부품도를 도면의 형식에 맞게 배열하고 단면 형상의 표시 및 치수노트를 작성하고 컴퓨터를 이용한 부품의 전개도, 조립도, 구조도 등을 설계하며, 그리고 제품설계, 공정설계, 생산관리, 품질관리, 설비관리 등의 직무를 수행합니다.

　본서는 기계설계산업기사 필기시험에 합격하기 위한 수험학습서로서 다음과 같은 내용을 중심으로 집필을 하였습니다.

　첫째, 최근 출제경향에 맞춰 핵심이론 정리
　둘째, 필기약(필수 암기요약 처방전) 수록
　셋째, 과목별로 기출문제를 활용한 연습문제 수록
　넷째, 과년도 출제문제를 자세한 해설과 함께 수록

　학습방법은 중요사항을 암기하며 체계적 이해와 집중을 기본개념으로 셀프스터디를 하심과 동시에 저자가 직접 강의하는 온라인 강의를 수강하신다면 수험생 여러분 모두 합격의 기쁨을 맛보실 것입니다.

　감사합니다.

기계기술사 박병호

1 국가직무능력표준(NCS)이란?

국가직무능력표준(NCS : National Competency Standards)은 산업현장에서 직무를 수행하기 위해 요구되는 지식·기술·태도 등의 내용을 국가가 산업부문별, 수준별로 체계화한 것이다.

(1) 국가직무능력표준(NCS) 개념도

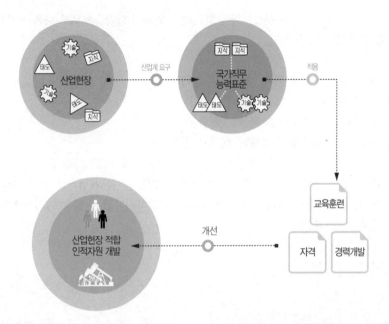

직무능력 : 일을 할 수 있는 On – spec인 능력
① 직업인으로서 기본적으로 갖추어야 할 공통 능력 → 직업기초능력
② 해당 직무를 수행하는 데 필요한 역량(지식, 기술, 태도) → 직무수행능력

보다 효율적이고 현실적인 대안 마련
① 실무 중심의 교육·훈련 과정 개편
② 국가자격의 종목 신설 및 재설계
③ 산업현장 직무에 맞게 자격시험 전면 개편
④ NCS 채용을 통한 기업의 능력 중심 인사관리 및 근로자의 평생경력 개발 관리 지원

(2) 국가직무능력표준(NCS) 학습모듈

국가직무능력표준(NCS)이 현장의 '직무요구서'라고 한다면, NCS 학습모듈은 NCS 능력단위를 교육훈련에서 학습할 수 있도록 구성한 '교수·학습자료'이다.
NCS 학습모듈은 구체적 직무를 학습할 수 있도록 이론 및 실습과 관련된 내용을 상세하게 제시하고 있다.

② 국가직무능력표준(NCS)이 왜 필요한가?

능력 있는 인재를 개발해 핵심 인프라를 구축하고, 나아가 국가경쟁력을 향상시키기 위해 국가직무능력표준이 필요하다.

(1) 국가직무능력표준(NCS) 적용 전/후

🔍 지금은
- 직업 교육·훈련 및 자격제도가 산업현장과 불일치
- 인적자원의 비효율적 관리 운용

국가직무능력표준 →

🔍 이렇게 바뀝니다.
- 각각 따로 운영되었던 교육·훈련, 국가직무능력표준 중심 시스템으로 전환 (일−교육·훈련−자격 연계)
- 산업현장 직무 중심의 인적자원 개발
- 능력중심사회 구현을 위한 핵심 인프라 구축
- 고용과 평생직업능력개발 연계를 통한 국가경쟁력 향상

(2) 국가직무능력표준(NCS) 활용범위

기업체
Corporation

교육훈련기관
Education and training

자격시험기관
Qualification

− 현장 수요 기반의 인력채용 및 인사 관리 기준 − 근로자 경력개발 − 직무기술서	− 직업교육훈련과정 개발 − 교수계획 및 매체, 교재 개발 − 훈련기준 개발	− 자격종목의 신설·통합·폐지 − 출제기준 개발 및 개정 − 시험문항 및 평가 방법

③ NCS 분류체계

① 국가직무능력표준의 분류는 직무의 유형(Type)을 중심으로 국가직무능력표준의 단계적 구성을 나타내는 것으로, 국가직무능력표준 개발의 전체적인 로드맵을 제시한다.

② 한국고용직업분류(KECO : Korean Employment Classification of Occupations)를 중심으로, 한국표준직업분류, 한국표준산업분류 등을 참고하여 분류하였으며, '대분류(24개) → 중분류(80개) → 소분류(238개) → 세분류(887개)'의 순으로 구성한다.

③ '기계요소설계'의 직무정의 : 기계요소설계는 기계를 구성하고 있는 단위요소를 설계하기 위하여 창의적인 기능품의 선정과 제조방법을 고려한 요소의 강도, 형상, 구조를 결정하여 적합한 규격에 맞도록 검토 및 설계하는 일이다.

④ '기계요소설계'의 NCS 학습모듈

분류체계				NCS 학습모듈
대분류	중분류	소분류	세분류(직무)	
기계	기계설계	기계설계	기계요소설계	1. 2D도면작성 2. 3D 형상모델링 3. 도면해독 4. 요소공차검토 5. 요소부품재질선정 6. 체결요소설계 7. 동력전달요소설계 8. 치공구요소설계 9. 유공압요소설계 10. 요소설계검증

⑤ 직업정보

세분류		기계요소설계, 기계시스템설계, 구조해석설계, 기계제어설계	
직업명		기계공학기술자	전기·전자 및 기계공학시험원
종사자 수		100.7천명	9.5천명
종사 현황	연령	36세	39세
	임금	335.3만원	318.1만원
	학력	15.8년	14.6년
	성비	남성 : 95.9% 여성 : 4.1%	남성 : 96.6% 여성 : 3.4%
	근속연수	7.1년	10.6년
	관련 자격	일반기계기사 건설기계설비기사 기계설계기사 농업기계산업기사 치공구설계산업기사 생산자동화기능사	메카트로닉스기사 농업기계기사 **기계설계산업기사** 건설기계설비산업기사 생산자동화산업기사 공유압기능사

※ 자료 : 워크넷(www.work.go.kr)의 직업정보

④ 과정평가형 자격취득

(1) 개념

국가직무능력표준(NCS)에 따라 편성·운영되는 교육·훈련과정을 일정수준 이상 이수하고 평가를 거쳐 합격기준을 통과한 사람에게 국가기술자격을 부여하는 제도이다.

(2) 시행대상

「국가기술자격법 제10조 제1항」의 과정평가형 자격 신청자격에 충족한 기관 중 공모를 통하여 지정된 교육·훈련기관의 단위과정별 교육·훈련을 이수하고 내부평가에 합격한 자

(3) 교육·훈련생 평가

① 내부평가(지정 교육·훈련기관)

  ㉠ 평가대상 : 능력단위별 교육·훈련과정의 75% 이상 출석한 교육·훈련생

  ㉡ 평가방법 : 지정받은 교육·훈련과정의 능력단위별로 평가

    → 능력단위별 내부평가 계획에 따라 자체 시설·장비를 활용하여 실시

  ㉢ 평가시기 : 해당 능력단위에 대한 교육·훈련이 종료된 시점에서 실시하고 공정성과 투명성이 확보되어야 함

    → 내부평가 결과 평가점수가 일정수준(40%) 미만인 경우에는 교육·훈련기관 자체적으로 재교육 후 능력단위별 1회에 한해 재평가 실시

② 외부평가(한국산업인력공단)

  ㉠ 평가대상 : 단위과정별 모든 능력단위의 내부평가 합격자

  ㉡ 평가방법 : 1차·2차 시험으로 구분 실시

    • 1차 시험 : 지필평가(주관식 및 객관식 시험)

    • 2차 시험 : 실무평가(작업형 및 면접 등)

(4) 합격자 결정 및 자격증 교부

① 합격자 결정 기준

  내부평가 및 외부평가 결과를 각각 100점을 만점으로 하여 평균 80점 이상 득점한 자

② 자격증 교부

  기업 등 산업현장에서 필요로 하는 능력보유 여부를 판단할 수 있도록 교육·훈련 기관명·기간·시간 및 NCS 능력단위 등을 기재하여 발급

★ NCS에 대한 자세한 사항은 **Ｎ** **국가직무능력표준** National Competency Standards 홈페이지(www.ncs.go.kr)에서 확인해주시기 바랍니다. ★

✳ 출제기준

직무 분야	기계	중직무 분야	기계제작	자격 종목	기계설계산업기사	적용 기간	2021.1.1.~2021.12.31.

○ 직무내용 : 주로 CAD시스템을 이용하여 기계도면을 작성하거나 수정, 출도를 하며 부품도를 도면이 형식에 맞게
배열하고, 단면 형상의 표시 및 치수노트를 작성. 또한 컴퓨터를 이용한 부품의 전개도, 조립도, 구조도 등을
설계하며, 생산관리, 품질관리, 설비관리 등의 직무를 수행

검정방법	객관식	문제수	80	시험 시간	2시간

과목명	문제수	주요 항목	세부항목	세세항목
기계가공법 및 안전관리	20	1. 기계가공	(1) 공작기계 및 절삭제	① 공작기계의 종류 및 용도 ② 절삭제, 윤활제 및 절삭공구재료 등
			(2) 기계가공	① 선반가공 ② 밀링가공 ③ 연삭가공 ④ 드릴가공 및 보링가공 ⑤ 브로칭, 슬로터가공 및 기어가공 ⑥ 정밀입자가공 및 특수 가공 ⑦ CNC공작기계 및 기타 기계가공법
		2. 측정, 손다듬질 가공 및 안전	(1) 측정 및 손다듬질 가공	① 길이 및 각도측정 ② 표면거칠기와 기하공차측정 ③ 윤곽측정, 나사 및 기어측정 ④ 손다듬질가공법 등
			(2) 기계안전작업	① 기계가공과 관련되는 안전수칙
기계제도	20	1. 제도 개요	(1) 기계제도 일반	① 일반 사항 ② 투상법 및 도형 표시법 ③ 치수기입법 ④ 표면거칠기 ⑤ 공차와 끼워맞춤 ⑥ 기하공차 ⑦ 가공기호 및 약호
		2. 기계제도	(1) 기계요소제도	① 운동용 기계요소 ② 체결용 기계요소 ③ 제어용 기계요소
			(2) 도면 해독	① 기계가공도면 ② 재료기호 및 중량 산출

과목명	문제수	주요 항목	세부항목	세세항목
기계설계 및 기계재료	20	1. 기계설계	(1) 기계요소설계의 기초	① 단위 ② 물리량 ③ 표준화 등
			(2) 재료의 강도 및 변형	① 응력 ② 변형 ③ 안전율 등
			(3) 체결용 기계요소	① 나사(볼트, 너트) ② 키, 핀, 스플라인, 코터 ③ 리벳, 용접
			(4) 동력전달용 기계요소	① 축, 축이음, 베어링 ② 기어, 벨트, 로프, 체인 등
			(5) 완충 및 제동용 기계요소	① 스프링 ② 플라이휠 ③ 제동장치(브레이크, 댐퍼 등)
		2. 기계재료	(1) 기계재료의 성질과 분류	① 기계재료의 개요 ② 기계재료의 물성 및 재료시험
			(2) 철강재료의 기본 특성과 용도	① 탄소강 ② 주철 및 주강 ③ 구조용 강 ④ 특수강
			(3) 비철금속재료의 기본 특성과 용도	① 구리(銅)와 그 합금 ② 알루미늄과 그 합금 ③ 마그네슘과 그 합금 ④ 티타늄과 그 합금 ⑤ 니켈과 그 합금 ⑥ 기타 비철금속재료와 그 합금
			(4) 비금속기계재료	① 유기재료(범용 플라스틱 등) ② 무기재료(파인세라믹스 등)
			(5) 열처리와 신소재	① 열처리 및 표면처리 ② 신소재
컴퓨터 응용설계	20	1. 컴퓨터응용 설계 관련 기초	(1) CAD용 H/W	① 그래픽 입력장치 ② 그래픽 출력장치 ③ CAD시스템의 구성방식 등
			(2) CAD용 S/W	① 소프트웨어의 종류와 구성 ② CAD시스템에 의한 도형처리 • 원, 타원, 스플라인 등 • 곡선 및 곡면 표현 등 ③ 기하학적 도형 정의(와이어프레임, 서피스, 솔리드 등)
		2. 컴퓨터응용 설계 관련 응용	(1) 그래픽과 관련된 수학 및 용어	① 모델링을 위한 기초수학 ② 2D/3D자료변환(DXF, IGES, STEP, STL 등) ③ CAD에서 사용하는 컴퓨터그래픽 관련 용어의 정의

✳ 차 례

제 2 과목 기계제도

제1장 제도의 개요

제 3 과목　기계설계 및 기계재료

제1장　기계재료

제2장　기계설계

제 **4** 과목   컴퓨터응용설계

제1장   컴퓨터응용설계 관련 기초

제2장   컴퓨터응용설계 관련 응용

| 부록 | 과년도 출제문제 |

제 1 과목 기계가공법 및 안전관리

- **절삭유작용** : 냉각작용, 윤활작용, 세척작용, 방청작용 등
- **윤활제작용** : 윤활작용, 냉각작용, 청정작용, 밀폐작용 등
- **주조경질합금(스텔라이트)** : Co, Cr, W, C 등을 주조하여 제조. 열처리 불필요
- **고속도강** : 고탄소강에 W, Cr, V, Mo 등 첨가 합금강
- **초경합금** : 원소주기율표 4, 5, 6족의 금속탄화물과 철족의 결합금속(Fe, Co, Ni)을 사용하여 분말야금법으로 제조한 복합재료
- **세라믹** : 산화물, 탄화물, 질화물 등의 분말에 Si, Mg 등의 산화물을 첨가하여 소결한 비금속재료
- **입방정질화붕소(CBN)** : 철계의 고경도 재료절삭에 유리
- **다이아몬드** : 주로 비철계통의 고속절삭에 많이 사용
- **공작기계 3대 기본운동** : 절삭운동, 이송운동, 위치조정운동
- **절삭의 3대 조건** : 절삭속도, (회전당) 이송량, 절삭깊이
- **절삭속도** : $v = \dfrac{\pi dn}{1,000}$ [m/min]
- **절삭저항의 3분력** : 주분력, 배분력, 이송분력
- **칩의 종류** : 유동형, 전단형, 열단형, 균열형
- **절삭온도측정법** : 칩의 색깔에 의한 방법, 서모컬러(thermo−color)를 사용하는 방법, 복사고온계에 의한 방법, 칼로리미터(열량계)에 의한 방법, 공구에 열전대를 삽입하는 방법, 공구와 공작물을 열전대로 사용하는 방법, PbS 셀(cell)광전지를 이용하는 방법 등
- **이론적 가공표면조도** : $R_y = \dfrac{f^2}{8r}$
- **구성인선 발생주기** : 발생, 성장, 분열, 탈락
- **구성인선 방지방법** : 절삭속도 증가, 절삭깊이 감소, 절삭유 사용, 상면경사각 증가, 인선반경 감소, sharp edge, 절삭저항이 작은 공구형상 선정, 피복초경합금 사용 등
- **공구마멸측정방법** : 육안, 체적, 무게손실, 다이아몬드자국, 공구현미경, 변위센서, CCD센서 등
- **테일러의 공구수명방정식** : $vT^n = C$

- **일반적인 공구수명 판정** : 완성가공된 가공치수변화가 일정량에 달했을 때, 공구인선의 마멸량이 일정량에 달했을 때, 가공표면조도의 변화가 일정량에 달했을 때, 가공 후 표면광택이 있는 색조, 무늬, 반점이 있을 때, 주분력의 변화가 크지 않아도 배분력이나 이송분력이 급격히 증가할 때 등
- **범용선반의 4대 구성요소** : 베드, 주축대, 왕복대, 심압대
- **심압대 편위량** $= \dfrac{(D-d)L}{2l}$, $\tan\dfrac{\theta}{2} = \dfrac{(D-d)}{2l}$
- **선반의 크기 표시** : 베드 위의 스윙(깎을 수 있는 공작물의 최대지름), 왕복대 위의 스윙(왕복대 윗면에서부터 공작물의 최대지름), 양 센터 간의 최대거리(깎을 수 있는 공작물의 최대길이), 베드길이 등
- **가공시간** : $T = \dfrac{L}{F}i$
- **테이블 이송속도** : $F = f_z Z n = f_r n$ [mm/min]
- **테이블 선회각** : $\tan\alpha = \dfrac{\pi d}{L}$
- **탭전 드릴지름** : $d = M - P$
- **브로치 절삭날 피치** : $P = C\sqrt{L}$
- **기어셰이핑머신** : 펠로즈기어셰이퍼(피니언커터 사용), 마그기어셰이퍼(랙커터 사용)
- **연삭숫돌의 3요소** : 숫돌입자, 결합제, 기공
- **연삭숫돌의 5대 성능요소** : 숫돌입자, 입도, 결합도, 조직, 결합제
- **연삭숫돌의 표시** : 입자, 입도, 결합도, 조직, 결합제
- **연삭숫돌의 자생작용 사이클** : 연삭입자의 마멸>파쇄>탈락>생성
- **연삭비** $= \dfrac{\text{공작물의 연삭된 부피}}{\text{숫돌바퀴의 소모된 부피}}$
- **원통연삭기의 연삭숫돌크기** = 바깥지름×두께×안지름
- **센터리스연삭기의 이송방법** : 통과이송법, 전후이송법, 접선법 등
- **랩제** : 탄화규소, 알루미나, 산화철, 다이아몬드미분 등
- **래핑액** : 경유, 석유, 점성이 낮은 식물성 기름(올리브유, 종유 등)
- **방전 진행순서** : 암류>코로나방전>불꽃방전>글로방전>아크방전

- 전극재료 : 흑연, 텅스텐, 구리, 구리합금(황동) 등
- 수치제어방식 : 위치결정제어, 직선절삭제어, 윤곽절삭제어(연속절삭제어)
- 주요 G코드 : G04 드웰(일시정지), G50 공작물좌표계 설정 · 주축 최고회전수 설정, G00 급속이송, G01 절삭이송), G02 원호보간CW, G03 원호보간CCW, G96 주속일정제어ON, G97 주속일정제어OFF, G98 분당 이송(mm/min), G99 회전당 이송(mm/rev), G92 MCT 공작물좌표계 설정 · 주축 최고회전수 지정, G17 X−Y평면 지정, G18 Z−X평면 지정, G19 Y−Z평면 지정, G43 공구길이보정+, G44 공구길이보정−, G49 공구길이보정 무시 등
- 보조기능(M) : M00 프로그램 정지, M02 프로그램 종료, M03 주축 정회전(CW), M04 주축 역회전(CCW), M05 스핀들 정지, M08 절삭유 공급, M09 절삭유 미공급, M30 테이프 종료, M98 서브프로그램호출
- 실제값=측정값−오차
- 아베의 원리 : 피측정물과 표준자와는 측정방향에 있어서 동일 직선상에 배치해야 한다.
- 테일러의 원리 : 통과측에는 모든 치수 또는 결정량이 동시에 검사되고, 정지측에는 각 치수가 개개로 검사되지 않으면 안 된다.
- 측정의 종류 : 직접측정(절대측정), 비교측정, 간접측정
- 블록게이지의 종류 : 요한슨형(직사각형 단면), 호크형(중앙에 구멍이 뚫린 정사각형 단면), 캐리형(원형으로 중앙에 구멍이 뚫린 것), 팔각형 단면이면서 구멍 2개가 나 있는 것 등
- 블록게이지의 등급 : C(공작용), B(검사용), A(표준용), AA(연구용, 참조용)
- 다이얼게이지를 이용한 진원도측정법 : 직경법(지름법), 반경법(반지름법), 3침법(3점법) 등
- 하이트게이지의 종류 : HM형, HB형, HT형 등
- 사인바 : $\sin\theta = \dfrac{H-h}{L}$
- 줄질순서 : 황목, 중목, 세목, 유목

 기계제도

- KS분류기호 : A 기본, B 기계, C 전기, D 금속
- 도면의 폭과 길이의 비=1 : $\sqrt{2}$
- A0 사이즈의 넓이 : $1m^2$(841×1,189)

- A4 사이즈 : 210×297
- 겹치는 선의 우선순위 : 외형선>숨은선>절단선>중심선>무게중심선>치수보조선
- 언제나 전체를 절단하지 않는 부품류 : 볼트, 스크루(작은 나사), 세트스크루(멈춤나사), 너트, 로크너트, 와셔, 축, 막대류의 로드, 스핀들, 키, 코터, 리벳, 핀, 테이퍼핀, 캡, 강구(볼), 롤러, 밸브 등
- 일부를 절단하지 않는 부품류 : 리브, 웨브, 벽, 기어의 이, 체인, 체인기어에서의 이, 스프로킷의 이, 핸들, 벨트풀리, 체인의 휠, 바퀴의 암, 래칫, 회전차의 날개, 밸브요크, 스포크, 그립, 나비형 나사의 손잡이 등
- 치수기입요소 5가지 : 치수선, 치수선의 단말기호(화살표 등), 치수보조선, 치수문자(숫자), 지시선
- IT공차 적용구분표

구분	게이지제작	끼워맞춤	끼워맞춤 이외
구멍	IT 01급~ IT 5급	IT 6급~ IT 10급	IT 11급~ IT 18급
축	IT 01급~ IT 4급	IT 5급~ IT 9급	IT 10급~ IT 18급

- 구멍의 경우 알파벳 H 이하로 갈수록 구멍이 점점 커지고(헐거움), H 이상으로 갈수록 구멍이 점점 작아진다(억지).
- 축의 경우 알파벳 h 이하로 갈수록 축이 점점 작아지고(헐거움), h 이상으로 갈수록 축이 점점 커진다(억지).
- js는 위치수허용차와 아래치수허용차의 절대값이 같다.
- 상관선 : 곡면과 곡면 또는 곡면과 평면이 만나는 선
- 볼트의 호칭방법 : 규격번호 · 종류 · 등급 · 나사종류 호칭×길이−강도구분 · 재료 · 지정사항
- 키의 호칭방법 : 규격번호 · 종류(또는 그 기호) · 호칭치수(폭×높이)×길이 · 끝부분의 특별지정 · 재료
- 핀의 호칭방법 : 테이퍼핀의 호칭은 작은 쪽의 지름으로 표시하고, 분할핀의 호칭은 핀구멍의 지름으로 표시
- 평행핀의 호칭방법 : 규격번호 또는 명칭 · 호칭지름 · 공차(끼워맞춤 기호)×호칭길이 · 재료
- 분할핀의 호칭방법 : 규격번호 또는 명칭 · 호칭지름× 길이 · 재료 · 지정사항
- 리벳의 호칭방법 : 규격번호 · 종류 · 호칭지름× 길이 · 재료
- 평벨트풀리의 호칭방법 : 명칭 · 종류 · 호칭지름×호칭너비 · 재료
- V벨트풀리의 호칭방법 : 명칭 · 호칭지름 · 벨트종류 · 재료종류

- 파이프의 크기표시 : 안지름
- 배관용 강관의 호칭방법 : 명칭·호칭·재질
- 압력용 강관의 호칭방법 : 명칭·호칭지름×호칭두께·재질
- 구리·황동관의 호칭방법 : 명칭·바깥지름×두께·재질

제3과목 기계설계 및 기계재료

- 금속 재결정순서 : 내부응력 제거 → 연화 → 재결정 → 결정입자 성장
- 인장강도 : $\sigma = \dfrac{P}{A}$
- 연신율 : $\varepsilon = \dfrac{l - l_0}{l_0} \times 100[\%]$
- 단면수축률 : $\phi = \dfrac{A_0 - A}{A_0} \times 100[\%]$
- 취성의 원인 : 상온취성(P), 적열취성(S, O_2), 고온취성(Cu 0.2% 이상)
- Fe-C상태도에서 온도가 낮은 것부터 일어나는 순서 : 공석점－자기변태점－공정점－포정점
- 탄소강에 함유된 5대 원소 : 탄소, 망간, 규소, 황, 인
- 고경도 순위 : C>M>T>B>S>P>A>F
- TTT : Time-Temperature Transformation
- 마템퍼조직 : 마텐자이트와 하부 베이나이트의 혼합조직
- 오스템퍼조직 : 베이나이트조직
- 패턴팅조직 : 솔바이트 모양의 펄라이트조직
- 항온뜨임조직 : 마텐자이트와 베이나이트의 혼합조직
- 금속침투법 : 크로마이징(Cr), 실리코나이징(Si), 세라다이징(Zn), 칼로라이징(Al), 보로나이징(B)
- 표준고속도강 : 18(W)-4(Cr)-1(V)
- 절삭공구재료의 경도(저경도 → 고경도) : 탄소공구강 → 합금공구강 → 주조경질합금 → 고속도강 → 초경합금 → 서멧 → 세라믹 → CBN → 다이아몬드
- 쾌삭원소 : S, P, Pb, Ca, Se, Zr, 흑연
- 주철성장의 원인 : 펄라이트조직 중의 Fe_3C의 분해에 따른 흑연화에 의한 팽창, 페라이트조직 중의 규소(Si)의 산화에 위한 팽창, A_1변태의 반복과정에서 오는 체적변화에 따른 미세균열의 형성에 의한 팽창, 흡수된 가스에 의한 팽창, 불균일한 가열로 인한 균열에 의한 팽창, 시멘타이트의 흑연화에 의한 팽창

- 주철성장 방지법 : 흑연 미세화에 의한 조직 치밀화, 탄소 및 규소의 양을 적게 하고 안정화원소인 니켈 등을 첨가, 편상흑연의 구상화, 탄화물 안정화원소인 Mn·Cr·Mo·V 등을 첨가하여 Fe_3C분해 방지
- 공정주철 : C 4.3% 함유, 레데부라이트(오스테나이트＋시멘타이트의 공정조직)
- 주철의 인장강도순위 : 구상흑연주철>펄라이트가단주철>백심가단주철>흑심가단주철>미하나이트주철>칠드주철>합금주철>고급주철>보통주철
- Fe : α(BCC), γ(FCC), δ(BCC), 비중 7.87, 융점 1,539℃
- Cu : FCC, 비중 8.96, 융점 1,083℃
- Al : FCC, 비중 2.7, 융점 660℃
- Mg : HCP, 비중 1.74, 융점 650℃
- Ni : FCC, 비중 8.8, 용융점 1,453℃
- Zn : HCP, 비중 7.14, 융점 419℃
- Ti : HCP, 비중 4.6, 융점 1,668℃
- W : BCC, 비중 19.3, 융점 3,410℃
- Mo : BCC, 비중 10.2, 융점 2,625℃
- Cu-Zn합금 : 황동
- Cu-Sn합금 : 청동
- Cu-Ni합금 : 백동
- Cu-Zn-Ni합금 : 양백(양은)
- 황동의 아연함량 : 최대인장강도(Zn 45%), 최대전도도(Zn 50%), 최대연신율(Zn 30%)
- 황동의 자연균열 방지책 : 180~260℃에서 응력 제거풀림처리(저온풀림), 도료나 안료를 이용한 표면처리, 아연(Zn)도금으로 표면처리 등
- 톰백(단동) : Zn 5~20%의 황동으로 강도는 낮으나 전연성이 좋고 황금색에 가까우며 금박 대용, 금 대용품, 황동단추, 장식품, 악기 등에 사용되는 구리합금
- 카트리지브라스(7：3황동) : 구리(Cu) 70%, 아연(Zn) 30% 함유, 연신율 최대, 상온가공 양호, 봉·선·관·전구소켓·탄피 등의 복잡한 가공물에 사용
- 문쯔메탈(6：4황동) : 구리(Cu) 60%, 아연(Zn) 40%합금으로 상온조직이 $\alpha + \beta$ 상으로 탈아연 부식을 일으키기 쉬우나 강력하기 때문에 기계부품용으로 널리 쓰인다. 인장강도 최대, 단조성·고온가공성 우수, 상온가공 불량, 열교환기, 파이프, 대포의 탄피, 일반 판금가공품에 사용
- Y합금 : Al-Cu-Ni-Mg합금(Cu 4%, Ni 2%, Mg 1.5%)
- 다이캐스팅용 합금의 요구성질 : 유동성이 좋을 것, 열간취성이 적을 것, 응고수축에 대한 용탕보급성이 좋을 것, 금형에 점착하지 않을 것 등

- Al의 질별 기호 : −F(제조한 그대로의 것), −O(소둔한 것), −H(가공경화한 것), −T(열처리한 것)
- 두랄루민(2017합금) : Al−Cu−Mg−Mn합금(Cu 4%, Mg 0.5%, Mn 0.5%)
- 초두랄루민(2024합금, SD) : Al−Cu−Mg−Mn합금 (Cu 4.5%, Mg 1.5%, Mn 0.6%)
- 초초두랄루민(7075합금, ESD) : Al−Cu−Zn−Mg합금(Cu 1.5~2.5%, Mg 0.5%, Zn 7~9%, Mg 1.2~1.8%, Mn 0.3~1.5%, Cr 0.1~0.4%)
- 콘스탄탄 : Cu−Ni 40~50%, 전기저항이 크고 온도계수가 낮아 통신기·전열선·열전쌍(열전대) 등에 사용
- 화이트메탈 : Sn, Zn, Pb, Sb합금
- 열가소성 수지 : 가열하여 성형한 후 냉각하면 경화되는 합성수지(폴리에틸렌 수지, 폴리프로필렌 수지, 폴리스티렌 수지, 폴리염화비닐 수지, 초산비닐 수지, 폴리아미드 수지, 폴리카보네이트 수지, 아크릴 수지, 아크릴니트릴부타디엔스티렌 수지 등)
- 열경화성 수지 : 가열하면 경화하고 재용융하여도 다른 모양으로 다시 성형할 수 없으므로 재생이 불가능한 합성수지(페놀 수지, 멜라민 수지, 에폭시 수지, 규소 수지, 요소 수지, 불포화 폴리에스테르 수지 등)
- 섬유강화재료 : 섬유강화금속(FRM), 섬유강화세라믹(FRC), 섬유강화플라스틱(FRP), 섬유강화콘크리트(FRC), 섬유강화고무(FRR) 등
- 형상기억합금 : 마텐자이트의 변태를 이용한 고탄성재료로 형상을 기억하는 합금. Ni−Ti계(니타놀), Cu−Zn−Al계, 구리−알루미늄−니켈계, 니켈−티타늄−구리계
- 초소성 : 특정한 온도, 변형조건 하에서 금속이 인장변형될 때 국부적인 수축을 일으키지 않고 수백%의 큰 연신율이 나타나는 현상
- 초탄성(super elasticity) : 특정한 모양의 것을 인장하여 탄성한도를 넘어서 소성변형시킨 경우에도 하중을 제거하면 원래 상태로 돌아가는 현상
- $1\text{kgf}=1\text{kg}\times9.8\text{m/sec}^2=9.8\text{N}$
- $1\text{N/m}^2=1\text{MPa}$
- 각속도 : $\omega=2\pi f[\text{rad/s}]$(단, f : 진동수)
- 속도와 각속도 : $v=\omega r$
- 각속도와 회전수 : $\omega=\dfrac{2\pi n}{60}$(단, n : rpm)
- 응력 : $\sigma=\dfrac{W}{A}$
- 늘어난 길이 : $\lambda=\dfrac{Wl}{AE}$
- 세로탄성계수, 영계수 : $E=\dfrac{\sigma}{\varepsilon}=\dfrac{Wl}{\lambda A}$
- 가로탄성계수 : $G=\dfrac{\tau}{\gamma}$
- 재료의 변형량 : $\lambda=l-l'=l\alpha(t-t')$
- 재료에 생기는 변형률 : $\varepsilon=\dfrac{\lambda}{l}=\alpha(t-t')$
- 열응력 : $\sigma=E\varepsilon=E\alpha\Delta t=E\alpha(t-t')$
- 비틀림모멘트 : $T=71,620\dfrac{HP}{n}[\text{kg}\cdot\text{cm}]$

$$HP=\dfrac{Tn}{71,620}[\text{PS}]$$

- 나사의 리드각 : $\tan\lambda=\dfrac{L}{\pi d}$
- 나사의 풀림 방지법 : 로크너트, 분할핀, 작은 나사, 멈춤나사(세트스크루), 와셔, 철사, 자동죔너트, 플라스틱플러그
- 볼트의 파괴 방지법 : 리머볼트, 볼트구멍 1/10~1/20 테이퍼주기, 볼트 바깥쪽에 링이나 봉 끼우기, 접합면에 핀 또는 평철넣기 등
- 볼트에 생기는 전단응력 : $\tau=\dfrac{W}{A}[\text{N/mm}^2]$
  (단, W : 전단하중(N), A : 전단면적(mm^2))
- 축방향으로 정하중을 받는 경우의 나사부의 바깥지름 : $d=\sqrt{\dfrac{2W}{\sigma}}$
- 축방향하중과 비틀림하중이 동시에 작용하고 있는 미터보통나사의 크기 : $d=\sqrt{\dfrac{8W}{3\sigma_a}}$
- 너클핀이음에서 핀의 지름 : $d=\sqrt{\dfrac{2P}{\pi\tau}}$
- 회전의 전달력이 높은 키의 순서 : 세레이션>스플라인>접선키>묻힘키>반달키>안내키>원뿔키>둥근키>평키>안장키
- 축에 의하여 키에 작용하는 접선력 : $P=\dfrac{T}{d/2}$
- 키에 생기는 전단응력 : $\tau=\dfrac{P}{bl}=\dfrac{2T}{bld}$
- 키에 생기는 압축응력 : $\sigma_c=\dfrac{P}{hl/2}=\dfrac{4T}{hld}$
- 키의 길이 : $l=\dfrac{\pi d^2}{8b}$, $l=1.5d$
- 폭 : $b=\dfrac{\pi d}{12}\simeq\dfrac{d}{4}$
- 리벳작업순서 : 드릴링 혹은 펀칭>리밍>리베팅>코킹>풀러링

- 보일러용 리벳이음강판의 두께 : $t = \dfrac{Pd}{2\sigma_1\eta} + C$

- 속도비 : $i = \dfrac{N_2}{N_1} = \dfrac{D_1}{D_2} = \dfrac{\omega_2}{\omega_1}$

- 피치원지름 : $D = mZ$

- 기어소재 바깥지름(이끝원지름) : $D_o = m(Z+2)$

- 중심거리 : $C = \dfrac{D_A \pm D_B}{2} = \dfrac{m(Z_A \pm Z_B)}{2}$

- 총 이높이 : $h = 2.25m$ 이상

- 전달동력 : $HP = \dfrac{Fv}{75}\,[\text{PS}], \ H_{\text{kW}} = \dfrac{Fv}{102}\,[\text{kW}]$

- 축직각모듈 m_s, 비틀림각 β인 헬리컬기어의 피치원지름 : $D = m_s Z = \dfrac{m}{\cos\beta} Z = \dfrac{mZ}{\cos\beta}$

- 이의 간섭을 막는 방법 : 이의 높이 감소, 압력각 증가, 치형의 이끝면깎기, 피니언의 반경방향의 이뿌리면 파내기

- V벨트 : M형, A형, B형, C형, D형, E형 등 - M형이 가장 작고(인장강도 최소), E형이 가장 크다(인장강도 최대).

- 캠의 종류 : 평면캠(판캠, 직선운동캠, 정면캠, 반대캠), 입체캠(단면캠, 경사판캠, 원통캠, 원뿔캠, 구형캠)

- 전동축의 동력전달순서 : 주축 > 선축 > 중간축 > 기계 본체

- 전동축의 토크 : $T = \dfrac{P}{\omega}$

- 휨만을 받는 축지름 : $d = \sqrt[3]{\dfrac{32M}{\pi\sigma_b}} = \sqrt[3]{\dfrac{10.2M}{\sigma_b}}$

- 스핀들축(비틀림만 받는 축)의 축지름 : $d = \sqrt[3]{\dfrac{16T}{\pi\tau_a}}$ $= \sqrt[3]{\dfrac{5.1T}{\tau_a}}$

- 클러치의 종류 : 삼각형, 삼각톱니형, 스파이럴형(나선형, 덩굴형), 직사각형, 사다리형, 사각톱니형 등

- 구름 베어링의 윤활방법 : 그리스급유법, 윤활유급유법(유욕윤활, 비말윤활, 순환윤활, 적하윤활, 강제윤활, 분무윤활 등)

- 저널의 길이 : $l = \dfrac{W}{Pd}$

- 저널 베어링의 압력 : $P = \dfrac{W}{dl}$

- 스프링지수 : $C = \dfrac{D}{d}$ (단, D : 코일지름, d : 소선지름)

- 스프링의 종횡비 : $K = \dfrac{D}{H}$

- 스프링상수 : $k = \dfrac{W}{\delta}$

- 병렬연결방식 : $k = k_1 + k_2$

- 직렬연결방식 : $k = \dfrac{1}{\dfrac{1}{k_1} + \dfrac{1}{k_2}}$

- 자동하중브레이크 : 웜브레이크, 나사브레이크, 체인브레이크, 원심(력)브레이크, 로프브레이크, 전자기브레이크 등

- 제동력 : $F = \mu N [\text{N}]$

- 제동토크 : $T = \dfrac{\mu ND}{2} = \dfrac{FD}{2}$

- 전달토크 : $T = WL = \dfrac{\mu PD_2}{2}$

- 얇은 원통의 원주방향 응력 : $\sigma_1 = \dfrac{Pd}{2t}$

 제 4 과목 **컴퓨터응용설계**

- 컴퓨터의 3대 장치 : 입력장치, 중앙처리장치(CPU : 제어장치, 주기억장치, 논리 · 연산장치), 출력장치, 보조기억장치

- 컴퓨터의 5대 기능 : 입력기능, 기억기능, 연산기능, 제어기능, 출력기능

- 컬러디스플레이의 기본색상 : 빨강(R), 파랑(B), 초록(G)

- CAD용 S/W의 기본기능 : 요소작성기능(그래픽 형상기능), 요소변환기능(데이터변환기능), 요소편집기능, 도면화기능, 디스플레이제어기능, 데이터관리기능, 물리적 특성해석기능, 플로팅기능 등

- 그래픽소프트웨어의 구성원칙 : 그래픽패키지, 응용프로그램, 데이터베이스

- CAD시스템의 그래픽소프트웨어를 구성하는 5대 주요 모듈 : 그래픽모듈, 서류화모듈, 서피스모듈, NC모듈, 해석모듈

- 데이터변환매트릭스(변환방법) : 스케일링, 이동, 회전, 대칭, 투영 등

- 두 점 사이의 거리 : $\overline{\text{AB}} = \sqrt{(x_2 - x_1)^2 + (y_2 - y_1)^2}$

- 와이어프레임모델링 : 속이 없이 철사로 만든 것과 같이 선만으로 표현하여 3차원 형상의 정점과 능선을 기본으로 한 모델링

- 서피스모델링 : 라면상자와 같이 면을 이용한 모델이며 선에 의해 둘러싸인 면을 이용한 모델링
- 솔리드모델링 : 물체의 내부와 외부를 구분할 수 있으며 속이 꽉 찬 하나의 덩어리로 실물과 가장 근접한 모델링
- 형상모델링 데이터구조 작성순서 : CSG > B − Rep > 형상기술 > 투시도
- 정보의 단위 : bit > byte > word > field > record > block > file > volume > data base
  - 비트(bit) : 정보를 기억하는 최소단위
  - 바이트(byte) : 8비트 길이를 가지는 정보의 단위
  - 워드(word) : 연산처리를 하는 기본자료를 나타내기 위해 일정한 비트수를 가진 단위
  - 필드(field) : 하나 이상의 바이트가 특정한 의미를 갖는 단위
  - 레코드(record) : 정보처리의 기본단위로 필드의 집합체
  - 블록(block) : 레코드들의 집합체
  - 파일(file) : 성격이 다른 레코드들의 전체 집합체
  - 볼륨(volume) : 성격이 다른 파일들의 집합체

- 컴퓨터의 처리속도(빠른 순)
  - as : 10^{-18}(atto)
  - fs : 10^{-15}(fento)
  - ps : 10^{-12}(pico)
  - ns : 10^{-9}(nano)
  - μs : 10^{-6}(micro)
  - ms : 10^{-3}(milli)
- 원추곡선 : 원, 포물선, 타원, 쌍곡선의 일반형은 $f(x,\ y) = ax^2 + bxy + cy^2 + dx + ey + g = 0$인 2차 곡선이다. $b^2 - 4ac$는 판별식으로 보통 D로 표시한다.
  - 원 : $a = c,\ b = 0$
  - 타원 : $D < 0$
  - 포물선 : $D = 0$
  - 쌍곡선 : $D > 0$

Industrial Engineer Machinery Design

기계가공법 및 안전관리

Industrial Engineer Machinery Design

Chapter 01 기계가공법

01 기계가공법 총론

1 기계가공법의 개요

1) 기계제작법 전반

① 기계제작법의 분류 : 절삭가공(기계가공), 비절삭가공
② 비절삭가공의 종류 : 소성가공(단조, 압연, 인발, 프레스가공, 제관, 벤딩 등), 용접, 열처리, 주조, 소결 등
③ 기계제작에 이용되는 금속의 성질 : 융해성, 전연성, 접합성, 절삭성, 주조성, 소성가공성 등

2) 기계가공의 분류

(1) 가공방법에 따른 분류

① 절삭가공 : 선삭, 밀링, 구멍가공(드릴링, 보링, 태핑, 리밍), 셰이핑, 플레이닝, 호빙, 셰이빙, 브로칭, 형삭, 평삭, 슬로팅 등
② 고정입자에 의한 가공 : 연삭, 호닝, 슈퍼피니싱, 버핑 등
③ 유리입자(분말입자)에 의한 가공 : 래핑, 액체호닝, 배럴가공 등

(2) 공구와 공작물의 상대적인 운동에 따른 분류

① 회전운동과 직선운동의 결합 : 선삭, 밀링, 구멍가공(드릴링, 보링, 태핑, 리밍) 등
② 직선운동과 직선운동의 결합 : 셰이핑, 플레이닝(급속귀환운동기구 적용)
③ 회전운동과 회전운동의 결합 : 기어절삭가공(호빙, 기어셰이핑, 기어셰이빙, 기어디버링 등), 연삭 등

3) 공작기계의 분류

(1) 가공능력에 따른 분류

① 범용 공작기계 : 선반, 밀링머신, 드릴링머신, 셰이퍼, 플레이너, 원통연삭기 등
② 전용 공작기계 : 차륜선반, 크랭크선반, 트랜스퍼(transfer)머신 등

③ 단능 공작기계 : 공구연삭기, 센터링머신 등

④ 만능 공작기계 : 다양한 기계가공을 수행하는 공작기계

(2) 가공방법에 따른 분류

① 절삭가공기계 : 절삭공구로 공작물을 절삭하여 칩을 생성하는 선삭, 밀링, 드릴링, 보링, 태핑, 리밍, 기어절삭, 셰이핑, 플레이닝 등의 절삭가공을 수행하는 공작기계들

② 비절삭가공기계 : 칩이 생성되지 않는 단조, 압연, 제관, 프레스가공, 인발, 압축판금가공 등의 소성가공을 수행하는 공작기계들

③ 연삭가공기계 : 연삭숫돌을 이용하여 연삭칩을 생성하는 연삭, 호닝, 슈퍼피니싱, 래핑 등을 수행하는 공작기계들

④ 특수 가공기계 : 전해연마, 방전가공, 초음파가공, 쇼트피닝 등을 수행하는 공작기계들

4) 공작기계의 기초

(1) 공작기계의 구비조건

① high : 정밀도, 강성(내구성), 절삭가공능력, 효율(가공능률), 가공정밀도, 안정성, 안전성, 조작용이성

② low : 동력손실, 운전비용, 고장, 가격 등

③ suitable : 가격 등

✐ **공작기계의 강성(stiffness, rigidity)**

- 정적 강성(static stiffness) : 정적하중을 받을 때의 변형 특성
- 동적 강성(dynamic rigidity) : 진동 및 관성력에 대한 변형 특성
- 열적 강성(thermal rigidity) : 열에 대한 변형 특성

---

(2) 공작기계의 안내면(guide way)

① 안내면 : 미끄럼운동을 하는 부분에 기하학적으로 정확한 운동을 부여하기 위한 면

② 안내면 설계 시 고려사항 : 형상, 배치 및 조합, 재료, 운동정밀도, 부하용량, 지지하중 및 마멸, 가공 및 조립의 용이성, 마찰조건과 윤활 특성, 조정의 용이성, 열팽창 등

③ 구동방식에 의한 종류 : 유압식, 정압식, 롤안내방식 등

④ 운동방식에 따른 종류 : 직선운동방식, 회전운동방식 등

⑤ 단면형상에 따른 종류

　㉠ 산형(V형) : 미국식이며 안내면이 마멸되어도 자동적으로 조정된다.

　㉡ 평면형(각형) : 영국식이며 중하중 지지에 유리하다.

　㉢ 더브테일형(멜타형) : 마멸이 발생했을 때 자동적으로 간격조정이 되지 않으므로 쐐기를 이용하여 미끄럼대의 위치를 수직 또는 수평방향으로 조정할 수 있게 되어 있다.

② 원통형(원형) : 정밀하게 가공하지 않으면 조립이 어려워지고, 허용공차를 많이 주면 안내면의 점접촉에 의해 미끄럼면이 수평방향으로 구속되지 않는 경우가 생기지만 단면적에 비해서 강성이 크다.

2 절삭유 · 윤활유 · 절삭공구재료

1) 절삭유

(1) 절삭유의 개요
① 절삭유의 작용 : 냉각작용(절삭공구와 공작물의 온도상승 방지), 윤활작용(칩과 절삭공구와의 마찰 감소), 세척작용(세정작용 : 공작물과 칩을 씻어내고 칩이 잘 제거되게 하는 작용) 등의 주요 3대 작용 이외에도 방청작용 등의 기능을 발휘
② 절삭유의 구비조건
　　㉠ high : 냉각성, 윤활성, 세척성, 방청성, 방식성, 유동성, 적하용이성, 인화점, 발화점, 내변질성, 회수성, 칩과의 분리성, 유막의 내압력성(유막파손 방지), 침투성, 감마성 등
　　㉡ low : 마찰계수, 표면장력, 독성, 화학적 변화, 기계도장에 미치는 영향력, 가격 등
　　㉢ suitable : 가격 등

(2) 절삭유의 종류
① 수용성 절삭유 : 원액과 물을 혼합하여 희석시켜서 사용하는 절삭유로서, 점성이 낮고 비열이 높아 냉각성이 우수하므로 일반적으로 많이 사용되고 있다. 특히 고속절삭 및 연삭가공액으로도 많이 사용된다. 표면활성제(계면활성제)와 부식 방지제를 첨가하기도 한다.
　　㉠ 유화유(에멀젼형) : 광유에 비눗물을 첨가한 것으로 가격이 저렴하여 일반적으로 널리 사용되는 절삭유
　　㉡ 솔루블형 : 계면활성제를 주체로 하며 에멀젼형보다 광유성분을 적게 넣고 유화제를 많이 넣은 절삭유
　　㉢ 솔루션형 : 무기염류를 주체로 하며 물에 희석한 투명한 수용액이며, 표면활성제(계면활성제)나 극압첨가제를 넣기도 하는 절삭유
② 불수용성 절삭유(비수용성 절삭유) : 물에 희석시키지 않고 사용하는 절삭유로서, 냉각성보다는 윤활성이 우수하여 특별히 마찰마모 감축의 효과를 필요로 할 때 주로 사용된다.
　　㉠ 광물유 : 유성(油性)이 낮고 윤활작용은 다소 있으나, 냉각작용은 떨어지므로 절삭유로서의 효과가 적다. 광물유로는 머신유, 스핀들유, 경유, 석유 등이 있으나 일반적으로 혼합유로 사용된다.
　　㉡ 동식물유 : 라드유, 고래유, 어유, 올리브유, 면실유, 대두유(콩기름) 등이 있으며, 유성이 높아 경절삭에는 효과가 있으나 고온이 되면 유성이 저하되므로 고속에는 부적합하다. 윤활효과를 높이기 위한 첨가제로 유황, 아연, 흑연 등을 사용한다.

     © 혼합류 : 혼성유라고도 하며 광유에 동식물유나 에스테르유 등을 가하여 유성을 부여
       한 것이며 작업에 따라 적절한 혼합비로 사용한다.

     ② 극압유 : 절삭날이 고온 · 고압상태에서 마찰을 받을 때 윤활작용을 부여하기 위해 광
       물유나 혼합유에 극압첨가제인 유황(유화물), 염소, 납, 인 등을 단독으로 또는 화합물
       로 첨가한 절삭유이다.

  ③ 기타 : 분사탄산가스, 드라이아이스 등

2) 윤활유

(1) 윤활유의 개요

윤활유 혹은 윤활제(lubricants)는 이송 혹은 회전하는 기계 부분 두 물체 사이의 접촉면과
의 마찰을 적게 하기 위하여 사용되는 물질이다. 윤활제를 적당량 공급하면 마찰저항을 감
소시키고 슬라이딩을 원활하게 하여 기계적 마모를 감소시킬 수 있다. 윤활제는 윤활작용,
냉각작용, 청정작용, 밀폐작용 등의 역할을 한다. 윤활제는 다음과 같은 조건을 구비하여야
한다.

  ① high : 내산화성, 내열성, 내산성, 불활성, 청정성, 균질성, 유성, 열전도도, 내하중성, 점
    성지수 등

  ② low : 활성, 탄소 생성, 금속부식성 등

  ③ suitable : 점도

(2) 윤활의 종류

  ① 유체윤활 : 완전윤활이라고도 하며, 유막에 의하여 슬라이딩면이 완전히 분리되어 균형을
    이루고 있는 상태이다.

  ② 경계윤활 : 불완전윤활이라고도 하며, 고하중 저속상태에서 흔히 발생된다. 유체윤활상태
    에서 하중이 증가하거나 온도가 상승하여 점도가 떨어지면서 유막으로 하중을 지탱할 수
    없는 상태이다.

  ③ 극압윤활 : 경계윤활에서 하중이 더 증가되어 마찰온도가 높아지면 유막으로는 하중을 지
    탱하지 못하고 유막이 파괴되어 슬라이딩면이 접촉된 상태의 윤활이다.

(3) 윤활유의 종류

  ① 액체윤활제 : 광물성유(내고온변질성, 내부식성 우수), 동물성유(점도, 유동성 우수)

  ② 고체윤활제 : 흑연, 활석(석필), 운모(그리스(grease)는 반고체유)

  ③ 특수 윤활제 : 극압윤활유(황, 인, 염소 등 극압제 첨가), 부동성 기계유(응고점 $-35 \sim 50\,^{\circ}\mathrm{C}$
    에서 사용), 실리콘유(내한성, 내열성 매우 우수)

(4) 윤활제의 급유방법

① 비순환급유방식(non-circulation supply method) : 소량의 오일을 사용하므로 대체로 윤활조건이 까다롭지 않은 윤활부위에 사용하며 전손식(全損式) 급유방식이라고도 한다.

    ㉠ 손급유법(hand oiling)

    ㉡ 적하급유법(drop feed oiling) : 유리용기에 오일을 넣어두고 급유량을 조절하면서 급유하는 방식이며, 마찰면이 넓거나 시동되는 횟수가 많을 때 저속 및 중속축의 급유에 사용

    ㉢ 패드급유법(pad oiling) : 무명이나 털 등을 섞어서 만든 패드 일부를 오일통에 담가서 모세관현상을 이용하여 저널의 아랫면에 급유하는 방법

    ㉣ 심지급유법(wick oiling) : 심지가 한쪽 끝에서 빨아올리고, 동시에 다른 한쪽에서 적하하는 작용을 이용하여 급유하는 방식

    ㉤ 기계식 강제급유법 : 기계 본체의 회전축 캠 또는 모터에 의하여 구동되는 소형 플런저펌프에 의한 급유방식

    ㉥ 분무급유법(oil mist oiling) : 액체상태의 오일에 $9.81N/cm^2$ 정도의 압축공기를 이용하여 분무시켜 급유하는 방법으로 고속연삭기, 고속드릴, (초)고속 베어링 등의 윤활에 가장 적합

    ㉦ 기력급유법 : 가시적하급유기에서 적하된 오일을 펌프의 플런저에 의하여 송유관에 보내는 급유방식

    ㉧ 상부 패킹급유법 : 축상부의 오일이 괴는 곳에서 털실을 드리워서 급유하는 방식

    ㉨ needle valve급유법 : 윤활유의 적하량을 need valve로 조절하여 급유하는 방식

    ㉩ 핀형 급유법 : 거꾸로 설치된 병에 윤활유를 넣어 진동핀을 통하여 베어링에 직접 급유하는 방식

    ㉪ 접촉식 급유법 : 털실 또는 무명실 뭉치에 윤활유를 적셔서 축과 접촉하게 하여 급유하는 방식

② 순환급유방식(lubrication by circulation)

    ㉠ 오일순환식 급유법(oil circulating oiling) : 링, 컬러, 체인 등의 일부를 오일 속에 잠기게 하고 수평축의 회전에 의하여 오일을 축상부로 공급시키는 급유법

    ㉡ 비말급유법(splash oiling, 비산(튀김)급유법) : 윤활유 속에 회전체의 일부가 들어가 윤활유를 튀겨 윤활되도록 하는 방식

    ㉢ 제트급유법(jet oiling) : 한 개 내지 여러 개의 노즐로부터 일정한 압력으로 윤활유를 분사해서 베어링 내부를 관통시켜 급유하는 방식

    ㉣ 유욕급유법(oil bath oiling) : 윤활개소의 일부인 마찰부위가 오일 속에 잠겨 윤활이 이루어지는 방식

    ㉤ 하부 패킹급유법 : 오일 속에 침지된 섬유의 모세관작용을 이용하여 오일 내부에 스며들게 하여 마찰면에 접촉시켜 급유하는 방식

ⓗ 유환급유법(oil ring oiling) : 체인 또는 링의 회전에 의해 오일을 튕겨 접촉면에 급유시키는 방식으로 고속주축에 급유를 균등하게 하는 목적으로 사용

ⓢ 담금급유법 : 윤활유 속에서 마찰부 전체가 잠기도록 하여 급유하는 방법

ⓞ 그리스윤활법 : 수동급유법, 충진급유법, 컵급유법, 스핀들급유법 등(적용 : 공작기계 주축 베어링 등)

• 장점 : 비산·유출이 되지 않아 급유횟수가 적고 경제적이며 사용온도범위가 넓고 장시간 사용에 적합, 윤활효과 우수

• 단점 : 취급 불편(급유, 교환, 세정 등), 이물질 제거 곤란, 고속회전에서 사용 곤란

ⓩ 강제급유법(순환급유법) : 순환펌프를 이용하여 급유하는 방법으로 고속회전 시 베어링의 냉각효과에 경제적

◈예제◈ 밀링머신의 주축 베어링윤활방법으로 적합하지 않은 것은?

① 그리스윤활
② 오일미스트윤활
③ 강제식 윤활
④ 패드윤활

┃해설┃ 그리스윤활, 오일미스트윤활(분무윤활), 강제식 윤활 등은 밀링머신의 주축 베어링윤활방법으로 적합하지만 패드윤활은 부적당하다.　　　　　　　　　　　　　　　정답 ▶ ④

---

3) 절삭공구재료

(1) 절삭공구재료의 구비조건

① high : 상온경도(내마멸성, 잘 닳지 않을 것), 인성(내충격성, 잘 깨지지 않을 것), 고온경도, 화학적 안정성(내용착성, 내산화성, 내확산성, 내소성변형성 등), 제작용이성(성형하기 쉬울 것, 만들기 쉬울 것), 열처리용이성, 수배용이성 등

② low : 마찰계수, 취성(깨지는 성질), 열처리변형성

③ suitable : 가격 등

(2) 절삭공구재료의 종류와 특징

절삭공구재료에는 탄소공구강, 합금공구강, 주조경질합금, 고속도강, 분말고속도강, 초경합금, 피복초경합금, 서멧, 세라믹, 입방정질화붕소, 다이아몬드 등이 있다.

① 탄소공구강(STC 1~7, carbon tool steel) : 20세기 이전의 유일한 절삭공구재료였으며 담금질하여 사용하지만 경화성과 고온경도가 낮다. 한계절삭온도는 200℃이며 저속에서 절삭단면적(절삭깊이×이송)이 작은 경우에 사용되던 것이나, 오늘날은 절삭공구재료로는 전혀 사용하지 않고 줄, 정, 펀치 등의 작업수공구재료로 사용되고 있다.

② 합금공구강(STS 8, alloyed tool steel) : 탄소공구강과 같이 고탄소를 함유하고 있고, 단지 경화능을 향상시키기 위하여 W, Cr, Mo, V, Ni 등을 1종 또는 그 이상 첨가한 것이다. 오늘날은 절삭공구재료로는 거의 사용하지 않지만 간혹 정밀도가 낮은 핸드리머, 핸드탭,

다이스, 핵쏘오, 밴드쏘오 등에 사용되는데, 예를 들면 SKS 2, SKS 21, SKS 7 등이다. 한계절삭온도는 450℃이다.

③ **주조경질합금(stellite, 스텔라이트)** : Co, Cr, W, C 등을 주조하여 만들며 열처리가 불필요하다. 한계절삭온도는 850℃까지 유지되나 취성이 있고 값이 비싸다. 절삭날을 연강 자루에 전기용접이나 경납땜을 하여 사용되었으나, 현재는 절삭공구재료로 거의 사용되지 않는다(주의사항 : 그러나 자격증시험문제에는 "고온경도와 내마모성이 크므로 고속절삭공구로 특수 용도에 사용되는 것"으로 출제되기도 한다).

④ **고속도강(SKH 2, 3, 4, 10, high speed steel, HSS)** : 고탄소강에 W, Cr, V, Mo 등을 첨가한 합금강으로 고온경도, 내마모성 및 인성을 상승시킨 공구강이며, 1898년에 Taylor와 White에 의하여 개발되었다. 한계절삭온도 600~700℃ 이상에서는 급격히 연화되므로 고속절삭에는 적합하지 않지만, 코발트첨가량을 증가시키면 고속도강으로서의 고온경도는 어느 정도 증가하므로 절삭속도를 보다 높여서 작업할 수가 있다. 18-4-1(W 18%-Cr 4%-V 1%) 고속도강이 대표적이며 드릴, 탭 등 회전절삭공구(rotating tools)에 적용된다.

⑤ **분말고속도강** : 회전공구인 호브, 피니언커터, 셰이빙커터 등의 치절삭공구에 적용된다.

⑥ **초경합금(cemented carbide)** : 초경합금은 원소주기율표 4, 5, 6족의 금속탄화물과 철족의 결합금속(Fe, Co, Ni)을 사용하여 분말야금법으로 제조한 복합재료이다. 분말상태의 WC(tungsten carbide)와 Co를 혼합하여 Co의 용융점 부근(1,300~1,500℃)에서 소결한다. 고온경도가 우수하므로 주로 절삭공구재료로 많이 사용되고 있다.

  ㉠ 초경합금 재종의 분류 : PMKNSH(steel, stainless steel, cast iron, aluminum, heat resistant alloy, hardened steel)

  ㉡ 초경합금의 특성
  - 넓은 온도범위에서 높은 경도를 갖는다(상온경도 HRA 85 이상).
  - 강성이 크며 탄성계수가 강의 3배이다.
  - $350kg/cm^2$의 높은 응력에서도 소성유동이 나타나지 않는다.
  - 강에 비하여 열팽창이 적다.
  - 저속에서 응착성이 크다.
  - 사용목적, 용도에 따라 재종 및 형상이 다양하다.

⑦ **피복초경합금(coated cemented carbide)** : CVD 또는 PVD법에 의하여 초경모재의 표면에 TiC, TiN, TiCN, Al_2O_3 등의 고경도재료를 수 μm 정도 얇게 입힌 공구재료이다. 내마모성·내크레이터성·내산화성이 우수하며 피삭재와의 고온반응성이 낮아 초경합금 내부로 유입되는 열을 감소시킨다. 비피복의 경우보다 공구수명이 최소 2~3배 이상 향상된다.

⑧ **서멧(cermet)** : TiC분말, TiN분말, TiCN분말 등을 혼합하여 수소분위기에서 소결한 절삭공구재료이다. cermet은 ceramics와 metal의 복합어로서 ceramics의 취성을 보완하기 위해서 개발된 내화물과 금속으로 된 복합체의 총칭으로, 세라믹과 초경의 중간의 경도와 인성을 갖고 있다.

⑨ 세라믹(ceramics) : 산화물, 탄화물, 질화물 등의 분말에 Si, Mg 등의 산화물을 첨가하여 소결한 비금속재료이다. 고온경도가 높아서 내용착성과 내마모성이 크며, 초경합금공구의 2~5배의 고속절삭이 가능하고 고경도 피삭재의 절삭이 가능하며 피삭재와 친화성이 적어 고품질의 가공면을 얻을 수 있는 반면, 인성이 낮아(낮은 충격저항) 깨지기 쉬운 결점이 있어 단속절삭에서 공구수명이 짧고 중(重)절삭이 불가능하며 칩 브레이커의 설계가 곤란하다. 주철의 고속선삭이나 경질재료의 가공에 적합하다. 세라믹공구는 초경공구와 비교할 때 고속절삭가공성 · 고온경도 · 내마멸성 등이 우수하지만 충격강도는 낮다. 세라믹의 종류로는 백세라믹(Al_2O_3기), 흑세라믹(Al_2O_3-TiC의 비율이 7 : 3), FRC(Fiber Reinforced Ceramic, Al_2O_3 : SiC의 비율이 5 : 5), Si_3N_4기 세라믹(인성이 보강된 세라믹) 등이 있다. 백세라믹은 절삭유를 사용하면 깨지기 때문에 절삭유를 사용하지 않는 건식절삭이 권장된다.

⑩ 입방정질화붕소(CBN : Cubic Boron Nitride) : 미소분말을 초고온(2,000℃), 초고압(5만 기압 이상)에서 소결하여 만든 인공합성 절삭공구재료로 뛰어난 내열성과 내마멸성을 갖는 공구재료이다. CBN의 경도는 다이아몬드 다음으로 가장 크고 초경합금의 20~30배 정도이다. CBN의 가장 큰 장점은 경화강과 1,000℃ 이상의 고온에서 장시간 공기와 접촉해도 안정하고 강을 고속으로 절삭해도 급속한 반응이 없다는 것이다. 주로 담금질 열처리된 강(H_RC 60 이상)과 같은 철계의 고경도재료절삭에 유리하며 난삭재료, 고속도강, 내열강 등의 절삭에도 사용된다.

⑪ 다이아몬드(diamond) : 다이아몬드는 경도(HB 7,000 정도)가 가장 크기 때문에 내마모성이 우수하지만, 절삭날이 예리하고 절삭날의 면조도가 우수하므로 정밀절삭용 공구재료로 유리한 조건을 갖추고 있다. 그러므로 다른 공구재료로서는 절삭가공하기 곤란한 연성재료를 경(輕)부하에서 연속절삭하여 고정도 표면조도를 얻고자 하는 같은 특수한 목적(주로 비철계통의 고속절삭)에 많이 사용된다. 다이아몬드는 취성이 크기 때문에 치핑에 약하고 잘 깨지는 성질이 있으므로 인선의 강도를 고려하여야 한다. 다이아몬드는 또한 열팽창계수가 작고 열전도율이 크지만(강의 2배 정도) 도전성이 좋지 않다. 공기 중에서 816℃로 가열하면 연소하여 CO_2로 되며, 특히 철합금의 절삭에서는 화학반응 때문에 부적합하다. 내열성이 낮아 700~800℃ 이상에서는 쉽게 마모되고 친화성 문제로 강의 절삭에는 적합하지 않다.

3 절삭이론

1) 공작기계 3대 기본운동 · 절삭의 3대 조건 · 절삭저항의 3분력

(1) 공작기계 3대 기본운동

① 절삭운동 : 절삭공구와 공작물이 접촉하여 칩을 만들어내는 운동(회전운동, 직선운동)

② 이송운동 : 절삭공구와 공작물을 이동시키는 운동

③ 위치조정운동 : 위치결정운동, 공구와 공작물 사이의 거리, 절삭공구 대기 위치조정운동

(2) 절삭의 3대 조건

① 절삭속도 $v = \dfrac{\pi d n}{1,000}[\mathrm{m/min}]$(단, d : 회전체의 직경(mm), n : 회전수(rpm))

② (회전당) 이송량 $f_r[\mathrm{mm/rev}]$

③ 절삭깊이 $t[\mathrm{mm}]$

(3) 절삭저항의 3분력

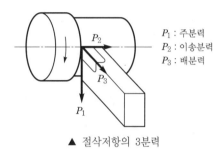

P_1 : 주분력
P_2 : 이송분력
P_3 : 배분력

① 주분력 : 절삭공구의 절삭방향과 반대방향의 분력

② 배분력 : 절삭깊이의 반대방향으로 미치는 분력

③ 이송분력(횡분력) : 이송방향과 반대방향의 분력

▲ 절삭저항의 3분력

2) 공구각

(1) 여유각(옆면여유각)

① 절삭공구의 절삭날 끝과 공작물의 마찰을 방지하는 각

② 절삭날의 옆면 및 앞면과 공작물의 마찰을 줄이기 위한 각

③ 공구와 공작물에 서로 접촉하여 마찰이 일어나는 것을 방지하는 역할을 하는 각

(2) 경사각(윗면경사각)

① 절삭공구의 절삭날과 경사면이 평면과 이루는 각이며 절삭력에 영향을 주는 각

② 절삭날의 윗면과 날 끝을 지나는 중심선 사이의 각

③ 경사각이 커지면 칩은 얇고 길어지며 절삭저항이 감소된다. 따라서 절삭성과 가공표면거칠기도 향상되지만 인선강도는 다소 저하된다.

④ 단단한 피삭재는 경사각을 작게 한다.

(3) 앞면절삭각(front cutting edge angle)

① 부절삭날과 바이트 중심선의 직각과 이루는 각으로 부절입각이라고도 한다.

② 가공표면거칠기와 모방절삭 가능 여부에 영향을 준다.

③ 앞면절삭각이 너무 작으면 마찰저항(특히 배분력)이 증가하고, 반면에 너무 크면 절삭날의 강도가 약해진다.

3) 칩과 칩 브레이커

(1) 칩(chip)

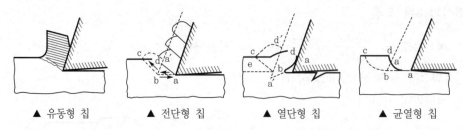

| ▲ 유동형 칩 | ▲ 전단형 칩 | ▲ 열단형 칩 | ▲ 균열형 칩 |

① **유동형 칩** : 칩이 발생될 때 절삭공구 상면을 미끄러지면서 연속적으로 흘러나오는(flowing) 칩을 말하며, 이때의 가공표면은 깨끗하고 원활한 절삭작용이 수행된다. 유동형 칩은 연강, 순수 알루미늄 등의 연하거나 인성(toughness, 질긴 성질)이 있는 재료를 상면경사각이 큰 절삭공구를 사용하여 절삭깊이를 비교적 작게 하고 높은 절삭속도에서 절삭가공을 할 때 발생된다.

② **전단형 칩** : 공작물의 절삭 시 칩에 작용되는 압축력이 커져서 칩의 분자 사이에서 전단 (shearing)이 생기고, 그때 미끄럼간격이 커지면서 발생되는 칩의 형태이다. 강(steel)절 삭에서 흔히 볼 수 있으며 연한 재료를 상면경사각이 작은 절삭공구로 절삭할 때에도 발생한다. 칩의 흐름이 유동형 칩보다는 원활하지 않으므로 유동형 칩 형성 시보다 가공표면이 깨끗하지는 않다.

③ **열단형 칩** : 점성이 큰 재료를 작은 상면경사각으로 절삭할 때 절삭공구가 진행됨에 따라 접착현상의 증가로 공작물의 일부에 터짐(tearing)이 일어나는 것으로, 절삭가공면은 뜯긴 것 같은 자리가 남게 된다. 극연강, 알루미늄합금, 동합금 등 점성이 높은 재질을 경사각을 작게 하고 저속절삭할 경우에 발생된다. 칩의 흐름이 전단형 칩보다 좋지 않기 때문에 전단형 칩 형성 시보다 가공표면이 깨끗하지 않으며 경작형이라고도 한다.

④ **균열형 칩** : 주철처럼 취성(brittleness, 메짐)이 커서 잘 깨지기 쉬운 재료를 저속절삭할 때 순간적으로 절삭공구의 날 끝에서 공작물의 균열이 발생되어 부서지듯이 매우 짧게 발생되는 칩의 형태이다. 균열형 칩이 발생되는 동안에 칩의 진동으로 절삭날의 파손이 일어나며 가공표면도 거칠게 형성된다.

(2) 칩 브레이커

① **칩 브레이커의 목적** : 칩 절단, 절삭유 유동 향상, 효율적인 칩 제거와 처리

② **칩 브레이커의 종류** : 평행형과 각도형(강한 재료의 저이송, 초기에 리본형 칩 생성), 홈 달린 형(상면경사면에 홈을 만들어 절삭깊이의 변화에 대응, 초기에 아크형 칩 생성), 역삼각형(절삭깊이의 큰 변화에 대응, 칩 브레이커 폭 설계 중요), 장애물형(상면경사면에 돌기를 만들거나 별도 칩 브레이커를 부착, 공구마멸 감소에 효과적)

③ **칩 브레이커의 결점(블랭크의 경우)** : 칩 브레이커의 홈 연삭으로 절삭공구 일부 손실, 연삭 시간과 연삭숫돌의 소모가 큼, 이송범위가 매우 제한적

4) 절삭온도 · 가공면조도 · 채터링 · 가공변질층

(1) 절삭온도

① 절삭동력은 대부분 절삭열로 변하며 칩(75%), 공구(18%), 공작물(7%)의 분포를 보임

② 절삭온도측정법 : 칩의 색깔에 의한 방법, 서모컬러(thermo−color)를 사용하는 방법, 복사고온계에 의한 방법, 칼로리미터(열량계)에 의한 방법, 공구에 열전대를 삽입하는 방법, 공구와 공작물을 열전대로 사용하는 방법, PbS 셀(cell) 광전지를 이용하는 방법 등

③ 절삭온도의 영향 : 공작물이 연화되어 전단응력이 작아지므로 절삭저항은 감소하고 절삭효율은 상승하나 공구의 날끝온도가 상승하므로 공구수명 단축, 온도 상승에 의한 열팽창으로 인한 치수정밀도 불량

(2) 가공표면거칠기

① 이론적 최대거칠기 : $R_y = \dfrac{f_r^{\,2}}{8r}$ (단, r : 절삭날 노즈반지름, f_r : 회전당 이송량)

② 실제 가공면조도 : 강절삭 $2{\sim}3R_y$, 주철절삭 $3{\sim}5R_y$

(3) 채터링

① 채터링의 원인 : 공작물의 불안정, 공작물관리 부적절(위치결정, 고정, 지지 등), 부적절한 절삭조건, 공구의 정밀도 저하, 배분력의 증가, 공작기계의 노후화 등

② 채터링의 결과 : 공작물의 가공면을 거칠게 한다, 치수정밀도 저하, 공구수명 단축, 생산능률 저하 등

③ 채터링 방지대책 : 절삭조건 개선(절삭속도 감소 등), 높은 정도의 절삭공구 사용, 최적의 공작물관리(위치결정, 고정, 지지)

(4) 가공변질층

① 가공변질층(deformed layer, flow layer) : 절삭가공 시 공작물가공표면이 전단변형되어 생기는 변질층으로 결정립이 파쇄되어 베일비층(Beilby layer)이라고 하는 비결정질에 가까운 20~50Å의 미세결정이다. 결정립이 절삭방향으로 유동하며 많은 결정립이 같은 방향으로 향하는 섬유조직으로 형성된다.

② 가공변질층의 두께 : 보통 1mm 이하이지만 절삭조건, 피삭재의 조직, 가공경화능, 결정립의 크기에 따라 변화된다.

③ 가공변질층의 영향 : 다듬질면의 내마모성, 내식성을 현저히 저하시키고 제품의 피로강도, 내충격성, 경년변화 등에 큰 영향을 미친다.

④ 가공변질층의 깊이측정방법 : 부식법, 현미경법, X선법, 경도법, 재결정법 등

⑤ 절삭조건과 가공변질층

   ⊙ 절삭속도가 증가하면 가공변질층은 얇아진다.

   ⓛ 절삭온도가 상승하면 가공변질층은 얇아진다.

© 이송이 증가하면 가공변질층은 깊어진다.

② 절삭각이 증가하면 가공변질층은 깊어진다.

③ 절삭저항이 증가하면 가공변질층은 깊어진다.

⑪ 절삭깊이 2mm까지는 가공변질층이 깊어지다가, 그 이상에서는 일정해진다.

5) 공구마멸현상

① **측면마멸(flank wear)** : 공구마멸 중 가장 기본적인 마멸로서 공작물과 여유면과의 마찰에 의해서 발생한다. 측면마멸이 급격하게 발생하면 이송량은 일정하게 하고 절삭속도를 낮추거나 절삭공구를 내마모성이 우수한 것으로 변경해야 한다.

② **상면마멸(crater wear)** : 강을 고속절삭할 때 흔히 볼 수 있는 공구의 상면인 경사면 상의 마멸이다. 상면마멸 방지방법은 다음과 같다.

　㉠ 피복초경합금을 사용할 것

　㉡ 내크레이터성이 우수한 재종을 선정할 것

　㉢ 절삭유를 충분하게 사용할 것

　㉣ 절삭속도를 감소시킬 것

③ **치핑(chipping)** : 공구가 마멸되기보다는 인선의 작은 부분들이 부서져서 떨어져 나가는 현상으로, 특히 단속적인 하중을 받는 작업에서 흔히 볼 수 있으며 일단 치핑이 생기면 절삭저항과 절삭온도가 증가하여 급격한 파손에 이르기 쉽다. 치핑 방지방법은 다음과 같다.

　㉠ 휨(deflection)을 최소로 할 것

　㉡ 호닝량을 크게 할 것

　㉢ 보다 강도(strength)가 큰 공구형상을 선정할 것

　㉣ 보다 인성이 높은 재종을 선정할 것

④ **구성인선(構成刃先, BUE : Built-Up Edge)** : 재료를 절삭할 때 칩의 일부가 공구의 날 끝에 달라붙어 절삭날과 같은 작용을 하는 현상으로 발생·성장·최대성장·분열·탈락을 주기적(보통 1/50~1/300초)으로 반복한다. 구성인선 방지방법은 다음과 같다.

　㉠ 절삭속도를 증가시킬 것

　㉡ 절삭깊이를 작게 할 것

　㉢ 절삭유를 사용할 것

　㉣ 절삭공구의 상면경사각을 크게 할 것

　㉤ 절삭날의 인선반경(nose R)을 작게 할 것

　㉥ 절삭날의 끝을 예리하게(sharp) 할 것

　㉦ 보다 절삭저항이 작은 공구형상을 선정할 것

　㉧ 피복초경합금을 사용할 것

⑤ **소성변형(plastic deformation, 고온변형(thermal deformation))** : 인선이 고온에서 연화되어 절삭하중에 의해 소성변형이 생기는 현상이다. 소성변형(고온변형) 방지방법은 다음과 같다.

⊙ 절삭유를 사용할 것

⊙ 보다 내마멸성이 큰 재종을 선정할 것

⊙ 절삭속도를 감소시킬 것

⊙ 이송량을 감소시킬 것

⑥ **열균열(thermal crack)** : 공구의 경사면 상에서 대개 인선에 수직으로 균열이 생기는 현상으로서 인선의 급격하고도 큰 온도변화에 의해서 발생한다. 열균열은 주로 밀링작업과 같은 단속절삭(interrupted cutting)이나 고경도재료를 간헐적인 절삭유로 작업할 때 흔히 볼 수 있다. 열균열 방지방법은 다음과 같다.

⊙ 충분한 양의 절삭유를 사용하거나 아니면 절삭유를 간헐적으로 하면 안 되고, 그 경우에는 아예 건식으로 작업할 것

⊙ 보다 인성이 큰 재종을 선정할 것

⑦ **노칭(notching)** : 공구의 절삭깊이 부분에 경사면과 여유면에 걸쳐 국부적인 큰 마모가 생기는 현상으로서, 주로 표면경화된 재료나 내열강을 절삭할 때 흔히 볼 수 있다. 노칭 방지방법은 다음과 같다.

⊙ 공구재종을 고인성재종으로 변경할 것

⊙ 리드각을 크게 할 것

⊙ 절삭깊이 부분(depth of cut line)에 추가호닝을 할 것

⊙ 이송량을 감소시킬 것

⑧ **파손(breakage or fracture)** : 공구의 일부가 금방 식별할 수 있을 정도로 크게 떨어져 나가는 현상으로서, 기계적 하중이 인선강도를 초과할 때 생긴다. 파손 방지방법은 다음과 같다.

⊙ 측면마멸에 의해서 공구수명에 도달하도록 다른 모든 공구손상을 억제할 것

⊙ 측면마멸이 과대해지기 전 공구를 교체(혹은 인덱스)할 것

⊙ 보다 인성이 높은 재종을 선정할 것

⊙ 보다 강도가 큰 공구형상을 선정할 것

⊙ 인서트의 두께가 큰 것을 선정할 것(인서트의 두께가 커지면 보다 큰 충격하중 흡수)

⊙ 이송량과 절삭깊이를 감소시킬 것

✎ **공구마멸**

공구마멸의 전형적인 형태는 이상과 같지만 실제에 있어서의 공구마멸은 이와 같이 단독으로 일어나는 경우는 거의 없고 통상은 한두 가지 이상의 마멸이 동시에 발생한다. 공구마멸에 대한 대처는 생산성과 품질에 미치는 영향이 크므로 매우 중요하다. 공구마멸을 측정하는 방법은 외관상의 마멸상태를 육안으로 보고 판단하는 방법, 체적 계산방법, 무게손실측정방법, 다이아몬드자국측정법, 공구현미경에 의한 측정, 변위센서에 의한 측정, CCD센서에 의한 측정 등의 방법이 있다.

6) 공구수명

① **공구수명(tool life)** : 공작물을 일정한 절삭조건으로 절삭하기 시작하여 깎을 수 없게 되기까지의 총절삭시간을 분(min)으로 나타낸 것이며, 공구를 폐기나 보수 전에 절삭을 위해 신뢰성을 가지고 사용될 수 있는 동안의 시간이다.

② **테일러의 공구수명방정식** : 절삭속도가 공구수명에 미치는 영향이 가장 큰 점에 착안하여 만들어낸 방정식이다. 즉, 절삭속도를 v, 공구수명을 시간 T로 하고 상수 C를 설정할 때 $vT^n = C$라고 하여 절삭속도가 증가할수록 공구수명이 감소함을 나타낸 것이다. 이때에 n은 공구종류, 재종, 형상, 절삭유 및 피삭재의 재질, 조성, 기계적 성질, 기타의 변수에 따른 실험치로 정의한다. n의 값이 클수록 $v-T$곡선의 커브가 급하고 n의 값이 작을수록 커브가 완만하다. C는 1분간의 공구수명과 일치하는 절삭속도로서 C의 값이 클수록 빠른 절삭속도로 절삭가공하고 있는 것이다.

③ **일반적인 공구수명의 판정** : 완성가공된 가공치수변화가 일정량에 달했을 때, 공구인선의 마멸량이 일정량에 달했을 때, 가공표면조도의 변화가 일정량에 달했을 때, 가공 후 표면 광택이 있는 색조·무늬·반점이 있을 때, 주분력의 변화가 크지 않아도 배분력이나 이송분력이 급격히 증가할 때 등

02 선삭

1 선반의 구성

선반은 베드, 주축대, 왕복대, 공구대, 심압대 등으로 구성되며 공구대를 제외한 베드, 주축대, 왕복대, 심압대 등의 4가지를 선반을 구성하는 4대 주요부라고 한다.

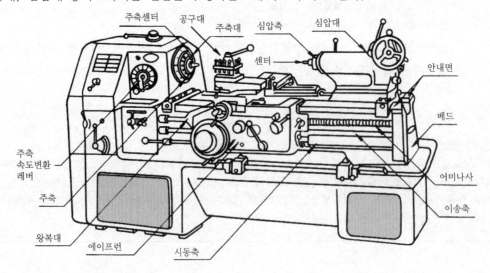

1) 베드(bed)

베드는 선반의 몸체로서 선반의 구성요소들을 지지한다. 일반적으로 리브(평행형, 지그재그형, 십자형, X형 등)로 보강된 박스형의 주물로 되어 있다. 베드 위에 모든 핵심적인 기계장치가 설치 및 조립(주축대, 왕복대, 심압대 등)된다. 베드는 강성이 크고 방진성이 있어야 하며 내마모성·정밀도·진직도 등이 우수해야 한다. 베드의 재질은 인장강도 $30kg/mm^2$ 이상의 강인주철(미하나이트주철, 구상흑연주철, 합금주철 등)이 사용되며, 내마모성을 높이고 주조응력을 제거하기 위해 표면경화처리(화염경화처리, 고주파경화처리, 프레임하드닝 등)를 한다. 베드 안내면의 단면 형상은 평형(영국식)과 산형(미국식) 등이 있으며, 평형 베드는 대형 선반과 강력절삭에 이점이 있지만 정밀도는 낮은 반면에, 산형 베드는 소형 선반과 정밀절삭에 이점이 있지만 평형 베드보다 강성은 낮다. 이들의 장점을 고려한 복합형 베드가 많이 사용된다.

2) 주축대(head stock)

주축대는 스핀들모터의 회전을 벨트 및 변환기어를 통해 스핀들 선단에 있는 척을 회전시켜 척에 물린 공작물을 회전시킬 수 있는 장치로, 동력원과 동력전달장치(주축 베어링 및 주축 속도변환장치), 스핀들, 척으로 이루어져 있다. 스핀들은 중공축이 유리한데 그 이유는 긴 공작물가공, 베어링에 걸리는 하중 감소, 척·면판 등의 장탈 시의 편리성, 주축무게 감소, 실축보다 굽힘 및 비틀림응력의 증가 등 장점이 있기 때문이다. 선반 주축의 강성을 크게 하고 진동을 방지하기 위하여 3점지지 주축대방식을 적용한다.

3) 왕복대(carriage)

범용선반의 이송장치(베드 위에서 가로이송 및 세로이송을 주는 장치)로서, 새들(saddle)과 에이프런(apron), 공구대, 분할너트(half nut), 이송기구(feed mechanism)로 구성되며 베드의 안내면을 따라 이동한다. 새들은 '工' 또는 'H'자 모양으로 되어 있으며, 베드 위에서 좌우로 왕복이동한다. 에이프런에는 절삭 및 이송용 핸들과 레버가 설치되어 있다. 이송기구는 주축 하단의 노턴(Norton)식 속도변환장치와 에이프런 내부의 이송장치를 말한다. 노턴식 속도변환장치에 의한 리드스크루와 이송로드의 회전을 분할너트(하프너트)와 레버를 이용하여 왕복대에 전달시켜 나사 깎기와 자동이송을 한다. 분할너트의 작동시기는 체이싱다이얼로 결정한다.

4) 심압대(tail stock)

베드 윗면의 오른쪽에 설치되며 센터로 공작물 원주 중심을 지지하는 장치를 말한다. 공작물의 길이에 따라 임의위치에 고정할 수 있으며 공작물의 주축과 심압대 사이에 고정하여 센터작업을 할 때 이용한다. 심압대는 가늘고 긴 공작물이나 척에 고정된 상태가 불안한 축 종류의 공작물을 가공할 때 휨현상이나 떨림 및 이탈되는 것을 방지하는 데 큰 역할을 한다. 범용선반의 심압대는 때로는 드릴링·리밍·태핑 등의 작업을 지원하기도 한다. 심압대 가운데 중심에는 센터(center)라는 부품이 삽입되고, 심압대의 축 부분은 모스테이퍼 구멍으로 되어 있다.

5) 공구대(tool post)

새들 위에 더브테일(dovetail), 볼트, 너트로 연결되고 공구를 고정한다. 범용선반에서는 공구대를 왕복대의 한 부품으로 분류한다.

2 선반가공의 종류

외경선삭, 단면선삭, 내경선삭, 외경테이퍼선삭, 홈삭(내경, 외경, 단면), 나사가공(내경, 외경), 총형선삭, 모방선삭, 절단가공, 드릴가공, 널링(knurling)가공 등이 있다.

3 선반에서 테이퍼를 절삭하는 방법

① 심압대편위법(tail stock set-over) : 길이가 긴 공작물을 양 센터 사이에 설치하고 센터를 서로 엇갈리게 하여 테이퍼를 절삭하는 방법

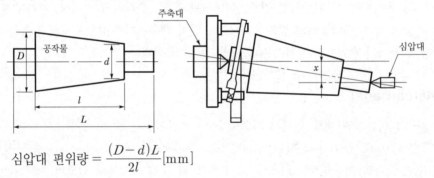

$$심압대\ 편위량 = \frac{(D-d)L}{2l}[\text{mm}]$$

② 복식공구대 선회법 : 테이퍼가 크고 길이가 짧은 공작물(선반센터의 선단, 베벨기어 등)의 테이퍼절삭에 적용

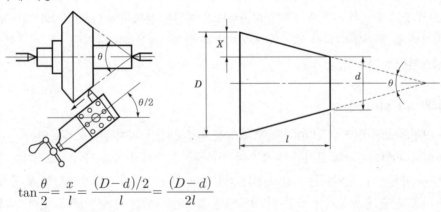

$$\tan\frac{\theta}{2} = \frac{x}{l} = \frac{(D-d)/2}{l} = \frac{(D-d)}{2l}$$

③ 테이퍼절삭장치 이용법 : 릴리빙선반, 공구선반 등에 장착하여 사용

④ CNC선반에서의 테이퍼작업 : 가로이송, 세로이송을 동시에 수행하여 테이퍼절삭

⑤ 기타 : 형판이용법, 총형공구사용법 등

4 나사 깎기

1) 나사절삭의 원리

공작물이 1회전하는 동안 절삭되어야 할 나사의 1피치만큼 바이트를 이송시키는 동작을 연속적으로 실시하면 나사가 절삭된다. 주축의 회전이 중간축을 지나 리드스크루축에 전달되며, 리드스크루축은 하프너트를 통하여 왕복대를 이송시켜 나사절삭을 한다.

2) 나사절삭의 요령

① 선반의 어미나사가 미터식인지 인치식인지 알아야 한다.

② 절삭하고자 하는 나사가 인치식인지 미터식인지 알아야 한다.

③ 해당 선반의 변환기어치수를 알아둔다.

④ 필요한 변환기어를 결정하고 공작물과 나사바이트를 준비한다.

⑤ 나사바이트를 설치한다.

⑥ 하프너트를 닫아 나사절삭을 한다. 최초에 하프너트를 닫는 위치로부터 일정한 주기를 반복하기 위해서 체이싱다이얼을 사용한다.

3) 나사가공용 바이트

① 완성용 나사가공바이트의 윗면경사각은 0°로 한다.

② 바이트의 각도는 센터게이지에 맞추어 정확히 연삭한다.

③ 바이트 팁의 중심선이 나사축에 수직이 되도록 고정한다.

④ 바이트 끝의 높이는 공작물의 중심선과 일치하도록 고정한다.

5 선반의 크기 표시와 부속장치

1) 선반의 크기 표시

선반의 크기는 여러 가지로 표시할 수 있는데 대표적인 것들은 베드 위의 스윙(깎을 수 있는 공작물의 최대지름), 왕복대 위의 스윙(왕복대 윗면에서부터 공작물의 최대지름), 양 센터 간의 최대거리(깎을 수 있는 공작물의 최대길이), 베드길이 등이다.

2) 선반용 부속장치

(1) 바이트(bite)

① 바이트의 크기 표시 : 폭×높이×전체 길이

② 바이트의 분류

    ㉠ 구조에 따른 분류 : 단체바이트(바이트의 인선과 자루가 같은 재질로 구성된 바이트), 용접바이트, 팁바이트(날붙이 바이트), 클램프바이트, 삽입바이트, 버튼바이트

    ㉡ 형상에 의한 분류 : 스트레이트바이트, 굽힘바이트, 한쪽 날바이트

    ㉢ 용도 또는 기능에 의한 분류 : 거친 절삭바이트, 다듬질바이트, 절단바이트, 단면바이트, 보링바이트, 나사절삭바이트, 홈절삭바이트, 총형바이트, 스프링바이트

    ㉣ 날부의 재질에 의한 분류 : 탄소공구강바이트, 합금공구강바이트, 고속도강바이트, 초경바이트, 서멧바이트, 세라믹바이트, CBN바이트, 다이아몬드바이트

③ 바이트의 설치

    ㉠ 바이트 끝의 높이를 센터높이와 같게 맞춘다.

    ㉡ 바이트 자루(섕크)는 수평으로 고정한다.

    ㉢ 바이트의 돌출길이(오버행)는 가능한 짧게 한다(권장 오버행량 : 고속도강바이트는 자루높이의 2배 이내, 초경바이트는 자루높이의 1.5배 이내).

    ㉣ 높이를 맞추기 위한 받침(shim, 심)은 1개 혹은 두께가 다른 여러 개를 준비하지만 가능한 적게 사용하는 것이 좋으며 받침은 바이트 자루의 전체 면이 닿도록 한다.

    ㉤ 바이트 위에도 받침을 넣어 바이트 자루에 흠이 나지 않도록 한다.

    ㉥ 고정볼트는 2개 이상 평균의 힘으로 체결한다.

(2) 척(chuck)

척은 공작물을 고정할 때 사용되며, 척의 크기는 콜릿척의 경우만 공작물의 지름으로 표시하고 나머지는 모두 척의 바깥지름으로 표시한다.

① 단동척 : 4개의 조를 각각 단독으로 움직여 편심가공이나 규칙성이 떨어지는 외경을 지닌 공작물가공에 사용되며 비교적 체결력이 강하다.

② 연동척(만능척, 스크롤척) : 비교적 규칙적인 외경을 지닌 재료가공에 사용하며 크라운기어를 이용하여 3개의 조를 동시에 움직이는데 단동척보다는 고정력이 약하다.

③ 양동척(복동척) : 단동척과 연동척을 합한 기능을 지닌다.

④ 마그네틱척 : 전자석을 이용하여 공작물을 고정하는 것으로 얇은 공작물을 고정할 때 유리하다.

⑤ 콜릿척 : 보통선반에서 사용할 경우에는 주축의 테이퍼 구멍에 슬리브를 끼우고, 여기에 부착하여 사용하는 척이며 가는 지름의 환봉(봉재)을 고정하기에 편리하다.

⑥ 압축공기척 : 압축공기를 이용하여 조를 자동으로 조절하여 공작물을 고정하며 작은 직경의 공작물을 대량생산하는 데 적합하다.

⑦ 인덱스척, 벨척 : 불규칙한 형상의 공작물을 지지하는 데 가장 적합한 척이다.

(3) 면판(face plate)

면판은 척으로 고정하기 곤란할 정도로 크거나 복잡한 형상의 공작물을 볼트나 앵글플레이트 등을 이용하여 공작물을 고정하는 판이며 주축선단에 설치한다. 공작물을 면판에 고정할 때 균형을 맞추기 위하여 균형추(밸런스웨이트)를 사용한다.

(4) 돌림판과 돌리개(driving plate & lathe dog)

돌림판과 돌리개는 센터작업 시 주축회전을 공작물에 전달하기 위해 사용된다. 돌림판은 주축 끝 나사부에 고정하며 공작물에 고정한 돌리개를 거쳐서 주축회전이 공작물에 전달된다.

(5) 맨드릴(mandrel, 심봉)

맨드릴은 기어나 벨트풀리소재처럼 구멍이 뚫린 공작물의 외면가공 시 구멍에 끼워 공작물을 고정하도록 도와주어 내경과 외경의 동심을 비교적 정확하게 잡아주는 장치이다. 1/100~1/1,000의 테이퍼로 작업하며 양 센터, 돌림판, 돌리개와 함께 사용한다. 내경을 먼저 가공한 후 내경에 맨드릴을 꽂고 외경을 내경의 중심에 맞추어 가공한다.

① **표준맨드릴** : 단체맨드릴(solid)이라고도 부르며, 가장 일반적인 정밀한 중심내기용으로 비교적 간단하고 확실하게 공작물을 고정한다.

② **팽창식 맨드릴** : 공작물 구멍이 맨드릴보다 클 때 슬리브를 끼워서 축방향으로 이동시켜 지름을 조정한다.

③ **조립식 맨드릴** : 원추(cone)맨드릴이라고도 하며, 비교적 지름이 큰 파이프의 원통형 가공에 사용된다.

④ **테이퍼맨드릴** : 테이퍼가공용으로 사용된다.

⑤ **너트맨드릴** : 갱(gang)맨드릴이라고도 부르며, 두께가 얇은 원판형 공작물 여러 장을 맨드릴에 끼워 너트로 고정하여 사용한다.

⑥ **나사맨드릴** : 공작물 구멍에 나사가 있을 때 사용한다.

(6) 방진구(work rest)

방진구는 가늘고 긴 공작물이 절삭력과 자중에 의해 휘거나 처짐이 발생하는 것을 방지하기 위한 장치이다. 고정식 방진구(베드 위에 고정하여 공작물을 120° 간격으로 배치된 3개의 조로 고정)와 이동식 방진구(왕복대의 새들 위에 고정하고 왕복대와 함께 이동하며 공작물을 2개의 조로 지지)가 있다.

(7) 센터(center)

센터는 회전하는 공작물 지지에 사용된다. 센터는 주로 중량 100kg 이하의 보통 공작물을 지지하는 데 사용되는 60°센터(미국식), 중량 100kg 이상의 대형 공작물을 지지하는 데 사용되는 75° 혹은 90°센터(영국식) 등의 3가지 각도의 센터가 있다.

① 라이브센터(live center, 회전센터) : 주축테이퍼에 끼워 공작물과 함께 회전되므로 회전센터라고 한다.
② 데드센터(dead center, 정지센터) : 심압대의 축에 끼운 센터는 정지하고 있으므로 정지센터라고 한다.
③ 베어링센터(bearing center) : 센터 끝이 공작물과 함께 회전한다(상기의 라이브센터와 데드센터는 과거의 개념이었다. 이들을 현재는 모두 데드센터라고 하며, 베어링센터를 라이브센터라고 부르고 있다. 따라서 필기시험문제를 풀 때에는 출제자가 어느 개념으로 묻고 있는지를 잘 생각해서 답을 찾아야 한다).
④ 하프센터(half center) : 끝면깎기에 사용된다.
⑤ 파이프센터 : 파이프(관)처럼 중심에 구멍이 있는 공작물을 지지하는 센터이다.

🔲6 선반의 종류

① 보통선반(범용선반, 엔진선반) : 다품종 소량생산이나 간단한 부품의 수리 및 가공에 사용하는 가장 보편적인 선반이며 가장 많이 사용되는 선반
② CNC선반 : 수치데이터프로그램으로 수치제어하여 자동으로 가공하는 선반
③ 수직선반 : 직경이 크고 길이가 짧고 무거운 대형의 공작물이나 불규칙한 공작물을 강력 중(重)절삭할 때 가공하기 편리하도록 척을 지면 위에 수직으로 설치하여 가공물의 장착이나 탈착이 편리한 선반으로, 공구이송방향이 보통선반과 다른 선반
④ 탁상선반(bench lathe, 벤치선반) : 탁상, 작업대 위에 설치해야 할 만큼의 소형 선반으로 시계부품, 재봉틀부품 등의 소형물을 주로 가공하는 선반
⑤ 공구선반 : 공구게이지, 정밀기계부품가공 등에 사용(부속장치 : 테이퍼장치, 릴리빙장치, 콜릿장치 등)
⑥ 정면선반 : 베드를 가능한 짧게 하여 주로 공작물의 단면절삭에 쓰이는 것으로 길이가 짧고 지름이 큰 공작물(기차바퀴, 대형 풀리, 플라이휠 등)을 선삭하기에 가장 적합한 선반이며, 면판으로 공작물을 고정하는 경우가 많음
⑦ 모방선반(카핑선반) : 미리 제작된 형판과 같은 모양의 제품을 가공하는 선반(툴 포스트가 공작물의 회전에 따라서 캠장치에 의해 공작물의 반경 간에 움직이며 절삭이 이루어지는 선반)으로, 형상이 복잡하거나 곡선형 외경을 가진 공작물을 가공할 때 편리(작동방식 : 유압식, 전기식, 전기유압식 등)
⑧ 터릿선반 : 선회공구대인 터릿에 여러 공구를 장착하여 너트, 와셔, 나사, 핀 등의 소형 제품을 대량생산하는 데 적합한 선반으로, 그 종류에는 램형, 새들형, 드럼형 등이 있는데 램형은 소형 공작물가공에 유리하며, 새들형은 크고 무거운 큰 가공물의 선삭, 보링, 태핑 등의 가공에 편리
⑨ 자동선반 : 캠(cam)이나 유압기구 등을 이용하여 부품가공을 자동화한 선반이며 볼트, 핀, 시계, 자동차 소형 부품 등을 능률적으로 대량생산하는 데 적합

⑩ **다인선반** : 공구대에 여러 개의 공구를 설치하여 동시에 여러 부분을 가공하는 선반

⑪ **차축선반** : 철로차량용 차축의 양쪽을 동시 가공할 수 있는 선반

⑫ **차륜선반** : 철도차량용 바퀴를 가공할 수 있는 선반으로 정면선반 2대를 서로 마주 보게 하여 제작

⑬ **크랭크축선반** : 크랭크축의 베어링저널과 크랭크핀가공 전용 선반

⑭ **캠선반** : 주축대로부터 베드의 일부가 분해될 수 있도록 하여 베드 상의 스윙을 크게 한 선반

⑮ **나사절삭선반** : 나사가공 전용 선반

⑯ **리드스크루선반** : 피치보정기구장치가 설치되어 있는 공작기계의 리드스크루를 가공하는 선반

⑰ **롤선반** : 압연용 롤러가공 전용 선반

7 선삭의 절삭동력과 절삭량(절삭률)

1) 선삭의 절삭동력

주분력 $P_1(=f_r \times t \times$ 비절삭저항$)$, 절삭속도 v, 효율 η일 때

소요마력은 $HP = \dfrac{P_1 v}{75 \times 60 \times \eta}$ [PS], 소요동력은 $P_{\mathrm{kW}} = \dfrac{P_1 v}{102 \times 60 \times \eta}$ [kW]로 계산된다.

•예제 연강봉을 선반으로 절삭깊이 4mm, 이송량 0.4mm/rev, 절삭속도 100m/min로 절삭코저 할 때 적당한 동력은? (단, 연강의 비절삭저항의 값는 190N/mm²이고, 기계효율을 80%로 한다.)

① 5.5PS   ② 8.5PS

③ 11.5PS   ④ 14.5PS

│해설│ $HP = \dfrac{P_1 v}{75 \times 60 \times \eta} = \dfrac{f_r \times t \times \text{비절삭저항} \times v}{75 \times 60 \times 0.8} = \dfrac{0.4 \times 4 \times 190 \times 100}{75 \times 60 \times 0.8} = 8.5\text{PS}$ 정답 ▶ ②

•예제 선반가공에서 지름 102mm인 환봉을 300rpm으로 가공할 때 절삭저항력이 981N이었다. 이때 선반의 절삭효율을 75%라 하면 절삭동력은 약 몇 kW인가?

① 1.4   ② 2.1

③ 3.6   ④ 5.4

│해설│ $P_{\mathrm{kW}} = \dfrac{P_1 v}{102 \times 60 \times \eta} = \dfrac{100 \times (3.14 \times 102 \times 300/1,000)}{102 \times 60 \times 0.75} = \dfrac{9,600}{4,590} = 2.1\text{kW}$

[참고] $HP = \dfrac{P_1 v}{75 \times 60 \times \eta} = \dfrac{100 \times 3.14 \times 102 \times 300}{75 \times 1,000 \times 60 \times 0.75} = 2.8\text{PS}$ 정답 ▶ ②

---

2) 선삭의 절삭량(절삭률)과 가공시간

① 절삭량 : 절삭의 3대 조건인 절삭속도, 회전당 이송량, 절삭깊이를 곱하면 된다.

> **예제** 절삭속도 100m/min, 절입량 3mm, 이송 0.3mm/rev, 공작물지름 100mm일 때의 절삭량(cm^3)을 계산하시오.
>
> **|해설|** $(100 \times 1,000) \times 0.3 \times 3 = 90,000mm^3 = 90cm^3$

② 가공시간(T) : 절삭길이(절삭장, L)를 분당 이송(F)으로 나누고, 여기에 절삭횟수(i)를 곱한 값이다 $\left(T = \dfrac{L}{F} i\right)$.

> **예제** 지름이 125mm, 길이 350mm인 중탄소강 둥근 막대를 초경합금바이트를 사용하여 절삭깊이 1.5mm, 이송 0.2mm/rev의 조건으로 선삭하려면 1회 깎는데 필요한 시간은? (단, 절삭속도는 150m/min)
> ① 약 2분 25초
> ② 약 4분 35초
> ③ 약 6분 15초
> ④ 약 8분 45초
>
> **|해설|** $T = \dfrac{L}{F} i$
>
> 분당 이송＝회전수×회전당 이송이며, 주어진 조건에서 절삭길이, 회전당 이송은 제시되어 있으나 회전수가 제시되어 있지 않으므로 회전수를 먼저 구해서 식에 대입한다.
>
> $v = \dfrac{\pi d n}{1,000}$ 이므로 $n = \dfrac{1,000v}{\pi d} = \dfrac{1,000 \times 150}{3.14 \times 125} \simeq 382$rpm이다.
>
> 따라서 절삭시간 $t = \dfrac{L}{F} i = \dfrac{350}{382 \times 0.2} \times 1 = 4.581 \simeq 4$분 35초가 된다.
>
> 정답 ▶ ②

03 밀링

밀링은 밀링가공이라고도 부르며 밀링커터라는 복수날을 가진 절삭공구를 회전시켜 공작물의 면을 가공하는 작업공정이다. 평면(정면)가공, 측면가공, 홈가공, 각도가공, 더브테일가공, 윤곽가공, 나선홈가공, 기어가공, 총형가공, 절단가공 등의 절삭가공을 수행하지만, 나사가공은 기본적으로 가능하지 않다.

1 상향절삭과 하향절삭

밀링에서는 반드시 상향절삭(up milling, conventional milling : 커터의 회전방향과 공작물의 이송방향이 반대)과 하향절삭(down milling, climb milling : 커터의 회전방향과 공작물의 이송 방향이 같음)이 동시에 혹은 각기 일어나게 된다.

구 분	장 점	단 점
상향절삭	• 기계에 무리를 주지 않는다. • 날이 부러질 염려가 없다. • 절삭면의 치수정밀도변화가 적다. • 백래시가 자연히 제거되어 백래시에 의한 문제가 거의 발생하지 않는다.	• 공작물 고정이 불안정하여 떨림이 우려된다. • 제대로 절삭되지 않는 러빙(rubbing, 비비는 현상)이 발생되어 공구마모가 심하여 공구수명이 단축된다. • 가공면이 거칠다. • 칩이 가공면 위에 쌓여 시야가 좋지 않다.
하향절삭	• 절삭력이 하향으로 작용하여 공작물 고정이 간편하며 유리하다. • 공구마멸이 적고 공구수명에 유리하다. • 가공면이 깨끗하다. • 저속이송에서 회전저항이 작아 표면거칠기가 좋다. • 절삭칩이 가공면에 쌓이지 않아 가공할 면을 잘 볼 수 있다.	• 공작물을 누르면서 가공하므로 기계에 무리가 간다. • 절삭날이 부러지기 쉽다. • 절삭열에 의해 치수정밀도가 불량하다. • 백래시 제거장치가 필요하다.

2 밀링커터의 종류

① 제조형식에 따른 분류 : 솔리드타입(바디와 절삭날이 한 몸체), 브레이지드타입(탄소강 바디에 초경팁 브레이징), 인서트타입(합금강 커터 바디와 인서트로 구성)
② 가공내용에 따른 분류 : 정면 밀링커터(face mill cutter : 평면가공, 강력절삭 가능), 사이드 밀링커터, half side 밀링커터, 플레인 밀링커터(plain milling cutter : 직선홈날은 경절삭 및 최종가공용에 사용되고, 나선형은 절삭면적이 넓을 때나 절삭량이 많을 경우에 사용), 엔드밀(end mill : 측면, 바닥면 엔드부위에 절삭날이 있으며 다양한 가공 가능), T홈커터(T−slot cutter, T홈가공), 메탈슬리팅쏘오(금속절단), 콘벡스 밀링커터(둥글기 가공), 콘게이브 밀링커터(볼록한 둥글기 형상가공), 더브테일 밀링커터(공작물의 측면과 바닥면이 60° 혹은 45°가 되도록 동시 가공), 양각 밀링커터(angular cutter : 각형커터, 노치, 세레이션, 베벨 및 각홈 등 가공)

3 밀링머신의 기본구조

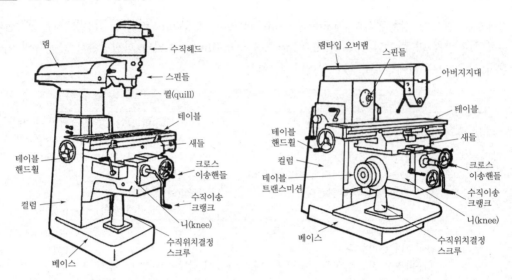

① 컬럼(column, 기둥) : 기계를 지지하는 몸체로서 베이스 위에 설치된다. 전동기, 변속장치 등이 설치되어 있다.

② 오버암(over arm) : 컬럼의 상부에 설치되어 있으며 플레인 밀링커터용 아버를 아버서포터가 지지하고 있다. 아버서포터는 임의의 위치에서 체결가능하게 되어 있다.

③ 니(knee) : 컬럼의 슬라이딩(미끄럼)면을 따라 상하로 이동하는 부분이다.

④ 새들(saddle) : 니 위에 조립되어 전후 슬라이딩운동을 한다.

⑤ 테이블 : 새들 위의 슬라이딩면에 따라 좌우이동된다. 테이블이송속도(mm/min)는 다음 공식으로 계산된다.

$$F = f_z Z n = f_r n$$

단, f_z : 1날당 이송량(mm/tooth), Z : 날수, n : 회전수(rpm), f_r : 1회전당 이송량(mm/rev)

4 밀링머신의 크기 표시

1) 호칭번호에 의한 크기 구분

테이블 좌우이동(X축) × 새들의 전후이동(Y축) × 니(knee)의 상하이동(Z축)의 크기에 따라 다음과 같이 0호기부터 6호기까지 구분되는데, 일반적으로는 테이블이동거리(X축)의 크기를 기준으로 한다.

호기수	0	1	2	3	4	5	6
X×Y×Z	450×150×300	550×200×400	700×250×450	850×300×450	1,050×350×450	1,250×400×500	X1,500

2) 형태에 따른 크기 구분

① 수직 밀링머신의 경우 : 테이블면의 크기, 테이블의 최대이동거리, 주축 끝부터 테이블 윗면까지의 최대거리 등으로 표시

② 수평 밀링머신과 만능 밀링머신의 경우 : 테이블면의 크기, 테이블의 최대이동거리, 주축의 중심에서부터 테이블 윗면까지의 최대거리 등으로 표시

5 밀링머신의 부속장치

① 바이스(vise) : 테이블의 T홈에 가이드블록과 클램핑볼트를 이용하여 세팅하고 공작물을 물려주는 역할을 한다.

② 분할대(indexing head) : 공작물의 원주분할가공과 각도분할가공을 하기 위한 장치이며 주축대와 심압대 한 쌍으로 테이블 위에 설치한다. 분할대의 크기 표시는 테이블 상의 스윙으로 한다. 원래는 밀링머신에서 사용하기 위하여 고안되었지만 셰이퍼나 플레이너 등에서도 사용가능하다. 분할대의 종류에는 단능식(분할수 : 24)과 만능식(각도, 원호, 캠절삭 가능)이 있으며, 분할대의 형태로는 브라운샤프형, 신시내티형, 밀워키형 등이 있다.

③ 회전(원형)테이블장치 : 테이블 위에 바이스를 고정하고 원형의 홈가공, 바깥둘레의 원형가공, 헬리컬기어가공, 원판의 분할가공 등을 할 수 있는 장치이다.

테이블 선회각(헬리컬기어가공에서 비틀림각) $\tan\alpha = \dfrac{\pi d}{L}$ (단, d : 공작물지름, L : 리드)

•예제 지름이 100mm인 일감에 리드 600mm의 오른나사 헬리컬홈을 깎고자 한다. 테이블이송나사는 피치가 10m인 밀링머신에서 테이블선회각을 $\tan\alpha$로 나타낼 때 옳은 값은?

① 1.90   ② 31.41

③ 0.03   ④ 0.52

|해설| $\tan\alpha = \dfrac{\pi D}{L} = \dfrac{3.14 \times 100}{600} = 0.52$ 정답 ▶ ④

---

④ 수직 밀링장치 : 수평 밀링머신, 만능 밀링머신의 주축회전을 기어에 의해 수직방향으로 전환시키는 장치(절삭능력은 50%로 감소)로 스핀들 헤드에 설치한다.

⑤ 만능 밀링장치 : 커터축 360° 회전이 가능(절삭능력은 30~40%로 감소)하다.

⑥ 슬로팅장치 : 밀링머신의 컬럼에 장치하여 주축의 회전운동을 공구대의 직선왕복운동으로 변환시키는 장치로 좌우 90° 회전이 가능하다.

⑦ 랙절삭장치 : 랙기어를 절삭할 때 밀링머신의 컬럼에 부착하여 사용하는 장치로 45° 회전이 가능하다.

⑧ 랙인디케이팅장치 : 랙가공작업 시 변환기어를 사용하지 않고도 합리적인 기어열로 모든 모듈을 간단하게 분할한다.

⑨ 아버(arbor), 어댑터(adaptor) : 밀링커터를 고정할 때 사용한다.

■6 분할가공방식

1) 직접분할법

직접분할법(direct indexing)은 주축의 앞면에 있는 24구멍의 직접분할판을 사용하여 분할하는 방법이다. 24의 인수인 2, 3, 4, 6, 8, 12, 24 등의 7가지 등분은 직접분할법으로 간단하게 분할할 수 있다.

2) 단식분할법

단식분할법(single indexing)은 분할크랭크와 분할판을 사용하여 분할하는 방법이다. 직접분할법으로 분할할 수 없는 수 혹은 분할이 정확해야 할 경우에 사용된다. 분할크랭크를 40회전시키면 주축은 1회전을 하므로 주축을 $1/N$회전시키려면 분할크랭크를 $40/N$회전시키면 된다. 단식분할이 되는 분할수에는 2~60까지의 모든 수, 60~120 사이의 2와 5의 배수 및 120 이상의 수는 $40/N$에서 분모가 분할판의 구멍수가 될 수 있는 수 등이 있다.

밀링분할판		구멍열
브라운샤프형	No.1	15, 16, 17, 18, 19, 20
	No.2	21, 23, 27, 29, 31, 33
	No.3	37, 38, 41, 43, 47, 49
신시내티형	앞면	24, 25, 28, 30, 34, 37, 38, 39, 41, 42, 43
	뒷면	46, 47, 49, 51, 53, 54, 57, 58, 59, 62, 66
밀워키형	앞면	60, 66, 72, 84, 92, 96, 100
	뒷면	54, 58, 68, 76, 78, 88, 98

3) 차동분할법

차동분할법(differential indexing)은 직접분할법이나 단식분할법으로 분할할 수 없는 수를 차동장치를 이용하여 분할하는 방법이다. 127개의 이를 가진 기어는 차동분할법으로 분할하여 절삭가공할 수 있다. 사용되는 변환기어의 잇수는 24(2개), 28, 32, 40, 44, 48, 56, 64, 72, 86, 100 등의 12개가 있으며 1,008등분까지 가능하다.

▌7 밀링머신의 종류

1) 니 컬럼형 밀링머신 : 수직형, 수평형, 만능형

① 수직 밀링머신 : 주축을 기둥 상부에 수직방향으로 장치하여 회전시킨다. 아버에 밀링커터를 장착하거나 홀더에 엔드밀을 장착하여 작은 부품의 평면(정면), 측면, 단면, 홈 등을 가공한다.

② 수평 밀링머신 : 컬럼(기둥) 상부에 주축을 수평방향으로 장치하여 수평축에 아버와 밀링커터를 장착하여 평면(정면), 측면, 홈, 절단 등의 작업을 한다.

　㉠ 컬럼(column, 기둥) : 밀링머신의 몸체이며 하부는 안전성을 위하여 넓은 면으로 한다. 절삭저항의 변화에도 잘 견디어 진동이 적고 충분한 강도를 지녀야 한다.

　㉡ 주축 : 주축의 재질은 보통 Ni-Cr강이 사용되며 기둥(컬럼)에 설치되어 있다. 보통 테이퍼 롤러 베어링으로 지지된다. 주축은 중공축이며 주축 끝에 아버를 끼우고 아버의 휨을 방지하기 위해 오버암이 설치되어 있다. 주축단은 보통 테이퍼진 구멍(National Taper, $NT=7/24$)으로 되어 있으며 크기는 규격으로 정해져 있다.

　㉢ 니(knee) : 새들과 테이블을 지지하고 컬럼의 슬라이딩면에서 상하이동한다.

　㉣ 새들 : 테이블의 좌우이동용 방향전환장치, 백래시 제거장치 등이 있다.

　㉤ 테이블 : 새들 위에서 좌우방향으로 이송하며 공작물 고정 및 부속장치 등이 이 위에 T볼트로 고정 및 설치된다.

③ 만능 밀링머신 : 새들 위에 회전대가 있어 수평면 안에서 필요한 각도로 테이블을 회전시킨다. 헬리컬기어, 트위스트드릴의 트위스트(비틀림)홈 등을 가공한다.

2) 생산형 밀링머신

밀링머신 중 공구를 수직이동시켜 공구와 공작물의 상대높이를 조절하며, 구조가 단순하고 튼튼하여 중절삭이 가능하고, 주로 동일 제품의 대량생산에 적합하도록 단순화·자동화를 한 밀링머신이다. 스핀들헤드수에 따라 단두형, 쌍두형, 다두형, 회전밀러(회전테이블) 등으로 구분한다.

3) 플라노밀러

플레이너형 밀링머신, 평삭형 밀링머신이라고도 부르며 대형 공작물, 중량공작물의 (강력)절삭에 적합하다.

4) 특수 밀링머신

① 모방 밀링머신 : 모방장치를 사용하여 복잡한 형상의 공작물을 능률적으로 가공한다.

② 나사 밀링머신 : 나사를 전용으로 절삭하는 전용기이며, 작동이 간단하고 가공능률이 우수하며 나사가공면조도가 깨끗하다.

③ 공구 밀링머신 : 수평 밀링머신과 유사하나 복잡한 형상의 지그, 게이지, 다이 등을 가공하는 데 사용하는 소형 특수 밀링머신이다.

8 밀링작업 가공면 떨림(chattering) 방지책

① 밀링커터의 정밀도를 좋게 한다.
② 공작물의 위치결정을 제대로 한다.
③ 공작물의 고정을 확실하게 한다.
④ 절삭조건을 개선한다.
⑤ 회전속도를 감소시킨다.
⑥ 보다 작은 커터를 사용한다.
⑦ 커터날의 수를 적절하게 선정한다.
⑧ 비틀림각을 적절하게 선정한다.
⑨ 기계 각 부분의 미끄럼면 사이의 틈새를 최소화한다.
⑩ 공작물과 커터를 컬럼 가까이 설치한다.

04 구멍가공

1 드릴링 등

드릴링(drilling)은 드릴링머신, 머시닝센터 등의 주축에 드릴(drill)을 장착시켜 이를 회전 및 이송시켜서 공작물에 초벌구멍을 뚫는 작업공정이다. 드릴링 후 구멍의 확공을 목적으로 하지 않고 가공표면조도와 진원도 및 치수정밀도를 향상을 목적으로 하여 리머를 공작기계 주축에 장착하여 이를 회전 및 이송시켜 가공하는 작업공정을 리밍(reaming)이라고 한다. 한편 보링(boring)은 드릴링머신, 보링머신, 머시닝센터 등의 주축에 보링바를 장착시켜 이를 회전 및 이송시켜서 공작물에 미리 만들어진 구멍을 확공시키는 작업공정이다. 보링가공 시에는 일반적으로 가공표면조도와 진원도 및 치수정밀도가 향상된다.

1) 드릴의 개요

① 드릴의 형상
㉠ 선단각(포인트앵글, 드릴포인트앵글, 날끝각) : 드릴 양쪽 날이 이루는 각도로 트위스트드릴의 날끝각은 118°이며, 흔히 드릴의 표준날끝각이라고 하면 이 각도를 의미한

다. 그러나 초경버니싱드릴의 인선각은 135°, 강용 초경드릴의 인선각은 150~165° 등 매우 다양하게 설계된 드릴의 날끝각이 사용되고 있다.

ⓒ 여유각(날여유각, 립여유각, 절삭날각) : 드릴이 공작물을 용이하게 먹고 들어갈 수 있도록 드릴의 절삭날에 주어진 여유각으로 보통 12~15° 정도로 설계된다.

ⓒ 나선각(비틀림각, 헬릭스앵글) : 드릴에는 두 줄의 나선형 홈이 있는데, 이것이 드릴축과 이루는 각도를 말한다. 일반적으로 비틀림각 20~32°(구리, 동합금 : 10~30°) 정도로 설계되는데 단단한 재질의 공작물에는 작은 각으로, 연한 공작물에는 큰 각으로 설계한다.

ⓒ 백테이퍼(back taper) : 드릴의 선단보다 자루 쪽으로 갈수록 약간씩 경사를 주어 가공 구멍과 드릴이 접촉하지 않도록 하기 위한 테이퍼이며 보통 0.025~0.5mm/100mm 정도로 설계한다.

ⓜ 마진(margin) : 드릴가공이 잘 되도록 드릴의 안내역할을 한다.

ⓗ 랜드(land) : 마진의 뒷부분이다.

ⓢ 웨브(web) : 홈과 홈 사이의 두께로, 이것이 드릴의 몸체를 구성하며 날 끝에서 자루 쪽으로 갈수록 두꺼워진다.

ⓞ 탱(tang) : 테이퍼생크드릴 맨 끝의 납작한 부분으로 드릴의 소켓이나 드릴의 슬리브에 드릴을 고정할 때 사용된다.

ⓩ 생크(shank, 자루) : 스트레이트생크(곧은 자루)와 모스테이퍼생크가 있다. 모스테이퍼생크는 크기에 따라 MT 1~MT 5 등으로 나타내는데, ϕ13mm 이하의 드릴을 모스테이퍼생크로 만들면 MT 1이 된다. 이것은 드릴링 시에 홀더에서 잘 빠지기 때문에 통상적으로 스트레이트생크로 만들어 드릴척이나 콜릿척 등에 물려서 사용하며, ϕ13~75mm의 드릴은 모스터이퍼생크로 제작하여 MT 슬리브 혹은 MT 홀더에 물려 사용하거나 스트레이트생크로 제작하여 콜릿척이나 사이드록홀더에 물려 사용한다.

② 드릴의 재질 : 합금공구강, 고속도강, 초경합금 등이 있으며 합금공구강은 드릴의 재료로는 거의 사용되지 않는다. 보통 트위스트드릴이라고 하면 고속도강드릴을 말하며, 초경합금드릴의 사용이 일반화되어가는 추세다.

③ 시닝(thinning) : 웨브가 두꺼워질 경우 절삭성이 저하되는데, 이것을 줄이기 위해서 치즐 포인트를 얇게 연삭하는 것을 말한다.

2) 드릴링머신에 의한 가공의 종류

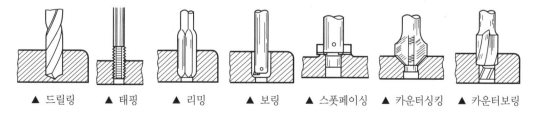

▲ 드릴링   ▲ 태핑   ▲ 리밍   ▲ 보링   ▲ 스폿페이싱   ▲ 카운터싱킹   ▲ 카운터보링

① 드릴링 : 드릴을 사용하여 초벌 구멍을 뚫는 작업이다.

② 태핑(tapping) : 드릴로 뚫은 구멍에 탭(tap)을 사용하여 구멍의 내면에 암나사를 내는 작업이다. 호칭지름 M, 피치 P일 때 탭전 드릴지름 $d = M - P$로 계산된다.

③ 리밍 : 드릴로 뚫어낸 구멍을 리머로 정밀하게 다듬는 작업이다.

④ 보링 : 주조된 구멍이나 이미 드릴링한 구멍을 필요한 직경으로 확공하거나 정밀한 치수로 만드는 작업이다.

⑤ 스폿페이싱(spot facing) : 볼트, 너트 등이 닿는 부분의 자리를 내기 위해 절삭하는 작업이다.

⑥ 카운터싱킹(counter sinking) : 접시 모양의 나사머리 모양이 닿는 테이퍼원통형 자리를 내는 작업이다. 카운터보링과 유사하다.

⑦ 카운터보링(counter boring) : 작은 나사, 볼트의 머리 부분을 공작물에 묻히게 하기 위해 미리 뚫은 구멍에 단을 내는 작업이다.

⑧ 챔퍼링 : 구멍 입구 부위 모따기 작업이다.

3) 드릴링머신의 종류

① 직립 드릴링머신(upright drilling machine) : 일반적인 드릴링머신이며 주축역회전장치가 있으므로 태핑작업을 할 수도 있다. 베이스, 테이블, 컬럼, 주축으로 구성된다. 직립 드릴링머신의 크기 표시는 테이블크기, 주축 구멍의 모스테이퍼번호, 최대드릴가공직경, 스윙(주축의 중심부터 컬럼(기둥)표면까지 거리의 2배), 주축 끝에서 테이블면까지의 최대거리 등으로 나타낸다.

② 탁상 드릴링머신(bench drilling machine) : 탁상작업대 위에 설치하여 사용하는 직경 ϕ 13mm 이하의 작은 구멍가공용 드릴링머신이다. 탁상 드릴링머신에서 일반적으로 가장 많이 사용되는 주축회전변속장치는 V벨트와 단차이다.

③ 레이디얼 드릴링머신(radial drilling machine) : 컬럼을 중심으로 암이 선회되는데, 암에는 주축이 설치되어 있어서 암이 선회될 때 테이블에 고정시켜 놓은 공작물의 드릴가공 부위로 주축이 같이 이동되어 구멍의 중심을 맞추어 드릴링한다. 대형 공작물의 드릴링에 매우 유리하다.

④ 다축 드릴링머신 : 1대의 기계에 복수 스핀들이 있어서 같은 면에 있는 여러 개의 구멍을 동시 드릴링할 수가 있다.

⑤ 다두 드릴링머신 : 직립 드릴링머신의 상부를 같은 베드 위에 여러 개 나란히 장치한 드릴링머신이다. 여러 가지 공구를 설치하여 드릴가공, 리머가공, 탭가공 등을 순차적·능률적으로 수행할 수 있다.

⑥ 심공 드릴링머신(deep hole drilling machine) : 구멍의 지름에 비해 깊은 구멍을 뚫을 때 사용하는 드릴링머신이다. 사용되는 절삭공구는 건드릴, 건리머, BTA드릴, 이젝터드릴, 트리패닝헤드, 카운터보링헤드 등이 있다.

2 보링

1) 보링의 개요

보링은 주조할 때 뚫린 구멍이나 드릴로 뚫은 구멍을 깎아서 확공하거나 정밀도를 높게 하기 위한 가공이다. 이때 사용되는 공작기계를 보링머신이라고 하는데, 통상은 수평형이지만 고정밀도를 보유하는 보링머신인 지그보링머신(항온항습실에 보관)은 수직형이다. 보링머신은 주요 작업인 보링 이외에도 드릴링, 태핑, 리밍, 밀링, 원통외면절삭 등의 작업이 가능하다.

2) 보링용 공구와 장치

① 보링바이트 : 날은 원형이나 각형이며, 주로 초경재질이 사용되지만 비철금속정삭에는 다이아몬드재질도 사용
② 보링바 : 보링바이트가 장착되는 홀더공구
③ 보링헤드 : 보링바에 장착하여 큰 직경보링에 사용
④ 센터링 인디케이터 : 보링축 중심과 공작물의 구멍 중심이 일치하는지를 조사
⑤ 바이트 세팅게이지 : 바이트를 보링바에 장착할 때 보링지름에 정확하게 맞추기 위해 사용
⑥ 센터펀치 : 지그 보링머신에서 표점마킹, 중심 표시 금긋기 등에 사용
⑦ 원형테이블 : 지그 보링머신에서 분할작업에 사용

3) 보링머신의 종류

① 수평 보링머신 : 일반적인 보링머신으로 보링머신의 크기 표시는 테이블크기, 스핀들지름, 스핀들이동거리, 스핀들헤드의 상하이동거리, 테이블이동거리 등으로 나타낸다. 종류로는 테이블형, 플로어형, 플레이너형, 이동형 등이 있다.
　㉠ 테이블형 : 보링 및 다른 기계가공 병행, 중형 이하 공작물가공
　㉡ 플로어형 : 테이블형에서 작업하기 곤란한 대형 공작물가공에 유리
　㉢ 플레이너형 : 새들이 없고, 길이방향의 이송은 베드를 따라 컬럼이 이송되며 중량이 큰 공작물을 가공하기에 적합
　㉣ 이동형 : 이동작업 및 기계수리용
② 정밀 보링머신 : 고속회전 및 정밀한 이송기구를 지니며 치수 정도와 기하공차(진원도, 진직도 등)가 우수하다. 가공면조도가 좋아야 하는 실린더보어, 커넥팅로드(대경, 소경) 등의 보링에 사용하며, 크기 표시는 최대보링지름으로 한다.
③ 지그 보링머신 : 정밀측정장치가 부착된 기계이며 항온항습실에 설치해야 한다. 주로 정밀공구, 치구류 등의 가공을 목적으로 $2 \sim 10\,\mu\text{m}$의 고정도 구멍가공용에 사용되며, 크기 표시는 최대보링지름, 테이블크기 등으로 나타낸다.
④ 코어 보링머신 : 판재, 포신 등의 큰 구멍가공에 적합하다.

1 브로칭

브로칭 혹은 브로칭가공은 가늘고 긴 일정한 단면 모양을 가진 공구면에 많은 날을 가진 절삭공구인 브로치(broach)를 사용하여 가공물의 내면이나 외면에 원하는 형상의 부품을 가공하는 절삭가공작업공정이다. 이때 사용되는 공작기계를 브로칭머신이라고 한다. 브로칭방법으로는 압입식(브로치를 공작물에 압입하면서 가공), 인발식(브로치를 잡아당겨 가공), 연속식 등이 있으며, 운동방법에는 나사식, 기어식(랙과 피니언), 유압식이 있는데, 이 중에서 유압식이 가장 많이 사용된다. 브로칭머신의 크기 표시는 최대인장력, 최대행정길이 등으로 나타낸다.

1) 브로칭의 특징

① 브로칭은 1회 행정으로 완성가공하는 작업이다.
② 브로치의 설계와 제작에 시간, 비용 등이 많이 소요된다.
③ 일정수량 이상의 대량생산에 적용된다.
④ 제품의 형상과 모양, 크기, 재질에 따라서 각각 브로치가 별도로 필요하다.
⑤ 1개의 브로치에 황삭날, 중삭날, 정삭날을 모두 지니므로 황삭과 정삭을 별도로 할 필요가 없다.

2) 브로칭가공의 작업요령

① 가공홈의 모양이 복잡할수록 느린 속도로 가공한다.
② 절삭깊이가 너무 작으면 인선의 마모가 증가한다.
③ 브로치는 떨림을 방지하기 위하여 피치간격을 다르게(부등분할) 한다.
④ 절삭량이 많고 길이가 길 때에는 절삭날의 수를 많게 한다.

3) 브로치

브로치는 일체형(solid type), 인서트형(inserted type), 조립형(combined type) 등이 있으며, 브로치의 각 부위는 자루부, 절삭부(황삭날 · 중삭날 · 정삭날), 평행부, 후단부로 구분된다. 브로치의 절삭날 피치를 구하는 식은 $P = C\sqrt{L}$ 이다(단, P : 피치, L : 절삭날의 길이, C : 가공물의 재질에 따른 상수).

4) 브로칭머신의 종류

① 수직형(직립형) : 브로치를 수직설치하므로 수평형보다 설비면적이 적게 들지만 높이가 높

아져서 수평형보다 안정성이 떨어진다. 절삭유 공급이 편리하며 소형 공작물의 대량생산에 적합하다.

② 수평형 : 브로치를 수평설치하여(절삭속도 5~10m/min, 귀환속도 15~40m/min) 가공하며 기계조작이 쉽고 가동성과 안정성, 기계점검 등이 수직형보다 유리하다.

■2 치절삭(치절삭가공, 치절가공, 기어가공)

1) 기어가공방법

① 형판법(template system, 형판에 의한 방법) : 황삭가공된 기어소재에 치형이 똑같은 곡면을 가진 형판을 따라 공구를 이송시켜 기어를 절삭하는 방법이다.

② 성형법(formed tool system, 총형공구에 의한 방법) : 공구의 모양을 절삭하는 기어의 치형에 맞추어서 소재인 원판을 같은 간격으로 분할하고 소재를 회전시키면서 한 이씩 홈을 깎아 기어를 만드는 방법이다.

③ 창성법(generated system) : 인벌류트치형을 정확히 가공할 수 있는 방법이다. 공구를 이론적으로 정확한 기어 모양으로 만들어 기어소재와의 상대운동으로 치형을 절삭하는 방법이다. 기어창성법으로는 호빙(호브를 사용), 기어셰이핑(피니언커터 혹은 랙커터를 사용), 정삭만을 수행하는 기어셰이빙(셰이빙커터 사용)이 있다.

2) 기어절삭기의 종류

① 호빙머신 : 호브를 사용하여 기어를 절삭한다. 호브와 공작물은 웜과 웜기어의 원리로 서로 상대운동을 하면서 가공한다. 스퍼기어, 헬리컬기어, 웜기어, 스플라인 등을 가공하며, 기어의 정밀도는 기본적으로 호브의 정밀도에 따라 결정되지만 피치의 정밀도는 특히 호빙머신의 테이블을 회전시키는 웜과 웜기어의 정밀도에 좌우된다. 주요 구성품은 호브, 주축대, 테이블, 컬럼, 베드, 이송변환장치, 분할변환기어장치, 속도변환장치 등이다. 호빙머신의 크기 표시는 가공할 수 있는 기어의 최대피치원직경, 가공할 수 있는 기어의 폭, 최대모듈 등으로 나타낸다.

② 기어셰이핑머신 : 펠로즈기어셰이퍼(Fellows gear shaper, 피니언커터 사용)와 마그기어셰이퍼(Maag gear shaper, 랙커터 사용)가 있다.

③ 베벨기어가공기

    ㉠ 스트레이트 베벨기어절삭기 : 2개의 공구대에 각각 1개씩의 커터를 지닌 글리슨식 스트레이트 베벨기어절삭기가 대표적이며 양 커터가 형성하는 모양은 랙형이다.

    ㉡ 스파이럴 베벨기어가공기 : 글리슨식 스파이럴 베벨기어가공기가 대표적이다.

④ 기어셰이빙머신 : 셰이빙커터를 사용하여 기어를 정삭한다. 셰이빙은 치형과 편심이 수정되며 피치가 고르게 되고 물림이 정확해지며 기어의 내마멸성이 향상되는 이점이 있다.

연삭 혹은 연삭가공은 연삭숫돌(grinding wheel, 숫돌바퀴)을 사용하여 원통형이나 평면의 공작물로부터 연삭칩을 제거하는 작업공정이다. 연삭가공의 특징은 다음과 같다.

- 연삭숫돌은 공작물보다 단단한 입자로 결합되어 있다.
- 연삭숫돌을 구성하는 작은 입자는 무수히 많은 커터와 같다.
- 숫돌입자는 마멸되면 파쇄, 탈락하고 새로운 입자가 생기는 자생작용을 한다.
- 경화된 강과 같은 단단한 재료를 가공할 수 있다.
- 정밀도가 높고 표면거칠기가 우수한 다듬질면을 얻을 수 있다.
- 칩이 작으므로 가공표면이 매끈하지만 많은 양을 가공할 수 없다.
- 가공물과 접촉하는 연삭점의 온도가 비교적 높다.
- 작은 충격으로 파괴되는 기계적 성질이 있는 공작물의 가공도 가능하다.

1 연삭숫돌

1) 연삭숫돌의 3요소 : 숫돌입자, 결합제, 기공

① 숫돌입자 : 숫돌입자들은 연삭날의 역할을 한다.
② 결합제 : 결합제는 연삭입자들이 연삭숫돌의 몸체에 잘 붙어있도록 하는 역할을 한다.
③ 기공 : 기공은 연삭날인 숫돌입자들 사이의 빈 공간으로 칩 배출이 잘 되도록 하는 역할을 한다. 기공이 막히면 숫돌입자들이 연삭날 구실을 못하게 된다. 이것을 로딩(loading, 눈메움)이라고 한다.

2) 연삭숫돌의 5대 성능요소 : 숫돌입자, 입도, 결합도, 조직, 결합제

① 숫돌입자(abrasive grain) : 연삭숫돌입자의 종류에는 알루미나(Al_2O_3)계, 탄화규소(SiC)계, 다이아몬드계, 입방정질화붕소(CBN)계 등이 있다. 천연산 연삭숫돌에는 고가인 다이아몬드와 품질이 일정하지 않은 천연산입자(에머리 : 알루미나가 주성분이며 연마제로 이용, 커런덤 : 알루미나가 주성분이며 여러 색상이 있고 양질은 루비, 사파이어 등의 보석류 가공에 이용하고 공업용으로 유리칼, 연마제 등으로 활용)가 있다.

계열		기호	성분	적용 피삭재
알루미나	백색 알루미나 (3A, 4A)	WA	Al_2O_3 99.5%	담금질강, 내열강, 고속도강, 합금강, (인장강도가 높은) 강,
	갈색 알루미나 (1A, 2A)	A	Al_2O_3 95%	일반 강재, 보통 탄소강

계열		기호	성분	적용 피삭재
탄화규소	녹색 탄화규소 (3C, 4C)	GC	SiC 98%	다이스강, 특수강, 초경합금, 세라믹
	흑색 탄화규소 (1C, 2C)	C	SiC 97%	주철, 비철금속, 비금속(석재, 유리 등)

② 입도(grain size) : 숫돌입자크기로 메시(mesh : 1평방인치당 체눈의 수)로 표시한다.
　㉠ 크기 구분 : 거친 것(거친 연삭용 : 10, 12, 14, 16, 20, 24), 보통 것(다듬질연삭용 : 30, 36, 46, 54, 60), 가는 것(경질연삭 : 70, 80, 90, 100, 120, 150, 180, 200), 아주 가는 깃(광택내기용 : 240, 280, 320, 400, 500, 600, 700, 800)
　㉡ 입도의 선택방법
　　• 큰 입자(거친 눈, 입도번호가 작은 것) : 거친 연삭, 연삭깊이 및 이송이 큰 경우, 연하고 인성 있는 경우, 접촉면적이 클 때
　　• 작은 입자(가는 눈, 입도번호가 큰 것) : 다듬질연삭, 작은 완성가공, 공구연삭, 공작물의 재질이 경도가 크고 취성이 있을 때, 연삭숫돌과 공작물의 접촉면적이 작을 때
　　• 혼합입자 : 한 개의 연삭숫돌을 사용하여 황삭 및 다듬질연삭을 할 때
③ 결합도 : 숫돌입자의 결합상태, 입자를 결합하고 있는 결합제의 세기로 연삭숫돌이 단단하고 연한 정도를 결합도로 나타낸다. 매우 연한 것부터 매우 단단한 것까지 있다.

E, F, G	H, I, J, K	L, M, N, O	P, Q, R, S	T, U, V, W, X, Y, Z
매우 연하다	연하다	중간	단단하다	매우 단단하다

결합도의 선택방법은 다음과 같다.
　㉠ 결합도가 단단한 연삭숫돌(경한 숫돌) 추천 : 연한 재료연삭, 숫돌차의 원주속도가 느릴 때, 연삭깊이가 적을 때, 접촉면적이 작을 때, 재료표면이 거칠 때 등
　㉡ 연한 숫돌 추천 : 경한 재료연삭, 극히 연한 재료, 숫돌차의 원주속도가 빠를 때, 연삭깊이가 깊을 때, 접촉면적이 넓을 때, 재료표면이 고울 때 등
④ 조직(structure) : 숫돌바퀴에서 단위부피 중의 숫돌입자의 밀도(=숫돌입자의 양/단위용적)를 말하며 입자의 조밀상태를 나타낸다.

c(50% 이상)	m(42~50%)	w(42% 미만)
0, 1, 2, 3(치밀하다)	4, 5, 6(중간)	7, 8, 9, 10, 11, 12(거칠다)

조직 선택 시 고려사항은 다음과 같다.
　㉠ 거친 조직 적용 : 거친 연삭, 연하고 인성이 많은 공작물, 연삭량이 많고 신속히 작업을 해야 할 때, 공작물과 숫돌바퀴의 접촉면적이 클 때
　㉡ 치밀한 조직 적용 : 다듬질연삭, 단단하고 취성이 많은 공작물, 접촉면적이 작을 때
⑤ 결합제(bond) : 숫돌입자를 결합하여 숫돌을 형성시키는 물질이다.
　㉠ 결합제의 필요조건
　　• 결합능력을 광범위하게 조절할 수 있을 것

- 임의의 형상으로 만들 수 있을 것
- 적당한 기공을 포함할 것
- 균일한 조직으로 만들 수 있을 것
- 고속회전에 대해 안전한 강도를 가질 것

ⓒ 결합제의 종류
- V(비트리파이드) : 자기질인 점토, 장석 등이 주성분이며 가장 많이 사용. 충격에 다소 약하여 지름이 크거나 얇은 숫돌에는 부적합함
- S(실리케이트) : 규산나트륨이 주성분이며 대형 연삭숫돌에 사용하지만 중(重)연삭에는 부적합함. 고속도강, 균열 발생이 쉬운 재료 등의 연삭에 적용
- E(셸락) : 천연수지이며 결합력이 가장 약함. 경면가공, 연삭절단, 다듬질면 고정밀도작업에 사용
- R(고무) : 합성(천연)고무이며 매우 얇은 숫돌, 센터리스 조정 숫돌에 사용
- B(베이클라이트 또는 레지노이드) : 절단, 주물덧쇠절단용
- PVA(비닐) : 비철금속연삭
- M(메탈, 금속) : 천연다이아몬드에 황동, 니켈, 은 등을 혼합한 것이며, 다이아몬드 숫돌의 결합제로 사용. 초경합금, 세라믹, 보석, 유리연삭용

무기질결합제와 유기질결합제
- 무기질결합제 : 비트리파이드(V), 실리케이트(S)
- 유기질결합제(탄성결합제) : 셸락(E), 고무(R), 레지노이드(T)

---

3) 연삭숫돌의 표시

연삭숫돌의 표시는 입자, 입도, 결합도, 조직, 결합제 순으로 표시한다. 예를 들면, WA60KmV라고 표시되면 숫돌입자는 백색 알루미나계, 입도는 중간, 결합도는 연한 것, 조직은 중간, 결합제는 비트리파이드계가 된다. 이외에도 모양 및 치수, 회전시험 원주속도, 사용 원주속도 범위, 제조자명, 제조연월일 등을 추가로 표시한다.

2 연삭숫돌의 설치법과 수정법

1) 연삭숫돌의 설치법

① 설치 전에 육안 및 나무해머로 두드려 그 음향으로 흠이나 균열을 검사한다.
② 숫돌은 취약하므로 중심축에서 직접 고정하는 것은 위험하며, 숫돌지름의 1/2~1/3의 플랜지로 고정한다. 숫돌과 플랜지 사이에 두께 0.5mm 이하의 압지(壓紙, 종이와셔) 또는 얇은 고무와셔를 끼운 후 휠을 끼우고 외측에 와셔, 플랜지, 너트 순으로 조인다.

③ 너트는 숫돌차에 변형이 생기지 않을 정도로 조인다.

④ 축의 열팽창에 의한 숫돌의 파열을 피하기 위하여 숫돌바퀴의 구멍은 축지름보다 0.1mm 정도 큰 것이 좋다.

⑤ 설치 후 3분 정도 공회전을 시켜본다.

⑥ 받침대는 휠의 중심에 맞추어 단단히 고정한다.

✒ 연삭숫돌의 검사항목

연삭숫돌의 검사항목에는 음향검사, 회전검사, 균형검사 등이 있다.

---

2) 연삭숫돌의 수정법

자생작용이 일어나지 않으면 연삭숫돌을 수정해야 하는데, 이때 숫돌표면을 깎아 예리한 날을 가진 입자를 표면에 출현시키는 작업을 드레싱(dressing)이라고 한다. 한편 연삭숫돌의 편마모나 모양이 변한 경우에는 숫돌 형상 전체를 수정하는 작업을 하게 되는데, 이를 트루잉(truing)이라고 한다. 또한 트루잉은 숫돌 형상을 원하는 형태로 성형시키는 방법을 말하기도 한다. 드레싱과 트루잉은 다이아몬드드레서(diamond dresser)라는 공구를 사용한다. 다음과 같은 현상이 나타나면 연삭숫돌을 반드시 드레싱하여야 한다.

① 로딩(loading, 눈메움) : 숫돌입자의 표면이나 기공에 칩이 끼여 연삭성과 다듬질면이 나빠지고 숫돌입자가 쉽게 마멸되는 현상을 말한다. 숫돌입자가 너무 작을 때, 조직이 너무 치밀할 때, 숫돌의 원주속도가 너무 느릴 때, 연삭깊이가 너무 클 때, 결합도가 높은 숫돌에 구리와 같은 연한 금속을 연삭할 경우 등에서 발생된다.

② 글레이징(glazing, 무딤, 무뎌짐) : 결합도가 너무 높거나 원주속도가 너무 빠르고 숫돌재료가 공작물재료에 부적합하여 입자가 탈락하지 않고 마멸에 의해 납작하게 되면서 숫돌표면이 매끈해져서 연삭성이 불량해지고 공작물에 발열이 일어나며 연삭소실이 생기는 현상이다. 눈메움현상이 발생하는 경우, 숫돌의 결합도가 너무 클 때, 숫돌의 원주속도가 너무 높을 경우, 숫돌과 공작물의 재질이 서로 맞지 아니할 때 등에서 발생된다.

③ 입자탈락현상(spilling) : 숫돌바퀴의 결합도가 너무 낮아서 숫돌입자가 마모되기도 전에 탈락하는 현상이다.

■3 연삭조건 · 연삭비 · 연삭현상 · 크립피드연삭 · 연삭기의 효율

1) 연삭조건

① 연삭속도(원주속도) : 지나치게 빠르면 파괴위험이 있으며, 반대로 너무 느리면 숫돌바퀴의 마멸이 심하다. 원주속도(m/min)의 범위는 원통연삭 1,700~2,000, 내면연삭 600~1,800, 평면연삭 1,200~1,800, 공구연삭 1,400~1,800, 초경합금연삭 900~1,400 정도로 한다.

② 연삭깊이 : 거친 연삭 시에는 깊게, 다듬질연삭 시에는 얕게 한다. 강절삭 시 연삭깊이(mm)는 원통연삭 0.01~0.04(거친), 내면연삭 0.02~0.04(거친), 0.0025~0.005(다듬질), 평면연삭 0.01~0.07(거친), 공구연삭 0.07(거친), 0.01(다듬질) 정도로 한다.

③ 회전당 이송량 : 원통연삭에서 공작물 1회전마다의 이송(f_r)은 숫돌바퀴의 접촉너비(B)보다 작아야 한다. 거친 연삭의 경우 강 $f_r = (1/3 \sim 3/4)B$, 주철 $f_r = (3/4 \sim 4/5)B$, 다듬질연삭의 경우 $f_r = (1/4 \sim 1/3)B$ 정도로 한다.

2) 연삭비

숫돌바퀴의 단위부피가 소모될 때 공작물이 연삭된 부피를 말하며, 이는 숫돌바퀴의 소모에 대한 공작물의 연삭의 용이성을 의미한다.

> **✎ 연삭비**
>
> $$연삭비 = \frac{공작물의\ 연삭된\ 부피}{숫돌바퀴의\ 소모된\ 부피}$$

3) 연삭현상

① 연삭과열 : 공작물이 연삭될 때 순간적으로 고온이 되어 공작물의 표면이 산화됨으로써 변색이 되므로 연삭과 열의 관계는 매우 밀접하다. 연삭과열의 원인은 연삭속도(숫돌의 원주속도)가 클 때, 숫돌의 연삭깊이가 깊을 때, 습식연삭보다는 건식연삭일 때, 공작물의 열적성질이 클 때 등이다.

② 연삭균열 : 공작물이 갑자기 쪼개지듯 갈라지는 것이 아니라 공작물의 표면에 가늘게 나뭇가지 모양의 줄무늬가 나타나는 것이며, 연삭균열의 깊이는 0.05~0.25mm 정도로 생긴다.

③ 연삭흠집(연삭스크래치) : 깨끗하게 다듬질된 면에 불규칙하게 생긴 긁힌 자국이다. 연삭액을 순수하게 하고 드레싱을 할 때 스파크아웃을 하여 드레싱에 의해 헐거워진 숫돌입자를 확실하게 떨어뜨리면 스크래치를 방지할 수 있다.

④ 연삭채터링 : 연삭 시 떨림현상을 말한다. 불규칙적인 떨림의 원인은 숫돌의 결합도가 너무 클 때, 로딩(눈메움), 숫돌의 평행상태 불량, 숫돌과 숫돌축의 불균형(편심), 센터나 방진구 사용 불량, 공작물의 고정이 불충분하거나 불균형일 때 등이며, 규칙적으로 같은 간격의 무늬가 생기면 이 경우는 대개 기계의 진동이 원인이다.

4) 크립피드연삭

연삭깊이를 깊게 하고(1~6mm) 이송속도를 작게 하여 재료 제거율을 대폭 향상시킨 작업을 크립피드연삭(creep-feed)이라고 한다. 크립피드연삭은 강성이 크고 강력한 연삭기가 개발되면서 한 번에 연삭깊이를 크게 하여 가공능률을 향상시킨 가공법이다.

5) 연삭기의 효율

연삭기의 효율(η)은 원주속도와 연삭력의 곱을 소요동력으로 나눈 것이다.

4 연삭기

1) 연삭기의 개요

연삭가공을 수행하는 공작기계를 연삭기라고 부르며, 주요 연삭기는 원통연삭기, 내면연삭기, 평면연삭기, 센터리스연삭기 등이다. 그 밖의 연삭기로는 공구연삭기, 모방연삭기, 나사연삭기, 스플라인연삭기, 기어연삭기, 크랭크축연삭기, 롤연삭기, 캠연삭기 등이 있다. 주요 연삭기의 크기 표시는 다음과 같이 구분된다.

① **원통연삭기** : 스윙과 양 센터 간의 최대거리, 숫돌바퀴의 크기

② **내면연삭기** : 스윙과 연삭할 수 있는 공작물의 최대구멍지름, 연삭숫돌의 최대왕복거리

③ **평면연삭기**

　　㉠ 테이블회전형 : 원형테이블의 지름, 숫돌바퀴 원주면과 테이블면까지의 거리, 연삭숫돌의 크기

　　㉡ 테이블왕복형 : 테이블의 최대이동거리, 테이블크기, 숫돌바퀴와 테이블면과의 최대거리, 숫돌바퀴의 크기

④ **센터리스연삭기** : 공작물의 최대지름

2) 원통연삭기(cylindric grinding machine)

(1) 원통연삭기의 종류

① **테이블왕복형(테이블이동형, 노튼방식)** : 공작물을 설치한 테이블을 왕복시키는 방식으로 숫돌은 회전운동, 공작물은 회전운동과 좌우직선운동을 한다. 소형 공작물에 적합하다.

② **숫돌대왕복형(렌디스방식)** : 숫돌대를 왕복시키는 방식으로 숫돌은 수평이송운동, 공작물은 회전운동을 한다. 대형·중량 공작물에 적합하다.

③ **숫돌대전후이송형** : 숫돌바퀴를 테이블과 수직방향으로 이동시켜 연삭하는 방식으로 턱붙이원통, 테이퍼, 곡선윤곽 등의 전체 길이를 동시 연삭할 수 있다.

④ **플런지컷형** : 숫돌에 회전운동만을 주어 좌우이송 없이 공작물의 축방향과 직각인 절삭깊이방향으로 이동시켜 연삭(윤곽가공)하는 방식이다. 짧은 공작물의 전체 길이를 동시에 연삭할 때 유리하다.

⑤ **만능연삭기** : 일반 원통연삭기와 구조와 작용이 유사하지만 테이블, 숫돌대, 주축대의 선회가 가능하다.

(2) 원통연삭기의 주요 구성

① 주축대 : 공작물을 체결하거나 지지하여 회전시키는 역할을 하며 고정식(테이블 위에 위치하여 센터작업 및 척을 붙여 행하면 내면연삭도 가능)과 선회식(테이블 위에서 360° 선회하고 센터작업 및 테이퍼연삭도 가능)이 있다. 회전구동용 전동기, 속도변환장치(무단변속장치), 주축 등으로 구성된다.

② 숫돌대 : 숫돌바퀴를 회전시키는 부분 전체이며 테이블과 직각방향으로 움직일 수 있어 절삭깊이를 조정한다. 원통연삭용 연삭숫돌 크기는 '바깥지름×두께×안지름'으로 표시한다.

③ 심압대 : 주축대와 같이 테이블 상면에서 길이방향으로 자유롭게 이동할 수 있고 적당한 위치에 고정시켜 공작물을 지지한다.

④ 테이블 : 공작물을 부착시켜 이송한다. 이송기구로는 치차에 의한 것과 유압에 의한 것이 있는데, 주로 유압식이 사용된다.

(3) 원통연삭의 작업요령

① 센터와 센터 구멍 : 연삭기에서는 센터 구멍을 정확히 하지 않으면 다듬질정밀도에 큰 영향을 미친다.

② 공작물의 설치 : 선반작업의 경우와 같이 공작물 설치에 주의를 해야 하며, 공작물의 지름에 비해 길이가 긴 경우는 방진구를 사용해야 한다.

③ 연삭량 : 지름 20~100mm, 길이 500mm 정도까지는 0.2~0.5mm

④ 절삭깊이 : 거친 연삭 0.01~0.05mm, 다듬질연삭 0.002~0.005mm

⑤ 회전당 이송 : 거친 연삭숫돌폭의 2/3~3/4, 다듬질연삭숫돌폭의 1/4~1/2

⑥ 원주속도 : 클수록 연삭능률, 다듬질면의 상태가 좋아진다. 재질, 숫돌바퀴의 성질, 다듬질면의 정도에 따라 6~48m/s 범위 내로 한다.

⑦ 연삭(이송)방식

ㄱ) 트래버스컷방식(traverse cut, 이동연삭) : 공작물이 회전함과 동시에 좌우운동을 하여 연삭하는 방식으로 테이블왕복식과 연삭숫돌대왕복식이 있음

ㄴ) 플런지컷방식(plunge cut, 절입연삭) : 공작물이나 연삭숫돌에 이송을 주지 않고 전후 이송(infeed, 인피드)만으로 연삭하는 방식

3) 내면연삭기

① 공작물회전형(보통형) : 작고 균형 잡힌 공작물의 내경연삭에 적합

② 공작물고정형(플래니터리형, 유성형) : 크고 균형 잡히지 않은 공작물(엔진, 실린더블록)의 내경연삭에 적합

③ 센터리스형 : 공작물을 고정하지 않은 상태에서 연삭하는 방식으로, 소형 공작물의 대량생산에 적합

4) 평면연삭기

① 테이블구동에 따른 분류 : 테이블왕복형, 테이블회전형
② 주축방향에 따른 분류 : 수평형, 수직형(직립형)
③ 평면연삭작업

　　㉠ 공작물 설치 : 공작물에 흠집이나 스케일이 있으면 이들을 기름숫돌(오일스톤)로 제거한다. 공작물을 척 중앙에 길이방향이 테이블운동방향이 되게 놓는다. 평면이 맞으면 고정한다.

　　㉡ 상면연삭 : 테이블을 공작물의 양 끝 30~50mm가 되도록 행정을 조정한다. 수동이송에 의해 공작물 위 0.5mm까지 내린다. 닿기 전 0.5mm부터 미동연마레버를 사용한다. 일단 숫돌바퀴를 공작물에서 뗀다. 1회에 0.02~0.04mm 정도 연삭한 후 연삭액을 분출시키며 연삭한다. 다듬질연삭 시는 0.005~0.01mm로 연삭하며 최후로 2~3회 스파크아웃시킨다.

　　㉢ 뒷면연삭 : 측정해가면서 상면연삭과 같은 방법으로 연삭한다.

　　㉣ 탈자 : 기름숫돌로 모따기를 한 후 탈자기에 넣어 탈자시킨다.

5) 센터리스연삭기

센터나 척을 사용하지 않고 연삭숫돌과 조정숫돌 사이를 지지판(초경블레이드)으로 지지하면서 공작물을 연삭하는 연삭기를 센터리스연삭기라고 한다. 숫돌은 두 가지가 사용되는데, 그들은 공작물을 연삭하는 연삭숫돌, 연삭숫돌차축에 대해 2~8°의 경사각을 주고 공작물의 회전과 이송을 주된 역할로 하는 조정숫돌이다. 이송방법은 통과이송법, 전후이송법, 접선법 등이 있다. 센터리스연삭기의 장단점은 다음과 같다.

장 점	단 점
• 공작물에 센터 구멍이 필요 없고 속이 빈 중공물 연삭에 편리하다. • 소형 공작물의 대량생산에 적합하다. • 가늘고 긴 핀, 긴 축과 같은 공작물연삭이 가능하다. • 연삭여유가 작아도 된다. • 연삭숫돌의 마모가 적고 수명이 길다. • 작업자의 고숙련도가 필요하지 않다.	• 긴 홈이 있는 공작물, 대형·중량의 공작물연삭은 불가능하다. • 연삭숫돌의 폭(너비)보다 긴 공작물은 전후이송법으로 연삭할 수 없다.

07 정밀입자가공

1 호닝

① 호닝(honing) : 직사각형 단면의 긴 숫돌을 지지봉의 끝에 방사방향으로 붙여 놓은 호닝스톤을 보링, 리밍, 연삭 등의 가공이 수행된 공작물 구멍에 넣고 회전운동과 축방향운동을 동시에

부여하여 구멍의 내면을 정밀하게 다듬질하여 치수정밀도, 진원도, 진직도, 원통도 등을 좋게 하는 가공법이다.

② **호닝툴의 구성** : 손잡이부, 숫돌유지부, 가압장치(유압, 스프링), 자재연결장치 등

③ **호닝스톤** : GC(SiC계, 거친 작업용), WA(Al_2O_3계, 다듬질용) 등이 사용되며, 결합도는 공작물의 재질에 따라 약간씩 상이(열처리강 : J~M, 연강 : K~N, 주철이나 황동 : J~N), 길이는 공작물 구멍길이의 1/2 이하

④ **가공치수정밀도** : 3~10μm

⑤ **절입깊이** : 거친 호닝에서는 0.05~0.1mm, 다듬질호닝에서는 0.005~0.025mm

⑥ **호닝원주속도** : 40~70m/min(연강 : 30~50m/min, 주철 : 60~70m/min)

⑦ **왕복운동과 왕복속도** : 왕복운동은 양 끝에서 숫돌길이의 1/4 정도 구멍에서 빠져나올 때 정지, 왕복속도는 원주속도의 1/2~1/5 정도

⑧ **호닝압력** : 거친 가공 10kgf/cm^2, 정밀가공 4~6kgf/cm^2

⑨ **호닝무늬의 각도(해칭각)** : 거친 가공 40~60°, 보통가공 10~30°, 정밀가공 10~40°

⑩ **호닝유** : 칩을 씻어내고 호닝열을 냉각시키는 역할을 하며 등유나 경유를 라드(lard : 돼지기름)와 혼합한 것 또는 황을 첨가한 것을 사용(주철 : 등유, 강 : 등유+황화유, 청동 : 라드유)

▌2▐ 액체호닝

① **액체호닝(liquid honing)** : 연마제를 가공액(물)과 혼합(2 : 1)하여 압축공기(5~6.5kgf/cm^2)와 노즐을 이용하여 고속분사(각도 : 40~50°, 분출량 2.2m^3/min)시켜 미려한 다듬질면을 얻는 가공법

② **연마제** : 알루미나, 탄화실리콘, 규사 등

③ **액체호닝의 특징** : 단시간에 매우 매끈한 무광택의 다듬질면을 얻게 되며 피닝효과가 있으므로 피로한계(피로강도), 인장강도(5~10%)가 증가. 가공시간이 짧으며 복잡한 모양의 공작물도 간단하게 다듬질할 수 있으며, 방향성이 없고 공작물표면에 잔류하는 산화막, 거스러미(버), 도료 등을 쉽게 제거할 수 있음

④ **적용** : 유리·플라스틱·고무·다이캐스팅·주형·다이의 귀따기 및 표면가공

⑤ **액체호닝의 조건** : 연마제 농도, 공기압력(높을수록 가공능률과 피닝효과가 큼), 분사시간, 노즐과 공작물의 거리, 분사각(직각에 가까울수록 능률 향상) 등

▌3▐ 래핑

랩(lap)이라고 하는 공구와 다듬질하고자 하는 공작물 사이에 랩제를 넣고 상대운동을 시켜 서로 누르고 비비면서 다듬질하여 매끈한 다듬질면을 얻는 가공법을 래핑(lapping)이라고 한다.

절입깊이는 0.01~0.02mm, 가공치수정밀도는 0.0125~0.025μm 정도가 되며, 랩은 저속에서 가공이 빠르고 고속에서 면이 미려하다. 래핑은 각종 게이지, 렌즈, 프리즘 등의 정밀다듬질에 적용한다.

① 래핑방법

   ㉠ 습식법 : 랩과 공작물 사이에 랩제, 래핑액(경유, 그리스기계유, 중유)을 공급하여 거친 래핑작업에 적용하며 래핑압력은 0.5kgf/cm^2 정도, 가공속도는 150~300m/min 정도로 한다.

   ㉡ 건식법 : 습식래핑 후에 실시하며 랩에 파묻힌 랩제입자만으로 래핑한다. 래핑압력은 1.0~1.5kgf/cm^2 정도, 가공속도는 30~50m/min 정도로 한다. 절삭량이 매우 적고 광택이 나는 매끈한 면을 얻게 된다.

② 사용되는 랩제, 래핑액, 랩의 재질

   ㉠ 랩제 : 탄화규소, 알루미나, 산화철, 다이아몬드미분 등을 사용하며 거친 래핑에는 GC, C 등의 입자로 입도는 130~320번, 다듬질래핑에는 WA, A 등의 입자로 입도는 400~800번 정도가 사용된다.

   ㉡ 래핑액 : 경유, 석유, 점성이 낮은 식물성 기름(올리브유, 종유 등)

   ㉢ 랩 : 공작물보다 연한 재료(주철을 많이 사용, 강의 래핑에는 주철, 연강, 구리합금이, 황동의 래핑에는 박달나무가 사용됨)

③ 래핑의 장단점

   ㉠ 장점 : 경면, 고정밀도(평면도, 진원도, 진직도 등), 가공면의 내식성과 내마멸성의 향상, 작업방법 간단, 대량생산 가능, 윤활성 향상

   ㉡ 단점 : 가공면에 랩제 잔류, 공작물 마멸 우려 존재, 고정밀도 유지를 위한 숙련 필요, 청결작업 유지 곤란, 작업자의 손과 옷을 더럽게 함

4 슈퍼피니싱

① 슈퍼피니싱(super finishing) : 미세하고 연한 숫돌입자에 축방향으로 진동을 주면서 공작물의 표면에 낮은 압력(스프링, 유압)으로 가볍게 접촉시키면서 매우 빠른 시간에 매끈하고 고정밀도의 표면으로 공작물을 다듬는 가공법이며, 숫돌압력은 1~2kgf/cm^{2}이다.

② 특징 : 발열이 적고 가공변질층을 제거하거나 매우 얇게 할 수 있으며 연삭흠집과 방향성이 없고 내마모성과 내부식성이 높은 다듬질면을 얻는다.

③ 가공치수정밀도와 절입깊이 : 0.1~0.3μm, 0.002~0.01mm

④ 원주속도 : 15~18m/min(보통범위), 5~10m/min(거친 다듬질), 15~30m/min(정밀다듬질)

⑤ 숫돌의 폭은 공작물 지름의 60~70%, 숫돌의 길이는 공작물의 길이와 거의 같게 한다.

⑥ 적용 : 각종 게이지의 초정밀가공, 평면, 원통(외·내면), 곡면, 베어링접촉부, 롤러, 게이지, 엔진 등

5 폴리싱과 버핑

① 폴리싱(polishing) : 목재, 피혁, 캔버스, 직물 등 탄성이 있는 재료로 된 바퀴표면에 부착시킨 미세연삭입자로 연삭작용을 하게 하여 공작물표면을 버핑 전에 다듬질하는 방법이다. 가공속도는 약 1,500m/min 정도가 된다.

② 버핑(buffing) : 직물(천, 헝겊), 피혁(가죽), 고무 등 부드러운 재료로 된 원판에 미세한 입자를 부착시킨 버프(buff 3요소 : 연삭입자, 유지, 직물)를 고속회전시켜서 공작물을 여기에 눌러대고 공작물의 녹, 스케일 등을 제거하거나 반짝거리는 광택을 내는 가공법이다. 복잡한 형상도 버핑이 가능하지만 치수나 모양의 정도를 더 좋게 할 수는 없다.

08 특수 가공(nontraditional machining)

1 기계적 특수 가공

① 배럴가공 : 배럴(barrel)가공은 텀블링(tumbling)이라고도 하며 배럴(회전상자 : 6~8각, 10~12각 형상) 속에 공작물과 미디어(media), 콤파운드, 공작액을 넣고 진동을 주면서 회전시켜 공작물과 미디어가 서로 충돌을 반복하여 공작물표면의 요철(주물귀, 돌기 부분, 스케일 등)을 깎아내어 제거하는 다듬질공법이다.

② 버니싱(burnishing) : 공구직경이 공작물 구멍직경보다 조금 더 큰 버니싱공구를 구멍에 압입하여 구멍을 소성변형시켜서 구멍 내면을 매끈하게 다듬는 가공법이다.

③ 롤러다듬질(롤러버니싱) : 회전하는 원통형의 공작물에 롤러를 눌러 표면을 매끈하게 하는 동시에 표면경화시키는 가공법이다.

④ 샌드블라스트가공 : 주물의 표면을 청소하거나 도금이나 도장의 바탕을 깨끗하게 하는 가공법이다.

⑤ 그릿(grit)블라스트가공 : 파쇄된 칠드주철입자로 된 그릿을 공작물에 분사시켜 표면을 깨끗하게 하는 가공법이다.

⑥ 쇼트피닝(shot peening) : 강구(쇼트볼지름 : 0.7~0.9mm), 다수의 작은 철조각, 망간주철구, 칠드주철구 등을 고속(40~50m/s)으로 공작물에 분사(압력 : 약 4kgf/cm², 분사각 : 90°)시켜 공작물표면을 강하게 두드리게 하여 표면의 강도와 경도를 높여주는 가공법이다. 이때 소성변형이 수반되며 피닝효과에 의하여 피로강도(반복하중에 대한 강도), 탄성한도가 증가되고 시효균열 방지, 주물기포 제거, 내마멸성 증가, 탈탄에 대한 보완효과를 얻게 된다. 쇼트피닝조건으로 분사속도, 분사각도, 분사면적 등이 있지만, 분사액은 이에 해당하지 않으므로 가공조건에 중요한 영향을 미치지는 않는다. 샌드블라스트가공, 그릿블라스트가공, 쇼트피닝 등은 분사가공으로 분류된다.

❷ 전기적 특수 가공

① **방전가공(EDM : Electric Discharge Machine)** : 아크방전(불꽃방전)에 의한 전기에너지와 가공액의 폭발작용으로 공작물을 미소량 용해해가면서 표면을 조금씩 제거하여 금속 · 다이아몬드 · 루비 · 사파이어 등을 절단 · 구멍뚫기 · 연마하는 가공법이다. 공작물을 +극으로, 공구를 −극으로 하고 일정한 간격(5~10mm)을 유지하도록 이송기구를 이용하여 공구에 이송을 주며, 공작물을 공작액 속에 넣어 냉각시키면서 칩의 미립자가 가공부에서 제거되기 쉽도록 한다. 방전의 종류는 콘덴서형, 크리스탈형, 아이오드형이 있으며, 회로형식은 기본적으로 RC 회로로 구성된다.

   ㉠ 방전의 진행순서 : 암류 > 코로나방전 > 불꽃방전 > 글로방전 > 아크방전

   ㉡ 전극재료의 구비조건 : 기계가공 용이, 안전성, 높은 가공속도, 우수한 가공면거칠기, 저비중, 고내열성, 높은 기계적 강성, 성형가공 용이성, 높은 가공정밀도, 낮은 소모속도, 저전기저항, 고전기전도도, 구입용이성, 저렴한 가격 등

   ㉢ 전극재료 : 흑연, 텅스텐, 구리, 구리합금(황동) 등이 사용되는데, 이 중에서 흑연의 성능이 가장 좋지만 소모가 빠르다.

   ㉣ 가공액 : 가공 시 발생하는 용융금속을 비산시키며 용해된 칩을 공작물과 전극 사이의 밖으로 내보낸다. 또한 방전 시 발생된 열을 냉각시키고 극간의 절연을 회복시키는 역할을 한다. 점도가 높은 것은 부적절하며 절연도가 높은 유 전체 액을 사용한다. 변압기유, 백등유, 경유, 스핀들유, 물, 황화유 등이 사용되며, 이 중에서 경유가 일반적으로 많이 사용된다.

   ㉤ 방전가공의 장단점

장 점	단 점
• 전기가 통하는 물체는 모두 가공 가능하다. • 경도가 높은 재질(초경합금, 담금질강, 내열강 등)도 쉽게 가공할 수 있다. • 숙련작업이 아니며 무인운전도 가능하다. • 가공조건의 선택 및 변경이 용이하다. • 다듬질면에 방향성이 없고 가공변형이 적다. • 공구(전극으로 사용)가공에 용이하다. • 복잡한 형상, 미세가공, 얇은 박판, 직경이 작고 긴 가는 구멍가공에 용이하다. • 기계적 힘이 가해지지 않는 비접촉식이다. • 표면 열변형층두께가 균일하므로 마무리가공에 용이하다.	• 공구전극이 필요하다. • 전극가공의 어려움이 있다. • 공구 소모가 빠르다. • 가공 부분에 변질층이 남는다. • 가공속도가 다소 느리다. • 공작물이 비전도체이면 가공할 수 없다.

② **와이어컷방전가공** : 가공액은 물(탈이온수)을 사용하며, 와이어의 전극재료로 황동, 구리, 텅스텐 등을 사용한다.

③ **전해연마** : 전기도금과는 반대(공작물 양극, 불용해성 Cu, Zn 음극)로 하여 공작물을 전해액

속에 달아매어 전기화학적인 방법으로 공작물의 표면을 다듬질하는 데 응용되는 가공법이며, 공작물이 전기분해에 의해 깨끗하고 아름답게 된다. 치수정밀도보다는 표면광택의 경면이 중요시될 때 사용된다. 드릴의 홈, 주사침, 반사경 및 시계의 기어 등을 다듬질하는 데 이용된다. 전해액으로는 황산, 인산, 질산, 과염소산 등이 사용(초산은 전해액으로 부적당)되며 다음과 같은 장단점이 있다.

장 점	단 점
• 가공변질층이 없다. • 가공면에 방향성이 없다. • 내마모성, 내부식성이 향상된다. • 강도나 경도에 관계없이 사용할 수 있다. • 복잡한 형상, 선, 박편 등의 연마도 가능하다. • 표면 전체를 한 번에 가공할 수 있다. • 한 번에 여러 개를 가공할 수 있다. • 알루미늄, 구리 등도 용이하게 가공할 수 있다.	• 불균일한 가공조직, 2종류 이상의 재질은 다듬질이 곤란하다. • 절삭량이 적어 깊은 상처 제거는 곤란하다. • 모서리가 라운드되므로 샤프에지 유지가 어렵다.

④ 전해연삭(ECG) : 가공하는 전극과 공작물 사이에 지립의 역할을 겸하는 절연체를 개재시켜 전해작용으로 생긴 양극의 산화피막을 절연체의 기계적 작용으로 제거하는 가공이다.

⑤ 전해가공(ECM) : 공작물과 전극을 0.1~0.4mm 정도의 간격을 유지하여 그 사이로 알칼리성 전해액을 강제로 유동시켜 공작물이 전기의 용해작용으로 전극 모양을 따라 가공된다. 공작물을 +극, 모형이나 공구를 −극으로 하므로 전기도금장치와는 반대작용을 한다. 주로 내열강, 고장력강 등의 구멍, 홈, 형조각 등을 가공한다.

⑥ 초음파가공 : 물이나 경유 등에 연삭입자를 혼합한 가공액을 공구의 진동면과 공작물 사이에 주입해가며 초음파(16~25Hz)에 의한 상하진동(10~30μm)으로 숫돌입자가 공작물표면을 때리면서 다듬질하는 가공법이다. 공구재질은 황동, 연강, 피아노선, 모넬메탈 등이 사용된다.

⑦ 전자빔가공 : 10^{-6}mmHg 정도의 진공 중에서 고전압 · 고에너지를 지닌 열전자를 렌즈를 통해 가는 빔(전자총)을 만들어 공작물에 집중투사시키면 전자는 투사점의 표면층에 침입해 운동에너지가 순간적으로 10^6~10^8W/cm^2 정도의 고열로 변화된다. 이 열로 공작물을 용해, 분출 혹은 증발시켜 가공한다. 전자빔가공은 용접, 표면담금질, 구멍뚫기 등에 이용된다.

⑧ 레이저빔가공 : 렌즈, 반사경 등으로 한 곳에 모아 빛의 흡수로 국부적 · 순간적으로 가열되어 증발 · 용해되어 가공하는 방법이다.

⑨ 플라즈마가공 : 고온의 가스분자가 전자를 방출하면 이온화된 가스체가 만들어지며, 이때 전자와 이온이 같은 밀도로 혼합되어 도전성을 갖게 되는 현상을 플라즈마(plasma)라고 한다. 플라즈마가공에서는 텅스텐전극(−)에서 방출된 전자가 아르곤가스분자와 충돌하여 전자와 이온이 발생하고, 전자의 운동에서는 충돌에 의한 열에너지로 변하여 고온이 발생된다. 이 고온이 플라즈마아크 또는 플라즈마제트를 통과하여 수만 도의 고온으로 구멍을 뚫거나 절단, 선삭, 용접 등의 가공에 이용된다.

⑩ 전주(電鑄)가공 : 도금을 응용한 방법으로 모델을 음극에 전착시킨 금속을 양극에 설치하고 전해액 속에서 전기를 통전시켜 적당한 두께로 원형과 반대의 형상으로 금속을 입히는 가공방법이다. 전주가공의 장단점은 다음과 같다.

장 점	단 점
• 첨가제와 전주조건에 따라 전착금속의 기계적 성질을 쉽게 조정할 수 있다. • 가공정밀도가 높아서 모형과의 오차를 $\pm 2.5\mu m$ 정도로 할 수 있다. • 매우 높은 정밀도의 다듬질면을 얻을 수 있다. • 복잡한 형상, 이음매 없는 관, 중공축 등을 제작할 수 있다. • 제품크기에 제한이 없다. • 언더컷형이 아니면 대량생산이 가능하다.	• 가공시간이 길다. • 제작비가 다른 가공방법이 비해 비싸다. • 모형 전면에 일정두께로 전착하기 어렵다. • 금속의 종류에 제한을 받는다.

3 화학적 특수 가공

① 화학밀링 : 가공형상은 보통 밀링과 거의 같지만 가공원리는 전혀 다르다. 화학밀링은 공작물의 가공하지 않을 부분에 내식성 피막으로 피복하여 부식하는 방법으로 화학절삭이라고도 하며 장단점을 다음과 같다.

장 점	단 점
• 다량생산, 넓은 면가공, 복잡한 형상, 얇은 단면가공이 가능하다. • 공구비가 절감된다. • 가공면의 변질층이 적다.	• 가공속도와 가공깊이에 제한을 받는다. • 부식성이 있다. • 다듬질면의 거칠기가 우수하지 못하다.

② 열화학가공 : 공작물표면이 거칠고 돌출된 부분이 손에 닿을 수 없는 위치에 있을 때 공작물을 챔버 속에 넣은 후 폭발점화제로 수소나 천연가스 또는 산소를 폭발혼합물로 만들어 점화시키면 수천분의 1초 마하 89의 온도파장으로 공작물표면의 버 또는 산화물을 순식간에 제거하는 가공법이며, 열에너지법(TEM : Thermal Energy Method)가공이라고도 한다. 가공 후 증기혼합물과 잔여물질을 용재로 쉽게 씻어낸다. 이 방법은 폭발을 이용하므로 안전에 세심한 주의가 요구된다.

③ 용삭가공 : 에칭(etching)의 일종이며 공작물을 가공액에 넣어 녹여내는 가공법으로 침지식과 분무식이 있다. 침지식은 녹이지 않아야 할 부분에는 용삭 전 미리 방식피막을 씌우는 부분용삭법과 공작물을 가공액에 넣어 공작물 전체 면을 용삭하는 전면용삭법으로 구분된다. 잘라내기, 살빼기, 눈금 새기기 등에 이용되며 가공액은 부식액(염화 제2철, 인산, 황산, 질산, 염산, 플루오르화 수소−유리용 등)과 방식피막액(네오프렌, 경질염화비닐, 에폭시레진(수지) 등이 들어있는 래커 등)을 사용한다.

④ 화학연마 : 일감의 전체 면을 균일하게 용해하여 두께를 얇게 하거나 표면의 작은 요철부의 오목부를 녹이지 않고 볼록부를 신속히 용융시키는 방법이다.

⑤ 화학연삭 : 공작물표면에 작은 요철부의 볼록부위를 용삭할 때 기계적 마찰로 더욱 능률적으로 가공하는 방법이다.

⑥ 화학블랭킹 : 일반 블랭킹은 소재를 절단하지만, 화학블랭킹은 화학적인 용해작용으로 소재를 제거하는 방법이다.

⑦ 광화학블랭킹(photo blanking) : 사진기술과 화학적 밀링을 이용한 방법으로 광부식이라고도 한다.

09 기타 기계가공법

1 셰이핑

① 셰이핑(shaping)은 고정된 공작물을 바이트의 왕복운동으로 수행하는 절삭가공을 말하며, 이때 사용되는 공작기계를 셰이퍼(형삭기)라고 한다.

② 셰이핑작업 : 평면가공, 측면가공, 곡면가공, 더브테일가공, 홈가공 등

③ 셰이퍼에는 크랭크기어와 로커암을 이용하여 절삭행정에 비해 귀환행정의 속도를 신속하게 하여 작업시간을 단축시키는 기구인 급속귀환기구가 적용되며, 셰이퍼 이외에도 슬로터, 플레이너에도 이 기구가 적용된다.

④ 크기 표시 : 램의 최대행정(400, 500, 600, 700mm), 테이블의 크기, 테이블의 최대이송거리 등

2 슬로팅

① 슬로팅(slotting)은 셰이핑을 수직으로 수행하는 작업이다. 이때 사용되는 공작기계를 슬로터(수직슬로터)라고 한다.

② 슬로팅작업 : 구멍의 내면, 곡면, 내접기어, 스플라인 구멍, 키홈, 세레이션 등

③ 크기 표시 : 램의 최대행정거리, 테이블의 크기, 테이블의 이동거리, 원형테이블의 지름 등

3 플레이닝(planing)

① 가공종류의 절삭방법은 셰이핑과 거의 같지만 셰이핑에 비해서 큰 공작물을 가공하는데 유리하다. 이때 사용되는 공작기계를 플레이너(평삭기)라고 한다.

② 플레이너의 종류 : 쌍주식(기둥 2개, 폭 제한, 강력절삭용), 단주식(기둥 1개, 폭이 넓은 공작물 가공, 강력절삭은 힘듦), 피트타입(문형 컬럼이 이동), 에지타입(판금에서의 귀 부분을 깎아내는 다듬질작업용) 등

③ 구조 : 베드와 테이블, 공구대, 테이블구동장치로 구성

④ 크기 표시 : 테이블의 크기(길이×폭), 공구대의 수평 및 상하이동거리, 테이블 윗면부터 공구대까지의 최대높이 등

10 CNC가공

1 CNC의 개요

부호와 수치로써 구성된 수치정보로 기계의 운전을 자동제어하는 것을 NC(Numerical Control, 수치제어)라고 하며, 이것을 컴퓨터화한 것이 CNC(Computerized Numerical Control)이다. CNC 제어시스템의 기능에는 통신기능, CNC기능, 데이터 입출력제어기능 등이 있다. CNC 공작기계는 CNC제어장치와 액추에이터(모터), 공작기계 몸체로 구성되며 전기, 전자, 전산, 기계 등 많은 하드웨어와 소프트웨어를 포함한다.

2 CNC 공작기계의 특징

① 우수 : 유연성(융통성), 가변성, 생산성, 제품제조품질(품질균일성, 제품호환성 등), 복잡한 형상이라도 단시간 내에 높은 정밀도로 가공, 장시간 자동운전 등

② 절감 및 경감 : 리드타임, 제조원가, 인건비, 사용기계대수, 안전비, 작업자 피로, 공구비(적은 수의 표준공구로 광범위한 절삭이 가능하여 특수 공구제작 불필요, 치공구비용 감소), 공장소요면적 등

③ 유리 : 공정관리 · 공구관리 등 작업의 표준화 다품종 중 · 소량생산, 가공의 능률화(기계가동률 향상)와 자동화에 결정적인 역할 수행, 비숙련자도 가공 가능, 여러 대의 공작기계에 대해 한 사람이 관리 가능 등

④ 특별기능 : 자기진단(자가진단), 공작물가공 중 파트프로그램 수정, 파트프로그램을 매크로 형태로 저장시켜 필요할 때 호출하여 사용, 인치단위의 프로그램을 쉽게 미터단위로 자동변환 등

⑤ 단점 : 유지보수비가 비쌈(유지보수관리비용 고가)

▓3 CNC 공작기계의 발전단계와 생산품종 · 생산량에 따른 적용범위

1) CNC 공작기계의 발전단계

① NC(Numerical Control) : 각종 논리소자와 기억소자를 조합하여 만든 전자회로에 의해 필요한 기능을 발휘하게 하는 제어장치이다.

② CNC(Computerized Numerical Control) : 컴퓨터에 내장된 NC를 말하며 컴퓨터와 생산공장과의 상호연결이 쉽다. NC 공작기계에 비하여 유연성이 높고 계산능력도 훨씬 우수하다.

③ DNC(Direct Numerical Control) : 여러 대의 CNC 공작기계를 1대의 컴퓨터에 연결시켜 데이터를 분배하여 전송함으로써 동시에 운전할 수 있는 방식으로 제어하는 시스템이다. 외부컴퓨터에서 작성한 NC 프로그램을 CNC 공작기계에 송 · 수신하면서 가공하는 방식이다. 공장자동화의 기반이 되며 공장에서 생산성에 관계되는 데이터를 수집하고 일괄처리를 할 수 있다. 복잡한 공작물 금형도 쉽게 가공한다.

    ㉠ DNC시스템의 4가지 기본 구성요소 : CNC 공작기계, 중앙컴퓨터, 기억장치(CNC 프로그램 저장), 통신선

    ㉡ DNC의 장점 : 유연성과 높은 계산능력 보유, 빠른 전송속도, CNC 프로그램을 컴퓨터 파일로 저장, 공장에서 생산성과 관련되는 데이터의 수집 및 일괄처리

④ FMS(Flexible Manufacturing System, 유연생산시스템) : CNC 공작기계 · 로봇자동창고 · 무인운반기 · 제어용 컴퓨터 등으로 구성된 자동가공 · 조립라인을 일컫는다. 생산성을 유지한 상태로 다양한 제품의 형태를 가공하고 처리할 수 있을 만큼 풍부한 유연성을 가진 자동화 생산라인으로 다품종 소량(~중량)생산에 적합하다. FMS에 대한 일반적인 정의는 "기계가공이 자동적으로 이루어질 수 있는 NC 공작기계군, 공작물 자동착탈장치, 자동창고, 공정 간 이동을 자동적으로 할 수 있는 자동반송장치(무인운반차), 총합제어 · 관리 호스트컴퓨터, 운용 소프트웨어 등으로 구성되어 있는 시스템"을 말한다.

⚓ 무인운전을 위해 CNC 공작기계가 갖추어야 할 사항

지그류 표준화, 공구 표준화 및 집중관리시스템, 절삭자료 표준화, 칩 제거 자동장치, 자동계측보정기능, 공구파손 자동검출기능, 자동과부하검출기능, 자동운전상태 이상유무검출기능, 공작물 자동반입장치, 화재진압자동장치 등

⚓ 고속가공기의 장점

• 가공정밀도(치수, 형상, 표면조도 등)가 우수하다.
• 절삭력이 감소된다.
• 난삭재의 가공이 가능하다.
• 가공시간을 단축시켜 가공능률을 향상시킨다.
• 칩이 가공열을 가지고 제거되기 때문에 공작물에 열이 남지 않는다.

⑤ CIMS(Computer Integrated Manufacturing System, 컴퓨터에 의한 통합생산시스템) : 설계, 제조, 생산, 관리 등을 통합하여 운영하는 시스템이며 다음의 특징을 지닌다.

    ㉠ Life cycle time이 짧은 경우에 유리하다(짧은 제품수명주기와 시장수요에 즉시 대응할 수 있다).

    ㉡ 더 좋은 공정제어를 통하여 품질의 균일성을 향상시킬 수 있다.

    ㉢ 재고를 줄임으로써 비용이 절감된다.

    ㉣ 생산과 경영관리를 효율적으로 하여 제품비용을 낮출 수 있다.

    ㉤ 재료, 기계, 인원 등의 효율적인 관리로 재고량을 증가시킬 수 있다.

2) 생산품종 · 생산량에 따른 적용

① 생산품종 · 생산량에 따른 적용범위 : A영역 전용기, B영역 CNC 공작기계, C영역 범용 기계

② CNC 공작기계를 사용하여 제품을 생산할 때 경제성이 좋은 경우 : 복잡한 부품 형상가공, 다품종 소량생산, 정밀한 부품가공, 곡면이 많이 포함되어 있는 부품(항공기 부품 등)

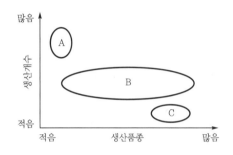

4 서보기구

1) 서보기구의 개요

서보기구(servo mechanism)는 CNC 공작기계에서 각 축을 제어하는 역할을 수행한다. 인간의 머리에 해당하는 정보처리회로에서 인간의 손과 발에 해당하는 서보기구에 지령을 내려 공작기계 주축, 테이블 등이 움직여서 가공이 수행된다. (맥박처럼) 매우 짧은 시간에 발생되는 진동을 펄스(pulse)라고 하는데, 서보기구의 지령은 정보처리회로에서 전기펄스신호로 나오며 이것을 지령펄스라고 한다. CNC 공작기계의 속도지령은 초당 펄스수로 주어지며, 이를 지령펄스주파수 혹은 지령펄스속도라고 한다.

2) 서보기구의 종류

서보기구에는 개방회로방식, 폐쇄회로방식, 반폐쇄회로방식, 하이브리드서보방식 등이 있는데, CNC 공작기계에는 이들 중 주로 반폐쇄회로방식이 많이 사용된다.

① 개방회로방식(open-loop control system) : 펄스모터라고도 부르는 스테핑모터(stepping motor : 스텝상태의 펄스에 순서를 부여하여 펄스수에 비례한 각도만큼 회전하는 모터)를 이용한다. 제어장치로 입력된 펄스수만큼 움직이는 스테핑모터의 회전정밀도와 볼나사의 정밀도에 직접적인 영향을 받는 방식이다. 검출기나 피드백회로(feedback, 되먹임)가 없

으므로 소형이며 가볍고 구조가 간단하고 값이 저렴하지만 정밀도가 낮아서 CNC 공작기계에서는 거의 사용되지 않는다.

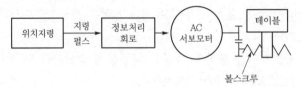

② 폐쇄회로방식(closed-loop control system) : 수치제어기계에서 지령된 펄스에 의하여 모터가 회전하여 기계를 움직일 때의 이동량을 기계의 테이블 등에 부착한 리니어스케일(linear scale, 직선자)로 측정 및 위치검출을 하고 이를 피드백시킴으로써 지령된 값과 실제로 이동한 양을 같게 하는 서보기구의 회로방식으로 높은 정밀도를 요구하는 공작기계나 대형 기계에 많이 적용된다.

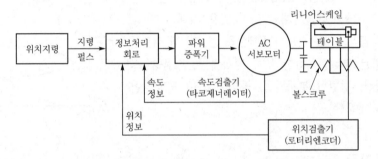

③ 반폐쇄회로방식(semi-closed loop control system) : 위치와 속도의 검출을 서보모터의 축이나 볼스크루의 회전각도로 검출하는 방식으로 직선운동을 회전운동으로 변환시켜 검출한다. 고정밀도의 볼스크루, 백래시보정 및 피치오차보정 등을 채택하며 대부분의 CNC 공작기계에 적용한다. 증폭기 등의 입력에 대한 출력의 비율을 게인(Gain)이라고 하는데, 반폐쇄회로방식은 게인 특성이 매우 우수하다.

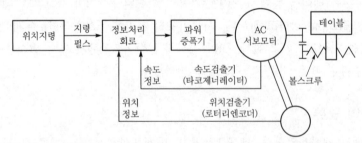

④ 하이브리드서보방식(복합회로방식) : 반폐쇄회로방식(높은 게인 특성을 이용하여 제어)과 폐쇄회로방식(기계오차는 리니어스케일로 보정하여 정밀도 향상)을 합한 방식이다. 높은 정밀도가 요구되고 공작기계의 중량이 커서 기계의 강성을 높이기 어려운 경우, 안정된 제어가 어려운 경우 등에 적용한다.

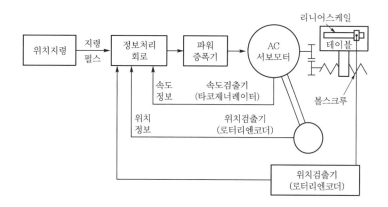

5 CNC의 하드웨어(CNC 장치)

1) 서보모터와 스테핑모터

(1) 서보모터

컴퓨터에서 번역, 연산된 정보는 인터페이스회로를 거쳐 펄스화되고 펄스화된 정보는 서보기구에 전달되어 서보모터를 작동시킨다. 서보모터는 펄스에 의한 지령에 대응하는 회전운동을 한다. CNC 공작기계의 움직임을 전기적인 신호로 표시하는 회전피드백장치를 리졸버(resolver)라고 한다. 서보모터 뒤쪽에 붙어있는 엔코더(encoder)서보기구에서 기계적 운동상태를 전기적 신호로 바꾸는 회전피드백장치(속도와 위치를 피드백)이다.

① 서보모터가 구비해야 할 조건
  ㉠ 빈번한 시동·정지·제동·역전, 저속회전의 연속작동이 가능해야 한다.
  ㉡ 큰 출력을 낼 수 있어야 한다.
  ㉢ 모터 자체의 안정성이 우수해야 한다.
  ㉣ 온도 상승이 적고 내열성이 좋아야 한다.
  ㉤ 가혹 조건에서도 충분히 견딜 수 있어야 한다.
  ㉥ 특성 및 응답성이 우수해야 한다.
  ㉦ 넓은 속도범위에서 안정된 속도제어가 이루어져야 한다.
  ㉧ 진동이 적고 소형이며 견고해야 한다.
  ㉨ 높은 회전각 정도를 얻을 수 있어야 한다.

② 서보모터의 종류
  ㉠ 직류모터(DC motor) : 전동기에 공급되는 전압을 조절함으로써 넓은 작동범위에서 속도를 정확하게 제어할 수 있으며 중소형의 수치제어공작기계나 로봇 등의 축을 구동하는 데에 적합하다.
  ㉡ 교류모터(AC motor) : 브러시가 없기 때문에 크기가 작고 제작기술의 발달로 직류모터에서 발생할 수 있는 소음 등의 단점을 제거한 모터이다.

(2) 스테핑모터(stepping motor)

입력된 전기적인 펄스를 각운동(일정한 각도)으로 변환시켜 동작하는 모터이다.

2) 볼스크루(ball screw, 볼나사)

서보모터에 연결되어 있으며 회전운동을 직선운동으로 변환시키는 역할을 한다. 서보모터의
회전운동을 받아서 공작기계의 구동축을 직선운동시킨다. 더블너트방식으로 하여 조정용 칼
라의 두께를 정밀조정하여 볼스크루의 너트를 인장으로 밀착시켜서 정회전과 역회전 시 발
생되는 백래시를 방지한다. 볼스크루는 높은 전달효율과 우수한 성능을 가진 기계요소로 수
치제어공작기계, 산업용 로봇 등 각종 이송기구에 적용하고 있으며, 결합방식에는 (커플링)
직결형, 기어(감속)형, 타이밍벨트형 등이 있다.

3) 조작반(Operation Panel, OP Panel)

비상정지버튼, 모드스위치, 급속 오버라이드스위치, 이송속도 오버라이드스위치, 주축속도
오버라이드스위치, 펄스선택스위치, 핸들(MPG), 버튼, 토글스위치, 프로그램보호키 등으로
구성된다.

4) 컨트롤러, 내부기억장치, 외부기억장치

① 컨트롤러(정보처리회로) : NC 테이프에 기록된 언어(정보)를 받아서 펄스화시키고 펄스화
    된 정보는 서보기구에 전달되어 여러 제어역할을 한다.
② 내부기억장치
    ㉠ 램(RAM : Random Access Memory) : 읽기와 쓰기 모두 가능한 메모리이며 입출력정
        보나 계산결과의 기록에 사용된다. CNC 프로그램, 파라미터, 옵셋 등이 RAM 반도체
        칩에 저장된다.
    ㉡ 롬(ROM : Read Only Memory) : 제조공장에서 소프트웨어를 입력시켜 기억하게는 할
        수 있지만 이를 읽기만 하고 사용자가 그 내용을 변경시킬 수 없는 반도체 메모리이
        다. 공작기계제작회사에서 CNC 내부프로그램을 입력해 놓거나 PLC프로그램 입력 등
        에 사용된다.
③ 외부기억장치
    ㉠ NC 테이프 : 프로그래밍한 것을 입력시키기 위한 테이프(EIA코드, ISO코드)
    ㉡ USB 플래시메모리 등

6 수치제어방식(NC의 분류)

① 위치결정제어 : 공구의 위치만 이동시키는 제어방식이다. 공구의 위치만을 제어하므로 도중의 경로는 무시하고 다음 위치까지 얼마나 신속하고 정확하게 이동시킬 수 있는가가 중요하다. 정보처리회로는 프로그램이 지령하는 이동거리기억회로와 테이블의 현재위치기억회로, 이들 두 가지를 비교하는 회로 등으로 매우 간단하게 구성된다. 가감산이 가능하다(예 : 펀치프레스, 스폿용접 등).

② 직선절삭제어 : 위치결정제어와 거의 같지만 이동 중에 공작물을 절삭하므로 도중의 경로가 중요한데, 그 경로는 직선에만 해당된다. 공구치수보정기능, 주축속도변화기능, 공구선택기능 등이 추가되므로 정보처리회로는 위치결정제어보다 더 복잡하다. 가감산이 가능하다(예 : 선삭, 밀링, 구멍가공 등).

③ 윤곽절삭제어(연속절삭제어) : 복잡한 형상(S자 경로, 크랭크경로 등)을 연속적으로 윤곽제어하는 기능이다. 정보처리회로가 각 축에 펄스를 분배하여 공구는 각 축방향으로 적절한 균형을 유지하면서 이동된다. 덧셈, 뺄셈, 곱셈, 나눗셈 모두 가능하다(예 : 모방선삭, 3차원 제어 밀링작업 등).

7 좌표계와 지령방법

1) 좌표계

① 기계좌표계(machine coordinating system) : 기계좌표계는 기계에 고정되어 있는 좌표계 (기계 상에 고정된 임의의 점)이고 기계기준점(기계원점)이 된다.

② 절대좌표계(absolute coordinate system) : 프로그램 작성자가 프로그램을 쉽게 작성하기 위하여 공작물 임의의 점을 원점으로 정해 명령의 기준점이 되도록 한 좌표계이다.

③ 공작물좌표계(work coordinating system, Work좌표계, 절대좌표계) : 프로그램원점 혹은 공작물원점이라고도 하며, 도면을 읽고 프로그램을 작성할 때에 절대좌표계의 기준이 되는 점이다.

④ 구역좌표계(Local(로컬)좌표계) : 필요에 의해 프로그램원점을 이동할 경우에 사용된다. 지령 이후 모든 좌표는 로컬좌표계를 기준으로 움직인다. 로컬좌표계 지령으로 Work좌표계나 기계좌표계는 바뀌지 않는다.

⑤ 상대좌표계(relative coordinating system) : 상대값을 가지는 좌표계이며 일시적으로 좌표를 '0'으로 설정할 때 사용된다. 현재위치가 좌표계의 원점(중심)이 되고 필요에 따라 그 위치를 영점(기준점, 0점)으로 설정(지정, 세팅)할 수 있다. 좌표어는 U, W로 나타내며 공작물측정, 공구세팅, 공구보정, 간단한 핸들이동, 정확한 거리의 이동, 좌표계 설정 등에 이용된다.

⑥ 잔여좌표계 : 자동실행 중(자동, 반자동, DNC) 표시되며, 잔여좌표에 나타나는 수치는 현재 실행 중인 블록의 나머지 이동거리를 표시하고, 공작물세팅 후 시제품을 가공할 때 이상 유무를 확인하는 방법으로 활용한다.

2) 지령방법

(1) CNC 공작기계 좌표계의 이동위치를 지령하는 방식

① 절대지령방식 : 프로그램원점을 기준으로 직교좌표계의 좌표값을 입력하는 방식이며 보정치의 유무에 상관없이 지령 가능하다. CNC 선반의 경우는 어드레스 X, Z로 나타내며, MCT의 경우는 어드레스 X, Y, Z을 사용하는데 선두에 절대지령인 G90 코드를 입력한다.

② 증분지령방식 : 현재의 공구위치를 기준으로 움직일 방향의 좌표치(이동량)를 입력하는 방식이며 보정치의 유무에 상관없이 지령 가능하다. CNC 선반의 경우는 어드레스 U, W로 나타내며, MCT의 경우는 절대지령어드레스 X, Y, Z을 사용하는데 선두에 증분지령인 G91 코드를 입력한다.

③ 혼합지령방식 : 절대지령방식과 증분지령방식이 모두 사용되는 방식이다.

(2) 반경지령과 직경지령

① 어드레스 X, U : X축의 직경지령(반경지령)

② 어드레스 Z, W : Z축 지령

③ 어드레스 I, K, R : 원호보간의 반경지령

④ 어드레스 X, U : 공구보정의 직경지령(반경지령)

8 NC 지령

1) G기능(G-code, 준비기능)

(1) G코드의 개요

준비기능은 실질적인 가공지령(직선보간, 급속이송, 원호보간 등)을 하는 명령어로 G00부터 G99까지의 명령어가 있다. 이 중에서 주로 사용되는 것은 20~30가지이며 구성은 가공용도, 기종, 제작회사에 따라 약간의 차이가 있는 것도 있으나 거의 동일하다.

⚓ One shot G-code & Modal G-code

준비기능의 속성으로 원샷(one shot) G코드(1회 유효, 지정된 명령절에서만 유효한 G코드로 00그룹이 이에 해당)와 모달(modal) G코드(계속 유효, 동일그룹 내의 다른 G코드가 나오기 전까지는 계속 유효한 G코드로 00그룹 이외의 그룹들이 이에 해당)가 있다. CNC 프로그램에 숙달되려면 G코드 전체를 암기하는 것도 좋지만 우선적으로 원샷 G코드인 00그룹을 반드시 암기해 두어야 한다. 나머지 G코드는 프로그램을 여러 번 하다가 보면 자연스럽게 암기되기도 한다.

---

(2) G코드 일람표(저자 별도 편집)

① CNC 선반의 G코드 일람표(밑줄 친 것 : MCT 공통, ☐ : MCT에서도 사용하지만 다른 의미)

㉠ 00그룹(one shot) : <u>G04</u>, <u>G10</u>, <u>G27</u>, <u>G28</u>, <u>G29</u>, <u>G30</u>, <u>G31</u>, G36, G37, G50, <u>G65</u>, G70, G71, G72, G73, G74, G75, G76

- G04 드웰(dwell 일시정지), G10 데이터 설정, G27 원점복귀체크, G28 자동원점복귀(제1원점복귀), G29 기준점으로부터의 자동복귀, G30 제2원점복귀, G31 스킵기능, G36 자동공구보정(X), G37 자동공구보정(Z), G50 공작물좌표계 설정 · 주축 최고회전수 설정, G65 매크로호출, G70 정삭가공사이클, G71 내외경황삭가공사이클, G72 단면황삭가공사이클, G73 모방가공사이클, G74 단면홈가공사이클, G75 내외경홈가공사이클, G76 자동나사가공사이클

㉡ 01그룹 : <u>G00</u>, <u>G01</u>, <u>G02</u>, <u>G03</u>, G32, G34, G90, G92, G94

- G00 급속위치 결정(급속이송), G01 직선보간(직선가공, 절삭이송), G02 원호보간 CW(시계방향 원호가공), G03 원호보간 CCW(반시계방향 원호가공), G32 나사절삭, G34 가변리드나사절삭, G90 내외경절삭사이클, G92 나사절삭사이클, G94 단면절삭사이클

㉢ 02그룹 : <u>G96</u>, <u>G97</u>

- G96 주속일정제어 ON(원주속도일정제어), G97 주속일정제어 OFF(원주속도일정제어 취소)

㉣ 04그룹 : G68, G69

- G68 대향공구대좌표 ON, G69 대향공구대좌표 OFF

㉤ 05그룹 : G98, G99

- G98 분당 이송(mm/min), G99 회전당 이송(mm/rev)

㉥ 06그룹 : <u>G20</u>, <u>G21</u>

- G20 인치데이터입력, G21 메트릭데이터입력

㉦ 07그룹 : G40, G41, G42

- G40 인선R보정 말소(공구인선반경보정 취소), G41 인선R보정 좌측(공구인선반경보정 좌측), G42 인선R보정 우측(공구인선반경보정 우측)

㉧ 08그룹 : <u>G25</u>, <u>G26</u>

- G25 주축속도변동검출 OFF, G26 주축속도변동검출 ON

㉨ 09그룹 : <u>G22</u>, <u>G23</u>

- G22 금지영역설정 ON, G23 금지영역설정 OFF

㉩ 12그룹 : <u>G66</u>, <u>G67</u>

- G66 매크로모달호출, G67 매크로모달호출 말소

② MCT의 G코드 일람표(밑줄 친 것 : CNC 선반 공통, ☐ : CNC 선반에서도 사용하지만 다른 의미)

㉠ 00그룹(one shot) : <u>G04</u>, G07, G09, <u>G10</u>, G11, <u>G27</u>, <u>G28</u>, <u>G29</u>, <u>G30</u>, <u>G31</u>, G37, G39, G45, G46, G47, G48, G52, G53, G60, <u>G65</u>, ☐G92☐
   • G04 드웰(dwell 일시정지), G07 가상축보간, G09 exact stop, G10 데이터 설정, G11 데이터 설정모드 무시, G27 원점복귀체크, G28 자동원점복귀(제1원점복귀), G29 기준점으로부터의 자동복귀, G30 제2원점복귀, G31 스킵기능, G37 자동공구길이측정, G39 코너옵셋원호보간, G45 공구위치보정 1배 신장, G46 공구위치보정 1배 축소, G47 공구위치보정 2배 신장, G48 공구위치보정 2배 축소, G52 로컬좌표계 설정, G53 기계좌표계 선택, G60 한 방향 위치결정, G65 매크로호출, G92 공작물좌표계 설정 · 주축 최고회전수지정

㉡ 01그룹 : <u>G00</u>, <u>G01</u>, <u>G02</u>, <u>G03</u>, G33
   • G00 급속위치결정(급속이송), G01 직선보간(직선가공, 절삭이송), G02 원호보간 CW(시계방향 원호가공), G03 원호보간 CCW(반시계방향 원호가공), G33 헬리컬절삭(일정리드의 나사절삭모드)

㉢ 02그룹 : G17, G18, G19
   • G17 X-Y평면지정, G18 Z-X평면지정, G19 Y-Z평면지정

㉣ 03그룹 : ☐G90☐, G91
   • G90 절대지령, G91 증분지령

㉤ 05그룹 : G93, G94, G95
   • G93 인버스타임이송(inverse time feed), G94 분당 이송(mm/min), G95 회전당 이송(mm/rev)

㉥ 06그룹 : <u>G20</u>, <u>G21</u>
   • G20 인치데이터입력, G21 메트릭데이터입력

㉦ 07그룹 : G40, G41, G42
   • G40 공구경보정 무시, G41 공구경 좌측보정, G42 공구경 우측보정

㉧ 08그룹 : <u>G25</u>, <u>G26</u>, G43, G44, G49
   • G25 주축속도변동검출 OFF, G26 주축속도변동검출 ON, G43 공구길이보정+, G44 공구길이보정−, G49 공구길이보정 무시

㉨ 09그룹 : <u>G22</u>, <u>G23</u>, G73, G74, G76, G80, G81, G82, G83, G84, G85, G86, G87, G88, G89
   • G22 금지영역 설정 ON, G23 금지영역 설정 OFF, G73 고속심공드릴사이클, G74 역태핑사이클(왼나사), G76 정밀보링사이클, G80 고정사이클 무시, G81 드릴/스폿드릴사이클, G82 드릴/카운터보링사이클, G83 심공드릴링사이클, G84 태핑사이클, G85 보링사이클, G86 보링사이클, G87 백보링사이클, G88 보링사이클, G89 보링사이클

ㅊ 10그룹 : G98, G99
  • G98 고정사이클 초기점복귀, G99 고정사이클 R점복귀

ㅋ 11그룹 : G50 , G51
  • G50 스케일링 무시, G51 스케일링

ㅌ 12그룹 : G66, G67
  • G66 매크로모달호출, G67 매크로모달호출 말소

ㅍ 13그룹 : G96, G97
  • G96 주속일정제어(원주속도일정제어), G97 주속일정제어 무시(원주속도일정제어 취소)

ㅎ 14그룹 : G54, G55, G56, G57, G58, G59
  • G54 공작물좌표계 선택 1, G55 공작물좌표계 선택 2, G56 공작물좌표계 선택 3, G57 공작물좌표계 선택 4, G58 공작물좌표계 선택 5, G59 공작물좌표계 선택 6

ㄲ 15그룹 : G61, G62, G63, G64
  • G61 exact stop모드, G62 자동코너오버라이드모드, G63 태핑모드, G64 연속절삭모드

ㄴ 16그룹 : G68, G69
  • G68 좌표회전, G69 좌표회전 무시

ㄷ 17그룹 : G15, G16
  • G15 극좌표지령 무시, G16 극좌표지령

2) 보조기능(M)

제어장치의 명령에 따라 CNC 공작기계가 지니는 보조기능을 제어(온/오프)하는 기능으로 M 뒤에 두 자리 숫자를 붙여 사용한다. 보조기능 중 주요한 코드를 다음과 같이 요약한다.
• M00 프로그램 정지(자동운전 중 M00이 지령되면 자동운전 정지), M02 프로그램 종료, M03 주축 정회전(시계방향으로 회전, CW), M04 주축 역회전(반시계방향 회전, CCW), M05 스핀들 정지, M08 절삭유 공급, M09 절삭유 미공급, M30 테이프 종료(프로그램 종료 시 사용), M98 서브프로그램호출

3) S · T · F

① **주축기능(S기능)** : S 4행 지령으로 회전수(G97) 혹은 절삭속도(G96) 지령
② **공구기능(T기능)** : T 4단 지령으로 공구선택과 옵셋량 설정(예 : T0101이라면 공구번호 1번의 1번의 옵셋량)
③ **이송기능(F기능)** : 회전당 이송량(CNC 선반), 분당 이송량(MCT) 지령

01장 연습문제(핵심 기출문제)

1. 기계가공법 총론

01 기계제작에 이용되는 금속의 성질이 아닌 것은?

① 융해성　　　　② 절연성

③ 접합성　　　　④ 절삭성

해설 ② 절연성 → 전연성

02 절삭가공의 정의로 가장 거리가 먼 것은?

① 일감의 필요한 부분을 깎는다.

② 소정의 모양과 치수로 가공한다.

③ 절삭공구로 가공한다.

④ 일감의 불필요한 부분을 깎는다.

해설 일감의 필요하지 않은 부분을 깎아낸다.

03 절삭제의 사용목적을 설명한 것 중 틀린 것은?

① 절삭공구의 냉각으로 공구의 경도 저하를 막는다.

② 칩의 제거작용을 하며 절삭작업을 용이하게 한다.

③ 공구와 일감의 접촉면의 윤활로 공구마멸을 적게 하고 가공표면을 좋게 한다.

④ 공구와 가공물의 친화력 향상으로 정밀도를 높게 한다.

해설 ④ 공작물 냉각으로 가공정밀도 저하를 방지한다.

04 절삭제의 사용목적과 관계없는 것은?

① 공구의 온도 상승 저하

② 가공물의 정밀도 저하 방지

③ 공구수명 연장

④ 절삭저항 증가

해설 절삭저항 감소

05 절삭제의 작용이 아닌 것은?

① 윤활작용　　　　② 냉각작용

③ 방진작용　　　　④ 세정작용

해설 절삭유는 방진역할을 할 수 없다.

06 기계가공에서 절삭성능을 향상시키기 위한 절삭제의 작용으로 틀린 것은?

① 세척작용　　　　② 윤활작용

③ 냉각작용　　　　④ 밀폐작용

해설 절삭유는 밀폐작용을 할 수 없다.

07 절삭유로서 구비해야 할 조건이 아닌 것은?

① 화학적 변화가 클 것

② 마찰계수가 낮을 것

③ 유막의 내압력이 높을 것

④ 절삭유의 표면장력이 작고 칩의 생성부까지 잘 침투할 수 있을 것

해설 화학적 변화가 작을 것

08 절삭제로서 요구되는 성질 중 맞지 않는 것은?

① 냉각, 윤활작용이 크고 공구수명을 길게 하고 절삭면을 좋게 할 것

② 방청작용으로 절삭면을 보호할 것

③ 마찰 부분에 발생하는 열을 흡수, 제거하고 값이 저렴할 것

④ 인화점이 낮고 오랜 시간 사용할 수 있을 것

해설 절삭유의 구비조건은 우수한 냉각성, 방청성, 방식성, 감마성, 윤활성, 유동성, 용이한 적하, 높은 인화점, 발화점, 인체 무해하며 변질되지 않고 기계도장에 영향이 없을 것 등이다.

정답 01.② 02.① 03.④ 04.④ 05.③ 06.④ 07.① 08.④

09 절삭제의 구비조건이 아닌 것은?

① 마찰성이 클 것
② 냉각성이 높을 것
③ 윤활성이 좋을 것
④ 세척성이 좋을 것

해설 마찰성이 작을 것

10 절삭유제에 관한 설명으로 틀린 것은?

① 극압유는 절삭공구가 고온, 고압상태에서 마찰을 받을 때 사용한다.
② 수용성 절삭유제는 점성이 낮으며 윤활작용은 좋으나 냉각작용이 좋지 못하다.
③ 절삭유제는 수용성과 불수용성, 고체 윤활제로 분류된다.
④ 불수용성 절삭유제는 광물성인 등유, 경유, 스핀들유, 기계유 등이 있으며, 그대로 또는 혼합하여 사용한다.

해설 수용성 절삭유제는 점성이 낮고 비열이 높으며 냉각작용이 우수하다.

11 불수용성 절삭유 중 점성이 낮고 윤활작용이 좋은 반면에, 냉각작용은 좋지 못하여 주로 경절삭용 절삭제에 쓰이는 것은?

① 광물성유   ② 동식물성유
③ 혼합유   ④ 극압유

해설 광물성유는 점성이 낮고 윤활작용이 좋은 반면, 냉각작용은 좋지 못하여 주로 경절삭용 절삭제에 쓰이는 불수용성 절삭유로 경유, 기계유, 스핀들유, 석유 등이 있다. 이 중에서 기계유는 저속절삭(탭가공, 브로칭 등), 석유는 고속절삭(황동, 경합금)에 사용된다.

12 광유에 비눗물을 첨가한 것으로 가격이 저렴하여 일반적으로 널리 사용되는 절삭유는 무엇인가?

① 광유   ② 유화유
③ 지방질유   ④ 석유

해설 유화유는 광유+비눗물로, 값이 저렴하며 일반적인 절삭제로 널리 사용된다.

13 냉각효과가 크고 윤활성도 있으며 보편적으로 많이 사용되는 절삭유는?

① 유화유   ② 광유
③ 동식물유   ④ 등유

해설 유화유(에멀션형)는 광유에 비눗물을 첨가하여 사용한 것으로 냉각작용이 비교적 크고 윤활성이 좋으며 원액에 10~20배의 물을 희석해서 사용한다. 값이 저렴하며 일반 절삭제로 널리 사용된다.

14 연삭액의 작용에 대한 설명으로 틀린 것은?

① 연삭열을 흡수하고 제거시켜 공작물의 온도를 저하시킨다.
② 눈메움 방지와 공작물에 부착한 절삭칩을 씻어낸다.
③ 윤활막을 형성하여 절삭능률을 저하시킨다.
④ 방청제가 포함되어 연삭가공면을 보호하고 연삭기의 부식을 방지한다.

해설 윤활막의 형성은 절삭능률을 향상시킨다.

15 순환펌프를 이용하여 급유하는 방법으로 고속회전 시 베어링의 냉각효과에 경제적인 방법은 무엇인가?

① 강제급유법   ② 분무급유법
③ 그리스윤활법   ④ 오일링급유법

해설 순환펌프를 이용하여 급유하는 방법으로, 고속회전 시 베어링의 냉각효과에 경제적인 방법은 강제급유법이다.

16 고속주축에 급유를 균등하게 할 목적으로 사용되는 윤활제의 급유방법은 무엇인가?

① 핸드급유법
② 적하급유법
③ (오일)링급유법
④ 강제급유법

해설 (오일)링(ring)급유법은 고속주축에 급유를 균등하게 할 목적으로 사용되는 윤활제의 급유방법이다.

17 액체상태의 기름에 $9.81N/cm^2$ 정도의 압축공기를 이용하여 급유하는 방법으로 고속연삭기, 고속드릴 및 고속 베어링의 윤활에 가장 적합한 것은?

① 핸드급유법　　　② 적하급유법
③ 분무급유법　　　④ 강제급유법

해설 분무급유법은 액체상태의 기름에 $9.81N/cm^2$ 정도의 압축공기를 이용하여 분무(안개)상태로 만들어 급유하는 방법이다. 고속연삭기, 고속드릴 및 고속 베어링의 윤활에 가장 적합한 윤활제의 급유방법으로, 일명 오일미스트윤활법으로도 부른다.

18 윤활유의 사용목적과 거리가 먼 것은?

① 윤활작용　　　② 냉각작용
③ 비산작용　　　④ 밀폐작용

해설 윤활유는 비산(날아가거나 뿌려지는 현상)이 일어나면 안 된다.

19 밀링머신의 주축 베어링 윤활방법으로 적합하지 않은 것은?

① 그리스윤활
② 오일미스트윤활
③ 강제식 윤활
④ 패드윤활

해설 그리스윤활, 오일미스트윤활(분무윤활), 강제식 윤활 등은 밀링머신의 주축 베어링 윤활방법으로 적합하지만, 패드윤활은 부적당하다.

20 액체상태의 기름에 압축공기를 이용하여 분무시켜 공급하는 방법으로 고속드릴 및 초고속 베어링의 윤활에 가장 적합한 것은?

① 핸드오일링(hand oiling)
② 드롭피드오일링(drop feed oiling)
③ 오일미스트급유법(oil mist lubrication)
④ 오일링급유법(oiling lubrication)

해설 오일미스트급유법은 고속내면연삭기, 고속드릴 및 초고속 베어링 등의 윤활에 적합하다.

21 다음 중 절삭공구의 구비조건으로 틀린 것을 모두 고른 것은?

> ㉠ 고온에서 경도가 감소하지 않을 것
> ㉡ 마찰계수가 클 것
> ㉢ 내마멸성이 클 것
> ㉣ 열처리가 쉬울 것
> ㉤ 취성이 클 것
> ㉥ 제조, 취급이 쉽고 가격이 쌀 것

① ㉡　　　　　　　② ㉡, ㉣
③ ㉡, ㉣, ㉤　　　④ ㉡, ㉤

해설 취성이 낮고 인성이 높아야 한다.

22 절삭공구가 가져야 할 기계적 성질은?

① 강인성, 내마멸성, 고온경도
② 충격성, 담금성, 내열성
③ 경도성, 강도성, 인장성
④ 경도성, 강도성, 고온취성

해설 ②, ③, ④에서 충격성, 담금성, 인장성, 고온취성 등은 절삭공구가 가져야 할 조건에 들어가지 않는다.

23 다음 KS재료기호 중 절삭공구용 및 내충격공구용의 합금공구강기호는?

① STC　　　　　② STS
③ SKH　　　　　④ SCM

해설 ① STC : 탄소공구강
② STS : 합금공구강
③ SKH : 고속도강
④ SCM : 크롬몰리브덴강

24 W, Cr, V, Co 등의 원소를 함유하는 절삭공구재료는?

① 탄소공구강
② 합금공구강
③ 고속도강
④ 초경합금

해설 고속도강은 W, Cr, V, Co 등의 원소를 함유하는 절삭공구재료이다.

25 절삭공구의 재료에서 소결합금에 의해 제조하지 않는 것은?

① 초경합금　　　② 서멧
③ 세라믹　　　　④ 스텔라이트

[해설] 스텔라이트는 주조경질합금의 대표적인 상품명이며, 주조경질합금은 소결법이 아닌 용융법으로 제조된다.

26 절삭공구재료에 사용되는 코발트를 주성분으로 한 주조경질합금(Co-Cr-W합금)의 대표적인 것은?

① 모넬메탈　　　② 스텔라이트
③ 하이드로날륨　④ 세라믹

[해설] 주조경질합금에는 대표적으로 스텔라이트가 있으며, 주조로 성형한 것을 연삭으로 다듬질하여 사용한다. 성분은 W-Cr-Co-C이며, 초경합금과 고속도강의 중간 성능을 지닌다. 단조나 열처리가 되지 않으므로 매우 단단하고 850℃까지 경도가 유지되나 취성이 있고 값이 비싸다. 절삭날을 연강자루에 전기용접이나 경납땜을 하여 사용되었으나, 현재는 절삭공구재료로 거의 사용되지 않는다.

27 절삭공구재료로 사용하는 스텔라이트의 주성분은?

① C-Co-W-Cr　② Co-Mo-C
③ WC-Co-C　　④ Co-C-W-Cu

[해설] 스텔라이트는 주조경질합금의 대표적인 상품명이다. 주조경질합금은 소결법이 아닌 용융법으로 제조된다.

28 다음 중 고속도강의 담금질온도로 가장 적당한 것은?

① 1,250~1,350℃
② 950~1,100℃
③ 800~900℃
④ 550~560℃

[해설] 고속도강 열처리온도는 담금질온도 1,250~1,350℃, 뜨임 및 2차 경화온도 550~600℃, 풀림온도 820~860℃이다.

29 탄소공구강에 텅스텐, 크롬, 바나듐, 코발트, 몰리브덴 등을 첨가하여 고속절삭에 이용되는 절삭공구재료는?

① 합금공구강
② 고속도강
③ 스텔라이트
④ 다이아몬드

[해설] 탄소공구강에 텅스텐, 크롬, 바나듐, 코발트, 몰리브덴 등을 첨가하여 고속절삭에 이용되는 절삭공구재료는 고속도강이며, 탄소공구강의 2배 이상의 공구수명을 지닌다.

30 절삭공구용 소결초경합금의 화학성분이 아닌 것은?

① W(텅스텐)　　② Co(코발트)
③ Ti(티탄)　　　④ Cr(크롬)

[해설] Cr(크롬)은 초경합금원소로 사용되지 않는다.

31 W, Ti, Ta 등의 경질합금탄화물분말을 Co 또는 Ni를 결합제로 소결하여 제조한 것은?

① 탄소공구강
② 스텔라이트
③ 초경합금
④ 시효경화합금

[해설] 초경합금은 Co를 결합제로 사용하며, 소결온도는 약 1,300~1,400℃ 정도가 된다.

32 텅스텐, 티탄, 탈탄 등의 탄화물분말을 코발트 또는 니켈분말과 혼합하여 프레스로 성형한 뒤 약 1,400℃ 이상의 고온에서 소결한 절삭공구재료는?

① 초경합금　　　② 고속도강
③ 합금공구강　　④ 스텔라이트

[해설] 텅스텐, 티탄, 탈탄 등의 탄화물분말을 코발트 또는 니켈분말과 혼합하여 프레스로 성형한 뒤 약 1,400℃ 이상의 고온에서 소결한 절삭공구재료는 초경합금이다.

33 TiC분말, TiN분말, TiCN분말 등을 혼합하여 수소분위기에서 소결한 절삭공구는?

① 주조합금　　　　② 세라믹
③ 서멧　　　　　　④ 초경합금

해설 TiC분말, TiN분말, TiCN분말 등을 혼합하여 수소분위기에서 소결한 절삭공구는 서멧(cermet)이다.

34 알루미나(Al_2O_3)를 주성분으로 하여 거의 결합제 없이 소결한 내열성이 우수하고 고속도 및 고온절삭에 사용되는 공구재료는?

① 세라믹　　　　　② 초경합금
③ 고속도강　　　　④ 다이아몬드

해설 알루미나(Al_2O_3)를 주성분으로 하여 거의 결합제 없이 소결한 내열성이 우수하고 고속도 및 고온절삭에 사용되는 공구재료는 알루미나계 세라믹이다.

35 산화알루미늄(Al_2O_3)의 미분말에 규소(Si) 및 마그네슘(Mg)의 산화물 또는 다른 산화물의 첨가물을 넣고 소결한 공구재료이며, 흰색, 분홍색, 회색, 검은색 등이 있으며 고온경도가 우수하고 내마멸성이 좋고 다듬질가공에는 적합하지만 취성이 커서 중(重)절삭에는 적합하지 못한 공구재료는?

① 합금공구강　　　② 고속도강
③ 초경합금　　　　④ 세라믹

해설 알루미나(Al_2O_3)를 주성분으로 하여 거의 결합제 없이 소결한 내열성이 우수하고 고속도 및 고온절삭에 사용되는 공구재료는 알루미나계 세라믹이다.

36 세라믹공구 사용 시 주의사항으로서 틀린 것은?

① 사용하기 전 미소 파괴를 감소시키기 위해 날 끝을 호닝한다.
② 칩이 날 끝을 지나서 공구 상면을 때리는 경우가 있으므로 칩 보호구를 사용한다.
③ 공구의 윗면경사각은 주철 및 비철금속가공 시 −5°가 적당하다.
④ 절삭날의 마멸이 적고 빌트업에지가 감소하므로 정밀가공에 적합하다.

해설 공구의 윗면경사각은 주철가공 시 −5°, 비철금속가공 시 +5°가 적당하지만, 세라믹은 비철금속가공용으로 사용되지 않는다.

37 미소분말을 초고온(2,000℃), 초고압(5만 기압 이상)에서 소결하여 만든 인공합성 절삭공구재료로 뛰어난 내열성과 내마멸성으로 인하여 난삭재료, 담금질강, 고속도강, 내열강 등의 절삭에 많이 사용되고 있는 것은?

① CBN공구　　　　② 다이아몬드공구
③ 서멧공구　　　　④ 세라믹공구

해설 CBN공구는 미소분말을 초고온(2,000℃), 초고압(5만 기압 이상)에서 소결하여 만든 인공합성 절삭공구재료로 뛰어난 내열성과 내마멸성으로 인하여 난삭재료, 담금질강, 고속도강, 내열강 등의 절삭에 많이 사용된다.

38 공작기계에서 절삭을 위한 세 가지 기본운동에 속하지 않는 것은?

① 절삭운동　　　　② 이송운동
③ 회전운동　　　　④ 위치조정운동

해설 공작기계에서 절삭을 위한 세 가지 기본운동은 위치조정운동, 이송운동, 절삭운동이다.

39 절삭속도에 관한 설명이다. 틀린 것은?

① 공구의 윗면경사각을 크게 하면 절삭속도를 빠르게 할 수 있다.
② 절삭깊이를 깊게 하면 절삭속도를 빠르게 할 수 있다.
③ 이송을 크게 하면 절삭속도는 느리게 해야 한다.
④ 공작물이 굳을 때에는 절삭속도를 느리게 한다.

해설 절삭속도를 느리게 해야 한다.

40 선반에서 공작물절삭 시 절삭력에 의한 분력이 생기는데, 이들 중 가장 큰 분력은?

① 배분력　　　　　② 이송분력
③ 주분력　　　　　④ 마찰분력

정답 33.③ 34.① 35.④ 36.③ 37.① 38.③ 39.② 40.③

해설 절삭저항 3분력의 크기 순은 주분력 > 배분력(정도에 영향) > 이송분력(횡분력)이다.

41 절삭저항의 3분력에 속하지 않는 것은?

① 주분력　　　　　② 이송분력

③ 배분력　　　　　④ 상대분력

해설 절삭저항 3분력의 크기는 주분력 > 배분력(정도에 영향) > 이송분력(횡분력) 순이다.

42 선반작업에서 절삭방향으로 평행한 분력은 무엇인가?

① 주분력　　　　　② 배분력

③ 이송분력　　　　④ 절삭분력

해설 선반작업에서 절삭방향으로 평행한 분력은 주분력이다.

43 주요 공작기계의 일반적인 일감운동에 대한 설명으로 틀린 것은?

① 밀링머신 : 일감을 고정하고 이송한다.

② 선반 : 일감을 고정하고 회전시킨다.

③ 보링머신 : 일감을 고정하고 이송한다.

④ 드릴링머신 : 일감을 고정하고 회전한다.

해설 드릴링머신은 일감을 고정하고 공구가 회전한다.

44 연한 재질의 일감을 고속절삭할 때 생기는 칩의 형태는?

① 유동형　　　　　② 균열형

③ 경작형　　　　　④ 전단형

해설 연한 재질의 일감을 고속절삭할 때 생기는 칩의 형태는 유동형이다.

45 칩의 형태 중 가공표면에 가장 좋은 결과를 주는 것은 어느 것인가?

① 열단형　　　　　② 균열형

③ 전단형　　　　　④ 유동형

해설 칩의 형태 중 가공표면에 가장 좋은 결과를 주는 것은 유동형이다.

46 칩을 밀어내는 압축력의 축적으로 이런 형태의 칩이 생기고, 유동형 칩이 생기는 것과 같은 재료를 작은 윗면경사각으로 깎을 때 생기며, 다듬질면이 그다지 좋지 않은 칩의 형태는?

① 균열형 칩

② 전단형 칩

③ 열단형 칩

④ 연속형 칩

해설 칩을 밀어내는 압축력의 축적으로 이런 형태의 칩이 생기고, 유동형 칩이 생기는 것과 같은 재료를 작은 윗면경사각으로 깎을 때 생기며, 다듬질면이 그다지 좋지 않은 칩의 형태는 전단형이다.

47 점성이 큰 공작물을 경사각이 작은 절삭공구로 가공할 때, 절삭깊이가 클 때 발생하기 쉬운 칩의 형태는 무엇인가?

① 유동형　　　　　② 전단형

③ 열단형　　　　　④ 균열형

해설 ③ 열단형(tear type)＝경작형(plunk−off type)

48 주철과 같이 취성이 있는 재료를 저속절삭할 때 발생하는 일반적인 칩의 형태는?

① 유동형　　　　　② 전단형

③ 균열형　　　　　④ 압축형

해설 주철과 같이 취성이 있는 재료를 저속절삭할 때 발생하는 일반적인 칩의 형태는 균열형이다.

49 구성인선이 생기는 이유와 가장 거리가 먼 것은?

① 높은 압력

② 큰 마찰저항

③ 절삭칩의 형태

④ 절삭열

해설 절삭칩의 형태는 구성인선이 생기는 이유와 거리가 멀다.

50 구성인선(built-up edge)에 대한 일반적인 설명으로 틀린 것은?

① 절삭저항이 커진다.
② 가공면을 거칠게 한다.
③ 바이트의 수명을 짧게 한다.
④ 절삭속도를 작게 하면 방지된다.

해설 절삭속도를 올려야 한다.

51 빌트업에지(built-up edge)의 영향이 아닌 것은 어느 것인가?

① 절삭저항이 커진다.
② 다듬질면을 거칠게 한다.
③ 바이트의 수명을 짧게 한다.
④ 치수정밀도가 좋아진다.

해설 치수정밀도가 나빠진다.

52 구성인선의 크기를 좌우하는 인자 중 가장 관계없는 것은?

① 절삭속도
② 칩의 두께
③ 공구의 상면경사각
④ 공구의 전면여유각

해설 절삭속도, 칩의 두께, 상면경사각 등은 구성인선과 연관성이 있으나, 공구의 전면여유각의 영향은 구성인선에 그리 크게 미치지는 않는다.

53 바이트의 구성 부분에서 빌트업에지(built-up edge)란 것은 날 끝의 선단이 어떻게 된 것을 말하는가?

① 칩 브레이커(chip breaker)가 부착된 것을 말한다.
② 절삭재료가 부착된 것을 말한다.
③ 초경합금이 부착된 것을 말한다.
④ 침탄담금질시킨 것을 말한다.

해설 바이트의 구성 부분에서 빌트업에지(built-up edge)란 것은 날 끝의 선단에 절삭재료가 부착된 것을 말한다.

54 절삭가공할 때 구성인선의 설명으로 틀린 것은?

① 칩의 두께를 증가시키면 구성인선은 감소된다.
② 고속으로 절삭할수록 구성인선은 감소된다.
③ 칩의 흐름에 대한 저항을 감소시키면 구성인선은 감소된다.
④ 공구의 윗면경사각을 크게 하면 구성인선은 감소된다.

해설 칩의 두께를 증가시키면 구성인선은 더 증가한다.

55 구성인선이 생기는 것을 방지하기 위한 대책으로서 틀린 것은?

① 바이트의 윗면경사각을 크게 한다.
② 절삭속도를 크게 한다.
③ 윤활성이 좋은 절삭유를 준다.
④ 절삭속도를 극히 작게 하여 윤활성이 작은 절삭유를 준다.

해설 절삭속도를 증가시키고 윤활성이 우수한 절삭유를 준다.

56 구성인선의 방지책이 아닌 것은?

① 절삭깊이를 작게 할 것
② 공구의 윗면경사각을 크게 할 것
③ 공구인선을 예리하게 할 것
④ 절삭속도를 작게 할 것

해설 절삭속도를 높게 할 것

57 빌트업에지의 발생을 억제하는 데 역행하는 것은?

① 칩두께의 증대
② 바이트 상면경사각의 증대
③ 절삭속도의 증대
④ 적당한 윤활유의 사용

해설 칩두께를 증가시키면 빌트업에지가 더 잘 생성된다.

58 다음 중 공구의 마멸기구에 속하지 않는 것은?

① 크레이터마멸　　② 플랭크마멸

③ 치핑　　　　　　④ 백래시

해설　백래시는 공구마멸기구가 아니다.

59 강과 같이 연속된 칩이 발생할 때 공구날의 윗면이 칩의 마찰로 오목하게 패이는 현상을 무엇이라 하는가?

① 구성인선　　　　② 크레이터마멸

③ 플랭크마멸　　　④ 칩 브레이커

해설　① 구성인선 : 공작물이 절삭날에 달라붙는 현상
③ 플랭크마멸 : 측면마멸
④ 칩 브레이커 : 긴 칩을 짧게 끊는 역할을 하는 것

60 바이트의 크레이터 발생을 저지하고 지연시키는 방법으로 옳은 것은?

① 공구의 윗면경사각을 작게 하고 절삭압력을 증가시킨다.

② 칩의 흐름에 대한 저항을 증가시킨다.

③ 공구 윗면의 칩의 흐름에 대한 저항을 감소시킨다.

④ 절삭유 공급을 중단하고 바이트의 이송속도를 낮춘다.

해설　① 공구의 윗면경사각을 크게 하고 절삭압력을 감소시킨다.
② 칩의 흐름에 대한 저항을 감소시킨다.
④ 절삭유를 충분히 공급하고 바이트의 이송속도가 너무 낮으면 더 올린다.

61 바이트의 연마 불량이나 납땜방법의 불량이 주원인으로 나타나기 쉬운 바이트의 결손은?

① 치핑(chipping)

② 브레이킹(breaking)

③ 크랙(crack)

④ 크레이터(crater)

해설　바이트의 연마 불량이나 납땜방법의 불량이 주원인으로 나타나기 쉬운 바이트의 결손은 크랙(균열)이다.

62 절삭공구의 수명 T와 속도 V 사이의 관계식으로 옳은 것은? (단, V : 절삭속도(m/min), T : 절삭공구의 수명(min), n : 지수, C : 상수)

① $\dfrac{VT}{n} = C$　　　② $VT^n = C$

③ $CT^{\frac{1}{n}} = V$　　　④ $TV^n = C$

해설　$VT^n = C$는 테일러의 공구수명방정식이다.

63 흔히 사용되는 절삭공구의 수명을 판정하는 방법 중 틀린 것은?

① 절삭저항의 이송분력 및 배분력의 변화가 나타나지 않더라도 주분력이 급격히 증가했을 때

② 공구인선의 마멸이 일정량에 달했을 때

③ 완성가공된 치수의 변화가 일정량에 달했을 때

④ 완성가공면 또는 절삭가공한 직후에 가공표면에 광택이 있는 색조 또는 반점이 생길 때

해설　① 주분력에 비해 배분력 또는 이송분력이 급격히 증가할 때

64 절삭속도의 증가와 더불어 절삭온도는 증가한다. 절삭온도측정방법이 아닌 것은?

① 칼로리미터에 의한 방법

② 칩의 색깔에 의한 방법

③ 공구열전대 삽입방법

④ 서보모터에 의한 방법

해설　절삭온도측정방법에는 칩의 색깔에 의한 방법, 공구동력계에 의한 방법, 공구열전대 삽입방법, 복사온도계에 의한 방법, 칼로리미터에 의한 방법, 시온도료를 사용하는 방법 등이 있다.

65 다음 중 KS B 0161에 규정된 표면거칠기 표시방법이 아닌 것은?

① 최대높이(Ry)

② 10점 평균거칠기(Rz)

③ 산술평균거칠기(Ra)

④ 제곱평균거칠기($Rrms$)

해설 제곱평균거칠기($Rrms$)는 표면거칠기 표시방법이 아니다.

66 바이트의 끝 모양과 이송이 표면거칠기에 미치는 영향 중 다듬질표면거칠기의 이론값($H\max$)을 구하는 공식은? (단, r : 바이트 끝 반지름, S : 이송거리이다.)

① $H\max = \dfrac{8r}{S^2}$ ② $H\max = \dfrac{8r}{S}$

③ $H\max = \dfrac{S^2}{8r}$ ④ $H\max = \dfrac{S}{8r}$

해설 $H\max = \dfrac{S^2}{8r}$

2. 선삭

01 선반에 의한 절삭가공에서 이송(feed)과 가장 관계가 없는 것은?

① 단위는 회전당 이송(mm/rev)으로 나타낸다.
② 일감의 매 회전마다 바이트가 이동되는 거리를 의미한다.
③ 이론적으로는 이송이 작을수록 표면거칠기가 좋아진다.
④ 바이트로 일감표면으로부터 절삭해 들어가는 깊이를 말한다.

해설 바이트로 일감표면으로부터 절삭해 들어가는 깊이는 이송이 아니라 절삭깊이 혹은 절입량이라고 한다.

02 다음 중 가공물이 회전운동을 하고 공구가 직선이송운동을 하는 공작기계는?

① 선반
② 보링머신
③ 플레이너
④ 핵쏘잉머신

해설 가공물이 회전운동을 하고 공구가 직선이송운동을 하는 공작기계는 선반이다.

03 일반적으로 선반가공의 종류에 해당되는 것은?

① 캠가공 ② 엔드밀가공
③ 기어깎기 ④ 곡면깎기

해설 ④는 선반가공에 속하지만 ①, ②, ③은 선반가공에 들어가지 않는다.

04 다음 중 선반 베드의 재질로 가장 적합한 것은?

① 고급주철 ② 탄소공구강
③ 연강 ④ 초경합금

해설 ① 미하나이트주철, 합금주철, 구상흑연주철 등

05 선반의 베드에 관한 설명으로 틀린 것은?

① 미끄럼면의 단면 모양은 원형과 구형이 있다.
② 주로 40~60%의 강철파쇄를 넣어 만든 강인주철로 제작한다.
③ 미끄럼면은 기계가공 또는 스크레이핑을 한다.
④ 내마멸성을 높이기 위하여 표면경화처리를 하고 연삭가공을 한다.

해설 미끄럼면의 단면 모양은 평형(영국식)과 산형(미국식)이 있다.

06 다음 중 영국식 선반 베드의 단면 형상은?

① 산형 ② 평형
③ 절충형 ④ 별형

해설 영국식은 평형이고, 미국식은 산형이다.

07 공작기계의 안내면의 단면으로 맞지 않는 것은?

① 산형 ② 평형
③ 더브테일형 ④ 원형

해설 공작기계의 안내면의 단면에는 원형은 없다.

08 리브는 선반의 어느 부분에 위치하고 있나?

① 주축대 ② 심압대
③ 왕복대 ④ 베드

해설 리드는 선반의 베드에 있으며, 베드의 강성을 증가시킨다. 베드리브의 형상에는 평행형, 지그재그형, 십자형, X형(비틀림 및 굽힘에 가장 적합) 등이 있다.

09 선반에서 산형 베드가 평형 베드에 비해 좋은 점을 나열하였다. 틀린 것은?

① 정밀절삭에 적합하다.
② 왕복대의 앞뒤 흔들림이 적다.
③ 베드의 마멸이 비교적 적다.
④ 칩에 의한 베드면의 손상이 적다.

해설 베드의 마멸이 비교적 적은 것은 산형이 아니라 평형이다.

10 선반의 구성 부분 중 스핀들, 베어링, 속도변환장치로 구성되어 있는 것은?

① 심압대
② 주축대
③ 왕복대
④ 베드

해설 선반의 구성 부분 중 스핀들, 베어링, 속도변환장치로 구성되어 있는 것은 주축대이다.

11 선반의 베드 위에서 일감의 길이에 따라 임의의 위치에서 고정할 수 있으며 중심축의 편위를 조정할 수 있고 테이퍼절삭 시에 사용되는 부분은?

① 심압대
② 주축대
③ 이송기구
④ 왕복대

해설 선반의 베드 위에서 일감의 길이에 따라 임의의 위치에서 고정할 수 있으며 중심축의 편위를 조정할 수 있고 테이퍼절삭 시에 사용되는 부분은 심압대이다.

12 선반의 심압대에 관한 설명으로 틀린 것은?

① 심압대는 베드 위에서 일감의 길이에 따라 임의의 위치에서 고정할 수 있다.
② 주축과 심압대 사이에 일감을 고정할 때 이용한다.
③ 심압대 중심축의 편위를 조정할 수 있으나 테이퍼절삭은 할 수 없다.
④ 심압대 축의 끝은 센터, 드릴척 등을 끼워 사용할 수 있다.

해설 심압대 중심축의 편위를 조정할 수 있으며, 이를 이용한 테이퍼절삭도 가능하다.

13 보통선반과 같으나 정밀한 형식으로 되어 있으며 테이퍼깎기 장치, 릴리빙장치가 부속되어 있는 선반은?

① 공구선반
② 모방선반
③ 수직선반
④ 터릿선반

해설 공구선반은 보통선반과 같으나 정밀한 형식으로 되어 있으며 테이퍼깎기 장치, 릴리빙장치가 부속되어 있는 선반이다.

14 대형의 공작물이나 불규칙한 가공물을 가공하기 편리하도록 척을 지면 위에 수직으로 설치하여 가공물의 장착이나 탈착이 편리하며 공구이송방향이 보통선반과 다른 선반은?

① 차륜선반
② 수직선반
③ 공구선반
④ 모방선반

해설 대형의 공작물이나 불규칙한 가공물을 가공하기 편리하도록 척을 지면 위에 수직으로 설치하여 가공물의 장착이나 탈착이 편리하며 공구이송방향이 보통선반과 다른 선반은 수직선반이다.

15 테이블이 수평면 내에서 회전하는 것으로 공구의 길이방향 이송이 수직으로 되어 있고 대형 중량물을 깎는 데 쓰이는 선반은?

① 수직선반
② 크랭크축선반
③ 공구선반
④ 모방선반

해설 테이블이 수평면 내에서 회전하는 것으로 공구의 길이방향 이송이 수직으로 되어 있고 대형 중량물을 깎는 데 쓰이는 선반은 수직선반이다.

16 베드 상의 스윙(swing)을 크게 하기 위하여 주축대로부터 베드의 일부가 분해될 수 있도록 만들어진 선반은?

① 릴리빙선반
② 터릿선반
③ 캠선반
④ 롤선반

해설 베드 상의 스윙(swing)을 크게 하기 위하여 주축대로부터 베드의 일부가 분해될 수 있도록 만들어진 선반은 캠선반이다.

17 툴 포스트가 공작물의 회전에 따라서 캠장치에 의해 공작물의 반경 간에 움직이며 절삭이 이루어지는 선반은 다음 중 어느 것인가?

① 카핑선반   ② 터릿선반
③ 엔진선반   ④ 릴리빙선반

해설 툴 포스트가 공작물의 회전에 따라서 캠장치에 의해 공작물의 반경 간에 움직이며 절삭이 이루어지는 선반은 모방선반(카핑선반)이다.

18 베드를 가능한 짧게 하여 주로 공작물의 단면절삭에 쓰이는 것으로, 기차바퀴와 같이 길이가 짧고 지름이 큰 공작물을 선삭하기에 가장 적합한 선반은?

① 수직선반   ② 정면선반
③ 터릿선반   ④ 모방선반

해설 정면선반은 베드를 가능한 짧게 하여 주로 공작물의 단면절삭에 쓰이는 것으로, 길이가 짧고 지름이 큰 공작물(기차바퀴, 대형 풀리, 플라이휠 등)을 선삭하기에 가장 적합한 선반이다.

19 각종 선반에 대한 각각의 설명으로 옳지 않은 것은?

① 수치제어선반 : 자동모방장치를 이용하여 단지 모형이나 형판만을 따라 바이트를 안내하며 절삭하는 선반이다.
② 차축선반 : 면판들이 주축대를 2대 마주 세운 구조로 철도차량용 차축을 깎는 선반이다.
③ 터릿선반 : 볼트, 작은 나사 및 핀과 같이 작은 일감을 터릿을 사용하여 대량생산하거나 능률적인 가공을 하는 선반이다.
④ 크랭크축선반 : 크랭크축의 베어링저널 부분과 크랭크핀을 깎는 선반이다.

해설 ①은 모방선반에 대한 설명이다.

20 터릿선반의 종류 중 크고 무거운 큰 가공물의 선삭, 보링, 태핑 등의 가공을 하는데 가장 편리한 것은?

① 원통형   ② 램형
③ 드럼형   ④ 새들형

해설 램형은 소형 공작물가공에, 새들형은 대형 공작물가공에 편리하다.

21 초경바이트를 공구대에 고정할 때의 요점을 설명한 것으로 가장 옳은 사항은?

① 바이트가 공구대에서 나온 거리는 섕크의 두께보다 짧게 한다.
② 가능하면 자루의 윗면에도 고임판을 대고 고정한다.
③ 고정나사는 하나씩 단단히 차례로 조인다.
④ 자루의 끝보다 길게 고임판을 대고 조정한다.

해설 ② 가능하면 자루의 윗면에는 고임판을 대지 않고 바로 고정한다.
③ 고정나사는 하나씩 단단히 교차하여 교대로 조인다.
④ 자루의 끝보다 짧게 고임판을 대고 조정한다.

22 선반에서 환봉을 가공하여 측정하였더니 중앙 부분이 양단보다 6/1,000mm만큼 크다. 이 중 가장 큰 원인은?

① 척의 물림이 약간 일그러졌다.
② 공작물의 길이가 지름에 비하여 너무 길었다.
③ 절삭깊이에 비하여 바이트의 피드가 너무 느렸다.
④ 피드에 비해 절삭깊이가 너무 컸다.

해설 중앙 부분이 볼록하게 된 것은 공작물의 길이가 지름에 비하여 너무 길었다.

23 선반에서 분할너트(half nut)는 어느 부분에 있는가?

① 주축대   ② 심압대
③ 왕복대   ④ 베드

해설 선반의 분할너트(half nut)는 왕복대에 있다.

24 멀티칭기어열은 선반의 어느 부분에 있는가?

① 주축속도변환장치 ② 이송속도변환장치
③ 왕복대 몸체 ④ 심압대 내부

해설 멀티칭기어열은 선반의 주축속도변환장치에 있다.

25 선반의 주축을 중공축으로 한 이유에 속하지 않는 것은?

① 무게를 감소하여 베어링에 작용하는 하중을 줄이기 위하여
② 긴 가공을 고정이 편리하게 하기 위하여
③ 지름이 큰 재료의 테이퍼를 깎기 위하여
④ 굽힘과 비틀림응력의 강화를 위하여

해설 지름이 큰 재료의 테이퍼를 깎는 것과 선반의 주축이 중공축인 것과는 상관이 없다.

26 선반주축의 강성을 크게 하고 진동을 방지하기 위하여 이용되는 지점방식은?

① 3점 지지주축대 ② 4점 지지주축대
③ 5점 지지주축대 ④ 6점 지지주축대

해설 선반주축의 강성을 크게 하고 진동을 방지하기 위하여 이용되는 지점방식은 3점 지지주축대방식이다.

27 바이트의 종류를 구조상으로 분류하면 몇 가지로 분류할 수 있다. 이에 해당되지 않는 것은?

① 단체바이트 ② 분해식 바이트
③ 날붙이 바이트 ④ 클램프바이트

해설 바이트의 구조상 분류에 분해식은 없다.

28 선반작업 시 절삭속도의 결정조건 중 거리가 가장 먼 것은?

① 일감의 재질
② 바이트의 재질
③ 절삭제의 사용 유무
④ 기계의 강도

해설 선반작업 시 절삭속도의 결정은 공작물재질, 바이트 재질, 절삭제에 영향을 받는다.

29 선반주축의 회전이 정지해 있을 때 주축대와 심압대센터의 높이는 어떠한가?

① 주축센터가 약간 높다.
② 심압대센터가 약간 높다.
③ 주축센터의 높이와 심압대센터의 높이는 같다.
④ 선반의 종류에 따라 다르다.

해설 선반주축의 회전이 정지해 있을 때 주축센터의 높이와 심압대센터의 높이는 같다.

30 선반바이트의 설치방법으로 옳지 않은 것은?

① 바이트의 돌출거리는 작업에 지장이 없는 한 될 수 있는 대로 짧게 한다.
② 바이트의 자루는 수평으로 고정한다.
③ 심(shim)은 될 수 있는 대로 바이트 자루면 전체에 닿게 한다.
④ 바이트 위에는 심(shim)을 넣지 않으며, 바이트 자루에 흠이 나도록 한다.

해설 ④ 바이트 자루에 흠이 나지 않도록 한다.

31 바이트의 여유각을 두는 가장 큰 이유는?

① 바이트의 날 끝과 공작물의 사이의 마찰을 막기 위하여
② 공작물의 깎이는 깊이를 적게 하고 바이트의 날 끝이 부러지지 않도록 보호하기 위하여
③ 바이트가 공작물을 깎는 쇳가루의 흐름을 잘 되게 하기 위하여
④ 바이트의 재질이 강한 것이기 때문에

해설 바이트의 여유각을 두는 가장 큰 이유는 바이트의 날 끝과 공작물의 사이의 마찰을 막기 위해서이다.

32 선삭에서 바이트의 노즈반지름을 크게 하면 다음과 같은 현상이 나타난다. 옳지 않은 것은?

① 떨림이 나타난다.
② 일감에 진동이 발생한다.
③ 절삭저항이 증대한다.
④ 바이트의 진동을 방지한다.

해설 ④ 적정 노즈반경은 회전당 이송의 2~3배

33 선반가공에서 마찰을 방지하기 위하여 주어지는 바이트의 각도는?

① 후방여유각   ② 측면여유각

③ 전방각   ④ 측면각

해설 선반가공에서 마찰을 방지하기 위하여 주어지는 바이트의 각도는 측면여유각이다.

34 선삭에서 공구의 끝과 일감의 마찰을 방지하기 위한 각으로 필요 이상으로 크게 하지 않는 각은?

① 절삭날각   ② 경사각

③ 날끝각   ④ 여유각

해설 선삭에서 공구의 끝과 일감의 마찰을 방지하기 위한 각으로 필요 이상으로 크게 하지 않는 각은 여유각이다.

35 고속도강 선반바이트인 경우 재료가 주철일 때 앞면여유각은 몇 도로 하면 가장 적당한가?

① 8°   ② 12°

③ 16°   ④ 22°

해설 주철가공용 바이트의 옆면(전방)여유각 8°, 측면여유각 10°, 측면경사각 12°, 전방경사각 5°

36 선반바이트에서 바이트 절인의 선단에서 바이트 밑면에 평행한 수평면과 경사면이 형성하는 각도는?

① 여유각   ② 측면절인각

③ 측면여유각   ④ 경사각

해설 선반바이트에서 바이트 절인의 선단에서 바이트 밑면에 평행한 수평면과 경사면이 형성하는 각도는 경사각이다.

37 알루미늄재료를 초경합금바이트로 선반가공할 때 적당한 윗면경사각은?

① 0~5°   ② 5~15°

③ 15~20°   ④ 20~25°

해설 ④ 크게 준다.

38 선반에서 바이트의 날 끝 반지름이 2mm인 바이트로 0.1mm/rev의 이송속도로 가공했을 때 이론상 표면거칠기는?

① 0.625μm   ② 0.735μm

③ 0.343μm   ④ 0.925μm

해설 $H_{\max} = \dfrac{S^2}{8r} \times 1,000 = \dfrac{0.1^2}{8 \times 2} \times 1,000 = 0.625\mu m$

39 다음 중 바이트 끝 반지름이 1.2mm의 바이트로 0.08mm/rev의 이송으로 깎았을 때 이론상의 최대표면 거칠기는?

① 약 0.53μm   ② 약 0.67μm

③ 약 0.053μm   ④ 약 0.067μm

해설 $H_{\max} = \dfrac{S^2}{8r} \times 1,000 = \dfrac{0.08^2}{8 \times 1.2} \times 1,000 = 0.67\mu m$

40 선반작업을 할 때 절삭속도를 v[m/min], 원주율을 π, 회전수를 n[rpm]이라고 할 때 일감의 지름 d[mm]를 구하는 식은?

① $d = \dfrac{\pi n v}{1,000}$

② $d = \dfrac{\pi n}{1,000v}$

③ $d = \dfrac{1,000}{\pi n v}$

④ $d = \dfrac{1,000v}{\pi n}$

해설 절삭속도 $v = \dfrac{\pi dn}{1,000}$ 에서 지름 $d = \dfrac{1,000v}{\pi n}$ 로 구한다.

41 지름이 50cm인 둥근 막대의 연강을 선반절삭하려 할 때 주축의 회전수를 100rpm이라고 할 때 절삭속도는 얼마인가?

① 100m/min   ② 157m/min

③ 200m/min   ④ 300m/min

해설 $v = \dfrac{\pi dn}{1,000} = \dfrac{\pi \times 500 \times 100}{1,000} = 157$m/min

42 선반에서 직경 36mm의 연강을 절삭할 때 절삭속도가 28m/min라고 하면 스핀들의 회전수는 약 몇 rpm인가?

① 174
② 247
③ 336
④ 473

해설 $n = \dfrac{1,000v}{\pi d} = \dfrac{1,000 \times 28}{3.14 \times 36} = 247\text{rpm}$

43 선반에서 지름 125mm, 길이 350mm인 연강봉을 초경합금바이트로 절삭하려고 한다. 회전수는? (단, 절삭속도는 150m/min이다.)

① 720rpm
② 382rpm
③ 540rpm
④ 1,200rpm

해설 $n = \dfrac{1,000v}{\pi d} = \dfrac{1,000 \times 150}{3.14 \times 125} = 382\text{rpm}$

44 강재의 절삭체적값(V) 50cm^2/min일 때 시간당 절삭되는 칩의 무게는 얼마인가? (단, 강재의 비중은 7.85)

① 20.56kg
② 23.55kg
③ 41.09kg
④ 47.08kg

해설 비중$(d) = \dfrac{\text{무게}(M)}{\text{부피}(V)}$

$\therefore$ 무게$(M) = $ 비중$(d) \times$ 부피(V)

$= \dfrac{7.85 \times 50 \times 60}{1,000} = 23.55\text{kg}$

45 절삭속도 140m/min, 이송 0.25mm/rev의 절삭 조건을 사용하여 $\phi 80$인 환봉을 절삭하고자 한다. $\phi 75$로 가공하고자 할 때 소요되는 가공시간은 몇 분인가? (단, 1회 절입량은 직경 5mm, 절삭 길이는 300mm)

① 약 2분
② 약 4분
③ 약 6분
④ 약 8분

해설 $n = \dfrac{1,000v}{\pi d} = \dfrac{1,000 \times 140}{3.14 \times 75} = 594.4\text{rpm}$

$t = \dfrac{L}{F}i = \dfrac{300}{594.4 \times 0.25} \times 1 \simeq 2\text{min}$

46 지름 50mm, 길이 2m인 중탄소강 둥근 막대를 보통선반에서 깎으려고 한다. 이송을 0.2mm/rev, 절삭속도를 40m/min로 하면 1회 깎는 시간은?

① 약 29.97분
② 약 33.27분
③ 약 37.27분
④ 약 39.27분

해설 $t = \dfrac{L}{F}i$

$= \dfrac{2,000}{\dfrac{1,000 \times 40}{3.14 \times 50} \times 0.2} \times 1 = 39.27\text{min}$

47 지름이 125mm, 길이 350mm인 중탄소강 둥근 막대를 초경합금바이트를 사용하여 절삭깊이 1.5mm, 이송 0.2mm/rev의 조건으로 선삭하려면 1회 깎는 데 필요한 시간은? (단, 절삭속도는 150m/min)

① 약 2분 25초
② 약 4분 35초
③ 약 6분 15초
④ 약 8분 45초

해설 주어진 조건에서 절삭깊이, 회전당 이송은 제시되어 있으나 회전수가 제시되어 있지 않으므로 회전수를 먼저 구해서 식에 대입한다.

$v = \dfrac{\pi d n}{1,000}$ 이므로

$n = \dfrac{1,000v}{\pi d} = \dfrac{1,000 \times 150}{3.14 \times 125} = 381.97\text{rpm}$

$\therefore t = \dfrac{L}{F}i = \dfrac{350}{381.97 \times 0.2} \times 1$

$= 4.581 \simeq 4$분 35초

48 연강봉을 선반으로 절삭깊이 4mm, 이송량 0.4mm/rev, 절삭속도 100m/min로 절삭하고자 할 때 적당한 동력은? (단, 연강의 비절삭저항값은 190N/mm^{2}이고 기계효율은 80%로 한다.)

① 5.5PS
② 8.5PS
③ 11.5PS
④ 14.5PS

해설 $HP = \dfrac{P_1 v}{75 \times 60 \times \eta}$

$= \dfrac{f_r \times t \times \text{비절삭저항} \times v}{75 \times 60 \times 0.8}$

$= \dfrac{0.4 \times 4 \times 190 \times 100}{75 \times 60 \times 0.8} = 8.5\text{PS}$

49 선반에서 지름 102mm인 환봉을 300rpm으로 가공할 때 절삭저항력이 100kgf이었다. 이때 선반의 절삭효율을 75%라 하면 절삭동력은 약 몇 kW인가?

① 1.4   ② 2.1
③ 3.6   ④ 5.4

해설
$$P_{kW} = \frac{P_1 v}{102 \times 60 \times \eta}$$
$$= \frac{100 \times (3.14 \times 102 \times 300 / 1,000)}{102 \times 60 \times 0.75}$$
$$= \frac{9,600}{4,590} = 2.1 kW$$

50 선반의 가로이송대에 6mm의 리드로써 100등분 눈금의 핸들이 달려있을 때 지름 36mm의 둥근 막대를 지름 33mm로 절삭하려면 핸들의 눈금을 몇 눈금 돌리면 되는가?

① 20   ② 25
③ 30   ④ 35

해설 1눈금 $= \dfrac{6}{100} = 0.06mm$

$\therefore$ 핸들의 눈금 $= \dfrac{(36-33)/2}{0.06} = \dfrac{1.5}{0.06} = \dfrac{50}{2} = 25$눈금

51 보통선반의 이송스크루의 리드가 4mm이고 200등분된 눈금의 칼라가 달려있을 때 20눈금을 돌리면 테이블은 얼마 이동하는가?

① 0.2mm   ② 0.4mm
③ 20mm   ④ 40mm

해설 $4 : 200 = x : 20$
$\therefore x = 4 \times 20 / 200 = 0.4mm$

52 1인치에 4산의 리드스크루를 가진 선반으로 피치 4mm의 나사를 깎고자 할 때 변환기어의 잇수를 구하면? (단, A는 주축기어의 잇수, B는 리드스크루의 잇수이다.)

① $A : 80,\ B : 137$
② $A : 120,\ B : 127$
③ $A : 40,\ B : 127$
④ $A : 80,\ B : 127$

해설
$$\frac{A}{B} = \frac{4}{25.4 \times 1/4} = \frac{4 \times 4 \times 5}{25.4 \times (1/4) \times 4 \times 5} = \frac{80}{127}$$
$\therefore A = 80,\ B = 127$

53 미식선반에서 피치가 P이고, 일감을 나사피치가 p이며 주축의 변환기어잇수가 Z_S이고 리드스크루의 변환기어잇수가 Z_L이라면 선반의 변환기어공식에서 $\dfrac{p}{P}$의 값을 구하는 식으로 옳은 것은?

① $\dfrac{2Z_S}{Z_L}$ ② $\dfrac{2Z_L}{Z_S}$
③ $\dfrac{Z_S}{Z_L}$ ④ $\dfrac{Z_L}{Z_S}$

해설 $\dfrac{p}{P} = \dfrac{Z_S}{Z_L}$

54 선반의 테이퍼작업에서 테이퍼의 양 끝지름 중에서 큰 지름을 30mm, 작은 지름을 25mm, 테이퍼 부분의 길이를 150mm, 일감 전체 길이를 200mm라고 하면 심압대의 편위량은 몇 mm인가?

① 약 0.5mm   ② 약 3.3mm
③ 약 0.0167mm   ④ 약 0.33mm

해설
$$x = \frac{(D-d)L}{2l} = \frac{(30-25) \times 200}{2 \times 150}$$
$$= \frac{5 \times 200}{300} = \frac{1,000}{300} \simeq 3.3mm$$

55 선반가공에서 작업자의 안전을 위해 칩을 인위적으로 짧게 끊어지도록 만드는 것은?

① 여유각   ② 경사각
③ 칩 브레이커   ④ 인선반경

해설 선반가공에서 작업자의 안전을 위해 칩을 인위적으로 짧게 끊어지도록 만드는 것을 칩 브레이커라고 한다.

56 일반적으로 사용되는 칩 브레이커의 종류가 아닌 것은?

① 고정형   ② 평행형
③ 각도형   ④ 홈 달린 형

해설 칩 브레이커의 종류에 고정형은 없다.

정답 49.② 50.② 51.② 52.④ 53.③ 54.② 55.③ 56.①

57 선반 척의 크기를 옳게 나타낸 것은?

① 조(jaw)의 수   ② 척의 무게

③ 척의 부피   ④ 척의 바깥지름

해설 선반 척의 크기는 척의 외경으로 표시한다.

58 선반작업용 부속품에 해당되지 않는 것은?

① 돌림판   ② 돌리개

③ 브로치   ④ 맨드릴

해설 브로치는 브로칭용 절삭공구이다.

59 선삭에서 돌리개 및 돌림판의 종류로 틀린 것은?

① 클램프돌리개   ② 곧은 돌리개

③ 브로치돌림판   ④ 곧은 돌림판

해설 선반의 돌림판에는 브로치돌림판은 없다.

60 터릿선반 등에 널리 사용되며 보통선반에서는 주축의 테이퍼 구멍에 슬리브를 꽂고 여기에 사용되는 척은?

① 연동식 척   ② 마그네틱척

③ 콜릿척   ④ 단동식 척

해설 콜릿척은 가는 지름의 환봉재료 고정에 적합하며 탁상선반이나 터릿선반 등에 널리 사용된다.

61 원판 안에 전자석을 설치하고, 이것에 직류전류를 보내면 척은 자화되어 일감을 그 표면에 흡착시키는 선반용 척은?

① 연동척   ② 콜릿척

③ 압축공기척   ④ 마그네틱척

해설 마그네틱척은 원판 안에 전자석을 설치하고, 이것에 직류전류를 보내면 척은 자화되어 일감을 그 표면에 흡착시키는 선반용 척(얇은 공작물의 변형을 방지)이다.

62 선반에서 척작업용 부속품에 해당되지 않는 것은?

① 헬리컬척   ② 콜릿척

③ 마그네틱척   ④ 연동척

해설 헬리컬척이라고 하는 척의 종류는 존재하지 않는다.

63 선반의 운전 중에도 작업이 가능한 척으로 지름 10mm 정도의 균일한 가공물을 다량생산하기에 가장 적합한 것은?

① 벨(bell)척

② 콜릿(collet)척

③ 드릴(drill)척

④ 공기(air)척

해설 공기척은 척조 개폐를 압축공기의 이용으로 하며, 작은 지름의 공작물 대량생산에 적합하다.

64 다음 중 불규칙한 형상의 공작물을 지지하는 데 가장 적합한 것은?

① 콜릿척   ② 벨척

③ 연동척   ④ 마그네틱척

해설 불규칙한 형상의 공작물을 지지하는 데 가장 적합한 것은 벨척이나 인덱스척이다.

65 선반작업 시 공작물이 무겁고 대형일 경우 센터(center)선단의 각도는 몇 도의 것을 사용하는 것이 바람직한가?

① 45°   ② 60°

③ 90°   ④ 120°

해설 대형 공작물에는 75° 혹은 90°를 사용(영국식)하며, 정밀가공 중소형공작물에는 60°를 사용(미국식)한다.

66 선반에서 가늘고 긴 가공물을 절삭하기 위하여 꼭 필요한 부속품은?

① 면판   ② 돌리개

③ 맨드릴   ④ 방진구

해설 가늘고 긴 공작물의 자중에 의하여 휨이나 처짐이 일어나지 않도록 하기 위하여 방진구를 사용한다. 맨드릴은 구멍이 뚫린 공작물의 센터로 사용한다. 면판과 돌리개는 센터작업 시 주축의 회전을 공작물에 전달하기 위해 사용한다.

67 선반에서 기어, 벨트, 풀리 등의 소재와 구멍이 뚫린 공작물의 바깥 원통면이나 옆면을 가공할 때 사용하는 부속품은?

① 맨드릴　　　　② 연동척
③ 방진구　　　　④ 돌리개

해설 맨드릴은 선반에서 기어, 벨트, 풀리 등의 소재와 구멍이 뚫린 공작물의 바깥 원통면이나 옆면을 가공할 때 사용하는 부속품이다.

68 선반에서 맨드릴(mandrel)을 사용하는 가장 큰 이유는?

① 구멍가공만이 꼭 필요하기 때문
② 구멍이 있는 공작물에 센터작업이 필요하기 때문
③ 구멍과 외경이 동심원이고 직각 단면이 필요하기 때문
④ 척에 공작물을 고정하기 어렵기 때문

해설 선반에서 맨드릴을 사용하는 가장 큰 이유는 구멍과 외경이 동심원이고 직각 단면을 제작할 수 있기 때문이다. 맨드릴은 심봉이라고도 하며, 구멍 내면을 다듬질한 공작물 외경을 동심원으로 가공한다. 주로 기어나 풀리의 소재가공에 이용된다. 표준맨드릴의 테이퍼는 1/100, 1/1,000이 있으며, 맨드릴의 종류로는 팽창맨드릴(소량의 직경조절 가능), 조립맨드릴(지름이 큰 파이프가공 시 이용) 등이 있다.

69 파이프 등 속이 빈 원통의 바깥 원통면을 깎는데 가장 많이 이용되는 맨드릴은?

① 표준맨드릴　　　　② 면판식 맨드릴
③ 팽창식 맨드릴　　　④ 조립식 맨드릴

해설 파이프 등 속이 빈 원통의 바깥 원통면을 깎는 데 가장 많이 이용되는 맨드릴은 조립식 맨드릴이다.

70 표준맨드릴(mandrel)의 테이퍼값으로 적합한 것은?

① 1/50~1/100 정도
② 1/100~1/1,000 정도
③ 1/200~1/400 정도
④ 1/10~1/20 정도

해설 표준맨드릴의 테이퍼값은 1/100~1/1,000 정도이다.

71 선반에서 절삭속도를 빠르게 하는 고속절삭의 가공특성에 대한 내용으로 틀린 것은?

① 절삭능률 증대
② 구성인선 증대
③ 표면거칠기 향상
④ 가공변질층 감소

해설 구성인선 감소

72 선반에 의한 절삭가공에서 이송(feed)과 가장 관계가 없는 것은?

① 단위는 회전당 이송(mm/rev)으로 나타낸다.
② 일감의 매 회전마다 바이트가 이동되는 거리를 의미한다.
③ 이론적으로는 이송이 작을수록 표면거칠기가 좋아진다.
④ 바이트로 일감표면으로부터 절삭해 들어가는 깊이를 말한다.

해설 절삭깊이(절입깊이) 혹은 절입량

73 복식공구대를 선회시켜 테이퍼가공 시 테이퍼의 큰 지름을 D(mm), 작은 지름을 d(mm), 테이퍼의 길이를 L(mm)이라고 할 때 공구대의 선회각 $\dfrac{\alpha}{2}$에 대한 $\tan$의 값은?

① $\tan\dfrac{\alpha}{2} = \dfrac{D-d}{2L}$

② $\tan\dfrac{\alpha}{2} = \dfrac{D-d}{2L}$

③ $\tan\dfrac{\alpha}{2} = \dfrac{D-d}{2L}$

④ $\tan\dfrac{\alpha}{2} = \dfrac{D-d}{2L}$

해설 $\tan\dfrac{\alpha}{2} = \dfrac{D-d}{2L}$

74 다음 그림과 같은 공작물의 테이퍼를 선반의 공구대를 회전시켜 가공하려고 한다. 이때 복식공구대의 회전각은?

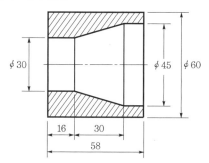

① 약 10도　　　　② 약 12도

③ 약 14도　　　　④ 약 18도

해설　$\tan\theta = \dfrac{D-d}{2l} = \dfrac{45-30}{2\times30} = 0.25$

∴ $\theta = \tan^{-1}0.25 = 14.04°$

---

75 선반에서 내경 테이퍼절삭방법이 아닌 것은?

① 복식공구대를 이용한다.

② 테이퍼리머를 이용하는 방법

③ 심압대를 편위시키는 방법

④ 총형바이트를 이용하는 방법

해설　심압대편위방법으로는 외경 테이퍼절삭은 가능하지만 내경 테이퍼절삭은 불가하다.

---

76 다음 그림에서 심압대의 편위량을 구하는 공식은 어느 것인가? (단, X : 심압대편위량)

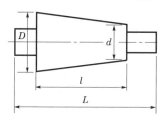

① $X = \dfrac{(D-d)L}{2l}$　　② $X = \dfrac{(D-dL)}{2l}$

③ $X = \dfrac{(D-d)l}{2L}$　　④ $X = \dfrac{2L}{(D-d)l}$

해설　심압대편위량 $X = \dfrac{(D-d)L}{2l}$

77 다음 그림과 같은 테이퍼를 선반에서 심압대를 편위시켜 절삭하고자 한다. 심압대를 몇 mm 편위시켜야 되는가?

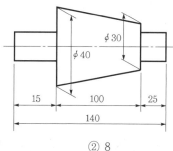

① 7　　　　　　② 8

③ 91　　　　　　④ 10

해설　$X = \dfrac{(D-d)L}{2l} = \dfrac{(40-30)\times140}{2\times100} = 7\text{mm}$

---

78 선반작업의 테이퍼절삭장치에서 안내판의 각도눈금은 깎아야 할 테이퍼의 (　　)로 해야 한다. (　　) 안에 적당한 숫자는?

① 1　　　　　　② 1/3

③ 1/2　　　　　④ 1/4

해설　선반작업의 테이퍼절삭장치에서 안내판의 각도눈금은 깎아야 할 테이퍼의 1/2로 해야 한다.

---

79 선반의 나사절삭작업 시 나사의 각도를 정확히 맞추기 위하여 사용되는 것은?

① 플러그게이지

② 나사피치게이지

③ 한계게이지

④ 센터게이지

해설　선반의 나사절삭 시 나사각도를 정확히 맞추기 위하여 센터게이지가 사용된다.

---

80 절삭작업에서 채터링이 생기는 이유가 아닌 것은?

① 공작물의 길이가 짧을 때

② 바이트의 날 끝이 불량할 때

③ 절삭속도가 불량할 때

④ 공작물의 고정이 불량할 때

해설 선반에서 채터링(떨림)의 원인 및 방지
- 공구높이의 부정확 및 바이트 자루가 약할 때
- 주축과 베어링 사이의 흔들림
- 공작물과 바이트 물림상태 불량
- 심압대가 정확히 고정되지 않았을 때
- 절삭속도가 빠르고 절삭깊이, 회전당 이송이 과다할 때
- 날 끝 형상이 불량할 때(측면경사각과 여유각이 부적당하고 노즈반경이 클 때)

3. 밀링

01 다음 그림과 같은 플레인 밀링커터에서 β각이 나타내는 것은?

① 레이디얼여유각
② 레이디얼경사각
③ 엑시얼여유각
④ 레이디얼경사각

해설 α : 레이디얼경사각, β : 레이디얼여유각

02 다음 그림과 같은 정면 밀링커터에서 엑시얼 경사각은?

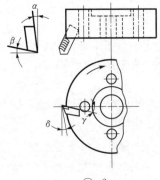

① α
② β
③ γ
④ δ

해설 α : 엑시얼경사각, β : 엑시얼여유각, γ : 레이디얼경사각, δ : 레이디얼여유각

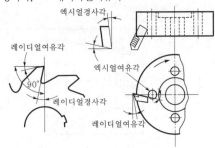

03 각도가공, 드릴의 홈가공, 기어의 치형가공, 나선가공을 할 수 있는 공작기계는 어느 것인가?

① 선반
② 보링머신
③ 브로칭머신
④ 밀링머신

해설 밀링작업에는 평면가공, 홈가공, 절단가공, 각도가공, 정면가공, 윤곽가공, 기어가공, 나선홈가공, 총형가공 등이 포함된다.

04 생산형 밀링머신에 관한 설명으로 틀린 것은?

① 대량생산에 적합하도록 어느 정도 단순하게 자동화된 것이다.
② 회전테이블형 밀링머신은 1개의 스핀들헤드를 써서 두 종류의 가공을 동시에 할 수 있다.
③ 베드형 밀링머신이라고도 한다.
④ 테이블은 상자형 베드 위에서 길이방향으로만 움직인다.

해설 생산능률을 증가시키기 위한 밀링머신은 단두형, 양두형, 회전테이블식, 생산형이 있다.

05 일반적으로 밀링머신의 크기는 호칭번호로 표시하는데 그 기준은 무엇인가?

① 기계의 중량
② 기계의 설치면적
③ 테이블의 이동거리
④ 주축모터의 크기

해설 밀링머신의 크기인 호칭번호의 기준은 테이블의 이동거리이다.

06 테이블의 이동거리가 전후 300mm, 좌우 850mm, 상하 450mm인 니형 밀링머신의 호칭 번호로 옳은 것은?

① 1   ② 2

③ 3   ④ 4

해설 밀링머신의 크기 표시(X축×Y축×Z축)
- 0호기 : X450×Y150×Z300
- 1호기 : X550×Y200×Z400
- 2호기 : X700×Y250×Z450
- 3호기 : X850×Y300×Z450
- 4호기 : X1,050×Y350×Z450
- 5호기 : X1,250×Y400×Z500
- 6호기 : X1,500

07 밀링머신으로 가공할 수 없는 작업은?

① 기어절삭   ② 절단작업

③ 총형절삭   ④ 널링작업

해설 널링작업은 선반에서 가능하다.

08 밀링머신에서 사용되는 테이퍼는?

① 모스테이퍼

② 내셔널테이퍼

③ 브라운테이퍼

④ 자노테이퍼

해설 밀링머신의 주축단테이퍼는 내셔널테이퍼이며 보통 NT 50, NT 40 등을 많이 사용하며, 테이퍼는 7/24이다.

09 밀링머신에서 오버암을 컬럼 위에 고정하는 이유 중 가장 적당한 것은?

① 강력절삭을 하기 위하여

② 회전속도를 높이기 위하여

③ 작업을 편리하게 하기 위하여

④ 아버의 휘는 것을 방지하기 위하여

해설 밀링머신에서 오버암을 컬럼 위에 고정하는 이유 중 가장 적당한 것은 아버의 휘는 것을 방지하기 위해서이다.

10 밀링에서 상향절삭과 비교한 하향절삭작업의 장점에 대한 설명으로 틀린 것은?

① 공구의 수명이 길다.

② 가공물의 고정이 유리하다.

③ 앞으로 가공할 면을 잘 볼 수 있어서 좋다.

④ 백래시를 제거하지 않아도 된다.

해설 하향절삭은 커터의 끌어내리는 힘에 의해 이송나사가 밀려 기계에 오차가 생기는 현상인 백래시가 생기므로 이를 제거하는 백래시 제거장치가 필요하다.

11 밀링작업에서 하향 밀링(내려깎기)작업에 관한 설명으로 옳지 않은 것은?

① 백래시 제거장치가 필요하다.

② 커터의 마멸이 적다.

③ 커터의 절삭방향과 공작물의 이송방향이 같다.

④ 일감의 고정이 불안정하다.

해설 일감의 고정이 불안정할 수 있는 것은 상향절삭이다.

12 밀링가공에서 하향절삭을 설명한 것으로 적당하지 않은 것은?

① 칩이 공구와 공작물 사이에 끼여 절삭을 방해한다.

② 기계에 무리를 주고 소비동력이 크다.

③ 공작물의 고정 시 강성이 크다.

④ 절삭날의 마멸이 많다.

해설 절삭날의 마멸이 심한 것은 상향절삭이다.

13 밀링머신에서 하향절삭에 비교한 상향절삭의 장점은 어느 것인가?

① 절삭 시 백래시의 영향이 적다.

② 공작물의 고정이 유리하다.

③ 표면거칠기가 좋다.

④ 공구날의 마모가 느리다.

해설 ②, ③, ④는 하향절삭의 장점이다.

14 상향 밀링작업의 단점에 해당되는 것은?

① 기계에 무리를 준다.

② 날의 마멸이 심하다.

③ 가공이 된 면 위에 칩이 쌓인다.

④ 백래시 제거장치가 필요하다.

해설 상향 밀링작업의 단점은 커터가 공작물을 올리는 작용을 하므로 공작물을 견고히 고정해야 한다. 공구수명이 불리하고, 소요동력이 과다하며, 가공면조도가 불리하다.

15 밀링에서 상향절삭과 하향절삭의 비교 설명으로 맞는 것은?

① 상향절삭은 절삭력이 상향으로 작용하여 가공물의 고정이 유리하다.

② 상향절삭은 기계의 강성이 낮아도 무방하다.

③ 하향절삭은 상향절삭에 비하여 공구마멸이 빠르다.

④ 하향절삭은 백래시(back lash)를 제거할 필요가 없다.

해설 ① 상향절삭은 절삭력이 상향으로 작용하여 가공물의 고정이 불리하다.
③ 상향절삭은 하향절삭에 비하여 공구마멸이 빠르다.
④ 상향절삭은 백래시(back lash)를 제거할 필요가 없다.

16 밀링머신에서 테이블의 뒤틈(back lash) 제거장치는 어디에 설치하는가?

① 변속기어　　② 테이블이송나사

③ 테이블이송핸들　④ 자동이송레버

해설 백래시 제거장치는 테이블이송나사에 설치한다.

17 밀링작업에서 공작물의 가공면에 떨림(chattering)이 나타날 경우 그 방지책으로 적합하지 않은 것은?

① 밀링커터의 정밀도를 좋게 한다.

② 공작물의 고정을 확실하게 한다.

③ 절삭조건을 개선한다.

④ 회전속도를 빠르게 한다.

해설 회전속도를 더 느리게 한다.

18 플레인 밀링커터는 절삭 시에 떨림이 나타나기 쉽다. 방지책은 다음 중 어느 것이 가장 좋은가?

① 절삭유를 충분히 준다.

② 작은 직경의 커터를 사용한다.

③ 비틀림각을 주지 않는다.

④ 날 수가 많은 것을 사용한다.

해설 밀링커터의 떨림 방지대책은 공작물 고정방법 개선, 절삭조건(절삭속도, 이송, 절입량)의 변화, 보다 정밀한 커터 사용, 보다 작은 커터 사용, 커터의 날 수 적절하게 선정, 비틀림각을 적절하게 선정, 커터고정방법 개선, 기계 각 부분의 미끄럼면 사이의 틈새 최소화, 공작물과 커터를 컬럼에 가깝게 설치한다.

19 넓은 평면을 빨리 깎기에 적합한 밀링커터는?

① T-커터　　② 엔드밀

③ 페이스커터　④ 앵글커터

해설 페이스밀커터(face mill cutter)는 넓은 평면을 빨리 깎기에 적합하다.

20 밀링커터의 종류에서 비틀림의 나선각이 45~70°로 구성된 커터는?

① 더브테일커터　② 측면커터

③ 플라이커터　　④ 헬리컬커터

해설 헬리컬커터의 비틀림 나선각은 45~70°이며(경절삭용 15~25°, 중절삭용 25~45°, 기타 45~60°), 헬리컬밀 혹은 플레인커터라고도 한다.

21 절삭날 부분을 일정한 형상으로 만들어 복잡한 면을 갖는 공작물의 표면을 곡면 또는 불규칙한 형상으로 가공하는 데 적합한 밀링커터는?

① 총형커터　　② 엔드밀

③ 앵귤러커터　④ 플레인커터

해설 절삭날 부분을 일정한 형상으로 만들어 복잡한 면을 갖는 공작물의 표면을 곡면 또는 불규칙한 형상으로 가공하는 데 적합한 밀링커터는 총형커터이다.

22 수평 밀링머신에 대한 설명이 아닌 것은?

① 주축은 기둥 상부에 수평으로 설치한다.

② 스핀들헤드는 고정형 및 상하이동형, 필요한 각도로 경사시킬 수 있는 경사형 등이 있다.

③ 주축에 아버를 고정하고 회전시켜 공작물을 절삭한다.

④ 공작물은 전후, 좌우, 상하 3방향으로 이동한다.

해설 스핀들헤드를 이동 및 경사시킬 수 있는 밀링머신은 만능 밀링머신이다.

23 수평 밀링머신에서 사용하는 커터 중 절단과 홈파기 가공을 할 수 있는 것은?

① 평면 밀링커터

② 측면 밀링커터

③ 메탈슬리팅쏘오

④ 엔드밀

해설 수평 밀링머신에서 사용하는 커터 중 절단과 홈파기 가공을 할 수 있는 것은 메탈슬리팅쏘오이다.

24 수평 밀링머신의 주축에 대한 설명 중 틀린 것은?

① 보통 테이퍼 롤러 베어링으로 지지되어 있다.

② 기둥(column)에 설치되어 있으며 아버를 고정한다.

③ 주축 끝에 코터가 장치되어 있어 커터의 중심을 맞춘다.

④ 주축단은 보통 테이퍼진 구멍으로 되어 있으며, 크기는 규격으로 정해져 있다.

해설 주축 끝에 아버를 끼우고 아버의 휨을 방지하기 위해 오버암이 설치되어 있다.

25 수직 밀링머신에서는 어떤 절삭공구를 주로 많이 사용하는가?

① 엔드밀 　　② 기어커터

③ 앵글커터 　　④ 측면커터

해설 수직 밀링머신은 엔드밀과 정면 밀링커터를, 수평 밀링머신은 사이드 밀링커터를 많이 사용한다.

26 수직 밀링머신에서 가공물의 홈과 좁은 평면, 윤곽가공, 구멍가공 등에는 일반적으로 다음 중 어떤 절삭공구를 주로 많이 사용하는가?

① 엔드밀

② 기어커터

③ 앵글커터

④ 총형커터

해설 수직 밀링머신의 절삭공구에는 정면 밀링커터(face mill cutter, 넓은 평면가공), 엔드밀(홈, 좁은 평면, 구멍, 윤곽 등 가공), 메탈쏘오(절단), 기어커터(인벌류트기어가공), T-커터(T홈가공) 등이 있다.

27 수평 밀링머신에서 커터의 고정방법이 아닌 것은?

① 컬러를 넣고 커터, 컬러, 지지대의 순서로 고정한다.

② 드로잉볼트를 죄어 아버를 주축에 단단히 고정한다.

③ 아버 베어링을 끼우고 아버너트를 가볍게 죈 다음 지지대의 너트를 힘껏 죈 후 아버너트를 죈다.

④ 퀵체인지어댑터를 노즈키에 맞추어서 주축 테이퍼에 반듯하게 꽂아 넣는다.

해설 왼손으로 퀵체인지어댑터를 주축대 스핀들에 끼우고 퀵체인지어댑터 키홈을 주축대 회전 멈춤키에 끼운 다음, 오른손으로 당김 고정볼트를 돌려 퀵체인지어댑터를 체결한 후 로크너트를 돌려 고정한다.

28 밀링머신 중 분할대나 헬리컬절삭장치를 사용하여 헬리컬기어, 트위스트드릴의 비틀림 홈 등의 가공에 가장 적합한 것은?

① 수직 밀링머신

② 수평 밀링머신

③ 만능 밀링머신

④ 플레이너형 밀링머신

해설 밀링머신 중 분할대나 헬리컬절삭장치를 사용하여 헬리컬기어, 트위스트드릴의 비틀림 홈 등의 가공에 가장 적합한 공작기계는 만능 밀링머신이다.

29 다음 중 수평 밀링머신의 긴 아버(long arber)를 사용하는 절삭공구가 아닌 것은?

① 플레인커터　　② T홈커터
③ 앵귤러커터　　④ 사이드 밀링커터

해설 T홈커터에는 긴 아버가 불필요하다.

30 밀링가공에서 테이블의 이송속도를 구하는 식은? (단, F는 테이블이송속도(mm/min), f_z는 커터 1개의 날당 이송(mm/tooth), Z는 커터의 날수, n은 커터의 회전수(rpm), f_r은 커터 1회전당 이송(mm/rev)이다.)

① $F = f_z Z n$　　② $F = f_z Z$
③ $F = f_r f_z$　　④ $F = f_z f_r n$

해설 $F = f_z Z n$

31 지름 50mm, 날수 15개인 페이스커터로 밀링가공할 때 주축의 회전수가 200rpm. 이송속도가 매 분당 1,500mm였다. 이때의 커터날 하나당 이송량은?

① 0.5　　② 1
③ 1.5　　④ 2

해설 $f_z = \dfrac{F}{z \times \text{rpm}} = \dfrac{1,500}{15 \times 200} = 0.5\text{mm}$

32 밀링머신에서 커터지름이 120mm, 한 날당 이송이 0.1mm, 커터의 날수가 4날, 회전수가 900rpm일 때 절삭속도는 약 몇 m/min인가?

① 33.9m/min　　② 113m/min
③ 214m/min　　④ 339m/min

해설 $v = \dfrac{\pi d n}{1,000} = \dfrac{3.14 \times 120 \times 900}{1,000} = 339\text{m/min}$

33 밀링커터의 날수가 4개, 한 날당 이송량이 0.15mm, 밀링커터의 지름이 25mm이고 절삭속도가 40m/min일 때 테이블의 이송속도는 약 몇 mm/min인가?

① 156　　② 246
③ 306　　④ 406

해설 $n = \dfrac{1,000v}{\pi d} = \dfrac{1,000 \times 40}{3.14 \times 25} = 510\text{rpm}$

$\therefore F = f_z Z n = 0.15 \times 4 \times 510$
　　　$= 306\text{mm/min}$

34 절삭속도 25m/min, 밀링커터의 날수 10개, 지름이 150mm, 한 날당 이송을 0.2mm로 할 때 테이블의 분당 이송속도는?

① 106.1mm/min
② 210.5mm/min
③ 250.7mm/min
④ 298.4mm/min

해설 $n = \dfrac{1,000v}{\pi d} = \dfrac{1,000 \times 25}{3.14 \times 150} = 53.05\text{rpm}$

$\therefore F = f_z Z n = 0.2 \times 10 \times 53.05$
　　　$= 106.1\text{mm/min}$

35 절삭속도 31.4m/min인 날이 8개인 $\phi 20$ 엔드밀로 소재를 가공할 때 이송속도는? (단, 엔드밀의 날 1개마다의 이송 $f_z = 0.05$mm이다.)

① 251.2mm/min
② 25.12mm/min
③ 20mm/min
④ 200mm/min

해설 $n = \dfrac{1,000v}{\pi d} = \dfrac{1,000 \times 31.4}{3.14 \times 20} = 500\text{rpm}$

$\therefore F = f_z Z n = 0.05 \times 8 \times 500$
　　　$= 200\text{mm/min}$

36 커터의 지름이 100mm이고 커터의 날수가 10개인 정면 밀링커터로 길이 200mm인 공작물을 절삭할 때 가공시간은 얼마인가? (단, 절삭속도는 100m/min, 한 날당 이송량은 0.1mm이다.)

① 56초　　② 46초
③ 36초　　④ 26초

해설 $n = \dfrac{1,000v}{\pi d} = \dfrac{1,000 \times 100}{3.14 \times 100} = 318\text{rpm}$

$F = f_r Z n = 0.1 \times 10 \times 318 = 318\text{mm/min}$

$L = 200 + 100 = 300\text{mm}$

$\therefore t = \dfrac{L}{F} = \dfrac{300}{318} = 0.94\text{min} = 56\text{sec}$

37 지름이 100mm인 일감에 리드 600mm의 오른나사 헬리컬홈을 깎고자 한다. 테이블이송나사는 피치가 10mm인 밀링머신에서 테이블선회각을 $\tan\alpha$로 나타낼 때 옳은 값은?

① 1.90   ② 31.41

③ 0.03   ④ 0.52

해설 $\tan\alpha = \dfrac{\pi D}{L} = \dfrac{3.14 \times 100}{600} = 0.52$

38 일감의 바깥둘레를 필요한 수로 등분하거나 일정한 각도만큼 일감을 회전할 때 쓰이는 밀링머신의 부속품은?

① 공구대

② 맨드릴

③ 분할대

④ 방진구

해설
- 분할대(indexing head) : 원주 및 각도의 분할 시 사용, 주축대와 심압대 한 쌍으로 테이블 위에 설치하기도 함
- 분할대의 크기 표시 : 테이블 상의 스윙
- 분할대의 종류 : 단능식(분할수 : 24), 만능식(각도, 원호, 캠절삭)
- 분할대의 형태 : 브라운샤프형, 신시내티형, 밀워키형

39 분할대를 사용하여 원주를 6°30′씩 분할하고자 한다. 다음 중 옳은 것은? (단, 밀링가공에서)

① 분할크랭크를 13공열에서 1회전하고 5구멍씩 회전시킨다.

② 분할크랭크를 18공열에서 13구멍씩 회전시킨다.

③ 분할크랭크를 26공열에서 18구멍씩 회전시킨다.

④ 분할크랭크를 38공열에서 13구멍씩 회전시킨다.

해설 $\dfrac{6.5}{9} = \dfrac{13}{18}$

즉 분할크랭크를 18공열에서 13구멍씩 회전시킨다.

40 분할대를 이용하여 원주를 18등분하고자 한다. 신시내티형(cincinnati type) 54구멍 분할판을 사용하여 단식분할하려면 어떻게 하는가?

① 2회전하고 2구멍씩 회전시킨다.

② 2회전하고 4구멍씩 회전시킨다.

③ 2회전하고 8구멍씩 회전시킨다.

④ 2회전하고 12구멍씩 회전시킨다.

해설 $n = \dfrac{40}{N} = \dfrac{40}{18} = 2\dfrac{4}{18} = 2\dfrac{4 \times 3}{18 \times 3} = 2\dfrac{12}{54}$

그러므로 54구멍 분할판을 사용하여 2회전하고 12구멍씩 회전시켜 가공하면 원주를 18등분할 수 있다.

41 범용 밀링에서 원주를 10°30′씩 분할할 때 맞는 것은?

① 분할판 15구멍열에서 1회전과 3구멍씩 이동

② 분할판 18구멍열에서 1회전과 3구멍씩 이동

③ 분할판 21구멍열에서 1회전과 4구멍씩 이동

④ 분할판 33구멍열에서 1회전과 4구멍씩 이동

해설 $\dfrac{10.5}{9} = \dfrac{21}{18} = \dfrac{18+3}{18} = 1\dfrac{3}{18}$ 이므로 분할판 18구멍열에서 1회전과 3구멍씩 이동시킨다.

42 밀링머신에서 주축의 회전운동을 직선왕복운동으로 변화시키고 바이트를 사용하는 부속장치는?

① 수직 밀링장치   ② 슬로팅장치

③ 랙절삭장치   ④ 회전테이블장치

해설 밀링머신에서 주축의 회전운동을 직선왕복운동으로 변화시키고 바이트를 사용하는 부속장치는 슬로팅장치이다.

43 밀링머신에 사용되는 부속장치가 아닌 것은?

① 슬로팅장치   ② 분할대

③ 면판   ④ 아버

해설 면판은 선반에서 사용되는 부속장치이다.

44 밀링머신의 부속품에 해당되지 않는 것은?

① 밀링바이스   ② 방진구

③ 원형테이블   ④ 분할대

해설 방진구는 선반에서 사용되는 부속장치이다.

45 밀링작업에서 이송량의 기준으로 하는 것은?

① 커터 1회전에 대한 테이블이송량
② 테이블이 1분간에 이동한 양
③ 커터 1회전 시 테이블회전량
④ 커터날 1개에 대한 이송량

해설 밀링작업에서 이송량의 기준은 커터날 1개에 대한 이송량이다.

46 밀링작업에서 직접분할법에 의해 분할할 수 있는 등분수로만 나열된 것은?

① 3, 5, 7, 9, 11, 13, 15
② 2, 3, 5, 8, 10, 14, 16
③ 2, 3, 4, 5, 6, 7, 8
④ 2, 3, 4, 6, 8, 12, 24

해설 직접분할법(면판분할법)은 분할대의 면판에 24개의 구멍이 등간격으로 뚫어져 있다(면판 위의 24개 구멍을 이용하여 분할). $\frac{24}{N}$, 즉 24의 약수인 2, 3, 4, 6, 8, 12, 24 모두 7종류의 분할이 가능하다.

47 밀링작업에서 단식분할로 원주를 13등분하고자 할 때 사용되는 분할판의 구멍수는?

① 37
② 36
③ 39
④ 41

해설 2~60 사이의 모든 정수로 분할되고, 60~120 사이는 2와 5의 배수로 분할되며, 120 이상의 수는 $\frac{40}{N}$(단, N은 분할판의 구멍수)로 분할된다. 분할크랭크의 회전수는 $n = \frac{40}{N} = \frac{40}{13} = \frac{120}{39}$이므로 분할판의 구멍수는 39개가 된다.

48 단식분할법에서 분할크랭크의 40회전은 스핀들을 몇 회전시킬 수 있는가?

① $\frac{1}{2}$ 회전
② 1회전
③ $1\frac{1}{2}$ 회전
④ 2회전

해설 단식분할법에서 웜과 웜기어비는 1 : 40이고, 분할크랭크 1회전은 웜기어를 $\frac{1}{40}$ 회전시킨다.

49 밀링분할대로 3°의 각도를 분할하는데 분할핸들을 어떻게 조작하면 되는가? (단, 브라운 샤프형 No. 1의 18열을 사용한다.)

① 5구멍씩 이동
② 6구멍씩 이동
③ 7구멍씩 이동
④ 8구멍씩 이동

해설 $n = \dfrac{x}{9} = \dfrac{3 \times 2}{9 \times 2} = \dfrac{6}{18}$

4. 구멍가공

01 드릴링머신 중에서 대형 중량물의 구멍가공을 하기 위하여 암과 드릴헤드를 임의의 위치로 이동할 수 있는 것은?

① 직립 드릴링머신
② 탁상 드릴링머신
③ 다두 드릴링머신
④ 레이디얼 드릴링머신

해설 드릴링머신 중에서 대형 중량물의 구멍가공을 하기 위하여 암과 드릴헤드를 임의의 위치로 이동할 수 있는 것은 레이디얼 드릴링머신이다.

02 드릴링머신에서 얇은 철판이나 동판에 구멍을 뚫을 때에는 어떤 방법이 제일 좋은가?

① 드릴바이스에 고정한다.
② 테이블에 고정한다.
③ 클램프로 직접 고정한다.
④ 각목을 밑에 깔고 적당한 기구로 고정한다.

해설 나무판이나 각목을 밑에 깔고 적당한 기구로 고정한다.

03 드릴링머신에서 구멍을 뚫을 때 일감이 드릴과 같이 회전하기 쉬울 때는?

① 처음 구멍을 뚫기 시작할 때
② 중간 정도 뚫을 때
③ 거의 구멍을 다 뚫었을 때
④ 처음과 끝

해설 드릴링머신에서 구멍을 뚫을 때 일감이 드릴과 같이 회전하기 쉬울 때는 거의 구멍을 다 뚫었을 때이다.

04 직립 드릴링머신의 크기에서 스윙을 나타내는 것은?

① 컬럼의 중심부터 주축표면까지 거리의 3배
② 주축의 중심부터 컬럼표면까지 거리의 3배
③ 컬럼의 중심부터 주축표면까지 거리의 2배
④ 주축의 중심부터 컬럼표면까지 거리의 2배

해설 직립 드릴링머신의 크기에서 스윙을 나타내는 것은 주축의 중심부터 컬럼표면까지 거리의 2배이다.

05 드릴작업을 할 때 절삭속도 25m/min, 드릴지름 22mm, 이송 0.1mm/rev, 드릴 끝의 원추높이가 6mm일 경우 깊이 100mm인 구멍을 뚫을 때 소요 시간은 약 몇 분인가?

① 8.76분
② 6.43분
③ 4.72분
④ 2.93분

해설 절삭시간

$$= \frac{절삭이송거리(mm)}{분당\ 이송(mm/min)}$$

$$= \frac{드릴\ 끝\ 원뿔의\ 높이 + 구멍의\ 깊이}{회전당\ 이송(mm/rev) \times 회전수(rev/min)}$$

$$v = \frac{\pi d n}{1,000}$$

$$n = \frac{1,000v}{\pi d} = \frac{1,000 \times 25}{3.14 \times 22} \simeq 362$$

$$\therefore 절삭시간(분) = \frac{6 + 100}{0.1 \times 362}$$

$$\simeq 2.93분$$

06 다음 드릴작업에서 절삭속도 18m/min, 회전수 115rpm일 때 드릴의 직경은?

① 35.91mm   ② 49.82mm
③ 54.73mm   ④ 68.84mm

해설 $d = \dfrac{1,000v}{\pi n} = \dfrac{1,000 \times 18}{3.14 \times 115} = 49.82\text{mm}$

07 절삭속도 20m/min, 드릴직경 20mm, 이송 0.1mm/rev이고 드릴의 원뿔높이를 6mm라 하면 깊이 94mm인 구멍을 관통하는 데 소요되는 시간은?

① 1.14min   ② 2.14min
③ 3.14min   ④ 4.14min

해설 $n = \dfrac{1,000v}{\pi d}$

$$\therefore t = \frac{L}{F} = \frac{L}{f_r n} = \frac{\pi d(l+h)}{f_r \times 1,000v}$$

$$= \frac{3.14 \times 20 \times (94+6)}{0.1 \times 1,000 \times 20} = 3.14\text{min}$$

08 각각의 스핀들의 여러 종류의 공구를 고정하여 드릴가공, 리머가공, 탭가공 등을 순서에 따라 연속적으로 작업할 수 있는 드릴링머신은?

① 탁상 드릴링머신
② 다두 드릴링머신
③ 다축 드릴링머신
④ 레이디얼 드릴링머신

해설 각각의 스핀들의 여러 종류의 공구를 고정하여 드릴가공, 리머가공, 탭가공 등을 순서에 따라 연속적으로 작업할 수 있는 드릴링머신은 다두 드릴링머신이다.

09 드릴의 연삭에 관한 사항이다. 틀린 것은?

① 날끝각은 표준드릴에서 118°이다.
② 날끝각은 굳은 재료일수록 작게 하고, 무른 재료일수록 크게 한다.
③ 절삭날의 길이를 좌우 같게 한다.
④ 절삭날에 중심과 이루는 각과 여유각을 좌우 같게 한다.

날끝각은 hard한 재료일수록 크게 하고, soft한 재료일수록 작게 한다.

10 드릴에 관한 사항 중 틀린 것은?

① 비틀림 홈드릴에 길이방향의 여유각은 일감과 드릴의 마찰을 적게 하기 위하여 만들어졌다.

② 날 끝의 여유각이 클수록 잘 깎이나 부러지기 쉽다.

③ 드릴의 비틀림 홈은 절삭유를 충분히 공급하기 위하여 만들어져 있는 것이다.

④ 드릴의 날끝각은 단단한 재료에는 크게 하고, 연한 재료는 작게 한다.

절삭칩은 비틀림 홈을 통해 배출된다.

11 트위스트드릴 홈 사이의 좁은 단면 부분은?

① 날여유　　　② 몸통여유
③ 지름여유　　④ 웨브

웨브는 드릴의 몸통으로 코어 부위라고도 하며, 날쪽에서 드릴축으로 따라 반대쪽으로 갈수록 증가되며, 이를 웨브 인 크리스라고 부른다.

12 주철을 드릴로 가공할 때 드릴날 끝의 여유각은 몇 도(°)가 적합한가?

① 10° 이하　　② 12~15°
③ 20~32°　　　④ 32° 이상

여유각 12~15°

13 태핑에 대한 옳은 설명은?

① 드릴로 뚫은 구멍에 총형커터로 원뿔 자리를 만드는 것이다.

② 드릴로 뚫은 구멍에 탭을 사용하여 암나사를 내는 작업이다.

③ 드릴로 뚫은 구멍에 총형커터로 볼트머리 자리를 만드는 것이다.

④ 드릴로 뚫은 구멍에 리머를 사용하여 가공부위를 다듬는 작업이다.

태핑은 드릴로 뚫은 구멍에 탭을 사용하여 암나사를 내는 작업이다.

14 탭드릴의 지름을 나사산높이의 80%로 할 때 탭드릴지름의 높이 계산식은? (단, D : 나사의 바깥지름, h : 나사산의 높이, P : 나사의 피치이다.)

① $D - \dfrac{3}{2}h$　　② $D - \dfrac{8}{5}h$

③ $D - \dfrac{5}{P}h$　　④ $D - 2h$

탭드릴의 지름을 나사산높이의 80%로 할 때 탭드릴 지름의 높이 계산식은 $D - \dfrac{8}{5}h$이다.

15 리드 9mm인 3줄 나사를 1/3회전시켰을 때 이동량은 얼마인가?

① 18mm　　　② 9mm
③ 3mm　　　　④ 0.9mm

이동량 $= 9 \times \dfrac{1}{3} = 3$

16 너트 또는 캡스크루 머리의 자리를 만들기 위하여 구멍축에 직각방향으로 주위를 평면으로 깎는 작업인 것은?

① 스폿 페이싱　　② 브로칭
③ 카운터 싱킹　　④ 맨드릴

너트 또는 캡스크루 머리의 자리를 만들기 위하여 구멍축에 직각방향으로 주위를 평면으로 깎는 작업을 스폿 페이싱이라고 한다.

17 다음 중 평나사나 소형 나사머리부를 가공물의 몸체 내에 압입하기 위하여 구멍의 상부를 구멍직경보다 크게 가공하는 작업을 무엇이라 하는가?

① 카운터 싱킹　　② 카운터 보링
③ 리밍　　　　　④ 스폿 페이싱

평나사나 소형 나사머리부를 가공물의 몸체 내에 압입하기 위하여 구멍의 상부를 구멍직경보다 크게 가공하는 작업을 카운터 보링이라고 한다.

18 고속회전 및 정밀한 이송기구를 갖추고 있으며 정밀도가 높고 표면거칠기가 우수한 실린더, 커넥팅로드, 베어링면 등의 가공에 가장 적합한 보링머신은?

① 수직 보링머신 ② 정밀 보링머신
③ 보통 보링머신 ④ 코어 보링머신

해설 고속회전 및 정밀한 이송기구를 갖추고 있으며 정밀도가 높고 표면거칠기가 우수한 실린더, 커넥팅로드, 베어링면 등의 가공에 가장 적합한 보링머신은 정밀 보링머신이다.

19 보링머신의 대표적인 수평식 보링머신은 구조에 따라 몇 가지 형으로 분류하는데, 이에 맞지 않는 것은?

① 플로어형(floor type)
② 플레이너형(planer type)
③ 베드형(bed type)
④ 테이블형(table type)

해설 • 플로어형 : 테이블형에서 작업하기 곤란한 대형 공작물가공에 유리
• 플레이너형 : 중량이 큰 공작물가공
• 테이블형 : 보링 및 기계가공 병행, 중형 이하 공작물가공
• 이동형 : 이동작업 및 기계수리형

20 수평식 보링머신 중 새들이 없고 길이방향의 이송은 베드를 따라 컬럼이 이송되며 중량이 큰 가공물을 가공하기에 가장 적합한 구조를 가지고 있는 형은?

① 테이블형   ② 플레이너형
③ 플로어형   ④ 코어형

해설 대형 가공물을 가공하기에 가장 적합한 구조를 가지고 있는 형은 플레이너형이다.

21 판재 또는 포신 등의 큰 구멍가공에 적합한 보링머신은?

① 코어 보링머신   ② 수직 보링머신
③ 보통 보링머신   ④ 지그 보링머신

해설 코어 보링머신은 판재 또는 포신 등의 큰 구멍가공에 적합한 보링머신이다.

📖 5. 브로칭 및 치절삭

01 제품의 형상과 모양, 크기, 재질에 따라 제작된 절삭공구로 압입 또는 인발에 의해 가공하는 방법으로 가공하는 대량생산에 적합한 장비는?

① 세이퍼   ② 머시닝센터
③ 브로칭머신   ④ CNC 선반

해설 브로칭머신은 제품의 형상과 모양, 크기, 재질에 따라 제작된 브로치라는 절삭공구로, 압입 또는 인발에 의해 가공하는 방법으로 가공하는 대량생산에 적합한 장비이다.

02 브로칭머신의 크기를 나타내는 것으로 옳은 것은?

① 최대인장력과 브로치의 최대폭
② 최대인장력과 브로치의 최대행정길이
③ 최소인장력과 브로치의 최대폭
④ 최소인장력과 브로치의 최대행정길이

해설 브로칭머신의 크기는 최대인장력과 브로치의 최대행정길이로 나타낸다.

03 브로칭머신에서 브로치를 움직이는 방식과 관계없는 것은?

① 나사식   ② 기어식
③ 벨트식   ④ 유압식

해설 브로치를 움직이는 방식에 벨트식이라는 것은 없다.

04 브로칭머신에서 사용하는 일반적인 브로치의 종류가 아닌 것은?

① 날을 박은 브로치 ② 일체로 된 브로치
③ 전자식 브로치   ④ 조립식 브로치

해설 브로치의 종류에는 전자식이라는 것은 없다.

05 브로치가공에 대한 설명으로 옳지 않은 것은?

① 가공홈의 모양이 복잡할수록 느린 속도로 가공한다.

② 절삭깊이가 너무 작으면 인선의 마모가 증가한다.

③ 브로치는 떨림을 방지하기 위하여 피치간격을 같게 한다.

④ 절삭량이 많고 길이가 길 때에는 절삭날의 수를 많게 한다.

> **해설** 브로치는 떨림을 방지하기 위하여 피치간격을 다르게(부등분할) 한다.

06 브로치 절삭날 피치를 구하는 식은? (단, P : 피치, L : 절삭날의 길이, C : 가공물의 재질에 따른 상수이다.)

① $P = C\sqrt{L}$ ② $P = CL$

③ $P = CL^2$ ④ $P = C^2L$

> **해설** $P = C\sqrt{L}$

07 밀링머신으로 기어를 절삭할 때 세트오버(set over)하여 절삭해야 하는 기어는?

① 웜기어 ② 베벨기어

③ 스퍼기어 ④ 헬리컬기어

> **해설** 밀링머신으로 기어를 절삭할 때 세트오버하여 절삭해야 하는 기어는 베벨기어이다.

08 창성법에 의한 기어절삭에 사용하는 공구가 아닌 것은?

① 랙커터 ② 호브

③ 피니언커터 ④ 브로치

> **해설** 창성공구에는 호브(호빙), 랙커터(마그식 기어셰이핑), 피니언커터(펠로즈식 기어셰이핑)가 있다.

09 다음 중 기어절삭에 사용되는 공구가 아닌 것은?

① 호브 ② 랙커터

③ 피니언커터 ④ 혼

> **해설** 혼(hone)은 호닝에서 사용되는 공구이다.

10 호브를 사용하여 치형을 깎는 기계는?

① 호빙머신 ② 브로칭머신

③ 래핑머신 ④ 슬로터

> **해설** 호브를 사용하여 치형을 깎는 기계는 호빙머신이다.

11 기어의 이 모양을 가공할 수 있는 밀링커터는?

① 인벌류트커터 ② 메탈슬리팅쏘오

③ 플레인 밀링커터 ④ 셀 앤드 밀

> **해설** 기어의 이 모양을 가공할 수 있는 밀링커터는 인벌류트커터이다.

12 호빙머신에서 호브의 절삭속도를 v[m/min], 호브의 바깥지름을 d[mm]라 하면 호브의 회전수 n[rpm]을 나타내는 식은?

① $n = \dfrac{1,000}{\pi dv}$ ② $n = \dfrac{\pi dv}{1,000}$

③ $n = \dfrac{1,000v}{\pi d}$ ④ $n = \dfrac{\pi d}{1,000v}$

> **해설** $v = \dfrac{\pi dn}{1,000}$ 에서 $n = \dfrac{1,000v}{\pi d}$ 이다.

13 모듈 5, 잇수 36인 표준스퍼기어를 절삭하려면 바깥지름은 몇 mm로 가공하여야 하는가?

① 18 ② 190

③ 200 ④ 550

> **해설** 기어외경 $D = M(Z+2) = 5 \times (36+2) = 190$

14 인벌류트곡선을 그리는 원리를 응용한 이의 절삭 방법을 무엇이라 하는가?

① 창성법

② 총형커터에 의한 방법

③ 형판에 의한 방법

④ 랙커터에 의한 방법

> **해설** 창성(generation)은 공구를 이론적으로 정확한 기어 모양으로 만들어 기어소재와의 상대운동으로 치형을 절삭하는 방법이다.

15 창성식 기어절삭법을 옳게 설명한 것은?

① 기어절삭기에서 절삭공구와 일감을 서로 적당한 상대운동을 시켜서 치형을 절삭하는 방법

② 셰이퍼 등에서 바이트를 치형에 맞추어 점점 절삭하여 완성하는 방법

③ 밀링머신과 같이 총형 밀링커터를 이용하여 절삭하는 방법

④ 셰이퍼의 테이블에 모형과 소재를 고정한 후 모형에 따라 절삭하는 방법

해설 창성식 기어절삭법은 기어절삭기에서 절삭공구와 일감을 서로 적당한 상대운동을 시켜서 치형을 절삭하는 방법이다.

16 호빙머신의 성능은 특히 어느 것에 의해 좌우되는가?

① 컬럼의 정밀도

② 웜 및 웜기어의 정밀도

③ 호브헤드의 정밀도

④ 베드 및 안내면의 정밀도

해설 기어의 정밀도는 기본적으로 호브의 정밀도에 따라 결정되지만 피치정밀도는 호빙머신의 테이블을 회전시키는 웜과 웜기어의 정밀도에 좌우된다.

17 호빙머신에서 기어절삭운동기구가 아닌 것은?

① 테이블의 이송운동 ② 호브의 회전운동

③ 호브의 이송운동   ④ 차동장치

해설 호빙머신의 4가지 운동기구에는 호브의 회전운동, 테이블의 회전운동, 호브의 이송운동, 차동장치가 있다.

18 호빙머신의 차동장치는 어느 경우에 가장 적합한가?

① 웜기어를 절삭가공할 때

② 베벨기어를 절삭가공할 때

③ 헬리컬기어를 절삭가공할 때

④ 치형을 정밀하게 완성가공할 때

해설 호빙머신의 차동장치는 헬리컬기어를 절삭가공할 때 필요하다.

19 호빙머신의 이송에 대한 설명 중 맞는 것은?

① 테이블 1회전할 동안의 호브의 회전수

② 호빙머신의 효율

③ 기어소재의 1회전에 대하여 호브의 피드

④ 호브 1회전에 대하여 기어의 전진잇수

해설 호빙머신의 이송은 기어소재의 1회전에 대하여 호브의 피드이다.

20 성형공구 대신에 피니언커터를 사용하여 상하왕복운동과 회전운동을 하여 기어절삭하는 것은?

① 펠로즈 기어셰이퍼

② 마그식 기어셰이퍼

③ 그리슨식 기어절삭기

④ 기어셰이빙

해설 성형공구 대신에 피니언커터를 사용하여 상하왕복운동과 회전운동을 하여 기어절삭하는 것은 펠로즈 기어셰이퍼이다.

21 기어셰이퍼에서 특수 장치를 사용하여 깎을 수 있는 기어는?

① 스파이럴기어   ② 헬리컬기어

③ 스파이럴베벨기어 ④ 웜기어

해설 기어셰이퍼에서 특수 장치를 사용하여 깎을 수 있는 기어는 헬리컬기어이다.

22 호브축의 기울기에 관한 설명으로 옳은 것은? (단, β는 헬리컬기어의 비틀림각, Y는 호브의 리드각이다.)

① 오른나사 호브로 오른나사 헬리컬기어깎기는 $\beta - Y$(호브 오른쪽 올림)

② 오른나사 호브로 왼나사 헬리컬기어깎기는 $\beta - Y$(호브 오른쪽 올림)

③ 왼나사 호브로 왼나사 헬리컬기어깎기는 $\beta + Y$(호브 오른쪽 올림)

④ 왼나사 호브로 오른나사 헬리컬기어깎기는 $\beta - Y$(호브 오른쪽 올림)

해설 호브축의 기울기는 오른나사 호브로 오른나사 헬리컬기어깎기는 $\beta - Y$(호브 오른쪽 올림)이다.

23 기어(gear)의 이(tooth)수를 등분하고자 할 때 사용하는 밀링부속품은?

① 분할대   ② 바이스

③ 정면커터   ④ 측면커터

해설 분할대는 기어의 잇수를 등분하고자 할 때 사용하는 밀링부속품이다.

 ## 6. 연삭

01 연삭가공의 특징으로 옳지 않은 것은?

① 경화된 강과 같은 단단한 재료를 가공할 수 있다.

② 가공물과 접촉하는 연삭점의 온도가 비교적 낮다.

③ 정밀도가 높고 표면거칠기가 우수한 다듬질 면을 얻을 수 있다.

④ 숫돌입자는 마멸되면 탈락하고 새로운 입자가 생기는 자생작용이 있다.

해설 가공물과 접촉하는 연삭점의 온도가 비교적 높다.

02 연삭 중 어느 정도 숫돌입자가 마멸되면 결합제의 결합도가 저항에 견디지 못하고 숫돌에서 탈락하여 새로운 날로 바뀌는 현상은 무엇이라고 하는가?

① 로딩   ② 트루잉

③ 자생작용   ④ 글레이징

해설 자생작용은 연삭 중 어느 정도 숫돌입자가 마멸되면 결합제의 결합도가 저항에 견디지 못하고 숫돌에서 탈락하여 새로운 날로 바뀌는 현상이다.

03 연삭숫돌의 입자 틈에 칩이 막혀 광택이 나며 잘 깎이지 않는 현상을 무엇이라 하는가?

① 로딩   ② 드레싱

③ 트루잉   ④ 글레이징

해설 연삭숫돌의 입자 틈에 칩이 막혀 광택이 나며 잘 깎이지 않는 현상을 로딩이라고 한다.

04 결합도가 높은 숫돌에 구리와 같이 연한 금속을 연삭했을 때 칩이나 숫돌입자가 기공에 차서 메워지는 현상은?

① 로딩(loading)   ② 무딤(glazing)

③ 입자 탈락   ④ 트루잉(truing)

해설 결합도가 높은 숫돌에 구리와 같이 연한 금속을 연삭했을 때 칩이나 숫돌입자가 기공에 차서 메워지는 현상은 로딩(loading)이다.

05 연삭작업 중 숫돌의 기공에 절삭칩이 메워져 절삭성이 불량해지는 현상은?

① 드레싱   ② 트루잉

③ 로딩   ④ 스필링

해설 스필링(spilling, 입자 탈락)은 결합제의 힘이 약해서 작은 절삭력이나 충격에도 쉽게 입자가 탈락하는 현상이다.

06 연삭숫돌입자의 표면이나 기공에 칩이 차 있는 상태를 무엇이라 하는가?

① 드레싱   ② 트루잉

③ 로딩   ④ 글레이징

해설 연삭숫돌입자의 표면이나 기공에 칩이 차 있는 상태를 로딩이라고 한다.

07 연삭작업에서 연삭숫돌의 입자가 무디어지거나 눈메움이 생기면 연삭능력이 저하되므로 숫돌의 예리한 날이 나타나도록 가공하는 작업을 무엇이라 하는가?

① 시닝   ② 드레싱

③ 글레이징   ④ 로딩

해설 연삭작업에서 연삭숫돌의 입자가 무디어지거나 눈메움이 생기면 연삭능력이 저하되므로 숫돌의 예리한 날이 나타나도록 가공하는 작업을 드레싱이라고 한다.

08 연삭숫돌차에 무딤(glazing)이나 눈메움(load-ing)이 생겼을 때 하는 작업은?

① 래핑   ② 드레싱

③ 롤링   ④ 채터링

정답 23.① / 01.② 02.③ 03.① 04.① 05.③ 06.③ 07.② 08.②

해설 연삭숫돌차에 무딤(glazing)이나 눈메움(loading)이 생겼을 때 하는 작업은 드레싱이다.

09 연삭하려는 부품(기어, 나사 등)의 형상으로 연삭 숫돌을 성형하거나 성형연삭으로 인하여 숫돌 형상이 변화된 것을 부품의 형상으로 바르게 고치는 가공은?

① 로딩   ② 드레싱
③ 트루잉   ④ 글레이징

해설 트루잉은 숫돌의 형상을 바로잡기 위해서 형상을 수정하거나 숫돌 형상을 원하는 형태로 성형시키는 방법이다.

10 작업에서 연삭 다이아몬드드레서의 사용에 대한 설명 중 잘못된 것은?

① 크기가 작은 다이아몬드를 지름이 큰 숫돌차에 사용하면 안 된다.
② 드레서는 한 군데만을 사용하지 않고 때때로 조금씩 돌려서 사용한다.
③ 드레서는 숫돌면에 직각으로 고정시켜 사용한다.
④ 끝이 둥글게 된 드레서를 사용하면 숫돌이 잘 갈리지 않는다.

해설 드레서는 숫돌면에 평행으로 고정시켜 사용한다.

11 글레이징에 대한 다음 사항 중 맞지 않는 것은?

① 결합도가 단단한 숫돌은 글레이징을 일으키기 쉽다.
② 점도가 높은 공작액을 사용하면 글레이징이 일어나기 쉽다.
③ 절삭깊이가 클 때에는 글레이징이 일어나기 쉽다.
④ 결합도가 연한 숫돌은 숫돌이 잘 닳아 글레이징을 일으키기 쉽다.

해설 결합도가 연한 숫돌을 적용하는 공작물은 단단하므로 글레이징이 잘 일어나지 않는다.

12 성형연삭에서 도형을 확대, 축소하는 장치를 이용하여 다이아몬드드레서가 움직여 숫돌을 성형하는 방식은?

① 수동식   ② 광학식
③ 팬터그래프식   ④ 자석식

해설 성형연삭에서 도형을 확대, 축소하는 장치를 이용하여 다이아몬드드레서가 움직여 숫돌을 성형하는 방식을 팬터그래프식이라고 한다.

13 연삭숫돌에 사용되는 숫돌입자 중 천연산인 것은?

① 커런덤   ② 알록사이트
③ 카보런덤   ④ 탄화붕소

해설 커런덤(corundum)은 천연산이다.

14 연삭숫돌의 입자 중 천연입자가 아닌 것은?

① 석영   ② 커런덤
③ 다이아몬드   ④ 알루미나

해설 알루미나, 탄화규소 등은 인조입자이다.

15 연삭숫돌 중 백색 산화알루미늄입자인 것은?

① WA숫돌   ② C숫돌
③ GC숫돌   ④ A숫돌

해설 ① WA숫돌 : 백색 산화알루미늄(고속도강, 열처리 경화강의 연삭용)
② C숫돌 : 암자색 탄화실리콘(주철, 비철금속의 연삭용)
③ GC숫돌 : 녹색 탄화실리콘(초경합금, 유리의 연삭용)
④ A숫돌 : 갈색 산화알루미늄(일반 강의 연삭용)

16 녹색 탄화규소 연삭숫돌을 표시하는 것은?

① A숫돌   ② GC숫돌
③ WA숫돌   ④ F숫돌

해설 • WA : 백색 알루미나
• A : 갈색 알루미나
• GC : 녹색 탄화규소
• C : 흑색 탄화규소

17 담금질된 합금강이나 탄소강을 연삭할 때 사용되는 제일 적당한 숫돌은?

① WA숫돌　　　② GA숫돌
③ GC숫돌　　　④ C숫돌

해설 적용 공작물의 재질
- WA : 고속도강, 담금질강, 합금강
- GC : 초경합금
- A : 일반 강
- C : 주철, 비철금속

18 연한 갈색으로 일반 강의 연삭에 사용하는 연삭숫돌의 재질은?

① A숫돌　　　② WA숫돌
③ C숫돌　　　④ GC숫돌

해설 ① A숫돌(연한 갈색 알루미나) : 일반 강재, 중연삭
② WA숫돌(백색 알루미나) : 담금질강, 경연삭
③ C숫돌(흑색 탄화규소) : 주철, 비금속연삭
④ GC숫돌(녹색 탄화규소) : 초경합금, 유리연삭

19 다음 중 연삭작업에서 숫돌결합제의 구비조건이 아닌 것은?

① 충격에 견뎌야 하므로 기공이 없이 치밀해야 한다.
② 결합력의 조절범위가 넓어야 한다.
③ 열이나 연삭액에 잘 견뎌야 한다.
④ 성형성이 좋아야 한다.

해설 치밀해야 하는 것이 아니라 적절해야 한다.

20 연삭숫돌의 결합제와 기호를 짝지은 것이 잘못된 것은?

① 고무-R　　　② 셸락-E
③ 비닐-PVA　　　④ 레지노이드-L

해설 레지노이드-B

21 결합제의 주성분은 열경화성 합성수지 베이클라이트로 결합력이 강하고 탄성이 커서 고속도강이나 광학유리 등을 절삭하기에 적합한 숫돌은?

① 비트리파이드계 숫돌
② 레지노이드계 숫돌
③ 실리케이트계 숫돌
④ 러버계 숫돌

해설 결합제 중 비트리파이드계는 점토, 장석이 주성분이며 일반적으로 사용한다. 레지노이드계는 열경화성 합성수지가 주성분이며 절단용으로 사용한다. 실리케이트 숫돌의 결합제는 규산나트륨이 주성분이며 대형 숫돌바퀴의 제작에 사용된다.

22 연삭숫돌에서 규산나트륨을 주성분으로 하여 발열을 적게 해야 할 공구의 연삭에 가장 적당한 결합제는?

① 비트리파이드
② 실리케이트
③ 셸락
④ 레지노이드

해설 연삭숫돌에서 규산나트륨을 주성분으로 하여 발열을 적게 해야 할 공구의 연삭에 가장 적당한 결합제는 실리케이트이다.

23 연삭숫돌에서 숫돌의 경도가 크다는 것은 무엇을 의미하는가?

① 입도　　　② 밀도
③ 자생력　　　④ 결합도

해설 결합도는 연삭숫돌에서 숫돌의 경도, 즉 연삭입자를 고착시키는 접착제의 접착력의 세기(크기)이다.

24 연삭숫돌의 결합도가 높은(강한) 것을 사용해야 하는 연삭작업은?

① 단단한 공작물을 가공할 경우
② 숫돌차의 원주속도가 클 경우
③ 접촉면적이 작은 연삭작업일 경우
④ 가공표면이 깨끗해야 할 경우

해설 연한 재료연삭, 숫돌차의 원주속도가 느릴 때, 연삭깊이가 적을 때, 접촉면적이 작을 때, 재료표면이 거칠 때 등에는 결합도가 단단한 연삭숫돌을 추천한다.

25 조직이 거친 연삭숫돌의 선택기준이 바르게 설명된 것은?

① 굳고 메진 재료의 연삭

② 다듬질연삭

③ 총형연삭

④ 접촉면적이 클 때의 연삭

해설 거친 숫돌조직은 연질, 점성이 높은 재료연삭, 거친 연삭 및 접촉면적이 크다.

26 연삭조건에 따른 입도의 선정에서 거친 입도의 연삭숫돌 선택기준으로 올바른 것은?

① 공구연삭

② 다듬질연삭

③ 경도가 크고 메진 가공물의 연삭

④ 숫돌과 가공물의 접촉면적이 클 때의 연삭

해설 연삭조건에 따른 입도의 선정에서 거친 입도의 연삭숫돌 선택기준으로 숫돌과 가공물의 접촉면적이 클 때의 연삭이 적당하다.

27 숫돌의 입도를 표시할 때 메시(mesh)의 수로 표시하는데, 입도 100이란?

① 1번 1인치인 체에서 1번에 100개의 눈에 해당하는 수

② 1번 1인치인 체에서 1평방인치에 100개의 눈에 해당하는 수

③ 1번 1cm인 체에서 1번에 100개의 눈에 해당하는 수

④ 1번 1cm에 100개의 눈에 해당하는 수

해설 입도 100이란 1번 1인치인 체에서 1번에 100개의 눈에 해당하는 수이다.

28 연삭숫돌의 연삭조건과 입도(grain size)의 관계를 옳게 표시한 것은?

① 연하고 연성이 있는 재료의 연삭 : 고운 입도

② 다듬질연삭 또는 공구의 연삭 : 고운 입도

③ 경도가 높고 메진 일감의 연삭 : 거친 입도

④ 숫돌과 일감의 접촉면이 작은 때 : 거친 입도

해설
• 입도(grain size) : 숫돌입자의 크기, 메시(mesh) 번호로 표시
• 고운 입도 : 다듬질연삭, 공구연삭, 접촉면적이 작을 때, 공작물이 단단(경도가 높고)하고 메진(취성) 재료연삭에 적용

29 연삭숫돌의 표시가 WA60KmV일 때 틀린 것은?

① WA : 숫돌입자

② K : 결합도

③ V : 결합제

④ m : 입도

해설
• WA : 숫돌입자
• 60 : 입도
• K : 결합도
• m : 조직
• V : 결합제

30 연삭숫돌바퀴의 표시 WA60KmV에서 60이 나타내는 것은?

① 숫돌입자

② 입도

③ 경도

④ 결합도

해설 끝의 숫자 60은 결합도이다.

31 WA70KmV의 연삭숫돌 표시에서 V는?

① 결합제

② 입도

③ 조직

④ 결합도

해설 V는 결합제의 종류이다.

32 WA120KmV-1호 · 205×16×19.05로 표시되어 있는 연삭숫돌에서 일반적으로 120이 나타내는 입도의 정도는?

① 거칠다.

② 보통이다.

③ 작다.

④ 극히 작다.

해설 120이 나타내는 입도의 정도는 작은 편이다.

33 연삭숫돌의 표시가 WA70JmV라고 하면 m은 무엇을 나타내는가?

① 입도

② 결합도

③ 조직

④ 결합제

해설 m은 조직이다.

---

34 연삭가공 중에 발생하는 떨림의 원인으로 가장 관계가 먼 것은?

① 숫돌의 결합도가 너무 클 때
② 숫돌축이 편심져 있을 때
③ 숫돌의 평행상태가 불량할 때
④ 습식연삭을 할 때

해설 습식연삭은 떨림의 발생원인이 아니다.

---

35 공작기계 중 총절삭효율이 가장 낮은 기계는?

① 선반
② 밀링
③ 셰이퍼
④ 연삭기

해설 절삭효율이 가장 낮은 기계는 칩 제거량이 가장 작은 것이다.

---

36 바깥지름연삭 시 방진구를 사용하는 경우는?

① 단면만 연삭할 경우
② 지름에 비하여 길이가 긴 일감을 연삭할 경우
③ 지름이 작은 경우
④ 지름이 큰 공작물을 연삭할 경우

해설 지름에 비하여 길이가 긴 일감을 연삭할 경우에 방진 구를 사용하면 좋다.

---

37 외경연삭기에서 외경연삭의 이송방법이 아닌 것은?

① 테이블왕복방식
② 연삭숫돌대방식
③ 플런지컷방식
④ 내면연수방식

해설 외경연삭의 이송방법에는 내면연수방식이라는 것은 없다.

---

38 내면연삭가공방법의 종류와 거리가 먼 것은?

① 랙형
② 보통형
③ 센터리스형
④ 유성형

해설 센터리스형은 내면연삭도 가능하지만 보통은 외경연 삭만 하는 것으로 취급한다.

---

39 내면연삭에 대한 특징이 아닌 것은?

① 외경연삭에 비하여 숫돌의 마멸이 심하다.
② 가공 도중 안지름을 측정하기 곤란하므로 자 동치수측정장치가 필요하다.
③ 숫돌의 바깥지름이 작으므로 소정의 연삭속도 를 얻으려면 숫돌축의 회전수를 높여야 한다.
④ 일반적으로 구멍 내면연삭의 정도를 높게 하 는 것이 외면연삭보다 쉬운 편이다.

해설 내면연삭보다 외경연삭이 더 쉽다.

---

40 평면을 가공할 수 없는 기계는?

① 밀링머신
② 선반
③ 플레이너
④ 센터리스연삭기

해설 센터리스연삭기로는 평면연삭을 할 수 없다.

---

41 센터리스연삭기에서 조정숫돌의 주된 역할은?

① 공작물의 연삭
② 공작물의 지지
③ 공작물의 이송
④ 연삭숫돌의 회전

해설 조정숫돌의 주된 역할은 공작물의 회전과 이송이다.

---

42 연삭숫돌바퀴의 회전수를 n[rpm], 숫돌바깥지 름을 d[mm]라 하면 원주속도 v[m/min]를 구하 는 것으로 옳은 것은?

① $v = \dfrac{n}{\pi d}$
② $v = \dfrac{\pi dn}{1,000}$
③ $v = \dfrac{1,000n}{\pi d}$
④ $v = \pi dn$

해설 $v = \dfrac{\pi dn}{1,000}$

---

43 센터리스연삭에서 조정숫돌바퀴의 지름을 d[mm], 회전수를 n[rpm], 연삭숫돌바퀴에 대한 조정숫 돌바퀴의 경사각을 α[도]라고 하면 원주속도 v[m/min]을 구하는 식은?

① $v = \dfrac{\pi dn \sin\alpha}{1,000}$
② $v = \dfrac{dn \sin\alpha}{1,000\pi}$
③ $v = \dfrac{\pi dn}{1,000}$
④ $v = \dfrac{dn}{1,000\pi}$

해설 $v = \dfrac{\pi dn \sin\alpha}{1,000}$

44 센터리스연삭기에서 통과이송법으로 가공 시 조정숫돌바퀴의 바깥지름이 400mm, 조정숫돌바퀴의 회전수가 30rpm, 경사각이 4°일 때 가공물의 이송속도는 약 몇 m/min인가?

① 0.18   ② 2.63
③ 11.79   ④ 37.61

해설 $v = \dfrac{\pi dn \sin\alpha}{1,000}$

$= \dfrac{3.14 \times 400 \times 30 \times \sin 4°}{1,000} = 2.63\text{m/min}$

45 GC60KmV 1호 $12'' \times 3/4'' \times 1''$인 연삭숫돌을 사용한 연삭기의 회전수가 1,700rpm이라면 숫돌의 원주속도는 몇 m/min인가?

① 약 135m/min   ② 약 1,628m/min
③ 약 102m/min   ④ 약 1,725m/min

해설 $v = \dfrac{\pi dn}{1,000}$

$= \dfrac{3.14 \times (12 \times 25.4) \times 1,700}{1,000}$

$= 1,627.8\text{m/min}$

46 숫돌바퀴의 원주속도를 1,800m/min으로 정했을 때 바깥지름 355mm의 원판형 숫돌바퀴의 회전수는?

① 약 1,514rpm   ② 약 1,614rpm
③ 약 1,714rpm   ④ 약 1,814rpm

해설 $n = \dfrac{1,000v}{\pi d} = 1,613.96\text{rpm}$

47 다음 평면연삭기에서 연삭숫돌의 원주속도 $v = 2,500$m/min이고 연삭저항 $F = 150$N이며 연삭기에 공급된 연삭동력이 10kW일 때 이 연삭기의 효율은 약 얼마인가?

① 53%   ② 63%
③ 73%   ④ 83%

해설 연삭저항 $F = 150\text{N} = \dfrac{150}{9.8}\text{kg} = 15.3\text{kg}$

소요동력 $P_{\text{kW}} = \dfrac{Fv}{102 \times 60 \times \eta}$

$\therefore$ 효율 $\eta = \dfrac{Fv}{102 \times 60 \times P_{\text{kW}}} = \dfrac{15.3 \times 2,500}{102 \times 60 \times 10}$

$= 0.625 = 62.5\%$

48 다음 평면연삭기에서 숫돌의 원주속도 $v = 2,400$m/min이고 연삭력 $P = 15$kgf이다. 이때 연삭기에 공급된 연삭동력이 10PS라면 이 연삭기의 효율은 몇 %인가?

① 70%   ② 75%
③ 80%   ④ 125%

해설 $HP = \dfrac{Pv}{75 \times 60 \times \eta}$

$\therefore \eta = \dfrac{Pv}{75 \times 60 \times HP} = \dfrac{15 \times 2,400}{75 \times 60 \times 10} = 0.8 = 80\%$

49 지름 50mm인 연삭숫돌을 7,000rpm으로 회전시키는 연삭작업에서 지름 100mm인 가공물을 연삭숫돌과 반대방향으로 100rpm으로 원통연삭할 때 접촉점에서 연삭의 상대속도는 약 몇 m/min인가?

① 931   ② 1,099
③ 1,131   ④ 1,161

해설 $v = v_1 + v_2$

$= \dfrac{3.14 \times 50 \times 7,000}{1,000} + \dfrac{3.14 \times 100 \times 100}{1,000}$

$= 1,099 + 31.4 = 1,130.4\text{m/min}$

50 가늘고 긴 공작물의 연삭에 적합한 특징을 가진 연삭기는?

① 외경연삭기
② 내경연삭기
③ 센터리스연삭기
④ 나사연삭기

해설 센터리스연삭기는 가늘고 긴 공작물의 원통을 센터의 지지 없이 연삭할 수 있는 연삭기이다.

51 센터리스연삭의 특징이 아닌 것은?

① 가늘고 긴 핀연삭에 적합하다.

② 대량생산에 적합하다.

③ 대형 중량물연삭에 적합하다.

④ 연삭여유가 작아도 된다.

해설 센터리스연삭은 소형 경량물연삭에 적합하다.

52 센터리스연삭기에서 공작물을 연삭하는 방법 중 장점에 해당되지 않는 것은?

① 연삭여유가 적어도 된다.

② 연속작업을 할 수 있어 대량생산에 적합하다.

③ 긴 홈이 있는 일감도 연삭이 가능하다.

④ 긴 축재료의 연삭이 가능하다.

해설 센터리스연삭기에서는 긴 홈이 있는 일감의 연삭이 불가능하다.

53 센터리스연삭기의 장단점에 대한 설명으로 옳은 것은?

① 장점 : 연삭여유가 작아도 된다.

② 장점 : 대형 중량물을 연삭한다.

③ 단점 : 긴 축재료의 연삭이 불가능하다.

④ 단점 : 연속작업을 할 수 없고 대량생산에 부적합하다.

해설 ② 단점 : 대형 중량물을 연삭할 수 없다.
③ 장점 : 긴 축재료의 연삭이 가능하다.
④ 장점 : 연속작업을 할 수 있고 대량생산에 적합하다.

54 다음 연삭가공 중 강성이 크고 강력한 연삭기가 개발됨으로 한 번에 연삭깊이를 크게 하여 가공능률을 향상시킨 것은?

① 자기연삭

② 성형연삭

③ 크립피드연삭

④ 경면연삭

해설 강성이 크고 강력한 연삭기가 개발됨으로 한 번에 연삭깊이를 크게 하여 가공능률을 향상시킨 것은 크립피드(creep-feed)연삭이다.

55 연삭액의 구비조건으로 틀린 것은?

① 거품이 일어날 것

② 냉각성이 우수할 것

③ 인체에 해가 없을 것

④ 화학적으로 안정될 것

해설 거품이 일어나지 말 것

7. 정밀입자가공

01 다음 그림은 어떤 작업을 나타낸 것인가?

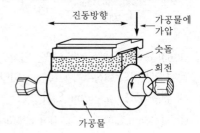

진동방향 / 가공물에 가압 / 숫돌 / 회전 / 가공물

① 슈퍼피니싱

② 호닝

③ 래핑

④ 버핑

해설 슈퍼피니싱은 (그림처럼) 일감표면에 약한 압력으로 숫돌을 눌러대고 일감에 회전운동과 이송을 주며, 숫돌을 다듬질할 면에 따라 매우 작고 빠른 진동을 주어 가공하는 방법이다.

02 회전공구의 숫돌에 압력을 가하고 일감에 대해 회전과 왕복운동을 시키면서 연삭액으로 원통 내면과 외면을 가공하는 것은?

① 보링머신

② 래핑머신

③ 호닝머신

④ 호빙머신

해설 회전공구의 숫돌에 압력을 가하고 일감에 대해 회전과 왕복운동을 시키면서 연삭액으로 원통 내면과 외면을 가공하는 공작기계는 호닝머신이다.

03 주철의 호닝작업 시 공작액으로 가장 적합한 것은?

① 석유

② 모빌유

③ 황화유

④ 라드유

해설 석유는 주철의 호닝작업 시 공작액으로 적합하다.

04 호닝가공의 특징이 아닌 것은?

① 발열이 크고 경제적인 정밀가공이 가능하다.
② 전 가공에서 발생한 진직도, 진원도, 테이퍼 등을 수정할 수 있다.
③ 표면거칠기를 좋게 할 수 있다.
④ 정밀한 치수로 가공할 수 있다.

해설 발열이 작다.

05 다듬질호닝의 경우라면 입도의 범위는?

① 100~220번 ② 220~280번
③ 280~400번 ④ 400~500번

해설 다듬질호닝의 경우 호닝스톤의 입도는 400~500번이 적당하다.

06 일감표면에 약한 압력으로 숫돌을 눌러대고 일감에 회전운동과 이송을 주며 숫돌을 다듬질할 면에 따라 매우 작고 빠른 진동을 주어 가공하는 방법은?

① 슈퍼피니싱 ② 래핑
③ 드릴링 ④ 드레싱

해설 일감표면에 약한 압력으로 숫돌을 눌러대고 일감에 회전운동과 이송을 주며 숫돌을 다듬질할 면에 따라 매우 작고 빠른 진동을 주어 가공하는 방법은 슈퍼피니싱이다.

07 슈퍼피니싱의 숫돌압력의 범위로 적당한 것은?

① 1~2kgf/cm^2 ② 3~5kgf/cm^2
③ 5~7kgf/cm^2 ④ 7~9kgf/cm^2

해설 슈퍼피니싱의 숫돌압력의 범위는 1~2kgf/cm^{2}이다.

08 슈퍼피니싱의 특징이 아닌 것은?

① 원통형의 가공물 외면, 내면의 정밀다듬질이 가능하다.
② 다듬질면은 평활하고 방향성이 없다.
③ 입도가 비교적 크고 경한 숫돌에 고압으로 가압하여 연마하는 방법이다.
④ 각종 게이지의 초정밀가공에 사용한다.

해설 저압으로 가압한다.

09 다음 중 슈퍼피니싱가공의 설명으로 틀린 것은?

① 가공시간이 길다.
② 방향성이 없다.
③ 전 가공의 변질층을 제거한다.
④ 내마멸성이 높은 다듬질면을 얻을 수 있다.

해설 슈퍼피니싱의 가공시간은 짧다.

10 슈퍼피니싱연삭액 중 일반적으로 사용되지 않는 것은?

① 등유, 경유 ② 유화유, 종유
③ 스핀들유 ④ 기계유

해설 유화유, 종유는 슈퍼피니싱용 절삭액으로 사용되지 않는다.

11 연삭공구가공에서 분말입자가 아닌 것은?

① 슈퍼피니싱 ② 래핑
③ 액체호닝 ④ 배럴가공

해설 슈퍼피니싱스톤은 고정입자다.

12 래핑(lapping)작업에 관한 사항 중 틀린 것은?

① 경질합금을 래핑할 때는 다이아몬드로 해서는 안 된다.
② 래핑유(lap-oil)로는 석유를 사용해서는 안 된다.
③ 강철을 래핑할 때는 주철이 널리 사용된다.
④ 랩재료는 반드시 공작물보다 연질의 것을 사용한다.

해설 석유와 기계유를 혼합하여 철계재료 래핑유로 사용하며 유리, 수정 래핑유로는 물을 사용한다.

13 래핑작업의 장점이 아닌 것은?

① 정밀도가 높은 제품을 가공한다.
② 가공면이 매끈하다.
③ 가공면의 내마모성이 좋다.
④ 랩제의 잔류가 쉽다.

해설 랩제의 잔류는 장점이 아닌 단점이다.

14 공작기계의 절삭방식에서 입자에 의한 가공법이 아닌 것은?

① 샌드블라스팅   ② 액체호닝

③ 래핑   ④ 호빙

해설 호빙은 입자가 아닌 호브커터로 기어를 창성하는 가공법이다.

15 일반적으로 공구연삭기로 연삭하는 절삭공구로 적합하지 않은 것은?

① 바이트   ② 줄

③ 드릴   ④ 밀링커터

해설 줄(file)은 공구연삭기로 연삭하는 절삭공구로 적합하지 않다.

8. 특수 가공

01 1차로 가공된 가공물의 안지름보다 다소 큰 강구(steel ball)를 압입통과시켜서 가공물의 표면을 소성변형으로 가공하는 방법은?

① 버니싱   ② 래핑

③ 호닝   ④ 그라인딩

해설 1차로 가공된 가공물의 안지름보다 다소 큰 강구(steel ball)를 압입통과시켜서 가공물의 표면을 소성변형으로 가공하는 방법은 가공면조도가 매우 우수한 버니싱작업이다.

02 다음 직류콘덴서가공과 가장 관계가 깊은 것은?

① 방전가공   ② 초음파가공

③ 전해연마   ④ 액체호닝

해설 방전가공은 직류콘덴서가공과 관계가 깊다.

03 방전가공에서 전극재료로 사용되지 않는 것은?

① 흑연   ② 연강

③ 은-텅스텐   ④ 구리-텅스텐

해설 연강은 방전가공 전극재료가 아니다.

04 방전가공에서 전극재질의 구비조건이 아닌 것은?

① 방전이 안정되고 가공속도가 커야 한다.

② 기계가공이 쉽고 가공정밀도가 높아야 한다.

③ 공작물보다 경도가 커야 한다.

④ 전극소모가 적어야 한다.

해설 방전가공 전극재료로는 흑연, 텅스텐, 구리합금(황동) 등이 사용되는데, 아크방전에 의하므로 전극재료의 경도와는 무관하다.

05 일감의 전체 면을 균일하게 용해하여 두께를 얇게 하거나 표면의 작은 요철부의 오목부를 녹이지 않고 볼록부를 신속히 용융시키는 방법은?

① 전해연삭   ② 화학연마

③ 초음파가공   ④ 방전가공

해설 일감의 전체 면을 균일하게 용해하여 두께를 얇게 하거나 표면의 작은 요철부의 오목부를 녹이지 않고 볼록부를 신속히 용융시키는 방법은 화학연마법이다.

06 금속의 전기분해현상을 이용한 가공법으로 가공물을 양극으로 하고 전해용액 중에 침지하여 금속표면의 미소돌기 부분을 용해하여 거울면상태로 가공하는 방법은?

① 전해연마   ② 연삭

③ 밀링   ④ 방전가공

해설 금속의 전기분해현상을 이용한 가공법으로 가공물을 양극으로 하고 전해용액 중에 침지하여 금속표면의 미소돌기 부분을 용해하여 거울면상태로 가공하는 방법은 전해연마법이다.

07 전해연마의 특징에 대한 설명으로 틀린 것은?

① 가공변질층이 없다.

② 내마모성, 내부식성이 좋아진다.

③ 알루미늄, 구리 등도 용이하게 연마할 수 있다.

④ 가공면에는 방향성이 있다.

해설 가공면에는 방향성이 없다.

08 전해연마가공의 특징이 아닌 것은?

① 연마량이 적어 깊은 홈은 제거가 되지 않으며 모서리가 라운드된다.

② 가공면에 방향성이 없다.

③ 면은 깨끗하나 도금이 잘 되지 않는다.

④ 복잡한 형상의 공작물 연마도 가능하다.

해설 면이 깨끗하고 도금이 잘 되지 않는 것이 아니라 전기 도금과는 반대로 하여(공작물 양극, 불용해성 Cu, Zn 음극) 공작물을 전해액 속에 달아매어 전기화학적인 방법으로 공작물의 표면을 다듬질하는데 응용되는 가공법이다.

09 공작물을 화학반응을 통하여 가공하는 화학적 가공의 특징으로 틀린 것은?

① 강도나 경도에 관계없이 사용할 수 있다.

② 가공경화 또는 표면변질층이 생긴다.

③ 복잡한 형상과 관계없이 표면 전체를 한 번에 가공할 수 있다.

④ 한 번에 여러 개를 가공할 수 있다.

해설 화학적 가공에서는 가공경화 또는 표면변질층이 생기지 않는다.

10 도금을 응용한 방법으로 모델을 음극에 전착시킨 금속을 양극에 설치하고 전해액 속에서 전기를 통전하여 적당한 두께로 금속을 입히는 가공방법은?

① 전주가공 　　　② 초음파가공

③ 전해연삭 　　　④ 레이저가공

해설 전주가공은 도금을 응용한 방법으로 모델을 음극에 전착시킨 금속을 양극에 설치하고 전해액 속에서 전기를 통전하여 적당한 두께로 금속을 입히는 가공방법이다.

11 특수 가공에서 에너지의 종류에 따라 전기가공, 광가공, 음향가공, 화학가공 등으로 분류하는데, 광가공에 해당하는 것은?

① 전자빔가공 　　　② 이온가공

③ 플라즈마가공 　　④ 레이저가공

해설
• 전기가공 : 방전, 전자빔, 이온플라즈마가공 등
• 광가공 : 레이저가공
• 음향가공 : 초음파가공
• 화학가공 : 화학연마, 화학도금, 전해연마, 전해연삭 등

12 래핑에 대한 설명 중 틀린 것은?

① 랩은 공작물보다 연해야 한다.

② 래핑에는 손래핑과 기계래핑이 있다.

③ 손래핑에서는 셰이퍼나 밀링머신 등을 이용한다.

④ 기계래핑은 래핑머신을 이용하는 것이다.

해설 손래핑은 공작기계를 이용하지 않고 손으로 수동작업을 한다.

13 액체호닝에 대한 설명 중 틀린 것은?

① 피닝효과가 있고 공작물의 피로한도를 높인다.

② 짧은 시간에 광택이 나지 않는 매끈한 면을 얻을 수 있다.

③ 공작물표면의 산화막이나 도료, 거스러미 (burr, 버어) 등을 쉽게 제거할 수 있다.

④ 가공시간이 길며 복잡한 모양의 공작물은 다듬질이 곤란하다.

해설 액체호닝은 주조품, 스케일 및 산화막 제거, 피로강도 및 인장강도(5~10%) 증가 및 가공면에 방향성이 존재하지 않으며, 가공시간이 짧고 복잡한 형상도 쉽게 가공한다. 유리, 플라스틱, 고무, 금형, 다이캐스팅제품, 주형, 다이의 귀따기 및 표면가공에 이용된다.

14 액체호닝에서 표면을 두드려 압축함으로써 재료의 피로한도를 높이는 것은?

① 저온응력완화법

② 피닝효과

③ 기계적 응력완화법

④ 치수효과

해설 피닝효과는 액체호닝에서 표면을 두드려 압축함으로써 재료의 피로한도를 높이는 것이다.

15 액체호닝가공면을 결정하는 인자가 아닌 것은?

① 공기압력 ② 가공온도

③ 분출각도 ④ 랩제의 농도

해설 공기압력, 분출각도, 랩제의 농도, 시간, 노즐에서 가공면까지의 거리

16 스프링이나 기어와 같이 반복하중을 받는 기계부품의 완성가공에 이용되는 작업은?

① 액체호닝 ② 쇼트피닝

③ 롤러다듬질 ④ 버니싱

해설 스프링이나 기어와 같이 반복하중을 받는 기계부품의 완성가공에 이용되는 작업은 쇼트피닝이다.

17 다음 중 차량용 스프링의 수명을 연장하기 위한 방법으로 사용하는 가공법은?

① 액체호닝 ② 쇼트피닝

③ 호닝 ④ 래핑

해설 쇼트피닝은 차량용 스프링의 수명을 연장시킬 수 있다.

18 쇼트피닝(shot peening)의 가공조건에 중요한 영향을 미치지 않은 것은?

① 분사속도 ② 분사각도

③ 분사액 ④ 분사면적

해설 쇼트피닝의 3대 가공조건은 분사속도, 분사각도, 분사면적이다.

19 공작물, 미디어, 콤파운드(유지＋직물), 공작액을 적당량 넣어 회전시켜 서로 부딪치며 가공되어 매끈한 다듬질면을 얻는 가공법은?

① 쇼트피닝

② 그릿블라스팅

③ 버핑

④ 배럴가공(텀블링)

해설 ④ 배럴가공(텀블링) : 충돌가공으로 주물귀, 동기, 스케일 등을 제거. 회전형, 진동형

20 일감의 표면을 광택 있게 가공하기 위하여 직물, 피혁, 고무 등을 원판으로 만들어 고속회전시키는 가공법은?

① 텀블링 ② 호닝

③ 버니싱 ④ 버핑

해설 일감의 표면을 광택 있게 가공하기 위하여 직물, 피혁, 고무 등을 원판으로 만들어 고속회전시키는 가공법은 버핑이다.

21 버핑의 사용목적이 아닌 것은?

① 공작물의 표면을 광택 내기 위하여

② 공작물의 표면을 매끈하게 하기 위하여

③ 정밀도를 요하는 가공보다 외관을 좋게 하기 위하여

④ 폴리싱을 하기 전에 공작물표면을 다듬질하기 위하여

해설 폴리싱은 금속조직의 관찰을 위하거나 버핑 전 단계로 실시하는 작업이다.

9. 기타 기계가공법

01 셰이퍼에서 램의 왕복속도는 어떠한가?

① 일정하다.

② 귀환행정일 때가 늦다.

③ 절삭행정일 때가 빠르다.

④ 귀환행정일 때가 빠르다.

해설 셰이퍼, 슬로터, 플레이너에는 급속귀환기구가 있다.

02 다음 중 급속귀환장치가 있는 기계는?

① 셰이퍼

② 지그 보링머신

③ 밀링

④ 호빙머신

해설 급속귀환장치는 셰이퍼, 슬로터, 플레이너, 브로칭 머신 등이 있다.

03 셰이퍼가공에서 행정길이가 400mm, 절삭속도가 40m/min, 행정시간과 1왕복시간과의 비 $k=0.6$으로 했을 때 바이트의 매분 왕복횟수를 구하면?

① 30   ② 40
③ 50   ④ 60

해설 $v = \dfrac{ln}{1,000k}$

$\therefore n = \dfrac{1,000kv}{l} = \dfrac{1,000 \times 0.6 \times 40}{400} = 60$회

04 셰이퍼에서 길이 200mm인 일감을 20m/min의 절삭속도로 절삭하고자 한다. 램의 매분 왕복횟수는? (단, 절삭행정시간과 바이트 1왕복시간과의 비 $k=3/5$이다.)

① 매분 40회   ② 매분 60회
③ 매분 80회   ④ 매분 100회

해설 $v = \dfrac{nl}{1,000k}$

$\therefore n = \dfrac{1,000kv}{l} = \dfrac{1,000 \times 0.6 \times 20}{200} = 60$

05 셰이퍼의 평균절삭속도를 나타낸 것이다. 옳은 것은? (단, N : 1분간 바이트의 왕복횟수, L : 램의 행정길이(mm), k : 바이트 1왕복에 대한 절삭행정의 시간비, v : 절삭속도(m/min))

① $v = \dfrac{NL}{1,000k}$ ② $v = \dfrac{kNL}{1,000}$
③ $v = \dfrac{1,000k}{NL}$ ④ $v = \dfrac{1,000}{kNL}$

해설 $v = \dfrac{NL}{1,000k}$

06 공구는 상하 직선운동을 하며, 테이블은 직선운동과 회전운동을 하여 키홈, 스플라인, 세레이션 등의 내면가공을 주로 하는 공작기계는?

① 셰이퍼   ② 슬로터
③ 플레이너   ④ 브로칭

해설 공구는 상하 직선운동을 하며, 테이블은 직선운동과 회전운동을 하여 키홈, 스플라인, 세레이션 등의 내면가공을 주로 하는 공작기계를 슬로터라고 한다.

07 셰이퍼작업에서 램(바이트)의 1분간 왕복횟수를 N, 절삭속도를 v[m/min]라 하면 행정의 길이 L[mm]를 나타내는 식으로 옳은 것은? (단, 절삭행정의 시간과 바이트 1왕복시간의 비를 k라고 하며, N의 단위는 stroke/min이다.)

① $L = \dfrac{1,000kv}{N}$ ② $L = \dfrac{1,000kN}{v}$
③ $L = \dfrac{N}{1,000kv}$ ④ $L = \dfrac{v}{1,000kN}$

해설 $L = \dfrac{1,000kv}{N}$

08 슬로터에서 일반적으로 가공할 수 없는 것은?

① 스플라인, 내접기어가공
② 넓은 평면가공, 나사가공
③ 각 구멍, 세레이션
④ 키홈, 구멍의 내면

해설 슬로터(수직형삭기)는 공구의 상하이동으로 내부 스플라인, 각 구멍, 키홈, 내접기어 등을 가공한다.

09 내면의 키홈을 가공할 수 있는 공작기계는?

① 플레이너   ② 슬로터
③ 보링머신   ④ 호빙머신

해설 슬로터 혹은 브로칭머신으로 내면 키홈가공이 가능하다.

10 풀리의 보스에 키홈을 가공하려 한다. 다음 공작기계 중 가장 적합한 것은?

① 호빙머신   ② 브로칭머신
③ 보링머신   ④ 드릴링머신

해설 브로칭머신으로 풀리의 보스에 키홈을 가공할 수 있다.

11 공작기계의 종류 중 절삭운동에 의한 분류에서 일감에 절삭운동을 주는 것은?

① 드릴링머신 ② 연삭기
③ 호빙머신 ④ 플레이너

해설 플레이너는 일감에 절삭운동을 준다.

12 대형 공작물의 평면절삭에 가장 적합한 밀링머신은?

① 생산형 밀링머신
② 만능 밀링머신
③ 플레이너형 밀링머신
④ 수직형 밀링머신

해설 플레이너형 밀링머신으로 대형 공작물의 평면절삭을 할 수 있다.

13 플레이너가공에 관한 설명으로 틀린 것은?

① 플레이너가공에서의 바이트는 일감의 운동방향과 같은 방향으로 연속적으로 이송된다.
② 플레이너가공의 종류와 절삭방법은 셰이퍼의 경우와 거의 같다.
③ 플레이너가공에서 일감은 테이블 위에 고정시키고 수평왕복운동을 시킨다.
④ 셰이퍼에 비하여 큰 일감을 가공하는 데 쓰인다.

해설 평면을 지닌 공작물길이 1,000mm 이상의 대형 공작물가공에 적합하다.

14 플라노밀러에 대한 설명 중 틀린 것은?

① 플레이너형 밀링머신이라고 한다.
② 쌍주형과 단주형이 있다.
③ 소형 가공물에 적합하다.
④ 밀링헤드가 장치된 형식이다.

해설 플라노밀러는 대형 가공물에 적합하다.

15 플레이너에 의한 가공방법이 아닌 것은?

① 수평깎기 ② 수직깎기
③ 각도깎기 ④ 나선형 깎기

해설 플레이너는 직선절삭만 가능하기 때문에 나선형 절삭은 불가능하다.

 10. CNC가공

01 CNC 장치의 일반적인 정보흐름으로 옳은 것은?

① NC 명령 → 제어장치 → 서보기구 → NC 가공
② 서보기구 → NC 명령 → 제어장치 → NC 가공
③ 제어장치 → NC 명령 → 서보기구 → NC 가공
④ 서보기구 → 제어장치 → NC 명령 → NC 가공

해설 CNC 장치의 정보흐름은 NC 명령(지령) → 위치제어 → 속도제어 → 스테핑모터(서보기구) → NC 가공 순이다.

02 외부컴퓨터에서 작성한 NC 프로그램을 CNC 공작기계에 송수신하면서 가공하는 방식은?

① NC ② CNC
③ DNC ④ FMS

해설 DNC는 외부컴퓨터에서 작성한 NC 프로그램을 CNC 공작기계에 송수신하면서 가공하는 방식이다.

03 여러 대의 NC 공작기계를 1대의 컴퓨터에 연결시켜 작업을 수행하는 생산시스템은?

① FMS ② ANC
③ DNC ④ CNC

해설 DNC는 여러 대의 NC 공작기계를 1대의 컴퓨터에 연결시켜 작업을 수행하는 생산시스템이다.

04 다음 중 NC 공작기계의 주요 구성요소가 아닌 것은?

① NC 테이프 ② 서보기구
③ 마그네틱척 ④ 볼스크루

해설 마그네틱척은 NC 공작기계의 주요 구성요소가 아니다.

05 CNC의 서보시스템 제어방식에서 피드백장치의 유무와 검출위치에 따라 네 가지 방식이 있다. 다음 중 네 가지 방식에 속하지 않은 것은?

① 개방회로방식 ② 복합서보방식
③ 폐쇄회로방식 ④ 단일회로방식

해설 CNC의 서보시스템 제어방식에는 단일회로방식이라는 것이 없다.

06 구동전동기로 펄스전동기를 이용하여 제어장치로 입력된 펄스수만큼 움직이고 검출기나 피드백회로가 없으므로 구조가 간단하며 펄스전동기의 회전정밀도와 볼나사의 정밀도에 직접적인 영향을 받는 방식은?

① 개방회로방식
② 반폐쇄회로방식
③ 폐쇄회로방식
④ 하이브리드서보방식

해설 구동전동기로 펄스전동기를 이용하여 제어장치로 입력된 펄스수만큼 움직이고 검출기나 피드백회로가 없으므로 구조가 간단하며 펄스전동기의 회전정밀도와 볼나사의 정밀도에 직접적인 영향을 받는 방식은 개방회로방식이다.

07 수치제어기계에서 지령된 펄스에 의하여 모터가 회전하여 기계를 움직일 때의 이동량을 측정하고 이를 피드백시킴으로써 지령된 값과 실제로 이동한 양을 같게 하는 서보기구의 회로방식은?

① 반개방회로 ② 반폐쇄회로
③ 개방회로 ④ 폐쇄회로

해설 수치제어기계에서 지령된 펄스에 의하여 모터가 회전하여 기계를 움직일 때의 이동량을 측정하고 이를 피드백시킴으로써 지령된 값과 실제로 이동한 양을 같게 하는 서보기구의 회로방식은 폐쇄회로방식이다.

08 볼나사(ball screw)가 쓰이는 공작기계는?

① 수치제어선반 ② 셰이퍼
③ 플레이너 ④ 슬로터

해설 볼스크루는 높은 전달효율과 우수한 성능을 가진 기계요소로 수치제어공작기계, 산업용 로봇 등 각종 이송기구에 적용하고 있으며, 결합방식에는 직결형, 기어감속형, 타이밍벨트타입 등이 있다.

09 NC 기계의 움직임을 전기적인 신호로 표시하는 회전피드백장치는 무엇인가?

① 리졸버(resolver)
② 서보모터(servo moter)
③ 컨트롤러(controller)
④ 지령테이프(NC tape)

해설 리졸버(resolver)는 NC 기계의 움직임을 전기적인 신호로 표시하는 회전피드백장치이다.

10 CNC 선반에서 주로 많이 쓰이는 각 기능의 예를 ( ) 안에 나타낸 것이다. 잘못된 것은?

① G00(위치결정) ② G04(일시정지)
③ G29(나사절삭) ④ G01(직선절삭)

해설 G29는 원점으로부터 자동복귀(return from reference position)를 지령한다. 이 지령에 의해 각 축은 원점으로부터 자동원점복귀(G28)에서 지령된 중간점을 경유하여 G29로 지령된 위치로 위치결정을 하며, 일반적으로 자동원점복귀(G28)를 수행한 후에 지령한다.

11 ZX평면이 의미하는 준비기능코드는?

① G16 ② G17
③ G18 ④ G19

해설 XY : G17, ZX : G18, YZ : G19

12 CNC 선반에서 홈가공 시 1.5초 동안 공구의 이송을 잠시 정지시키는 지령방식은?

① G04 P1500
② G04 Q1500
③ G04 X1500
④ G04 U1500

해설 G04는 일시정지명령이며, P 뒤에 숫자는 1초를 1,000으로 나타내므로 1.5초는 P1500이 된다.

정답 05.④ 06.① 07.④ 08.① 09.① 10.③ 11.③ 12.①

13 CNC 선반에서 나사절삭사이클의 준비기능코드는?

① G02   ② G27

③ G72   ④ G92

해설 ① G02 : 원호보간(CW)
② G27 : 원점복귀점검
③ G72 : 단면황삭사이클

14 공작물의 품종이 다양하고 소량생산에 적합하도록 고안된 것으로 머시닝센터에 많이 사용되는 고정구는 무엇인가?

① 모듈러고정구   ② 총형고정구

③ 분할고정구   ④ 바리스조고정구

해설 공작물의 품종이 다양하고 소량생산에 적합하도록 고안된 것으로 머시닝센터에 많이 사용되는 고정구는 모듈러고정구이다.

15 직교좌표 X, Y 두 축방향으로 각각 $2 \sim 10 \mu m$의 정밀도로 구멍을 뚫는 보링머신은?

① 수평식 보링머신
② 정밀 보링머신
③ 지그 보링머신
④ 수직형 보링머신

해설 지그 보링머신은 구멍을 대단히 정확한 좌표위치(구멍 간의 거리공차 ±0.02~0.005 사이)에서의 정밀가공을 하기 위한 보링머신이다. 보통 항온항습실(온도 20±1℃, 습도 55% 유지)에 설치되며 나사식 보정장치, 현미경을 이용한 광학적 장치 등을 지닌다.

16 CNC프로그래밍에서 좌표계 주소(address)와 관련이 없는 것은?

① X, Y, Z   ② A, B, C

③ I, J, K   ④ P, U, X

해설 • X, Y, Z : 절대방식의 이동위치 지정
• U, V, W : 증분방식의 이동위치 지정
• A, B, C : 회전축의 이동
• I, J, K : 원호 중심의 각 축성분
• P, U, X : 좌표와는 무관한 일시정지(dwell) 지정

17 프로그램 주소(address)에 대한 기능 설명으로 틀린 것은?

① G-준비기능   ② M-보조기능

③ S-이송기능   ④ T-공구기능

해설 ③ S는 이송기능이 아니라 주축기능이다.
G(준비기능), F(이송기능), S(주축기능), T(공구기능), M(보조기능)

18 CNC 선반가공용 프로그램에서 G96 S100 M03 ; 일 때 S100의 의미는?

① 회전당 이송량
② 원주속도 100m/min으로 일정제어
③ 분당 이송량
④ 회전수 100rpm으로 일정제어

해설 G96은 주속 일정제어이므로 S는 절삭속도가 되기 때문에 S100은 원주속도 100m/min으로 일정제어한다는 의미이다.

19 CNC 선반(수치제어선반)에 대한 설명이 잘못된 것은?

① 좌표치의 지령방식에는 절대지령과 증분지령이 있고, 한 블록에 두 가지를 혼합하여 지령할 수 없다.
② 축은 공구대가 전후, 좌우의 2방향으로 이동하므로 2축을 사용한다.
③ 테이퍼나 원호절삭 시 임의의 인선반지름을 가지는 공구의 인선반지름에 의한 가공경로의 오차를 CNC 장치에서 자동으로 보정하는 인선반지름보정기능이 있다.
④ 휴지(dwell)기능은 지정한 시간 동안 이송이 정지되는 기능을 의미한다.

해설 좌표치의 지령방식에는 절대지령과 증분지령이 있고, 한 블록에 두 가지를 혼합하여 지령할 수 있다.

20 보조프로그램 호출 시 사용되는 보조기능은?

① M00   ② M01

③ M98   ④ M99

해설 ① M00 : 프로그램 정지
② M01 : 옵셔널 스톱
④ M99 : 보조프로그램 종료

21 NC 밀링머신의 활용에서 장점을 열거하였다. 타당성이 없는 것은?

① 작업자의 신체상 또는 기능상 의존도가 적으므로 생산량의 안정을 기할 수 있다.
② 기계의 운전에는 고도의 숙련자를 요하지 않으며 한 사람이 몇 대를 조작할 수 있다.
③ 실제 가동률을 상승시켜 능률을 향상시킨다.
④ 적은 공구로 광범위한 절삭을 할 수 있고 공구 수명이 단축되어 공구비가 증가한다.

해설 적은 수의 표준공구로 광범위한 절삭이 가능하여 특수공구제작이 감소되므로 공구비가 절감된다.

측정 · 손다듬질 · 안전관리

01 측정

1 측정의 개요

1) 측정 관련 제반 원리

① 아베의 원리 : "피측정물과 표준자와는 측정방향에 있어서 동일 직선상에 배치하여야 한다."는 것으로 콤퍼레이터의 원리라고도 한다. 외측마이크로미터, 측장기는 이를 만족시키지만, 버니어캘리퍼스는 아베의 원리에 어긋난다.

② 테일러의 원리 : "통과측에는 모든 치수 또는 결정량이 동시에 검사되고, 정지측에는 각 치수가 개개로 검사되지 않으면 안 된다."는 원리로, 한계게이지는 이 원리를 응용한 것이다.

2) 측정의 종류

(1) 직접측정(절대측정)

눈금자, 버니어캘리퍼스, 마이크로미터 등으로 측정기의 눈금을 직접 읽는 방법이다. 직접측정의 장단점은 다음과 같다.

장 점	단 점
• 측정범위가 넓다. • 피측정물의 치수를 직접 읽을 수 있다. • 다품종 소량생산 제품측정에 적합하다	• 경험과 숙련이 필요하다. • 측정시간이 오래 걸리기도 한다. • 읽음오차가 발생할 수 있다.

(2) 비교측정

다이얼게이지, 미니미터, 옵티미터, 공기마이크로미터 등 표준게이지와 피측정물을 서로 비교하여 측정하는 방법이다. 비교측정의 장단점은 다음과 같다.

장 점	단 점
• 계산하지 않고도 제품치수가 고르지 못한 것을 알 수 있다. • 길이, 면의 각종 형상측정, 공작기계 정밀도검사 등 사용범위가 매우 넓다. • 높은 정밀도의 측정이 비교적 용이하다. • 자동화가 가능하고 치수 계산이 생략된다.	• 측정범위가 좁다. • 피측정물의 치수를 직접 읽을 수 없다. • 기준치수인 표준게이지가 필요하다.

(3) 간접측정

직접측정이나 비교측정으로 측정한 값을 이용하여 계산식에 의하여 측정값을 구하는 측정방법이다. 형태가 복잡한 나사, 기어 등을 측정할 때 이용한다.

3) 측정오차

① 우연오차 : 주위환경에 따른 오차로 소음, 진동 등이 주로 문제가 되지만 정확한 원인을 파악하기는 쉽지 않으며 측정자와 관계없이 발생한다.

② 개인오차 : 측정자의 부주의로 생기는 오차로, 주의해서 측정하고 결과를 보정하면 줄일 수 있다.

③ 계기오차(기차) : 측정기의 구조, 측정압력, 측정온도, 측정기 녹·마모 등에 따른 오차이다.

④ 계통오차 : 측정값에 일정한 영향을 주는 원인에 의해 생기는 오차이다.

▐2 길이측정 · 각도측정

1) 길이측정

길이의 단위는 미터법으로 정하며, "1미터는 빛이 진공 중에서 299,792,458분의 1초 동안 진행된 거리"로 정의된다.

(1) 자(scale)

강철자(철공용), 줄자(건축·목공용), 접는자(목공용) 등이 있다.

(2) 퍼스(pers 혹은 callipers)

외경퍼스, 내경퍼스, 스프링퍼스, 특수 퍼스 등이 있다.

(3) 버니어캘리퍼스(vernier calipers)

① 버니어캘리퍼스 : 노기스라고도 부르며 어미자와 아들자의 조합으로 길이, 외경, 내경, 깊이, 두께 등을 측정한다.

② 최소눈금 계산식 : $C = \dfrac{S}{N}$ (단, C : 읽을 수 있는 최소눈금, S : 어미자눈금, N : 등분수)

③ 눈금 읽는 법 : 어미자의 눈금과 아들자의 눈금이 일치하는 곳을 읽는다.

④ 사용 시 주의사항

　㉠ 버니어캘리퍼스는 아베의 원리에 맞는 구조가 아니므로 가능한 조(jaw)의 안쪽(본척에 가까운 쪽)을 택하여 측정해야 한다.

　㉡ 깨끗한 헝겊으로 닦아 매끄럽게 이동되도록 한다.

　㉢ 측정면을 검사하고 본척과 부척의 0점을 일치시킨다.

　㉣ 피측정물을 내부의 측정면에 끼워 오차를 줄인다.

　㉤ 측정 시 무리한 힘을 가하지 않는다.

　㉥ 눈금을 읽을 때 시차를 없애기 위하여 눈금의 직각의 위치에서 읽는다.

(4) 마이크로미터(micrometer)

① 마이크로미터 : 프랑스의 파머가 발명했으며 삼각나사인 암나사와 수나사의 끼워맞춤을 응용한 측정기다. 마이크로캘리퍼스, 측미기라고도 부른다.

② 외측마이크로미터의 0점 조정은 블록게이지를 이용한다.

③ 눈금 계산

　㉠ 딤블원주가 50등분 되어 있고 나사피치가 0.5mm일 때의 최소눈금

　　$0.5 \times \dfrac{1}{50} = 0.01\text{mm}$

　㉡ 딤블원주가 100등분 되어 있고 나사피치가 0.5mm일 때의 최소눈금

　　$0.5 \times \dfrac{1}{100} = 0.005\text{mm}$

④ 눈금 읽는 법 : 먼저 슬리브의 눈금을 읽고 딤블의 눈금과 기선이 만나는 딤블의 눈금을 읽어 슬리브 읽음값에 더한다.

⑤ 사용 및 관리 시 주의사항

　㉠ 스핀들을 언제나 균일한 속도로 돌린다.

　㉡ 동일한 장소에서 3회 이상 측정하여 평균치를 내어서 측정값을 계산한다.

　㉢ 피측정물에 마이크로미터를 댈 때에는 스핀들의 축선에 정확하게 직각 또는 평행하게 한다.

　㉣ 장시간 손에 들고 있으면 체온에 의한 오차가 생기므로 신속히 측정한다. 스탠드 사용을 권장한다.

　㉤ 보관 시에는 반드시 앤빌과 스핀들의 측정면을 약간 띄워둔다.

　㉥ 0점 조정 시에는 비품으로 딸린 스패너를 사용하여 슬리브의 구멍에 끼우고 돌리면서 조정한다.

(5) 블록게이지(block gage)

① 블록게이지 : 기준게이지의 대표적인 것으로 면과 면, 선과 선 사이의 길이의 기준을 정하는 데 사용된다. 특수 공구강을 열처리한 후 래핑으로 다듬질한 것을 사용한다.

② 블록게이지의 종류 : 요한슨형(직사각형 단면), 호크형(중앙에 구멍이 뚫린 정사각형 단면), 캐리형(원형으로 중앙에 구멍이 뚫린 것), 팔각형 단면이면서 구멍 2개가 나 있는 것 등이 있다.

③ 세트의 종류 : 103조, 76조, 47조, 32조, 8조

④ 블록게이지의 등급 : C(공작용), B(검사용), A(표준용), AA(연구용, 참조용)

⑤ 밀착(wringing) : 블록게이지의 두 편을 잘 누르면서 밀착시키는 것이다. 측정면을 깨끗한 천으로 닦아낸 후 돌기나 녹의 유무를 검사한다.

⑥ 취급 시 주의사항

　　㉠ 먼지가 적고 건조한 실내에서 사용할 것

　　㉡ 작업대에 떨어뜨리지 말 것

　　㉢ 목재테이블이나 천, 가죽 위에서 사용할 것

　　㉣ 측정면은 깨끗한 천이나 가죽으로 잘 닦을 것

　　㉤ 필요한 치수만을 꺼내 쓰고 보관상자의 뚜껑을 닫아둘 것

　　㉥ 사용 후 밀착시킨 채로 놓아두면 잘 떨어지지 않으므로 반드시 떼어놓을 것

　　㉦ 녹이나 돌기의 해를 막기 위하여 사용한 뒤에는 벤젠으로 잘 닦아내고 양질의 방청유(그리스)를 칠해둘 것

　　㉧ 치수검사를 정기적으로 실시할 것

(6) 다이얼게이지(dial gage)

① 다이얼게이지 : 기어장치를 이용한 대표적인 비교측정기로서, 기어장치로 미소한 변위를 확대하여 길이나 변위를 정밀하게 측정하는 평면도, 원통도, 진원도, 축 흔들림 등을 측정한다.

② 다이얼게이지의 특징

　　㉠ 소형이며 경량이어서 취급이 용이하다.

　　㉡ 측정범위가 넓지 않고 제품치수를 직접 읽을 수 없다.

　　㉢ 눈금과 지침에 의하여 읽기 때문에 오차가 적다.

　　㉣ 연속된 변위량의 측정이 가능하다.

　　㉤ 다원측정(많은 개소 측정)을 동시에 할 수 있다.

　　㉥ 함께 사용하는 장치(attachments)에 따라 광범위하게 측정할 수 있다.

③ 사용 시 주의사항

　　㉠ 정밀측정기이므로 충격 및 취급에 각별히 주의해야 한다.

　　㉡ 설치는 고정도의 전용 다이를 사용하는 것이 좋다.

　　㉢ 직사광선을 피하고 손에서 전달되는 체온에 의한 오차에 주의한다.

　　㉣ 설정된 측정범위 내에서 비교측정을 하는 경우가 많으므로 사용방법을 확실히 익혀둔다.

ⓜ 시차를 없애기 위해 눈의 위치와 지침을 이은 선이 눈금판에 대해 직각이 되도록 한다.

　　ⓗ 사용처에 알맞은 측정자를 선택한다. 예를 들면, 고무, 비닐종이 등은 측정력에 변형
　　　이 되기 쉬우므로 평형측정자를 이용한다.

　　ⓢ 스핀들에 절대로 급유하지 말아야 한다.

　　ⓞ 다이얼게이지를 고정시킨 지지대의 팔이 길면 측정력에 의해 공작물에 휨이 발생되어
　　　오차가 생기기 쉽다.

　　ⓩ 많이 사용하면 내부기구의 마모로 인해 정도가 떨어지므로 사용횟수에 의한 정도검사
　　　를 한다.

　　ⓒ 보관 시에는 모든 부분의 먼지, 습기 등을 잘 닦아서 상자에 보관하며, 이때 기름을 치
　　　는 것은 오히려 좋지 않다.

　④ **다이얼게이지를 이용한 진원도측정법** : 직경법(지름법), 반경법(반지름법), 3침법(3점법) 등
　　이 있다.

(7) 하이트게이지(height gage)

　① **하이트게이지** : 스케일(scale)과 베이스(base) 및 서피스게이지를 하나의 기본구조로 하는
　　게이지를 말한다.

　② 하이트게이지는 대형 부품이나 복잡한 모양의 부품 등을 정반 위에 올려놓고 정반면을 기
　　준으로 높이를 측정하거나 스크라이버(scriber) 끝으로 금긋기작업을 하는 데 사용된다.
　　눈금을 읽는 방법은 버니어캘리퍼스와 동일하다.

　③ **사용 시 주의사항**

　　㉠ 사용 전에 정반면을 깨끗이 닦고 사용한다.

　　㉡ 슬라이더 및 스크라이버를 확실히 고정한다.

　　㉢ 스크라이버 끝에 찔리지 않도록 조심한다.

　　㉣ 스크라이버는 가능한 짧게 하여 사용한다(하이트게이지는 아베의 원리에 맞지 않는 구
　　　조이므로 스크라이버를 필요 이상으로 길게 해서 사용하지 말아야 한다).

　　㉤ 스크라이버의 날 끝은 초경합금이므로 깨지지 않도록 조심하여 취급해야 한다.

　　㉥ 평면도가 우수한 정반 위에서 사용하여야 하며 측정 전에 정반면과 하이트게이지의
　　　측정면 및 베이스의 밑면을 깨끗하게 닦아야 한다.

　　㉦ 측정 전에 스크라이버 밑면을 정반 위에 닿게 하여 0점 조정을 한다. HM형과 HB형은
　　　0점 조정을 할 수 없기 때문에 이 경우에는 0점의 차이를 읽은 후 그 차이(오차)만큼
　　　측정값을 보정해 주어야 한다.

　　㉧ 시차와 오차에 주의한다(시차를 없애기 위하여 어미자와 아들자의 눈금이 일치하는 곳
　　　의 수평위치에서 읽는다).

　　㉨ 금긋기 면은 깨끗하게 잘 가공되어 있어야 하며, 스크라이버의 고정나사는 충분히 조
　　　여져야 한다.

④ 하이트게이지 병용 공구류

    ㉠ 정밀석정반 : 경년변화가 없고 온도변화에 따른 변형이 적어 안정적이다. 주철제보다 경도가 2배 이상이며 수명이 길고 방청유 없이도 녹슬음이 없다. 비자성체이므로 자성체 측정에도 문제가 없고 유지비가 적게 든다.

    ㉡ 테스트인디케이터 : 소형 경량으로 보통의 다이얼게이지로 측정하기 힘든 좁은 곳이나 깊은 곳의 측정에 사용된다.

    ㉢ 하이트마이크로미터(높이 마이크로미터) : 게이지블록과 마이크로미터를 조합한 측정기로, 열팽창의 염려가 없으며 마이크로미터 단위의 정밀측정을 위해 블록게이지와 비교측정하는 불편을 덜어주고 높은 정밀도와 능률을 얻을 수 있다. 흔히 하이트마스터라고 부른다.

(8) 한계게이지(limit gage)

제품을 정확한 치수대로 가공한다는 것은 거의 불가능하므로 오차의 한계를 주게 되며, 이때의 오차한계를 재는 게이지를 한계게이지라고 한다. 한계게이지는 제품의 대량생산 시 제품허용 공차의 최소 및 최대에 맞추어 게이지를 만들어 제품검사에 사용하는 게이지이다. 통과측과 정지측이 있는데 "통과측에는 모든 치수 또는 결정량이 동시에 검사되고, 정지측에는 각각의 치수가 따로따로 검사되어야 한다."는 테일러의 원리(Taylor's principle)를 응용한 것이다.

① **표준 한계게이지** : 호환성 생산방식에 필요한 게이지이며 틈새게이지, 반지름게이지, 와이어게이지, 센터게이지, 피치게이지, 드릴게이지 등이 있다.

② **특수 한계게이지** : 보통 한계게이지라고 하면 이 종류의 게이지를 말한다.

    ㉠ 구멍용 한계게이지 : 구멍에 대해서 최소치수, 최대치수를 가진 한계 플러그게이지가 사용되며, 이때 최대치수 쪽은 구멍에 들어가면 안 되므로 이를 정지측(노고사이즈 ; No Go size)이라고 하며, 최소치수 쪽은 구멍에 쉽게 들어가야 하므로 통과측(고사이즈 ; Go size)이라고 한다. 플러그게이지의 종류로는 원통형 플러그게이지, 평형 플러그게이지, 판 플러그게이지, 봉게이지 등이 있다.

    ㉡ 축용 한계게이지 : 링게이지(작은 치수 또는 얇은 피측정물에 사용)와 스냅게이지(편구 스냅게이지와 양구 스냅게이지로 구분되며 링게이지보다 큰 치수에 사용)가 있다.

⚓ 한계게이지의 특징

- 제품 사이의 호환성이 있다.
- 조작이 용이하고 간편하므로 숙련된 경험이 필요 없다.
- 제품의 실제 치수를 읽을 수 없다.
- 대량생산 시 측정이 간편하다.

(9) 특수 마이크로미터

① 공기 마이크로미터(air micrometer) : 보통의 측정기로는 측정이 불가능한 미소한 변화를 측정하기 위해 공기의 흐름을 확대기구로 하여 확대율 최고 40만 배까지 확대하여 길이를 측정할 수 있다. 정도는 ±0.1~1μm로 매우 고정도를 보장하지만 측정범위는 대단히 작다. 노즐을 교환함으로써 외경, 내경, 직각도, 진원도, 테이퍼, 타원 등을 측정한다. 종류는 유량식(단위시간에 측정노즐 속에 흐르는 공기량을 길이로 지시), 배압식(측정노즐과 제어노즐 사이의 압력을 측정), 유속식(측정노즐 앞쪽 단면적을 일정하게 하고 고속 공기 속도를 측정), 진공식 등이 있다. 공기 마이크로미터의 장단점은 다음과 같다.

장 점	단 점
• 고배율(고확대율), 조정 용이, 정도 우수하다. • 타원, 테이퍼, 편심 등의 측정이 용이하다. • 비접촉측정이므로 마모에 의한 정도 저하가 없고 피측정물을 변형시키지 않으면서 신속한 측정이 가능하다. • 내경측정이 용이하고 고정도의 측정이 가능하다. • 많은 치수의 동시 측정, 자동선별, 제어반지름이 작아 다른 종류의 측정기로는 불가능한 것의 측정이 가능하다.	• 마스터가 필요하며 응답시간이 늦다. • 피측정물표면이 거칠면 측정값의 신빙성이 떨어진다. • 지시범위가 작아 공차가 큰 것의 측정은 불가능하다. • 디지털 표시가 불가능하며 압축공기가 필요하다.

② 전기 마이크로미터(electrical micrometer) : 길이의 미세한 변위(0.01μm 이하의 미소변위량도 측정가능)를 전기량으로 변환시키고, 이를 다시 측정가능한 전기측정회로로 바꾸어 지시계 지침의 움직임으로 측정한다. 내경, 외경, 편심, 두께, 직각도, 원통도, 흔들림, 심한 변위량, 다점전환, 형상 등을 측정하며 자동측정도 가능하다. 측정에 사용하는 변환방식에 따라 유도형(인덕턴트), 저항형(스트레인게이지), 용량형(캐퍼시턴스), 차동변압기형, 퍼텐쇼미터형 등으로 분류된다. 전기 마이크로미터의 장단점은 다음과 같다.

장 점	단 점
• 고배율, 긴 변위의 측정이 가능하다. • 기계적 확대기구를 사용하지 않으므로 오차가 매우 적다. • 릴레이신호 발생이 쉽고 자동측정으로도 결점이 없다. • 응답속도가 빠르고 원격측정이 가능하다. • 연산측정이 간단하고 디지털 표시가 용이하다.	• 고가이며 고장 시 수리가 어렵다. • 전원변동(정압, 주파수)에 의한 지시오차의 우려가 있다. • 소프트한 피측정물, 내경 정밀측정이 곤란하다.

(10) 그 밖의 길이측정기

① 측장기(measuring machine) : 1마이크로미터 이하의 정도를 요하는 게이지류의 측정에 사용되며 0.001μm의 정밀도로 측정한다.

② 측미현미경(micrometer microscope) : 길이의 정밀측정에 사용되는 것으로, 대물렌즈에 의해 피측정물의 상을 확대하여 그 하나의 평면 내에 실상을 맺게 해서 이것을 접안렌즈로 들여다보면서 측정한다.

③ 지침측미기(micro indicator) : 최소눈금 $1\mu m$ 이하, 지침의 회전이 1회전 이하이며 고정도를 요구하는 검사실 등에서 사용된다.

④ 옵티미터(optimeter) : 길이의 미소범위를 광학적으로 확대하여 측정한다. 확대율은 약 800배에 달한다. 최소눈금은 $1\mu m$, 측정범위는 $\pm 0.1\mu m$, 정도는 $\pm 0.25\mu m$가 된다. 원통내경, 수나사, 암나사, 축게이지 등의 고정도 부위를 측정한다.

⑤ 미니미터(minimeter) : 콤퍼레이터(비교측정기)의 일종으로 레버(지렛대)를 이용하여 지침에 의해 100~1,000배로 확대가능한 측정기이며 피측정물의 치수와 표준게이지와의 치수차를 측정하는 측미지시계다. 정도는 $\pm 0.5\mu m$이며 레버확대지시장치가 있다. 측정범위 $\pm 10\mu m$, $\pm 30\mu m$의 것이 많이 사용되며, 배율은 100, 200, 500, 1,000배가, 최소눈금은 $1\mu m$, $2\mu m$, $5\mu m$, $10\mu m$ 등의 것이 사용되고 있다.

⑥ 오르토테스터(ortho tester) : 지렛대와 1개의 기어를 이용하여 스핀들의 미소한 직선운동을 확대하는 기구를 이용하며 최소눈금 $1\mu m$, 지시범위 $100\mu m$ 정도이지만 확대율을 배로 하여 지시범위를 $\pm 50\mu m$으로 만들기도 한다.

⑦ 패소미터(passometer) : 마이크로미터에 인디케이터를 조합시킨 측정기이며 마이크로미터부에 눈금이 없고 블록게이지로 소정의 치수를 정하여 피측정물과의 인디케이터로 읽는다. 측정범위는 150mm이며, 지시범위(정도)는 2~5μm, 인디케이터 최소눈금은 $1\mu m$, $2\mu m$가 있다.

⑧ 패시미터(passimeter) : 기계공작에서 내경검사와 측정에 사용된다. 구조는 패소미터와 거의 유사하다. 호칭치수에 따라서 측정두를 교환한다.

⑨ 텔레스코핑게이지 : 피측정물의 구멍 안지름에 측정자를 삽입하고 수직상태에서 스프링로드플런저를 팽창시켜 내경을 재고 너트로 고정시킨 다음 꺼내어 마이크로미터 등의 외측측정기에 의해 양 측정자를 측정해서 측정값을 알아낸다. 일반 내측용 마이크로미터로 측정이 어려운 작은 내경, 홈 등을 측정한다.

⑩ 실린더게이지 : 2점 접촉으로 안지름을 측정하는 실린더게이지는 캠, 레버, 경사판, 쐐기등을 주로 이용한 기구를 이용하여 측정자의 움직임을 측정자의 축과 직각방향으로 변화시켜 다이얼게이지 등의 지시기로 전달하여 변위량을 판독한다. 정확한 치수의 실린더게이지를 이용해 필요치수를 설정하고 그 게이지치수와 비교측정을 한다. 0점 조정은 내경치수와 동일한 링게이지, 블록게이지를 활용하거나 외경마이크로미터를 이용한다.

2) 각도측정

(1) 각도게이지

① 요한슨식 각도게이지 : 요한슨(1918)이 고안했으며 85개조와 49개조가 있다. 2개의 각도게이지를 조합하여 각을 만들 때는 홀더가 필요하다. 각도 형성은 85개조는 0~10°와 350~360° 사이를 1° 간격으로 하고 그 외의 각도를 1′(분) 간격으로 만들었으며, 49개조는 5′간격으로 만들었다.

② NPL식 각도게이지 : 쐐기형의 열처리된 블록으로 각각 6초, 18초, 30초, 1분, 3분, 9분, 27분, 1°, 3°, 9°, 27°, 45° 등의 각도를 지닌 12개 게이지를 한 조로 한다.

(2) 사인바(sine bar)

사인바는 삼각함수의 사인각을 이용하여 임의의 각도를 설정 및 측정하는 각도측정기이며, 게이지블록의 양단의 높이를 조절하여 각도를 구한다. 45° 이하의 각도측정에 사용된다. 블록게이지의 높은 쪽 높이를 H, 블록게이지의 낮은 쪽 높이를 h, 중심거리(100mm 혹은 200mm)를 L이라고 하면 $\sin\theta = \dfrac{H-h}{L}$이 되므로 이 공식으로부터 각도를 구한다.

(3) 탄젠트바(tangent bar)

탄젠트바는 삼각함수의 탄젠트각을 이용하여 임의의 각도를 설정 및 측정하는 각도측정기이며, 중간의 블록게이지에 의해 간격을 결정하여 미리 알고 있는 2개의 롤러지름을 이용하여 각도를 계산한다. 더브테일 등의 측정에 이용된다. 작은 롤러의 지름을 d, 큰 롤러의 지름을 D, 간격을 L이라고 하면 $\tan\theta = \tan\dfrac{\alpha}{2} = \dfrac{H-h}{C+L} = \dfrac{D-d}{D+d+2L}$이 되므로 이 공식으로부터 각도를 구한다.

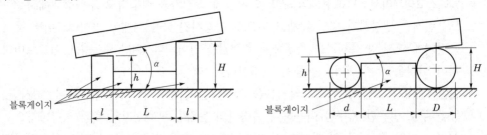

(4) 테이퍼측정

> ✒ **테이퍼(taper)와 기울기(slope)의 구분**
> 길이에 따라 지름이 변하는 것을 테이퍼, 반지름이 변하는 것을 기울기라고 한다.

① 테이퍼각의 정의 : 원뿔의 직경(D)과 길이(L)와의 비(D/L)에서 분자(직경 D)를 1로

환산한 값을 테이퍼량$\left(\dfrac{1}{x}\right)$이라고 하고, 각도($\alpha$)를 테이퍼각이라고 한다. 이때 $\dfrac{1}{x}$ $=\dfrac{D}{L}=\dfrac{D-d}{l}=2\tan\dfrac{\alpha}{2}$의 식이 성립한다. 선반의 심압대에는 MT(Morse Taper : 약 1/20), 밀링·MCT의 주축에는 NT(National Taper : 7/24)를 적용한다.

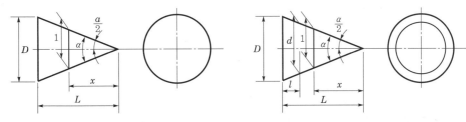

② 테이퍼게이지에 의한 측정 : 테이퍼 플러그게이지로 테이퍼 구멍검사, 테이퍼 링게이지로 테이퍼 축검사

③ 롤러 혹은 볼에 의한 테이퍼측정

　㉠ 롤러에 의한 테이퍼측정 : $\dfrac{1}{x}=\dfrac{M_2-M_1}{H}$, $\tan\dfrac{\alpha}{2}=\dfrac{M_2-M_1}{2H}$

　㉡ 볼에 의한 테이퍼측정 : $\dfrac{1}{x}=\dfrac{M_1-M_2}{H}$, $\tan\dfrac{\alpha}{2}=\dfrac{M_1-M_2}{2H}$

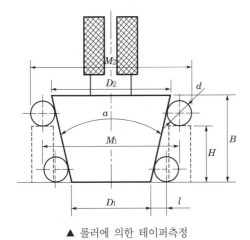

▲ 롤러에 의한 테이퍼측정

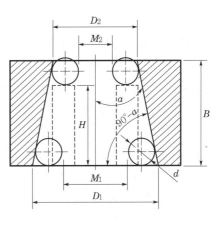

▲ 볼에 의한 테이퍼측정

④ 더브테일측정

　㉠ 내측 더브테일측정 : $S_2=M+d(1+\cot\alpha/2)$, $S_1=S_2-2h\cot\alpha$

　㉡ 외측 더브테일측정 : $S_1=M-d(1+\cot\alpha/2)$, $S_2=S_1+2h\cot\alpha$

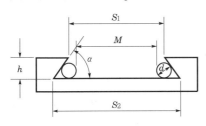

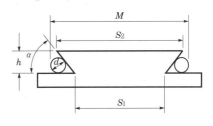

(5) 수준기

수준기는 기포관 내의 기포의 위치에 의하여 수평면에서 기울기를 측정하는 데 사용되는 액체식 각도측정기다. 유리관에 에테르 또는 알코올을 봉입하고 작은 기포를 남겨 놓은 것으로, 이 기포는 가장 높은 위치를 나타내므로 기포의 이동에 의하여 각도를 측정한다. 수준기 기포관의 곡률반경(감도)이 R, 기포관이 대칭위치에서 각도 α만큼 기울었을 때의 기포가 움직이는 원호길이는 $L = R\alpha$이므로 $R = \dfrac{L}{\alpha}$가 된다. α는 라디안단위이며 초단위의 α에 대하여서는 $R = \dfrac{L}{\alpha} \times \dfrac{360 \times 60 \times 60}{2\pi} = \dfrac{206,369.4L}{\alpha}$이다.

(6) 그 밖의 각도측정기

① 각도기(protractor, 분도기) : 가장 간단한 각도측정기구이며, 주로 강판제 원형, 반원형으로 제작된다.

② 직각자 : 피측정물의 직각도 검사, 평면도 검사, 금긋기 등에 사용된다.

③ 만능각도측정기(universal protractor, 베벨각도기) : 원주눈금이 새겨진 자와 읽음용 눈금 혹은 아들자 눈금을 가진 회전체로 구성되며 5′ 단위로 각도를 판독한다.

④ 콤비네이션세트 : 강철자, 직각자, 각도기, 수준기 등의 조합으로 각도측정, 중심내기에 사용한다.

⑤ 광학식 클리노미터(optical clinometer) : 광학식 경사계는 수평에 대하여 어느 면의 경사각을 측정하거나 설치할 때 사용된다. 회전 부분의 중앙에 기포관을 만들어 기포를 0점 위치에 오도록 조정하고 회전 부분 속에 들어 있는 유리로 만든 눈금판을 현미경으로 읽는 구조이다.

⑥ 광학식 각도기 : 본체 내부에 있는 유리판 위의 원주눈금을 확대경 또는 현미경으로 읽는다. 최소측정값은 1~5′, 배율은 30~50배이다.

⑦ 오토콜리메이터(autocollimator) : 망원경의 원리와 콜리메이터의 원리를 조합(망원경＋시준기)시켜 미소각도를 측정하는 광학적 측정기이며, 오토콜리메이션 망원경이라고도 한다. 평면경프리즘 등을 이용한 정밀정반의 평면도, 마이크로미터측정면의 직각도, 평행도, 공작기계 안내면의 진직도, 직각도, 평행도, 그 밖의 작은 각도변화의 차이 및 흔들림 등을 측정한다. 주요 구성품은 평면경, 폴리곤, 프리즘, 펜타프리즘, 조정기, 반사경대(평면도 1μm 이내), 지지대, 변압기 등이다.

▌3 표면거칠기 측정 · 기하측정

1) 표면거칠기 측정

① 비교용 표준시편과의 비교측정 : 비교용 표준시편과 가공된 표면을 비교하여 측정하는 방법이며 육안검사, 손가락, 손톱에 의한 감각검사, 빛이나 광택에 의한 검사 등을 한다.

② 촉침식 측정기 : 촉침을 측정면에 가볍게 접촉시켜 측정면을 긁게 하여 촉침의 상하이동량에 의하여 촉침이 움직이면서 전기증폭장치에 의해 감광지에 표면거칠기 곡선을 확대하여 그린다.

③ 광절단식 표면거칠기 측정 : 피측정물의 표면에 수직인 방향에 대해 β쪽에서 좁은 틈새(슬릿)로 나온 빛을 투사하여 광선으로 표면을 절단한다. 선상에 비추어진 부분을 γ방향에서 현미경이나 투영기에 의해 확대하여 관측하거나 또는 사진을 찍는다. 이렇게 하여 표면의 요철상태를 파악한다. 최대 1,000배까지 확대되며 비교적 거친 표면측정에 사용된다.

④ 현미간섭식 표면거칠기 측정 : 표면요철에 대한 빛의 간섭무늬 발생상태로 거칠기를 측정하는 방법이며, 요철의 높이가 1μm 이하의 비교적 미세한 표면측정에 사용된다.

2) 기하측정

① 진직도측정 : 진직도는 직선 부분이 이상평면으로부터 어긋남의 크기를 말하며 수준기, 오토콜리메이터, 나이프에지, 정반과 측미기, 강선과 측미기, 회전 중심 등을 이용하여 측정한다.

② 평면도 : 평면도는 평면 부분이 이상평면으로부터 벗어난 크기를 말하며 빛의 간섭, 수준기, 오토콜리메이터, 정밀정반 등을 이용하여 측정한다.
  ㉠ 직선정규측정법 : 나이프에지, 직각자 등으로 진직도를 측정하여 평면도를 측정한다.
  ㉡ 정반측정법 : 정반측 정면에 광명단을 칠한 후 피측정물을 접촉시켜 측정면에 나타난 접촉점수에 따라서 평면도를 판단한다.
  ㉢ 광선정반측정법(optical flat, 옵티컬플랫) : 유리나 수정으로 만들며 이 정반에 피측정물을 접촉시켰을 때 생기는 간섭무늬의 수로 평면도를 측정한다. 간섭무늬 1개의 크기는 0.32μm(적색광의 반파장)이다. 옵티컬플랫을 사용하여 마이크로미터 측정면의 평면도를 검사할 수 있다.

③ 진원도 : 진원도는 이상적인 진원으로부터 원의 중심에서의 반지름의 벗어난 크기를 말한다. 측정방법으로는 지름법, 반지름법, 삼침법이 있는데, 반경법이 일반적으로 사용된다. 반지름법으로 최소제곱중심법(LSC), 최소외접원중심법(MCC), 최대내접원중심법(MIC), 최소영역중심법(MZC) 등이 있다.

④ 원통도 : 원통도는 원통 형상의 모든 표면이 2개의 동심원통 사이에 들어가야 하는 공차역(반지름 상의 공차역)이며, 실제 제품이 완전한 원통으로부터 벗어남의 크기를 말한다. 원통도는 진원도, 진직도, 평행도의 복합공차이며 V블록, 센터 등을 이용하여 측정한다.

⑤ 윤곽도 : 윤곽측정은 공구현미경, 투영기 등을 이용한다.

⑥ 평행도 : 평행도는 데이텀을 기준으로 기하학적인 직선평면으로부터 벗어난 크기를 말하며 2개의 평면, 하나의 평면과 축심·중간 면, 2개의 축심과 중간 면 등의 평행도를 측정한다.

⑦ 직각도 : 직각도는 데이텀평면이나 축심을 기준으로부터 90°인 완전한 직각으로부터의 벗어난 크기를 말한다.

⑧ 경사도 : 경사도는 데이텀평면이나 축심을 기준으로부터 규정된 각도를 벗어난 크기를 말한다.

⑨ 흔들림 : 데이텀의 축심을 기준으로 규제형체가 완전한 형상으로부터 벗어난 크기를 말하며 가장 크게 벗어나는 값을 취한다. 흔들림은 진원도, 진직도, 직각도, 동심도 등의 공차를 포함하는 복합공차가 된다.

⑩ 위치도 : 규제된 형체가 다른 형체나 데이텀에 관계된 형체의 규정위치에서 축심 또는 중간 면이 이론적인 정확한 위치에서 벗어난 양을 말하며, 위치도는 복합공차로서 형체의 진직도, 평행도, 진원도, 직각도를 포함한다.

⑪ 동심도 : 축심이 기준축심과 동일 축선 상에 있어야 할 부분에 대하여 규제한다.

⑫ 대칭도 : 형체가 중심면의 양쪽에 대하여 동일 윤곽을 갖는 상태 또는 형체가 데이텀의 면과 공통의 평면을 갖는 상태이며, 대칭도는 2개의 평행면과의 거리이고 형체의 중간 면은 이 안에 있지 않으면 안 된다.

⑬ 3차원측정기 : 3차원측정기는 피측정물의 길이, 각도, 형상측정이 가능한 측정기이다. 피측정물의 가로, 세로, 높이를 디지털화하여 3차원 좌표로 표시된다.
　　㉠ 몸체구조에 따른 분류 : 고정브리지형, 이동브리지형, 베드형, 플로어형, 캔틸레버형, 컬럼형, 고정테이블형, 이동테이블형, 다관절형 등
　　㉡ 구동방법에 의한 분류 : 수동형, 자동형(CNC), 조이스틱형

4 나사측정 · 기어측정

1) 나사측정

① 나사외경 : 나사산의 끝과 끝을 접하는 가상원통의 직경(d)이다.

② 골의 직경 : 나사의 골과 골을 접하는 가상원통의 직경(d_1)이다.

③ 피치 : 축선을 포함하는 평면 내에서 이웃하는 산과 산 또는 골과 골 사이의 거리(p)이다. 공구현미경, 투영기, 나사 피치게이지, 고정측정자/가동측정자/다이얼게이지를 이용한 비교측정법, 측장기에서 원뿔체의 측정자를 이용하는 방법 등을 이용하여 나사의 피치를 측정한다.

④ 나사각도(α)

⑤ 유효경(유효직경, 피치직경, d_2) : 나사홈의 폭과 산의 두께가 같은 지점의 가상원통의 직경이다. 나사유효지름퍼스, 나사측정용 버니어캘리퍼스, 나사 마이크로미터, 나사 다이얼게이지, 삼침법(삼심법), 공구현미경, 만능투영기 등을 이용하여 나사의 유효지름을 측정하는데, 이 중에서 삼침법이 가장 정확하다.

2) 기어측정

기어의 측정항목은 피치오차, 치형오차, 잇줄방향오차, 이홈오차, 이두께, 물림시험 등이다.

02 손다듬질

1 손다듬질의 개요

① **작업대** : 바이스를 고정하여 여러 가지 손다듬질을 할 수 있는 것으로 상면은 주로 목재로 제 작되며 적당한 무게를 지니고 흔들림이 없어야 한다.
② **바이스(vise)** : 공작물을 고정할 때 사용하며 수평바이스와 수직바이스가 있다. 전자는 주로 금 속가공용, 후자는 주로 목공용으로 사용된다.
③ **정반(surface plate)** : 가공물에 기준선 등을 그을 때 기준이 되는 면으로 사용되는 평평한 면을 갖는 대(臺)로서, 주로 일반 수작업용으로 사용되는 주철정반(녹, 상처 등이 생기지 않도록 주 의, 기름을 발라서 보관)과 정밀측정용으로 사용되는 석정반(화강암으로 제작, 온도변화의 영 향이나 마모가 적음)이 있다.
④ **C클램프** : 얇은 철판을 겹쳐서 가공하거나 공작물을 조립하기 전에 잠시 물릴 때 사용한다.

2 금긋기

1) 금긋기용 공구

① **스크라이버(scriber, 금긋기용 바늘)** : 공작물에 금을 긋는 공구이며 직선이나 형판에 따라 금긋기를 할 때 사용한다.
② **서피스게이지** : 공작물에 평행선을 그을 때, 환봉 중심내기, 평행면의 검사용 등에 사용 한다.
③ **펀치** : 교점 표시나 드릴 구멍을 뚫기 전에 펀치마크를 찍을 때 사용하며 프릭펀치, 센터 펀치, 자동펀치 등이 있다.
④ **중심내기 자** : 환봉, 구멍 등의 중심선긋기에 사용한다.
⑤ **홈자** : 축이나 구멍에 중심선과 평행한 선이나 키홈의 금긋기에 사용한다.
⑥ **직각자** : 직각으로 금긋기할 때, 가공면의 직각을 맞출 때 등에 사용한다.
⑦ **컴퍼스** : 원을 그릴 때나 원과 선을 분할할 때 사용한다.
⑧ **타원컴퍼스(trammel)** : 그려야 할 원의 지름이 크거나 원의 중심부에 구멍이 있어서 컴퍼스 를 사용할 수 없을 때, 옮겨야 할 길이가 커서 컴퍼스, 디바이더, 캘리퍼스 등을 사용할 수 없을 때 이용한다.
⑨ **편퍼스** : 한쪽 다리의 끝이 약간 구부러져 있으며 원통의 중심이나 기준면에 대해서 평행 선을 금긋기할 때 사용한다.
⑩ **캘리퍼스(calipers, 퍼스)** : 바깥지름을 측정하거나 옮기는 데 사용되는 바깥지름용과 안지 름을 측정하거나 옮기는 데 사용되는 안지름용이 있다.

⑪ 콤비네이션세트(combination square set, 조합직각자) : 측정, 직각 및 각종 각도의 금긋기, 원형 단면의 중심 구하기 등 다목적으로 사용된다.

⑫ 브이블록(V-block) : 재질은 주철 또는 강재이며 원통·육면체 공작물이나 평행대 등을 고정하여 금긋기할 때, 기계가공할 때 등에 사용한다.

⑬ 평행대 : 평면측정이나 금긋기에 사용된다.

⑭ 앵글플레이트 : 공작물을 볼트 등으로 홈에 고정하고 각도의 금긋기나 기계가공할 때 사용한다.

⑮ 소형 스크루잭(small screw jack) : 복잡한 공작물의 지지에 사용되며, 크기 표시는 작동유효길이(머리 부분의 선단 최저와 최대의 높이)로 나타낸다.

⑯ 기타 금긋기 공구 : 바이스, 해머(크기 : 머리무게), 스패너, 드라이버, 수준기, 분도기, 버니어캘리퍼스, 하이트게이지, 마이크로미터, 정, 디바이더, 추, 스트레이트 에지, 고정대 등

2) 금긋기 작업

(1) 금긋기용 도료

① 흑피용 : 호분(아교를 소량 혼합, 건조가 느림, 호분 : 물=1 : 2), 분필(백묵), 마킹페인트(도료용 신나에 녹여 사용, 건조가 빠름), 매직잉크 등

② 다듬질용 : 알코올과 니스를 첨가한 진한 녹색을 지닌 청죽(청죽 1.5, 알코올 10, 니스 1로 배합한 염료, 건조속도는 니스양에 따라 달라짐), 황산동액, 묵즙 등

(2) 금긋기 순서

① 기준면 또는 중심면을 잡는다.

② 금긋기 도료를 칠한다.

③ 정반 위에 적당한 지지공구로 공작물의 기준면과 정반이 평행이 되도록 한다.

④ 원호, 각도, 구멍은 이에 필요한 용구를 사용한다.

⑤ 금을 긋는다.

⑥ 중심선, 잘 보이지 않는 곳 등에 센터펀칭을 한다.

(3) 금긋기 유의사항

① 기준면과 기준선을 설정하고 금긋기 순서를 결정하여야 한다.

② 같은 치수의 금긋기선은 전후좌우를 구분하지 말고 한 번에 긋는다.

③ 금긋기선을 불필요하게 깊이 그으면 혼동이 일어나므로 너무 깊지 않게 긋는다.

④ 금의 굵기는 0.07~0.12mm 정도로 한 번에 선명하게 그어야 한다.

⑤ 금긋기를 하고 나면 도면대로 그었는지 확인한 후 다음 작업에 들어간다.

3 줄작업

1) 줄

줄은 탄소공구강 막대에 많은 돌기부를 기계가공하여 경화열처리시킨 공구이며 공작물을 소량씩 밀어내어 제거하는 데 사용된다. 줄의 크기 표시는 자루 부분을 제외한 전체 길이(몸체의 길이)로 나타낸다.

2) 줄질하기

① 순서 : 황목, 중목, 세목, 유목
② 평면 줄질방법
 ㉠ 사진법 : 절삭량이 많아 넓은 면 절삭에 적합하며 황삭, 모따기, 볼록면 수정에 사용
 ㉡ 직진법 : 줄을 길이방향으로 직진시켜 절삭하는 방법이며, 황삭에서도 사용되지만 주로 최종다듬질작업에 사용
 ㉢ 병진법(횡진법) : 줄을 길이방향과 직각방향으로 움직여 절삭하며 폭이 좁고 긴 가공물에 사용

4 스크레이핑

공작기계로 가공된 평면이나 원통면을 스크레이퍼를 사용하여 더 정밀하게 다듬질하는 것을 스크레이핑이라고 한다. 공작기계의 베드, 슬라이딩면, 측정용 주철정밀정반 등의 최종마무리가공에 적용한다.

5 리밍

드릴에 의해 뚫린 구멍은 진원도, 진직도, 가공치수정밀도가 낮고 가공면조도가 좋지 않아 드릴가공 후 리머를 사용하여 구멍의 내면을 깨끗하고 정밀하게 다듬질해야 하는데, 이 작업을 리밍이라고 한다. 일반적으로 리밍의 여유량은 0.2~0.3mm 정도가 된다. 리밍작업 시 주의사항은 다음과 같다.
① 리머를 뺄 때 역회전시키지 말아야 한다.
② 기름을 충분히 주어 칩이 잘 배출되도록 한다.
③ 다듬질여유를 작게 하고 절삭속도를 낮추고 이송을 빠르게 하면 좋은 가공면이 얻어진다.
④ 채터링(떨림), 뜯김을 방지하기 위하여 절삭날 수는 홀수날, 부등간격배치로 한다.

■6 태핑

탭을 이용하여 암나사를 가공하는 작업을 태핑이라고 한다. 외경 50mm까지도 태핑이 가능하지만 통상 직경 25mm 이내의 암나사를 가공한다.

1) 탭의 종류

① 핸드탭 : 직선날탭이며 일반 탭이라고도 한다. 탭의 핸들을 이용하여 태핑작업을 하며 1번 탭, 2번 탭, 3번 탭이 한 세트로 구성된다.
　　㉠ 불완전나사부(챔퍼부, 모따기부, 절삭날부)길이 : 1번 9산, 2번 5산, 3번 1.5산
　　㉡ 탭 가공률 : 1번 55%, 2번 25%, 3번 20%
② 스파이럴탭 : 긴 칩이 발생할 경우 칩이 잘 배출되도록 비틀림홈이 있는 탭이며, 막힌 구멍, 인성이 강한 재료의 태핑에서 사용된다.
③ 포인트탭 : 나사부의 길이가 짧고 칩이 선단으로 빠져나가게 되어 있어서 납, 크롬, 바나듐강 등 점성이 강한 재료의 관통 구멍에 적합하다. 건탭이라고도 부른다.
④ 기타 : 드릴탭, 스테이볼트탭, 벤드탭, 애크미나사탭, 마스터탭 등

2) 태핑작업

① 탭 구멍의 직경은 '호칭경−피치'의 값으로 구한다. 통상은 태핑부하를 줄이기 위해 이보다 약간 큰 구멍을 만든다.
② 공작물을 수평으로 놓고 탭의 핸들은 반드시 양손으로 돌린다.
③ 2/3회전 시마다 약간씩 역회전시킨다.
④ 탭 파손원인 : 탭이 경사지게 들어갈 때, 탭 전 구멍이 너무 작거나 구부러졌을 때, 막힌 구멍의 경우 밑바닥에 탭의 끝이 닿을 때, 탭 사이즈에 적합하지 않은 핸들을 사용했을 때, 너무 무리하게 힘을 가하거나 너무 빠르게 절삭할 때 등이다.

■7 다이스작업

다이스를 이용하여 수나사를 가공하는 작업을 다이스작업이라고 한다. 외경 50mm까지도 다이스작업이 가능하지만 통상 직경 25mm 이내에서 한다. 다이스의 핸들(혹은 다이스의 스톡)에 다이스를 끼워 핸들을 돌리면서 수나사를 만든다.

03 안전관리

1 안전수칙

1) 작업복장규정에 관한 안전수칙

(1) 작업복

① 작업종류에 정해진 작업복·보호복·보호구를 착용한다.

② 착용자의 연령, 직종 등을 고려해서 적절한 스타일을 선정한다.

③ 작업복은 신체에 맞고 가벼운 것으로 한다.

④ 작업복의 소매와 바지의 단추는 잠그고 상의의 옷자락이 밖으로 나오지 않도록 한다.

⑤ 때에 따라서는 상의의 끝이나 바지의 자락이 말려 들어가지 않게 하기 위해서 잡아매는 것도 좋다.

⑥ 실밥이 풀리거나 터진 것, 해지고 찢어진 작업복은 즉시 수선한다.

⑦ 늘 깨끗이 하고, 특히 기름이 묻은 작업복은 불이 붙기 쉬우므로 위험하다.

⑧ 더운 계절이나 고온작업 시에도 작업복을 벗지 않는다. 작업복을 벗게 되면 직장규율 및 기강에도 좋지 않을 뿐만 아니라 재해의 위험성이 크다.

⑨ 수건을 허리춤에 끼거나 목에 감지 않는다.

⑩ 기름이 밴 작업복을 입지 않는다.

(2) 작업모

① 기계 주위에서 작업하는 경우에는 반드시 모자를 쓰도록 한다.

② 남자든 여자든 장발의 경우에는 모자나 수건으로 머리카락을 완전히 감싸도록 한다.

③ 남자든 여자든 일부러 앞머리를 내놓고 모자를 착용하는 경우가 빈번하므로 착용방법에 대해 잘 지도한다.

(3) 신발

① 신발은 작업내용에 잘 맞는 것을 선정하고 샌들 등은 걸음걸이가 불안정해 넘어질 우려가 있으므로 착용하지 않는다.

② 맨발은 부상당하기 쉽고 고열물체에 닿을 때 위험하므로 절대로 금한다.

③ 신발은 안전화의 착용이 바람직하다.

(4) 보호구

① 작업에 필요한 적절한 보호구를 선정하고 올바른 사용방법을 익혀둔다.

② 필요한 수량의 비치, 정비, 점검 등 보호구의 관리를 철저히 한다.

③ 필요한 보호구는 반드시 착용한다.

④ 보호구의 종류 : 방진안경, 차광(보호)안경, 장갑, 귀마개, 귀덮개, 안전모 등

2) 작업수공구류 취급에 관한 안전수칙

(1) 작업수공구 공통 안전수칙

① 주위를 정리정돈한다.

② 공구나 손에 기름이 묻어있을 때에는 깨끗이 닦아낸 후 사용한다.

③ 모든 공구는 작업에 적합한 공구를 사용해야 한다.

④ 용도 이외에는 사용하지 말아야 한다.

⑤ 사용 전에 점검하여 불안전한 것은 절대로 사용해서는 안 된다.

⑥ 불량공구는 반납하고 함부로 수리해서 사용하지 않는다.

⑦ 사용법에 알맞게 사용한다.

⑧ 공구는 항상 지정된 장소에서 공구함 등에 질서 있게 보관해야 한다.

⑨ 공구는 기계나 재료 위에 놓고 사용하면 안 된다.

⑩ 공구를 던지면 절대로 안 되며 무리하게 조작해서도 안 된다.

⑪ 공구는 기계, 재료, 발판, 난간 등 낙하되기 쉬운 곳에 놓지 않아야 한다.

⑫ 작업이 완료되었을 때는 수량, 훼손 여부 및 이상 유무를 확인해야 한다.

(2) 바이스작업 안전수칙

① 바이스는 이가 꼭 맞도록 한다.

② 바이스대에 공구나 기타 물품을 올려놓지 않는다.

③ 바이스대는 언제든지 정돈해 두며 바이스대에 가재나 공구를 놓아두는 것은 위험하다.

④ 바이스는 물림 이가 완전한 것을 사용하고 확실히 조인다.

⑤ 작업 중 바이스를 자주 조인다.

⑥ 조(jaw)에 기름이 묻어있으면 잘 닦아낸다.

⑦ 공작물을 조(jaw) 중심에 위치되도록 고정한다.

⑧ 공작물에 체결한 다음, 반드시 핸들을 밑으로 내린다.

⑨ 둥근 가공은 프리즘형 보조구를 이용하여 고정한다.

⑩ 둥근 봉이나 얇은 판 등을 물릴 때는 알루미늄판, 구리판을 싸서 확실하게 고정한다.

⑪ 불안정한 공작물, 무거운 공작물을 고정할 때는 공작물 밑에 나뭇조각 등의 대를 받쳐서 작업 중에 공작물이 낙하하지 않도록 한다.

⑫ 주물처럼 표면이 거친 공작물을 확실히 고정하려면 바이스와 공작물 사이에 두꺼운 종이를 넣어 조인다.

⑬ 공작물 2개를 함께 조일 경우에는 공작물 밑에 평행대를 놓고 이동조(jaw)와 공작물 사이에 둥근 쇠막대를 끼운 후 고정한다.

⑭ 공작물을 바이스로부터 제거할 때 몸은 바이스의 중앙에 자리 잡으며, 왼손으로 공작물을 확실하게 잡고 오른손으로 핸들을 돌린다. 바이스는 중앙이 아닌 옆자리에서 작업하면 공작물이 떨어져서 다칠 위험성이 많으므로 반드시 바이스의 중앙에 자세를 취한다.

⑮ 사용 후의 바이스는 파쇄 철의 부스러기를 떨어버리고 기름걸레로 닦고, 바이스의 조(jaw)는 가볍게 조여둔다.

(3) 줄작업(파일링) 안전수칙

① 손잡이가 확실한 줄을 사용한다.

② 땜질한 줄은 부러지기 쉬우므로 사용하지 않는다.

③ 균열이 있는 줄이나 손상된 줄을 사용하지 않는다.

④ 주철이나 단조품 등을 작업할 때에는 기름이 묻어있으면 깨끗이 닦아낸 다음에 작업한다.

⑤ 줄을 두들기지 않는다.

⑥ 줄에 담금질 균열이 있는 것은 사용 중에 부러질 우려가 있으므로 잘 점검한다.

⑦ 줄자루는 소정의 크기의 것으로 튼튼한 쇠고리가 끼워진 것을 선택하고 자루를 확실하게 고정하여 사용한다.

⑧ 손잡이가 빠졌을 때는 주의해서 잘 꽂는다.

⑨ 줄을 다른 용도에 사용하지 않는다.

⑩ 줄을 밀 때는 체중을 몸에 실어서 민다.

⑪ 줄을 당길 때는 가공물에 압력을 주지 않는다.

⑫ 오른쪽 손에 힘을 주고, 왼쪽 손은 균형을 잡도록 한다(오른손잡이).

⑬ 줄질 후 쇳가루, 칩을 입으로 불거나 맨손으로 털지 말고 반드시 브러시로 턴다.

⑭ 줄을 레버·잭핸들·해머 대신 사용해서는 안 된다.

⑮ 줄눈이 막히는 것을 방지하려면 백묵으로 문지른다.

(4) 핸드탭작업 안전수칙

① 공작물을 수평으로 확실하게 고정시킨다.

② 구멍의 중심과 탭의 중심을 일치시킨다.

③ 탭 핸들에 무리한 힘을 가하지 말고 수평을 유지시킨다.

④ 탭을 한쪽 방향으로만 돌리지 말고 가끔 역회전시켜서 칩을 배출시킨다.

⑤ 기름을 충분하게 친다.

3) 공작기계 사용에 관한 안전수칙

(1) 공작기계 공통 안전수칙

① 작업복의 옷소매가 길거나 찢겨져 있으면 안 된다.

② 벨트 등의 동력전달장치에 안전커버를 설치한다.

③ 공작물과 절삭공구의 설치를 확실하게 한다.

④ 공작물의 대소와 관계없이 치구류(바이스나 고정구 등)로 확실하게 고정하고 가공 시에 직접 손으로 잡지 말아야 한다.

⑤ 기계 위에 공구, 기타 물품을 올려놓지 않는다.

⑥ 가동 전에 주유 부분에는 반드시 주유한다.

⑦ 회전하는 주축이나 절삭공구에 손이나 걸레를 대거나 머리를 가까이 하지 않는다.

⑧ 기계의 회전을 손이나 공구로 멈추지 않는다.

⑨ 절삭 중 절삭면에 손이 닿으면 안 된다.

⑩ 절삭공구는 양호한 것을 사용하고 상처나 균열이 있는 것을 사용하지 말아야 한다.

⑪ 절삭공구는 짧게 설치하고 절삭성이 나쁘면 바로 교체한다.

⑫ 절삭공구의 장탈착은 주축을 완전히 정지시킨 후 실시한다.

⑬ 칩이 비산할(날아다닐) 때는 보안경을 착용한다.

⑭ 칩 제거 시 맨손으로 제거하지 말고 브러시나 칩클리너를 사용한다.

⑮ 이송을 걸어놓은 채 기계를 정지시키지 않는다.

⑯ 테이블 위에서 펀치질을 하면 안 된다.

⑰ 벨트를 풀리에 걸 때는 회전중지상태에서 한다.

⑱ 절삭 중이나 회전 중에 공작물을 측정하지 않는다.

⑲ 기계정지상태에서 급유상태, 주행 기타의 슬라이딩 부분, 진도기와 개폐기, 나사 · 볼트 · 너트의 풀림상태, 안전장치와 동력전달장치, 힘이 작용하는 부분의 손상 유무 등을 점검한다.

⑳ 운전상태에서의 시동 및 정지상태의 기능, 기어결합상태, 클러치상태, 베어링온도상승 상태, 슬라이딩부상태, 이상음향 유무 등을 점검한다.

☇ 일상점검

현장에서 매일 기계설비를 가동하기 전이나 가동 중에는 물론이고 작업의 종료 시에 행하는 점검이다.

---

(2) 선삭(범용선반) 안전수칙

① 공작물 설치는 전원스위치를 끄고 바이트를 충분히 멀리 떼어놓은 후에(제거한 후에) 한다.

② 돌리개는 적당한 크기의 것을 선택한다.

③ 심압대 스핀들이 지나치게 나오지 않도록 한다.

④ 편심공작물은 균형추를 부착하여 설치한다.

⑤ 가늘고 긴 공작물을 가공할 경우 공작물이 진동을 일으킬 수 있으므로 방진구를 설치하여 작업한다.

⑥ 공작물 설치완료 후 척핸들, 렌치 등은 바로 떼어놓고(제거) 기계 위에 놓아서는 안 된다.

⑦ 바이트는 기계를 정지시킨 후 되도록 짧고 견고하게 고정한다.

⑧ 홈깎기바이트의 길이방향여유각과 옆면여유각은 양쪽이 같게 연삭한다.

⑨ 절삭 중인 공작물에는 손을 대지 말아야 하며 작업 중 절삭칩이 눈에 들어가지 않도록 반드시 보안경을 써야 한다.

⑩ 작업자는 거친 물건을 취급할 때 장갑을 사용할 수 있지만, 선반작업 시나 점검 시에는 절대로 장갑을 끼지 말아야 한다.

⑪ 절삭칩의 제거는 반드시 브러시 등을 사용하며, 연속적으로 생성되는 칩은 칩 제거용 기구(쇠솔, 쇠갈고리 등)를 사용하여 제거한다.

⑫ 리드스크루에는 몸의 하부가 걸리기 쉬우므로 조심해야 하며, 기계운전 중 백기어(back gear)를 사용하거나 주축속도변환을 하면 안 된다.

⑬ 줄작업이나 사포로 연마할 때는 몸자세·손동작에 유의한다.

⑭ 배출되는 칩이나 회전하는 공작물에 신체의 어떤 부분도 절대로 접촉하면 안 된다.

⑮ 선반이 가동될 때에는 자리를 이탈하지 않는다.

⑯ 선반의 베드 위에는 공구를 놓아서는 안 된다.

⑰ 센터작업을 할 때에는 공작물의 회전수가 빠르므로 심압센터에 자주 절삭유를 주어 열 발생을 막는다.

⑱ 양 센터작업 시 심압대의 센터 끝에 그리스를 발라 공작물과의 마찰을 적게 한다.

⑲ 나사가공이 끝나면 반드시 하프너트를 풀어놓는다.

⑳ 작업 중 공작물의 치수를 측정하거나 기계에 주유 및 청소를 할 때에는 반드시 기계를 정지시킨 후 실시한다.

(3) 밀링 안전수칙

① 밀링커터나 공작물, 부속장치 등을 설치하거나 제거시킬 때 또는 공작물을 측정할 때에는 반드시 기계를 정지시킨 다음에 한다.

② 가동 전에 각종 레버, 자동이송, 급속이송장치 등을 반드시 점검한다.

③ 공작물, 커터 및 부속장치 등을 설치하거나 제거할 때 시동레버, 시동스위치를 건드리지 않도록(접촉하지 않도록) 주의한다.

④ 커터를 교환할 때는 반드시 테이블 위에 목재를 받쳐놓고 한다.

⑤ 커터는 될 수 있는 한 컬럼에 가깝게 설치한다.

⑥ 주축속도를 변속시킬 때는 반드시 주축이 정지한 후 변환한다.

⑦ 가공물은 바른 자세에서 단단하게 고정한다.

⑧ 기계가동 중에는 자리를 이탈하지 않는다.

⑨ 상하이송용 핸들은 사용 후 반드시 빼놓는다(벗겨놓는다).

⑩ 정면커터작업 시에는 칩이 튀어나오므로 칩 커버를 설치하고 커터날 끝과 같은 높이에서 절삭상태를 관찰해서는 안 된다.

⑪ 칩은 날카로우므로 주의해야 하며, 기계를 정지시킨 다음에 브러시 등으로 제거한다.

⑫ 밀링작업 중 기계에 얼굴을 가까이 대지 않는다.

⑬ 절삭공구에 절삭유를 주유할 때는 커터 위에서부터 한다.

⑭ 밀링작업에서 생기는 칩은 가늘고 예리하여 비산 시 부상을 입기 쉬우므로 보안경을 착용한다.

⑮ 밀링커터에 작업복의 소매나 작업모가 말려 들어가지 않도록 주의한다.

⑯ 테이블이나 암 위에 공구나 커터 등을 올려놓지 않고 공구대 위에 놓는다.

⑰ 가공 중에는 손으로 가공면을 점검하지 않는다.

⑱ 강력절삭을 할 때는 공작물을 바이스에 깊게 물린다.

⑲ 장갑을 끼지 않는다.

⑳ 밀링커터의 상부암에는 가공물에 적합한 덮개를 부착한다.

(4) 드릴링 안전수칙

① 공작물을 확실하게 고정해야 한다.

② 드릴은 양호한 것을 사용하고 섕크에 상처나 균열이 있는 것을 사용하면 안 된다.

③ 시동 전 드릴이 흔들리지 않게 바른 위치에 확실하고 안전하게 고정되었는가를 확인해야 한다.

④ 장갑을 끼고 작업하지 않는다.

⑤ 드릴링 중 드릴의 절삭성이 나빠지면 바로 드릴을 교체한다. 빼낸 드릴은 재연삭하여 사용한다(재연삭 : 인서트타입은 제외).

⑥ 회전하고 있는 주축이나 드릴에 옷자락이나 머리카락이 말려 들어가지 않도록 주의하며, 회전 중인 주축, 드릴에 손이나 걸레를 대거나 머리를 가까이 해서는 안 된다.

⑦ 얇은 공작물의 드릴링 시에는 공작물 밑에 나무판, 각목 등을 깔고 한다.

⑧ 드릴링이 완료될 무렵은 드릴을 천천히 이송시켜야 한다.

⑨ 드릴을 고정하거나 풀 때는 주축을 완전히 멈춘 후 한다.

⑩ (MT) 드릴이나 소켓 등을 뽑을 때는 드릴뽑개를 사용하며, 해머 등으로 두들겨 뽑지 않는다.

⑪ (MT) 드릴이나 드릴척을 뽑을 때는 주축과 테이블의 간격을 좁히고 테이블 위에 나뭇조각을 놓고 뽑는다.

⑫ 드릴을 회전시킨 후 머신테이블을 조정하지 않으며, 공작물은 완전하게 고정한다.

⑬ 드릴작업에서는 보호안경을 쓰거나 안전덮개(shield)를 설치한다.

⑭ 칩은 기계를 정지시킨 다음에 와이어브러시로 제거한다.

⑮ 이동식 전기드릴은 반드시 접지시켜야 하며, 회전 중에는 절대로 이동하는 일이 없도록 한다.

(5) 연삭 안전수칙

① 연삭숫돌은 지정된 사람이 설치해야 하며 연삭숫돌의 교환은 지정된 공구를 사용한다.

② 회전 중에 숫돌(연마반의 숫돌)이 파괴될 것을 대비하여 안전상 설치하는 가장 중요한 장치인 연삭숫돌덮개장치(안전커버)를 반드시 설치한다.

③ 연삭숫돌은 사용하기 전에 반드시 결함 유무를 확인해야 한다.

④ 설치할 때에는 흠이나 균열이 없는지 조사한다. 이를 위하여 외관을 주의 깊게 살핌과 동시에 숫돌 설치 전 나무망치로 숫돌을 때려보아 울리는 소리로 균열 여부를 확인한다(고무해머로 때려 검사한 결과 두들겨서 맑은 소리가 나야 하며, 울림이 없거나 둔탁한 소리가 나면 숫돌에 균열이 생겼다는 것이다).

⑤ 설치할 때에는 필요 이상으로 단단히 조여서 사용하지 말아야 한다.

⑥ 숫돌차(그라인딩휠)의 내경은 축의 외경보다 0.05~0.15mm 커야 한다.

⑦ 숫돌바퀴는 작업 전에 플랜지판과 함께 균형을 맞추어야 한다.

⑧ 연삭숫돌을 고정하는 플랜지는 좌우 같은 것을 사용하며, 플랜지의 바깥지름은 숫돌 외경의 1/3 이상이어야 한다.

⑨ 플랜지와 숫돌 사이에는 플랜지와 같은 크기의 패킹을 양쪽에 끼우고 너트를 너무 강하게 조이지 않도록 한다.

⑩ 숫돌이 정지한 상태에서는 숫돌에 연삭액을 주지 않는다.

⑪ 전원 투입 후 곧바로 연삭하면 안 되고 반드시 워밍업을 충분히 한 후 연삭한다. 숫돌을 3분 이상, 작업시간 전 1분 이상 시운전해야 하며, 이때 숫돌의 회전방향으로부터 몸을 피하여 안전에 유의한다.

⑫ 숫돌과 받침대의 간격을 항상 3mm 이하로 유지한다(1.5mm가 적당).

⑬ 컵형 숫돌을 제외한 소형 숫돌은 측면 사용을 금한다.

⑭ 숫돌과 공작물은 조용하게 접촉하고 무리한 압력으로 연삭하면 안 된다.

⑮ 인조숫돌바퀴는 소성한 것으로 균열이 생기기 쉬우므로 항상 주의해야 한다.

⑯ 숫돌커버를 벗겨놓은 채 사용하면 안 된다.

⑰ 작업을 할 때에는 분진이 심하므로 마스크와 보안경을 착용한다.

⑱ 안전차폐막을 갖추지 아니한 연삭기를 사용할 경우에는 방진안경을 착용한다.

⑲ 테이퍼부는 수시로 고정상태를 확인한다.

2 안전색채와 화재

1) 안전색채

① 빨간색(red, 적색, 빨강 7.5R 4/14) : 금지(방화 등 유해행위 금지 등), 정지, 규제(소화설비, 소화장소 등), 고도의 위험 등

② 오렌지색(orange, 주황) : 위험, 일반 위험, 항해·항공의 보안시설

③ 노란색(yellow, 황색 5Y 8.5/12) : 주의(충돌, 장애물 등), 경고표지의 바탕색(인화성 물질·산화성 물질·방사성 물질 등 경고, 화학물질취급장소에서의 유해·위험경고), 그 밖의 위험경고, 피난, 기계방호물 등

④ 청색(blue, 2.5PB 4/10) : 지시(특정 행위의 지시 및 사실의 고지 등), 주의, 수리 중, 송전 중

⑤ 녹색(green 2.5G 4/10) : 안전지대, 위치안내(위생, 구호소, 비상구, 대피소(피난소), 사람·차량의 통행표지 등)

⑥ 자주색(deep purple, 진한 보라색) : 방사능위험

⑦ 백색(흰색, N9.5) : 문자(글씨), 정리정돈, 통로, (녹색, 청색에 대한) 보조색

⑧ 검은색(black, 흑색 N0.5) : 문자(글씨), 방향, (빨간색 또는 노란색에 대한) 보조색

⑨ 파랑색 : 출입금지

2) 화재

① 화재가 발생하기 쉬운 연소의 3대 요소 : 가연성 물질, 산소(공기), 점화원

② 연소물질에 따른 화재의 분류 : A급(일반 화재 – 백색), B급(유류화재 – 황색), C급(전기화재 – 청색), D급(금속화재 – 무색)

1. 측정

01 다음 그림은 더브테일 홈측정의 일부를 나타내고 있다. l의 값은? (단, 측정핀의 지름은 8mm, 홈의 각도는 60°이다.)

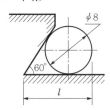

① 8.832mm

② 10.928mm

③ 12.619mm

④ 14.013mm

해설 $l = \dfrac{4}{\tan30°} + 4 = 10.928\,\text{mm}$

02 다음 그림은 밀링에서 더브테일가공도면이다. X의 치수로 맞는 것은?

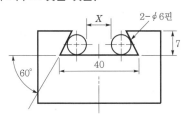

① 25.608   ② 23.608

③ 22.712   ④ 18.712

해설 오목더브테일 홈 계산식 이용

$\cot\dfrac{\alpha}{2} = \dfrac{1}{\tan\dfrac{\alpha}{2}} = \dfrac{1}{\tan30°} = 1.732$

$\therefore\ X = B - d\left(1 + \cot\dfrac{\alpha}{2}\right) = 40 - 6(1 + 1.732)$

$\qquad = 23.608\,\text{mm}$

03 테이퍼 플러그게이지의 측정에서 다음 그림과 같이 정반 위에 놓고 핀을 이용해서 측정하려고 한다. M을 구하는 식은?

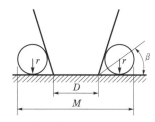

① $M = D + 2r + 2r\cot\beta$

② $M = D + r + r\cot\beta$

③ $M = D + 2r + 2r\tan\beta$

④ $M = D + r + r\tan\beta$

해설 $M = D + 2r + 2 \times \dfrac{r}{\tan\beta} = D + 2r + 2r\cot\beta$

04 다음 그림에서 X는 18mm, 핀의 지름이 $\phi6$mm 이면 A의 값은 약 몇 mm인가?

① 23.196

② 26.196

③ 31.394

④ 34.392

해설 $A = 18 + 3 + \dfrac{3}{\tan30°} = 18 + 3 + 5.196 = 8.196\,\text{mm}$

05 직접측정의 장점이 되지 못하는 것은?

① 측정기의 측정범위가 다른 측정법에 비하여 크다.

② 측정물의 실제치수를 직접 읽을 수 있다.

③ 양이 적고 많은 종류의 측정에 유리하다.

④ 측정자의 숙련과 경험이 필요 없다.

해설 직접측정은 측정자의 숙련과 경험이 필요하다.

06 다음 그림과 같은 사인바의 높이(H)값을 구하는 공식은?

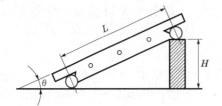

① $H=\dfrac{L}{\sin\theta}$ ② $H=\dfrac{L\sin\theta}{2}$

③ $H=L\sin\theta$ ④ $H=2L\sin\theta$

해설 $\sin\theta=\dfrac{H}{L}$이므로 $H=L\sin\theta$이다.

07 하이트게이지에서 그 종류의 형에 해당되는 것은?

① HA형 ② HB형
③ HC형 ④ HD형

해설 하이트게이지의 종류에는 HB형, HM형, HT형이 있다.

08 독일형 버니어캘리퍼스라고도 부르며, 슬라이더가 홈형으로 내측면의 측정이 가능하고 최소 1/50mm로 측정할 수 있는 버니어캘리퍼스는?

① M1형 ② M2형
③ CB형 ④ CM형

해설 버니어캘리퍼스의 종류
① M1형 : 슬라이드 미동장치가 없으며, 최소측정값 0.05mm
② M2형 : 슬라이드 미동장치가 있으며, 최소측정값 0.02mm
③ CB형 : 슬라이드가 상자형이고 미동장치가 있으며, 최소측정값 0.02mm
④ CM형 : 슬라이드가 홈형이며, 최소측정값 0.02mm

09 어미자의 최소눈금이 0.5mm, 아들자의 1눈금이 12mm를 25등분할 때 버니어의 최소측정치는 얼마인가?

① 0.02mm ② 0.03mm
③ 0.04mm ④ 0.05mm

해설 $0.5-\dfrac{12}{25}=\dfrac{25}{50}-\dfrac{24}{50}=\dfrac{1}{50}=\dfrac{2}{100}=0.02\text{mm}$

혹은 $\dfrac{\text{어미자의 1눈금간격}}{\text{등분수}}=\dfrac{0.5}{25}=0.02$

10 직경(외경)을 측정하기에 부적합한 공구는?

① 철자
② 그루브마이크로미터
③ 버니어캘리퍼스
④ 지시마이크로미터

해설 그루브마이크로미터는 직경(외경)측정용이 아니라 홈측정용이다.

11 마이크로미터의 보관방법 중 틀린 것은?

① 앤빌과 스핀들을 밀착시켜 보관할 것
② 방청유를 발라 녹이 생기지 않게 할 것
③ 습기가 없는 곳에 보관할 것
④ 나무상자에 보관할 것

해설 마이크로미터의 앤빌과 스핀들은 반드시 비접촉상태로 보관해야 한다.

12 마이크로미터의 사용 시 일반적인 주의사항이 아닌 것은?

① 측정 시 래칫스톱은 1회전 반 또는 2회전 돌려 측정력을 가한다.
② 눈금을 읽을 때는 기선의 수직위치에서 읽는다.
③ 사용 후에는 각 부분을 깨끗이 닦아 진동이 없고 직사광선을 잘 받는 곳에 보관해야 한다.
④ 대형 외측마이크로미터는 실제로 측정하는 자세로 0점 조정을 한다.

해설 사용 후에는 각 부분을 깨끗이 닦아 진동이 없고 직사광선을 받지 않는 곳에 보관해야 한다.

13 전기마이크로미터의 장점이 아닌 것은?

① 원격측정을 한다.
② 전기적인 지시장치를 작동한다.
③ 정도가 높다.
④ 주파수의 변동에 따른 오차가 없다.

해설 전기마이크로미터는 주파수의 변동에 따른 오차가 생길 수 있다.

14 공기마이크로미터의 장점에 대한 설명으로 잘못된 것은?

① 확대율이 매우 크고 조정도 쉽다.
② 측정력이 작아 무접촉의 측정도 가능하다.
③ 반지름이 작은 다른 종류의 측정기로는 불가능한 것을 측정할 수 있다.
④ 비교측정기가 아니기 때문에 마스터는 필요 없다.

해설 마스터가 필요하다.

15 최소눈금이 0.01mm인 마이크로미터의 피치가 0.5mm인 것은 딤블을 몇 등분한 것인가?

① 10등분　　　　② 50등분
③ 100등분　　　　④ 200등분

해설 $0.01 = \dfrac{0.5}{x}$ 이므로 $x = \dfrac{0.5}{0.01} = 50$등분

16 나사의 피치가 0.5mm, 딤블의 눈금을 50등분한 마이크로미터의 몸체에 9딤블을 10등분한 부척을 부착하였다. 이 마이크로미터의 최소측정 값은?

① $1\mu m$　　　　② $2\mu m$
③ $5\mu m$　　　　④ $10\mu m$

해설 $0.5 \times \dfrac{1}{50} = 0.01$mm

17 비교측정의 장점이 아닌 것은?

① 측정범위가 넓고 표준게이지가 필요 없다.
② 제품치수가 고르지 못한 것을 계산하지 않고도 알 수 있다.
③ 길이, 면의 각종 형상측정, 공작기계 정밀도 검사 등 사용범위가 넓다.
④ 높은 정밀도의 측정이 비교적 용이하다.

해설 비교측정은 측정범위가 좁고 표준게이지가 필요하다는 단점이 있다.

18 다이얼게이지의 특성이 아닌 것은?

① 측정범위가 넓다.
② 다원측정의 검출기로서 이용할 수 있다.
③ 시차가 적고 연속된 변위량의 측정이 가능하다.
④ 직접측정이 편리하다.

해설 다이얼게이지는 직접측정이 아닌 비교측정이다.

19 진원도를 측정하는 방법과 관계없는 것은?

① 지름법　　　　② 투영법
③ 3점법　　　　④ 반경법

해설 일반적으로 투영법으로 진원도를 측정하지는 않는다.

20 어떤 도면에서 편심량이 4mm로 주어졌을 때 실제 다이얼게이지의 눈금변위량은 얼마로 나타나야 하는가?

① 2mm　　　　② 4mm
③ 8mm　　　　④ 0.5mm

해설 원형축 공작물의 편심량이 4mm일 때 한 바퀴 돌리면 다이얼게이지눈금을 8mm 변위를 보인다.

21 기계부품 또는 공구의 검사용, 게이지정밀도검사 등에 사용하는 게이지블록은?

① 공작용　　　　② 검사용
③ 표준용　　　　④ 참조용

해설 기계부품 또는 공구의 검사, 게이지정밀도검사 등에는 B급 게이지인 검사용 블록게이지를 사용한다.

22 블록게이지의 사용 시 링잉(wringing)이란?

① 블록게이지의 두 편을 잘 누르면서 밀착시키는 것
② 될 수 있는 한 블록의 개수를 많이 하는 것
③ 될 수 있는 한 블록의 개수를 적게 하는 것
④ 여러 개의 블록게이지를 필요한 치수로 만드는 것

블록게이지의 두 편을 잘 누르면서 밀착시키는 것을 링잉(wringing)이라고 한다.

23 블록게이지로 103개조를 사용하여 26.895를 가장 잘 조합한 것은?

① 2.005+1.89+23

② 2.005+1.39+23.5

③ 1.005+1.39+24.5

④ 1.005+1.89+24

26.895를 가장 잘 조합한 것은 1.005+1.39+24.5 이다.

24 30mm 블록게이지로 0.001mm 다이얼게이지의 0점에 맞추고 측정한 결과 3눈금이 더 돌아갔다면 이때에 측정값은?

① 29.997mm

② 29.999mm

③ 30.003mm

④ 30.001mm

30+0.003=30.003mm

25 $-16\mu m$의 오차가 있는 블록게이지를 다이얼게이지에 세팅하여 측정하였더니 46.78mm로 나타났다면 참값은?

① 46.796

② 46.94

③ 46.764

④ 46.62

오차=측정값-참값

참값=측정값-오차

$\quad=46.78-(-0.016)=46.796mm$

26 20℃에서 20mm인 블록게이지를 손으로 만져서 36℃로 되었다면, 이때 블록게이지에 생긴 오차는 몇 mm나 되겠는가? (단, $\alpha=1.0\times10^{-6}$이다.)

① 3.1×10^{-4}

② 6.4×10^{-4}

③ 3.2×10^{-3}

④ 6.4×10^{-3}

오차$=l\alpha(t_2-t_1)$

$\quad=20\times1.0\times10^{-6}\times(36-20)$

$\quad=3.2\times10^{-4}$

$\quad=0.32\mu m$

27 길이 2m의 어떤 물체가 표준온도와 2℃ 다를 때 길이의 변화량은? (단, 열팽창계수는 11.3×10^{-6}m/m·℃)

① $15.2\mu m$

② $25.2\mu m$

③ $35.2\mu m$

④ $45.2\mu m$

$x=\alpha tl=11.3\times10^{-6}\times2\times2\times10^6=45.2\mu m$

28 삼침법(삼선법)이란 나사의 무엇을 측정하는 방법인가?

① 골지름

② 피치

③ 유효지름

④ 바깥지름

삼침법(삼선법)으로 나사의 유효지름을 측정한다.

29 삼침법으로 미터 수나사의 유효경을 측정하였다. 유효지름은 얼마인가? (단, 마이크로미터로 측정한 치수 : 43mm, 나사의 피치 : 4mm, 측정핀의 직경 : ϕ5mm이다.)

① 24.536mm

② 31.464mm

③ 19.464mm

④ 18.464mm

유효지름$=M-3d+0.866025p$

$\quad=43-(3\times5)+(0.866025\times4)=31.464$

30 삼선법에 의해 수나사의 유효지름을 측정할 때 사용되는 마이크로미터는?

① 포인트마이크로미터

② 외측마이크로미터

③ 나사마이크로미터

④ 그루브마이크로미터

삼선법에 의해 수나사의 유효지름을 측정할 때 사용되는 마이크로미터는 외측마이크로미터이다.

31 나사의 유효지름측정과 관계없는 것은?

① 나사마이크로미터

② 삼선법

③ 공구현미경

④ 치형 버니어캘리퍼스

해설 치형 버니어캘리퍼스로는 나사의 유효지름을 측정하는 것이 아니라 기어의 치형을 측정한다.

32 트위스트드릴의 각부에서 드릴홈의 골 부위(웨브두께)를 측정하기에 가장 적합한 것은?

① 나사마이크로미터
② 포인트마이크로미터
③ 그루브마이크로미터
④ 다이얼게이지마이크로미터

해설 포인트마이크로미터는 트위스트드릴의 각부에서 드릴홈의 골 부위(웨브두께) 측정에 적합한 게이지이다.

33 안지름의 측정에 가장 적합한 측정기는?

① 텔레스코핑게이지
② 깊이게이지
③ 레버식 다이얼게이지
④ 센터게이지

해설 텔레스코핑게이지는 안지름측정기이다.

34 각도측정에서 1라디안(radian)을 나타내는 식은?

① $\dfrac{360°}{\pi}$ ② $\dfrac{\pi}{360°}$

③ $\dfrac{360°}{2\pi}$ ④ $\dfrac{2\pi}{360°}$

해설 라디안은 원의 반지름과 같은 길이와 같은 호의 중심에 대한 각도이다.

$$1\text{rad} = \frac{r}{2\pi r} \times 360 = \frac{180}{\pi} = 57.29577951°$$

35 삼각법에 의한 각도측정방법이 아닌 것은?

① 사인바에 의한 각도측정
② NPL식 각도게이지에 의한 각도측정
③ 탄젠트바에 의한 각도측정
④ 롤러에 의한 각도측정

해설 NPL식 각도게이지에 의한 각도측정은 삼각법에 의한 각도측정방법이 아니다.

36 다음 중 각도측정기가 아닌 것은?

① 사인바   ② 옵티컬플랫
③ 오토콜리메이터   ④ 탄젠트바

해설 각도측정기에는 사인바, 오토콜리메이터, 탄젠트바, 만능각도기, 콤비네이션세트, 요한슨식 각도측정기, NPL식 각도측정기, 수준기 등이 있으며, 옵티컬플랫은 각도측정기가 아니라 평면도측정기이다.

37 시준기와 망원경을 조합한 것으로 미소각도를 측정할 수 있는 광학적 각도측정기는?

① 베벨각도기
② 오토콜리메이터
③ 광학식 각도기
④ 광학식 클리노미터

해설
• 베벨각도기 : 원주눈금이 새겨진 자와 읽음용 눈금 혹은 아들자눈금을 가진 회전체가 있다.
• 광학식 각도기 : 본체 내부에 있는 유리판 위의 원주눈금을 확대경 또는 현미경으로 읽는 측정기이다.
• 광학식 클리노미터 : 광학식 경사계이며, 수평에 대하여 어느 면의 경사각을 측정하거나 설치할 때 사용된다.

38 오토콜리메이터에 의하여 측정할 수 없는 것은?

① 마이크로미터측정면의 직각도
② 정밀정반의 평면도
③ 마이크로미터측정면의 평면도
④ 걸치기 이두께

해설 걸치기 이두께는 오토콜리메이터로는 측정할 수 없다.

39 롤러의 중심거리가 180mm인 사인바로 각도를 측정하고자 할 때 블록게이지의 높이가 각각 100과 10이었다면 각도는 얼마인가?

① 15°   ② 30°
③ 45°   ④ 60°

해설 $\sin\theta = \dfrac{H-h}{L} = \dfrac{100-10}{180} = 0.5$

$\theta = \sin^{-1} 0.5 = 30°$

40 사인바의 호칭치수는 무엇으로 표시하는가?

① 사인바의 전체 길이
② 롤러의 직경
③ 롤러 사이의 중심거리
④ 사인바의 중량

해설 사인바의 호칭치수는 롤러 사이의 중심거리로 측정한다.

41 직각삼각형의 삼각함수에 의하여 각도를 길이로 계산하여 간접적으로 각도를 구하는 방법으로 블록게이지와 함께 사용하여 구하는 것은?

① 오토콜리메이터
② 탄젠트바
③ 베벨프로트랙터
④ 콤비네이션세트

해설 삼각함수에 의하여 각도를 길이로 계산하여 간접적으로 각도를 구하는 방법에는 사인바를 이용하는 방법과 탄젠트바를 이용하는 방법이 있다.
- 사인바 : 롤러 중심거리 100mm 혹은 200mm의 사인바와 블록게이지를 이용, $\sin\theta = \dfrac{H-h}{L}$
- 탄젠트바 : 블록게이지를 이용, $\tan\theta = \dfrac{H-h}{C+b}$

  단, b : 블록게이지의 두께
  　　C : 블록게이지 사이의 폭

42 각도측정에 필요 없는 것은?

① 텔레스코핑게이지
② 오토콜리메이터
③ 사인바
④ 각도게이지

해설 내경지름측정용인 텔레스코핑게이지로는 각도측정을 할 수 없다.

43 HM형 높이게이지를 사용하여 공작물의 평면도를 검사하려고 한다. 필요한 어태치먼트는 어느 것인가?

① 오프셋형 스크라이퍼
② 깊이 바
③ 블록게이지
④ 다이얼게이지

해설 HM형 높이게이지를 사용하여 공작물의 평면도를 검사하려면 다이얼게이지가 필요하다.

44 "통과측에는 모든 치수 또는 결정량이 동시에 검사되고, 정지측에는 각 치수가 개개로 검사되지 않으면 안 된다."는 것은 무슨 원리인가?

① 아베의 원리
② 테일러의 원리
③ 헤르츠의 원리
④ 혹의 원리

해설 테일러의 원리는 "통과측에는 모든 치수 또는 결정량이 동시에 검사되고, 정지측에는 각 치수가 개개로 검사되지 않으면 안 된다."는 것이다.

45 아베(Abbe)의 원리를 가장 올바르게 설명한 것은?

① 눈금선의 간격은 일치되어야 한다.
② 단도기의 지지는 양 끝 단면이 평행하도록 한다.
③ 피측정물은 측정기의 눈금선 상에 놓아야 한다.
④ 내측측정 시는 최대값을 택한다.

해설 아베의 원리는 "측정하려는 길이를 표준자로 사용되는 눈금의 일직선 상에 놓아야 한다."는 것인데, 이는 피측정물과 표준자와는 측정방향에 있어서 동일 직선 상에 배치해야 한다는 것이다. 외측마이크로미터, 측장기는 이를 만족시키지만, 버니어캘리퍼스는 불만족게이지이다.

46 공기마이크로미터의 장점에 대한 설명으로 잘못된 것은?

① 배율이 높다.
② 타원, 테이퍼, 편심 등의 측정을 간단히 할 수 있다.
③ 내경측정에 있어 정도가 높은 측정을 할 수 있다.
④ 비교측정기가 아니기 때문에 마스터는 필요 없다.

해설 비교측정기이므로 마스터가 필요하다.

47 마이크로미터(micrometer)의 측정면에 대해 평면도검사가 가능한 기기로 가장 적합한 것은?

① 정반
② 게이지블록
③ 옵티컬플랫
④ 다이얼게이지

해설 마이크로미터의 측정면에 대해 평면도검사가 가능한 기기는 옵티컬플랫이다.

48 평행광선정반으로 마이크로미터측정면을 검사하였더니 6개의 무늬가 나타났다. 평행도는?

① 0.32μm   ② 1.92μm

③ 1.6μm   ④ 0.8μm

해설 0.32×6=1.92μm

49 한계게이지의 종류에 해당되지 않는 것은?

① 플러그게이지   ② 스냅게이지

③ 봉게이지   ④ 블록게이지

해설 블록게이지는 한계게이지가 아니라 표준게이지에 속한다.

50 한계게이지측정방식의 특징을 말한 것이다. 잘못된 것은?

① 제품의 호환성을 좋게 할 수 있다.

② 측정의 개인차를 줄일 수 있다.

③ 측정이 쉽고 대량생산에 적합하다.

④ 눈금이 없어 측정실패율이 높고 시간이 많이 걸리는 것이 결점이다.

해설 한계게이지측정방식은 측정이 쉽고 측정시간이 적게 걸린다.

51 한계게이지측정방식의 특징으로 잘못된 것은?

① 개인차가 없고 측정시간이 절약된다.

② 경험이 필요치 않다.

③ 측정이 쉽고 대량생산에 적합하다.

④ 눈금이 없어 측정실패율이 높다.

해설 한계게이지는 눈금이 없으므로 쉽게 측정할 수 있는 게이지이다.

52 55° 센터게이지는 다음 무엇에 사용하는가?

① 미터나사에 선반에서 절삭할 때 나사의 각도를 맞추는데 사용한다.

② 휘트워스나사를 선반에서 절삭할 때 나사의 각도를 맞추는데 사용한다.

③ 각도기처럼 나사의 테이퍼를 측정하거나 검사할 때 쓰인다.

④ 55°의 테이퍼를 측정하거나 미터나사를 검사할 때 사용한다.

해설 미터나사는 60° 센터게이지로 나사바이트각도를 맞춘다.

53 60° 센터게이지는 무엇을 할 때 사용하나?

① 바이트 중심을 맞추는 게이지이다.

② 미터나사를 깎을 때 바이트각도를 맞추는 게이지이다.

③ 60°의 테이퍼를 깎을 때 사용하는 게이지이다.

④ 휘트워스나사를 깎을 때 바이트각도를 맞추는 게이지이다.

해설 60° 센터게이지는 미터나사를 깎을 때 바이트각도를 맞추는 게이지이다.

54 각도측정기가 아닌 것은?

① 플러그게이지   ② 사인바

③ 콤비네이션세트   ④ 수준기

해설 플러그게이지는 구멍검사용 한계게이지이다.

55 수준기에서 1눈금의 길이를 2mm로 하고 1눈금이 각도 5″(초)를 나타내는 기포관의 곡률반경은?

① 7.26m   ② 72.6m

③ 8.23m   ④ 82.5m

해설 $R = \dfrac{L}{\alpha} \times \dfrac{360 \times 60 \times 60}{2\pi} = \dfrac{206,369.4L}{\alpha}$

$= \dfrac{206,369.4 \times 2}{5} = 82,547.76\text{mm} = 82.55\text{m}$

56 삼선법(삼침법)에 의해 미터나사의 유효지름측정 시 피치가 1mm인 나사에 사용할 삼선(삼침)의 지름은 약 몇 mm인가?

① 0.5773   ② 0.866

③ 1.000   ④ 1.732

해설 $d = \dfrac{p}{2\cos(\alpha/2)} = \dfrac{1}{2 \times \cos 30°} = \dfrac{1}{2 \times 0.866} = 0.5773$

정답 48.② 49.④ 50.④ 51.④ 52.② 53.② 54.① 55.④ 56.①

57 나사측정의 대상이 되지 않는 것은?

① 피치   ② 리드각

③ 유효지름   ④ 바깥지름

> **해설** 리드각은 측정하지 않고 계산으로 구한다.
> $\tan\theta = \dfrac{l}{\pi d}$ (단, l : 리드, d : 바깥지름)

58 촉침식 표면거칠기 측정기에 의한 방법이 아닌 것은?

① 기계식 확대방식

② 광학식 확대방식

③ 전기식 확대방식

④ 초음파식 확대방식

> **해설** 초음파식 확대방식은 촉침식 표면거칠기 측정기에 의한 방법이 아니다.

59 표면거칠기 측정에서 직접측정법이 아닌 것은?

① 수준기 측정법

② 광절단법

③ 촉진법

④ 광파간섭법

> **해설** 수준기 측정법은 표면거칠기 직접측정법이 아니다.

60 측정오차에 관한 설명으로 틀린 것은?

① 계통오차는 측정값에 일정한 영향을 주는 원인에 의해 생기는 오차이다.

② 우연오차는 측정자와 관계없이 발생하고, 반복적이고 정확한 측정으로 오차보정이 가능하다.

③ 개인오차는 측정자의 부주의로 생기는 오차이며, 주의해서 측정하고 결과를 보정하면 줄일 수 있다.

④ 계기오차는 측정압력, 측정온도, 측정기마모 등으로 생기는 오차이다.

> **해설** 우연오차는 측정자와 관계없이 발생하지만, 반복적이고 정확한 측정으로 오차보정이 가능한 것은 개인오차이다.

2. 손다듬질

01 일반 공구를 사용할 때의 설명 중 옳지 못한 것은?

① 모든 공구는 그 용도 이외의 다른 분야에도 사용해야 한다.

② 공구의 기름이나 그리스 등을 철저히 닦고 작업해야 한다.

③ 예리한 공구는 호주머니에 넣고 작업해서는 안 된다.

④ 작업이 완료되면 공구의 수량훼손 유무를 점검한다.

> **해설** 용도에 알맞게 사용해야 한다.

02 직선의 금긋기 및 평면검사에 사용되는 강 및 주철제의 수공구는?

① 앵글플레이트

② 스트레이트에지

③ 트로멜

④ 수준기

> **해설** 직선의 금긋기 및 평면검사에 사용되는 강 및 주철제의 수공구는 스트레이트에지이다.

03 다음 중 금긋기 작업공구로 가장 거리가 먼 것은?

① 서피스게이지   ② 컴퍼스

③ V블록   ④ 광선정반

> **해설** 광선정반은 작은 부분의 평면도를 측정하며, 금긋기용 정반은 주철정반, 석정반 등을 사용한다.

04 수기가공용 공구의 센터펀치에 대해서 기술한 것으로 틀린 것은?

① 펀치의 선단은 열처리를 한다.

② 드릴로 구멍을 뚫을 자리의 표시에 사용한다.

③ 선단은 약 40°로 한다.

④ 펀치의 선단을 목표물에 수직으로 고정하고 펀칭한다.

> **해설** 선단은 90°로 한다.

05 리밍작업 시 가장 옳은 것은?

① 드릴작업과 같은 속도로 한다.
② 드릴작업보다 고속에서 작업하고 이송을 작게 한다.
③ 드릴작업보다 저속에서 작업하고 이송을 크게 한다.
④ 드릴작업보다 이송만 작게 하고 같은 속도로 작업한다.

해설 리밍작업은 드릴작업보다 저속에서 작업하고 이송을 크게 한다.

06 수가공에서 탭과 다이스를 이용하는 작업은?

① 나사깎기 작업 　② 리머작업
③ 스크레이퍼작업 　④ 금긋기 작업

해설 탭은 암나사가공에, 다이스는 수나사가공에 사용한다.

07 핸드탭은 일반적으로 몇 개가 1조로 되어 있는가?

① 2개 　② 3개
③ 4개 　④ 5개

해설 핸드탭은 3개가 1조로 되어 있으며 각각 1번 탭(황삭용, 55% 가공), 2번 탭(중간 다듬질용, 25% 가공), 3번 탭(다듬질용, 20% 가공)으로 부른다.

08 암나사를 가공하는 탭(tap)을 사용하여 가공할 때 일반적으로 최종다듬질에 사용하는 것은?

① 3번 탭 　② 2번 탭
③ 1번 탭 　④ 0번 탭

해설 탭의 가공률은 1번 탭 55%(황삭), 2번 탭 25%(중삭), 3번 탭 20%(정삭)이다.

09 다음 중 나사의 호칭지름 10mm, 피치 1.2mm의 나사를 태핑하기 위한 드릴의 지름으로 가장 적합한 것은?

① 6.8mm 　② 8.8mm
③ 10.8mm 　④ 11.2mm

해설 $d = D - p = 10 - 1.2 = 8.8 \text{mm}$

10 공작기계나 줄로 깎아내기 힘든 곳을 깎거나 주조품, 단조품의 플래시 부분을 따내는 작업은?

① 피팅 　② 치핑
③ 태핑 　④ 리밍

해설 공작기계나 줄로 깎아내기 힘든 곳을 깎거나 주조품, 단조품의 플래시 부분을 따내는 작업을 치핑이라고 한다.

11 줄의 크기 표시는?

① 탱을 포함한 전체 길이
② 탱을 제외한 전체 길이
③ 테이퍼부의 길이
④ 테이퍼부를 제외한 전체 길이

해설 줄의 크기는 탱을 제외한 전체 길이로 표시한다.

12 공작기계로 가공된 평탄한 면을 더욱 정밀하게 다듬질하는 공구로 공작기계의 베드, 슬라이딩면, 측정용 정밀정반 등 최종마무리가공에 사용되는 수공구는?

① 리머
② 정
③ 다이스
④ 스크레이퍼

해설 스크레이퍼는 공작기계로 가공된 평탄한 면을 더욱 정밀하게 다듬질하는 공구로 공작기계의 베드, 슬라이딩면, 측정용 정밀정반 등 최종마무리가공에 사용되는 수공구이다.

📖 3. 안전관리

01 일반 작업 안전사항으로 옳지 않은 것은?

① 반지를 끼지 않고 작업한다.
② 더운 곳에서 작업할 때도 작업복을 착용한다.
③ 작업복의 주머니는 많을수록 좋다.
④ 작업모자의 안은 깨끗하게 한다.

해설 작업복의 주머니는 적을수록 좋다.

02 일반적으로 기계절삭가공 시 안전사항으로 틀린 것은?

① 기계에 주유할 때에는 운전상태에서 한다.
② 고장기계는 반드시 표시한다.
③ 운전 중 기계에서 이탈하지 않는다.
④ 정전 시 스위치를 끈다.

해설 기계에 주유할 때에는 반드시 운전을 정지한 상태에서 한다.

03 벨트를 풀리에 걸 때는 어떤 상태에서 해야 안전한가?

① 저속회전상태　② 중속회전상태
③ 회전중지상태　④ 고속회전상태

해설 벨트를 풀리에 걸 때는 회전을 중지한 상태에서 한다.

04 선반작업 시 바지가 가장 감기기 쉬운 곳은?

① 주축대　② 심압대
③ 바이트　④ 리드스크루

해설 선반작업 시 바지가 가장 감기기 쉬운 곳은 리드스크루이다.

05 선반작업에서 발생하는 재해가 아닌 것은?

① 가공물 등의 회전부에 휘감겨 들어가는 것
② 측정기에 의한 것
③ 칩에 의한 것
④ 가공물과 절삭공구와의 사이에 휘감기는 것

해설 측정기에 의한 것은 선반작업에서 발생하는 재해가 아니다.

06 선반작업 중 안전관리에 적합하지 않은 것은?

① 연속된 쇳밥은 쇠솔을 사용하여 제거한다.
② 바이트의 자루는 돌출량을 가능한 길게 하여 물린다.
③ 측정, 속도변환 등은 반드시 기계를 정지한 후에 한다.
④ 선반작업 중 척, 핸들 등 공구는 기계 위에 놓아서는 안 된다.

해설 바이트자루의 돌출량은 가능한 짧게 하는 것이 좋다. 충돌량은 고속도강바이트의 경우 자루높이의 2배 이내, 초경합금바이트의 경우 자루높이의 1.5배 이내로 한다.

07 선반에서 보링작업을 할 때 다음 사항 중 옳은 것은?

① 회전 중에도 측정기로 측정한다.
② 보링 중에 손가락을 구멍에 넣지 않도록 한다.
③ 보링바이트의 돌출길이를 될수록 길게 고정한다.
④ 회전 중 걸레로 칩을 제거한다.

해설 ① 회전 중에는 절대로 측정하면 안 된다.
③ 보링바이트의 돌출길이를 될수록 짧게 고정한다.
④ 회전 중 걸레로 칩을 제거하면 매우 위험하다.

08 선반작업에서의 지켜야 할 안전수칙이다. 잘못된 것은?

① 체인지기어의 커버를 작업 중에는 반드시 벗기고 작업할 것
② 가늘고 긴 공작물을 가공할 때는 진동방진구를 꼭 사용할 것
③ 공작물을 척에 완전히 고정한 후는 척렌치 등을 풀어둘 것
④ 양 센터작업 시에는 심압대 축센터에 자주 윤활유를 줄 것

해설 체인지기어의 커버를 작업 중에 절대로 벗기지 말아야 한다.

09 보통선반 사용 시 주의해야 할 안전사항 중 맞는 것은?

① 바이트를 교환할 때는 기계를 정지시키지 않아도 된다.
② 나사가공이 끝나면 반드시 하프너트를 풀어 놓는다.
③ 바이트는 가급적 길게 설치한다.
④ 저속운전 중에는 주축속도의 변환을 해도 된다.

해설 ① 바이트를 교환할 때는 기계를 정지시킨 후 한다.
③ 바이트는 가급적 짧게 설치한다.
④ 저속운전 중이라도 주축속도의 변환을 하지 말아야 한다.

10 밀링작업을 하고 있는 중에 지켜야 할 안전사항에 해당되지 않는 것은?

① 절삭공구나 가공물을 설치할 때는 반드시 전원을 켜고 한다.
② 주축속도를 변속시킬 때는 반드시 주축이 정지한 후 변환한다.
③ 가공물은 바른 자세에서 단단하게 고정한다.
④ 기계가동 중에는 자리를 이탈하지 않는다.

해설 절삭공구나 가공물을 설치할 때는 반드시 기계를 정지시킨 후 한다.

11 밀링커터 교환 시의 주의사항으로 옳은 것은?

① 그냥 교환한다.
② 밑에 목재를 깔고 교환한다.
③ 밑에 걸레를 깔고 교환한다.
④ 밑에 종이를 깔고 교환한다.

해설 밀링커터 교환 시 밑에 목재를 깔고 교환한다.

12 운반작업 시의 안전수칙으로 옳지 않은 것은?

① 물건을 들 때는 충격이 없어야 한다.
② 상체를 곧게 세우고 등을 반듯이 한다.
③ 운반작업을 용이하게 하기 위해 간단한 보조구를 사용한다.
④ 물건은 무릎을 편 자세에서 들어 올리거나 내려놓아야 한다.

해설 물건을 들어 올릴 때는 허리를 펴고 무릎은 굽힌 자세로 한다.

13 다음 안전작업 중 틀린 것은 어느 것인가?

① 기계운전 중 정전 시에는 스위치를 넣고 기다린다.
② 스위치 주위에는 재료를 놓지 않도록 한다.
③ 퓨즈는 규정된 것만을 사용한다.
④ 전동기에 절삭유가 스며들지 않도록 한다.

해설 기계운전 중 정전 시에는 스위치를 끄고 기다린다.

14 전기스위치를 취급할 때 틀린 것은?

① 정전 시에는 반드시 끈다.
② 스위치가 습한 곳에 설비되지 않도록 한다.
③ 기계운전 시 작업자에게 연락 후 시동한다.
④ 스위치를 뺄 때는 부하를 크게 한다.

해설 스위치를 뺄 때는 부하를 작게 한다.

15 작업 중 정전되었을 때 안전한 행동으로 가장 거리가 먼 사항은?

① 주위의 공구를 정리한다.
② 기계의 스위치를 끈다.
③ 메인스위치를 끈다.
④ 절삭공구에서 일감을 뗀다.

해설 작업 중 정전되었을 때는 어두워서 잘 보이지 않는 경우가 대부분이므로 주위의 공구를 정리하는 것은 안전한 행동이 아니다.

16 이동식 전기기기에 의한 감전사고를 막기 위한 방법은?

① 접지설비를 한다.
② 고압계를 설치한다.
③ 방폭등을 설치한다.
④ 대지전위상승장치를 한다.

해설 이동식 전기기기에 의한 감전사고를 막기 위한 방법은 접지설비를 하는 것이다.

17 작업 중 사람이 감전되었을 때 최우선조치는?

① 인명피해를 줄이기 위해 빨리 가서 떼어놓는다.
② 병원에 연락한다.
③ 전원을 차단하고 응급치료를 한다.
④ 전기화재의 위험을 막기 위해 CO_2 소화기를 사용한다.

해설 작업 중 사람이 감전되었을 때 최우선조치는 전원을 차단하고 응급치료를 하는 것이다.

18 공구를 안전하게 취급하는 방법 중 틀린 것은?

① 모든 공구는 작업에 적합한 공구를 사용해야 한다.

② 공구는 사용 후 공구함에 보관한다.

③ 공구는 기계나 재료 위에 놓고 사용한다.

④ 불량공구는 반납하고 함부로 수리해서 사용하지 않는다.

해설 공구는 기계나 재료 위에 놓고 사용하면 안 된다.

19 일반적으로 손다듬질가공에 해당되지 않는 것은?

① 해머링　　② 스크레이핑

③ 파일링　　④ 호닝

해설 손다듬질작업에는 해머링, 스크레이핑, 파일링(줄작업), 금긋기, 펀칭(정작업), 드릴링, 톱작업, 절단작업 등이 있다.

20 선반에서 일반적인 안전수칙으로 틀린 것은?

① 연속적으로 생성되는 칩은 칩 제거용 기구를 사용하여 제거한다.

② 가동 전에 주유 부분에는 반드시 주유한다.

③ 회전하고 있는 부분을 맨손으로 점검하는 것은 위험하므로 장갑을 끼고 점검한다.

④ 선반이 가동될 때에는 자리를 이탈하지 않는다.

해설 회전하고 있는 부분을 맨손으로 점검하는 것은 위험하므로 절대 맨손으로 점검하면 안 되며, 게다가 장갑을 끼고 점검하는 것은 그 위험도를 더 높게 하는 행위이다.

21 공구를 안전하게 취급하는 방법 중 틀린 것은?

① 모든 공구는 작업에 적합한 공구를 사용해야 한다.

② 공구는 사용 후 제자리에 정비하여 둔다.

③ 공구는 기계나 재료 등의 위에 놓고 사용한다.

④ 공구에 적합한 사용방법과 취급방법을 이용한다.

해설 공구를 기계나 재료 등의 위에 놓고 사용하면 안 된다.

22 손작업공구를 사용하는데 있어서 가장 타당한 것은?

① 바이스의 무는 힘이 약하면 핸들에 파이프 등을 끼워 사용한다.

② 스패너나 렌치 등은 바깥으로 미는 식으로 돌린다.

③ 쇠붙이를 스패너와 너트 사이에 끼우고 써도 된다.

④ 각 공구는 원래의 사용목적 외에 쓰지 않는다.

해설 ① 핸들에 파이프 등을 끼워 사용하면 절대로 안 된다.

② 스패너나 렌치 등은 안으로 당기는 식으로 돌린다.

③ 쇠붙이를 스패너와 너트 사이에 끼우고 사용하면 절대 안 된다.

23 수공구에 관한 안전사항으로 틀린 것은?

① 줄은 반드시 자루에 끼워서 사용한다.

② 스크루드라이버는 홈에 맞는 것을 사용한다.

③ 바이스에 물건을 물릴 때에는 확실하게 물린다.

④ 해머는 장갑을 낀 채로 사용한다.

해설 장갑을 낀 채로 해머를 사용하면 매우 위험하다.

24 정작업에 대해 옳지 않은 것은?

① 쇳밥(chip)이 눈으로 튈 수 있으므로 정작업을 할 때에는 보호안경을 사용한다.

② 철재를 정으로 절단 시 재료에 비해 정의 폭이 넓을 때는 정과 직각으로 쇳밥이 튀므로 주의한다.

③ 자르기 시작할 때와 끝날 무렵에는 세게 치지 않는다.

④ 담금질 된 재료를 깎아낼 때 처음에는 약하게 치고 점점 힘을 주어 세게 친다.

[해설] 담금질 된 재료는 정보다 경도가 높기 때문에 정작업이 잘 되지 않는다.

25 정을 사용하는 가공에 있어서 해머 사용 시 주의사항 중 잘못된 것은?

① 따내기 가공 시 보호안경을 착용토록 한다.
② 작업 전 주위상황을 확인하고 눈은 해머를 보며 작업한다.
③ 자루가 불안정한 것은 사용하지 않는다.
④ 처음에는 가볍게 때리고 점차 힘을 가하도록 하며 작업이 끝날 때는 약하게 타격한다.

[해설] 작업 중의 시선은 항상 정 끝을 주시한다.

26 해머작업 시 가장 옳지 않은 사항은?

① 처음은 힘을 적게 쓰고 점점 큰 힘으로 작업할 것
② 장갑을 끼고 작업을 하지 말 것
③ 열처리된 금속은 강하므로 큰 힘으로 작업할 것
④ 녹슨 것을 때릴 때에는 시선은 공작물에 집중할 것

[해설] 열처리된 금속을 해머로 치지 말 것, 녹슨 금속작업 시에는 보호안경을 쓸 것, 쐐기가 없거나 상태가 좋지 않아 자루가 불안정한 해머는 사용하지 말 것 등

27 해머의 사용법으로 적당하지 않은 것은?

① 장갑을 끼고 작업한다.
② 자기 체중에 비례해서 선택한다.
③ 처음부터 서서히 타격을 가한다.
④ 자기 역량에 맞는 것을 선택해서 사용한다.

[해설] 해머작업 시 장갑을 끼고 하면 안 된다.

28 작업 시 안전수칙에 대한 설명 중 옳지 않은 것은?

① 녹슨 것을 해머로 칠 때 보안경을 사용한다.
② 해머작업 시 장갑을 끼고 한다.

③ 전 작업 시 작업 초기와 끝에는 세게 치지 않는다.
④ 스패너의 자루에는 파이프 등을 끼워 사용하지 않는다.

[해설] 해머작업 시 장갑을 끼고 하면 안 된다.

29 스패너작업 시 안전사항으로 옳은 것은?

① 너트의 머리치수보다 약간 큰 스패너를 사용한다.
② 꼭 조일 때는 스패너자루에 파이프를 끼워 사용한다.
③ 고정 조(jaw)에 힘이 많이 걸리는 방향에서 사용한다.
④ 너트를 조일 때는 스패너를 깊게 물려서 약간씩 미는 식으로 조인다.

[해설] ① 너트의 머리치수에 맞는 스패너를 사용한다.
② 꼭 조일 때라도 스패너자루에 파이프를 끼워 사용하면 안 된다.
④ 너트를 조일 때는 스패너를 깊게 물려서 약간씩 당기는 식으로 조인다.

30 수공구에 의한 재해의 원인 중 옳지 않은 것은 어느 것인가?

① 사용법이 올바르지 못했다.
② 사용하는 공구를 잘못 선정했다.
③ 사용량의 점검, 손질이 충분했다.
④ 공구의 성능을 충분히 알고 있지 못했다.

[해설] 사용량의 점검, 손질이 충분하면 수공구에 의한 재해를 줄일 수 있다.

31 스패너로 작업할 때 지켜야 할 사항이 아닌 것은 어느 것인가?

① 스패너는 조금씩 돌리며 사용할 것
② 주위를 살펴보고 조심성 있게 조일 것
③ 스패너는 밀지 말고 앞으로 당길 것
④ 힘이 부족할 때에는 스패너자루에 파이프를 넣어 작업할 것

해설 스패너로 작업 시 힘이 부족할 때라도 스패너자루에 파이프를 넣어 작업하면 절대로 안 된다.

32 몽키스패너나 스패너로 나사의 조임작업에 있어서 일반적인 주의사항이 아닌 것은?

① 몽키스패너는 이동조에 힘이 많이 걸리도록 한다.
② 스패너 사용 시에 너트나 볼트머리 부분에 맞는 것을 사용한다.
③ 스패너는 조금씩 당기면서 풀고 조인다.
④ 나사의 굵기에 맞는 적당한 길이의 것을 사용한다.

해설 이동조에는 힘이 적게, 고정조에는 힘이 많이 걸리게 한다.

33 기계작업을 할 때 작업자의 복장에 대한 안전사항으로 틀린 것은?

① 작업종류에 따라 정해진 작업복, 보호복, 보호구를 착용한다.
② 작업복은 몸에 맞는 것을 착용한다.
③ 여름에는 땀이 많이 나므로 수건을 목에 걸고 작업한다.
④ 찢어진 작업복은 빨리 수선한다.

해설 여름에 땀이 많이 나더라도 수건을 목에 걸고 작업하면 안 된다.

34 기계를 운전하기 전에 미리 해야 할 일이 아닌 것은?

① 기계점검　　② 기계 주위 정리
③ 치수검사　　④ 급유

해설 치수검사는 기계를 운전하기 전에 미리 해야 할 일이 아니다.

35 기계의 회전을 정지시킬 때 안전한 방법은?

① 공구로 정지시킨다.
② 손으로 정지시킨다.
③ 스스로 정지하도록 한다.
④ 발로 한다.

해설 기계의 회전 정지 시 스스로 정지하도록 한다.

36 다음 중 드릴링머신의 안전사항으로 어긋난 것은 어느 것인가?

① 장갑을 끼고 작업하지 않는다.
② 가공물을 손으로 잡고 드릴링한다.
③ 구멍뚫기가 끝날 무렵은 이송을 천천히 한다.
④ 얇은 판의 구멍뚫기에는 보조나무판을 사용하는 것이 좋다.

해설 가공물을 손으로 잡고 드릴링을 하면 절대로 안 된다.

37 다음 중 드릴작업의 안전사항으로 틀린 것은 어느 것인가?

① 드릴소켓을 뽑을 때에는 드릴뽑기를 사용한다.
② 얇은 판의 구멍뚫기에는 보조나무판을 사용한다.
③ 구멍뚫기가 끝날 무렵은 이송을 빠르게 한다.
④ 장갑은 착용하지 않는다.

해설 구멍뚫기가 끝날 무렵은 이송을 느리게 한다.

38 드릴작업 시 주의할 점이다. 틀린 것은?

① 작업복을 입고 작업한다.
② 작은 일감은 손으로 붙잡고 작업한다.
③ 일감은 정확히 고정한다.
④ 장갑을 사용하지 말아야 한다.

해설 작은 일감이라도 손으로 붙잡고 작업하면 위험하다.

39 드릴링머신의 작업 중 옳은 것은?

① 안전을 위해 긴 작업복을 착용한다.
② 칩은 회전 중 와이어브러시로 제거한다.
③ 이동식 전기드릴은 반드시 접지시키지 않고 사용한다.
④ 드릴작업에서는 보호안경을 써야 한다.

해설 ① 몸에 맞는 작업복을 착용한다.
② 칩은 회전 중에 제거하면 위험하다.
③ 이동식 전기드릴은 반드시 접지시켜서 사용한다.

40 드릴머신으로 얇은 철판에 구멍을 뚫을 때 공작물 보조받침대로 가장 좋은 것은 무엇인가?

① 구리판　　② 강철판
③ 나무판　　④ 니켈판

해설 드릴머신으로 얇은 철판에 구멍을 뚫을 때 공작물 보조받침대로 가장 좋은 것은 나무판이다.

41 프레스에서 안전장치는?

① 클러치페달　　② 펀치
③ 스위치　　④ 형틀

해설 클러치페달은 프레스에서 안전장치 역할을 한다.

42 일반적으로 안전을 위하여 보호장갑을 끼고 작업해야 하는 것은?

① 밀링작업　　② 선반작업
③ 용접작업　　④ 드릴링작업

해설 공작기계의 조작 시에는 장갑을 끼지 않는 것이 원칙이지만, 용접 시에는 보호장갑을 착용해야 한다.

43 퓨즈의 사용목적으로 적당하지 않은 것은?

① 퓨즈는 규격에 맞는 것을 사용한다.
② 퓨즈가 없는 긴급 시에는 동선으로 응급조치한다.
③ 과전류흐름을 막아준다.
④ 퓨즈를 갈아 끼울 때는 메인스위치를 빼고 한다.

해설 긴급 시에 퓨즈가 없더라도 동선으로 응급조치하는 것은 위험하다.

44 퓨즈가 끊어져 다시 끼웠을 때 다시 끊어졌다면 어떻게 해야 하는가?

① 다시 한 번 끼워본다.
② 조금 더 용량이 큰 퓨즈를 끼운다.
③ 기계의 합선 여부를 검사한다.
④ 굵은 동선으로 바꾸어 끼운다.

해설 퓨즈가 끊어져 다시 끼웠을 때 다시 끊어졌다면 기계의 합선 여부를 검사한다.

45 밀링작업 시 안전사항에 어긋나는 것은?

① 커터에 옷이 감기지 않게 한다.
② 급할 때에는 커터의 회전 또는 절삭작업 중에 변속한다.
③ 보호안경을 사용한다.
④ 자동운전 중이라도 항상 기계 주위를 떠나지 않는다.

해설 변속은 반드시 정지상태에서 한다.

46 밀링작업할 때 유의시항으로 틀린 것은?

① 아버너트는 스패너로 풀리지 않게 힘껏 조인다.
② 기계를 정지한 후 측정한다.
③ 커터를 교환할 때 아버를 깨끗이 닦고 한다.
④ 절삭유의 노즐이 커터에 닿지 않게 한다.

해설 밀링작업할 때 아버너트는 스패너로 풀리지 않게 적절하게 조인다.

47 기계의 안전장치에 속하지 않는 것은?

① 리밋스위치　　② 방책(防柵)
③ 초음파센서　　④ 헬멧

해설 헬멧은 기계의 안전장치가 아니라 작업자의 안전장치다(방책 : 펜스(fence), 울타리).

48 연삭숫돌을 고정하는 플랜지의 바깥지름은 전체 연삭숫돌의 최소한 얼마의 여유를 주어야 하는가?

① 1/3　　② 1/4
③ 1.5　　④ 1.6

해설 연삭숫돌을 고정하는 플랜지의 바깥지름은 전체 연삭숫돌의 최소 1/3 이상의 여유를 주어야 한다.

49 연삭기에 연삭숫돌을 끼울 때 어떤 숫돌을 택하는 것이 가장 좋은가?

① 두들겨서 탁한 소리가 나야 한다.
② 금이 가 있어도 무방하다.
③ 두들겨서 맑은 소리가 나야 한다.
④ 지름이 작은 것이 좋다.

50 연삭숫돌을 고무해머로 때려 검사한 결과 울림이 없거나 둔탁한 소리가 나는 것은?

① 완전한 숫돌
② 균열이 생긴 숫돌
③ 두께가 두꺼운 숫돌
④ 두께가 얇은 숫돌

해설 고무해머로 때려 검사한 결과 울림이 없거나 둔탁한 소리가 나면 숫돌에 균열이 생겼다는 것이다.

51 회전 중에 숫돌(연마반의 숫돌)이 파괴될 것을 대비하여 안전상 설치하는 가장 중요한 장치는?

① 제동장치
② 덮개장치
③ 주수장치
④ 소화장치

해설 회전 중에 숫돌(연마반의 숫돌)이 파괴될 것을 대비하여 안전상 설치하는 가장 중요한 장치는 덮개장치(커버)이다.

52 연삭작업 시 주의할 점에 대한 설명으로 틀린 것은?

① 숫돌커버를 반드시 설치하여 사용한다.
② 숫돌을 나무해머로 가볍게 두드려 음향검사를 한다.
③ 연삭작업 시에는 보안경을 꼭 착용해야 한다.
④ 양 숫돌차의 입도는 항상 같게 해야 한다.

해설 양 숫돌차라는 표현을 볼 때, 이는 서로 입도가 다른 황삭용, 정삭용의 경우나 센터리스연삭기에서 입도가 서로 같지 않은 연삭숫돌과 조정숫돌의 경우를 생각해 볼 수 있다.

53 연삭숫돌바퀴의 설치에 관한 설명으로 옳지 않은 것은?

① 숫돌바퀴는 작업 전에 플랜지판과 함께 균형을 맞추어야 한다.
② 설치할 때에는 흠이나 균열이 없는지 조사한다.

③ 인조숫돌바퀴는 소성한 것으로 균열이 생기기 쉬우므로 항상 주의해야 한다.
④ 설치할 때에는 필요 이상으로 단단히 조여서 사용한다.

해설 연삭숫돌바퀴를 설치할 때에는 필요 이상으로 조여서 사용하면 위험하다.

54 연삭숫돌을 교환한 후 시운전시간은 어느 정도로 하는가?

① 30초
② 1분
③ 2분
④ 3분 이상

해설 연삭숫돌을 교환한 후 3분 이상 시운전하면서 조립상태, 진동 등을 점검한다.

55 연강을 쇠톱으로 절단하는 방법으로 틀린 것은?

① 쇠톱으로 절단을 할 때 톱날의 왕복횟수는 1분에 50~60회가 적당하다.
② 쇠톱을 앞으로 밀 때 균등한 절삭압력을 준다.
③ 쇠톱작업을 할 때 톱날의 전체 길이를 사용하도록 한다.
④ 쇠톱은 당길 때 재료가 잘리므로 톱날의 방향은 잘리는 방향으로 고정한다.

해설 쇠톱은 밀 때 재료가 잘리므로 톱날의 방향은 미는 방향으로 고정한다.

56 드라이버 사용 시 유의사항으로 맞지 않은 것은?

① 드라이버의 날 끝이 홈의 폭과 길이가 같은 것을 사용한다.
② 드라이버의 날 끝이 수평이어야 하며 둥글거나 빠진 것은 사용하지 않는다.
③ 작은 공작물은 한 손으로 잡고 사용한다.
④ 전기작업 시 금속 부분이 자루 밖으로 나와 있지 않은 절연된 자루를 사용한다.

해설 작은 공작물이라도 한 손으로 잡고 사용하면 안 되며 핸드바이스나 클램프로 고정한 후 사용해야 한다.

57 응급처치 시 유의사항에 위배되는 것은?

① 긴급을 요하는 환자가 2인 이상 발생했을 경우에는 대출혈, 중독 등의 환자보다 심한 소리와 행동을 나타내는 환자를 우선 처치해야 한다.
② 충격 방지를 위하여 환자의 체온 유지에 노력해야 한다.
③ 응급의료진과 가족에게 연락하고 주위 사람들에게 도움을 요청한다.
④ 의식불명인 환자에게 물이나 기타 음료수를 먹이지 말아야 한다.

해설 긴급을 요하는 환자가 2인 이상 발생했을 경우에는 심한 소리와 행동을 나타내는 환자보다 대출혈, 중독 등의 환자를 우선 처치해야 한다.

58 직업병의 발생원인과 가장 관계가 먼 것은?

① 분진　② 유해가스
③ 공장규모　④ 소음

해설 공장규모는 직업병의 발생원인과 거리가 멀다.

59 산업공장에서 재해의 발생을 적게 하기 위한 방법으로 잘못된 것은?

① 공구는 소정의 장소에 보관한다.
② 통로에는 어떤 물건이든 놓지 않는다.
③ 칩은 정해진 장소에 처리한다.
④ 소화기 근처로 물건을 쌓아놓는다.

해설 소화기 근처로 물건을 쌓아놓으면 안 된다.

60 안전사고의 발생빈도를 표시하는 도수율의 공식은?

① $\frac{노동재해건수}{노동연시간수} \times 100,000$

② $\frac{노동재해건수}{평균노동시간수} \times 100,000$

③ $\frac{노동재해건수}{노동연시간수} \times 100$

④ $\frac{노동재해건수}{평균노동시간수} \times 100$

해설 안전사고의 발생빈도를 표시하는 도수율의 공식은 $\frac{노동재해건수}{노동연시간수} \times 100,000$이다.

61 사고 발생이 많이 일어나는 것에서 점차로 적게 일어나는 것의 순서로 옳은 것은?

① 불안전한 조건 → 불가항력 → 불안전한 행위
② 불안전한 행위 → 불가항력 → 불안전한 조건
③ 불안전한 행위 → 불안전한 조건 → 불가항력
④ 불안전한 조건 → 불안전한 행위 → 불가항력

해설 불안전한 행위(54%) > 불안전한 조건(46%) > 불가항력

62 KS규격의 안전색에서 노랑의 표시사항은?

① 안전　② 긴급
③ 진행　④ 주의

해설 노란색은 주의를 의미한다.

63 안전표지에서 인화성 물질, 산화성 물질, 방사성 물질 등 경고표지의 바탕색은?

① 빨강　② 녹색
③ 노랑　④ 자주

해설 안전표지에서 인화성 물질, 산화성 물질, 방사성 물질 등 경고표지의 바탕색으로 노란색이 사용된다.

64 KS규격에서 방사능위험 표시 안전색은?

① 빨강　② 녹색
③ 노랑　④ 자주

해설 방사능위험 표시 안전색은 자주색이다.

65 KS규격 안전색에서 빨강의 표시사항이 아닌 것은?

① 정지　② 고도위험
③ 방화　④ 지시

해설 빨강(적색)은 고도위험, 방화금지, 방향 표시, 정지, 규제 등을 표시한다.

66 작업장에서 초정밀작업을 할 때 일반적으로 작업면의 조도는 몇 럭스로 규정되어 있는가?

① 750럭스 이상　　② 200럭스 이상
③ 150럭스 이상　　④ 100럭스 이상

해설 초정밀작업 750럭스 이상, 정밀작업 300럭스 이상, 보통작업 150럭스 이상

67 소화대책에 관한 안전사항으로 옳지 않은 것은?

① 소화기를 옥외에 설치할 때에는 상자에 넣어둔다.
② 화재가 나면 화재경보를 한다.
③ 소화기는 위험하므로 눈에 띄지 않는 곳에 배치한다.
④ 소화기는 적응화재에만 사용해야 한다.

해설 긴급 시 사용할 수 있도록 눈에 잘 보이는 장소를 지정하여 그곳에 보관한다.

68 소화 및 방화대책에 관한 안전사항으로 옳은 것은?

① 전등의 삿갓 등에 종이를 사용한다.
② 위험물질이나 타기 쉬운 물질 등에 소화기를 가까이 둔다.
③ 모든 시설 및 장비를 정기적으로 안전점검한다.
④ 통로, 비상구, 소화기가 있는 곳에 물건을 놓아둔다.

해설 ① 전등의 삿갓 등에 종이를 사용하면 안 된다.
② 위험물질이나 타기 쉬운 물질 등에 소화기를 가까이 둔다고 해서 위험하지 않은 것은 아니다.
④ 통로, 비상구, 소화기가 있는 곳에 물건을 놓아두면 안 된다.

69 화재 방지조치로서 적당치 못한 것은?

① 흡연장소를 정해둔다.
② 화기는 정해진 장소에서 취급한다.
③ 인화물은 지정된 장소에 보관한다.
④ 기름취급장소에는 방화수를 준비한다.

해설 기름취급장소에는 방화사(방화모래)를 준비한다.

70 방화조치로서 부적당한 것은?

① 흡연은 정해진 곳에서 한다.
② 유류취급장소에서는 방화수를 준비한다.
③ 화기는 정해진 곳에서 취급한다.
④ 기름걸레 등은 정해진 용기에 보관한다.

해설 유류취급장소에서는 방화수가 아니라 분말 혹은 포말소화기, 모래 등을 준비한다.

71 전기화재 시 사용되는 소화기 또는 소화제로서 가장 적당한 것은?

① 포말소화기　　② 분말소화기
③ 모래　　　　　④ 물

해설 전기화재 시 사용되는 소화기 또는 소화제로 가장 적당한 것은 분말소화기이다.

72 화재는 A급, B급, C급, D급으로 구분한다. 이 중 가연성 액체(알코올, 석유, 등유류)의 화재는 어느 급인가?

① A급　　　　　② B급
③ C급　　　　　④ D급

해설 A급 : 보통화재, B급 : 기름화재, C급 : 전기화재

73 작업안전 구내의 통행과 운반에 관한 설명으로 옳지 않은 것은?

① 중량물을 들어 올릴 때는 허리를 펴고 천천히 올린다.
② 통로가 아닌 곳은 다니지 않는다.
③ 여러 사람이 공통으로 작업할 때에는 서로 주의한다.
④ 바깥쪽으로 여는 문은 가급적 매우 빠르게 연다.

해설 바깥쪽으로 여는 문은 주의하면서 가급적 천천히 연다.

기계제도

Industrial Engineer Machinery Design

01 | 제도의 개요

01 기계제도 일반사항

1 제도 통칙(KS A 0005)

1) 제도 통칙의 개요

① 설계(design) : 물품을 제작 또는 개량하고자 할 때 그 물품의 요구목적과 기능에 적합하도록 세밀한 검토 하에 형상, 크기, 구조, 재료 및 치수 등을 결정하여 도면을 작성하는 종합기술

② 제도(drawing) : 설계내용에 따라 형상(모양), 크기를 일정한 규격에 따라 점, 선, 문자, 부호 등을 사용하여 도면에 나타내는 과정

③ 도면내용 : 설계자의 의사를 제작자, 검사자, 사용자에게 명확하게 전달되게 하기 위한 간단하고 정확하게 표시된 물품의 형상, 재료, 치수, 공차, 표면상태(표면거칠기, 표면마무리처리 등) 등

④ 제품 규격화의 이점 : 제품 상호 간 호환성 우수, 품질 향상, 생산성 향상, 제조원가 절감, 제조경쟁력 강화 등

2) KS 분류기호

A 기본	B 기계	C 전기	D 금속	E 광산	F 토건	G 일용품	H 식료품
K 섬유	L 요업	M 화학	P 의료	V 조선	R 수송기계	W 항공	X 정보

2 도면

1) 도면의 방식

도면의 방식 혹은 도면양식에는 도면윤곽, 표제란, 부품란, 중심마크 등이 반드시 나타나 있어야 한다. 그 밖에 비교눈금, 도면의 구역구분 구분선, 구분기호, 재단마크 등도 표시하지만 이들은 반드시 필요한 것은 아니다.

① 중심마크 : 도면을 마이크로필름으로 촬영하거나 복사하고자 할 때 도면의 위치결정에 편리하도록 도면에 0.5mm의 굵은 실선으로 나타낸 표시이다.

② 비교눈금 : 도면의 크기가 얼마만큼 확대 또는 축소되었는지를 확인하기 위해 도면 아래 중심선 바깥쪽에 나타낸 눈금 표시이다.

2) 도면의 크기

폭과 길이의 비는 $1 : \sqrt{2}$ 이며 A0사이즈의 넓이는 $1m^2$이다. A0를 반으로 접으면 A1, A1을 반으로 접으면 A2, … 로 표시한다. 제일 작은 A사이즈는 A4(210×297)이며, 이 사이즈는 일반적으로 많이 사용되는 복사용지 사이즈다.

구 분	A0	A1	A2	A3	A4
$a \times b$	841×1189	594×841	420×594	297×420	210×297
좌측공간	20	20	10	10	10

좌측공간은 도면을 여러 장 묶어 철하여 보관할 경우에는 모두 25mm이다.

3) 도면척도

도면척도는 '도면에 그려지는 크기 : 실물 크기'로 표시하여 표제란에 기입하며, 같은 도면에서 다른 척도를 사용할 경우는 그림 부분에 기입한다. 도면의 치수는 실제 치수를 기입하고, 사진으로 축소 또는 확대된 도면에는 그 척도에 해당하는 눈금자의 일부를 표시한다. 척도의 표시는 잘못 볼 염려가 없을 경우에는 기입하지 않아도 무방하다. 척도의 종류는 다음과 같다.

① 실척(현척) : 실물과 동일한 크기로 1 : 1(기계제도 사용척도원칙)이다.

② 축척 : 실물보다 작게 그린 것으로 도면 대부분은 축척이다. 축척은 1 : 2 등 여러 가지가 있으며, 실물크기 쪽의 숫자만으로 나열하면 2, 5, 10, 20, 50, 100, 200, $\sqrt{2}$, 2.5, $2\sqrt{2}$, 3, 4, $5\sqrt{2}$, 25, 250 등이 된다.

③ 배척 : 실물보다 크게 그린 것으로 상세도일 경우가 많다. 배척은 2 : 1 등 여러 가지가 있으며, 도면에 그려지는 크기 쪽의 숫자만으로 나열하면 2, 5, 10, 20, 50, $\sqrt{2}$, 2.5$\sqrt{2}$, 100 등 여러 가지가 있지만, 3은 존재하지 않는다는 것에 유의해야 한다.

④ NS(Not to Scale) : 비례척이 아닌 경우로 물체의 크기와 무관하게 임의로 그린 것이다.

3 선

1) 선의 종류

(1) 모양에 따른 선의 종류

① 실선(연속으로 이어진 선)

② 파선(짧은 선이 일정한 간격으로 반복되는 선, 선길이 3~5mm)

③ 일점쇄선(길고 짧은 길이로 반복되는 선)

④ 이점쇄선(긴 길이, 짧은 길이, 짧은 길이가 반복되는 선)

    ▲ 실선   ▲ 파선   ▲ 일점쇄선   ▲ 이점쇄선

(2) 굵기에 따른 선의 종류

① 선의 굵기 기준 : 0.18mm, 0.25mm, 0.35mm, 0.5mm, 0.7mm, 1mm

② 선의 굵기 종류 : 가는 선(굵기 0.18~0.5mm), 굵은 선(굵기 0.35~1mm), 아주 굵은 선(굵기 0.7~2mm)

    ▲ 가는 선   ▲ 굵은 선   ▲ 아주 굵은 선

③ 선의 굵기 비율

    ㉠ 일반 제도 ➡ 가는 선 : 굵은 선 : 아주 굵은 선 = 1 : 2 : 4

    ㉡ CAD제도 ➡ 가는 선 : 굵은 선 : 아주 굵은 선 = 1 : 2.5 : 5

(3) 용도에 따른 선의 종류

① 굵은 실선 : 외형선(대상물이 보이는 부분의 겉모양을 표시한 선)

② 가는 실선

    ㉠ 치수선(치수를 기입하기 위한 선)

    ㉡ 치수보조선(치수를 기입하기 위하여 도형에서 인출한 선)

    ㉢ 지시선(지시, 기호 등을 나타내기 위하여 인출한 선)

    ㉣ 회전단면선(도형 내에 그 부분의 절단면을 90° 회전시켜서 나타내는 선)

    ㉤ 중심선(도형의 중심을 나타내는 선)

    ㉥ 수준면선(수면, 액면 등의 위치를 나타내는 선)

③ 가는 파선 또는 굵은 파선 : 숨은선(대상물의 보이지 않는 부분의 모양을 표시하는 선)

④ 가는 일점쇄선

    ㉠ 중심선(도형의 중심을 나타내는 선으로 중심이 이동한 중심궤적을 나타내는 선)

    ㉡ 기준선(특히 위치결정의 근거임을 명시)

    ㉢ 피치선(반복도형의 피치를 잡는 기준이 되는 선)

⑤ 굵은 일점쇄선
  ㉠ 기준선(기준선 중 특히 강조하는 데 쓰이는 선)
  ㉡ 특수 지정선(특수한 가공을 하는 부분 등 특별한 요구사항을 적용할 범위를 나타내는 선)
⑥ 가는 이점쇄선
  ㉠ 가상선(인접하는 부분 또는 공구, 지그 등을 참고로 표시하는 선으로 가공 부분을 이동 중의 특정 위치 또는 이동한계의 위치를 나타내는 선)
  ㉡ 무게중심선(단면의 무게중심을 연결하는 선)
⑦ 파형의 가는 실선, 지그재그의 가는 실선 : 파단선(대상물의 일부를 파단한 경계 또는 일부를 떼어낸 경계를 표시하는 선)
⑧ 가는 일점쇄선과 선의 끝 및 방향이 변화되는 부분을 굵게 한 선이 조합된 선 : 절단선(단면도를 그리는 경우 그 절단위치를 대응하는 그림을 나타내는 선)
⑨ 가는 실선으로 그린 규칙적인 빗금선 : 해칭선(단면도의 절단면)

> **✍ 특수한 용도의 선**
>
> 외형선 및 숨은선의 연장을 표시할 때, 평면을 표시할 때, 위치를 표시할 때 등은 가는 실선을 사용하고, 얇은 부분의 단선도시를 명시하는 경우에는 아주 굵은 실선을 사용한다.

> **✍ 겹치는 선의 우선순위(굵은 선을 먼저 쓴다)**
>
> 외형선 > 숨은선 > 절단선 > 중심선 > 무게중심선 > 치수보조선

02 투상법 및 도형 표시법

1 투상법(projection)

1) 회화적 투상도(pictorial projection drawing, 입체적 투상도, 입체도)

① 투시도(perspective drawing) : 3차원의 물체를 눈으로 본 그대로의 형태로 원근감을 주면서 투상선이 한 점에 집중하도록 평면 위에 그리는 제도방법이다.
② 경사투상도(oblique projection drawing) : 물체에 원근감을 주지 않고 경사진 평행선에 의해 투상면에 입체적으로 투상한 평면도이다.
  ㉠ 등각투상도 : 3개의 면과 3개의 주축이 투상면에 대해 같은 각도로 경사지게 투상한 투상도(X, Y, Z축을 서로 120°씩 등각으로 투상한 그림에 세 면을 같은 정도로 나타냄)

ⓛ 부등각투상도 : 3개의 면과 3개의 주축이 투상면에 대해 다른 각도로 경사지게 투상한 투상도

ⓒ 사투상도 : 한 화면을 중점적으로 정확하게 나타내며 경사시켜 투상하는 방법(정면도는 정투상으로 하여 중점적으로 엄밀하고 정확하게 작도하고, 이것과 어느 각도만큼 경사시켜 측면도를 나타내는 투상도)

ⓡ 캐비닛도 : 투상선이 투상면에 대하여 63° 26′인 경사를 갖는 사투상도로, 3개의 축 중 Y축 및 Z축에서는 실제 길이를 나타내고, X축에서는 보통 실제 길이의 1/2를 나타내는 투상도

2) 정투상도

① 정투상도는 물체의 각 면을 따로따로 도형으로 배치하여 모양을 엄밀하고 정확하게 지면에 표시한 도면이다. 정투상도는 물체의 위치와 무관하고 언제나 같은 모양, 같은 크기의 실제 모양과 길이로 표시된다. 통상은 정면도(정면에서 바라본 면), 평면도(위에서 바라본 면), 측면도(측면에서 바라본 면)로 표시한다.

② 정투상도의 종류에는 제1각법과 제3각법이 있다. 제1각법은 눈으로 바라본 대상물체의 모습을 그 뒤쪽 면에 그린 것이며, 제3각법은 눈으로 바라본 대상물체의 모습을 그 앞쪽 면에 그린 것이다. 제1각법이 눈-물체-투상면의 순서로 이루어지는 반면에, 제3각법은 눈-투상면-물체의 순서로 이루어진다. 제3각법이 제1각법보다 더 편리하여 주로 제3각법이 많이 사용된다.

ⓐ 제1각법

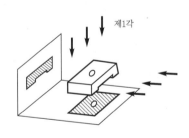
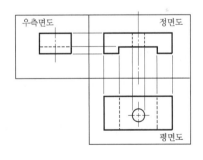

ⓑ 제3각법

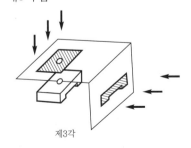
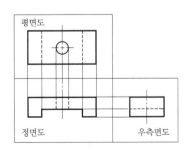

ⓒ 제1각법과 제3각법의 비교

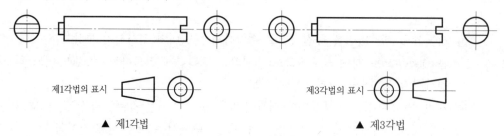

제1각법의 표시

제3각법의 표시

▲ 제1각법

▲ 제3각법

ⓓ 제1각법과 비교한 제3각법의 장점
- 물체를 본 쪽에 그림을 배치하므로 긴 축이나 경사면이 있는 물체의 관련도를 대조하는 데 편리하다.
- 치수기입이 두 투상도 사이에 접근되어 있으므로 치수를 비교하는 데 편리하고 모양을 이해하기 쉬우므로 잘못 그릴(오작) 염려가 적다.
- 제1각법에서는 보조투상도 작성이 불가능하지만, 제3각법에서는 복잡한 모양에 대하여 보조투상도를 이용하여 정확하게 표현할 수 있다.

❷ 도형 표시법

1) 선의 투상

① 선이 실제 길이(실장)로 보이는 경우 : 선이 기준선에 평행할 때의 반대쪽 길이, 점으로 보일 때 반대쪽의 길이
② 선이 실제 길이로 보이지 않는 경우 : 두 선이 기울어져 있거나 수직으로 있을 때

2) 투상도의 표시방법

① 대상물의 형태, 기능, 특징을 가장 뚜렷하고 정확하게 나타낼 수 있는 면을 정면도로 나타낸다.
② 도면의 목적에 따른 대상물의 도시상태
ⓐ 계획도, 조립도 등 주로 기능을 나타내는 도면에서는 대상물을 사용하는 상태로 놓고 표시한다.
ⓑ 부품의 제작도 등 가공을 하기 위한 도면에서는 가공할 때 도면을 가장 많이 이용하는 공정으로 대상물을 놓은 상태에서 나타낸다. 예를 들면, 선반에서 가공하는 물체는 그 중심선을 수평으로 하고 작업의 중심을 오른쪽에 있게 한다. 평삭절삭인 경우에는 그 길이방향을 수평으로 하고 가공면이 도면의 표면에 나타나게 그린다.
ⓒ 특별한 사유가 없는 한 대상물을 옆으로 길게 놓은 상태에서 그린다.
- 주투상도를 보충하는 다른 투상도는 되도록 적게 하고, 주투상도만으로 나타내기에 충분한 경우에는 다른 투상도는 그리지 않는다.

• 서로 관련되는 그림의 배치는 될 수 있는 한 숨은선을 사용하지 않도록 한다. 다만 비교·대조하기가 불편한 경우에는 이에 준하지 않아도 된다.

3) 특수 투상도

① **보조투상도** : 단축되고 변형되어서 나타나게 되는 경사면부가 있는 대상물에서 그 경사면에 평행한 별도의 투상면을 설정하고 시선을 수직으로 하여 이 부분을 간단하고 쉽게 실제의 모양으로 나타내기 위한 투상도

② **부분투상도** : 물체의 일부분만을 도시해도 전체를 이해할 수 있을 때 그 필요 부분만을 나타낸 투상도

③ **국부투상도**(partial view, 요점투상도) : 대상물의 구멍, 홈 등의 한 국부(특수 부분)만의 모양을 표시한 투상도이며, 투상의 관계를 나타내기 위해 중심선, 기준선, 치수보조선 등으로 나타냄

④ **회전투상도**(revolved view) : 투상면이 어느 정도의 각도를 가지고 있어서 실제 모양이 나타나지 않을 때 그 부분을 평행한 위치까지 회전시켜 실체의 길이가 나타날 수 있도록 그린 투상도

⑤ **부분확대도** : 특정 부위의 도면이 작아 치수기입 등이 곤란할 경우 그 해당 부분을 확대하여 그린 투상도

⑥ **복각투상도** : 제1각법과 제3각법을 혼용하여 그린 투상도

⑦ **가상(선)투상도** : 가상선으로 그려진 투상도이며 다음과 같은 경우에 적용됨
  ㉠ 도시된 단면도의 앞에 있는 부분을 나타내는 경우
  ㉡ 인접한 부분을 참고로 나타내는 경우
  ㉢ 도형 내에 그 부분의 단면도를 90° 회전시켜 나타내는 경우
  ㉣ 공구, 지그 등의 위치를 참고로 나타내는 경우
  ㉤ 가공 전 또는 가공 후의 형상을 나타내는 경우
  ㉥ 같은 형상이 반복되어 생략하여 나타내는 경우
  ㉦ 이동하는 부분의 운동범위를 나타내는 경우

⑧ **관용투상도** : 도면을 더욱 명확하고 이해하기 쉽게 그릴 수 있다면 굳이 정투상원칙을 따를 필요 없이 실제 조건을 좀 더 간단하고 합리적으로 나타내는 관용투상도를 적용해도 좋다. 그러나 관용투상도를 사용할 때에는 도면작성자만 이해할 수 있고 다른 사람이 이해하기 곤란하면 안 되므로 신중한 주의가 필요하다.
  ㉠ 숨은선의 생략
  ㉡ 절단면의 앞쪽에 보이는 선의 생략
  ㉢ 대칭도형의 생략 : 상하좌우대칭인 도형을 중심선을 기준으로 반을 생략하여 그림을 그리고 대신에 대칭기호(═)를 붙여준다.
  ㉣ 반복도형(같은 종류, 같은 모양 등)의 생략 : 같은 모양의 도형이 반복되는 경우 개수 또는 피치를 표시하여 일부만 나타낸다.

ⓜ 가상선에 의한 생략
ⓑ 중간 부분의 생략에 의한 도형의 단축
ⓢ 평면의 도시법

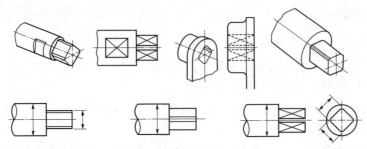

ⓞ 두 면의 교차 부분이 둥글 때의 도시법

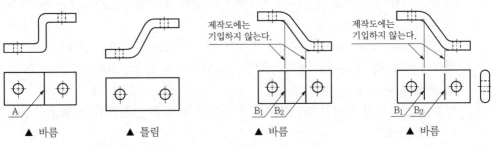

▲ 바름　　　▲ 틀림　　　▲ 바름　　　▲ 바름

ⓩ 주조면 모서리의 각과 둥글기의 도시법

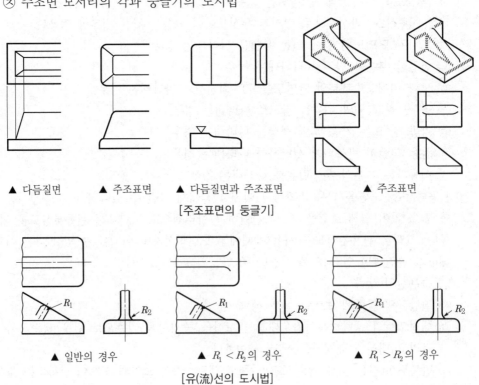

▲ 다듬질면　　▲ 주조표면　　▲ 다듬질면과 주조표면　　　▲ 주조표면

[주조표면의 둥글기]

▲ 일반의 경우　　　▲ $R_1 < R_2$의 경우　　　▲ $R_1 > R_2$의 경우

[유(流)선의 도시법]

ⓩ 일부가 특정한 모양으로 되어 있는 경우의 도시법

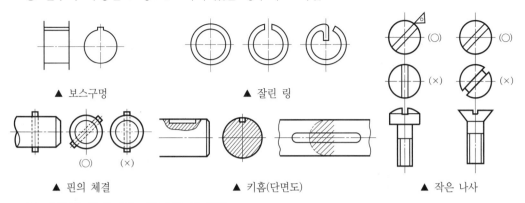

▲ 보스구멍　　　　　　▲ 잘린 링

▲ 핀의 체결　　　　▲ 키홈(단면도)　　　　▲ 작은 나사

ⓚ 피치원 위에 있는 구멍의 도시법

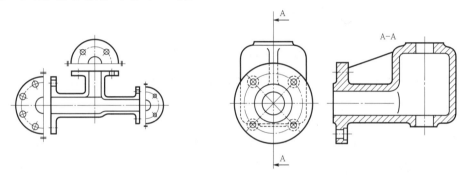

ⓣ 인접 부분의 도시법 : 물체에 인접한 부분을 참고로 도시할 필요가 있을 때는 가는 2점 쇄선을 사용하여 도시한다. 물체의 도형이 인접 부분에 의해 가려져 있더라도 숨은선을 사용하면 안 된다. 단면도에 있어서의 인접 부분에는 해칭하지 않는다.

ⓟ 표면무늬의 도시법

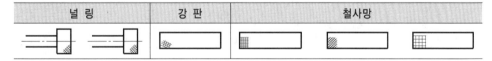

널 링	강 판	철사망

ⓗ 특수 가공 부분의 도시법

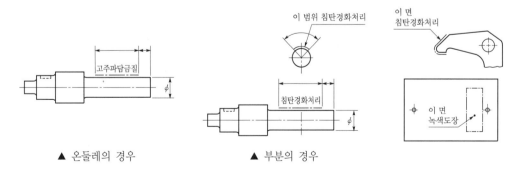

▲ 온둘레의 경우　　　　　▲ 부분의 경우

㉮ 조립도 중의 용접구성품의 도시법

용접구성품의 용접비드의 크기만을 표시하는 경우	용접구성부재의 겹침관계 및 용접의 종류와 크기를 표시하는 경우	용접구성부재의 겹침관계를 표시하는 경우	용접구성부재의 겹침관계 및 용접비드의 크기를 표시하지 않아도 무방한 경우

㉯ 표준부품, 시중판매품 등의 도시법 : 볼트, 너트, 와셔, 핀 등과 같이 품종이나 치수가 KS규격에 규정되어 있는 것을 표준부품이라고 한다. 표준부품은 따로 준비되어 있는 것이 보통이므로 별도로 그리지 않고 부품표에 호칭만 기입하면 된다. 시중판매품을 구입하여 사용할 경우에는 상세도는 필요하지 않으므로 간단한 약도를 그려서 주요 치수만 기입한다.

㉰ 상관도 도시법 : 2개의 입체가 서로 만날 경우 두 입체표면에 만나는 선이 생기는데, 이 선(상관체에서 두 입체가 만나는 경계선)을 상관선이라고 한다. 상관선은 곡면과 곡면 또는 곡면과 평면이 만나는 선이다. 상관도는 상관선을 사용한 도시법이다.

• 원주의 교차 부분에 대한 상관도

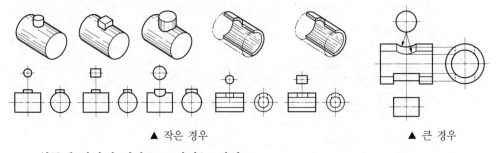

▲ 작은 경우   ▲ 큰 경우

• 원통에 사각이 직각으로 만나는 상관도

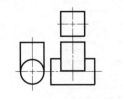

▲ 원통의 지름과 사각길이가 같을 때

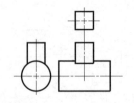

▲ 원통의 지름보다 사각길이가 작을 때

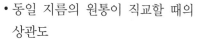

- 지름이 같은 직교하는 원기둥에 대한 상관도

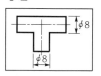

- 동일 지름의 원통이 직교할 때의 상관도

03 단면법

1 단면법의 종류

① 온단면도(full section, 전단면도) : 물체 전체를 둘로 절단해서 그림 전체를 단면으로 나타낸 단면도이며, 전단면도 작성의 원칙은 다음과 같다.

  ㉠ 원칙적으로 대상물의 기본적인 모양을 가장 좋게 표시할 수 있도록 절단면을 정하여 그린다. 이 경우에는 절단선은 기입하지 않는다.

  ㉡ 필요한 경우 특정 부분의 모양을 잘 표시할 수 있도록 절단면을 정하여 그리는 것이 좋다. 이 경우에는 절단선에 의해 절단의 위치를 표시한다.

② 한쪽단면도(half section, 반단면도) : 대칭형인 대상물을 외형도의 절반과 온단면도의 절반을 조합하여 표시한 단면도이다. 상하 또는 좌우대칭인 물체의 1/4을 떼어낸 것으로 보고 기본중심선을 경계로 하여 1/2은 외형, 1/2은 단면으로 동시에 나타낸다. 이때 대칭중심선의 오른쪽 또는 위쪽을 단면으로 하는 것이 좋다.

③ 부분단면도(partial section) : 전체의 모양이 단순하고 일부분만의 단면이 필요할 때 물체의 필요한 일부분만 절단하여 단면도로 한 것이다. 전체를 절단하면 어떤 필요한 부분의 겉모양을 나타낼 수 없을 때, 단면의 경계가 뚜렷하지 못할 때, 원칙적으로 길이방향으로 절단하지 않는 키, 나사 등을 특별히 표시할 때 등에 적용된다. 이 경우 파단선은 프리핸드로 그리며 외형선에 겹치지 않도록 한다. 절단부위는 가는 파단선을 이용하여 경계를 나타낸다.

④ 회전도시단면도(revolved section) : 핸들, 바퀴, 암, 림, 리브, 형강, 축, 훅, 구조물의 일부를 90°로 회전하여 그린 단면도이며 두께를 보여준다. 물체의 내부는 가는 실선으로, 물체의 외부나 물체 사이의 도시에는 굵은 실선으로 나타낸다.

▲ 절단할 곳의 전후를 파단하여 그 사이에 그린 경우

▲ 절단면의 연장선 위에 그린 경우

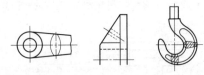

▲ 도형 내의 절단한 곳에 가는 실선을 겹쳐 사용한 경우

⑤ **조합에 의한 단면도** : 2개 이상의 절단면에 의한 단면도를 조합한 단면도이며, 이들의 경우 필요에 따라 단면을 보는 방향을 표시하는 화살표와 문자기호를 붙인다. 종류는 다음과 같다.

ⓖ 예각단면도 : 서로 교차하는 두 평면으로 절단하는 경우이며, 중심선을 기준으로 나타내 보이고자 하는 부위를 어느 정도의 각을 주어서 단면하는 방법

ⓛ 계단단면도 : 평행한 두 평면으로 절단하는 경우이며, 절단할 부분이 일직선 상에 있지 않을 때 필요한 단면 모양을 계단식으로 절단하여 투상하는 방법

ⓒ 곡면단면도 : 구부러진 관 등의 단면을 표시하는 경우 그 구부러진 중심선을 따라 절단하고 투상하는 방법

ⓔ 복잡단면도 : 복잡한 절단면에 의한 경우

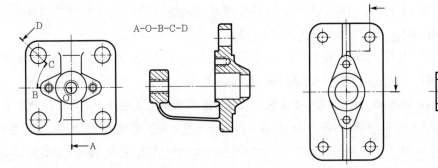

⑥ **여러 개의 단면도에 의한 도시**

ⓖ 여러 개의 단면도를 필요로 하는 경우 : 복잡한 모양의 대상물을 도시하는 경우

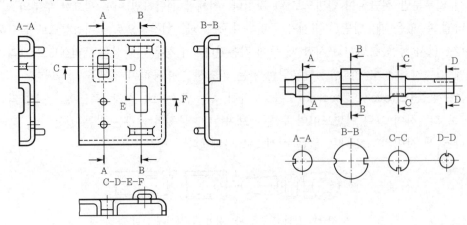

ⓛ 일련의 단면도의 배치 : 치수기입과 도면의 이해를 돕기 위하여 투상의 방향에 맞추어 연속하여 그린 것. 절단선의 연장선 상 또는 주중심선 상에 배치하는 것이 바람직

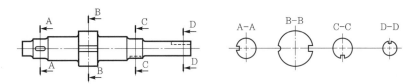

ⓒ 대상물의 모양이 서서히 변화하는 경우 : 다수의 단면에 의해 도시

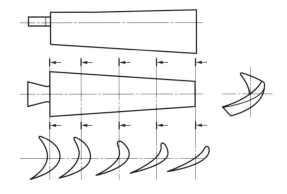

⑦ **얇은 두께 부분의 단면도** : 개스킷, 발판, 형강 등의 절단면이 얇은 경우 다음에 따라 표시한다.
　ⓐ 절단자리를 검게 빈틈없이 칠한다.
　ⓑ 실제의 치수와 관계없이 1개의 아주 굵은 실선으로 단면을 표시한다.
　ⓒ 어느 경우에도 이들의 절단자리가 인접하고 있는 경우에는 그것을 나타내는 도형의 사이(다른 부분을 나타내는 도형과의 사이도 포함)에 약간의 틈새(선 사이의 간격)를 둔다. 이 틈새는 0.7mm 이상으로 한다.

⑧ **길이방향으로 절단하지 않는 경우** : 절단을 하여 표현할 경우 도면 해독에 지장이 있어 다음 요소들은 길이방향으로 절단하지 않는다.
　ⓐ 언제나 전체를 절단하지 않는 부품류 : 볼트, 스크루(작은 나사), 세트스크루(멈춤나사), 너트, 로크너트, 와셔, 축, 막대류의 로드, 스핀들, 키, 코터, 리벳, 핀, 테이퍼핀, 캡, 강구(볼), 롤러, 밸브 등
　ⓑ 일부를 절단하지 않는 부품류 : 리브, 웨브, 벽, 기어의 이, 체인, 체인기어에서의 이, 스프로킷의 이, 핸들, 벨트풀리, 체인휠, 바퀴의 암, 래칫, 회전차의 날개, 밸브요크, 스포크, 그립, 나비형 나사의 손잡이 등

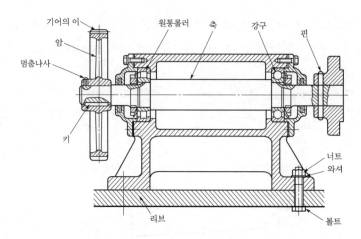

기어의 이, 암, 멈춤나사, 키, 원통롤러, 축, 강구, 핀, 너트, 와셔, 볼트, 리브

⑨ **특수한 경우의 표시방법** : 일부분에 특정한 모양을 가진 것(키홈을 갖는 보스, 측벽에 구멍 또는 홈을 갖는 관, 굴곡진 경우, 리브의 경우, 특수한 모양을 갖고 있는 경우 등)은 되도록 그 부분이 그림의 위쪽(상부)에 나타나도록 한다.

2 단면도의 해칭

① 단면 표시는 필요에 따라 해칭(hatching : 단면 부분에 가는 실선으로 빗금 선을 긋는 방법) 또는 스머징(smudging : 단면 주위를 색연필로 엷게 칠하는 방법)을 한다.

② 도면이나 재질에 관계없이 가는 실선을 사용한다.

③ 보통의 해칭은 주된 중심선 또는 단면도의 주된 외형선에 대해 45° 등간격의 가는 실선으로 표시하는 것을 원칙으로 하되, 부득이한 경우는 다른 각도, 수평, 수직을 넣을 수 있다.

④ 단일부품의 절단면 해칭은 동일한 모양으로 해칭해야 한다.

⑤ 해칭의 간격은 해칭을 하는 단면도의 절단자리의 크기에 따라 선택한다.

⑥ (구문이지만) 해칭 대신에 스머징을 할 경우에는 원칙적으로 연필 또는 KS G 2607(색연필)에서 규정하는 색연필(흑)로 칠하는 것이 좋다.

⑦ 같은 절단면 위에 나타나는 같은 부품의 절단자리에는 동일한 해칭(또는 스머징)을 한다. 다만 계단 모양의 절단면의 각 단에 나타나는 부품을 구별할 필요가 있는 경우에는 해칭을 어긋나게 할 수 있다.

⑧ 꼭 같은 간격(2~3mm)으로 넣어야 하지만 인접하는 절단자리의 해칭은 선의 방향 또는 각도를 바꾸든지 그 간격을 바꾸어서 구별한다.

⑨ 절단자리의 면적이 넓을 경우에는 그 외형선을 따라 적절한 범위에 해칭(또는 스머징)을 한다.

⑩ 해칭(또는 스머징)을 하는 부분 속에 문자, 기호 등을 기입하기 위하여 필요할 경우에는 문자, 기호가 들어가는 부위의 해칭(또는 스머징)을 중단한다.

⑪ 간단한 도면에서 단면을 쉽게 알 수 있는 것은 해칭을 생략해도 좋다.

⑫ 단면도에 재료 등을 표시하기 위해 특수한 해칭을 해도 좋다. 이 경우에는 그 뜻을 도면 중에 명확히 지시하거나 해당 규격을 인용하여 표시한다. 재료를 구분할 수 있는 단면 표시법은 다음과 같다.

강(steel)	주 철	황동 · 구리	화이트메탈	세라믹	고분자

고무 · 플라스틱	콘크리트	목 재	유 리	물 · 액체	

04 치수기입법 및 재료 표시법

1 치수기입법

1) 치수기입의 원칙

① 물체의 기능, 제작, 조립 등을 고려하여 필요한 치수를 명확하게 기입한다.

② 치수는 물체의 크기, 자세 및 위치를 가장 명확하게 나타내는 데 필요하고도 충분한 것을 기입한다.

③ 도면에 표시하는 치수는 특별히 명시하지 않은 한 그 도면에 도시한 물체의 마무리치수로 표시한다.

④ 치수에는 기능상이나 호환성상 필요한 경우 치수의 허용한계기입방법(KS B ISO 129-1)에 따라 치수의 허용한계를 지시한다. 단, 이론적으로 정확한 치수는 제외한다.

⑤ 치수는 보기 좋게 알맞게 기입하는 것이 바람직하지만 되도록 주투상도(정면도)에 집중하여 기입한다.

⑥ 치수의 중복기입을 피한다.

⑦ 치수는 선에 겹치게 기입해서는 안 된다.

⑧ 치수는 되도록 계산하여 구할 필요가 없도록 기입한다.

⑨ 치수는 치수선이 서로 만나는 곳에 기입하면 안 된다.

⑩ 치수는 필요에 따라 기본으로 하는 점, 선 또는 면을 기준으로 하여 기입한다.

⑪ 관련되는 치수는 되도록 한 곳에 모아 기입한다.

⑫ 치수는 되도록 공정마다 배열을 분리하여 기입한다.

⑬ 길이의 치수는 원칙으로 mm단위로 하고 단위기호는 붙이지 않는다.

⑭ 참고치수에 대해서는 치수수치에 괄호를 붙인다.

⑮ 반드시 전체 길이, 전체 높이, 전체 폭 등에 관한 치수를 기입한다.

⑯ 수의 자릿수가 많은 경우라도 3자리마다 "," 표시를 하지 않는다.

2) 치수기입요소

치수기입요소 5가지는 치수선, 치수선의 단말기호(화살표 등), 치수보조선, 치수문자(숫자), 지시선 등이며 모두 가는 실선으로 그린다(가공기호는 이에 해당되지 않는다).

(1) 치수선

치수기입에 사용되는 치수선은 원칙으로 치수보조 선을 사용하여 기입해야 하며 외형선과 뚜렷하게 구 별되도록 가는 실선을 사용한다. 치수선에는 연속식 과 중단식이 있으나 KS규격에서는 연속식을 택하고 있다. 원칙적으로는 지시하는 길이 또는 각도를 측 정하는 방향에 평행하게 긋고 선 양쪽 끝에 단말기 호(화살표 등)를 붙여야 한다.

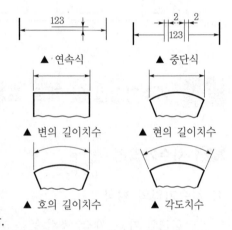

① 치수선은 외형선이나 다른 치수선과 너무 접근 되어 있으면 치수기입이나 읽기가 곤란하므로 외형선으로부터 8~10mm 떨어진 자리에 그린다.

② 치수선은 될 수 있는 대로 다른 치수선, 치수보조선, 외형선 등과 교차되지 않도록 한다.

③ 외형선, 중심선, 기준선 및 이들의 연장선을 치수선으로 사용해서는 안 된다.

④ 각도를 기입하기 위한 치수선은 각도를 구성하는 두 변 또는 그 연장선(치수보조선)의 교 점을 중심으로 하여 양변 또는 그 연장선 사이에 그린 원호로 나타낸다.

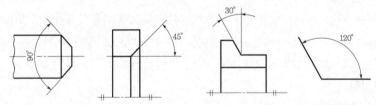

(2) 치수선의 단말기호(화살표 등)

① 화살표의 살 끝은 90°를 포함하여 적당한 각도로 하고 끝이 열린 것, 닫힌 것 및 빈틈없 이 칠한 것 중 어느 것을 사용해도 좋다(그림 (a)).

② 화살표는 원칙적으로 치수선 쪽에서 바깥쪽으로 향해야 하나 기입할 여지가 없을 때에는 치수선을 연장하여 치수선을 끼고 안쪽으로 향하도록 기입해도 좋다(그림 (b)).

③ 사선은 치수보조선을 지나 왼쪽 아래에서 오른쪽 위로 향하여 약 45° 정도로 교차되는 짧은 선으로 나타낸다(그림 (c)).

④ 검정 동그라미는 치수선 끝을 중심으로 하여 빈틈없이 칠한 작은 원으로 한다(그림 (d)).

⑤ 치수선에 붙이는 단말기호는 다음과 같은 경우를 제외하고는 한 도면 중에서는 같은 모양의 것으로 통일하여 사용해야 한다.

　　㉠ 반지름을 지시하는 치수선에는 호 쪽에만 화살표를 붙이고 중심 쪽에는 붙이지 않는다.

　　㉡ 누진치수기입법의 기점에는 기점기호를 사용하고 다른 끝에는 화살표를 붙인다.

　　㉢ 치수보조선의 간격이 좁아 화살표를 그릴 여유가 없을 때에는 화살표 대신에 검정 동그라미나 사선을 사용해도 좋다(그림 (e), (f)).

⑥ 기점기호는 치수선의 기점을 중심으로 한 칠하지 않은 작은 원으로 표시하지만 검정 동그라미보다는 약간 크게 그린다(그림 (g)).

⑦ 단말기호나 기점기호의 크기는 그림의 크기에 따라 보기 쉬운 크기로 하되 화살표의 경우 머리 부분의 길이와 폭의 비를 3 : 1로 한다(그림 (h)).

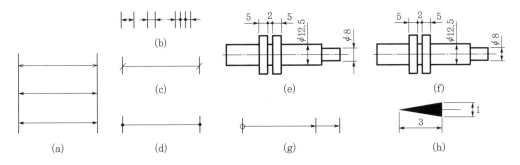

(3) 치수보조선

치수보조선은 치수선을 그리기 위해 도형에서 그은 선이다. 지시하는 치수의 끝에 해당하는 도형 상의 점 또는 선의 중심을 지나 치수선에 직각이 되도록 치수선보다 2~3mm 연장하여 그린다. 치수보조선과 도형 사이를 약간 떼어놓아도 상관이 없다.

① 치수를 지시하는 점 또는 선을 명확히 하기 위하여 특별히 필요할 경우에는 치수선과 60°가 되도록 서로 평행하게 그리는 것이 좋다(그림 (a), (b)).

② 중심선까지의 거리를 표시하는 경우에는 중심선으로 치수보조선을 대치할 수가 있다(그림 (c), (d)).

③ 치수보조선이 다른 선과 교차하여 구별하기 곤란할 때에는 치수를 도형 내에 기입하는 것이 좋다. 이때에는 외형선을 치수보조선으로 사용할 수도 있다(그림 (e), (f)).

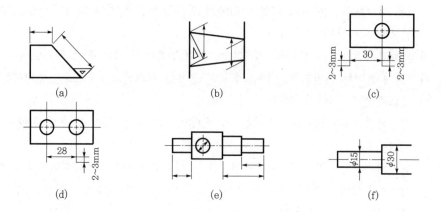

(a)   (b)   (c)

(d)   (e)   (f)

(4) 치수문자(숫자)

KS B 기계제도 규정에서 문자의 크기(mm)를 2.24, 3.15, 4.5, 6.3, 9 등의 5가지, 문자의 굵기와 높이와의 비를 한자 1/12.5, 한글 1/9로 규정한다. 글자 쓰기의 원칙은 다음과 같다.

① 높이를 같게 쓴다.

② 명확하게 쓴다.

③ 문자와 문자 사이를 알맞게 띄어 쓴다.

④ 문자의 크기는 도형의 크기와 잘 조화되게 쓴다.

⑤ 고딕체로 하여 수직 또는 15°로 기울여 쓴다.

⑥ 문자와 문자의 간격을 문자굵기의 3배 이상으로 한다.

⑦ 같은 크기의 문자는 되도록 굵기를 맞추어 쓴다.

⑧ 선의 이음부가 끊기지 않도록 한다.

⑨ 글자의 폭은 높이의 1/2로 한다.

(5) 지시선(leader line)

① 지시선은 치수, 가공법, 부품번호, 주기 등을 기입할 때 사용되는 선으로 수평선에 대해 60° 또는 45° 경사지게 가는 실선으로 그린다.

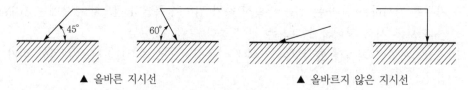

▲ 올바른 지시선   ▲ 올바르지 않은 지시선

② 지시선이 모양을 표시하는 선으로부터 끌어내는 경우에는 화살표를 그리지만 모양을 표시하는 선의 내부에서 인출할 경우에는 흑점을 찍는다(그림 (a)).

③ 지시선에 글자를 기입하는 경우에는 원칙적으로 지시선 끝을 수평으로 꺾어서 그 위쪽에 필요한 사항을 기입한다(그림 (b)).

④ 원으로부터 나오는 지시선은 중심을 향하게 그리며 주위에 화살표를 그린다(그림 (c)).

⑤ 좁은 곳의 치수에 대한 지시선은 치수선으로부터 끌어내어 원칙적으로 그 끝을 수평으로 꺾어서 그 위쪽에 치수수치를 기입한다. 이때 끌어내는 쪽의 끝에는 아무것도 붙이지 않는다(그림 (d)).

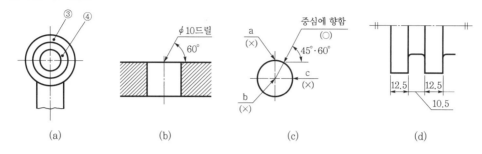

| (a) | (b) | (c) | (d) |

3) 치수 표시기호

치수 표시기호는 숫자와 같은 크기로 숫자 앞에 쓰는 것이 원칙이다. 사용되는 기호에는 ϕ (지름), R(반지름), □(정사각형), C(45° 모따기), t(두께), P(피치), Sϕ(구의 지름), SR(구의 반지름) 등이 있다. 원형의 그림에 치수기입을 할 경우는 ϕ 기호를 붙이지 않으며, 한쪽 끝이 원형에 닿지 않고 치수선이 중심을 지나는 경우는 ϕ 기호를 붙인다.

4) 치수수치의 기입위치 및 방향

다음의 두 가지 방법 중 일반적으로 방법 1을 사용하며, 동일한 도면이나 도면 시리즈 내에서 이 두 가지 방법을 혼용하면 안 된다.

① **방법 1** : 수평방향의 치수선에 대해서는 도면의 아래쪽으로부터, 수직방향의 치수선에 대해서는 도면의 오른쪽으로부터 읽을 수 있도록 기입하며 경사방향의 치수선에 대해서도 이 방법에 준하여 기입한다.

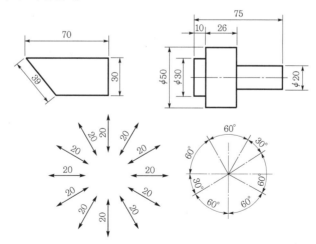

② **방법 2** : 도면의 아래쪽으로부터 읽을 수 있도록 쓴다. 수평방향 이외의 방향에 대한 치수선은 치수를 기입할 수 있도록 중앙 부분을 중단하여 그린다.

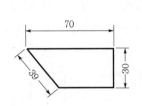 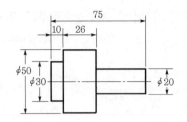 

③ 기타 주의사항

  ㉠ 치수선이 짧으면 치수선을 연장하여 위쪽 혹은 바깥쪽에 기입해도 좋다.

  ㉡ 치수수치를 나타내는 일련의 치수숫자는 도면에 그린 선에서 분할되지 않은 위치에
    쓰는 것이 좋으며, 선과 겹쳐서 기입해서는 안 되지만 부득이한 경우에는 숫자와 겹쳐
    지는 선의 부분을 중단하고 기입해도 된다.

  ㉢ 치수수치는 치수선과 교차되는 장소에 기입해서도 안 된다.

5) 치수의 배치를 기초한 치수기입법

① **직렬치수기입법** : 직렬로 연속되는 개개의 치수에 주어진 치수공차가 차례로 누적되어도 상관
  없는 경우에 사용될 수는 있으나 공차누적이 발생되므로 별로 좋지 않은 치수기입법이다.

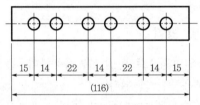

② **병렬치수기입법** : 개개의 치수공차는 다른 치수공차에 영향을 주지 않는다. 공통된 치수보
  조선의 위치는 기능, 가공 등의 조건을 고려하여 적절히 선택한다.

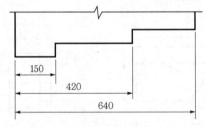

③ **누진치수기입법** : 치수공차에 관하여 병렬치수기입법과 동등한 의미를 가지면서 한 개의
  연속된 치수선으로 간편하게 표시하는 방법이다. 치수기점의 위치는 기점기호(○)를 사용
  하고 치수선의 다른 끝은 화살표로 나타낸다.

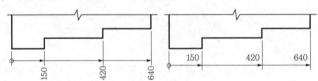

④ 좌표치수기입법 : 구멍의 위치나 크기 등의 치수는 좌표를 사용하여 나타내도 좋다. 기점은 기준구멍, 물체의 한 구석 등 기능 또는 가공의 조건을 고려하여 적절하게 선택한다.

6) 치수보조기호의 기입법

① 지름의 표시방법

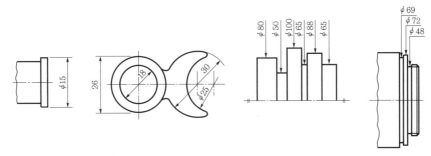

② 반지름의 표시방법

  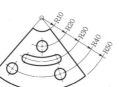   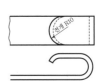

③ 구의 지름 또는 반지름의 표시방법

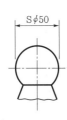 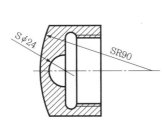 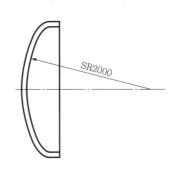

④ 정사각형의 표시방법

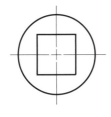 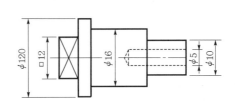

이 그림은 생략한다.

⑤ 두께의 표시방법

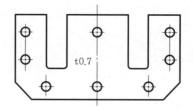

⑥ 현과 원호의 표시방법

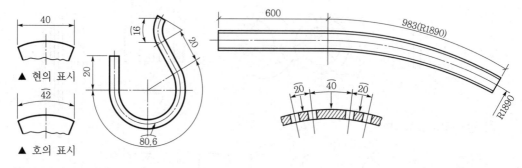

⑦ 곡선의 표시방법

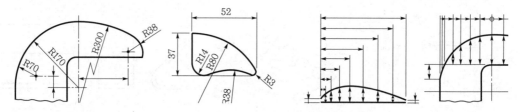

⑧ 모따기의 표시방법

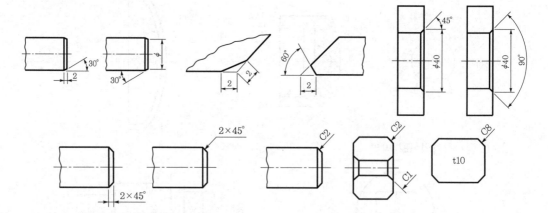

⑨ 구멍의 표시방법

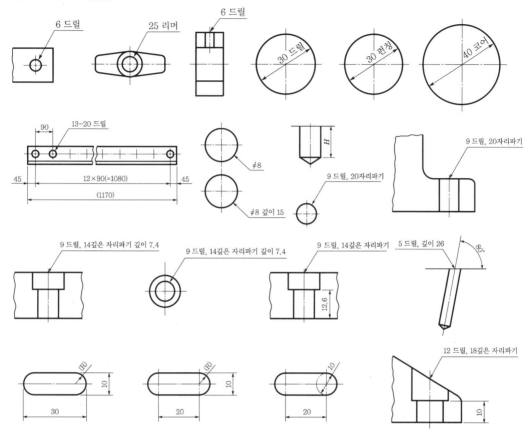

⑩ 키홈의 표시방법

㉠ 축의 키홈 표시 : 축에 대한 키홈의 치수는 키홈의 너비, 깊이, 길이, 위치 및 끝부를 나타내는 치수에 따른다. 키홈의 끝부를 밀링커터 등에 의해 절삭하는 경우에는 기준 위치에서 공구 중심까지의 거리와 공구의 지름으로 표시한다. 키홈의 깊이는 키홈 반 대편의 축 지름면으로부터 키홈 바닥까지의 치수로 표시한다. 키홈 중심면 위에서의 축 지름면으로부터 키홈 바닥까지의 치수, 즉 절삭깊이로 표시해도 좋다.

㉡ 구멍의 키홈 표시 : 구멍에 대한 키홈의 치수는 키홈의 너비 및 깊이를 나타내는 치수에 따른다. 키홈의 깊이는 키홈과 반대편의 구멍 지름면으로부터 키홈 바닥까지의 치수로 표시한다. 키홈 중심면 상에서의 구멍 지름면으로부터 키홈 바닥까지의 치수로 표시하 여도 좋다. 경사진 키일 경우 보스에 대한 키홈의 깊이는 키홈의 깊은 쪽에서 표시한다.

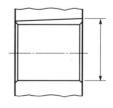

⑪ 테이퍼와 기울기의 표시방법 : 테이퍼는 원칙적으로 중심선에 면하여 기입하며, 기울기는 원칙적으로 변에 면하여 기입한다. 테이퍼 또는 기울기의 정도와 방향을 특별히 명확하게 나타낼 필요가 있을 경우에는 별도로 도시하고 경사면에서 지시선으로 끌어내어 테이퍼 및 기울기를 기입해도 좋다.

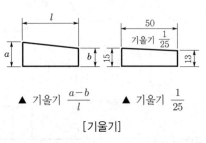

| [기울기] | [테이퍼] |

⑫ 센터의 표시방법(KS B 0410) : 센터구멍은 반드시 남겨두어야 할 경우, 남아 있어도 좋은 경우, 남아 있으면 안 되는 경우 등에 따라 도시를 달리 한다. 그리고 센터구멍의 치수 표시가 만일 'KS B 0410 60° A형 2'로 되어 있다면 이것은 'KS B 0410에 규정되어 있는 센터구멍의 종류 중에서 60° 센터구멍 A형식 중 호칭지름이 직경 2mm 인 규정치수대로 가공하라'는 의미이다.

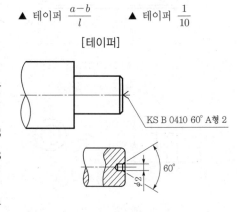

센터구멍	반드시 남겨둔다	남아 있어도 좋다	남아 있어서는 안 된다
도시기호	<	없음	K
도시방법			

⑬ 얇은 두께 부분의 표시방법 : 용기 모양의 도형에서 아주 굵은 선에 직접 단말기호를 표시하였을 경우에는 그 바깥쪽까지의 치수를 의미한다. 오해할 우려가 있을 경우에는 화살표의 끝을 명확하게 나타낸다. 안쪽을 나타내는 치수에는 치수수치 앞에 'int'를 부기한다.

⑭ 이론적으로 정확한 치수의 표시방법 : 기하공차 중 윤곽도공차, 자세공차, 위치공차 등을 지정하기 위하여 사용하는 이론적으로 정확하다고 가정하는 치수는 그 치수수치를 테두리로 둘러싸서 표기한다.

⑮ 강 구조물 등의 표시방법
  ㉠ 강 구조물 등의 구조선도에서 격점(格點 : 구조선도에 있어서 부재의 무게중심선의 교점) 사이의 치수를 표시할 경우에는 그 부재를 나타내는 선에 따라서 직접 기입한다.
  ㉡ 형강, 강관, 각강 등의 치수는 각각의 도형에 따라서 기입한다. 길이의 치수가 필요 없

을 때에는 생략해도 된다. 부등형 ㄱ등강 등을 지시하는 경우에는 그 변이 어떻게 놓이는가를 명확하게 하기 위하여 그림에 나타난 변의 치수를 기입해야 한다.

종 류	단면 모양	표시방법	종 류	단면 모양	표시방법
등변 ㄱ형강		$\llcorner A \times B \times t - L$	경Z형강		$\llcorner H \times A \times B \times t - L$
부등변 ㄱ형강		$\llcorner A \times B \times t - L$	립ㄷ형강		$\sqsubset H \times A \times C \times t - L$
부등변 부등두께 ㄱ형강		$\llcorner A \times B \times t_1 \times t_2 - L$	립Z형강		$\llcorner H \times A \times C \times t - L$
I형강		$I \; H \times B \times t - L$	모자형강		$\sqcap H \times A \times B \times t - L$
ㄷ형강		$\sqsubset H \times B \times B \times t_1 \times t_2 - L$	환강		보통 $\phi A - L$ 이형 $DA - L$
구평형강		$J \; A \times t - L$	강관		$\phi A \times t - L$
T형강		$T \; B \times H \times t_1 \times t_2 - L$	각강관		$\square A \times B \times t - L$
H형강		$H \; H \times A \times t_1 \times t_2 - L$	각강		$\square A - L$
경ㄷ형강		$\sqsubset H \times A \times B \times t - L$	평강		$\square B \times A - L$

7) 치수기입과 관련된 일반적인 주의사항

① 여러 개의 치수선이 인접해서 연속되어지는 경우에는 계단 모양보다 동일 직선 상에 가지런하게 기입하는 것이 바람직하며, 서로 관련되는 부분의 치수도 일직선 상으로 기입하는 것이 좋다.

② 좁은 부분의 치수기입이 연속될 때는 화살표 대신 점을 찍어 간격을 표시하고 위아래로 번갈아 치수기입을 한다.

③ 치수보조선을 이용하여 기입하는 지름의 치수가 대칭중심선의 방향으로 여러 개 나열될 때에는 각 치수선은 될 수 있는 한 다른 선과의 교차를 피하여 등간격으로 그리고 도형 쪽에서부터 작은 치수로 시작하여 바깥쪽으로 갈수록 큰 치수를 나란하게 기입한다. 지면관계로 인해 치수선의 간격이 좁을 때에는 인접하는 치수선에 대해 서로 엇갈리게 기입해도 무방하다.

④ 치수선이 길어서 그 중앙에 치수수치를 기입하면 알아보기 어려울 경우에는 어느 한쪽의 단말기호 가까이에 치우쳐서 기입할 수 있다.

⑤ 대칭도형으로서 대칭중심선의 한쪽만을 도시한 그림에는 원칙적으로 그 중심선을 약간 넘게 연장하여 치수선을 긋는다. 연장한 치수선 끝에는 단말기호를 붙이지 않는다. 그러나 오해할 염려가 없는 경우에는 치수선이 중심선을 넘지 않아도 좋다. 대칭도형으로서 지름의 치수를 많이 기입해야 할 경우에는 치수선의 길이를 더 짧게 하여 여러 단으로 분리하여 기입할 수 있다.

⑥ 모양은 똑같으나 치수나 마무리 정도가 서로 다른 유사한 물체의 치수는 한 장의 도면에다 치수수치 대신 기호문자를 사용해도 좋다. 이때에는 그 치수수치를 별도의 표로 나타내어야 한다.

⑦ 서로 경사되어 있는 2개의 면 사이나 둥글기가 되어 있는 2개의 면 사이에 교차되어지는 위치를 표시할 필요가 있을 때에는 모따기나 둥글기를 하기 이전의 모양을 가는 실선으로 표시하여 만나는 교점에서 치수보조선을 그린다. 특히 이 경우에 두 면의 교점을 뚜렷이 표시할 필요가 있을 때에는 각각의 선을 서로 교차시키든가 교점에 흑점을 붙여 나타낸다.

⑧ 원호가 180° 이내인 경우에는 반지름으로 나타내고 180° 이상인 원호는 지름으로 표시하는 것을 원칙으로 한다. 다만 180° 이내라도 기능상 또는 가공상 특별히 지름의 치수를 필요로 할 때에는 지름의 치수로 기입한다.

⑨ 반지름의 치수가 다른 것에 지시한 치수에 따라 자연히 결정될 때에는 반지름의 치수선과 반지름의 기호로 원호인 것을 나타내고 치수수치는 기입하지 않는다.

⑩ 다음 그림 (a)와 같이 표시하면 점 A의 치수를 나타내는 데 불합리하고, 그림 (b)와 같이 점 B의 투상을 가상선으로 그리면 합리적이지만 그리기가 쉽지 않다. 따라서 키홈이 단면에 나타나 있는 보스의 안지름치수를 기입할 때에는 한쪽으로 치수선을 기입하는 것이 좋다. 키홈의 치수기입에 있어서도 그림 (a)는 불합리하고 그림 (b)는 합리적이기는 하나 측정깊이 계산이 필요하므로 그림 (c)와 같이 $d+t_2$의 값을 기입하는 것이 좋다.

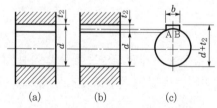

[키홈이 있는 축구멍의 치수기입법]   [키홈의 치수기입법]

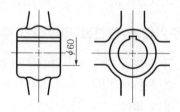

⑪ 가공이나 조립할 때 기준이 되는 곳이 있으면 그곳을 기준으로 하여 치수를 기입하고 기준인 것을 표시할 필요가 있으면 그 면에 조립기준이라고 기입한다.

⑫ 한 개의 물체를 제작하려 해도 많은 공정을 필요로 하므로 작업의 능률화를 위하여 치수는 공정별로 기입하는 것이 좋다. 조립도에서는 부품별로 배열을 나누어 기입한다.

⑬ 서로 관련성이 있는 치수는 한 곳에 모아 기입한다.

⑭ T형 관이음, 밸브 몸체, 콕 등의 플랜지와 같이 한 개의 물체에 똑같은 치수가 두 부분 이상 있는 경우에는 그 중의 한 부분에만 치수를 기입하면 된다. 이때 명확한 경우를 제외하고는 치수를 기입하지 않은 플랜지에도 동일 치수인 것을 명기해야 한다.

⑮ 일부의 치수숫자가 도면의 치수와 같지 않을 경우에는 치수숫자의 밑에 굵은 실선을 그어 표시한다. 일부를 절단하여 생략한 경우라든지 치수가 같지 않다는 것을 명시할 필요가 없을 때는 굵은 실선은 생략한다.

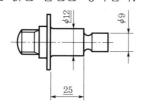
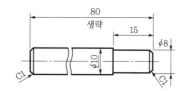

8) 도면의 변경

도면이 출도된 후에 내용이 변경되었을 때에는 변경된 곳에 적당한 기호(변경개소와 빈 삼각형 틀 내에 변경횟수 기입)를 부기하고 변경 전의 도형, 치수 등을 적당히 가는 실선으로 그어 보존한다. 이때 변경연월일, 변경사유 등을 표제란의 정정란에 명기한다.

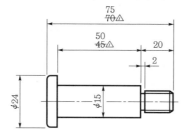

△ 오기(xx년 x월 x일 변경)

2 재료 표시법

1) 기계재료의 규격

기계부품에 사용되는 재료를 도면상에 기입할 때 직접 재질명칭을 기입해도 무방하지만 일반적으로 부품표나 표제란에 재질칸을 설정하고 용도에 따라 재질, 강도, 제조방법 등을 간단히 기호로 나타낸다. 재료기호는 각 나라마다 규격으로 정하고 있으며 우리나라는 KS D에서 규정하고 있다. 이에 따라 규정된 화학성분, 제품명 및 규격명, 종류, 인장강도, 경도, 인성 등으로 재료를 도면상에 정확히 지정해야 한다.

2) 재료기호의 표시법

① 제1위 : 재질(영어의 머리문자 또는 원소기호를 따서 표시)

기 호	Al	AlA	Br	Bs	C	Cu
재 질	알루미늄	Al합금	청동	황동	초경합금	구리
기 호	F	HBs	K	MgA	NBs	NiS
재 질	철	강력황동	켈밋합금	Mg합금	네이벌합금	양은
기 호	PB	Pb	S	W	Zn	
재 질	인청동	납	강(steel)	화이트메탈	아연	

② 제2위(중간 부분기호) : 규격명 또는 제품명(영어 또는 로마자의 머리문자로 표시하며 판, 봉, 관, 선, 주조품 등의 제품의 형상별 종류 등과 용도를 표시)

기 호	규격 또는 제품명	기 호	규격 또는 제품명	기 호	규격 또는 제품명
B	봉 또는 보일러	KH	고속강	TM	파이프재료
BF	단조용 봉재	NC	니켈크롬강	TP	고압용 강관
BMC	흑심가단주철	P	판	TW	수도용 관
C	주조품	PG	아연도금판	UJ	축수강
EH	내열강	PH	띠강철	UP	스프링강
F	단조품	S	일반 구조용 압연재	V	리벳용 압연재
FM	단조재	T	튜브	W	선(와이어)
GP	가스파이프	TB	보일러용 강관	WMC	백심가단주철
HN	질화재료	TF	콘덴서용 이음매 없는 파이프	WP	피아노선
J	베어링재료	TH	고압용기용 이음매 없는 파이프	WR	선의 재료
K	공구강	TL	기관차 보일러용 강관		

③ 제3위 : 재료의 종류를 표시하고 종류번호 또는 최저인장강도, 탄소함유량 등을 표시하고 그 뒤에 다음의 기호를 덧붙이기도 한다.

ⓐ 종별 : A, B, C, D, E(갑, 을, 병, 정, 무)

ⓑ 가공법 : D(냉각 일반, 절삭, 연삭), CK(표면경화용)

ⓒ 형상 : A(형강), B(봉강), F(평판), P(강판), E(평강)

ⓓ 알루미늄합금 열처리 : F(열처리를 하지 않은 재질), O(풀림된 재료), W(담금질한 후 시효경화 진행 중 재료), 1/2H(반경질), T_2(풀림처리한 재질−주물용), T_6(담금질 후 소둔)

④ 제4위 : 제조법

기 호	Bes	Cc	D	E	Ex
제조법	전로강	도가니강	인발	전기로강	압출
기 호	F	Oa	Ob	Oh	R
제조법	단조(단련)	산성 평로강	염기성 평로강	평로강	압연

⑤ 제5위 : 제품형성기호

기 호	P	●	◎	□	△6
제 품	강판	둥근 강	파이프	각재	육각강
기 호	8	▱	I	⊏	
제 품	팔각강	평강	I형강	채널	

3) 철강 및 비철금속 기계재료의 기호 중 자주 출제되는 재료기호

KS기호	규격명	JIS기호	KS기호	규격명	JIS기호
AlBrC	주물용 알루미늄청동합금	AlBrC	SM__C	기계구조용 탄소강재	S__C
AlC	주물용 알루미늄합금	CxV	SKH	고속도공구강강재	SKH
AlDC	다이캐스팅용 알루미늄	DxV	SNC	니켈크롬강재	SNC
BMC	흑심가단주철	FCBM	SPHT	고온배관용 강관	STPT
BrC	청동주물	BC	SPLT	저온배관용 강관	STPL
DC	구상흑연주철	FCD	SPP	일반 배관용 탄소강관	SGP
GC	회주철품	FC	SPPS	압력배관용 탄소강관	STPG
HSWR	경강선재	SWRH	SPS	일반 구조용 탄소강판	STK
MSWR	연강선재	SWRM	SPS	스프링강재	SUP
PBC	인청동주물	PBC	SS	일반 구조용 압연강재	SS
PW	피아노선재	SWP	SSP	포장용 대강	SPCC
SBC	일반 구조용 경량형강	SCC			SPCD
SBHG	아연도강판	SPG			SPCE
SC	탄소주강품	SC	STC	탄소공구강	SK
SCM	크롬몰리브덴강재	SCM	STM	기계구조용 탄소강강판	STKM
SCP	냉간 압연강관 및 강대	SPCC	STS	합금공구강	SKS
		SPCD			SKD
		SPCE			SKT
SCr	크롬강재	SCr	STSY	용접용 스테인리스강선재	SUSY
SF	탄소강 단강품	SF	SV	리벳용 압연강재	SV
SHP	열간 압연강판 및 강대	SPHC	SWS	용접구조용 압연강재	SM
		SPHD	WMC	백심가단주철	FCMW
		SPHE	ZnDC	아연합금다이캐스팅	ZDC

※ 구상흑연주철의 변경 전 KS기호 : GCD

4) 기계재료의 중량 계산

① 기계부품의 중량 표시는 표제란 혹은 부품란에 다듬질중량과 소재중량을 계산하여 기입한다. 다듬질중량은 최종완성부품의 중량이며, 소재중량은 가공여유량을 포함한 중량이다. 통상 kgf단위로 기입하며 길어도 소수점 3자리 이내로 기입한다.

② 중량(W)은 체적(V)에 비중량(γ)을 곱하면 구할 수 있다.

$$W = V\gamma$$

③ 복잡한 모양의 체적은 계산하기 쉬운 모양으로 적당히 분할하고 작은 구멍이나 라운딩 부분은 계산 후 수정한다.

05 표면거칠기

1 KS에 규정된 표면거칠기 표시의 종류

① 산술평균거칠기(Ra) : KS규격에서 권장하는 거칠기로서 1999년 이전에는 이를 중심선평균거칠기라고 하였다. Ra 혹은 a로 표시하며 단위는 μm이다.

② 최대높이거칠기(Ry) : 단면곡선에서 기준길이를 잡고 이 사이에 높은 곳(Rp)과 낮은 곳(Rv)의 차이를 측정한다. 1999년 이전에는 Rmax 혹은 s로 표시했으나 지금은 Ry 혹은 s로 표시하며 단위는 μm이다.

③ 10점 평균거칠기(Rz) : 기준길이 사이에서 가장 높은 산봉우리로부터 5번째 산봉우리까지의 표고(Y_p)의 절대값의 평균값과 가장 낮은 골바닥에서 5번째까지의 골바닥의 표고(Y_v)의 절대값의 평균값의 간격을 측정한다. Rz 혹은 z로 표시하며 단위는 μm이다.

④ 요철평균간격(S_m) : 거칠기곡선에서 그 평균선의 방향에 기준길이만큼 뽑아내어 이 표본부분에서 하나의 산 및 그것에 이웃한 하나의 골에 대응한 평균선의 길이의 합을 구하여 이 다수의 간격의 산술평균값을 밀리미터(mm)로 나타낸 것이다.

⑤ 국부산봉우리 평균간격(S) : 거칠기곡선에서 그 평균선의 방향에 기준길이만큼 뽑아내어 이 표본 부분에서 이웃한 국부산봉우리 사이에 대응하는 평균선의 길이(국부산봉우리의 간격)를 구하여 이 다수의 간격의 산술평균값을 밀리미터(mm)로 나타낸 것이다.

⑥ 부하길이율(t_p) : 거칠기곡선에서 그 평균값의 방향으로 기준길이만큼 뽑아내어 이 표본부분의 거칠기곡선을 산봉우리선에 평행한 절단레벨로 절단하였을 때에 얻어지는 절단길이의 합(η_p)의 기준길이에 대한 비를 백분율(%)로 나타낸 것이다.

> ✎ **표면거칠기와 관련한 표면조직의 파라미터용어와 그 기호**
>
> • 높이방향의 파라미터(산 및 골짜기)
> - Rp : 프로파일의 최대산높이
> - Rv : 프로파일의 최대골짜기깊이
> - Rz : 프로파일의 최대높이
> - Rt : 프로파일의 최대단면높이
> - Rc : 프로파일 요소의 평균높이
> • 높이방향의 파라미터(높이방향의 평균)
> - Ra : 프로파일의 산술평균높이
> - Rq : 프로파일의 제곱평균 평방근높이
> - Rsk : 프로파일의 스큐네스(기준길이의 3제곱평균, Rq의 3제곱)
> - Rku : 프로파일의 크루트시스(기준길이의 4제곱평균, Rq의 4제곱)
> • 상기 이외의 파라미터 : 횡방향의 파라미터, 복합 파라미터, 모티프 파라미터, 특수 부하곡선 파라미터, 정규확률종이위부하곡선 파라미터

2 다듬질기호

① 다듬질기호를 학습하기 전에 다음과 같은 대상면 지시기호를 알아두어야 한다.

✓	절삭 등 제거가공의 필요 여부를 문제 삼지 않는 경우
▽	제거가공을 필요로 하는 경우
◊	제거가공을 하지 말아야 하는 경우

② 다듬질기호

—	가공이 없는 자연면	$\overset{x}{\bigtriangledown}$	가공흔적이 거의 없는 보통 다듬면
◊	주조면, 단조면	$\overset{y}{\bigtriangledown\!\bigtriangledown}$	고운 다듬면, 게이지측정면
$\overset{w}{\bigtriangledown}$	가공흔적이 있는 거친 다듬면	$\overset{z}{\bigtriangledown\!\bigtriangledown\!\bigtriangledown}$	정밀다듬면, 래핑가공 광택이 남음

3 다듬질기호 및 표면거칠기의 표준값

다듬질기호		정 도	사용 예	분 류	Ry	Rz	Ra
∽	/////////	일체의 가공이 없는 자연면	압력에 견뎌야 하는 곳	자연면	특히 규정하지 않음		
	◠	고운 자연면을 그대로 두고 아주 거친 곳만 조금 가공	스패너자루, 핸들, 휠의 바퀴	주조면, 단조면			
w∇	∇	가공흔적이 남을 정도의 막다름질	드릴가공면, 샤프트의 끝면	거친 다듬면	100S	100Z	25a
x∇	∇∇	가공흔적이 거의 없는 중다듬질	기어와 크랭크의 측면	보통(중간) 다듬면	25S	25Z	6.3a
y∇	∇∇∇	가공흔적이 전혀 없는 상다림질	게이지의 측정면, 공작기계의 미끄럼면	고운 다듬면	6.3S	6.3Z	1.6a
z∇	∇∇∇∇	광택이 나는 고급다듬질	래핑, 버핑에 의한 특수 용도의 고급 플랜지면	정밀다듬면	0.8S	0.8Z	0.2a

4 면의 지시기호에 대한 각 지시기호의 위치

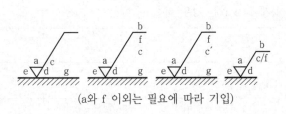

(a와 f 이외는 필요에 따라 기입)

a : Ra의 값
b : 가공방법
c : 컷오프값
c′ : 기준길이
d : 줄무늬방향의 기호
e : 가공여유(다듬질여유량)
f : Ra 이외의 표면거칠기의 값
g : 표면파상도

[사용 예]

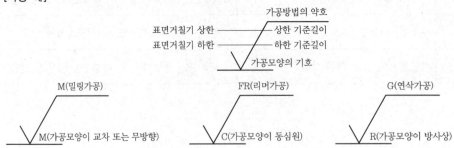

가공방법의 약호
표면거칠기 상한 ── 상한 기준길이
표면거칠기 하한 ── 하한 기준길이
가공모양의 기호

M(밀링가공)
M(가공모양이 교차 또는 무방향)

FR(리머가공)
C(가공모양이 동심원)

G(연삭가공)
R(가공모양이 방사상)

█5 표면거칠기를 표시하는 일반적인 사항

① 측정값은 마이크로미터(μm)로 나타낸다.

② 기입방법은 그림의 아래쪽 또는 오른쪽부터 읽을 수 있도록 기입한다.

③ 다듬질기호는 대상면을 나타내는 선, 연장선, 면의 치수보조선 등에 접하여 실체의 바깥쪽에 기입하며 필요한 경우 인출선에 기입해도 좋다.

④ 둥글기(필릿)부 또는 모따기부에 면의 지시기호를 기입할 때에는 반지름 또는 모따기를 나타내는 치수선을 연장한 지시선에 기입한다.

⑤ 둥근 구멍의 지름치수 또는 인출선을 사용하여 표시하는 경우에는 지름치수 다음에 기입한다.

⑥ 표면의 결의 기호는 되도록 치수를 지시한 투상도에 기입하고 동일한 면에 대해서는 두 곳 이상의 위치에 기입하지 않는다.

⑦ 줄무늬방향을 지시할 때는 면의 지시기호의 오른쪽에 부기한다.

⑧ 부품 전체가 같은 다듬질기호일 때는 주투상도, 부품번호 혹은 표제란 등의 옆(곁)에 기입한다.

⑨ 1개의 부품에서 대부분이 동일한 표면의 결이고 일부분만이 다를 경우에는 공통이 아닌 기호를 해당되는 면 위에 기입함과 동시에 공통인 결의 기호 다음에 묶음표를 붙여서 면의 지시기호만을 기입하든지, 공통이 아닌 기호를 나란하게 기입하든지 한다.

⑩ 면의 지시기호를 여러 곳에 반복해서 기입하는 경우 또는 기입하는 여지가 한정되어 있는 경우에는 대상면에 면의 지시기호와 알파벳 소문자로 기입하고 그 뜻을 주투상도, 부품번호, 표제란 등의 곁에 기입한다.

⑪ 둥글기부 또는 모따기부에 면의 지시기호를 기입하는 경우 이들 부분에 접속되는 2개의 면 중에서 어느 것이든 한쪽의 거친 면과 같아도 되는 경우에는 이 기호를 생략해도 좋다.

⑫ 표면거칠기를 기어에 기입할 때는 측면도의 잇봉우리에 따라서 기입하지 않고 피치선에 기입할 수도 있다.

06 치수공차와 끼워맞춤

█1 용어정리

① **실치수** : mm단위이며 두 점 사이의 거리를 실제로 측정한 치수

② **기준선** : 기준치수를 나타내는 기준이 되는 선

③ **기준치수** : 위치수허용차 및 아래치수허용차를 적용하는 데 치수허용한계의 기준이 되는 치수로, 도면상에는 구멍, 축 등의 호칭치수와 같은 치수

④ **최대허용치수** : 형체에 허용되는 최대치수

⑤ **최소허용치수** : 형체에 허용되는 최소치수

⑥ **허용한계치수** : 형체의 실치수가 그 사이에 들어가도록 정한 허용할 수 있는 대소 2개의 극한의 치수(최대허용치수와 최소허용치수)

⑦ **위치수허용차** : 최대허용치수 – 기준치수

⑧ **아래치수허용차** : 최소허용치수 – 기준치수

⑨ **치수공차(공차폭)** : 최대허용치수와 최소허용치수와의 차

예 $123^{+0.03}_{-0.02}$ 일 경우 기준치수 123, 최대허용치수 123.03, 최소허용치수 122.98, 허용한계치수 123.03 & 122.98, 위치수허용차 0.03, 아래치수허용차 -0.02, 치수공차 0.05가 된다.

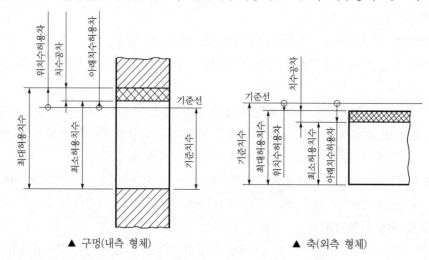

▲ 구멍(내측 형체)　　　　▲ 축(외측 형체)

2 IT 기본공차

치수공차방식 · 끼워맞춤방식으로 전체의 기준치수에 대하여 동일 수준에 속하는 치수공차의 한 그룹을 공차등급이라고 한다. 기본공차의 등급을 0급, 01급, 1급, 2급, …, 18급으로 총 20등급으로 구분하여 규정한다. 다음 표는 IT 공차 적용 구분표인데 축의 등급이 구멍등급보다 한 등급이 높다.

구 분	게이지제작공차	끼워맞춤공차	끼워맞춤 이외의 공차
구 멍	IT 01급~IT 5급	IT 6급~IT 10급	IT 11급~IT 18급
축	IT 01급~IT 4급	IT 5급~IT 9급	IT 10급~IT 18급

■3 구멍과 축

① 구멍은 알파벳의 대문자로, 축은 소문자로 표기한다.

② H, h가 들어가면 기준이 된다.

③ 구멍의 경우 알파벳 H 이하로 갈수록 구멍이 점점 커지고(헐거움), H 이상으로 갈수록 구멍이 점점 작아진다(억지).

④ 축의 경우 알파벳 h 이하로 갈수록 축이 점점 작아지고(헐거움), h 이상으로 갈수록 축이 점점 커진다(억지).

⑤ JS(구멍), js(축)의 경우는 위치수허용차와 아래치수허용차의 절대값이 같다.

⑥ 적용 예

 ㉠ ϕ40H7 : 기준치수 40mm, 대문자 H는 구멍기준을 의미, 7은 IT공차의 등급, 아래치수허용차는 0, 위치수허용차는 +0.025mm

 ㉡ ϕ40H7/g6 : 구멍기준 헐거운 끼워맞춤

 ㉢ ϕ40H7/p6 : 구멍기준 억지 끼워맞춤

 ㉣ ϕ40H6/m6 : 구멍기준 중간 끼워맞춤

 ㉤ ϕ40G6/h7 : 축기준 헐거운 끼워맞춤

 ㉥ ϕ40N6/h7 : 축기준 억지 끼워맞춤

■4 끼워맞춤의 종류

① 헐거운 끼워맞춤 : 구멍과 축 사이에 항상 틈새가 존재한다.

② 중간 끼워맞춤 : 실제 치수에 따라 구멍과 축 사이에는 틈새 혹은 죔새가 생긴다. 상용하는 구멍기준식 끼워맞춤의 경우 구멍의 기준공차 H7에 대한 축의 공차 js, k, m, n은 중간 끼워맞춤이다.

③ 억지 끼워맞춤 : 구멍과 축 사이에 항상 죔새가 존재한다.

④ 최소틈새=구멍의 최소허용치수−축의 최대허용치수

⑤ 최대틈새=구멍의 최대허용치수−축의 최소허용치수

⑥ 최소죔새=축의 최소허용치수−구멍의 최대허용치수

⑦ 최대죔새=축의 최대허용치수−구멍의 최소허용치수

⑧ 끼워맞춤의 예

 ㉠ 구멍 $100^{+0.05}_{+0.03}$ & 축 $100^{-0.03}_{-0.05}$이면 최소틈새 100.03−99.97=0.06, 최대틈새 100.05−99.95=0.10이 된다.

 ㉡ 구멍 $100^{-0.03}_{-0.05}$ & 축 $100^{+0.05}_{+0.03}$이면 최소죔새 100.03−99.97=0.06, 최대죔새 100.05−99.95=0.10이 된다.

5 치수공차기입법

1) 치수허용한계의 지시원칙

① 치수의 허용한계는 잘못 읽는 일이 없도록 명료하고 뚜렷이 써서 지시한다.

② 치수의 허용한계는 다음의 어느 한 가지를 따라 지시한다.

   ㉠ 수치에 의하여 치수의 허용한계를 지시한다.

   ㉡ KS B 0401에서 규정하는 구멍과 축 종류의 기호 및 등급(이하 치수허용차의 기호)에 의하여 치수의 허용한계를 지시한다.

   ㉢ 각 치수에 치수의 허용한계를 직접 기입하지 않고 치수의 보통 허용차로 일괄하여 도면 내에 지시한다.

③ 치수의 허용한계는 특별한 지시가 없는 한 모양, 자세, 위치의 기하편차를 규제하지 않는다. 기하편차를 규제할 때에는 KS B 0608(기하공차의 도시방법)에 규정하는 방법으로 기하공차를 지정한다.

④ 치수의 허용한계와 기하공차 사이에 관련이 있는 경우에는 그것을 기호에 의해 도시한다 (이 경우는 단독형체의 실체가 최대실체치수에 의한 완전 모양의 포락면을 넘어서는 안 되는 경우 KS A ISO 2692(최대실체공차방식)에 의해 관련 형체에 최대실체공차방식을 적용하는 경우를 말한다).

2) 길이치수의 허용한계기입방법

(1) 치수의 허용한계를 수치에 의해 지시하는 경우

① 외측 형체, 내측 형체에 관계없이 기준치수 다음에 치수허용차(위/아래치수허용차)의 수치를 기입하여 표시한다.

② 위/아래치수허용차의 어느 한쪽의 수치가 0일 때는 숫자 0으로 표시한다. 이때 음, 양의 기호는 붙이지 않는다.

③ 양쪽공차에서 위/아래치수허용차가 같을 때에는 치수허용차의 수치를 하나로 하고 그 수치 앞에 ±의 기호를 붙여서 표시한다.

④ 허용한계치수(최대/최소허용치수)에 의해 표시한다. 이때 외측 형체, 내측 형체에 관계없이 최대허용치수는 위의 위치에, 최소허용치수는 아래의 위치에 쓴다.

⑤ 최대/최소허용치수의 어느 한쪽만을 지정할 필요가 있을 때는 치수의 수치 앞에 '최대' 또는 '최소'라고 기입하든지 치수의 수치 뒤에 'max' 또는 'min'이라고 기입한다.

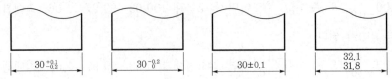

(2) 치수의 허용한계를 치수허용차의 기호에 의해 지시하는 경우

① 기준치수 뒤에 치수허용차의 기호를 기입하여 표시한다. 이때 문자기호 크기의 호칭은 기준치수를 표시하는 숫자와 같게 한다.

② 치수허용차의 기호 뒤에 덧붙여서 괄호 안에 위/아래치수허용차를 부기하든지 허용한계 치수를 부기한다.

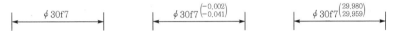

(3) 치수의 허용한계를 일괄하여 지시하는 경우

① 각 치수의 구분에 대한 보통 허용차의 수치의 표를 표시한다.

② 인용하는 규격의 번호, 등급 등을 표시한다. 예를 들면, "절삭가공치수의 보통 허용차는 KS B ISO 2768-m"등으로 표시한다.

③ 특정한 허용차의 값을 표시한다. 예를 들면, "치수허용차를 지시하지 않은 치수의 허용차는 ±0.25로 한다."등으로 표시한다.

3) 조립한 상태에서의 치수의 허용한계기입방법

(1) 치수의 허용한계를 수치에 의해 지시하는 경우

① 조립한 부품의 구성형체 각각의 기준치수 및 치수허용차를 각각의 치수선의 위쪽에 기입하고 기준치수 앞에 그들의 부품명칭 또는 대조번호를 부기한다. 또한 어떤 경우에도 구멍의 치수는 축의 치수의 위쪽에 쓴다.

② 위치수선을 생략하고 기준치수를 공통으로 표시해도 무방하다.

(2) 치수의 허용한계를 치수허용차 기호에 의해 지시하는 경우

끼워맞춤을 구멍, 축의 공동기준치수에 구멍의 공차기호와 축의 공차기호를 계속해 쓸 경우에는 구멍치수와 축치수 사이에 '/' 혹은 '−' 혹은 분수(분자에 구멍치수, 분모에 축치수 기입)로 표시한다. 예를 들면 $\phi 50 \text{H7/g6}$, $\phi 50 \text{H7} - \text{g6}$, $\phi 50 \dfrac{\text{H7}}{\text{g6}}$ 등으로 표시한다.

1 기하공차의 종류와 기호(KS B 0608)

적용하는 형체	공차의 종류		기 호
단독 형체 (데이텀 불필요)	모양공차	진직도	—
		평면도	▱
		진원도	○
		원통도	⌀
단독 형체 또는 관련 형체		선의 윤곽도	⌒
		면의 윤곽도	⌓
관련 형체 (데이텀 필요)	자세공차	평행도	//
		직각도	⊥
		경사도	∠
	위치공차	위치도	⊕
		동심도	◎
		대칭도	≡
	흔들림공차	원주흔들림	↗
		온흔들림	⫫

① **진직도**(straightness) : 실제 직선과 이상직선의 차를 말한다.

② **평면도**(flatness) : 실제 평면과 이상평면의 차 혹은 기하학적인 이상평면으로부터 허용될 수 있는 실제 면의 편차를 말한다.

③ **진원도**(roundness) : 실제 원형과 이상진원의 차를 말한다. 구를 측정할 때는 진원도 대신에 진구도(spherocity)라는 용어가 사용된다.

④ **원통도**(cylindricity) : 실제 원통면과 이상원통면의 차를 말한다. 원통도는 진직도, 평행도, 진원도를 복합한 기하공차이다.

⑤ **선의 윤곽도**(profile of any line) : 이론적으로 정확한 치수에 의해 정해진 기하학적 상태에서의 선의 윤곽차를 말한다.

⑥ **면의 윤곽도**(profile of any surface) : 선의 윤곽도와 같은 조건의 면의 윤곽의 차를 말한다.

⑦ **평행도**(parallelism) : 평행해야 할 직선과 직선, 직선과 평면, 평면과 평면 등의 조합에서 이들의 한쪽을 기준으로 하여 이 기준에 대한 평행한 이상직선 또는 이상평면에서 다른 쪽의 직선 또는 평면의 차를 말한다. 평행도는 둘 또는 그 이상의 면이나 직선이 모든 점에서 같은 거리에 있을 조건이다.

⑧ 직각도(squareness or perpendicularity) : 직각이어야 할 직선과 직선, 직선과 평면, 평면과 평면 등의 조합에서 이들의 한쪽을 기준으로 하여 이 기준에 대한 직각인 이상직선 또는 이상평면에서 다른 쪽의 직선 부분 또는 평면 부분의 차를 말한다.

⑨ 경사도(angularity) : 이론적으로 정확한 각도를 가진 직선이나 평면의 조합에서 이들의 한쪽을 기준으로 할 때의 다른 한쪽의 직선이나 평면의 차를 말한다.

⑩ 위치도(position) : 점, 직선, 평면을 기준으로 하는 부분의 정확한 위치에서의 차를 말한다.

⑪ 동심도(concentricity) : 같은 직선 상에 있을 축선과 기준축의 차이며 동축도라고도 한다. 동심도와 유사한 것으로 편심도(eccentricity)가 있는데, 원통의 경우 허용되는 편심량은 허용되는 동심도의 절반이고, 따라서 동심도의 인디케이터판독값은 편심도의 2배이다.

⑫ 대칭도(symmetry) : 기준축선 또는 기준중심면에 대해 서로 대칭이 될 수 있는 부분위치에서의 차를 말한다.

⑬ 원주흔들림(run out) : 기준축선 주위에 기계 부분을 회전시킬 때 고정점에 대하여 그 표면의 지정된 방향으로 위치가 변하는 크기를 말한다. 흔들림공차역은 데이텀축직선에 수직한 임의의 측정평면 위에서 데이텀축직선과 일치하는 중심을 갖고 반지름방향으로 원주흔들림으로 규제된 공차만큼 떨어진 두 개의 동심원 사이의 영역이다.

⑭ 온흔들림(total run out) : 데이텀을 기준으로 규제 형체 표면의 두 방향에 적용되는 공차를 말한다. 원형방향과 직선방향에 모두 적용되는 흔들림공차이다.

2 재료조건(material condition)

① 최대실체조건(MMC) : 최대질량의 실체를 갖는 조건이며 Ⓜ으로 표시한다. 형체의 실체가 최대가 되는 쪽의 허용한계치수로서 내측 형체에 대해서는 최소허용치수, 외측 형체에 대해서는 최대허용치수를 의미한다. 최대실체공차방식에서 외측 형체에 대한 실효치수의 식은 '최대실체치수+기하공차'이다.

② 최소실체조건(LMC) : 최소질량의 실체를 갖는 조건 Ⓛ로 표시한다. 형체의 실체가 최소가 되는 쪽의 허용한계치수로서 내측 형체에 대해서는 최대허용치수, 외측 형체에 대해서는 최소허용치수를 의미한다.

③ 형체치수무관계(RFS) : 규제기호로 Ⓢ를 사용하였으나 현재는 표시하지 않는다.

3 기하공차의 부가기호

① 공차붙이 형체

　　㉠ 직접 표시하는 경우

ⓛ 문자기호에 의하여 표기하는 경우

② 데이텀 : 부품의 형상, 자세, 위치 및 흔들림에 대하여 기하공차를 지시하는 경우, 이들을 측정하기 위한 기하학적 기준이 되는 선 혹은 면을 데이텀이라고 한다. 부품의 기능을 고려하여 필요한 경우에는 복수의 선 혹은 면을 데이텀으로 설정할 수 있다.

ⓐ 데이텀을 지시하는 문자기호 Ⓐ

ⓛ 직접 표시하는 경우(데이텀 삼각기호)

ⓒ 그림, 문자기호에 의하여 표기하는 경우

ⓔ 데이텀 표적기입틀 혹은

ⓜ 데이텀 표적기호 : 점 ×, 선 ×——×, 영역 혹은

ⓗ 공차기입틀 안에 데이텀을 지시하는 문자기호를 기입하는 요령
  • 1개를 설정하는 데이텀은 1개의 문자기호로 나타낸다.
  • 2개의 공통 데이텀을 설정할 때는 2개의 문자기호를 하이픈(−)으로 연결한다.
  • 여러 개의 데이텀을 설정할 때, 우선순위가 없을 경우는 문자기호를 같은 구획 내에서 나란히 기입한다.

ⓢ 데이텀 표적 도시방법 : 데이텀으로 하는 표면 전체 대신에 가공기계나 측정기에 접촉하는 몇 군데의 점, 선, 한정된 영역을 데이텀 표적이라고 한다.
  • 데이텀 표적은 가로선으로 2개 구분한 원형의 테두리(데이텀 표적기입테두리)에 의해 도시한다.
  • 데이텀 표적기입테두리 하단에는 형체 전체의 데이텀과 같은 데이텀을 지시하는 문자기호 및 데이텀 표적번호를 나타내는 숫자를 기입한다.
  • 상단에는 보조사항(표적의 크기 등)을 기입한다.
  • 보조사항을 데이텀 표적기입테두리 속에 모두 기입하기가 곤란하면 테두리의 바깥쪽에 표시하고 인출선을 그어서 테두리와 연결한다.
  • 복수의 구멍과 같은 형체그룹의 실제 위치를 다른 형체 또는 형체그룹의 데이텀으로 지시할 경우는 공차기입테두리에 데이텀 삼각기호를 붙인다.
  • 데이텀 표적이 점일 때는 해당 위치에 굵은 실선으로 X 표시를 한다.
  • 데이텀 표적이 선일 때는 굵은 실선으로 표시한 2개의 X 표시를 가는 실선으로 연결한다.
  • 데이텀 표적이 영역일 때는 원칙적으로 가는 이점쇄선으로 그 영역을 둘러싸고 해칭을 한다.

③ 이론적으로 정확한 치수 : 직사각형 테두리를 표시 50
④ 돌출공차역 : Ⓟ

4 기하공차의 도시방법

1) 도시방법 일반

① 단독 형체에 기하공차를 지시하기 위하여는 공차의 종류와 공차값을 기입한 직사각형의 틀(이하 공차기입틀)과 그 형체를 지시선으로 연결해서 도시한다.

② 관련 형체에 기하공차를 지시하기 위하여는 데이텀 삼각기호(직각이등변삼각형)를 붙이고 공차기입틀과 관련시켜 상시 항목에 준하여 도시한다.

2) 공차기입틀에의 표시사항

① 공차에 대한 표시사항은 공차기입틀을 두 구획 또는 그 이상으로 구분하여 그 안에 기입한다. 이들 구획에는 각각의 내용을 다음 순서대로 왼쪽에서 오른쪽으로 기입한다.

㉠ 공차의 종류를 나타내는 기호

㉡ 공차값

㉢ 데이텀을 지시하는 문자기호(규제하는 형체가 단독 형체인 경우에는 문자기호를 붙이지 않는다.)

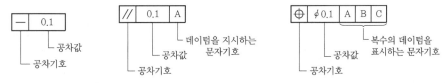

② '6구멍', '4구멍'과 같은 공차붙이 형체에 연관시켜서 지시하는 주기는 공차기입틀의 위쪽에 쓴다.

③ 한 개의 형체에 두 개 이상의 종류의 공차를 지시할 필요가 있을 때에는 이들의 공차기입틀을 상하로 겹쳐서 기입한다.

④ 지정길이, 지정면적 적용 사례

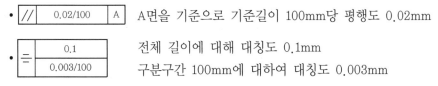

1 가공방법의 약호

가공방법	I	II	가공방법	I	II	가공방법	I	II
선반가공	L	선반	평삭반가공	P	평삭	벨트샌딩가공	GB	포연
밀링가공	M	밀링	형삭반가공	SH	형삭	스크레이퍼다듬질	FS	스크레이퍼
드릴가공	D	드릴	호닝가공	GH	호닝	래핑다듬질	FL	래핑
리머가공	FR	리머	액체호닝가공	SPL	액체호닝	줄다듬질	FF	줄
보링머신가공	B	보링	배럴연마가공	SPBR	배럴	페이퍼다듬질	FCA	페이퍼
브로치가공	BR	브로치	버프다듬질	FB	버프	주조	C	주조
연삭가공	G	연삭	블라스트다듬질	SB	블라스트			

2 줄무늬방향의 기호

기 호	=	M
의 미	가공에 의한 커터의 줄무늬방향이 기호를 기입한 그림의 투상면에 평행	가공에 의한 커터의 줄무늬가 여러 방향으로 교차 또는 무방향
가공면	셰이핑 등	태핑, 슈퍼피니싱, 정면밀링(가로이송), 엔드밀링 등
설명도	커터의 줄무늬방향 ▽=	▽M
기 호	⊥	C
의 미	가공에 의한 커터의 줄무늬방향이 기호를 기입한 그림의 투상면에 직각	가공에 의한 커터의 줄무늬가 기호를 기입한 면의 중심에 대하여 거의 동심원 모양
가공면	셰이핑(측면관점), 선삭, 원통연삭 등	끝면(포인트)절삭 등
설명도	커터의 줄무늬방향 ▽⊥	▽C

기 호	X	R
의 미	가공에 의한 커터의 줄무늬방향이 기호를 기입한 그림의 투상면에 경사지고 두 방향으로 교차	가공에 의한 커터의 줄무늬가 기호를 기입한 면의 중심에 대하여 거의 레이디얼(방사상) 모양
가공면	호닝 등	
설명도	커터의 줄무늬방향	

3 구멍가공과 끼워맞춤 연관기호

기 호	뜻
	공장에서 드릴가공 및 끼워맞춤을 하고 카운터 싱크가 없는 것
	공장에서 드릴가공, 현장에서 끼워맞춤을 하고 먼 면에 카운터 싱크가 있는 것
	현장에서 드릴가공 및 끼워맞춤을 하고 먼 면에 카운터 싱크가 있는 것
	현장에서 드릴가공 및 끼워맞춤을 하고 양쪽 면에 카운터 싱크가 있는 것
	공장에서 드릴가공 및 끼워맞춤을 하고 가까운 면에 카운터 싱크가 있는 것
	현장에서 드릴가공 및 끼워맞춤을 하고 카운터 싱크가 없는 것

09 스케치와 전개도

1 스케치(sketch)

1) 스케치의 개요

① 스케치 : 이미 만들어진 실물을 참고로 하여 그 모양을 용지에 프리핸드로 그린 것
② 스케치도 : 스케치한 도면에 필요한 사항(치수, 재질, 가공방법, 끼워맞춤공차 등)을 기입하여 완성한 도면

2) 스케치방법

① 프리핸드법 : 자나 컴퍼스를 쓰지 않고 연필만을 사용하여 물체의 모양을 정투상도나 회화적 투상으로 나타내는 스케치방법

② 본뜨기법(모양뜨기방법) : 불규칙한 곡선이 있는 물체를 종이 위에 놓고 그 둘레를 연필로 모양을 직접 뜨는 방법과 물체의 곡면에 따라 탄성이 있는 납선이나 동선을 이용하여 물체의 윤곽곡선을 간접적으로 그리는 방법

③ 프린트법 : 스케치할 물체의 표면에 기름이나 광명단을 얇게 칠하고 그 위에 종이를 대고 눌러서 실제의 모양을 뜨는 방법

④ 사진촬영법 : 복잡한 기계의 조립상태나 부품을 여러 각도로 미리 사진을 찍어두는 방법

3) 재질의 식별법

① 모양에 따른 식별법 : 복잡한 형태나 커다란 뼈대(frame), 다리 등은 주물 혹은 강이라고 보면 좋으며 축과 크랭크 등은 대개 연강과 경강으로 되어 있다.

② 색깔이나 광택에 의한 방법

    ㉠ 주철과 주강 : 주철은 망치로 때릴 때 둔한 소리가 나지만 주강의 경우에는 맑은 소리가 난다. 다듬질면은 주철에서는 거칠고 광택이 없지만 주강에서는 은회색이고 탄소강에 가까운 매끄러운 표면을 이루고 있다.

    ㉡ 동, 청동, 황동 : 동은 팥빛이 나고 청동은 주황색으로서 주석성분이 많아짐에 따라 풀색으로 변한다. 황동은 청동보다 노란빛을 많이 띤다.

    ㉢ 백색합금과 경합금 : 모두 백색이지만 백색합금은 주석이 많아짐에 따라 회색이 짙어지고 경합금은 은백색으로 대단히 가볍다.

③ 경도에 의한 식별법 : 쇼어경도계 등으로 5개소 정도를 측정하여 평균값을 산출하여 판정한다.

④ 불꽃검사에 의한 식별법 : 불꽃검사는 여러 가지가 있는데 그라인더로 부품을 갈아서 불꽃의 튀는 상태를 보고 재질을 식별하는 그라인더 불꽃검사법이 가장 간단하여 널리 사용되고 있다. 이것은 불꽃의 튀는 모양에 따라 대략의 탄소함유량이나 기타 성분의 함유량을 알아내는 방법이다.

▮2 전개도(development drawing)

입체의 표면을 한 평면 위에 펼쳐 그린 그림을 전개도라고 하며, 이 펼쳐진 그림을 다시 접으면 원래의 입체가 된다. 전개도 도시방법에는 다음과 같이 평행선법, 방사선법, 삼각형법 등이 있다.

① 평행선법 : 모서리나 중심축에 평행선을 그어 전개하는 방법으로 중심축이 나란히 직선을 표면에 그을 수 있는 원기둥, 각기둥의 전개에 이용된다.

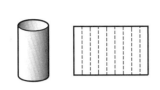  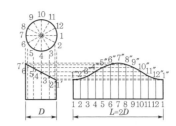

② **방사선법** : 꼭짓점 중심으로 전개도의 테두리를 전개하는 방법으로 원뿔, 각뿔 등의 전개에 이용된다.

③ **삼각형법** : 입체의 표면을 여러 개의 삼각형으로 나누어 전개하는 방법으로 꼭짓점이 너무 멀리 떨어져 있어서 방사선전개법을 이용하기 어려운 원뿔, 편심뿔, 각뿔 등의 전개에 이용된다.

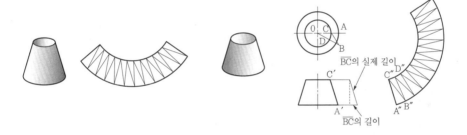

1. 기계제도 일반사항

01 다음 도면에서 A~D선의 용도에 의한 명칭이 잘못된 것은?

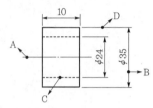

① A : 중심선
② B : 치수선
③ C : 숨은선(은선)
④ D : 지시선

[해설] D : 치수보조선

02 다음 중 KS도면의 크기에 대한 일반적인 원칙으로 틀린 것은?

① A0크기는 841×1,189이다.
② 윤곽선은 0.5mm 이상 굵기의 실선으로 그린다.
③ 도면의 세로와 가로의 비는 $1 : \sqrt{2}$ 이다.
④ 도면을 접을 때 그 접음의 크기를 A5로 기준 삼는다.

[해설] 도면을 접을 때 그 접음의 크기를 A4로 기준 삼는다.

03 기계제도에 대한 KS규격에서의 일반사항 중 틀린 것은?

① 도형의 크기와 대상물의 크기와의 사이에는 올바른 비례관계를 보유하도록 그린다.
② 다만 잘못 볼 염려가 없다고 생각되는 도면은 비례관계를 지키지 않아도 된다.

③ 참고치수, 이론적으로 정확한 치수 등 특별한 치수 이외의 것은 직접 또는 일괄하여 치수의 허용한계를 지시한다.
④ 조립 부분에서는 일반적으로 기하공차의 도시방법에 의한 기하공차를 지시해야 한다.

[해설] 조립 부분에는 일반적으로 기하공차의 도시방법에 의한 기하공차를 지시하지 않는다.

04 한국산업규격(KS)에 제도규격으로 제도 통칙이 제정되어 있으며, 이 규격은 공업의 각 분야에서 사용되는 도면을 작성할 때 요구되는 사항을 규정하고 있는데, 다음 내용 중 규정되어 있지 않은 것은?

① 제도에 있어서 치수의 허용한계기입방법
② 회전축의 높이
③ 도면의 크기와 양식
④ 제도에 사용하는 척도

[해설] 회전축의 높이는 KS에 규정되어 있지 않다.

05 제도용지의 크기 중 A3의 크기를 올바르게 표시한 것은?

① 279×420　　② 297×420
③ 549×420　　④ 597×420

[해설] A0 : 841×1189, A1 : 594×841, A2 : 420×594, A3 : 297×420, A4 : 210×297

06 KS 기계제도 도면규격 A4의 치수는?

① 148×210　　② 210×297
③ 420×594　　④ 297×420

[해설] ① A5
③ A2
④ A3

07 도면의 크기에서 A1의 면적은 A4의 면적의 몇 배인가?

① 116 ② 18
③ 16 ④ 8

해설 $4 \times 2 = 8$배

08 도면의 폭과 길이의 비는 얼마인가?

① $1 : \sqrt{2}$ ② $\sqrt{2} : 1$
③ $1 : 2$ ④ $2 : 1$

해설 제도용지의 세로와 가로의 길이비는 $1 : \sqrt{2}$ 이다.

09 KS규격의 기계제도에서 아라비아숫자의 크기는 높이로서 정하고 있다. 다음 중 이에 포함되지 않는 것은?

① 9mm ② 6.3mm
③ 4.5mm ④ 3mm

해설 KS규격에서 규정하는 아라비아숫자의 크기는 2.24, 3.15, 4.5, 6.3, 9mm이다.

10 일반적인 경우 도면에서 표제란의 위치로 가장 적합한 곳은?

① 오른쪽 아래
② 왼쪽 아래
③ 아래 중앙부
④ 오른쪽 옆

해설 표제란은 일반적으로 도면 우측 하단에 위치하며 제품명 혹은 부품명, 도번, 도면작성연월일, 척도, 투상법 등이 기재된다.

11 일반적으로 도면의 표제란 위에 있는 부품란에 기입되어 있지 않은 것은?

① 수량 ② 품번
③ 품명 ④ 단가

해설 부품란에 단가기입은 불필요하다.

12 도면에서 부품란의 품번순서는? (단, 부품란은 도면의 우측 아래에 있다.)

① 위에서 아래로 ② 아래에서 위로
③ 좌에서 우로 ④ 우에서 좌로

해설 도면에서 부품란의 위치는 우측 상단이나 표제란 바로 위에 위치한다. 우측 상단에 부품란이 있을 때에는 품번순서를 위에서 아래로 기입하지만, 표제란 바로 위인 우측 하단에 있을 때에는 품번순서를 아래에서 위로 기입한다.

13 40mm×50mm 크기의 직사각형 제품을 1/2척도로 제도하면 도면상에 그려진 면적은 몇 mm^2인가?

① 500 ② 1,000
③ 2,000 ④ 4,000

해설 $2,000 \times \dfrac{1}{2} = 1,000$

14 다음 도면의 제도방법에 관한 설명 중 옳은 것은?

① 도면에는 어떠한 경우에도 단위를 표시할 수 없다.
② 척도를 기입할 때 A : B로 표기하며, A는 물체의 실체크기, B는 도면에 그려지는 크기를 표시한다.
③ 축척, 배척으로 제도했을지라도 도면의 치수는 실제 치수를 기입한다.
④ 각도값의 표시는 항상 라디안값으로 표시해야 한다.

해설 ① 도면에는 단위를 표시할 수 있다.
② 척도를 기입할 때 A : B로 표기하며, A는 도면에 그려지는 크기, B는 물체의 실체크기를 표시한다.
④ 각도값의 표시는 라디안값으로 표시할 필요는 없다.

15 다음 선의 종류 중 도면에서 2종류 이상의 선이 같은 장소에 겹치게 될 경우 가장 우선적으로 그려야 하는 선은?

① 치수보조선 ② 절단선
③ 중심선 ④ 숨은선

해설 우선순위 : 외형선 > 숨은선 > 절단선 > 중심선 > 무게중심선 > 치수보조선

16 다음 중 가는 실선으로 사용하지 않는 선은?

① 지시선 ② 치수선
③ 해칭선 ④ 피치선

해설 피치선은 가는 일점쇄선을 사용한다.

17 2개의 입체가 서로 만날 경우 두 입체표면에 만나는 선이 생기는데, 이 선(상관체에서 두 입체가 만나는 경계선)을 무엇이라고 하는가?

① 분할선 ② 입체선
③ 직립선 ④ 상관선

해설 2개의 입체가 서로 만날 경우 두 입체표면에 만나는 선이 생기는데, 이 선(상관체에서 두 입체가 만나는 경계선)을 상관선이라고 한다.

18 파단선에 대한 설명으로 올바른 것은?

① 대상물의 일부를 떼어낸 경계를 표시하는 선
② 외형선과 숨은선의 연장선
③ 평면이라는 것을 표시하는 선
④ 단면이라는 것을 명시하기 위해 쓰는 선

해설 파단선은 불규칙한 파형의 가는 실선, 지그재그선인데, 대형물의 일부를 떼어낸 혹은 파단한 경계를 표시한다.

19 단면의 무게중심을 연결한 선을 표시할 때 사용하는 선은?

① 굵은 실선 ② 가는 일점쇄선
③ 가는 파선 ④ 가는 이점쇄선

해설 단면의 무게중심을 연결한 선을 표시할 때 사용하는 선은 가는 이점쇄선이다.

20 선의 용도가 지시사항, 기호 등을 표시하기 위해 끌어내는 데 쓰이는 선의 명칭은?

① 기준선 ② 특수 보조선
③ 지시선 ④ 특수 용도선

해설 지시사항, 기호 등을 표시하기 위해 끌어내는 데 쓰이는 선은 지시선 혹은 인출선이다.

21 도형 내에 그 부분의 끊은 곳을 90° 회전하여 표시할 때 사용하는 선의 용도에 의한 명칭이 회전단면선인 것은?

① 굵은 이점쇄선 ② 굵은 일점쇄선
③ 가는 실선 ④ 가는 일점쇄선

해설 회전(도시)단면도에 사용되는 선은 물체의 내부에는 가는 실선이, 물체의 외부나 물체 사이의 도시에는 굵은 실선이 사용된다.

22 KS제도 통칙에 의한 단면도의 해칭에 관한 일반적인 원칙에 관한 설명으로 틀린 것은?

① 주된 외형선에 대하여 45°로 하는 것이 좋다.
② 가는 실선으로 등간격으로 표시한다.
③ 인접하는 부품의 절단부를 표시하는 해칭에서 모든 부품의 선간격은 동일해야 한다.
④ 해칭을 하는 부분 속에 문자, 기호 등을 기입하기 위하여 필요한 경우에는 해칭을 중단할 수 있다.

해설 인접하는 부품의 절단부를 표시하는 해칭에서 모든 부품의 선간격은 동일해야 하는 것이 아니라 서로 인접하는 단면의 해칭은 선의 방향 또는 각도(30°, 45°, 60° 등의 임의각도) 및 그 간격을 바꾸어서 구별해야 한다.

23 다음 중 가는 실선의 용도를 잘못 사용하고 있는 것은?

① 투상도의 어느 부분이 평면이라는 것을 나타내기 위해 가는 실선으로 대각선을 그렸다.
② 단면 한 부위의 해칭선을 가는 실선으로 그렸다.
③ 가공 전이나 가공 후의 모양을 가는 실선으로 그렸다.
④ 물체 내부에 회전단면을 가는 실선으로 그렸다.

해설 가공 전이나 가공 후의 모양은 가는 이점쇄선(가상선)으로 그린다.

24 다음 중 도면이 전체적으로 치수에 비례하지 않게 그려졌을 경우의 표시방법으로 올바른 것은 어느 것인가?

① 치수를 적색으로 표시한다.
② 치수에 괄호를 한다.
③ 척도에 NS로 표시한다.
④ 치수에 ※표를 한다.

해설 치수에 비례하지 않게 그려졌을 경우에는 치수에 밑줄을 긋거나 NS(Non Scale)라고 표시한다.

25 기계제도에 관한 일반사항에 관한 설명으로 틀린 것은 어느 것인가?

① 도형의 크기와 대상물의 크기와의 사이에는 올바른 비례관계를 유지하도록 그린다.
② 선의 굵기, 방향의 중심은 선의 이론상 그려야 할 위치 위에 있어야 한다.
③ 투명한 재료로 만들어지는 대상물의 전체 또는 부분을 나타내는 투상도에서는 전부 투명한 것으로 하고 그린다.
④ 기능상의 요구, 호환성, 제작기술수준 등을 기본으로 하고 불가결의 경우에만 기하공차의 도시방법에 따라 기하공차를 지시한다.

해설 투명한 재료로 만들어지는 대상물의 전체 또는 부분을 나타내는 투상도에서는 전부 불투명한 것으로 그린다.

26 대상물의 일부를 파단한 경계 또는 일부를 떼어낸 경계를 표시하는 선으로 가장 적합한 것은 어느 것인가?

① 가는 일점쇄선
② 가는 이점쇄선
③ 굵은 실선과 가는 일점쇄선
④ 불규칙한 파형의 가는 실선 또는 지그재그선

해설 대상물의 일부를 파단한 경계 또는 일부를 떼어낸 경계를 표시하는 선은 불규칙한 파형의 가는 실선 또는 지그재그선으로 나타낸다.

27 선에 대한 설명 중 틀린 것은?

① 지시선은 가는 실선으로 기술, 기호 등을 표시하기 위하여 끌어내는 데 쓰인다.
② 수준면선은 수면, 유면의 위치를 표시하는 데 쓰인다.
③ 기준선은 특히 위치결정의 근거가 된다는 것을 명시할 때 쓰인다.
④ 아주 굵은 실선은 특수한 가공을 하는 부분에 쓰인다.

해설 아주 굵은 실선은 얇은 물체를 단면으로 표시할 수 없을 때, 단선으로 그릴 때 사용된다. 특수한 가공을 하는 부분에 쓰이는 선은 굵은 일점쇄선이다.

28 물체의 일부분에 특수한 가공을 하는 경우 가공범위를 나타내는 표시방법은?

① 외형선에 가공방법을 명시한다.
② 외형선과 평행하게 그은 굵은 일점쇄선으로 표시한다.
③ 가공하는 부분의 단면과 수직하게 이점쇄선으로 표시한다.
④ 지시선을 표시하여 가공방법을 표시하고 굵은 실선으로 나타낸다.

해설 가공범위를 나타내는 표시방법은 외형선과 평행하게 그은 굵은 일점쇄선으로 표시한다.

29 작도의 시간과 지면의 공간을 절약한다는 관점에서 중심선의 한쪽 도형만 그리고 중심선의 양 끝에 짧은 2개의 평행한 가는 선의 도시기호를 그려 넣는 경우는?

① 반복도형의 생략
② 대칭도형의 생략
③ 중간 부분 도형의 단축
④ 두 면의 교차 부분이 둥글 때의 도시

해설 작도의 시간과 지면의 공간을 절약한다는 관점에서 중심선의 한쪽 도형만 그리고 중심선의 양 끝에 짧은 2개의 평행한 가는 선의 도시기호를 그려 넣는 경우는 대칭도형을 생략할 때이다.

30 가는 실선의 용도로 적합하지 않은 것은?

① 공구, 지그 등의 위치를 참고로 나타내는 데
사용한다.

② 치수를 기입하기 위하여 쓰인다.

③ 기술, 기호 등을 표시하기 위하여 끌어내는
데 쓰인다.

④ 수면, 유면 등의 위치를 표시하는 데 쓰인다.

해설 공구, 지그 등의 위치를 참고로 나타내는 데에는 가는
실선이 아니라 가는 이점쇄선으로 가상선을 그린다.

31 CAD로 작성된 도면에서 선의 종류는 가공자에게
중요한 의미가 된다. 선의 종류를 선택하는 방법
중 잘못된 방법은?

① 보이지 않는 부분의 모양은 숨은선으로 한다.

② 치수선은 가는 실선으로 한다.

③ 절단면을 나타내는 절단선은 연속선으로 한다.

④ 치수보조선은 가는 실선으로 한다.

해설 절단면을 나타내는 절단선은 가는 실선의 해칭선을
사용하고, 절단위치를 표시할 경우에는 가는 일점쇄
선의 절단선으로 도시한다.

📖 **2. 투상법 및 도형 표시법**

01 〈보기〉와 같은 입체의 제3각법 투상도로 가장
적합한 것은?

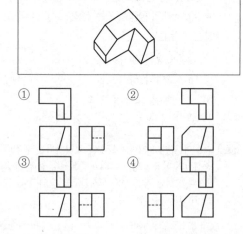

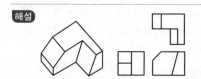

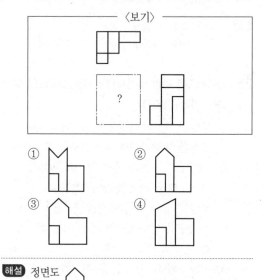

02 어떤 물체를 제3각법으로 정투상한 〈보기〉와 같은
투상도에서 누락된 정면도로 가장 적합한 것은?

해설 정면도

03 〈보기〉의 입체도를 화살표방향에서 본 투상도면
으로 가장 적합한 것은?

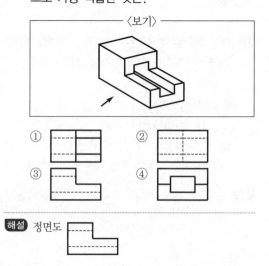

해설 정면도

04 〈보기〉와 같은 입체도의 제3각 정투상도로 가장 적합한 것은?

〈보기〉

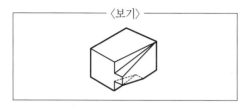

① ②

③ ④

해설

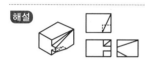

05 〈보기〉의 입체도에서 화살표방향 투상도로 가장 적합한 것은?

〈보기〉

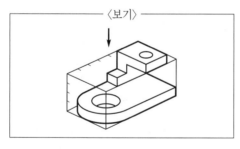

① ②

③ ④

해설

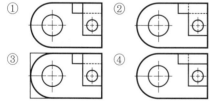

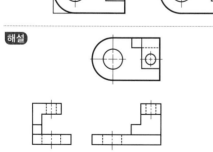

06 〈보기〉의 입체도와 정면도 및 평면도를 보고 우측면도로 가장 적합한 것은?

〈보기〉

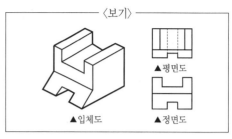

▲평면도

▲입체도   ▲정면도

① ②

③ ④

해설

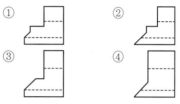

07 〈보기〉의 입체도의 화살표방향이 정면일 경우 평면도로 가장 적합한 투상도는?

〈보기〉

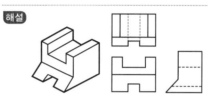

① ②

③ ④

해설 ② 평면도
③ 정면도
④ 우측면도

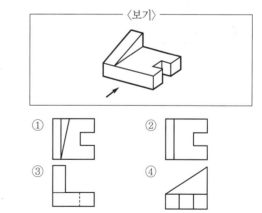

08 〈보기〉와 같은 정면도와 평면도에 가장 적합한 우측면도는?

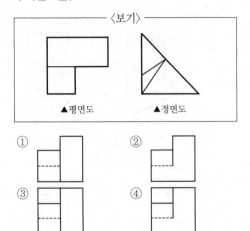

① ② ③ ④

해설 입체도

09 〈보기〉의 입체도를 제3각법으로 정투상한 투상도에 대한 설명으로 올바른 것은?

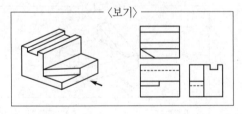

① 모두 올바르다.
② 평면도만 틀렸다.
③ 정면도만 틀렸다.
④ 우측면도만 틀렸다.

해설 옳은 우측면도

10 〈보기〉의 도면은 제3각법으로 정투상한 정면도와 평면도이다. 우측면도로 가장 적합한 것은?

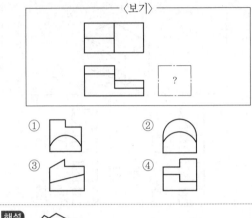

① ② ③ ④

해설

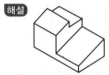

11 〈보기〉의 입체도를 화살표방향에서 본 투상도면으로 가장 적합한 것은?

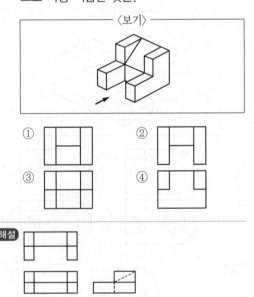

① ② ③ ④

해설

12 〈보기〉의 입체도에서 화살표방향을 정면도로 할 경우 평면도로 올바른 것은?

①   ②

③   ④

해설

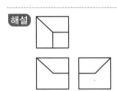

13 〈보기〉는 제3각 정투상도에서 정면도와 우측면 도이다. 평면도로 가장 적합한 것은?

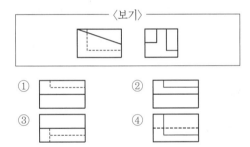

①   ②

③   ④

해설

14 〈보기〉와 같은 제3각법으로 정투상한 정면도와 평면도에 대한 우측면도로 올바르게 나타낸 것은?

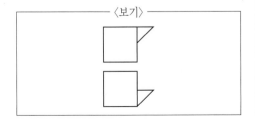

①   ②

③   ④

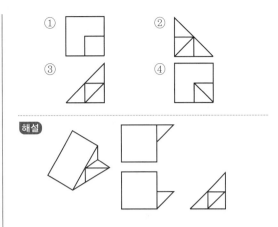

해설

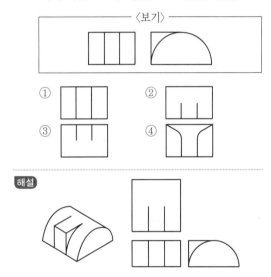

15 제3각 정투상도로 투상된 〈보기〉와 같은 정면도 의 우측면도이다. 평면도로 적합한 것은?

①   ②

③   ④

해설

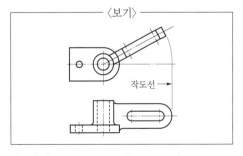

16 〈보기〉와 같이 실형을 도시하기 위하여 나타내는 투상도의 명칭으로 가장 적합한 것은?

① 전개도   ② 보조투상도

③ 실투상도   ④ 회전투상도

회전투상도는 투상면이 경사져 있어서 실제 모양이 나타나지 않을 경우 그 부분을 회전하여 투상한 투상도이다.

17 〈보기〉와 같은 입체도의 제3각 투상도로 가장 적합한 것은? (단, 화살표방향을 정면도로 한다.)

〈보기〉

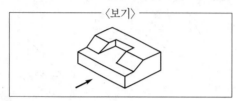

①
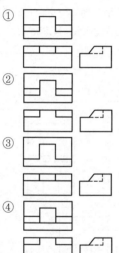

②

③

④

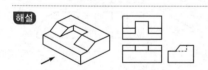

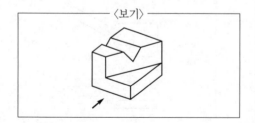

18 다음 입체도의 화살표방향 투상도로 가장 적합한 것은?

〈보기〉

① 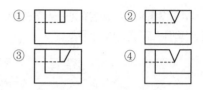 ②

③ ④

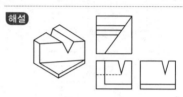

19 V−블록을 제3각법으로 정투상한 〈보기〉의 도면에서 A 부분의 치수는?

〈보기〉

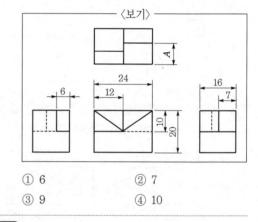

① 6 ② 7
③ 9 ④ 10

$A = 16 - 7 = 9$

20 투상도의 선택방법 중 틀린 것은?

① 주투상도만으로 표시할 수 있는 것에 대해서도 다른 투상도를 그린다.

② 주투상도는 대상물의 모양·기능을 가장 명확하게 표시하는 면을 그린다.

③ 주투상도를 보충하는 다른 투상도는 되도록 적게 그린다.

④ 서로 관련되는 그림의 배치는 되도록 숨은선을 쓰지 않는다.

주투상도만으로 표시할 수 있는 것은 다른 투상도를 그리지 않는다.

21 물체의 경사진 면을 나타내는 데 가장 적합한 투상도는?

① 관용 투상도　　② 보조투상도
③ 회전투상도　　④ 부분투상도

해설 경사면 부위의 표시에는 보조투상도가 제격이다.

22 투상도 중 제3각법이나 제1각법으로 투상해도 그 투상도면의 배치위치가 동일 위치인 것은?

① 평면도　　　　② 배면도
③ 우측면도　　　④ 저면도

해설 배면도는 배치위치가 각법에 따라 변하지 않는다.

23 도형의 표시방법 중 맞지 않는 것은?

① 가능한 한 자연, 안정, 사용의 상태로 표시한다.
② 물품의 주요면이 가능한 한 투상면에 수직 또는 평행하게 한다.
③ 물품의 형상이나 기능을 가장 명료하게 나타내는 면을 평면도로 선정한다.
④ 서로 관련되는 도면의 배열을 가능한 한 은선을 사용하지 않도록 한다.

해설 물품의 형상이나 기능을 가장 명료하게 나타내는 면을 정면도로 선정한다.

24 도형의 표시방법에 대한 설명 중 틀린 것은?

① 둥근 막대 모양은 세워서 나타낸다.
② 정면도는 대상물의 모양·기능을 가장 명확하게 표시하는 면을 그린다.
③ 그림의 일부를 도시하는 것으로 충분한 경우에는 그 필요한 부분만을 부분투상도로서 표시한다.
④ 특정 부분의 도형이 작은 까닭으로 그 부분의 상세한 도시나 치수기입을 할 수 없을 때는 그 부분을 가는 실선으로 에워싸고 영자의 대문자로 표시함과 동시에 그 해당 부분을 다른 장소에 확대하여 그린다.

해설 둥근 막대 모양은 눕혀서 길이방향으로 나타낸다.

25 물체의 한쪽 면이 경사되어 평면도나 측면도로는 물체의 형상을 나타내기 어려울 경우 가장 적합한 투상법은?

① 요점투상법
② 회전투상법
③ 부분투상법
④ 보조투상법

해설 물체의 한쪽 면이 경사되어 평면도나 측면도로는 물체의 형상을 나타내기 어려울 경우 가장 적합한 투상법은 보조투상법이다.

26 정면도의 정의로 맞는 것은?

① 물체의 각 면 중 가장 그리기 쉬운 면을 그린 그림
② 물체의 뒷면을 그린 그림
③ 물체를 위에서 보고 그린 그림
④ 물체형태의 특징을 가장 뚜렷하게 나타내는 그림

해설 ① 물체의 각 면 중 가장 그리기 쉬운 면을 그린 그림은 별 의미가 없다.
② 물체의 뒷면을 그린 그림은 배면도이다.
③ 물체를 위에서 보고 그린 그림은 평면도이다.

27 투상도의 선택방법 중 틀린 것은?

① 주투상도에는 대상물의 모양, 기능을 가장 명확하게 표현하는 면을 그린다.
② 주투상도를 보충하는 다른 투상도는 되도록 적게 하고, 주투상도만으로 표시할 수 있는 것에 대하여는 다른 투상도는 그리지 않는다.
③ 주투상도는 어떻게 놓더라도 괜찮다.
④ 서로 관련되는 그림의 배치는 되도록 숨은선을 쓰지 않도록 한다.

해설 주투상도에는 대상물의 모양, 기능을 가장 명확하게 표현해야 하므로 어떻게 놓더라도 괜찮지 않다.

28 투상도법의 설명 중 옳은 것은?

① 제1각법은 물체와 눈 사이에 투상면이 있는 것이다.

② 제3각법은 평면도 아래에 정면도를 둔다.

③ 제1각법은 한국공업규격에서 채택하고 있는 투상법이다.

④ 제1각법은 정면도 아래에 저면도를 둔다.

해설 ① 제3각법은 물체와 눈 사이에 투상면이 있는 것이다.

③ 제3각법은 한국공업규격에서 채택하고 있는 투상법이다.

④ 제1각법은 정면도 아래에 평면도를 둔다.

📖 3. 단면법

01 다음 중 단면도의 절단된 부분을 나타내는 해칭선은?

① 가는 이점쇄선 ② 가는 실선

③ 숨은선 ④ 가는 일점쇄선

해설 해칭선은 45°의 가는 실선으로 그린다.

02 핸들이나 바퀴 암 및 리브, 훅, 축 등의 단면을 나타내는 도시법으로 적합한 것은?

① 회전단면 ② 계단단면

③ 부분단면 ④ 한쪽 단면

해설 핸들이나 바퀴 암 및 리브, 훅, 축 등의 단면을 나타내는 도시법으로 적합한 것은 회전단면이다.

03 한쪽 단면도에 대한 설명으로 맞는 것은?

① 물체의 중심에서 1/2 절단한 것이다.

② 특정 부분의 일부분만 나타내는 경우에 사용된다.

③ 필요에 따라 여러 개의 평면, 즉 계단상으로 나타낼 수 있다.

④ 몸체의 외형과 내부를 동시에 나타내는 경우를 말한다.

해설 ① 온단면도(전단면도)

② 부분단면도

③ 계단단면도

④ 한쪽 단면도(반단면도)

04 KS 기계제도에서 단면의 표시법에 대한 설명으로 올바른 것은?

① 훅, 축 등의 단면은 절단선의 연장선 위에 표시할 수 없다.

② 핸들의 암 및 리브의 단면 모양을 도형 내에 직접 표시할 경우에는 굵은 실선으로 그린다.

③ 박판, 형강 등에서 단면이 얇은 경우에는 극히 굵은 실선 1줄로 표시할 수 있다.

④ 단면에는 해칭 또는 채색을 할 수 없다.

해설 ① 훅, 축 등의 단면은 절단선의 연장선 위에 표시할 수 있다.

② 핸들의 암 및 리브의 단면 모양을 도형 내에 직접 표시할 경우에는 가는 실선으로 그린다.

④ 단면에는 해칭 또는 채색을 할 수 있다.

05 단면의 해칭하는 방법과 가장 관계없는 것은?

① 동일한 부품의 단면은 떨어져 있어도 해칭의 각도와 간격은 일정하게 그린다.

② 두께가 얇은 부분의 단면도는 실제 치수와 관계없이 한 개의 굵은 실선으로 도시할 수 있다.

③ 필요에 따라 해칭하지 않고 스머징할 수 있다.

④ 해칭을 하는 곳에는 해칭선을 중단하고 글자, 기호 등을 기입할 수 없다.

해설 해칭을 하는 곳에는 해칭선을 중단하고 글자, 기호 등을 기입할 수 있다.

06 다음 요소 중 길이방향으로 단면하여 도시할 수 있는 것은?

① 풀리 ② 작은 나사

③ 볼트 ④ 리벳

해설 ②, ③, ④는 길이방향으로 단면하여 도시할 수 없는 부품들이다.

07 패킹, 박판, 형강 등 얇은 물체의 단면 표시방법으로 맞는 것은?

① 1개의 굵은 실선　② 2개의 가는 실선
③ 은선　　　　　　④ 파선

해설
• 아주 굵은 선 : 패킹, 박판, 형강 등 얇은 물체의 단면
• 가는 실선 : 치수선, 치수보조선, 지시선, 해칭선, 파단선, 회전단면선
• 가는 일점쇄선 : 중심선, 피치선, 절단선
• 가는 이점쇄선 : 가상선, 무게중심선

08 핸들이나 바퀴 등의 암 및 림, 리브, 축 등을 나타낼 때의 단면으로 다음 중 가장 적합한 것은?

① 온단면(전단면)　② 한쪽 단면(반단면)
③ 계단단면　　　　④ 회전도시단면

해설 핸들이나 바퀴 등의 암 및 림, 리브, 축 등은 회전도시 단면도로 나타낸다.

09 절단한 곳 또는 절단선의 연장 선상에 90° 회전하여 단면을 그릴 수 없는 것은?

① 리브
② 기어의 이
③ 핸들이나 바퀴의 암
④ 훅 조인트

해설 회전단면도시는 핸들이나 바퀴의 암 및 림, 리브, 훅, 구조물의 부재 등의 절단면을 90° 회전하여 표시한다.

📖 4. 치수기입법 및 재료 표시법

01 치수기입법 중 현의 길이를 올바르게 표시한 것은?

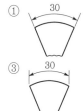
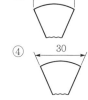

해설 ① 각도, ② 현, ③ 호

02 〈보기〉와 같은 T형강의 표시방법이 바르게 된 것은?

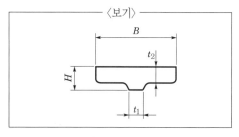

① T $B \times H \times t_1 \times t_2 - L$
② T $B \times H \times t_1 - t_2 - L$
③ T $B \times H - t_2 - t_1 - L$
④ T $H \times B \times t_2 \times t_1 - L$

해설 ① 형상 높이×너비×두께-길이

03 다음 그림에서 A의 치수는 얼마인가?

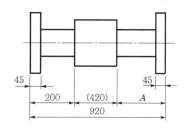

① 210　　　　　② 255
③ 275　　　　　④ 300

해설 $A = 920 - 200 - 420 = 300$

04 〈보기〉와 같은 물체의 테이퍼값은 얼마인가?

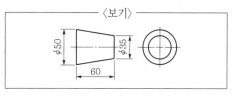

① 0.125　　　　② 0.5
③ 0.25　　　　　④ 0.375

해설 $T = \dfrac{D-d}{l} = \dfrac{50-35}{60} = 0.25$

05 〈보기〉의 도면과 같이 강판에 구멍을 가공할 경우 가공할 구멍의 크기와 개수는?

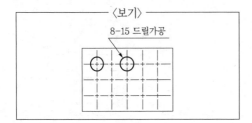

〈보기〉

8-15 드릴가공

① 지름 8mm, 구멍 2개
② 지름 8mm, 구멍 15개
③ 지름 15mm, 구멍 8개
④ 지름 15mm, 구멍 2개

해설 구멍 8개를 지름 15mm 드릴로 뚫을 것

06 〈보기〉의 도면에서 드릴구멍의 시작에서 끝나는 부분까지 거리인 A의 치수는 몇 mm인가?

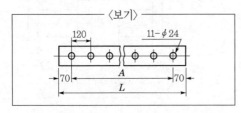

〈보기〉

120   11-ϕ24

A

70   L 70

① 1,320   ② 1,200
③ 2,760   ④ 2,880

해설 $A = (11-1) \times 120 = 1,200$

07 다음 도면에서 X의 치수는 얼마인가?

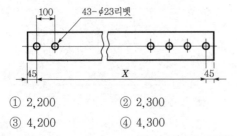

100   43-ϕ23리벳

45   X 45

① 2,200   ② 2,300
③ 4,200   ④ 4,300

해설 $X = (43-1) \times 100 = 4,200$

08 다음 그림과 같은 도면에서 참고치수를 나타내는 것은?

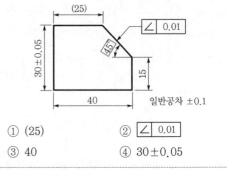

(25)

30±0.05   45   15

40   일반공차 ±0.1

① (25)   ② ∠ 0.01
③ 40   ④ 30±0.05

해설 참고치수는 ( )로 표시한다.

09 축을 가공하기 위한 센터구멍의 도시방법 중 다음 그림과 같은 도시기호의 의미는?

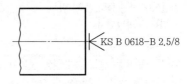

KS B 0618-B 2.5/8

① 반드시 센터구멍을 남겨둔다.
② 센터구멍이 남아 있어도 좋다.
③ 센터구멍이 남아 있어서는 안 된다.
④ 센터의 규격에 따라 다르다.

해설 센터구멍이 남아 있어서는 안 된다는 도시기호이다.

10 축 중심의 센터구멍표현법으로 옳지 않은 것은?

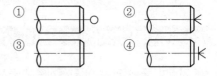

① ② ③ ④

해설

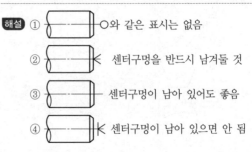

① ─○와 같은 표시는 없음
② 센터구멍을 반드시 남겨둘 것
③ 센터구멍이 남아 있어도 좋음
④ 센터구멍이 남아 있으면 안 됨

11 〈보기〉와 같은 부등변 ㄱ형강의 치수 표시방법은? (단, 길이는 l이다.)

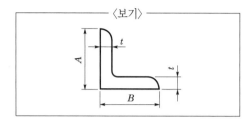

〈보기〉

① L $A \times B \times t - l$ ② L $t \times A \times B \times l$

③ L $B \times A + 2t - l$ ④ L $A + B \times \dfrac{t}{2} - l$

해설 형상 높이×폭×두께−길이

12 다음 그림과 같은 부등변 부등두께 ㄱ형강의 기호 및 치수 표시법으로 올바른 것은?

① L $A \times B \times \dfrac{t_1}{t_2} - L$

② L $A \times B \times \dfrac{t_2}{t_1} L$

③ L $A \times B \times t_1 \times t_2 - L$

④ L $A \times B \times t_2 \times t_1 - L$

해설 형상 높이×폭×두께 1×두께 2−길이

13 다음과 같은 I형강 재료의 표시법으로 올바른 것은?

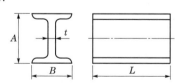

① I $A \times B \times t - L$

② $t \times$ I $A \times B - L$

③ $L -$I$\times A \times B \times t$

④ I $B \times A \times t - L$

해설 형강의 형상 높이×넓이×두께−길이

14 기계제도의 치수를 표시했을 때 그 설명으로 올바른 것은?

① 길이와 치수는 cm단위가 원칙이며 단위기록에는 cm를 기입하지 아니한다.

② 수직선의 치수선에는 숫자가 오른쪽을 향하게 한다.

③ 치수수치는 같은 도면일 경우 치수의 크기는 같게 하는 것이 좋다.

④ 치수숫자는 3자리마다 콤마를 찍으며 사이를 띄우지 않는다.

해설 ① 미터법으로 표기할 경우 치수는 mm단위가 원칙이며 단위기록에는 mm를 기입하지 아니한다.
② 수직선의 치수선에는 숫자가 윗쪽을 향하게 한다.
④ 치수숫자는 3자리마다 콤마를 찍을 필요가 없으며 사이를 띄우지 않는다.

15 다음 제도에 있어서 치수기입방법이 틀린 것은?

① 관련되는 치수는 한 곳에 모아서 기입한다.

② 치수는 가능한 중복기입을 한다.

③ 대상물의 기능, 제작, 조립 등을 고려하여 필요하다고 생각되는 치수를 명료하게 도면에 기입한다.

④ 치수는 되도록 주투상도에 집중한다.

해설 치수는 중복기입을 피한다.

16 치수기입에 대한 설명 중 틀린 것은?

① 필요한 치수를 명료하게 도면에 기입한다.

② 잘 알 수 있도록 중복하여 기입한다.

③ 가능한 한 주요 투상도에 집중하여 기입한다.

④ 가능한 한 계산해 구할 필요가 없도록 기입한다.

해설 중복기입을 배제해야 한다.

17 치수기입의 원칙을 설명한 것이다. 바르지 못한 것은?

① 특별히 명시하지 않는 한 도시한 대상물의 마무리치수를 기입
② 서로 관련되는 치수는 되도록 분산하여 기입
③ 기능상 필요한 경우 치수의 허용한계를 기입
④ 참고치수에 대해서는 수치에 괄호를 붙여 기입

해설 서로 관련되는 치수는 되도록 한 곳에 모아(분산하지 말고 집중하여) 기입한다.

18 누진치수기입법에 관한 설명으로 올바른 것은?

① 병렬치수기입법과는 완전히 다른 의미를 갖는다.
② 여러 개의 불연속치수선을 사용하므로 복잡하다.
③ 치수의 기점의 위치는 기점기호로 나타낸다.
④ 2개의 형체 사이의 치수선에서는 준용할 수 없다.

해설 ① 병렬치수기입법과는 완전히 다른 의미를 갖는 것은 아니다.
② 하나의 연속치수선을 사용하므로 간단하다.
④ 2개의 형체 사이의 치수선에서도 준용할 수 있다.

19 도면부품란에 재질이 KS재료기호로 GC250으로 표시된 재질의 설명으로 가장 적합한 것은?

① 가단주철 인장강도 : $250N/mm^2$
② 가단주철 인장강도 : $250kgf/mm^2$
③ 회주철 인장강도 : $250N/mm^2$
④ 회주철 인장강도 : $250kgf/mm^2$

해설 • GC : Grey Cast Iron, 회주철
• 250 : 인장강도 $250N/mm^2$

20 SM20C의 재료기호에서 탄소함유량은 몇 % 정도 인가?

① 0.15~0.25%   ② 0.2~0.5%
③ 1~2%   ④ 2% 이상

해설 SM20C의 탄소함유량은 0.15~0.25% 사이이다.

21 일반구조용 압연강재의 KS재료기호는?

① SPS   ② SBC
③ SS   ④ SM

해설 SPS : 스프링강재, SBC : 체인용 원형강, SS : 일반 구조용 압연강재, SM : 기계구조용 탄소강

22 일반 구조용 압연강재의 재료기호인 것은?

① SCM430
② SM400A
③ SPS9A
④ SS330

해설 SCM : 크롬몰리브덴강, SPS : 스프링강, SS : 일반 구조용 압연강재

23 KS규격에 따른 회주철품의 재료기호는?

① WC   ② PBC
③ BCD   ④ GC

해설 PBC : 인청동

24 도면부품란의 재료기호에 기입된 SPS6은 어떤 재료를 의미하는가?

① 스프링강재
② 스테인리스압연강재
③ 냉간 압연강재
④ 기계구조용 탄소강

해설 SPS 6 : 스프링강재 6종

25 다음 KS재료기호 중 탄소공구강강재의 기호는 어느 것인가?

① STC   ② STS
③ SF   ④ SPS

해설 STC : 탄소공구강, STS : 합금공구강, SF : 탄소강 단강품, SPS : 스프링강

5. 표면거칠기

01 다음과 같은 표면의 결 지시방법의 설명으로 올바른 것은?

① 선반가공을 해야 한다.
② 컷오프값을 알 수 있다.
③ 기준길이는 알 수 없다.
④ 10점 평균거칠기를 지시하였다.

해설 L : 선반가공, 기준길이 : 8mm, Ry : 최대높이거칠기값

02 다음과 같은 표면거칠기 지시기호에서 $\lambda_c 2.5$의 값은 다음 중 어느 값인가?

① 컷오프값
② 거칠기지시값 상한값
③ 최대높이거칠기값
④ 거칠기지시값 하한값

해설 • 25와 6.3 : 중심선 평균거칠기값(25 : 거칠기지시값 상한값, 6.3 : 거칠기지시값 하한값)
• $\lambda_c 2.5$: 컷오프값

03 다음 그림과 같은 표면의 결 도시방법의 기호 설명이 올바르게 된 것은?

① c' : 기준길이
② b : 가공 모양이 방사선 모양
③ f : 컷오프값
④ d : 드릴가공에 의한 절삭

해설 ② b : 가공방법
③ f : 중심선 평균거칠기 이외의 표면거칠기값
④ d : 줄무늬방향기호
• g : 표면파상도

04 〈보기〉와 같이 지시된 표면의 결 기호의 해독으로 올바른 것은?

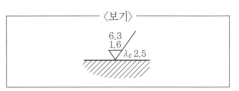

① 제거가공 여부를 문제 삼지 않을 경우이다.
② 최대높이거칠기 하한값이 $6.3\mu m$이다.
③ 기준길이는 $1.6\mu m$이다.
④ 2.5는 컷오프값이다.

해설 ① 제거가공을 필요로 하는 경우이다.
② 중심선 평균거칠기 하한값은 $1.6\mu m$, 상한값은 $6.3\mu m$이다.
③ 기준길이는 2.5mm이다.

05 표면거칠기를 표시하는 일반적인 사항으로 옳지 않은 것은?

① 다듬질기호는 면의 치수보조선에 접하여 실체의 바깥쪽에 기입한다.
② 줄무늬방향을 지시할 때는 면의 지시기호의 오른쪽에 부기한다.
③ 기입방법은 그림의 아래쪽 또는 왼쪽부터 읽을 수 있도록 기입한다.
④ 필요한 경우 인출선에 기입해도 좋다.

해설 기입방법은 그림의 아래쪽 또는 오른쪽부터 읽을 수 있도록 기입한다.

06 표면거칠기 기입방법이 잘못 설명된 것은?

① 부품 전체가 같은 다듬질기호일 때는 부품번호 옆에 기입한다.
② 기어에 기입할 때는 피치선에 기입할 수도 있다.
③ 기어에 기입할 때는 측면도의 잇봉우리에 따라서 기입한다.
④ 부품 전체가 같은 다듬질기호일 때 표제란 곁에 기입한다.

해설 기어에 기입할 때는 측면도의 잇봉우리에 따라서 기입지 않는다.

07 다음 그림과 같은 표면의 상태를 기호로 표시하기 위한 표면의 결 표시기호에서 d는 무엇을 표시하는가?

① a에 대한 기준길이 또는 컷오프값
② 기준길이－평가길이
③ 줄무늬방향의 기호
④ 가공방법기호

 d에는 줄무늬방향의 기호를 기입한다.

📖 6. 치수공차와 끼워맞춤

01 구멍과 축이 끼워맞춤상태에 있을 때 기준치수와 각각의 치수허용차의 기호기입이 옳은 것은?

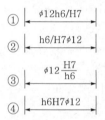

 치수보조기호와 치수를 기입하고 구멍공차를 대문자로 앞쪽에 기입하며, 축공차를 소문자로 뒤쪽에 기입한다.

02 길이의 허용한계치수를 잘못 기입한 것은?

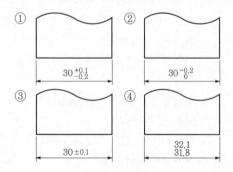

 작은 공차를 아래에 써야 하는데 ②는 아래와 위의 공차치수가 바뀌어져 있다.

03 동일 호칭치수의 구멍기준 끼워맞춤을 할 때 틈새가 가장 큰 끼워맞춤으로 짝지어진 것은?

① 구멍공차역 : A, 축공차역 : a
② 구멍공차역 : A, 축공차역 : z
③ 구멍공차역 : Z, 축공차역 : a
④ 구멍공차역 : Z, 축공차역 : z

 틈새가 크려면 구멍은 클수록, 축은 작을수록 크다. 구멍은 A가 가장 크고, 축은 a가 가장 작다.

04 다음 중 $\phi50H7$의 기준구멍에 가장 헐거운 끼워맞춤이 되는 축의 공차기호는?

① $\phi50f6$ ② $\phi50n6$
③ $\phi50m6$ ④ $\phi50p6$

 헐거운 끼워맞춤은 H보다 앞쪽의 소문자를 찾는다.

05 구멍 $70H_7 (70^{+0.030}_0)$, 축 $70g_6 (70^{-0.010}_{-0.029})$ 의 끼워맞춤이 있다. 끼워맞춤의 명칭과 최대틈새는?

① 중간 끼워맞춤이며, 최대틈새는 0.01이다.
② 헐거운 끼워맞춤이며, 최대틈새는 0.059이다.
③ 억지 끼워맞춤이며, 최대틈새는 0.029이다.
④ 헐거운 끼워맞춤이며, 최대틈새는 0.039이다.

 구멍의 최소치수가 축의 최대치수보다 크므로 헐거운 끼워맞춤이며 미끄럼운동, 회전운동 등의 이동이 필요한 기계부품조립설계에 적용된다. 최대틈새는 구멍의 최대허용치수에서 축의 최소허용치수를 빼면 계산된다.
최대틈새＝70.030－69.971＝0.059

06 구멍의 최대허용치수보다 축의 최소허용치수가 큰 경우의 끼워맞춤은?

① 억지 끼워맞춤
② 헐거운 끼워맞춤
③ 틈새 끼워맞춤
④ 중간 끼워맞춤

 구멍의 최대허용치수보다 축의 최소허용치수가 큰 경우의 끼워맞춤은 억지 끼워맞춤이다.

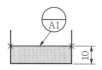

07 구멍의 치수가 $\phi 30^{+0.021}_{0}$, 축은 $\phi 30^{+0.023}_{+0.008}$인 끼워맞춤이 있다. 이 끼워맞춤의 최대죔새는?

① 0.042   ② 0.023

③ 0.029   ④ 0.008

해설 최대죔새=축의 최대허용치수−구멍의 최소허용치수
=30.023−30.000=0.023

08 다음 중 $\phi 50H7$의 기준구멍에 가장 헐거운 끼워맞춤이 되는 축의 공차기호는?

① $\phi 50f6$ ② $\phi 50n6$

③ $\phi 50m6$ ④ $\phi 50p6$

해설 축은 a쪽으로 갈수록 지름이 작아진다.

09 40H7은 $40^{+0.025}_{0}$, 40G6은 $40^{+0.025}_{+0.009}$라고 할 때 40G7의 공차범위는 얼마인가?

① $^{+0.009}_{0}$ ② $^{-0.009}_{-0.034}$

③ $^{+0.034}_{0}$ ④ $^{+0.034}_{+0.009}$

해설 위치수허용차는 $(0.025)+(+0.009)=+0.034$이며, 아래치수허용차는 $+0.009$이다.

10 끼워맞춤의 치수가 $\phi 40H7$과 $\phi 40G7$일 때 치수공차값을 비교한 설명으로 옳은 것은?

① $\phi 40H7$이 크다.

② $\phi 40G7$이 크다.

③ 치수공차는 같다.

④ 비교할 수 없다.

해설 $\phi 40H7$의 공차역은 $0\sim+0.025$, $\phi 40G7$의 공차역은 $+0.09\sim+0.034$이므로 치수공차는 공히 0.025로 같다.

7. 기하공차

01 다음 도면과 같은 데이텀 표적 도시기호의 의미 설명으로 올바른 것은?

① 두 개의 X점이 각각 점의 데이텀 표적

② 10mm 높이의 직사각형의 면이 데이텀 표적

③ 두 개의 X점을 연결한 선이 데이텀 표적

④ 두 개의 X점을 연결한 선을 반지름으로 하는 원이 데이텀 표적

해설
▲ 점   ▲ 선   ▲ 영역(원)   ▲ 영역(직사각형)

02 기하공차기호의 표시가 틀린 것은?

① 동축도 : ◎   ② 대칭도 : ═

③ 위치도 : ⊕   ④ 직각도 : T

해설 직각도 : ⊥

03 기호의 종류 중 위치공차를 나타내는 기호가 아닌 것은?

① ◎   ② ⊕

③ ⌀̸   ④ ═

해설 ⌀̸ 은 원통도공차이며, 원통도공차는 모양공차이다.

04 〈보기〉와 같은 기하공차 도시기호의 설명으로 가장 적합한 것은?

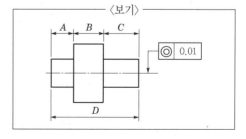

① A 부분 동심도   ② B 부분 동심도

③ C 부분 동심도   ④ D 부분 동심도

해설 전체 길이인 D 부분 동심도가 0.01mm 이내일 것

05 다음 그림의 형상공차를 바르게 설명한 것은?

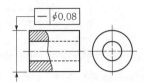

① 원판의 원주는 0.08mm만큼만 떨어져 있는 2중의 동심원 사이에 있지 않으면 안 된다.
② 면은 0.08mm만큼만 떨어져 있는 평행한 2개의 평면 사이에 있지 않으면 안 된다.
③ 화살표를 한 원통에 이루는 길이는 0.08mm 만큼만 떨어진 2개의 평행직선 사이에 있어야 한다.
④ 원통의 지름을 나타내는 치수에 공차기입틀이 연결되어 있는 경우에는 그 원통의 축선은 지름 0.08mm의 원통 내에 있어야 한다.

해설 진직도이며 원통의 축선이 지름 0.08mm의 원통 내에 있어야 함을 지정한다.

06 모양 및 위치공차 식별기호 표시에서 최대실체 공차방식의 기호는?

① Ⓐ
② Ⓑ
③ Ⓜ
④ Ⓟ

해설 • Ⓜ : 최대실체공차방식
• Ⓟ : 돌출공차역

07 기하공차의 종류에서 위치공차에 해당되지 않는 것은?

① 동축도 공차
② 위치도 공차
③ 평면도 공차
④ 대칭도 공차

해설 평면도는 모양공차이다(모양공차 : 진직도, 평면도, 진원도, 원통도, 선의 윤곽도, 면의 윤곽도).

📖 8. 가공기호 및 약호

01 〈보기〉와 같이 가공에 의한 줄무늬방향이 기입면의 중심에 대하여 동심원 모양일 때 기호를 나타낸 것은?

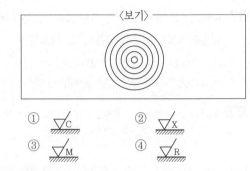

해설
✓C	가공으로 생긴 원이 거의 동심원
✓X	가공으로 생긴 선이 두 방향으로 교차
✓M	가공으로 생긴 선이 다방면으로 교차 또는 무방향
✓R	가공으로 생긴 원이 거의 방사상(레이디얼형)

02 가공모양에 대한 기호를 올바르게 표시한 것은?

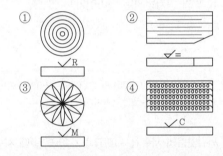

해설
가공으로 생긴 앞줄의 방향이 기호를 기입한 그림의 투상면에 평행	가공으로 생긴 앞줄의 방향이 기호를 기입한 그림의 투상면에 직각
✓=	✓⊥
가공으로 생긴 선이 두 방향으로 교차	가공으로 생긴 선이 다방면으로 교차 또는 무방향
✓X	✓M
가공으로 생긴 선이 거의 동심원	가공으로 생긴 선이 거의 방사상
✓C	✓R

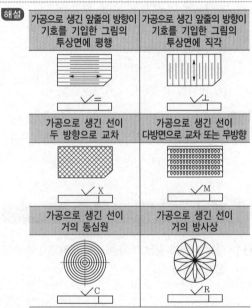

03 가공에 의한 줄무늬방향 기호의 표시법은?

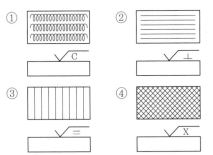

해설 ① M, ② =, ③ T, ④ X

04 도면에서 표면의 줄무늬방향 지시 그림기호 M은 무엇을 뜻하는가?

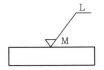

① 가공에 의한 커터의 줄무늬방향이 기호를 기입한 그림의 투영면에 비스듬하게 두 방향으로 교차
② 가공에 의한 커터의 줄무늬가 기호를 기입한 면의 중심에 대하여 거의 동심원 모양
③ 가공에 의한 커터의 줄무늬가 기호를 기입한 면의 중심에 대하여 거의 방사 모양
④ 가공에 의한 커터의 줄무늬가 여러 방향으로 교차 또는 무방향

해설 가공으로 생긴 선이 다방면으로 교차 또는 무방향

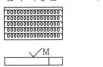

05 가공방법의 기호가 G로 표시된 것은 무엇을 나타내는가?

① 연삭   ② 선삭
③ 평삭   ④ 형삭

해설 연삭 : G, 선삭 : L, 평삭 : P, 형삭 : SH

06 줄무늬방향의 기호에 대한 설명으로 틀린 것은?

① = : 가공에 의한 컷의 줄무늬방향이 기호를 기입한 그림의 투영면에 평행
② X : 가공에 의한 컷의 줄무늬방향이 다방면으로 교차 또는 무방향
③ C : 가공에 의한 컷의 줄무늬가 기호를 기입한 면의 중심에 대하여 거의 동심원 모양
④ R : 가공에 의한 컷의 줄무늬가 기호를 기입한 면의 중심에 대하여 거의 방사 모양

해설 X는 가공으로 생긴 선이 두 방향으로 교차하는 것이다.

07 〈보기〉 도면의 선반작업 설명과 일치하지 않는 것은?

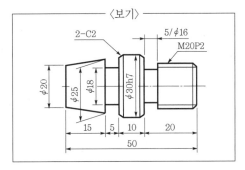

① ϕ16mm를 폭 5mm로 가공
② 전체 길이가 50mm 되게 가공
③ 45° 모따기를 2mm 되게 두 곳을 작업
④ 애크미나사의 유효지름 20mm를 두 줄 나사로 가공작업

해설 미터 가는 나사의 바깥지름을 20mm, 피치를 2.0으로 가공할 것

08 다음 그림과 같이 가공된 축의 테이퍼값은 얼마인가?

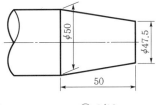

① 1/5   ② 1/10
③ 1/20   ④ 1/40

[해설] $Taper = \dfrac{D-d}{l} = \dfrac{50-47.5}{50} = 1/20$

09 다듬질가공에서 도면에 표시하는 스크레이퍼 (scraper)가공의 기호는?

① SH
② BR
③ FS
④ FB

[해설] SH : 형삭가공, BR : 브로치가공, FS : 스크레이핑, FB : 버프다듬질

10 가공방법의 기호이다. 약호가 틀린 것은?

① 호닝가공 : GH
② 랩다듬질 : FL
③ 스크레이퍼다듬질 : FS
④ 줄다듬질 : FB

[해설] 줄다듬질의 약호는 FF이다.

11 줄다듬질가공을 나타내는 약호는?

① FL
② FF
③ FS
④ FR

[해설] FL : 랩다듬질, FF : 줄다듬질가공, FS : 스크레이퍼 다듬질, FR : 리머가공

12 다음의 가공방법 중에서 표면조도가 가장 정밀하게 나오는 가공방법은?

① 단조
② 래핑
③ 밀링
④ 선삭

[해설] 표면조도 우수 정도는 래핑>밀링, 선삭>단조이다.

13 도면 내에 참고치수를 나타내려고 한다. 옳은 것은?

① 치수에 괄호를 한다.
② 치수 밑에 밑줄을 긋는다.
③ 치수를 ○ 안에 표시한다.
④ 치수 위에 ※표를 한다.

[해설] 참고치수는 ( )로 표시한다.

14 구멍에 끼워맞추기 위한 구멍, 볼트, 리벳의 기호 표시에서 가까운 면에 카운터 싱크가 있는 구멍에 현장에서 드릴가공 및 끼워맞춤을 할 때의 기호에 해당하는 것은?

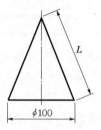

[해설] 가까운 면에 카운터 싱크가 있는 구멍에 현장에서 드릴가공 및 끼워맞춤

9. 스케치와 전개도

01 다음 그림을 전개했을 때 전개도의 중심각이 120° 가 되려면 L의 치수는 얼마인가?

$\phi 100$

① 150mm
② 200mm
③ 120mm
④ 180mm

[해설] $2\pi L : 100\pi = 360° : 120°$

$\therefore L = \dfrac{360 \times 100}{240} = 150mm$

02 다음 그림과 같은 물체(끝이 잘린 원추)를 전개하고자 할 때 방사선법을 사용하지 않는다면 다음 중 가장 적합한 방법은 어느 것인가?

① 삼각형법
② 평행선번
③ 종합선법
④ 절단법

해설 원뿔 전개 시 방사선법을 사용하지만 꼭짓점이 먼 원 뿔은 삼각법을 사용한다.

03 왼쪽 원뿔을 전개하면 오른쪽 전개도와 같다. 이때 θ는 약 몇 도($\degree$)인가? (단, $r=20$mm, $h=100$mm이다.)

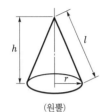

(원뿔)　　　　　(전개도)

① 약 120°　　　② 약 100°

③ 약 90°　　　④ 약 70°

해설 $\theta = 360\degree \dfrac{r}{l} = 360\degree \times \dfrac{20}{\sqrt{20^2+100^2}} \simeq 70\degree$

04 스케치부품의 표면에 기름이나 광명단을 얇게 칠하고 그 위에 종이를 대고 문질러서 실제의 모양을 뜨는 스케치법은?

① 프린트법　　　② 모양뜨기법

③ 프리핸드법　　④ 사진법

해설 프린트법은 평면이지만 복잡한 윤곽을 지닌 부품에 대해 표면에 기름, 광명단을 얇게 칠하고 그 위에 종이를 대고 눌러서 실제 모양을 뜬 방법이다.

05 일반적인 스케치작업 중 재질판정법이 아닌 것은?

① 색깔이나 광택에 의한 법

② 피로시험에 의한 법

③ 불꽃검사에 의한 법

④ 경도시험에 의한 법

해설 스케치작업 중 재질판정법에는 피로시험에 의한 법 이라는 것은 없다.

06 스케치도 작성 시 사용하는 납줄이나 동선의 용도로 가장 적합한 것은?

① 경도측정용

② 재질판정에 사용

③ 불규칙한 형상 본뜨기용

④ 분해조립 시 부품에 번호를 붙일 때 사용

해설 불규칙한 형상의 본뜨기는 납줄이나 동선을 사용한다.

07 다음 그림과 같이 지름이 50mm이고 길이가 60mm인 원통 외부의 표면적은 약 몇 mm²인가?

① 2,400

② 5,637

③ 7,540

④ 9,420

해설 $3.14 \times 50 \times 60 = 9,420$

결합용 기계요소제도

1 나사 · 볼트 · 너트의 제도

1) 나사의 제도

(1) 나사의 등급표시법

나사(screw)의 등급은 나사의 정도를 표시한 것으로, 나사의 등급을 나타내는 숫자 또는 숫자와 등급의 조합에 의해 표시한다. 미터나사는 급수가 작을수록, 유니파이나사는 급수가 클수록 정도가 높다. 나사의 등급은 필요가 없을 때는 생략해도 좋으며, 암나사와 수나사의 등급을 동시에 나타낼 필요가 있을 때에는 '암나사의 등급/수나사의 등급'으로 표시한다.

예 2B/2A : 암나사 2B급/수나사 2A급

(2) 나사의 도시법

① 수나사와 암나사의 산봉우리 부분은 굵은 실선으로, 골 부분은 가는 실선으로 표시한다.

② 완전나사부와 불완전나사부의 경계는 굵은 실선으로 긋고, 불완전나사부의 골밑 표시선은 축선에 대하여 30°의 경사각을 갖는 가는 실선으로 표시한다.

③ 암나사의 드릴구멍의 끝부분은 굵은 실선을 120°로 표시한다.

④ 수나사와 암나사의 결합 부분은 수나사로 표시한다(수나사와 암나사가 조립된 부분은 항상 수나사가 암나사를 감춘 상태에서 표시한다).

⑤ 나사의 결합부를 도시할 때 볼트, 너트, 와셔, 작은나사, 세트스크루 등은 절단면 상에 있더라도 단면도로 표현하지 않는다.

⑥ 나사 부분의 단면 표시에 해칭을 할 경우에는 산봉우리 부분까지 미치게 한다.

⑦ 간단한 도면에서는 불완전나사부를 생략해도 좋다.

⑧ 나사의 끝면에서 본 모습을 도시할 때에는 나사의 골밑은 가는 실선으로 그린 원의 3/4만 도시하고 가능하면 오른쪽 위에 4분원을 열어둔다.

⑨ 보이지 않는 나사부의 산마루는 보통의 파선으로, 골은 가는 파선으로 그린다.

⑩ 나사의 끝면에서 본 그림에서 모따기 원을 표시하는 굵은 선은 나타내지 않는다.

(3) 나사 표시법과 호칭법

① 나사 표시법 : 나사의 종류, 치수 등을 표시할 경우에는 수나사의 산봉우리, 암나사의 골밑에서 지시선을 긋고 그 끝에 차례대로 기호를 적는다. 감긴 방향은 왼나사일 경우에만 L, 왼, 좌 등으로 표시하고 오른나사의 경우에는 표시하지 않는다. 줄수도 1줄은 표시하지 않고 2줄 이상만 표시한다.

② 나사의 호칭치수 : 바깥지름(수나사)

ㄱ 피치를 mm로 표시하는 나사 : '나사종류 표시기호 · 나사지름숫자' 혹은 '나사종류 표시기호 · 나사지름숫자×피치'로 나타낸다.

ㄴ 피치를 산수로 표시하는 나사 : 관용나사의 경우 피치를 25.4mm에 대한 산수로 표시한다. 테이퍼수나사는 R, 테이퍼암나사는 Rc, 평행암나사는 Rp로 표시한다. '나사종류 표시기호 · 수나사지름숫자 · 산수'로 표시한다.

ㄷ 유니파이나사 : 나사의 호칭은 나사지름 1/4 미만의 것은 No.로 표시하고 그 이상이 것은 인치로 표시한다. 피치는 25.4mm(1인치)에 대한 나사산의 수로 표시한다. '나사지름 표시숫자 혹은 번호 - 산수 · 나사종류 표시기호'로 표시한다.

③ 나사의 종류를 표시하는 기호 및 나사호칭 표시방법

ㄱ 일반용(나사종류 표시방법, 표시사례)

• ISO규격에 있는 나사 : 미터보통나사(M, M10), 미터 가는 나사(M, M10×1.0), 미니어처나사(S, S 05), 유니파이보통나사(UNC, 3/8-16UNC), 유니파이 가는 나사(UNF, No.8-36UNF), 미터사다리꼴나사(Tr, Tr10×2), 관용테이퍼수나사(R, R3/4), 관용테이퍼암나사(Rc, Rc3/4), 관용평행암나사(Rp, Rp3/4), 관용평행나사(G, G1/2)

• ISO규격에 없는 나사 : 30° 사다리꼴나사(TM, TM18), 29° 사다리꼴나사(TW, TW20), 관용테이퍼수나사(PT, PT7), 관용평행암나사(PS, PS7), 관용평행나사(PF, PF7)

ㄴ 특수 나사(나사종류 표시방법, 표시사례) : 전구나사(E, E10), 자동차용 타이어밸브나사(TV, TV8), 자전거용 타이어밸브나사(CTV, CTV8산 30), 미니어처나사(S), 후강전선관나사(CTG, CTG16), 박강전선관나사(CTC, CTC19), 자전거나사-일반용(BC, BC3/4), 자전거나사-스포크용(BC, BC2.6), 미싱나사(SM, SM1/4산 40)

ㄷ 1992년 폐지된 특수 나사 : 전선관나사, 자전거나사, 미싱나사

④ 나사의 표시사례와 해설

나사 표시사례	나사산 방향	나사산 줄수	나사호칭	나사 등급	해 설
좌2줄M50×2-6H	LH	2	M50×2	6H	왼쪽방향 2줄 미터 가는 나사이며 지름 50mm, 피치 2mm, 등급 6H인 암나사
좌M10-2/1	LH	1	M10	2/1	왼쪽방향 1줄 미터보통나사이며 지름 10mm 암나사 2급과 수나사 1급의 조립상태
No.4-4UNC-2A	RH	1	No.4-4UNC	2A	우 1줄 유니파이보통나사 2A급

나사 표시사례	나사산 방향	나사산 줄수	나사호칭	나사 등급	해 설
G1/2−A	RH	1		A	우 1줄 관용평행수나사 A급
Rp1/2/R1/2	RH	1	Rp1/2/R1/2		우 1줄 관용평행암나사(Rp1/2)와 관용평행수나사(R1/2)의 조립

2) 볼트와 너트의 제도

(1) 볼트와 너트의 도시법

① 일반적으로 볼트와 너트의 표준부품을 사용할 경우 도형과 치수를 적지 않고 호칭법대로 부품란에 기입한다.

② 작은 나사 및 나사못의 도시는 표준부품이므로 조립도 외에는 도시할 필요가 없으며 호칭법만 부품란에 기입하면 된다.

③ 관용나사의 도시에서 테이퍼는 반드시 그리지 않아도 무방하다. 테이퍼를 그리는 경우는 주의하도록 크게 표시한다.

(2) 볼트와 너트의 호칭법과 표시

① 볼트의 호칭법 : 규격번호 · 종류 · 등급 · 나사종류 호칭×길이−강도구분 · 재료 · 지정사항

　예 KS B 1002 6각볼트 A M12×80−8.8 MFZn2

② 너트의 호칭법 : 규격번호 · 종류 · 형식 · 등급 · 나사종류 호칭−강도구분 · 재료 · 지정사항

　예 KS B 1002 6각너트 스타일 2 B M20−12 MFZn2

◼**2** 키 · 핀 · 코터의 제도

1) 키 · 핀의 호칭방법

① 키의 호칭방법 : 규격번호 · 종류(또는 그 기호) · 호칭치수(폭×높이)×길이 · 끝부분의 특별지정 · 재료

　예 KS B 1311 평행키 25×14×90 양 끝 등급 SM20C−D

② 핀의 호칭방법 : 테이퍼핀의 호칭은 작은 쪽의 지름으로 표시하고, 분할핀의 호칭은 핀구멍의 지름으로 표시한다.

　㉠ 평행핀 : 규격번호 또는 명칭 · 호칭지름 · 공차(끼워맞춤기호)×호칭길이 · 재료

　　예 KS B ISO 2338−6m6 A6×40−st(호칭지름 6mm, 공차 m6, 호칭길이 40mm, 재질 비경화강인 평행핀)

　㉡ 분할핀 : 규격번호 또는 명칭 · 호칭지름×길이 · 재료 · 지정사항

　　예 KS B ISO 1234−5×30−st(호칭지름 5mm, 호칭길이 30mm, 재질 비경화강인 분할핀)

　　ⓒ 슬롯(스플릿)테이퍼핀 : 명칭 · 지름×길이 · 재료 · 지정사항
　　　　예 슬롯테이퍼핀 6×70 SM35 핀 갈라짐의 깊이 10

2) 키 · 핀 · 코터의 도시법

① 키 · 핀 · 코터 등은 조립도에 있어서 길이방향으로 절단하여 도시하지 않는다.
② 부품도에는 키나 핀은 표준치수일 경우에는 그리지 않고 부품란에 호칭만 적으면 되지만 표준치수가 아닌 경우에는 치수를 적고 그려야 한다.
③ 기울기를 표시할 때에는 보통 기울기선에 평행하게 분수로 기입한다. 그러나 큰 기울기는 각도 또는 길이로 표시한다.
④ 테이퍼를 표시할 때는 보통 중심선에 평행하게 분수로 기입한다. 그러나 큰 테이퍼는 길이 또는 각도로 표시한다.
⑤ 키홈은 되도록 위쪽으로 도시한다.

■3 리벳이음 · 용접이음의 제도

1) 리벳이음(rivet joint)의 제도

(1) 리벳의 호칭법과 크기 표시

리벳의 호칭법은 '규격번호 · 종류 · 호칭지름×길이 · 재료'로 하며 크기 표시는 다음과 같이 한다.
① 접시머리 리벳 : 머리부를 포함한 전체 길이
② 둥근접시머리 리벳 : 둥근 부분을 제외한 전체 길이
③ 나머지 리벳 : 머리부를 제외한 길이
　　예 KS B 1101 냉간 둥근머리 6×18 MWR10로 표시되어 있다면 규격번호는 KS B 1101, 종류는 냉간 둥근머리, 호칭지름×길이는 6×18, 재료는 MWR10(리벳용 원형강)이라는 것이다.

(2) 리벳이음의 도시법

① 리벳을 크게 도시할 필요가 없을 때에는 리벳구멍을 약도로 표시한다.
② 리벳의 위치만을 도시할 때에는 중심선만으로 도시한다.
③ 얇은 판이나 형강 등의 단면을 굵은 실선으로 도시한다.
④ 리벳은 길이방향으로 단면하지 않는다.
⑤ 구조물에 사용되는 리벳은 기호로 표시한다.
⑥ 여러 겹 겹쳐 있을 때 각 판의 파단선은 서로 어긋나게 외형선을 긋는다.
⑦ 같은 피치로 연속되는 같은 종류의 구멍 표시법은 피치의 수×피치의 간격=합계치수로 표기한다.

2) 용접이음의 제도

(1) 용접의 도시법

① 기호 및 치수는 용접하는 면이 화살표 쪽 또는 앞쪽일 때에는 기선 아래에 기입하고, 화살 반대쪽 또는 건너쪽을 용접할 때는 기선 위에 기입한다.

② 기호 또는 기선의 위 또는 아래에 붙여 기입한다.

③ 현장용접, 전둘레용접, 전둘레현장용접의 보조기호는 기선과 지시선과의 교점에 기입한다.

④ 교점, 방법, 기타 특별히 지시할 사항이 있을 때에는 꼬리를 붙여서 기입한다.

(2) 용접기호 및 보조기호

용접의 종류와 형식 등을 도면에 나타낼 때는 기본기호를 사용하며 용접 부분의 표면상태, 다듬질방법, 기타 사항을 지시할 때에는 보조기호를 사용한다.

① 기본기호(KS B 0052)

양면플랜지형 맞대기용접	평행(I형) 맞대기용접	V형 맞대기용접	일면개선형 맞대기용접	V형 맞대기용접 (넓은 루트면)
八	‖	V	V	Y
한 면개선형 맞대기용접 (넓은 루트면)	U형 맞대기용접 (평행 또는 경사면)	J형 맞대기용접	이면용접	필릿용접
Y	Y	Y	⌣	◺
플러그용접 또는 슬롯용접(미국)	점(spot)용접	심(seam)용접	개선각이 급격한 V형 맞대기용접	개선각이 급격한 일면개선형 맞대기용접
⊓	○	⊖	▽	Ⅴ
가장자리용접 (에지용접)	표면육성	표면접합부	경사접합부	겹침접합부
‖‖	⌒⌒	=	≃	⊇

② 대칭적인 용접부의 조합기호(기본기호의 조합)

양면 V형 맞대기용접(X용접)	K형 맞대기용접	양면 V형 용접 (넓은 루트면)	K형 맞대기용접 (넓은 루트면)	양면 U형 맞대기용접
X	K	X	K	Ⅹ

③ 보조기호 : 용접부 표면의 모양이나 형상의 특징을 나타내는 기호이다. 보조기호가 없는 용접기호는 용접부의 표면을 자세히 나타낼 필요가 없다는 것을 의미한다.

평면 (동일 평면으로 다듬질)	볼록형	오목형	끝단부를 매끄럽게 함	영구적인 덮개판 사용	제거가능한 덮개판 사용
──	⌒	⌣	⌣⌣	M	MR

④ 보조기호 적용의 예

평면 마감처리한 V형 맞대기용접	볼록 양면 V형 용접	오목 필릿용접	이면용접이 있으며 표면 모두 평면마감처리한 V형 맞대기용접

넓은 루트면이 있고 이면용접된 V형 맞대기용접	평면마감처리한 V형 맞대기용접	매끄럽게 처리한 필릿용접

⑤ 화살표의 위치 : 용접부가 접합부의 화살표 쪽에 있으면 기호는 기준선이 실선 쪽에 표시되며, 용접부가 접합부의 화살표 반대쪽에 있으면 기호는 가준선의 점선 쪽에 표시된다.

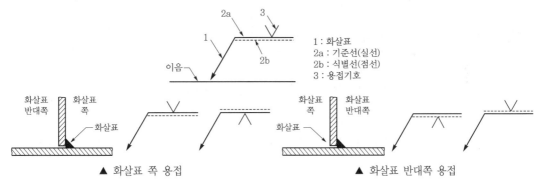

1 : 화살표
2a : 기준선(실선)
2b : 식별선(점선)
3 : 용접기호

▲ 화살표 쪽 용접　　　　　▲ 화살표 반대쪽 용접

⑥ 표시할 주요 치수 : 기호에 이어서 어떤 표시도 없는 것은 용접부재의 전체 길이로 연속용접한다는 의미이다. 별도 표시가 없는 경우는 완전용입이 되는 맞대기용접을 나타낸다.

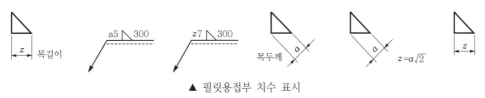

▲ 필릿용접부 치수 표시

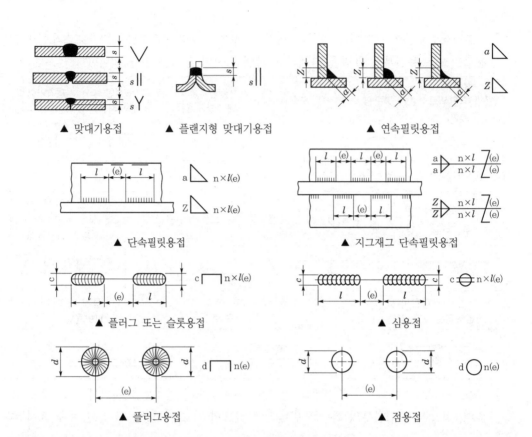

▲ 맞대기용접　　　　▲ 플랜지형 맞대기용접　　　　　　　▲ 연속필릿용접

▲ 단속필릿용접　　　　　　　　　　▲ 지그재그 단속필릿용접

▲ 플러그 또는 슬롯용접　　　　　　　　　▲ 심용접

▲ 플러그용접　　　　　　　　　　　▲ 점용접

＊예제 다음 필릿용접부기호의 설명으로 틀린 것은?

$$a\triangle n\times l(e)$$

① l : 용접부의 길이　　　　　② (e) : 인접한 용접부간격
③ n : 용접부의 개수　　　　　④ a : 용접부 목길이

┃해설┃ a는 용접부 목두께이며, 용접부 목길이는 z로 표시한다.　　　　　정답 ▶ ④

＊예제 용접기호가 다음 그림과 같이 도시되었을 경우 설명으로 틀린 것은?

a5 ▷ 5×200 ⟍ (100)
a5 ▷ 5×200 ⟍ (100)

① 지그재그용접이다.　　　　　② 인접한 용접부간격은 100mm이다.
③ 목길이가 5mm인 필릿용접이다.　　④ 용접부길이는 200mm이다.

┃해설┃ 목두께가 5mm(a5)이다.　　　　　정답 ▶ ③

⑦ 일주용접, 현장용접 : 용접이 부재의 전체를 둘러 이루어질 때 기호는 원으로 표시한다. 현장용접을 표시할 때는 깃발기호를 사용한다.

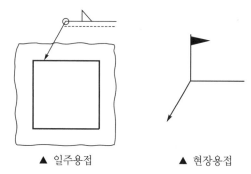

▲ 일주용접   ▲ 현장용접

⑧ 용접하는 쪽이 화살표 반대쪽인 경우의 설명선

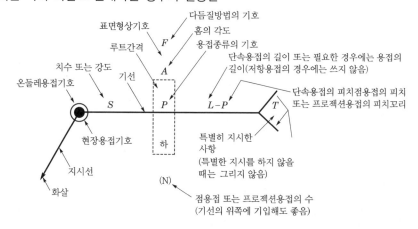

---

02 운동용 기계요소제도

1 전동용 기계요소제도

1) 기어(gear)의 제도

① 스퍼기어

ㄱ 정면도와 측면도의 위치를 정하고 수평 및 수직중심선을 긋는다.

ㄴ 측면도의 피치원, 정면도의 피치선과 이너비의 선을 긋는다.

ㄷ 기어는 약도로 나타내며, 정면도는 축직각방향에서 본 것을 그리고, 측면도는 축방향에서 본 것을 그린다.

ㄹ 치형은 생략하여 표시하는 간략법을 쓰며 굵은 실선(이끝원, 축직각방향으로 단면투상한 경우의 이뿌리원), 가는 일점쇄선(피치원) 또는 가는 실선(이뿌리원) 등으로 그린다.

ⓜ 도면 완성 후 치수를 기입한다.

ⓑ 기어가공에 있어 특히 기준면을 고려할 것은 기준이라고 지시한다.

ⓢ 제작도에서는 기어의 제작상 중요한 치형, 모듈, 압력각, 피치원지름 등 기타 필요한 사항은 요목표를 만들어 기입한다.

ⓞ 요목표 중에서 재료, 열처리, 경도는 치절가공 시 반드시 필요한 정보가 되기 때문에 반드시 기입하고 *표를 붙인다.

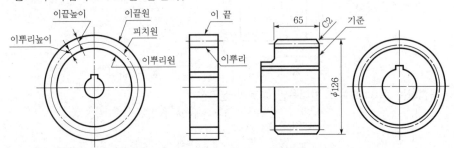

> ### 🖊 기어의 치수 및 요목표 기입법
> • 치형 : 표준과 전위 등으로 구별하여 기입한다.
> • 공구치형 : 보통 이, 낮은 이 등으로 구별하여 표시한다. 수정 시에는 수정이라 기입하고 수정치형을 표시한다.
> • 모듈 : 공구의 모듈을 기입한다. 원둘레피치, 지름피치로 나타낼 때도 있다.
> • 공구의 압력각 : 20°, 14.5°와 같이 기입한다.
> • 기준피치원지름 : 잇수×모듈로 기입한다.
> • 이두께 : 계측표준치수와 백래시를 포함한 치수차를 기입한다.
> • 가공방법 : 기어의 공작법, 사용기계 등을 지시할 필요가 있을 때 기입한다.
> • 정도 : 기어의 최종 정도를 기입한다.
> • 비고 : 전위계수, 상대기어잇수, 상대기어와의 중심거리, 물림압력각, 물림피치표준절삭깊이, 백래시, 기타 열처리 등을 기입한다.

② 맞물린 기어

ⓐ 잇봉우리원(이끝원)은 맞물리는 한 쌍의 기어에서 측면도의 양쪽 이끝원은 굵은 실선, 정면도의 단면도에서는 한쪽의 이끝원은 굵은 실선, 다른 한쪽의 이끝원은 파선으로 그린다.

ⓑ 맞물리고 있는 기어열(gear train)에 대한 정면도는 전개하여 중심 간의 실제 거리를 나타낸다. 기어의 중심선의 위치는 측면도와 일치하지 않게 된다.

ⓒ 스퍼기어와 중복되는 사항은 동일하다.

③ 헬리컬기어

ⓐ 이의 모양이 비틀어져 있지만 도시법은 스퍼기어의 도시법과 같다.

ⓑ 치수와 무관하게 비틀림각의 기울기는 30°로 그린다.

ⓒ 3개의 가는 실선(잇줄방향), 가는 이점쇄선(단면했을 때의 잇줄방향)으로 그린다.

ⓔ 스퍼기어와 중복되는 사항은 동일하다.

④ 베벨기어

　ⓐ 축방향에서 본 베벨기어의 측면도에서 이끝원은 굵은 실선, 피치원은 가는 일점쇄선으로 그리며 이뿌리원은 생략한다.

　ⓑ 이 끝 및 이뿌리를 나타내는 원뿔각의 선은 꼭짓점에 이르기 전에 그친다.

　ⓒ 한 쌍의 맞물리는 기어는 맞물리는 부분의 이끝원을 은선으로 그린다.

　ⓓ 스파이럴베벨기어는 대·소 한 쌍의 기어를 한꺼번에 도시하거나 한쪽 기어만 그리고 상대 기어는 주요 항목을 표로 나타내어도 좋다. 잇줄은 한 줄의 굵은 실선으로 나타낸다.

　ⓔ 스퍼기어와 중복되는 사항은 동일하다.

⑤ 웜기어

　ⓐ 스퍼기어의 제도법과 같이 이끝선과 이끝원을 굵은 실선, 이뿌리원을 가는 실선, 피치원과 피치선을 가는 일점쇄선으로 나타낸다.

　ⓑ 웜휠의 측면도는 바깥지름선을 굵은 실선, 피치원을 가는 일점쇄선으로 나타내고 이뿌리원과 목의 원은 그리지 않는다.

　ⓒ 휠의 비틀림방향은 3개의 가는 평행선을 긋고 치수를 병기한다. 이 모양 기준 단면, 피치, 잇수, 압력각 등 특기사항은 요목란에 기입한다.

　ⓓ 스퍼기어와 중복되는 사항은 동일하다.

2) 벨트풀리의 제도

(1) 평벨트풀리의 호칭법과 제도

① 평벨트풀리의 호칭법 : 명칭 · 종류 · 호칭지름×호칭너비 · 재료

　예 평벨트풀리 일체형 1형 125×25 주철

② 평벨트풀리의 제도

　ⓐ 축의 직각방향의 투상을 정면도로 한다.

　ⓑ 대칭형이므로 전부를 도시하지 않고 일부만을 도시할 수 있다.

　ⓒ 방사형인 암은 수직중심선 또는 수평중심선까지 회전투상한다.

　ⓓ 암은 길이방향으로 절단하지 않는다.

　ⓔ 단면형은 도형의 안이나 밖에 회전 단면으로 도시하는데 도형 안에 도시할 때에는 가는 실선으로, 도형 밖에 도시할 때에는 굵은 실선으로 그린다.

　ⓕ 암의 테이퍼 부분의 치수를 기입할 때 치수보조선을 빗금방향(수평과 30° 또는 60°의 경사선)으로 긋는다.

(2) V벨트풀리의 호칭법과 제도

① V벨트풀리의 호칭법 : 명칭 · 호칭지름 · 벨트종류 · 재료종류

　　예 주철제 벨트풀리 250 B3 Ⅱ

② V벨트풀리의 제도 : 평벨트의 제도와 동일한 방법으로 하며 보스의 위치에 따라 Ⅰ ~ Ⅴ형의
5가지 형이 있다.

3) 스프로킷(sprocket)의 제도

(1) 스프로킷의 개요

① 정의 : 체인을 사용하여 평행한 두 축 사이의 체인의 전동에 사용되는 기계요소(자전거나
오토바이 등의 동력을 전달하는 요소)이다.

② 축간거리 : 4m 이하

③ 전동이 확실하며 속도비가 일정하고 습도, 온도의 영향을 별로 받지 않으며 전달마력이
큰 곳에 사용된다.

(2) 스프로킷의 제도

스프로킷의 제도법은 기어와 기본적으로 동일하다.

① 도형과 요목표를 병용해서 표시한다.

② 도형에는 주로 스프로킷링크를 제작하는 데 필요한 잇수를 기입한다.

③ 요목표에는 기어절삭에 필요한 잇수나 이의 특성을 표시하는 사항을 기입한다.

④ 이 모양은 2~3개를 그리고 굵은 실선(바깥지름, 이끝원, 단면처리 시 이뿌리원), 가는 실
선(이뿌리원), 가는 일점쇄선(피치원) 등으로 그린다.

⑤ 이의 부분을 상세하게 그릴 때에는 단면부위를 나타내고 상세도를 그린다.

⑥ 간략하게 그릴 때에는 이끝원과 피치원만을 그린다.

2 축용 기계요소제도

1) 축의 제도

(1) 축의 지름(KS B 0406)

축(shaft)은 지름이 다른 단짓기 구조를 하고 있으며, 이들 각 지름의 부분에 기어나 축이음
이 끼워 맞추어지는 경우가 많다. 이런 끼워맞춤 부분을 갖는 축의 지름은 표준치수를 채용
하는 것이 원칙이다.

(2) 축 끝(shaft end)

축단부에는 기어, 풀리, 축이음 등이 끼워 맞추어지는데, 이 부분을 축 끝이라고 한다. 축 끝
에는 원통형과 테이퍼형(원추형)이 있다.

① **원통형 축 끝** : 이 축 끝에는 단을 짓지 않는 것이 있다. 이들 축 끝의 지름, 길이, 끝부분의 모따기, 키홈의 치수는 규격에 규정되어 있다. 축 끝의 길이에 따라 단축 끝과 장축 끝두 종류가 있다.

② **원추형 축 끝** : 축 끝이 원추형으로 된 것이며, 이 테이퍼는 규격(KS B 0408)에 의해 1/10로 규정되어 있다. 테이퍼축 끝은 단축 끝과 장축 끝이 있으며, 테이퍼지름은 대단부를 기준으로 이것을 기준지름이라고 한다. 기준지름에서 소단부까지의 길이가 테이퍼 부분의 길이이다.

(3) 축의 도시

① 축은 축(길이)방향으로 절단하거나 단면 도시하지 않는다. 그러나 부분 단면을 할 때는 표시한다.

② 단면이 균일하고 길이가 긴 축은 중간을 파단하여 단축으로 짧게 그릴 수 있으나 치수는 실제 길이를 기입해야 한다.

③ 축 끝의 모따기는 각도와 폭을 기입하되, 45° 모따기인 경우에 한하여 치수 앞에 'C'를 기입한다.

④ 둥근 축이나 구멍 등의 일부 면이 평면임을 나타낼 경우에는 가는 실선의 대각선을 그어 표시한다.

⑤ 축에 널링(knurling)을 도시할 때는 빗줄인 경우 축선에 대하여 30°로 엇갈리게 그린다.

⑥ 축을 가공하기 위한 센터를 그린다.

⑦ 축의 키홈을 나타낼 경우 국부투상도로 나타낸다.

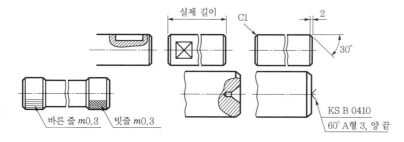

2) 베어링의 제도

(1) 구름 베어링의 호칭방법(KS B 2012)

구름 베어링의 호칭번호는 기본기호와 보조기호로 구성된다.

① **기본기호** : 형식기호, 치수계열기호, 안지름번호, 접촉각기호 순으로 구성되며, 형식기호와 치수계열기호를 합하여 베어링계열기호라고 한다. 롤링 베어링의 호칭번호는 베어링계열기호, 안지름번호를 의미한다.

형식기호	치수계열기호	안지름번호	접촉각기호

㉠ 형식번호(첫 번째 숫자) : 1(복렬 자동조심형), 2, 3(복렬 자동조심형-큰 너비), 5(스러스트 볼 베어링), 6(단열홈형), 7(단열 앵귤러 볼형), N(원통 롤러형)

　　㉡ 치수계열기호(두 번째 숫자) : 0, 1(특별경하중형), 2(경하중형), 3(중간하중형), 4(중하중형)

　　㉢ 안지름번호(세 번째 숫자, 네 번째 숫자이며 시험문제 출제 빈번) : 안지름번호 1에서 9까지는 안지름번호와 안지름이 같고 그 이상의 안지름에 대해서는 00(10mm), 01(12mm), 02(15mm), 03(17mm), 04(20mm), 05(25mm), …, 96(480mm) 등으로 나타내며 '/'가 있으면 안지름은 '/' 뒤의 숫자이다. 예를 들면, 62/22라면 (단열 홈형, 경하중형의) 안지름 22mm라는 것이다.

　　㉣ 접촉각기호(각 : 초과~이하)
　　　• A : 단식 앵귤러 볼 베어링 호칭접촉각 22~30°(보통 30°), 생략 가능
　　　• B : 단식 앵귤러 볼 베어링 호칭접촉각 32~45°(보통 40°)
　　　• C : 단식 앵귤러 볼 베어링 호칭접촉각 10~22°
　　　• D : 단식 테이퍼 롤러 베어링 호칭접촉각 24~32°

　② 보조기호(다섯 번째부터의 기호) : 순서와 무관하게 리테이너기호, 밀봉기호(실드기호), 레이스 모양기호, 복합 표시기호, 틈새기호, 정밀도등급기호 등을 표시할 수 있다.

　　㉠ 리테이너기호 : V(리테이너 없음)

　　㉡ 밀봉기호 또는 실드기호 : UU(#)(양쪽 밀봉), U(#)(한쪽 밀봉), ZZ(양쪽 실드), Z(한쪽 실드)
　　　예 베어링기호 '6203ZZ'에서 'ZZ' 부분은 실드기호를 의미

　　㉢ 레이스 모양기호 : K(내륜테이퍼구멍기준테이퍼 1/2), N(스냅링홈붙이), NR(스냅링붙이)

　　㉣ 복합 표시기호 : DB(뒷면복합), DF(정면복합), DT(병렬복합)

　　㉤ 틈새기호 : C1(아주 작다), C2(작다), 무기호(보통 틈새), C3(크다), C4(더 크다), C5(매우 크다)

　　㉥ 정밀도등급기호 : 무기호(0급-거친급), P6(6급-보통급), P5(5급-정밀급), P4(4급-초정밀급)

(2) 롤러 베어링의 도시법

　① 약도법

　　㉠ 윤곽은 안지름(d), 바깥지름(D), 너비(B) 및 모따기(C)에 따라 윤곽을 그린다.
　　㉡ 볼, 롤러, 레이스홈의 구조 모양은 비례치수에 의한 작도법에 따라 그린다.
　　㉢ 기타 부분은 베어링의 종류 및 형식을 알 수 있을 정도로 그린다.
　　㉣ 불필요한 선을 지우고 도면을 완성한다.
　　㉤ 베어링은 회전축방향으로 투상한 모양을 측면도로 그린다.

　② 구름 베어링의 간략도 도시법 : 주요 치수에 따라 윤곽부터 그린 후 윤곽의 한쪽에 베어링기호를 기입하며, 구름 베어링만을 표시할 때에는 +기호로 나타낸다. 종류별로는 다음과 같이 나타낸다.

㉠ 볼 베어링
- 레이디얼 볼 베어링 : 볼을 둥글게 그리고 전면을 색칠한다. 레이스는 지름보다 약간 긴 직선으로 나타내고, 스러스트를 받는 것은 45°의 경사선으로 나타내며, 자동조심 형의 바깥쪽 레이스의 홈은 원호로 나타낸다.
- 스러스트 볼 베어링 : 구면자리는 원호로 나타내고, 회전레이스는 축과 만나는 직선으로 고정레이스는 축으로 끊어진 직선으로 나타내는데 축 직선을 조금 굵게 나타낸다.

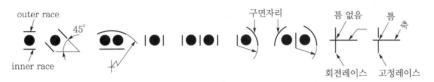

㉡ 롤러 베어링 : 홈은 정사각형으로 나타내고 변을 연장한 것은 컬러가 없는 것이다. 롤러는 홈 속의 공백으로 나타낸다.
- 원뿔 롤러 베어링 : 홈은 45° 경사각을 갖는 정사각형으로 나타낸다.
- 구면 롤러 베어링 : 바깥 레이스의 홈은 원호로 나타낸다.

③ 기호도 그리는 법 : 계통도 등에서 구름 베어링을 나타내는 데 쓰이는 도면이다. 축은 굵은 실선으로 나타내고 축의 양쪽에 기호를 그린다.

구름	깊은 홈 볼	앵귤러 볼	자동조심 볼	원통 롤러 NJ	원통 롤러 NU	원통 롤러 NF	원통 롤러 N

원통 롤러 NN	니들 롤러 NA	니들 롤러 RNA	앵귤러 롤러	자동조심 롤러	평면자리형 스러스트 볼 NA	평면자리형 스러스트 볼 RNA	스러스트 자동조심 롤러

④ 베어링 약식 도시기호

도시방법				
볼 베어링	단열 깊은 홈	복렬 깊은 홈	단열 앵귤러 콘택트 분리형	복렬 앵귤러 콘택트 고정형
롤러 베어링	단열 원통	복렬 원통	단열 테이퍼	
도시방법				
볼 베어링	두 조각 내륜 복렬 앵귤러 콘택트 분리형		복렬 자동조심	단열방향 스러스트
롤러 베어링		두 조각 내륜 복렬 테이퍼	복렬 구형	단열방향 스러스트

03 제어용 기계요소제도

제어용 기계요소는 완충제동용 기계요소로도 부르며 스프링, 클러치, 브레이크 등이 이에 해당한다.

1 스프링(spring)의 제도

1) 일반적인 도시

① 스프링제도는 일반적으로 간략도로 표시한다.
② 그림에 기입하기 힘든 (필요)사항은 요목표에 일괄하여 표시한다.
③ 코일스프링 및 벌류트스프링, 접시스프링, 스파이럴스프링 등은 하중이 걸리지 않은 상태에서 그리며, 겹판스프링은 상용하중의 상태에서 도시한다. 하중이 걸려있는 상태에서 치수를 기입할 경우에는 하중을 명기한다.

④ 하중과 높이, 길이, 휨, 처짐과의 관계를 표시할 필요가 있을 때에는 선도나 표로 표시한다. 이때 그 굵기는 스프링을 표시하는 선과 같게 한다.

⑤ 도면에 특기하지 않은 코일스프링 및 벌류트스프링은 모두 오른쪽 감기이고 왼쪽 감기일 경우 요목표에 '감긴 방향 왼쪽'이라고 표기한다.

> ↧ **요목표**
>
> 스프링을 도시할 경우 그림 안에 기입하기 힘든 사항을 일괄하여 나타내는 표를 말한다. 압축코일스프링의 요목표에 기입되는 항목은 재료의 지름, 감긴 방향, 자유길이 등이며 초기장력은 기입하지 않는다.

2) 코일스프링의 도시

① **전체도** : 겉모양(외형도), 단면 전부를 나타내는 것은 주로 조립도(치수 미기입), 부품도(치수기입)에 사용된다. 코일 부분은 모두 같은 경사의 직선으로 표시하며, 피치는 유효길이를 유효감김수로 나눈 값으로 한다. 제작도를 사용할 경우에는 감기 시작하는 부분과 끝나는 부분을 명확하게 하기 위하여 끝면을 맞춘다.

② **생략도** : 양쪽 끝을 제외한 같은 부분을 생략하는데, 생략한 부분은 외형도에서 코일의 외형을, 단면도에서는 코일의 안지름과 바깥지름을 가는 일점쇄선 또는 가는 이점쇄선으로 가상선을 도시한다. 이와 같은 그림은 제작도 및 조립도 등에 쓰인다.

③ **간략도** : 스프링의 중심선만을 굵은 실선으로 그려서 스프링의 종류와 모양만을 나타내는 경우에 사용된다. 조립도, 설명도 등에서는 단면만으로 표시해도 좋다.

④ 코일 부분의 양 끝을 제외한 동일 모양 부분의 일부를 생략할 때에는 생략하는 부분의 선지름의 중심선을 가는 일점쇄선으로 표시한다.

3) 겹판스프링의 도시

① 조립된 상태를 수평으로 그리며 볼트, 너트, 죔새 등의 부품상세도는 따로 그리는 것이 좋다.

② 스프링판의 치수는 규격으로 정해져 있으므로 특별히 필요한 경우에만 한 장의 스프링판을 그려주되 일반적으로 조립된 상태에서 전개한 길이를 써넣는다.

③ 하중이 걸린 상태(힘을 받고 있는 상용하중상태)에서 그리며 하중을 명기한다.

④ 무하중상태의 모양을 이점쇄선의 가상선으로 그려주어야 한다.

⑤ 하중과 휨 등과의 관계는 표로 나타낸다.

⑥ 종류와 형상을 도시할 때는 스프링의 외형만을 굵은 실선으로 그린다.

1 파이프의 제도

1) 파이프 크기 표시와 호칭법

① 파이프 크기 표시 : 안지름
② 파이프 호칭법
  ㉠ 배관용 강관 : 명칭 · 호칭 · 재질(예 : 배관용 강관 B3SGP)
  ㉡ 압력용 강관 : 명칭 · 호칭지름×호칭두께 · 재질(예 : 압력배관용 강관 A80×5.5 STPG35)
  ㉢ 구리 · 황동관 : 명칭 · 바깥지름×두께 · 재질(예 : 이음매 없는 구리관 14×1.0 CUT2 − 1/2H)

2) 파이프(배관)의 도시

(1) 파이프 도시 일반

① 배관도에는 단선 도시방법과 복선 도시방법이 있다.
  ㉠ 단선 도시방법 : 관이음을 기호로 사용하여 1개의 굵은 실선으로 표시하는 방법
  ㉡ 복선 도시방법 : 관이음기호를 사용하지 않고 관과 관이음을 실물 모양으로 나타내는 방법
② 하나(1줄)의 실선으로 표시하고 같은 도면에서는 같은 굵기로 나타낸다.
③ 파이프 내에 흐르는 유체는 기호로 나타내고 흐름방향을 화살표로 나타낸다.
④ 파이프의 굵기 및 종류를 나타낼 때에는 실선 위쪽이나 지시선을 사용한다.
⑤ 파이프나 밸브 등의 호칭지름은 복선이나 단선으로 표시된 파이프라인(pipe line) 밖으로 지시선을 끌어내어 표시한다.
⑥ 파이프의 끝부분에 나사가 없거나 왼나사를 필요로 할 때에는 지시선으로 나타내어 표시한다.
⑦ 치수는 파이프, 파이프이음, 밸브의 목 입구의 중심에서 중심까지의 길이로 표시한다.
⑧ 여러 가지 크기의 많은 파이프가 근접해서 설치된 장치에서는 단선 도시방법을 사용하지 않는다.
⑨ 유체의 종류와 기호 : 공기 A(Air), 가스 G(Gas), 유류 O(Oil), 증기 S(Steam), 물 W(Water)
⑩ 계기(게이지)를 나타낼 때에는 기호 안에 글자기호(압력계 P, 온도계 T, 유량계 F)를 입력한다.

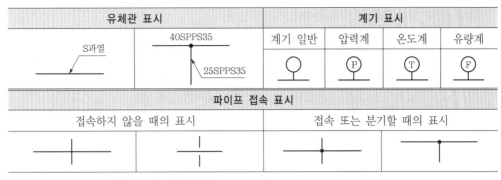

유체관 표시		계기 표시			
	40SPPS35	계기 일반	압력계	온도계	유량계
S과열	25SPPS35	○	℗	Ⓣ	Ⓕ
파이프 접속 표시					
접속하지 않을 때의 표시			접속 또는 분기할 때의 표시		

⑪ 도급계약의 경계 : 매우 굵은 일점쇄선으로 표시

⑫ 관 끝부분의 도시

블라인더플랜지 스냅커버플랜지	나사박음식 캡 및 나사박음식 플러그	용접식 캡	체크조인트	핀치오프
⊐▯	⊐⊐	⊐◗	─▭	─✕

(2) 관 연결방법 도시

① 관이음

일반 이음	──┼──	용접이음	✕ 또는 •	플랜지이음	──╫──
턱걸이이음	──⊃─	유니언이음	─╢╟─	납땜이음	─○─

② 신축이음

루프형	Ω	벨로즈형	⋀⋀⋀	스위블형	⌐	슬리브형	─▭─

(3) 정투상방법에 의한 배관 표시방법

① 화면에 직각방향으로 배관되어 있는 경우

A⊶	A⊶	관 A가 화면에 직각으로 바로 앞쪽으로 올라가 있는 경우
A⊶	A⊶	관 A가 화면에 직각으로 반대쪽으로 내려가 있는 경우
A⊶B	A⊶B	관 A가 화면에 직각으로 바로 앞쪽으로 올라가 있고 관 B와 접속하고 있는 경우
A⊶B	A⊶B	관 A로부터 분기된 관 B가 화면에 직각으로 바로 앞쪽으로 올라가 있으며 구부러져 있는 경우
A⊶B	A⊶B	관 A로부터 분기된 관 B가 화면에 직각으로 반대쪽으로 내려가 있고 구부러져 있는 경우

② 화면에 직각 이외의 각도로 배관되어 있는 경우

A B	관 A가 위쪽으로 비스듬히 일어서 있는 경우
A B	관 A가 아래쪽으로 비스듬히 내려가 있는 경우
A B	관 A가 수평방향으로 바로 앞쪽으로 비스듬히 구부러져 있는 경우
A B	관 A가 수평방향으로 화면에 비스듬히 반대쪽 위 방향으로 일어서 있는 경우
A B	관 A가 수평방향으로 화면에 비스듬히 바로 앞쪽 위 방향으로 일어서 있는 경우

(4) 배관의 높이 표시

① EL(Elevation) : 관 중심기준으로 배관높이 표시(EL＋치수)
  ㉠ BOP(Bottom of Pipe) : 관 바깥지름 밑면기준으로 서로 지름이 다른 파이프의 높이 표시
  ㉡ TOP(Top of Pipe) : 관 윗면을 기준으로 서로 지름이 다른 파이프의 높이 표시(지하의 매설배관작업과 같은 시공 시 사용)
② GL(Ground Line) : 포장된 지표면을 기준으로 높이 표시
③ FL(Floor Line) : 1층 바닥면을 기준으로 높이 표시

2 밸브의 제도

1) 밸브의 개요

① 밸브의 종류
  ㉠ 스톱밸브 : 앵글밸브(파이프의 입구와 출구가 직각), 글로브밸브(파이프의 입구와 출구가 일직선)
  ㉡ 안전밸브 : 압력용기의 압력이 규정압력보다 높아지면 밸브가 열려 사용압력을 조절하는 데 사용
  ㉢ 체크밸브 : 유체를 한 방향으로 흐르게 하여 역류를 방지하는 데 사용
  ㉣ 게이트밸브 : 유체의 흐름이 일직선 위에 있으며 밸브디스크가 유체의 통로를 수직으로 막아 개폐하는 밸브를 총칭한다. 수문과 같은 구조이며 유체가 흐르는 관의 밸브를 밀어 넣어 잠그는 방식이다. 전부 열었을 때 압력손실이 적은 것이 특징이며 밸브를 유로에서 완전히 열기 위해서는 핸들의 회전수가 많아지게 된다.

      ⑰ 다이어프램밸브 : 신축성이 있는 얇은 막으로 관 자체를 외부로부터 조여서 유체의 흐름을 잠그는 방식의 밸브

      ㉺ 슬루스밸브 : 밸브가 파이프축에 대하여 직각방향으로 개폐되는 밸브이며 대형밸브에 사용

      ㉿ 콕 : 파이프구멍에 직각으로 박힌 원뿔 모양의 마개를 돌려서 유체의 통로를 개폐하는 장치

  ② 용도 : 파이프 속을 흐르는 유체의 유량(속도), 방향, 압력을 제어하기 위하여 사용

2) 밸브의 도시

구 분	밸브 일반	스톱밸브		안전밸브	체크밸브
		앵글밸브	글로브밸브		
플랜지이음					
나사이음					
플랜지이음					
나사이음					

05 공유압제도

1 공유압의 개요

공유압시스템은 펌프, 액추에이터, 여러 제어밸브 및 부속기기로 구성되어 있다. 제조공정의 자동화장치, 각종 기계 및 산업용 로봇 등에 광범위하게 사용된다. 액추에이터는 압축된 공유압에너지를 기계적 에너지로 변환시켜서 직선운동, 회전운동, 요동운동 등의 기계적인 일을 하도록 하는 구동기계이며 공유압실린더, 공유압펌프 및 회전실린더 등이 이에 해당한다.

2 공유압장치 표시기호

1) 기호의 표시방법과 해석

  ① 기호는 기계적인 구조나 관련 부분은 생략하고 공유압기기의 기능을 즉시 알 수 있도록 한 것이다.

② 기호는 기능, 조작방법과 외부접속구를 표시한다.

③ 기호는 기기의 실제 구조를 표시하지는 않는다.

④ 복잡한 기능의 기호는 기호요소와 기능요소를 배합해서 구성한다. 단, 이들 요소로 표현이 불가능한 기호는 특별기호를 사용한다.

⑤ 기호는 원칙적으로 통상의 운휴상태 또는 기능적인 중립상태를 나타낸다. 단, 공유압회로도에서는 예외도 인정된다.

⑥ 기호는 해당 기기의 외부포트의 존재를 표시하지만 실제 위치를 표시하는 것은 아니다.

⑦ 작동유체의 통로개구부인 포트는 관로와 기호요소와의 접점을 표시한다.

⑧ 포위선기호를 사용하는 기기의 외부포트는 관로와 포위선의 접점을 표시한다.

⑨ 복잡한 기호인 경우에는 기능상 사용하는 접속구만을 표시하면 된다. 단, 식별하기 위한 목적으로 기기에 표시하는 기호는 모든 접속구를 표시해야 한다.

⑩ 숫자를 제외한 기호 속의 문자는 기호의 일부이다.

⑪ 기호를 그리는 방법은 한정된 것을 제외하면 어떤 방향이라도 되지만 90°씩 표시하는 것이 바람직하다. 도시법에 의해 기호의 의미가 달라지지는 않는다.

⑫ 기호는 압력, 유량 등의 수치 또는 기기의 설정값을 표시하지는 않는다.

⑬ 간략기호는 이 규격에 제시한 것과 이 규격의 규정으로 생각해 낼 수 있는 것에 한해서 사용한다.

⑭ 2개 이상의 기호가 1개 유닛에 포함될 때에는 특정한 것을 제외하고 전체를 일점쇄선의 포위선기호로 두른다. 단, 단일기능의 간략기호에는 통상 포위선이 필요 없다.

⑮ 공기압회로도 중에서 동일 형식의 기기가 몇 개소에 사용될 때에는 제도를 간략화하기 위하여 각 기기를 간단한 기호요소로 대표할 수 있다. 단, 기호요소 속에는 적당한 부호를 기입하고 회로도 내에 부품란과 그 기기의 완전한 기호를 표시하는 기호표를 마련하여 조회가 가능하게 해야 한다.

2) 공유압장치 표시기호의 종류

(1) 관로

관로 및 통로의 접속점		미접속상태		고무호스처럼 유연한 관로	
접속	⊥ ⊥	교차	⊥ +	처짐관로	∿

(2) 접속구

공기구멍		배기구		
	연속적으로 공기 빼기			접속구 없음(공기압 전용)
	일정시기 공기를 빼고 나머지 시간은 닫아놓기			접속구 있음(공기압 전용)
	필요에 따라 체크기구 조작으로 공기 빼기			

(3) 조작방식

① 인력조작

입력조작	누름버튼	당김버튼	누름당김버튼
미지정의 일반 기호	1방향 조작	1방향 조작	2방향 조작

레 버	페 달	양기능 페달
2방향 조작	1방향 조작	2방향 조작

② 기계조작 : 플런저(1방향 플런저조작), 스프링(1방향 스프링조작), 롤러(1방향 롤러조작)

기계조작 플런저	스프링 조작	롤 러
1방향 조작	1방향 조작	2방향 조작

③ 전기조작

단동솔레노이드	복동솔레노이드	단동가변식 전자액추에이터	복동가변식 전자액추에이터	회전형 전기액추에이터
1방향 조작	2방향 조작	1방향 조작/ 포스모터, 비례식 솔레노이드	2방향 조작, 토크모터 등	2방향 조작, 전동기

(4) 동력원

전동기	원동기	공 압	유 압
Ⓜ	M	▷	▶

(5) 에너지용기

어큐뮬레이터				보조가스탱크	공기탱크
	▲기체식 ▲중량식 ▲스프링식				
일반 기호, 항상 세로형으로 표시, 부하의 종류 미지시	항상 세로형으로 표시, 부하의 종류 지시			항상 세로형 표시, 어큐뮬레이터와 조합 사용, 보급용 가스용기	일반형

(6) 보조기기

압력계	차압계	온도계	유량계

(7) 기타 기기

압력스위치	리밋스위치	소음기	경음기	마그넷 세퍼레이터

(8) 실린더

실린더는 압축공기를 공급하여 피스톤면에 작용하는 압력에 의해 직선운동을 하는 엑추에이터이다. 그 종류는 다음과 같다.

① 단동실린더(공기압, 압출형, 편로드형, 대기 중 배기)

② 단동실린더 – 스프링붙이(유압, 편로드형, 외부드레인, 스프링힘으로 로드압출)

③ 복동실린더(공압, 편로드)

④ 복동실린더 – 완충장치붙이(유압, 편로드형, 양쪽 완충조정형)

단동실린더	단동실린더 (스프링붙이)	복동실린더	복동실린더 (완충장치붙이)

(9) 펌프, 모터

유압펌프	공기압모터	진공펌프	유압펌프	유압모터
일반 기호	일반 기호		1방향 유동, 정용량형, 1방향 회전형	1방향 유동, 가변용량형, 1방향 회전형, 양축형, 외부드레인
공압모터	정용량형 펌프·모터	가변용량형 펌프·모터 (인력조작)	요동형 액추에이터	유압전동장치
2방향 유동, 정용량형, 1방향 회전형	1방향 유동, 정용량형, 2방향 회전, 외부드레인	2방향 흐름회전, 가변용량형, 2방향 회전, 외부드레인	공기압, 정각도, 2방향 요동형	1방향 회전형, 가변용량형 펌프, 일체형

(10) 밸브

체크밸브	릴리프밸브	시퀀스밸브	셔틀밸브
	압력제어밸브, 직동형 또는 감압밸브의 일반 기호		
감압밸브	언로드밸브	가변교축밸브	2포트 수동전환밸브
		유량제어밸브	전환밸브, 2위치, 퍼지밸브

 1. 결합용 기계요소제도

01 M20 3줄 나사에서 피치가 1.5이면 리드(lead)는 몇 mm인가?

① 1.5　　　　② 2.5
③ 3.5　　　　④ 4.5

해설 3×1.5＝4.5

02 나사표기가 TM18이라고 되어 있을 때 이는 무슨 나사인가?

① 관용평행나사　　② 29° 사다리꼴나사
③ 관용테이퍼나사　④ 30° 사다리꼴나사

해설 • TW : 29° 사다리꼴나사
• TM : 30° 사다리꼴나사
• Tr : 미터사다리꼴나사

03 나사를 도시하는 방법으로 가장 적절한 것은?

① 수나사의 바깥지름은 가는 실선으로 그린다.
② 수나사의 골지름은 굵은 실선으로 그린다.
③ 암나사의 골지름은 굵은 실선으로 그린다.
④ 완전나사부와 불완전나사부의 경계선은 굵은 실선으로 그린다.

해설 수나사의 바깥지름은 굵은 실선으로, 수나사의 골지름과 암나사의 골지름은 가는 실선으로 그린다.

04 나사의 도시법 중 옳은 것은?

① 수나사와 암나사의 골은 굵은 실선으로 그린다.
② 암나사 탭구멍의 드릴자리는 60°의 굵은 실선으로 그린다.
③ 완전나사부와 불완전나사부의 경계선은 굵은 실선으로 그린다.
④ 가려서 보이지 않는 부분의 나사부는 가는 일점쇄선으로 그린다.

해설 ① 수나사와 암나사의 골은 가는 실선으로 그린다.
② 암나사 탭구멍의 드릴자리는 120°의 굵은 실선으로 그린다.
④ 가려서 보이지 않는 부분의 나사부는 숨은선으로 그린다.

05 다음 나사의 도시법에 대한 설명 중 틀린 것은?

① 수나사의 바깥지름과 암나사의 안지름은 굵은 실선으로 그린다.
② 완전나사부와 불완전나사부의 경계선은 굵은 실선으로 그린다.
③ 수나사의 골지름과 암나사의 바깥지름은 굵은 실선으로 그린다.
④ 암나사 탭구멍의 드릴자리는 120°의 굵은 실선으로 그린다.

해설 수나사의 골지름과 암나사의 바깥지름은 가는 실선으로 그린다.

06 KS규격에서 나사의 표시방법으로 좌2줄 M50× 2-6H로 표시되었을 때 올바른 해독은?

① 나사산의 감긴 방향은 왼나사이고 2줄 나사이다.
② 미터보통나사 M50, 2개가 필요하다.
③ 수나사이고 공차등급은 6급, 공차위치는 H이다.
④ 본문기호만으로는 암, 수나사를 구분하지 못한다.

해설 ② 미터 가는 나사 M50, 피치 2이다.
③ 암나사이고 암나사의 등급은 6급, 공차위치는 H이다.
④ 본문기호만으로 암나사임을 알 수 있다.

07 나사의 표시에 관한 사항으로 올바른 것은?

① 나사산의 감긴 방향은 오른나사의 경우만 표시한다.

② 미터 가는 나사의 피치는 생략하거나 산의 수로 표시한다.

③ 나사산의 수 대신에 L로 표시하기도 한다.

④ 미터나사는 급수가 작을수록 정도가 높아진다.

[해설] 나사의 표시방법

• 수나사의 바깥지름과 암나사의 안지름을 표시하는 선은 굵은 실선으로 그린다.

• 수나사와 암나사의 골을 표시하는 선은 가는 실선으로 그린다.

• 완전나사부와 불완전나사부의 경계선은 굵은 실선으로 그린다.

• 불완전나사부의 골을 나타내는 선은 축선에 대하여 30°의 가는 실선으로 그리고 필요에 따라 불완전나사부의 길이를 기입한다.

• 암나사의 도면 도시에서 드릴구멍이 나타날 때에는 굵은 실선으로 120°가 되게 그린다.

• 보이지 않는 나사부의 산마루는 보통의 파선으로, 골을 가는 파선으로 그린다.

08 도면에 3/8-16UNC-2A로 표시되어 있다. 이에 대한 설명 중 틀린 것은?

① 3/8은 나사의 바깥지름을 표시하는 숫자이다.

② 16은 1인치 내의 나사산의 수를 표시한 것이다.

③ UNC는 유니파이보통나사를 의미한다.

④ 2A는 수량을 의미한다.

[해설] 2A는 수나사의 등급을 의미한다.

09 다음 중 나사의 종류를 표시하는 기호가 잘못 설명된 것은?

① 미터 가는 나사 : M

② 유니파이보통나사 : UNC

③ 유니파이 가는 나사 : UNF

④ 30° 사다리꼴나사 : TW

[해설] 30° 사다리꼴나사 : TM

10 2줄 M50×3-2에서 M50×3은 무엇을 나타내는가?

① 나사의 유효지름과 수량

② 나사의 호칭지름과 피치

③ 나사의 호칭지름과 등급

④ 나사의 유효지름과 산수

[해설] M50×3은 나사의 호칭지름과 피치이다.

11 나사의 종류 중 ISO규격에 있는 관용테이퍼나사에서 테이퍼암나사를 표시하는 기호는?

① PT   ② PS

③ Rp   ④ Rc

[해설] • PT : 관용테이퍼나사(ISO비규격)

• PS : 관용테이퍼평행암나사(ISO비규격)

• Rp : 관용평행암나사

• Rc : 관용테이퍼암나사

• PF : 관용테이퍼평행나사(ISO비규격)

12 분할핀의 호칭지름은 다음 중 어느 것으로 나타내는가?

① 핀구멍의 지름

② 분할핀의 한쪽의 지름

③ 분할핀의 머리 부분의 지름

④ 두 개의 핀재료를 합쳤을 때의 가상원의 지름

[해설] 분할핀은 핀구멍의 지름, 테이퍼핀은 작은 쪽의 지름으로 호칭치수를 표시한다.

13 스플릿테이퍼핀의 호칭법으로 맞는 것은?

① 명칭, 지름×길이, 재료, 지정사항

② 명칭, 등급, 지름×길이, 재료

③ 명칭, 재료, 지름×길이, 등급

④ 명칭, 종류, 지름×길이, 재료

[해설] 핀의 호칭법

• 평행핀 : 명칭, 종류, 형식지름×길이, 재료

• 테이퍼핀 : 명칭, 등급, 지름×길이, 재료

• 스플릿테이퍼핀 : 명칭, 지름×길이, 재료, 지정사항

• 분할핀(스플릿) : 규격번호 또는 명칭, 지름×길이, 재료

14 다음 그림과 같이 공장리벳을 하는 경우 도면에 어떤 기호가 표시되어 있는가?

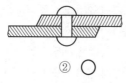

① ◎ ② ○
③ ● ④ ◉

해설 • ○ : 양면 둥근머리 공장리벳
　　 • ● : 양면 둥근머리 현장리벳

리벳의 종류	약도		
	그림	공장리벳	현장리벳
둥근머리		○	●
접시머리		◎	◉
		◎	◉
		⊘	◉
		⊘	◉
		⊘	◉
납작머리		⊘	◉
		⊘	◉
		⊘	◉
		⊘	◉
둥근접시머리		⊗	◉
		⊗	⊗

15 〈보기〉와 같은 KS용접기호는 무슨 기호인가?

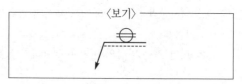

① 플러그용접 ② 점용접
③ 서페이싱용접 ④ 심용접

해설 심용접기호의 표시이다.

16 용접기호가 다음 그림과 같이 도시되었을 경우 설명으로 틀린 것은?

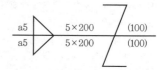

① 지그재그용접이다.
② 인접한 용접부간격은 100mm이다.
③ 목길이가 5mm인 필릿용접이다.
④ 용접부길이는 200mm이다.

해설 목두께가 5mm(a5)이다.

17 제3각법으로 정투상한 〈보기〉의 투상도면의 실제 형상 및 작업내용에 가장 적합한 입체도는?

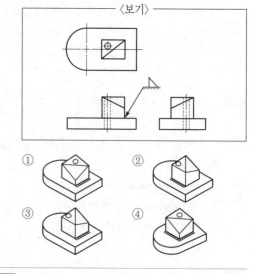

해설 화살표 부위는 필릿용접이다.

18 다음 도면에 나타난 용접기호의 지시사항을 가장 올바르게 설명한 것은?

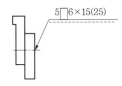

① 슬롯너비 5mm, 용접부길이 15mm인 플러그용접 6개소
② 스폿의 지름이 6mm이고 피치는 15mm인 스폿용접
③ 덧붙임 폭 5mm, 용접부길이 15mm인 덧붙임용접
④ 스폿부지름이 6mm이고 피치는 15mm인 심용접

해설 슬롯너비 5mm, 용접부길이 15mm인 플러그용접 6개소

19 다음 필릿용접부기호의 설명으로 틀린 것은?

$$a \triangle n \times l(e)$$

① l : 용접부의 길이
② (e) : 인접한 용접부간격
③ n : 용접부의 개수
④ a : 용접부 목길이

해설 a는 용접부 목두께이며, 용접부 목길이는 z로 표시한다.

20 리벳이음 도시법에 대한 설명 중 틀린 것은?

① 얇은 판, 형강 등의 단면은 가는 실선으로 표시한다.
② 리벳은 길이방향으로 단면하여 도시하지 않는다.
③ 체결위치만 표시할 경우에는 중심선만을 그린다.
④ 리벳을 크게 도시할 필요가 없을 때에는 리벳구멍은 약도로 도시한다.

해설 얇은 판, 형강 등의 단면은 굵은 실선으로 표시한다.

21 다음 KS용접기호 중 현장용접을 뜻하는 것은?

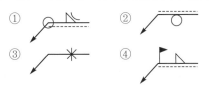

해설 ▶ 현장용접, ○ 온둘레용접

22 다음 중 "KS B 1101 둥근머리리벳 15×40 SV 400"으로 표시된 리벳의 호칭도면의 해독으로 가장 적합한 것은?

① 리벳구멍 15개, 리벳길이 40mm
② 리벳호칭지름 15mm, 리벳길이 40mm
③ 리벳호칭지름 40mm, 리벳길이 15mm
④ 리벳피치 15mm, 리벳구멍지름 40mm

해설 15 : 리벳호칭지름, 40 : 리벳길이, SV : 리벳용 원형강, 400 : 최저인장강도(N/mm^2)

23 리벳이음도면에 열간 접시머리리벳 20×50 SV 34로 표시된 경우 올바르게 설명된 것은?

① 리벳재료는 알 수 없다.
② 리벳길이가 34mm이다.
③ 리벳지름이 20mm이다.
④ 리벳개수가 50개다.

해설 ① 리벳재료는 SV3이다.
② 리벳길이가 50mm이다.
④ 리벳개수는 표시되지 않았다.

24 용접부의 도시법에 대한 설명 중 틀린 것은?

① 설명선은 기선, 화살, 꼬리로 구성되고, 기선은 필요 없으면 생략해도 좋다.
② 화살표는 필요하다면 기선의 한쪽 끝에 2개 이상을 붙일 수 있다.
③ 기선을 보통 수평선으로 하고, 기선의 한쪽 끝에는 화살표를 붙인다.
④ 화살표는 기선에 대해 되도록 60°의 직선으로 한다.

정답 18.① 19.④ 20.① 21.④ 22.② 23.③ 24.①

해설 설명선은 기선, 화살, 꼬리로 구성되고, 기선은 생략할 수 없지만 꼬리는 필요 없으면 생략해도 좋다.

2. 운동용 기계요소제도

01 스퍼기어에서 피치원의 지름이 150mm이고 잇수가 50일 때 모듈(module)은?

① 5   ② 4
③ 3   ④ 2

해설 피치원지름(D)=모듈(m)×잇수(z)
∴ 모듈(m)=피치원지름(D)/잇수(z)
           =150/50=3

02 기어의 부품도는 그림을 병용하여 항목표를 작성하는데, 표준평치차(스퍼기어)와 헬리컬기어의 항목표에 모두 기입되어 있는 것은?

① 리드   ② 비틀림방향
③ 비틀림각   ④ 기준랙압력각

해설 압력각은 모두에 표시되며, ①, ②, ③은 헬리컬기어에는 기입되지만 스퍼기어와는 무관한 내용이다.

03 맞물리는 한 쌍의 기어에서 정면도를 단면으로 도시할 때 물려있는 잇봉우리원을 표시하는 선은?

① 양쪽 다 굵은 실선
② 양쪽 다 굵은 파선
③ 한쪽은 굵은 실선, 다른 쪽은 파선
④ 한쪽은 굵은 실선, 다른 쪽은 굵은 일점쇄선

해설 잇봉우리원(이끝원)은 맞물리는 한 쌍의 기어에서 측면도의 양쪽 이끝원은 굵은 실선, 정면도의 단면도에서는 한쪽의 이끝원은 굵은 실선, 다름 한쪽의 이끝원은 파선으로 그린다.

04 표준스퍼기어의 항목표에서는 기입되지 아니하나 헬리컬기어의 항목표에는 반드시 기입되는 것은?

① 모듈   ② 비틀림각
③ 잇수   ④ 기준피치원지름

해설 비틀림각은 표준스퍼기어의 항목표에서는 기입되지 아니하나 헬리컬기어의 항목표에는 반드시 기입되는 항목이다.

05 축방향에서 본 기어의 도시에서 원칙적으로 이뿌리원을 생략하여 그리는 기어는?

① 스퍼기어   ② 헬리컬기어
③ 베벨기어   ④ 나사기어

해설 축방향에서 본 기어의 도시에서 원칙적으로 이뿌리원을 생략하여 그리는 기어는 베벨기어이다.

06 스퍼기어를 제도할 때 이끝원 및 피치원을 보통 무슨 선으로 표시하는가?

① 굵은 실선, 가는 일점쇄선
② 굵은 실선, 가는 이점쇄선
③ 가는 실선, 가는 일점쇄선
④ 가는 실선, 가는 이점쇄선

해설 스퍼기어를 제도할 때 이끝원은 굵은 실선, 피치원은 가는 이점쇄선, 이뿌리원은 가는 실선으로 그린다.

07 기어제도의 선의 사용법으로 틀린 것은?

① 피치원은 가는 일점쇄선으로 표시한다.
② 축에 직각인 방향으로 본 그림을 단면도로 도시할 때는 이골(이뿌리)의 선은 굵은 실선으로 표시한다.
③ 잇봉우리원(이끝원)은 가는 실선으로 표시한다.
④ 내접헬리컬기어의 잇줄방향은 3개의 가는 실선으로 표시한다.

해설 잇봉우리원(이끝원)은 굵은 실선으로 표시한다.

08 다음 V벨트의 종류 중 단면의 크기가 가장 작은 것은?

① M형   ② A형
③ B형   ④ E형

해설 단면의 크기를 작은 것부터 나열하면 M-A-B-C-D-E이다.

정답 01.③ 02.④ 03.③ 04.② 05.③ 06.① 07.③ 08.①

09 평벨트풀리의 도시법에 대한 설명으로 틀린 것은?

① 대칭형인 것은 그 일부만을 도시할 수 있다.

② 암은 길이방향으로 절단하여 도시한다.

③ 모양에 따라 축직각방향의 투상도를 주투상도로 할 수 있다.

④ 암의 단면형은 회전 단면으로 도시할 수 있다.

해설 암은 직각방향으로 절단하여 도시한다.

10 축의 도시방법을 바르게 설명한 것은?

① 긴 축의 중간을 파단하여 짧게 그리되 치수는 실제의 길이를 기입한다.

② 축 끝의 모따기는 각도와 폭을 기입하되 60° 모따기인 경우에 한하여 치수 앞에 "C"를 기입한다.

③ 둥근 축이나 구멍 등의 일부면이 평면임을 나타낼 경우에는 굵은 실선의 대각선을 그어 표시한다.

④ 축에 있는 널링(knurling)의 도시는 빗줄인 경우 축선에 대하여 45°로 엇갈리게 그린다.

해설 ② 축 끝의 모따기는 각도와 폭을 기입하되 45° 모따기인 경우에 한하여 치수 앞에 "C"를 기입한다.
③ 둥근 축이나 구멍 등의 일부면이 평면임을 나타낼 경우에는 가는 실선의 대각선을 그어 표시한다.
④ 축에 있는 널링(knurling)의 도시는 빗줄인 경우 축선에 대하여 30°로 엇갈리게 그린다.

11 기계제도 도면의 구름 베어링제도에서 상세한 간략 도시방법 중에 〈보기〉와 같은 상세한 도시방법인 베어링은?

— 〈보기〉 —

① 단열 니들 롤러 베어링

② 단열 깊은 홈 롤러 베어링

③ 스러스트 볼 베어링

④ 단열 원통 롤러 베어링

해설 축방향 하중을 받는 베어링인 스러스트 볼 베어링의 그림이다.

12 다음은 베어링의 호칭번호를 나타낸 것이다. 베어링 안지름이 60mm인 것은?

① 608C2P6　　② 6312ZNR

③ 7206CDBP5　　④ NA4916V

해설 60÷5=12, 베어링의 3번째, 4번째 번호가 안지름번호다.

13 구름 베어링의 호칭번호가 6001일 때 안지름은 몇 mm인가?

① 12　　② 11

③ 10　　④ 13

해설 00(10mm),　01(12mm),　02(15mm),　03(17mm),　04(20mm),　05(25mm)

14 베어링의 호칭번호가 6026일 때 이 베어링의 안지름은?

① 6mm　　② 60mm

③ 26mm　　④ 130mm

해설 26×5=130

15 구름 베어링의 안지름이 25mm일 때 실제 안지름 대신에 표시하는 베어링의 안지름번호는?

① 00　　② 05

③ 25　　④ 50

해설 05×5=25

16 롤링 베어링의 호칭번호는 무엇을 의미하는가?

① 베어링형식, 너비, 치수

② 베어링계열기호, 너비

③ 베어링형식, 베어링계열기호

④ 베어링계열기호, 안지름번호

해설 롤링 베어링의 호칭번호는 베어링계열기호, 안지름번호를 의미한다. 기본기호로는 베어링계열번호, 안지름번호, 접촉각기호가 있으며, 보조기호로는 리테이너기호, 실드기호, 틈새기호, 등급기호가 있다.

17 베어링 608C2P6의 뜻은 다음과 같다. 틀린 것은?

① 60 : 베어링계열번호

② 8 : 안지름번호

③ C2 : 자동조심형

④ P6 : 등급기호(6급)

해설 C2 : 틈새기호

18 베어링기호 NA4916V의 설명 중 틀린 것은?

① NA : 니들 베어링

② 49 : 치수계열

③ 16 : 안지름번호

④ V : 접촉각기호

해설 V는 접촉각기호가 아니라 리테이너기호이며 리테이너가 없는 경우이다.

19 구름 베어링의 상세한 간략 도시방법에서 복렬 자동조심 볼 베어링의 도시기호는?

①   ②

③   ④

해설 ① 복렬 깊은 홈 볼 베어링, 복렬 원통 롤러 베어링
② 복렬 자동조심 볼 베어링, 복렬 구형 롤러 베어링
③ 복렬 앵귤러 콘택트 고정형 볼 베어링
④ 두 조각 내륜 복렬 앵귤러 콘택트 분리형 볼 베어링

3. 제어용 기계요소제도

01 코일스프링의 제도에서 스프링도면 아래 요목표에 기입하지 않는 것은?

① 코일평균지름   ② 총 감긴 수

③ 스프링의 종횡비   ④ 재료의 지름

해설 코일스프링의 요목표 내용에는 재료의 지름, 코일평균지름, 총 감긴 수, 감긴 방향, 자유높이 등이 포함된다.

02 코일스프링(coil spring)을 그릴 때의 설명으로 맞는 것은?

① 원칙적으로 하중이 걸린 상태에서 그린다.

② 특별한 단서가 없는 한 모두 왼쪽 감기로 그린다.

③ 중간 부분을 생략할 때에는 생략한 부분을 가는 실선으로 그린다.

④ 스프링의 종류 및 모양만을 도시하는 경우에는 중심선을 굵은 실선으로 그린다.

해설 ① 원칙적으로 하중이 안 걸린 상태(무하중상태)에서 그린다.
② 특별한 단서가 없는 한 오른쪽 감기로 그린다.
③ 중간 부분을 생략할 때에는 생략한 부분을 가는 일점쇄선 혹은 가는 이점쇄선으로 그린다.

03 스프링 도시의 설명 중 틀린 것은?

① 스프링은 원칙적으로 무하중상태에서 도시한다.

② 하중과 높이 또는 처짐과의 관계를 표시할 필요가 있을 때에는 선도 또는 표로 표시한다.

③ 스프링의 모양이나 종류만 도시하는 경우에는 스프링재료의 중심선을 굵은 이점쇄선으로 그린다.

④ 특별한 단서가 없는 한 모두 오른쪽 감기로 도시한다.

해설 스프링의 모양이나 종류만 도시하는 경우에는 스프링재료의 중심선만을 굵은 실선으로 그린다.

4. 관계 기계요소제도

01 기준면에서 관외경까지의 높이가 0.5m임을 표시한 것은?

① TOP EL500

② TOP EL−500

③ BOP EL500

④ BOP EL−500

해설
- TOP EL500 : 기준면에서 관외경 윗면까지의 높이가 0.5m
- BOP EL500 : 기준면에서 관외경 밑면까지의 높이가 0.5m
- EL : 배관의 높이를 관 중심을 기준으로 표시

02 파이프 상단 중앙에 드릴구멍을 뚫은 〈보기〉와 같은 정면도를 보고 우측면도를 작성했을 때 다음 중 가장 적합한 것은?

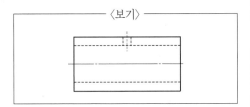

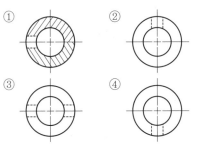

해설 구멍, 키홈, 한쪽이 트인 경우 그 부분을 위로 두고 투상한다.

03 지름이 같은 두 원통을 90°로 교차시킬 경우 상관선은?

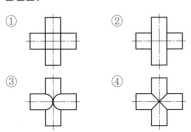

해설 ① T자 교차, ② Y자 교차, ③ +자 교차, ④ 90° 교차

[입체도]

04 배관의 도시방법에서 도급계약의 경계를 나타낼 때 사용하는 선은?

① 가는 일점쇄선
② 가는 이점쇄선
③ 매우 굵은 일점쇄선
④ 매우 굵은 이점쇄선

해설 배관의 도시방법에서 도급계약의 경계를 나타낼 때 사용하는 선은 매우 굵은 일점쇄선이다.

5. 공유압제도

01 다음 공유압기호 중 누름 – 당김버튼의 조작방식을 나타낸 것은?

해설 ② 레버, ③ 페달(1방향 조작), ④ 양 기능페달(2방향 조작)

02 역지밸브라고도 하며 유체를 한 방향으로만 흘러가게 하고 역류하지 않도록 하게 하는 밸브는?

① 스톱밸브
② 슬루스밸브
③ 체크밸브
④ 안전밸브

해설 체크밸브 : 역류를 방지하여 유체를 한쪽 방향으로만 흘러가게 하는 밸브

03 다음 중 체크밸브의 그림기호는?

① ▷◁ ② (angle valve symbol)
③ (spring check symbol) ④ ▷◁

해설 ① 일반밸브, ② 앵글밸브, ④ 게이트밸브

04 다음 밸브의 그림기호 설명 중 맞는 것은?

① ▷◁ : 밸브 일반 ② (symbol) : 앵글밸브
③ (symbol) : 안전밸브 ④ (symbol) : 체크밸브

05 다음은 관의 장치도를 단선으로 표시한 것이다. 체크밸브를 나타내는 기호는 어느 것인가?

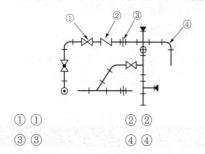

① ①   ② ②
③ ③   ④ ④

06 다음 그림은 어떤 밸브에 대한 도시기호인가?

① 글로브밸브   ② 앵글밸브
③ 체크밸브   ④ 게이트밸브

07 다음의 기호는 어떤 밸브를 나타낸 것인가?

① 4포트 3위치 전환밸브
② 4포트 4위치 전환밸브
③ 3포트 3위치 전환밸브
④ 3포트 4위치 전환밸브

08 다음 동력원의 기호 중 공압을 나타내는 것은?

09 공유압기호에서 기호의 표시방법과 해석에 관한 설명으로 틀린 것은?

① 기호는 기기의 실제 구조를 나타내는 것은 아니다.
② 기호는 원칙적으로 통상의 운휴상태 또는 기능적인 중립상태를 나타낸다.
③ 숫자를 제외한 기호 속의 문자는 기호의 일부분이다.
④ 기호는 압력, 유량 등의 수치 또는 기기의 설정값을 표시하는 것이다.

10 다음 그림이 나타내는 공유압기호는 무엇인가?

① 체크밸브
② 릴리프밸브
③ 무부하밸브
④ 감압밸브

기계설계 및 기계재료

Industrial Engineer Machinery Design

Chapter 01 기계재료

01 기계재료의 총론

1 기계재료의 개요

1) 기계재료의 분류

금속재료	철강재료	순철(전해철), 강(탄소강, 합금강), 주철(보통주철, 특수 주철), 주강
	비철재료	구리(Cu ; 동), 알루미늄(Al), 마그네슘(Mg), 니켈(Ni), 아연(Zn), 티타늄(Ti), 베어링합금, 기타－납(Pb), 주석(Sn), 코발트(Co), 텅스텐(W), 몰리브덴(Mo), 은(Ag), 금(Au), 백금(Pt), 게르마늄(Ge), 규소(Si) 등
비금속재료	유기질재료	플라스틱, 고무, 목재, 피혁직물 등
	무기질재료	세라믹, 단열재, 연마재, 탁마재, 유리, 시멘트, 석재 등

2) 기계재료의 성질

(1) 금속재료의 성질

① 금속의 공통된 성질

ㄱ 상온에서 고체이며 결정체이다(단, 상온에서 액체인 수은(Hg)은 예외).

ㄴ 빛을 반사하며 금속 특유의 광택이 있다.

ㄷ 전성, 연성이 우수하고 가공이 용이하다.

ㄹ 소성변형성이 있어서 가공하기 쉽다.

ㅁ 전도성 우수(열, 전기)하다(열과 전기의 양도체).

ㅂ 비중과 강도, 경도가 크며 용융점이 높다.

② 금속의 기계적 성질

ㄱ 전성(malleability) : 얇은 판으로 넓게 펼쳐지는 성질(Au > Ag > Al > Cu > Sn)

ㄴ 연성(ductility) : 금속이 탄성한계를 초과한 힘을 받고도 파괴되지 않고 늘어나서 소성변형이 되는 성질, 길고 가늘게 늘어나는 성질, 연신율로 표시

ㄷ 경도(hardness) : 재료의 단단한 정도

ㄹ 강도(strength) : 외력에 견디는 힘(인장강도, 압축강도, 전단강도, 비틀림강도, 굽힘강도 등)

ⓜ 인성(toughness) : 외력(충격)에 저항하는 질긴 성질, 취성의 반대 성질

ⓗ 취성(brittleness ; 메짐) : 잘 깨지고 부서지는 성질, 인성의 반대 성질

ⓢ 탄성(elasticity) : 외력을 가한 후 외력을 제거하면 변형이 유지되지 않고 원래대로 돌아오는 성질

ⓞ 소성(plasticity) : 외력을 가한 후 외력을 제거하면 변형이 유지되어 원래대로 돌아오지 않는 성질

ⓩ 항복현상 : 재료의 인장실험결과 얻어진 응력－변형률선도에서 응력을 증가시키지 않아도 변형이 연속적으로 갑자기 커지는 현상

ⓒ 피로(fatigue) : 작은 힘의 반복작용에 의해 재료가 파괴되는 현상

ⓚ 크리프(creep) : 금속재료를 고온에서 오랜 시간 외력을 걸어놓으면 시간의 경과에 따라 서서히 그 변형이 증가하는 현상으로, 고온에 의해 발생(인장강도, 경도 등 저하)하거나 자중에 의해 발생하기도 함(전기줄)

ⓣ 자경성(self－hardening) : 강에 Ni, Cr, Mn 등과 같이 담금질효과를 증대시키는 원소를 많이 함유한 재료를 가열 후 급랭하지 않고 공랭하여도 담금질효과가 나타나는 성질, 니켈강을 가공 후 공기 중에 방치해도 담금질효과를 나타내는 것은 니켈강이 자경성이 높기 때문

ⓟ 경화능(hardenability) : 급랭경화된 깊이를 말하며 담금질성이라고도 함

③ 금속의 물리적 성질

ⓐ 용융온도 : 고체상태가 액체상태로 변하는 온도(melting point ; 용융점, 녹는점)로, 텅스텐(W)이 3,410℃로 가장 높고 수은(Hg)이 －38℃로 가장 낮음

✎ 기억해야 할 용융온도

Hg(-38℃), Al(660℃), Au($1,063$℃), Cu($1,083$℃), Fe($1,539$℃), Ir($2,447$℃), W($3,410$℃)

ⓑ 비중 : 물과 똑같은 부피를 갖는 물체의 무게와 물의 무게와의 비(물의 온도 4℃일 때)로, 금속재료 중에서 이리듐(Ir)이 22.5로 가장 크며 리튬(Li)이 0.53으로 가장 가벼움. 금속재료는 비중 4.5(4.6) 전후로 경금속, 중금속으로 구분

경금속	Li(0.53), K(0.86), Na(0.97), Mg(1.74), Be(1.85), Si(2.33), Al(2.7)
중금속	Ti(4.6), Zn(7.13), Cr(7.19), Sn(7.3), Co(8.85), Fe(7.87), Ni(8.85), Cu(8.96), Mo(10.2), Ag(10.5), Pb(11.34), Hg(13.8), Ta(16.6), W(19.3), Au(19.32), Pt(21.5), Ir(22.5)

ⓒ 선팽창계수 : 물체의 단위길이에 대하여 온도가 1℃ 상승하였을 때 팽창된 길이와 원래 길이와의 비(Pb＞Mg＞Al＞Sn)

ⓓ 전도율 : 열전도율(길이 1cm에 대하여 1℃ 온도차가 있을 때 1cm^{2}의 단면을 통하여 1초간에 전해지는 열량, cal/cm$^2 \cdot$ s $\cdot$ ℃), 전기전도율(전기가 잘 통하는 정도)

     ⓜ 자기적 성질 : 자석에 의하여 자(석)화되는 성질로, 강자성체(Fe, Ni, Co), 상자성체 (Cr, Pt, Mn, Al), 반자성체(Bi, Sb, Au, Hg)로 구분

     ⓗ 비열 : 물질 1g의 온도를 1℃ 올리는 데 필요한 열량(Mg > Al > Mn)

     ⓢ 융해잠열(melting latent heat) : 액체가 완전히 응고되어 급격하게 온도가 내려가는 데 필요한 열량

   ④ **금속의 화학적 성질** : 내부식성, 내열성, 내산성, 내염기성, 내산화성, 이온화경향(금속원 자가 전자를 잃고 양이온으로 되려는 성질, K > Ca > Na > Mg > Al > Zn > Cr > Fe > Co)

3) 기계적 시험

(1) 인장시험(tensile test)

재료를 잡아당겨 견디는 힘을 측정하는 시험이다. 인장시험으로 비례한도, 탄성한도, 항복점, 인장강도, 연신율, 단면수축률 등의 측정이 가능하지만 경도나 피로한도 등의 측정은 불가능하다.

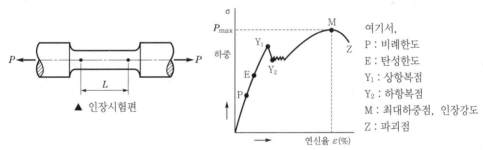

▲ 인장시험편

여기서,
P : 비례한도
E : 탄성한도
Y_1 : 상항복점
Y_2 : 하항복점
M : 최대하중점, 인장강도
Z : 파괴점

① 인장강도 : $\sigma = \dfrac{최대하중}{단면적} = \dfrac{P_{max}}{A}\,[\mathrm{kg/cm^2}]$

② 연신율 : $\varepsilon = \dfrac{시험\ 후\ 늘어난\ 길이}{표점거리} = \dfrac{l - l_0}{l_0} \times 100\,[\%]$

③ 단면수축률 : $\phi = \dfrac{시험\ 후\ 단면적\ 차이}{원단면적} = \dfrac{A_0 - A}{A_0} \times 100\,[\%]$

(2) 경도시험(hardness test)

경도시험이란 재료의 단단한 정도를 측정하는 시험을 말한다.

① 브리넬경도(HB) : 강구의 자국크기(표면적)로 경도조사

② 비커스경도(H_V) : 꼭지각 136°를 가진 다이아몬드자국의 대각선길이로 측정

③ 로크웰경도 : $H_R C$(꼭지각 120° 다이아몬드자국의 깊이측정), $H_R B$(지름 1/16인치 강구깊이측정)

④ 쇼어경도(HS) : 낙하추의 반발높이로 측정

(3) 충격시험

인성시험법으로 샤르피시험(단순보상태시험)방법과 아이조드시험(내다지보상태시험)방법이 있다. 시험편을 절단하는 데 흡수된 에너지를 $E[\text{kg} \cdot \text{m}]$, 노치부의 단면적을 $A[\text{cm}^2]$, 해머의 무게를 W, 해머의 회전반경을 R, 충격각을 α, 반발각을 β라고 할 때 아이조드충격값 U는 다음과 같다.

$$U = \frac{E}{A} = \frac{WR(\cos\beta - \cos\alpha)}{A} [\text{kg} \cdot \text{m/cm}^2]$$

(4) 피로시험

피로시험은 재료에 작은 힘의 하중을 반복해서 가하여 재료의 파괴를 시험하는 것이다. 재료의 인장강도 및 항복점으로부터 계산된 안전하중상태에서도 작은 힘이 계속 반복하여 가해지면 재료가 파괴되는데, 이러한 경우를 피로 파괴라고 한다. 반복횟수는 $10^6 \sim 10^7$ 정도(강), 10^7 이상(비철금속)이고, 재료가 영구 파단되지 않는 응력 중 가장 큰 값을 피로한도라고 한다. 응력과 반복횟수로 나타낸 곡선을 $S-N$곡선이라고 한다.

(5) 크리프시험

재료에 일정한 응력이 작용할 때 시간적으로 변형이 증가하는 현상을 크리프라고 하며, 이를 시험하는 것을 크리프시험이라고 한다. 크리프현상은 응력이나 온도가 높을수록, 용융점이 낮은 금속일수록 잘 일어나며, 특히 고온에서 크리프현상이 심하다.

(6) 마멸시험

마멸 혹은 마모는 재료가 다른 물체와 접촉하여 마찰을 일으켜 재료의 표면이 소모되는 현상이다. 마멸 혹은 마모를 견디는 성질을 내마멸성 혹은 내마모성이라고 한다.

① 미끄럼마멸 : 윤활제 사용(축, 베어링), 윤활제 미사용(브레이크, 차바퀴)

② 회전마멸 : 윤활제 사용(롤러, 베어링), 윤활제 미사용(차바퀴, 레일)

(7) 기타 기계적 시험

① 압축시험 : 재료에 압력을 가하여 파괴를 견디는 힘을 산출하는 시험

② 휨시험(bending test) : 휨저항시험(벤딩에 대한 재료의 휨강도, 탄성계수, 탄성에너지를 결정하는 시험), 휨균열시험(전연성 및 균열 유무시험)

③ 에릭센시험(Erichsen test) : 재료의 연성을 알아보기 위한 시험으로, 커핑시험(cupping test)이라고도 함

④ 비틀림시험 : 시험편에 비틀림모멘트를 가하여 비틀림저항력을 전단저항력으로 구해내는 시험

4) 비파괴시험

재료시험 후에도 제품을 그대로 사용할 수 있는 시험

① 타진법 : 두드려서 소리의 청탁으로 결함검사
② 방사선투과시험(RT) : X선검사법, γ선검사법
③ 초음파탐상법(UT) : 시험주파수 0.4~15MHz(초음파 : 20kHz 이상의 주파수)
④ 자분탐상시험(MT) : 재료를 자화시켜 결함을 검출하는 데 상자성(자석에 붙는 성질)체만 시험 가능
⑤ 침투탐상법(PT) : 형광침투제 등으로 결함조사(암실에서 형광물질 이용)
⑥ 와전류탐상시험(ET) : 전자유도 원형전류인 와전류를 이용한 비접촉표면탐상

2 금속의 결정구조 · 상태도 · 변태

1) 금속의 결정구조

① 면심입방격자(FCC) : 우수한 전연성과 가공성, 높은 전기전도도(Al, Ag, Au, Ni, Cu, Pb, Pt, Ca, Rh, Th, γ-Fe 등), 구성원자수 4개, 배위수(인접원자수) 12개, 충전율 74%
② 체심입방격자(BCC) : 낮은 전연성, 높은 용융점, 높은 강도(α-Cr, W, Mo, V, Na, Li, Ta, K, Ba, Nb, α-Fe, δ-Fe 등), 구성원자수 2개, 배위수 8개, 충전율 68%
③ 조밀육방격자(HCP 혹은 CPH) : 낮은 전연성과 가공성, 불량한 접착성(β-Cr, Mg, Zn, Ti, Co, Cd, Be, Zr, Ce, Os, Tl 등), 구성원자수 2개, 배위수 12개, 충전율 74%

2) Fe-C평형상태도

① A_5 : 순철의 용융점(1,539℃)
② A_4 : 순철의 동소변태점(1,394~1,401℃), δ철 ⇔ γ철(δ-Fe ⇔ γ-Fe)
③ A_3 : 순철의 동소변태점(910℃), γ철 ⇔ α철(γ-Fe ⇔ α-Fe)
④ A_2 : 순철의 자기변태점(768℃), 퀴리점
⑤ A_1 : 강의 동소변태점(723℃)
⑥ A_0 : 시멘타이트의 자기변태점(210℃)
⑦ J : 포정점, C 0.18%, 1,490℃
⑧ C : 공정점(eutectic point), C 4.3%, 1,135℃. 이 조성의 합금은 공정조직인 레데뷰라이트(상온 표준조직은 펄라이트)
⑨ ECF : 공정선(1,135℃), F점은 C 6.67%. 여기에서 액상(C점) → 오스테나이트(E점)+Fe₃C (F점)의 공정반응에 의해 액상으로부터 오스테나이트와 시멘타이트가 동시 정출

⑩ PSK : 공석선(723℃), 오스테나이트(S점) → 페라이트(P점)+Fe₃C(K점)반응(펄라이트 생성)

⑪ S : 공석점, 강의 A₁변태점, 723℃, 순철에는 없고 강에서만 일어나는 특유한 변태 C 0.86%, 723℃, γ고용체로부터 α고용체와 시멘타이트가 동시에 석출하는 온도, S(γ고용체) ⇔ P(α고용체)+K(Fe₃C)

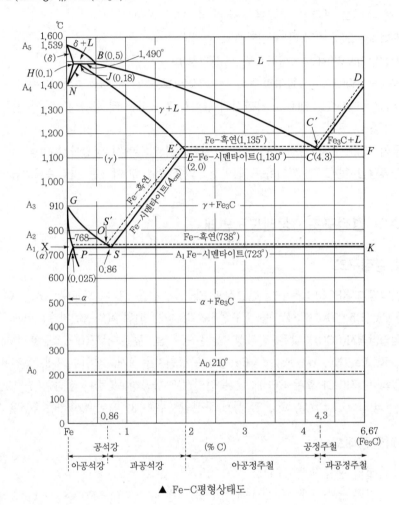

▲ Fe-C평형상태도

3) 금속의 변태

(1) 금속변태의 개요

금속의 결정격자(조직)나 자성이 변하는 것을 변태(transformation)라고 하며, 조직의 변화를 동소변태, 자성만의 변화를 자기변태라고 한다. 변태점측정법으로는 열분석법, 시차분석법, 비열법, 전기저항법, 열팽창법, 자기분석법, X선분석법 등이 있다.

① 동소변태(allotropic transformation) : 고체상태에서 원자배열의 변화로 결정조직(결정격자)이 변하는 현상을 말한다. 동소변태는 Fe(A₃ 910℃, A₄ 1,400℃), Co(480℃), Ti(883℃),

Sn(18℃) 등에서 일어난다. 같은 상(相, phase)이지만 결정구조가 다른 조직을 동소체(allotropy)라고 한다. 가열, 냉각 시 온도변화가 있으며 일정온도에서 급격히 비연속적으로 일어난다.

② 자기변태(magnetic transformation) : 결정구조는 변하지 않고 자기상태만 변하는 현상으로 퀴리점(curie point)라고도 부르는 자기변태점에서 자기강도가 변화되는 이유는 전자의 스핀방향성이 변화되기 때문이다. 철, 니켈, 코발트 등의 강자성 금속을 가열하여 자기변태점에 이르면 상자성 금속이 된다. 자기변태는 $Fe_3C(A_0\ 210℃)$, $Fe(A_2\ 768℃)$, $Ni(360℃)$, $Co(1,120℃)$ 등에서 일어난다. 자기변태는 원자배열의 변화가 없으므로 가열·냉각 시 온도의 변화가 없으며 일정한 온도의 범위 안에서 점진적, 연속적으로 일어난다.

(2) 순철의 변태

Fe−C평형상태도에서 A_2점(768℃)은 자기변태점이며, A_3점(910℃)과 A_4점(1,400℃)은 동소변태점이다. 상온에서는 체심입방격자조직의 강자성체인 α철이지만, 가열하면 자성이 점점 약해져서 온도가 자기변태점인 A_2점(768℃)보다 높아지면 체심입방격자조직은 변하지 않으나 급격히 상자성체인 β철이 되어 자기변태를 한다. 계속 가열하여 A_3점(910℃)을 지나면서 면심입방격자의 상자성체인 γ철로 동소변태를 하며, A_4점(1,400℃)을 넘어서면 체심입방격자조직의 강자성체 δ철로 동소변태하여 이 상태는 용융점인 1,539℃(A_5)까지 유지된다.

■3 금속의 제반 현상과 응용

1) 금속의 응고과정

핵 발생 → 결정의 성장 → 결정경계 형성 → 결정입자 구성

2) 회복과 재결정

① 회복(recovery) : 내부응력을 지닌 결정입자가 가열에 의해서 그 모양은 변하지 않으면서 내부응력이 감소하는 현상이다.

② 재결정(recrystallizing) : 금속을 적당한 온도로 가열하면 결정핵이 성장하여 결정 속에 새로운 결정이 생겨나면서 전체가 새로운 결정으로 변화되는 현상이다. 재결정은 가열시간, 가열온도에 비례하며 가공도에 반비례한다. 일반적으로 약 1시간 이내에 재결정이 완료되는 온도(1시간 안에 완전하게 재결정이 이루어지는 온도) 또는 약 1시간 안에 95% 이상 재결정이 이루어지는 온도를 재결정온도라고 하며, 대표적인 금속의 재결정온도는 −3℃(Pb), 150℃(Al, Mg), 200℃(Ag, Au, Cu), 450℃(Fe, Pt), 600℃(Ni), 900℃(Mo), 1,200℃(W)이다.

3) 경화현상

① 가공경화 : 금속을 상온에서 소성변형시켰을 때 가공도의 증가에 따라 내부응력이 증가되어 재질이 경화되어 경도가 증가하고 연신율이 감소하는 현상이다. 철사를 구부렸다가 폈다 반복하면 잘라지는 현상은 가공경화 때문이다.

② 시효경화 : 냉간가공이 끝난 후 시간이 지남에 따라 단단해지면서 경화되는 현상으로 강, 두랄루민, 황동 등에서 일어난다(인공시효 : 인공적으로 100~200℃에서 시효경화를 촉진시키는 것).

③ 석출경화 : 고체의 일부가 별개의 고체상으로 석출되면서 모재의 경도가 증가되는 현상이다.

④ 고용체경화 : 순금속에 합금원소가 첨가되어 고용체가 되면서 경도가 증가되는 현상이다.

⑤ 분산경화 : 미세한 입자로 된 합금원소가 첨가되어 이것이 분산되면서 경도가 증가되는 현상이다.

4) 소성변형과 소성가공

(1) 소성변형의 메커니즘

① 슬립(slip) : 결정 내의 일정면이 미끄럼변화를 일으켜 이동하여 변형

② 쌍정(twin) : 결정의 위치가 어떤 면을 경계로 대칭으로 변형

③ 결함(defect) : 결정 내의 결함이 있는 곳으로부터 변형. 결함의 종류에는 점결함, 선결함, 면결함, 부피결함 등이 있음. 소성변형의 메커니즘은 주로 선결함이며, 이를 전위(dislocation)라고 부름

(2) 소성가공

재결정온도 이하에서의 가공을 냉간가공(상온가공), 재결정온도 이상에서의 가공을 열간가공(고온가공)이라고 한다. 열간가공이 끝나는 온도를 피니싱온도라고 한다.

① 냉간가공의 장단점은 다음과 같으며, 열간가공의 장단점은 냉간가공의 반대가 된다.

냉간가공의 장점	냉간가공의 단점
• 제품치수가 비교적 정밀 • 가공면 우수 • 기계적 성질 개선(강도 및 경도 증가)	• 가공방향으로 섬유조직이 발생(방향성)하여 방향에 따라 강도가 다르게 나타남 • 연신율 감소 • 가공동력이 많이 소요됨

② 고온가공의 장점

  ㉠ 강괴 중의 기공이 압착된다.

  ㉡ 결정립이 미세화되어 강의 성질을 개선시킬 수 있다.

  ㉢ 편석에 의한 불균일 부분이 확산되어서 균일한 재질을 얻을 수 있다.

  ㉣ 상온가공에 비해 작은 힘으로도 가공도를 높일 수 있다.

5) 질량효과

질량효과는 질량의 대소에 따라서 열처리효과가 달라지는 현상을 말한다. 강재의 크기에 따라 표면은 급랭되어 경화되기 쉬우나 중심부로 갈수록 냉각속도가 늦어져 경화량이 적어지는 현상이다. 질량효과가 크면 크기에 따라 열처리효과가 저하되므로 담금질성이 떨어지고, 반면에 질량효과가 작으면 열처리효과가 좋아지므로 담금질성이 좋아진다. 질량의 크기에 따라 담금질효과가 달라지는 이유는 냉각속도가 질량의 영향을 받기 때문이다. 일반적으로 탄소강은 질량효과가 크며, 자경성(自硬性)이 강한 Ni-Cr강, 고Mn강 등은 질량효과가 작다. 열처리를 할 때에는 반드시 질량효과를 고려해야 하며 열전도가 높은 것, 확산이 적은 것, 단면의 차이가 적은 것, 노치나 굴곡이 적은 것 등을 선정하고 Fe-C평형상태도의 A_3 및 A_1변태의 온도를 내릴 수 있는 것을 선택하면 질량효과를 작게 할 수 있다.

02 철강재료

1 철강재료의 개요

1) 철강의 제조법

(1) 제철법

① 용광로에 코크스, 철광석, 석회석을 교대로 장입하고 용해하여 나오는 철을 선철(pig iron)이라 하며, 이 과정을 제선(pig iron making)과정이라 한다. 용광로의 용량은 24시간에 산출된 선철의 무게를 톤으로 표시한다.

② 제철프로세스 : 철광석 → 용광로 → 선철

③ 선철제조재료 : 원료(철광석 : 자철광, 적철광, 갈철광, 능철광), 연료 및 환원제(코크스), 용제(flux, 철과 불순물 분리, 석회석·형석·백운석)

④ 큐폴라(cupola, 용선로) : 코크스(coke)의 직접 연소에 의해 선철, 스크랩(scrap) 등을 용해하여 주철 주물을 만드는 용해로이며 용량을 1시간에 용해할 수 있는 쇳물의 무게를 ton으로 표시한다.

(2) 제강법

① 용광로에서 나온 선철을 다시 평로, 전기로 등에 넣어 불순물을 제거하여 제품을 만드는 과정을 제강과정이라 한다.

② 제강프로세스 : 선철 → 제강로 → 조괴(강괴) → 분괴(강반성품 : 블룸, 빌릿, 슬래브)

③ 제강용량 : 1회 생산용강의 무게

④ 제강법의 종류

　㉠ 평로제강법 : 평로(바닥이 낮고 넓은 반사로)에서 제강하는 방법이며 산성법(산성 : 저
　　P/고Si, 규소내화물재질)과 염기성법(염기성 : 고P/저Si, 돌로마이트, 마그네시아재
　　질)이 있다.

　㉡ 전로제강법 : 노 내에 용선을 장입한 후 공기를 불어넣어 불순물을 산화시키는 제강법
　　으로 산성법인 베세머법, 염기성인 토머스법이 있다.

　㉢ 전기로제강법 : 전열을 이용하여 제강하는 법이며 온도조절이 용이하며 제품이 고가이
　　다. 아크식, 유도식, 저항식이 있다.

2) 순철

(1) 순철의 종류

카보닐철, 전해철, 암코철 등이 있으며 카보닐철이 가장 순도가 높다.

(2) 순철의 성질

① 일반적 데이터 : 탄소함유량 0.02% 이하, 비중 7.87, 용융온도 1,539℃
② 높은 성질 : 투자율, 단접성, 용접성, 전연성, 연신율, 단면수축률
③ 낮은 성질 : 항자력, 유동성, 열처리성, 항복점, 인장강도, 경도

3) 철강의 분류

① 순철 : 탄소함유량 0.02% 이하로 전기분해법으로 제조되고 담금질이 불가하며 연하고 약
　하다. 항장력이 낮고 투자율이 높아서 전기재료(변압기용 철심, 변압기 및 발전기용 박철판)
　나 자성재료 등으로 많이 사용되며 분말야금재료로도 사용된다.

② 강 : 탄소함유량 0.02~2.0%로 제강로에서 제조·담금질이 가능하며 강도와 경도 모두 우
　수하다. 일반 기계재료로 사용하며 탄소함유량에 따라서 공석강(C 0.86%), 아공석강(C
　0.02~0.85%), 과공석강(C 0.87~2.0%)으로 구분된다.

③ 주철 : 탄소함유량 2.0~6.67%로 용선로에서 제조·담금질이 불가하며 경도는 높지만 잘
　깨진다. 주물용으로 사용하며 탄소함유량에 따라 공정주철(C 4.3%), 아공정주철(C 2.0~
　4.2%), 과공정주철(C 4.4~6.67%)로 구분된다.

4) 강괴(잉곳, ingot)의 종류와 결함

(1) 강괴의 종류

① 킬드강(killed steel, 진정강괴, 鎭靜鋼塊) : 주형 내에 용탕이 주입될 때 입상알루미늄, 실리
　콘(규소철), 망간철 등의 강력한 탈산제에 의하여 완전히 탈산하여 진정시킨 강으로 응고
　중에 가스의 발생이 없어 기포(기공)가 생기지 않으나 응고 중 상부 중앙에 수축공(수축

관)을 발생시킬 수 있는 결함이 있다. 용도는 균일한 조직을 요구하는 합금강, 단조강 및 침탄강 등에 적용하며 0.3% C 이상의 강은 킬드강에 속한다. 조선압연판으로 쓰이는 것으로 편석과 불순물이 적은 균질의 강이다.

② 세미킬드강(semi-killed steel, 반진정강괴, 半鎭靜鋼塊) : 킬드강과 림드강의 중간 성질의 것으로 킬드강보다 탈산 정도가 적으며 주형에 주입한 후 C와 반응하는 산소가 약간 존재하며 용도는 구조용 형강, 강판 및 원강에 널리 사용된다.

③ 림드강(rimmed steel, 불진정강괴, 不鎭靜鋼塊) : 페로망간을 첨가해서 가볍게 탄산처리하고 탈산제를 소량 가하여 별로 탈산시키지 않은 것으로 응고 중 수축관을 발생시키지 않아 표면이 양호하지만 킬드강에 비해 편석이 심하다. 용도는 보통 저탄소구조용 강재에 사용된다.

④ 캡드강(capped steel) : 림드강의 한 변형으로 용탕을 주입 후 편석을 적게 하기 위해 비등을 억제하여 림드액션을 강제적으로 억제시켜 테 부분(림 부분)을 엷게 한 것이며 림드강보다 균질이고 분괴수율도 좋고 표면도 미려하여 특히 균질을 요하는 박판에 사용된다. Fe-Si, Al, Fe-Mn 등에 적용한다.

(2) 강괴의 결함

① 수축관(shrinkage pipe) : 강괴의 상층 중앙부에 생긴 공간으로 킬드강에서 발생될 수 있다. 수축공은 수축관의 한 형태이다.

② 헤어크랙(hair crack) : 수소가스에 의해서 머리카락모양으로 미세하게 갈라진 균열이 생기는 현상으로 킬드강에서 발생될 수 있다.

③ 기포(blow hole) : 가스가 응고 시 방출되지 않고 잔류하여 생기는 결함이다.

④ 편석(segregation) : 응고 부분의 농도차에 의해 불순물이 강괴의 중심부에 모이는 현상으로 림드강에서 발생될 수 있다.

⑤ 비등작용 : 산소와 탄소가 반응하여 비등되면서(끓으면서) 생성된 가스(일산화탄소)가 대기 중으로 빠져나가는 현상으로 림드강에서 발생될 수 있다.

⑥ 백점(white spot 또는 flake) : 수소의 압력이나 열응력, 변태응력 등에 의해서 균열이 발생되는 현상이다.

▌2 탄소강

1) 탄소강의 종류

① 아공석강

㉠ C 0.15% 이하의 저탄소강 : 탄소함유량이 적어 조질처리(QT)에 의한 개선이 불가능하므로 냉간가공으로 강도를 높여서 사용하는 경우가 많다. 대상강, 박판, 강선 등에서는 냉간가공성이 좋으며 규소함유량이 적은 저탄소강이 사용된다. 저탄소강은 냉간가공성, 용접성, 내식성이 좋아야 하는 보일러용 강판과 강관에 적합하다.

ⓒ C 0.16~0.25% 탄소강 : 강도에 대한 요구보다는 절삭가공성을 중요시한다. C 0.15% 부근의 것은 침탄용 강 또는 냉간가공용 강으로 많이 사용되고, C 0.25% 부근의 것은 볼트, 너트, 핀 등 넓은 용도로 사용된다. 얇은 탄소강 관재는 C 0.15~0.25% 정도가 많이 사용된다. 강주물도 이 범위의 탄소량의 것이 주조가 가장 쉽다.

ⓓ C 0.26~0.35% 탄소강 : 이 범위의 탄소강은 단조, 주조, 절삭가공, 용접 등 어떠한 경우에도 쉽고 조질처리에 의해서 재질을 강인하게 개선할 수 있다. 차축, 기타 기계부품에서는 압연 또는 단조 후 풀림이나 불림을 행하므로 열간가공에 의해서 조대화 또는 불균일하게 된 결정입자를 균일 미세화해서 그대로 절삭가공만을 하여 사용한다.

ⓔ C 0.36~0.50% 탄소강 : 고강도와 고경도를 요하는 내마멸부(샤프트, 스프링, 강력볼트, 너트, 롤러, 철도용 차륜 등)에 사용된다.

ⓕ C 0.51~0.8% 탄소강 : 고강도와 고경도를 요하는 내마멸부(키, 와셔, 샤프트, 클러치, 스프링, 공구, 게이지 등), 탄소공구강, 피아노선 등에 사용된다.

② 공석강(중탄소강) : C 0.86%인 펄라이트조직으로 형성된 탄소강으로, 냉각과정에서 공석변태를 일으켜서 오스테나이트(γ철)조직이 페라이트(α철)와 시멘타이트(Fe_3C)가 혼합된 펄라이트조직으로 되는 것이다. 탄소강 중에서 가장 담금질되기 쉬운 강이다. 탄소공구강, 피아노선, 바늘 등에 사용된다.

③ 과공석강(고탄소강) : 탄소함유량이 공석강보다 높은 탄소량 C 0.86% 이상을 함유한 탄소강이다. 원래의 오스테나이트입계에서 석출한 초석시멘타이트(cementite)와 공석점에서 석출된 페라이트가 동시에 생성된다. 탄소공구강, 피아노선, 바늘, 단조용 공구재료, 다이스, 펀치 등에 사용된다.

2) 탄소함유량에 따른 탄소강의 성질

① 기계적 성질 : 표준상태에서 탄소가 많을수록 인장강도, 경도는 증가하다가 공석조직에서 최대가 되나 연신율과 충격값은 감소하고 탄성계수는 거의 변화가 없다. 과공석강이 되면 망상의 초석시멘타이트가 생겨 경도는 증가하지만 인장강도는 급격히 감소된다.

② 물리적 성질 : 탄소함유량의 증가에 따라 비열, 전기저항, 항자력 등은 증가하나 비중, 선팽창률, 온도계수, 열전도도는 감소한다.

③ 화학적 성질 : 강은 알칼리에 거의 부식되지 않지만 산에는 약하다. C 0.2% 이하를 함유한 강은 내식성에 관계되지 않으나, 그 이상에서는 많을수록 부식이 쉽다. 담금질된 강은 풀림 및 불림상태보다 내식성이 크다.

3) 탄소강에 함유된 원소의 영향

철(Fe) 이외에 탄소(C), 망간(Mn), 규소(Si), 황(S), 인(P)을 철강의 5대 원소라고 한다. 그 밖에 구리, 유해성분으로 작용하는 가스를 포함하기도 한다.

> **철강의 5대 원소함유량**
> C 0.02~2.0%, Mn 0.2~0.8%, Si 0.1~0.4%, S 0.05% 이하, P 0.04% 이하

① 탄소(C) : 주된 경화원소
　　㉠ 증가 : 강도·경도·담금질효과·항복점·전기저항·비열·항자력 등
　　㉡ 감소 : 인성·전성·충격치·냉간가공성·용해온도·비중·열팽창계수·열전도도 등
② 망간(Mn)
　　㉠ 증가 : 강도·경도·인성·점성·고온가공성·주조성·담금질성·탈산·적열취성 방지
　　　　(MnS)
　　㉡ 감소 : 결정립 성장·연성·황의 해로움
③ 규소(Si)
　　㉠ 증가 : 경도·탄성한계·인장강도·주조성(유동성)·결정립 성장
　　㉡ 감소 : 연신율·충격치·전성·냉간가공성·단접성
④ 황(S)
　　㉠ 증가 : 강도·경도·피절삭성·적열취성(적열메짐)·기포 발생
　　㉡ 감소 : 인장강도·연신율·충격치·용접성·유동성
⑤ 인(P)
　　㉠ 증가 : 강도·경도·냉간가공성·피절삭성·편석·균열·상온취성·결정립 성장
　　㉡ 감소 : 연신율·충격치
⑥ 구리(Cu) : 인장강도·탄성한계·내식성 증가, 압연균열 발생
⑦ 가스 : 산소가스(O_2, 적열취성의 원인), 수소가스(H_2, 백점·헤어크랙의 원인), 질소(N_2, 경도와 강도 증가)

4) 온도에 따라 발생될 수 있는 탄소강의 취성

① 저온취성(상온 이하) : 냉간취성이라고도 하며 온도가 상온 이하의 저온으로 내려가서 연신율이 감소되고 취성이 증가되는 현상이다.
② 상온취성(상온온도) : 인(P)의 영향으로 충격치가 감소하고 냉간가공 시 균열이 발생(참고로 강은 100℃ 부근에서 충격값이 최대)하는 현상이다.
③ 청열취성(blue shortness, 200~300℃) : 200~300℃에서 연신율과 단면수축률이 저하되면서 메짐성(깨지는 성질)이 증가되는 현상이다. 청색의 산화피막을 형성하므로 청열취성이라고 부른다.
④ 뜨임취성(500~650℃) : 담금질한 뒤 뜨임하면 충격치가 극히 감소되는 현상으로, 이를 방지하는 성분은 몰리브덴(Mo)이다.

⑤ 적열취성(red shortness, 900℃ 이상) : 황이 많은 강이 고온(900℃ 이상)에서 황(S)이나 산소가 철과 화학반응을 일으켜 황화철, 산화철을 만들어 연신율이 감소되고 메짐성이 증가되는 현상으로, 단조압연 시 균열을 발생시킨다. 적열취성을 방지하는 성분은 망간(Mn)이다.

⑥ 고온취성 : 고온에서 현저하게 취성이 증가하여 깨지는 현상이다. 강의 구리함유량은 보통 0.1% 이하지만 구리함유량이 0.2% 이상이 되면 이 현상이 발생된다.

5) 강의 기본조직(표준조직)

① 페라이트(ferrite) : 탄소함유량이 0.0006~0.03%이며 파단면이 백색을 띠는 순철의 바탕이 되는 강자성의 조직으로, 매우 연하고 경도는 H_V 70~100 정도 밖에 되지 않는다.

② 펄라이트(pearlite) : 탄소를 0.86% 함유한 공석강으로 페라이트보다 강도와 경도가 좋다. 페라이트와 시멘타이트의 층상조직이며 경도는 H_V 240 정도가 된다.

③ 시멘타이트(cementite) : 탄소(C)를 6.67% 함유한 강자성의 탄화철(Fe_3C)화합물로서 매우 단단하여 경도가 높지만 취성(잘 깨지는 성질)이 크다. 경도는 H_V 1,050~1,200 정도로 매우 높다.

④ 오스테나이트(austenite) : γ철에 탄소가 2.0% 이하로 고용된 비자성의 고용체이며 페라이트보다 강도와 인성이 좋다. 경도는 H_V 100~200 정도이다.

3 열처리 및 표면처리

1) 일반 열처리

(1) 4대 열처리

① 담금질(quenching) : 조직변태에 의한 재질의 경화를 주목적으로 탄소강을 충분히 가열한 후 물이나 기름 속에 급랭시키는 열처리법이다. 탄소강을 A_3+50℃(아공석강), A_1+50℃(공석강, 과공석강)로 가열한 후 물이나 기름에 급랭처리하여 마텐자이트조직을 만들어 강도와 경도를 증가시킨다. 완전하게 마텐자이트가 되지 않고 남아 있는 오스테나이트를 잔류 오스테나이트라고 하는데, 잔류 오스테나이트를 모두 마텐자이트화하여 시효에 의한 치수변화를 방지하는 조작을 심랭처리(서브제로처리, 영하처리)라고 한다. 마텐자이트가 큰 경도를 갖게 되는 원인으로는 내부응력의 증가, 초격자 생성, 무확산변태에 의한 체적변화 등을 들 수 있다. 같은 성분, 같은 크기의 강이라도 냉각제의 종류와 교반상태에 따라 냉각효과는 달라진다. 냉각제는 저렴하고 변질이 잘 되지 않으며 냉각능이 큰 것이 좋다. 공업용 냉각제로는 물, 기름, 소금물이 사용되는데, 이 중에서 소금물이 냉각속도가 가장 빠르고 냉각효과가 가장 우수하다.

② 뜨임(tempering) : 담금질로 인한 취성을 줄이고 인성을 증가시키기 위한 목적으로 탄소강을 A_1온도 이하까지 가열한 후(저온뜨임 100~200℃, 고온뜨임 500~600℃) 공기 중에서

서랭시키는 열처리법이다. 조직 균일화, 경도 조절, 가공성 향상 등을 목적으로 담금질과 뜨임을 연속하여 실시하는 것을 조질처리(QT처리)라고 하고, 상온가공한 강을 탄성한계를 향상시키려고 250~370℃로 가열하는 작업을 블루잉(bluing)이라고 한다. 뜨임온도에 따라 재료의 색깔이 옅은 청색(200℃), 황색(220℃), 갈색(240℃), 자주색(260℃), 보라색(280℃), 짙은 청색(290℃), 청색(300℃), 청회색(350℃), 회색(400℃) 등으로 변화된다.

㉠ 저온뜨임 : 담금질응력 제거, 치수의 경년변화 방지, 내마모성 향상 등을 목적으로 100~200℃에서 마텐자이트조직을 얻도록 조작을 하는 열처리방법이다.

㉡ 중온뜨임 : 열처리온도는 200~400℃이며 트루스타이트조직을 얻게 된다.

㉢ 고온뜨임 : 인성 향상과 조작 안정화가 목적이며 열처리온도는 400~650℃, 얻게 되는 조직은 소르바이트이다. 기계구조용 강 등과 같이 높은 인성을 필요로 하는 경우 실시한다.

⚙ 뜨임취성과 방지대책

뜨임 열처리에서는 사고의 원인이 될 수 있는 저온뜨임취성(300℃ 취성), 고온뜨임취성(500℃ 취성), 2차 뜨임취성(2차 경화) 등의 뜨임취성에 주의해야 한다. 뜨임취성 방지대책은 다음과 같다.

- P, Sb, N 등을 가능한 감소시킨다.
- 고온뜨임 후는 급랭시킨다.
- 오스테나이트결정립을 미세화시킨다.
- P의 %에 따라서 0.2~0.5%의 Mo을 첨가시킨다.
- 오스템퍼링을 하여 인성을 높인다.

---

③ 풀림(annealing) : 재질연화(softening ; 경도 감소), 조직 개선(균일화), 잔류응력 제거, 피절삭성 향상 등을 목적으로 탄소강을 $A_3+30\sim50℃$(아공석강), $A_1+30\sim50℃$(공석강, 과공석강)로 가열한 후 노 내에서 서랭시키는 열처리법이다. 풀림의 종류에는 완전풀림, 확산풀림, 응력 제거풀림, 구상화풀림, 중간풀림 등이 있다.

㉠ 완전풀림 : 냉간가공, 담금질 등의 영향을 완전히 없애기 위해 오스테나이트로 변할 때까지 가열한 후 서랭하는 처리법이다. 아공석강에서는 A_3변태점보다 30~50℃ 높게 하고, 공석강, 과공석강은 A_1변태점보다 30~50℃ 높게 가열하여 적당시간을 유지한 후 노에서 서서히 냉각시키는 열처리법이다. 아공석강에서는 페라이트와 층상펄라이트의 혼합조직이 되고, 과공석강에서는 층상펄라이트와 초석 Fe_3C가 된다.

㉡ 확산풀림(homogenizing) : 대형강괴 내의 편석(C, P, S 등)을 경감시키기 위하여 결정립이 조대화하지 않을 정도의 고온(1,050~1,300℃)에서 장시간 가열시키는 열처리법이다. 단조, 압연 등의 전처리로 실시한다. 특히 황화물은 철강의 적열취성의 원인이 되므로 확산풀림을 하면 효과가 있다. 안정화풀림 또는 균질화풀림이라고도 한다.

㉢ 응력 제거풀림 : 주조, 단조, 담금질, 냉간가공 및 용접 등에 의해 발생된 잔류응력을 제거하는 열처리법이다. 보통 500~600℃의 저온으로 적당한 시간 동안 유지한 후 서랭하는 저온풀림이다. 재결정온도 이하이므로 회복에 의해 잔류응력이 제거된다.

ⓔ 구상화풀림 : 소성가공을 용이하게 하고 인성, 피로강도 등의 향상을 목적으로 강 중의 탄화물을 구상화시키는 열처리법이다. 전처리로 불림을 하면 망상 Fe_3C를 완전히 없애고 충분한 구상화를 할 수 있다. 과공석강이나 고탄소합금공구강 등에서는 Fe_3C가 망상으로 석출하여 내피로 내충격성이 나쁘므로 이 처리를 하며, 아공석강에서도 펄라이트 중의 Fe_3C를 구상화처리하여 가공성을 개선시킨다.

　　　ⓜ 중간풀림(process annealing) : 열처리작업 도중에 A_1점 이하의 온도로 연화풀림을 시켜서 회복과 재결정이 일어나게 하고 응력 제거 및 완전연화를 시키는 열처리법이다. 냉간가공, 특히 신선이나 딥드로잉 등의 심한 가공을 하면 강이 경화되고 연성이 낮아져서 그 이상의 가공을 할 수 없게 되므로 중간소둔을 하면 이런 성질이 개선된다.

　　④ 불림(normalizing) : 오스테나이트가 되는 온도인 A_3온도보다 30~50℃ 높은 온도로 가열한 후 공기 중에서 냉각시켜서 결정조직을 균일화(표준화, 표준상태)하여 내부응력 제거, 결정립 미세화, 기계적 성질 향상을 도모하는 열처리법이다.

(2) 열처리 관련 제반 기술사항의 이해

　　① 열처리조직의 종류

　　　ⓐ 마텐자이트(M) : 수중(물)에서 냉각, 고경도 보유

　　　ⓑ 트루스타이트(T) : 유중(기름)에서 서랭

　　　ⓒ 솔바이트(S) : 고온뜨임 후 공기 중에서 서랭

　　　ⓓ 펄라이트(P) : 노 내에서 서랭

　　② 고경도순위 : C>M>T>B>S>P>A>F

　　③ 용적변화(팽창)가 큰 순서 : M>T>B>S>P>A

> ✒ **대략적인 경도값**
>
> C(시멘타이트) : HB850, M(마텐자이트) : HB650, T(트루스타이트) : HB430, B(베이나이트) : HB350, S(솔바이트) : HB270, P(펄라이트) : HB200, A(오스테나이트) : HB130, F(페라이트) : HB100

　　④ 담금질 냉각제 : 물, 소금물(담금질효과 최대), 기름

　　⑤ 담금질균열 : 재료를 경화하기 위하여 급랭하면 재료 내외의 온도차에 의한 열응력과 변태응력이 생겨서 내부변형에 의해서 균열이 일어난다. 이렇게 하여 갈라진 것을 담금질균열이라고 한다. 담금질균열(팽창)의 순서는 M>T>B>S>P>A 순이다. 담금질균열의 방지책은 다음과 같다.

　　　ⓐ 급격한 냉각을 피하고 무리 없이 일정한 속도로 냉각한다.

　　　ⓑ 가능한 한 수냉을 피하고 유냉을 실시한다.

　　　ⓒ 담금질 후 즉시 뜨임처리한다.

　　　ⓓ 부분적 온도차를 적게 하기 위해 부분 단면을 적게 한다.

ⓜ 재료면의 스케일을 완전하게 제거하여 담금질액이 잘 스며들게 한다.

ⓑ 설계 시 부품의 직각 부분을 가능한 적게 한다.

ⓢ 유냉을 하고 충분한 담금질효과를 가져오도록 특수 원소가 포함된 재료를 선택한다.

ⓞ 구멍이 있는 부분은 점토나 석면 등으로 막는다.

ⓩ 탄소함유량이 0.5%가 넘는 강은 담금질 후 오랜 시간의 뜨임처리나 심랭처리를 한다.

⑥ **질량효과** : 재료크기에 따라 내외부의 냉각속도가 달라 경도의 차가 나는 효과이다. 질량이 큰 재료일수록 질량효과가 커서 담금질성이 저하된다.

⑦ **뜨임균열** : 탈탄층이 존재하거나 급히 가열이나 냉각할 때 발생되며, 뜨임 전에 탈탄층을 제거하고 급가열·급냉각을 피하고 서랭하면 방지할 수 있다.

⑧ **형상·위치에 따른 냉각효과** : 형상에 따라서 구는 평판보다 2배 빨리 냉각된다. 구 : 환봉 : 평판의 냉각효과는 4 : 3 : 2의 비율이다. 위치에 따라서는 평면의 냉각속도를 1로 보았을 때 꼭짓점의 냉각속도 7, 모서리에서 바깥쪽 모서리의 냉각속도 3, 안쪽 모서리의 냉각속도 1/3의 비율을 나타낸다.

2) 항온열처리

강을 가열한 후 냉각시킬 때 냉각 도중 일정한 온도에서 열처리하는 방법이다. 이때 그려지는 곡선을 항온변태곡선 혹은 S곡선이나 TTT곡선(Time-Temperature Transformation diagram)이라고 한다. 마텐자이트 생성 개시온도를 Ms점, 마텐자이트 생성 완료온도를 Mf점이라고 한다.

① **마퀜칭(marquenching)** : Ms점보다 높은 온도의 염욕에서 담금질한 것을 마텐자이트변태시켜 균열과 변형을 방지한 것이다.

② **마템퍼(martemper)** : Ms와 Mf점 사이의 항온염욕 중에 담금질하여 과냉 오스테나이트의 변태가 완료할 때까지 항온유지한 후에 꺼내어 공랭시켜서 마텐자이트와 하부 베이나이트의 혼합조직을 얻는 항온열처리법이다.

③ **오스템퍼(austemper)** : 담금질온도에서 염욕(소금물) 중에 넣어 항온변태를 끝낸 것이다. 베이나이트조직이며 뜨임이 필요 없다.

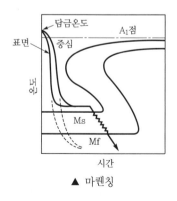

▲ 마퀜칭

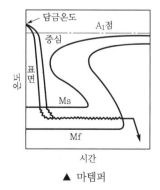

▲ 마템퍼

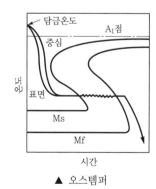

▲ 오스템퍼

④ Ms퀜칭 : 담금질온도로 가열한 강재를 Ms점보다 약간 낮은 온도의 염욕에 넣어 강의 내외부가 동일 온도로 될 때까지 항온을 유지한 후 꺼내어 물이나 기름에 급랭하는 방법이다.

⑤ 패턴팅 : 시간담금질을 응용한 방법이며 피아노선 등을 냉간가공할 때 이 방법이 사용된다. 재료의 조직을 솔바이트 모양의 펄라이트조직으로 만들어 인장강도를 부여하기 위한 것으로 냉간가공 전에 실시한다. 고탄소강의 경우 900~950℃의 오스테나이트조직으로 만든 후 400~550℃의 염욕 속에 넣어 담금질한다.

⑥ 항온뜨임(isothermal tempering) : Ms점(약 250℃ 부근)의 염욕에 넣어 유지시킨 후 공랭하여 마텐자이트와 베이나이트의 혼합조직을 얻는다. 고속도강이나 다이스강 등의 뜨임에 이용된다. 뜨임온도로부터 항온유지시키므로 2차 베이나이트가 생기지 않는다.

⑦ 항온불림(ausnormalizing) : 오스테나이트화 온도로부터 Ar′변태점(S곡선의 선단온도)까지 냉각시켜 그 온도에서 등온유지 후 오스테나이트에서 펄라이트변태 완료 후 공랭하는 방법이다. 불림보다 조업시간이 단축되고 변형이 적고 양호한 기계적 성질을 지닌 재료를 얻는다.

⑧ 오스포밍(ausforming) : 준안정 오스테나이트를 항온변태곡선온도까지 급랭시켜 이 온도에서 소성변형을 하고 담금질하여 마텐자이트변태를 일으킨 후 템퍼링하는 처리이다.

3) 표면처리

(1) 화학적 표면경화법

① 침탄법 : 저탄소강의 표면에 탄소(C)를 침입·고용시켜 표면을 경화하는 법
  ㉠ 고체침탄법 : 침탄로에 침탄제인 목탄코크스를 넣어 가열하는 법
  ㉡ 액체침탄법 : 시안화나트륨(NaCN), 시안화칼륨(KCN) 등을 주성분으로 염욕 중에 가열하여 침탄과 질화를 동시에 하는 법으로 침탄질화법, 청화법, 시안화법 등으로 부름
  ㉢ 기체침탄법 : 메탄가스, 프로판가스 등의 탄화수소계 가스를 사용하는 침탄법

> ✒ **케이스하드닝**
>
> 침탄 후 담금질 열처리를 하는 것

② 질화법 : 강의 표면에 암모니아(NH_3)가스를 침투 및 가열하여 Fe_4N, Fe_2N를 형성시켜 내마멸성과 내식성을 향상시키는 표면경화법

> ✒ **침탄법과 질화법의 비교**
>
> • 경도 : 침탄법 < 질화법
> • 침탄법은 침탄 후 열처리가 필요하나, 질화법은 필요 없다.
> • 질화층은 여리나, 침탄층은 여리지 않다.
> • 침탄 후는 수정이 가능하나, 질화 후는 수정이 불가능하다.

③ 금속침투법 : 강의 표면에 다른 금속을 침투시켜 표면을 경화하는 법

　㉠ 크로마이징 : 크롬(Cr) 침투, 내열성·내식성·내마모성 향상

　㉡ 실리코나이징 : 실리콘(규소 ; Si) 침투, 내고온산화성·내산성 향상

　㉢ 세라다이징 : 아연(Zn) 침투, 내식성 향상

　㉣ 칼로라이징 : 알루미늄(Al) 침투, 내스케일성 향상

　㉤ 보로나이징 : 붕소(B) 침투, 경도 향상(H_V 1,300~1,400)

(2) 물리적 표면경화법

① 화염경화 : 산소-아세틸렌화염으로 강의 표면을 경화하는 방법으로 내부변형이 없고 큰 재료에 사용

② 고주파경화 : 고주파전류로 강의 표면을 가열하여 담금질하는 방법으로 복잡한 형상의 소재에 적용

③ 하드페이싱 : 소재표면에 스텔라이트나 경합금 등을 융착시키는 표면경화법

④ 쇼트피닝 : 소재표면에 강철의 작은 입자를 분사시켜 가공경화와 압축잔류응력을 남게 하여 표면경도, 피로한도 등을 높이는 방법

(3) 증착법

① 화학증착법(CVD) : 진공 속에서 피복하고자 하는 모재(substrate ; 기판) 위에 원료가스를 흐르게 하고 열에너지를 가하여 박막을 형성시켜 코팅하는 기술이다. 코팅온도가 높으므로 모재에 제한이 따른다.

② 물리증착법(PVD) : 진공 속에서 피복하고자 하는 모재(substrate ; 기판) 위에 원료가스를 흐르게 하고 전기에너지를 가하여 박막을 형성시켜 코팅하는 기술이다. 종류로는 evaporation, spattering, ion plating 등이 있다. 코팅온도가 높지 않으므로 적용 모재 선택의 범위가 넓다.

4 합금강

1) 합금강의 개요

합금강은 탄소강에 다른 원소를 첨가하여 기계적 성질과 물리적 성질 등을 개선하여 여러 가지 목적에 알맞도록 한 강이다. 특수강이라고도 부르며 0.25~0.55% 정도의 탄소를 함유한 것이 많이 사용된다.

(1) 합금의 특징

① 순금속보다 높아짐 : 강도, 경도, 내마멸성, 내피로성, 내식성, 담금질성, 단접성, 용접성, 전자기적 성질

② 순금속보다 낮아짐 : 용융온도, 전기전도율, 열전도율, 전성, 연성, 결정입자 성장

(2) 합금원소의 영향

① 니켈(Ni) : 강인성 · 내식성 · 내마멸성 · 저온내충격성 · 담금질성 증가, 저온취성 방지, 오스테나이트조직 안정화

② 망간(Mn) : 강도 · 경도 · 내마멸성 증가, 황(S)에 의한 적열취성 방지, 탈황

③ 크롬(Cr) : 경도 · 인장강도 · 내열성 · 내식성 · 내마멸성 · 담금질성 · ferrite조직 강화

④ 텅스텐(W) : 강도 · 경도 · 담금질성 증가(고온강도 · 고온경도 증가), 탄화물 용이

⑤ 몰리브덴(Mo) : 담금질성 · 고온강도 · 인성 · 내식성 · 내크리프성 증가, 뜨임취성 방지

⑥ 구리(Cu) : 내산화성 증가

⑦ 규소(Si) : 강도 · 내식성 · 내열성 · 유동성 · 전자기적 성질 증가, 탈산

⑧ 코발트(Co) : 고온경도 · 고온강도 증가(단독 사용 불가)

⑨ 알루미늄(Al) : 탈산

⑩ 붕소(B) : 경화능 향상

⑪ 납(Pb) : 기계가공성 향상

⑫ 바나듐(V), 티타늄(Ti), 이리듐(Ir) : 입자 미세화, 결정입자의 조절, 경화성 증가(단독 사용 불가)

⑬ 티타늄(Ti) : 입자 사이의 부식에 대한 저항성 증가, 탄화물 용이

(3) 합금원소의 공통특성 요약

① 담금질효과 · 침투성 향상원소 : V, Mo, Mn, Cr, Ni, W, Cu, Si

② 탄화물 생성 향상원소 : Ti, V, Cr, Mo, W

③ 페라이트 강화원소 : P, Si, Mo, Ni, Cr, W, Mn

④ 오스테나이트 결정입자 성장 방지원소 : Al, V, Ti, Zr, Mo, Cr, Si, Mn

2) 구조용 합금강

(1) 강인강

① 니켈강(Ni강) : Ni 1.5~5% 첨가, 펄라이트조직, 질량효과 적고 자경성 · 강인성 목적, 강인성이 요구되는 항공용 볼트 · 너트에 사용

② 크롬강(Cr강) : Cr 0.9~1.2% 첨가, 펄라이트조직, 자경성 · 내마모성 목적

③ 니켈크롬강(Ni-Cr강, SNC종) : Ni강에 1%의 Cr을 첨가하여 경도를 보충한 강으로 가장 널리 사용되는 구조용 합금강이며, 수지상 조직 · 헤어크랙 · 백점 · 뜨임취성 등 발생 우려, 강인 · 인성 · 담금질성 우수, 동력전달용 부품에 사용

④ 크롬몰리브덴강(Cr-Mo강, SCM종) : 열간가공이 쉽고 다듬질표면이 아름다우며, 특히 용접성이 좋고 고온강도가 큰 장점을 갖고 있어 각종 축, 기어, 강력볼트, 암, 레버 등에 사용하고 기호표시를 SCM으로 하는 강으로, 펄라이트조직, 용접성 · 인장강도 · 충격저항 우수, 뜨임취성 방지, Ni-Cr강의 대용으로 사용

⑤ **니켈크롬몰리브덴강(Ni−Cr−Mo강, SNCM종)** : SNC에 Mo 0.15~0.7% 첨가, 가장 우수한 구조용 강으로 내열성·담금질성 증가, 뜨임취성 방지, 고급내연기관의 크랭크축·기어·축 등에 사용

⑥ **망간강(Mn강)** : 내마멸성이 우수, 광산기계·레일교차점·칠드롤러에 사용

　㉠ **저망간강(듀콜강)** : Mn 1~2% 함유, 펄라이트조직

　㉡ **고망간강(하드필드강)** : Mn 10~14%, C 1.0~1.4% 함유, 오스테나이트조직, 고온취성 방지를 위하여 1,000~1,100℃에서 수중담금질(수인법)하여 인성을 부여한다. 내마모성과 인성이 뛰어난 성능 때문에 철모·특수 레일(소위 포인트)·크러셔 날판·준설용 버킷 등에 사용되고, 그 외 비자성재료로서의 용도도 있다. 이 강의 특징은 수인법(水靭法, water−toughening)이라 칭하는 오스테나이트화 열처리를 하는 것이다. 수인법은 1,000~1,100℃에서 물담금질하고 성형 후 탄화물이나 변태생성물의 존재에서 인성을 부여하고 다시 냉간가공에 의해 비커스경도 약 200~550 전후로 현저히 가공경화한다. 이것이 내마모성 향상에 도움이 되는데, 이것은 오스테나이트입자의 변형 미끄럼이나 마텐자이트변태에 기초한 것이다. 고망간강은 열전도성이 나쁘고 팽창계수도 커서 열변형을 일으키기 쉽다.

⑦ **고장력강** : 인장강도 490MPa(50kgf/mm^2) 이상, 항복강도 314MPa(32kgf/mm^2) 이상의 강으로 인장강도 1,962MPa(200kgf/mm^2) 이상의 것은 초고장력강으로 부름

⑧ **크롬망간실리콘강(Cr−Mn−Si강, 크로만실)** : 값이 저렴하고 기계적 성질이 우수, 차축에 사용

(2) 표면경화강

① **침탄강** : 침탄용 강으로는 0.25% 이하의 저탄소강, 특수 성능을 고려한 Ni, Cr, Mo, W, V 등을 함유한 저탄소강

② **질화강** : Al, Cr, Mo, Ti, V 등의 원소를 2가지 이상 함유한 강으로 Al 1~2%, Cr 1.5~1.8%, Mo 0.3~0.5% 함유한 질화강이 많이 사용

(3) 스프링강

스프링강은 우수한 탄성한도·항복강도·크리프저항성·반복하중에 잘 견딜 수 있는 성질이 요구되며, 일반적으로 열처리를 하여 사용한다. 탄소강으로서는 C 0.4~1.0%의 것이 보통이며, 특수강으로서는 C 0.45~0.65% 정도의 강, Mn강, Si−Cr강 등이 사용된다. KS규격에서는 1~8종까지 규정되어 있다. 제조공정에 따라 크게 열처리스프링강(열간가공 : 판스프링, 코일스프링)과 가공스프링강(냉간가공 : 철사, 경강선, 피아노선, 스테인리스강선, 냉간압연강띠, 오일템퍼선, 얇은 판스프링 등)으로 나눈다. 보통 부르는 스프링강은 열처리스프링강을 말한다. Si−Mn강(규소망간강)이 주로 사용되며 정밀고급품에는 Cr−V강이 사용된다.

3) 공구용 합금강

① 합금공구강(STS) : Cr, W, Mn, V 첨가, 담금질효과, 고온경도 개선
② 고속도강(SKH) : W계(SKH 2~10종)와 Mo계(SKH 51~57종), Co계(SKH 59종)가 있으며 W 18%, Cr 4%, V 1%를 함유한 표준형 고속도강(18-4-1 고속도강)이 많이 사용되고 경도의 증가를 위해 뜨임을 한다.
③ 특기사항 : 주조경질합금(스텔라이트), 초경합금, 서멧, 세라믹, CBN, PCD 등은 공구용 합금강 이외의 절삭공구재료이며 초경합금의 사용이 거의 일반화되었다.

4) 특수 목적용 합금강

① 스테인리스강(STS) : 강에 Cr, Ni 등을 첨가한 것으로, 내식성이 우수하여 녹이 잘 슬지 않으므로 불수강으로도 부른다.
  ㉠ 오스테나이트계(200계열, 300계열) : 내충격성, 기계가공성이 우수하고 선팽창계수가 일반 강에 비해 1.5배 크며 전도도는 1/4 정도이다. 용도는 일반용, 화학공업장치용, 취사용품 등에 사용된다. 대표적인 스테인리스강인 Cr 18%, Ni 8%를 함유시킨 18-8 스테인리스강이 여기에 속한다. 비자성이며 내식성이 가장 우수하고 인성이 좋아 가공이 용이하며 산과 알칼리에 강하고 용접성이 좋다. 그러나 크롬탄화물(Cr_4C)이 결정 립계에 석출하여 결정입계부식이 발생하기도 하는데, 이를 강의 예민화(sensitize)라고 한다. 입계부식을 방지하려면 크롬탄화물을 오스테나이트조직 중에 용체화시켜 급랭하거나 탄소량을 감소시켜 탄화물 발생을 억제하든지 Ti, V, Nb 등을 첨가하여 탄화물의 발생을 억제시키면 된다.
  ㉡ 마텐자이트계(400계열, 500계열) : Cr 12~18%, C 0.15~0.3%이 함유된 스테인리스강이며 Cr 13% 스테인리스강이 대표적이다. 자성을 지니며 기계적 성질이 좋고 내식 · 내열성이 우수하며 오스테나이트계보다 인장강도, 내력, 크리프강도가 우수하다. 증기터빈의 날개, 밸브, 펌프축, 볼트, 너트, 가스터빈 및 제트엔진의 날개 등에 사용된다.

ⓒ 페라이트계(400계열) : Cr 12~17%, C 0.2% 이하를 함유한 페라이트조직의 스테인리스 강이며 표면이 잘 연마된 것은 공중이나 수중에서 부식이 없다. 유기산과 질산에는 침식하지 않으나 염산, 황산 등에는 침식되며 오스테나이트계보다 내산성이 낮다. 단조가 용이하여 강도와 용접성이 중요하지 않은 자동차부품, 화학공업용 장치 등에 사용된다.

ⓓ 석출경화형(PH형, 600계열) : 크롬, 니켈, 철, 구리, 알루미늄, 티타늄, 몰리브덴으로 이루어져 있으며 내부식성, 고온강도, 연성이 좋다. 항공우주구조용 부품에 사용된다.

ⓔ 이중구조계 : 오스테나이트계와 페라이트계를 합하여 강도를 향상시킨 것이다. 300계열에 비해서 내부식성이 매우 우수하며 응력부식균열에 대한 저항성이 우수하다. 수처리설비, 열교환기부품에 사용된다.

② **쾌삭강** : 강을 절삭할 때 쇳밥(chip)을 잘게 하고(강도는 약간만 저하시키고) 절삭이 잘 되도록 피삭성을 좋게 하기 위해 일반 탄소강보다 황(S 0.16%)이나 인(P)의 함유량을 많게 하거나 납(Pb 0.1~0.3%)·칼슘(Ca)·셀레늄(Se)·지르코늄(Zr) 등의 특수 원소를 1종 첨가하여 개량한 강을 말하며, 각각 황쾌삭강, 인쾌삭강, 납쾌삭강, 칼슘쾌삭강, 셀레늄쾌삭강, 지르코늄쾌삭강 등으로 부른다. 황·인 등은 강의 다른 성질에는 유해하므로 이 점을 방지하기 위해서 탄소·망간 등 다른 원소로 조절한다. 한편 탄화물의 탄소를 흑연화시킨 흑연쾌삭강도 있다.

③ **내열강** : Si-Cr강으로 고온에서 기계적·화학적으로 안정하여 내연기관의 밸브에 사용된다.

④ **베어링강** : C 1.0%, Cr 1.5%을 함유한 고탄소크롬 베어링강이 주종이며, Cr 13% 스테인리스강을 사용하는 경우도 있다. 내구성이 크며 담금질 후 반드시 뜨임을 한다. 용도는 볼 베어링·롤러 베어링의 볼·외륜·내륜·롤러에 사용된다. 고탄소크롬 베어링강 1종과 2종은 베어링강구·롤러 베어링용에, 3종은 대형 롤러 베어링용에 사용된다. 고탄소크롬 강은 780~850℃에서 담금질, 140~160℃로 뜨임처리하여 HR 62~65의 경도로 한다. 압연기, 대형 차량, 토목기계 등의 내충격성을 요하는 대형 베어링에는 C 0.15%-Cr 1% 강이나 C 0.2%-Ni 1.8%-Cr 0.5%-Mo 0.25% 강을 침탄담금질하여 표면층을 단단하게 하고 내부가 강인한 침탄 베어링강을 이용한다. 고탄소크롬 베어링강의 마텐자이트조직 중의 탄소량이 내구수명을 지배하며, 최적량이 C 0.4~0.5%이므로 C 0.8%-Cr 1.5%의 중탄소 베어링강이 개발되었고, 또 C 1%-Cr 1.5%-Si 1.5%를 함유한 실리콘 베어링강이 있다. 또 VTR이나 OA기기의 현저한 신장으로 작은 지름의 미니어처 볼베어링이 대량 생산되고 있으며, 고탄소크롬 베어링강이 주체이지만 일부에는 C 0.6~1.2%-Cr 16~18%-Mo 0.75%의 스테인리스강이 사용된다.

⑤ **자석강(SK)** : 항자력이 크고 자기강도의 변화가 적은 강으로 변압기 철심용으로 사용된다.

⑥ **불변강(invariable steel)** : 고Ni강으로 주위온도가 변화해도 특정 성질(열팽창계수, 탄성계수 등)이 변하지 않는 강이다.

ⓐ 인바(invar) : 길이가 변하지 않는 불변강이며 Ni 36%, C 0.2%, Mn 0.4%를 함유한 Fe-Ni합금이다. 상온에서 열팽창계수가 적고 내식성이 대단히 우수하여 줄자, 측량용 테이프, 지진계, 시계진자, 표준자, 시계추, 바이메탈 등에 사용된다.

ⓛ 초인바(super invar) : 인바보다 열팽창계수가 더 작은 Fe-Ni-Co합금이다.

ⓒ 엘린바(elinvar) : 탄성이 변하지 않는 불변강이며 Ni 30~36%-Cr 12%-Fe 52% 합금으로, 상온에서 탄성계수가 거의 변화되지 않는다. 고급시계, 정밀저울 등의 스프링 및 기타 정밀계기의 주요 부품으로 사용된다.

ⓔ 플래티나이트(platinite) : Ni 40~50%을 함유한 Fe-Ni합금으로 열팽창계수가 백금선과 비슷하다. 유리와 금속의 봉착용(전구의 봉입선/도입선) 등으로 사용되며 페르니코(Fe 54%-Ni 28%-Co 18%), 코바르(Fe 54%-Ni 29%-Co 17%) 등이 있다.

ⓜ 코엘린바(coelivar) : Cr 10~11%, Co 26~58%, Ni 10~16% 함유하는 철합금으로 온도변화에 대한 탄성율의 변화가 극히 적고 공기 중이나 수중에서 부식되지 않는다. 스프링, 태엽, 기상관측용 기구의 부품 등에 사용된다.

ⓗ 니컬로이(Nickalloy) : Ni 50%, Fe 50%를 함유하며 초투자율이 크다. 해저전선, 소형변압기에 사용된다.

ⓢ 퍼멀로이(permalloy) : Ni 70~90%, Co 0.5%를 함유하고 약한 자장으로 큰 투자율을 지닌다. 고주파용 철심재료, 해저전선의 장하코일용으로 사용된다.

⑦ 게이지강 : W-Cr-Mn으로 이루어져 있으며 담금질 후 장시간 저온뜨임 또는 심랭처리한다. 열팽창계수는 일반 강과 유사하며 경도·내마모성·내식성이 우수하고 담금질변형·담금질균열·시간경과에 따르는 치수변화 등이 적다.

⑧ 규소강 : 자기감응도가 크고 잔류자기 및 항자력이 작아 변압기 철심용이나 교류기계의 철심용 등에 쓰인다.

5 주철

1) 주철의 개요

주철은 철에 탄소를 2.0~6.67% 함유시킨 기계재료이며 주물을 만들기 쉽고 내마멸성이 우수하다. 상용주철은 보통 C 2.5~4.5% 정도 함유된다. 주철은 깨지기 쉬운 것이 큰 결점이나 고급주철은 어느 정도 충격에 견딜 수 있다. 주철 중의 탄소는 흑연과 화합탄소로 존재한다. 주철 자체의 흑연이 윤활제 역할을 하고 흑연 자체가 기름을 흡수하므로 내마멸성이 커진다. 주철의 절삭 시 균열형 절삭칩이 발생하며 흑연이 윤활작용을 하므로 절삭유를 사용하지 않아도 어느 정도는 무난한 절삭가공을 수행할 수 있다. 특히 주철은 압축강도가 매우 크기 때문에 기계류의 몸체나 베드 등의 재료로 많이 사용된다. 주철의 장단점은 다음과 같다.

장 점	단 점
• high : 주조성(유동성), 복잡한 형상 제작, 마찰저항, 압축강도, 방청성, 피절삭성, 내마모성, (일반) 내식성, 감쇠능(진동흡수능력) • low : 용융온도, 가격	• high : 취성(메짐) • low : 인장강도, 충격값, 연신율, 휨강도, 단련성, 내산성 • impossible : 소성변형(소성가공), 단조, 담금질, 뜨임

> ✍ **흑연화**
>
> 복탄화물인 Fe_3C(시멘타이트)가 (안정한 상태인 3Fe와 C로 유리되어) 유리탄화물이 되어 흑연으로 되는 현상이다. 흑연화를 촉진하는 원소들은 Al, Ni, Si, Ti 등이며, 흑연화를 방지하는 원소들은 Cr, Mn, Mo, V, S 등이다.

2) 주철에 첨가되는 원소와 그 영향

주철에 영향을 미치는 주요 원소들은 C, Si, Mn, S, P 등이다.

① **탄소(C)** : 적으면 백선화 촉진, 많으면 용융점 저하 및 주조성 양호

② **규소(Si)** : 보통주철(회주철)의 성분 중 탄소(C) 다음으로 함유하고 있는 원소, 주철조직에 가장 많은 영향을 주는 것으로 질을 연하게 하고 냉각 시 수축 방지를 하며, 많으면 공정점이 저탄소 쪽으로 이동하여 흑연화 촉진·내열성 향상 등의 역할을 함

③ **망간(Mn)** : 강인성·내열성 향상

④ **황(S)** : 쇳물의 유동성을 나쁘게 하며 기공이 생기기 쉽고 수축률 증가

⑤ **인(P)** : 쇳물의 유동성을 좋게 하며 주물의 수축을 적게 하지만, 너무 많으면 취성 증가 및 균열 발생

> ✍ **스테다이트(함인공정조직)**
>
> 주철 중의 P에 의한 $Fe-Fe_3C-Fe_3P$의 3원 공정조직으로 내마모성을 향상시키지만 다량이 되면 오히려 취약해진다.

⑥ **니켈(Ni)** : 펄라이트를 미세하게 하여 흑연화 촉진, 강도·내열성·내식성·내마멸성·내산화성·내알칼리성 향상

⑦ **크롬(Cr)** : 흑연화 방지, 탄화물 안정화, 내식성·내열성·내부식성 증가

⑧ **몰리브덴(Mo)** : 주물의 조직을 미세하고 균일하게 하며 강도·경도·내마모성 증가

⑨ **티탄(Ti)** : 소량이면 흑연화 촉진, 대량이면 흑연화 방지, 강탈산제

⑩ **바나듐(V)** : 강력한 흑연화 방지제, 펄라이트 미세화

⑪ **알루미늄(Al)** : 강력한 흑연화원소로 Al_2O_3를 형성시켜 고온산화저항성 우수, 10% 이상이면 내열성 증대

⑫ **구리(Cu)** : 경도·내마모성·내식성 향상

3) 주철의 현상

(1) 마우러(Maurer)조직선도

마우러가 개발한 규소량(X축)·탄소량(Y축)과 냉각속도에 따른 조직의 변화를 표시한 그림

이다. 규소는 강력한 흑연화 촉진원소이므로 주철원소 중 규소함유량이 많아질수록 회주철화되는 경향을 보인다.

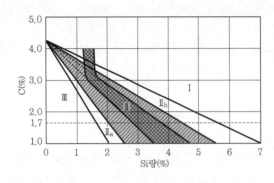

- Ⅰ : 백주철(시멘타이트 + 펄라이트)
- Ⅱₐ : 반주철(시멘타이트 + 펄라이트 + 흑연)
- Ⅱ : 펄라이트주철(펄라이트 + 흑연)
- Ⅱᵦ : 회주철(펄라이트 + 흑연 + 페라이트)
- Ⅲ : 페라이트주철(흑연 + 페라이트)

(2) 주철의 주조성

① 주철의 용해온도 : 용융점 1,200℃ 정도, 용해온도 1,400~1,500℃(큐폴라로, 전기로)

② 유동성 : 용융금속이 주형 내로 흘러 들어가는 성질(주조성)로, 주철에 Si량이 증가하면 수축이 적어지고 다량 첨가되면 팽창

(3) 주철의 성장

① 정의 : 주철을 고온에서 반복하여 가열 · 냉각시킬 때 부피가 커지고 변형이나 균열이 일어나 주철의 강도나 수명을 저하시키게 되는 현상(주철은 Ar점(723℃) 상하의 고온으로 가열 · 냉각을 반복하면 주철의 성장이 일어나면서 강도 · 수명이 저하)

② 주철성장의 원인

   ㉠ 펄라이트조직 중의 Fe_3C의 분해에 따른 흑연화에 의한 팽창

   ㉡ 페라이트조직 중의 규소(Si)의 산화에 의한 팽창

   ㉢ A_1변태의 반복과정에서 오는 체적변화에 따른 미세균열의 형성에 의한 팽창

   ㉣ 흡수된 가스에 의한 팽창

   ㉤ 불균일한 가열로 인한 균열에 의한 팽창

   ㉥ 시멘타이트의 흑연화에 의한 팽창

③ 주철성장 방지법

   ㉠ 흑연 미세화에 의한 조직 치밀화

   ㉡ 탄소 및 규소의 양을 적게 하고 안정화원소인 니켈 등을 첨가

   ㉢ 편상흑연의 구상화

   ㉣ 탄화물 안정원소인 망간, 크롬, 몰리브덴, 바나듐 등을 첨가하여 Fe_3C분해 방지

④ 주철성장 촉진원소와 주철성장 저지원소

   ㉠ 주철성장 촉진원소 : 규소, 알루미늄, 니켈, 티탄(소량, 강탈산제, 흑연화 촉진)

   ㉡ 주철성장 저지원소 : 크롬, 망간, 몰리브덴, 황, 티탄(다량, 흑연화 방해)

(4) 자연시효(시즈닝)

주철 주조 후 1년 이상의 장시간 동안 방치했을 때 자연스럽게 주조응력이 없어지는 현상을 자연시효라고 하며, 이러한 것을 인공적으로 시행하는 것을 인공시효라고 한다. 주철을 급랭하면 수축이 발생하여 수축응력이 생겨 주물에 균열이 발생하므로(자연균열 : 주된 원인은 상온취성) 정밀가공을 필요로 하는 주물은 응력을 제거해야 하는데, 이때 응력을 제거하기 위하여 시즈닝을 실시한다.

4) 주철의 종류

(1) 탄소함유량에 따른 분류

① 공정주철 : C 4.3%를 함유하며 조직은 레데뷰라이트(ledeburite : 오스테나이트＋시멘타이트의 공정조직)

② 아공정주철 : C 2.0~4.3%를 함유하며 조직은 오스테나이트＋레데뷰라이트

③ 과공정주철 : C 4.3~6.67%를 함유하며 조직은 레데뷰라이트＋시멘타이트

(2) 파단면의 색에 따른 분류

① 백주철(white cast iron) : 대부분의 탄소가 화합탄소로 존재하며 흑연의 양이 적고 파단면이 백색을 띤다.

② 회주철(gray cast iron) : 함유된 탄소 대부분은 유리탄소 또는 흑연이며 일부가 화합탄소(펄라이트나 시멘타이트상태)로 존재하고 파단면이 회색을 띤다. 회주철에서는 흑연량과 화합탄소를 합한 양인 전탄소량으로 탄소함유량을 나타낸다.

③ 반주철(mottled cast iron) : 백주철과 회주철의 혼합조직이다.

(3) 기지조직의 상태에 따른 분류

① 페라이트주철 : 기지조직이 페라이트인 주철이며 평형상태도 상으로 볼 때는 모든 주철은 페라이트주철이지만 실제로는 그렇게 되는 경우가 드물다.

② 펄라이트주철 : 기지조직이 펄라이트인 주철이며 고급주철의 조직은 대부분 펄라이트주철이다.

③ 오스테나이트주철 : 기지조직이 오스테나이트인주철이며 특수 원소 첨가 시에만 존재한다.

④ 베이나이트(bainite)주철(acicular주철, 침상주철) : 기지조직이 베이나이트인 주철이며 특수원소를 첨가하거나 항온열처리로 얻을 수 있는 주철이다.

(4) 일반적인 주철의 분류

① 보통주철(회주철 GC 1~3종) : 보통주철에는 회주철(탄소가 흑연상태로 존재, 파단면 회색)과 백주철(탄소가 시멘타이트상태로 존재, 파단면 백색)이 있지만 회주철이 대표적이다. 회주철은 기계가공성이 우수하고 공작기계의 베드, 기계구조물의 몸체 등에 사용된다.

② 고급주철(회주철 GC 4~6종) : 펄라이트조직의 인장강도 $25kgf/mm^2$ 이상의 주철로 강도를 요구하는 기계부품에 사용된다.

③ 합금주철 : 보통주철에 Ni · Cr · Mo · Si · Al · V · Ti · Cu · B · W · Mg 등의 합금원소를 단독 또는 몇 종을 함께 첨가하든지, 또는 Si · Mn · P를 많이 첨가하여 강도 · 내열성 · 내부식성 · 내마멸성 등의 특성을 갖도록 한 주철이며 종류는 다음과 같다.

　　㉠ Ni-Cr-Mo 저합금주철 : 강인성, 내마모성 우수

　　㉡ 마텐자이트계 Ni-Cr주철(Ni-hard) : 내마모성 우수

　　㉢ 고Cr주철 : 내부식성 · 내열성 · 내마멸성 · 내산화성 우수

　　㉣ 고Ni오스테나이트주철(Ni-resist) : 내열성 · 내산화성 · 내부식성 우수

　　㉤ 고Si주철(Duriron) : 내식성 · 내산성은 우수하나 매우 취약

　　㉥ Al주철 : 내열성 · 내산화성 · 내황화성 우수

　　㉦ V주철 : 인장강도 · 경도 우수

　　㉧ Ti주철 : 기밀성이 좋으며 보통주철보다 경도가 높으면서도 피절삭성 우수, S-H주철

　　㉨ V-Ti주철 : 강인성 · 내마모성 우수

　　㉩ 침상주철(어시큘러주철) : Mo · Ni · Cu 또는 Mo-Cu합금을 첨가, 내마멸성 · 내충격성 우수

⚒ 합금주철에서의 첨가원소의 역할

- 니켈(Ni) : 흑연화 촉진원소, 탄화물 생성 저지, 펄라이트 미세화, 인장강도 · 내마모성 향상
- 크롬(Cr) : 내식성 · 내열성 · 고온경도 · 고온내마모성 우수, 0.2~1.5% 첨가로 흑연화를 방지하고 탄화물(Fe_3C)을 안정시킴
- 몰리브덴(Mo) : 탄화물 생성 촉진, 흑연화 저지원소, 인장강도 · 경도 · 내마모성 · 인성 증가, 열균열 발생 저지
- 실리콘(Si) : 탄화물을 분해하여 흑연화시키는 원소, 내산화성 · 내열성 · 내식성 향상
- 알루미늄(Al) : 강력한 흑연화원소로 흑연화작용이 가장 클 경우의 첨가량은 3~4%임, 그러나 그 이상이 되면 흑연화작용이 저하되며 가볍고 취약해짐, Al_2O_3를 만들어 고온산화저항성을 향상시키지만 10% 이상이 되면 1,100℃에서도 산화하지 않으며 내열성을 증대시킴
- 바나듐(V) : 흑연 미세화, 내마모성 향상, 강력한 백선화원소
- 티타늄(Ti) : 흑연화 촉진원소, 흑연 미세화, 0.1~0.3% 첨가로 인장강도 · 경도 증가, 주철성장 저지, 내산화성 향상, 내마모성 우수
- 구리(Cu) : 흑연화 촉진원소, 흑연 미세화, 펄라이트 치밀화, 3%까지는 경도 · 인장강도가 증가되나 그 이상은 효과 없음, 내식성 향상
- 붕소(B) : 강력한 흑연화 저지원소, 경도 · 인장강도 · 내마모성 향상, 인성 저하
- 텅스텐(W) : 고온경도 · 내마모성 향상
- 마그네슘(Mg) : 내식성 향상

④ 미하나이트주철 : 약 C 3%, Si 1.5%에 Ca-Si 혹은 Fe-Si(페로실리콘) 등의 접종제를 넣어 접종처리하여 회주철의 흑연을 미세화시키고 균일하게 하여 강도를 높인 펄라이트기지조직을 지닌 주철로서 인장강도는 255~340MPa이다. 인성이 높고 두께차이에 의한 성질변화가 아주 적다. 피스톤링에 가장 적합하며 담금질 후 내마멸성이 요구되는 공작기계의 안내면이나 강도를 요하는 기관의 실린더 등에 사용된다.

⚓ 접종(inoculation)

백선화 억제 및 양호한 흑연을 얻기 위해 Ca-Si, Fe-Si(페로실리콘) 등의 접종제를 용탕 속에 넣는 작업

---

⑤ 구상흑연주철(노듈러주철, 덕타일주철) : 마그네슘(Mg), 세륨(Ce), 칼슘(Ca) 등을 첨가하여 흑연을 구상화한 것으로 불스아이(bull's eye)조직이 얻어진다. 크랭크축, 캠축, 브레이크, 드럼 등의 재료로 사용된다. 한편 흑연구상화처리 후 용탕상태로 방치하면 구상화효과가 소멸하는데, 이 현상을 페이딩(fading)이라고 한다. 보통주철과 마찬가지로 구상흑연주철에 영향을 미치는 주요 원소들 역시 C, Si, Mn, S, P 등이다.

- ㉠ 펄라이트형 : 바탕조직이 펄라이트이고 발생원인은 페라이트와 시멘타이트의 중간이며 구상흑연주철의 기지조직 중에서 가장 강도가 강인하다. 인장강도 588~686MPa, 연신율 2% 정도, 경도 HB 150~240 정도이다.

- ㉡ 페라이트형 : 페라이트가 석출된 것이며 Mg 첨가량이 적당할 때, C·Si가 많을 때(특히 Si가 많을 때), 냉각속도가 느리고 풀림을 했을 때, 접종이 양호할 때 생긴다. 경도가 HB 150~200, 연신율 6~20%이며 Si가 3% 이상이 되면 취성이 생긴다.

- ㉢ 시멘타이트형 : 시멘타이트가 석출된 경우이며 Mg 첨가량이 많을 때, C·Si가 적을 때(특히 Si가 적을 때), 냉각속도가 빠를 때, 접종이 부족할 때 생긴다. 경도가 HB 220 이상이며 연성이 없다.

⚓ 구상화 촉진원소의 순서

Al>Sn>Zr>B>Sb>Pb>Bi>Te

---

⑥ 칠드주철 : 주형에 주조할 때 경도가 필요한 부분에 칠 메탈(chill metal)을 이용하여 그 부분의 경도를 향상시킨 주철로서, 용융상태에서 금형에 주입하여 표면을 급랭에 의해 경화시킨 백주철로 만든 것이다. 표면은 시멘타이트상태에서 경도 및 내마멸성이 크고 기차바퀴, 롤러, 분쇄기 등에 사용된다.

⑦ 가단주철 : C 2~2.6%, Si 1.1~1.6% 범위의 것으로 백주철을 열처리로에 넣어 가열하여 탈탄 또는 흑연화방법으로 제조하고 풀림처리를 하여 인성 또는 연성을 부여한 주철이다.

자동차부속품, 방직기부속품, 캠, 농기구, 기어, 밸브, 작업공구류, 차량의 프레임 등에 사용된다.

㉠ 백심가단주철(WMC) : 탈탄이 주목적

㉡ 흑심가단주철(BMC) : 백주철의 흑연화가 주목적

㉢ 펄라이트가단주철(PMC) : 흑심가단주철의 제2단 흑연화를 방지

✒ **주철의 인장강도 순위**

구상흑연주철 > 펄라이트가단주철 > 백심가단주철 > 흑심가단주철 > 미하나이트주철 > 칠드주철 > 합금주철 > 고급주철 > 보통주철

---

6 주강

일반강으로 만들기에는 형상이 복잡한 제품을 강의 고유인성을 유지하면서도 복잡한 형상을 만들 수 있도록 주조법으로 만든 강을 주강(cast steel)이라고 한다. 주강은 강을 주조한 것으로 단조강보다 가공공정을 감소시키며 균일한 재질을 얻을 수 있고 대량생산에 적합하다.

① **보통주강** : 대부분의 보통주강은 탄소 0.2~0.3%, 실리콘 0.2~0.3%, 몰리브덴 0.5~0.7%의 탄소강이다. 기계적 성질이 떨어지기 때문에 풀림이나 불림 열처리를 하고 조직을 개선하여 사용한다.

② **특수 주강** : 보통주강의 성질을 개선하기 위해서 니켈·크롬·망간·몰리브덴·바나듐 등을 첨가한 것이며 구조용·내식용·내열용·내마모용 등이 있다.

---

03 비철금속재료

1 구리와 그 합금

구리(Cu ; 동, copper)는 FCC, 비중 8.96, 융점 1,083℃이며 다음의 특징을 지닌다.

• 비자성체이다.

• 전기 및 열전도성이 우수하다.

• 연하고 전연성의 좋아 가공이 용이하다.

• 화학적 저항력이 우수하여 부식이 잘 일어나지 않는다.

• 광택이 아름답고 귀금속적 성질이 우수하다.

• Zn, Sn, Ni, Ag 등과 합금이 잘 된다.

• 변태점이 없다.

> ✒ **기본적인 구리합금의 종류와 조성성분**
>
> • Cu-Zn합금 : 황동 • Cu-Sn합금 : 청동
> • Cu-Ni합금 : 백동 • Cu-Zn-Ni합금 : 양백(양은)

1) 황동(brass, Cu-Zn)

(1) 황동의 특성

① 주조성·가공성·내식성·기계적 성질 우수

② 인장강도 : Zn 45%에서 최대, 그 이상은 급감, Zn 50% 이상 시 황동은 취약

③ 전도도 : Zn 40%까지는 감소, 그 이상에서 증가, Zn 50%에서 최대

④ 연신율 : Zn 30%에서 최대

⑤ 압연·단조 가능

⑥ 경년변화(시효경화) : 황동의 가공재를 상온에서 방치하거나 저온풀림경화시킨 스프링재가 사용 도중 시간의 경과에 따라 경도 등 스프링의 특성을 잃고 여러 성질이 악화되는 현상으로, 가공도가 낮을수록 심하다.

⑦ 탈아연(dezincification)부식 : 불순한 물 및 부식성 물질이 녹아있는 수용액의 작용으로 황동의 표면은 물론 내부까지 탈아연되어 부식되는 현상이다. 방지책으로는 Zn 30% 이하의 α황동을 사용하거나 As·Sb 0.1~0.5%, Sn 1%를 첨가한다.

⑧ 자연균열(season cracking) : 냉간가공을 한 황동의 파이프, 봉재 및 제품들의 저장 중 균열이 생기는 현상을 말하며, 이것은 일종의 응력부식균열(stress corrosion cracking)로 잔류응력에 기인한다.

• 자연균열 방지책 : 180~260℃에서 응력 제거풀림처리(저온풀림), 도료나 안료를 이용한 표면처리, 아연(Zn)도금으로 표면처리 등

⑨ 고온탈아연(dezincing) : 고온에서 탈아연되는 현상으로 표면이 양호할수록 심하다. 표면에 산화물의 피막을 형성시켜 이를 방지한다.

⑩ 기타 : Zn 50% 이상의 황동은 취약하여 구조용재에는 부적합하다.

(2) 황동의 종류

① 실용황동

ⓐ 톰백(tombac, 단동) : Zn 5~20%의 황동으로 강도는 낮으나 전연성이 좋고 황금색에 가깝다. 금박 대용, 금 대용품, 황동단추, 장식품, 악기 등에 사용되는 구리합금이며, Cu 90%, Zn 10%의 것을 커머셜브론즈(commercial bronze)라고 한다.

ⓑ 카트리지브라스(cartridge brass, 7 : 3황동) : Cu 70%, Zn 30% 함유, 연신율 최대, 상온가공 양호, 봉·선·관·전구소켓·탄피 등의 복잡한 가공물에 사용

ⓒ 하이브라스, 옐로브라스(high brass, yellow brass) : Zn 33~35% 함유, 전기용품·램프케이스·시계부속품·납땜용·장식품 등에 사용

ⓔ 문츠메탈(muntz metal, 6 : 4황동) : Cu 60%, Zn 40% 합금으로 상온조직이 $\alpha + \beta$상으로 탈아연부식을 일으키기 쉬우나 강력하기 때문에 기계부품용으로 널리 쓰인다. 인장강도 최대, 단조성·고온가공성 우수, 상온가공 불량, 열교환기, 파이프, 대포의 탄피, 일반판금가공품에 사용

ⓜ 주조용 황동 : Zn 30~40% 함유, 주조성 양호, 가공재료·주물로 많이 사용

② 특수 황동

ⓖ 함연황동(leaded brass) : 6 : 4황동에 Pb 3%를 첨가하여 피절삭성을 개선한 것으로 시계용 기어, 지판, 악기윤곽 등에 사용하며 일반적으로 쾌삭황동으로 부른다.

ⓛ 함석황동 : 네이벌황동(naval brass ; 6 : 4황동에 Sn 0.75~1.0% 첨가, 판·봉 등으로 가공하여 용접봉·파이프·선박용 기계에 사용)과 애드미럴티황동(admiralty metal ; 7 : 3황동에 Sn 1% 첨가)이 있으며 내해수성이 강하여 선박재료에 사용

ⓒ 델타메탈(delta metal) : 6 : 4황동에 Fe 1~2%를 첨가한 것으로 결정입자가 미세하여 강도·경도가 증대되고 대기, 해수, 광수 등에 대해 내식성이 크다. 델타메탈은 독일 Deltametall사 제품의 구리합금의 상품명이다. 프로펠러, 터빈날개 등에 사용된다. 같은 조성의 합금으로 아이히스메탈(aich's metal), 토빈브론즈, 듀라나메탈 등이라고 불리는 합금도 있다.

ⓔ 강력황동 : 6 : 4황동을 기본으로 하여 Zn의 일부를 Mn(강도), Si(내식성), Al(강도·내식성·결정립자 미세화), Fe(조직 미세화), Ni(강도·내식성), Sn(내식성) 등으로 치환하여 강도·내식성을 개선하였다. 망간청동(Mn 8% 첨가), 규소황동, 알루미늄황동(albrac, Al 1.5~2.0% 첨가), 철황동(Fe 1~2% 첨가) 등이 있다.

ⓜ 황동납 : Cu 42~54%, 나머지 Zn성분으로 되어 있으며 Zn 대신에 Ag을 첨가한 은납, 양은계 황동납 등이 있다.

2) 청동(bronze, Cu-Sn)

(1) 청동의 특성

① 주조성 : 주조에 대해 유동성이 우수하고 주조성이 우수하며 수축률이 낮다.

② 내부식성 : 우수

③ 인장강도 : Sn의 양이 증가하면 인장강도가 증가하며, Sn 17~20%에서 최대가 되지만 그 이상 증가하면 인장강도가 감소한다.

④ 연신율 : Sn 4~5%일 때 최대이고, Sn 25% 이상이면 취성이 생긴다.

⑤ 경도 : Sn 30%에서 최대경도를 보이지만 가공성은 좋지 않다. Sn 15% 이상에서 강도, 경도가 급격하게 증가된다.

⑥ 가공성 : 전연성은 황동에 비해서 떨어지며 Sn양이 큰 것은 압연하기가 어렵다.

(2) 청동의 종류

① 상용청동

ㄱ 압연용 청동 : Sn 3.5~7.0% 함유, 단련성·가공성 우수, 화폐·메달·선·봉에 사용

ㄴ 포금(건메탈) : Sn 10%, Zn 1% 함유, 내식성·내해수성·내수압성 우수, 선박용 재료

ㄷ 화폐용 청동(coining bronze) : Sn 3~10%에 Zn 1% 첨가

ㄹ 미술용 청동

ㅁ 베어링용 청동 : Sn 10~14% 함유, 베어링·차축에 사용

ㅂ 켈밋(kelmet) : Cu 70%에 Pb 30%를 첨가한 대표적인 구리합금, 화이트메탈보다 내하중 성이 커서 고속·고하중용 베어링으로 적합, 자동차·항공기 등의 주 베어링으로 이용

② 특수 청동

ㄱ 인청동 : 청동에 탈산제인 P을 0.05~0.5% 정도 첨가하여 용탕의 유동성을 좋게 하고 적절히 냉간가공하여 경도·강도·내마멸성·탄성한계·내식성 등을 향상시킨 청동으로, 고탄성을 요하는 판·선의 가공재, 내식성·내마모성이 요구되는 기어·베어링·유압 실린더·밸브·선박용품, 비자성이 요구되는 각종 계기의 고급스프링재료 등으로 사용

ㄴ 연청동 : Pb 3.0~26% 첨가, 윤활성 향상, 베어링·패킹재료

ㄷ 알루미늄청동 : Al 8~12% 첨가, 다른 구리합금에 비해 강도·경도·인성·내마멸성·내열성·내식성·내피로성 등이 우수하여 선박용 추진기 재료로 활용, 자기풀림 현상이 나타나는 청동으로 주조성·가공성·용접성 불량

ㄹ 규소청동 : Si 4.7% 첨가, 인장강도·내식성·내열성 향상

ㅁ 니켈청동 : 콜슨합금(corson, Cu−Ni−Si, 고인장강도, 통신선·전화선), 쿠니알청동 (뜨임경화성 우수), 콘스탄탄(Cu−Ni 40~50%, 통신기·열전대·전열선·전기저항선)

ㅂ 망간청동 : 망가닌(manganin, Cu−Mn−Ni), 전기저항재료

ㅅ Cd청동 : Cd 1% 첨가, 인장강도·전도도 우수, 송전선·안테나

ㅇ 베릴륨청동 : Cu에 Be 2~3%를 첨가한 석출경화형 합금으로 시효경과처리 후의 강도 가 981MPa 이상으로 구리합금 중 강도가 최고로 높아 특수강에 견줄만하며, 뜨임경화·시효성이 뚜렷하고, 피로한도·내열성·내식성이 우수하여 베어링, 고급스프링, 전기접점, 전극 등에 사용

ㅈ 오일리스 베어링 : 구리, 주석, 흑연분말을 고온소결합금한 것으로, 20~30%의 기름을 흡수시켜 기름 보급이 곤란한 곳의 베어링용 소재로 사용

3) 백동(Cu−Ni)

동과 니켈의 합금으로 Ni 15~25%, 나머지는 Cu의 일반 조성을 갖는 백색의 강인동합금이다. 소성, 가공성이 좋고 열간가공 등에 적합하며 해수에 대한 내식성도 좋다. 비교적 고온에서도 잘 견디며 열교환기, 화학공업 등의 내식재료, 백동화폐, 의료기기, 화학기기, 장식품 등에 사용된다. 유사한 것으로 니켈과 아연을 포함한 양은(양백이라고도 한다)이 있다.

4) 양은(양백, german silver, Cu−Zn−Ni)

전기저항체, 밸브, 콕, 광학기계부품 등에 사용되는 7 : 3황동에 Ni 7~30%를 첨가(구리에 Zn 15~35%, Ni 7~30%를 첨가)한 것으로, 색상이 은백색이어서 Ag 대용으로 사용되거나 기계적 성질 · 내식성 · 내열성이 우수하여 스프링재료로 사용된다. 또한 전기저항의 온도계수도 작으므로 전류조정용 저항체, 온도조정용의 바이메탈로도 사용된다. 예로부터 식기 · 장식품으로 잘 알려져 있다. 주물합금으로 사용할 때는 Zn 20~30%, Ni 14~30%에 Pb을 5%까지 첨가한 경우가 있다. 식기용 양은은 보통 Zn 15~25%, Ni 15~30%의 것, 판 · 선 등에는 Zn 20~25%의 것을 사용한다. 어느 것이나 모두 단상의 고용체이고 저온풀림에 의해 단단해지며 오랜 시간 방치하면 탄성이 열화되는 경년변화현상이 일어난다. 탄성재료로는 양백이라고 하며, 식기 · 장식용일 때는 양은이라고 하는 경우가 많다.

■2 알루미늄과 그 합금

알루미늄(Al)은 FCC, 비중 2.7, 융점 660℃, 은백색의 (비철) 금속이며 대부분의 Al은 보크사이트로 제조한다. 알루미늄의 특징은 다음과 같다.
- 전기 및 열전도성 우수(전기전도율 : 구리의 60% 수준)하다.
- 비자성체이며 가볍다(경금속).
- 전연성이 우수하여 복잡한 형상의 제품을 만들기 쉽다.
- 순도가 높을수록 연하다.
- 산화피막의 존재로 대기 중에서 부식이 잘 안 되지만 해수나 산 · 알칼리에는 부식된다.
- 내식성이 우수하며 합금재질로 많이 사용된다.
- 열처리로 석출경화, 시효경화시켜 성질을 개선한다.
- 일반적으로 용접이 쉽지 않지만 접합이 용이하여 브레이징(경납접)이나 아르곤가스 중에서는 저항용접이 용이하다.

> ✎ **알루미늄의 방식법**
> 알루미늄의 표면을 적당한 전해액 중에서 양극산화처리하면 산화물의 피막이 생기고, 이것을 고온수증기 중에서 가열하여 다공성을 없게 하면 방식성이 우수한 아름다운 피막이 얻어진다. 이 방법에는 수산법, 황산법, 크롬산법 등이 있다.

1) 주조용 알루미늄합금

① 알코아 195(alcoa) : Al−Cu합금(Cu 4%), 담금질 · 시효경화에 의해 강도 증가, 내열성 · 연신율 · 피절삭성 우수, 고온취성 · 수축균열 발생
② 라우탈(lautal) : Al−Cu−Si합금(Cu 3~8%, Si 3~8%), 주조성과 피절삭성이 우수하고(Si에 의해 주조성 개선, Cu로 피절삭성 개선) 시효경화가 되는 재료

③ 실루민(silumin), 알팩스(alpax), Lo-Ex합금(Low Expansion) : Al-Si합금, 육각판상의 거친 조직인 Si를 개량처리 실용화, 주조성 우수, 피절삭성 나쁨

> ### ✒ 개량처리(modification, 개질처리)
> Si의 거친 육각판상조직을 금속의 나트륨(Na), 가성소다, 알칼리염 등으로 접종시켜 조직을 미세화시키고 강도를 개선하기 위한 처리

④ 하이드로날륨(hydronalium) : Al-Mg합금(Mg 10%), 내식성 · 피절삭성 우수, 용해될 때 용탕의 표면에 생기는 산화피막으로 주조가 곤란하며 내압주물로는 부적당

⑤ Y합금 : Al-Cu-Ni-Mg합금(Cu 4%, Ni 2%, Mg 1.5%), 510~530℃에서 더운물로 냉각한 후 4일간 상온시효시키거나 100~150℃에서 인공시효시켜 제조한다. Y합금은 주조용 알루미늄합금에 속하기도 하지만 대표적인 내열합금으로 분류되기도 한다. 석출경화 · 시효경화 현상이 있으며 열간단조 및 압출가공이 쉬워 단조품 및 피스톤, 내열성 주물, 내연기관의 실린더, 실린더헤드 등에 사용되고 인장강도는 186~245MPa(19~30kgf/mm^2)이다.

⑥ 다이캐스팅용 알루미늄합금 : 다이캐스팅용 합금으로서, 특히 요구되는 성질은 유동성이 좋을 것, 열간취성이 적을 것, 응고수축에 대한 용탕의 보급성이 좋을 것, 금형에 점착하지 않을 것 등이다.

> ### ✒ 다이캐스팅용 알루미늄합금의 용도별 기호(KS D 2331-2004)
> • ALDC 1 : Al-Si계이며 내식성 · 주조성 우수, 내력 낮음
> • ALDC 2 : Al-Si-Mg계이며 충격값 · 내력 · 내식성 우수, 주조성 나쁨
> • ALDC 3 : Al-Mg계이며 내식성 가장 우수, 충격값 우수, 주조성 나쁨
> • ALDC 4 : Al-Mg계이며 내식성 우수, 주조성 나쁨
> • ALDC 7 : Al-Si-Cu계이며 기계적 성질 · 피삭성 · 주조성 우수
> • ALDC 8 : Al-Si-Cu계이며 기계적 성질 · 피삭성 · 주조성 우수
> • ALDC 9 : Al-Si-Cu계이며 내마모성 · 주조성 · 내력 우수, 연신율 나쁨
> ★ 상기 규격은 KS D 2331-2009에서 개정되었으나 시험에서 자주 출제되기도 함

2) 가공용 알루미늄합금

▶ 가공용 알루미늄합금의 합금번호

1000번대	Al 99.00% 이상	4000번대	Al-Si계 합금	7000번대	Al-Zn계 합금
2000번대	Al-Cu계 합금	5000번대	Al-Mg계 합금	8000번대	기타
3000번대	Al-Mn계 합금	6000번대	Al-Mg-Si계 합금	9000번대	예비

★ 질별 기호 : -F(제조한 그대로의 것), -O(소둔한 것), -H(가공경화한 것), -T(열처리한 것)

(1) 내식성 알루미늄합금

내식성 알루미늄합금에는 알민, 알드레이, 하이드로날륨 등이 있으며 차량, 선반, 창, 송전선에 사용된다.

① 알민(almin) : Al—Mn합금, Mn 2% 미만(Mn 1~1.5%) 함유, 가공성·용접성이 좋으므로 저장탱크, 기름탱크 등에 사용
② 알드레이(aldrey) : Al—Mg—Si합금, 시효경화처리 가능
③ 하이드로날륨(hydronalium) : Al—Mg합금, Mg 12% 이하, 대표적인 내식성 합금, 비열처리형 합금

(2) 고강도 알루미늄합금

Al의 내식성을 저하시키지 않으면서 강도를 개선하는 원소는 Mn, Mg, Si 등이며 항공기, 자동차 등에 사용(단조용 알루미늄합금으로도 분류)된다.

① Al—Cu—Mg계 합금
  ㉠ 두랄루민(duralumin, 2017합금) : Al—Cu—Mg—Mn합금(Cu 4%, Mg 0.5%, Mn 0.5%), 항공기재료로 적합, 고온에서 물에 급랭하여 시효경화, 인장강도 294~441MPa
  ㉡ 초두랄루민(SD ; Super Duralumin, 2024합금) : Al—Cu—Mg—Mn합금(Cu 4.5%, Mg 1.5%, Mn 0.6%), 항공기재료로 적합, T4처리(인장강도 48kgf/mm^{2}로 향상) 혹은 T6처리(T4처리와 강도는 동일하고 내력 상승, 연신은 감소되지만 실용상 지장이 없으므로 많이 사용), 내식성이 좋지 않아 부식의 염려가 있으므로 표면에 순Al을 피복한 clad재를 사용

② Al—Zn—Mg계 합금
  ㉠ 초초두랄루민(ESD : Extra Super Duralumin, 7075합금) : Al—Cu—Zn—Mg합금(Cu 1.5~2.5%, Mg 0.5%, Zn 7~9%, Mg 1.2~1.8%, Mn 0.3~1.5%, Cr 0.1~0.4%), 시효경화성 매우 우수, 인장강도 530MPa(54kgf/mm^2) 이상, 항공기재료로 매우 적합, 알코아 75S합금
  ㉡ HD합금 : Al—Zn—Mg—Mn합금(Zn 5.5%, Mg 1.2~2.0%, Mn 0.7~0.8%, Cr 0.25~0.3%), 고온변형저항이 낮고 420℃에서 용체화처리를 하여 20일간 상온시효

(3) 내열용 알루미늄합금

내연기관의 피스톤, 실린더에 사용된다.

① Y합금(주조용 알루미늄합금에서 설명)
② 코비탈륨(cobitalium) : Al—Cu—Ni합금, Y합금의 일종, Ti와 Cu를 0.2% 정도씩 첨가
③ 로엑스합금(Lo-Ex) : Al—Ni—Si합금, Al—Si계에 Cu, Mg, Ni을 첨가한 특수 실루민, Na으로 개질처리

3 마그네슘과 그 합금

마그네슘(Mg)은 HCP, 비중 1.74, 융점 650℃이며 Al합금제, 구상흑연주철 첨가제, 사진용 플래시, 자동차, 항공기, 전기기기, 광학기기 등의 재료로 사용된다. 마그네슘의 특징은 다음과 같다.

• 고온발화성이 크다(사진용 플래쉬).
• 강도개선합금의 비강도가 매우 우수하다.
• Al 6%에서 인장강도가 최대이고, Al 4%에서 연신율과 단면수축률이 최대이다.
• 냉간가공이 불가능하고 200℃ 정도에서 열간가공하여 압연 · 압출한다.
• 대기 중에서 내식성이 양호하고 알칼리성에는 거의 부식되지 않는다.
• 산이나 염류에 침식되기 쉬우며 화재의 위험성이 있다.

1) 주물용 마그네슘합금

① 다우메탈(dow metal) : Mg−Al합금, Al 10% 정도, 마그네슘합금 중에서 비중이 가장 가볍고 용해 · 단조 · 주조 용이
② 일렉트론(electron) : Mg−Al−Zn합금, Mg 90% 이상, Al 첨가로 고온내식성이 향상되고 항공기, 자동차부품(내연기관 피스톤)에 사용

2) 가공용 마그네슘합금

Mg−Mn합금, Mg−Al−Zn합금, Mg−Zn−Zr합금, Mg−Th합금, Mg−Mn−Ca합금(MIA합금)

4 니켈과 그 합금

니켈(Ni)은 FCC, 비중 8.8, 용융점 1,453℃, 은백색이며 용도는 화학공업, 식품공업, 화폐, 도금용 등으로 사용된다. 니켈은 다음과 같은 특성을 지닌다.

• 상온에서 전연성이 좋고 소성가공성이 우수하다.
• 내식성, 내산화성이 우수하다.
• 상온에서 강자성체이며 360℃에서 자기변태로 자성을 잃는다.
• 질산, 염산에 침식되고 황산에 부식되지 않으며 알칼리에 강하다.
• 내식성이 크고 500~1,000℃의 고온에서도 열화나 산화되지 않는다.

1) Ni−Cu합금

전기저항 · 내열성 · 고온경도 · 고온강도 · 내식성이 우수하고 산화도가 적으며 Fe 및 Cu에 대한 열전도효과가 크다.
① 베네딕트메탈 : Ni 15%, 총탄의 피복급수가열기, 증기기관의 콘덴서에 사용

② 큐프로(cupro)니켈 : Ni 10~30%, 비철합금 중 전연성 최우수, 화폐 · 열교환기에 사용

③ 백동 : Ni 20~25%, 가공성 우수, 가정용품(각종 식기) · 포장품 · 공예품에 사용

④ 콘스탄탄(constantan) : Cu−Ni 40~50%, 전기저항이 크고 온도계수가 낮아 통신기 · 전열선 · 열전쌍(열전대) 등에 사용

⑤ 어드밴스(advance) : Ni 44%, Mn 1% 첨가, 정밀전기저항선 · 정밀교류측정기에 사용

⑥ 모넬(monel)메탈 : Ni 60~70%, 경도 · 강도 · 내식성 우수, 화학공업용 · 내열용 합금 · 증기밸브 · 펌프 · 디젤엔진에 이용, S모넬(Si 4% 첨가), H모넬(Si 3% 첨가), R모넬(S 0.035% 첨가), K모넬(Al 2.75% 첨가)

2) Ni−Fe합금(철강재료의 합금강 중 불변강 참조)

3) Ni−Cr합금

전기저항, 내열성, 내식성이 우수하며 대표적인 합금은 Ni 78~80%, Cr 12~13%, Fe 4~6%의 인코넬(Inconel)이며, 이는 유기물과 염류에 대한 내식성이 큰 내식 · 내열용 합금이다.

4) Ni−Cu−Mn합금

대표적인 합금은 Cu 50~60%, Ni 6~16%, Mn 12~30%의 망가닌(Manganin)으로 정밀기계용으로 사용된다.

5) Ni−Mo−Cr합금

① 하스텔로이(hastelloy) A, B, B2, B3, C, X 등이 이 계에 속하며, 광범위의 부식환경에 대한 저항성 우수, 연소가스 · 산화성 산 · 황산 · 아황산치아염소산 · 염화 제2철 · 황산제2철 · 크롬산 등의 수용액에 대한 저항성이 우수하다. 일반적으로 가공성과 용접성이 좋고 여러 모양으로 가공되어 있어 화학공업 등에도 사용된다.

② 하스텔로이 B : 가장 대표적인 합금으로, Mo 약 30%, Fe 5% 함유한다. 비산화성 산, 특히 염산에는 끓는점까지 모든 농도에서 견디며, 염화수소가스나 환원성용액에도 견딘다.

③ 하스텔로이 C : 크로뮴을 첨가, 질산이나 염소 등의 산화성 분위기에서 내식성 개선

④ 하스텔로이 X : 내산화성이 우수한 내열합금이다.

⑤ 그 외에 황산이나 인산 · 플루오린이온에 내식성을 가진 하스텔로이의 이름을 붙인 몇 종류의 개량합금이 있다.

▪5 아연과 그 합금

아연(Zn)은 HCP, 비중 7.14, 융점 419℃인 청백색의 비철금속이다. 알칼리에 침식되며 건전지, 인쇄판 등의 아연판, 다이캐스팅용 아연, 용융아연도금, 황동 및 기타 합금용으로 사용된다.

1) 다이캐스팅용 아연합금

Zn−Al−Cu계, Zn−Al−Cu계, Mg−Zn−Cu계가 있다. Al 4% 함유하는 아연합금을 자막 (zamak)이라고 한다.

2) 가공용 합금

가공용 합금에는 Ti 12%, Ta 0.5%, 기타 Cu, Mn, Cr 등을 함유하는 하이드로티메탈(hydro T metal)이 있는데, 이는 강도와 고온크리프성이 우수하여 봉재, 선재, 건축용, 탱크용, 전 기기기부품, 자동차부품, 일용품 등에 널리 사용된다.

6 티타늄과 그 합금

티타늄(Ti)은 HCP, 비중 4.6, 융점 1,668℃이며 내식성과 강도가 크다. 용도는 화학공업용, 항공 기, 우주선, 가스터빈 및 로켓재료로 사용된다. 티탄합금의 종류로는 Ti−Mn합금(공석, 시효경 화형), Ti−Al합금(Al 첨가로 변태점 상승, 내열성 증가), Ti−Al−V합금 & Ti−Al−Sn합금(고 정안전내열합금) 등이 있다.

7 베어링합금

> **베어링합금의 구비조건**
> • high : 경도, 인성, 항압력(내압력), 내하중성, 비열, 열전도율, 주조성, 내식성, 소착(seizing)에 대한 저항력 등
> • low : 마찰계수

1) 화이트메탈

주석(Sn), 아연(Zn), 납(Pb), 안티몬(Sb)의 합금이다.
① 주석계 : 배빗메탈(Sn−Sb−Cu)이 대표적이며 내마멸성, 내충격성, 내열성이 우수하지만 가격이 비싸다.
② 납계 : 안티프릭션메탈(Pb−Sn−Sb)이 대표적이며 값이 싸다는 이유로 많이 사용되고 있 지만 경도가 낮아서 내마멸성과 내충격성이 떨어지고 온도가 상승하면 축에 녹아 붙을 가 능성이 있다는 등 단점이 많다.

2) 구리계 베어링합금

켈밋(Kelmet, 성은, Cu−Pb 25~40%), 주석청동, 인청동(Cu−Sn 10~12%, P 1.0~1.5%), 함연청동, 알루미늄청동, 포금(gun metal, Cu 77~85%, Sn 8~10%, Pb 5~15%) 등이 있다.

켈밋은 배빗메탈에 비해 약 150배의 내구력을 지니며 항공기나 자동차의 고속 베어링용으로 적합하고, 주석청동·인청동은 저속고하중용으로 적합하다.

3) 알루미늄계 베어링합금

고강도로 마찰저항과 열전도율이 크고 균일한 조직을 얻을 수 있으므로 내연기관의 엔진크랭크축의 지지와 커넥팅로드를 연결시켜 주기 위한 미끄럼 베어링으로 사용된다. Al-Sn-Ni계는 고속고하중에서 사용된다.

4) 카드뮴계 베어링합금

카드뮴(Cd)에 Ni, Ag, Cu 및 Mg 등을 소량 첨가한 것으로 피로강도와 고온경도가 화이트메탈보다 크기 때문에 하중이 큰 고속 베어링에 사용한다.

5) 오일리스 베어링(함유축수 베어링)

오일리스 베어링은 다공질재료에 윤활유를 함유하게 하여 급유할 필요가 없게 하는 베어링이며 Cu에 10% Sn분말과 2% 흑연분말을 혼합하여 윤활제 또는 휘발성 물질을 가압소결한 것이다. 강도는 낮지만 마멸이 적고 기름을 품고 있기 때문에 자동차, 전기, 시계, 방적기계 등의 급유가 어려운 부분의 베어링용으로 사용된다.

8 고용융점 금속(RM : Refractory Metal)과 그 합금

고용융점 금속은 융점이 높으므로 고온강도가 크며 증기압이 낮다.

1) 텅스텐

텅스텐(W)은 BCC, 비중 19.3, 융점 3,410℃이고 분말야금법으로 제조되며 필라멘트, 절삭공구재료, 내열강이나 자석강의 합금원소 등으로 사용된다. WC분말을 주성분으로 하고 여기에 인성이 우수한 Co분말을 결합재로 첨가하여 분말야금법으로 소결성형하여 제조한 텅스텐카바이드(탄화텅스텐, tungsten carbide)합금을 소결초경합금(sintered hard metal) 혹은 초경합금이라고 한다. 고융점 경질탄화물인 TiC, TaC, NbC 등을 추가로 합금시키기도 한다. 열팽창계수와 전기저항이 낮고 열전도율과 탄성률이 높다. 초경합금의 특성은 다음과 같다.
① 고온경도와 내마멸성이 우수하다.
② 압축강도가 높다.
③ 고온에서 변형에 대한 저항성이 크다.

2) 몰리브덴

몰리브덴(Mo)은 BCC, 비중 10.2, 융점 2,625℃이며 열팽창계수와 전기저항이 낮고 열전도율과 탄성률이 높다. 고온내열재, 우주항공기용으로 사용된다.

3) 기타 고용융점 금속

① 나이오븀(Nb) : 나이오븀은 BCC, 비중 8.57, 융점 2,468℃이며 내산화성은 적으나 습식부식에 대한 내식성이 우수하며 초전도 특성이 있다.

② 탄탈룸(Ta) : 탄탈룸은 BCC, 비중 16.6, 융점 2,996℃이며 내산화성은 적으나 습식부식에 대한 내식성이 우수하며 산화막에 의한 유도 특성이 있다.

04 비금속재료

1 유기질재료(플라스틱, 고무 등)

1) 합성수지(플라스틱)

가소성 재료이며 화학적으로 합성시킨 합성수지를 플라스틱이라고 한다.

(1) 합성수지의 일반적인 특징

① 가볍고 튼튼하다.
② 전기절연성이 좋다.
③ 산, 알칼리에 강하다.
④ 표면경도가 금속재료에 비해 약하며 열에 약하다.
⑤ 가공성이 크고 성형이 간단하다.
⑥ 내식성, 보온성이 좋다.
⑦ 착색이 용이하다.
⑧ 대량생산이 가능하다.

(2) 합성수지의 종류

① 열가소성 수지 : 가열하여 성형한 후 냉각하면 경화되는 합성수지이며 재가열하면 녹아서 원상태로 되어 새로운 모양으로 다시 성형할 수 있다. 열가소성 수지의 종류에는 폴리에틸렌 수지, 폴리프로필렌 수지, 폴리스티렌 수지, 폴리염화비닐 수지, 초산비닐 수지, 폴리아미드 수지, 폴리카보네이트 수지, 아크릴 수지, 아크릴니트릴브타디엔스티렌 수지 등이 있다.

㉠ 폴리에틸렌 수지 : 무색투명하며 내수성·내산성·내알칼리성·전기절연성이 우수하다. 120~180℃로 가열하면 끈끈한 액체가 되므로 사출성형이 용이하다. 각종 용기, 브러시, 장난감 등 다양한 용도로 사용된다. 충격에 대해서도 강하고 해머로 때려도 잘 파손되지 않는다. 내화성도 고무나 염화비닐보다 우수하다.

㉡ 폴리프로필렌 수지 : 비중이 약 0.9이며, 인장강도가 약 28~38MPa 정도이고 포장용 노끈이나 테이프, 섬유, 어망, 로프 등에 사용된다.

㉢ 폴리스티렌 수지 : 스티렌의 중합체이며 스트롤 수지라고도 한다. 비중이 1.05~1.07로 합성수지 중에서도 가벼운 편이다. 성형이 용이하고 화학약품에 대해 안정적이므로 전기재료, 장식품, 가정용품에 사용되는 대표적인 열가소성 수지이다. 고주파 절연재료, 투명한 광학기계재료 등에도 사용된다.

㉣ 폴리염화비닐 수지 : PVC라고도 하며 석회석, 석탄, 소금 등을 원료로 하므로 원료공급이 용이하다. 내산성·내알칼리성이 풍부하고 황산, 염산, 수산화나트륨 등의 약품이나 바닷물에 녹거나 부식되지 않으며 기름이나 흙에 파묻혀도 침식되지 않는다. 제품의 내외면이 모두 매끈하다. 비닐파이프는 마찰계수가 작아 물에 있을 때에 불순물이 잘 부착하지 않아 유량수송에 적합하다. 전기 및 열의 불량도체이므로 전기적인 부식의 염려도 없고 전선관, 도시의 수도관에 적당하다.

㉤ 폴리초산비닐 수지 : PVA라고도 부르며 상온에서는 고무와 유사한 탄성을 지니지만 천연고무와는 특성이 약간 다르다. 용제는 벤졸과 아세톤 등에 쓰이고 무미무독, 접착성, 투명성의 특성을 이용하여 접착제, 도료, 츄잉껌, 성형재료, 전기절연재료 등에 이용된다.

㉥ 폴리아미드 수지 : 흔히 나일론이라고 부르며 내열성은 좋지 않으나 플라스틱재료 중 연신율이 가장 크고 마모에 강하므로 전선의 피복이나 에나멜선용 등으로 사용된다.

㉦ 폴리카보네이트 수지 : 비스페놀(bisphenol) A와 포스겐(phosgene) 등을 반응시켜 제조하며 비결정성이기 때문에 투명하고 기계적 강도가 높다. 내열성·전기절연성이 뛰어나며 충격강도는 열가소성 수지 중 가장 높다. 흡습으로 인한 치수변화가 대단히 적고 온도변화에 따른 물리특성이 안정된 여러 가지 특성을 갖고 있어 환경변화에 매우 강한 엔지니어링 플라스틱이다. 그러나 유기용제에 약하고 성형성이 좋지 않아 성형 시 크게 일그러지면서 변형되어 갈라질 수 있다.

㉧ 아크릴 수지 : 중합체로서 투명성이 좋고 탄성이 크며 햇빛에 노출되어도 변색이 잘 되지 않으므로 안전유리의 중간층재료, 케이블의 피복재료, 도료 등에 사용된다. 벤젠, 아세톤, 유기산 등에는 용해되지만 알코올, 물, 사염화탄소, 식물유 등에는 용해되지 않는다.

㉨ 아크릴니트릴부타디엔스티렌 수지 : 일명 ABS수지로 부르며 아크릴로니트릴(A), 브타디엔(B), 스티렌(S)의 세 가지 성분으로 되어 있다. 스티렌-아크릴로니트릴의 공(共)중합체를 SBR과 NBR 같은 고무나 브타티엔과 그래프트중합시켜 제조한다. ABS 수지는 내충격성·내약품성·내후성 등이 뛰어나고 사출성형·압출성형 등의 성형성과 착색 등 2차 가공성이 우수하다.

② 열경화성 수지 : 가열하면 경화하고 재용융하여도 다른 모양으로 다시 성형할 수 없으므로 재생이 불가능한 합성수지이다. 열경화성 수지의 종류에는 페놀 수지, 멜라민 수지, 에폭시 수지(EP, 합성수지 중 가장 우수한 특성이 있어 널리 이용), 규소 수지, 요소 수지, 불포화 폴리에스테르 수지 등이 있다.

㉠ 페놀 수지 : 높은 전기절연성이 있어 전기부품재료를 많이 쓰고 있는 베이클라이트(bakelite)라고도 불리는 수지이다.

㉡ 멜라민 수지 : 무색의 가벼운 침상결정이며 요소 수지보다 강도, 내수성, 내열성이 우수하다.

㉢ 에폭시 수지(EP) : 합성수지 중 가장 우수한 특성을 지녀 널리 이용된다.

㉣ 규소 수지(실리콘 수지) : 고분자물질의 종류와 결합기의 개수에 따라 수지상, 고무상, 유상, 그리스상으로 구분되며 내열·내수성이 우수하고 전기절연성이 좋다. 일반 합성수지보다 내열성이 100℃ 이상 우수하고 기계가공성도 좋다.

㉤ 요소 수지 : 유레아 수지라고도 하며 강도·내수·내열·전기절연성 등에서는 다소 떨어지나 가공성 및 착색이 용이하여 미려한 외관의 상품제조(커피가열기, 식탁기구, 진열상자. 가재도구, 버튼, 전기부품 등의 성형재료)로 많이 사용된다. 또한 접착제나 소부 에나멜제조 등에도 사용된다.

㉥ 불포화 폴리에스테르 수지 : 유리섬유에 함침시키는 것이 가능하기 때문에 FRP(Fiber Reinforced Plastic)용으로 사용된다.

2) 고무

① 생고무 : 라텍스(latex)를 60% 농축하거나 개미산 등으로 응고한 후에 판이나 덩어리로 만든 재료이다. 황(S)과 함께 가열하면 강하고 화학적인 내구력을 증가시킨다.
② 연질고무 : 생고무에 몇 %의 황(S)을 넣어 가열하여 만든 재료이다.
③ 경질고무 : 생고무에 30% 이상의 황(S)를 넣어 가열하여 만든 재료이다.
④ 합성고무 : 천연고무의 대용으로 제조법도 천연고무와 유사하며 전기절연물, 타이어, 패킹 등으로 사용된다.

2 무기질재료(세라믹, 단열재, 연마재, 탁마재, 유리 등)

1) 세라믹

세라믹은 재래 세라믹(old ceramic, 점토, 구석, 장석 등의 조성으로 구성된 식기류나 화병 등의 도자기요업제품)과 기능성 세라믹(산화물, 탄화물, 질화물 등으로 구성되었으며 내열성·내식성·기계적 강도가 우수), 신세라믹(new ceramic ; 투광성 세라믹, 반도체 세라믹)으로 분류된다. 산화물계 세라믹의 주재료는 SiO_2이다.

2) 단열재

단열재는 외부로의 열손실이나 열의 유입을 적게 하기 위한 부분을 피복하여 일정한 온도로 유지하기 위한 재료이며 사용온도에 따라 다음과 같이 구분한다.

사용온도	100℃ 이하	100~500℃	500~1,100℃	1,100℃ 이상
단열재의 종류	보냉재	보온재	단열재	내화단열재

3) 연마재와 탁마재

① 연마재 : 천연품(다이아몬드, 에머리, 스피넬, 석류석, 규사 등), 인조품(용융알루미나, 탄화규소(카보런덤), 산화철, 탄화붕소, 기타 고경도의 탄화물과 질화물 등)

② 탁마재 : 천연품(점토류, 활석, 미정질무수규산류 등), 인조품(산화철, 산화크롬, 알루미나, 소성돌로마이트, 유리분말, 기타 고경도의 극미분물질 등)

4) 안전유리

판유리 사이에 아세틸렌 로스나 폴리비론 수지 등의 얇은 막을 끼워 넣어 만든 것으로, 강한 충격에 잘 견디고 깨졌을 때도 파편이 날지 않는 특수 유리이다.

05 신소재

1 복합재료

1) 섬유강화재료(Fiber Reinforced Materials)

섬유강화재료에는 섬유강화금속, 섬유강화세라믹, 섬유강화플라스틱, 섬유강화콘크리트, 섬유강화고무 등이 있다.

① 섬유강화금속(FRM : Fiber Reinforced Metal) : 무결함의 단결정조직인 위스커 등의 섬유상을 Al, Ti, Mg 등의 연성과 인성이 높은 금속이나 합금 중에 균일하게 배열시켜 복합화한 재료이다.

② 섬유강화세라믹(FRC : Fiber Reinforced Ceramic) : 매우 높은 고온경도를 유지하는 세라믹의 단점인 취성의 성질을 개선하여 인성을 부여한 복합재료이다.

③ 섬유강화플라스틱(FRP : Fiber Reinforced Plastic) : 플라스틱재료로서 동일 중량으로 기계적 강도가 강철보다 강력한 재질이다.

④ 섬유강화콘크리트(FRC : Fiber Reinforced Concrete) : 콘크리트의 낮은 인장력과 변형력으로 인해 깨지기 쉬운 약점을 보완한 복합재료이다.

⑤ 섬유강화고무(FRR : Fiber Reinforced Rubber) : 섬유강화 고강도의 고무재료이다.

2) 분산강화금속복합재료

기지금속 중에 $0.1\mu m$ 정도의 산화물 등 미세한 입자를 균일하게 분포시킨 재료로 고온에서 내크리프성이 우수하다.

3) 입자강화금속복합재료

$1\sim5\mu m$의 비금속입자가 금속기지 중에 분산되어 있는 재료로 경도 · 내열성 · 내산화성 · 내약품성 · 내마멸성 · 고인성을 겸비한 복합재료이다. 공구재료, 내열재료, 내마멸재료로 사용된다.

4) 클래드재료

클래드(clad)재료는 두 종류 이상의 금속 특성을 복합적으로 얻을 수 있는 재료이다. 일반적으로 얇은 특수한 금속을 두껍고 가격이 저렴한 모재에 야금학적으로 접합시킨 것이 많다.

5) 다공질재료

소결체의 다공성을 이용한 베어링이나 다공질금속필터가 있다. 금속필터는 여과성이 좋고 기계적 성질이 양호하며 용접납땜 등의 접합도 용이하기 때문에 유체를 취급하는 공업분야에서 실용화되고 있다.

6) 일방향 응고공정합금

공정조성의 용융금속을 일방향으로 응고시켜 조직을 섬유상 조직($Al-Al_3Ni$) 또는 층상 구조($Al-CuAl_2$)로 배열시킨 것이다. 항공기용 제트엔진터빈 등의 내열재료로 적용한다. 층상 조직과 섬유상 조직이 있다.

2 형상기억합금

형상기억합금(shape memory alloy)은 마텐자이트의 변태를 이용한 고탄성재료로 형상을 기억하는 합금이다. 재료를 상온에서 다른 형상으로 변형시킨 후 원래 모양으로 회복되는 온도로 가열하면 원래의 형상으로 돌아온다.

① 니켈-티타늄계 합금(Ni-Ti합금, 니타놀) : Ni-Ti합금은 실용화된 형상기억합금의 대부분을 차지한다.

② 구리－아연－알루미늄계 합금(Cu－Zn－Al합금)

③ 구리－알루미늄－니켈계 합금

④ 니켈－티타늄－구리계 합금

3 초전도재료

금속은 전기저항이 있기 때문에 전류를 흘리면 전류가 소모된다. 일반적으로 금속의 전기저항은 온도가 내려갈수록 감소하지만 절대온도에 가깝게 냉각해도 금속 고유의 전기저항은 남는다. 그러나 어떤 종류의 금속에서는 일정온도에서 갑자기 전기저항이 '0'이 되는 현상이 나타나는데, 이런 현상을 초전도라고 한다. 초전도재료는 전기저항이 '0'으로 에너지 손실이 전혀 없다는 장점을 주로 이용한다. 응용분야는 고압 송전선 개발, 부피가 작으면서도 강한 자기장을 발생시킬 수 있는 자석용 선재 개발, 전력시스템의 초전도화, 핵융합, MHD발전(Magnetohydrodynamic Power Generation), 자기부상열차, 핵자기공명단층영상장치, 컴퓨터 및 계측기 등이다.

4 제진재료

제진재료는 두드려도 소리가 나지 않는 재료로, 기계장치나 차량 등에 접착되어 진동과 소음을 제어한다.

5 비정질합금

금속에 열을 가하여 액체상태로 한 후에 고속으로 급랭하면 원자가 규칙적으로 배열되지 못하고 액체상태로 응고되어 고체금속이 되는데, 이와 같이 원자들의 배열이 불규칙한 조직을 비정질(amorphous)조직이라고 한다.

6 자성재료

자성재료는 자기적 성질을 가지는 재료이다. 공업적으로 자기적 성질이 필요한 기계, 장치, 부품 등에 활용할 수 있는 재료를 말한다.

7 수소저장합금

금속수소화물의 형태로 수소를 흡수 및 방출하는 합금이다. 수소저장합금의 종류에는 $LaNi_5$, $TiFe$, Mg_2Ni 등이 있다. $LaNi_5$의 경우 란탄의 밀도가 크고 가격이 고가인 단점이 있지만 수소저장과 수소방출 특성은 우수하다.

■8 금속초미립자

초미립자의 크기는 $1\mu m$ 이하 혹은 $100\mu m$의 콜로이드입자의 크기와 같은 정도의 분체이다. 초미립자는 자기테이프, 비디오테이프, 태양열이용장치의 적외선흡수재료 등으로 응용 및 개발되고 있다.

■9 초소성합금

초소성재료는 수백% 이상의 연신율을 나타내는 재료이다. 초소성현상은 소성가공이 어려운 내열합금 또는 분산강화합금을 분말야금법으로 제조하여 소성가공 및 확산접합할 때 이용된다. 서멧과 세라믹에도 응용 가능하다.

① 초소성(super plasticity) : 특정한 온도, 변형조건 하에서 금속이 인장변형될 때 국부적인 수축을 일으키지 않고 수백%의 큰 연신율이 나타나는 현상

② 초소성을 얻기 위한 조직조건 : 미세한 결정입자, 입자성장 억제를 위한 모상의 강도와 유사한 제2상의 존재, 고경사각의 모상입계, 입계의 Mobility, 등축결정립 형상, 입계의 내인장분리성 등

> ⚲ 초탄성(super elasticity)
>
> 특정한 모양의 것을 인장하여 탄성한도를 넘어서 소성변형시킨 경우에도 하중을 제거하면 원래 상태로 돌아가는 현상

■10 반도체재료

반도체(semiconductor)는 도체(전기를 통하는 물질)와 절연체(전기가 통하지 않는 물질)의 중간인 물질로 약 $10^{-5}{\sim}10^{7}\Omega m$의 저항률을 지닌다. 반도체에서 나타나는 현상은 정류효과, 광전효과, 압전효과, 열전효과, 전장발광 등 여러 가지가 있다. 대표적인 반도체는 Si(실리콘)와 Ge(게르마늄, 저마늄) 등이다.

01장 연습문제(핵심 기출문제)

1. 기계재료의 총론

01 금속의 일반적인 특성이 아닌 것은?

① 고체상태에서 결정구조를 갖는다.
② 열과 전기의 부도체이다.
③ 연성 및 전성이 좋다.
④ 금속적 광택을 가지고 있다.

해설 금속은 열과 전기의 양도체이다.

02 〈보기〉 중에서 재료의 물리적 성질들만으로 짝지어진 것은?

---- 〈보기〉 ----
가. 비열 　　　 나. 전도도
다. 강도 　　　 라. 비중
마. 경도

① 가, 나, 라　　　② 가, 나, 다
③ 나, 다, 라　　　④ 가, 나, 마

해설 〈보기〉의 성질 분류
• 물리적 성질 : 비열, 전도도, 비중
• 기계적 성질 : 강도, 경도

03 다음 중에서 금속의 비중이 큰 순서로 올바르게 나열된 것은?

① 은 > 금 > 구리 > 철
② 금 > 은 > 구리 > 철
③ 철 > 구리 > 금 > 은
④ 철 > 구리 > 은 > 금

해설 Au(19.3) > Ag(10.5) > Cu(8.7) > Fe(7.8)

04 다음 금속 중 가장 무거운 것은?

① Al　　　② Mg
③ Ti　　　④ Pb

해설 Al(2.7), Mg(1.74), Ti(4.6), Pb(11.34)

05 다음 원소 중 중금속이 아닌 것은?

① Fe　　　② Ni
③ Mg　　　④ Cr

해설 Mg의 비중은 1.74이므로 경금속(비중 4.5 이하)이다.

06 다음 원소들 중에서 용융점이 가장 낮은 것은?

① 백금　　　② 수은
③ 납　　　④ 아연

해설 수은의 용융점은 −38.87℃이다.

07 철사를 끊으려고 손으로 여러 번 구부렸다 폈다 하면 구부러지는 부분에 경도가 증가된다. 가장 큰 이유는?

① 쌍정현상 때문에
② 가공경화현상 때문에
③ 슬립현상 때문에
④ 결정입자가 충격을 받기 때문에

해설 철사를 끊으려고 손으로 여러 번 구부렸다 폈다 하면 그 외력에 의해서 구부러지면서 변형이 되어 결함이 증가하면서 오히려 이로 인하여 그 부분의 경도가 상승되는 현상이 발생되는데, 이것은 가공경화의 한 현상으로 볼 수 있다.

08 재료에 높은 온도로 큰 하중을 일정하게 작용시키면 응력이 일정해도 시간의 경과에 따라 변형률이 증가하는 현상은?

① 크리프현상　　　② 시효현상
③ 응력집중현상　　　④ 피로파손현상

정답 01.② 02.① 03.② 04.④ 05.③ 06.② 07.② 08.①

해설 크리프현상은 온도가 높고 변형력이 클수록 빠르게 일어난다.

09 실제로 액체금속이 응고할 때에는 반드시 융점의 온도에서 응고가 시작되는 일은 적고, 용융점보다 낮은 온도에서 응고가 시작된다. 이 현상을 무엇이라고 하는가?

① 서랭   ② 급랭
③ 과랭   ④ 급랭과 과랭의 겹침

해설 과랭에 대한 설명이다.

10 다음 〈보기〉에서 금속의 재결정순서가 맞는 것은?

┌─────── 〈보기〉 ───────┐
ⓐ 내부응력 제거
ⓑ 연화
ⓒ 재결정
ⓓ 결정입자의 성장
└────────────────────┘

① ㉠ → ㉡ → ㉢ → ㉣
② ㉡ → ㉠ → ㉢ → ㉣
③ ㉠ → ㉡ → ㉣ → ㉢
④ ㉡ → ㉠ → ㉣ → ㉢

해설 금속의 재결정순서는 내부응력 제거 → 연화 → 재결정 → 결정입자의 성장 순이다.

11 다음 중 금속의 재결정에 관하여 틀리게 설명한 것은?

① 가공도가 클수록 재결정온도는 낮다.
② 결정입자가 미세할수록 재결정온도는 낮다.
③ 재결정과정과 동시에 성분변화가 일어난다.
④ 재결정은 새로운 결정립의 핵 생성과 성장의 과정이다.

해설 재결정 시 성분변화는 일어나지 않는다.

12 일반적으로 냉간가공과 열간가공의 기준은 무엇으로 하는가?

① 회복   ② 재결정온도
③ 가공도   ④ 결정입도

해설 냉간가공과 열간가공은 재결정온도로 구분된다.

13 냉간가공과 열간가공을 구별할 수 있는 온도를 무슨 온도라고 하는가?

① 포정온도   ② 공석온도
③ 공정온도   ④ 재결정온도

해설 냉간가공과 열간가공을 구별하는 온도는 재결정온도이다.

14 재결정온도보다 낮은 온도에서 가공하는 것을 무엇이라고 하는가?

① 고온가공   ② 열간가공
③ 냉간가공   ④ 성형가공

해설 재결정온도보다 낮은 온도에서 가공하는 것을 냉간가공이라고 한다.

15 금속재료의 가공도와 재결정온도의 관계를 가장 올바르게 나타낸 것은?

① 가공도가 큰 것은 재결정온도가 높아진다.
② 가공도가 큰 것은 재결정온도가 낮아진다.
③ 재결정온도가 낮은 금속은 가공도가 낮다.
④ 가공도와 재결정온도는 무관하다.

해설 가공도가 큰 것은 재결정온도가 낮다.

16 열간가공과 비교하여 냉간가공의 장점은 무엇인가?

① 작업능률이 양호하다.
② 가공에 필요한 동력이 적게 소모된다.
③ 제품표면이 아름답다.
④ 단시간 내 완성이 가능하다.

해설 열간가공과 냉간가공은 재결정온도(철강의 경우는 450℃)로 구분하며, 냉간가공은 열간가공에 비해서 가공동력이 많이 소요되지만 제품표면은 더 우수하다.

17 가열 또는 냉각에 의해서 일어나는 불균일한 소성변형과 외력에 의한 불균일한 소성변형 및 금속조직과 화학성분의 불균일로 인한 소성변형 등을 무엇이라 하는가?

① 강도변화　　　　② 응력원
③ 변형률　　　　　④ 잔류응력

<u>해설</u> 가열 또는 냉각에 의해서 일어나는 불균일한 소성변형과 외력에 의한 불균일한 소성변형 및 금속조직과 화학성분의 불균일로 인한 소성변형 등을 잔류응력이라고 한다.

18 금속의 소성가공은 일반적으로 재료의 어떤 성질을 이용하는 것인가?

① 가공경화　　　　② 재결정
③ 영구변형　　　　④ 기계가공성

<u>해설</u> 소성가공은 소성변형, 즉 영구변형을 이용한다.

19 기계구조물의 용접 부분에 비파괴탐상시험기호가 PT로 표시되는 시험인 것은?

① 와전류탐상시험　　② 초음파탐상시험
③ 침투탐상시험　　　④ 자분탐상시험

<u>해설</u> PT는 침투탐상시험법이다.

20 원자반경의 크기가 유사한 원자끼리 적절한 배열을 형성하면서 새로운 상을 형성하는 것은?

① 기계적 혼합물　　② 침입형 고용체
③ 치환형 고용체　　④ 금속간화합물

<u>해설</u> 고용체 중에서 원자반경이 유사한 것은 치환형이며, 침입형은 원자반경의 차이가 크다.

21 격자상수란?

① 단위체적당의 격자수
② 격자를 이루는 원자수
③ 단위세포 한 모서리의 길이
④ 단위세포 모서리와 모서리의 길이

<u>해설</u> 격자상수는 단위세포 한 모서리의 길이를 말한다.

22 입방체의 각 모서리와 면의 중심에 각각 1개씩의 원자가 있고, 이 금속은 전성과 연성이 좋으며 Au, Ag 등이 속하는 결정격자는?

① 체심입방격가　　② 조밀육방격자
③ 집합결정격자　　④ 면심입방격자

<u>해설</u> 대체적으로 면심입방격자는 전연성과 가공성이 우수하며, 체심입방격자는 전연성이 작고 강하고, 조밀육방격자는 취약하고 전연성이 적은 특성을 지닌다.

23 다음 중 결정격자가 면심입방격자(FCC)인 것은?

① γ-Fe　　　　② α-Fe
③ Mo　　　　　④ Zn

<u>해설</u> γ-Fe의 결정구조는 FCC이다.

24 순철에서 일어나지 않는 변태는?

① A_0　　　　　② A_2
③ A_3　　　　　④ A_4

<u>해설</u> 순철에서는 A_0변태(215℃)가 일어나지 않는다.

25 순철(α철)의 격자구조는?

① 면심입방격자　　② 면심정방격자
③ 체심입방격자　　④ 조밀육방격자

<u>해설</u> α철 : BCC, β철 : BCC, γ철 : FCC, δ철 : BCC

26 순철은 1,539℃에서 응고하여 상온까지 냉각되는 동안에 A_4, A_3, A_2의 변태점을 지나면서 변태한다. 이 중 A_2변태점에 대한 설명으로 옳지 않은 것은?

① 퀴리점
② 자기변태점
③ 동소변태점
④ 자성만의 변화를 가져오는 변태

<u>해설</u> A_2변태점(768℃)은 동소변태점이 아니라 자성만의 변화를 가져오는 변태가 일어나는 자기변태점이며, 이를 퀴리점이라고도 부른다.

27 순철에는 없는 강의 특유한 변태점은?

① A₁   ② A₂

③ A₃   ④ A₄

해설 A₁변태점(723℃)은 순철에는 없고 강에만 있는 특유한 변태점이다.

28 철의 자기변태점은?

① A₁변태점   ② A₂변태점

③ A₃변태점   ④ A₄변태점

해설 A₂변태점은 자기변태점(퀴리점, 768℃)이고, A₃변태점(910℃)과 A₄변태점(1,400℃)은 동소변태점이다.

29 Fe-C평형상태도의 A₀점에서 시멘타이트의 자기변태가 발생되는 온도는?

① 727℃   ② 210℃

③ 1,492℃   ④ 738℃

해설 210℃인 A₀변태점은 시멘타이트의 자기변태점이다.

30 Fe-C평형상태도에서 공석반응을 일으키는 온도는 약 몇 ℃인가?

① 521℃   ② 621℃

③ 723℃   ④ 821℃

해설 강의 공석온도는 723℃이다.

31 공정점에서의 자유도(degree of freedom)는?

① 0   ② 1

③ 2   ④ 3

해설 $F = C - P + 1 = 2 - 3 + 1 = 0$

32 질량효과(mass effect)가 가장 작은 것은?

① 탄소강

② 단면의 차이가 큰 것

③ Ni-Cr강

④ 열전도가 낮은 것

해설 탄소강의 질량효과가 가장 크고, Ni-Cr강의 질량효과가 가장 작다.

2. 철강재료

01 다음 철광석 중에서 철의 성분이 가장 많이 포함된 것은?

① 자철광   ② 망간광

③ 갈철광   ④ 능철광

해설 철의 함유량순서는 자철광－적철광－갈철광－능철광이다.

02 강괴의 제조 시 기공이 발생하지 않도록 첨가하는 탈산제가 아닌 것은?

① Fe-Si   ② Fe-Mn

③ $FeCO_3$ ④ Al

해설 탈산제는 Fe-Si, Fe-Mn, Al이다.

03 다음 기계재료 중 용광로(고로)에서 대량으로 제조되는 것은?

① 구리   ② 선철

③ 주철   ④ 탄소강

해설 용광로에서 대량으로 제조되는 것은 선철이다.

04 강과 주철은 어느 기준으로 구분하는가?

① 첨가금속함유량   ② 탄소함유량

③ 금속조직상태   ④ 열처리상태

해설 탄소함유량 2.0% 이내이면 강, 그 이상이면 주철이다.

05 다음은 강에 요구되는 내열성에 대한 설명이다. 해당되지 않는 것은?

① 고온의 가스에 의한 산화, 침식에 견디는 것

② 조직이 안정되어 있어 온도의 급변에 견디는 것

③ 고온이 되어도 외력에 의해서 변형하지 않는 것

④ 작은 반복응력이 장시간 작용하면 피로가 오는 것

해설 작은 반복응력이 장시간 작용해도 피로가 적을 것

06 C 0.8% 이하의 아공석강에서 탄소함유량 증가에 따라 기계적 성질이 감소하는 것은?

① 경도   ② 항복점
③ 인장강도   ④ 연신율

해설 C 0.8% 이하의 아공석강은 탄소함유량이 증가할수록 경도, 항복점, 인장강도는 증가하지만 연신율은 감소한다.

07 탄소강에서 탄소함유량이 증가할 경우 탄소강의 기계적 성질은 어떻게 변화하는가?

① 경도 및 연성 감소
② 경도 및 연성 증가
③ 경도 및 강도 감소
④ 경도 및 강도 증가

해설 탄소함유량이 증가하면 강도와 경도는 증가하며 인성, 전성, 충격값은 감소한다.

08 탄소강의 성질을 설명한 것으로 틀린 것은?

① 탄소량의 증가에 따라 비중, 열팽창계수, 열전도도는 감소한다.
② 탄소량의 증가에 따라 비중, 열팽창계수, 열전도도는 증가한다.
③ 탄소량의 증가에 따라 비열, 전기저항, 항자력은 증가한다.
④ 탄소량의 증가에 따라 내식성은 감소한다.

해설 탄소량이 증가하면 강도, 경도, 비열, 전기저항, 항자력 등은 증가하며 인성, 전성, 충격값, 비중, 열팽창계수, 열전도도, 내식성 등은 감소한다.

09 탄소강 중 열처리하여 프레스금형의 펀치, 다이 및 각종 핀류 제작에 사용될 수 있는 재료는?

① SM10C-SM15C
② SM20C-SM25C
③ SM30C-SM35C
④ SM40C-SM50C

해설 SM40C-SM50C에 대한 설명이다.

10 다음 탄소공구강 중 탄소함유량이 가장 많은 것은?

① STC 1   ② STC 2
③ STC 3   ④ STC 4

해설 탄소공구강의 탄소함유량은 STC 1은 1.3~1.5%, STC 2는 1.1~1.3%, STC 3은 1.0~1.1%, STC 4는 0.9~1.0%이다.

11 탄소공구강에 대하여 바르게 설명한 것은?

① 탄소공구강의 KS재료 표시기호는 SK이다.
② 탄소함유량은 0.3~0.5%의 것이 사용된다.
③ 탄소공구강은 킬드강으로 만들어진다.
④ 탄소공구강 5종은 탄소함유량이 가장 많다.

해설 ① 탄소공구강의 KS재료 표시기호는 STC이다.
② 탄소함유량은 0.9~1.5%의 것이 사용된다.
④ 탄소공구강 중에서 탄소함유량이 가장 많은 것은 탄소공구강 1종이다.

12 다음 중 탄소강을 냉각하여 얻은 조직과 냉각방법을 연결한 것으로 옳지 않은 것은?

① 페라이트 – 수랭
② 트루스타이트 – 유랭
③ 소르바이트 – 공랭
④ 펄라이트 – 노냉

해설 페라이트 – 노냉

13 탄소강에서 황의 영향은 무엇인가?

① 강도의 증가   ② 충격값의 증가
③ 쾌삭성의 감소   ④ 적열취성의 원인

해설 탄소강에서의 황의 영향은 강도 저하, 충격값 저하, 쾌삭성 증가, 적열취성의 원인 등이다.

14 탄소강에 첨가되어 결정립을 미세화시키는 원소는?

① P   ② V
③ Si   ④ Al

해설 결정립의 미세화원소는 V이고, 조대화원소는 Si이다.

15 경화능 향상에 효과적이며 첨가량이 1% 이상이면 결정입자를 조대화하여 취성을 증가시키는 원소는?

① Ni ② Cr
③ Mn ④ Mo

해설 경화능 향상에 효과적이며 첨가량이 1% 이상이면 결정입자를 조대화하여 취성을 증가시키는 원소는 망간(Mn)이다.

16 펄라이트(pearlite)의 생성과정으로 잘못된 것은 어느 것인가?

① Fe_3C의 핵이 성장한다.
② α고용체가 생긴 입자에 Fe_3C가 생긴다.
③ γ고용체의 결정립계에 Fe_3C의 핵이 생긴다.
④ Fe_3C의 주위에 γ고용체가 생긴다.

해설 펄라이트 생성 석출메커니즘
• γ고용체의 결정립계에 Fe_3C의 핵이 생긴다.
• Fe_3C의 핵이 성장한다.
• Fe_3C의 주위에 α고용체가 생긴다.
• α고용체가 생성된 입계에 Fe_3C가 생성된다.

17 강의 펄라이트조직의 설명 중 틀린 것은?

① 페라이트와 시멘타이트의 층상혼합조직이다.
② 비자성으로 다면체조직이다.
③ 서랭조직으로 안정하다.
④ 순철에 비해서 경도와 강도가 크다.

해설 펄라이트는 자성을 띤다.

18 탄소강 중에서 펄라이트에 대한 설명으로 옳은 것은?

① 탄소가 6.67% 되는 철의 탄소화합물인 시멘타이트로서 금속간화합물이다.
② C 0.86%의 γ고용체가 723℃에서 분열하여 생긴 페라이트와 시멘타이트의 공석조직이다.
③ C 2.0%의 γ고용체와 6.67%의 시멘타이트의 공정조직이다.
④ 2.0%까지 탄소가 고용된 고용체이며, 이를 오스테나이트라고 한다.

해설 ① 탄소가 6.67% 되는 철의 탄소화합물은 시멘타이트이며, 이 조직은 금속간화합물이다.
③ 각각 다른 조직이다.
④ 2.0%까지 탄소가 고용된 고용체는 오스테나이트이다.

19 C 6.67%를 함유한 백색침상의 금속간화합물이며, HB 800~920의 높은 경도를 지니고 취성이 강하고 상온에서는 강자성이지만 210℃가 넘으면 상자성으로 변하여 A_0변태를 하는 것은?

① 시멘타이트 ② 흑연
③ 오스테나이트 ④ 페라이트

해설 C 6.67%를 함유한 백색침상의 금속간화합물이며 HB 800~920의 높은 경도를 지니고 취성이 강하고 상온에서는 강자성이지만 210℃가 넘으면 상자성으로 변하여 A_0변태를 하는 것은 시멘타이트이다.

20 탄소강에서 적열취성의 원인이 되는 원소는?

① 규소 ② 망간
③ 인 ④ 황

해설 • 규소 : 냉간가공성 저하
• 망간 : 황의 해를 감소
• 인 : 냉간가공성 증가

21 탄소가 0.25%인 탄소강의 기계적 성질을 0~500℃ 사이에서 조사하면 200~300℃에서 충격치와 연신율이 최저치를 나타내며 가장 취약하게 되는 현상은?

① 고온취성 ② 상온충격치
③ 청열취성 ④ 탄소강충격값

해설 탄소가 0.25%인 탄소강의 기계적 성질을 0~500℃ 사이에서 조사하면 200~300℃에서 충격치와 연신율이 최저치를 나타내며 가장 취약하게 되는 현상은 청열취성이다.

22 탄소강이 가열되어 200~300℃ 부근에서 상온일 때보다 인성이 저하되는 현상을 무엇이라고 하는가?

① 저온취성 ② 고온취성
③ 적열취성 ④ 청열취성

해설 ① 저온취성 : 냉간취성이라고도 하며, 충격값이 최대인 100℃ 이하에서 나타나는 취성
② 고온취성 : 고온에서 구리함유량이 0.2% 이상 (1.0% 이하)인 강에서 나타나는 취성
③ 적열취성 : 900℃ 이상의 고온에서 황이 많은 강 중의 황이나 산소가 철과 화합하여 산화철, 황화철을 만들면서 발생하는 취성
④ 청열취성 : 200~300℃에서 강의 연신율이 대단히 작아지면서 나타나는 취성

23 탄소강에 함유되어 있는 원소 중 강도와 고온가공성을 증가시키고 주조성과 담금질효과를 향상시키며 적열메짐을 방지하는 것은?

① 인
② 규소
③ 황
④ 망간

해설 탄소강에 함유되어 있는 원소 중 강도와 고온가공성을 증가시키고 주조성과 담금질효과를 향상시키며 적열메짐을 방지하는 것은 망간이다.

24 탄소강에 나타나는 취성과 원인들이다. 틀린 것은?

① 청열취성 – 온도 200~300℃
② 적열취성 – 황(S)
③ 상온취성 – 인(P)
④ 고온취성 – 질소(N)

해설 고온취성은 강의 구리함유량이 0.2% 이상일 때 고온에서 현저히 취약하게 되는 현상이다.

25 상온가공한 강의 탄성한계를 향상시키기 위하여 200~360℃로 가열하는 작업은?

① 서브제로처리
② 오스포밍(ausforming)
③ 블루잉(bluing)
④ 어닐링(annealing)

해설 상온가공한 강의 탄성한계를 향상시키기 위하여 200~360℃로 가열하는 작업은 블루잉(bluing)이다.

26 담금질 시 냉각의 3단계를 거쳐 상온에 도달하는 냉각순서로 맞는 것은?

① 증기막단계 > 대류단계 > 비등단계
② 대류단계 > 비등단계 > 증기막단계
③ 대류단계 > 증기막단계 > 비등단계
④ 증기막단계 > 비등단계 > 대류단계

해설 담금질 시 냉각의 3단계를 거쳐 상온에 도달하는 냉각순서는 증기막단계 > 비등단계 > 대류단계 순이다.

27 다음 중 담금질 불량의 원인으로 틀린 것은?

① 재료선택의 부정확
② 담금질성
③ 냉각속도
④ 탄성

해설 탄성은 담금질 불량의 원인이 아니다.

28 마텐자이트의 경도에 크게 기여하는 요인이 아닌 것은?

① 탄소원자의 석출
② 결정의 미세화
③ 급랭으로 인한 내부응력
④ 탄소원자에 의한 Fe격자의 강화

해설 마텐자이트 경도 향상요인은 무확산변태에 의한 체적변화, 가는 침상결정 속의 극히 높은 전위밀도, 탄소원자 및 Fe₃C로 석출되면서 형성되는 초격자, 급랭으로 인한 원자격자의 슬립에 의해 발생하는 내부응력 등이다.

29 담금질한 강에 A₁변태점 이하의 열을 가하여 인성을 부여하고 기계적 성질을 개선하고자 하는 열처리는?

① 뜨임   ② 질화법
③ 불림   ④ 침탄법

해설 담금질한 강에 A₁변태점 이하의 열을 가하여 인성을 부여하고 기계적 성질을 개선하고자 하는 열처리는 뜨임이다.

30 담금질한 강에 인성을 증가시키고 경도를 감소시키기 위하여 강을 A_1점 이하의 온도로 다시 가열하여 인성을 증가시키는 열처리를 무엇이라 하는가?

① 하드페이싱　　　② 쇼트피닝
③ 질화법　　　　　④ 뜨임

해설 • 하드페이싱 : 소재표면에 스텔라이트나 경합금 등을 융착시켜서 경화시키는 방법
• 쇼트피닝 : 강철의 작은 입자를 분사시켜 가공경화에 의해 표면경도를 높이는 방법
• 질화법 : 암모니아가스 분위기에서 가열하여 표면경화시키는 방법

31 뜨임처리의 목적으로 틀린 것은?

① 담금질 응력 제거
② 치수의 경년변화 방지
③ 연마균열의 방지
④ 내마모성의 저하

해설 뜨임처리를 하면 인성은 증가하지만 경도는 저하되기 때문에 내마모성도 저하되지만, 내마모성을 저하시키기 위해서 뜨임을 하지는 않는다.

32 100~200℃에서 공랭방법으로 마텐자이트조직을 얻는 저온뜨임의 목적에 해당되지 않는 것은?

① 담금질 응력 제거
② 치수의 경년변화 방지
③ 연마균열의 방지
④ 내마모성의 향상

해설 내마모성의 향상을 목적으로 저온뜨임을 하지는 않는다.

33 철강상태도의 A_3선 이상의 적당한 온도에서 가열한 후 공기 중에서 냉각하는 열처리방법으로, 강을 표준상태로 하고 가공조직의 균일화, 결정립의 미세화 등을 목적으로 하는 열처리는?

① 담금질　　　　　② 불림
③ 고주파열처리법　④ 침탄법

해설 철강상태도의 A_3선 이상의 적당한 온도에서 가열한 후 공기 중에서 냉각하는 열처리방법으로, 강을 표준상태로 하고 가공조직의 균일화, 결정립의 미세화 등을 목적으로 하는 열처리는 불림이다.

34 다음 담금질조직 중 경도가 가장 큰 것은?

① 페라이트　　　　② 오스테나이트
③ 마텐자이트　　　④ 트루스타이트

해설 고경도 순은 C−M−T−B−S−P−A이다.

35 담금질조직 중 가장 경도가 높은 것은?

① 펄라이트　　　　② 마텐자이트
③ 소르바이트　　　④ 트루스타이트

해설 M(600)−T(400)−S(230)−P(200)−A(150)

36 C 0.4%의 탄소강을 950℃로 가열하여 일정시간 동안 충분히 유지시킨 후 상온까지 천천히 냉각시켰을 때의 상온조직은?

① 시멘타이트+펄라이트
② 페라이트+펄라이트
③ 시멘타이트+소르바이트
④ 페라이트+소르바이트

해설 아공석강이며, 페라이트+펄라이트의 혼합조직이다.

37 항온열처리에서 항온변태곡선을 TTT곡선 또는 S곡선 등으로 부른다. 다음 중 이 항온변태곡선에 관계되는 것으로 잘못된 것은?

① 온도　　　　　　② 시간
③ 변태　　　　　　④ 압력

해설 TTT는 온도, 시간, 변태이다.

38 담금질 후 균열을 방지할 목적으로 M_S점 이하로 서랭시키는 항온열처리방법을 무엇이라 하는가?

① 오스템퍼(austemper)
② 마르퀜칭(marquenching)
③ 마르템퍼(martemper)
④ 오스퀜칭(ausquenching)

해설 담금질 후 균열을 방지할 목적으로 Ms점 이하로 서랭시키는 항온열처리방법은 마르퀜칭(marqueching)이며, 이때 얻어지는 조직은 마텐자이트조직이다.

39 Ms점 상부의 과랭 오스테나이트에서 변태가 완료될 때까지 계속 항온을 유지하고 공랭하여 강인성이 우수한 하부 베이나이트조직을 얻는 담금질 방법은?

① 마르템퍼링   ② 마르퀜칭
③ 노멀라이징   ④ 오스템퍼링

해설 오스템퍼링을 하면 별도로 뜨임을 할 필요가 없고 담금질변형이나 균열이 방지된다. 이때 얻어지는 조직은 하부 베이나이트조직이다.

40 오스테나이트조직을 Ms점(100~200℃) 이하로 염욕담금질하여 뜨임 마텐자이트와 하부 베이나이트의 혼합조직을 만드는 항온열처리방법은?

① 담금질   ② 오스템퍼
③ 마르템퍼   ④ 항온풀림

해설 마르템퍼에 대한 것이다.

41 담금질 냉각제로 물을 사용할 때 물의 온도는 몇 ℃ 이하 정도로 조절하는 것이 좋은가?

① 30℃   ② 50℃
③ 70℃   ④ 90℃

해설 담금질 냉각제로 물을 사용할 때 물의 온도는 30℃ 이하 정도로 조절하는 것이 좋다.

42 표면경화를 위한 침탄용 강재의 구비조건이 아닌 것은?

① 장시간 가열해도 결정립이 성장하지 않아야 한다.
② 0.3% 이상의 고탄소강이어야 한다.
③ 기공, 석출물 등이 경화 시에 발생되지 않아야 한다.
④ 담금변형이 적고 200℃ 이하의 저온에서 뜨임되어야 한다.

해설 0.2% 이하의 저탄소강이어야 한다.

43 고체침탄법에서 촉진제로 많이 사용되는 것은?

① 탄산바륨($BaCO_3$)
② 염화칼륨(KCl)
③ 사이안화나트륨($NaCN$)
④ 염화칼슘($CaCl_2$)

해설 촉진제의 종류로 탄산바륨($BaCO_3$), 탄산소다(Na_2CO_3), 염화나트륨($NaCl$) 등이 있다.

44 고주파경화법의 설명으로 틀린 것은?

① 재료의 표면 부위만 경화된다.
② 가열시간이 대단히 짧다.
③ 표면의 탈탄 및 결정입자의 조대화가 거의 일어나지 않는다.
④ 표면에 산화가 많이 일어난다.

해설 표면에 산화나 탈탄이 거의 일어나지 않는다.

45 강의 표면경화법으로서 표면에 Al을 침투시키는 표면경화법은 어느 것인가?

① 크로마이징   ② 칼로라이징
③ 실리코나이징   ④ 보로나이징

해설 Al침투는 칼로라이징이다.

46 강의 표면을 고온산화에 견디게 하기 위한 시멘테이션법은?

① 보로나이징   ② 칼로라이징
③ 실리코나이징   ④ 나이트라이징

해설 실리코나이징은 실리콘(규소, Si)을 침투시켜 내고온산화성과 내산성을 향상시키는 방법이다.

47 크랭크축과 같이 복잡하고 큰 재료의 표면을 경화시키는 데 가장 많이 사용되는 열처리방법은?

① 침탄법   ② 불꽃경화법
③ 질화법   ④ 청화법

정답 39.④ 40.③ 41.① 42.② 43.① 44.④ 45.② 46.③ 47.②

해설 크랭크축과 같이 복잡하고 큰 재료의 표면을 경화시키는 데 가장 많이 사용되는 열처리방법은 불꽃경화법(화염경화법)이다.

해설 자경성이 있는 특수강을 묻는 질문으로 니켈강, 크롬강, 망간강은 이에 속하나, 규소강은 자경성을 지니지 못한다.

48 액체침탄법의 이점에 대한 설명으로 틀린 것은?

① 온도조절이 용이하고 일정시간을 지속할 수 있다.
② 침탄층의 깊이가 깊다.
③ 산화 방지 및 시간절약의 효과가 있다.
④ 균일한 가열이 가능하고 제품변형을 억제한다.

해설 액체침탄법은 침탄층이 얇다.

49 특수 원소를 탄소강에 첨가할 경우 담금성 향상효과가 큰 것부터 나열된 것은?

① Cr, Mn, Cu, Ni
② Ni, Cu, Cr, Mn
③ Mn, Cr, Ni, Cu
④ Ni, Mn, Cr, Cu

해설 담금성 향상효과의 순서는 Mn, Cr, Ni, Cu 순이다.

50 오스테나이트 망간강 또는 하드필드 망간강이라고 하며 내마멸성이 우수하고 경도가 크므로 각종 광산기계나 기차레일의 교차점 등의 재료로 사용되는 것은?

① 고Mn강
② 저Mn강
③ Mn-Mo강
④ Mn-Cr강

해설 오스테나이트 망간강 또는 하드필드 망간강이라고 하며 내마멸성이 우수하고 경도가 크므로 각종 광산기계나 기차레일의 교차점 등의 재료로 사용되는 것은 고Mn강이다.

51 특수강 중에서 물이나 기름에 냉각시키지 않고 공기 중에 냉각해도 경화되는 성질을 가진 것이 아닌 것은?

① 니켈강
② 크롬강
③ 규소강
④ 망간강

52 다음 중 발전기, 전동기, 변압기 등의 철심재료에 가장 적합한 특수강은?

① 저탄소강에 Si를 첨가한 강
② 탄소강에 Pb 또는 흑연을 첨가한 강
③ 저탄소강에 Ni를 첨가한 강
④ 탄소상에 Mn을 첨가한 강

해설 발전기, 전동기, 변압기 등의 철심재료에 가장 적합한 특수강은 저탄소강에 Si를 첨가한 강이다.

53 철공용 줄(file)의 재질로 가장 적합한 것은?

① 고속도강
② 탄소공구강
③ 세라믹
④ 연강

해설 철공용 줄(file)의 재질은 탄소공구강이다.

54 공구강의 구비조건을 설명한 것으로 틀린 것은?

① 내마멸성이 작을 것
② 상온 및 고온경도가 클 것
③ 열처리변형이 적을 것
④ 인성이 커서 충격에 견딜 것

해설 내마멸성이 클 것

55 공구재료가 갖추어야 할 일반적 성질 중 틀린 것은?

① 취성이 클 것
② 인성이 클 것
③ 고온경도가 클 것
④ 내마모성이 클 것

해설 취성이 작을 것

56 다음 중 절삭공구용 특수강은?

① Ni-Cr강
② 불변강
③ 내열강
④ 고속도강

해설 절삭공구용 특수강은 고속도강이다.

57 다음 중 고속도강과 가장 관계가 먼 사항은?

① W-Cr-V(18-4-1)계가 대표적이다.

② 500~600℃로 뜨임하면 급격히 연화한다.

③ W계와 Mo계 두 가지로 크게 나눈다.

④ 각종 공구용으로 이용된다.

해설 500~600℃로 뜨임하면 고온경도가 증가한다. 고속도강 제조온도는 예열 800~900℃, 담금질 1,250~1,350℃, 뜨임 550~580℃, 2차 경화풀림 820~860℃이다.

58 다음 중 고속도강의 담금질온도로 가장 적당한 것은?

① 1,250~1,350℃ ② 950~1,100℃

③ 800~900℃ ④ 550~580℃

해설 고속도강 제조온도는 예열 800~900℃, 담금질 1,250 ~1,350℃, 뜨임 550~580℃, 2차 경화풀림 820~860℃이다.

59 분말고속도강의 특징이 아닌 것은?

① 탄화물입자가 조대하여 피삭성이 좋다.

② 고경도 및 고인성의 특징이 있다.

③ 내마모성은 용제고속도강과 초경의 중간 정도이다.

④ 무방향성으로 열처리변형이 적다.

해설 분말고속도강은 용제고속도강보다 인성은 적어진다.

60 스테인리스강에 가장 많이 함유된 합금원소는?

① 아연(Zn) ② 텅스텐(W)

③ 크롬(Cr) ④ 코발트(Co)

해설 스테인리스강에 가장 많이 함유된 합금원소는 크롬(Cr)이다. 그 다음으로 많이 함유된 합금원소는 니켈(Ni)이다.

61 스테인리스강을 금속조직학상으로 분류한 것이 아닌 것은?

① 오스테나이트계 ② 시멘타이트계

③ 마텐자이트계 ④ 페라이트계

해설 스테인리스강의 종류에 시멘타이트계라는 것은 없다.

62 스테인리스강에 대한 설명 중 틀린 것은?

① 스테인리스강에는 페라이트계, 오스테나이트계, 마텐자이트계 등이 있다.

② 불소 수지나 PVC 수지 등의 금형용 재료로 많이 사용된다.

③ 일반강으로 견딜 수 없는 장시간의 부식에 강하다.

④ 스테인리스강은 내마모성이 특히 우수하다.

해설 스테인리스강은 내부식성이 특히 우수하다.

63 스프링재료의 일반적인 성질로 옳지 않은 것은?

① 탄성한도와 비례한도가 커야 한다.

② 부식이 잘 일어나지 않아야 한다.

③ 전성과 연성이 풍부해야 한다.

④ 담금질에 의해서 강도와 탄성한도가 증가해야 한다.

해설 전성과 연성이 풍부하면 안 되고 오히려 적어야 한다.

64 쾌삭강은 탄소강에 어떤 원소를 첨가시켜 피삭성을 개선한 특수 목적용 합금강이다. 다음 중 쾌삭강에 첨가되는 원소가 아닌 것은?

① Si ② S

③ P ④ Pb

해설 Si는 피절삭성 개선원소가 아니다.

65 다음 자석강 중 단조에 의해서 성형시킬 수 있고 950℃에서 유랭한 상태로 사용하며 발전기, 전기계기, 온도계, 오실로그래프 등에 사용되는 자석강은?

① MK자석강

② 석출형 자석강

③ KS자석강

④ MT자석강

해설 자석강의 종류는 석출경화형과 담금질경화형으로 구분된다.
- 석출경화형 : MK자석강(열에 대해 매우 안정하며 600℃까지 자성변화가 거의 없음), NKS자석강(주조 후 650~750℃로 뜨임하면 자성이 매우 커짐)
- 담금질경화형 : KS자석강(단조에 의해 성형가능하며 950~1,000℃에서 유랭 혹은 공랭), MT자석강(주조에 의해 성형, 1,200℃에서 유랭하고 300~350℃에서 1시간 정도 뜨임시키면 크롬보다 보자력이 더 향상됨)

66 다음 중 온도변화에 따라 탄성률의 변화가 미세하고 고급시계, 정밀저울의 스프링 등에 사용되는 금속재료는?

① 인코넬　　　　② 엘린바
③ 니크롬　　　　④ 실친브론즈

해설 불변강인 엘린바에 대한 설명이다.

67 내마멸성과 내식성이 좋아야 할 뿐만 아니라 가공이 쉽고 열팽창계수가 작아야 하며 시간의 경과나 환경의 온도변화에 따른 수축이나 팽창이 적어야 하는 합금강은?

① 쾌삭강
② 고속도강
③ 게이지강
④ 세라믹공구강

해설 내마멸성과 내식성이 좋아야 할 뿐만 아니라 가공이 쉽고 열팽창계수가 작아야 하며 시간의 경과나 환경의 온도변화에 따른 수축이나 팽창이 적어야 하는 합금강은 게이지강이다.

68 일반적인 주철의 특성을 설명한 것으로 틀린 것은?

① 주조성이 우수하다.
② 복잡한 형상도 쉽게 제작할 수 있다.
③ 가격이 싸고 널리 사용된다.
④ 소성변형이 쉽다.

해설 일반적인 주철은 소성변형이 불가능하다.

69 다음 중 주철의 특징이 아닌 것은?

① 주철을 고온으로 가열했다가 냉각하는 과정을 반복하면 부피는 더욱 팽창한다.
② 주철의 수축률은 0.5~1% 정도이다.
③ 주철의 부피가 팽창하게 되는 현상을 주철의 성장이라 한다.
④ 주철의 성장으로 흑연의 미세화로서 조직을 치밀하지 않게 한다.

해설 주철의 성장은 주철을 고온에서 반복하여 가열·냉각시킬 때 부피가 팽창하고 변형이나 균열이 일어나 주철의 강도나 수명을 저하시키게 되는 현상이다. ④의 흑연을 미세화시켜 조직을 치밀하게 하는 것은 주철의 성장을 방지하는 방법 중의 하나이다.

70 다음 중 주철의 흑연 발생 촉진원소는?

① Si　　　　② Mn
③ P　　　　④ S

해설
- 흑연화 촉진제 : Si, Ni, Ti, Al 등
- 흑연화 방지제 : Mo, S, Cr, V, Mn 등

71 다음 회주철에 대한 설명 중 틀린 것은?

① 인장력이 약하고 깨지기 쉽다.
② 탄소강에 비해 진동에너지의 흡수가 되지 않는다.
③ 주조와 절삭가공이 쉽다.
④ 유동성이 좋아 복잡한 형태의 주물을 만들 수 있다.

해설 회주철은 진동을 흡수하는 능력인 감쇄능(damping capacity)이 크다.

72 진동에너지의 흡수력이 우수하여 기어덮개(gear cover) 또는 피아노 프레임(frame) 등으로 사용하기에 가장 적합한 재료는?

① 가단주철
② 회주철
③ 18-8 스테인리스강
④ 저탄소강

해설 회주철은 진동에너지를 흡수하는 능력인 감쇠능이 매우 우수한 재료이다.

73 다음 주철 중 인장강도가 가장 낮은 것은?

① 백심가단주철   ② 구상흑연주철

③ 보통주철   ④ 흑심가단주철

해설 보통주철의 인장강도가 가장 낮다.

74 주철에 시멘타이트가 정출되어 백선화경향이 심한 경우는?

① 탄소와 규소가 적고 제품이 얇을 때

② 탄소와 규소가 많고 제품이 얇을 때

③ 탄소와 규소가 적고 제품이 두꺼울 때

④ 탄소와 규소가 많고 제품이 두꺼울 때

해설 탄소와 규소가 적고 제품이 얇으면 백선화경향이 크다.

75 다음 중 주철의 흑연을 구상화시키기 위해 첨가하는 원소는?

① Si   ② Mg

③ Cr   ④ Mo

해설 구상흑연주철(GCD, 노듈러주철, 덕타일주철, 연성주철)은 용융상태에서 Mg, Ce, Ca 등을 첨가하여 흑연을 구상화로 석출시킨 주철이며 인장강도가 일반 주철의 수배로 증가된다.

76 구상흑연주철의 조직이 아닌 것은?

① 페라이트형   ② 오스테나이트형

③ 시멘타이트형   ④ 펄라이트형

해설 구상흑연주철의 조직 종류 중에는 오스테나이트형이라는 것은 없다.

77 주조 시 주형에 냉금을 삽입하여 주물표면을 급랭시킴으로써 백선화하고 경도를 증가시킨 내마모성 주철은?

① 합금주철   ② 구상흑연주철

③ 가단주철   ④ 칠드주철

해설 칠드주철의 표면은 백주철이고 내부는 회주철이다.

78 칠드주철에서 칠드층의 깊이는 냉각속도에 관계되므로 보통 몇 mm로 하는 것이 가장 좋은가?

① 5~8mm   ② 10~25mm

③ 35~45mm   ④ 50~55mm

해설 주물응고 시 급랭을 시켜서 표면 부위의 경도를 높이고 내부는 인성을 유지시킨 조직은 칠(chill)이고 그 두께는 10~25mm 정도이다. 이와 같이 하여 만든 주물을 칠드주철 혹은 냉경주철(chilled cast iron)이라고 하는데, 표면은 백주철, 내부는 회주철로 되어 있으며 압연용 칠드롤러, 차륜 등에 사용된다.

79 칠드주철에서 칠(chill)층의 깊이를 지배하는 요소가 아닌 것은?

① 주입온도   ② 주물의 두께

③ 금형의 온도   ④ 금형의 경도

해설 금형의 경도는 칠드주철에서 칠(chill)층의 깊이를 지배하는 요소가 아니다.

80 보통주철은 주조한 그대로 사용되는 일이 많지만 각종 열처리를 실시하여 재료의 성질을 개선하기도 하는데, 다음 중 이와 관계가 가장 먼 것은?

① 전연성 향상

② 피로강도 향상

③ 내마모성 향상

④ 피삭성 및 치수안정성 향상

해설 열처리를 통한 보통주철의 성질 개선은 피로강도 향상, 내마모성 향상, 피삭성 및 치수안정성 향상 등이다.

81 다음 중 주강(cast steel)이 주철(cast iron)보다 부족한 성질인 것은?

① 충격치   ② 인장강도

③ 유동성   ④ 굽힘강도

해설 주강은 주철보다 충격치, 인장강도, 굽힘강도 등은 우수하나 유동성은 주철보다 떨어진다.

3. 비철금속재료

01 구리(Cu)에 대한 설명으로 틀린 것은?

① 전기 및 열의 전도성이 우수하다.

② 전연성이 좋아 가공이 용이하다.

③ 아름다운 광택과 귀금속적 성질이 우수하다.

④ 결정격자가 체심입방격자이며 변태점이 있다.

해설 구리의 결정격자는 면심입방격자이며 변태점이 없다.

02 다음 중 구리의 성질을 설명한 것으로 틀린 것은?

① 황산, 염산에 대한 내식성이 크다.

② 전기전도율과 열전도율은 금속 중에서 은(Ag) 다음으로 높다.

③ 연성과 전성이 풍부하다.

④ Ni, Sn, Zn 등과 합금이 잘 된다.

해설 구리는 내식성이 커서 공기 중에서는 잘 산화되지 않으나 황산, 염산, 질산에는 쉽게 용해된다.

03 구리의 성질을 설명한 것이다. 틀린 것은?

① 화학적 저항력이 적어 부식이 잘 된다.

② 아름다운 광택과 귀금속적 성질을 가지고 있다.

③ 전연성이 좋아 가공하기 쉽다.

④ 전기 및 열전도도가 높다.

해설 구리는 내식성이 커서 공기 중에서는 잘 산화되지 않으나 황산, 염산, 질산에는 쉽게 용해된다.

04 황동에 관한 설명이 올바른 것은?

① 황동이란 Cu-Pb계 합금으로 공기 중에서 산화가 안 되고 황금색이며 고급재료로 사용된다.

② 황동이란 Cu-Zn계 합금으로서 7 : 3황동, 6 : 4황동이 널리 알려져 있다.

③ 황동이란 Cu-Si계 합금으로서 내식성, 내마모성이 좋고 가격이 싸서 많이 사용되고 있다.

④ 황동이란 Cu-Sn계 합금으로서 강력하므로 기계재료로 많이 사용되고 있다.

해설 ① 황동이란 Cu-Zn계 합금으로 공기 중에서 산화가 안 되고 황금색이며 고급재료로 사용된다.

③ 황동이란 Cu-Zn계 합금으로서 내식성, 내마모성이 좋고 많이 사용되고 있다.

④ 황동이란 Cu-Zn계 합금으로서 다양하게 많이 사용되고 있다.

05 황동의 자연균열(season crack)이 일어나는 원인은?

① 공기 중의 암모니아, 염류 등에 의한 내부응력 때문이다.

② 200~300℃에서 저온풀림을 했기 때문이다.

③ 표면에 도료를 칠했기 때문이다.

④ 열간가공을 하여서 재료에 취성현상이 발생했기 때문이다.

해설 황동의 자연균열은 재료 내부의 잔류응력으로 인하여 발생되며, 이를 방지하려면 도료 혹은 아연도금을 하거나 180~260℃에서 응력 제거풀림을 하면 된다.

06 아연을 소량 첨가한 황동으로 빛깔이 금색에 가까워 모조금으로 사용되는 것은?

① delta metal

② hard brass

③ muntz metal

④ tombac

해설 아연을 소량 첨가한 황동으로 빛깔이 금색에 가까워 모조금으로 사용되는 것은 tombac이다.

07 전연성이 좋고 색깔도 아름답기 때문에 장식용 금속잡화, 모조금 등에 사용되는 황동은?

① Cu 95%-Zn 5%(gilding metal)

② Cu 90%-Zn 10%(commercial bronze)

③ Cu 85%-Zn 15%(red brass)

④ Cu 80%-Zn 20%(low brass)

해설 톰백(tombac)으로 부르는 로우메탈에 대한 설명이다.

08 황동계 실용합금인 톰백에 관한 설명으로 틀린 것은?

① 8~20%의 Zn을 함유하는 황동이다.
② 색깔이 금색에 가까워서 모조금으로 사용된다.
③ 전연성이 나쁘다.
④ 냉간가공이 쉽다.

해설 톰백은 모조금으로 사용되며 전연성이 우수하다.

09 구리에 아연을 5~20% 함유한 것으로 색깔이 아름답고 장식품에 주로 사용되는 황동은?

① 포금   ② 문츠메탈
③ 톰백   ④ 하이드로날륨

해설 구리에 아연을 5~20% 함유한 것으로 색깔이 아름답고 장식품에 주로 사용되는 황동은 톰백이다.

10 6 : 4황동에 Fe 1~2%를 첨가하여 결정입자를 미세화시키고 강도를 증가시킨 합금을 무엇이라 하는가?

① 네이벌황동   ② 델타메탈
③ 듀라나메탈   ④ 톰백

해설 6 : 4황동에 Fe 1~2%를 첨가하여 결정입자를 미세화시키고 강도를 증가시킨 합금을 델타메탈이라고 한다.

11 6 : 4황동에 약간의 철을 섞어서 강인성과 내식성을 증가시켜 광산, 선박, 화학용 기계부품 등의 재료로 사용하는 것은?

① 강력황동   ② 네이벌황동
③ 애드미럴티메탈   ④ 델타메탈

해설 6 : 4황동에 약간의 철을 섞어서 강인성과 내식성을 증가시켜 광산, 선박, 화학용 기계부품 등의 재료로 사용하는 것은 델타메탈이다.

12 황동에 납(Pb)을 첨가하여 절삭성을 향상시킨 것은?

① 쾌삭황동   ② 강력황동
③ 문츠메탈   ④ 톰백

해설 황동에 납(Pb)을 첨가하여 절삭성을 향상시킨 것은 쾌삭황동이다.

13 황동계의 스프링재료가 시간의 경과와 더불어 스프링특성이 저하되어 불량하게 되는 현상은?

① 경년변화   ② 자연균열
③ 탈아연현상   ④ 시효경화

해설 경년변화는 황동의 가공재를 상온에서 방치하거나 저온풀림경화시킨 스프링재가 시간의 지남에 따라 경도 등 제반 성질이 악화되는 현상이다. 이 현상은 가공도가 낮을수록 더 심하다.

14 염소를 함유한 물을 쓰는 수관에서 주로 발생하는 현상으로, 불순물 또는 부식성 물질이 녹아있는 수용액의 작용에 의해 황동의 표면 또는 깊은 곳까지 나타나는 현상은?

① 탈아연부식   ② 자연균열
③ 경년변화   ④ 풀림경화

해설 염소를 함유한 물을 쓰는 수관에서 주로 발생하는 현상으로, 불순물 또는 부식성 물질이 녹아있는 수용액의 작용에 의해 황동의 표면 또는 깊은 곳까지 나타나는 현상은 탈아연부식이다.

15 다음 중 일반적인 청동합금의 주요 성분은?

① Cu-Sn   ② Cu-Zn
③ Cu-Pb   ④ Cu-Ni

해설 • 황동 : 구리＋아연(Cu＋Zn)
• 청동 : 구리＋주석(Cu＋Sn)

16 알루미늄청동은 황동 또는 청동에 비해 기계적 성질, 내식성, 내열성, 내마모성 등이 우수한 것으로 알루미늄을 몇 % 이하로 첨가한 것인가?

① 12%   ② 22%
③ 25%   ④ 30%

해설 알루미늄청동은 황동 또는 청동에 비하여 기계적 성질, 내식성, 내열성, 내마모성 등이 우수한 것으로 알루미늄을 12% 이하로 첨가한 것이다.

정답 08.③ 09.③ 10.② 11.④ 12.① 13.① 14.① 15.① 16.①

17 구리-니켈계 합금에 소량의 규소를 첨가한 것으로 인장강도가 95N/mm²에 달하며 전기전도도가 높으므로 전선으로도 쓰이고 스프링으로도 사용되는 합금은?

① 암즈청동　　　　② 콜슨합금
③ 큐니알브론즈　　④ 켈밋

해설 니켈청동합금은 95N/mm²의 높은 인장강도를 지닌 Cu-Ni-Si계의 콜슨합금(통신선, 전화선), 큐니알청동(뜨임경화성 우수), Cu-Ni 45%인 콘스탄탄(열전대, 전기저항선) 등이 있다.

18 뜨임시효경화성이 있고 내식성, 내열성, 내피로성 등이 좋으므로 베어링이나 고급스프링 등에 사용되는 청동은?

① 베릴륨청동　　　② 콜슨합금
③ 암즈청동　　　　④ 에버듀어

해설 베릴륨청동은 구리에 2~3%의 베릴륨을 첨가한 시효경화성 합금이며 인장강도가 약 100N/mm²으로 구리합금 중에서 인장강도가 제일 높다.

19 다음 중 양은(洋銀)의 주요 구성성분은?

① Cu-Ni-Fe　　　② Cu-Ni-Zn
③ Cu-Ni-Mg　　　④ Cu-Ni-Pb

해설 양은은 7 : 3황동에 니켈을 15~20% 첨가한 합금으로 전기저항선, 스프링재료, 바이메탈재료 등에 사용된다.

20 전기동에 산소가 0.02~0.05% 함유되어 있는 가장 중요한 이유는?

① 사용 중 수소취성을 방지하기 위하여
② 전기전도도를 향상시키기 위하여
③ 전기동의 제조과정상 산소를 완전하게 제거하는 것이 불가능하기 때문에
④ 동 중에 산소가 고용되어 불순물을 제거하기 위하여

해설 전기동에 산소가 0.02~0.05% 함유되어 있는 가장 중요한 이유는 전기전도도를 향상시키기 위해서이다.

21 다음 중 알루미늄합금이 아닌 것은?

① 하이드로날륨　　② 어드밴스
③ 알민　　　　　　④ 알드리

해설 하이드로날륨, 알민, 알드리 등은 내식용 알루미늄합금이다.

22 고강도 알루미늄합금으로 표준성분은 Cu 3.5~4.5%, Mg 0.5%, Mn 0.5~1.0%이며, 나머지는 Al으로 되어 있는 것은?

① 하이드로날륨　　② Y합금
③ 라우탈　　　　　④ 두랄루민

해설 고강도 알루미늄합금으로 표준성분은 Cu 3.5~4.5%, Mg 0.5%, Mn 0.5~1.0%이며, 나머지는 Al으로 되어 있는 것은 두랄루민이다.

23 Al계 합금으로 피스톤재료에 사용되는 Y합금은 어느 것인가?

① Al-Cu-Ni-Mg　　② Al-Mg-Fe
③ Al-Cu-Mo-Mn　　④ Al-Si-Mn-Mg

해설 Y합금은 Al-Cu-Ni-Mg합금이며 대표적인 내열합금이다.

24 알루미늄-규소계 합금인 실루민의 개질법이 아닌 것은?

① 불화물을 쓰는 법
② 휘발성 물질을 가한 후 환원기류를 쓰는 법
③ 금속나트륨을 쓰는 법
④ 가성소다를 쓰는 법

해설 개량처리(개질처리, modification)는 실리콘의 거친 육각판상조직을 금속나트륨, 가성소다, 알칼리염, 불화물 등으로 접종시켜서 조직을 미세화시키고 강도를 개선하는 것을 말한다.

25 다음 중 다이캐스팅용 Al합금이 아닌 것은?

① 실루민　　　　　② 라우탈
③ Y합금　　　　　④ 일렉트론

해설 다이캐스팅용 Al합금은 실루민, 라우탈, Y합금, 알펙스 등이다.

26 다이캐스팅용 합금으로 요구되는 성질을 설명한 것으로 틀린 것은?

① 유동성이 좋을 것
② 금형에 대한 점착성이 좋을 것
③ 열간취성이 적을 것
④ 응고 수축에 대한 용탕보급성이 좋을 것

해설 금형에 점착하지 않을 것

27 가공용 알루미늄합금 중 항공기나 자동차 몸체용 고강도 Al-Cu-Mg-Mn계의 합금은?

① 두랄루민　　② 하이드로날륨
③ 라우탈　　　④ 실루민

해설 ②, ③, ④는 주조용 합금으로 각각 Al-Mg, Al-Cu-Si, Al-Si합금이다.

28 다음 중 Y합금의 대표적인 네 성분원소를 그 함유량의 크기가 큰 순서대로 올바르게 나열한 것은?

① Al-Cu-Ni-Mg　　② Al-Cu-Mn-Si
③ Al-Mg-Si-W　　　④ Al-Ni-Mg-V

해설 Y합금의 대표적인 네 성분원소를 그 함유량의 크기가 큰 순서대로 표시하면 Al-Cu-Ni-Mg이 된다.

29 다음 중 내식성 알루미늄합금이 아닌 것은?

① 알민　　　② 알드레이
③ 엘린바　　④ 하이드로날륨

해설 엘린바(elinvar)는 불변강이다.

30 알루미늄주조합금으로 내열용으로 사용되는 합금이 아닌 것은?

① Y합금　　② 로엑스
③ 코비탈륨　④ 실루민

해설 • Y합금 : Al-Cu-Ni-Mg합금, 대표적인 내열합금, Al 5-Cu 2-Mg 2 석출경화·시효경화, 인장강도 186~245MPa(19~30kgf/mm^2)
• 로엑스합금(Lo-Ex) : Al-Ni-Si합금, Al-Si계에 Cu, Mg, Ni을 첨가한 특수 실루민, Na으로 개질처리

• 코비탈륨(cobitalium) : Al-Cu-Ni합금, Y합금의 일종, Ti와 Cu를 0.2% 정도씩 첨가
• 실루민(silumin) : Al-Si합금, 육각판상의 거친 조직인 Si를 개량처리 실용화, 주조성 우수, 피절삭성 나쁨

31 철-콘스탄탄열전대에 대한 설명 중 잘못된 것은?

① +측 재료는 순철이다.
② -측 재료는 니켈 90%, 크롬 10% 합금이다.
③ 사용온도는 약 600℃이다.
④ 측정온도범위에 따라 보정이 필요하다.

해설 철-콘스탄탄열전대의 -측 재료는 구리 55%, 니켈 45% 합금이다.

32 고크롬강에서 가장 주의해야 할 취성은?

① 250취성　　② 475취성
③ 650취성　　④ 800취성

해설 고크롬강에서 가장 주의해야 할 취성은 475취성이다.

33 열간가공이 쉽고 다듬질표면이 아름다우며, 특히 용접성이 좋고 고온강도가 큰 장점이 있는 합금강은?

① Ni-Cr강　　② Mn-Mo강
③ Cr-Mo강　　④ W-Cr강

해설 크롬몰리브덴강은 펄라이트조직의 강으로 뜨임취성이 없고 용접성, 인장강도, 충격저항 등이 우수하며 니켈크롬강의 대용으로도 사용된다.

34 아연(Zn)의 설명으로 잘못된 것은?

① 대기 중 표면에 염기성 탄산아연의 박막이 생겨 내부를 보호한다.
② 도금 및 합금으로도 많이 사용된다.
③ 매우 단단한 금속으로 금형재료로 사용된다.
④ 4%의 Al을 합금시키면 다이캐스팅용으로 유명한 자막(zamak)이 된다.

해설 아연은 전혀 단단하지 않고 금형재료로도 사용되지 않는다.

35 비중이 1.74 정도이며 가벼워 항공기 및 자동차부품 등에 사용되는 합금의 재료는?

① Sn   ② Cu

③ Mg   ④ Ni

해설 비중이 1.74 정도이며 가벼워 항공기 및 자동차부품 등에 사용되는 합금의 재료는 Mg이다.

36 비중이 1.74로서 실용금속재료 중 가장 가볍고 열전도율과 전기전도율은 Cu, Al보다 낮고 강도는 작으나 절삭성이 좋은 비철금속은?

① Zn   ② Mg

③ Si   ④ Ni

해설 비중이 1.74로서 실용금속재료 중 가장 가볍고 열전도율과 전기전도율은 Cu, Al보다 낮고 강도는 작으나 절삭성이 좋은 비철금속은 Mg이다.

37 비강도가 커서 항공기부품 등에 가장 많이 쓰이는 합금은?

① Au합금   ② Mg합금

③ Ni합금   ④ Cr합금

해설 비강도(specific strength)는 단위무게당 강도를 말하며, Mg합금의 비강도가 가장 높다. 그 다음으로 Al합금이다.

38 티탄의 일반적인 성질에 속하지 않는 것은?

① 비교적 비중이 낮다.

② 용융점이 낮다.

③ 열전도율이 낮다.

④ 산화성 수용액 중에서 내식성이 크다.

해설 티탄은 비중 4.54로 낮지만 융점 1,668℃의 고용점 금속이다.

39 베어링용 합금이 갖추어야 할 조건과 관계가 먼 것은?

① 주조성, 절삭성이 좋고 열전도율이 클 것

② 마찰계수가 적고 저항력이 클 것

③ 내식성이 좋고 내소착성이 적을 것

④ 충분한 점성과 인성이 있을 것

해설 베어링합금은 상당한 경도와 인성, 항압력이 필요하고 하중에 잘 견뎌야 하며, 마찰계수가 작아야 하고 비열 및 열전도율이 크고 주조성과 내식성이 우수해야 하며, 소착(seizing)에 대한 저항력이 커야 한다.

40 켈밋(Kelmet)은 Cu에 무엇을 첨가한 합금인가?

① Pb   ② Sn

③ Sb   ④ Zn

해설 켈밋(Kelmet)은 Cu+Pb 30~40%의 조성이며, 열전도와 압축강도가 크며 마찰계수 작아 고속 고하중용 베어링재료로 사용된다.

41 배빗메탈(bebbit metal)의 주성분은?

① Sn-Sb-Cu

② Sn-Ni-Al

③ Pb-Cu-Fe

④ Pb-Mo-Zn

해설 배빗메탈은 주성분이 Sn-Sb-Cu인 주석계 화이트메탈로서, 주로 베어링의 부시메탈로 이용된다.

42 다공질재료에 윤활유를 흡수시켜 계속해서 급유하지 않아도 되는 베어링합금은?

① 켈밋

② 배빗메탈

③ 오일라이트

④ 루기메탈

해설 다공질재료에 윤활유를 흡수시켜 계속해서 급유하지 않아도 되는 베어링합금은 오일라이트이다. 루기메탈(lurge metal)은 Pb+Ca(0.4%)+Ba(2.8%)+Na(0.3%)으로 구성된 납계 화이트메탈이다.

43 저융점합금(fusible alloy)과 무관한 것은?

① 포정계 합금

② 로즈합금, 뉴턴합금

③ 부성분은 Pb, Sn, Cd

④ 전기퓨즈, 안전밸브

해설 포정계 합금과 저융점합금은 연관성이 별로 없다.

44 퓨즈, 활자, 안전장치, 정밀모형 등에는 저융점 합금이 사용되는데, 이에 해당되지 않는 것은?

① 우드메탈(woods metal)

② 리포위츠합금(lipouitz alloy)

③ 뉴턴합금(Newton alloy)

④ 다우메탈(dow metal)

해설 다우메탈은 대표적인 주물용 마그네슘합금이다.

45 초경합금의 특성으로 틀린 것은?

① 고온경도 및 강도가 양호하다.

② 내마멸성과 압축강도가 낮다.

③ 경도가 높다.

④ 고온에서 변형이 적다.

해설 내마멸성과 압축강도가 높다.

46 white-gold를 설명한 것 중 옳은 것은?

① Ag에 Zn을 도금한 것이다.

② Au-Ni-Cu-Zn합금으로서 치과용으로 사용된다.

③ Au-Pb 등 합금으로 화폐에 이용된다.

④ Ag의 순도를 90% 이하로 낮추어 공업용으로 사용된다.

해설 화이트골드는 Au-Ni계 합금이며 치과용, 장식용에 사용된다.

4. 비금속재료

01 가소성재료이며 화학적으로 합성시킨 합성수지를 무엇이라고 하는가?

① 플라스틱

② 베이클라이트

③ 모르타르

④ 유기재료

해설 가소성재료이며 화학적으로 합성시킨 합성수지를 플라스틱이라고 한다.

02 다음 중 생고무에 무엇을 가하여 일반 고무제품으로 사용하는가?

① S

② P

③ Mn

④ Pb

해설 생고무에 S(황)을 가하여 일반 고무제품으로 사용한다.

03 내화벽돌의 주성분 중 염기성인 것은?

① MgO

② Si

③ 알루미나

④ 내화점토

해설 내화벽돌의 주성분 중 염기성인 것은 MgO이다.

5. 신소재

01 성형이 어려운 텅스텐 등과 같은 고온용 신소재의 소결법으로 가장 적절한 것은?

① 분말야금법

② 주조법

③ 용접법

④ 압연법

해설 성형이 어려운 텅스텐 등과 같은 고온용 신소재의 소결법으로 가장 적절한 것은 분말야금법이다.

02 금속기지복합재료는?

① CMC

② MMC

③ FRP

④ PMC

해설 MMC는 금속기지에 강화재는 세라믹이다.

03 복합재료 중 FRP는 무엇을 말하는가?

① 섬유강화목재

② 섬유강화플라스틱

③ 섬유강화금속

④ 섬유강화세라믹

해설 FRP는 섬유강화플라스틱이다.

04 다음 구조용 복합재료 중 섬유강화금속은 어느 것인가?

① FRTP

② SPF

③ FRM

④ FRP

해설 복합재료는 모재사용에 따라 다음과 같이 구분된다.
- 금속모재 : FRM(Fiber Reinforced Metals, 섬유강화금속)
- 플라스틱모재 : FRP(Fiber Reinforced Plastics, 섬유강화플라스틱)
- 섬유와 고무모재 : 섬유강화고무
- 플라스틱에 탄소섬유, 유리섬유를 섞어서 강도와 탄성을 개선 : 강화플라스틱
- 세라믹모재 : FRC(Fiber Reinforced Ceramics, 섬유강화세라믹)

05 다음 항공기용 신소재 중 비강도가 가장 우수한 것은?
① 유기재료(흑연－에폭시)복합재
② 티타늄복합재
③ 알루미늄복합재
④ 카본복합재

해설 항공기용 신소재 중 비강도가 가장 우수한 것은 유기재료(흑연－에폭시)복합재이다.

06 금속재료가 일정한 온도영역과 변형속도의 영역에서 유리질처럼 늘어나는 특수한 현상은?
① 형상기억
② 초소성
③ 초탄성
④ 초인성

해설 초소성현상에 의하면 재료가 수백% 이상의 연신율을 나타낸다.

07 다음 합금 중 고체음이나 고체진동이 문제가 되는 경우 음원이나 진동원을 사용하여 공진, 진폭, 진동속도 등을 감소시키는 합금은?
① 초소성합금
② 초탄성합금
③ 제진합금
④ 초내열합금

해설 고체음이나 고체진동이 문제가 되는 경우 음원이나 진동원을 사용하여 공진, 진폭, 진동속도 등을 감소시키는 합금은 제진합금이다.

08 형상기억합금인 니티놀의 합금성분은?
① Ti-Ni
② Ti-Mn
③ Ni-Cd
④ Ni-Ag

해설 형상기억합금인 니티놀의 합금성분은 Ti-Ni이다.

09 다음 중 기능성재료에 해당하지 않는 것은?
① 형상기억합금
② 초소성합금
③ 제진합금
④ 특수강

해설 기능성재료에는 형상기억합금, 초소성합금, 제진합금, 초전도재료, 자성재료 등이 있다.

10 처음에 주어진 특정 모양의 제품을 인장하거나 소성변형된 제품이 가열에 의해 원래의 모양으로 되돌아가는 현상은?
① 신소재효과
② 형상기억효과
③ 초탄성효과
④ 초소성효과

해설 처음에 주어진 특정 모양의 제품을 인장하거나 소성변형된 제품이 가열에 의해 원래의 모양으로 되돌아가는 현상은 형상기억효과이다.

11 초소성을 얻기 위한 조직의 조건이 아닌 것은?
① 극히 미세한 입자이어야 한다.
② 결정립의 모양은 등축이어야 한다.
③ 모상입계는 경사각이 큰 것이 좋다.
④ 모상입계가 인장분리되기가 쉬워야 한다.

해설 모상입계의 내인장분리성이 우수해야 한다.

12 신소재의 기계적 성질이 아닌 것은?
① 고강도성
② 내열성
③ 초소성
④ 제진성

해설 신소재의 기계적 성질은 고강도성, 초소성, 제진성, 고인성 등이 있다.

기계설계

01 기계요소설계의 기초

1 단위

1) 단위의 개요

양을 측정하기 위하여 단위(unit)를 사용하게 되고, 단위는 절대단위와 중력단위로 구분된다.

절대단위(SI단위)는 질량, 길이, 시간 등을 기본단위로 하고 힘을 유도단위로 하며, 중력단위(공업단위)에서는 질량을 힘으로 바꾸고 나머지 기본단위나 유도단위는 절대단위와 같다. 절대단위는 주로 물리학계에서, 그리고 중력단위(공업단위)는 공학계에서 널리 사용해 왔다.

① 절대단위

  ㉠ 1뉴턴(Newton, N) : 질량 1kg의 물체에 1m/s^2의 가속도를 주는 힘, $1\text{N}=1\text{kg} \cdot \text{m/s}^2$

  ㉡ 1다인(dyne) : 질량 1g의 물체에 1cm/s^2의 가속도를 주는 힘, $1\text{dyne}=1\text{g} \cdot \text{cm/s}^2=10^{-5}\text{N}$

② 중력단위 : 질량 1kg의 물체에 작용하는 중력이다. 물체의 무게를 사용하며, 이것을 1중량 kg(kgw, kgf)이라고 한다.

③ 절대단위와 중력단위의 힘의 관계식

  ㉠ $1\text{kgf}=1\text{kg}\times9.8\text{m/s}^2=9.8\text{N}$

  ㉡ $1\text{N}=0.2019\text{kgf}$

  ㉢ $1\text{dyne}=1.019\times10^{-6}\text{kgf}$

  ㉣ $1\text{kg(질량)}=0.1019\text{kgf} \cdot \text{s}^2/\text{m}$

④ 응력단위, 압력단위 : 단위면적당 작용하는 하중을 응력 또는 압력으로 나타낸다.

  ㉠ $1\text{kgf/m}^2=9.8\text{N/m}^2$

  ㉡ $1\text{N/mm}^2=1\text{MPa}$

⑤ 역학에 관한 각 단위계의 비교표

미터단위계		길 이	질 량	시 간	힘
절대단위	SI	m	kg	s	N
	MKS	m	kg	s	N, $kg \cdot m/s^2$
	CGS	cm	g	s	dyne, $g \cdot cm/s^2$
중력단위		m	$kgf \cdot s^2/m$	s	kgf

2) SI의 기본단위

기본량	명 칭	기 호	정 의
길이	미터	m	빛이 진공에서 1/229,792,458초 동안 진행한 경로의 길이
질량	킬로그램	kg	국제킬로그램원기의 질량
시간	초	s	세슘−133원자의 바닥상태에 있는 두 초미세준위 사이의 전이에 대응하는 복사선의 9,192,631,770주기의 지속시간
전류	암페어	A	무한히 길고 무시할 만큼 작은 원형 단면적을 가진 2개의 평행한 직선도체가 진공 중에서 1미터의 간격으로 유지될 때 두 도체 사이에 미터당 2×10^7뉴턴의 힘을 발생시키는 일정한 전류
온도	켈빈	K	물의 삼중점에 해당하는 열역학적 온도의 1/273.16
물질량	몰	mol	바닥상태에서 정지해있고 속박되지 않은 탄소−12의 0.012kg에 있는 원자의 개수와 같은 수의 구성요소를 포함하는 계의 물질량
광도	칸델라	cd	진동수 540×10^{12}인 단헤르츠인 색광을 방출하는 광원의 복사도가 주어진 방향으로 스테라디안당 1/683와트일 때의 광도

예제 37kgf의 힘은 몇 N이며, 75kN의 힘은 몇 kgf인가?

│해설│ 1kgf=9.8N이므로, 37kgf=37×9.8N=362.6N
75kN=75,000N=75,000/9.8=7,653.06kgf

2 물리량

1) 힘의 표시법

정지하고 있는 물체가 운동을 시작하거나, 운동하고 있는 물체가 방향을 바꾸거나 속도가 변하는 등 물체의 상태를 변화시키기 위해서는 힘이 있어야 한다.

① 힘의 3요소 : 크기, 방향, 작용점
② 벡터(vector) : 크기와 방향을 동시에 나타내는 양(힘, 속도, 가속도, 운동량, 변위, 응력, 모멘트 등)
③ 스칼라(scalar) : 크기만 있고 방향이 없는 양(부피, 에너지, 길이, 체적, 질량, 시간 등)

2) 뉴턴의 법칙

① 제1법칙(관성의 법칙) : 물체는 외력의 작용을 받지 않는 한 정지상태에 있을 때에는 정지상 태를 계속하고, 운동하고 있는 물체는 등속운동을 계속한다.

② 제2법칙(운동의 법칙) : 물체에 힘이 작용했을 때 생기는 가속도의 크기는 힘의 크기에 비 례하고, 그 방향은 힘의 방향과 같다.

$$F = ma = \frac{w}{g}a$$

③ 제3법칙(작용-반작용의 법칙) : 물체 A가 물체 B에 힘을 가할 때 A는 B로부터 크기가 같고 방향이 반대인 힘을 받는다. 이때 한쪽 힘을 작용, 다른 쪽 힘을 반작용이라고 한다.

3) 각속도

① 각속도(angular velocity) : 회전운동을 하는 물체가 단위시간에 움직이는 각도

② 각속도 : $\omega = 2\pi f$(단, f : 진동수)

③ 단위 : rad/s

④ 속도와 각속도의 관계 : $v = \omega r$(단, r : 회전의 중심에서 회전하는 물체까지의 거리)

⑤ 각속도와 회전수와의 관계 : $\omega = \dfrac{2\pi n}{60}$ (단, n : 회전수(rpm))

＊예제 각속도가 30rad/s인 원운동을 rpm단위로 환산하면 얼마인가?

① 157.1rpm

② 186.5rpm

③ 257.1rpm

④ 286.5rpm

|해설| 각속도 $\omega = \dfrac{2\pi n}{60}$ 이므로 $n = \dfrac{60\omega}{2\pi} = \dfrac{60 \times 30}{2\pi} = 286.6\text{rpm}$ 정답 ▶ ④

---

02 재료의 강도 및 변형

1 하중

1) 하중의 분류

하중은 작용하는 방향, 시간적인 작용, 분포 등에 따라 분류한다.

(1) 하중에 작용하는 방향에 따른 분류

① 인장하중 : 재료를 힘을 주는 방향으로 늘어나게 하는 하중
② 압축하중 : 재료를 힘을 주는 방향으로 누르는 하중
③ 전단하중 : 재료를 가위로 자르려는 것과 같이 작용하는 하중
④ 비틀림하중 : 재료를 비트는 하중
⑤ 굽힘하중 : 재료를 구부려 휘어지게 하는 하중

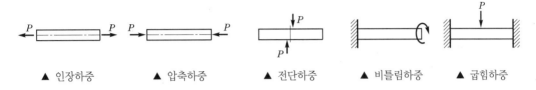

▲ 인장하중　　　▲ 압축하중　　　▲ 전단하중　　　▲ 비틀림하중　　　▲ 굽힘하중

(2) 하중의 시간적인 작용에 따른 분류

① 정하중 : 시간에 따라 크기가 변하지 않거나 변화를 무시할 수 있는 하중
② 동하중 : 하중의 크기와 방향이 시간에 따라 변화되는 하중
　ㄱ 반복하중 : 힘이 반복적으로 작용하는 하중이다. 방향은 변하지 않는다.
　ㄴ 교번하중 : 하중의 크기와 방향이 동시에 주기적으로 바뀌는 하중이다. 예를 들면, 인장과 압축이 교대로 반복되는 피스톤로드 등이 있다.
　ㄷ 충격하중 : 순간적으로 짧은 시간에 적용되는 하중이다. 예를 들면, 망치로 때리는 하중이 있다.
　ㄹ 이동하중 : 이동하면서 작용하는 하중이다. 예를 들면, 기차가 지나다니는 철교가 있다.

(3) 분포에 따른 하중의 분류

① 집중하중 : 재료의 한 부분에 집중적으로 작용하는 하중
② 분포하중 : 재료표면에 분포되어 작용하는 하중(균일분포하중, 불균일분포하중)

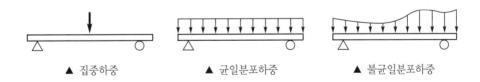

▲ 집중하중　　　　▲ 균일분포하중　　　　▲ 불균일분포하중

2 응력과 변형

1) 응력의 개요

재료에 하중이 작용할 때 재료 내부에 생기는 저항력을 응력(stress)이라고 한다. 하중은 내력으로 작용하며, 응력(σ)은 내력 혹은 하중(W)을 단면적(A)에 대한 크기로 나타낸 것이므로 $\sigma = \dfrac{W}{A}$가 된다. 재료에 작용하는 하중의 방향에 따라 인장응력, 압축응력, 전단응력, 비틀림응력, 굽힘응력 등이 있는데, 인장응력과 압축응력은 수직응력이다. 가위로 물체를 자르거나 전단기로 철판을 전단할 때 생기는 가장 큰 응력은 전단응력이다.

2) 탄성계수

① 훅의 법칙(Hooke's law) : 비례한도 이내에서는 응력과 변형률은 정비례한다. 따라서 탄성계수$=\dfrac{\text{응력}}{\text{변형률}}$이며 늘어난 길이는 $\gamma = \dfrac{Wl}{AE}$(단, W : 인장하중, A : 단면적, E : 탄성계수, l : 길이)이다.

② 세로탄성계수, 영계수 : $E = \dfrac{\sigma}{\varepsilon} = \dfrac{\dfrac{W}{A}}{\dfrac{\lambda}{l}} = \dfrac{Wl}{\lambda A}$

③ 가로탄성계수 : $G = \dfrac{\text{전단응력}}{\text{전단변형률}} = \dfrac{\tau}{\gamma}$

3) 열응력

온도의 변화에 따라 재료가 팽창과 수축을 하면서 내부에 생기는 응력을 열응력이라고 한다. 처음 길이 l, 나중 길이 l', 처음 온도 t, 나중 온도 t', 재료의 선팽창계수 α, 재료의 세로탄성계수 E일 때

① 재료의 변형량 : $\lambda = l - l' = l\alpha(t - t')$

② 재료에 생기는 변형률 : $\varepsilon = \dfrac{\lambda}{l} = \alpha(t - t')$

③ 열응력 : $\sigma = E\varepsilon = E\alpha\Delta t = E\alpha(t - t')$

4) 변형률

변형량을 처음 길이로 나눈 값을 변형률(strain) 또는 변율이라고 한다. 하중을 받기 전의 처음 길이 l, 변형 후의 길이 l', 처음 지름 d, 변형 후의 지름 d', 길이의 변형량 λ, 지름의 변형량 δ일 때 다음의 변형률 식들이 이루어진다.

① 세로변형률 : $\varepsilon = \dfrac{l'-l}{l} = \dfrac{\lambda}{l}$

② 가로변형률 : $\varepsilon' = \dfrac{d-d'}{d} = \dfrac{\delta}{d}$

③ 전단변형률 : $\gamma = \tan\theta$

④ 푸아송비 : 재료에 압축하중과 인장하중이 작용할 때 생기는 세로변형률 ε과 가로변형률 ε'의 관계는 탄성한도 이내에서는 일정한 비의 값을 가지는데, 이 비를 푸아송비 (Poisson's ratio)라고 하며 ν(누)로 나타낸다. 쉽게 설명하자면 고무지우개를 손으로 눌렀을 때에 눌린 만큼 옆으로 불룩 튀어나온 것과 줄어든 길이의 비를 계산한 것이다. 푸아송비는 0~0.5의 값을 나타낸다. 푸아송비의 역수($1/\nu = m$)를 푸아송수(Poisson's number)라고 하며 $\nu = \dfrac{\varepsilon'}{\varepsilon} = \dfrac{1}{m}$, $\varepsilon = \dfrac{\varepsilon'}{\nu}$이다.

5) 비틀림모멘트

비틀림모멘트는 동력을 전달하는 축에 발생되는 비틀림응력으로 구한다. 비틀림모멘트 T, 마력 HP[PS], 분당 회전수 n[rpm]일 때 비틀림모멘트와 마력은 다음과 같다.

$$T = 71,620\,\dfrac{HP}{n}\,[\text{kg} \cdot \text{cm}]$$

$$HP = \dfrac{Tn}{71,620}\,[\text{PS}]$$

6) 안전율

기계나 구조물을 실제로 사용할 때 각 부분에 생기는 응력을 사용응력(working stress)이라고 하고, 이에 대하여 재료의 안전성을 생각하여 재료에 허용되는 최대응력을 허용응력 (allowable stress)이라고 한다. 이때 사용응력(σ_w) ≤ 허용응력(σ_a) ≤ 극한강도(σ_u)의 등부등식이 성립한다. 안전율은 극한강도와 허용응력의 비다.

$$\text{안전율}\,(S) = \dfrac{\text{극한강도}}{\text{허용응력}} = \dfrac{\sigma_u}{\sigma_a}$$

7) 응력집중

노치, 홈, 구멍, 단붙이 등으로 인하여 국부적으로 큰 응력이 발생되는 현상으로, 평균응력 σ_n, τ_n, 최대응력 $\sigma_{\max}$, $\tau_{\max}$일 때 형상계수(응력집중계수) α_K는 다음과 같다.

$$\alpha_K = \dfrac{\sigma_{\max}}{\sigma_n} = \dfrac{\tau_{\max}}{\tau_n}$$

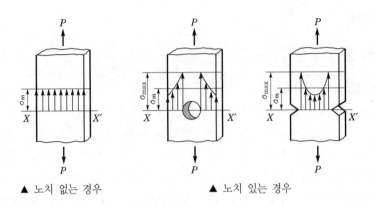

▲ 노치 없는 경우　　　　　▲ 노치 있는 경우

03 **결합용 기계요소**

1 나사(볼트, 너트)

1) 나사의 개요

원통면에 직각삼각형 모양의 와이어를 감았을 때 나타나는 선을 나선곡선이라고 한다. 이 모양대로 깎으면 나사가 된다. 먼저 나사와 관련된 용어를 다음과 같이 정리한다.

① 피치 : 나사산과 산 사이의 거리로 보통나사를 한 바퀴 돌리면 나사산 1칸이 넘어가는데, 이것을 1피치라고 한다.

② 리드 : 나사를 1회전시켰을 때의 나사 간의 거리이며 나사줄수에 피치를 곱한 값이다. 예를 들면, 1줄 나사에서는 피치와 리드가 같고, 2줄 나사에서의 리드는 피치의 2배가 된다.

③ 리드각과 비틀림각 : 리드각은 직각삼각형의 빗변과 밑변이 이루는 각이며 원통의 지름을 d, 리드를 L, 리드각을 λ라고 하면 $\tan\lambda = \dfrac{L}{\pi d}$이 된다. 한편 직각에서 리드각을 뺀 값은 비틀림각이므로 리드각과 비틀림각의 합은 90°이다.

④ 유효경 : 수나사와 암나사가 접촉하고 있는 부분의 평균지름이다.

⑤ 호칭경 : 나사의 외경(수나사는 외경, 암나사는 암나사에 맞는 수나사의 외경)이다.

⑥ 오른나사 : 오른쪽으로 돌려 나사가 전진하면 오른나사로, 일반적으로 오른나사이다.

⑦ 왼나사 : 왼쪽으로 돌려 나사가 전진하면 왼나사로, 왼나사의 경우 '좌' 또는 'L'이라고 표기한다.

2) 나사의 줄수와 나사의 종류

(1) 나사의 줄수

① 1줄 나사 : 와이어를 1줄 감은 것, 1바퀴 돌리면 1피치를 전진하니 1피치가 1리드이다.

② 2줄 나사 : 와이어를 2줄 감은 것, 1바퀴 돌리면 2피치를 전진하니 2피치가 1리드이다.

③ 3줄 나사 : 와이어를 3줄 감은 것, 1바퀴 돌리면 3피치를 전진하니 3피치가 1리드이다.

(2) 나사의 종류

구 분	내 용
나사산 모양에 따른 분류	삼각나사, 사각나사, 사다리꼴나사, 톱니나사, 둥근나사, 볼나사 등
피치와 나사지름의 비율에 따른 분류	보통나사, 가는 나사
사용호칭에 따른 분류	미터계 나사, 인치계 나사
사용목적에 따른 분류	결합용 나사(삼각나사), 운동용 나사(사각나사, 사다리꼴나사, 톱니나사, 둥근나사, 볼나사), 계측용 나사(정밀가공된 삼각나사)

① 삼각나사 : 가장 많이 사용된다.

　　㉠ 미터나사(산의 각도 60°) : 미터보통나사는 호칭경 앞에 기호 M을 사용하여 표시하고 피치를 기입하지 않지만, 미터 가는 나사는 M.호칭경 뒤에 피치를 기입한다. 미터 가는 나사는 두께가 얇거나 기밀을 요하는 부분에 사용된다.

　　㉡ 유니파이나사(산의 각도 60°) : ABC나사라고도 부르며 피치는 1인치당 산의 수(25.4/산수)이다.

　　㉢ 휘트워스나사(산의 각도 55°) : 외경을 인치로 표시하며 기호는 W를 사용한다.

　　㉣ 관용나사(산의 각도 55°) : 파이프연결용 나사로 기밀을 유지하는 데 사용한다. 테이퍼 수나사는 R, 테이퍼암나사는 Rc, 평행암나사는 Rp로 표시한다.

② 사각나사 : 매우 큰 힘을 전달하는 프레스나 나사잭 등에 사용한다.

③ 사다리꼴나사 : 애크미나사라고도 부르며 나사산의 각이 30°인 미터계(TM), 29°인 인치계(TW)가 있다.

④ 톱니나사 : 바이스나 잭과 같은 한 방향으로 힘을 전달하는 곳에 사용한다.

⑤ 둥근나사 : 나사산과 골을 같은 원호로 연결한 모양의 나사이며 전구나 소켓의 나사부, 먼지나 모래가 들어가기 쉬운 곳, 큰 힘이 작용하는 이동용 나사 등에 사용된다.

⑥ 볼나사 : 마찰이나 백래시가 매우 적어서 공작기계의 이송나사에 많이 사용된다.

3) 볼트, 너트, 와셔

(1) 볼트

① 일반 볼트

㉠ 탭볼트 : 암나사 없이 바닥에 태핑(암나사가공)을 하여 조립한다.

㉡ 관통볼트 : 체결하고자 하는 2개 부품의 맞뚫린 구멍에 볼트를 넣고 너트로 조인다.

㉢ 스터드볼트 : 양 끝에 나사를 낸 머리 없는 볼트로서, 기계를 분해하기 쉽게 볼트의 머리 부분에 너트를 끼워서 체결한다.

㉣ 양 너트볼트 : 머리 부분이 길어서 사용할 수 없을 경우 양 끝 모두 바깥에서 너트로 죄는 볼트이다.

② 특수 볼트

㉠ 스테이볼트 : 부품의 간격 유지, 구조 자체 보강

㉡ 기초볼트 : 기계구조물을 콘크리트 바닥 등에 고정

㉢ T볼트 : 공작기계 테이블의 T홈 등에 끼워 바이스 등을 이동하거나 고정

㉣ 아이볼트 : 무거운 부품을 들어 올릴 때 고리로 사용

㉤ 충격볼트 : 볼트에 걸리는 충격하중을 견디는 볼트

㉥ 리머볼트 : 리머구멍에 끼워 사용하므로 미끄럼을 방지하고 볼트 몸체가 반듯하게 가공된 볼트

㉦ 나비볼트 : 볼트의 머리 부분이 나비모양으로 되어 있어서 손으로도 쉽게 돌릴 수 있도록 한 볼트

(2) 너트

① 너트의 종류

㉠ 사각너트 : 모양이 사각형이며, 주로 목재에 사용

㉡ 둥근너트(원형너트) : 자리가 좁아서 육각너트로 체결할 수 없는 곳, 너트의 높이를 작게 할 때 사용

㉢ 플랜지너트 : 너트에 와셔를 붙인 형상으로 구멍이 클 때, 접촉면이 거친 곳, 큰 면압을 피하고자 할 때 사용

㉣ 홈붙이너트 : 분할핀을 꽂을 수 있는 홈이 만들어져 있는 너트 풀림 방지용

㉤ 캡너트 : 나사구멍이 뚫려 있지 않은 너트, 유체흐름 및 부식을 방지

㉥ 아이너트 : 머리에 링이 달려 있는 너트로 물건을 들어 올리는 고리 역할

㉦ 나비너트 : 나비 모양으로 손으로 돌릴 수 있음

㉧ T너트 : T볼트와 마찬가지로 공작기계의 이동 및 고정에 사용

㉨ 슬리브너트 : 수나사의 편심을 방지하는 데 사용

㉩ 플레이트너트 : 암나사를 낼 수 없는 얇은 판에 리벳으로 설치하여 사용

㉪ 턴버클 : 왼나사와 오른나사가 양쪽에 있어 로프 등을 잡아당겨서 조이는 데 사용

② 너트의 풀림 방지법

 ㉠ 와셔에 의한 방법 : 스프링와셔, 이붙이와셔 등

 ㉡ 분할핀 또는 작은 나사, 멈춤나사(세트스크루)에 의한 방법 : 너트와 볼트에 분할핀, 작은 나사, 세트스크루를 박아 풀어지지 않게 하는 방법인데, 나사를 박을 경우 재사용 불가

 ㉢ 로크너트에 의한 방법 : 볼트에 너트를 2개 조임

 ㉣ 철사로 묶어 매는 방법 : 핀 대신 철사를 감아서 풀어지지 않게 하는 방법

 ㉤ 자동죔너트에 의한 방법 : 되돌아가는 것을 방지한 특수 너트

 ㉥ 플라스틱 플러그에 의한 방법 : 나사면에 플라스틱이 들어간 너트를 사용하면 나사면에 마찰계수가 커지므로 풀림을 방지할 수 있음

(3) 와셔

와셔는 다음과 같은 경우에 사용된다.

① 구멍이 볼트의 지름보다 클 때

② 너트의 풀림을 방지할 때

③ 볼트가 닿는 자리가 거칠 때

④ 부품의 재질이 연하여 볼트가 파고 들어갈 염려가 있을 때

(4) 그 밖의 나사

① 작은 나사 : 지름이 8mm 이하인 나사

② 세트스크루나사(멈춤나사) : 축에 풀리를 고정할 때나 위치를 조절할 때 사용

③ 태핑나사 : 일종의 나사못으로, 구멍을 미리 뚫고 그 구멍에 나사를 돌려 끼워서 사용

4) 나사의 설계

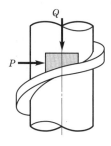
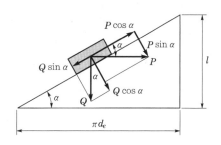

(1) 나사의 자립조건(self locking condition)

① 사각나사의 경우 : 나사를 죈 외력을 제거해도 나사가 저절로 풀어지지 않기 위한 조건을 자립조건이라고 한다. 이 조건은 마찰각(ρ)이 리드각(α)보다 크거나 같을 때이다.

$$\text{마찰각}(\rho) \geq \text{리드각}(\alpha)$$

② 삼각나사의 경우 : 나사면에 수직하게 작용하는 힘을 N, 나사산의 각도를 α라고 할 때 나사에 작용하는 힘은 $\dfrac{N}{\cos \alpha/2}$ 이므로 마찰계수는 $\mu' = \dfrac{\mu}{\cos \alpha/2}$ 가 되어 사각나사보다 체결상태가 더 이완되기 어렵고 견고하다.

③ 이와 같이 삼각나사와 사각나사의 리드각(경사각)이 같을 경우 삼각나사가 체결성이 더 우수하므로 삼각나사는 체결용에 적합하고, 사각나사는 이동용에 적합하다.

✑ 마찰계수(μ)와 마찰각(ρ)의 관계

$\tan \rho = \dfrac{F}{W} = \dfrac{\mu W}{W} = \mu$ 이므로 $\mu = \tan \rho$

---

(2) 나사의 효율

① 사각나사의 효율 : 나사의 효율이란 하중(W)을 어느 높이(h)만큼 올리기 위하여 한 일과 나사를 1회전시키기 위하여 외력(P)이 한 일의 비를 말한다. 이것은 외부에서 가해진 일량 중 유효한 일로 소비된 것의 비율이다. 리드각 α, 마찰각 ρ, 축방향의 힘 W, 피치 p, 회전토크 T일 때 다음의 식이 얻어진다.

㉠ 나사의 효율(η) $= \dfrac{\text{마찰이 없는 경우 회전력}}{\text{마찰이 있는 경우 회전력}} = \dfrac{P_0}{P} = \dfrac{\tan \alpha}{\tan(\alpha + \rho)} = \dfrac{Wp}{2\pi T}$

㉡ 나사가 자립되는 한계는 마찰각(ρ)≥리드각(α)이므로, 이것을 효율식에 대입하면

$$\eta = \frac{\tan \alpha}{\tan(\alpha + \rho)} = \frac{\tan \alpha}{\tan(\alpha + \alpha)} = \frac{\tan \alpha(1 - \tan^2 \alpha)}{2 \tan \alpha} = \frac{1}{2} - \frac{1}{2}\tan^2 \alpha \leq 0.5 \,\text{가 되므로}$$

나사자립을 위한 효율은 50% 이하가 된다. 이 사실은 체결용 나사에서 효율이 낮은 것은 어쩔 수 없는 현상임을 말해준다.

✑ 삼각함수의 가법정리

$\tan(\alpha + \rho) = \dfrac{\tan \alpha + \tan \rho}{1 - \tan \alpha \tan \rho}$

ⓒ 경사각=리드각$(\alpha) = \tan^{-1}\left(\dfrac{p}{\pi d_e}\right)$(단, d_e : 나사의 유효지름)

ⓔ 나사의 효율이 최대인 리드각 : $\alpha = \dfrac{\pi}{4} - \dfrac{\rho}{2}$

② 삼각나사의 효율 : $\eta = \dfrac{\tan\alpha}{\tan(\alpha + \rho')}$

(3) 나사설계의 종류

① 훅, 아이볼트 : 축방향으로 인장하중만 작용하는 경우의 나사설계이다. 나사가 절단되는 부위는 골지름(d_1) 부분이다. $\sigma = \dfrac{W}{A} = \dfrac{W}{\dfrac{\pi d_1^2}{4}} = \dfrac{4W}{\pi d_1^2}[\mathrm{kg/mm^2}]$이므로 골지름 $d_1 = \sqrt{\dfrac{4W}{\pi\sigma}}$ 가 된다. 이때 나사의 외경(d)과 골지름(d_1)의 관계는 $d_1 = 0.8d$일 때 $\sigma = \dfrac{4W}{\pi(0.8d)^2}[\mathrm{kg/mm^2}]$이 므로 $d = \sqrt{\dfrac{2W}{\sigma}}$ 이 된다.

② 나사잭 : 나사잭은 축방향 하중과 동시에 비틀림을 받으며, 이때에는 인장하중만 받을 때보다 4/3배의 하중이 더 작용한다.

$$\text{바깥지름}\ d = \sqrt{\dfrac{2 \times \dfrac{4}{3}W}{\sigma}} = \sqrt{\dfrac{8W}{3\sigma}}$$

③ 볼트의 전단 : 전단하중을 받을 경우 $\tau = \dfrac{W}{A} = \dfrac{4W}{\pi d^2}$에서 $d = \sqrt{\dfrac{4W}{\pi\tau}}$

④ 너트의 설계 : 너트의 높이를 설계한다. 끼워지는 부분의 나사산 수 Z, 피치 p, 축방향 하중 W, 허용접촉면압력$(\mathrm{kg/mm^2})$ q, 나사산의 높이 h, 골지름 d_1, 바깥지름 d_2, 유효지름 d_e일 때 $H = Zp = \dfrac{Wp}{\pi d_e hq} = \dfrac{4Wp}{\pi(d_2^2 - d_1^2)q}$가 된다.

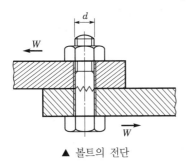

▲ 볼트의 전단

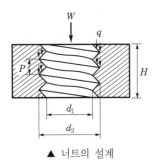

▲ 너트의 설계

⑤ 볼트의 파괴 방지방법 : 리머볼트 사용하기, 볼트구멍에 1/10~1/20의 테이퍼주기, 볼트 바깥쪽에 링 끼우기, 접합면에 핀 또는 평철 넣기 등

2 키, 핀, 코터

1) 키

(1) 키의 개요

키는 기어, 풀리, 플라이휠, 커플링 등의 회전체를 축에 고정시켜 축과 회전체를 일체로 하여 토크를 전달하는 기계요소이며, 키의 윗면을 1/100테이퍼(안내키 제외)로 한다.

> ✏ **회전전달력이 높은 순서**
> 세레이션 > 스플라인 > 접선키 > 묻힘키 > 반달키 > 안내키 > 원뿔키 > 둥근키 > 평키 > 안장키

(2) 키의 종류

① 안장키(saddle key) : 축에는 홈을 파지 않고 보스(boss)에만 키홈을 파며, 윗면에 1/100의 기울기가 있는 키를 때려 박아서 키와 키홈 사이에 접촉압력이 생기게 하여 마찰저항으로 토크를 전달하는 키로서, 매우 가벼운 하중에서 사용된다.

② 평키(flat key) : 키가 닿은 축의 면을 편평하게 깎고 키의 윗면에 1/100의 기울기를 둔 키로서, 안장키보다는 조금 더 큰 동력을 전달할 수 있지만 동력전달이 확실하지 못하다. 힘의 방향이 변하는 경우에는 헐거워질 수도 있다.

③ 둥근키(round key, pin key) : 원형 단면의 테이퍼핀키이며, 축과 보스의 경계선 위에 중심을 두고 축방향으로 때려 박아 영구체결한다. 핸들과 같이 회전력이 작은 곳에 사용된다.

④ 원뿔키(cone key) : 축과 보스에 키홈을 파지 않고 보스구멍을 테이퍼구멍으로 하여 속이 빈 원뿔슬롯을 끼워 박아 마찰력만으로 밀착시키는 키이다. 원뿔키는 편심되지 않고 축의 임의의 어느 위치에나 설치가능하다.

⑤ 안내키(sliding key, feather key) : 키의 기울기가 없는 키로서, 기어나 풀리를 축방향으로 이동시킬 경우에 사용하며, 키를 축이나 보스에 고정한다.

⑥ 반달키(woodruff key) : 반달 모양의 키로서, 키에서 축의 홈이 깊게 파여 축의 강도가 약해지지만 키와 키홈 등이 모두 가공하기가 쉽고 키가 자동적으로 축과 보스 사이에 자리를 잡을 수 있어서 자동차나 공작기계 등의 60mm 이하의 작은 축에 사용되며, 특히 테이퍼축에 사용하면 편리하다.

⑦ 묻힘키(sunk key) : 가장 널리 사용되는 키로서, 축과 보스의 양쪽에 키홈을 파고 여기에 삽입되는 키이다. 묻힘키에는 드라이빙키(키를 때려 박기 때문에 회전력의 전달이 확실), 세트키(키를 축에 끼우고 보스를 조립), 비녀키(gib head key, 머리가 달려 있어서 보스와 키를 분해할 때 편리) 등이 있다.

⑧ **접선키(tangential key)** : 키를 이용한 동력의 전달은 실제로는 접선방향으로 작용한다는 것을 고려하여 축의 접선방향으로 압축력이 걸리게 하는 키가 접선키이다. 축 및 보스에 접선키를 받아들일 수 있는 서로 평탄한 면 속에 1/60~1/100(보통 1/40~1/45)의 기울기를 가진 2개의 키를 합쳐 때려 박아 그 기울기가 쐐기의 역할을 하게 하여 키에 축의 접선방향의 압축력이 걸리게 한다. 그러므로 접선키는 매우 큰 동력전달용으로 적합하고 120°의 위치에 2개의 접선키를 설치하면 회전방향이 변하거나 역전을 하는 곳에서의 사용에도 문제가 전혀 없다. 한편 두 개의 키를 조합하여 정사각형 단면의 접선키를 90°로 배치한 것을 케네디키(kennedy key)라고 부른다.

⑨ **스플라인(spline)** : 큰 토크를 축에서 보스로 전달시키려면 1개의 키만으로는 전달이 곤란하므로 여러 개의 키를 같은 간격으로 축과 일체로 깎아 만든 것이다. 축의 둘레에 4~20개의 키홈을 턱처럼 만들며, 큰 회전력을 전달하고 내구력도 좋다. 자동차, 항공기 터빈 등의 속도 변환축에 많이 사용된다. 스플라인의 종류에는 인벌류트스플라인, 각형 스플라인, 세레이션 등이 있는데, 이 중에서 세레이션을 스플라인에 포함시키지 않고 별도로 분류하기도 한다.

⑩ **세레이션(serration)** : 다량의 키를 응용한 스플라인에서 키의 수를 더 늘리고 단면 형상을 삼각형의 이로 만든 것이다. 이의 높이가 낮고 잇수가 많으므로 강도가 증가하고 같은 크기의 스플라인보다 큰 회전력을 전달할 수 있다. 자동차의 핸들고정용, 전동기나 발전기의 전기자축 등에 이용된다.

(3) 키의 설계

키의 강도는 다음과 같은 기준으로 설계한다.

① **축과 보스의 접촉면에서 전단이 될 경우** : 키 측면에 작용하는 하중 W [kg], 키폭 b, 키높이 h, 키길이 l, 회전토크 $T\left(= W\dfrac{d}{2}[\text{kg} \cdot \text{mm}]\right)$일 때

$$\tau = \frac{W}{A} = \frac{W}{bl} = \frac{2T}{bld}[\text{kg/mm}^2]$$

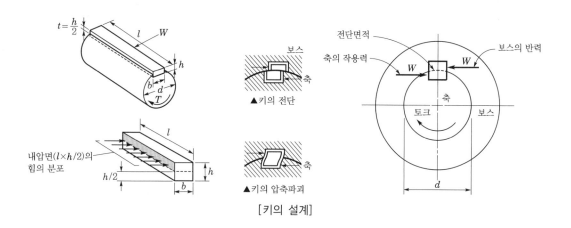

[키의 설계]

② 키의 측면이 압축력을 받아 압축이 되는 경우

$$\sigma_c = \frac{W}{A} = \frac{W}{tl} = \frac{W}{\frac{h}{2}l} = \frac{2W}{hl} = \frac{4T}{hld} [\text{kg/mm}^2]$$

여기서 압축응력=키의 측면압력이므로 $\sigma_c = q$이다.

따라서 $q = \frac{4T}{hdl} = \frac{2T}{tdl}\left(t = \frac{h}{2}$이므로 $h = 2t\right)$이다. 또한 $T = \frac{tdlq}{2} = \frac{\pi d^3}{16}\tau$이므로

$l = \frac{\pi d^3 \tau}{8tq}$가 된다.

③ 스플라인키의 전달토크(T) 계산 : 키의 측면압력 $q[\text{kgf/mm}^2]$,
모따기 $c[\text{mm}]$, 이높이 $h[\text{mm}]$, 접촉률 η, 스플라인 수 Z
일 때

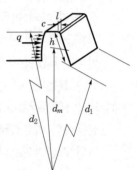

$$T = q(h - 2c)lZ\left(\frac{d_m}{2}\right)\eta$$

$$= \eta(h - 2c)qlZ\left(\frac{d_2 + d_1}{4}\right)$$

여기서 $T = 71,620\frac{H}{N} = 97,400\frac{H'}{N}[\text{kg} \cdot \text{cm}]$,

▲ 스플라인키의 이

$d_m = \frac{d_2 + d_1}{2}$이다. 따라서 전동효율 η는 최소 75%로 제한한다.

2) 핀

(1) 핀의 개요

① 핸들과 축의 고정, 물체의 탈락 방지, 너트의 풀림 방지, 분해·조립할 때 조립할 부품의
위치결정 등에 사용

② 설치방법이 간단하여 풀리, 기어 등에 작용하는 하중이 작을 때 키의 대용으로도 사용

(2) 핀의 종류

① 평행핀(dowel pin) : 기계부품의 조립과 안내위치결정에 사용한다.

② 테이퍼핀(taper pin) : 1/50테이퍼가 있으며, 호칭지름은 작은 쪽의 지름으로 나타낸다. 주
축을 보스에 고정할 때 사용되며, 끝이 갈라진 것을 슬롯테이퍼핀이라고 한다.

③ 분할핀(split pin) : 끝이 갈라진 것으로, 끝부분을 구부려 너트의 풀림 방지, 바퀴가 축에서
빠지지 않도록 할 때 등에 사용하며, 구멍의 지름이 호칭지름이다.

④ 스프링핀(spring pin) : 세로방향으로 쪼개져 있어서 탄성을 이용하여 고정하며, 해머로 때
려 박을 수 있는 핀이다.

(3) 핀의 설계

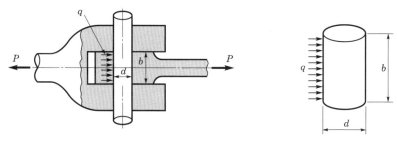

하중 P, 핀과 링크와의 접촉길이 $b(=md)$, 핀의 접촉면 압력 $q[\text{kg/mm}^2]$, 푸아송수 $m(=1 \sim 1.5)$일 때 접촉면의 압력 $q = \dfrac{P}{A} = \dfrac{P}{bd}[\text{kg/mm}^2]$에서 $P = dbq = md^2q$, $q = \dfrac{P}{md^2}$ 이므로 $d = \sqrt{\dfrac{P}{mq}}$ 이 되며, 핀의 강도는 다음과 같다.

① 핀의 전단강도 : 핀은 2개면에서 전단이 일어나므로

핀의 전단강도 $\tau = \dfrac{P}{2A} = \dfrac{P}{2 \times \dfrac{\pi d^2}{4}}$ 이므로 전단하중 $P = \dfrac{\pi}{2}d^2\tau[\text{kg}]$이다.

② 굽힘강도(σ_b) : 균일분포하중이 $w[\text{kg/mm}]$, 핀과 이음과의 총 접촉길이가 $l(=1.5md)$일 때

$P = wl[\text{kg}]$이므로 $\dfrac{wl^2}{8} = \dfrac{Pl}{8} = \dfrac{\pi d^3}{32}\sigma_b$에서 굽힘하중 $P = 0.52\dfrac{d^2\sigma_b}{m}[\text{kg}]$이다.

3) 코터

(1) 코터의 개요

축방향으로 인장 혹은 압축이 작용하는 2개의 봉(2개의 축)을 연결하기 위하여 소정의 (보통 1/20) 기울기를 가지고 있는 코터(cotter)를 때려 박는다. 한쪽 기울기와 양쪽 기울기의 코터가 있는데, 한쪽 기울기의 코터가 간단하여 보통 한쪽 기울기의 코터를 많이 사용한다. 길이방향의 상하면은 때려 박을 때 파손을 방지하기 위해서 구면상으로 만든다. 코터의 기울기는 보통 1/20 정도지만 분해가 잦은 곳에서는 1/5~1/10, 반영구적일 경우는 1/50~1/100로 한다.

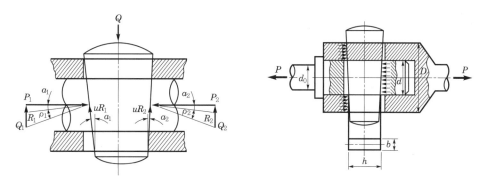

(2) 코터의 자립조건

경사각(구배) α, 마찰각 ρ일 때

① 양쪽 기울기의 코터 : $\alpha \leq \rho$

② 한쪽 기울기의 코터 : $\alpha \leq 2\rho$

③ 코터가 빠져나오는 힘(F)

　　㉠ 양쪽 기울기의 경우 $F = W\{\tan(\alpha_1 - \rho_1) + \tan(\alpha_2 - \rho_2)\}$

　　㉡ 한쪽 기울기의 경우 $F = 2W\tan(\alpha - \rho)$

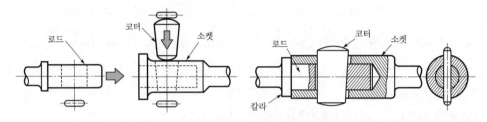

[코터와 소켓]

(3) 코터의 설계

① 코터의 전단응력 $\tau = \dfrac{P}{2bh}$ 이므로 전단하중 $P = 2bh\tau[\text{kg}]$

② $M = \dfrac{PD}{8} = \dfrac{bh^2 \sigma_b}{6}$ 이므로 코터의 굽힘응력 $\sigma_b = \dfrac{3PD}{4bh^2}$

③ 소켓의 코터구멍 접촉면압(압괴) $\sigma_{c1} = \dfrac{P}{(D - d_0)t}[\text{kgf}/\text{mm}^2]$

　　단, t : 코터두께, h : 코터폭, d_0 : 소켓안지름, d : 축지름, P : 인장하중(kg)

④ 로드의 코터구멍 접촉면압(압괴) $\sigma_{c2} = \dfrac{P}{d_0 t}[\text{kgf}/\text{mm}^2]$

▌3▐ 리벳과 용접

1) 리벳

(1) 리벳의 개요

리벳(rivet)은 철교, 보일러, 탱크류 등 조립하면 분해가 필요 없는 경우에 사용된다. 리벳의 호칭길이는 머리 부분을 제외한 전체 길이로 표시한다. 그러나 예외적으로 접시머리리벳은 머리까지 포함한 전체 길이를, 둥근접시머리리벳은 둥근 부분을 제외한 전체 길이를 호칭길이로 한다. 리벳의 적정 길이는 판두께 S, 리벳직경 d일 때 $l = S + (1.3 \sim 1.6)d$이다.

(2) 리벳이음의 특징

① 잔류변형이 없으므로 취성 파괴가 일어나지 않는다.

② 구조물 등을 현장조립할 때 용접이음보다 쉽다.

③ 용접이 곤란한 재료에 이음을 할 수 있다.

④ 너무 얇거나 두꺼운 판은 리베팅이 안 되며 이음효율도 낮다.

(3) 리벳의 종류

① 성형방법에 따른 분류 : 열간성형리벳, 냉간성형리벳

② 용도에 따른 분류 : 일반용(구조용, 구조물이나 교량과 같이 강도만을 요하는 경우), 보일러용(강도와 기밀을 요하는 경우, 보일러, 고압용기 등), 저압용(기밀이나 수밀을 요하는 경우, 저압용 탱크 등), 선박용

③ 머리 모양에 따른 분류 : 얇은 납작머리, 둥근머리, 접시머리, 둥근접시머리, 냄비머리, 납작머리

(4) 리벳작업

> 순서 : 드릴링 혹은 펀칭 > 리밍 > 리베팅 > 코킹 > 풀러링

① 상온가공 : 리벳지름 8mm 이하

② 열간가공 : 리벳지름 10mm 이상을 가열하여 작업

③ 리벳구멍 : 지름 20mm까지는 리벳지름보다 1~1.5mm 크게 펀칭작업

④ 리벳조립 후 리벳머리를 만들기 위한 길이로 지름(d)의 1.3~1.6d 정도 길게 나와야 함

⑤ 코킹(caulking) : 판 끝을 75~80°로 깎아 때려서 유체의 기밀, 수밀을 유지하기 위해 정과 같은 공구로 리벳머리의 주위와 강판의 가장자리를 때리는 작업(단, 5mm 이하는 리벳작업 불가)

⑥ 풀러링(fullering) : 강판과 같은 너비의 풀러링공구로 때려 붙여서 더욱 기밀을 완전하게 하는 작업

(4) 리벳이음의 파괴와 강도

리벳이음이 파괴되는 경우는 다음과 같다.

① 리벳이 전단되는 경우

② 리벳의 열에 따라 강판이 인장 파괴되는 경우

③ 강판(또는 리벳)이 압괴되는 경우

④ 강판 끝이 전단되는 경우

⑤ 강판 끝이 균열되는 경우

리벳이음은 이음부에 구멍이 뚫려 있으므로 이음부가 없을 때보다 강도가 약하게 된다. 이음부를 강하게 하기 위해서는 위의 5가지 상태에 대한 저항을 고려하여 치수를 정해야 한다. 어느 것이든 한 가지 이상의 저항이 약하면 그곳에서 파괴가 일어난다.

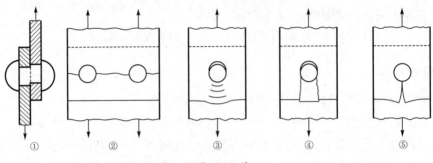

[리벳이음의 파괴]

① 리벳의 전단강도 : $W = \dfrac{\pi}{4}d^2\tau$

② 강판의 인장강도 : $W = (p-d)t\sigma_t$

③ 강판(또는 리벳)의 압축강도 : $W = dt\sigma_c$

④ 강판 끝의 전단강도 : $W = 2et\tau'$

⑤ 강판 끝의 균열 : $W = \dfrac{1}{3d}(2e-d)^2t\sigma_b$

단, W : 판에 작용하는 1피치당 인장하중(kg)
　　 d : 리벳작업 후 리벳의 지름 또는 강판구멍의 지름(mm)
　　 p : 리벳의 피치(mm)
　　 t : 강판의 두께(mm)
　　 σ_t : 강판의 인장응력(kg/mm^2)
　　 τ : 리벳의 전단응력(kg/mm^2)
　　 τ' : 강판의 전단응력(kg/mm^2)
　　 σ_c : 리벳 또는 강판의 압축응력(kg/mm^2)
　　 σ_b : 강판의 굽힘응력(kg/mm^2)
　　 e : 리벳구멍으로부터 강판 끝까지의 거리(mm)

이상 5가지 파괴강도 계산식에서 강도가 서로 같도록 계산하면 안전하고 효율적인 설계가 된다. 그러나 ④, ⑤의 파괴에 대한 저항력은 보통의 치수비율, 즉 $e \geq 1.5d$로 하면 이들의 파괴는 일어나지 않는다. 따라서 리벳이음이 안전하게 유지되기 위해서는 위의 ①, ②, ③에 대해서만 계산한다.

(5) 리벳의 지름과 피치

① 리벳의 지름 : 리벳의 전단저항과 강판(또는 리벳)의 압축저항을 같도록 하면 $\frac{\pi}{4}d^2\tau = dt\sigma_c$

이므로 $d = \frac{4t\sigma_c}{\pi\tau}$ 가 되며, 다음의 값을 사용하기도 한다.

㉠ 겹치기이음(1열, 2열, 3열) : $d = \sqrt{50t} - 4\,[\text{mm}]$

㉡ 양쪽 덮개판 맞대기이음(1열) : $d = \sqrt{50t} - 5\,[\text{mm}]$

㉢ 양쪽 덮개판 맞대기이음(2열) : $d = \sqrt{50t} - 6\,[\text{mm}]$

㉣ 양쪽 덮개판 맞대기이음(3열) : $d = \sqrt{50t} - 7\,[\text{mm}]$

㉤ 구조용 리벳이음 : 강도만 고려, $d = \sqrt{50t} - 2\,[\text{mm}]$, $p = (3 \sim 3.5)d$, $e = (2 \sim 2.5)d$

② 리벳의 피치 : 리벳의 전단저항과 인장저항을 같게 하면 $\frac{\pi}{4}d^2\tau = (p-d)t\sigma_t$ 이므로 $p =$

$d + \frac{\pi d^2 \tau}{4t\sigma_t}$ 가 된다.

(6) 리벳이음의 효율

① 강판의 효율 : $\eta_t = \dfrac{1\text{피치 내에 구멍이 있는 경우 강판의 인장강도}}{1\text{피치 내에 구멍이 없는 경우 강판의 인장강도}}$

$W = (p-d)t\sigma_t$ 에서 $\eta_t = \dfrac{(p-d)t\sigma_t}{pt\sigma_t} = \dfrac{p-d}{p} = 1 - \dfrac{d}{p}$

② 리벳의 효율 : $\eta_s = \dfrac{1\text{피치 내에 있는 리벳의 전단강도}}{1\text{피치 내에 구멍이 없는 경우의 강판의 인장강도}} = \dfrac{\frac{\pi}{4}d^2 n\tau}{pt\sigma_t}$

(7) 보일러용 리벳이음 강판의 두께 ($d > 10t$)

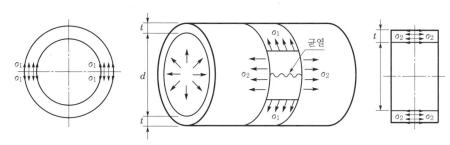

내압 $P[\text{kg/mm}^2]$일 때 축이음(원주방향)의 응력 $\sigma_1 = \dfrac{Pdl}{2tl} = \dfrac{Pd}{2t}$ 이므로 $t = \dfrac{Pd}{2\sigma_1}$, 원주이

음(축방향)의 응력 $\sigma_2 = \dfrac{\frac{\pi}{4}d^2 P}{dt} = \dfrac{Pd}{4t}$ 이므로 $t = \dfrac{Pd}{4\sigma_2}$ 이다. 따라서 축이음(원주방향)의 응

력이 원주이음(축방향)의 응력보다 2배가 크므로 축이음(원주방향)의 응력을 기준으로 두께를

계산한다. 부식여유 C일 때 $t = \dfrac{Pd}{2\sigma_1} \times \dfrac{1}{100\eta} + C = \dfrac{Pd}{200\sigma_1\eta} + C$이며, 또한 인장강도 σ_t

[kg/mm²], 허용응력 σ_a[kg/mm²], 안전계수 S일 때 $S = \dfrac{\sigma_t}{\sigma_a}$이므로 $t = \dfrac{PdS}{200\sigma_t\eta} + C$이다.

부식여유 C는 육지용 보일러(land boiler)에서는 1mm, 선박용 보일러(marine boiler)에서는
1.5mm이다.

2) 용접

(1) 용접의 개요

용접은 2개 이상의 금속을 용융온도 이상의 고온으로 가열하여 접합하는 금속적 결합이며 영
구이음에 해당한다. 용접이음의 장단점은 다음과 같다.

장 점	단 점
• 이음효율이 높고 기밀성 우수 • 구조 간단, 공수가 적어 제작속도 신속 • 재료와 제작비 경감, 판두께 무제한 • 별도 기계결합요소 불필요 • 저소음작업	• 고열로 인한 재질변화 • 취성 파손, 강도저하 우려 • 진동감쇠 곤란, 비파괴검사 곤란 • 팽창과 수축, 잔류응력 발생 • 용접재료의 제한

(2) 용접이음의 종류

① 용접부의 형상에 따른 분류

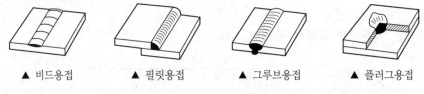

▲ 비드용접　　　▲ 필릿용접　　　▲ 그루브용접　　　▲ 플러그용접

[용접부의 형상에 따른 용접이음의 종류]

ⓐ 비드용접(bead welding) : 홈을 만들지 않고 평판 위에 비드를 용착하는 용접, 두께가
얇은 모서리용접이나 표면을 높일 때 사용

ⓑ 필릿용접(fillet welding) : 수직에 가까운 두 면을 접합하는 용접

ⓒ 그루브용접(groove welding) : 모재 사이의 그루브(홈)에 용접(맞대기용접), 두께가
두꺼울 경우

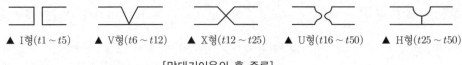

▲ I형($t1 \sim t5$)　　▲ V형($t6 \sim t12$)　　▲ X형($t12 \sim t25$)　　▲ U형($t16 \sim t50$)　　▲ H형($t25 \sim t50$)

[맞대기이음의 홈 종류]

  ⓔ 플러그용접(plug welding) : 접합하는 모재의 한쪽에 구멍을 뚫고 모재의 표면까지 구
   멍에 가득 차게 용접하여 다른 쪽 모재와 접합시키는 용접

② 모재의 상대적 위치에 따른 분류

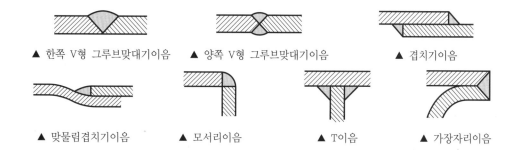

 ▲ 한쪽 V형 그루브맞대기이음 ▲ 양쪽 V형 그루브맞대기이음 ▲ 겹치기이음

 ▲ 맞물림겹치기이음 ▲ 모서리이음 ▲ T이음 ▲ 가장자리이음

(3) 용접이음의 강도

① 맞대기용접 : 인장응력 $\sigma = \dfrac{W}{hl}$, 전단응력 $\tau = \dfrac{W}{hl}$

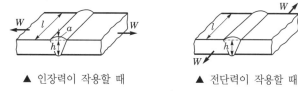

 ▲ 인장력이 작용할 때 ▲ 전단력이 작용할 때

[맞대기용접이음의 강도]

② 필릿용접

 ㉠ 전면필릿용접이음 : 필릿의 다리길이 f 와 강판두께 t 가 같을 때

$$\tau = \frac{W}{tl} = \frac{W}{f\cos 45° \times 1} = \frac{W}{h\cos 45° \times 1} = \frac{W}{0.707hl} = \frac{1.414\,W}{hl}$$

 ㉡ 측면필릿용접이음 : $\tau = \dfrac{W}{2tl} = \dfrac{W}{2 \times 0.707hl} = \dfrac{0.707\,W}{hl}$

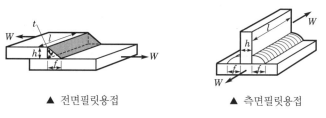

 ▲ 전면필릿용접 ▲ 측면필릿용접

[필릿용접이음의 강도]

▶ 용접이음의 강도 계산식

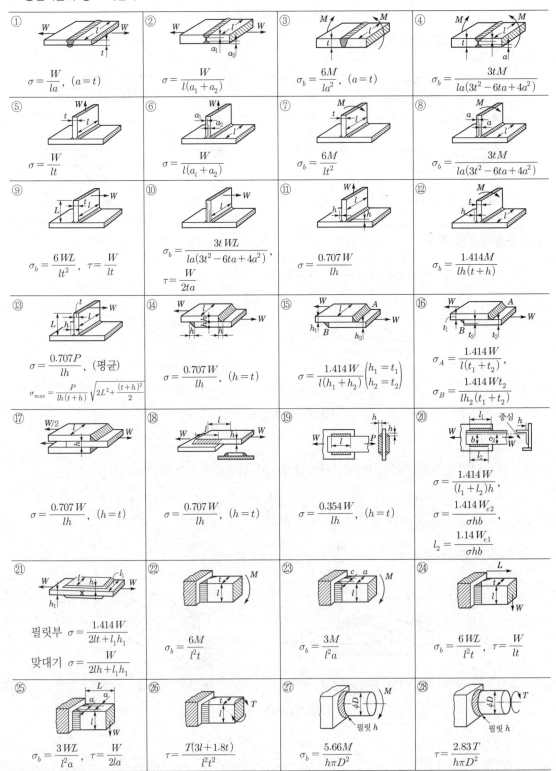

① $\sigma = \dfrac{W}{la}$, $(a=t)$

② $\sigma = \dfrac{W}{l(a_1+a_2)}$

③ $\sigma_b = \dfrac{6M}{la^2}$, $(a=t)$

④ $\sigma_b = \dfrac{3tM}{la(3t^2-6ta+4a^2)}$

⑤ $\sigma = \dfrac{W}{lt}$

⑥ $\sigma = \dfrac{W}{l(a_i+a_2)}$

⑦ $\sigma_b = \dfrac{6M}{lt^2}$

⑧ $\sigma_b = \dfrac{3tM}{la(3t^2-6ta+4a^2)}$

⑨ $\sigma_b = \dfrac{6WL}{lt^2}$, $\tau = \dfrac{W}{lt}$

⑩ $\sigma_b = \dfrac{3tWL}{la(3t^2-6ta+4a^2)}$, $\tau = \dfrac{W}{2ta}$

⑪ $\sigma = \dfrac{0.707W}{lh}$

⑫ $\sigma_b = \dfrac{1.414M}{lh(t+h)}$

⑬ $\sigma = \dfrac{0.707P}{lh}$, (평균)
$\sigma_{max} = \dfrac{P}{lh(t+h)}\sqrt{2L^2+\dfrac{(t+h)^2}{2}}$

⑭ $\sigma = \dfrac{0.707W}{lh}$, $(h=t)$

⑮ $\sigma = \dfrac{1.414W}{l(h_1+h_2)}\left(\begin{matrix}h_1=t_1\\h_2=t_2\end{matrix}\right)$

⑯ $\sigma_A = \dfrac{1.414W}{l(t_1+t_2)}$,
$\sigma_B = \dfrac{1.414Wt_2}{lh_2(t_1+t_2)}$

⑰ $\sigma = \dfrac{0.707W}{lh}$, $(h=t)$

⑱ $\sigma = \dfrac{0.707W}{lh}$, $(h=t)$

⑲ $\sigma = \dfrac{0.354W}{lh}$, $(h=t)$

⑳ $\sigma = \dfrac{1.414W}{(l_1+l_2)h}$,
$\sigma = \dfrac{1.414We_2}{\sigma hb}$,
$l_2 = \dfrac{1.14We_1}{\sigma hb}$

㉑ 필릿부 $\sigma = \dfrac{1.414W}{2lt+l_1h_1}$
맞대기 $\sigma = \dfrac{W}{2lh+l_1h_1}$

㉒ $\sigma_b = \dfrac{6M}{l^2t}$

㉓ $\sigma_b = \dfrac{3M}{l^2a}$

㉔ $\sigma_b = \dfrac{6WL}{l^2t}$, $\tau = \dfrac{W}{lt}$

㉕ $\sigma_b = \dfrac{3WL}{l^2a}$, $\tau = \dfrac{W}{2la}$

㉖ $\tau = \dfrac{T(3l+1.8t)}{l^2t^2}$

㉗ $\sigma_b = \dfrac{5.66M}{h\pi D^2}$

㉘ $\tau = \dfrac{2.83T}{h\pi D^2}$

04 운동용 기계요소

1 전동용 기계요소

- 직접전동용 기계요소 : 마찰차, 기어 등
- 간접전동용 기계요소 : 벨트, 로프, 체인 등

1) 마찰차

마찰차(friction wheel)는 두 개의 바퀴를 접촉시켜 마찰력에 의해 동력을 전달하는 기계요소이다.

(1) 마찰차의 특성

① 운전이 정숙하며 전동의 단속이 매우 부드러워 무단변속이 용이한 구조로 할 수 있다.
② 미끄럼이 생기므로 효율이 낮고 확실한 전동이나 강력한 동력전달이 곤란하다.
③ 과부하가 걸리는 경우 미끄럼 때문에 다른 부분의 손상을 피할 수 있다.

(2) 마찰차의 종류

① 원통마찰차 : 두 축이 평행한 경우에 사용되며 내접전달과 외접전달이 있다.
② 홈붙이마찰차 : 두 축이 평행한 경우에 V홈을 파서 마찰력을 크게 하여 큰 동력전달에 쓰인다.
③ 원뿔마찰차 : 두 축이 서로 교차하는 곳에 사용되며 원뿔형이다.
④ 무단변속마찰차 : 마찰면의 접촉 부분이 자리를 바꿈으로 속도를 무단변속한다. 형상의 종류로 원판, 원뿔, 구면 등이 있다.

(3) 마찰차의 적용

① 정확한 속도비가 필요하지 않을 때
② 속도비가 매우 커서 보통의 기어를 사용할 수 없을 때
③ 두 축 사이를 자주 단속할 필요가 있는 경우
④ 무단변속을 해야 하는 경우
⑤ 전달하는 힘이 크지 않을 때

(4) 마찰차의 설계

① 원통마찰차(평마찰차)

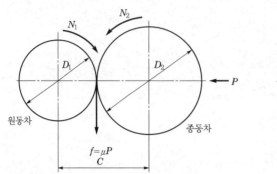 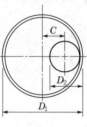

㉠ 원주속도 : $v = \dfrac{\pi D_1 N_1}{60 \times 1,000} = \dfrac{\pi D_2 N_2}{60 \times 1,000} [\text{m/s}]$

㉡ 속도비 : $i = \dfrac{N_2}{N_1} = \dfrac{D_1}{D_2} = \dfrac{\omega_2}{\omega_1}$

㉢ 중심거리 : 외접인 경우 $C = \dfrac{D_2 + D_1}{2}$, 내접인 경우 $C = \dfrac{D_2 - D_1}{2}$

㉣ 전달토크 : $T = \dfrac{\mu P D_2}{2} [\text{kg} \cdot \text{mm}]$ (단, μ : 마찰계수, P : 마찰차를 미는 힘(kg))

㉤ 전달력 : $F = \mu P$

㉥ 전달동력 : $H = \dfrac{Fv}{75} = \dfrac{\mu P \pi DN}{75 \times 60 \times 1,000} [\text{PS}]$, $H = \dfrac{Fv}{102} = \dfrac{\mu P \pi DN}{102 \times 60 \times 1,000} [\text{kW}]$

㉦ 접촉면의 허용압력(q)과 접촉폭(b) : $q = \dfrac{P}{b} [\text{kg/mm}]$, $b = \dfrac{P}{q} [\text{mm}]$

▶ 주철에 대한 마찰차의 허용압력과 마찰계수

구 분	주 철	목 재	가 죽	종 이
$q[\text{kg/mm}]$	2.0~3.0	1.0~1.5	0.7~1.5	0.5~1.0
μ	0.1~0.15	0.2~0.5	0.15~0.3	0.15~0.2

② V홈마찰차

㉠ 유효마찰계수(수정마찰계수, 환산마찰계수, 외관마찰계수) : $\mu' = \dfrac{\mu}{\sin\alpha + \mu\cos\alpha}$

㉡ V홈의 깊이 : $h = 0.94 \sqrt{\mu' P} [\text{mm}]$

㉢ V홈의 수 : $l = \dfrac{h}{\cos\alpha} 2Z = 2Zh = \dfrac{F}{q}$ 이므로 $Z = \dfrac{l}{2h} = \dfrac{F}{2hq}$

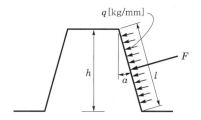

③ **원뿔마찰차** : 원동마찰차의 축방향으로 미는 힘, 종동마찰차의 축방향으로 미는 힘, 원동차의 피치원뿔각, 종동차의 피치원뿔각, 교각, 접촉면에 수직한 힘일 때

㉠ 속도비 $i = \dfrac{N_2}{N_1} = \dfrac{D_1}{D_2} = \dfrac{2\overline{\text{OC}}\sin\alpha}{2\overline{\text{OC}}\sin\beta} = \dfrac{\sin\alpha}{\sin\beta} = \dfrac{\sin\alpha}{\sin(\theta-\alpha)} = \dfrac{\sin\alpha}{\sin\theta\cos\alpha - \cos\theta\sin\alpha}$

$= \dfrac{\tan\alpha}{\sin\theta - \cos\theta\tan\alpha}$ 가 되며, 이를 $\tan\alpha$에 대해서 정리하면 $i\sin\theta - i\cos\theta\tan\alpha = \tan\alpha$에

서 $\tan\alpha(1 + i\cos\theta) = i\sin\theta$이므로 $\tan\alpha = \dfrac{i\sin\theta}{1+i\cos\theta} = \dfrac{\sin\theta}{1/i + \cos\theta} = \dfrac{\sin\theta}{N_1/N_2 + \cos\theta}$

를 얻게 된다. β에 대해서도 마찬가지로 정리하면 $\tan\beta = \dfrac{\sin\theta}{N_2/N_1 + \cos\theta}$ 가 된다.

㉡ 전달동력 $P = \dfrac{Q_1}{\sin\alpha} = \dfrac{Q_2}{\sin\beta}$, $H = \dfrac{\mu Pv}{75} = \dfrac{\mu Q_1 v}{75\sin\alpha} = \dfrac{\mu Q_2 v}{75\sin\beta}[\text{PS}]$,

$H' = \dfrac{\mu Pv}{102} = \dfrac{\mu Q_1 v}{102\sin\alpha} = \dfrac{\mu Q_2 v}{102\sin\beta}[\text{kW}]$

㉢ 베어링(합성)하중 $R = \sqrt{R_1{}^2 + (\mu P)^2}$ 또는 $R = \sqrt{R_2{}^2 + (\mu P)^2}$

㉣ 원뿔마찰차의 너비 $b = \dfrac{P}{f} = \dfrac{Q_1}{f\sin\alpha} = \dfrac{Q_2}{f\sin\beta}$ (단, f : 접촉선에 작용하는 힘(kg))

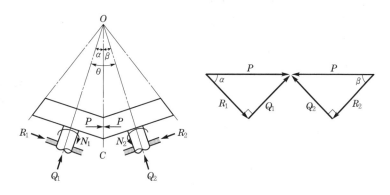

④ **마찰차에 의한 무단변속장치** : 속도비를 범위 내에서 자유롭게 변화시킬 수 있는 장치로, 구동축의 회전속도를 일정하게 유지하고 종동축에 임의의 회전속도를 갖도록 하는 경우에 사용되나 마찰차에 의한 것이므로 큰 동력전달에는 부적합하다.

㉠ 원판차 사용 : 원판차 1개를 사용했을 경우에 $i = \dfrac{n_B}{n_A} = \dfrac{x}{R_B}$ 이므로 $n_B = \dfrac{n_A x}{R_B}$ 가 되며,

원판차를 2개 사용했을 경우에는 $i = \dfrac{n_B}{n_A} = \dfrac{x}{a-x}$ 이므로 $n_B = \dfrac{x n_A}{a-x}$ 가 된다.

㉡ 원뿔차 사용(Evan's friction cone) : $\dfrac{N_A}{N_B} = \dfrac{d+2x\tan\alpha}{D-2x\tan\alpha}$ 이므로 $N_B = \dfrac{d+2x\tan\alpha}{D-2x\tan\alpha} N_A$

㉢ 구면차 사용 : $N_B = \dfrac{R_A R_C \sin\theta_B}{R_B R_C \sin\theta_A} N_A = \dfrac{R_A \sin\theta_B}{R_B \sin\theta_A} N_A = \dfrac{D_A \sin\theta_B}{D_B \sin\theta_A} N_A$

㉣ 접시형차 사용 : $i = \dfrac{n_B}{n_A} = \dfrac{x_A}{x_B}$

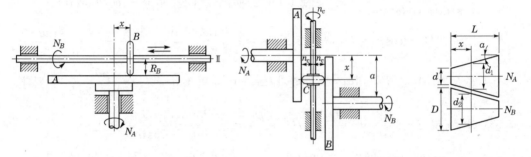

▲ 원판차에 의한 무단변속장치　　▲ 2개의 원판차에 의한 무단변속장치　▲ 원뿔차에 의한 무단변속

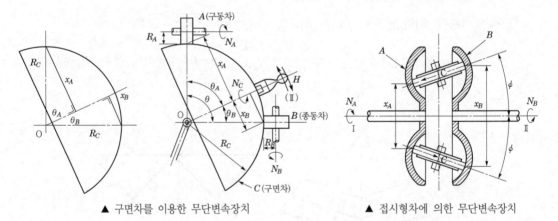

▲ 구면차를 이용한 무단변속장치　　　　　　▲ 접시형차에 의한 무단변속장치

2) 기어

기어는 마찰차의 접촉면에 이를 만들어 미끄럼이 없게 되어 큰 동력을 일정한 속도비로 전달할 수 있게 만든 기계요소이다.

(1) 기어전동의 특징

① 전동효율이 높고 감속비가 크다.

② 강력한 동력을 일정한 속도비로 전달한다.

③ 공작기계, 시계, 자동차, 항공기 등 적용범위가 넓다.

④ 충격에 약하고 소음진동 발생의 단점도 지닌다.

(2) 기어의 종류

① 두 축이 평행한 기어

    ㉠ 스퍼기어(spur gear, 평기어) : 이 끝이 직선인 기어(가장 일반적인 기어)

    ㉡ 헬리컬기어(helical gear) : 이 끝이 나선형인 원통기어이며, 이의 변형과 진동, 소음이 적고 고속의 큰 동력을 전달할 수 있다는 장점이 있는 반면에, 축방향 반력(스러스트)이 생기는 단점도 있음

    ㉢ 더블헬리컬기어(헤링본기어) : 이의 방향이 반대인 두 개의 헬리컬기어를 맞붙여 놓아 축방향 반력(스러스트)을 상쇄시킨 기어

    ㉣ 내접기어(internal gear) : 원통 안쪽에 기어의 이를 만들어 회전방향이 같으며, 중간 거리를 줄일 수 있고 감속비가 큼

    ㉤ 랙(rack) : 스퍼기어의 피치원 반지름이 무한대인 기어로, 피니언과 맞물려 피니언이 회전운동을 하고 랙은 직선운동을 하며 역회전 가능

② 두 축이 교차하는 기어

    ㉠ (직선, 스퍼)베벨기어 : 원뿔면에 기어의 이를 직선으로 만든 기어(전동용)

    ㉡ 스큐(skew)베벨기어(헬리컬베벨기어) : 이가 원뿔면의 모선과 경사진 기어

    ㉢ 스파이럴(spiral)베벨기어 : 이 끝이 곡선으로 된 기어이며 소음이 적음

    ㉣ 앵귤러베벨기어

    ㉤ 제롤베벨기어

    ㉥ 크라운기어 : 피치면이 평면인 베벨기어

③ 두 축이 평행하지도 만나지도 않는 기어

    ㉠ 하이포이드(hypoid)기어 : 스파이럴베벨기어와 같은 형상이지만 편심된 축 안에 운동을 전달하는 한 쌍의 원뿔형 기어(차동장치)

    ㉡ 나사기어(screw gear) : 비틀림이 서로 다른 헬리컬기어를 엇갈리는 축에 조합시킨 기어

    ㉢ 웜기어(worm gear) : 나사 모양인 웜(원동차)과 웜기어(혹은 웜휠(worm wheel)이라고도 부름)가 한 쌍으로 되어 있고 감속비가 8~140까지 매우 큼. 소음과 진동이 적고 역전 방지기능이 있음

    ㉣ 헬리컬크라운기어

(3) 이의 크기와 명칭

같은 크기의 피치원을 가지고 있는 기어라도 잇수를 달리하면 이의 크기가 달라지므로 이의 크기를 결정하는 기준이 필요하다. 이의 크기를 나타내는 기준에는 모듈, 지름피치, 원주피치가 있으나, 우리나라에서는 주로 모듈이 이용된다.

① 모듈(module) : 피치원의 지름(mm)을 잇수 Z로 나눈 값, 미터단위 사용, $m = D/Z$

② 지름피치(diametral pitch) : 잇수 Z를 피치원의 지름 D[inch]로 나눈 값, 인치단위 사용, $P_d = Z/D$

③ 원주피치(circular pitch) : 피치원의 원주를 잇수로 나눈 값, 잘 사용하지 않음, $P = \pi D/Z$

④ 이 크기 기준의 상호관계

 ㉠ 모듈, 지름피치, 원주피치 사이의 관계 : $P = \pi m$, $P_d = 25.4/m$

 ㉡ 잇수(Z), 모듈(m), 피치원지름(D)의 관계 : $D = Zm$

 ㉢ 바깥지름의 크기 : $D_o = D + 2m = Zm + 2m = m(Z+2)$

 ㉣ m이 클수록 이는 커지고 잇수와 지름피치는 작아진다.

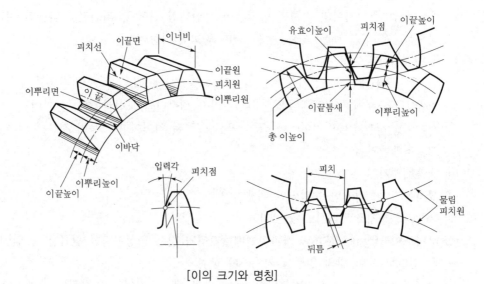

[이의 크기와 명칭]

⑤ 이의 각 부 명칭

 ㉠ 피치원(pitch circle) : 기어의 중심과 피치점과의 거리를 반지름으로 한 두 기어가 구름접촉을 하는 가상의 원(기어는 마찰차에 요철을 붙인 것이므로 원통마찰차로 가상을 할 때 마찰차가 접촉하고 있는 원에 상당하는 것)

 ㉡ 원주피치(circular pitch) : 한 이와 다음 이와의 피치원 위의 원호길이(피치원 위에서 측정한 2개의 이웃하는 이에 대응하는 부분 간의 거리)

 ㉢ 기초원(base line) : 이 모양 곡선을 만드는 원

 ㉣ 이끝원(addendum circle) : 기어에서 모든 이 끝을 연결하여 이루어진 원

ⓜ 이뿌리원(dedendum circle) : 기어에서 모든 이의 뿌리를 연결한 원

ⓗ 이끝높이(addendum) : 피치원에서 이끝원까지의 거리, 표준기어의 경우 모듈과 같은 값

ⓢ 이뿌리높이(dedendum) : 피치원에서 이뿌리원까지의 거리

ⓞ 총 이높이(whole depth) : 이끝높이와 이뿌리높이를 합한 크기

ⓩ 유효이높이(working depth) : 서로 맞물린 한 쌍의 기어에서 두 기어의 이끝높이를 합한 높이

ⓒ 이끝틈새(clearance) : 총 이높이에서 유효높이를 뺀 이뿌리 부분의 여유간격(이끝원에서부터 이것과 물리고 있는 기어의 이뿌리원까지의 거리)

ⓚ 이너비(tooth width) : 기어의 축방향으로 측정한 이의 길이

ⓣ 이끝면(tooth face) : 피치면과 이 끝 사이에서 축방향으로 펼쳐진 곡면

ⓟ 이뿌리면(tooth flank) : 피치면과 골면 사이에서 축방향으로 펼쳐진 곡면

ⓗ 이두께(tooth thickness) : 피치원 위에서 측정한 이의 두께

㉮ 뒤틈(backlash) : 한 쌍의 기어를 물렸을 때 이의 뒷면에 생기는 간격(이홈에서 이두께를 뺀 여유간격)

㉯ 압력각(pressure angle) : 맞물리고 있는 두 기어의 피치점에서의 피치원에 대한 접선과 작용선이 이루는 각

(4) 기어설계의 개요

① 치형곡선

ⓐ 인벌류트(involute)곡선 : 주어진 원(기초원) 위에 감긴 실을 팽팽히 잡아당기면서 풀 때의 실의 끝점이 그리는 궤적으로 호환성이 우수하며 치형의 제작가공이 용이하다. 그리고 이뿌리 부분이 튼튼하며 풀림에 있어서 축간거리가 다소 변해도 속도비에 영향이 없다.

ⓑ 사이클로이드곡선 : 주어진 피치원의 안과 밖에서 구름원이 미끄럼 없이 구를 때 구름원 위의 한 점이 그리는 궤적으로 효율이 높고 접촉점에서 미끄럼이 적으므로 마모가 적고 소음이 적다. 그러나 피치점이 완전히 일치하지 않으면 물림이 잘 되지 않으며 공작이 어렵고 호환성이 적다.

② 이의 간섭과 언더컷

ⓐ 이의 간섭 : 한쪽 기어의 이 끝이 상대쪽 기어의 이뿌리와 맞부딪혀서 정상적으로 회전하지 못하는 경우이며, 이의 간섭원인과 간섭 방지대책은 다음과 같다.

이의 간섭원인	간섭 방지대책
잇수가 적을 때	치형의 이끝면을 둥글게 깎아낸다.
압력각이 작을 때	압력각을 20° 이상으로 크게 한다.
유효이높이가 클 때	이의 높이를 낮춘다.
잇수비가 너무 클 때	피니언 반경방향 이뿌리면을 파낸다.

ⓛ 언더컷 : 치의 절하라고도 하며, 랙공구로 8개 이하로 잇수가 적은 피니언을 절삭하여 만들 경우 피니언의 이뿌리 부분이 패여 가늘게 되는 현상이다. 언더컷의 한계잇수는 $Z_g = \dfrac{2\alpha}{m(1 - \cos^2\alpha)} = \dfrac{2a}{m\sin^2\alpha}$ 이며, 이끝높이 $\alpha = m$ 이므로 $Z_g = \dfrac{2}{\sin^2\alpha}$ 가 된다. 보통 이의 언더컷한계치수는 압력각 14.5°일 때 이론적 잇수는 32, 실용적 잇수는 26 이며, 압력각 20°일 때 전자는 17, 후자는 14이다. 언더컷을 방지하기 위하여 낮은 이 (이끝높이를 모듈 0.8mm로 한 이)를 사용하거나 전위기어를 사용한다.

③ 전위기어(shifted gear) : 기준랙의 기준피치선이 기어의 기준피치원과 접하지 않도록 표준 이의 랙으로 표준절삭량보다 낮게 절삭하여 기준피치원의 피치원보다 다소 바깥쪽으로 절삭한 기어를 전위기어라고 한다. 중심거리를 변환시킬 때, 언더컷을 방지할 때, 이의 강도를 개선할 때 등에 사용된다.

④ 치차열(gear train)에서의 속도비(단, N : 회전수, Z : 잇수)

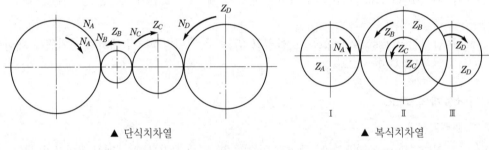

▲ 단식치차열   ▲ 복식치차열

[치차열]

ⓐ 단식치차열의 속도비 : $i = \dfrac{N_D}{N_A} = \dfrac{Z_A}{Z_D}$

ⓛ 복식치차열의 속도비 : $i = \dfrac{N_{\mathrm{III}}}{N_{\mathrm{I}}} = \dfrac{Z_A Z_C}{Z_B Z_D}$

(5) 대표적인 기어의 설계

① 스퍼기어

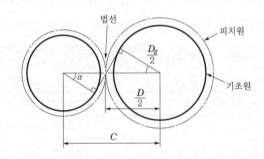

㉠ 회전비 : 원동기어회전수 N_A, 종동기어회전수 N_B, 각각의 피치원지름 D_A, D_B, 각각의 잇수 Z_A, Z_B일 때 $i = \dfrac{N_B}{N_A} = \dfrac{D_A}{D_B} = \dfrac{Z_A}{Z_B}$

㉡ 기초원지름 : 압력각 α일 때 $D_g = Zm\cos\alpha = D\cos\alpha$

㉢ 법선피치 : 법선피치=기초원피치=$P_n = P_g = \pi m\cos\alpha = \dfrac{\pi D_g}{Z} = P\cos\alpha$

㉣ 바깥지름 : $D_o = m(Z+2)$

㉤ 중심거리 : $C = \dfrac{D_A \pm D_B}{2} = \dfrac{m(Z_A \pm Z_B)}{2}$ (+ : 외접, − : 내접)

㉥ 물림률(접촉률) : $\eta = \dfrac{\text{접촉된 호의 길이}}{\text{원주피치}} = \dfrac{\text{물림길이}}{\text{법선길이}} = \dfrac{S}{P_n} \geq 1$이며 1.2~1.5 정도

㉦ 전달동력 : $H_{PS} = \dfrac{Fv}{75}[\text{PS}]$, $H_{kW} = \dfrac{Fv}{102}[\text{kW}]$

② **헬리컬기어** : 헬리컬기어는 고속운전에 적합하며, 평기어보다 물림길이가 길고 치의 강도면에서 유리하다. 1/10~1/15의 큰 회전비를 얻을 수 있고 전동효율이 98~99%까지 될 정도로 우수하여 매우 큰 동력, 고속전동에 추력이 없는 더블헬리컬기어를 사용한다. 기어가공은 치직각방식과 축직각방식이 있다. 호브나 랙커터에 의해 치절하는 경우는 치직각방식을 적용하고, 피니언커터에 의해 치절하는 경우에는 축직각방식을 적용한다. 치직각모듈 m_n, 축직각모듈 m_s, 치직각기준 압력각 α_n, 축직각기준 압력각 α_s, 비틀림각 β, 치직각바깥지름 D_o, 치직각피치원지름 D_s일 때

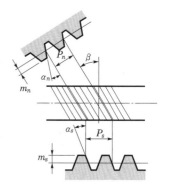

㉠ 축직각과 이직각의 관계식

• 이직각원주피치 $P_n = P_s\cos\beta$

• 이직각모듈 $m_n = \dfrac{P_n}{\pi} = \dfrac{P_s}{\pi}\cos\beta = m_s\cos\beta$

㉡ 모듈 : 축직각모듈 $m_s = \dfrac{m_n}{\cos\beta} = \dfrac{m}{\cos\beta}$

㉢ 압력각 : 축직각압력각 $\tan\alpha_s = \dfrac{\tan\alpha}{\tan\beta}$

㉣ 피치원지름 : $D_s = Zm_s = Z\dfrac{m}{\cos\beta} = \dfrac{Zm}{\cos\beta} = \dfrac{D}{\cos\beta}$

㉤ 바깥지름 : $D_o = D_s + 2m = Zm_s + 2m = \left(\dfrac{Z}{\cos\beta} + 2\right)m$

ⓗ 중심거리 : $C = \dfrac{D_{s1} + D_{s2}}{2} = \dfrac{Z_1 m_s + Z_2 m_s}{2} = \dfrac{(Z_1 + Z_2)m}{2\cos\beta}$

ⓢ 헬리컬기어의 상당스퍼기어의 피치원 : $D_e = 2R = \dfrac{D}{\cos^2\beta}$

ⓞ 헬리컬기어의 상당스퍼기어잇수 : $Z_e = \dfrac{D_e}{m} = \dfrac{D}{m\cos^2\beta} = \dfrac{Z}{\cos^3\beta}$

ⓩ 스러스트하중 : $W_t = F\tan\beta$

ⓒ 전달동력 : $H = \dfrac{Fv}{75}[\mathrm{PS}]$, $H' = \dfrac{Fv}{102}[\mathrm{kW}]$

ⓚ 회전력 : $F = \dfrac{75H}{v} = \dfrac{102H'}{v}[\mathrm{kg}]$

③ 베벨기어

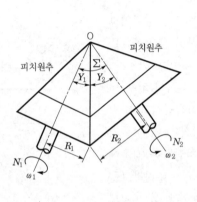 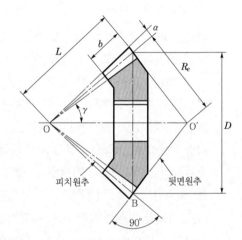

㉠ 속도비 : $i = \dfrac{N_2}{N_1} = \dfrac{D_1}{D_2} = \dfrac{Z_1}{Z_2} = \dfrac{\omega_2}{\omega_1} = \dfrac{\sin\gamma_1}{\sin\gamma_2}$

㉡ 베벨기어 상당스퍼기어의 잇수 : $Z_e = \dfrac{Z}{\cos\gamma}$ (단, Z : 베벨기어잇수)

④ 웜과 웜기어(단, L : 웜의 리드, N_w, N : 웜과 웜기어의 회전수, P : 웜 및 웜기어의 피치, D : 웜기어의 피치원지름일 때)

㉠ 잇수 : 웜의 잇수 $Z_w = \dfrac{L}{P}$, 웜기어의 잇수 $Z = \dfrac{\pi D}{P}$

㉡ 속도비 : $i = \dfrac{Z_w}{Z} = \dfrac{N}{N_w} = \dfrac{L/P}{\pi D/P} = \dfrac{L}{\pi D}$

㉢ 피치 : 이직각피치 $P_n = P\cos\lambda$(단, P : 축직각피치, λ : 웜의 나선각)

㉣ 모듈 : 축직각모듈 $m = \dfrac{P}{\pi}$, 이직각모듈 $m_n = m\cos\lambda$

ⓜ 전동효율 : $\eta = \dfrac{\tan\gamma}{\tan(\gamma + \phi)}$ (단, γ : 웜의 리드각, ϕ : 진입각의 보정계수)

3) 벨트

벨트는 벨트풀리에 걸어 마찰력을 발생시켜 동력을 전달하는 기계요소이다.

(1) 벨트전동의 특징

① 구조가 간단하고 제작비가 저렴하다.

② 충격하중을 흡수하여 진동을 감소시킨다.

③ 갑자기 큰 하중 시 미끄러짐으로 인한 무리한 전동을 방지하여 안전장치 역할을 한다.

④ 정확한 속도비를 얻을 수 없다.

(2) 벨트의 분류

① 평벨트 : 재료에는 가죽, 섬유, 고무, 강철 등이 사용되며 종류로는 평면형, 링크형, 톱니형, 원형 등이 있다. 평벨트 거는 방식에는 오픈벨트(바로걸기), 크로스벨트(엇걸기)가 있다. 타이밍벨트는 정확한 속도가 요구되는 자동차엔진의 크랭크축과 캠축 사이의 전동, 소형 자동기계 등에 사용된다.

② V벨트 : V벨트는 사다리꼴 형상을 지녔으며, 이는 밀착성을 높이기 위해서이다. V벨트는 M형, A형, B형, C형, D형, E형 등 6가지의 종류가 있으며, 이 중에서 M형이 가장 작고(인장강도 최소) E형이 가장 크다(인장강도 최대). 동력전달용으로는 M형을 제외한 5가지가 사용된다. 호칭번호 $= \dfrac{\text{벨트의 유효둘레(mm)}}{25.4}$ 로 한다. V벨트 전동장치는 다음과 같은 특징을 지닌다.

㉠ 중심거리 5m 이하의 짧은 곳에 사용한다.

㉡ 속도비는 1 : 7이다.

㉢ 벨트의 단면각은 40°이며 풀리의 홈각도는 40°보다 작게 하여 34°, 36°, 38° 등의 3종류가 사용된다.

(3) 평벨트의 설계

① 속도비 : $i = \dfrac{N_2}{N_1} = \dfrac{D_1}{D_2}$

② 벨트의 소요길이(단, C : 축간거리)

㉠ 평행걸기 : $L = 2C + \dfrac{\pi}{2}(D_1 + D_2) + \dfrac{(D_2 - D_1)^2}{4C}$

㉡ 십자걸기 : $L = 2C + \dfrac{\pi}{2}(D_1 + D_2) + \dfrac{(D_2 + D_1)^2}{4C}$

③ 장력과 폭(너비)

㉠ 초기장력 : $T_0 = \dfrac{T_t + T_s}{2}$ [kg](단, T_t : 긴장측 장력, T_s : 이완측 장력)

㉡ 유효장력 : $T_e = T_t - T_s$ [kg]

㉢ 장력비 : $e^{\mu\theta} = \dfrac{T_t}{T_s}$ (단, θ : rad, μ : 마찰계수)

㉣ 벨트의 폭 : $\sigma = \dfrac{T_t}{bt\eta}$ (단, η : 이음효율, T_t : 긴장측 장력, σ : 벨트의 응력, t : 벨트의 두께)

4) 로프

로프전동은 벨트전동보다 대동력전달에 유리하며 상당히 먼 거리의 동력전달이 가능하다. 섬유로프는 10~30mm, 와이어로프는 50~100mm까지 적당하다.

5) 체인

(1) 체인의 특징

① 미끄럼이 없다.
② 속도비가 정확하다.
③ 동력전달이 크다.
④ 수리 및 유지가 쉽다.
⑤ 체인의 탄성으로 충격이 흡수된다.
⑥ 진동, 소음이 심하다.
⑦ 고속회전에 부적당하다.
⑧ 축간거리 4m 이하에서 사용한다.

(2) 체인의 설계

① 체인의 평균속도 : $v = \dfrac{npZ}{1,000 \times 60}$ [m/s](단, n : 회전수, p : 피치, Z : 잇수)

② 체인의 길이 : $L = L_n p$ (단, L_n : 체인의 링크수, p : 피치)

6) 링크

(1) 링크의 개요

① 링크의 정의 : 여러 개의 기계요소가 서로 짝을 이루고 차례로 연결되어 있는 것을 연쇄(kinetic chain) 또는 체인(chain)이라 하며, 각각의 기계요소를 링크(link)라고 한다.

② 연쇄의 종류

　　㉠ 고정연쇄(locked chain) : 연쇄가 3개의 링크로 짝을 이루어 각 링크가 상대운동을 할 수 없는 연쇄이다.

　　㉡ 구속연쇄(constrained chain) : 연쇄가 4개의 링크로 짝을 이루어 어느 링크 하나가 고정되면 일정한 운동만 하게 되는 연쇄이다.

　　㉢ 불구속연쇄(unconstrained chain) : 연쇄가 5개 이상의 링크로 짝을 이루어 불확실한 운동을 하게 되는 연쇄이다.

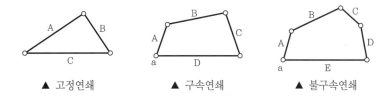

　▲ 고정연쇄　　　　　▲ 구속연쇄　　　　　▲ 불구속연쇄

③ 링크기구(link work) : 몇 개의 링크가 핀으로 결합된 것이다.

④ 4절 링크기구 : 고정링크와 이 링크 주위를 회전하는 크랭크(crank), 흔들이운동을 하는 레버(lever), 미끄럼운동을 하는 슬라이더(slider)로 구성되어 있으며, 내연기관이나 압축기 또는 공작기계의 급속귀환운동기구(quick return motion mechanism)나 평행운동기구 등 기계의 기본적인 운동기구로 이용된다.

(2) 링크의 종류

① 4절 회전기구(quadric crank mechanism) : 4개의 링크들이 핀으로 연결되어 서로 회전짝으로 된 링크기구이다.

　　㉠ 레버크랭크기구(lever crank mechanism) : 링크 D 혹은 링크 A를 고정하고, 가장 짧은 링크 A가 크랭크로 회전하고, 링크 B로 연결된 링크 C가 레버로 흔들이운동을 하는 기구이다.

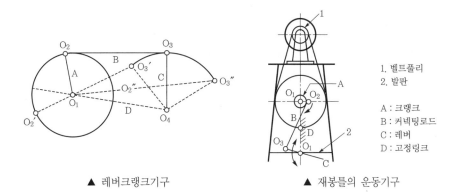

1. 벨트풀리
2. 발판

A : 크랭크
B : 커넥팅로드
C : 레버
D : 고정링크

　▲ 레버크랭크기구　　　　　▲ 재봉틀의 운동기구

ⓛ 2중크랭크기구(double crank mechanism) : 가장 짧은 링크 A를 고정하면 링크 B, D 는 C를 커넥팅로드로 하여 함께 회전운동을 하는 링크기구이며, 원동절이 등속회전을 해도 종동절은 등속회전을 하지 않는다. 종류에는 다음과 같이 평행운동기구, 평행크 랭크기구, 팬터그래프 등이 있다.

- 평행운동기구(parallel motion mechanism) : 2개 이상의 부분이 언제나 평행운동을 할 수 있게 한 기구이다.
- 평행크랭크기구(parallel crank mechanism) : 서로 마주 보는 2쌍의 링크길이가 같은 기구(평행자나 제도기의 운동기구에 이용)이다.
- 팬터그래프(pantograph) : 도형을 확대하거나 축소할 때 사용되는 2중크랭크기구 이다.

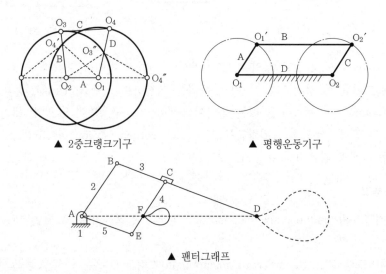

▲ 2중크랭크기구   ▲ 평행운동기구

▲ 팬터그래프

ⓒ 2중레버기구(double lever mechanism) : 가장 짧은 링크 A의 맞은편 링크 C를 고정하여 이것에 인접한 링크 B, D 를 레버로 흔들이운동을 하게 만든 기구(자동차의 조향장 치에 적용)이다.

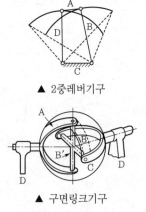

▲ 2중레버기구

ⓓ 구면링크기구(spherical link mechanism) : 4절 회전기구를 구면 위에 구성하고 링크 A, B, C가 구면을 따라서 운동할 수 있도록 각 링크를 연결하는 축을 구의 중심에서 교차시 킨 기구이며, 링크 B 대신에 +자 링크 B′를 사용하여 교 차하는 2축 사이에 회전운동을 전달하게 하면 유니버설조 인트가 된다.

▲ 구면링크기구

② 슬라이더크랭크기구(slider crank mechanism) : 4절 링크의 4개의 짝 가운데 하나를 미끄럼 짝으로 하고, 다른 것을 회전짝으로 한 링크기구이다.

㉠ 왕복슬라이더기구(reciprocating slider crank mechanism) : 링크 D를 고정하고 링크 A를 크랭크로 하여 원점을 중심으로 회전시키면 슬라이더 C가 직선홈을 가진 고정된 링크 D 안에서 왕복운동을 하게 되는 기구(크랭크 A를 원동절로 한 것은 펌프, 공기압축기 등에, 슬라이더 C를 원동절로 한 것은 증기기관, 내연기관 등의 운동기구에 응용)이다.

㉡ 흔들이슬라이더크랭크기구(oscillating block slider crank mechanism) : 링크 B를 고정하고 링크 A를 크랭크로 하여 회전시켜 슬라이더 C가 흔들이운동을 하게 만든 기구(셰이퍼의 급속귀환기구에 응용)이다.

㉢ 회전슬라이더크랭크기구(revolving block slider crank mechanism) : 링크 A를 고정하고 링크 B와 링크 D를 회전시켜 슬라이더 C도 회전시킨 기구이다.

㉣ 고정슬라이더크랭크기구(fixed block slider crank mechanism) : 슬라이더 C를 고정하고 링크 D를 왕복운동시켜 링크 A를 회전시키고 링크 B를 흔들이운동을 하게 한 기구(수동식 펌프에 응용)이다.

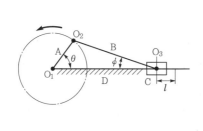

▲ 왕복슬라이더크랭크기구

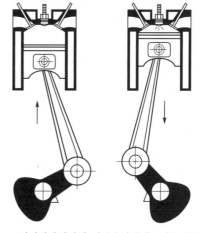

▲ 내연기관에서의 왕복슬라이더크랭크기구

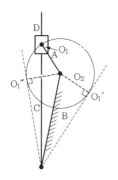

▲ 흔들이슬라이더크랭크기구

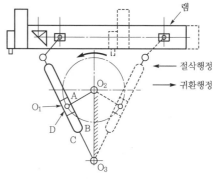

▲ 셰이퍼급속귀환기구

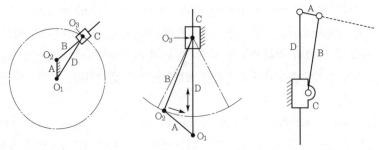

▲ 회전슬라이더크랭크기구　　▲ 고정슬라이더크랭크기구　　▲ 수동식 펌프의 운동기구

③ 2중슬라이더크랭크기구

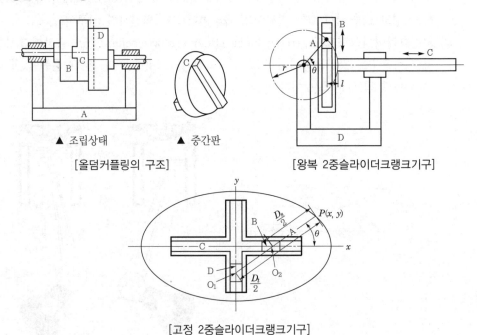

▲ 조립상태　　　　　▲ 중간판

[올덤커플링의 구조]　　　　　　[왕복 2중슬라이더크랭크기구]

[고정 2중슬라이더크랭크기구]

ⓐ 회전 2중슬라이더크랭크기구(turning block double slider crank mechanism) : 링크 A를 고정하고 링크 B를 회전시키면 슬라이더 C가 링크 B, D에 미끄러지면서 링크 D에 링크 B와 같은 각속도의 회전운동을 전달하게 하는 크랭크기구이며 올덤커플링 등에 응용된다.

ⓑ 왕복 2중슬라이더크랭크기구(reciprocating block double slider crank mechanism) : 링크 B 혹은 D를 고정하고 크랭크 A를 등속회전시켜 슬라이더 C를 단진운동하게 한 기구(피스톤크랭크기구 또는 스카치요크(Scotch yoke)로도 부름. 크랭크 A의 길이를 r, 회전각을 θ, 각속도를 ω라 하면 슬라이더 C의 변위 l과 속도 v는 $l = r(1 - \cos\theta)$, $v = r\omega\sin\theta$가 됨)이다.

ⓒ 고정 2중슬라이더크랭크기구(fixed double slider crank mechanism) : 링크 C를 고정하고, 여기에 서로 직각을 이루는 2개의 홈 속에서 슬라이더 B 및 D를 미끄럼운동을 시켜 링크 A의 연장선 위의 점 P를 타원운동하게 한 기구(타원컴퍼스에 응용)이다.

7) 캠

원동절을 캠(cam)이라고 하고, 이것과 짝을 이루는 것을 종동절(follower)이라고 한다. 이들이 복잡한 왕복직선운동이나 왕복각운동을 하게 한 기구를 캠기구(cam mechanism)라고 한다. 캠기구는 간단한 구조로 복잡한 운동을 쉽게 실현할 수 있으므로 내연기관의 밸브개폐기구나 공작기계, 인쇄기계, 자동기계 등의 분동변환기구에 사용된다. 캠의 3요소는 캠, 종동절, 프레임(frame)이다. 캠의 윤곽을 결정할 때에는 캠의 각 순간에 대한 종동절의 위치, 속도 및 가속도를 고려하여 캠선도를 만들어야 하며, 이와 함께 전달력, 종동절의 절대속도, 관성 등을 고려하여 캠기구를 설계한다.

(1) 캠의 종류

① 접점의 자취에 따른 분류
  ㉠ 평면캠(plane cam) : 접점의 자취가 평면
  ㉡ 입체캠(solid cam) : 접점의 자취가 공간곡선
② 종동절운동의 구속성 여부에 따른 분류
  ㉠ 소극캠(negative cam) : 중력 또는 스프링의 힘 등에 의해 종동절을 원동절에 접촉시켜 불구속적인 운동을 하게 한 캠
  ㉡ 적극캠(positive cam) : 자체 캠기구의 구조에 의해 종동절을 원동절에 접촉시켜 구속적인 운동을 하게 한 캠

(2) 종동절의 분류

① 운동방향에 따른 분류 : 왕복종동절, 흔들이종동절
② 접촉 부분의 모양에 따른 분류 : 뾰족(knife edge) 종동절, 평판 종동절, 곡면 종동절, 롤러 종동절

(3) 평면캠

① 소극평면캠 : 판캠(윤곽곡선이 평면인 캠), 직선운동캠(trnaslation cam, 윤곽곡선을 한 변에 가진 판 모양의 캠)
② 확동평면캠 : 정면캠(face cam, 정면에 윤곽곡선의 홈이 있는 판으로 된 캠), 반대캠(inverse cam, 원동절에 롤러를 붙이고 종동절에 윤곽곡선의 홈을 낸 캠)

(4) 입체캠

① 소극입체캠 : 단면캠(edn cam, 원통의 단면을 윤곽곡선으로 한 캠), 경사판캠(swash plate cam, 원판을 회전축에 기울어지게 한 캠)
② 확동입체캠 : 원통캠(cylindrical cam, 원통표면에 윤곽곡선이 있는 캠), 원뿔캠(conical cam, 원뿔표면에 윤곽곡선에 있는 캠), 구형캠(spherical cam, 구의 표면에 윤곽곡선이 있는 캠)

■2 축용 기계요소

기계에는 회전하는 부분이 많은데, 그 회전 부분에 사용되는 기계요소를 축용 기계요소라고 하며 축, 축이음, 베어링 등이 이에 해당한다.

1) 축

(1) 축의 종류

① 작용하중에 의한 분류
- ㉠ 차축(axle) : 굽힘하중을 받는 회전차축 · 정지차축
- ㉡ 스핀들축(spindle) : 비틀림하중을 받는 공작기계의 주축, 치수정밀, 소변형
- ㉢ 전동축(transmission shaft) : 비틀림하중과 굽힘하중을 동시에 받는 동력전달용 축, 동력전달순서는 주축(main shaft) > 선축(line shaft) > 중간축(counter shaft) > 기계본체

② 형상에 따른 분류
- ㉠ 직선축(straight shaft) : 일반적으로 많이 사용
- ㉡ 크랭크축(crank shaft, 곡선축) : 직선운동을 회전운동으로 전환하는 왕복운동기관 · 내연기관에 사용
- ㉢ 플렉시블축(flexible shaft) : 강선(철사코일)으로 2~3겹으로 감아 만든 굽힘이 자유로운 축, 휨 · 충격 · 진동이 심한 곳에 사용

(2) 축의 설계

축설계 시에는 축에 영향을 미치는 요인인 강도(strength), 강성(stiffness), 진동(vibration), 열응력(thermal stress), 부식(corrosion) 등을 고려한다. 대부분의 축은 원형이며, 원형 단면의 제원은 다음과 같다.

축 단면	단면 2차 모멘트(I)	극단면 2차 모멘트(I_p)	단면계수(Z)	단면계수(Z_p)
중실원 (외경 d)	$I = \dfrac{\pi d^4}{64}$	$I_p = \dfrac{\pi d^4}{32}$	$Z = \dfrac{I}{\dfrac{d}{2}}$	$Z_p = \dfrac{I_p}{\dfrac{d}{2}}$
			$Z = \dfrac{\pi d^3}{32}$	$Z_p = \dfrac{\pi d^3}{16}$
중공원 (외경 d_1, 내경 d_2)	$I = \dfrac{\pi(d_2{}^4 - d_1{}^4)}{64}$	$I_p = \dfrac{\pi(d_2{}^4 - d_1{}^4)}{32}$	$Z = \dfrac{\pi(d_2{}^4 - d_1{}^4)}{32 d_2}$	$Z_p = \dfrac{\pi(d_2{}^4 - d_1{}^4)}{16 d_2}$

① 휨만을 받는 축 : 일반적인 차축에 생기는 하중으로 축을 보(빔)의 일종으로 고려하며, 굽힘모멘트 $M[\text{kg} \cdot \text{mm}]$, 단면계수 $Z[\text{mm}^3]$일 때 굽힘응력은 $\sigma_b = \dfrac{M}{Z}[\text{kg/mm}^2]$이다.

- ㉠ 중실축 : 굽힘모멘트 $M = \sigma_b Z = \sigma_b \dfrac{\pi d^3}{32}$ 에서 축지름 $d = \sqrt[3]{\dfrac{32M}{\pi \sigma_b}} = \sqrt[3]{\dfrac{10.2M}{\sigma_b}}$

ⓝ 중공축 : 굽힘모멘트 $M = \sigma_b Z = \sigma_b \dfrac{\pi(d_2^{\,4} - d_1^{\,4})}{32}$ 에서

외경 $d_2 = \sqrt[3]{\dfrac{32M}{\pi(1 - x^4)\sigma_b}} = \sqrt[3]{\dfrac{10.2M}{(1 - x^4)\sigma_b}}$ $\left(단,\ x : 내외경비\ x = \dfrac{d_1}{d_2}\right)$

② 스핀들축(비틀림만 받는 축) : 비틀림모멘트 $T = 716{,}200\dfrac{HP}{N} = 974{,}000\dfrac{H_{kW}}{N}$ [kg · mm]

ⓖ 중실축 : $T = \tau_a Z_p = \tau_a \dfrac{\pi d^3}{16}$ [kg · mm]이므로 $d = \sqrt[3]{\dfrac{16\,T}{\pi\tau_a}} = \sqrt[3]{\dfrac{5.1\,T}{\tau_a}}$

ⓝ 중공축 : $T = \tau_a Z_p = \tau_a \dfrac{\pi(d_2^{\,4} - d_1^{\,4})}{16d_2}$ [kg · mm]이므로

$d_2 = \sqrt[3]{\dfrac{16\,T}{\pi(1 - x^4)\tau_a}} = \sqrt{\dfrac{5.1\,T}{(1 - x^4)\tau_a}}$

③ 전동축(굽힘과 비틀림을 동시에 받는 축)

ⓖ 상당비틀림모멘트에 의한 경우 : $T_e = \sqrt{M^2 + T^2} = \tau_a Z_p = \tau_a \dfrac{\pi d^3}{16}$ [kg · mm]

중실축 $d = \sqrt[3]{\dfrac{16\,T_e}{\pi\tau_a}} = \sqrt[3]{\dfrac{5.1\,T_e}{\tau_a}}$, 중공축 $d_2 = \sqrt[3]{\dfrac{16\,T_e}{\pi(1 - x^4)\tau_a}} = \sqrt[3]{\dfrac{5.1\,T_e}{(1 - x^4)\tau_a}}$

ⓝ 상당굽힘모멘트에 의한 경우

$M_e = \dfrac{M + T_e}{2} = \dfrac{1}{2}(M + \sqrt{M^2 + T^2}) = \sigma_b Z = \sigma_b \dfrac{\pi d^3}{32}$ [kg · mm]

중실축 $d = \sqrt[3]{\dfrac{32M_e}{\pi\sigma_b}} = \sqrt[3]{\dfrac{10.2M_e}{\sigma_b}}$, 중공축 $d_2 = \sqrt[3]{\dfrac{32M_e}{\pi(1 - x^4)\sigma_b}} = \sqrt[3]{\dfrac{10.2M_e}{(1 - x^4)\sigma_b}}$

④ 축의 비틀림강도 : 축에 비틀림모멘트가 작용하면 축은 비틀림이 일어나므로 축의 허용비틀림을 기준치 이상으로 되지 않도록 설계해야 한다. 일반적으로 전동축에서 축의 비틀림강성은 길이 1m에 대하여 비틀림각(θ)의 한도는 $1/4°(\theta \leq 1/4°)$로 한다. 가로탄성계수 G, 극단면 2차 모멘트를 $I_p \left(= \dfrac{\pi d^4}{32}\right)$라고 하고, 비틀림각도 $\theta = \dfrac{Tl}{GI_p}$[rad], rad를 도(°)로 전환하면

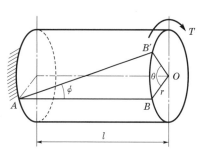

$\theta = \dfrac{180}{\pi}\dfrac{Tl}{GI_p} = 57.3\dfrac{Tl}{GI_p}$[°]가 된다.

ⓖ 중실축 : $d = 120\sqrt[4]{\dfrac{HP}{N}} = 130\sqrt[4]{\dfrac{H_{kW}}{N}}$

ⓝ 중공축 : $d_2 = 120\sqrt[4]{\dfrac{HP}{(1 - x^4)N}} = 130\sqrt[4]{\dfrac{H_{kW}}{(1 - x^4)N}}$

⑤ **축의 처짐** : 축에 생기는 굽힘응력이 축재료의 허용응력 이내에 있어도 굽힘모멘트에 의한 축의 처짐이 어느 한도를 넘으면 베어링 안에서 한쪽만 닿는다든지 기어의 물림이 나빠지든가 하여 기계의 성능이 저하된다. 그러므로 축의 처짐에 대해 제한을 주어 설계해야 한다. 단순지지보에서의 세로탄성계수 E, 단면 2차 모멘트 I일 때 경사각(β)과 최대처짐량(δ)은 다음과 같다.

㉠ 중앙에 집중하중 W가 작용하는 경우 : $\beta = \dfrac{Wl^2}{16EI}$, $\delta = \dfrac{Wa^2b^2}{3EIl} = \dfrac{Wl^3}{48EI}$[mm]

㉡ 균일분포하중 w가 작용하는 경우 : $\beta = \dfrac{Wl^3}{24EI}$, $\delta = \dfrac{5wl^4}{384EI}$[mm]

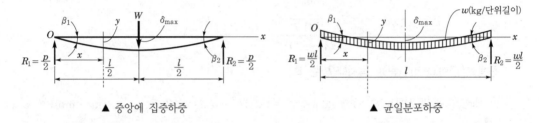

▲ 중앙에 집중하중　　　　　　　　　▲ 균일분포하중

⑥ **진동을 고려한 축의 설계(축의 위험속도)** : 축의 처짐 또는 비틀림변형이 심하면 축은 탄성체이므로 변형을 회복하려는 에너지를 발생시키며 에너지는 운동에너지로 되어 축의 원형을 중심으로 번갈아 변형을 반복한다. 변형의 주기가 축 자체의 비틀림 또는 처짐의 고유진동수와 일치하거나 차이가 작으면 공진현상(resonance)이 생겨서 진동현상은 더 격렬하게 일어나고 진폭은 차차 증대되어 결국 파괴가 되는 회전수를 축의 위험속도(critical speed)라고 한다.

㉠ 가벼운 축이 1개의 회전체를 가진 경우 : 축의 각속도 ω_c[rad/s], 회전체의 중력가속도 $g(=980\text{cm/s}^2)$, 축의 정적인 휨 δ[cm], 축의 스프링상수 k[kg/cm], 회전축의 위험속도 n_{cr}[rpm]일 때 $n_{cr} = \dfrac{60}{2\pi}\omega_c = \dfrac{30}{\pi}\sqrt{\dfrac{k}{m}} = \dfrac{30}{\pi}\sqrt{\dfrac{g}{\delta}} \simeq 300\sqrt{\dfrac{1}{\delta}}$ 이다.

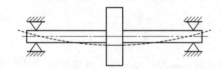

[1개의 회전체를 가진 축]

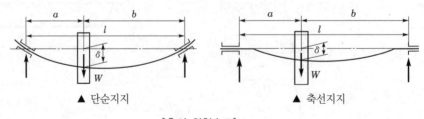

▲ 단순지지　　　　　　　　　▲ 축선지지

[축의 위험속도]

ⓛ 축이 양단에서 베어링으로 자유로 받쳐져 있는 경우(축의 자중 무시) : 하중점에서의

처짐 δ는 $\delta = \dfrac{Wa^2b^2}{3EI(a+b)}$ 이므로 $n_{cr} = \dfrac{30}{\pi}\sqrt{\dfrac{g}{\delta}} = \dfrac{30}{\pi}\sqrt{\dfrac{3EI(a+b)g}{Wa^2b^2}}$ 이며, 지름 d

인 축에서 단면 2차 모멘트는 $I = \dfrac{\pi d^4}{64}$ 이므로 $n_{cr} = 114.6d^2\sqrt{\dfrac{E(a+b)}{Wa^2b^2}}$

ⓒ 축이 양단에서 베어링으로 회전축선방향으로 받쳐져 있는 경우(축의 자중 무시) : 하중

점에서의 처짐 δ는 $\delta = \dfrac{Wa^3b^3}{3EI(a+b)^3}$ 이므로 $n_{cr} = \dfrac{30}{\pi}\sqrt{\dfrac{3EI(a+b)^3g}{Wa^3b^3}}$ 이며, 지름 d

인 축에서 단면 2차 모멘트는 $I = \dfrac{\pi d^4}{64}$ 이므로 $n_{cr} = 114.6d^2\sqrt{\dfrac{E(a+b)^3}{Wa^3b^3}}$

ⓔ 1개의 축이 여러 개의 회전체를 가진 경우 : 회전축의 위험속도 n_{cr}[rpm], 축만의 위험

속도 n_0[rpm], 각 회전체를 단독으로 축에 설치했을 경우의 위험속도 n_1, n_2, $\cdots$

[rpm]일 때 $\dfrac{1}{{n_{cr}}^2} = \dfrac{1}{{n_0}^2} + \dfrac{1}{{n_1}^2} + \dfrac{1}{{n_2}^2} + \cdots$ (던컬레이(Dunkerley)의 실험식)

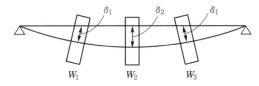

[여러 개의 회전체를 가진 회전축]

⑥ 축의 스팬(span)

ⓞ 축의 길이 : 외단구간의 길이 $l_1 = 100\sqrt{d}$, 중간구간의 길이 $l_2 = 125\sqrt{d}$

ⓛ 축지름의 결정 : 축에 작용하는 하중, 축의 재질, 축의 길이

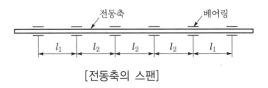

[전동축의 스팬]

2) 축이음

축의 길이는 재료의 길이, 공작 상의 문제 등으로 제한을 받기 때문에 긴 축을 필요로 할 때에는 몇 개의 축을 이어서 사용해야 하며 원동기에 의해 다른 기계를 구동할 때도 2축을 연결해서 사용하는데, 이와 같이 회전운동을 전달하기 위해 축을 연결할 때 사용되는 기계요소를 축이음이라고 한다. 축이음요소에는 커플링(반영구적으로 두 축을 고정)과 클러치(회전하는 축을 붙였다 떼었다 함)가 있다.

(1) 커플링(coupling)

커플링은 안전 중 단속할 수 없고 분해하지 않으면 연결을 분리시킬 수 없는 축이음으로 설계 시 고려할 사항은 다음과 같다.

• 결합과 분리를 용이하게 할 것
• 강도가 허용되는 한 경량·소형으로 할 것
• 외부에 가능한 돌기물이 없을 것이며 부득이하게 돌기물이 있을 경우에는 위험하므로 덮개를 씌울 것
• 위치는 베어링과 가깝게 할 것

커플링의 종류에는 연결축이 일직선인 고정커플링(원통커플링, 플랜지커플링), 약간 휘어지는 플렉시블커플링(휨커플링), 일직선 상에서 벗어나 평행이 되는 올덤커플링, 어느 각도로 교차하는 유니버설커플링, 그리고 특수 용도의 커플링 등이 있다.

① **고정커플링** : 2축을 동일 직선 상에서 반영구적으로 확실하게 잇는 커플링

   ㉠ 원통커플링 : 머프커플링, 마찰원통커플링, 셀러커플링, 확장테이퍼링커플링, 클램프커플링, 반중첩커플링 등이 있다.

   ㉡ 머프커플링(muff coupling) : 연강제의 원통에 2축을 양쪽에서 끼우고 키로 고정한다. 구조가 간단하고 가격이 싸므로 작은 지름(축지름 30mm 이하)의 축을 잇는데 사용하며, 슬리브커플링이라고도 한다.

   ㉢ 마찰원통커플링(friction cylinder coupling) : 둘로 분해된 원통으로서, 2축의 끝을 끼우고 원통 외면에 원추형의 테이퍼를 링으로 끼워 조인다. 원통과 축은 마찰에 의해 전동하나 체결을 확실히 하기 위해 축의 양 끝에 같은 평행키를 끼워 사용하는 경우도 있다. 원통을 둘로 분해할 수 있어서 분해조립이 매우 용이하다. 진동이나 충격이 있는 곳에서는 링이 원통으로부터 이완될 염려가 있으므로 이 경우에는 사용하지 않는다(마찰원통커플링을 원통커플링이라고도 부른다). 커플링의 길이 $l[\text{mm}]$, 축의 지름 $d[\text{mm}]$, 원통을 조이는 힘 $W[\text{kg}]$, 마찰계수 μ, 허용접촉면압력 $q = \dfrac{2W}{dl}[\text{kgf/mm}^2]$, 미소토크 dT일 때 원통커플링의 회전력 T는 다음과 같이 구한다.

   $$dT = \mu q \times ds \times \frac{ld}{2} = \mu q\left(\frac{d}{2}\right)d\theta\, l\left(\frac{d}{2}\right)$$

   $$= \mu q\left(\frac{d^2}{4}\right)l\,d\theta \int_0^\pi dT = \int_0^\pi \mu q\left(\frac{d^2}{4}\right)l\,d\theta$$

   $$T = \mu q\left(\frac{d^2}{4}\right)l\int_0^\pi d\theta = \mu q\left(\frac{d^2}{4}\right)l[\theta]_0^\pi = \mu q\left(\frac{d^2}{4}\right)l\pi\,\text{이므로}$$

   $$T = \frac{\mu\pi Wd}{2}[\text{kg}\cdot\text{mm}]$$

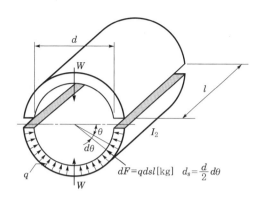

$dF=qdsl[\mathrm{kg}]$ $d_s=\dfrac{d}{2}d\theta$

ㄹ 셀러커플링(Seller's coupling) : 머프커플링을 셀러가 개량한 것이다. 주철제 외통은 내면의 기울기가 1/6.5~1/10 정도이며, 원추형을 이루고 있어서 중앙으로 갈수록 안지름이 가늘어진다. 외통에 2개의 주철제의 원추통을 양쪽에서 박아 3개의 볼트로 조이면 축이 확실하게 고정된다. 구멍원추와 축 사이에 키를 집어넣는다. 3개의 볼트는 내외원추면 사이에 미끄럼을 방지하는 키의 역할을 한다. 비틀림모멘트의 전달은 내외원추의 테이퍼박음과 구멍원추와 축 사이의 졸라매는 압력에 의한 마찰력을 이용하여 행하게 되는데, 키를 심어서 토크의 전달을 더욱 확실하게 한다. 셀러커플링은 어느 정도의 자동조심성이 있고 구조상 볼트머리와 너트가 외통에 돌출하지 않으므로 편리하다. 외통을 풀리와 겸용할 수 있도록 설계 가능하다.

ㅁ 확장테이퍼링커플링(expanding taper ring coupling) : 작은 축을 큰 축의 안지름에 끼울 때 축에 기어나 풀리 등을 고정할 때 사용되는 커플링이다.

ㅂ 클램프커플링(clamp coupling) : 주철 또는 주강으로 만든 2개의 반원통을 6개의 볼트로 나누어 조인다. 전달하는 토크가 작으면 볼트만으로 조이나, 크면 키를 사용한다. 클램프커플링은 설치장소를 결정할 수 있으므로 긴 전동축의 연결에 적합하고 상하를 분해할 수 있으므로 축 자체를 밀어붙이지 않고 설치할 수 있다. 이 축이음은 일반적으로 주철을 사용하며 안전을 위하여 바깥둘레를 얇은 철판으로 감싼다.

ㅅ 반중첩커플링(half lap coupling) : 축의 양 끝을 약간 크게 하여 기울어지게 중첩시키고 티로 고정한 커플링이다. 축에 인장력이 작용하는 경우 효과적이다.

ㅇ 플랜지커플링(flange coupling) : 축 끝에 플랜지를 키로 고정하고 플랜지를 서로 맞대어 양쪽을 리머볼트로 조인다. 축지름 50~200mm에서 사용되며, 특히 지름이 큰 축과 고속회전축에 적당하고 공장전동축이나 일반기계에 가장 많이 사용된다. 플랜지커플링의 강도 계산은 키의 전단, 면압, 체결볼트의 전단, 플랜지면의 압력에 의한 마찰저항, 보스와 플랜지의 전단 등을 고려해야 한다. 특히 주의할 것은 체결볼트의 강도이며 전달토크에 의한 전단, 볼트의 체결력에 의한 인장, 그 외에 축의 굽힘에 의한 인장 등을 고려하여 응력을 계산해야 한다.

ㅈ 체결볼트의 응력 계산 : 볼트를 조이면 플랜지 상호 간에 수직압력이 생기며, 이것에 의해

마찰저항모멘트가 발생된다. 볼트 1개에 작용하는 인장력 Q[kg], 마찰면의 평균지름 D_m [mm], 마찰계수 μ, 볼트의 수 z일 때 플랜지의 마찰저항모멘트는 $T_1 = \dfrac{z\mu Q D_m}{2}$ 이 된다. 플랜지커플링은 마찰저항만으로 축의 비틀림모멘트를 확보하기는 어려운 일이고 볼트의 전단저항을 가산해야 된다. D_B[mm]를 볼트 중심원의 지름, δ[mm]를 볼트의 지름, τ_B [kg/mm^2]를 볼트의 전단이라고 하면 체결볼트의 전단저항모멘트는 $T_2 = z\left(\dfrac{\pi}{4}\right)\delta^2 \tau_B$ $\left(\dfrac{D_B}{2}\right) = \dfrac{z\pi\delta^2 \tau_B D_B}{8}$ 가 된다. T_1과 T_2와의 총합이 최대저항모멘트가 되므로 축에 작용하는 비틀림모멘트는 $T = T_1 + T_2$이다. 축의 허용비틀림모멘트는 $T = \left(\dfrac{\pi}{16}\right)d^3 \tau_s$ 이므로

$T = T_1 + T_2$은 $\left(\dfrac{\pi}{16}\right)d^3 \tau_s = \dfrac{z\mu Q D_m}{2} + \dfrac{z\pi\delta^2 \tau_B D_B}{8}$ 이다. 여기서 τ_s[kg/mm^2]는 축재료의 허용전단응력, d[mm]는 축의 지름이다. 플랜지커플링에서는 상급과 보통급이 있는데, 보통급에서 토크는 T_1과 T_2를 고려하나, 상급은 주로 볼트의 전단강도에 의해 토크를 전달한다. 즉 $T = T_2$로 계산한다. 따라서 이때는 $\left(\dfrac{\pi}{16}\right)d^3 \tau_s = \dfrac{z\pi\delta^2 \tau_B D_B}{8}$ 이므로 τ_B $= \dfrac{8T}{z\pi\delta^2 D_B} = \dfrac{2.55T}{z\delta^2 D_B}$ 가 된다.

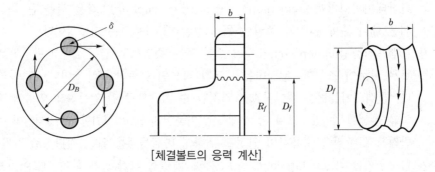

[체결볼트의 응력 계산]

ⓒ 체결볼트의 지름 : 볼트의 전단저항력만으로 토크를 전달한다고 고려하여 볼트지름을 계산하면 $\left(\dfrac{\pi}{16}\right)d^3 \tau_s = \dfrac{z\pi\delta^2 \tau_B D_B}{8}$ 에서 $\tau_s = \tau_B$라고 하면 $D_B = 2R_B$이므로

$\delta = 0.5\sqrt{\dfrac{d^3}{zR_B}}$ 이 된다.

ⓓ 플랜지 뿌리부의 두께와 전단응력 : 플랜지 필릿 부분의 전단저항으로 토크를 전달한다고 고려하면 플랜지 뿌리까지의 반지름 R_f[mm], 플랜지의 허용전단응력 τ_f[kg/mm^2], 플랜지의 두께 b[mm]일 때 전달토크는 $T = 2\pi R_f b \tau_f R_f = 2\pi R_f^2 b \tau_f$ 가 되며, 이 식으로

부터 플랜지의 두께 b[mm], 플랜지의 전단응력 τ_f[kg/mm^2]를 구하면 $b = \dfrac{T}{2\pi R_f{}^2 \tau_f}$, $\tau_f = \dfrac{T}{2\pi R_f{}^2 b}$가 된다.

② **휨커플링(flexible coupling)** : 두 축이 정확히 일치하지 않는 경우 전달토크의 변화와 고속회전으로 인한 진동 등 좋지 못한 상태를 완화소멸시켜 전동에 이상이 없게 하기 위한 방편으로 만들어진 커플링이다. 탄성형 휨커플링(가죽, 고무, 금속박판, 스프링 등 잘 휘어지는 탄성체를 중간에 넣어 결합)과 간격형 휨커플링(내치차인 외통과 외치차인 내통을 맞물려 두 치차의 이의 간격을 두어 축심의 어긋남과 기울기의 무리를 완화시키도록 한 커플링으로 큰 동력전달이 가능)이 있다. 종류로는 플랜지플렉시블커플링, 그리드플렉시블커플링, 고무커플링, 기어커플링, 체인커플링, 유체커플링 등이 있다.

③ **올덤커플링(Oldham's coupling)** : 2개의 축이 평행하고 축의 중심선의 위치가 약간 어긋났을 때 각속도의 변화 없이 회전력을 전달시키기 위한 커플링이다. 각속도비가 일정하지만 원판의 마찰이 크고 윤활이 어렵고 질량이 커서 진동이 발생하기 쉬우므로 고속회전에는 부적당하다.

④ **유니버설커플링(universal coupling)** : 훅조인트(Hook's joint)라고도 부르며, 2축이 같은 평면 내에 있으면서 그 중심선이 서로 어느 각도(30° 이내)를 이루고 교차하는 경우에 사용된다. 두 축이 이루는 각도는 운전 중 어느 정도 변해도 상관이 없으므로 공작기계, 자동차의 추진축, 압연롤러의 전동축 등에 널리 사용된다. 원동축은 등속도운동을 해도 종동축은 부등속운동을 한다. 교각 α는 30° 이하에서 사용하고, 특히 5° 이하가 바람직하며 45° 이상은 불가능하다.

원동축의 회전각 θ, 종동축의 회전각 ϕ, 속도비 $\varepsilon\left(= \dfrac{\omega_B}{\omega_A}\right)$일 때 $\tan\phi = \tan\theta\cos\alpha$이므로

$\dfrac{\omega_B}{\omega_A} = \dfrac{\cos\alpha}{1 - \sin^2\theta\sin^2\alpha}$이며, ω_A에 대한 각속도변동률은 $\dfrac{\Delta\omega_B}{\omega_A} = \dfrac{\omega_{B\max} - \omega_{B\min}}{\omega_A}$

$= \dfrac{1}{\cos\alpha} - \cos\alpha = \dfrac{\sin^2\alpha}{\cos\alpha} = \tan\alpha\sin\alpha$이 된다.

⑤ **특수 용도의 커플링**

　㉠ 안전커플링 : 제한하중이 이상이 되면 자동적으로 축이음이 끊어진다.

　㉡ 유체커플링 : 유체를 이용하여 진동과 충격을 유체가 흡수한다. 자동차 등의 주동력축에 사용된다.

(2) 클러치(clutch)

한 축에서 다른 축으로 전달되는 동력을 필요에 따라 단속할 수 있게 하는 기계요소를 클러치라고 한다. 클러치의 종류에는 맞물림클러치(2축에 붙어있는 돌기의 이를 이용하여 적극적인 연결로 플랜지에 축을 축방향으로 붙였다가 떼었다가 하며 동력을 전달), 마찰클러치(밀어붙였을 때 플랜지면(마찰면)에 생기는 마찰력에 의해 동력을 착탈), 유체클러치(유체를 매개체로 하여 유체의 회전으로 유압이 발생하여 구동축의 회전을 종동축에 전달) 등이 있다.

3) 베어링

(1) 베어링의 개요

① 회전축을 지지하는 부분을 베어링이라고 하고, 접촉하는 축 부분을 저널이라고 한다. 저널의 형태는 다음과 같이 여러 가지가 있다.

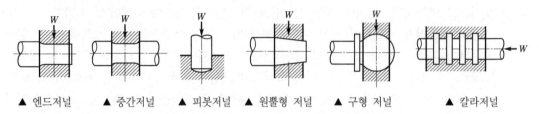

▲ 엔드저널 　 ▲ 중간저널 　 ▲ 피봇저널 　 ▲ 원뿔형 저널 　 ▲ 구형 저널 　 ▲ 칼라저널

② 베어링의 재료
　㉠ 화이트메탈 : 가장 널리 사용되며 주석계, 납계, 아연계가 있다.
　㉡ 트리메탈 : 디젤기관의 메인 베어링이다.
　㉢ 구리합금 : 화이트메탈에 비해 강도가 크며 청동, 납청동, 인청동, 켈밋 등이 있다.
　㉣ 소결합금 : 부시나 주유가 곤란한 곳에 사용되며 회전 시 베어링 자체에 함유되어 있는 기름이 배출되어 마찰을 감소시키는 오일리스 베어링재료에 적용된다.

③ 베어링의 종류
　㉠ 하중방향에 의한 분류 : 레이디얼 베어링(축직각방향 하중), 스러스트 베어링(축수평방향 하중), 합성 베어링(축수평수직방향 동시하중) 등으로 구분된다.
　㉡ 접촉방법에 의한 분류 : 미끄럼 베어링(축과 베어링면이 직접 미끄럼운동을 하는 베어링)과 구름 베어링(접촉면에 볼이나 롤러 등의 회전체를 넣어 점접촉, 선접촉운동을 하는 베어링)으로 구분된다.

(2) 미끄럼 베어링

① 미끄럼 베어링의 구조
　㉠ 베어링메탈 : 접촉면 마찰 감소, 저널 마멸 방지
　㉡ 윤활부 : 윤활제를 베어링접촉면에 공급, 마멸 감소, 마찰열 흡수·방산
　㉢ 베어링하우징 : 베어링메탈을 지지, 작용력을 프레임에 전달

② 미끄럼 베어링의 종류
　㉠ 압력형성원리에 의한 분류 : 정압 베어링, 동압 베어링
　㉡ 윤활매체에 의한 분류 : 오일 베어링, 에어 베어링
　㉢ 하중지지방향에 의한 분류 : 레이디얼 베어링, 스러스트 베어링, 복합 베어링
　㉣ 분할 여부에 의한 분류 : 통(solid) 베어링, 분할(split) 베어링
　㉤ 모양에 의한 분류 : 진원형(circular) 베어링, 꼭지(lobe) 베어링, 경사받침(tilting pad) 베어링

③ 미끄럼 베어링의 장단점

장 점	단 점
• 구조 간단, 가격 저렴 • 내충격성 우수, 고속 · 고하중에 유리 • 수리 용이	• 시동 시 마찰저항이 큼 • 윤활유 주입 시 주의 필요

④ 미끄럼 베어링의 설계

㉠ 베어링압력

• 레이디얼저널의 경우 : 축직각방향 압력 $p = \dfrac{W}{dl}[\text{kg/mm}^2]$

• 스러스트저널의 경우 : 축방향 압력

－피벗저널 : 실제 축압력 $p = \dfrac{4\,W}{\pi d^2}$, 중공축압력 $p = \dfrac{4\,W}{\pi(d_2{}^2 - d_1{}^2)}$

－칼라스러스트저널 : $p = \dfrac{4\,W}{\pi(d_2{}^2 - d_1{}^2)Z}$ (단, Z : 칼라의 수)

㉡ 저널설계

• 엔드저널

－저널의 지름 : $d = \sqrt{\dfrac{16\,Wl}{\pi\sigma}} = \sqrt{\dfrac{5.1\,Wl}{\sigma}}$ [mm]

－축지름비 : $\dfrac{l}{d} = \sqrt{\dfrac{\pi\sigma}{16p}} = \sqrt{\dfrac{\sigma}{5.1p}}\left(\text{단, 베어링압력 } p = \dfrac{W}{dl}\right)$

• 중간저널

－저널의 지름 : $d = \sqrt{\dfrac{4pl}{\pi\sigma}}$ [mm]

－축지름비 : $\dfrac{l}{d} = \sqrt{\dfrac{\pi\sigma}{16p}} = \sqrt{\dfrac{\sigma}{1.91p}}\,P$

㉢ 발열계수(압력속도계수)

• 레이디얼 베어링 : $pv = \dfrac{P}{dl}\left(\dfrac{\pi dN}{60 \times 1,000}\right)$, 저널길이 $l = \dfrac{\pi PN}{60,000pv}$

• 스러스트 베어링

－피벗저널 : $pv = \dfrac{PN}{3,000(d_2 - d_1)}$ [kg/mm^2 · m/s]

－칼라저널 : $pv = \dfrac{PN}{3,000(d_2 - d_1)Z}$ [kg/mm^2 · m/s] (단, Z : 칼라의 수)

㉣ 마찰손실마력

• 마력일 때 $H_{PS} = \dfrac{Fv}{75} = \dfrac{\mu Pv}{75}$[PS]

• 전력일 때 $H_{kW} = \dfrac{Fv}{102} = \dfrac{\mu Pv}{102}$[kW]

◎ 윤활 : 마찰계수 μ는 베어링계수와 관계가 밀접하므로 양호한 윤활상태를 얻으려면 베어링계수의 값을 어느 한도 이하로 낮게 잡으면 곤란하다. 베어링계수= $\dfrac{\eta N}{p}$ 로 계산된다(단, η : 기름의 점도, N : 축의 회전수, p : 베어링의 수압력).

⚓ 저널 베어링에서 사용되는 페트로프(Petroff)의 식에서 마찰저항과의 관계

페트로프의 베어링식 $\mu = \dfrac{\pi^2 \eta N r}{30pc}$ (단, μ : 베어링마찰계수, η : 절대점도, N : 회전수, r : 축의 반지름, p : 베어링의 압력, c : 축과 베어링의 틈새)로부터 다음과 같은 관계를 지닌다는 것을 알 수 있다.
- 베어링압력이 클수록 마찰저항은 작아진다.
- 축의 반지름이 클수록 마찰저항은 커진다.
- 유체의 절대점성계수가 클수록 마찰저항은 커진다.
- 회전수가 클수록 마찰저항은 커진다.

---

(3) 구름 베어링

① 구름 베어링의 기본구조

ㄱ 회전체(볼, 롤러 등)

ㄴ 리테이너(retainer) : 회전체 사이의 적절한 간격을 일정하게 유지

ㄷ 내륜(inner ring)과 외륜(outer ring) : 회전체를 안내하는 통로

② 구름 베어링의 종류

ㄱ 레이디얼 구름 베어링 : 레이디얼 볼 베어링(깊은 홈 볼 베어링, 마그네토 볼 베어링, 앵귤러 볼 베어링, 자동조심 볼 베어링), 레이디얼 롤러 베어링(원통 롤러 베어링, 니들 롤러 베어링, 테이퍼 롤러 베어링, 자동조심 롤러 베어링)

ㄴ 스러스트 구름 베어링 : 스러스트 볼 베어링(단식 스러스트 볼 베어링, 복식 스러스트 볼 베어링), 스러스트 롤러 베어링(스러스트 원통 롤러 베어링, 스러스트 니들 롤러 베어링, 스러스트 테이퍼 롤러 베어링, 스러스트 자동조심 롤러 베어링)

ㄷ 복합 베어링

ㄹ 미니어처(miniature) 베어링

③ 구름 베어링의 장단점

장 점	단 점
• 윤활이 용이하여 내마멸성 · 마찰저항성 양호	• 설치 · 조립이 쉽지 않음
• 기계의 소형화 가능, 동력 절약	• 내충격성 열악, 소음 발생, 단기 수명
• 정밀도 우수	• 외경이 커지기 쉬움
• 제품의 규격화로 교환 · 선택 용이	• 고속 · 고하중에 불리

④ 구름 베어링의 설계
  ㉠ 반지름설계 : 내외륜에 궤도면의 곡률반지름과 볼의 반지름이 같으면 하중이 가해질 때 양쪽의 접촉면적이 증가하므로 마찰저항이 크게 되기 때문에 궤도면의 반지름을 볼의 반지름보다 약간 크게 한다.
  ㉡ 정격수명 : 같은 호칭번호의 베어링그룹을 운전조건을 일정하게 하고 일정한 하중을 가하였을 때 그 중에서 90%의 베어링이 시동 후 피로에 의한 최초의 박리(플레이킹 : 비늘 모양의 손상)가 생기지 않고 도달할 수 있는 총 회전수
  ㉢ 정격하중
    • 기본동정격하중(기본부하용량 혹은 동적부하용량) : 내륜이 회전하고 외륜이 정지한 상태에서 정격수명이 10^6회전(33rpm에서 500시간 작동)이 되는 베어링의 지탱하중. 반경방향 하중을 받을 때는 주로 레이디얼 베어링을, 축방향 하중을 받을 때는 주로 스러스트 베어링을 선택한다.
    • 기본정정격하중 : 베어링을 정지한 상태에서 하중을 가하였을 때 최대응력을 받고 있는 접촉부에 있어서의 전동체의 영구변형량과 궤도륜의 영구변형량의 합이 전동체 지름의 0.0001배($1/10^4$)로 되는 (정지)하중의 크기. 전동체 및 궤도륜의 변형을 일으키는 접촉응력은 헤르츠(Hertz)의 이론으로 계산한다.
  ㉣ 구름베어링의 수명 계산
    • 정격수명 : $L_n = \left(\dfrac{C}{P}\right)^r$ [10^6회전](단, C : 기본부하용량, P : 베어링하중, r : 볼베어링일 때 3, 롤러베어링일 때 $\dfrac{10}{3}$)
    • 수명시간 : $L_h = L_n \dfrac{10^6}{60n}$ [시간], $L_h = \left(\dfrac{C}{P}\right)^3 \dfrac{10^6}{60n}$ [회전수]
    • 속도계수, 수명계수, 수명시간의 관계

구 분	속도계수(f_n)	수명계수(f_h)	수명시간(L_h)
볼 베어링	$\left(\dfrac{33.3}{n}\right)^{\frac{1}{3}}$	$f_n \dfrac{C}{P}$	$500 f_h{}^3$
롤러 베어링	$\left(\dfrac{33.3}{n}\right)^{\frac{3}{10}}$		$500 f_h{}^{\frac{10}{3}}$

  ㉤ 베어링의 하중 계산
    • 하중계수를 고려한 베어링하중 : $P = f_w P_0$(단, f_w : 하중계수, P_0 : 이론상의 하중)
    • 등가 베어링하중
      – 등가레이디얼하중 : $P_r = XVF_r + YF_a$(단, X : 레이디얼계수, V : 회전계수, F_r : 환산 전의 레이디얼하중, Y : 스러스트계수, F_a : 환산 전의 스러스트하중)
      – 등가스러스트하중 : $P_a = XF_r + YF_a$(단, X : 레이디얼계수, F_r : 환산 전의 레이디얼하중, Y : 스러스트계수, F_a : 환산 전의 스러스트하중)

• 평균하중 : $P_m = \dfrac{1}{3}(P_{\min} + 2P_{\max})$ (단, $P_{\min}$: 최소하중, $P_{\max}$: 최대하중)

ⓑ 축과 구름 베어링의 끼워맞춤 시 고려하여야 할 사항 : 하중의 성질, 하중의 크기, 운전온도의 영향, 끼워맞춤면의 거칠기

ⓢ 베어링 선정 시 검토사항

• 하중이 큰 경우에는 선접촉을 하는 롤러 베어링을 선택한다.
• 전동기 또는 계기 등과 같이 저소음이 요구되는 곳에서는 깊은 홈 볼 베어링을 선택한다.
• 설치오차 또는 큰 진동으로 큰 경사가 예상되는 곳에서는 정면조합된 앵귤러 볼 베어링을 선택한다.
• 반경방향 하중만 받고 고속회전이 요구될 때에는 깊은 홈 볼 베어링이나 원통 롤러 베어링을 선택한다.

• 예제 반경방향 하중 6.5kN, 축방향 하중 3.5kN을 받고, 회전수 600rpm으로 지지하는 볼 베어링이 있다. 이 베어링에 30,000시간의 수명을 주기 위한 기본 동정격하중으로 가장 적합한 것은? (단, 반경방향 동하중계수(X)는 0.35, 축방향 동하중계수(Y)는 1.8로 한다.)

① 43.3kN ② 54.6kN
③ 65.7kN ④ 88.0kN

│해설│

$L_h = \dfrac{10^6}{60n}\left(\dfrac{C}{P}\right)^r$ 에서

$C = P^r\sqrt{\dfrac{60nL_h}{10^6}} = (0.35 \times 6.5 + 1.8 \times 3.5)\sqrt[3]{\dfrac{60 \times 600 \times 30,000}{10^6}} = 88\text{kN}$ 정답 ▶ ④

ⓞ 플레이킹과 베어링의 피로수명 : 베어링의 내외륜 및 전동체가 반복되는 압축력과 재료 내부표면에 평행하게 생기는 전단응력에 의해 균열이 발생하고 균열이 성장하여 재료의 표면이 떨어져 나가는 현상을 플레이킹(flaking)이라고 하며, 베어링의 피로수명은 최초의 플레이킹이 생길 때까지의 총 회전수이다.

---

05 제어용 기계요소

1 완충용 기계요소

탄성체는 하중을 받으면 하중에 따른 만큼의 변위를 가지게 되고, 이로 인해 발생하는 일을 탄성에너지로 흡수 및 축적하는 특성이 커서 충격을 완화하거나 진동을 방지하는 데 사용되는 기계요소를 완충용 기계요소라고 한다.

1) 스프링

(1) 스프링의 개요

스프링은 탄성체이므로 힘을 가하면 변형되어 에너지를 저장하고, 힘을 제거하면 에너지를 얻어 충격을 완화하거나 작용하는 힘의 크기를 측정하는 데 응용된다. 스프링은 충격에너지 흡수나 방진 등의 완충용(차량용 서스펜션장치, 승강기 완충스프링 등), 축적에너지이용부품 (계기용 스프링, 시계태엽, 완구용 스프링, 축음기, 총포의 격심용 스프링 등), 복원성이용부품(밸브스프링, 조속기 스프링 등), 하중조절용(스프링와셔) 등으로 사용된다.

(2) 스프링의 종류

① 형상에 따른 분류 : 코일스프링(인장용, 압축용), 토션스프링(소형 승용차의 서스펜션용), 인벌류트스프링, 판스프링(자동차 현가장치), 지그재그스프링, 비틀림막대스프링, 선세공스프링, 태엽스프링, 스프링와셔, 접시스프링, 스톱링 등이 있다.

② 용도에 따른 분류 : 완충스프링, 가압스프링, 측정스프링, 동력스프링이 있다.

③ 하중에 따른 분류 : 인장스프링, 압축스프링, 토션스프링이 있다.

④ 재료에 따른 분류 : 금속스프링(강철, 비철, 합금강, 구리합금, 인청동, 황동), 비금속스프링(고무, 나무, 합성수지), 유체스프링(공기, 물, 기름) 등이 있다. 유체스프링을 비금속스프링에 포함시켜 크게 금속스프링과 비금속스프링의 2가지로 구분하기도 한다. 이 중에서 금속스프링재료로는 탄성한도와 피로한도가 높고 충격에 잘 견디는 스프링강(SPS), 피아노선(PW)이 우수하다.

(3) 스프링의 설계

① 스프링지수(C) : 코일의 평균지름과 소선지름과의 비로 $C = \dfrac{D}{d}$ 이다(단, D : 코일의 평균지름, d : 소선의 지름).

② 스프링의 종횡비(K) : 코일의 평균지름과 코일에 하중이 없을 때의 자유높이와의 비를 스프링의 종횡비라고 하며, $K = \dfrac{D}{H}$로 계산된다(단, H : 자유높이).

③ 스프링상수(k) : 스프링상수는 스프링의 세기를 나타내며, 하중 W[kg], 처짐량 δ[mm]일 때 $k = \dfrac{W}{\delta}$[kg/mm]로 계산된다. 스프링상수가 클수록 잘 늘어나지 않는다. 스프링연결방식에는 병렬연결방식과 직렬연결방식이 있다.

    ㉠ 병렬연결방식 : $k = k_1 + k_2$

    ㉡ 직렬연결방식 : $k = \dfrac{1}{\dfrac{1}{k_1} + \dfrac{1}{k_2}}$

2) 댐퍼(damper, 완충기)

완충기에는 스프링, 유압, 방진고무, 고무와 유압의 조합 등이 이용된다. 방진고무는 기계장치에 부착되어 고무 자체의 감쇠성에 의해 진동이 흡수되어 다른 곳으로 진동이 전달되는 것을 방지해준다. 자동차나 철도차량의 주행 중의 안정과 승차감을 좋게 하기 위해 사용하는 완충기를 쇼크업소버(sock absorber)라고 하는데, 이것은 차체가 도로나 철도로부터 전달되는 진동과 공진하여 진폭이 점차 커지는 것을 방지하고 감쇠를 빠르게 한다.

2 제동용 기계요소

제동용 기계요소는 제동장치에 응용되는 기계요소이다. 제동장치는 기계 부분의 운동에너지를 열에너지나 전기에너지 등으로 변환시켜 흡수함으로써 운동속도를 감소시키거나 정지시키는 장치이다. 가장 널리 사용되는 제동장치는 마찰브레이크(friction brake)이다.

1) 브레이크

(1) 브레이크의 개요

① 브레이크의 정의 : 마찰을 이용하여 운동체의 속도를 조정하거나 정지시키는 데 사용되는 장치이다.

② 브레이크의 기능 : 운동체의 운동에너지를 마찰에 의한 열에너지로 변환시켜, 이를 흡수하여 속도를 저하시키거나 또는 정지시킨다.

③ 브레이크의 구조 : 작동부(브레이크블록, 브레이크드럼, 브레이크막대)와 조작부(마찰력 발생을 위한 부하장치 : 인력, 스프링력, 공기력, 유압력, 원심력, 전자력 등)로 구분한다.

④ 조작력 : 손으로 누르는 힘 100~150N, 최대 200N 이내이다.

⑤ 브레이크의 종류 : 작동력의 전달방법에 따라 공기브레이크 · 유압브레이크 · 기계브레이크 · 전자브레이크, 제동목적에 따라 유체브레이크 · 전기브레이크로 분류하기도 하지만 통상 다음과 같이 작동 부분의 구조에 따라 마찰브레이크와 자동하중브레이크로 구분한다.

   ㉠ 마찰브레이크 : 원주브레이크(블록브레이크-단식 · 복식, 드럼브레이크(=내확브레이크), 밴드브레이크-차동 · 합동 · 단동), 축방향브레이크(디스크(원판)브레이크, 원추브레이크)

   ㉡ 자동하중브레이크 : 웜브레이크, 나사브레이크, 체인브레이크, 원심력브레이크, 로프브레이크, 전자기브레이크 등

(2) 블록브레이크(block brake)

블록브레이크는 1~2개의 브레이크블록이 부착된 브레이크레버를 회전하는 브레이크드럼(혹은 브레이크휠)에 밀어붙여 이때 발생하는 마찰반력을 이용하여 회전을 정지시키는 브레이크이다.

① 단식(single) 블록브레이크 : 내작용선형, 중작용선형, 외작용선형의 3가지 종류가 있는데 구조가 간단한 장점이 있는 반면, 제동축(브레이크드럼의 회전축)에 굽힘모멘트가 작용하고 베어링하중이 커지므로 브레이크레버에 큰 힘을 가할 수 없으므로 큰 제동력을 얻을 수 없는 단점도 있다. 브레이크드럼의 지름 D, 브레이크드럼과 브레이크블록 사이의 제동반력(즉, 블록에 대한 드럼의 반력) P, 블록과 드럼 사이의 마찰계수 μ일 때 제동력은 $f = \mu P [\text{N}]$이며, 제동토크는 $T = \dfrac{\mu P D}{2} = \dfrac{fD}{2} [\text{N} \cdot \text{mm}]$이다.

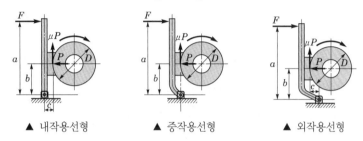

▲ 내작용선형   ▲ 중작용선형   ▲ 외작용선형

㉠ 브레이크의 조작력(레버에 작용시키는 힘, F) : 블록과 일체로 되어 있는 브레이크레버의 평행조건으로부터 구한다.

- 내작용선형의 경우($c > 0$) : 시계방향 회전이면 $Fa - Pb - \mu Pc = 0$이므로

$$F = \frac{P}{a}(b + \mu c) = \frac{f(b + \mu c)}{\mu a}, \quad \text{반시계방향 회전이면 } Fa - Pb + \mu Pc = 0 \text{이므로}$$

$$F = \frac{P}{a}(b - \mu c) = \frac{f(b - \mu c)}{\mu a} \text{이다.}$$

- 중작용선형의 경우($c = 0$) : 회전방향에 관계없이 제동효과는 일정하므로 $Fa - Pb$ $= 0$이며, 따라서 $F = \dfrac{Pb}{a}$ 이다.

- 외작용선형의 경우($c < 0$) : 시계방향 회전이면 $Fa - Pb + \mu Pc = 0$이므로

$$F = \frac{P}{a}(b - \mu c) = \frac{f(b - \mu c)}{\mu a}, \quad \text{반시계방향 회전이면 } Fa - Pb - \mu Pc = 0 \text{이므로}$$

$$F = \frac{P}{a}(b + \mu c) = \frac{f(b + \mu c)}{\mu a} \text{이 되어 내작용선형과는 반대로 된다.}$$

- 내작용선형과 외작용선형에서 $b - \mu c \leq 0$일 때, 즉 c가 b에 대하여 상당히 커지게 되면 $F \leq 0$이 되어 브레이크레버에 힘을 주지 않더라도 자동적으로 브레이크가 걸리게 된다. 따라서 이러한 경우에는 축의 회전을 멈추는 작용은 하지만, 축의 회전속도를 제어하는 브레이크로서는 사용할 수 없다. 마찰면의 제동력을 크게 하기 위하여 V블록을 쐐기 모양으로 하고 브레이크드럼에 이에 대응하는 V형 홈을 판 것이 있다. 이 경우 홈마찰차나 V벨트처럼 마찰계수가 증가하는 효과를 볼 수 있다.

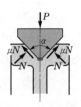

▲ 제동력 고려 설계

② **복식(double) 블록브레이크** : 제동축에 굽힘모멘트를 주게
되는 단식 블록브레이크의 단점을 제거하기 위해 대칭으로
2개의 브레이크블록을 두고 브레이크드럼을 양쪽에서 밀
어붙이면 축에 굽힘모멘트가 작용하지 않는다. 이것은 전
동윈치나 크레인 등에 많이 사용된다. 레버에 대한 모멘트

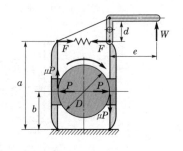

평형으로부터 $Fa = Pb$이므로 $F = P\dfrac{b}{a}$가 되며, 또한 조

작부의 평형으로부터 $Fd = We$이므로 $W = F\dfrac{d}{e}$이며,

따라서 제동토크 T는 $T = 2\mu P\dfrac{D}{2} = \mu W\dfrac{ae}{bd}$이 된다.

③ **블록브레이크의 치수 및 브레이크용량** : 브레이크드럼은 보
통주철 또는 주강제이며, 브레이크블록은 주철, 주강, 목
재 등에 석면직물, 가죽 등을 붙여서 사용한다. 블록의
폭을 b[mm], 길이를 c[mm], 브레이크드럼의 반지름을
R[mm]이라고 하면 제동압력 p는 블록의 투상면적인 브

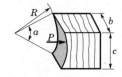

레이크블록의 마찰면적 $A(=bc)$당 힘으로 표시되므로 $p = \dfrac{P}{A} = \dfrac{P}{bc}$ [N/mm^2]이 된다. 접촉

중심각은 $\alpha = 50\sim70°$로 잡으며, 이 값으로 c/R의 크기를 정할 수 있다. c/R의 값이
작을수록 압력은 균일하게 되나 접촉면적이 적어짐에 따라 마찰성능의 저하가 뒤따른다.
마찰열은 블록의 접촉면의 마찰일로 인하여 발생하므로 제동마력은 $H_{PS} = \dfrac{fv}{75} = \dfrac{\mu Pv}{75}$

$= \dfrac{\mu(pA)v}{75}$ [PS], $H' = \dfrac{fv}{102} = \dfrac{\mu Pv}{102} = \dfrac{\mu(pA)v}{102}$ [kW]가 된다. 이때 P는 제동력(kgf), v는

브레이크드럼의 원주속도(m/s)이다. 단위면적당 제동마력은 $H = \dfrac{H_{PS}}{A} = \dfrac{\mu pv}{75}$, $H' = \dfrac{H_{kW}}{A}$

$= \dfrac{\mu pv}{102}$가 되고, $\mu pv = 75H = 102H'$가 되므로 $\mu pv = \mu\dfrac{P}{A}v = \dfrac{75H}{A} = \dfrac{102H'}{A}$가 되는데,

이때 μpv[N/mm^2 · m/s]를 브레이크용량(brake capacity) Q라고 하며, 이 값을 어느 한도
이하로 제한할 필요가 있다. 보통 브레이크의 부하에 의한 열량을 고려하여 다음의 값을
잡는다(브레이크드럼은 자연냉각으로 한다).

ⓐ 사용 정도가 심할 때 : $\mu pv < 0.06 \text{kgf/mm}^2 \cdot \text{m/s}$

ⓑ 사용 정도가 심하지 않을 때 : $\mu pv < 0.1 \text{kgf/mm}^2 \cdot \text{m/s}$

ⓒ 특히 방열상태가 좋고 사용상태가 심하지 않을 때 : $\mu pv < 0.3 \text{kgf/mm}^2 \cdot \text{m/s}$

브레이크레버의 끝단에 작용시키는 힘, 즉 조작력 F는 수동의 경우 보통 10~15kgf, 최대 20kgf 정도이고, 레버의 치수 b/a의 값은 보통 1/3~1/6이며, 최소 1/10 정도로 한다. 또한 브레이크를 걸지 않을 때 블록과 드럼 사이의 최대간격은 보통 2~3mm로 한다.

(3) 드럼브레이크(drum brake)

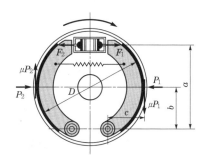

드럼브레이크는 내확(內擴)브레이크(internal expansion brake)라고도 하는데, 2개의 브레이크슈(brake shoe)가 브레이크휠(brake wheel)의 안쪽에 위치하고 있으며, 이들이 바깥쪽으로 확장되어 브레이크휠에 접촉함으로써 브레이크작용을 일으킨다. 브레이크슈를 확장하기 위해서는 그림과 같은 유압장치를 사용하거나 캠(cam)을 사용한다. 마찰면이 안쪽에 있으므로 먼지나 기름이 부착하는 일이 적고, 또 브레이크휠의 바깥면으로부터 열을 발산시키는 데 적합하다. 이 형식의 브레이크는 자동차용으로서 많이 사용되고 있다.

F_1, F_2를 브레이크슈를 밀어서 벌리는 힘, P_1, P_2를 마찰면에 작용하는 수직력이라고 하면 지지점에 대한 브레이크슈의 평형으로부터 $F_1 a - P_1 b + \mu P_1 c = 0$, $P_1 = F_1 \dfrac{a}{(b - \mu c)}$

와 $F_2 a - P_2 b - \mu P_2 c = 0$, $P_2 = F_2 \dfrac{a}{(b + \mu c)}$ 이 되며, 제동토크는 $T = \mu(P_1 + P_2)\dfrac{D}{2} = \mu\left(\dfrac{F_1 a}{b - \mu c} + \dfrac{F_2 a}{b + \mu c}\right)\dfrac{D}{2}$ 이다.

(4) 밴드브레이크(band brake)

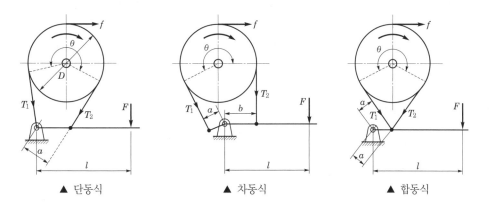

▲ 단동식　　　　　　　　▲ 차동식　　　　　　　　▲ 합동식

밴드브레이크는 브레이크드럼에 강제의 밴드(steel band)를 감고, 이 밴드에 장력을 주어 밴드와 브레이크드럼 사이의 마찰에 의해 제동작용을 하는 것이다. 마찰력을 크게 하기 위하여 밴드 안쪽에 나무토막, 가죽, 석면, 직물 등을 라이닝하기도 한다. T_1, T_2는 밴드의 긴장측 및 이완측의 장력이며, F는 제동을 위하여 레버의 끝단에 가하는 힘이다. 또한 힘의 평형을 위한 절단선 아랫부분의 브레이크레버와 밴드를 연결하는 형태에 따라 단동식, 차동식, 합동식으로 나눈다.

단동식의 경우 장력 T_1, T_2의 관계는 벨트의 경우와 같으며, 시계방향 회전의 경우 T_1이 긴장측의 장력이 되므로 $T_1 = T_2 e^{\mu\theta}$이며, 제동력은 $P = T_1 - T_2$이므로 $T_1 = \dfrac{e^{\mu\theta}}{e^{\mu\theta} - 1}P$, $T_2 = \dfrac{1}{e^{\mu\theta} - 1}P$가 된다.

① 단동식(simple) 밴드브레이크 : 브레이크레버의 지점에 관한 힘의 모멘트의 평형조건으로부터 레버에 가해야 할 힘 F는 $Fl - T_2 a = 0$이므로 $F = \dfrac{a}{l}T_2$의 관계를 가진다. 시계방향 회전의 경우 T_1, T_2는 각각 긴장측, 이완측이 되며, $F = \dfrac{a}{l}T_2 = \dfrac{a}{l}\left(\dfrac{1}{e^{\mu\theta} - 1}\right)P$이다. 반시계방향 회전의 경우에는 T_2가 긴장측이 되므로 $F = \dfrac{a}{l}T_2 = \dfrac{a}{l}\left(\dfrac{e^{\mu\theta}}{e^{\mu\theta} - 1}\right)P$이며, 따라서 제동력을 얻기 위하여 레버에 가해야 할 힘 F는 시계방향 회전에 비해 $e^{\mu\theta}$배 증가하게 된다.

② 차동식(differential) 밴드브레이크 : 브레이크레버의 지점에 관한 힘의 모멘트의 평형조건으로부터 레버에 가해야 할 힘 F는 $Fl = T_2 b - T_1 a$이므로 $F = \dfrac{1}{l}(T_2 b - T_1 a)$의 관계를 가진다. 시계방향 회전의 경우 T_1, T_2는 각각 긴장측, 이완측이 되고 $F = \dfrac{1}{l}(T_2 b - T_1 a) = \dfrac{1}{l}\left(\dfrac{b - ae^{\mu\theta}}{e^{\mu\theta} - 1}\right)P$이며, 반시계방향 회전의 경우에는 T_2가 긴장측이 되므로 $F = \dfrac{1}{l}(T_2 b - T_1 a) = \dfrac{1}{l}\left(\dfrac{be^{\mu\theta} - a}{e^{\mu\theta} - 1}\right)P$가 된다. F는 a와 $be^{\mu\theta}$의 차, 또는 b와 $ae^{\mu\theta}$의 차에 의해 변화하므로 차동식 밴드브레이크라고 부른다. $b \leq ae^{\mu\theta}$가 되면 $F \leq 0$이 되므로 자동브레이크(self locking brake)가 되고 축의 회전속도를 제어하는 브레이크로서는 사용할 수 없게 된다.

③ 합동식(integral) 밴드브레이크 : 브레이크레버의 지점에 관한 힘의 모멘트의 평형조건으로부터 레버에 가해야 할 힘 F는 $Fl = T_1 a + T_2 b$이므로 $F = \dfrac{1}{l}(T_1 a + T_2 b)$의 관계를 가진다. 시계방향 회전의 경우 T_1, T_2는 각각 긴장측, 이완측이 되고 $F = \dfrac{1}{l}(T_1 a + T_2 b)$

$= \dfrac{1}{l}\left(\dfrac{ae^{\mu\theta}+b}{e^{\mu\theta}-1}\right)P$이며, 반시계방향 회전의 경우에는 T_2가 긴장측이 되므로 $F = \dfrac{1}{l}(T_1 a + T_2 b) = \dfrac{1}{l}\left(\dfrac{a+be^{\mu\theta}}{e^{\mu\theta}-1}\right)P$가 된다. F는 $ae^{\mu\theta}$와 b의 합, 또는 a와 $be^{\mu\theta}$의 합에 의해 변화하므로 합동식 밴드브레이크라고 부른다.

④ 제동마력 및 밴드의 치수 : 제동마력 H_{PS}[PS]는 제동력 P[kgf], 드럼의 원주속도 v[m/s]로부터 $H_{PS} = \dfrac{Pv}{75}$ [PS]가 된다. 밴드의 폭은 보통 $b \le 150\,\mathrm{mm}$로 하고, 밴드의 두께 t는 허용인장응력을 σ_a[kgf/mm^2], 긴장측의 장력을 T_1이라고 하면 $t = \dfrac{T_1}{\sigma_t b}$로 구할 수 있다. 강제의 경우는 보통 $\sigma_a = 600 \sim 800\,\mathrm{kgf/mm}^2$로 하는데, 특히 마멸을 고려할 경우 $\sigma_a = 500 \sim 600\,\mathrm{kgf/cm}^2$로 하며, 적절한 휨을 얻기 위한 두께는 $t = 2 \sim 4\,\mathrm{mm}$이다.

(5) 원판브레이크(disc brake)

원판브레이크는 축압브레이크(축방향으로 스러스트를 주어 그 마찰력에 의해 제동하는 브레이크)의 일종이다. 축방향으로 밀어붙이는 힘을 P, 마찰계수 μ라 하면 마찰에 의한 제동력 F는 $F = \mu P$이 되며, 제동토크 T 및 제동마력 H_{PS}는 $T = F\dfrac{D}{2} = \dfrac{\mu P D_m}{2}$, $H = \dfrac{Fv_m}{75} = \dfrac{\mu P D_m}{75}$가 된다. 여기서 $D_m = \dfrac{D_1 + D_2}{2}$, $v_m = \dfrac{\pi D_m N}{60 \times 1,000}$이다. 제동토크를 크게 하기 위해서는 마찰면의 수를 증가시킨 다판브레이크를 사용하면 된다. 마찰면의 수를 Z라고 하면 제동력은 $F = Z\mu P$가 되며, 마찬가지로 제동토크, 제동마력도 Z배를 해주면 된다. 원판은 강 또는 청동제로 하고, 제동력을 크게 하기 위하여 직물을 라이닝할 수도 있다. 마찰계수는 마찰면을 기름으로 윤활했을 때 $\mu = 0.05 \sim 0.03$, 건조상태에서 $\mu = 0.1$ 정도이다. 제동압력은 강/청동 $p = 0.04 \sim 0.08\,\mathrm{kgf/mm}^2$, 강/직물 $p = 0.02 \sim 0.03\,\mathrm{kgf/mm}^2$, 브레이크용량은 $\mu pv = 0.1 \sim 0.3\,\mathrm{kgf/mm}^2 \cdot \mathrm{m/s}$로 한다.

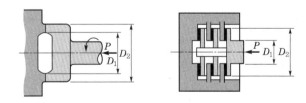

(6) 원추브레이크(cone brake)

원추클러치와 마찬가지로 마찰면을 원추형으로 하여 마찰력을 증대시키는 효과를 얻을 수 있다. 제동마력 H_{PS}, 브레이크레버의 조작력 Q, 축방향의 스러스트 P, 원추면에 수직으로 작용하는 반력 N, 원추각 2α, 접촉면의 폭 b, 원추면의 평균지름 $D_m\left(=\dfrac{D_1+D_2}{2}\right)$이라고 하면 접촉면의 힘의 평형으로부터 $P=N\sin\alpha+\mu N\cos\alpha$, $N=\dfrac{P}{\sin\alpha+\mu\cos\alpha}$이므로 제동력 F는

$F=\mu N=\dfrac{\mu P}{\sin\alpha+\mu\cos\alpha}=\mu' P$이다. 여기서 $\mu'=\dfrac{\mu}{\sin\alpha+\mu\cos\alpha}$ 이다. 따라서 제동마력 H_{PS}는 $H_{PS}=\dfrac{Fv_m}{75}=\dfrac{\mu' Pv_m}{75}$이다. 여기서 v_m은 원추면의 평균속도로 $v_m=\dfrac{\pi D_m N}{60\times1,000}$이다. 한편 브레이크시스템의 기하학적 형상 및 지점에 대한 모멘트의 평형으로부터 스러스트 P와 조작력 Q의 관계는 $P=\dfrac{a}{c}Q$이므로 $H_{PS}=\dfrac{Fv_m}{75}=\dfrac{\mu' Pv_m}{75}=\dfrac{a}{c}\left(\dfrac{\mu' Qv_m}{75}\right)$이다. 보통 $\alpha=10\sim18°$, μ는 주철에서 0.18, 나무토막을 붙인 것은 $0.2\sim0.25$ 정도로 잡는다. 제동압력은 $p=\dfrac{N}{\pi D_m b}=\dfrac{P}{\pi D_m b(\sin\alpha+\mu\cos\alpha)}$가 된다.

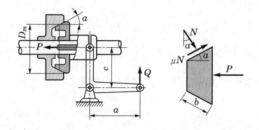

2) 래칫 휠(ratchet wheel)

래칫 휠(또는 래칫)은 폴(pawl)과 조합하여 사용되며, 축의 역전 방지기구로서 널리 사용되나 브레이크의 일부로서 병용되는 일도 많으므로 브레이크의 일종이라고 생각해도 무방하다. 그래서 래칫브레이크 또는 폴브레이크라고도 한다. 래칫 휠에는 외측 래칫 휠과 내측 래칫 휠이 있으나 보통 외측의 경우가 많이 사용된다. 래칫 휠의 재료는 보통주철, 주강 또는 단강이며, 폴의 재료는 단강이다.

(1) 외측 래칫 휠

래칫 휠의 바깥쪽에 이를 가진 것을 말하며, 래칫 휠이 역전 없이 화살방향으로만 회전을 허용하는 장치이다. 이의 각도 α는 폴이 이뿌리에 확실하게 미끄러져 떨어지도록 평균 15° 정도로 잡고 있다. 이 사이의 간격 p는 이가 확실히 걸리고 하중에 견딜 수 있도록 계산식으로 결정한다. 래칫 휠에 걸리는 토크를 $T[\text{mm}\cdot\text{kgf}]$, 래칫 휠의 외접원의 지름을 $D[\text{mm}]$라고 하면 폴에 걸리는 힘은 $P=\dfrac{2T}{D}=\dfrac{2\pi T}{Zp}[\text{kgf}]$이다.

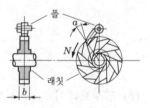

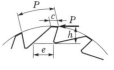

여기서 Z는 래칫 휠의 잇수, p는 래칫 휠의 이의 피치이다. 이에 걸리는 면압력 $q[\text{kgf/mm}]$는 $q=\dfrac{P}{bh}$이다. 여기서 h는 이의 높이, b는 래칫 휠의 폭이다. 대개의 경우 허용면압력 q_a는 주철인 경우 0.5~1kgf/mm^2, 주강·단강인 경우 1.5~3kgf/mm^{2}이다. 이의 허용굽힘응력

[래칫의 치수]

을 $\sigma_a[\text{kgf/mm}^2]$라고 하면 이뿌리부에 발생하는 굽힘모멘트는 $M=Ph=\dfrac{be^2}{6}\sigma_a$의 관계를 가지고 있으므로 $h=0.35p$, $e=0.5p$로 하면 $P\times0.35p=\dfrac{bp^2}{24}\sigma_a$가 된다. 여기서 e는 각 이뿌리의 두께에 해당한다. 한편 $\phi=\dfrac{b}{p}$를 치폭계수라 하는데, 이를 대입하면 $p=3.75\sqrt[3]{\dfrac{T}{z\sigma_a\phi}}$가 된다. 치폭계수는 보통주철에서 0.5~1, 주강·단강에서 0.3~0.5 정도로 한다. 허용응력 σ_a는 주철에서 2~3kgf/mm^2, 주강·단강에서 4~6kgf/mm^{2}로 한다. 래칫 휠의 잇수는 8~16 정도로 잡는다.

(2) 내측 래칫 휠

래칫 휠의 안쪽에 이를 가진 것으로서 소형이 가능하다. 내측 래칫 휠에서는 외측 래칫 휠의 계산식 e의 값이 p로 되며, $e=p$로 하여 계산하면 $p=2.37\sqrt[3]{\dfrac{T}{Z\sigma_a\phi}}$가 된다. 일반적으로 잇수 16~30, 이높이 $h=15{\sim}30\text{mm}$를 취한다.

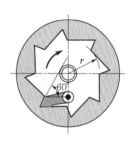

06 관계 기계요소

1 파이프

1) 파이프의 개요

파이프는 재질에 따라 주철관, 강관, 구리관, 납관, 스테인리스강관, 고무관, 합성수지관, 콘크리트관 등이 사용되는데, 이 중에서 가장 많이 사용되는 주철관과 강관에 대해 알아본다.
① 주철관 : 강관에 비해서 값이 저렴하며 내식성·내구성이 우수하다. 수도·가스·배수 등의 수송, 지상과 해저배관용 관으로 미분탄·시멘트 등을 포함하는 유체수송 등에 사용된다. 사용압력은 0.7~1.0N/mm^2, 사용온도는 250℃ 이하이다.

② 강관 : 강관의 내식성을 증가시키기 위해 아연도금, 모르타르, 고무, 플라스틱 등을 라이닝(lining)하기도 하며, 이음매 있는 것과 이음매 없는 것으로 구분된다.

　　㉠ 이음매 있는 강관 : 단접, 저항용접으로 만들고 바깥지름이 500mm 이상이 되면 스파이럴용접강관으로 구조용, 강관 갱목용 등에 사용된다.

　　㉡ 이음매 없는 강관 : 질이 좋은 전기로강으로 만든 드로잉강관이며 바깥지름이 500mm의 큰 것도 있다. 사용압력은 3,000N/mm^2 이하이며 증기, 압축공기, 압력배관용으로 사용된다.

2) 파이프이음

① **영구이음** : 파이프의 이음부를 용접한다. 고압관이음에서와 같이 이음 부분을 되도록 적게 하여 누설이 발생하지 않도록 할 때 사용된다. 용접이음은 설비비와 유지비가 적게 든다. 용접이음을 할 때는 수리에 편리하도록 플랜지이음을 병용하며, 용접이음부는 V형 맞대기용접으로 하여 안쪽에 이면비드가 나오지 않도록 한다.

② **분리가능이음** : 나사이음, 패킹이음, 턱걸이이음, 플랜지이음, 고무이음

　　㉠ 나사이음 : 파이프 끝에 관용나사를 절삭하고 적당한 이음쇠를 사용하여 결합하는데, 특히 누설을 방지하고자 할 때는 추가로 접착콤파운드나 접착테이프를 감아 결합한다.

　　㉡ 패킹이음 : 파이프에 나사를 절삭하지 않고 이음하기 때문에 생이음이라고 한다. 숙련이 필요하지 않으며 시간과 공정이 절약된다.

　　㉢ 턱걸이이음 : 파이프 한쪽 끝을 크게 하여, 여기에 다른 한 끝을 끼우고 그 사이에 대마나 목면 등의 패킹을 넣고 그 위에 납이나 시멘트를 유입시킨 다음에 코킹하여 누설이 방지되도록 결합하는 방법이다. 정확성을 필요로 하지 않는 상수, 배수, 가스 등의 지하매설용으로 많이 사용된다.

　　㉣ 플랜지이음 : 파이프의 끝에 플랜지를 만들어 결합하는 방법이다. 관의 지름이 크거나 유체압력이 큰 경우에 사용되며 분해와 조립이 간편하여 산업배관에 많이 사용된다.

　　㉤ 고무이음 : 진동흡수용 이음이며 냉동기, 펌프의 배관에 사용된다.

3) 관로의 설계

파이프의 안지름, 재질, 두께를 결정하여 설계한다. 파이프의 안지름은 파이프 내부를 흐르는 유체의 유량에 의해 정해지며, 파이프의 재질과 두께는 유체의 성질, 온도, 유량, 압력 등에 따라 정해진다. 파이프 속을 유체가 꽉 채워져서 흐르면 유체의 속도는 유체와 파이프 안벽 사이의 마찰 때문에 파이프 중앙에서는 빠르고 벽의 근처에서는 느리게 된다. 유량 $Q[\mathrm{m}^3/\mathrm{s}]$, 파이프 안지름 $D[\mathrm{mm}]$, 평균유속 v_m, 파이프 안의 단면적 $A[\mathrm{m}^2]$일 때 유량은 $Q = Av_m = \dfrac{\pi}{4}\left(\dfrac{D}{1,000}\right)^2 v_m$ 이며, 파이프의 안지름은 $D = 1,128\sqrt{\dfrac{Q}{v_m}}$ 이 된다. 한편 수압 P, 부식여유 C일 때 강관의 두께는 $t = \dfrac{PD_1}{2\sigma\eta} + C[\mathrm{mm}]$의 식으로부터 구할 수 있다.

2 압력용기

1) 압력용기의 개요

① 보일러, 공기탱크, 화학공업용 반응탱크, 내연기관, 수압기처럼 고압의 유체를 담고 있는 용기를 압력용기(pressure vessel)라고 한다.

② 압력용기는 화학공업 등을 비롯한 여러 산업분야에 이용되며, 압력용기는 사용조건에 따라 구조가 다르고 명칭도 다양하다.

③ 모든 압력용기에는 매우 넓은 온도범위에서 내압, 외압 혹은 내외압이 동시에 걸린다.

④ 압력용기의 가장 일반적인 형태는 원통형인데, 이 중에서 보일러탱크 등은 보통 리벳이음이나 용접이음을 한다. 원통의 몸체 부분을 동판(shell plate), 양 끝의 뚜껑에 해당하는 부분을 경판(end plate)이라고 한다.

2) 압력용기의 설계

원통형 압력용기의 설계는 용기 내 유체의 압력과 동판, 경판 및 이음 부분에 미치는 강도 등을 고려해야 한다. 특히 다음의 사항을 반드시 고려하여 설계해야 한다.

① 압력이 급격하게 높아지거나 압력의 변화가 주기적으로 반복되는 경우의 대책

② 온도변화에 따라 재료의 강도에 변화가 오는 경우의 대책

③ 고체나 유체의 마찰에 의한 마멸, 내용물질에 의한 부식 등의 염려에 대한 대책

④ 고탄성, 내식성, 고열전도, 경량화 등에 따른 재질선택에 대한 대책

⑤ 고압에 의한 내용물질의 누설 방지에 대한 대책

⑥ 규격과 기준에 대한 대책

⑦ 압력시험규정에 따른 시행에 대한 대책(압력시험에 있어서 최고사용압력의 1.2~2배의 수압을 가하여 시험한다)

원통형 압력용기를 설계하는 데 있어서 원통의 두께를 계산할 때에는 원통의 원주방향의 인장응력과 세로방향의 인장응력을 모두 고려한다. 세로방향 응력이 원주방향 응력보다 작기 때문에 일반적으로 원주방향의 응력만 고려해도 좋다. 원통의 두께를 결정할 때 통상, 원통의 안지름과 용기의 내압, 리벳이음의 효율, 용기의 부식 정도를 고려한다.

1. 기계요소설계의 기초

01 다음 중 절대단위와 중력단위의 힘의 관계식으로 옳지 않은 것은?

① $1kgf = 1kg \times 9.8 m/s^2$

② $1kgf = 9.8N$

③ $1dyne = 1.019 \times 10^{-3}kgf$

④ $1kg(질량) = 0.1019kgf \cdot s^2/m$

해설 $1dyne = 1.019 \times 10^{-6}kgf$

02 단위계에 대한 다음 설명 중 옳지 않은 것은?

① 단위는 절대단위와 중력단위로 구분된다.

② 절대단위는 질량, 길이, 시간 등을 기본단위로 하고, 힘을 유도단위로 한다.

③ 중력단위에서는 질량을 힘으로 바꾸고, 나머지 기본단위나 유도단위는 절대단위와 같다.

④ 절대단위는 주로 공학계에서, 중력단위는 물리학계에서 널리 사용해 왔다.

해설 절대단위는 주로 물리학계에서, 중력단위(공업단위)는 공학계에서 널리 사용해 왔다.

03 다음 중 뉴턴의 법칙에 대한 설명으로 옳지 않은 것은?

① 자유물체는 외력의 작용을 받지 않는 한 정지상태에 있을 때에는 정지상태를 계속한다.

② 자유물체에 힘이 작용했을 때 생기는 가속도의 크기는 힘의 크기에 비례하고, 그 방향은 힘의 방향과 같다.

③ 자유물체 A가 자유물체 B에 힘을 가할 때 A는 B로부터 크기가 같고 방향이 반대인 힘을 받는다. 이때 한쪽 힘을 작용, 다른 쪽을 반작용이라고 한다.

④ 외력의 작용을 받아 움직이는 자유물체는 언젠가는 정지된다.

해설 외력의 작용을 받아 움직이는 자유물체는 계속 등속운동을 한다.

04 각속도가 30rad/s인 원운동을 rpm단위로 환산하면 얼마인가?

① 157.1rpm

② 186.5rpm

③ 257.1rpm

④ 286.5rpm

해설 각속도 $\omega = \dfrac{2\pi n}{60}$

$$\therefore n = \frac{30 \times 60}{2\pi} = 286.6 rpm$$

2. 재료의 강도 및 변형

01 계속하여 반복작용하는 하중으로서 진폭이 일정하고 주기가 규칙적인 하중은?

① 변동하중   ② 반복하중

③ 교번하중   ④ 충격하중

해설 반복하중은 힘의 방향이 변하지 않으면서 연속하여 계속 반복작용하는 하중으로서, 진폭이 일정하고 주기가 규칙적인 하중이다. 반복하중을 받는 예로서 차축의 압축스프링의 경우를 들 수 있다.

02 물체의 양단에 압축력이 작용하여 하중방향의 직각인 단면에 발생하는 수직응력은?

① 인장응력   ② 전단응력

③ 압축응력   ④ 굽힘응력

03 응력-변형률선도에서 재료가 견딜 수 있는 최대의 응력을 무엇이라 하는가?

① 비례한도　　　　② 소성변형
③ 항복점　　　　　④ 극한강도

해설 응력-변형률선도에서 재료가 견딜 수 있는 최대의 응력을 극한강도라고 한다.

04 「비례한도 이내에서 응력과 변형률은 비례한다.」라는 법칙을 무엇이라 하는가?

① 오일러의 법칙　　② 푸아송의 법칙
③ 아베의 법칙　　　④ 훅의 법칙

해설 ① 오일러의 법칙 : 결정면의 수와 꼭짓점의 수를 합한 값은 모서리의 수에 2를 더한 값과 같다.
$f + s = e + 2$
② 푸아송의 법칙 : 탄성한도 이내에서 가로변형률과 세로변형률의 비는 재료에 무관하게 일정한 값이 된다.
③ 아베의 법칙 : 피측정물과 표준자는 측정방향에 있어서 일직선 위에 배치되어야 한다.
④ 훅의 법칙 : 비례한도 이내에서 응력과 변형률은 비례한다.

05 다음 중 응력을 구하는 식으로 맞는 것은? (단, σ는 응력, A는 단면적, P는 작용하중으로 한다.)

① $\sigma = \dfrac{P}{A}$　　　　② $\sigma = PA$

③ $\sigma = \dfrac{A}{P}$　　　　④ $\sigma = \dfrac{P}{A^2}$

해설 응력 $= \dfrac{\text{작용하중}}{\text{단면적}}$

$\therefore \ \sigma = \dfrac{P}{A}$

06 하중을 작용방향과 작용시간 등에 따라 분류할 때 작용방향에 따른 분류에 속하지 않는 것은?

① 압축하중　　　　② 충격하중
③ 인장하중　　　　④ 전단하중

해설 하중이 작용하는 방향에 따른 하중의 분류는 인장하중, 압축하중, 전단하중, 비틀림하중, 굽힘하중 등이다. 충격하중은 순간적으로 짧은 시간에 적용되는 하중이며 하중의 시간작용에 따른 분류에 속한다.

07 연강의 응력-변형률선도에서 훅의 법칙(Hook's law)이 성립하는 구간으로 알맞은 것은?

① 항복점　　　　　② 극한강도
③ 비례한도　　　　④ 소성변형

해설 연강의 응력-변형률선도에서 훅의 법칙(Hook's law)이 성립하는 구간은 비례한도까지이다.

08 지름 20mm, 길이 500mm인 탄소강재에 인장하중이 작용하여 길이가 502mm가 되었다면 변형률은?

① 0.01　　　　　　② 1.004
③ 0.02　　　　　　④ 0.004

해설 $\varepsilon = \dfrac{\lambda}{l} = \dfrac{l_1 - l}{l} = \dfrac{502 - 500}{500} = 0.004$

09 지름 4mm의 원형단면봉에 40kN의 인장하중이 작용할 때, 이때 발생하는 응력은 몇 N/mm^2인가?

① 3,243　　　　　② 3,185
③ 4,293　　　　　④ 4,993

해설 $\sigma = \dfrac{F}{A} = \dfrac{F}{\pi d^2 / 4} = \dfrac{40{,}000}{3.14 \times 4} = 3{,}184.7$

10 축방향에 10kN의 압축하중을 받는 정사각형의 주철제 각봉에 생기는 응력을 4N/cm^2로 하려고 한다. 정사각형 한 변의 치수를 몇 mm로 하면 되는가?

① 40mm　　　　　② 50mm
③ 60mm　　　　　④ 65mm

해설 $\sigma = \dfrac{P}{A} = \dfrac{10{,}000}{a^2} = 4$

$\therefore \ a = \sqrt{\dfrac{10{,}000}{4}} = 50\text{mm}$

11 사각형 단면(100×60mm)의 기둥에 10kgf/cm^2 압축응력이 발생할 때 압축하중은 약 얼마인가?

① 6,000kgf　　　　② 600kgf
③ 60kgf　　　　　④ 60,000kgf

해설 $\sigma = \dfrac{W(\text{하중})}{A\text{단면적}}$

$\therefore\ W = \sigma A = 10 \times 10 \times 6 = 600\text{kgf}$

12 반복하중을 받는 스프링에서는 그 반복속도가 스프링의 고유진동수에 가까워지면 심한 진동을 일으켜 스프링의 파손원인이 된다. 이 현상을 무엇이라 하는가?

① 자유높이   ② 스프링상수

③ 비틀림모멘트   ④ 서징

해설 반복하중을 받는 스프링에서는 그 반복속도가 스프링의 고유진동수에 가까워지면 심한 진동을 일으켜 스프링이 파손되는 현상은 서징이다.

13 $S-N$(응력진폭-반복횟수)선도에서 응력의 값이 어느 일정한 값에 도달하면 곡선이 수평으로 되어, 이 응력 이하에서는 아무리 반복횟수를 늘려도 파괴되지 않게 한다. 이 응력의 한도값을 무엇이라 하는가?

① 응력한도   ② 반복한도

③ 피로한도   ④ 수평한도

해설 $S-N$(응력진폭-반복횟수)선도에서 응력의 값이 어느 일정한 값에 도달하면 곡선이 수평으로 되어, 이 응력 이하에서는 아무리 반복횟수를 늘려도 파괴되지 않게 되는 응력의 한도값을 피로한도라고 한다.

14 재료에 높은 온도로 큰 하중을 일정하게 작용시키면 응력이 일정해도 시간의 경과에 따라 변형률이 증가하는 현상은?

① 크리프현상   ② 시효현상

③ 응력집중현상   ④ 피로파손현상

해설 재료에 높은 온도로 큰 하중을 일정하게 작용시키면 응력이 일정해도 시간의 경과에 따라 변형률이 증가하는 현상은 크리프현상이다.

15 재료의 기준강도(인장강도)가 40kgf/mm^2이고 허용응력이 10kgf/mm^2일 때 안전율은?

① 0.25   ② 0.5

③ 2   ④ 4

해설 $S = \dfrac{40}{10} = 4$

16 단면적이 600mm^2인 봉에 600kgf의 추를 달았더니 이 봉에 생긴 인장응력이 재료의 허용인장응력에 도달하였다. 이 봉재의 극한강도가 500kgf/cm^2이면 안전율은 얼마인가?

① 2   ② 3

③ 4   ④ 5

해설 $\sigma_a = \dfrac{P}{A} = \dfrac{600}{600} = 1\text{kgf/mm}^2 = 100\text{kgf/cm}^2$

$\therefore\ S = \dfrac{\sigma_u}{\sigma_a} = \dfrac{500}{100} = 5$

3. 결합용 기계요소

01 그림과 같은 크레인용 후크에서 2ton의 하중이 작용할 경우 적합한 나사의 최소크기는? (단, 훅 재질의 허용인장응력 $\sigma_1 = 5\text{kgf/mm}^2$이다.)

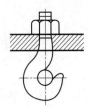

① M30   ② M38

③ M45   ④ M50

해설 $d = \sqrt{\dfrac{2W}{\sigma_a}} = \sqrt{\dfrac{2 \times 2,000}{5}} = 28.28$이므로 M30으로 설계한다.

02 3줄 나사에서 나사를 3회전하였더니 36mm 전진하였다. 이 나사의 피치는?

① 12mm   ② 6mm

③ 4mm   ④ 3mm

해설 리드=줄수×피치이므로 피치=리드/줄수, 리드는 한 바퀴 돌렸을 때 진행된 거리이므로 3회전에 36mm이면 1회전에는 12mm이며, 따라서 피치=12/3=4mm이다.

03 피치가 2mm인 4산 나사에서 180°를 회전시키면 축방향으로 전진한 거리는?

① 2mm ② 4mm

③ 6mm ④ 8mm

> **해설** $2\text{mm} \times 4\text{산} \times \dfrac{180°}{360°} = 8\text{mm} \times \dfrac{1}{2} = 4\text{mm}$

04 관용나사의 나사산의 각도는?

① 29° ② 30°

③ 55° ④ 60°

> **해설** ① 29° : 애크미나사(인치계)
> ② 30° : 애크미나사(미터계)
> ③ 55° : 관용나사
> ④ 60° : 미터나사, 유니파이나사

05 힘을 한 방향으로만 받는 부품에 이용되는 나사로 나사산각은 30°와 45°의 2종류가 있는 나사는?

① 사각나사 ② 사다리꼴나사

③ 톱니나사 ④ 둥근나사

06 추력을 받아서 정확한 운동전달을 시키려고 한다. 다음 어느 나사를 사용하면 가장 적당한가?

① 톱니나사 ② 둥근나사

③ 미터나사 ④ 사다리꼴나사

07 다음 중 보스와 축을 고정하는 데 주로 쓰이고 축에 끼워진 기어나 풀리의 위치조정 및 키의 대용으로 쓰이며, 끝이 담금질되어 있어 마찰, 걸림 등에 의한 정지작용도 할 수 있는 나사로 가장 적합한 것은?

① 육각볼트 ② 태핑볼트

③ 작은 나사 ④ 멈춤나사

> **해설** 보스와 축을 고정하는 데 주로 쓰이고 축에 끼워진 기어나 풀리의 위치조정 및 키의 대용으로 쓰이며, 끝이 담금질되어 있어 마찰, 걸림 등에 의한 정지작용도 할 수 있는 나사로 가장 적합한 것은 멈춤나사이다.

08 M18×2 미터 가는 나사의 치수를 설명한 것으로 맞는 것은?

① 미터 가는 나사 유효지름 18mm, 산수 2

② 미터 가는 나사 유효지름 18mm, 피치 2mm

③ 미터 가는 나사 바깥지름 18mm, 피치 2mm

④ 미터 가는 나사 골지름 18mm, 2줄 나사

> **해설** M18×2 미터 가는 나사는 바깥지름 18mm, 피치 2mm이다.

09 4kN의 축방향 하중과 비틀림하중이 동시에 작용하고 있는 미터보통나사의 크기는 얼마인가? (단, 허용인장응력은 4.8N/mm^2이다.)

① M48 ② M42

③ M40 ④ M38

> **해설** $d = \sqrt{\dfrac{8W}{3\sigma_a}} = \sqrt{\dfrac{8 \times 4{,}000}{3 \times 4.8}} = 47.14$
> ∴ M48

10 다음 중 운동용 나사의 분류로 맞지 않는 것은?

① 사각나사 ② 톱니나사

③ 삼각나사 ④ 사다리꼴나사

> **해설** 삼각나사는 운동용 나사가 아니라 체결용 나사로 사용된다.

11 M20×2.5나사가 유효지름이 18.396mm이고 마찰계수가 0.1일 때 나사의 효율은?

① 약 37% ② 약 56%

③ 약 27% ④ 약 46%

> **해설** 유효마찰계수 $\mu' = \dfrac{\mu}{\cos\alpha} = \dfrac{0.1}{\cos 30} = 0.11$
> 마찰각 $\tan\rho = \mu$이므로 $\rho = \tan^{-1}0.11 = 6.59$
> 리드각 $\lambda = \tan^{-1}\left(\dfrac{p}{\pi d_e}\right)$
> $= \tan^{-1}\left(\dfrac{2.5}{3.14 \times 18.396}\right) = 2.48$
> ∴ 효율 $\eta = \dfrac{\tan\lambda}{\tan(\lambda+\rho)}$
> $= \dfrac{\tan 2.48}{\tan(2.48+6.59)} = 0.27 = 27\%$

12 다음 중 기계 등을 콘크리트 바닥에 설치하는 데 사용되는 볼트의 명칭은?

① 스테이볼트
② 아이볼트
③ 충격볼트
④ 기초볼트

해설 기계 등을 콘크리트 바닥에 설치하는 데 사용되는 볼트는 기초볼트이다.

13 1열 겹치기이음에서 피치가 50mm, 리벳의 지름이 19mm, 하중 1,500N일 때 판의 두께가 8mm이면 이 판의 이음효율은 얼마인가?

① 46.7%
② 54.3%
③ 62.0%
④ 70.1%

해설 $\eta = 1 - \dfrac{d}{p} = 1 - \dfrac{19}{50} = 0.62 = 62\%$

14 다음 키 중에서 큰 동력을 전달할 수 있는 것은?

① 안장키
② 묻힘키
③ 납작키
④ 스플라인

해설 스플라인 > 세레이션 > 접선키 > 묻힘키 > 평키 > 안장키

15 다음 중 가장 큰 회전력을 전달시킬 수 있는 키는?

① 평키
② 안장키
③ 핀키
④ 접선키

해설 세레이션 > 스플라인 > 접선키 > 평키 > 안장키

16 일반적으로 60mm 이하의 작은 축과 테이퍼축에 사용될 때 키가 자동적으로 축과 보스 사이에서 자리를 잡을 수 있는 장점을 가지고 있는 키는?

① 성크키
② 반달키
③ 접선키
④ 스플라인

해설 60mm 이하의 작은 축과 테이퍼축에 사용될 때 키가 자동적으로 축과 보스 사이에서 자리를 잡을 수 있는 장점을 가지고 있는 키는 반달키이다.

17 축의 홈이 길게 파여 축의 강도가 약하게 되기는 하나 키와 키홈 등이 모두 가공하기 쉽고 키가 자동적으로 축과 보스 사이에 자리 잡을 수 있어 자동차, 공작기계 등의 축에 널리 사용되며, 특히 테이퍼축에 사용하면 편리한 키는?

① 둥근키
② 접선키
③ 묻힘키
④ 반달키

해설 축의 홈이 길게 파여 축의 강도가 약하게 되기는 하나 키와 키홈 등이 모두 가공하기 쉽고 키가 자동적으로 축과 보스 사이에 자리 잡을 수 있어 자동차, 공작기계 등의 축에 널리 사용되며, 특히 테이퍼축에 사용하면 편리한 키는 반달키이다.

18 성크키(sunk key, 묻힘키) 규격에서 15×10은 무엇을 가리키는가?

① 키의 높이×폭
② 키의 폭×높이
③ 키의 길이×높이
④ 키의 높이×폭

해설 키의 규격 표시는 $b \times h \times l$재료=폭×높이×길이재료이다.

19 묻힘키(sunk key)에서 키의 폭 10mm, 키의 유효길이 54mm, 키의 높이 8mm, 축의 지름 45mm일 때 최대전달토크는 약 몇 N·m인가? (단, 키의 허용전단응력은 35N/mm²이다.)

① 425N·m
② 643N·m
③ 846N·m
④ 1,024N·m

해설 $\tau = \dfrac{2T}{bld}$

$\therefore T = \dfrac{\tau bld}{2} = \dfrac{35 \times 1 \times 5.4 \times 4.5}{2} = 425.25\,\text{N} \cdot \text{m}$

20 9,600N·cm의 토크를 전달하는 지름 50mm인 축에 사용될 묻힘키(12×8mm)의 길이는? (단, 키는 전단강도만으로 계산하고, 키의 허용전단응력 τ=800N/cm²이다.)

① 30mm
② 40mm
③ 50mm
④ 60mm

해설

$$\tau = \frac{W}{bl} = \frac{2T}{bdl}$$

$$\therefore l = \frac{2T}{bd\tau} = \frac{2 \times 9,600}{1.2 \times 5 \times 800} = 4\text{cm} = 40\text{mm}$$

21 지름이 60mm인 축의 전달토크가 25,000kgf · mm일 때 너비가 10mm, 높이가 8mm인 묻힘키의 길이는? (단, 허용전단응력은 $\tau = 7\text{kgf/mm}^2$이다.)

① 8mm   ② 12mm

③ 15mm   ④ 16mm

해설 $\tau = \dfrac{W}{bl}$

$$\therefore l = \frac{W}{b\tau} = \frac{2T}{db\tau} = \frac{2 \times 25,000}{60 \times 10 \times 7} = 11.9 \simeq 12\text{mm}$$

22 키재료의 허용전단응력 60N/mm^2, 키의 폭×높이가 16×10mm인 성크키를 지름이 50mm인 축에 사용하여 250rpm으로 40kW를 전달시킬 때 성크키의 길이는 몇 mm 이상이어야 하는가?

① 51mm   ② 64mm

③ 78mm   ④ 93mm

해설 $\tau_a = \dfrac{W}{bl} = \dfrac{2T}{bdl}$

$$T = 974,000 \frac{H_{\text{kW}}}{N} = 974,000 \times \frac{40}{250}$$

$$= 155,840\text{kg} \cdot \text{mm}$$

$$\therefore l = \frac{2T}{bd\tau_a} = \frac{2 \times 155,840 \times 9.8}{16 \times 50 \times 60} \simeq 64\text{mm}$$

23 성크키($b \times h \times l$)를 지름 d인 전동축에 사용할 때 키의 전단저항으로 토크를 전달한다면 키의 폭(b)을 결정하는 식은? (단, 키와 축의 허용응력은 동일하고, 키의 높이는 h이고, 키의 길이는 $l = 1.5d$이다.)

① $b = \dfrac{\pi}{6}d$ ② $b = \dfrac{\pi}{8}d$

③ $b = \dfrac{\pi}{10}d$ ④ $b = \dfrac{\pi}{12}d$

해설 키의 전단 $\tau = \dfrac{W}{bl}$에서 $W = bl\tau$

키의 토크 $T = \dfrac{Wd}{2} = \dfrac{bl\tau d}{2} = \dfrac{1.5db\tau d}{2}$

축의 토크 $T = \dfrac{\tau_a \pi d^3}{16}$

$$\frac{1.5dbl\tau d}{2} = \frac{\tau_a \pi d^3}{16}$$

$$\therefore b = \frac{\pi d}{12}$$

24 키의 설계에서 전달동력 3kW, 회전수 300rpm, 축지름 30mm, 키의 길이 40mm, 허용전단응력을 3kgf/mm^2라 할 때 키의 폭은 약 얼마인가?

① 3mm   ② 6mm

③ 15mm   ④ 24mm

해설 $T = 974,000 \dfrac{H'}{N} = \dfrac{\tau_a bld}{2}$

$$b = 974,000 \frac{H'}{N} \left(\frac{2}{\tau_a ld} \right)$$

$$= 974,000 \times \frac{3}{3,000} \times \frac{2}{3 \times 40 \times 30} = 5.41\text{mm}$$

$\therefore$ 키의 폭(b)은 6mm로 한다.

25 코터의 기울기각을 α, 코터와 로드소켓 사이의 마찰각을 ρ라고 할 때 코터가 양쪽 구배인 경우의 자립조건은?

① $\alpha \leq \rho$

② $\alpha \geq \rho$

③ $\alpha \geq 2\rho$

④ $\alpha \leq 2\rho$

해설 코터의 자립조건은 한쪽 경사인 경우 $\alpha \leq 2\rho$, 양쪽 경사인 경우 $\alpha \leq \rho$이다.

26 나사의 유효지름이 50mm, 피치 2.5mm의 나사잭으로 2ton의 무게를 올리려고 할 때 레버의 유효길이는 얼마인가? (단, 레버를 돌리는 힘은 75N이고, 마찰계수는 0.1이다.)

① 526mm   ② 420mm

③ 387mm   ④ 615mm

해설

$$T = FL = Q\left(\frac{p + \mu \pi d_e}{\pi d_e - \mu p}\right)\frac{d_e}{2}$$

$$15 \times L = 2,000 \times \frac{2.5 + 0.1 \times \pi \times 50}{\pi \times 50 - 0.1 \times 2.5} \times \frac{50}{2}$$

$$\therefore L = 387\text{mm}$$

27 3,000kgf의 수직방향 하중이 작용하는 나사잭을 설계할 때 나사잭볼트의 바깥지름은 얼마인가? (단, 허용응력은 6kgf/mm², 골지름은 바깥지름의 0.8배이다.)

① 12mm　　　　② 32mm

③ 74mm　　　　④ 126mm

해설

$$\sigma_a = \frac{W}{A} = \frac{4W}{\pi d^2}$$

$$d = \sqrt{\frac{4W}{\pi \sigma_a}} = \sqrt{\frac{4 \times 3,000}{3.14 \times 6}} = 25.2$$

$$\therefore \text{바깥지름} = \frac{25.2}{0.8} = 31.55, \ \text{즉 } 32\text{mm로 한다.}$$

28 다음 그림과 같은 용접이음에서 인장응력은 몇 N/mm²인가?

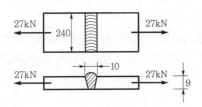

① 7.5　　　　② 12.5

③ 15　　　　④ 200

해설

 $\sigma_t = \dfrac{W}{tl} = \dfrac{27,000}{9 \times 240} = 12.5$

29 마찰에 의해 회전력을 전달하며 축의 임의의 위치에 보스를 고정할 수 있는 키는?

① 미끄럼키　　　　② 스플라인

③ 접선키　　　　④ 원뿔키

해설 축과 보스에 홈을 파지 않고 보스구멍을 원뿔 모양으로 만들고 3개로 분할된 원뿔통형의 키(원뿔키)를 때려 박아 마찰만으로 회전력을 전달한다.

30 나사의 이완 방지로서 다음 것을 사용한다. 맞지 않는 것은?

① 로크너트　　　　② 분할핀

③ 캡너트　　　　④ 와셔

해설 캡너트로는 나사의 이완을 방지할 수 없다.

📖 **4. 운동용 기계요소**

01 다음 그림과 같은 기어열에서 각각의 잇수가 $Z_A = 16$, $Z_B = 60$, $Z_C = 12$, $Z_D = 64$인 경우 A기어가 있는 I축이 1,500rpm일 때 D기어가 있는 III축의 회전수는 얼마인가?

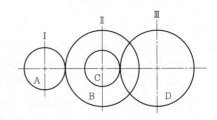

① 56rpm　　　　② 60rpm

③ 75rpm　　　　④ 85rpm

해설

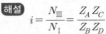 $i = \dfrac{N_{III}}{N_I} = \dfrac{Z_A Z_C}{Z_B Z_D}$

$$\therefore N_{III} = \frac{16}{60} \times \frac{12}{64} \times 1,500 = 75\text{rpm}$$

02 다음 그림과 같은 기어트레인에서 기어 A, B, C의 잇수를 각각 32, 15, 64라 하고 A기어의 회전수가 1,600rpm이라면 C기어의 회전수는 약 몇 rpm인가?

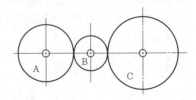

① 800rpm　　　　② 1,600rpm

③ 2,400rpm　　　　④ 3,200rpm

해설

$$i = \frac{N_C}{N_A} = \frac{Z_A}{Z_C}$$

$$\therefore \ N_C = N_A \frac{Z_A}{Z_C} = 1,600 \times \frac{32}{64} = 800\,\mathrm{rpm}$$

03 축간거리 55cm인 평행한 두 축 사이에 회전을 전달하는 한 쌍의 스퍼기어에서 피니언이 124회 전할 때 기어를 96회전시키려면 피니언의 피치원 지름은?

① 48cm   ② 62cm

③ 96cm   ④ 124cm

해설

$$C = \frac{D_A + D_B}{2} = 55$$

$$D_A + D_B = 110$$

$$D_B = 110 - D_A$$

$$i = \frac{N_B}{N_A} = \frac{96}{124} = \frac{D_A}{D_B} = \frac{D_A}{110 - D_A}$$

$$D_A(124 + 96) = 110 \times 96$$

$$\therefore \ D_A = \frac{10,560}{220} = 48\mathrm{cm}$$

04 마찰차의 응용범위에 대한 설명 중 옳지 않은 것은?

① 전달해야 될 힘이 그다지 크지 않고 정확한 속도비를 중요시하지 않는 경우

② 양축 사이를 빈번하게 단속할 필요가 없는 경우

③ 회전속도가 커서 보통의 기어를 사용할 수 없는 경우

④ 무단변속을 하는 경우

해설 양축 사이를 빈번하게 단속할 필요가 있는 경우이다.

05 다음 중 두 축의 상대위치가 평행할 때 사용되는 기어는?

① 베벨기어   ② 나사기어

③ 웜과 웜기어   ④ 헬리컬기어

해설 • 베벨기어 : 직각
• 웜과 웜기어 : 평행도 아니고 직각도 아님
• 헬리컬기어 : 평행

06 모듈 2, 피치원지름 60mm인 스퍼기어의 잇수는?

① 30개   ② 40개

③ 50개   ④ 60개

해설 $m = \dfrac{D}{Z}$ 이므로 $Z = \dfrac{D}{m} = \dfrac{60}{2} = 30$개

07 다음 표준스퍼기어에서 이의 크기가 가장 큰 것은? (단, m : 모듈, P : 지름피치)

① $P = 10$ ② $P = 12$

③ $m = 2$ ④ $m = 2.5$

해설 모듈이 크면 이의 크기도 크다. 지름피치가 10이면 모듈이 25.4/10=2.54이므로 ①의 이 크기가 가장 크다.

08 전위기어의 사용목적과 관계가 가장 가까운 것은?

① 계산을 단순하게 하기 위해

② 언더컷을 피하기 위해

③ 교환성을 향상하기 위해

④ 물림률을 감소시키기 위해

해설 전위기어의 사용목적은 이의 강도 개선, 중심거리 변경, 언더컷 방지 등이다.

09 기어설계 시 전위기어를 사용하는 이유로 거리가 먼 것은?

① 중심거리를 자유로이 변화시키려고 할 경우에 사용

② 언더컷을 피하고 싶은 경우에 사용

③ 베어링에 작용하는 압력을 줄이고자 할 경우 사용

④ 기어의 강도를 개선하려고 할 경우 사용

해설 베어링에 작용하는 압력을 줄이고자 전위기어를 사용하는 것은 아니다.

10 바깥지름(이끝원지름) $D = 104$mm, 잇수 $Z = 50$인 표준스퍼기어의 모듈은 얼마인가?

① 5   ② 2

③ 3   ④ 4

[해설] $m = \dfrac{D}{Z+2} = \dfrac{104}{50+2} = \dfrac{104}{52} = 2$

11 표준스퍼기어에서 모듈 4, 잇수 21개, 압력각이 20° 라고 할 때 법선피치(P_n)는 약 몇 mm인가?

① 11.8   ② 14.8

③ 15.6   ④ 18.2

[해설] $P_n = P_g = \pi m \cos\alpha$
$= 3.14 \times 4 \times \cos 20°$
$= 3.14 \times 4 \times 0.94$
$= 11.8 \text{mm}$

12 모듈 $M=4$, 압력각 $\alpha=20°$의 평치차에서 $Z=14$일 때 언더컷을 일으키지 않으려면 이끝높이 a를 어느 정도로 하여야 하는가?

① $a \leq 3.2791$ ② $a \leq 4.3279$

③ $a \leq 5.4169$ ④ $a \leq 6.5091$

[해설] $Z = \dfrac{2a}{M\sin^2\alpha}$
$\therefore a = \dfrac{ZM\sin^2\alpha}{2} = \dfrac{14 \times 4 \times \sin^2 20°}{2} = 3.28\text{mm}$

13 잇수 $Z_1 = 40$, $Z_2 = 80$인 2개의 평기어가 외접하여 물고 있다. 모듈 $M=4$일 때 중심거리(C)는?

① 120mm   ② 240mm

③ 360mm   ④ 480mm

[해설] $C = \dfrac{M(Z_1 + Z_2)}{2} = \dfrac{4 \times (40+80)}{2} = 240\text{mm}$

14 웜기어에서 웜을 구동축으로 할 때 웜의 줄수를 3, 웜휠의 잇수를 60이라고 하면 피동축인 웜휠을 몇 분의 1로 감속하는가?

① $\dfrac{1}{15}$ ② $\dfrac{1}{20}$

③ $\dfrac{1}{25}$ ④ $\dfrac{1}{180}$

[해설] $i = \dfrac{N_2}{N_1} = \dfrac{3}{60} = \dfrac{1}{20}$

15 바로 걸기 벨트의 경우 이완측을 위쪽에 오게 하는 가장 큰 이유는?

① 벨트 걸기가 쉬워진다.
② 벨트가 잘 벗겨지지 않는다.
③ 미끄럼이 커진다.
④ 접촉각이 커져 전동효율이 좋아진다.

[해설] 바로 걸기 벨트의 경우 이완측을 위쪽에 오게 하는 가장 큰 이유는 접촉각이 커지므로 전동효율이 좋아지기 때문이다.

16 평벨트 전동장치에서 벨트의 긴장측 장력이 500N, 허용인장응력이 2.5N/mm²일 때 벨트의 너비(폭)는 최소 몇 mm 이상이어야 하는가? (단, 벨트의 두께는 2mm, 이음효율은 80%이다.)

① 75   ② 100

③ 125   ④ 150

[해설]
$\sigma_a = \dfrac{T_t}{bt\eta}$
$\therefore b = \dfrac{T_t}{\sigma_a t\eta}$
$= \dfrac{500}{2.5 \times 2 \times 0.8}$
$= 125\text{mm}$

17 V벨트를 평벨트와 비교한 특징이다. 틀린 것은?

① 전동효율이 좋다.
② 축간거리를 더 멀리할 수 있다.
③ 고속운전이 가능하다.
④ 정숙한 운전이 가능하다.

[해설] V벨트는 중심거리가 짧은 곳(5m 이하)에서 사용된다.

18 V벨트의 각도는 보통 몇 도인가?

① 90°   ② 60°

③ 40°   ④ 30°

[해설] V벨트의 각도는 40°이며, V벨트풀리의 각도는 이보다 약간 작게 하여 접촉효율을 향상시킨다.

19 V벨트 전동장치에 대한 장점을 설명한 것 중 틀린 것은?

① 지름이 작은 풀리에도 사용할 수 있다.

② 바로 걸기보다 엇걸기로 해야만 한다.

③ 마찰력이 평벨트보다 크고 미끄럼이 적어 비교적 작은 장력으로 큰 회전력을 전달할 수 있다.

④ 이음매가 없어 운전이 정숙하다.

해설 V벨트는 엇걸기는 불가능하며 바로 걸기만 가능하다.

20 4m/s의 속도로 전동하고 있는 벨트의 긴장측 장력이 1.23kN, 이완측 장력이 0.49kN이라고 하면 전달하고 있는 동력은 몇 kW인가?

① 1.55   ② 1.86

③ 2.21   ④ 2.84

해설 $T_e = T_t - T_s$
$= (1.23 \times 98) - (0.49 \times 98)$
$= 72.52 \text{kg}$
$\therefore H_{kW} = \dfrac{T_e V}{102} = \dfrac{72.52 \times 4}{102} = 2.84 \text{kW}$

21 V벨트가 널리 쓰이는 이유 중 틀린 것은?

① 고무의 굴요성이 풍부하고 마찰전동력이 크다.

② 운전 중 진동·소음이 적다.

③ 속도비를 크게 취할 수 없고 축간거리가 길게 된다.

④ 고속전동을 할 수 있다.

해설 ③은 V벨트와는 거리가 멀다.

22 전단하중이 1,500N인 롤러체인을 평균속도 2m/s로 운전할 경우 전달동력은 얼마 정도인가? (단, 안전율은 15이다.)

① 1.7PS   ② 2.66PS

③ 3.6PS   ④ 600PS

해설 $HP = \dfrac{Pv}{75S} = \dfrac{1,500 \times 2}{75 \times 15} = 2.66 \text{PS}$

23 회전수가 3,000rpm일 때 전달력이 5PS인 둥근 축의 비틀림모멘트는 약 몇 kgf·mm인가?

① 1,089.6   ② 1,193.7

③ 1,449.5   ④ 1,623.4

해설 $T = 716,200 \dfrac{H}{N}$
$= 716,200 \times \dfrac{5}{3,000} = 1,193.7 \text{kgf} \cdot \text{mm}$

24 축을 설계할 때 고려해야 할 사항이 아닌 것은?

① 강도 및 변형   ② 진동

③ 회전방향   ④ 열응력

해설 축설계 시 고려할 사항은 강도, 강성도, 진동, 부식, 온도, 열응력 등이다.

25 회전수 200rpm인 연강축 플랜지커플링에서 40PS의 동력을 전달시키려면 축의 지름은 최소 mm 이상이 좋은가? (단, 축의 허용비틀림응력은 $\tau_a = 2\text{kgf/mm}^2$이며, 축은 비틀림모멘트만을 고려한다.)

① 72   ② 77

③ 82   ④ 87

해설 $T = \tau_a \dfrac{\pi d^3}{16} = 716,200 \dfrac{H}{n} [\text{kgf} \cdot \text{mm}]$
$d = \sqrt[3]{\dfrac{16 \times 716,200 \times H/n}{\pi \tau_a}}$
$= \sqrt[3]{\dfrac{16 \times 716,200 \times 40}{\pi \times 2 \times 200}} = 71.45$
$\therefore$ 축의 지름을 72mm 이상으로 설계한다.

26 원통커플링에서 원통을 조이는 힘을 P라 하면 이 마찰커플링의 전달토크는? (단, 마찰계수는 μ, 축의 지름을 d, 축과 원통의 접촉길이(커플링의 길이)는 L로 한다.)

① $T = \mu \pi P d$ ② $T = 2\mu P d$

③ $T = \dfrac{\mu \pi P d L}{2}$ ④ $T = \dfrac{\mu \pi P d}{2}$

해설 $T = \dfrac{\mu \pi P d}{2}$

27 2개의 축이 평행하고 그 축의 중심선의 위치가 약간 어긋났을 경우 각속도의 변화 없이 회전동력을 전달시키려고 할 때 사용되는 가장 적합한 커플링은?

① 플랜지커플링
② 올덤커플링
③ 플렉시블커플링
④ 유니버설커플링

해설 올덤커플링에 대한 설명이다.

28 커플링의 설명으로 옳은 것은?

① 플랜지커플링은 축심이 어긋나서 진동하기 쉬운 데 사용한다.
② 플렉시블커플링은 양축의 중심선이 일치하는 경우에만 사용한다.
③ 올덤커플링은 두 축이 평행으로 있으면서 축심이 어긋났을 때 사용한다.
④ 원통커플링의 지름은 축 중심선이 임의의 각도로 교차되었을 때 사용한다.

해설 ① 플렉시블커플링은 축심이 어긋나서 진동하기 쉬운 데 사용한다.
② 플랜지커플링, 원통커플링은 양축의 중심선이 일치하는 경우에만 사용한다.
④ 유니버설커플링의 지름은 축 중심선이 임의의 각도로 교차되었을 때 사용한다.

29 구조는 간단하나 복잡한 운동을 쉽게 실현할 수 있어 내연기관의 밸브개폐기구나 공작기계, 인쇄기계, 자동기계 등의 분동변환기구에 사용되는 것은?

① 마찰차   ② 나사
③ 키   ④ 캠

해설 구조는 간단하나 복잡한 운동을 쉽게 실현할 수 있어 내연기관의 밸브개폐기구나 공작기계, 인쇄기계, 자동기계 등의 분동변환기구에 사용되는 것은 캠이며, 캠의 3요소는 캠, 종동절(follower), 프레임(frame)이다.

30 축의 자중을 무시하고 회전축의 중심에서 1개의 회전체의 하중에 의해 축의 처짐이 0.01mm 발생하면 축의 위험속도는 약 몇 rpm인가?

① 4,598rpm   ② 6,420rpm
③ 9,458rpm   ④ 14,568rpm

해설 $N_c = \dfrac{30}{\pi}\sqrt{\dfrac{g}{\delta}} = \dfrac{30}{3.14}\sqrt{\dfrac{9,800}{0.01}} = 9,458\text{rpm}$

31 두 축의 중심거리 300mm, 속도비가 2 : 1로 감속되는 외접 원통마찰의 원동차(D_1)와 종동차(D_2)의 지름은 각각 몇 mm인가?

① $D_1 = 600\text{mm}$, $D_2 = 1,200\text{mm}$
② $D_1 = 200\text{mm}$, $D_2 = 400\text{mm}$
③ $D_1 = 100\text{mm}$, $D_2 = 200\text{mm}$
④ $D_1 = 300\text{mm}$, $D_2 = 600\text{mm}$

해설 $C = \dfrac{D_1 + D_2}{2} = 300$이 되는 것을 구한다.

32 바깥지름이 600mm의 평벨트풀리로 동력을 전달시키는 축이 있다. 벨트의 유효장력이 100N일 때 축지름을 40mm로 하였다면 축에 발생하는 최대전단응력은 몇 N/mm² 정도인가? (단, 축은 비틀림모멘트만을 받는다.)

① 1.85N/mm²   ② 2.39N/mm²
③ 3.42N/mm²   ④ 4.34N/mm²

해설 $T = T_e\dfrac{D}{2} = \tau\dfrac{\pi d^3}{16}$

$\therefore \tau = \dfrac{16 T_e D}{2\pi d^3} = \dfrac{16 \times 100 \times 600}{2 \times \pi \times 40^3} = 2.39\text{N/mm}^2$

33 6,000N · m의 비틀림모멘트만을 받는 연강제 중실축의 지름은 몇 mm 이상이어야 하는가? (단, 축의 허용전단응력은 30N/mm²로 한다.)

① 81mm   ② 91mm
③ 101mm   ④ 111mm

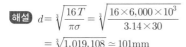

해설 $d = \sqrt[3]{\dfrac{16T}{\pi\sigma}} = \sqrt[3]{\dfrac{16 \times 6,000 \times 10^3}{3.14 \times 30}}$

$\qquad = \sqrt[3]{1,019,108} \simeq 101\text{mm}$

34 온도변화에 따라 배관에 열응력이 크게 발생하면 관과 부속장치의 변형 및 파손이 일어나는데, 이를 방지하기 위한 이음은?

① 신축이음 ② 리벳이음

③ 플랜지이음 ④ 나사이음

해설 온도변화에 따라 배관에 열응력이 크게 발생하면 관과 부속장치의 변형 및 파손이 일어나는데, 이를 방지하기 위한 이음은 신축이음이다.

35 레이디얼 볼 베어링 #6311의 안지름은 얼마인가?

① 55mm ② 63mm

③ 11mm ④ 17mm

해설 안지름 $11 \times 5 = 55\text{mm}$

36 하중을 받치는 방향에 따라 베어링을 분류할 때 레이디얼 베어링의 설명으로 맞는 것은?

① 축에 직각방향의 하중을 받쳐주는 베어링

② 축방향의 하중을 받쳐주는 베어링

③ 축의 직각방향과 축방향의 두 하중을 받쳐주는 베어링

④ 하중의 방향이 회전축의 축선과 일치하는 베어링

해설 • 레이디얼 베어링 : 축직각방향 하중

• 스러스트 베어링 : 축방향 하중

• 테이퍼 베어링 : 축직각방향 하중+축방향 하중

37 롤링 베어링에서 실링(sealing)의 목적은?

① 롤링 베어링에 윤활유를 주입하는 것을 돕는다.

② 롤링 베어링의 발열을 방지한다.

③ 롤링 베어링에서 윤활유의 유출 방지와 유해물의 침입을 방지한다.

④ 축에 롤링 베어링을 끼울 때 삽입을 돕는다.

해설 실링은 누유와 이물질의 침입을 방지한다.

38 90rpm으로 회전하고 980N의 하중을 받는 레이디얼 볼 베어링의 기본 동정격하중은 약 몇 kN인가? (단, 하중계수는 1로 하고 수명은 5,000시간으로 한다.)

① 2.94kN ② 4.91kN

③ 8.83kN ④ 15.70kN

해설 베어링 수명시간 계산식 $L_h = \dfrac{10^6}{60n}\left(\dfrac{C}{P}\right)^r$

$\therefore\ C = P\sqrt[r]{\dfrac{60nL_h}{10^6}}$

$\qquad = (0.98 \times 1) \times \sqrt[3]{\dfrac{60 \times 90 \times 5,000}{10^6}}$

$\qquad = 2.94\text{kN}$

39 운전으로 회전수 300rpm, 베어링하중 110N을 받는 단열 레이디얼 볼 베어링의 기본 동정격하중은? (단, 수명은 6만 시간이고, 하중계수는 1.5이다.)

① 1,693N ② 169.3N

③ 1,650N ④ 165.0N

해설 베어링 수명시간 계산식 $L_h = \dfrac{10^6}{60n}\left(\dfrac{C}{P}\right)^r$

$\therefore\ C = P\sqrt[r]{\dfrac{60nL_h}{10^6}}$

$\qquad = (110 \times 1.05) \times \sqrt[3]{\dfrac{60 \times 300 \times 60,000}{10^6}}$

$\qquad = 1,693\text{N}$

40 베어링하중 1,260N, 회전수 600rpm의 저널베어링의 폭과 지름의 비가 2, 허용베어링압력이 0.1N/mm^2일 때 지름 d는 얼마인가?

① 약 80mm ② 약 63mm

③ 약 84mm ④ 약 112mm

해설 $p = \dfrac{W}{dl} = \dfrac{W}{d^2\dfrac{l}{d}}$

$\therefore\ d = \left(\dfrac{W}{p\dfrac{l}{d}}\right)^{\frac{1}{2}}$

$\qquad = \sqrt{\dfrac{1,260}{0.1 \times 2}} = 79.37 \fallingdotseq 80\text{mm}$

41 금속분말을 가압·소결하여 성형한 뒤 윤활유를 입자 사이의 공간에 스며들게 한 것으로, 급유가 곤란한 곳 또는 급유를 하지 않는 곳에 사용하는 베어링은?

① 오일리스 베어링　② 니들 베어링
③ 앵글러 볼 베어링　④ 롤러 베어링

> 해설 오일리스 베어링은 금속분말(구리+주석)과 흑연분말을 혼합하여 가압·소결하여 성형한 뒤 윤활유를 입자 사이의 공간에 스며들게 한 것으로, 급유가 곤란한 곳 또는 급유를 하지 않는 곳에 사용하는 베어링이다. 가전제품, 식품기계, 인쇄기 등에서 사용되며, 큰 하중이나 고속회전부에는 부적합하다.

42 레이디얼 저널 베어링에 작용하는 압력 P를 구하는 식은? (단, W : 베어링하중, d : 저널의 지름, l : 저널의 길이)

① $P = \dfrac{dl}{W}$ 　　② $P = \dfrac{W}{dl}$

③ $P = \dfrac{d}{Wl}$ 　　④ $P = \dfrac{W}{d^2 l}$

> 해설 베어링압력 $= \dfrac{\text{베어링하중}}{\text{투영면적}} = \dfrac{W}{dl}$

43 윈치로 2.4N의 물품을 매분 6m의 속도로 감아올릴 때 몇 마력(PS)이 필요한가? (단, 효율은 80%이다.)

① 2.88PS 　　② 4PS
③ 6PS 　　④ 8PS

> 해설 $H = \dfrac{Fv}{75 \times 60 \times \eta} = \dfrac{2,400 \times 6}{75 \times 60 \times 0.8} = 4PS$

44 반경방향 하중 6.5kN, 축방향 하중 3.5kN을 받고 회전수 600rpm으로 지지하는 볼 베어링이 있다. 이 베어링에 30,000시간의 수명을 주기 위한 기본 동정격하중으로 가장 적합한 것은? (단, 반경방향 동하중계수(X)는 0.35, 축방향 동하중계수(Y)는 1.8로 한다.)

① 43.3kN 　　② 54.6kN
③ 65.7kN 　　④ 88.0kN

> 해설 $L_h = \dfrac{10^6}{60n}\left(\dfrac{C}{P}\right)^r$
>
> $\therefore C = P\sqrt[r]{\dfrac{60nL_h}{10^6}}$
>
> $= (0.35 \times 6.5 + 1.8 \times 3.5) \times \sqrt[3]{\dfrac{60 \times 600 \times 30,000}{10^6}}$
>
> $= 88\text{kN}$

📖 5. 제어용 기계요소

01 다음 그림과 같은 원통코일스프링의 처짐량 $\delta = 60\text{mm}$일 때 작용하는 하중 W는 몇 kgf인가? (단, 스프링상수 $k_1 = 6\text{kgf/cm}$, $k_2 = 2\text{kgf/cm}$이다.)

① 4kgf 　　② 6kgf
③ 9kgf 　　④ 48kgf

> 해설 $k = \dfrac{1}{\dfrac{1}{k_1} + \dfrac{1}{k_2}} = \dfrac{1}{\dfrac{1}{6} + \dfrac{1}{2}} = 1.5$
>
> $k = \dfrac{W}{\delta}$ 이므로 $W = k\delta = 1.5 \times 6 = 9\text{kgf}$

02 W_a가 60N일 때 A, B의 스프링 늘임이 같다면 W_b는 몇 N인가? (단, A, B의 스프링상수는 $k_1 = k_2 = 3\text{N/mm}^2$이다.)

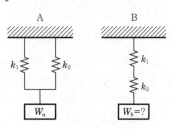

① 9N 　　② 15N
③ 40N 　　④ 60N

해설 A의 경우 $k = k_1 + k_2 = 3 + 3 = 6\text{kgf/cm}$

B의 경우 $k = \dfrac{1}{\dfrac{1}{k_1} + \dfrac{1}{k_2}} = \dfrac{1}{\dfrac{1}{3} + \dfrac{1}{3}}$

$$= \dfrac{3}{2} = 1.5\text{kgf/cm}$$

$W = k\delta$ 이므로 $\delta = \dfrac{W_a}{k} = \dfrac{60}{6} = 10\text{cm}$

$\therefore W_b = 1.5 \times 10 = 15\text{N}$

03 다음 그림과 같은 스프링장치에서 전체 스프링 상수 k는?

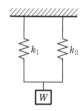

① $k = k_1 + k_2$
② $k = k_1 k_2$
③ $k = \dfrac{1}{k_1} + \dfrac{1}{k_2}$
④ $k = \dfrac{k_1 k_2}{k_1 + k_2}$

해설 병렬 $k = k_1 + k_2$, 직렬 $\dfrac{1}{k} = \dfrac{1}{k_1} + \dfrac{1}{k_2}$

04 다음 그림과 같이 스프링장치에서 $W = 200\text{N}$의 하중을 매달면 처짐은 몇 cm가 되는가? (단, 스프링상수 $k_1 = 15\text{N/cm}$, $k_2 = 35\text{N/cm}$이다.)

① 1.25
② 2.50
③ 4.00
④ 4.50

해설 $k = k_1 + k_2 = 15 + 35 = 50$

$\therefore \delta = \dfrac{W}{k} = \dfrac{200}{50} = 4\text{cm}$

05 충격에너지를 흡수하여 완충, 방진을 목적으로 하는 스프링에 포함되지 않는 것은?

① 철도차량용 현가스프링
② 승강기의 완충스프링
③ 자동차용 현가스프링
④ 안전벨트용 스프링

해설 안전벨트용 스프링은 완충이나 방진용이 아니다.

06 코일스프링에서 하중 2N, 소선지름 2mm, 스프링지름을 20mm라고 할 때 코일에 생기는 전단응력(N/mm²)은? (단, Wahl의 수정계수 $K = 1.14$이다.)

① 11.2N/mm^2
② 12.7N/mm^2
③ 14.5N/mm^2
④ 18.2N/mm^2

해설 $\tau = \dfrac{8KDP}{\pi d^3} = \dfrac{8 \times 1.14 \times 20 \times 2}{3.14 \times 2^3} = 14.5\text{N/mm}^2$

07 중앙에 구멍이 있고 원추형 모양이며, 병렬 또는 직렬로 조합하여 강성을 쉽게 조정할 수 있고 프레스의 완충장치, 공작기계 등에 쓰이는 스프링은?

① 토션스프링
② 판스프링
③ 태엽스프링
④ 접시스프링

해설 중앙에 구멍이 있고 원추형 모양이며, 병렬 또는 직렬로 조합하여 강성을 쉽게 조정할 수 있고 프레스의 완충장치, 공작기계 등에 쓰이는 스프링은 접시스프링이다.

08 하중 3ton이 걸리는 압축코일스프링의 변형량이 10mm일 때 스프링상수는 몇 kgf/mm인가?

① 300
② 1/300
③ 100
④ 1/100

해설 $k = \dfrac{W}{\delta} = \dfrac{3,000}{10} = 300\text{kgf/mm}$

09 반복하중을 받는 스프링에서는 그 반복속도가 스프링의 고유진동수에 가까워지면 심한 진동을 일으켜 스프링의 파손원인이 된다. 이 현상을 무엇이라고 하는가?

① 자유높이
② 스프링상수
③ 비틀림모멘트
④ 서징

해설 서징(surging)은 스프링의 고유진동수와 스프링에 가해지는 외력의 주기와 일치하게 되면 나타나는 공진현상을 말한다.

10 브레이크작동부의 구조에 따라 분류할 때 이에 해당되지 않는 것은?

① 벨트브레이크 　　② 블록브레이크
③ 밴드브레이크 　　④ 원판브레이크

해설 벨트브레이크라는 것은 없다.

11 하중에 의해서 자동적으로 제동이 걸리는 브레이크는?

① 원판브레이크 　　② 블록브레이크
③ 밴드브레이크 　　④ 웜브레이크

해설 자동하중브레이크에는 웜브레이크, 나사브레이크, 캠브레이크, 코일브레이크, 체인브레이크가 있다.

12 브레이크드럼의 브레이크블록을 밀어붙이는 힘을 200N, 마찰계수를 0.2라고 하면 제동력은 얼마인가?

① 40N 　　　　② 53N
③ 36N 　　　　④ 1,000N

해설 $f = \mu W = 0.2 \times 200 = 40N$

13 밴드브레이크의 긴장측 장력이 7.99kN, 두께 2mm, 허용인장응력 78.48MPa일 때 밴드의 폭은 약 몇 mm 이상이어야 하는가? (단, 이음효율은 100%로 한다.)

① 43 　　　　② 51
③ 60 　　　　④ 71

해설 $\sigma = \dfrac{T_t}{bt}$

$\therefore b = \dfrac{T_t}{\sigma t} = \dfrac{7,990}{78.48 \times 2} \fallingdotseq 50.9mm$

14 지름 300mm인 브레이크드럼을 가진 밴드브레이크의 접촉길이가 706.5mm, 밴드의 폭이 20mm, 제동동력 3.7kW라면 이 밴드브레이크의 용량(brake capacity)은 약 몇 $N/mm^2 \cdot m/s$인가?

① 26.50 　　　② 0.324
③ 0.262 　　　④ 32.40

해설 $\mu qv = \dfrac{102 H_{kW}}{be} = \dfrac{102 \times 3.7}{706.5 \times 20}$

$\qquad = 0.0267 kg/mm^2 \cdot m/s$

$\qquad = 0.0267 \times 9.8 = 0.262 MPa \cdot m/s$

$\qquad = 0.262 N/mm^2 \cdot m/s$

📖 6. 관계 기계요소

01 배관용 주철관의 호칭은 다음 중에서 어떤 것으로 나타내는가?

① 관의 내경 　　② 관의 외경
③ 관의 유효경 　　④ 관의 이음경

해설 배관용 주철관의 호칭은 관의 내경이다.

02 수압이 2.75MPa이고 허용인장강도가 49.05MPa이며 이음효율이 70%인 강관의 바깥지름은 몇 mm 이상이어야 하는가? (단, 부식여유는 1mm이고, 강관의 안지름은 580mm이다.)

① 582 　　　　② 629
③ 604 　　　　④ 675

해설 강관의 두께(MPa로 주어질 경우)

$t = \dfrac{PD_1}{2\sigma\eta} + C = \dfrac{2.75 \times 580}{2 \times 49.05 \times 0.7} + 1 = 24.23mm$

(단, P : 수압, C : 부식여유)

$\therefore$ 바깥지름 $D_2 = D_1 + 2t = 580 + 48.5$
$\qquad\qquad\qquad = 628.5 \fallingdotseq 629mm$

03 역류를 방지하여 유체를 한쪽 방향으로만 흘러가게 하는 밸브를 무슨 밸브라 하는가?

① 콕밸브 　　　② 체크밸브
③ 게이트밸브 　　④ 안전밸브

해설 역류를 방지하여 유체를 한쪽 방향으로만 흘러가게 하는 밸브를 체크밸브라고 한다.

04 콕은 유체를 직선상으로 흐르게 한다. 몇 회전시키면 밸브가 완전히 열렸다 닫혔다 하는가?

① 1/2회전 　　　② 1/3회전
③ 1/4회전 　　　④ 1회전

해설 콕은 1/4회전을 하면 완전히 열렸다가 닫힌다.

05 게이트밸브라고도 하며 밸브판이 유체의 흐름에 직각으로 작용하고 있는 밸브는?

① 체크밸브   ② 감압밸브

③ 슬루스밸브   ④ 스톱밸브

해설 게이트밸브라고도 하며, 밸브판이 유체의 흐름에 직각으로 작용하고 있는 밸브는 슬루스밸브이다.

06 안지름 254mm의 관에 120L/s의 양으로 물이 흐를 때 평균유속은 얼마나 되는가?

① 0.98m/s   ② 1.36m/s

③ 1.88m/s   ④ 2.36m/s

해설 $Q = Av$

$$\therefore \ v = \frac{Q}{A} = \frac{4 \times 120 \times 10^{-3}}{\pi \times 0.254^2} = 2.36\text{m/s}$$

컴퓨터응용설계

Industrial Engineer Machinery Design

01 CAD의 개요

1 컴퓨터응용분야의 종류

① CAD(Computer Aided Design) : 컴퓨터를 이용한 제도 및 설계
② CAM(Computer Aided Manufacturing) : 컴퓨터를 통해 생산계획 제품의 생산 등을 제어하는 시스템
③ FMS(Flexible Manufacturing System) : 지능화된 관리시스템인 유연생산시스템
④ FA(Factory Automation) : 공장 전체에 대한 자동화, 무인화
⑤ CAE(Computer Aided Engineering) : 컴퓨터를 이용한 기본설계 · 상세설계 해석 · 시뮬레이션 (강도, 소음, 진동 등의 제품의 성능이나 특성을 시험제작 전에 미리 예측하여 개발기간 단축 · 공정비용 절감 등을 도모)
⑥ CIM(Computer Integrated Manufacturing) : 컴퓨터를 이용하여 설계, 제조, 공정, 공급 등 모든 과정을 통합화하는 시스템컴퓨터를 이용한 제도 및 설계
⑦ RP(Rapid Prototyping ; 급속조형 혹은 쾌속조형) : 제품개발에 필요한 시제품을 빠르게 제작할 수 있도록 지원해주는 시스템
⑧ 3D Printing : 입력된 도면데이터를 바탕으로 3차원의 입체물품을 프린터가 인쇄하듯이 만들어 내는 기술

2 CAD 관련 제반 사항

① CAD를 이용한 설계과정과 기존의 일반적인 설계과정과의 같은 점과 다른 점
  ㉠ 같은 점 : 개념설계단계를 거치는 점
  ㉡ 다른 점 : 전산화된 데이터베이스를 활용한다는 점, 컴퓨터에 의한 해석을 용이하게 할 수 있다는 점, 형상을 수치데이터화하여 데이터베이스에 저장한다는 점 등
② CAD의 장점 : 작업속도 신속, 수정 가능, 정밀도 보장, 판독 및 이해성 우수, 반복성, 기능의 다양성, 가격 저렴, 자료축적 및 데이터화 등
③ CAD/CAM 도입효과 : 설계생산성 향상, 제품개발기간 단축, 설계 및 해석의 경제성, 설계해석 동시 제공, 설계오류 감소, 안전설계, 설계 계산 정확성 보장, 업무표준화 용이, 신뢰도 향상, 경비 절감 등

④ CAD설계 기본프로세스 : 기획구상 및 기본설계 → 상세설계 → 제도 및 시방서 작성 → 생산데이터 작성

⑤ CAD의 생산성 향상을 위한 전형적인 설계과정의 중요인자들 : 반복작업의 정도, 부품의 대칭성, 유사도면, 도면의 복잡성, 공통으로 자주 사용되는 라이브러리의 수량 등(도면의 난이도와 선의 종류와 굵기는 이에 해당하지 아니함)

⑥ 설계와 CAD시스템의 이용단계 : 기하학적 모델링 → 공학적 분석 → 설계평가 → 자동제도의 단계

⑦ CAD의 주요 적용업무 : 개념설계, 기본설계, 상세설계, 생산설계, 품질관리, 생산보조 등 제반 분야

◊ RP(Rapid Prototyping)

제품개발에 필요한 시제품을 매우 빠르게 제작할 수 있도록 지원해주는 시스템이다. 3차원 CAD 소프트웨어에서 디자인된 데이터를 이용하여 박막적층기법을 활용함으로써 원하는 시제품을 얻어내는 방식이다. 이 기술에 의하면 개발제품의 시제품제작 시 모델링된 형상을 신속히 제작조립하여 설계검증이 동시에 가능하며, 기존 머신에서 가공 불가능한 어떠한 복잡한 형상도 제작가능하다. 이렇듯 매우 복잡한 제품 형상의 모형을 제작할 수 있으며, 제품설계에서부터 시제품제작과 완제품의 대량생산까지 도달하는 데 필요한 시행착오를 컴퓨터를 기반으로 통합하면서 제품생산시간을 단축한다. 3차원 CAD데이터, CT 및 3차원 측정데이터프로그램은 고속으로 3차원 입체 형상의 시작품을 제작할 수 있다. 쾌속조형기술을 최초로 상업화하여 판매를 시작한 회사는 미국의 3D Systems라는 회사인데, 업계에서 가장 큰 시장점유율을 갖고 있다. 국내에서의 RP 관련 기술개발은 KAIST에서 1998년부터 시작한 것이 최초이다. 응용분야는 자동차부품, 전자제품, 의료, 생활용품 등 거의 모든 분야에서 적용가능하다.

RP의 종류에는 SL(Stereolithography, 광조형법), SLS(Selective Laser Sintering, 분말소결법), FDM(Fused Deposition Modeling, 수지압출법), LOM(Laminated Object Modeling, 시트적층법), 3DP(Three Dimensional Printing, 3차원 프린팅기법), Inkjet Printing Method(잉크젯방식), LENS(Laser Engineering Net Shaping) 등이 있다.

◊ 3D printer

3D프린터는 원하는 물품의 3차원 입체상을 종이에 인쇄하는 것처럼 실제 제작할 수 있는 장치로 1984년 미국에서 처음 개발되었다. 입체형태를 만드는 방식에 따라 크게 한 층씩 쌓아 올리는 적층형(첨가형 또는 쾌속조형방식)과 큰 덩어리를 깎아가는 절삭형(컴퓨터 수치제어 조각방식)으로 구분한다. 적층형은 파우더(석고나 나일론 등의 가루)나 플라스틱액체 또는 플라스틱실을 종이보다 얇은 0.01~0.08mm의 층(레이어)으로 겹겹이 쌓아 입체 형상을 만들어내는 방식이다. 레이어가 얇을수록 정밀한 형상을 얻을 수 있고 채색을 동시에 진행할 수 있다. 절삭형은 커다란 덩어리를 조각하듯이 깎아낸 입체 형상을 만들어내는 방식이다. 적층형에 비해 절삭형이 완성품을 더 정밀하게 제작할 수 있는 장점이 있지만, 재료가 많이 소모되고 컵처럼 안쪽이 파인 모양은 제작하기 어려우며 채색작업을 따로 해야 하는 단점이 있다. 제작단계는 모델링(modeling), 프린팅(printing), 피니싱(finishing)으로 이루어진다. 모델링은 3D도면을 제작하는 단계로, 3D CAD(computer aided design)나 3D모델링프로그램 또는 3D스캐너 등을 이용하여 제작하는 것이다. 프린팅은 모델링과정에서 제작된 3D도면을 이용하여 물체를 만드는 단계로, 적층형 또는 절삭형 등으로 작업을 진행하는 것이다.

이때 소요시간은 제작물의 크기와 복잡도에 따라 다르다. 피니싱은 산출된 제작물에 대해 보완작업을 하는 단계로, 색을 칠하거나 표면을 연마하거나 부분제작물을 조립하는 등의 작업을 진행하는 것이다. 3D프린터는 본래 기업에서 어떤 물건을 제품화하기 전에 시제품을 만들기 위한 용도로 개발되었다. 1980년대 초에 미국의 3D시스템즈 사에서 플라스틱액체를 굳혀 입체물품을 만들어내는 프린터를 처음으로 개발한 것으로 알려져 있다. 플라스틱소재에 국한되었던 초기단계에서 발전하여 나일론과 금속 소재로 범위가 확장되었고, 산업용 시제품뿐만 아니라 여러 방면에서 상용화단계로 진입하였다. 3D기술을 활용하면 비용효율성을 높일 수 있기 때문에 변화가 빠른 제조업분야에 활용도가 매우 높다. 미래학자들은 3D프린터가 제품설계와 제조생산 방식을 완전히 바꿔놓을 것으로 예견한다.

3 CAD시스템의 구성방식

1) 컴퓨터시스템의 구성

(1) 컴퓨터시스템의 개요

① 용량에 따른 컴퓨터의 분류 : 대형 컴퓨터, 중형 컴퓨터, 소형 컴퓨터, 초소형 컴퓨터
② 세대별 컴퓨터의 발전단계
   ㉠ 제1세대 : 진공관(vacuum tube)
   ㉡ 제2세대 : 트랜지스터(transistor)
   ㉢ 제3세대 : 직접회로(IC)
   ㉣ 제4세대 : 고밀도직접회로(LSI)
   ㉤ 제5세대 : 초고밀도직접회로(VLSI)
   ㉥ 미래의 컴퓨터 : 휴대 간편한 PC, 인공지능형(AI) PC
③ 컴퓨터의 3대 장치 : 입력장치, 중앙처리장치(CPU : 제어장치, 레지스터, 연산논리장치), 출력장치
④ 컴퓨터의 5대 기능 : 입력기능, 기억기능, 연산기능, 제어기능, 출력기능

(2) CAD시스템의 종류

① 중앙통제형(호스트집중형) : 중앙통제형 CAD시스템은 대용량 컴퓨터시스템을 중심으로 터미널로만 연결되어 구성된 시스템이다. 데이터베이스를 일괄적으로 관리하며 대형 고속 컴퓨터를 사용하므로 응답성이 좋지만 설치비가 많이 든다. 모든 장비가 온라인에 의해서만 운영되며, CAD시스템 증설의 경우 CAD작업속도가 느려지므로 호스트컴퓨터사양을 증설해야 하는 문제가 있다. 종류에는 대형 시스템, 중형 시스템, 소형의 독립형 시스템이 있는데, 현재는 대형 및 중형 시스템은 사용되지 않고 소형 독립형 시스템을 CAD전용 시스템으로 사용하고 있다.
② 분산(처리)형 : 별도 프로세서와 자료저장장소를 갖추고 각각 별도로 운영되므로 부하의 자동분산이 용이하고 여러 시스템 중에서 일부 시스템이 고장 나더라도 나머지는 정상적

으로 작동되어 신뢰성이 높고 자료처리속도가 빠르며 초기 투자비용이 적게 든다. 구성된 시스템별 자료는 다른 컴퓨터시스템의 자료내용에 변화가 없으며, S/W와 DB가 독립되어 있어서 가볍게 사용할 수 있다. 사용자가 구성한 자료나 프로그램을 다른 사용자가 사용하고자 할 때는 정보통신망을 통해서 언제라도 해당 자료를 사용하거나 보낼 수 있으므로 새로운 기능을 부여하기가 용이하다. 마이크로컴퓨터시스템인 EWS(엔지니어링워크스테이션 ; Engineering Work Station)의 급격한 보급으로 효율성이 높아졌다.

③ **독립형(stand alone형)** : 가장 널리 보급되어 있는 퍼스널컴퓨터에 의한 CAD시스템이며 가격이 저렴하다.

2) 네트워킹

각각 별개의 물질 또는 재료들을 상호 간에 교류가 발생할 수 있도록(교통, 동력(power), 통신) 연결시키는 것을 네트워크라고 한다. 네트워크의 구성은 각 단위컴퓨터인 노드(node)의 연결들을 하나의 점(point)으로 하여 각 노드포인트들을 연결하는 PTP(Point To Point)방식을 채택한다. 컴퓨터를 이용한 네트워크 구성의 종류에는 별형, 나뭇가지형, 그물망형, 원형, 버스형 등이 있다.

① **별형(star, 스타형, 성형)** : 모든 노드(node)가 중앙노드(스위치, 허브 등)에 직접 연결되는 토폴로지 구성형태이다. 중앙의 노드가 망을 총괄하므로 통제가 쉬우나, 중앙의 노드장애 시에는 전체 망의 마비를 초래하는 단점이 있다.

② **나뭇가지형(tree, 트리형, 나무형)** : 1 이상의 노드로 구성된 유한집합이며, 각 항목들이 마치 나뭇가지처럼 계층적으로 연결되어 표현되는 논리적/수학적 구조를 지닌다. 중앙에 컴퓨터가 있고 일정지역단말기까지는 하나의 통신회선으로 연결시키며, 그 다음 단말기는 이 단말기로부터 다시 연장되는 형태이다. 별형보다는 통신회선이 많이 필요하지 않고 분산처리시스템이 가능하다. 제어가 간단하여 관리나 네트워크 확장이 용이하며, 하나의 중앙전송제어장치에 더 많은 장비를 연결할 수 있고 각 장비 간의 데이터전송거리를 증가시킬 수 있으며, 여러 컴퓨터를 분리하거나 우선순위를 부여할 수 있다는 장점이 있는 반면에, 병목현상 및 네트워크장애 발생 우려의 단점이 있다.

③ **그물망형(mesh, 메시형)** : 모든 노드가 마치 그물처럼 완전히 직접 연결되어 있는 구조이다. 통신회선을 필요할 때마다 구성하다 보면 이런 복잡한 형태로 발전되며, 통신회선의 총 길이가 다른 네트워크형태와 비교해 볼 때 가장 길다. 두 지점 간에 항상 2개 이상의 경로를 갖게 되어 하나의 경로장애 시 다른 경로를 택할 수 있다. 공중 데이터통신네트워크의 형태가 이 형태를 취한다. 통신회선의 장애 시 다른 경로를 통하여 데이터전송을 수행할 수 있으며, 전용링크 사용으로 인한 통신량 문제 제거, 일부 회선장애 시에도 다른 경로를 통한 데이터전송 가능, 비밀유지와 보안유지 가능 등의 장점이 있는 반면에, 설치와 재구성이 어렵고 전선용적이 달라질 수 있다는 단점을 지닌다.

④ 원형(ring, 링형, 고리형) : 각 장치들이 원형을 이루는 신호경로를 따라 장치들이 연결되어 있는 네트워크의 형상이다. 경로의 길이는 별형보다는 짧고 나뭇가지형보다는 길다. 양방향으로 데이터전송이 가능하며 통신회선의 장애 시 융통성을 가질 수 있다. 근거리 통신망에서 가장 많이 채택하는 방식이다. 전송 중에 계속 재생과정을 거치게 되므로 전송에러가 감소되며 거의 모든 전송매체 사용이 가능한 장점이 있는 반면에, 네트워크를 구성하는 일부 장치에서 에러가 발생하면 네트워크 전체에 영향을 주어 전송지연시간이 길어지는 단점이 있다.

⑤ 버스형(bus type) : 모든 노드들이 간선을 공유하며 버스 T자형으로 연결되는 형태로 LAN의 기본형태 중의 하나이다. 회선 설치비용이 저렴하지만 송신대기상태가 빈번하게 발생하며, 버스 상에 있는 모든 단말기에 동시에 데이터가 전달되지만 단말기 식별번호에 의해 해당되는 단말기만 수신한다. 근거리 통신망에 많이 사용된다. 각 장치 간의 독립성이 높고 네트워크를 제어하는 장치가 없어도 되기 때문에 경제적이고 설치와 확장이 용이하며 한쪽 노드에서 고장이 발생해도 전체 네트워크는 작동되는 장점이 있는 반면에, 네트워크트래픽이 증가하면 송신권의 경합이 발생하는 단점이 있다.

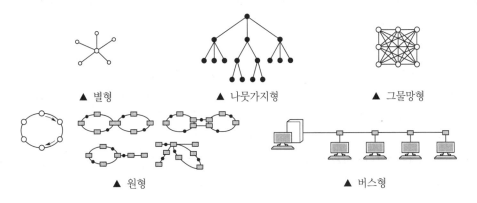

▲ 별형　　　　▲ 나뭇가지형　　　　▲ 그물망형

▲ 원형　　　　▲ 버스형

3) LAN(지역통신망, Local Area Network)

LAN은 제한된 일정지역 내에 분산설치된 각종 정보장비들 사이의 통신을 수행하기 위하여 최적화하고 신뢰성 있는 고속의 통신채널을 제공하는 시스템이다. 한 건물 내에 있는 사무소, 공장, 대학캠퍼스 등의 비교적 작은 규모의 지역 내 통신망시스템은 LAN을 이용한다. 전송거리가 1km 이내이고 전송속도는 0.1~20Mbps 정도이며 에러 발생률이 매우 적다. LAN의 전송매체에는 동축케이블, 페어선, 광섬유케이블 등이 있다. 동축케이블은 디지털신호형식으로 전송하는 베이스밴드와 400MHz 정도의 주파수를 갖는 브로드밴드방식으로 전송한다.

02 CAD용 H/W

CAD용 H/W는 입력장치, 중앙처리장치, 주기억장치, 보조기억장치, 출력장치 등으로 구성된다.

1 입력장치

입력장치는 데이터입력, 기능의 선택, 커서의 제어(3대 기능)를 통하여 외부데이터를 컴퓨터 내부로 보내는 역할을 한다. 입력장치는 문자입력장치(키보드 등), 위치입력장치(마우스 등), 영상입력장치(스캐너 등)로 구분할 수 있다. 커서(cursor)는 글자나 그림이 위치할 장소를 가리키는 음극관의 점 화면(십자마크)을 말하며, 이것은 물체의 특정 위치를 인식하고 조정하는 역할을 한다.

① camera(카메라) : 양질의 화상을 흑백이나 컬러 래스터디스플레이를 사용하여 구성할 때 사용되는데 가격이 고가이다. 실제 모델이 있는 경우 리모델링에 사용되는 3D카메라도 있다.

② control dial(컨트롤다이얼) : 3D도형을 확대축소(zooming), 이동(translation), 회전(rotation), 패닝(panning)시킬 때 사용되는 입력장치이다.

③ digitizer & tablet(디지타이저와 태블릿, 좌표판독기) : 전류가 X, Y방향으로 흐르면서 격자구조를 형성하여 철필(스타일러스펜)과 퍽(puck)에 의해 발생되는 전기신호로 위치를 식별하며 좌표입력, 메뉴선택, 커서제어 등을 한다.

   ⊙ digitizer(디지타이저) : 평면상 임의의 점을 해독하여 그 좌표를 입력시키는 것으로 대형이며 분해도가 우수한 입력장치이다. 도면이나 도형을 직접 추적하면서 2차원(X, Y) 좌표값으로 변환입력한다. 성능 표시는 사용가능한 액티브영역과 해상도로 나타낸다. 디지타이저의 크기는 50cm 이상의 대형이며, 50cm 이하의 소형은 태블릿이라고 한다.

   ⊙ tablet(태블릿, 도형입력판) : 스타일러스나 커서에 의해 도형의 입력점을 순차로 지시하면 지시점이 검출되어 좌표로 읽어 도형·좌표를 컴퓨터에 입력하기 위한 장치이다. 도형데이터(아날로그정보)를 판독하여 컴퓨터메뉴판이나 커서이동장치로 이용된다. 입력을 위해 화면과 대응된 좌표를 가진 보드형태이며 좌표입력, 메뉴선택, 커서제어 등에 사용된다. 종류로는 전자유도식, 자외식, 메가롤식, 자계위상식, 유도전압식, 전자수수식, 초음파식 등이 있으며, 이 중에서 전자유도식이 가장 많이 사용된다.

🖊 태블릿PC

키보드 없이 전자펜이나 손가락으로 터치해 입력을 할 수 있는 휴대용 단말기 제품으로 PC용 운영체제가 내장되어 있다. 키보드 없이 손가락 또는 전자펜을 이용해 직접 화면에 글씨를 써서 문자를 인식하게 하는 터치스크린방식을 주입력방식으로 한다. 주입력장치는 터치스크린이지만 기존 키보드나 마우스를 연결해 사용할 수도 있다. PDA의 휴대성과 노트북의 기능을 합쳐놓은 제품이다. 사용자가 쓴 필체를 그대로 인식해 데이터로 저장하는 기능을 가진 태블릿PC는 데스크탑의 기능을 가지면서도 무선인터넷을 사용할 수 있다. 2000년대 초반 마이크로소프트 사에서 윈도OS를 탑재한 태블릿PC를 처음 출시하였으나 활성화되지 못하다가, 2010년 4월 애플 사의 아이패드(iPad), 2010년 11월 삼성전자의 갤럭시탭 등이 출시되었다.

④ function key(기능키) : 특정 기능을 수행할 수 있게 미리 정의해 두었거나 정의할 수 있는 키를 말하는데, 기능키에 의해서 도형의 작성이나 이동, 복사 등의 명령을 실행할 수 있으나 문자, 숫자, 특수 문자 등의 입력이나 도형은 인식은 할 수 없지만 특수 문자나 도형을 입력하고자 할 때 Ctrl키와 F10키를 눌러 표시문자들을 선택하여 입력할 수 있다.

⑤ joystick(조이스틱) : 스틱을 상하좌우방향으로 자유롭게 움직여서 도형이나 물체가 이동시키는 막대형태의 입력장치이다. 컴퓨터 본체에 옵션으로 장치하도록 되어 있으며 키보드에 비해 취급이 간단하고 액션게임이나 단순입력작업에는 최적이지만, 사무용 기기 등에서는 그 성격상 별로 사용하지 않는다. 적어도 두 방향의 자유도를 갖는 레버상태입력장치이며 보통 입력장치로 사용된다.

⑥ light pen(라이트펜) : 빛에 반응하는 끝이 뾰족한 펜 모양의 막대형태의 컴퓨터입력장치로 광다이오드, 광트랜지스터, 광선감지기 등이 사용된다. 감지용 렌즈를 이용하여 펜의 움직임을 추적하면서 화면을 통해 컴퓨터명령을 수행하여 컴퓨터에 자료를 입력시킨다. 컴퓨터 모니터에 접촉하여 사용하며, 사용자가 표시물체를 가리키거나 화면에 그린다. 마우스나 터치스크린과 비슷하지만, 입력이 세밀하므로 위치감지에 대한 정확도가 더 우수하여 그래픽작업이 용이하며 작업속도도 빠른 장점이 있다. 라이트펜은 추가하기가 매우 단순하다. 라이트펜은 마치 라이트건처럼 전자총이 화면의 특정 지점을 새로 고칠 때 해당 지점 밝기의 갑작스런 조그마한 변화에 반응하면서 동작한다. 라이트펜은 1980년대 초에 어느 정도 인기가 있었지만 사용자가 오랜 시간 동안 화면 위에다 펜을 잡고 있어야 하므로 일반 목적의 입력장치로서는 점차 사용하지 않게 되었다. 그래픽디스플레이 종류 중 스토리지형에서는 사용불가하며 랜덤스캔형, 래스터스캔형 등의 리프레시형에만 사용가능하다. 최초의 라이트펜은 1952년 즈음에 MIT의 휠윈드(Whirlwind) 프로젝트의 일부로 나온 것이다.

⑦ keyboard(키보드, 문자판) : 데이터·명령어를 영문자, 숫자, 특수 문자 등으로 입력하는 표준입력장치이며, 키의 개수에 따라 일반적인 86, 101, 103키보드, Windows용의 106, 109키보드 등이 있다. 키마다 ASCII코드값이 정해져 있다. 다음과 같이 3가지로 구성된다.

　㉠ 알파뉴메릭(alphanumeric)키 : 문자, 숫자, 특수 문자 등을 입력한다.

ⓛ 기능키 : 별도로 정해진 컴퓨터의 기능, 동작을 할당할 수 있다. 일반적으로 특정 기능이 미리 할당되어 있다. 응용프로그램마다 고유의 기능을 할당하기도 하지만 키 자체가 기능과 직접 관련이 있는 것은 아니다.

ⓒ 키패드 : 문자입력을 위해 번호 및 문자, 명령어 등을 손가락으로 누르거나 접촉하여 입력할 수 있도록 여러 키들이 배열되어 있는 부분이다.

⑧ mouse(마우스) : 모양이 쥐(mouse)처럼 생겨서 붙여진 이름으로 도형의 인식, 메뉴선택, 그래픽좌표입력을 위해 컴퓨터 화면 위의 어떤 장소를 가리키거나 그 위치로부터 다른 곳으로 커서 또는 아이콘 등을 이동시키는 역할을 한다. 센서의 움직임으로 커서를 제어하며, 작업하는 내용에 따라 마우스의 포인터 모양이 달라진다. 평평한 테이블이나 마우스패드 위로 마우스를 이동시키면서 화면의 위치를 잡아 아이콘이나 메뉴를 선택한다. 미국의 애플 사의 매킨토시컴퓨터와 함께 널리 보급되었다. 클릭이나 드래그, 더블클릭 등의 동작이 가능하며, 버튼의 종류에 따라 1~3버튼식, 접속방법에 따라 시리얼과 PS/2 · USB식, 동작방식에 따라 볼마우스(기계식), 광마우스(광학식), 레이저마우스 등으로 구분된다. 마우스드라이버의 구성 부분은 하드웨어인터페이스, 소프트웨어인터페이스, O/S인터페이스 등이다.

⑨ puck(퍽) : 위치지정도구의 하나로, 공학적 설계 등을 응용하는 데 많이 사용되는 마우스와 비슷한 모양의 장치이다. 태블릿과 함께 사용되며, 항목이나 명령선택용 버튼이 붙어 있으며 한쪽 끝에 투명한 플라스틱 부분이 나와 있고 거기에 가느다란 십자선이 인쇄되어 있다. 십자선의 교차점은 도형처리평판 상의 위치를 가리키기 위한 것이다. 위치를 가리키면 그 위치가 표시화면 상의 특정 위치에 사상(mapping)된다. 십자선이 투명한 표면상에 인쇄되어 있으므로 사용자는 하나의 도면이나 그림을 도형처리평판과 퍽 사이에 두고 그림의 선을 따라 십자선을 이동함으로써 쉽게 그 그림을 그릴 수 있다.

⑩ scanner(스캐너, 래스터스캐너) : 사진이나 그림, 문서, 도표 등의 이미지를 컴퓨터그래픽정보로 변환하여 입력할 수 있는 소형화와 저가격화를 현실화한 화상정보입력장치이다. 지도(mapping), 바코드, 전자프린트기판(PCB)의 아트워크 등의 제작에 사용된다. 복사기처럼 평면 위에 스캔할 자료를 올려놓으면 아랫부분의 스캔장치가 작동하는 플랫베드(평판스캔)방식의 컬러스캐너가 대부분이다. 기술의 발달에 따라 해상도와 처리속도가 매우 빨라졌으며, 펜처럼 생긴 휴대용 스캐너와 실제 모델이 있을 경우 리모델링에 사용되는 3D스캐너도 있다.

⑪ stylus pen(스타일러스펜, 첨필, 尖筆) : 그래픽태블릿이나 터치스크린에 사용되는 펜을 말하며, 볼펜과 비슷하게 길쭉한 모양새를 하는 것이 보통이다(점토나 왁스판 위에 글자를 쓸 수 있도록 고안된 딱딱한 침 모양의 필기구도 스타일러스라고 부른다).

⑫ thumb wheel(섬휠) : 커서를 이동시키는 기구로 정확한 위치선택이 용이하며, 주로 키보드와 같이 부착되어 있는 입력장치이다. X축과 Y축 방향으로 각각 2개의 가변저항기가 설치되어 있으며, 이것을 회전시켜서 각 축방향으로 커서를 제어한다.

⑬ track ball(트랙볼) : 마우스의 기능을 대신하는 것으로 손으로 볼을 굴려 사용하는데, 조이스틱에 비해서는 커서제어가 정확하다.

⑭ 삼차원측정기 : 대상물의 가로, 세로, 높이의 3차원 좌표가 디지털로 표시되는 측정기이다. 복잡한 모양의 물체라도 매우 짧은 시간에 정밀도를 높게 측정해 낼 수 있고, 여기에 컴퓨터를 이용한 제어장치(CNC)를 부착하면 무인측정이 가능하다. 측정자(probe)를 물체에 차례로 닿게 하는 접촉식이 주류이지만 반도체레이저, CCD(전하결합소자)카메라를 이용한 비접촉식도 있다. CAD시스템에서는 실물에서 일정한 간격으로 격자를 구성한 지점의 점좌표를 얻는 데 사용한다. 기존에 만들어진 실물을 도형이 없는 상태에서 필요한 자료를 얻는 데 사용된다. 실제 모델이 있는 경우 리모델링에 사용된다.

이들 중 컨트롤다이얼, 기능키, 조이스틱, 라이트펜, 마우스, 퍽, 스타일러스펜, 섬휠, 트랙볼 등은 커서제어기구의 일종이다.

◈ 논리적 입력장치

하나 또는 복수 개의 물리적인 입력값을 하나의 장치로서 가상화한 입력장치를 말한다. 논리적 입력장치는 사용자와 인터페이스를 자연스럽게 하기 위해 운용시스템이 제공하는 가공물이다. 실제로는 존재하지 않지만 사용자는 논리적 장치를 통하여 입출력을 행한다. 운용시스템은 논리적 장치를 물리적 장치에 할당함으로써 사용자의 입출력요청을 충족시킨다. 논리적 입력장치에는 버튼, 로케이터, 실렉터, 벨류에이터 등이 있다.

① button(버튼) : 키보드와 조합된 형태로 각 버튼마다 정의된 기능에 의해 실행되는 장치이다(프로그램기능 키보드).

② locator(로케이터) : 좌표를 지정하는 역할을 하는 장치이다(디지타이저, 태블릿, 조이스틱, 트랙볼, 스타일 러스펜, 마우스 등).

③ selector(실렉터) : 스크린 상의 특정 물체를 지시하는 장치이다(라이트펜, 터치패널).

④ valuator(벨류에이터) : 회전형 가변저항기를 X축과 Y축 방향으로 회전시켜 한정된 범위 내에서 수치가 입력되도록 만들어진 장비로서, 스칼라양을 다이얼방식에 의해 회전변위를 수치로 표현하여 입력되는 장치이다. 스크린 상에서 물체를 평행이동 및 회전이동시키고 그 양을 조절하는 등 특정 파라미터값을 변화시킬 때 사용된다(potentiometer, 퍼텐쇼미터).

▌2 중앙처리장치

중앙처리장치(CPU : Central Processing Unit)는 컴퓨터의 두뇌에 해당한다. CPU는 프로그램명령어를 실행하여 컴퓨터시스템 전체의 작동과정을 제어하는 장치이며, 다양한 입력장치로부터 자료를 받아서 처리한 후 그 결과를 출력장치로 보내는 일련의 과정을 제어하고 조정하는 일을 수행한다. 중앙처리장치는 인출(fetch), 해독(decode), 실행(execute) 등의 3단계로 구성된 일련의 동작을 반복함으로써 명령어를 실행해 나간다. 인출단계는 주기억장치에 저장된 명령어 하나를 읽어오는 단계이며, 해독단계는 읽어온 명령어를 제어정보로 해독하는 단계, 그리고 실행단계는 해독된 명령을 실행하는 단계이다. 한 명령어의 실행이 끝나면 다음 명령어에 대한 인출단계를 시작한다. CPU는 마이크로프로세서(micro processor) 혹은 프로세서라고 부르기도 한다(중대형 컴퓨터 : CPU, 소형 컴퓨터 : 마이크로프로세서 또는 프로세서). 마이크로프로세서는 명령집합형태에 따라 CISC(Complex Instruction Set Computer ; 마이크로프로그래밍을 통해 다양한 명령어형식을 제공하지만 구조가 복잡해서 생산단가가 비싸다)와 RISC(Reduced Instruction Set Computer ; 연산속도를 향상시키기 위해 제어논리를 단순화해서 CISC에 비해 가격이 저렴하고, 주로 워크스테이션에 사용)의 2가지 종류가 있다. CPU는 제어장치, 연산논리장치, 레지스터들의 세 부분으로 구성되며, 주기억장치를 비롯한 다른 장치들과 시스템버스로 연결되어 있다.

① 제어장치(control unit) : 프로그램에서 지시한 명령을 해독하여 입력 · 기억 · 연산 · 출력장치에게 동작을 명령하고 감독, 통제하는 역할을 한다. 각종 덧셈을 수행하고 결과를 수행하는 가산기(adder)와 산술과 논리연산의 결과를 일시적으로 기억하는 누산기(accumulator)로 구성된다.

② 연산논리장치(ALU : Arithmetic Logic Unit) : 비교, 판단, 연산을 담당하며 덧셈, 뺄셈, 곱셈, 나눗셈의 산술연산만이 아니라 AND, OR, NOT, XOR와 같은 논리연산을 하는 장치로 제어장치의 지시에 따라 연산을 수행한다.

③ 레지스터(register) : 일종의 임시기억장치이며 주기억장치로부터 읽어온 명령어나 데이터를 저장하거나 연산된 결과를 저장하는 공간이다. 레지스터는 중앙처리장치에서 명령어를 실행하는 동안 필요한 정보들을 저장하는 기억장소로, 범용 레지스터와 특수 목적레지스터로 분류할 수 있다. 레지스터의 개수와 크기는 중앙처리장치의 종류에 따라 차이가 있다.

  ㉠ 범용 레지스터 : 명령어 실행 중에 연산과 관련된 데이터를 저장한다.

  ㉡ 프로그램계수기(program counter 혹은 명령카운터) : 다음에 실행될 명령어가 저장된 주기억장치의 주소를 저장하여 프로그램의 수행순서를 제어한다.

  ㉢ 명령레지스터(instruction register) : 현재 실행 중인 명령어의 내용을 임시기억 및 저장한다.

  ㉣ 명령해독기(instruction decoder) : 명령레지스터에 수록된 명령을 해독하여 수행될 장치에 제어신호를 송출한다.

  ㉤ 상태레지스터(status register) : CPU에서 수행되는 연산에 관련된 여러 가지 상태정보를 기억하기 위해 사용되는 레지스터이다.

  ㉥ 스택포인터 : 주기억장치 스택의 데이터 삽입과 삭제가 이루어지는 주소를 저장한다.

✒ 버스(bus)

컴퓨터의 기본적인 차이는 중앙처리장치인 마이크로프로세서의 처리능력에 따라 구분된다. CPU의 내부 또는 외부와 데이터나 제어신호 등을 주고받을 수 있는 통로를 버스(bus)라고 하는데, 동시에 옮겨갈 수 있는 비트 수에 따라 8bit, 16bit, 32bit, 64bit 등으로 구분된다. 일반적으로 말하는 펜티엄컴퓨터는 내부 버스의 크기가 64bit인 컴퓨터이다.

---

3 주기억장치

주기억장치는 현재 실행 중에 있는 프로그램과 이 프로그램이 필요로 하는 데이터를 일시적으로 저장하는 장치이다. 이런 주기억장치는 저장된 정보를 관리하기 편하고 각 위치를 구분하기 위해

바이트(byte) 또는 워드(word)단위로 분할해 주소(address)를 할당하는데, 256개의 주소를 가지므로 주기억장치에는 256바이트의 정보를 저장할 수 있으며, 주소는 0부터 시작된다. 주기억장치가 제공하는 동작은 중앙처리장치가 주기억장치에 데이터를 저장하는 '쓰기'와 주기억장치에 저장된 데이터를 중앙처리장치로 읽는 '읽기' 두 가지이다. 주기억장치는 주소버스, 데이터버스, 제어버스와 연결되어 있다.

① 주소버스 : 주소버스를 통해 주기억장치의 어느 위치에서 데이터를 읽을지, 또는 어느 위치에 데이터를 쓸지가 정해진다. 주기억장치의 주소는 0~255 사이이므로 이 모든 주소를 나타내기 위해서는 주소버스가 8비트가 되어야 한다. 8비트보다 작으면 모든 주소를 표현할 수 없고, 8비트보다 크면 사용하지 않는 비트의 낭비가 발생된다. 전송되는 정보는 중앙처리장치에서 주기억장치로만 전송되므로 단방향성이다.

② 데이터버스 : 데이터버스를 통해 주기억장치로부터 읽거나 주기억장치에 써야 할 데이터가 전송된다. 데이터버스의 크기는 중앙처리장치가 한 번에 전송할 수 있는 데이터의 크기와 같다. 데이터버스를 통해 전송되는 데이터는 보낼 수도 받을 수도 있으므로 양방향성이다.

③ 제어버스 : 제어버스를 통해 데이터를 주기억장치에 쓸지 읽을지를 결정하는 정보가 전송된다. 데이터를 주기억장치에 쓰려면 쓰기제어신호를, 주기억장치의 데이터를 읽으려면 읽기제어신호를 보낸다. 전송되는 정보는 중앙처리장치에서 주기억장치로만 전송되므로 단방향성이다.

4 보조기억장치

① 자기테이프 : 폴리에스터를 기재로 산화철분자를 도포한 것으로 테이프의 두께는 40mm, 폭은 1/2~3/4인치이며, 7트랙(BCDIC)이나 9트랙(EBCDIC)으로 되어 있다. 반복사용이 가능하고 기록밀도가 크며 값이 저렴하고 처리속도가 4m/s로 고속입출력은 가능하지만 자기디스크보다 입출력은 느리다.

② 자기디스크 : 레코드판과 같은 모양이며, 회전속도는 3,600rpm이다. 필요한 위치를 직접 찾을 수 있으나 값이 비싸고 취급 시 주의가 요망된다.

③ 자기드럼 : 알루미늄합금제의 원통표면에 자성재료를 도포한 것이며, 비트직렬식과 비트병렬식을 혼합한 직병렬식이 있다. 증폭·제어·선택·계수·일치회로로 구성된다.

④ 플로피디스크 : 지름 5.25인치와 3.5인치 두 가지가 있으며, 어드레스와 관계없이 호출시간이 일정하다. 랜덤액세스가 가능하며 값이 싸고 일반적으로 쉽게 이용 가능하였지만, 현재는 거의 사용되지 않는다.

⑤ USB, 외장하드, DVD, 각종 메모리카드 등

5 출력장치

출력장치는 CAD시스템 내부의 수학적인 데이터를 사용자가 쉽게 파악할 수 있도록 사람이 읽을 수 있는 빛, 소리, 인쇄 등의 방식으로 컴퓨터의 결과물을 종이나 기타 매체에 표현하여 출력하는 장치이다. 출력장치의 특성인자에는 속도, 정확도, 해상도가 있으나, 사용재료는 이에 해당되지 아니한다.

1) 일시적 표현장치(그래픽디스플레이)

브라운관에 형광물질인 인(P)을 입히고, 여기에 전자빔을 주사하여 화면에 문자, 기호, 도형 등으로 출력정보를 영상으로 표시하는 장치이다. 그래픽디스플레이브라운관은 CRT(Cathode Ray Tube ; 음극선관)가 주로 사용되며, 디스플레이모드는 랜덤스캔형 > 스토리지형 > 래스터스캔형으로 발전되었다. CRT는 고전압에 의해 고속으로 진행하는 전자의 흐름을 이용하여 영상화하는 장치이다. CRT터미널에서 화면에 디스플레이되는 원리는 전자빔이 인으로 코팅된 스크린과 부딪히면서 빛을 내게 된다. 이때 충돌에 사용되는 전자빔이 방출되는 곳을 캐소드(cathode)라고 한다. CRT방식 이외에도 액정식, 플라즈마식, LED(발광다이오드)식, 레이저스크린식 등이 사용된다.

① 랜덤스캔형(점플롯방식) : 순서에 따라 영상이 그려지는 리얼타임디스플레이방식이며, 스크린은 인(P)으로 되어 있다. 인은 녹색, 황색, 흰색으로 구성되어 있다. 벡터스캔형이라고도 한다.

▶ 랜덤스캔형 디스플레이의 장단점

장 점	단 점
• 해상도 우수(고정도 화면) • 움직이는 영상처리 가능(애니메이션) • 부분편집, 부분삭제 가능 • 라이트펜 사용 가능	• 가격 고가 • 도형 표시에 한계 있음 • 플리커현상(깜박거림)* 발생

* 플리커(flicker)는 CRT모니터의 화면이 미세하게 깜박거리는 현상인데, 리프레시(refresh)를 이용하여 이를 방지한다. 리프레시는 영상의 깜박임을 피하기 위하여 초당 30~60회의 전자빔을 공급하는 것을 말한다.

② 스토리지(storage)형 : 도형의 형상을 CRT화면에 생성시킨 후 생성된 형상을 저장해서 2~3시간 정도 계속 오랫동안 보존할 수 있다. DVST방식(Direct View Storage Type)이라고도 한다.

▶ 스토리지형 디스플레이의 장단점

장 점	단 점
• 플리커현상(깜박거림)이 없음 • 표시할 수 있는 도형의 양에 제한이 없으므로 매우 많은 양의 데이터를 스크린에 형성 • 도형을 화면상에 일정시간 저장 가능 • 해상도 우수 • 복잡한 도면형성 가능	• 가격 고가 • 부분편집, 부분삭제 불가능 • 단색(흑백)이어서 컬러표현과 애니메이션 불가능 • 밝기와 선명도가 낮음(화면이 어두움) • 움직이는 영상처리 불가 • 화면 재구성 시 시간 많이 소요 • 라이트펜 사용 불가

③ 래스터(raster)스캔형 : 전자빔주사방법은 TV와 같으며, 도형의 유무에 관계없이 항상 수평방향으로 주사시켜 영상을 형성시키는 방식이다. 픽셀(pixel)이라는 요소에 의해 영상이 형성된다. 전자빔이 화면을 지그재그형태로 주사하는 방식으로 디지털신호로 형상을 만든다. 깜박거림이 없으며 밝고 풍부한 컬러 표시가 가능하고 인텔리전트기능이 뛰어나며 가격이 저렴하고 데이터양의 제한이 없다는 장점이 있는 반면에, 해상도가 떨어지고 처리속도가 랜덤스캔형보다 느린 단점이 있다. TV수신기를 기본으로 하므로 디지털TV라고도 하며 가장 널리 사용된다(정전식 플로터, 레이저프린터, 잉크젯프린터 등).

엘리어싱(aliasing, 에일리어싱, 깨진 패턴)
엘리어싱은 래스터방식의 그래픽모니터에서 수직, 수평선을 제외한 선분들이 계단 모양으로 표시되는 현상이다. 이것은 높은 해상도의 신호를 낮은 해상도에서 나타낼 때 생기는 것이다. 이를 최소화하기 위한 방법을 안티엘리어싱(영어 : Anti-Aliasing, 줄여서 AA)이라고 한다. 그래픽프로그램에서는 포토샵에서 어도비 일러스트레이터로 작업한 EPS 그림파일을 불러올 때 이 기능을 제공한다.

④ 컬러디스플레이 : 섀도마스크방식, 그리드편향방식, 페니트레이션(penetration)방식 등의 3가지가 있으며, 컬러디스플레이의 표현가능한 색은 전자총 3개에 의해 빨강(적), 초록(녹), 파랑(청)의 혼합비로 정해지는데 표현할 수 있는 색은 모두 4,096가지이다.

⑤ 평판디스플레이 : 플라즈마가스방출형, 전자발광판형, 진공방전광형, LCD(액정형 : 전기장의 원리가 빛을 발생하는 데에 이용되지 않고 단지 투과되는 빛의 양만을 조절하는 데 이용), 유기발광다이오드형(OLED) 등이 있다.

LCD(Liquid Crystal Display)
빛을 편광시키는 특성을 가진 액체도 아니고 고체도 아닌 중간상태로 존재하는 온도에 매우 안정한 유기화합물인 액정을 이용한 디스플레이장치이다.

OLED(Organic Light Emitting Diode, 유기발광다이오드)

OLED는 디스플레이 자체 발광기능을 가진 형광체 유기화합물을 사용하는 발광형 디스플레이로서 색감을 떨어뜨리는 백라이트, 즉 후광장치가 필요 없는 디스플레이장치이다. OLED는 유기물 박막에 양극과 음극을 통하여 주입된 전자와 전공이 재결합하여 여기자를 형성하고, 형성된 여기자로부터의 에너지로 인해 특정한 파장의 빛이 발생하는 현상을 이용한 자체 발광형 디스플레이소자이다. 표기는 다음과 같이 여러 가지로 나타낸다.

• OELD : Organic Electroluminescent Display, 유기전기발광 표시소자
• OLED : Organic Light Emitting Diode
• SOLED : Stacked OLED
• FOLED : Flexibie OLED

① OLED의 특징
　• 자체 발광형 : LCD와 커다란 차이점은 자체 발광형이라는 것이다. 자체 발광형은 소자 자체가 스스로 빛을 내는 것으로, 어두운 곳이나 외부의 빛이 들어올 때도 시인성(視認性)이 좋은 특성을 갖는다.
　• 넓은 시야각 : 시야각이란 화면을 보는 가능한 범위로써 일반 브라운관 텔레비전과 같이 바로 옆에서 보아도 화질이 변하지 않는다.
　• 빠른 응답속도 : 동화상의 재생 시 응답속도의 높고 낮음이 재생화면의 품질을 좌우한다. OLED는 텔레비전화면수준의 동화상 재생에도 자연스러운 영상을 표현할 수 있다(LCD의 약 1,000배 수준).
　• 초박, 저전력 : 백라이트가 필요 없기 때문에 저소비전력(약 LCD의 1/2수준)과 초박형(약 LCD두께의 1/3 수준)이 가능하다.
② OLED의 구조 : 전압을 가하면 유기물이 빛을 발하는 특성을 이용하며, 유기물에 따라 R, G, B를 발하는 특성을 이용해 Full Color를 구현하는 것이 발광원리이다. 자발광소자로서 휘도/색순도 특성이 뛰어나다.
③ OLED의 원리 : 전원이 공급되면 전자가 이동하면서 전류가 흐르게 되는데, 음극에서는 전자(−)가 전자수송층의 도움으로 발광층으로 이동하고, 상대적으로 양극에서는 Hole(+개념, 전자가 빠져나간 상태)이 Hole수송층의 도움으로 발광층으로 이동한다. 유기물질인 발광층에서 만난 전자와 홀은 높은 에너지를 갖는 여기자를 생성하게 되는데, 이때 여기자가 낮은 에너지로 떨어지면서 빛을 발생한다. 발광층을 구성하고 있는 유기물질이 어떤 것이냐에 따라 빛의 색깔이 달라지게 되며 R, G, B를 내는 각각의 유기물질을 이용하여 Full Color를 구현할 수 있다. 단순히 Pixel을 열고 닫는 기능을 하는 LCD와는 달리 직접 발광하는 유기물을 이용한다.
④ 제품의 종류 : OLED는 유기물층의 발광재료에 따라 단분자 OLED와 고분자 OLED로 분류할 수 있고, 구동방식에 따라 수동형(PM : Passive Matrix Type)과 능동형(AM : Active Matrix Type)으로 구분된다.
　• 유기물층의 발광재료에 따른 분류

구분	단분자/저분자	고분자
장점	• 개발에 앞서 재료 특성이 잘 알려져 개발이 쉽고 조기 양상이 가능함 • Color Patterning공정 완성단계	• 열적 안정성이 높고 기계적 강도가 우수함 • 자연색과 같은 색감을 지님 • 구동전압이 낮음
단점	• 수명이 짧고 발광효율이 낮아 대형화가 어려움 • Red재료 수명개선 필요	• 재료의 신뢰성이 낮음 • Color Patterning공정 미개발 • Blue재료 수명개선 필요

　• 구동방식에 따른 분류
　　− 수동형(PM : Passive Matrix Type) : 제조공정이 단순하고 가격이 저렴한 장점이 있는 반면에, 전력소비가 커서 대면적 구현에 부적합하다는 단점이 있다.

　　－ 능동형(AM : Active Matrix Type) : AM OLED는 PM OLED에 비해 RGB 독립구동방식이므로 소비전력이 낮고 고정세(fine pitch) Display구현이 가능하다. PM방식에 비해 복잡한 공정으로 인해 장비 및 재료비용이 고가이나, 이러한 AM OLED의 단점에도 불구하고 낮은 소비전력, 고정세, 빠른 응답속도, 광시야각, 박형 구현이 가능하다는 장점이 있다.

⑤ OLED와 TFT-LCD의 비교

구분	OLED	TFT-LCD
발광 원리	• 전압을 가하면 유기물이 빛을 발하는 특성을 이용 • 유기물에 따라 RGB를 발하며 Full Color 구현	• 전압을 가하면 액정셔터(액정＋편광판)가 빛을 통과/차단 • Backlight에서 비추는 백색광이 액정셔터를 통과 후 Color Filter에 의해 RGB로 바뀌게 되어 Full Color 구현
특성	• 자발 광소자로서 휘도/색순도 특성이 뛰어남 • 시야각 무제한 • 매우 빠른 응답속도(수μs) : 브라운관과 동일 수준	• 수광소자로 휘도/색순도 떨어짐 • 시야각 제한 • 느린 응답속도(수십ms) : 동화상 시 눈에 거부감 있음

⑥ OLED의 응용분야

　• PM OLED : Car Audio, Mobile용 Main Display, Cell-Phone용 Sub Display
　• AM OLED : Cell-Phone용 Main Display, Small Video, Car Navigator, PDA
　• Poly AM OLED : Notebook, Monitor, Wall TV, Flexible TV

⑦ 개발 History

　• 1963년 : Anthracene의 단결정발광소자 제작(최초의 유기전기발광소자)
　• 1969년 : 고체 전해질 도입
　• 1973년 : 진공증착된 박막 이용 소자 제작
　• 1987년 : 효율과 안정성이 개선된 녹색 발광현상 발견(Kodak)
　• 1990년 : PPV에 전기장 인가 시 녹색 발광현상 발견(Cambridge대학)
　• 1991년 : 한 번의 스핀코팅으로 고분자 유기전기발광소자 제작
　• 1996년 : 유기 단분자를 진공증착하여 녹색 유기전기발광디스플레이를 상품화(Pioneer)
　• 1998년 : 다중색 유기전기발광디스플레이 상품화

⚛ GUI(Graphical User Interface)

사용자가 그래픽을 통해 컴퓨터와 정보를 교환하는 작업환경을 말한다. 과거의 기존 사용자인터페이스는 키보드를 통한 명령어로 작업을 수행시켰고, 화면에 문자로 표시하였지만 GUI에서는 마우스 등을 이용하여 화면의 메뉴 중에서 하나를 선택하여 작업을 지시한다. GUI는 도스(DOS)의 명령어인터페이스와는 대조적이다. GUI의 요소를 살펴보면 윈도(Windows), 스크롤바, 아이콘이미지, 단추들을 포함한다. 1980년대 후반부터 IBM PC 및 워크스테이션에서도 GUI가 보급되어 현재의 컴퓨터는 GUI를 사용하고 있다. 마이크로소프트 사의 윈도, 애플 사의 매킨토시의 GUI가 그 예이다.

2) 영구적 표현장치

(1) 플로터(plotter)

플로터는 종이와 펜을 기계적으로 움직여 도면을 작성하여 출력하는 장치이다. 플로팅헤드 (그림을 그리는 요소), 플로팅매체(종이나 필름을 부착시키는 장치), 제어장치(플로팅헤드를 움직여 주는 장치) 등을 기본요소로 한다. 작도의 성능을 결정하는 3대 요소는 작화속도, 선의 질, 작화정밀도 등이다. 플로터의 종류는 다음과 같다.

① 펜플로터 : 플랫베드형과 드럼형이 있으며, 사용가능한 펜은 볼펜, 잉크펜이 주로 사용되며 연필이 사용가능한 장비도 있다.

    ㉠ 플랫베드(flat bed)형 : 편평한 테이블 위에 종이를 고정시켜 막대가 좌우로 펜의 헤드가 막대 위를 전후로 움직이며, 펜이 상하로 움직이면서 도형을 그린다. 용지선정이 자유롭고 모니터가 용이해서 그림 그리는 과정 전체를 볼 수 있으며 고밀도와 고정도의 그림을 그릴 수 있는 장점이 있는 반면에, 설치면적이 커서 설치공간이 넓어야 하고 테이블과 종이의 밀착성이 좋아야 하며 가격이 비싸고 정비보수가 어렵다는 단점이 있다.

    ㉡ 드럼형 : 플랫베드형 플로터를 드럼(원통)형으로 만들어 종이를 이동시키면서 작도하는 타입이다. 플로팅헤드는 일정한 크로스바 상에서 좌우운동만 하고, 종이가 상하운동을 한다. 고속으로 도면을 출력하며 용지길이에 제한이 없고 기구가 간단하며 설치면적이 좁은(compact) 장점이 있는 반면에, 고정밀도의 도면은 아니며 작화 중의 모니터가 곤란하다는 단점이 있다.

    ㉢ 벨트베드형 : 플랫베드형과 드럼형의 복합형태이며, 설치면적이 작고 규격용지, 연속용지 모두 사용가능하다.

    ㉣ 리니어(linear)모터형 : 드럼형과 플랫베드형의 플로터들은 X-Y측에 2개로 된 것으로 각각 독립된 회전모터를 움직여 2차원의 좌표를 설정한 기구를 가지고 있지만, 리니어모터형은 소아의 원리에 의해 2축 동시 리니어모터를 사용하여 1개의 모터에 의해 2차원의 좌표를 설정하여 작화할 수 있다. 작화속도는 60m/min, 가속도 3GM, 복원 정도 $10\mu m$의 고성능을 지닌다. 가동부품이 경량이며 정밀도와 신뢰성이 높고 작화속도가 매우 빠르지만, 설치면적이 크며 작화 중 모니터링이 어려워 작화과정을 알기가 어렵고 오버샷의 가능성이 높다.

② 정전식 : 전극이 8본/mm로 1열로 나란히 구성되어 정전기를 발생시켜 플로팅하는 방식이다. 도형정보를 래스터데이터로 변환하여 작도의 시간은 A4용지로 30초 이내 정도로 소요된다. 단색(흑색)형과 전 컬러종이 있다. 펜플로터용 작화데이터를 그대로 사용할 수 있으며, 도면 내의 데이터양이 구애받지 않고 단시간에 작도하기 때문에 사용빈도가 높일 수 있다. 화질이 우수하며 정밀도와 신뢰성이 높고 저소음이며 작화속도가 매우 빠르지만, 작도하기 전에 도형정보를 래스터데이터로 변환해야 한다.

③ COM(Computer Output to Microfilm)플로터 : 도면이나 문자 등을 마이크로필름에 출력하는 장치이다.

④ 잉크젯식 : 노즐을 갖고 헤드가 좌우로 움직여서 소정의 위치에서 잉크를 뿌려 그래픽디스플레이에 나타난 화상을 그대로 받아 도면에 표현하는 방식이다. 애매한 색상의 배합도 용이하며 C(cyan, 파랑), M(magenta, 빨강), Y(yellow, 노랑), K(black, 검정)의 잉크로 인쇄한다. 노즐의 막힘이 좋고 인쇄속도가 빠르다. 버블(bubble)잉크젯식이라고도 한다.

⑤ 열전사식 : 필름에 도포한 잉크컬러의 경우 Yellow, Cyan, Magenta, Black 등이 발열저항체로 배열해 서멀헤드로 녹여 기록지에 전사하는 방식이다. 해상도를 올리기 위해 헤드에 가는 발열저항제를 배열하며, 방식은 용융열전사방식과 승화열전사방식이 있다. 속도가 빠르며 A3크기의 사진과 같은 인쇄가 가능하다. 보존성과 신뢰성이 양호하다. 감열식이라고도 하며, 구성부품으로 프린터헤드, 평면종이, 왁스형 리본 등이 있으나 액체잉크토너는 이에 해당되지 않는다.

⑥ 광전식 : 프린터 기판용 패턴필름을 작성할 때 사용하고 X−Y플로터의 볼스크루의 피치오차를 보정하기 위해 기기를 설치하고 있다. 감광필름에 소요되는 광량이 검출되어 광량제어를 하고 있다.

⑦ 레이저빔식(래스터스캔방식) : 플로터는 복사기와 같은 원리로 레이저광을 회전경으로 주사하고 감광드럼에 비추며, 레이저광을 온/오프할 때 감광드럼 상에 정전기의 잔상이 만들어지는데, 여기에 토너를 흡착시키고 현상한다. 보통의 종이사용이 가능하고 운영비가 싸다. 속도가 빠르며 고품질의 도면을 얻을 수 있다. 그러나 A2사이즈 이상은 사용 불가하고 기구가 복잡하다.

⑧ 퍼스널형 : 플로터는 초고속, 고정밀도 및 대형화에 치우쳐 발전되어 온 경향이 있었으나, 퍼스널플로터는 어디서나 손쉽게 사용할 수 있는 개인전용 플로터이다.

(2) 프린터(printer)

컴퓨터에서 처리된 정보를 사람이 눈으로 볼 수 있는 형태로 인쇄하는 출력장치이며, 주로 병렬포트에 연결된다. 내부의 숫자 및 문자데이터를 종이에 기록하기 위해 사용된다. 컬러프린터에 들어가는 기본색은 Cyan, Yellow, Blue 등이다. 프린터의 출력속도(인자속도)단위는 CPS이다.

① 인쇄방식에 따른 분류 : 충격식(활자임팩트, 도트임팩트, 펜스트로크임팩트), 비충격식(레이저프린터, 잉크젯프린터, 열전사식 프린터)으로 구분되며, 비충격식이 충격식보다 소음이 적고 속도가 빨라서 많이 사용되고 있다.

② 출력단위에 따른 분류 : 시리얼프린터(활자를 한 글자마다 각각 선택하여 인쇄하는 방식), 라인프린터(한 줄(120~136자)을 한 번에 인쇄하는 고속출력장치), 페이지프린터(전기, 열, 광선 등을 이용하는 방식으로 속도가 빠름) 등이 있다.

03 CAD용 S/W

1 운영체제(OS)

운영체제(OS : Operating System)는 하드웨어자원들과 정보를 최대한 효율적으로 운영하기 위해 하드웨어와 사용자프로그램 사이에 존재하는 시스템프로그램을 말한다. 종류로는 UNIX, ZENIX, MS-DOS, VMS, OS/2, Windows 등이 있다. 운영체제의 목적은 처리능력 향상, 응답시간 단축, 신뢰도 향상, 사용가능도 향상 등이다.

2 CAD용 S/W의 개요

① CAD용 S/W의 기본기능 : 요소작성기능(그래픽형상기능), 요소변환기능(데이터변환기능), 요소편집기능, 도면화기능, 디스플레이제어기능, 데이터관리기능, 물리적 특성해석기능, 플로팅기능 등
  ㉠ 요소작성기능 : 점 · 선 · 원 · 원호 · 곡선 등 요소의 생성기능
  ㉡ 요소변환기능 : 요소의 이동 · 회전 · 복사 · 대칭 · 변형 등
  ㉢ 요소편집기능 : 선의 정렬 · 부분삭제 · 선의 등분 · 라운딩 · 모따기 등
  ㉣ 도면화기능 : 치수기입 · 주서 · 마무리기호 · 용접기호 등 도면화기능
  ㉤ 디스플레이제어기능 : 화면에서 도형을 확대 · 축소 · 이동 · 그리드 · 은선처리 · 롤러 등 화면표시제어기능
  ㉥ 데이터관리기능 : 작성한 모델의 등록, 삭제, 복사, 검색, 파일이름변경 등의 데이터관리
  ㉦ 물리적 특성해석기능 : 면적, 길이, 도심, 체적, 모멘트 등
  ㉧ 플로팅기능 : 도면화데이터를 플로터에 출력하는 기능
② 그래픽소프트웨어
  ㉠ 그래픽소프트웨어의 기능 : 도형정보관리
  ㉡ 그래픽소프트웨어의 구성원칙 : 그래픽패키지, 응용프로그램, 데이터베이스
  ㉢ 그래픽소프트웨어 설계 시 주안점 : 경제성, 일관성, 단순성, 보안성, 성능, 완전성 등

ⓔ CAD시스템의 그래픽소프트웨어를 구성하는 5대 주요 모듈 : 그래픽스모듈, 서류화모듈,
서피스모듈, NC모듈, 해석모듈

✒ 그래픽소프트웨어를 구성하는 5대 주요 모듈

i. 그래픽스모듈 : 입출력의 모든 기능을 제공한다.
  - 그래픽요소를 구성하는 명령어 : 주로 화면에 형상을 나타내기 위해서 사용하는 명령어로, 기하학적 형상
   용 명령어모임은 point, line, circle, arc 등이 있다.
  - 화면제어용 명령어 : 화면의 그림크기를 전체적으로 확대, 축소하는 데 사용하는 명령어로, magnify,
   zoom, zoom-scale 등이다.
  - 데이터변환용 명령어 : 형상을 이동, 회전, 대칭, 복사 등의 기능으로, translation, rotation, copy,
   symmetry, mirror 등이 있다.
  - 데이터수정용 명령어 : 기존의 데이터를 새로운 item으로 수정하는 명령어로, trim, break, split, limits
   등이 있다.
ii. 서류화모듈 : 도면 및 서류를 작성하는 문자편집기능으로, euclid소프트웨어에서 사용되는 심벌테이블 내
  용의 일부이다.
iii. 서피스모듈 : NC모듈을 사용하기 위해서 사용하는 기능들을 모아놓은 것이다.
iv. NC모듈 : 서피스를 이용해서 NC파트 프로그램에 사용하는 CL데이터와 가공공구의 특성을 찾아 NC파트
  프로그램을 얻는 모듈이다.
v. 해석모듈 : 해석패키지이며 설계내용의 오류 제거로 유한요소법의 기본인 mesh를 자동적으로 형성시켜주
  는 mesh generator가 있어야 한다.

---

③ 데이터변환매트릭스(변환방법) : 스케일링(scaling), 이동(translation), 회전(rotation), 대칭
(mirror), 투영(projection) 등

　㉠ 스케일링(scaling)변환 : 도형의 요소를 확대 또는 축소하는 방법

　㉡ 이동(translation, move)변환 : 도형요소의 위치를 이동하는 방법

　㉢ 회전(rotation)변환 : 도형요소의 위치를 돌리는 방법

　㉣ 대칭(mirror)변환 : 지정한 요소를 지정한 축에 선대칭으로 반사시켜 복사하거나 이동시키
　　는 방법

　㉤ 투영(projection)변환 : 3D 형상에 대한 좌표정보를 2D평면좌표로 변환시키는 방법

④ 옵션 : 비도형정보처리기능, 파라메트릭도형기능, 도형처리언어, 메뉴관리기능, 데이터호환기
능, NC정보기능 등

✒ 파라메트릭도형기능

형상은 같으나 치수가 다른 도형 등을 작성할 때 가변되는 기본도형을 작성해 놓고 필요에 따라 치수를 입력
하여 비례되는 도형을 작성하는 기능이다.

- pan(펜) : 도면의 위치를 이동시키는 방법
- primitive(프리미티브) : 요소 하나하나를 의미
- segment(세그먼트) : 형상의 일부를 수정하거나 삭제할 수 있는 기본단위
- zoom(줌) : 도면을 크게 또는 작게 하여 보고 싶은 부분을 확대 또는 축소하는 방법

3 소프트웨어의 종류와 구성

1) 소프트웨어의 종류

① CAD소프트웨어는 2차원 및 3차원 CAD/CAM을 하기 위해 사용하며, 설계검증 및 최적화 설계가 가능한 범용유한요소해석(FEM : Finite Element Method)프로그램으로 복잡한 부품과 조립품들을 가상으로 시험, 분석할 수 있도록 다양한 종류의 전문화된 해석툴을 제공하는 프로그램도 있다.

② 소프트웨어의 구분 : 운영체계, 데이터베이스시스템(도형, 비도형 각종 정보관리), 응용소 프트웨어(적용업무분야별 프로그램), NC언어(가공에 필요한 가공 형상, 공구동작, 작업 순서 등)

③ 소프트웨어의 종류 : 기본소프트웨어(operating system과 형상모델러), 어플리케이션소프 트웨어, 사용자소프트웨어 등

④ 대표적인 CAD프로그램들 : AutoCAD, Autodesk Inventor, CATIA, UG(UniGraphics), SolidWorks, I-Master, MasterCAM, CADian, Solid Edge, CADRA, Cimatron, COSMOSWorks(유한요소해석프로그램)

2) 소프트웨어의 구성

소프트웨어는 제어프로그램과 처리프로그램으로 구성된다.

(1) 제어프로그램(control program)

① 데이터관리프로그램 : 컴퓨터시스템에서 취급하는 각종 파일과 데이터를 표준적인 방법으 로 처리할 수 있도록 관리하는 프로그램이다.

② Job관리프로그램 : 해당 업무처리를 하고 다른 업무로 자동적으로 이행하기 위한 준비 및 그 후속처리를 담당하는 기능을 한다.

(2) 처리프로그램(process program)

① 언어번역프로그램 : 사용자가 작성한 프로그램을 기계어로 번역하는 역할을 한다. 종류로는 기계어와 어셈블리어(컴파일러), FORTRAN, COBOL, ALGOL, ROG, PL/I 등이 있다.

② 서비스프로그램 : 프로그램에서 사용하는 범용 루틴이다. 종류로는 연계편집프로그램, 분류 · 조합프로그램, 유틸리티프로그램 등이 있다.

③ 사용자가 작성한 문제처리프로그램

04 CAD도형 · 형상모델링 · 렌더링

1 CAD도형

1) 도형요소와 작도

① 점(point) : 좌표값을 직접 입력하여 기준위치나 도형작업의 기준점으로 사용한다. 요소의 지정(osnap)에는 끝점(end), 중간점(mid), 중심점(cen), 교차점(int), 가까운 점(nea), 직교점(per), 사분점(qua), 접점(tan) 등이 있다.

   ㉠ 커서제어(cursor control)에 의해 만들어진 점

   ㉡ 키보드를 이용한 좌표값을 입력한 점 : 절대좌표 $P(x, y, z)$, 상대좌표 $@x, y$, 상대극좌표 $@l < a°$

   ㉢ 2선의 교차점에 의한 점

② 직선(line) : 도면을 이루는 가장 기본적인 요소로, 선의 특성은 선의 시작과 끝점, 선의 굵기, 선의 종류, 선의 색깔이며, 선의 면적은 해당하지 아니한다.

   ㉠ 키보드를 이용한 좌표값을 입력한 직선 : 절대좌표, 상대좌표, 극좌표

   ㉡ 2점을 지정하여 만들어지는 선(2점의 교점)

   ㉢ 1점과 수평선 혹은 수직선의 각도와 길이

   ㉣ 1점과 원호의 접선이나 법선

   ㉤ 수평면의 교차선

   ㉥ 중심선과 원 상의 한 점

   ㉦ 2곡선의 최단거리를 잇는 선분

   ㉧ 2곡선에 대한 접선

   ㉨ 1곡선에 접하고 1점을 지나는 직선

   ㉩ 절대증분, 2좌표값에 의한 문자입력

   ㉪ 간격지정(옵셋)에 의한 평행선

   ㉫ 모따기를 한 선

③ 원(circle)

   ㉠ 1점 지점 : 중심점과 반지름, 중심점과 지름

   ㉡ 중심과 원주상의 1점(원의 중심과 접하는 도형요소)

ⓒ 2점 지점(2개의 접하는 도형요소와 반지름)

ⓔ 3점 지점(3개의 접하는 도형요소)

ⓜ 원의 중심과 2개의 도형요소 또는 2개의 점

ⓗ 원의 중심점과 반지름과 접하는 도형요소

ⓢ 2점 사이의 거리를 지름으로 하는 원(2차원 평면)

ⓞ 동심원 구성

ⓙ 2개의 접선과 반지름(TTR)

ⓣ 3개의 접선을 지나는 원(TTT)

ⓚ 2점 사이의 거리를 반지름으로 하고, 이 2점의 벡터에 수직한 평면

④ 원호(arc)

ⓐ 3점을 지나는 원근

ⓛ 시작점, 끝점

ⓒ 시작점, 중심점, 끝점

ⓔ 시작점, 중심점, 각도

ⓜ 시작점, 중심점, 현의 길이

ⓗ 시작점, 끝점, 내부각(협각)

ⓢ 시작점, 끝점, 반지름

ⓞ 시작점, 끝점, 시작방향

ⓙ 2점과 발생위치

ⓣ 한 요소의 접선, 한 점, 반지름

ⓚ 라운딩(fillet)

⑤ 타원(ellipse)

ⓐ 축과 편심

ⓛ 중심과 2축

ⓒ 아이소메트릭상태에서 작도

⑥ 다각형(polygon) : 삼각형에서 1,024면까지 만들 수 있다.

ⓐ 변에 의한 방법

ⓛ 내접에 의한 방법

ⓒ 외접에 의한 방법

⑦ 원뿔곡선(conic curve) : 원, 타원, 포물선(원호는 무관)

⑧ 면(surface)

ⓐ 방향벡터표면(TABSURF) : 곡선경로와 방향벡터에 의해 정의되는 일반적인 방향벡터
표면을 표현하는 다각형 메시를 구성

ⓛ 선형보간표면(RULESURF) : 2곡선 사이에서 선형보간표면을 작성(2곡선 사이, 2직선 사이, 직선과 곡선 사이, 점과 닫힌 다각형 사이의 면)

ⓒ 회전표면(REVSURF) : path curve와 회전축을 지정하여 회전개시각도와 회전각도를 입력하여 원하는 입체를 작도(polygon mesh)

ⓔ 모서리표면(EDGESURF) : 4변을 지정하여 $m \times n$개의 polygon mesh를 작도(m값은 SURFTAB 1변수에서 그리고 n값은 SURFTAB 2변수에서 각각 선택)

2) 곡선과 곡면(Curve & Surface)

3차원 형상의 곡면 중 직교좌표계 상의 해석함수로 표시되지 않는 곡면을 자유곡면이라고 한다. 자유곡면의 예로서 직선과 평면, 원과 원통면 등이 있다. 자유곡면은 자동차, 항공기, 선박 등의 외형과 곡면의 심미적 외형이 중요한 몰드제품, 일반 용기류 등에 널리 사용되며, 이 분야도 크게 보면 CAD의 한 분야이지만 별도로 CAGD(Computer Aided Geometric Design)라고 부른다. 곡선을 정확하게 도면에 표시하는 방법은 다음과 같다.

• 직선과 원호의 연속으로 표시
• 일련의 점좌표값들을 지정하여 표시
• 두 곡면의 교선으로 표시

(1) 곡선

곡선은 매개수에 의한 방식으로 수학적인 스플라인표현방법이다. CAD시스템에서는 낮은 차수의 곡선일수록 곡선의 불필요한 진동이 덜하기 때문에 낮은 차수의 곡선을 선호한다.

① 스플라인(spline)곡선 : 스플라인은 접속점에서 −1차 미계수의 연속상을 가지는 다항식이며, 스플라인곡선은 곡선 및 곡선표현에서 지정된 주어진 모든 점을 반드시 통과하는 곡선이다.

② 베지어(Bezier)곡선 : 스플라인표현식 중 주어진 점들이 표현하는 형상에 가깝도록 자유로이 형상을 제어할 수 있는 곡선을 베지어곡선이라고 한다. Bezier곡선은 생성하고자 하는 곡선을 근사하게 포함하는 다각형의 꼭짓점을 이용하여 정의한다. 이 다각형 꼭짓점들의 영향을 각각 해당되는 블렌딩함수로 섞어서 곡선을 형성할 수 있다. 주어진 다각형의 각을 평활화하여 얻어지는 곡선구간의 정의에 있어서 양 끝점의 위치벡터와 내부조정점을 이용한다. 필요한 입력요소는 오더(order), 조정점, 노트(knot, 질점)벡터 등이다. 곡면이 일반적인 조정점의 형상에 따르며 곡면의 코너와 코너조정점이 일치한다. 곡면은 조정점들의 볼록포(convex hull) 내부에 포함된다. 3차 베지어곡선을 직선방향으로 거리 L만큼 sweep시켜 곡면생성 시 곡면의 차수는 $3(L-1)$차가 된다. 곡면을 부분적으로 수정할 수는 없다(베지어곡선이라고도 한다). Bezier곡선을 이루기 위한 블렌딩함수의 성질은 다음과 같다.

㉠ 생성되는 곡선은 다각형의 시작점과 끝점을 반드시 통과해야 한다.

ⓛ Bezier곡선을 이루는 다각형의 첫째 선분은 시작점에서의 접선벡터와 같은 방향이고, 마지막 선분은 끝점에서의 접선벡터와 같은 방향이어야 한다.

ⓒ 시작점이나 끝점에서 n번 미분한 값은 그 점을 포함하여 인접한 $n+1$개의 꼭짓점에 의해 결정된다(이 성질은 두 개의 서로 다른 곡선을 접속시킬 때 연결점에서 임의의 미분까지 연속을 보장하는 데 이용될 수 있다).

ⓔ 다각형의 꼭짓점 순서가 거꾸로 되어도 같은 곡선이 생성되어야 한다.

> 차수별 베지어곡선 : 1차(직선, linear), 2차(포물선, quadratic), 3차(입방체, cubic)

③ B-spline곡선 : 극소변화를 쉽게 하기 위하여 치수와 노트(knot)벡터라는 새로운 변수를 추가하여 6개의 제어점들에 의해 정의되는 곡선을 B-spline곡선이라고 한다. 기초 스플라인을 이용한 곡선이며, 스플라인이 갖는 접속성과 곡면이 갖는 제어성이 가장 우수한 곡면이다. 곡선 전체의 연속성이 좋다. 정점의 이동에 의한 형상변화는 곡선 전체에는 영향을 주지 않으므로 형상의 조작성이 쉽다. 곡선함수의 차수가 1개의 조정점(control point)이 영향을 줄 수 있는 곡선세그먼트의 개수를 결정한다. B-spline곡선을 이루기 위한 블렌딩함수의 성질은 다음과 같다.

㉠ 조정점 개수와 관련된 n을 포함하지 않고 원하는 차수를 직접 지정할 수 있어야 한다.

㉡ 모든 블렌딩함수는 매개변수의 전체 범위 중 각각 서로 다른 일정범위에서만 값을 갖도록 하여, 매개변수의 일정범위에 해당되는 곡선 부위에서는 그 범위에서 0이 안 되는 블렌딩함수와 짝이 되는 한정된 개수의 조정점들만 형상에 영향을 줄 수 있어야 한다.

(2) 곡선 및 곡면의 발달

곡선 및 곡면은 'Ferguson곡선·곡면→Coons곡면→Bezier곡선·곡면→B-spline곡선·곡면'의 순으로 발달되었다.

① 퍼거슨(Ferguson)곡선·곡면(1960년대 초, 미국 보잉항공사의 J. C. Ferguson이 개발) : 한 개의 자유곡선(curve segment)을 파라미터에 이용한 각 점에서의 접선벡터하여 매개변수식으로 표현하는 방법이다. 양 끝점에서의 위치벡터(position vector)와 접선벡터(tangent vector)를 이용하여 주어진 곡선구간을 3차의 매개함수로 하여 곡면을 표현한다. 하나의 단위곡선은 전 구간에 걸쳐 부드러운 곡선을 생성하는 것을 곡면 생성에 응용한 것이다. 다음과 같은 장점을 지닌다.

㉠ 평면상의 곡선뿐만 아니라 3차원 공간에 있는 형상도 간단하게 표현한다.

㉡ 매개변수의 범위를 설정하여 곡선이나 곡면의 일부를 간단하게 표현할 수 있다.

㉢ 주어진 벡터만을 좌표변환시켜 곡선이나 곡면을 원하는 좌표로 변환할 수 있다.

이 방법으로 매개변수에 의한 곡선과 곡면의 표현이 일반화되었으나, 이 곡선은 단위곡면들을 연결하여 복합곡면으로 만들었을 때 패치의 모서리 부분에서 평편해지는(flatness) 단점이 있어서 자동차나 비행기의 외관과 같이 곡률의 변화율이 매우 중요한 경우에는 곡면의 품질을 저하시킨다. 물론 이러한 특성은 일반인들이 육안으로 쉽게 확인할 수 있는 것은 아니다.

② 쿤스(Coons)곡면(1964년 개발) : 곡면패치의 4개 점의 위치벡터와 4개의 경계곡선을 주어 그 경계조건을 만족하는 곡면이다.

③ 베지어(Bezier)곡선·곡면(1970년 개발) : 주어진 다각형의 각을 평활화하여 얻어지는 곡선구간의 정의에 있어서 양 끝점의 위치벡터와 내부조정점을 이용하는 방법이다. 각 꼭짓점의 위치에서 벡터의 크기만으로 곡선제어를 쉽게 할 수 있는 대화적인 곡면설계에 적합하다. 베지어곡선·곡면은 다음과 같은 성질이 있다.

㉠ 유리식(rational)으로 표현되는 곡면식이다.

㉡ 곡선은 양단의 정점을 통과한다.

㉢ 곡선은 정점을 통과시킬 수 있는 다각형의 내측에 존재한다.

㉣ 곡선은 볼록포(convex hull) 안에 위치한다.

㉤ 곡선의 단에 있어서 접선벡터는 단의 두 점을 연결하는 변의 방향과 일치한다.

㉥ 1개의 정점변화는 곡선 전체에 영향을 미친다.

㉦ n개의 정점에 의해 정의되는 곡선은 $(n-1)$차 곡선이다.

➡ 예를 들면, 4개의 조정점 P1, P2, P3, P4는 베지어곡면 내부의 볼록한 정도를 나타내며, 3차 곡면패치의 4개의 꼬임막대와 같은 역할을 한다.

④ B-spline곡선·곡면(1974년 개발) : 기초 스플라인을 이용한 곡선·곡면이다. 정점의 이동에 의한 형상의 변화는 곡선 전체에는 영향을 주지 않으므로 형상의 조작성이 쉽다. 스플라인이 갖는 접속성과 곡면이 갖는 제어성이 가장 우수한 곡면이다. B-스플라인곡선은 기본도형(점, 선, 원)을 이용한 곡선, 두 곡면의 교차곡선, 두 곡선을 혼합한 곡선, 곡면에 투영해서 얻은 곡선 등이 있다.

⑤ Spline : 퍼거슨이나 쿤스의 경우는 이웃하는 단위곡선·단위곡면과의 연결성에 문제가 쉽게 발생되는데, 이것을 해결하는 것이 스플라인 개념이다. 스플라인은 자동차, 비행기 등의 자유곡선·자유곡면을 설계할 때 부드러운 곡선을 만들기 위해 사용된다. 곡선이 지나가는 위치를 몇 개로 고정하여 놓으면 나머지 위치에서는 부드러운 곡선으로 연결된다. 부드러운 곡선의 기준은 정해진 점을 지나면서 곡선의 모든 점에서 곡률의 합이 최소가 되도록 하는 것이다. 곡선 형상을 변화시켰을 때에도 곡선식은 이 기준으로 재계산이 되므로 연결성에는 전혀 문제가 없으며, 곡면은 곡선식을 확장하여 간단하게 정의된다.

⑥ NURBS(Non Uniform Rational B-Spline, 비균일유리 B-스플라인, 넙스)곡선 : NURBS는 B-spline곡선·곡면을 다양하게 변형하여 표현하여 3차원 기하체를 수학적으로 재현하는 기법이다. 2차원의 간단한 선분, 원, 호, 곡선부터 매우 복잡한 3차원의 유기적 형태의 곡면이나 덩어리까지 매우 정확하게 표현할 수 있으며, 그 편집이 무척 쉬우므로 이러한 유연성과

정밀성 때문에 NURBS는 그림, 애니메이션이나 곡면의 물체를 생산하는 산업에까지 다양한 영역에서 사용된다. NURBS는 현재의 형상모델링의 표준이다. 자유곡선·자유곡면을 표현하는 기하학식의 한 부분으로 부드럽고 자유도가 높은 형상을 표현한다. 원, 타원, 포물선, 쌍곡선 등 원추곡선을 정확하게 나타낸다. 3차 NURBS곡선은 특정 노트(knot)구간에서 4개의 조정점 외에 4개의 가중값과 노트벡터의 정보가 이용된다. NURBS는 다음과 같은 특징을 지닌다.

㉠ NURBS곡선으로 B-Spline, 베지어, 원추곡선도 표현가능하다.

㉡ 4개의 좌표의 조종점을 사용하여 곡선의 변형이 자유롭다.

㉢ NURBS곡선은 곡선의 양 끝점을 반드시 통과해야 한다.

⑦ **원뿔곡선(conic section 원추형 단면)** : 원뿔곡선은 원추면을 한 개의 평면으로 잘랐을 때 발생하는 교차선이다. 절단하는 평면의 위치에 따라 원(circle), 타원(ellipse), 쌍곡선(hyperbola), 포물선(parabola) 등이 얻어진다.

㉠ 원 : 원추를 일정한 높이에서 절단하여 생기는 곡선, $x^2 + y^2 - z^2 = 0$

㉡ 타원 : 원추를 비스듬하게 절단하여 생기는 곡선, $\dfrac{x^2}{a^2} + \dfrac{y^2}{b^2} = 0$

㉢ 포물선 : 원추를 원추의 경사와 평행하게 절단하여 생기는 곡선, $y^2 - 4ax = 0$

㉣ 쌍곡선 : 원추를 z축 방향으로 절단하여 생기는 곡선, $\dfrac{x^2}{a^2} - \dfrac{y^2}{b^2} - 1 = 0$

⑧ **XY평면 상의 1개의 곡선을 표현하는 방법** : 음함수형태, 양함수형태, 매개변수형태

⑨ **곡면의 용도에 따른 곡면형태의 분류** : 심미적 곡면, 유체역학적 곡면, 공학적 곡면

㉠ 심미적 곡면 : 형상의 정확한 치수보다는 미적 표현을 중요시하는 곡면이다. 플라스틱 재질의 일반 가전제품 외형(용기류 등)에 많이 사용된다.

㉡ 유체역학적 곡면 : 방향성을 가진 곡면(곡면에서 유체의 유동성을 고려한 곡면)이다.

㉢ 공학적 곡면 : 심미적 곡면이나 유체역학적 곡면을 제외한 곡면이다. 렌즈나 브라운관 곡면 등 기능이 있는 곡면으로 사용하므로 변화되어서는 안 된다.

⑧ **곡면 구성방법, 입력데이터의 변환과 곡면의 수정 및 보완**

㉠ blending(블렌딩)곡면 : 이미 정의된 두 곡면이 만나는 부분을 매끄럽게 연결할 때 생성하는 곡면

㉡ fairing(페어링) : 점데이터로 곡면을 형성할 때 측정오차 등으로 인한 굴곡이 있는 경우 이를 명확하게 하는 것

㉢ filleting(필리팅) : 연결 부위를 일정한 반지름을 갖도록 하는 것

㉣ remeshing(리메싱) : 종방향의 배열이 맞지 않는 데이터를 오와 열의 배열이 가지런한 형태의 곡면입력점을 새로이 구해내는 절차

㉤ revolve(회전)곡면 : 하나의 곡선을 임의의 축이나 요소를 중심으로 회전시켜 모델링한 곡면

ⓑ smoothing(스무딩) : 표현된 곡면의 심한 굴곡면을 평활한 곡면으로 재계산하는 것

ⓢ sweep곡면 : 2개 이상의 곡선에서 안내곡선을 따라 이동곡선이 이동규칙에 따라 이동하면서 생성되는 곡면. 단면곡선과 profile에 의한 정의방식. 심미적 곡면 중 2차원 단면이 기준곡선(base line)을 따라 이동하여 형성하는 형태의 곡면

⑩ 가공관점에서 분류한 자유곡면 : 접합곡면, 커브데이터곡면, 포인트데이터곡면

⑪ 곡면의 작성방법

ⓐ 룰드곡면(ruled surface) : 2개의 선이나 곡선을 지정하는 가장 간단한 곡면

ⓑ 회전곡면(revolved surface) : 컵이나 유리병과 같은 곡선경로와 회전축을 지정하는 곡면

ⓒ 경계곡면(surface of boundary) : 3개의 곡선을 지정하는 곡면

ⓓ 테이퍼곡면(tapered surface) : 선, 곡선, 원의 요소에 진행방향을 지정한 후 길이, 각도로 곡면을 만들거나, 또는 진행방향에 그대로 제한평면(limit plane)이나 제한곡면(limit surface)을 지정하여 작성하는 곡면

ⓔ 변형스위프곡면 : 원이나 다각형을 지정하여 이동(sweep)하는 곡면

3) 3D명령

3차원의 다각형 메시객체 작성

① BOX : 폭·길이·높이 입력, 3차원 입방체 작도

② CONE : 중심점·반지름(혹은 지름)·높이 입력, 3차원 원뿔 작도

③ DISH : 중심점·반지름 입력, 3차원 하부 반구 작도

④ DOME : 중심점·반지름 입력, 3차원 상부 반구 작도

⑤ MESH : 4개 좌표점 입력, 그 점을 경계로 m과 n의 크기에 의한 2차원 혹은 3차원의 그물 모양 작도

⑥ PYRAMID : BASE의 4점 혹은 3점 위치·높이 입력, 사각뿔 혹은 삼각뿔 작도

⑦ SPHERE : 중심점·반지름 혹은 지름 입력, 3차원 구형 작도

⑧ TOURS : 중심점·회전원환 반지름·외접원 반지름 입력, 3차원 도너츠 형상의 원환 작도

⑨ WEDGE : 폭·길이·높이 입력, 3차원 쐐기 형상 작도

▌2▐ 형상모델링

형상모델링은 인간이 실체로 인식하는 물질의 형상을 컴퓨터 내부모델로 표현하는 방식이다. 형상모델링은 2차원 모델링, 2와 1/2차원 모델링, 3차원 모델링으로 구분되며, 3차원 모델링은 다시 와이어프레임모델링(선정보에 의한 모델), 서피스모델링(면정보에 의한 모델), 솔리드모델링(체적정보에 의한 모델)으로 세분된다.

1) 2차원 모델링

2차원 모델링은 일반적인 정투상도면, 육면도, 단면도 등의 평면 형상을 나타낸다.

2) 2와 1/2차원 모델링(2.5차원 모델링)

① 2.5차원이라는 용어는 초기 3축 NC기계가 동시 3축이 안 되고 동시에 2축밖에 움직이지 않아 나온 말이다.

② 평면 형상의 평행 또는 회전에 의해 3차원 형상으로 모델화한 것이다.

③ 도면을 그리는 아이디어와 유사하게 곡면을 형성하기 때문에 곡면의 이해가 쉽다.

④ 가공된 곡면은 면이 좋고 원호보간을 사용하므로 NC code 가공데이터가 짧다.

⑤ 3차원과 2와 1/2차원의 구별은 물체를 회전하면 구분된다.

3) 3차원 모델링

① 3차원적인 물체의 형상표현방법 : 공간격자에 의한 방법, 프리미티브에 의한 방법, 메시(mesh)분할에 의한 방법, 반공간에 의한 방법, 시브(sheave)에 의한 방법, 경계표현에 의한 방법 등이 있다.

② 3차원 CAD/CAM시스템에서 사용되는 자료구성요소 : 점, 링크, 요소

  ㉠ 점(point) : 자료구조(DS : Data Structure)구성의 기본으로, X, Y, Z축의 좌표값과 별개 보관을 위하여 3개의 점배열(point array)을 한다.

  ㉡ 링크(link) : 점의 연결을 나타내며 2점을 연결한 상태가 가장 단순한 형태이며 n개의 점이 사용되기도 한다.

  ㉢ 요소(element) : 자료구조의 가장 상위레벨의 자료로 코드영역, 번호영역, 주소영역 등의 3가지 부분으로 구성된다.

    • 코드영역(code field) : 도형을 구성하는 기본형태(직선, 프리즘, 불연산에 의한 모델 등)이다.

    • 번호영역(number field) : 코드영역에서 구분된 데이터의 개수를 포함한다.

    • 주소영역(address field) : 링크되는 번지수를 기록한다.

③ 분해모델(decomposition model) : 3차원 모델을 정육면체와 같은 간단한 입체의 집합으로 대략 근사적으로 표현하는 모델을 말하며, 3차원 형상모델을 분해모델로 저장하는 방법에는 복셀(Voxel)모델, 옥트리(Octree)모델, 세포분해(Cell Decomposition)모델 등이 있다.

④ Rapid prototyping(3D프린팅) : CAD모델을 여러 개의 단층으로 나누어 층 하나하나를 마치 피라미드를 쌓아올리는 방식으로 시제품을 만드는 가공방식이다.

4) 3차원 모델링의 종류

(1) 와이어프레임모델링

① 와이어프레임모델링 : 속이 없이 철사로 만든 것과 같이 선만으로 표현하여 3차원 형상의 정점과 능선을 기본으로 한 모델링

② 와이어프레임모델을 이용하여 수행할 수 있는 계산 : 총 모서리의 길이

③ 사면체를 와이어프레임모델로 표현하면 정점(vertice) 4개, 모서리(edges) 6개, 면(face) 4개가 됨

(2) 서피스모델링

① 서피스모델링 : 라면상자와 같이 면을 이용한 모델이며, 선에 의해 둘러싸인 면을 이용한 모델링

② 서피스모델링방식으로 정의된 곡면의 일부를 절단하면 곡선이 되고, 평면의 일부를 절단하면 직선이 됨

③ 불(Boolean)연산에 사용되는 곡면 : 회전에 의한 곡면, 룰드곡면, 테이퍼곡면, 경계곡면, 스위프곡면, lofted곡면 등

④ 서피스모델링 형성방법

    ㉠ 아크를 커브로 바꿔서 만들고자 하는 서피스의 경계선을 만들고 모델을 완성한다.

    ㉡ 커브나 면의 법선벡터나 접선벡터에 의하여 면모델을 완성한다.

    ㉢ 두 몸체모델의 교정을 연결하여 커브를 만들고 커브를 이용하여 면모델을 만든다.

(3) 솔리드모델링

① 솔리드모델링 : 물체의 내부와 외부를 구분할 수 있으며, 속이 꽉 찬 하나의 덩어리로 실물과 가장 근접한 모델링

② 모델링 중에서 가장 고급 모델링기법이며, 피처 기반 모델링이라고도 함

③ 솔리드모델링표현방식 : CSG방식, B-Rep방식, 특징 형상모델링, 스키닝, 공간분할표현법

    ㉠ CSG방식(Constructive Solid Geometry) : 복잡한 물체를 빌딩블록의 개념을 이용하여 기본입체(사각블록, 정육면체, 구, 원통, 피라미드 등)의 단순(primitive)조합으로 몸체를 표현한다. 기존의 솔리드모델을 불러 이것들을 Boolean연산(합·적·차)으로 조합하여 물체를 표현하는 방식이다. 각각의 솔리드모델을 만들어 이들을 합치고 빼내어 완성한다.

✎ 프리미티브 형상

• 기본 형상 구성기능(primitive) : 육면체, 원기둥, 구, 원추, 회전체, 프리즘, 스윕 등
• 기본 형상 조합기능 : 두 물체 더하기, 빼내기, 공통 부분 찾기 등

ⓁB-Rep방식(Boundary Representation, 경계표현) : 하나의 입체를 둘러싸고 있는 면의 조합으로 물체를 표현하는 방식이다. 와이어프레임에 면, 체적정보를 추가하여 3차원 형상을 그 경계면으로 표현한다. 각각의 면을 만들어 이들 면을 조합시킨다. 구성요소들은 정점, 모서리, 면 등이다. 물체가 구성될 때 정점, 면, 모서리 등이 서로 상관관계를 나타내는 것을 토폴로지(topology)라고 한다. 물체에 구멍이 없는 다면체인 경우에는 다음의 오일러 관계식이 성립한다.

$$V + F - E = 2$$

단, V : 꼭짓점(정점)의 개수
F : 면의 개수
E : 모서리의 개수

▶ CSG방식과 B-Rep방식의 장단점

구 분	장 점	단 점
CSG방식	• 명확한 모델작성 가능 • 기본도형을 직접입력 • 데이터구조가 간단 • 간결한 파일저장, 작은 메모리 • 데이터 수정 용이 • 중량 계산 용이	• 장시간의 디스플레이 • 삼면도, 투시도, 전개도 작성 곤란 • 표면적 계산 곤란
B-Rep방식	• 삼면도, 투시도, 전개도 작성 용이 • 화면재생시간 단축 • 데이터 상호교환 용이 • 비행기 동체, 날개, 자동차 외형 등 어려운 물체모델링에 편리 • 표면적 계산 용이	• 모델의 외곽저장으로 많은 메모리 필요 • 중량 계산 곤란 • 입체의 내부까지 유한요소법(FEM) 적용 • 점, 선, 면 등을 별개로 정의, 수정 및 소거할 경우 에러 발생 우려 • 내부구조에 모순이 생기면 발견하기가 어려움

ⓒ특징 형상모델링 : 모델링입력을 설계자 또는 제작자에게 익숙한 형상단위로 한다. 각각의 형상단위는 주요 치수를 파라미터로 입력한다. 모델링된 입체를 제작하는 단계의 공정계획에서 매우 유용하게 사용된다.

ⓔ스키닝(skinning) : 미리 정해진 연속된 단면을 덮는 표면곡면을 생성시켜 닫혀진 부피영역 혹은 솔리드모델을 만드는 모델링방법으로 loft라고도 한다.

ⓜ공간분할표현법(spatial enumeration) : 공간의 유일성(spatial uniqueness)을 보장한다.

ⓗ파라메트릭모델링 : 볼트와 같이 동일한 형상에 변수(parameter)를 적용하여 치수에 맞는 크기와 길이로 만들 수 있는 모델링이다.

> ✒ **파라메트릭모델링을 이용한 형상모델링과정 순서**
>
> • 대강의 스케치로 2차원 형태를 입력한다.
> • 형상 구속조건과 치수조건을 대화식으로 입력하고, 이를 만족하는 2차원 형상이 생성된다.
> • 바람직한 형상이 얻어질 때까지 형상 구속조건과 치수조건의 수정을 통해 물체의 형상을 조정하는 과정을 반복한다.
> • 작성된 2차원 형상을 스위핑하거나 스윙잉하여 3차원 물체를 만들어낸다.

② 형상모델링 데이터구조 작성순서 : CSG → B-Rep → 형상기술 → 투시도

③ 디지털목업(digital mock-up) : 실물목업의 사용빈도를 줄일 수 있는 대안이다. 간섭검사, 기구학적 검사, 그리고 조립체 속을 걸어 다니는듯한 등의 효과를 낼 수 있다. 적어도 서피스나 솔리드모델로 각각의 단품이 모델링되어야 한다. CAD에 의해 조립체모델링에 적용가능하다.

④ 패치(patch) : 분할된 단위곡면구간, 경계곡선의 내부를 형성하는 곡면, 형상모델링에서 기본적으로 곡면이 많은 사각형 또는 삼각형으로 분할된 단위곡면요소들을 이어서 곡면을 표현하는데, 이 사각형 또는 삼각형의 곡면요소를 말한다.

> ✒ **피처 기반 모델링**
>
> 피처 기반 모델링은 모서리만 가지고 있는 와이어프레임모델과는 달리 체적이 있으므로 솔리드모델이라 한다. 대부분의 CAD/CAM소프트웨어는 솔리드모델을 피처베이스모델, 3D부품모델링이라고 한다. 피처베이스는 3D부품이 구멍, 플랜지, 필릿, 보스라는 피처의 조합에 의해 구성되는 것이다. 피처베이스모델을 하기 위해서는 2D스케치패널에서 도면대로 그린 후에 부품피처에서 가능하며 CAD/CAM소프트웨어마다 약간의 차이점이 있다. 피처부품모델 구성의 종류에는 다음과 같은 것들이 있다.
>
> ① 스케치피처 : 스케치피처를 작성하기 위한 주요한 도구로서 스케치 형상을 기초로 하여 정의된 피처이다. 돌출, 회전, 구멍, 로프트, 스웹 등이 있으며, 피처의 파라미터와 스케치 형상은 편집이 가능하다.
> ② 배치피처 : 배치피처를 작성하기 위한 주요한 도구로서 스케치를 필요로 하지 않고 파라미터만으로 정의된 피처이다. 셀, 모따기, 면 기울기, 분할, 엠보싱 등이 있다.
> ③ 패턴피처 : 패턴피처를 구성하기 위한 주요한 도구로서 1개 또는 그룹화된 피처를 직사각형, 원형 또는 대칭상에 복사한 것이다. 직사각형 패턴, 원형 패턴, 피처대칭 등이 있다.
> ④ 작업피처 : 작업피처를 정의하기 위한 도구로서 피처의 위치와 방향을 결정하기 위해 평면, 축 혹은 점으로 정의된 피처이며 작업평면, 작업축, 작업점 등이 해당된다. 따라서 작업피처는 부품모델로서의 실체는 없다.
>
> 완성된 피처 기반 모델의 크기에 변화를 주기 위해서는 2D 스케치패널에서 치수를 변경하는 방법, 파라메트릭모델링 등이 있다. 파라메트릭모델링은 KS규격제품인 볼트, 핀, 키 등과 같은 제품을 선택하여 사용할 수도 있고 동일한 형상에 파라미터를 적용하여 치수에 맞는 크기와 길이로 만들며 만들어진 기계요소를 형태에 맞는 모델에 위치해 넣을 수 있다. 파라메트릭모델링은 피처모델을 사용할 때에는 사용할 필요가 없으며, 피처 기반의 모델은 그 자신의 독립된 특성을 갖고 있다.

▶ 각 모델링의 장단점 요약

종 류	장 점	단 점
와이어프레임 모델링	• 데이터구조 간단 • 모델작성 용이 • 빠른 처리속도 • 간단한 데이터구성 • 3면투시도 작성 용이(X, Y, Z좌표값 입력 가능)하여 3차원 형상표현 가능	• 구성된 모델의 표면적을 물리적으로 계산 불가능 • 은선 제거 불가능 • 간섭체크 곤란 • 단면도 작성 불가능 • 정확한 형상판단 곤란 • 실체감 없음 • 실루엣표현이 안 되어 해석용 사용 불가
서피스모델링	• 은선 제거 및 면의 구분 가능 • 단면도 및 전개도 작성 가능 • 음영처리, 복잡한 형상처리 가능 • NC가공 가능 • 2개면의 교선을 구할 수 있음(원통면, 구면) • 간섭체크 가능	• 물리적 성질 계산 불가능 • 물체 내부정보 부재 • 유한요소법(FEM)* 적용을 위한 요소분할 곤란 • 해석용 모델 및 유한요소법 해석이 어려움
솔리드모델링	• 간섭체크 및 은선 제거 가능 • 물리적 특성 계산 가능(체적, 중량, 무게중심, 관성모멘트 등) • Boolean연산(합·적·차)을 통하여 복잡한 형상표현 가능 • 유한요소법(FEM) 적용 가능 • 단면도 작성 가능 • 이동, 회전을 통해 정확한 형상파악 가능	• 데이터구조가 복잡하여 데이터처리시간이 긺 • 다량의 컴퓨터 메모리양

* 유한요소법(FEM) : 근사적 계산방법으로 물체를 수만 개의 부분으로 잘라 잘게 쪼개어 각각의 계산을 하는 방법

3 렌더링

1) 렌더링의 개요

① 렌더링(Rendering) : 장면을 이미지로 전환하는 과정(컴퓨터프로그램을 사용하여 모델(또는 이들을 모아놓은 장면인 신(scene) 파일)로부터 영상을 만들어내는 과정)이다.

② 하나의 신 파일에는 정확히 정의된 언어나 자료구조로 이루어진 개체들이 있으며, 여기에는 가상의 장면(신)을 표현하는 도형의 배열, 시점, 텍스처매핑, 조명, 셰이딩정보가 포함될 수 있다.

③ 신 파일에 포함된 자료들은 렌더링프로그램에서 처리되어 결과물로서 디지털이미지, 래스터그래픽스이미지파일을 만들어낸다. 렌더링방식은 기술적으로 매우 다양하지만, 그래픽처리장치(GPU) 같은 렌더링장치를 통한 그래픽스파이프라인을 따라 신 파일에 저장되어 있는 3차원 연출로부터 2차원의 그림을 만들어낸다는 점은 동일하다. 하나의 신이 가상의 조명 아래에서 비교적 사실적이고 예측 가능한 상태로 보인다면 다음으로 렌더링소프트웨어는 렌더링 계산을 수행해야 한다.

> **⚓ GPU**
>
> 중앙처리장치(CPU)가 복잡한 렌더링 계산을 수행할 때 도움을 주도록 만들어진 장치이다.

④ 렌더링 계산 : 모든 조명효과를 계산하지는 않으며, 컴퓨터에서 만들어진 '비유적 조명'을 계산

⑤ 렌더링의 사용분야 : 아키텍처, 비디오게임, 시뮬레이터, 영화, 텔레비전 특수 효과, 디자인 시각화, 광학·비주얼시스템·수학·소프트웨어 개발과 관련된 선택적 혼합에 기반을 둔 공학프로그램 등

⑥ 3차원 그래픽스의 렌더링

　㉠ pre-rendering(미리렌더링) : 많은 계산이 필요한 무거운 과정이며, 일반적으로 영화 제작에 이용

　㉡ 시간렌더링 : 실시간 처리하므로 완성 처리시간이 많이 걸리며, 3차원 하드웨어가속기를 갖춘 그래픽카드에 의지하여 3차원 비디오게임에 활용

2) 렌더링기법 중 광선투과법(ray tracking)

① 광선이 광원으로부터 나와 물체에 반사되어 뷰잉평면에 투사될 때까지 궤적을 거꾸로 추적

② 뷰잉화면 상에서 거꾸로 추적한 광선이 광원까지 도달하였다면 광원과 화소 사이에는 반사체가 존재한다고 해석

③ 뷰잉화면 상에서 거꾸로 추적한 관성이 광원까지 도달하지 않는다면 그 반사면에서 색깔을 화소에 부여

3) 렌더링기법 중 음영법(shading)에서의 난반사(diffuse reflection)

① 난반사에 의하면 빛이 표면에 흡수되었다가 모든 방향으로 다시 흩어진다.

② 난반사의 입사각은 반사면의 법선벡터와 입사광방향 벡터의 사잇각이다.

③ 난반사는 물체의 표면상태의 묘사에 이용한다.

> **⚓ CAD시스템에서 자주 사용되는 용어 설명**
>
> • access(액세스) : 주변장치에서 데이터를 꺼내거나 주변기기에서 데이터를 얻는 데 소요되는 시간
> • access time(액세스타임) : 기억장치에서 데이터를 꺼내거나 주변기기에서 데이터를 얻는 데 소요되는 시간 (선택된 트랙의 데이터입출력시간)으로 대기시간과 전송시간을 합친 시간
> • address(어드레스, 주소) : 통신이나 정보처리에 있어서 그 대상이 되는 것이 존재하는 장소
> • BIU(Bus Interface Unit) : 노드의 내부에 있는 버스와 CIU 간의 인터페이스를 실시하는 장치로, 터미널이나 프린터 같은 단말장치가 모뎀에 연결될 때 사용
> • BPI : 자기테이프의 기록밀도

- BPS : 1초당 전송하는 비트수(1,200bps, 2,400bps, 4,800bps, 9,600bps 등)이며, 통신속도(데이터전송속도)단위
- buffer : 입출력장치로부터 입출력이 되기 위한 자료들을 임시로 저장하기 위한 장소
- bus(버스) : 기억장치와 주변장치 간의 여러 개의 전송선
- cache(캐시) memory : CPU와 주기억장치 사이에서 정보교환을 담당하는 고속버퍼메모리로, CPU속도와 주기억장치의 메모리속도차(메모리액세스시간)를 줄이기 위하여 사용. CPU 내에 존재하기 때문에 CPU 내의 레지스터로 액세스하는 것과 유사
- CIU(Computer Interface Unit) : 컴퓨터인터페이스장치. 컴퓨터주변장치를 컴퓨터시스템에 접속하여 상호 간에 정보가 전송되어 상호작용할 수 있게 하는 플러그, 접속기, 카드 및 기타 장치
- CIU(Communication Interface Unit) : 통신인터페이스장치. 컴퓨터와 통신하는 서브시스템 사이의 자료전송을 위해 컴퓨터입력채널에 연결된 입력단자와 컴퓨터출력채널에 연결된 출력단자를 연결하는 기기. 논리적인 통신망 인터페이스로서 사설구내교환기(PBX), 광역망에서는 모뎀, 기저대역통신망에서는 송수신기가 대표적인 예
- CPS : 프린터의 출력속도
- DataBase(데이터베이스) : 여러 개의 관련된 파일의 집합
- DPI : 해상도단위(자료의 출력밀도)
- idle time : 사용할 수 있는 시간 내에서 하드웨어가 대기하고 있는 시간
- interpolation(보간) : 주어진 점들이 곡면상에 놓이도록 점데이터로 곡면을 형성하는 것
- interface(인터페이스) : 주변장치와 본체를 연결시키기 위한 장치
- interrupt(인터럽트) : CPU가 현재 상태를 중단시키고 발생된 상태를 처리하는 것
- IPS : 플로터가 그림을 그릴 때의 속도
- latency or delay time(레이턴시 혹은 딜레이타임) : 해당 트랙에 도착한 이후에 실제 데이터의 위치까지 도달하는 데 걸리는 시간
- MIPS(Million Instruction Per Second) : 연산속도단위(컴퓨터의 처리속도)
- search time : 디스크에서 지정된 트랙의 해당 레코드까지 액세스암(access arm)이 찾아가는 소요시간
- seek time(시크타임) : 헤드가 선택된 트랙에 위치하는 시간
- server(서버) : 노드 중에서 네트워크에 특정 서비스를 제공하는 노드
- store : 중앙처리장치에서 정보를 기억시키는 것
- window-to-viewport transformation : 직선이나 곡선들을 화소들의 집합으로 나타내는 계산

01장 연습문제(핵심 기출문제)

컴퓨터응용계설계 관련 기초

 1. CAD의 개요

01 다음 중 CAD의 장점이 아닌 것은?

① 신속한 작업속도
② 판독 및 이해성 우수
③ 기능의 다양성
④ 자료해석 및 분석가능성

해설 CAD는 작업속도 신속, 수정가능, 정밀도 보장, 판독 및 이해성 우수, 반복성, 기능의 다양성, 가격 저렴, 자료축적 및 데이터화 등의 장점을 지닌다.

02 CAD의 생산성 향상을 위한 전형적인 설계과정의 중요인자에 속하지 않는 것은?

① 반복작업의 정도
② 부품의 대칭성
③ 도면의 난이도와 선의 종류와 굵기
④ 공통으로 자주 사용되는 라이브러리의 수량

해설 CAD의 생산성 향상을 위한 전형적인 설계과정의 중요인자들은 반복작업의 정도, 부품의 대칭성, 유사도면, 도면의 복잡성, 공통으로 자주 사용되는 라이브러리의 수량 등이며, 도면의 난이도와 선의 종류와 굵기는 이에 해당하지 아니한다.

03 CAD/CAM의 도입효과가 아닌 것은?

① 제품개발기간 단축
② 설계생산성 향상
③ 설계해석 동시 제공
④ 설계 계산의 고차원성 보장

해설 CAD/CAM의 도입효과로는 설계생산성 향상, 제품개발기간 단축, 설계해석 동시 제공, 설계오류 감소, 설계 계산 정확성 보장, 업무표준화 용이 등이 있다.

04 CAD설계 기본프로세스에 속하지 않는 것은?

① 기획구상
② 시방서 작성
③ 생산데이터 작성
④ 설계시뮬레이션

해설 CAD설계 기본프로세스는 기획구상 및 기본설계, 상세설계, 제도 및 시방서 작성, 생산데이터 작성의 순으로 진행된다.

05 설계와 CAD시스템의 이용 시 거치는 단계가 아닌 것은?

① 기하학적 모델링
② 자동제도
③ 물리적 분석
④ 설계평가

해설 설계와 CAD시스템의 이용 시 기하학적 모델링, 공학적 분석, 설계평가, 자동제도의 단계를 거친다.

06 CAD의 주요 적용업무와 거리가 먼 것은?

① 신뢰성설계　　　② 품질관리
③ 생산설계　　　　④ 생산보조

해설 CAD의 주요 적용업무는 개념설계, 기본설계, 상세설계, 생산설계, 품질관리, 생산보조 등 여러 분야이다.

07 다음의 용어 설명 중 틀린 것은?

① CAM : 컴퓨터를 통하여 생산계획 제품의 생산 등을 제어하는 시스템
② DNC : 공장 전체에 대한 자동화, 무인화
③ CAE : 컴퓨터를 이용한 기본설계, 상세설계 해석 및 시뮬레이션
④ CIM : 컴퓨터를 이용하여 설계, 제조, 공정, 공급 등 모든 과정을 통합화하는 시스템

해설 컴퓨터의 응용은 여러 분야에서 이루어지고 있는데, CAD를 포함한 컴퓨터응용분야는 다음과 같다.
- CAD : 컴퓨터를 이용한 제도 및 설계
- CAM : 컴퓨터를 통하여 생산계획 제품의 생산 등을 제어하는 시스템
- FMS : 지능화된 관리시스템인 유연생산시스템
- FA : 공장 전체에 대한 자동화, 무인화
- CAE : 컴퓨터를 이용한 기본설계, 상세설계 해석 및 시뮬레이션
- CIM : 컴퓨터를 이용하여 설계, 제조, 공정, 공급 등 모든 과정을 통합화하는 시스템

08 CAD를 이용한 설계과정이 종래의 일반적인 설계과정과 다른 점에 해당하지 않는 것은?

① 개념설계단계를 거치는 점
② 전산화된 데이터베이스를 활용한다는 점
③ 컴퓨터에 의한 해석을 용이하게 할 수 있다는 점
④ 형상을 수치데이터화하여 데이터베이스에 저항한다는 점

해설 개념설계단계를 거치는 점은 같다.

09 CAD/CAM시스템을 활용하는 방식에 따라 컴퓨터시스템을 3가지로 구분한다고 할 때 이에 해당하지 않는 것은?

① 중앙통제형 시스템(host based system)
② 분산처리형 시스템
　(distributed based system)
③ 연결형 시스템(connected system)
④ 독립형 시스템(stand alone system)

해설 활용하는 방식에 따른 컴퓨터시스템의 분류에는 연결형 시스템은 없다.

10 컴퓨터 간의 정보교환을 보다 향상시키기 위해 사용하는 네트워크기술에서의 통신규약을 무엇이라 하는가?

① PROTOCOL
② PARITY
③ PROGRAM
④ PROCESS

해설 PROTOCOL은 정보기기 사이, 즉 컴퓨터끼리 또는 컴퓨터와 단말기 사이 등에서 정보교환이 필요한 경우, 이를 원활하게 하기 위하여 정한 여러 가지 통신규칙과 방법에 대한 약속, 즉 통신규약을 의미한다. 통신규약이라 함은 상호 간의 접속이나 전달방식, 통신방식, 주고받을 자료의 형식, 오류검출방식, 코드변환방식, 전송속도 등에 대하여 정하는 것을 말한다. 일반적으로 기종이 다른 컴퓨터는 통신규약도 다르기 때문에 기종이 다른 컴퓨터 간에 정보통신을 하려면 표준프로토콜을 설정하여 각각 이를 채택하여 통신망을 구축해야 한다. 대표적인 표준프로토콜의 예를 든다면 인터넷에서 사용하고 있는 TCP/IP가 이에 해당된다.

11 LAN시스템의 주요 특징으로 가장 거리가 먼 것은?

① 자료의 전송속도가 빠르다.
② 통신망의 결합이 용이하다.
③ 신규장비를 전송매체로 첨가하기가 용이하다.
④ 장거리 구역 내에서 정보통신에 용이하다.

해설 LAN(Local Area Network)은 단거리용, 장거리용은 WAN(Wide Area Network)이다.

📖 **2. CAD용 H/W**

01 중앙처리장치(CPU)의 구성요소가 아닌 것은?

① 기억장치
② 파일저장장치
③ 연산논리장치
④ 제어장치

해설 파일저장장치는 CPU의 구성요소가 아니다.

02 기억장치에서 데이터를 꺼내는 데 소요되는 시간으로 대기시간과 전송시간을 합친 시간을 무엇이라 하는가?

① 리드타임
② 액서스타임
③ 오프타임
④ 온타임

해설 액서스타임에 대한 설명이다.

03 다음 보조기억장치 중에서 조성된 자료를 액세스 (access)하는 방식이 다른 것과 구분되는 자기는?

① 하드디스크 및 드라이브
② 플로피디스크 및 드라이브
③ 광디스크 및 드라이브
④ 자기테이프 및 드라이브

해설 자기테이프 및 드라이브는 순차처리방식이며, 나머지는 모두 직접처리방식이다.

04 도형데이터를 입력하기 위하여 화면과 대응된 좌표를 가진 보드형태의 입력장치는?

① USB메모리 ② 무선키보드
③ 디지타이저 ④ 디지털카메라

해설 디지타이저는 50cm 이하의 태블릿인데, 태블릿은 좌표입력, 메뉴선택, 커서제어 등에 사용된다.

05 펜 끝에 감광소자를 내장하여 메뉴를 선택하거나 그림을 그리면 컴퓨터가 이를 인식하여 입력하는 방식은?

① 터치스크린 ② 섬휠
③ 트랙볼 ④ 라이트펜

해설 라이트펜에 대한 설명이다.

06 CAD의 주변기기 중 스토리지형 CRT의 장점이 아닌 것은?

① 플리커현상이 발생하지 않는다.
② 고정밀도이며 디스플레이된 영상을 부분적으로 편집할 수 있다.
③ 도형을 화면상에 일정시간 저장이 가능하다.
④ 표시할 수 있는 도형의 양에 제한이 없다.

해설 부분편집이 가능한 것은 랜덤스캔형이다.

07 다음 컴퓨터입력장치 중에서 인쇄된 그림이나 글씨를 쉽게 입력할 수 있는 장치는?

① 스캐너 ② 키보드
③ 플로터 ④ 마우스

해설 스캐너에 대한 설명이다.

08 그림이나 사진과 같은 종이 위에 이미지를 광학적으로 주사하고, 그 반사광이나 투사광을 계산해 디지털데이터로 읽어서 컴퓨터에 입력하는 것이 가능한 장치는?

① 스캐너
② 터치패널
③ 플로터
④ 마우스

해설 스캐너에 대한 설명이다.

09 유기전계발광소자를 사용한 표시장치로 전자빔이 형광막과 충돌로 발광하는 브라운관(CRT)과 유사한 동작이 유리기판 위에 형성되어 화면을 나타내는 장치는?

① Organic electroluminescent display
② Liquid crystal display
③ Plasma panel
④ Image scanner

해설 유기전계발광소자를 사용한 표시장치로 전자빔이 형광막과 충돌로 발광하는 브라운관(CRT)과 유사한 동작이 유리기판 위에 형성되어 화면을 나타내는 장치는 Organic electroluminescent display이다.

10 다음 중 CAD/CAM시스템에서 출력장치는?

① 마우스 ② 라이트펜
③ 플로터 ④ 조이스틱

해설 플로터는 도면출력장치이다.

11 다음 중 CAD정보의 출력장치가 될 수 없는 것은?

① 서멀왁스플로터(thermal wax plotter)
② 벡터디스플레이(vector display)
③ 라이트펜(pen)
④ 레이저프린터(laser printer)

해설 라이트펜은 입력장치이다.

12 필름에 도포한 잉크를 발열저항체로 배열한 서멀 헤드로 녹여 기록지에 작성하는 방식으로, 빠른 프린터속도와 사진과 같은 인쇄효과를 얻는 출력 장치는?

① 레이저빔식　　② 정전식
③ 광전식　　　　④ 열전사식

해설 열전사식에 대한 설명이다.

13 래스터스캔디스플레이에서 컬러를 표현하기 위해 사용되는 3가지 기본색상에 해당하지 않는 것은?

① 흰색(White)　　② 녹색(Green)
③ 적색(Red)　　　④ 청색(Blue)

해설 컬러디스플레이는 빨강(R), 초록(G), 파랑(B)의 혼합비로 정해진다.

14 래스터방식의 그래픽모니터에서 수직, 수평선을 제외한 선분들이 계단 모양으로 표시되는 현상을 무엇이라고 하나?

① 플리커　　　　② 언더컷
③ 엘리어싱　　　④ 클리핑

해설 래스터방식의 그래픽모니터에서 수직, 수평선을 제외한 선분들이 계단 모양으로 표시되는 현상을 엘리어싱이라고 한다.

15 빛을 편광시키는 특성을 가진 유기화합물을 이용하는 디스플레이장치로, 이 물질은 액체도 아니고 고체도 아닌 중간상태로 존재하며, 온도에 매우 안정한 유기화합물인 액정을 이용한 디스플레이는?

① LCD　　　　② OLED
③ CRT　　　　④ PDP

해설 빛을 편광시키는 특성을 가진 유기화합물을 이용하는 디스플레이장치로, 이 물질은 액체도 아니고 고체도 아닌 중간상태로 존재하며, 온도에 매우 안정한 유기화합물인 액정을 이용한 디스플레이는 LCD 이다.

16 자체 발광기능을 가진 형광체 유기화합물을 사용하는 발광형 디스플레이로서 색감을 떨어뜨리는 백라이트, 즉 후광장치가 필요 없는 디스플레이 장치는?

① CRT(Cathode Ray Tube)디스플레이
② TFT-LCD(Thin Film TransitstorLiquid Crystal Display)
③ OLED(Organic Light Emitting Diode) 디스플레이
④ PDP(Plasma Display Panel)

해설 OLED(Organic Light Emitting Diode)는 형광성 유기화합물에 전류가 흐르면 빛을 내는 전계발광현상을 이용하여 스스로 빛을 내는 자체 발광형 유기물질이다.

3. CAD용 S/W

01 다음 중 CAD그래픽 소프트웨어의 기본기능이 아닌 것은?

① 그래픽 형상작성기능
② 데이터변환기능
③ 디스플레이제어기능
④ 수치제어가공기능

해설 수치제어가공기능은 CAD그래픽소프트웨어의 기본기능이 아니다.

02 컴퓨터그래픽스에서 3D 형상정보를 화면상에 표현하기 위해서는 필요한 부분의 3D좌표가 2D좌표정보로 변환되어야 한다. 이와 같이 3D 형상에 대한 좌표정보를 2D평면좌표로 변환해주는 것을 무엇이라 하는가?

① 점변환　　　　② 축척변환
③ 투영변환　　　④ 동차변환

해설 3D 형상에 대한 좌표정보를 2D평면좌표로 변환해주는 것을 투영변환이라고 한다.

03 그래픽소프트웨어가 반드시 가져야 할 기능이 아닌 것은?

① 데이터변환기능
② 그래픽 형상작성을 만드는 기능
③ 사용자입력기능
④ 네트워크기능

해설 네트워크기능은 그래픽소프트웨어가 반드시 가져야 할 기능이 아니다.

4. CAD도형 · 형상모델링 · 렌더링

01 NURBS(Non-Uniform Rational BSpline)에 관한 설명으로 잘못된 것은?

① NURBS곡선식은 일반적인 B-Spline곡선식을 포함하는 더 일반적인 형태라고 할 수 있다.
② B-Spline에 비해 NURBS곡선이 보다 자유로운 변형이 가능하다.
③ 곡선의 변형을 위하여 NURBS곡선에서는 조정점의 x, y, z의 3개의 자유도만 허용한다.
④ NURBS곡선은 자유곡선뿐만 아니라 원추곡선까지 한 방정식의 형태로 표현이 가능하다.

해설 일반적인 B-Spline곡선에서는 곡선의 모양을 변화시키는 x, y, z좌표를 조절하는 3개의 자유도를 허용하지만, NURBS곡선에서는 호모지니어스좌표값까지 포함하여 4개의 자유도가 허용된다.

02 NURBS곡선에 대한 설명으로 틀린 것은?

① 원, 타원, 포물선, 쌍곡선 등 원추곡선을 정확하게 나타낼 수 있다.
② 일반적인 B-Spline곡선을 포함한다.
③ 3차 NURBS곡선은 특정 노트(knot)구간에서 4개의 조정점 외에 4개의 가중값과 노트벡터의 정보가 이용된다.
④ 모든 조정점을 지나는 부드러운 곡선이다.

해설 모든 조정점을 지나는 부드러운 곡선은 아니다.

03 CAD시스템의 3차원 공간에서 평면을 정의할 때 입력조건으로 충분하지 않은 것은?

① 한 개의 직선과 이 직선의 연장선 위에 있지 않은 한 개의 점
② 일직선 상에 있지 않은 세 점
③ 한 개의 점과 평면의 수직벡터
④ 두 개의 직선

해설 두 개의 직선만으로는 3차원 공간에서 평면을 정의할 때 입력조건으로 충분치 못하다.

04 2차원 평면에서 원(circle)을 정의하고자 할 때 필요한 조건으로 틀린 것은?

① 중심점과 원주상의 한 점으로 정의
② 원주상의 세 개의 점으로 정의
③ 두 개의 접선으로 정의
④ 중심점과 하나의 접선으로 정의

해설 2개가 아니라 3개의 접선으로 정의한다.

05 2차원에서 하나의 원을 정의하는 방법 중 틀린 것은?

① 원의 중심과 반지름
② 일직선 상에 있지 아니한 임의의 세 점
③ 기울기가 서로 다른 세 직선에 접하는 원
④ 중심과 원주상의 한 점

해설 기울기가 다를 필요는 없다.

06 순서가 정해진 여러 개의 점들을 입력하면 이 모두를 지나는 곡선을 생성하는 것은 무엇이라고 하나?

① 보간
② 근사
③ 스무딩
④ 리메싱

해설 • 근사 : 일반 함수를 계산하기 쉬운 간단한 함수로 만드는 것이며, 근사함수로는 대수적 다항식, 삼각 다항식, 구간별 다항식 등이 있다.
• 스무딩 : 표현된 곡면의 심한 굴곡면을 평활한 곡면으로 재계산하는 것이다.
• 리메싱 : 종방향의 배열이 맞지 않는 데이터를 오와 열의 배열이 가지런한 형태의 곡면입력점을 새로이 구해내는 절차이다.

07 CAD시스템에서 많이 사용한 Hermite곡선방정식은 일반적으로 몇 차식을 많이 사용하는가?

① 1차식　　　　② 2차식

③ 3차식　　　　④ 4차식

해설 Hermite곡선방정식은 두 점과 그 점의 기울기를 만족하는 3차 곡선에 관한 해법이다.

08 심미적 곡면 중 단면이 안내곡선을 따라 이동하여 형성하는 형태의 곡면을 무엇이라 하는가?

① sweep형 곡면　　② grid곡면

③ patch곡면　　　④ blending곡면

해설 심미적 곡면 중 단면이 안내곡선을 따라 이동하여 형성하는 형태의 곡면을 sweep형 곡면이라고 한다.

09 제시된 단면곡선을 안내곡선에 따라 이동하면서 생기는 궤적을 나타낸 곡면은?

① 룰드곡면　　　② 스윕곡면

③ 보간곡면　　　④ 블렌드곡면

해설 • 룰드곡면(ruled surface) : 2개의 선이나 곡선지정으로 가장 간단한 곡면
• 회전곡면(surface of revolution) : 곡선경로와 회전축 지정

10 공간상에 존재하는 2개의 곡면이 서로 교차하는 경우 교차되는 부분에서 모서리(edge)가 발생하는데, 이 모서리를 주어진 반경을 갖고 부드럽게 처리하는 기능을 무엇이라 하는가?

① intersecting　　② projecting

③ blending　　　④ stretching

해설 blending은 미리 정의된 두 곡면을 매끄럽게 연결한다.

11 다음 중 서피스모델링(surface modeling)의 특징을 설명한 것이다. 틀린 것은?

① 은선 제거가 가능하다.

② 물리적 성질의 계산이 간단하다.

③ NC데이터를 생성할 수 있다.

④ 면과 면의 교선을 구할 수 있다.

해설 물리적 성질을 구하기 어렵다.

12 서피스모델링의 특징이 아닌 것은?

① 은선이 제거될 수 있고 면의 구분이 가능하다.

② 관성모멘트값을 계산할 수 있다.

③ 표면적 계산이 가능하다.

④ NC data에 의한 NC가공작업이 수월하다.

해설 물리적 성질을 구하기 어려우므로 관성모멘트값의 계산이 가능하지 않다.

13 B-spline곡선을 정의하기 위해 필요하지 않은 입력요소는?

① 차수(order)

② 끝점에서의 접선벡터

③ 조정점

④ 절점(knot)벡터

해설 끝점에서의 접선벡터는 B-spline곡선의 정의에 불필요하다.

14 곡면(surface)으로 기하학적 형상을 정의하는 과정에서 곡면구성의 종류가 아닌 것은?

① 쿤스곡면

② 회전곡면

③ 베지어곡면

④ 트위스트곡면

해설 트위스트곡면은 없다.

15 다음 모델 중 공학적인 해석(유한요소해석 등)에 적합한 것은?

① 와이어프레임모델(wire frame model)

② 서피스모델(surface model)

③ 솔리드모델(solid model)

④ 시스템모델(system model)

해설 공학적인 해석(유한요소해석 등)에 적합한 것은 솔리드모델이다.

16 솔리드모델링의 특징 중에서 가장 관계가 먼 것은?

① 은선 제거가 가능하다.

② 물리적 성질 등의 계산이 불가능하다.

③ 간섭체크가 용이하다.

④ 데이터처리가 많아진다.

해설 솔리드모델링은 물리적 성질 등의 계산이 가능하다.

17 솔리드모델링방법에서 하나의 입체를 둘러싸고 있는 면을 조합하여 표현한 방식은 어느 것인가?

① CSG방식 　　② Cylinder방식

③ FEM방식 　　④ B-rep방식

해설 B-rep방식에 대한 설명이다.

18 모델링기법 중에서 실루엣(silhouette)을 구할 수 없는 모델링기법은?

① B-rep방식

② CSG방식

③ 서피스모델방식

④ 와이어프레임모델방식

해설 실루엣은 하나의 색조만을 사용하여 만든 이미지나 도안, 물체의 윤곽이나 윤곽이 뚜렷한 그림자를 말하는데, 와이어프레임모델방식은 실루엣표현이 불가능하다.

19 기하학적 형상(Geometry Model)을 나타내는 방법 중 점, 직선, 곡선에 의해서만 3차원 형상을 표시하는 것은?

① line modeling

② shaded modeling

③ surface modeling

④ wire frame modeling

해설 와이어프레임모델링 : 점, 선 정보

• 형상의 모서리(edge)선(직선 및 곡선)만을 이용하여 표현

• 데이터구조 간단, 처리속도 신속

• 모델작성 용이, 3면투시도 작성 가능

• 은선 제거 및 단면도 작성 불가능

• 실루엣표현 불가능, 물리적 성질의 계산이 불가능하여 해석용으로 사용 불가능

20 자주 설계되는 구멍, 키 슬롯, 포켓 등을 라이브러리에 미리 갖추어 놓고 필요시 이들의 치수를 변화시켜 단품설계에 사용하는 모델링방식을 무엇이라고 부르는가?

① Parametric modeling

② Feature-based modeling

③ Solid modeling

④ Boolean operation

해설 피처 기반 모델링에 대한 설명이다.

21 다음 중 불연산(boolean operation)이 아닌 것은 어느 것인가?

① union(합) 　　② subtract(차)

③ intersect(적) 　　④ project(투영)

해설 불연산방식은 CGS방식으로 기존의 솔리드모델을 불러서 이것들의 조합(더하고(합), 빼고(차), 교차(적))으로 물체를 표현하는 방식이다.

22 형상모델링 시 자유곡선을 나타내기 위한 가장 널리 사용되는 식의 형태는?

① 양함수식 　　② 음함수식

③ 매개변수식 　　④ 표준식

해설 형상모델링 시 자유곡선을 나타내기 위한 가장 널리 사용되는 식의 형태는 매개변수식이다.

23 주어진 양 끝점만 통과하고 중간의 점은 조정점의 영향에 따라 근사하고 부드럽게 연결되는 선은?

① Bezier곡선 　　② Spline곡선

③ Polygonal line 　　④ Ferguson곡선

해설 • 베지어곡선 : 스플라인표현식 중 주어진 점들이 표현하는 형상에 가깝도록 자유로이 형상을 제어할 수 있는 방법

• 스플라인곡선 : 곡선 및 곡선표현에서 지정된 점을 반드시 통과하는 방법

• 퍼거슨곡선 : 양 끝점의 위치와 접선벡터가 주어진 곡선구간을 3차의 매개함수를 이용하여 보관하는 방법

24 베지어곡선의 특징이 아닌 것은?

① 곡선은 정점으로 구성되는 볼록다각형의 내측에 존재한다.

② 곡선은 양단의 정점을 통과한다.

③ n개의 정점에 의해서 정의되는 곡선은 $n-2$ 차 곡선이다.

④ 1개의 정점의 변화는 곡선 전체에 영향을 미친다.

해설 n개의 정점에 의해서 정의되는 곡선은 $n-1$차 곡선이다.

25 베지어(Bezier)곡선의 특징에 관한 설명으로 틀린 것은?

① 베지어곡선은 특성다각형의 시작점과 끝점을 반드시 통과한다.

② 베지어곡선은 특성다각형의 내측에 존재한다.

③ 특성다각형의 꼭짓점 순서를 거꾸로 하여 베지어곡선을 생성할 경우 다른 곡선이 된다.

④ 특성다각형의 1개의 꼭짓점변화가 베지어곡선 전체에 영향을 미친다.

해설 다각형의 꼭짓점 순서를 거꾸로 해도 곡선의 모양은 똑같다.

26 솔리드모델링의 데이터구조 중 CSG(Constructive Solid Geometry)트리구조의 특징에 대한 설명으로 틀린 것은?

① 데이터구조가 간단하고 데이터의 양이 적어 데이터구조의 관리가 용이하다.

② CSG트리로 저장된 솔리드는 항상 구현이 가능한 입체를 나타낸다.

③ 화면에 입체의 형상을 나타내는 시간이 짧아 대화식 작업에 적합하다.

④ 기본 형상(Primitive)의 파라미터만 간단히 변경하여 입체 형상을 쉽게 바꿀 수 있다.

해설 디스플레이시간이 길며 표면적 계산과 전개도 작성이 곤란하다.

27 복셀(voxel)모델을 사용할 때의 특징에 관한 설명으로 틀린 것은?

① 어떠한 형상의 물체건 간에 정확한 형상의 표현이 가능하다.

② 질량, 관성모멘트 등의 성질을 계산하기 용이하다.

③ 공간 내의 물체를 표현하기 용이하다.

④ 필요로 하는 메모리공간이 복셀의 크기를 줄일수록 급격히 증가한다.

해설 복셀(voxel)은 3D공간의 한 점을 정의한 일단의 그래픽정보이다. 픽셀이 2D공간에서 $x-y$좌표로 된 점을 정의한 것이기 때문에 제3의 좌표 z가 필요하다. 3D에서 각 좌표는 위치, 컬러 및 밀도를 나타내며, 이 정보와 3D소프트웨어로 여러 각도에서 2D화면을 만들 수 있다. 엑스선, 음극선, 자기공명사진(MRI)을 여러 각도에서 보기 위해 복셀로 된 영상을 사용한다. 정확한 형상표현은 어렵다.

28 3차원 솔리드모델을 구성하는 요소 중 기본 형상(Primitive)이라고 할 수 없는 것은?

① 구(sphere)

② 원통(cylinder)

③ 직선(line)

④ 원추(cone)

해설 직선은 형상이 아니다.

29 솔리드모델을 정육면체와 같은 간단한 입체의 집합으로 대략 근사적으로 표현하는 모델을 분해모델(decomposition model)이라고 하는데, 다음 중 이러한 분해모델의 표현에 해당하지 않는 것은?

① 복셀(voxel)표현

② 콤파운드(compound)표현

③ 옥트리(octree)표현

④ 세포(cell)표현

해설 3차원 형상모델을 분해모델로 저장하는 방법은 복셀(voxel)모델, 옥트리(octree)모델, 세포분해(cell decomposition)모델 등이다.

정답 24.③ 25.③ 26.③ 27.① 28.③ 29.②

30 Bezier곡선을 이루기 위한 블렌딩함수의 성질에 대한 설명으로 틀린 것은?

① 생성되는 곡선은 다각형의 시작점과 끝점을 반드시 통과해야 한다.

② 시작점이나 끝점에서 n번 미분한 값은 그 점을 포함하여 인접한 $n-1$개의 꼭짓점에 의해 결정된다.

③ Bezier곡선을 이루는 다각형의 첫 번째 선분은 시작점에서 접선벡터와 같은 방향이고, 마지막 선분은 끝점에서의 접선벡터와 같은 방향이어야 한다.

④ 다각형의 꼭짓점 순서가 거꾸로 되어도 같은 곡선이 생성되어야 한다.

해설 시작점이나 끝점에서 n번 미분한 값은 그 점을 포함하여 인접한 $n+1$개의 꼭짓점에 의해 결정된다.

컴퓨터응용설계 관련 응용

01 컴퓨터응용설계 관련 응용의 개요

1 좌표계

① 모든 점들은 3차원 좌표계로 표현된다.

② x, y, z축의 방향에 따라 오른손좌표계와 왼손좌표계가 있다.

③ 모델링에서 직교좌표계가 주로 사용되지만 극좌표계, 원통좌표계, 구형좌표계도 사용한다.

④ 좌표계의 변환에는 행렬 계산의 편리성으로 직교좌표계 대신 동차좌표계를 주로 사용한다.

⑤ 동차좌표(homogeneous coordinates)는 도형의 제반 변화를 행렬식의 곱셈연산형태로 표현하기 위해 사용되는 좌표계이다.

⑥ 일반적인 CAD시스템에서 직선의 작성방법은 증분좌표값 지정에 의한 방법, 수평면의 교차선으로 작성하는 방법, 극좌표값 지정에 의한 방법 등이 있다.

⑦ X, Y평면상에 하나의 곡선을 표현하는 방법은 음함수형태, 양함수형태, 매개변수형태 등이 있다.

2 CAD/CAM시스템에서 사용되는 좌표계

CAD/CAM시스템에서 사용되는 좌표계에는 직교좌표계, 극좌표계, 원통좌표계, 구면좌표계 등 4가지가 있다. 이들은 절대좌표계 혹은 상대좌표계로 나타낸다.

① **직교좌표계** : X, Y, Z방향의 축을 기준으로 공간상의 하나의 교차점을 P(x_1, y_1, z_1)으로 표시한다.

② **극좌표계** : 한 쌍의 직교축과 단위길이를 사용하여 평면상의 한 점을 P(거리, 각도)로 나타낸다.

③ **원통좌표계** : 평면상에 있는 하나의 점을 나타내기 위해 사용한 극좌표계에 공간의 개념을 적용하여 공간상의 한 점을 P(r, θ, z_1)으로 표시한다.

④ **구면좌표계** : 공간상에 구성되어 있는 하나의 점을 P(ρ, ϕ, θ)로 나타낸다.

3 CAD에서 사용되는 선의 종류

① 가는 실선 : 치수선, 치수보조선, 해칭선(절단면 표시)

② 가는 일점쇄선 : 절단선(절단위치 표시)

③ 숨은선 : 보이지 않는 부분의 모양

02 그래픽과 관련된 수학 및 용어

1 모델링을 위한 기초수학

1) 삼각함수에 대한 이해

(1) 삼각함수의 개요

① 삼각비

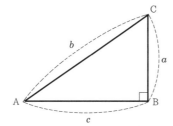

$$\sin A = \frac{높이}{빗변의 \ 길이} = \frac{a}{b}$$

$$\cos A = \frac{밑변의 \ 길이}{빗변의 \ 길이} = \frac{c}{b}$$

$$\tan A = \frac{높이}{밑변의 \ 길이} = \frac{a}{c}$$

② 삼각함수 사이의 관계 : $\tan\theta = \dfrac{\sin\theta}{\cos\theta}$, $\sin^2\theta + \cos^2\theta = 1$

③ 삼각함수의 성질(단, n은 정수)

    ㉠ $\sin(2n\pi + \theta) = \sin\theta$, $\cos(2n\pi + \theta) = \cos\theta$, $\tan(2n\pi + \theta) = \tan\theta$

    ㉡ $\sin(-\theta) = -\sin\theta$, $\cos(-\theta) = \cos\theta$, $\tan(-\theta) = -\tan\theta$

    ㉢ $\sin(\pi + \theta) = -\sin\theta$, $\cos(\pi + \theta) = -\cos\theta$, $\tan(\pi + \theta) = \tan\theta$

    ㉣ $\sin\left(\dfrac{\pi}{2} + \theta\right) = \cos\theta$, $\cos\left(\dfrac{\pi}{2} + \theta\right) = -\sin\theta$, $\tan\left(\dfrac{\pi}{2} + \theta\right) = -\dfrac{1}{\tan\theta}$

④ 호도법과 일반각

    ㉠ 호도법과 60분법 : 1라디안 $= \dfrac{180°}{\pi}$, $1° = \dfrac{\pi}{180}$ 라디안

    ㉡ 일반각 : 동경 OP가 나타내는 한 각의 크기가 $\alpha°$ 또는 θ라디안일 때 동경 OP가 나타내는 일반각은 $360°n + \alpha°$(단, n은 정수, $0° \leq \alpha° < 360°$) 또는 $2n\pi + \theta$(단, n은 정수, $0 \leq \theta < 2\pi$)이다.

(3) 특수각의 삼각함수

구 분	$\theta = 0°$	$\theta = 30°$	$\theta = 45°$	$\theta = 60°$	$\theta = 90°$	비 고
$\sin\theta$	$\dfrac{\sqrt{0}}{2}$	$\dfrac{\sqrt{1}}{2}$	$\dfrac{\sqrt{2}}{2}$	$\dfrac{\sqrt{3}}{2}$	$\dfrac{\sqrt{4}}{2}$	증
$\cos\theta$	$\dfrac{\sqrt{4}}{2}$	$\dfrac{\sqrt{3}}{2}$	$\dfrac{\sqrt{2}}{2}$	$\dfrac{\sqrt{1}}{2}$	$\dfrac{\sqrt{0}}{2}$	감
$\tan\theta$	0	$\dfrac{\sqrt{3}}{3}$	1	$\sqrt{3}$	무존재	증

(4) 사인법칙

$$\frac{a}{\sin A} = \frac{b}{\sin B} = \frac{c}{\sin C} = 2R(단, \ R : 삼각형의 \ 외접원의 \ 반지름)$$

(5) 코사인 제1법칙

$$a = b\cos C + c\cos B, \quad b = c\cos A + a\cos C, \quad c = a\cos B + b\cos A$$

(6) 코사인 제2법칙

$$a^2 = b^2 + c^2 - 2bc\cos A \quad \therefore \ \cos A = \frac{b^2 + c^2 - a^2}{2bc}$$

$$b^2 = a^2 + c^2 - 2ac\cos B \quad \therefore \ \cos B = \frac{c^2 + a^2 - b^2}{2ca}$$

$$c^2 = a^2 + b^2 - 2ab\cos C \quad \therefore \ \cos C = \frac{a^2 + b^2 - c^2}{2ab}$$

2) 수학적 기본특성

(1) 점의 좌표

① 두 점 사이의 거리

ㄱ 수직선 위의 두 점 사이의 거리 : $\overline{AB} = |x_2 - x_1|$

ㄴ 평면 위의 두 점 사이의 거리 : $\overline{AB} = \sqrt{(x_2 - x_1)^2 + (y_2 - y_1)^2}$

ㄷ 공간에서 두 점 사이의 거리 : $\overline{AB} = \sqrt{(x_2 - x_1)^2 + (y_2 - y_1)^2 + (z_2 - z_1)^2}$

② 평면 위의 선분의 내분점과 외분점

ㄱ 내분점 : $(x-a):(b-x) = m:n$에서 $n(x-a) = m(b-x)$이므로 $x = \dfrac{mb - na}{m+n}$

(단, $m > 0, \ n > 0$)

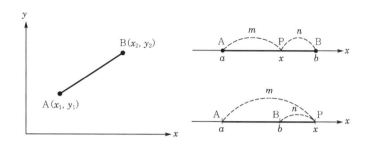

ⓛ 외분점 : $(x - a) : (x - b) = m : n$에서 $n(x - a) = m(x - b)$이므로 $x = \dfrac{mb - na}{m - n}$

(단, $m > 0,\ n > 0,\ m \neq n$)

③ 공간에서 선분의 내분점과 외분점

　ㄱ 내분점 $P\left(\dfrac{mx_2 + nx_1}{m + n},\ \dfrac{my_2 + ny_1}{m + n},\ \dfrac{mz_2 + nz_1}{m + n}\right)$

　ⓛ 외분점 $Q\left(\dfrac{mx_2 - nx_1}{m - n},\ \dfrac{my_2 - ny_1}{m - n},\ \dfrac{mz_2 - nz_1}{m - n}\right)$

④ 점에 대한 대칭이동

　ㄱ 원점에 대한 대칭이동 : $(x,\ y) \Leftrightarrow (-x,\ -y)$

　ⓛ 점 $(a,\ b)$에 대한 대칭이동 : $(x,\ y) \Leftrightarrow (2a - x,\ 2b - y)$

> 세 점 $A(x_1,\ y_1,\ z_1)$, $B(x_2,\ y_2,\ z_2)$, $C(x_3,\ y_3,\ z_3)$을 꼭짓점으로 하는 삼각형 ABC의 무게중심 G의 좌표는 $G\left(\dfrac{x_1 + x_2 + x_3}{3},\ \dfrac{y_1 + y_2 + y_3}{3},\ \dfrac{z_1 + z_2 + z_3}{3}\right)$이다.

(2) 기하방정식

① 직선의 방정식

　ㄱ 두 점을 지나는 직선 : $y - y_1 = \dfrac{y_2 - y_1}{x_2 - x_1}(x - x_1)$

　ⓛ 기울기가 m이고 한 점 $(x_1,\ y_1)$을 지나는 직선 : $y - y_1 = m(x - x_1)$

　ⓒ x절편이 a이고 y절편이 b인 직선 : $\dfrac{x}{a} + \dfrac{y}{b} = 1$

　ⓡ 다각형 : $ax + by + c = 0$

　ⓜ 점과 직선의 길이 : 점 $P(x_1,\ y_1)$으로부터 직선 $ax + by + c = 0$까지의 거리를 d라고

　　하면 $d = \dfrac{|ax_1 + by_1 + c|}{\sqrt{a^2 + b^2}}$

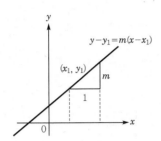 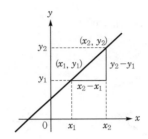 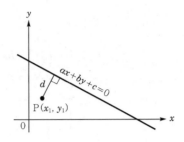

ⓗ 직선에 대한 대칭이동

- x축에 대한 대칭이동 : $(x,\ y) \Leftrightarrow (x,\ -y)$
- y축에 대한 대칭이동 : $(x,\ y) \Leftrightarrow (-x,\ y)$
- $y=x$에 대한 대칭이동 : $(x,\ y) \Leftrightarrow (y,\ x)$
- $y=-x$에 대한 대칭이동 : $(x,\ y) \Leftrightarrow (-y,\ -x)$
- $x=a$에 대한 대칭이동 : $(x,\ y) \Leftrightarrow (2a-x,\ y)$
- $y=b$에 대한 대칭이동 : $(x,\ y) \Leftrightarrow (x,\ 2b-y)$
- 점 A를 직선 $y=mx+n$에 대하여 대칭이동한 점이 A′일 때
  - 선분 AA′와 $y=mx+n$이 서로 수직
  - 선분 AA′의 중점이 $y=mx+n$ 위에 존재

· 예제· 점 P$(a,\ b)$를 직선 $y=2x$에 대하여 대칭이동하였더니 P′$(b+1,\ a+1)$이 되었다. 점 P의 좌표를 구하시오.

┃해설┃ PP′의 기울기$=\dfrac{a+b-1}{b+1-a}=-\dfrac{1}{2}$에서 분모를 없애고 정리하면 $a-b+3=0$ ········· ①

PP′의 중점 M$\left(\dfrac{a+b+1}{2},\ \dfrac{a+b+1}{2}\right)$이 $y=2x$ 위에 있으므로 대입하면

$\dfrac{a+b+1}{2}=2\times\dfrac{a+b+1}{2}$에서 $a+b+1=0$ ················ ②

∴ ①, ②를 연립하면 $a=-2$, $b=1$이다. 따라서 P$(-2,\ 1)$이다.

예제 직선 $y = x + 1$을 $y = 2x$에 대하여 대칭이동하여 얻은 직선의 방정식을 구하시오.

해설 $P(x,\ y)$를 $y = 2x$에 대하여 대칭이동한 점을 $P'(X,\ Y)$라고 하면

PP'의 기울기 $= \dfrac{Y-y}{X-x} = -\dfrac{1}{2}$ 에서 $2Y - 2y = -X + x$, $x + 2y = X + 2Y$ .... ①

PP'의 중점 $M\left(\dfrac{x+X}{2},\ \dfrac{y+Y}{2}\right)$는 $y = 2x$ 위의 점이므로 대입하면

$\dfrac{y+Y}{2} = 2 \times \dfrac{x+X}{2}$ 에서 $2x - y = 2X + Y$ .... ②

∴ ①, ②를 연립하면 $x = \dfrac{-3X+4Y}{5}$, $y = \dfrac{4X+3Y}{5}$ 이다. 그리고 점 $(x,\ y)$는 $y = x + 1$ 위의 점

이므로 대입하면 $\dfrac{4X+3Y}{5} = \dfrac{-3X+4Y}{5} + 1$이므로 $y = 7x + 5$이다.

② 원(circle)의 방정식

    ㉠ 원의 정의 : 한 점에서 일정한 거리에 있는 점들의 집합(이때 한 점을 원의 중심 (center)이라 하고, 일정한 거리를 반지름(radius)이라 한다. 일반적으로 중심은 O, 반지름은 r로 표현함)

    ㉡ 중심이 원점이고 반지름길이가 r인 원의 방정식 : $x^2 + y^2 - r^2 = 0$

      ➡ 반지름길이 r인 원의 함수식 $y = \pm\sqrt{r^2 - x^2}$ 은 비매개변수 양함수형태(explicit nonparametric)이다.

    ㉢ 중심좌표 $(a,\ b)$, 반지름길이 r인 원의 방정식 : $(x-a)^2 + (y-b)^2 - r^2 = 0$

    ㉣ 중심 $\left(-\dfrac{a}{2},\ -\dfrac{b}{2}\right)$, 반지름 $\dfrac{\sqrt{a^2 + b^2 - 4c}}{2}$인 원의 방정식 : $x^2 + y^2 + ax + by + c = 0$

    ㉤ $f_x = x_c + r\cos\theta$, $f_y = y_c + r\sin\theta$ (단, $r : x_c$와 y_c에서 떨어진 직선거리, $0 \le \theta \le 2\pi$)

    ㉥ $x = r\cos\theta$, $y = r\sin\theta$

    ㉦ 원 $x^2 + y^2 - r^2 = 0$ 위의 한 점 $(x_1,\ y_1)$에서의 접선의 방정식 : $x_1 x + y_1 y = x_1^2 + y_1^2$

    ㉧ 원 $x^2 + y^2 = r^2$에 접하고 기울기가 m인 접선의 방정식 : $y = mx \pm r\sqrt{m^2 + 1}$

③ 포물선(parabola)의 방정식

    ㉠ 포물선의 정의 : 평면 위의 한 정점과 이 점을 지나지 않는 한 정직선에 이르는 거리 가 같은 점의 자취(이때 이 점을 포물선의 초점, 정직선을 준선이라 하며, 초점을 지 나고 준선에 수직인 직선을 포물선의 축, 포물선과 축의 교점을 포물선의 꼭짓점이 라 함)

    ㉡ 포물선의 방정식은 초점과 준선에 의해 결정됨

    ㉢ 초점이 $F(p,\ 0)$이고 준선이 $x = -p$인 포물선의 방정식 : $y^2 = 4px$

    ㉣ 초점이 $F(0,\ p)$이고 준선이 $y = -p$인 포물선의 방정식 : $x^2 = 4py$

    ㉤ 포물선 $y^2 = 4px$을 직선 $y = x$에 대하여 대칭이동하면 포물선 $x^2 = 4py$을 얻음

    ㉥ $(y-n)^2 = 4p(x-m)$: $y^2 = 4px$를 x축으로 m만큼, y축으로 n만큼 평행이동한 포물선

ⓐ $(x-m)^2 = 4p(y-n)$: $x^2 = 4py$를 x축으로 m만큼, y축으로 n만큼 평행이동한 포물선

ⓞ $y^2 = 4px$에 접하고 기울기 m인 직선 : $y = mx + \dfrac{p}{m}\,(m \neq 0)$

ⓩ $x^2 = 4py$에 접하고 기울기 m인 직선 : $y = mx - mp^2$

④ **타원(ellipse)의 방정식** : $\dfrac{x^2}{a^2} + \dfrac{y^2}{b^2} = 1$(단, $a > 0$, $b > 0$)

ⓐ 타원의 정의 : 평면 위의 두 정점에서의 거리의 합이 일정한 점의 자취(이때 두 정점을 타원의 초점이라 하며, 두 초점을 지나는 직선이 타원과 만나는 두 점 사이를 타원의 장축, 두 초점의 수직이등분선이 타원과 만나는 두 점 사이를 단축이라 함)

ⓛ $\dfrac{x^2}{a^2} + \dfrac{y^2}{b^2} = 1$ 위의 한 점 $(x_1,\ y_1)$에서의 접선 : $\dfrac{x_1 x}{a^2} + \dfrac{y_1 y}{b^2} = 1$

ⓒ $\dfrac{x^2}{a^2} + \dfrac{y^2}{b^2} = 1$에 접하고 기울기 m인 직선 : $y = mx \pm \sqrt{a^2 m^2 + b^2}$

⑤ **쌍곡선(hyperbola)의 방정식** : $\dfrac{x^2}{a^2} - \dfrac{y^2}{b^2} = \pm 1$(단, $a > 0$, $b > 0$, $k^2 = a^2 + b^2$)

ⓐ 쌍곡선의 정의 : 평면 위의 두 정점에서의 거리의 차가 일정한 점의 자취(이때 두 정점을 쌍곡선의 초점이라 하며, 두 초점을 지나는 직선이 쌍곡선과 만나는 두 점 사이를 주축, 두 초점의 수직이등분선을 단축이라 함)

ⓛ +1일 경우 : 주축의 길이 $2a$, 초점 $(k,\ 0)$, $(-k,\ 0)$

ⓒ −1일 경우 : 주축의 길이 $2b$, 초점 $(0,\ k)$, $(0,\ -k)$

ⓔ 쌍곡선 $\dfrac{x^2}{a^2} - \dfrac{y^2}{b^2} = \pm 1$의 점근선 : $\dfrac{x^2}{a^2} - \dfrac{y^2}{b^2} = 0$이므로 $y = \pm \dfrac{b}{a} x$

ⓜ $\dfrac{x^2}{a^2} - \dfrac{y^2}{b^2} = 1$에 접하고 기울기 m인 직선 : $y = mx \pm \sqrt{a^2 m^2 - b^2}$

ⓗ $\dfrac{x^2}{a^2} - \dfrac{y^2}{b^2} = -1$에 접하고 기울기 m인 직선 : $y = mx \pm \sqrt{b^2 - a^2 m^2}$

> 원, 포물선, 타원, 쌍곡선의 일반형은 $f(x,\ y) = ax^2 + bxy + cy^2 + dx + ey + g = 0$인 2차 곡선이다. $b^2 - 4ac$는 판별식으로 보통 D로 표시하고는 한다.
> - 원 : $a = c$, $b = 0$, 원의 방정식 일반형은 $f(x,\ y) = x^2 + y^2 + Ax + By + C = 0$이다.
> - 타원 : $D < 0$
> - 포물선 : $D = 0$
> - 쌍곡선 : $D > 0$

⑥ **구면의 방정식** : $x^2 + y^2 + z^2 = r^2$

- 구면방정식의 일반형 : $x^2 + y^2 + z^2 + Ax + By + Cz + D = 0$

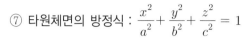

⑦ 타원체면의 방정식 : $\dfrac{x^2}{a^2} + \dfrac{y^2}{b^2} + \dfrac{z^2}{c^2} = 1$

⑧ 쌍곡면의 방정식

    ㉠ 1엽 쌍곡면 : $\dfrac{x^2}{a^2} - \dfrac{y^2}{b^2} + \dfrac{z^2}{c^2} = 1$

    ㉡ 2엽 쌍곡면 : $\dfrac{x^2}{a^2} - \dfrac{y^2}{b^2} + \dfrac{z^2}{c^2} = -1$

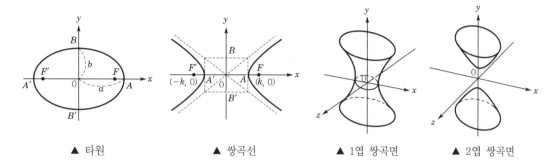

▲ 타원   ▲ 쌍곡선   ▲ 1엽 쌍곡면   ▲ 2엽 쌍곡면

(3) CAD시스템에서 사용되는 2차 곡선방정식

① 곡선식에 대한 계산시간이 3차, 4차식보다 적게 걸린다.

② 여러 개의 곡선을 하나의 곡선으로 연결하는 것이 가능하다.

③ 매개변수식으로 표현하는 것이 가능하다.

④ 곡선의 곡률은 2차 미분값을 필요로 한다.

(4) 벡터와 스칼라

① 벡터(vector) : 크기와 방향을 나타내는 물리량(평행이동, 힘, 속도, 가속도 등)으로, 벡터는 벡터의 시작점, 길이, 방향 등으로 구성된다.

② 스칼라(scalar) : 크기만으로 표현되는 물리량(길이, 에너지, 온도, 질량, 넓이, 시간, 면적, 무게, 속력, 압력 등)이다.

(5) 벡터에 대한 제반 지식

① 벡터의 성질

    ㉠ 등가(equality) : 크기와 방향 동일, $\vec{a} = \vec{b}$

    ㉡ 합(addition) : 교환법칙, 결합법칙 적용, $\vec{a} + \vec{b} = \vec{b} + \vec{a}$, $(\vec{a} + \vec{b}) + \vec{c} = \vec{a} + (\vec{b} + \vec{c})$

    ㉢ 역방향(negation) : 크기 동일, 방향 반대, $\vec{a} = -\vec{a}$

    ㉣ 차(subtraction) : 합의 역방향, $\vec{a} - \vec{b} = \vec{a} + (-\vec{b})$

    ㉤ 크기(길이) : $|\vec{a}| = \sqrt{a_1^2 + a_2^2 + a_3^2}$

ⓗ 정규화(normalization) : 방향이 같고 크기가 1인 벡터, $\vec{u} = \dfrac{\vec{a}}{|\vec{a}|}$

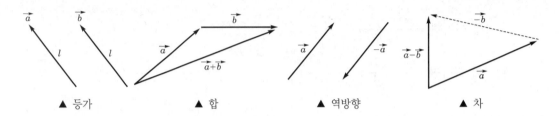

▲ 등가   ▲ 합   ▲ 역방향   ▲ 차

② 벡터의 성질 응용 : 벡터 $\vec{a}$, $\vec{b}$, $\vec{c}$, 스칼라량 λ, μ, ν가 있을 때 $\vec{a} + \vec{b} = \vec{b} + \vec{a}$ (교환법칙), $\vec{a} + (\vec{b} + \vec{c}) = (\vec{a} + \vec{b}) + \vec{c}$ (교환법칙), $\lambda(\mu\vec{a}) = (\lambda\mu)\vec{a}$ (결합법칙), $(\mu + \nu)\vec{a} = \mu\vec{a} + \nu\vec{a}$ (분배법칙), $\lambda(\vec{a} + \vec{b}) = \lambda\vec{a} + \lambda\vec{b}$ (결합법칙) 등의 법칙을 이용한다.

③ 벡터의 내적 : 스칼라적(scalar product) 혹은 도트적(dot product)이라고도 한다. 3차원 공간상의 두 벡터 $\vec{a} = (a_1, a_2, a_3)$, $\vec{b} = (b_1, b_2, b_3)$가 있을 때 각각의 변위의 곱을 합한 것을 벡터의 내적이라고 하며 $\vec{a} \cdot \vec{b}$로 표시한다. 내적값은 시작점을 일치시킨 사잇각을 반영한 $\vec{a} \cdot \vec{b} = a_1 b_1 + a_2 b_2 + a_3 b_3 = |\vec{a}||\vec{b}|\cos\theta$이 된다. 이때 벡터 $\vec{b}$가 단위벡터(크기 1)인 경우는 $\vec{a} \cdot \vec{b} = |\vec{a}|\cos\theta$이며, 이것의 기하학적 의미는 벡터 $\vec{a}$를 단위벡터에 투영(projection)시킨 것이다. 벡터 내적은 교환법칙, 분배법칙, 결합법칙이 성립한다. 내적 계산은 다음과 같다.

$$\vec{a} \cdot \vec{b} = a_1 b_1 + a_2 b_2 + a_3 b_3$$

④ 벡터의 외적(vector product) : 크로스적(cross product)이라고도 하며, 표기는 $\vec{a} \times \vec{b}$로 한다. 벡터의 외적은 각각의 벡터에 수직한(normal) 벡터를 구하는데 사용된다. 곡선과 곡면의 법선벡터, 평면의 방정식 등을 구하는데 사용된다. 법선벡터의 크기는 벡터가 이루는 면적의 크기와 같으므로 $\vec{a} \times \vec{b} = |\vec{a}||\vec{b}|\sin\theta n = (\Box 면적)n = \overrightarrow{a \times b}$이 된다. 벡터의 외적은 분배법칙, 결합법칙이 성립되지만 교환법칙은 성립되지 않는다. 외적 계산은 다음과 같다.

$$\begin{aligned} \vec{a} \times \vec{b} &= (a_2 b_3 - a_3 b_2, \ a_3 b_1 - a_1 b_3, \ a_1 b_2 - a_2 b_1) \\ &= (a_2 b_3 - a_3 b_2)i + (a_3 b_1 - a_1 b_3)j + (a_1 b_2 - a_2 b_1)k \\ &= \begin{bmatrix} i & j & k \\ a_1 & a_2 & a_3 \\ b_1 & b_2 & b_3 \end{bmatrix} \end{aligned}$$

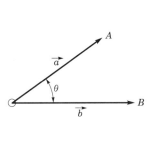

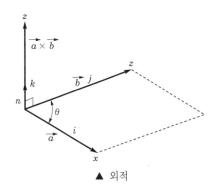

▲ 내적   ▲ 외적

✒ 벡터의 내적

- 교환법칙 : $\vec{a} \cdot \vec{b} = \vec{b} \cdot \vec{a}$
- 분배법칙 : $\vec{a} \cdot (\vec{b} + \vec{c}) = \vec{a} \cdot \vec{b} + \vec{a} \cdot \vec{c}$
- 결합법칙 : $(\lambda \vec{a}) \cdot \vec{b} = \vec{a} \cdot (\lambda \vec{b}) = \lambda(\vec{a} \cdot \vec{b}),\ \vec{a} \cdot \vec{a} = |\vec{a}|^2$

✒ 벡터의 외적

- 교환법칙 불가 : $\vec{a} \times \vec{b} = -\vec{b} \times \vec{a},\ \vec{a} \times \vec{a} = 0$
- 분배법칙 : $\vec{a} \times (\vec{b} + \vec{c}) = \vec{a} \times \vec{b} + \vec{a} \times \vec{c}$
- 결합법칙 : $(\lambda \vec{a}) \times \vec{b} = \vec{a} \times (\lambda \vec{b}) = \lambda(\vec{a} \times \vec{b})$
- $i \times j = k,\ j \times k = i,\ k \times i = j,\ i \times i = j \times j = k \times k = 0$

예제   벡터 $\vec{a} = (1, 2, 3)$, $\vec{b} = (4, 5, 6)$의 내적과 외적을 각각 계산하시오.

│해설│
- 내적 $\vec{a} \cdot \vec{b} = a_1 b_1 + a_2 b_2 + a_3 b_3 = 1 \times 4 + 2 \times 5 + 3 \times 6 = 32$
- 외적 $\vec{a} \times \vec{b} = (a_2 b_3 - a_3 b_2)i + (a_3 b_1 - a_1 b_3)j + (a_1 b_2 - a_2 b_1)k$
  $$= (12 - 15)i + (12 - 6)j + (5 - 8)k$$
  $$= -3i + 6j - 3k$$

⑤ 삼중적(triple product) : $(\vec{a} \times \vec{b}) \cdot \vec{c},\ \vec{a} \times (\vec{b} \times \vec{c})$

    ㉠ 스칼라 삼중적 : $\vec{a} \cdot (\vec{b} \times \vec{c}) = \vec{c} \cdot (\vec{a} \times \vec{b}) = \vec{b} \cdot (\vec{c} \times \vec{a})$

    ㉡ 벡터 삼중적 : $\vec{a} \times (\vec{b} \times \vec{c}) = (\vec{a} \cdot \vec{c})\vec{b} - (\vec{a} \cdot \vec{b})\vec{c} = (\vec{a} \cdot \vec{c})\vec{b} - (\vec{b} \cdot \vec{c})\vec{a}$

⑥ 구의 단위법선벡터 : 구 $g(x, y, z) = x^2 + y^2 + z^2 - a^2 = 0$의 단위법선벡터는

$$n(x, y, z) = \left[\frac{x}{a}, \frac{y}{a}, \frac{z}{a}\right] = \frac{x}{a}\hat{i} + \frac{y}{a}\hat{j} + \frac{z}{a}\hat{k}$$

(6) 삼각형의 면적(넓이) 구하기

① 삼각함수 이용(단, R : 삼각형의 외접원의 반지름, r : 삼각형의 내접원의 반지름)

㉠ $S = \dfrac{1}{2} ab\sin C = \dfrac{1}{2} bc\sin A = \dfrac{1}{2} ca\sin B$

㉡ $S = \dfrac{abc}{4R} = 2R^2 \sin A \sin B \sin C$

㉢ $S = rs\left(단, \ s = \dfrac{a+b+c}{2}\right)$

② 2차원 평면에서 세 점의 좌표 $(x_1, \ y_1)$, $(x_2, \ y_2)$, $(x_3, \ y_3)$ 이용

㉠ 헤론의 공식 : $S = \sqrt{s(s-a)(s-b)(s-c)}$

단, $s = \dfrac{a+b+c}{2}$, $a = \sqrt{(x_1-x_2)^2 + (y_1-y_2)^2}$, $b = \sqrt{(x_2-x_3)^2 + (y_2-y_3)^2}$,

$c = \sqrt{(x_3-x_1)^2 + (y_3-y_1)^2}$

㉡ 벡터의 외적 이용 : 3차원 벡터에서 $z = 0$으로 고려하여 3차원 공간에서 세 점 $(x_1, \ y_1, \ 0)$, $(x_2, \ y_2, \ 0)$, $(x_3, \ y_3, \ 0)$이 이루는 삼각형 면적을 계산한다. 두 변을 이루는 벡터가 $\vec{a} = (x_2-x_1, \ y_2-y_1, 0)$, $\vec{b} = (x_3-x_1, \ y_3-y_1, 0)$일 때 두 벡터의 외적의 크기는 두 벡터를 두 변으로 하는 평행사변형의 넓이이므로 삼각형의 면적은 이것의 $\dfrac{1}{2}$인 $\dfrac{|a \times b|}{2}$가 된다. $a \times b = (0, \ 0, \ (x_2-x_1)(y_3-y_1) - (x_3-x_1)(y_2-y_1))$이므로 삼각형의 면적은 결과적으로 $S = \dfrac{|(x_2-x_1)(y_3-y_1) - (x_3-x_1)(y_2-y_1)|}{2}$이 된다.

② 3차원 공간에서 세 점의 좌표 (x_1, y_1, z_1), (x_2, y_2, z_2), (x_3, y_3, z_3) 이용

㉠ 헤론의 공식 : $S = \sqrt{s(s-a)(s-b)(s-c)}$

단, $s = \dfrac{a+b+c}{2}$

$a = \sqrt{(x_1-x_2)^2 + (y_1-y_2)^2 + (z_1-z_2)^2}$

$b = \sqrt{(x_2-x_3)^2 + (y_2-y_3)^2 + (z_2-z_3)^2}$

$c = \sqrt{(x_3-x_1)^2 + (y_3-y_1)^2 + (z_3-z_1)^2}$

㉡ 벡터의 외적 이용 : $S = \dfrac{\sqrt{(a_2b_3 - b_2a_3)^2 + (a_1b_3 - b_1a_3)^2 + (a_1b_2 - b_1a_2)^2}}{2}$

단, $(a_1, \ a_2, \ a_3) = (x_2-x_1, \ y_2-y_1, \ z_2-z_1)$

$(b_1, \ b_2, \ b_3) = (x_3-x_1, \ y_3-y_1, \ z_3-z_1)$

(7) 삼각형 두 변의 사잇각 구하기

코사인 제2법칙을 사용한다. $a^2 = b^2 + c^2 - 2bc\cos A$ 이므로 $\cos A = \dfrac{b^2 + c^2 - a^2}{2bc}$ 이다.

> **예제** 3차원 직교좌표계 상의 세 점 A(1, 1, 1), B(2, 2, 3), C(5, 1, 4)가 이루는 삼각형에서 변 AB, AC가 이루는 각은 얼마인가?
>
> ① $\cos^{-1}\left(\dfrac{2}{\sqrt{5}}\right)$ ② $\cos^{-1}\left(\dfrac{3}{\sqrt{5}}\right)$
>
> ③ $\cos^{-1}\left(\dfrac{2}{\sqrt{6}}\right)$ ④ $\cos^{-1}\left(\dfrac{3}{\sqrt{6}}\right)$
>
> **해설** 각 변의 길이를 구하면 $a = \sqrt{(5-2)^2+(1-2)^2+(4-3)^2} = \sqrt{11}$,
> $b = \sqrt{(1-5)^2+(1-1)^2+(1-4)^2} = \sqrt{25} = 5$, $c = \sqrt{(2-1)^2+(2-1)^2+(3-1)^2} = \sqrt{6}$ 이며,
> $\cos A = \dfrac{b^2+c^2-a^2}{2bc} = \dfrac{25+6-11}{2\times5\times\sqrt{6}} = \dfrac{2}{\sqrt{6}}$ 이므로 $A = \cos^{-1}\left(\dfrac{2}{\sqrt{6}}\right)$ 이다. 　　정답 ▶ ③

3) 행렬

행렬(行列, matrix)은 숫자들이나 문자들을 양쪽에 괄호를 붙여 한 묶음으로 하여 정사각형 또는 직사각형으로 배열한 것이다. 배열한 숫자나 문자를 그 행렬의 성분 또는 원소라고 하고, 가로로 배열된 원소를 행(row), 세로로 배열된 원소를 열(column)이라고 한다. 가로 행, 세로 열로 기억하면 편리하다.

m개의 행과 n개의 열로 이루어진 행렬을 m행 n열의 행렬 혹은 $m \times n$행렬로 나타낸다. 컴퓨터H/W에서는 같은 부품을 가로와 세로로 여러 줄로 배열하고, 그것들을 입력도선과 출력도선에 의해 그물 모양으로 연결하여 구성한 장치를 행렬이라고 한다.

① 행렬의 곱 : $\begin{bmatrix} a & b \\ c & d \end{bmatrix}\begin{bmatrix} x & u \\ y & v \end{bmatrix} = \begin{bmatrix} ax+by & au+bv \\ cx+dy & cu+dv \end{bmatrix}$, $\begin{bmatrix} a \\ b \end{bmatrix}[x\ y] = \begin{bmatrix} ax & ay \\ bx & by \end{bmatrix}$

> **예제** $A = \begin{bmatrix} 1 & 2 \\ 3 & 4 \end{bmatrix}$, $B = \begin{bmatrix} 5 & 6 \\ 7 & 8 \end{bmatrix}$ 일 때 A와 B의 곱을 계산하시오.
>
> **해설** $A \times B = \begin{bmatrix} 1 & 2 \\ 3 & 4 \end{bmatrix}\begin{bmatrix} 5 & 6 \\ 7 & 8 \end{bmatrix} = \begin{bmatrix} 1\times5+2\times7 & 1\times6+2\times8 \\ 3\times5+4\times7 & 3\times6+4\times8 \end{bmatrix} = \begin{bmatrix} 19 & 22 \\ 43 & 50 \end{bmatrix}$

② 1차 연립방정식과 행렬

1차 연립방정식	행렬	1차 연립방정식	행렬
$\begin{cases} ax+by=p \\ cx+dy=q \end{cases}$	$\begin{bmatrix} a & b \\ c & d \end{bmatrix}\begin{bmatrix} x \\ y \end{bmatrix} = \begin{bmatrix} p \\ q \end{bmatrix}$	$\begin{cases} ax+by+cz=p \\ dx+ey+fz=q \\ gx+hy+iz=r \end{cases}$	$\begin{bmatrix} a & b & c \\ d & e & f \\ g & h & i \end{bmatrix}\begin{bmatrix} x \\ y \\ z \end{bmatrix} = \begin{bmatrix} p \\ q \\ r \end{bmatrix}$

③ 행렬의 곱셈법칙 : 결합법칙, 분배법칙은 성립하나 교환법칙은 성립하지 않는다.
　　㉠ 결합법칙 : $(AB)C = A(BC)$
　　㉡ 분배법칙 : $A(B+C) = AB + AC, \ (A+B)C = AC + BC$
　　㉢ 실수 k에 대해 $(kA)B = A(kB) = k(AB)$

4) 좌표변환

좌표변환은 컴퓨터에 의해 제도된 도면・형상모델을 조작하기 위해 이미 작성된 데이터를 이동, 확대・축소, 회전 등을 하는 것을 말한다. 이동, 확대・축소, 회전 등은 행렬의 변환에 의해서 이루어진다.

(1) 점의 표현

> ✒ n차원 공간 상에서의 한 점은 임의의 n차원 벡터로 표현
> * 2차원 좌표계 : (1×2) or (2×1)행렬, $[x \ y]$ or $\begin{bmatrix} x \\ y \end{bmatrix}$
> * 3차원 좌표계 : (1×3) or (3×1)행렬, $[x \ y \ z]$ or $\begin{bmatrix} x \\ y \\ z \end{bmatrix}$

① 이동(translation) : 점 $P(x, \ y)$를 x방향으로 m, y방향으로 n만큼 이동하여 새로운 좌표 $P'(x', \ y')$를 만들려면 $x' = x + m$, $y' = y + n$이 되며, 이것을 벡터로 나타내면 $[x' \ y'] = [x \ y] + [m \ n]$이 된다.

② 확대・축소(scaling) : 점 $P(x, \ y)$를 x축 방향으로 S_x, y방향으로 S_y의 비율로 늘인 점 $P'(x', \ y')$를 만들면 $[x' \ y'] = \begin{bmatrix} S_x & 0 \\ 0 & S_y \end{bmatrix}$이 된다. $S_x = +1$, $S_y = -1$이면 x축에 대칭인 변환이며, $S_x = S_y < 0$이면 원점에 대칭인 변환이다.

③ 회전(rotation) : 점 $P(x, \ y)$를 원점을 중심으로 반시계방향의 각도 $+\theta$만큼 회전시킨 점 $P'(x', \ y')$는 $[x' \ y'] = [x \ y] \begin{bmatrix} \cos\theta & \sin\theta \\ -\sin\theta & \cos\theta \end{bmatrix} = [x\cos\theta - y\sin\theta \quad x\sin\theta + y\cos\theta]$이다.

(2) 동차좌표(HC)에 의한 표현

동차좌표란 n차원의 벡터를 $n+1$차원의 벡터형태로 표현한 것이다.

2차원 좌표계	3차원 좌표계
$[X \ Y \ H] = [x \ y \ 1] \begin{bmatrix} a & b & p \\ c & d & q \\ m & n & s \end{bmatrix}$	$[X \ Y \ Z \ H] = [x \ y \ z \ 1] \begin{bmatrix} a & b & c & p \\ d & e & f & q \\ l & m & n & s \end{bmatrix}$

① 동차좌표에 의한 2차원 좌표변환행렬 : 최대변환행렬은 3×3

$$T_H = \begin{bmatrix} a & b & p \\ c & d & q \\ m & n & s \end{bmatrix} \Rightarrow \begin{bmatrix} & & 2 \\ 2 \times 2 & & \times \\ & & 1 \\ \hline 1 \times 2 & 1 \times 1 & \end{bmatrix}$$

$a,\ b,\ c,\ d\ (2 \times 2)$	스케일링, 회전, 전단, 반전
$m,\ n\ (1 \times 2)$	이동
$p,\ q\ (2 \times 1)$	투사(투영), 전사
$s\ (1 \times 1)$	전체적인 스케일링

㉠ 이동변환(translation) : m값이 변화하면 x축으로 이동, n값이 변화하면 y축으로 이동

$$[x'\ y'\ 1] = [x\ y\ 1] \begin{bmatrix} 1 & 0 & 0 \\ 0 & 1 & 0 \\ m & n & 1 \end{bmatrix}$$

㉡ 스케일변환(scaling) : S_x값이 변화하면 x축으로 축소 또는 확대, S_y값이 변화하면 y축으로 축소 또는 확대

$$[x'\ y'\ 1] = [x\ y\ 1] \begin{bmatrix} S_x & 0 & 0 \\ 0 & S_y & 0 \\ 0 & 0 & 1 \end{bmatrix}$$

㉢ 반전 혹은 대칭변환(reflection, mirror)

x축에 대칭, y값이 반대	y축에 대칭, x값이 반대
$[x'\ y'\ 1] = [x\ y\ 1] \begin{bmatrix} 1 & 0 & 0 \\ 0 & -1 & 0 \\ 0 & 0 & 1 \end{bmatrix}$	$[x'\ y'\ 1] = [x\ y\ 1] \begin{bmatrix} -1 & 0 & 0 \\ 0 & 1 & 0 \\ 0 & 0 & 1 \end{bmatrix}$

㉣ 회전변환(rotation)

$$[x'\ y'\ 1] = [x\ y\ 1] \begin{bmatrix} \cos\theta & \sin\theta & 0 \\ -\sin\theta & \cos\theta & 0 \\ 0 & 0 & 1 \end{bmatrix}$$

ⓜ 역변환(inverse)

$$T_1 \cdot T_2 = \begin{bmatrix} 1 & 0 & 0 \\ 0 & 1 & 0 \\ m & n & 1 \end{bmatrix} \begin{bmatrix} 1 & 0 & 0 \\ 0 & 1 & 0 \\ -m & -n & 1 \end{bmatrix}$$

이동행렬의 역은 이동성분의 부호를 반대로 한 것이며, 회전변환의 역은 회전하는 각도의 부호를 바꾸면 역행렬이 된다.

② 동차좌표에 의한 3차원 좌표변환행렬 : 최대변환행렬은 4×4

$$T_H = \begin{bmatrix} a & b & c & p \\ d & e & f & q \\ h & i & j & r \\ l & m & n & s \end{bmatrix} \quad \blacktriangleright \quad \begin{bmatrix} & & & 3 \\ 3\times3 & & \times \\ & & & 1 \\ 1\times3 & & 1\times1 \end{bmatrix}$$

a, b, c d, e, f (3×3) h, i, j	스케일링, 회전, 전단, 반전
l, m, n (1×3)	이동
p, q, r (3×1)	원근화법(perspective)
s (1×1)	전체적인 스케일링

㉠ 평행이동변환(translation)

$$[X\ Y\ Z\ H] = [x\ y\ z\ 1] \begin{bmatrix} 1 & 0 & 0 & 0 \\ 0 & 1 & 0 & 0 \\ 0 & 0 & 1 & 0 \\ l & m & n & 1 \end{bmatrix} = [(x+l)\ (y+m)\ (z+n)\ 1]$$

㉡ 스케일링변환(scaling)

국부적인 스케일링변환	$[X\ Y\ Z\ H] = [x\ y\ z\ 1] \begin{bmatrix} a & 0 & 0 & 0 \\ 0 & e & 0 & 0 \\ 0 & 0 & j & 0 \\ 0 & 0 & 0 & 1 \end{bmatrix} = [ax\ ey\ jz\ 1]$
전체적인 스케일링변환	$[X\ Y\ Z\ H] = [x\ y\ z\ 1] \begin{bmatrix} 1 & 0 & 0 & 0 \\ 0 & 1 & 0 & 0 \\ 0 & 0 & 1 & 0 \\ 0 & 0 & 0 & S \end{bmatrix} = [x\ y\ z\ S] = \left[\dfrac{x}{S}\ \dfrac{y}{S}\ \dfrac{z}{S}\ 1 \right]$

ⓒ 회전변환(rotation) : 회전각 θ는 양의 x축상의 한 점에서 원점을 볼 때 반시계방향(CCW)을 +, 시계방향(CW)을 −로 한다.

$$T_x = \begin{bmatrix} 1 & 0 & 0 & 0 \\ 0 & \cos\theta & \sin\theta & 0 \\ 0 & -\sin\theta & \cos\theta & 0 \\ 0 & 0 & 0 & 1 \end{bmatrix}, \quad T_y = \begin{bmatrix} \cos\theta & 0 & -\sin\theta & 0 \\ 0 & 1 & 0 & 0 \\ \sin\theta & 0 & \cos\theta & 0 \\ 0 & 0 & 0 & 1 \end{bmatrix}, \quad T_z = \begin{bmatrix} \cos\theta & \sin\theta & 0 & 0 \\ -\sin\theta & \cos\theta & 0 & 0 \\ 0 & 0 & 1 & 0 \\ 0 & 0 & 0 & 1 \end{bmatrix}$$

ⓓ 반전 혹은 대칭변환(reflection) : 3차원 공간에서의 평면에 대한 오브젝트발전의 동차좌표는 xy평면, yz평면, xz평면에 대한 변환행렬로 나타난다.

$$T_{xy} = \begin{bmatrix} 1 & 0 & 0 & 0 \\ 1 & 0 & 0 & 0 \\ 0 & 0 & -1 & 0 \\ 0 & 0 & 0 & 1 \end{bmatrix}, \quad T_{yz} = \begin{bmatrix} -1 & 0 & 0 & 0 \\ 0 & 1 & 0 & 0 \\ 0 & 0 & 1 & 0 \\ 0 & 0 & 0 & 1 \end{bmatrix}, \quad T_{xz} = \begin{bmatrix} 1 & 0 & 0 & 0 \\ 0 & -1 & 0 & 0 \\ 0 & 0 & 1 & 0 \\ 0 & 0 & 0 & 1 \end{bmatrix}$$

ⓔ 전단변환(shearing)

$$[X\ Y\ Z\ H] = [x\ y\ z\ 1] \begin{bmatrix} 1 & b & c & 0 \\ d & 1 & f & 0 \\ h & i & 1 & 0 \\ 0 & 0 & 0 & 1 \end{bmatrix}$$

2 CAD에서 사용하는 컴퓨터그래픽스 관련 용어의 정의

1) CAD S/W에 의한 작업 관련 용어

① 도형변환(transformation) : 이동, 회전, 대칭, 확대, 축소, 복사 등의 도형조작이 가능하다.
② 도형겹침(level, layer, class) : 도형을 구성하는 데이터를 몇 개의 층으로 구별하여 관리하는 기능이다. 복잡한 도면의 간소화, 조립도 표시 등에 유리하다.

> ⚒ 다층구조(layer)기법
> 도면이나 형상의 모델을 몇 개의 층으로 구분하여 관리하는 방식을 다층구조기법이라고 하는데, 이것은 서로 밀접한 연관관계를 가지는 도형요소로 구성된 도형운용방법이다. 레이어작성 시 사용되는 기능으로는 레이어 명칭, 컬러, 선의 종류, 선의 굵기 등이 있다.

③ 도형블록화(block, pattern) : 도형의 일부분이나 전체를 1개의 물체로 묶어서 기존 도면만이 아니라 다른 도면에서도 이용가능하도록 하는 기능이다. 도형블록화의 정의 시에는 블록명, 삽입 시의 기준점, 정의할 물체에 관한 내용이 주어져야 한다.

④ 도형의 해칭 : 해칭해야 하는 도형의 단면 등에 대해 영역을 지정하고 해칭종류, 해칭각도, 해칭간격 등의 수치를 입력하여 해칭하고 해칭한 후 편집기능으로 이들 해칭내용을 수정할 수 있다.

　ⓐ 수정파라미터 : 해칭선의 종류, 해칭선의 각도, 해칭선의 간격(굵기는 무관)

　ⓑ 해칭 시 에러 발생 경우 : 윤곽선의 인식오류, 교차선의 교점을 끊어주지 않은 때, 해칭면이 3차원의 공간상에 놓였을 때 등

⑤ Clipping(클리핑) : 필요 없는 요소를 제거하는 방법으로, 주로 그래픽에서 클리핑윈도로 정의된 영역 밖에 존재하는 요소들을 제거하는 것을 의미(화면에 나타난 데이터의 일부분이 스크린에 나타날 때 윈도 밖에 표시되는 데이터를 이 파일에서 제거하는 작업)

⑥ Toggle : 명령의 실행 또는 마우스 클릭 시마다 On 또는 Off가 번갈아 나타나는 세팅

⑦ 그룹기법 : 지정된 모든 도형요소를 한 단위로 묶어 한 번에 조작할 수 있는 기능

2) CAD시스템의 투영

(1) 투영(view)의 종류

① 직교(orthographic)투영 : 투영면이 하나의 주면에 평행하며, 투영선이 투영면에 수직이다. 거리와 각이 보존되며 제도작업에 적합하다.

② 축측(axonometric)투영 : 물체의 3면에 대해 동시 확인이 가능하다. 투영면이 객체에 대하여 임의의 방향에 존재하며, 투영선은 투영면에 수직하다. 투영면의 이동을 허용하며 삼축(trimetric, 3개의 주면방향으로부터의 축소비가 모두 다름), 이축(dimetric, 2개의 주면방향으로부터의 축소비가 같음), 등축(isometric, 3개의 주면방향으로부터의 축소비가 같음)으로 분류한다. 특징은 다음과 같다.

　ⓐ 선분의 길이가 달라지지만(축소된다) 축소비율을 구할 수 있다.

　ⓑ 선은 보존되지만 각은 보존되지 않는다.

　ⓒ 원을 투영면과 평행하지 않은 면에 투영하면 타원이 된다.

　ⓓ 상자와 같은 객체의 세 주면을 볼 수 있다.

　ⓔ 착시가능성이 있다.

　ⓕ 평행선이 발산하는 것으로 보인다.

　ⓖ 먼 객체와 가까운 객체가 같은 비율로 축소되므로 실제처럼 보이지 않는다.

　ⓗ CAD 응용에서 사용한다.

③ oblique(경사) view : 투영선이 투영면과 임의의 각을 가지며, 투영면과 평행한 주면의 각이 보존된다. 투영선과 투영면 사이의 임의의 관계를 보여주며 특정한 면을 강조하기 위한 각을 선택할 수 있다. 건축에서 평면경사, 입면경사를 적용한다. 투영면에 평행한 면 내의 각은 보존되며, 주변의 면들을 볼 수 있다. 간단한 카메라로는 실제로 생성할 수는 없으며, 주름상자카메라 또는 특별한 렌즈로 가능하다.

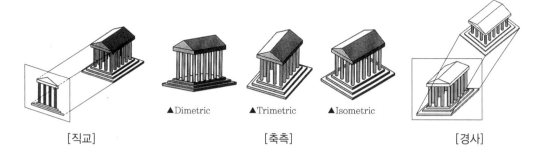

[직교]	▲Dimetric ▲Trimetric ▲Isometric	[경사]
	[축측]	

(2) View Control(뷰제어)

3차원 물체의 바라보는 위치를 임의로 조정하는 기능을 viewing이라고 하는데, CAD에서는 작업창의 표시를 View Control로 제어한다. 다음과 같은 하위메뉴들이 있다.

- Translate(이동) : 마우스의 왼쪽 버튼을 누른 채로 움직이면 화면의 그림이 따라 이동
- Rotate(회전) : 마우스의 왼쪽 버튼을 누른 채로 움직이면 화면의 그림이 따라 회전
- Zoom(확대/축소)
- Select Zoom(선택한 부분확대) : 마우스로 왼쪽 버튼을 누른 채로 움직이면 사각형이 그려지는데, 이 사각형이 화면에 꽉 차도록 확대
- Fit(화면에 맞춤) : 현재의 모델이 화면에 맞도록 확대 또는 축소
- Move to View Center(뷰 중앙으로 이동) : 화면에 마우스로 클릭한 점이 중앙이 되도록 뷰가 이동
- View at Front(정면 뷰) : 화면의 가로가 X축 세로가 Y축이 되도록 화면이 회전
- View at Back(뒷면 뷰) : 화면의 가로가 X축 세로가 −Y축이 되도록 화면이 회전, 3차원 형상의 물체를 나타내기 어려운 view
- View at Left(왼쪽 뷰)
- View at Right(오른쪽 뷰)
- View at Top(윗면 뷰)
- View at Bottom(아랫면 뷰)
- Isometric View(등각 뷰)

(3) 2차원 드로잉명령

- AREA : 다각형의 넓이와 둘레를 구한다.
- ARRAY : 사각이나 극(원)형 형태로 여러 번 복사한다. COPY의 다중복사와 유사한 명령이며, 일정한 위치에 같은 크기로 원하는 개수만큼 일정한 간격으로 복사한다.
- BLIPS/BLIPMODE : BLIPS는 화면상에 점을 표시하거나 대상을 선택할 때 나타나는 작은 임시 십자형 표시(+모양)이다. BLIPS와 BLIPMODE는 이것을 제어할 때 사용되며, 디폴트값은 〈ON〉이고, 표시된 점들을 없어지게 하려면 REDRAW나 REGEN을 하면 된다.

- BLOCK : 존재하고 있는 도면의 일부나 전체를 선택하여 새로운 블록을 생성한다.
- BREAK : 선, 트레이스, 원, 호, 폴리라인 등을 부분적으로 삭제 혹은 분리한다.
- CHAMFER : 두 직선의 교차점으로부터 일정한 거리에서 두 직선을 조절하거나 연장하고 조절된 끝들을 연결(모따기)하여 새로운 라인을 만든다.
- CHANGE : 위치, 크기, 방향, 색상, 높이, 레이어, 선형태, 선두께, 문자, 문자스타일 등을 변경한다.
- CHPROP : 명령라인을 이용하여 속성을 변경한다.
- COLOR(색상) : 디폴트색상을 무시하고 새로운 도면요소의 색상을 제어한다. 디폴트값은 BYLAYER로 되어 있는 기존 도면요소의 색상을 바꾸려면 CHPROP명령을 사용하고, 레이어색상을 제어하려면 LAYER명령을 사용하면 된다. 새로운 색상을 설정하려면 색상번호 또는 이름으로 응답하면 된다. 단, 7번까지는 이름으로 입력하고 8번에서 255번까지는 할당 번호를 입력해야 한다. 한편 DDEMODES 대화상자를 이용하여 도면요소색상을 설정할 수도 있다.
- COPY : 복사하는 명령어인데, 복사한 도면은 원래의 도면과 같은 방향과 척도를 지닌다.
- DDCHPROP : 대화상자를 이용하여 속성을 변경한다.
- DDGRIPS : 그립작동 및 그립색상과 크기 등을 지정한다.
- DDMODIFY : 기존 도면요소들의 속성을 조절한다.
- DIVIDE : LINE, ARC, CIRCLE, SPLINE 등을 원하는 개수만큼 같은 간격으로 나눠 표시한다.
- DRAG/DRAGMODE : 원, 호, 블록 등과 같은 도면요소를 그리다 보면 고무줄 같은 선이 늘어났다가 줄어들었다가 하는 선을 DRAG라고 한다. DRGMODE는 DRAG를 나타내거나 나타내지 않게 한다.
- DTEXT : 화면에 문자의 크기가 박스형태로 나타난다. 문자를 쓸 때마다 쓰여질 글자가 화면에 나타나는데 백스페이스를 사용하여 기본적인 편집기능과 한 명령으로 여러 행에 걸친 문장의 입력을 수행한다(Dynamic Text).
- ERASE(지우기) : 도면상의 요소를 지울 때 사용하는 명령어이다. 가장 최근에 그린 도면요소를 지울 수도 있고, windows나 crossing 등과 같은 도면요소선택방법을 이용하여 특정 요소 전체를 지울 수도 있다.
- EXPLODE : BLOCK, POLYLINE, DIMENSION, HATCHING, MESH 등의 연결된 형태나 집합적인 도면요소들을 바꾸어주는 명령어이다. 블록을 삽입할 때 매우 유용하다.
- EXTEND : TRIM과 반대되는 기능으로 떨어진 요소를 연장시켜 다른 도면요소의 경계선과 이어준다.
- FILL : 넓은 선인 폴리라인, 솔리드, 트레이스 내부를 채우거나 혹은 채워지지 않은 형태로 플로트나 디스플레이 하는 것을 제어하며, 시스템변수는 FILLMODE(1=ON, 0=OFF)이다.

- FILLET : 두 개의 LINE, ARC, CIRCLE을 라운딩(둥근 모따기)하여 지정한 반지름값을 가진 호를 만들게 해준다.
- ID(IDENTIFY) : 도면상에 한 점을 지정하게 되면 그 점이 도면좌표 내에서 표시된 위치를 알게 되는데, 점을 지정할 때 SNAP을 사용하면 원하는 값을 손쉽게 얻을 수 있다.
- INSERT : 이미 정의된 블록을 도면에 삽입한다.
- LINETYPE(선의 유형) : 다음에 그릴 도면요소에 대한 선유형을 바꾸는 명령어이다. 이 명령을 이용하여 이미 만들어진 라이브러리파일로 저장되어 있는 선의 유형(점선, 중심선, 쇄선 등) 등을 불러내어 사용할 수 있다. 사용자가 새로운 선형태를 만들어 사용할 수 있다.
- LINETYPE SCALE(선의 유형스케일) : 도면작업을 하다가 보면 선의 유형을 변경했는데도 실선으로 그대로 보이는 경우가 있다. 이것은 LIMITS값을 변경했을 때 나타나는 현상인데, 이러한 문제를 해결하는 것이 ITSCALE명령어이다. LIMTS값이 변경되면 변경된 비율에 비례하여 ITSCALE값도 변경하면 된다.
- MIRROR : 지정한 요소를 지정한 축에 선대칭으로 반사시켜 복사하거나 이동시키는 명령어이다. 대칭선은 임의의 각도를 가지는 직선이다. 만일 문자와 어트리뷰트가 있으면 거울에 반사된 것과 같이 글자가 뒤집히는 경우가 있는데, 이것은 시스템변수 MIRRTEXT를 이용하여 바로잡을 수 있다.
- MOVE : 현재의 위치에서 방향과 크기의 변화 없이 그대로를 원하는 위치로 이동시킨다.
- OFFSET : LINE, ARC, CIRCLE, POLYLINE 등에 거리값을 지정하거나 통과점을 지정하여 평행하게 복사한다.
- OOPS : ERASE 또는 BLOCK명령으로 지워진 물체를 재생시킨다. 재생은 단 한번만 가능하다.
- PAN : 도면의 다른 영역을 보기 위해 디스플레이윈도를 이동시키는 행위이다. 배율의 변화 없이 화면상의 도면을 다른 부분으로 이동시킨다. 한 점을 옮겨서 보고 싶은 점으로 화면을 이동하며 어퍼스트로피(')와 함께 다른 명령이 사용되고 있는 동안에도 실행가능하다.
- PEDIT : 2D, 3D의 폴리라인, 3D MESH 등의 폴리라인을 편집한다.
- POINT(포인트) : 도면상에 점을 찍거나 DIVIDE, MEASURE명령을 사용할 때 분할되는 위치를 표시한다.
- POLYGON(다각형) : 3~1,024개의 면을 지니는 2차원 형태의 다각형을 그리는 명령어이다. 다각형의 크기는 내접하거나 외접하는 원의 반지름에 의하거나 각 변의 길이에 의해 지정된다.
- QTEXT : TEXT와 ATTRIBUTE의 표시와 작도를 화면상에 제어한다. QTEXT를 실행하면 간단한 직사각형 형태로 나타나는데, 이것은 글씨가 많아 빠른 진행을 요할 때 사용된다. QTEXT명령은 문자가 많은 도면에서 화면이 재생성되는 시간을 절약할 때 사용된다.
- RECTANGLE(사각형) : 정사각형과 직사각형을 그린다. 높이를 지닌 사각형, 높이가 없는 사각형 모두 그릴 수 있다.

- REDRAW : 도면작성 시 불필요한 잔상이나 ERASE 시 BLIP 등으로 지저분해진 도면을 깨끗하게 정리하며, 편집 등으로 인해 사라진 도면요소를 재드로잉한다.
- REGEN/REGENALL : REGEN은 현 뷰포트를 재생성, 재드로잉시켜 주며, REDRAWALL과 마찬가지로 전체 VIEWPORT에 적용하려면 REGENALL명령을 사용한다. 드로잉이 재생성될 때 도면요소와 연관된 데이터 및 기하학적 정보가 재산정된다.
- ROTATE : 도면의 한 부분이나 전체를 지정된 기준점을 중심으로 일정한 각도로 회전시킨다.
- SCALE : 크기를 확대하거나 축소한다.
- SKETCH(스케치) : 불규칙한 2차원 도면, 지도윤곽, 서명, 불규칙한 물질 등을 입력한다.
- STRETCH : 도면요소 주위에 십자형 윈도를 놓아 도면의 연결된 상태를 그대로 유지하면서 선, 호, 트레이드, 솔리드, 폴리라인, 3차원 면 등으로 이루어진 연결선을 늘리거나 수축한다.
- TEXT : 도면에 문자를 기입할 때 사용된다. 문자도면요소는 여러 가지 다양한 문자형태를 제공해주고 있으며, 문자사용방법으로는 엷게 늘리거나 압축되거나 비스듬하게 하거나 반사되거나 수직으로 그려질 수 있도록 되어 있다. 영문 이외에도 특수 기호나 한글 사용도 가능하다.
- TRIM : 선, 호 등의 가장자리(에지)를 정확하게 잘라 물체를 다듬는다.
- U 또는 UNDO : U는 가장 최후에 내린 명령을 취소하는데, 이때 취소된 명령의 이름이 화면에 나타난다. U명령은 반복수행하여 도면이 처음 상태가 될 때까지 한 번에 한 단계씩 취소시켜주나 한 번 이상 취소된 것은 다시 되풀이될 수 없으므로 주의가 요망된다.
- ZOOM : 현재의 화면상태를 확대 혹은 축소한다.

(4) 3차원 드로잉명령

- ALIGN : 선택된 객체를 기준점을 중심으로 이동 및 회전시킨다.
- DDUCS : 대화상자를 이용하여 좌표계(UCS : User Coordinate System)를 설정한다.
- DDUCSP : 대화상자를 이용하여 기준좌표계를 설정한다.
- DDVIEW : 대화상자를 이용하여 필요한 뷰의 저장, 편집 등을 한다.
- DDVPOINT : 대화상자를 이용하여 객체의 관측위치를 설정한다. VPOINT의 화면옵션과 같은 기능을 수행한다.
- DVIEW : 3차원에 대한 평면투영이나 원근뷰를 정의하여 물체를 동적으로 보여준다.
- EDGE : 3DFACE와 변의 표시 여부를 설정한다.
- EDGESURF : 선택된 객체의 4면을 연결된 표면을 생성한다.
- ELEV : 객체의 고도(Elevation)와 두께(Thickness)를 설정한다.
- HIDE : 화면상 객체의 숨은선을 제거한다.
- MIRROR3D : 선택된 객체를 3차원 기준축을 중심으로 MIRROR시킨다.
- MSPACE : 현재 영역을 도면공간으로 이동한다(TILEMODE는 0으로 설정되어 있어야 한다).
- MVIEW : 종이영역의 뷰포트를 설정한다. 도면공간의 WPORT와 기능이 비슷하다.

- PEDIT : 2D, 3DPLIN, 3DMESH를 편집한다.
- PFACE : 많은 장점을 가진 다각형 메시를 만든다. 3DFACE와 기능이 비슷하다.
- PLAN : WCS, UCS 저장된 좌표계 등을 평면으로 설정한다.
- POINT FILTER : 기존의 좌표점을 이용하여 새로운 좌표점을 설정한다.
- PSLTSCALE : 서로 다른 뷰포트에서 서로 다른 줌축척으로 화면에 표시된 객체에 대해 같은 선종류의 축척을 유지한다.
- PSPACE : 현재 영역을 종이공간으로 이동한다(TILEMODE는 0으로 설정되어 있어야 한다).
- REDRAWALL : 전체 뷰포트의 REDRAW를 실행한다.
- REGENALL : 전체 뷰포트의 REGEN을 실행한다.
- REVSRF : 선택된 객체의 경로와 회전축을 지정하여 회전되는 객체를 생성한다.
- ROTATE3D : 선택된 객체를 3차원 기준축을 중심으로 회전시킨다.
- RULESURF : 선택된 객체의 연결된 표면을 생성한다.
- SHADE : 객체의 음영을 처리를 한다.
- SURFTAB1 : 3차원 객체의 세로(N)방향의 표면쪽맞춤선의 개수를 설정한다.
- SURFTAB2 : 3차원 객체의 가로(M)방향의 표면쪽맞춤선의 개수를 설정한다.
- TABSURF : 선택된 객체의 결로와 방향을 지정하여 연결된 표면을 생성한다.
- TILEMODE : 도면의 작업공간을 모델공간 또는 종이공간으로 선택한다.
- UCS : 사용자좌표계(UCS : User Coordinate System)을 설정한다.
- UCSICON : 사용자좌표계(UCS : User Coordinate System)의 ICON을 설정한다.
- VIEW : 사용자가 필요한 뷰를 저장, 편집 등을 한다.
- VPLAYER : 종이공간의 뷰포트 도면층의 가시성을 설정한다.
- VPOINT : 객체의 관측위치를 설정한다.
- VPORTS : 화면을 여러 개의 뷰영역으로 나누어 작업을 한다.
- 3DARRAY : 선택된 객체를 3차원 중심으로 ARRAY시킨다(사용법은 Z축 설정만 다르고 ARRAY와 같다).
- 3DMESH : M, N의 방향의 개수를 설정하여 다각형 메시를 생성한다.
- 3D : 3차원 기본객체를 생성한다.
- 3DFACE : UCS와 관계없이 3차원상의 필요한 부분에 면을 생성한다. 3DFACE는 변(EDGE)을 그릴 때 정점의 순서대로 그려지기 때문에 변이 보이지 않게 하기 위해서는 시작점을 선택하기 전에 I 또는 Invisible을 입력해야 한다(SOLID와 차이 구별).
- 3DPOLY : 3DPOLYLINE을 작성한다.

3 수의 체계와 각종 코드에 대한 이해

1) 수의 체계와 정보의 단위

(1) 수의 체계(system of number)

CAD에서 사용되는 진법들은 2진법, 8진법, 10진법, 16진법 등이다.

① 2진법 : 2를 밑수로 하여 0, 1의 2개 숫자를 사용

② 8진법 : 8을 밑수로 하여 0~7의 8개 숫자를 사용

③ 10진법 : 0~9의 10개 숫자를 사용

예 $(123)_{10} = 100 + 20 + 3 = (1 \times 10^2) + (2 \times 10^1) + (3 \times 10^0)$

④ 16진법 : 16을 밑수로 하여 0~9, A, B, C, D, E, F 등의 16개 숫자·문자를 사용

예제 $(1010111)_2$, $(1234.5)_8$, $(F16)_{16}$ 등에 대해 각각 10진법으로 나타내보시오.

해설 $(1010111)_2 = 1 \times 2^6 + 0 \times 2^5 + 1 \times 2^4 + 0 \times 2^3 + 1 \times 2^2 + 1 \times 2^1 + 1 \times 2^0 = (87)_{10}$

$(1001.5)_8 = 1 \times 8^3 + 0 \times 8^2 + 0 \times 8^1 + 1 \times 8^0 + 5 \times 8^{-1} = (513.625)_{10}$

$(F16)_{16} = 15 \times 16^2 + 1 \times 16^1 + 6 \times 16^0 = (3862)_{10}$

8진수는 3비트의 2진수로, 16진수는 4비트의 2진수로 각각 소수점을 중심으로 변환한다.

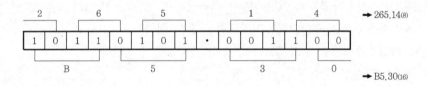

(2) 정보의 단위

bit > byte > word > field > record > block > file > volume > data base

① 비트(Bit) : 정보를 기억하는 자료표현의 최소단위로서 컴퓨터의 표현 수인 1과 0으로 표시하는 단위

② 니블(Nibble) : 4개의 비트를 모은 단위로 4자리 자료를 1자리로 표현하기에 적합

③ 바이트(Byte) : 문자를 표현하는 최소단위이며, 번지를 나타낼 수 있는 최소단위. 하나의 문자는 8개의 비트로 구성. 1바이트는 256(2^8)가지 정보표현 가능

④ 워드(Word) : 연산처리를 하는 기본자료를 나타내기 위해 설정한 bit수를 가진 단위. CPU가 한 번에 처리할 수 있는 명령단위. 주기억장치의 주소를 할당하기 위한 기본단위. 컴퓨터에서 수행되는 연산의 기본단위. 하프워드(Half Word : 2byte), 풀워드(Full Word : 4byte), 더블워드(Double Word : 8byte)로 분류됨

⑤ Field : 하나 이상의 byte가 특정한 의미를 갖는 단위. 파일구성의 최소단위. 서로 관련 있는 정보를 표현하는 최소단위

⑥ Record : 정보처리의 기본단위로서 field들의 집합체. 일반적으로 데이터 1매를 의미(물리 레코드, 논리레코드)

⑦ Block : 성격이 같은 record들의 집합체. 입출력장치에서 자료를 읽어 들이거나 출력하는 단위

⑧ File : 성격이 다른 record들의 전체 집합. 프로그램구성의 기본단위. 여러 개의 레코드가 모여서 구성됨

⑨ Volume : 성격이 다른 file들의 집합체

▶ 단위 사용 예

8비트	$2^8=256$
16비트	$2^{16}=65536=64$kilobyte$(1K=1$kilo$=2^{10})$
32비트	$2^{32}=4259\times10^9=4$gigabyte$(1G=1$giga$=2^{30})$

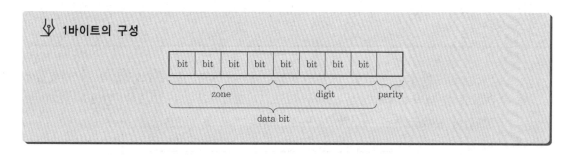

1바이트의 구성

2진수 상태의 표시

구분	스위치	전류	전압	자화	전기적 펄스	릴레이·스위치
1상태	ON	+	H	Yes	⊓	⚬—⚬
2상태	OFF	−	L	No		⚬⁄⚬

2) 각종 코드에 대한 이해

(1) BCD코드(Binary Coded Decimal code : 2진화 10진수 표기법)

① 디지털진법체계(Digital Number System, 2진법, 10진법, 16진법 등)는 아니지만 10진 숫자와 2진 숫자 사이를 쉽게 변환하여 표현하기 위해 고안된 표기방법이다.

② 각 자리의 10진 숫자를 동등한 2진수(보통 4비트 2진)로 대체하여 표기한다. 컴퓨터(2진수)와 인간(10진수) 사이에 정보전달의 가교역할을 한다.

③ BCD코드는 과거 일부 컴퓨터에서 내부코드로 사용되던 6비트코드를 지칭한다.

④ 컴퓨터통신을 할 경우에는 패리티비트를 덧붙여 7비트로 사용한다.

➡ 패리티비트(parity bit) : 데이터전송을 위한 연결방식에서 시리얼데이터를 구성하고 있는 데이터비트의 개수를 항상 홀수로 유지하여 데이터비트의 개수를 짝수 또는 홀수로 만들어주는 비트이다. 패리티비트는 1개의 착오까지 정확히 검출가능하다. 주로 정보의 정오를 판별하기 위해서 사용되며 even check, odd check에 사용되기도 한다.

⑤ 데이터비트 6개와 패리트비트 1개로 구성하여 최대 64가지 문자를 표현한다.

⑥ BCD코드의 종류에는 가중치방식코드와 비가중치방식코드가 있다.

ㄱ 가중치방식코드 : 각 자리마다 가중치(자릿값)를 두어 10진 디짓을 얻게 한 코드이다. 8421코드와 6311코드 등이 있는데, 보통 BCD코드라고 하면 8421코드를 말한다.

✒ 8421코드

십진법	0	1	2	3	4	5	6	7	8	9
BCD	0000	0001	0010	0011	0100	0101	0110	0111	1000	1001

8421코드는 위의 10가지 코드만을 이용하여 10진수를 나타낸다. 각 자리수가 차례대로 8, 4, 2, 1(2^3, 2^2, 2^1, 2^0)의 값을 지니므로 8421코드라고 하는 것이다. 나머지 1010~1111의 6개의 코드는 무효코드(invalid code)로 무시된다.

ㄴ 비가중치방식코드 : 자릿값이 없는 코드이며, 3 초과 코드(8421코드의 각 자릿값에 3(0011)을 더하여 얻음), 2 out of 5코드(5비트길이의 모든 코드어집합(25=32개) 중 2개만이 유효코드어, 에러검출 가능), 그레이코드 등이 있다.

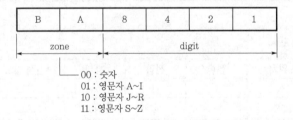

(2) EBCDIC코드(Extended Binary Coded Decimal Interchange Code)

BCD코드를 확장시킨 8비트코드를 EBCDIC코드(확장 2진화 10진 코드)라고 하는데, 과거에 일부 컴퓨터 내부코드 또는 그들 간의 통신용 코드로 사용했지만 ASCII코드가 광범위하게 사용됨에 따라 BCD코드, EBCDIC코드 사용은 거의 사라졌다.

① 1개의 체크비트, 4개의 존비트, 4개의 디짓비트로 구성

② 256개의 문자표현

③ 패리티비트를 포함하여 9트랙코드

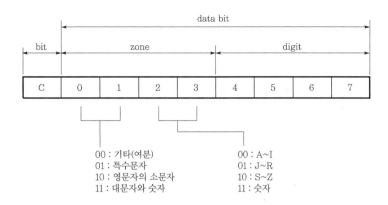

(3) ASCII코드(American Standard Code for Information Interchange)

① 미국의 표준코드로 컴퓨터와 주변장치 간의 데이터 입출력에 주로 사용되는 데이터표현 방식이며, 널리 이용되는 정보교환코드

② 문자 표시에 7개의 데이터비트와 1개의 패리티비트를 사용하며, 존비트 3개와 디짓비트 4개로 구성

③ 128개의 문자표현

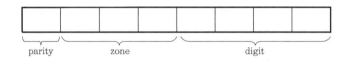

▶ 각 코드의 요약 비교

구 분	BCD코드	EBCDIC코드	ASC II 코드
비트수	6	8	7
표현가능 문자수	64가지(2^6)	256가지(2^8)	128가지(2^7)
특징	영문자, 소문자, 한글 등을 나타내기 어려움	컴퓨터에서 사용되는 모든 문자표현 가능	미국 표준코드이며 많은 종류의 문자를 나타낼 수 있고 오류검사 가능, 바이트단위로 전송 가능

(4) 웨이티드코드와 논웨이티드코드

① 웨이티드코드(weighted code : 가중치코드) : 각각의 로드가 일정한 크기의 값을 갖는 코드. 8421, 2421, 5421, 7421, 5111코드 등이 있음

② 논웨이티드코드(non-weighted code : 비가중치코드) : 각 자릿수에 웨이트값이 없는 코드. Gray코드는 analog에서 digit로, digit에서 analog로 변하기 쉬우나 연산이 부적당하고 Excess-3 code, Shift counter code, 2-out-of-5-code 등이 있음

(5) 에러검출코드

① Parity check : 자료가 정확하게 표현되었는지를 판정하기 위해 1비트를 사용

ㄱ Even parity check(우수패리티검사) : 비트수가 짝수일 때 0, 홀수일 때 1 세팅

ㄴ Odd parity check(기수패리티검사) : 비트수가 홀수일 때 0, 짝수일 때 1 세팅

② Biguirary code : 모든 포트에 1이 2개씩 존재하는 에러검출 가능 코드

③ Hamming code : 에러검출뿐만 아니라 교정도 가능한 코드

(6) 보수(complement)

2진수의 보수의 경우 다음과 같다.

① 1의 보수 : 각 자리의 0을 1로, 1을 0으로 변환시킨다.

② 2의 보수 : 1의 보수에 1을 더한다. 예를 들면, 1010111의 2의 보수는 1의 보수인 0101000
에 1을 더한 0101001이다.

예 $(110100)_2$일 때 1의 보수는 001011이며, 2의 보수는 001100이다.

■4 데이터교환(소프트웨어 인터페이스)

(1) IGES파일(Initial Graphics Exchange Specification)

IGES는 서로 다른 CAD/CAM시스템에 의해 만들어진 자료를 서로 공유하여 설계와 가공정보로
활용하기 위한 표준데이터구성방식으로 데이터형성을 80자의 카드이미지로서 표현하는 ASCII
데이터이다. 1979년 미국표준국(NSB), 보잉, GE 등에 의한 프로젝트가 발족되어 "CAD/CAM
사이의 데이터베이스변환을 위한 중간 포맷"작성작업이 시작되었다. 약 6개월의 단시간을 거쳐
1980년 1월 포인터 등의 사내규격을 기본으로 IGES 제1판을 제정했다. 1981년 9월 미국의 규격
ANSI(Y 14.26)을 획득했으며, 그 후 미국의 주요한 CAD벤더가 'IGES규격'에 동참하여 국산의
주요 CAD를 무엇으로 결정할 것인가를 지원하였고, IGES는 도형데이터변환을 위한 가장 대중적
데이터가 되었다.

IGES라는 명칭이 말해주듯이, 이는 서로 다른 CAD/CAM시스템 간의 제품데이터교환을 위해서
개발한 최초의 표준파일형식으로, CAD 제반 모델로 작성된 도면데이터(외형선·중심선·치수
선, 치수·기호, 문자 등)의 교환을 목적으로 개발되었다. 그 후 CAD시스템의 발전에 따라
자유곡면, 3차원 솔리드모델, 기본입체(primitive)에 근거한 모델, FEM(Finite Element
Method)모델 등을 취급할 수 있도록 확장되었다.

① IGES파일의 구조 : 개시섹션(start section), 글로벌섹션(global section), 디렉토리섹션
(directory section), 파라미터섹션(parameter section), 종결섹션(terminate section)
등의 5개 섹션으로 구성되어 있다.

② IGES데이터파일의 형식 : 5개의 섹션으로 구성되고, 각 섹션은 90Bytes 고정길이의 ASCII
로 되어 있다.

③ IGES의 특성

   ㉠ 규격이 복잡하다.

   ㉡ 호환 정도가 명확하지 않다.

   ㉢ 시간이 걸린다.

   ㉣ 많은 시스템에서 지원하고 있다.

   ㉤ 2차원 데이터의 레벨에서는 호환이 충분하다.

   ㉥ 세로상태에서 만드는 것보다 간단하고 빠르다.

➡ 자체 데이터를 IGES로 바꾸는 프로그램을 preprocessor라고 하며, 이와 반대 프로그램을 postprocessor라고 한다.

(2) DXF파일(Drawing eXchange Format or Drawing interchange Format)

도면데이터베이스의 형식은 각 사마다 다양하며 고속탐색을 가능하게 하기 위하여 대단히 압축된 형식으로 되어 있어서 다른 소프트웨어에서 직접처리하기에는 곤란하므로 보다 이해하기 쉬운 형식의 데이터베이스가 필요하게 되었고, 이를 위한 것이 DXF파일이다. DXF는 타 기종의 컴퓨터에서 수행하는 오토캐드 사이에서 그리고, 오토캐드와 다른 프로그램 사이에서 각각 작성된 도면의 변환을 지원하기 위해 정의된 도면파일서식이다. ASCII텍스트형식으로 입출력된다. DXF파일은 ASCII형식으로 취급되고 있으므로 에디터 등에서 내용을 직접 편집할 수 있으며, 다른 프로그램에서 처리하는 것도 용이하다. 형식이 일치하면 오토캐드로 읽어 화면에서 도형으로 표현하는 것도 가능하다. 도형데이터와 문자데이터가 1대1로 대응하고 있으면 도형정보 → 문자정보, 문자정보 → 도형정보로의 상호교환이 가능하므로 DXF파일의 활용영역이 매우 넓다. DXF파일의 섹션종류에는 header section, table section, block section, entity section, end of file 등이 있다.

① header section : 도면의 일반 데이터, 변수명, 사용된 변수값 수록

② table section : L-type, layer, view, HCS, Vport, Dimstyle, Appid(응용 부분 테이블)

③ block section : 사용된 블록자료를 수록한 블록정의 부분

④ entity section : 도면구성 도형요소, 블록 참고사항 등을 수록

⑤ end of file : 파일 종료

(3) PCES파일

PCES로 작성된 도면파일은 모두 ASCII형식을 기본으로 하는 MS-DOS파일이며, 화상데이터는 벡터데이터로 취급한다. PCES파일은 1도면 1파일형식을 기준으로 작성되며, 파일속성부와 데이터부로 구성된다. PCES시방에서의 요소명칭과 각종 항목명칭은 통일되어 있으며, PCES파일의 품질을 일정수준으로 유지하도록 하고 있다.

(4) VDA/FS(Verband Der Automobil Industrie-Flä Chenschnittstelle)

VDA/FS는 독일의 자동차업계 간의 자동차스타일용 서피스데이터를 교환하기 위해 개발된 규격으로 상당히 정확한 서피스정보를 얻을 수 있다.

(5) PDDI(Production Definition Data Interface)

미국 공군에 의해 1983년 제창하였으며, 주로 설계공정 간의 가공데이터교환을 목표로 하고 있다.

(6) PDES(Production Definition Exchange Standard)

1984년 IGES위원회가 개발했으며, 생산가공에 필요한 데이터교환을 목표로 한다.

(7) STEP(Standard for the Exchange of Product data)

기존의 International Standard를 기본적으로 해서 제정한 규격으로 기존의 standard가 기하형상정보교환에 주력한 반면에, STEP은 가공특성, 재료특성, 표면정밀도 등에 관한 정보도 교환할 수 있도록 되어 있다. ISO에서 주관하고 있으며, CAD/CAM/CAE/CAT에서 사용되는 가공정의데이터를 표준화하기 위한 규격이다.

(8) GKS(Graphical Kernel System, 도형중핵시스템)

그래픽소프트웨어 범용화를 위한 2차원·3차원용 표준규격이며, 1981년에 ISO에서 국제표준규격으로 채용되었다.

① GKS-3D : 3차원 기능을 부여한 것으로, 3D요소의 입력과 디스플레이 등을 추가한다.

② PHIGS(Programmer's Hierarchical Interactive Graphics System) : 3차원의 움직이는 물체를 리얼타임으로 실제와 같이 화면에 나타나게 한다. 주로 도형구성분야, 항공교통망시뮬레이션, 건축설계 등에서 이용되며, 3차원 그래픽스처리를 위한 ISO국제표준의 하나로서 ISO-IEC TTC 1/SC 24에서 제정한 국제표준으로 구조체 개념을 가지고 있다.

(9) STL(Stereo Lithography)

1987년 미국 3D시스템 사가 ACG(Albert Consulting Group)에 의뢰하여 만들어진 것으로, 3차원 데이터의 서피스모델을 삼각형 다면체(facet)로 근사시킨 것이다. 쾌속조형의 표준입력파일포맷으로 사용되는 규격이며, CAD/CAM소프트웨어 개발자들이 STL파일을 표준출력의 옵션으로 선정하였다.

1. 컴퓨터응용설계 관련 응용의 개요

01 좌표계에 대한 다음 설명 중 틀린 것은?

① x, y, z축의 방향에 따라 오른손좌표계와 왼손좌표계가 있다.

② 모델링에서는 직교좌표계가 사용되지만 원통좌표계나 구형좌표계가 사용되기도 한다.

③ 좌표계의 변환에는 행렬 계산의 편리성으로 직교좌표계 대신 동차좌표계가 주로 사용된다.

④ 실세계에서는 모든 점들은 3차원 좌표계로 표현가능하지는 않다.

해설 ③ 동차좌표계(homogeneous coordinates)는 도형의 평행이동(translation)변환을 행렬식의 곱셈연산형태로 표현하기 위해 사용되는 좌표계이다.
④ 실세계에서 모든 점들은 3차원 좌표계로 표현가능하다.

02 일반적인 CAD시스템에서 직선의 작성방법과 거리가 먼 것은?

① 증분좌표값 지정에 의한 방법

② 극좌표값 지정에 의한 방법

③ 절대좌표값 지정에 의한 방법

④ 수평면의 교차선으로 작성하는 방법

해설 일반적인 CAD시스템에서 직선의 작성방법은 증분좌표값 지정에 의한 방법, 수평면의 교차선으로 작성하는 방법, 극좌표값 지정에 의한 방법 등이 있다.

03 X, Y평면상에 하나의 곡선을 표현하는 방법으로 옳지 않은 것은?

① 음함수형태 ② 양함수형태

③ 독립변수형태 ④ 매개변수형태

해설 X, Y평면상에 하나의 곡선을 표현하는 방법에는 음함수형태, 양함수형태, 매개변수형태 등이 있다.

04 CAD/CAM시스템에서 사용되는 좌표계의 설명으로 틀린 것은?

① 직교좌표계 : X, Y, Z방향의 축을 기준으로 평면상의 하나의 점으로 표시한다.

② 극좌표계 : 한 쌍의 직교축과 단위길이를 사용하여 평면상의 한 점의 위치를 표시한다.

③ 원통좌표계 : 평면상에 있는 하나의 점을 나타내기 위해 사용한 극좌표계에 공간의 개념을 적용하여 공간상의 한 점을 표시한다.

④ 구면좌표계 : 공간상에 구성되어 있는 하나의 점을 나타낸다.

해설 ① 직교좌표계 : X, Y, Z방향의 축을 기준으로 공간상의 하나의 점 표시로 교차점은 $P(x_1, y_1, z_1)$으로 표시한다.
② 극좌표계 : 한 쌍의 직교축과 단위길이를 사용하여 평면상의 한 점 P의 위치표시를 P(거리, 각도)로 나타낸다.
③ 원통좌표계 : 평면상에 있는 하나의 점을 나타내기 위해 사용한 극좌표계에 공간의 개념을 적용하여 공간상의 한 점을 $P(r, \theta, z_1)$으로 표시한다.
④ 구면좌표계 : 공간상에 구성되어 있는 하나의 점을 $P(\rho, \phi, \theta)$로 나타낸다.

05 평면상에서 직교좌표계의 기준 직교축의 원점에서부터 점 P까지의 직선거리(r)와 기준 직교축과 그 직선이 이루는 각도(θ)로 표시되는 좌표계는?

① 절대좌표계 ② 극좌표계

③ 원통좌표계 ④ 구면좌표계

해설 극좌표계는 평면상에서 직교좌표계의 기준 직교축의 원점에서부터 점 P까지의 직선거리(r)와 기준 직교축과 그 직선이 이루는 각도(θ)로 표시되는 좌표계이다.

06 다음 중 3차원 공간상의 점좌표를 표현하기 위해 평면극좌표(원점으로부터의 거리 r, 수평축과 이루는 각도 θ)에 평면으로부터의 높이 z를 더해 좌표값을 표현하는 좌표계는?

① 공간극좌표계

② 원통좌표계

③ 구면좌표계

④ 직교좌표계

해설 원통좌표계는 3차원 공간상의 점좌표를 표현하기 위해 평면극좌표에 평면으로부터의 높이를 더해 좌표값을 표현하는 좌표계이다.

07 원통좌표계에서 표시된 점의 위치가 (r, θ, z)일 때, 이 위치를 직교좌표계로 표시한 결과는?

① $x = r\cos\theta, \ y = r\sin\theta, \ z$

② $x = r\sin\theta, \ y = r\cos\theta, \ z$

③ $x = -r\sin 2\theta, \ y = r\cos 2\theta, \ z$

④ $x = r\cos 2\theta, \ y = -r\sin 2\theta, \ z$

해설 $x = r\cos\theta, \ y = r\sin\theta, \ z$

08 CAD에서 사용되는 선의 종류에 대한 설명으로 옳지 않은 것은?

① 가는 실선 : 치수보조선, 해칭선(절단면 표시)

② 가는 일점쇄선 : 절단선(절단위치 표시)

③ 굵은 실선 : 치수선

④ 숨은선 : 보이지 않는 부분의 모양

해설 치수선은 가는 실선으로 기입한다.

📖 2. 그래픽과 관련된 수학 및 용어

01 두 점 $(3, 2)$, $(5, 3)$을 지나는 직선의 방정식의 기울기는 얼마인가?

① 1　　　　　　② 1/2

③ 1/3　　　　　④ 1/4

해설 기울기 $m = \dfrac{y_2 - y_1}{x_2 - x_1} = \dfrac{3-2}{5-3} = \dfrac{1}{2}$

---

02 다음 중 y축과의 절편이 10이고 x축과 45°를 이루는 직선의 방정식은?

① $y = x + 10$　　　② $y = 10 - 0.5x$

③ $y = 0.7x + 10$　　④ $y = 0.7 + x$

해설 45° 직선이므로 x와 y값이 같지만 절편을 반영해야 한다.

03 $y = 3x + 4$인 직선에 직교하면서 점 $(3, 1)$인 지점을 지나는 직선의 방정식은?

① $y = -\dfrac{1}{3}x + 2$　　② $y = -3x + 10$

③ $y = 3x - 8$　　　　④ $y = -\dfrac{1}{3}x + 1$

해설 $y = 3x + 4$에 직교하는 직선을 $y = ax + b$라고 하면, 기울기 a는 $3a = -1$이므로 $a = -\dfrac{1}{3}$이다. 그리고 점 $(3, 1)$을 지나므로 이것을 대입하면 $1 = -\dfrac{1}{3} \times 3 + b$에서 $b = 2$이다. 따라서 구하는 직선의 방정식은 $y = -\dfrac{1}{3}x + 2$이다.

04 평면에서 x축과 이루는 각도가 150°이며 원점으로부터 거리가 1인 직선의 방정식은?

① $\sqrt{3}\,x + y = 2$　　② $\sqrt{3}\,x + y = 1$

③ $x + \sqrt{3}\,y = 2$　　④ $x + \sqrt{3}\,y = 1$

해설 x축과 이루는 각도가 150°이므로 기울기는 $-\tan 30° = -\dfrac{1}{\sqrt{3}}$이므로 $y = -\dfrac{1}{\sqrt{3}}x + c$이며, 일반식은 $\dfrac{1}{\sqrt{3}}x + y - c = 0$이다. $P(x_1, y_1)$으로부터 직선 $ax + by + c = 0$까지의 거리를 d라고 하면 $d = \dfrac{|ax_1 + by_1 + c|}{\sqrt{a^2 + b^2}}$이므로 원점으로부터 거리가 1일 경우는 $1 = \dfrac{|a \times 0 + b \times 0 - c|}{\sqrt{\dfrac{1}{3} + 1}}$이므로 $c = \dfrac{2}{\sqrt{3}}$이다.

그러므로 구하는 직선의 방정식은 $\dfrac{1}{\sqrt{3}}x + y - \dfrac{2}{\sqrt{3}} = 0$이므로 양변에 $\sqrt{3}$을 곱하면 $x + \sqrt{3}\,y = 2$이 된다.

05 $2x - 3y + 7 = 0$과 평행한 직선이 아닌 것은?

① $3x - 5y + 9 = 0$ ② $y = \dfrac{2}{3}x + 1$

③ $4x - 6y + 5 = 0$ ④ $9y - 6x + 11 = 0$

해설 기울기가 2/3이므로 기울기가 이와 다른 것을 구한다.

06 두 점 $(-5,\ 0)$, $(4,\ -3)$을 지나는 직선의 방정식은?

① $y = -\dfrac{2}{3}x - \dfrac{5}{3}$ ② $y = -\dfrac{1}{2}x - \dfrac{5}{2}$

③ $y = -\dfrac{1}{3}x - \dfrac{5}{3}$ ④ $y = -\dfrac{3}{2}x - \dfrac{4}{3}$

해설 $y - y_1 = \dfrac{y_2 - y_1}{x_2 - x_1}(x - x_1)$

$y - 0 = \dfrac{-3 - 0}{4 - (-5)}(x - (-5))$

$\therefore\ y = \dfrac{-3}{9}(x + 5) = -\dfrac{1}{3}x - \dfrac{5}{3}$

07 2차원 평면에서 다음과 같은 관계식으로 이루어진 직선과 평행한 직선이 아닌 것은?

$$2x - 3y + 7 = 0$$

① $3x - 5y + 9 = 0$ ② $y = \dfrac{2}{3}x + 1$

③ $4x - 6y + 5 = 0$ ④ $9y - 6x + 11 = 0$

해설 기울기가 같으면 평행이다. 보기 식의 기울기는 $2x - 3y + 7 = 0$에서 $y = \dfrac{2}{3}x + \dfrac{7}{3}$이므로 $\dfrac{2}{3}$이다. ②,

③, ④ 모두 기울기가 $\dfrac{2}{3}$인데, ①의 경우는 $\dfrac{3}{5}$이다.

08 점 $(1, 1)$과 점 $(3, 2)$를 잇는 선분에 대한 y축 대칭인 선분이 지나는 두 점은?

① $(-1,\ -1)$과 $(3,\ 2)$

② $(1,\ 1)$과 $(-3,\ -2)$

③ $(-1,\ 1)$과 $(-3,\ 2)$

④ $(1,\ -1)$과 $(3,\ 2)$

해설 y축에 대한 대칭이동은 $(x,\ y) \Leftrightarrow (-x,\ y)$이므로 $(1, 1)$과 $(3, 2)$는 $(-1, 1)$과 $(-3, 2)$가 된다.

09 원이 중심과 반지름을 갖는 2차원 좌표평면상에서의 수학적 표현방법 중 맞는 것은? (단, 중심은 $(a,\ b)$, 반지름은 C이다.)

① $(x + a)^2 + (y + b)^2 = C^2$

② $(x + a) + (y + b) = C$

③ $(x - a)^2 + (y + b) = C$

④ $(x - a)^2 + (y - b)^2 = C^2$

해설 $(x - a)^2 + (y - b)^2 = C^2$

10 다음 중 원점을 중심으로 하고 반지름이 r인 원의 방정식? (단, x, y는 원을 이루는 점들의 좌표이며, A, B, x_1, y_1, r은 상수이다.)

① $x^2 + y^2 = r^2$

② $x^2 + y^2 + Ax + r = 0$

③ $(x - A) - (y - B) = r$

④ $x_1 x + y_1 y + r = x_1{}^2 + y_1{}^2$

해설 원점을 중심으로 하고 반지름이 r인 원의 방정식은 $x^2 + y^2 = r^2$이며, 중심의 좌표가 $(a,\ b)$이면 $(x - a)^2 + (y - b)^2 = r^2$이 된다.

11 $x^2 + y^2 + z^2 - 4x + 6y - 10z + 2 = 0$인 방정식으로 표현되는 구의 중심점과 반지름은 각각 얼마인가?

① 중심 $(-2,\ 3,\ -5)$, 반지름 : 6

② 중심 $(2,\ -3,\ 5)$, 반지름 : 6

③ 중심 $(-4,\ 6,\ -10)$, 반지름 : 2

④ 중심 $(4,\ -6,\ 10)$, 반지름 : 2

해설 $X^2 + Y^2 + Z^2 = C^2$의 형태로 정리한다.

$x^2 + y^2 + z^2 - 4x + 6y - 10z + 2 = 0$에서

$(x^2 - 4x) + (y^2 + 6y) + (z^2 - 10z) = -2$이므로 미지수항을 제곱의 형태로 취하기 위하여 양변에 이를 만족하는 숫자를 더하면

$(x^2 - 4x + 4) + (y^2 + 6y + 9) + (z^2 - 10z + 25)$

$= -2 + 4 + 9 + 25$이 된다.

따라서 $(x - 2)^2 + (y + 3)^2 + (z - 5)^2 = 6^2$이므로 중심은 $(2,\ -3,\ 5)$, 반지름은 6이다.

12 다음 그림과 같이 $x^2 + y^2 - 8 = 0$인 원이 있다. 점 $P(2, 2)$에서의 접선 및 법선의 방정식은?

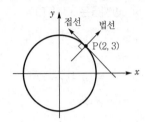

① 접선방정식 : $4(x-2) + 4(y-2) = 0$
　법선방정식 : $4(x-2) - 4(y-2) = 0$
② 접선방정식 : $4(x-2) - 4(y-2) = 0$
　법선방정식 : $4(x-2) + 4(y-2) = 0$
③ 접선방정식 : $2(x-1) + 2(y-1) = 0$
　법선방정식 : $2(x-1) - 2(y-1) = 0$
④ 접선방정식 : $2(x-1) - 2(y-1) = 0$
　법선방정식 : $2(x-1) + 2(y-1) = 0$

해설 • 접선방정식 : $x + y = 4$, $4x + 4y = 16$이므로 $4(x-2) + 4(y-2) = 0$
• 법선방정식(원점과 법선에 일치) : $2x - 2y = 0$, $4x - 4y = 0$이므로 $4(x-2) - 4(y-2) = 0$

13 다음 원추곡선 중 $ax^2 \pm by^2 = r^2$의 함수식의 형태로 표현되지 않는 것은?

① 원　　　　　② 타원
③ 쌍곡선　　　④ 포물선

해설 • 원 $x^2 + y^2 = r^2$
• 타원 $\dfrac{x^2}{a^2} + \dfrac{y^2}{b^2} = 1$
• 쌍곡선 $\dfrac{x^2}{a^2} - \dfrac{y^2}{b^2} = 1$

14 타원체면(Ellipsoid)에 대한 방정식이 맞게 표현된 것은? (단 a, b, c, r은 상수이다.)

① $\dfrac{x^2}{a^2} + \dfrac{y^2}{b^2} + \dfrac{z^2}{c^2} = 1$
② $x^2 + y^2 + z^2 = a^2 + b^2 + c^2$
③ $x^2 + y^2 + z^2 = r^2$
④ $\dfrac{x}{a} + \dfrac{y}{b} + \dfrac{z}{c} = r$

해설 ① $\dfrac{x^2}{a^2} + \dfrac{y^2}{b^2} + \dfrac{z^2}{c^2} = 1$ 타원체의 방정식
③ $x^2 + y^2 + z^2 = r^2$ 구의 방정식

15 솔리드모델링에서 토폴로지요소 간에는 오일러 – 푸앵카레공식이 만족해야 하는데, 이 식으로 옳은 것은? (단, v는 꼭짓점의 개수, e는 모서리 개수, f는 면 혹은 외부루프의 개수, h는 면상에 구멍로프의 개수, s는 독립된 셀의 개수, p는 입체를 관통하는 구멍의 개수이다.)

① $v + e - f - h = 3(s - p)$
② $v + e - f - h = 2(s - p)$
③ $v - e + f - h = 3(s - p)$
④ $v - e + f - h = 2(s - p)$

해설 오일러–푸앵카레공식은 $v - e + f - h = 2(s - p)$이다.

16 점 $P(3, 5)$의 원점을 중심으로 반시계방향으로 $90°$ 회전시킬 때 회전한 점의 좌표는? (단, 반시계방향을 양(+)의 각으로 한다.)

① $(3, -5)$
② $(-5, 3)$
③ $(-3, 5)$
④ $(5, -3)$

해설 $(x', y') = (3, 5)\begin{pmatrix} \cos 90° & \sin 90° \\ -\sin 90° & \cos 90° \end{pmatrix}$
$= (5 \times -\sin 90°, 3 \times \sin 90°)$
$= (-5, 3)$

17 2차원 직교좌표계 상의 점 $(3, 4)$는 원래 좌표계를 원점을 기준으로 반시계방향으로 $30°$ 회전시킨 새로운 좌표계에서 어떤 좌표값을 가지는가?

① $\left(2 + \dfrac{3\sqrt{3}}{2}, \ 2\sqrt{3} - \dfrac{3}{2}\right)$
② $\left(2 + \dfrac{3\sqrt{3}}{2}, \ 2\sqrt{3} + \dfrac{3}{2}\right)$
③ $\left(2 - \dfrac{3\sqrt{3}}{2}, \ 2\sqrt{3} - \dfrac{3}{2}\right)$
④ $\left(2 - \dfrac{3\sqrt{3}}{2}, \ 2\sqrt{3} + \dfrac{3}{2}\right)$

해설 $(x', y') = (x, y)\begin{pmatrix} \cos\theta & -\sin\theta \\ \sin\theta & \cos\theta \end{pmatrix}$

$= (3, 4)\begin{pmatrix} \cos30° & -\sin30° \\ \sin30° & \cos30° \end{pmatrix}$

$= (3\cos30° + 4\sin30°, \ -3\sin30° + 4\cos30°)$

$= \left(2 + \dfrac{3\sqrt{3}}{2}, \ 2\sqrt{3} - \dfrac{3}{2}\right)$

18 점 $P(1, 1)$을 x방향으로 2 이동, y방향으로 -1 이동한 후에 원점을 중심으로 $30°$ 회전시켰을 때 좌표는?

① $x = \dfrac{3\sqrt{3}}{2}, \ y = \dfrac{3}{2}$

② $x = \dfrac{3}{2}, \ y = \dfrac{3\sqrt{3}}{2}$

③ $x = 3\sqrt{3}, \ y = 3$

④ $x = 3, \ y = 3\sqrt{3}$

해설 점 $P(1, 1)$을 x방향으로 2 이동, y방향으로 -1 이동한 것은 $(1+2, 1-1)$이므로 $(3, 0)$이 된다. 이것을 반시계방향으로 $30°$ 회전하면 다음과 같이 좌표가 이동된다.

$(3, 0)\begin{pmatrix} \cos30° & \sin30° \\ -\sin30° & \cos30° \end{pmatrix}$

$= (3 \times \cos30° + 0 \times -\sin30°, \ 3 \times \sin30° + 0 \times \cos30°)$

$= \left(\dfrac{3\sqrt{3}}{2}, \dfrac{3}{2}\right)$

19 다음과 같은 원추곡선(conic curve)방정식을 정의하기 위해 필요한 구속조건의 수는?

$$f(x, y) = ax^2 + bxy + cy^2 + dx + ey + g = 0$$

① 3개

② 4개

③ 5개

④ 6개

해설 원추곡선방정식을 정의하기 위해 필요한 구속조건의 수는 5개이다(시작점, 끝점, 접선 시작점, 접선 끝점, 접선 교차점).

20 2차원으로 구성되는 원추곡선의 일반식이 A와 같을 때 각 계수 간의 관계가 식 B로 나타날 경우 이 원추곡선은 무엇이 되는가?

> • A : $F(x, y) = ax^2 + bxy + cy^2 + dx + ey + g$
> $= 0$
> • B : $b^2 - 4ac < 0$

① 원

② 타원

③ 포물선

④ 쌍곡선

해설 판별식 D가 0보다 작으므로 타원의 방정식이다.

21 2차원 공간을 동차좌표계의 변환행렬식으로 변환하고자 할 때 그 행렬의 크기는?

① 2×2

② 2×3

③ 3×2

④ 3×3

해설 2차원 공간을 동차좌표계의 변환행렬식으로 변환하고자 할 때 그 행렬의 크기는 3×3이며, 3차원일 경우는 4×4이다.

22 행렬 $A = \begin{bmatrix} 1 & 2 \\ 0 & 1 \\ 1 & 1 \end{bmatrix}$와 $B = \begin{bmatrix} 0 & 1 & 2 \\ 1 & 0 & 1 \end{bmatrix}$의 곱 AB는?

① $\begin{bmatrix} 1 & 1 \\ 0 & 0 \\ 1 & 2 \end{bmatrix}$

② $\begin{bmatrix} 1 & 2 & 0 \\ 3 & 1 & 1 \end{bmatrix}$

③ $\begin{bmatrix} 2 & 3 \\ 3 & 5 \end{bmatrix}$

④ $\begin{bmatrix} 2 & 1 & 8 \\ 1 & 0 & 3 \\ 1 & 1 & 5 \end{bmatrix}$

해설

$AB = \begin{bmatrix} 1 & 2 \\ 0 & 1 \\ 1 & 1 \end{bmatrix}\begin{bmatrix} 0 & 1 & 2 \\ 1 & 0 & 1 \end{bmatrix} = \begin{bmatrix} 2 & 1 & 8 \\ 1 & 0 & 3 \\ 1 & 1 & 5 \end{bmatrix}$

23 $\begin{bmatrix} 1 & 2 \\ 3 & 4 \end{bmatrix}$인 직선을 x방향으로 3만큼, y방향으로 4만큼 이동시킨 결과는?

① $\begin{bmatrix} 2 & 2 \\ 4 & 6 \end{bmatrix}$

② $\begin{bmatrix} 3 & 6 \\ 4 & 6 \end{bmatrix}$

③ $\begin{bmatrix} 4 & 6 \\ 6 & 8 \end{bmatrix}$

④ $\begin{bmatrix} 6 & 8 \\ 4 & 6 \end{bmatrix}$

해설 $\begin{bmatrix} 1+3 & 2+4 \\ 3+3 & 4+4 \end{bmatrix} = \begin{bmatrix} 4 & 6 \\ 6 & 8 \end{bmatrix}$

24 다음 그림과 같은 선분 A의 양 끝점에 대한 행렬 값 $\begin{bmatrix} 1 & 1 \\ 2 & 4 \end{bmatrix}$를 원점을 기준으로 하여 x방향과 y방향으로 각각 3배만큼 스케일링(Scaling)할 때 그 행렬값으로 옳은 것은?

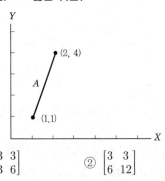

① $\begin{bmatrix} 3 & 3 \\ 3 & 6 \end{bmatrix}$　　② $\begin{bmatrix} 3 & 3 \\ 6 & 12 \end{bmatrix}$

③ $\begin{bmatrix} 4 & 1 \\ 2 & 7 \end{bmatrix}$　　④ $\begin{bmatrix} 3 & 12 \\ 6 & 3 \end{bmatrix}$

해설 스케일링 3배이므로 $T_H = \begin{bmatrix} 1 & 1 \\ 2 & 4 \end{bmatrix} \times 3 = \begin{bmatrix} 3 & 3 \\ 6 & 12 \end{bmatrix}$

25 다음 그림에서 점 P의 극좌표값이 $r=10$, $\theta=30°$일 때 이것을 직교좌표계로 변환한 P(x, y)를 구하면?

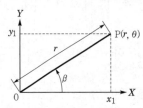

① P(8.66, 4.21)　　② P(8.66, 5)

③ P(5, 8.66)　　④ P(4.21, 8.66)

해설 $\cos 30° = \dfrac{x_1}{10}$　$\therefore x_1 = 10 \times 0.866 = 8.66$

$\sin 30° = \dfrac{y_1}{10}$　$\therefore y_1 = 10 \times 0.5 = 5$

26 두 벡터 $\vec{A}=(2, 3, 7)$, $\vec{B}=(2, 1, 4)$일 때 벡터의 내적을 구하면 얼마인가?

① 32　　② 33

③ 34　　④ 35

해설 $\vec{A} \cdot \vec{B} = (2 \times 2) + (3 \times 1) + (7 \times 4) = 35$

27 좌표계의 원점이 중심이고 경도 u, 위도 v로 표시되는 구(Sphere)의 매개변수식으로 옳은 것은? (단, 구의 반경은 R로 가정하고, $\hat{i}$, $\hat{j}$, $\hat{k}$는 각각 x, y, z축 방향의 단위벡터이며, $0 \leq u \leq 2\pi$, $-\pi/2 \leq v \leq \pi/2$이다.)

① $\vec{r}(u, v) = R\cos(u)\cos(v)\hat{i}$
　$+ R\cos(u)\sin(v)\hat{j} + R\sin(v)\hat{k}$

② $\vec{r}(u, v) = R\cos(v)\cos(u)\hat{i}$
　$+ R\cos(v)\sin(u)\hat{j} + R\sin(v)\hat{k}$

③ $\vec{r}(u, v) = R\cos(u)\cos(v)\hat{i}$
　$+ R\cos(u)\sin(v)\hat{j} + R\cos(v)\hat{k}$

④ $\vec{r}(u, v) = R\cos(v)\cos(u)\hat{i}$
　$+ R\cos(v)\sin(u)\hat{j} + R\cos(v)\hat{k}$

해설 CAD시스템의 좌표계의 종류에는 직교좌표계, 극좌표계, 원통좌표계, 구면좌표계가 있는데, 문제에서 묻는 것은 ②인 구면좌표계이다.

28 다음 그림과 같이 평면상의 두 벡터 $\vec{a}$, $\vec{b}$로 이루어진 평행사변형의 넓이를 구한 식으로 맞는 것은?

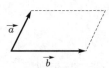

① $\vec{a} \cdot \vec{b}$　　② $|\vec{a} \cdot \vec{b}|$
③ $\vec{a} + \vec{b}$　　④ $|\vec{a} \times \vec{b}|$

해설 평행사변형의 넓이는 $|\vec{a}||\vec{b}|\sin\theta$이며, 이것은 $|\vec{a} \times \vec{b}|$와 같다.

29 벡터 $\vec{a}$, $\vec{b}$ 및 $\vec{c}$가 공간상에서 같은 시작점을 가지고 서로 다른 방향으로 향한다고 할 때 세 벡터가 이루는 부피를 표현하는 식은?

① $\vec{a} \cdot (\vec{b} \times \vec{c})$　　② $\vec{a} \cdot (\vec{b} \cdot \vec{c})$
③ $\vec{a} \times (\vec{b} \times \vec{c})$　　④ $\vec{a} \times (\vec{b} \cdot \vec{c})$

해설 $\vec{a} \cdot (\vec{b} \times \vec{c})$은 두 벡터를 곱(×)하여 이것을 나머지 한 벡터와 적(•)한다.

30 행과 열이 각각 m행과 n열을 가지면 $m \times n$행렬이라고 한다. 3×2행렬과 2×3행렬을 서로 곱했을 때 그 결과의 행렬(matrix)에서 행(row)의 개수는?

① 2　　　　　　② 3
③ 4　　　　　　④ 6

해설 두 행렬의 곱은 앞의 행과 뒤의 열의 숫자이다.
$$[3 \times 2][2 \times 3] = [3 \times 3]$$

31 행렬 $A = \begin{bmatrix} 1 & 2 \\ 0 & 0 \\ 1 & 1 \end{bmatrix}$ 와 $B = \begin{bmatrix} 0 & 1 & 2 \\ 1 & 0 & 3 \end{bmatrix}$ 의 곱은?

① $\begin{bmatrix} 1 & 1 \\ 0 & 0 \\ 1 & 2 \end{bmatrix}$　　　② $\begin{bmatrix} 1 & 2 & 0 \\ 3 & 1 & 1 \end{bmatrix}$

③ $\begin{bmatrix} 2 & 3 \\ 3 & 5 \end{bmatrix}$　　　④ $\begin{bmatrix} 2 & 1 & 8 \\ 1 & 0 & 3 \\ 1 & 1 & 5 \end{bmatrix}$

해설 $AB = \begin{bmatrix} 1 & 2 \\ 0 & 0 \\ 1 & 1 \end{bmatrix} \begin{bmatrix} 0 & 1 & 2 \\ 1 & 0 & 3 \end{bmatrix}$

$= \begin{bmatrix} 1 \times 0 + 2 \times 1 & 1 \times 1 + 2 \times 0 & 1 \times 2 + 2 \times 3 \\ 0 \times 0 + 1 \times 1 & 0 \times 1 + 1 \times 0 & 0 \times 2 + 1 \times 3 \\ 1 \times 0 + 1 \times 1 & 1 \times 1 + 1 \times 0 & 1 \times 2 + 1 \times 3 \end{bmatrix}$

$= \begin{bmatrix} 2 & 1 & 8 \\ 1 & 0 & 3 \\ 1 & 1 & 5 \end{bmatrix}$

32 변환행렬(matrix)을 생성할 필요가 없는 작업은 어느 것인가?

① scale　　　　② erase
③ rotate　　　　④ mirror

해설 • 2×2행렬 : scaling, rotation, shearing, reflection, mirror
• 1×2행렬 : translation
• 2×1행렬 : projection
• 1×1행렬 : overall scaling

33 도형변환행렬 $[x \ y] \begin{bmatrix} 1 & 0 \\ 0 & d \end{bmatrix} = [x' \ y']$ 에서

$0 < d < 1$이면 어떤 변환을 하는가?

① x방향 확대　　② y방향 확대
③ x방향 축소　　④ y방향 축소

해설 $0 < d < 1$이면 방향으로 축소, $d > 1$이면 방향으로 확대한다.

34 2차원 변환행렬이 다음과 같을 때 좌표변환 H는 무엇을 의미하는가?

$$H = \begin{bmatrix} 3 & 0 & 0 \\ 0 & 3 & 0 \\ 0 & 0 & 1 \end{bmatrix}$$

① 확대　　　　② 회전
③ 이동　　　　④ 반사

해설 3, 3의 위치가 변하였으므로 확대이다.

35 일반적으로 3차원 좌표계에서 사용되는 동차변환행렬(homogeneous transformation matrix)의 크기는?

① (2×2)　　　② (3×3)
③ (4×4)　　　④ (5×5)

해설 3차원 동차좌표

$$[X \ Y \ Z \ H] = [x \ y \ z \ 1] \begin{bmatrix} a & b & c & p \\ d & e & f & q \\ l & m & n & s \end{bmatrix}$$

36 3차원 변환에서 Y축을 중심으로 α의 각도만을 회전한 경우의 변환식은? (단, 반시계방향을 측정한 각을 $+$로 한다.)

① $\begin{bmatrix} 1 & 0 & 0 & 0 \\ 0 & \cos\alpha & -\sin\alpha & 0 \\ 0 & \sin\alpha & \cos\alpha & 0 \\ 0 & 0 & 0 & 1 \end{bmatrix}$

② $\begin{bmatrix} \cos\alpha & 0 & -\sin\alpha & 0 \\ 0 & 1 & 0 & 0 \\ \sin\alpha & 1 & \cos\alpha & 0 \\ 0 & 0 & 0 & 1 \end{bmatrix}$

③ $\begin{bmatrix} \cos\alpha & -\sin\alpha & 0 & 0 \\ \sin\alpha & \cos\alpha & 0 & 0 \\ 0 & 0 & 1 & 0 \\ 0 & 0 & 0 & 1 \end{bmatrix}$

④ $\begin{bmatrix} 1 & \cos\alpha & \sin\alpha & 0 \\ 0 & 0 & 0 & 0 \\ \cos\alpha & \sin\alpha & 1 & 0 \\ 0 & 0 & 0 & 1 \end{bmatrix}$

해설 3차원 회전변환행렬에서 회전은 다음과 같다.
① X축 회전, ② Y축 회전, ③ Z축 회전

37 다음 행렬의 계산은 어떤 변환을 의미하는가?

$$[x'\ y'\ z'\ 1] = [x\ y\ z\ 1] \begin{bmatrix} S_x & 0 & 0 & 0 \\ 0 & S_y & 0 & 0 \\ 0 & 0 & S_z & 0 \\ 0 & 0 & 0 & 1 \end{bmatrix}$$

① 이동변환　　② 크기변환
③ 회전변환　　④ 전단변환

해설 크기변환이다.
- S_x : X축으로 확대
- S_y : Y축으로 확대
- S_z : Z축으로 확대
- 1 : 전체 확대

38 다음 식은 3차원 공간상에서의 좌표변환 시 x축을 중심으로 θ만큼 회전하는 행렬식(matrix)을 나타낸다. (X)에 알맞은 값은?

$$[x'\ y'\ z'\ 1] = [x\ y\ z\ 1] \begin{bmatrix} 1 & 0 & 0 & 0 \\ 0 & (A) & (B) & 0 \\ 0 & (X) & (Y) & 0 \\ 0 & 0 & 0 & 1 \end{bmatrix}$$

① $\sin\theta$　　② $-\sin\theta$
③ $\cos\theta$　　④ $-\cos\theta$

해설
$$T_x = \begin{bmatrix} 1 & 0 & 0 & 0 \\ 0 & \cos\theta & \sin\theta & 0 \\ 0 & -\sin\theta & \cos\theta & 0 \\ 0 & 0 & 0 & 1 \end{bmatrix}, \quad T_y = \begin{bmatrix} \cos\theta & 0 & -\sin\theta & 0 \\ 0 & 1 & 0 & 0 \\ \sin\theta & 0 & \cos\theta & 0 \\ 0 & 0 & 0 & 1 \end{bmatrix}$$

$$T_z = \begin{bmatrix} \cos\theta & \sin\theta & 0 & 0 \\ -\sin\theta & \cos\theta & 0 & 0 \\ 0 & 0 & 1 & 0 \\ 0 & 0 & 0 & 1 \end{bmatrix}$$

39 3차원 좌표계에서 물체의 크기를 각각 x축 방향으로 2배, y축 방향으로 3배, z축 방향으로 4배의 크기변환을 하고자 한다. 사용되는 좌표변환 행렬식은?

① $\begin{bmatrix} 1 & 0 & 0 & 0 \\ 0 & 1 & 0 & 0 \\ 0 & 0 & 1 & 0 \\ 2 & 3 & 4 & 1 \end{bmatrix}$　② $\begin{bmatrix} 1 & 1 & 2 & 1 \\ 1 & 3 & 1 & 1 \\ 4 & 1 & 1 & 1 \\ 1 & 1 & 1 & 1 \end{bmatrix}$

③ $\begin{bmatrix} 1 & 0 & 0 & 2 \\ 0 & 1 & 0 & 3 \\ 0 & 0 & 1 & 4 \\ 0 & 0 & 0 & 1 \end{bmatrix}$　④ $\begin{bmatrix} 2 & 0 & 0 & 0 \\ 0 & 3 & 0 & 0 \\ 0 & 0 & 4 & 0 \\ 0 & 0 & 0 & 1 \end{bmatrix}$

해설 3차원 좌표계에서 국부적인 스케일링변환은

$$[X\ Y\ Z\ H] = [x\ y\ z\ 1] \begin{bmatrix} a & 0 & 0 & 0 \\ 0 & e & 0 & 0 \\ 0 & 0 & j & 0 \\ 0 & 0 & 0 & 1 \end{bmatrix} = [ax\ ey\ jz\ 1]$$

물체의 크기변환이 x축 방향으로 2배, y축 방향으로 3배, z축 방향으로 4배이므로 좌표변환행렬식은 ④이다.

40 3차원 공간에서 y축을 중심으로 θ만큼 회전했을 때의 변환행렬로 옳은 것은? (단, 변환공식은 $[X\ Y\ Z\ 1] = [x\ y\ z\ 1][변환행렬(4 \times 4)]$이다.)

① $\begin{bmatrix} \cos\theta & -\sin\theta & 0 & 0 \\ \sin\theta & \cos\theta & 0 & 0 \\ 0 & 0 & 1 & 0 \\ 0 & 0 & 0 & 1 \end{bmatrix}$

② $\begin{bmatrix} \cos\theta & 0 & -\sin\theta & 0 \\ 0 & 1 & 0 & 0 \\ \sin\theta & 0 & \cos\theta & 0 \\ 0 & 0 & 0 & 1 \end{bmatrix}$

③ $\begin{bmatrix} 1 & 0 & 0 & 0 \\ 0 & \cos\theta & \sin\theta & 0 \\ 0 & -\sin\theta & \cos\theta & 0 \\ 0 & 0 & 0 & 1 \end{bmatrix}$

④ $\begin{bmatrix} \cos\theta & 0 & \sin\theta & 0 \\ 0 & 1 & 0 & 0 \\ -\sin\theta & 0 & \cos\theta & 0 \\ 0 & 0 & 1 & 0 \end{bmatrix}$

해설 ① z축을 기준으로 θ만큼 회전
② y축을 기준으로 θ만큼 회전
③ x축을 기준으로 θ만큼 회전

41 다음과 같은 2차원 동차좌표변환행렬이 수행하는 변환은?

$$T = \begin{bmatrix} 2 & 0 & 0 \\ 0 & 2 & 0 \\ 0 & 0 & 1 \end{bmatrix}$$

① 이동　　② 회전
③ 확대　　④ 대칭

해설 2차원 동차좌표변환행렬
$$T_H = \begin{bmatrix} a & b & p \\ c & d & q \\ m & n & s \end{bmatrix} \Rightarrow T = \begin{bmatrix} 2 & 0 & 0 \\ 0 & 2 & 0 \\ 0 & 0 & 1 \end{bmatrix}$$
2×2행렬 $(a,\ b,\ c,\ d)$에서 스케일링은 $a(x$축$)$, $d(y$축$)$이므로 x, y축으로 2배 확대변환한 것이다.

484 제4과목 · 컴퓨터응용설계

정답 37.② 38.② 39.④ 40.② 41.③

42 다음과 같은 2차원 좌표변환행렬에서 데이터의 이동에 관련되는 요소는?

$$\begin{bmatrix} A & B & 0 \\ C & D & 0 \\ L & M & 1 \end{bmatrix}$$

① A, B
② C, D
③ L, M
④ A, D

해설 • 2×2행렬(A, B, C, D) : scaling(확대, 축소), rota-tion(회전), shearing(전단), reflection(반전 또는 대칭)
• 1×2행렬(L, M) : translation(이동변환)
• 2×1행렬(0, 0) : projection(투영, 투사)
• 1×1행렬(1) : overall scaling(전체적인 스케일링)

43 2차원 좌표상에서의 동차변환행렬이 다음과 같을 때, a, b, c, d와 관계가 없는 것은? (단, 동차변환식은 $P' = PT_H$이다.)

$$T_H = \begin{bmatrix} a & b & p \\ c & d & q \\ m & n & s \end{bmatrix}$$

① 전단변환(shearing)
② 회전변환(rotation)
③ 스케일링변환(scaling)
④ 이동변환(translation)

해설 이동변환은 m이 x축 이동, n이 y축 이동을 하는 것이다.

44 동차좌료를 이용하여 2차원 좌표를 $p = (x, y, 1)$로 표현하고, 동차변환매트릭스연산을 $p' = pT$로 표현할 때 다음 변환매트릭스의 설명으로 옳은 것은?

$$T = \begin{bmatrix} 1 & 0 & 0 \\ 0 & 1 & 0 \\ 1 & 1 & 1 \end{bmatrix}$$

① x축으로 1만큼 이동
② y축으로 1만큼 이동
③ x축으로 1만큼, y축으로 1만큼 이동
④ x축으로 2만큼, y축으로 2만큼 이동

해설 $[x', y', 1] = [x\ y\ 1]\begin{bmatrix} 1 & 0 & 0 \\ 0 & 1 & 0 \\ m & n & 1 \end{bmatrix}$에서 m은 x축 이동량, n은 y축 이동량이므로 각각 x축으로 1만큼, y축으로 1만큼 이동한다.

45 3차원 공간에서 X축을 중심으로 반시계방향으로 θ만큼 회전시키는 변환행렬에서 ⓐ, ⓑ 부분에 각각 들어갈 항목으로 옳은 것은? (단, 반시계방향을 +방향으로 한다.)

$$\begin{bmatrix} 1 & 0 & 0 & 0 \\ 0 & \cos\theta & \sin\theta & 0 \\ 0 & ⓐ & ⓑ & 0 \\ 0 & 0 & 0 & 1 \end{bmatrix}$$

① ⓐ $= \cos\theta$, ⓑ $= \sin\theta$
② ⓐ $= \sin\theta$, ⓑ $= \cos\theta$
③ ⓐ $= -\sin\theta$, ⓑ $= \cos\theta$
④ ⓐ $= -\cos\theta$, ⓑ $= \sin\theta$

해설 3차원 공간상에서 회전변환행렬

• x축을 중심으로 θ회전 $T_x = \begin{bmatrix} 1 & 0 & 0 & 0 \\ 0 & \cos\theta & \sin\theta & 0 \\ 0 & -\sin\theta & \cos\theta & 0 \\ 0 & 0 & 0 & 1 \end{bmatrix}$

• y축을 중심으로 θ회전 $T_y = \begin{bmatrix} \cos\theta & 0 & -\sin\theta & 0 \\ 0 & 1 & 0 & 0 \\ \sin\theta & 0 & \cos\theta & 0 \\ 0 & 0 & 0 & 1 \end{bmatrix}$

• z축을 중심으로 θ회전 $T_z = \begin{bmatrix} \cos\theta & \sin\theta & 0 & 0 \\ -\sin\theta & \cos\theta & 0 & 0 \\ 0 & 0 & 1 & 0 \\ 0 & 0 & 0 & 1 \end{bmatrix}$

46 2차원 상의 한 점 P$(x, y, 1)$을 x축 방향으로 전단(shear)변환하여 P´$(x', y, 1)$이 되기 위한 3×3 동차변환행렬(T)로 옳은 것은? (단, $P' = PT$이고, a는 상수이다.)

① $T = \begin{bmatrix} 1 & 0 & 0 \\ a & 1 & 0 \\ 0 & 0 & 1 \end{bmatrix}$ ② $T = \begin{bmatrix} 1 & a & 0 \\ 0 & 1 & 0 \\ 0 & 0 & 1 \end{bmatrix}$

③ $T = \begin{bmatrix} 1 & 0 & 0 \\ 0 & 1 & 0 \\ a & 0 & 1 \end{bmatrix}$ ④ $T = \begin{bmatrix} 1 & 0 & 0 \\ 0 & 1 & 0 \\ 0 & a & 1 \end{bmatrix}$

47 2차원 데이터에 대한 변환매트릭스 중 x축에 대한 대칭의 결과를 얻기 위한 변환매트릭스는?

① $\begin{bmatrix} 1 & 0 & 0 \\ 0 & 1 & 0 \\ 0 & -1 & 1 \end{bmatrix}$ ② $\begin{bmatrix} 1 & 0 & 0 \\ 0 & -1 & 0 \\ 0 & 0 & 1 \end{bmatrix}$

③ $\begin{bmatrix} -1 & 0 & 0 \\ 0 & -1 & 0 \\ 0 & 0 & 1 \end{bmatrix}$ ④ $\begin{bmatrix} -1 & -1 & 0 \\ 0 & 0 & 0 \\ 0 & 0 & 1 \end{bmatrix}$

48 다음 2차원 데이터변환행렬은 어떠한 변환을 나타내는가? (단, S_x, S_y는 1보다 크다.)

$$[x'\ y'\ 1] = [x\ y\ 1] \begin{bmatrix} S_x & 0 & 0 \\ 0 & S_y & 0 \\ 0 & 0 & 1 \end{bmatrix}$$

① 이동(translation)변환
② 스케일링(scaling)변환
③ 반사(reflection)변환
④ 회전(rotation)변환

49 CAD용어에 대한 설명 중 틀린 것은?

① Pan : 도면의 다른 영역을 보기 위해 디스플레이윈도를 이동시키는 행위
② Zoom : 화면상의 이미지를 실제 사이즈를 포함하여 확대 또는 축소

③ Clipping : 필요 없는 요소를 제거하는 방법, 주로 그래픽에서 클리핑윈도로 정의된 영역 밖에 존재하는 요소들을 제거하는 것을 의미
④ Toggle : 명령의 실행 또는 마우스 클릭 시마다 On 또는 Off가 번갈아 나타나는 세팅

50 CAD용어에 대한 설명 중 틀린 것은?

① resolution : 이미지를 화면에 얼마나 정밀하게 디스플레이할 것인가를 나타내는 가로, 세로의 픽셀의 수
② segment : 하나의 다항식으로 표현된 커브의 일부분
③ snap : 화면표시장치에서 도면의 위치를 시각적으로 잘 알아볼 수 있도록 하기 위해 임의의 간격으로 그려주는 보조점
④ drag : 컴퓨터 마우스를 이용한 끌기작업

51 CAD용어에 관한 설명으로 틀린 것은?

① 표시하고자 하는 화면상의 영역을 벗어나는 선들을 잘라버리는 것을 트리밍(trimming)이라고 한다.
② 물체를 완전히 관통하지 않는 홈을 형성하는 특징 형상을 포켓(pocket)이라고 한다.
③ 명령의 실행 또는 마우스 클릭 시마다 on 또는 off가 번갈아 나타나는 세팅을 토글(toggle)이라고 한다.
④ 모델을 명암이 포함된 색상으로 처리한 솔리드로 표시하는 작업을 셰이딩(shading)이라고 한다.

52 모든 유형의 곡선(직선, 스플라인, 원호 등) 사이를 경사지게 자른 코너를 말하는 것으로, 각진 모서리나 꼭짓점을 경사 있게 깎아내리는 작업은?

① Hatch
② Fillet
③ Rounding
④ Chamfer

해설 모든 유형의 곡선(직선, 스플라인, 원호 등) 사이를 경사지게 자른 코너를 말하는 것으로, 각진 모서리나 꼭짓점을 경사 있게 깎아내리는 작업은 Chamfer기능이다.

53 CAD용어 중 점, 선, 아크, 곡면 등 3차원 CAD시스템의 입력의 최소단위를 나타내는 용어는?

① 엔티티(entity)
② 파일(file)
③ 객체(object)
④ 경계(boundary)

해설 점, 선, 아크, 곡면 등 3차원 CAD시스템의 입력의 최소단위를 나타내는 용어는 엔티티(entity)이다.

54 양궁 과녁과 같이 일정간격을 가진 여러 개의 동심원으로 구성되는 형상을 만들려고 한다. 다음 중 가장 적절하게 사용될 수 있는 기능은?

① zoom
② move
③ offset
④ trim

해설 양궁 과녁과 같이 일정간격을 가진 여러 개의 동심원으로 구성되는 형상을 만들 때 가장 적절하게 사용될 수 있는 기능은 offset기능이다.

55 컴퓨터에서 최소의 입출력단위로 물리적으로 읽기를 할 수 있는 레코드에 해당하는 것은?

① block
② field
③ word
④ bit

해설 자료크기 순으로 bit > byte > character > word > field > record > block > file > data base이다.

56 다음 용어 설명 중 틀린 것은?

① 비트(bit) : 정보를 기억하는 최소단위
② 바이트(byte) : 8비트 길이를 가지는 정보의 단위
③ 파일(file) : 셀(cell)의 집합
④ 블록(block) : 레코드(record)들의 집합

해설
• 비트(bit) : 정보를 기억하는 최소단위
• 바이트(byte) : 8비트 길이를 가지는 정보의 단위
• 워드(word) : 연산처리를 하는 기본자료를 나타내기 위해 일정한 비트수를 가진 단위
• 필드(field) : 하나 이상의 바이트가 특정한 의미를 갖는 단위
• 레코드(record) : 정보처리의 기본단위로 필드의 집합체
• 블록(block) : 레코드(record)들의 집합체
• 파일(file) : 성격이 다른 레코드들의 전체 집합체
• 볼륨(volume) : 성격이 다른 파일들의 집합체

57 2진수 110101을 10진수로 변환한 값은?

① 52
② 53
③ 54
④ 55

해설 $(110101)_2$
$= 1 \times 2^5 + 1 \times 2^4 + 0 \times 2^3 + 1 \times 2^2 + 0 \times 2^1 + 1 \times 2^0$
$= 32 + 16 + 4 + 1$
$= (53)_{10}$

58 2진법 1011을 10진법으로 계산하면 얼마인가?

① 2
② 4
③ 8
④ 11

해설 $(1011)_2 = 1 \times 2^3 + 0 \times 2^2 + 1 \times 2^1 + 1 \times 2^0$
$= 8 + 0 + 2 + 1$
$= 11$

59 8비트 ASCII코드는 몇 개의 패리티비트를 사용하는가?

① 1개
② 2개
③ 3개
④ 4개

해설 패리티비트 1개, zone비트 3개, 디짓비트 4개이다.

60 다음 중 BCD코드체계를 설명한 것으로 옳지 않은 것은?

① 문자를 표현하기 위하여 6개의 비트를 사용한다.

② 하위(오른쪽) 4개의 비트는 문자를 구분하는 디짓비트(digit bit)이다.

③ 컴퓨터시스템 내부에서 자료를 처리하기 위해 사용되는 2진법체계이다.

④ BCD코드체계에서 표현할 수 있는 문자개수는 128개이며 에러검출 가능한 코드이다.

해설 ④는 ASCII에 대한 설명이다.

61 미국표준협회에서 제정한 코드로 '미국정보교환표준부호'라는 의미를 지니고 있으며 7비트 혹은 8비트로 한 문자를 표시하는 코드는?

① GRAY Code ② BCD Code

③ ASCII Code ④ EBCDIC Code

해설 ASCII Code는 미국표준협회에서 제정한 코드로 '미국정보교환표준부호'라는 의미를 지니고 있으며 7비트 혹은 8비트로 한 문자를 표시하는 코드이다.

62 IGES(Initial Graphics Exchange Specification)에 대한 설명으로 옳은 것은?

① 널리 쓰이는 자동프로그래밍(System)의 일종이다.

② Wire Frame모델에 면의 개념을 추가한 Data Format이다.

③ 서로 다른 CAD시스템 간의 데이터의 호환성을 갖기 위한 표준데이터교환형식이다.

④ CAD와 CAM을 종합한 운영프로그램의 일종이다.

해설 IGES는 서로 다른 CAD시스템 간의 데이터의 호환성을 갖기 위한 표준데이터교환형식이다.

63 상이한 CAD시스템 간의 데이터교환을 목적으로 개발된 표준데이터교환형식이 아닌 것은?

① GKS ② HWP

③ STEP ④ IGES

해설 HWP는 한글확장자이다.

64 IGES파일의 구조에 해당하지 않는 것은?

① start section

② local section

③ directory section

④ parameter data section

해설 IGES파일의 구조에는 개시섹션, 글로벌섹션, 디렉토리섹션, 파라미터섹션, 종결섹션 등이 있다.

65 DXF(Data Exchange File)파일의 섹션구성에 해당되지 않는 것은?

① header section ② library section

③ tables section ④ entities section

해설 library section은 DXF파일의 섹션구성이 아니다. DXF파일의 구성은 헤더섹션, 테이블섹션, 블록섹션, 엔티티섹션, 엔드오브파일로 구성된다.

66 3차원 그래픽스처리를 위한 ISO국제표준의 하나로서 ISO-IEC TTC 1/SC 24에서 제정한 국제표준으로 구조체 개념을 가지고 있는 것은?

① PHIGS ② DTD

③ SGML ④ SASIG

해설 • PHIGS(Programmer's Hierarchical Interactive Graphics System) : 3차원의 움직이는 물체를 리얼타임으로 실제와 같이 화면에 나타나게 한다. 주로 도형구성분야, 항공교통망시뮬레이션, 몰분자모델링분야, 건축설계 등에서 이용되며, 3차원 그래픽스처리를 위한 ISO국제표준의 하나로서 ISO-IEC TTC 1/SC 24에서 제정한 국제표준으로 구조체 개념을 가지고 있다.

• DTD(Document Type Definition) : 문서텍스트의 구조를 SGML구문을 사용하여 정의 및 기술한 것이다.

• SGML(Standard Generalized Markup Language) : 요약전자문서가 어떠한 시스템환경에서도 정보의 손실 없이 전송, 저장, 자동처리가 가능하도록 국제표준화기구(ISO)에서 정한 문서처리표준이다.

• SASIG : Strategic Automotive Product Data Standards Industry Group

정답 60.④ 61.③ 62.③ 63.② 64.② 65.② 66.①

과년도 출제문제

Industrial Engineer Machinery Design

2016년도 기사 제1회 필기시험(산업기사)

자격종목	시험시간	형별	수험번호	성명	가답안/최종정답
기계설계산업기사	2시간	B			

제1과목 : 기계가공 및 안전관리

01 공작물의 표면거칠기와 치수정밀도에 영향을 미치는 요소로 거리가 먼 것은?

① 절삭유
② 절삭깊이
③ 절삭속도
④ 칩 브레이커

해설 칩 브레이커도 가공표면거칠기와 치수정밀도에 어느 정도 영향을 미칠 수 있으나 나머지 보기들보다는 그 영향력이 미미하다.

02 총형커터에 의한 방법으로 치형을 절삭할 때 사용하는 밀링커터는?

① 베벨 밀링커터
② 헬리컬 밀링커터
③ 인벌류트 밀링커터
④ 하이포이드 밀링커터

해설 총형커터에 의한 방법으로 치형을 절삭할 때 사용하는 밀링커터는 인벌류트 밀링커터이다.

03 밀링작업 시 안전수칙으로 틀린 것은?

① 칩을 제거할 때 기계를 정지시킨 후 브러시로 털어낸다.
② 주축회전속도를 변환할 때에는 회전을 정지시키고 변환한다.
③ 칩가루가 날리기 쉬운 가공물의 공작 시에는 방진안경을 착용한다.
④ 절삭유를 공급할 때 커터에 감겨들지 않도록 주의하고, 공작 중 다듬질면은 손을 대어 거칠기를 점검한다.

해설 공작 중 다듬질면에 손을 대어 거칠기를 점검하면 위험하다.

04 크레이터마모에 관한 설명 중 틀린 것은?

① 유동형 칩에서 가장 뚜렷이 나타난다.
② 절삭공구의 상면경사각이 오목하게 파여지는 현상이다.
③ 크레이터마모를 줄이려면 경사면 위의 마찰계수를 감소시킨다.
④ 처음에 빠른 속도로 성장하다가 어느 정도 크기에 도달하면 느려진다.

해설 처음에 느린 속도로 성장하다가 어느 정도 크기에 도달하면 빨라진다.

05 다듬질면상태의 평면검사에 사용되는 수공구는?

① 트로멜
② 나이프에지
③ 실린더게이지
④ 앵글플레이트

해설 다듬질면상태의 평면검사에 사용되는 수공구는 나이프에지이다.

06 리머의 모양에 대한 설명 중 틀린 것은?

① 조정리머 : 절삭날을 조정할 수 있는 것
② 솔리드리머 : 자루와 절삭날이 다른 소재로 된 것
③ 셸리머 : 자루와 절삭날 부위가 별개로 되어 있는 것
④ 팽창리머 : 가공물의 치수에 따라 조금 팽창할 수 있는 것

해설 솔리드리머는 자루와 절삭날이 같은 소재로 된 것이다.

07 선반작업 시 공구에 발생하는 절삭저항 중 가장 큰 것은?

① 배분력　　　　② 주분력
③ 마찰분력　　　④ 이송분력

해설 선반작업 시 공구에 발생하는 절삭저항 중 가장 큰 것은 주분력이다.

08 한계게이지의 종류에 해당되지 않는 것은?

① 봉게이지　　　② 스냅게이지
③ 다이얼게이지　④ 플러그게이지

해설 다이얼게이지는 한계게이지가 아니라 표준게이지이다.

09 절삭공구재료 중 소결초경합금에 대한 설명으로 옳은 것은?

① 진동과 충격에 강하며 내마모성이 크다.
② Co, W, Cr 등을 주조하여 만든 합금이다.
③ 충분한 경도를 얻기 위해 질화법을 사용한다.
④ W, Ti, Ta 등의 탄화물분말을 Co를 결합제로 소결한 것이다.

해설 소결초경합금은 W, Ti, Ta 등의 탄화물분말을 Co를 결합제로 소결한 것이다.

10 CNC 선반프로그래밍에 사용되는 보조기능코드와 기능이 옳게 짝지어진 것은?

① M01 : 주축역회전
② M02 : 프로그램 종료
③ M03 : 프로그램 정지
④ M04 : 절삭유 모터가동

해설 M02는 프로그램 종료이다.

11 편심량이 2.2mm로 가공된 선반가공물을 다이얼게이지로 측정할 때 다이얼게이지눈금의 변위량은 몇 mm인가?

① 1.1　　　　　② 2.2
③ 4.4　　　　　④ 6.6

해설 $2.2 \times 2 = 4.4$

12 1차로 가공된 가공물의 안지름보다 다소 큰 강구(steel ball)를 압입통과시켜 가공물의 표면을 소성변형으로 가공하는 방법은?

① 래핑(lapping)
② 호닝(honing)
③ 버니싱(burnishing)
④ 그라인딩(grinding)

해설 1차로 가공된 가공물의 안지름보다 다소 큰 강구(steel ball)를 압입통과시켜 가공물의 표면을 소성변형으로 가공하는 방법은 버니싱(burnishing)이다.

13 직접측정용 길이측정기가 아닌 것은?

① 강철자　　　　② 사인바
③ 마이크로미터　④ 버니어캘리퍼스

해설 사인바는 각도측정용 간접측정기이다.

14 연삭숫돌입자의 종류가 아닌 것은?

① 에머리　　　　② 커런덤
③ 산화규소　　　④ 탄화규소

해설 산화규소는 연삭숫돌입자로 사용 불가하다.

15 다음 중 밀링작업에서 판캠을 절삭하기에 가장 적합한 밀링커터는?

① 엔드밀　　　　② 더브테일커터
③ 산화규소　　　④ 버니어캘리퍼스

해설 밀링작업에서 판캠을 절삭하기에 가장 적합한 밀링커터는 엔드밀이다.

16 열경화성 합성수지인 베이클라이트(bakelite)를 주성분으로 하며 각종 용제, 기름 등에 안정된 숫돌로서 절단용 숫돌 및 정밀연삭용으로 적합한 결합제는?

① 고무결합제　　② 비닐결합제
③ 셀락결합제　　④ 레지노이드결합제

해설 열경화성 합성수지인 베이클라이트를 주성분으로 하며 각종 용제, 기름 등에 안정된 숫돌로서 절단용 숫돌 및 정밀연삭용으로 적합한 결합제는 레지노이드결합제이다.

17 지름 10mm, 원주높이 3mm인 고속도강드릴로 두께가 30mm인 연강판을 가공할 때 소요시간은 약 몇 분인가? (단, 이송은 0.3mm/rev, 드릴의 회전수는 667rpm이다.)

① 6 　　　　　② 2
③ 1.2 　　　　④ 0.16

해설 $t = \dfrac{L}{F} i$

$= \dfrac{3+30}{0.3 \times 667} \times 1 = 0.16\text{min}$

18 밀링머신에서 원주를 단식분할법으로 13등분하는 경우의 설명으로 옳은 것은?

① 13구멍열에서 1회전에 3구멍씩 이동한다.
② 39구멍열에서 3회전에 3구멍씩 이동한다.
③ 40구멍열에서 1회전에 13구멍씩 이동한다.
④ 40구멍열에서 3회전에 13구멍씩 이동한다.

해설 39구멍열에서 3회전에 3구멍씩 이동한다.

19 밀링머신에서 기어의 치형에 맞춘 기어커터를 사용하여 기어소재 원판을 같은 간격으로 분할가공하는 방법은?

① 랙법
② 창성법
③ 총형법
④ 형판법

해설 밀링머신에서 기어의 치형에 맞춘 기어커터를 사용하여 기어소재 원판을 같은 간격으로 분할가공하는 방법은 총형법이다.

20 선반의 부속품 중에서 돌리개(dog)의 종류로 틀린 것은?

① 곧은 돌리개
② 브로치돌리개
③ 굽은(곡형) 돌리개
④ 평행(클램프)돌리개

해설 선반의 부속품 중에서 브로치돌리개라는 것은 없다.

제2과목 : 기계제도

21 다음 입체도의 화살표방향 투상도로 가장 적합한 것은?

해설 정면도

22 도면에 다음 그림과 같은 기하공차가 도시되어 있을 때 이에 대한 설명으로 옳은 것은?

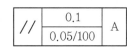

① 경사도 공차를 나타낸다.
② 전체 길이에 대한 허용값은 0.1이다.
③ 지정길이에 대한 허용값은 $\dfrac{0.05}{100}$mm 이다.
④ 이 기하공차는 데이텀 A를 기준으로 100mm 이내의 공간을 대상으로 한다.

해설 ① 평행도 공차를 나타낸다.
③ 지정길이에 대한 허용값은 100mm에 대해서 0.05mm이다.
④ 이 기하공차는 데이텀 A를 기준으로 한다.

23 다음 구름 베어링 호칭번호 중 안지름이 22mm인 것은?

① 622 　　　　② 6222
③ 62/22 　　　④ 62-22

해설 62/22는 안지름이 22mm이다.

24 다음 중 호의 치수기입을 나타낸 것은?

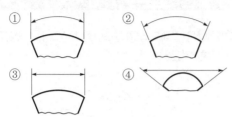

호의 치수기입법

25 그림과 같은 입체도에서 화살표방향을 정면으로 할 때 정투상도를 가장 옳게 나타낸 것은?

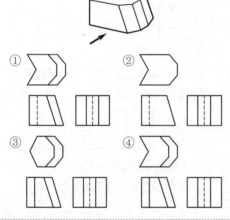

해설

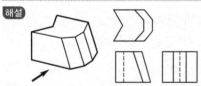

26 다음 나사의 도시법에 관한 설명 중 옳은 것은?

① 암나사의 골지름은 가는 실선으로 표현한다.
② 암나사의 안지름은 가는 실선으로 표현한다.
③ 수나사의 바깥지름은 가는 실선으로 표현한다.
④ 수나사의 골지름은 굵은 실선으로 표현한다.

해설 ② 암나사의 안지름은 굵은 실선으로 표현한다.
③ 수나사의 바깥지름은 굵은 실선으로 표현한다.
④ 수나사의 골지름은 가는 실선으로 표현한다.

27 크롬몰리브덴강 단강품의 KS재질기호은?

① SCM   ② SNC
③ SFCM   ④ SNCM

해설 SFCM은 크롬몰리브덴강 단강품이다.

28 다음 제3각법으로 투상된 도면 중 잘못된 투상도가 있는 것은?

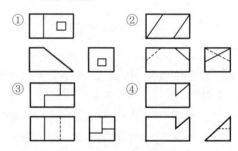

해설 ③이 잘못된 투상도이다.

29 다음 그림과 같은 KS용접기호 해독으로 올바른 것은?

① 루트간격은 5mm
② 홈각도는 150°
③ 용접피치는 150mm
④ 화살표 쪽 용접을 의미함

해설 화살표 쪽 용접을 의미한다.

30 다음 그림에서 "C2"가 의미하는 것은?

① 크기가 2인 15° 모따기
② 크기가 2인 30° 모따기
③ 크기가 2인 45° 모따기
④ 크기가 2인 60° 모따기

해설 C2는 크기가 2인 45° 모따기를 의미한다.

31 파단선에 대한 설명으로 옳은 것은?

① 대상물의 일부분을 가상으로 제외했을 경우의 경계를 나타내는 선

② 기술, 기호 등을 나타내기 위하여 끌어낸 선

③ 반복하여 도형의 피치를 잡는 기준이 되는 선

④ 대상물이 보이지 않는 부분의 형태를 나타내는 선

해설 파단선은 대상물의 일부분을 가상으로 제외했을 경우의 경계를 나타내는 선이다.

32 기준치수가 $\phi 50$인 구멍기준식 끼워맞춤에서 구멍과 축의 공차값이 다음과 같을 때 틀린 것은?

- 구멍 : 위치수허용차 $+0.025$
  아래치수허용차 0.000
- 축 : 위치수허용차 -0.025
  아래치수허용차 -0.050

① 축의 최대허용치수 : 49.975

② 구멍의 최소허용치수 : 50.000

③ 최대틈새 : 0.050

④ 최소틈새 : 0.025

해설 최대틈새는 0.075이다.

33 기어제도에 관한 설명으로 옳지 않은 것은?

① 잇봉우리원은 굵은 실선으로 표시하고, 피치원은 가는 일점쇄선으로 표시한다.

② 이골원은 가는 실선으로 표시한다. 다만, 축에 직각인 방향에서 본 그림을 단면으로 도시할 때는 이골의 선은 굵은 실선으로 표시한다.

③ 잇줄방향은 통상 3개의 가는 실선으로 표시한다. 다만, 주투영도를 단면으로 도시할 때 외접헬리컬기어의 잇줄방향을 지면에서 앞의 이의 잇줄방향을 3개의 가는 이점쇄선으로 표시한다.

④ 맞물리는 기어의 도시에서 주투영도를 단면으로 도시할 때는 맞물림부의 한쪽 잇봉우리원을 표시하는 선은 가는 일점쇄선 또는 굵은 일점쇄선으로 표시한다.

해설 맞물리는 기어의 도시에서 주투영도를 단면으로 도시할 때는 맞물림부의 한쪽 잇봉우리원을 표시하는 선은 숨은선으로 표시한다.

34 다음 그림과 같은 입체도에서 화살표방향에서 본 정면도를 가장 올바르게 나타낸 것은?

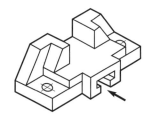

①  ②

③  ④

해설 정면도

35 다음의 왼쪽 원뿔을 전개하면 오른쪽의 전개도와 같을 때 θ는 약 몇 도(°)인가? (단, $r=20$mm, $h=100$mm이다.)

 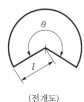

(원뿔)　　(전개도)

① 약 130°　② 약 110°

③ 약 90°　④ 약 70°

해설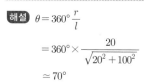

$$\theta = 360° \frac{r}{l}$$
$$= 360° \times \frac{20}{\sqrt{20^2 + 100^2}}$$
$$\simeq 70°$$

36 h6공차인 축에 중간 끼워맞춤이 적용되는 구멍의 공차는?

① R7 ② K7

③ G7 ④ F7

해설 h6공차인 축에 중간 끼워맞춤이 적용되는 구멍의 공차는 K7이다.

37 다음 그림과 같은 I형강의 표시법으로 옳은 것은? (단, 형강의 길이는 L이다.)

① I $A \times B \times t - L$
② I $t \times B \times A - L$
③ I $B \times A \times t - L$
④ I $B \times A \times t \times L$

해설 I $A \times B \times t - L$

38 다음 도면에서 A의 길이는 얼마인가?

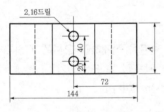

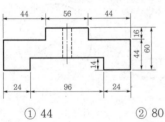

① 44 ② 80

③ 96 ④ 144

해설 A의 길이는 측면도에 나타나 있는 80mm이다.

39 다음 그림과 같은 정면도와 평면도에 가장 적합한 우측면도는?

(평면도)

(정면도)

① ②

③ ④

해설 우측면도

40 다음 중 평면도를 나타내는 기호는?

① ▱ ② //

③ ○ ④ ⊠

해설 ② // 평행도

③ ○ 진원도

④ ⊠ 기하공차 아님

━━━ **제3과목 : 기계설계 및 기계재료** ━━━

41 스프링강이 갖추어야 할 특성으로 틀린 것은?

① 탄성한도가 커야 한다.

② 마텐자이트조직으로 되어야 한다.

③ 충격 및 피로에 대한 저항력이 커야 한다.

④ 사용 도중 영구변형을 일으키지 않아야 한다.

해설 스프링강의 조직은 트루스타이트(troostite) 또는 소르바이트(sorbite)로, 800~870℃에서 유랭하여 420~500℃에서 뜨임한다.

42 탄소공구강의 재료기호로 옳은 것은?

① SPS   ② STC

③ STD   ④ STS

해설 탄소공구강은 STC이다.

43 초소성을 얻기 위한 조직의 조건으로 틀린 것은?

① 결정립은 미세화되어야 한다.

② 결정립 모양은 등축이어야 한다.

③ 모상의 입계는 고경각인 것이 좋다.

④ 모상입계가 인장 분리되기 쉬워야 한다.

해설 모상입계가 인장 분리되기 어려워야 한다.

44 다음 중 원소가 강재에 미치는 영향으로 틀린 것은?

① S : 절삭성을 향상시킨다.

② Mn : 황의 해를 막는다.

③ H_2 : 유동성을 좋게 한다.

④ P : 결정립을 조대화시킨다.

해설 H_2(수소)는 백점과 헤어크랙의 원인이 된다.

45 알루미늄합금 중 주성분이 Al−Cu−Ni−Mg계 합금인 것은?

① Y합금

② 알민(almin)

③ 알드리(aldrey)

④ 알클래드(alclad)

해설 알루미늄합금 중 주성분이 Al−Cu−Ni−Mg계 합금인 것은 Y합금이다.

46 백주철을 열처리로에 넣어 가열해서 탈탄 또는 흑연화하는 방법으로 제조된 것은?

① 회주철   ② 반주철

③ 칠드주철   ④ 가단주철

해설 백주철을 열처리로에 넣어 가열해서 탈탄 또는 흑연화하는 방법으로 제조된 것은 가단주철이다.

47 애드미럴티(admiralty)황동의 조성은?

① 7 : 3황동+Sn(1% 정도)

② 7 : 3황동+Pb(1% 정도)

③ 6 : 4황동+Sn(1% 정도)

④ 6 : 4황동+Pb(1% 정도)

해설 애드미럴티(admiralty)황동의 조성은 7 : 3황동+Sn (1% 정도)이다.

48 탄성한도를 넘어서 소성변형을 시킨 경우에도 하중을 제거하면 원래 상태로 돌아가는 성질을 무엇이라 하는가?

① 신소재효과   ② 초탄성효과

③ 초소성효과   ④ 시효경화효과

해설 초탄성효과는 탄성한도를 넘어서 소성변형을 시킨 경우에도 하중을 제거하면 원래 상태로 돌아가는 성질이다.

49 자성재료를 연질과 경질로 나눌 때 경질자석에 해당되는 것은?

① Si강판   ② 퍼멀로이

③ 센더스트   ④ 알니코자석

해설 자성재료를 연질과 경질로 나눌 때 경질자석에 해당되는 것은 알니코자석이다.

50 열처리의 목적을 설명한 것으로 옳은 것은?

① 담금질 : 강을 A_1변태점까지 가열하여 연성을 증가시킨다.

② 뜨임 : 소성가공에 의한 내부응력을 증가시켜 절삭성을 향상시킨다.

③ 풀림 : 강의 강도, 경도를 증가시키고 조직을 마텐자이트조직으로 변태시킨다.

④ 불림 : 재료의 결정조직을 미세화하고 기계적 성질을 개량하여 조직을 표준화한다.

해설 ① 담금질 : 강의 경도를 증가시키고 조직을 마텐자이트조직으로 변태시킨다.

② 뜨임 : 인성을 높인다.

③ 풀림 : 강을 A_1변태점까지 가열하여 연성을 증가시킨다.

51 지름 20mm, 피치 2mm인 3줄 나사를 1/2회전 시켰을 때 이 나사의 진행거리는 몇 mm인가?

① 1 ② 3
③ 4 ④ 6

해설 $2 \times 3 \times \frac{1}{2} = 3$

52 942N · m의 토크를 전달하는 지름 50mm인 축에 사용할 묻힘키(폭×높이=12mm×8mm)의 길이는 최소 몇 mm 이상이어야 하는가? (단, 키의 허용전단응력은 78.48N/mm²이다.)

① 30 ② 40
③ 50 ④ 60

해설 $\tau = \dfrac{W}{bl} = \dfrac{2T}{bdl}$

$\therefore l = \dfrac{2T}{bd\tau} = \dfrac{2 \times 942 \times 1,000}{12 \times 50 \times 78.48} = 40\text{mm}$

53 원통 롤러 베어링 N206(기본동정격하중 14.2kN)이 600rpm으로 1.96kN의 베어링하중을 받치고 있다. 이 베어링의 수명은 약 몇 시간인가? (단, 베어링하중계수(f_w)는 1.5를 적용한다.)

① 4200시간 ② 4800시간
③ 5300시간 ④ 5900시간

해설 $L_h = \dfrac{10^6}{60n}\left(\dfrac{C}{P}\right)^r$

$= \dfrac{10^6}{60 \times 600}\left(\dfrac{14.2}{1.96 \times 1.5}\right)^{\frac{10}{3}} \simeq 5,300\text{hr}$

54 하중의 크기 및 방향이 주기적으로 변화하는 하중으로서 양진하중을 의미하는 것은?

① 변동하중(variable load)
② 반복하중(repeated load)
③ 교번하중(alternate load)
④ 충격하중(impact load)

해설 반복하중은 하중의 크기 및 방향이 주기적으로 변화하는 하중(양진하중)이다.

55 다음 중 정숙하고 원활한 운전을 하고, 특히 고속회전이 필요할 때 적합한 체인은?

① 사일런트체인(silent chain)
② 코일체인(coil chain)
③ 롤러체인(roller chain)
④ 블록체인(block chain)

해설 정숙하고 원활한 운전을 하고, 특히 고속회전이 필요할 때 적합한 체인은 사일런트체인이다.

56 2.2kW의 동력을 1,800rpm으로 전달시키는 표준스퍼기어가 있다. 이 기어에 작용하는 회전력은 약 몇 N인가? (단, 스퍼기어모듈은 4이고, 잇수는 25이다.)

① 163 ② 195
③ 233 ④ 289

해설 $v = \dfrac{\pi dn}{1,000 \times 60} = \dfrac{3.14 \times (4 \times 25) \times 1,800}{60,000} = 9.42$

$f = \dfrac{1,000P}{v} = \dfrac{1,000 \times 2.2}{9.42} = 233.5\text{N}$

57 맞대기용접이음에서 압축하중을 W, 용접부의 길이를 l, 판두께를 t라 할 때 용접부의 압축응력을 계산하는 식으로 옳은 것은?

① $\sigma = \dfrac{Wl}{t}$ ② $\sigma = \dfrac{W}{tl}$

③ $\sigma = Wtl$ ④ $\sigma = \dfrac{tl}{W}$

해설 $\sigma = \dfrac{W}{tl}$

58 밴드브레이크에서 밴드에 생기는 인장응력과 관련하여 다음 중 옳은 관계식은? (단, σ : 밴드에 생기는 인장응력, F_1 : 밴드의 인장측 장력, t : 밴드두께, b : 밴드의 너비이다.)

① $\sigma = \dfrac{b}{F_1 t}$ ② $b = \dfrac{t\sigma}{F_1}$

③ $b = \dfrac{F_1}{t\sigma}$ ④ $\sigma = \dfrac{F_1 t}{b}$

해설 $b = \dfrac{F_1}{t\sigma}$

정답 51.② 52.② 53.③ 54.③ 55.① 56.③ 57.② 58.③

59 300rpm으로 2.5kW의 동력을 전달시키는 축에 발생하는 비틀림모멘트는 약 몇 N·m인가?

① 80 ② 60

③ 45 ④ 35

해설 $T = 9{,}550\dfrac{P}{n}$

$= \dfrac{9{,}550 \times 2.5}{300} = 79.6\text{N} \cdot \text{m}$

60 판스프링(leaf spring)의 특징에 관한 설명으로 거리가 먼 것은?

① 판 사이의 마찰에 의해 진동을 감쇄한다.
② 내구성이 좋고 유지보수가 용이하다.
③ 트럭 및 철도차량의 현가장치로 주로 이용된다.
④ 판 사이의 마찰작용으로 인해 미소진동의 흡수에 유리하다.

해설 판 사이의 마찰작용으로 인해 미소진동의 흡수가 곤란하다.

제4과목 : 컴퓨터응용설계

61 다음 중 공학적 해석을 위한 물리적인 성질(부피 등)을 제공할 수 있는 모델링은?

① 2차원 모델링
② 서피스(surface)모델링
③ 솔리드(solid)모델링
④ 와이어프레임(wire frame)모델링

해설 공학적 해석을 위한 물리적인 성질(부피 등)을 제공할 수 있는 모델링은 솔리드모델링이다.

62 CAD/CAM시스템의 데이터교환을 위한 중간파일(Neutral File)의 형식이 아닌 것은?

① IGES ② DXF

③ STEP ④ CALS

해설 CALS는 데이터교환파일형식이 아니다.

63 CAD시스템의 출력장치로 볼 수 없는 것은?

① 플로터 ② 디지타이저

③ PDP ④ 프린터

해설 디지타이저는 입력장치이다.

64 다음 그림과 같이 곡면모델링시스템에 의해 만들어진 곡면을 불러들여 기존 모델의 평면을 바꿀 수 있는 모델링기능은 무엇인가?

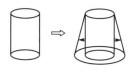

① 네스팅(nesting)
② 트위킹(tweaking)
③ 돌출하기(extruding)
④ 스위핑(sweeping)

해설 트위킹(tweaking)은 모델링시스템에 의해 만들어진 곡면을 불러들여 기존 모델의 평면을 바꿀 수 있는 모델링기능이다.

65 다음 중 CAD용 그래픽터미널스크린의 해상도를 결정하는 요소는?

① 컬러(color)의 표시가능수
② 픽셀(pixel)의 수
③ 스크린의 종류
④ 사용전압

해설 CAD용 그래픽터미널스크린의 해상도를 결정하는 요소는 픽셀(pixel)의 수이다.

66 CRT 그래픽디스플레이 종류가 아닌 것은?

① 액정형
② 스토리지형
③ 랜덤스캔형
④ 래스터스캔형

해설 CRT 그래픽디스플레이 종류에는 액정형이라고는 없다.

67 다음 중 숨은선 또는 숨은면을 제거하기 위한 방법에 속하지 않는 것은?

① x−버퍼에 의한 방법

② z−버퍼에 의한 방법

③ 후방향 제거알고리즘

④ 깊이분류알고리즘

해설 x−버퍼에 의한 방법은 숨은선 또는 숨은면을 제거하기 위한 방법에 속하지 않는다.

68 다음 중 CAD에서의 기하학적 데이터(점, 선 등)의 변환행렬과 관계가 먼 것은?

① 이동

② 회전

③ 복사

④ 반사

해설 복사는 CAD에서의 기하학적 데이터(점, 선 등)의 변환행렬과 관계가 멀다.

69 다음 중 CAD의 형상모델링에서 곡면을 나타낼 수 있는 방법이 아닌 것은?

① Coons곡면(surface)

② Bezier곡면(surface)

③ B−Spline곡면(surface)

④ Repular곡면(surface)

해설 Repular곡면은 CAD의 형상모델링에서 곡면을 나타낼 수 있는 방법이 아니다.

70 전자발광형 디스플레이장치(혹은 EL패널)에 대한 설명으로 틀린 것은?

① 스스로 빛을 내는 성질을 가지고 있다.

② 백라이트를 사용하여 보다 선명한 화질을 구현한다.

③ TFT−LCD보다 시야각에 제한이 없다.

④ 응답시간이 빨라 고화질 영상을 자연스럽게 처리할 수 있다.

해설 백라이트(후광장치)가 필요 없다.

71 생성하고자 하는 곡선을 근사하게 포함하는 다각형의 꼭짓점들을 이용하여 정의되는 베지어(Bezier)곡선에 대한 설명으로 틀린 것은?

① 생성되는 곡선은 다각형의 양 끝점을 반드시 통과한다.

② 다각형의 첫째 선분은 시작점에서의 접선벡터와 반드시 같은 방향이다.

③ 다각형의 마지막 선분은 끝점에서의 접선벡터와 반드시 같은 방향이다.

④ n개의 꼭짓점에 의해서 생성된 곡선은 n차 곡선이 된다.

해설 n개의 꼭짓점에 의해서 생성된 곡선은 $n-1$차 곡선이 된다.

72 다음 행렬의 곱(AB)을 옳게 구한 것은?

$$A = \begin{bmatrix} 2 & 4 \\ 1 & 3 \end{bmatrix} \qquad B = \begin{bmatrix} 6 & -1 \\ 3 & 5 \end{bmatrix}$$

① $\begin{bmatrix} 24 & 18 \\ 14 & 15 \end{bmatrix}$　　② $\begin{bmatrix} 18 & 24 \\ 15 & 14 \end{bmatrix}$

③ $\begin{bmatrix} 24 & 18 \\ 15 & 14 \end{bmatrix}$　　④ $\begin{bmatrix} 18 & 24 \\ 14 & 15 \end{bmatrix}$

해설 $AB = \begin{bmatrix} 24 & 18 \\ 15 & 14 \end{bmatrix}$

73 각 도형요소를 하나씩 지정하거나 하나의 폐다각형을 지정하여 안쪽이나 바깥쪽에 있는 모든 도형요소를 하나의 단위로 묶어 한 번에 조작할 수 있는 기능은?

① 그룹(group)화기능

② 데이터베이스기능

③ 다층구조(layer)기능

④ 라이브러리(library)기능

해설 그룹(group)화기능은 각 도형요소를 하나씩 지정하거나 하나의 폐다각형을 지정하여 안쪽이나 바깥쪽에 있는 모든 도형요소를 하나의 단위로 묶어 한 번에 조작할 수 있는 기능이다.

74 CSG모델링방식에서 불연산(boolean operation)이 아닌 것은?

① Union(합)　　　② Subtract(차)

③ Intersect(적)　　④ Project(투영)

해설 Project(투영)은 CSG모델링방식에서 불연산(boolean operation)이 아니다.

75 일반적인 CAD시스템의 2차원 평면에서 정해진 하나의 원을 그리는 방법이 아닌 것은?

① 원주상의 세 점을 알 경우

② 원의 반지름과 중심점을 알 경우

③ 원주상의 한 점과 원의 반지름을 알 경우

④ 원의 반지름과 2개의 접선을 알 경우

해설 중심점과 원의 반지름을 알 경우이다.

76 3차원 변환에서 Z축을 기준으로 다음의 변환식에 따라 P점을 P′로 임의의 각도(θ)만큼 변환할 때 변환행렬식(T)으로 옳은 것은? (단, 반시계방향으로 회전한 각을 양(+)의 각으로 한다.)

$$P' = PT$$

① $\begin{bmatrix} \cos\theta & 0 & -\sin\theta & 0 \\ 0 & 1 & 0 & 0 \\ \sin\theta & 1 & \cos\theta & 0 \\ 0 & 0 & 0 & 1 \end{bmatrix}$

② $\begin{bmatrix} \cos\theta & \sin\theta & 0 & 0 \\ -\sin\theta & \cos\theta & 0 & 0 \\ 0 & 0 & 1 & 0 \\ 0 & 0 & 0 & 1 \end{bmatrix}$

③ $\begin{bmatrix} 1 & 0 & 0 & 0 \\ 0 & \cos\theta & \sin\theta & 0 \\ 0 & -\sin\theta & \cos\theta & 0 \\ 0 & 0 & 0 & 1 \end{bmatrix}$

④ $\begin{bmatrix} \cos\theta & 0 & -\sin\theta & 0 \\ \sin\theta & 0 & \cos\theta & 0 \\ 0 & 0 & 1 & 0 \\ 0 & 0 & 0 & 1 \end{bmatrix}$

해설 $\begin{bmatrix} \cos\theta & \sin\theta & 0 & 0 \\ -\sin\theta & \cos\theta & 0 & 0 \\ 0 & 0 & 1 & 0 \\ 0 & 0 & 0 & 1 \end{bmatrix}$

77 정육면체 같은 간단한 입체의 집합으로 물체를 표현하는 분해모델(Decomposition Model)표현이 아닌 것은?

① 복셀(Voxel)표현

② 옥트리(Octree)표현

③ 세포(Cell)표현

④ 셀(Shell)표현

해설 셀(Shell)표현은 정육면체 같은 간단한 입체의 집합으로 물체를 표현하는 분해모델표현이 아니다.

78 3차원 형상의 모델링방식에서 B-rep방식과 비교하여 CSG방식의 장점으로 옳은 것은?

① 투시도의 작성이 용이하다.

② 전개도의 작성이 용이하다.

③ B-rep방식보다는 복잡한 형상을 나타내는 데 유리하다.

④ 중량을 계산하는 데 용이하다.

해설 중량을 계산하는 데 용이하다.

79 임의의 4개의 점이 공간상에 구성되어 있다. 4개의 점으로 한 개의 베지어(Bezier)곡선을 구성한다면 베지어곡선을 구성하기 위한 블렌딩함수는 몇 차식인가?

① 2차식　　　② 3차식

③ 4차식　　　④ 5차식

해설 임의의 4개의 점이 공간상에 구성되어 있다. 4개의 점으로 한 개의 베지어(Bezier)곡선을 구성한다면 베지어곡선을 구성하기 위한 블렌딩함수는 3차식이다.

80 원추를 평면으로 잘랐을 때 생기는 단면곡선(conic section curve)이 아닌 것은?

① 타원　　　② 포물선

③ 쌍곡선　　④ 사이클로이드곡선

해설 사이클로이드곡선은 원추를 평면으로 잘랐을 때 생기는 단면곡선이 아니다.

제1과목 : 기계가공 및 안전관리

01 수기가공에 대한 설명으로 틀린 것은?

① 서피스게이지는 공작물에 평행선을 긋거나 평행면의 검사용으로 사용된다.

② 스크레이퍼는 줄가공 후 면을 정밀하게 다듬질작업하기 위해 사용된다.

③ 카운터 보어는 드릴로 가공된 구멍에 대하여 정밀하게 다듬질하기 위해 사용된다.

④ 센터펀치는 펀치의 끝이 각도가 60~90도 원뿔로 되어 있고 위치를 표시하기 위해 사용된다.

해설 리머는 드릴로 가공된 구멍에 대하여 정밀하게 다듬질하기 위해 사용된다.

02 다음 중 드릴의 파손원인으로 가장 거리가 먼 것은?

① 이송이 너무 커서 절삭저항이 증가할 때

② 시닝(thinning)이 너무 커서 드릴이 약해졌을 때

③ 얇은 판의 구멍가공 시 보조판 나무를 사용할 때

④ 절삭칩이 원활하게 배출되지 못하고 가득 차 있을 때

해설 얇은 판의 구멍가공 시 보조판 나무를 사용하면 파손을 방지할 수 있다.

03 밀링머신에서 육면체 소재를 이용하여 다음과 같이 원형기둥을 가공하기 위해 필요한 장치는?

① 다이스　　　② 각도바이스
③ 회전테이블　　④ 슬로팅장치

해설 회전테이블이 필요하다.

04 터릿선반의 설명으로 틀린 것은?

① 공구를 교환하는 시간을 단축할 수 있다.

② 가공실물이나 모형을 따라 윤곽을 깎아낼 수 있다.

③ 숙련되지 않은 사람이라도 좋은 제품을 만들 수 있다.

④ 보통선반의 심압대 대신 터릿대(turret carriage)를 놓는다.

해설 가공실물이나 모형을 따라 윤곽을 깎아낼 수 있는 선반은 모방선반이다.

05 다음 중 초음파가공으로 가공하기 어려운 것은?

① 구리　　　　② 유리
③ 보석　　　　④ 세라믹

해설 구리와 같은 금속재료는 초음파가공이 어렵다.

06 연삭숫돌에 대한 설명으로 틀린 것은?

① 부드럽고 전연성이 큰 연삭에는 고운 입자를 사용한다.

② 연삭숫돌에 사용되는 숫돌입자에는 천연산과 인조산이 있다.

③ 단단하고 치밀한 공작물의 연삭에는 고운 입자를 사용한다.

④ 숫돌과 공작물의 접촉면적이 작은 경우에는 고운 입자를 사용한다.

해설 부드럽고 전연성이 큰 연삭에는 거친 입자를 사용한다.

07 나사를 측정할 때 삼침법으로 측정 가능한 것은?

① 골지름   ② 유효지름

③ 바깥지름   ④ 나사의 길이

해설 나사를 측정할 때 삼침법으로 측정 가능한 것은 유효지름이다.

08 피치 3mm의 3줄 나사가 2회전하였을 때 전진 거리는?

① 8mm   ② 9mm

③ 11mm   ④ 18mm

해설 $3 \times 3 \times 2 = 18$

09 드릴로 구멍을 뚫은 이후에 사용되는 공구가 아닌 것은?

① 리머   ② 센터펀치

③ 카운터 보어   ④ 카운터 싱크

해설 센터펀치는 드릴가공 후 사용되는 공구가 아니다.

10 선반가공에 영향을 주는 조건에 대한 설명으로 틀린 것은?

① 이송이 증가하면 가공변질층은 증가한다.

② 절삭각이 커지면 가공변질층은 증가한다.

③ 절삭속도가 증가하면 가공변질층은 감소한다.

④ 절삭온도가 상승하면 가공변질층은 증가한다.

해설 절삭온도가 상승하면 가공변질층은 감소한다.

11 수기가공에 대한 설명 중 틀린 것은?

① 탭은 나사부와 자루 부분으로 되어 있다.

② 다이스는 수나사를 가공하기 위한 공구이다.

③ 다이스는 1번, 2번, 3번 순으로 나사가공을 수행한다.

④ 줄의 작업순서는 황목 → 중목 → 세목 순으로 한다.

해설 핸드탭은 1번, 2번, 3번 순으로 나사가공을 수행한다.

12 밀링머신에서 테이블 백래시(back lash) 제거 장치의 설치위치는?

① 변속기어   ② 자동이송레버

③ 테이블이송나사   ④ 테이블이송핸들

해설 밀링머신에서 테이블 백래시(back lash) 제거장치는 테이블이송나사에 설치된다.

13 칩 브레이커(chip breaker)에 대한 설명으로 옳은 것은?

① 칩의 한 종류로서 조각난 칩의 형태를 말한다.

② 스로어웨이(throw away)바이트의 일종이다.

③ 연속적인 칩의 발생을 억제하기 위한 칩 절단장치이다.

④ 인서트팁 모양의 일종으로서 가공정밀도를 위한 장치이다.

해설 칩 브레이커는 연속적인 칩의 발생을 억제하기 위한 칩절단장치이다.

14 연삭숫돌의 결합제에 따른 기호가 틀린 것은?

① 고무 - R   ② 셀락 - E

③ 레지노이드 - G   ④ 비트리파이드 - V

해설 레지노이드 - B

정답 6.① 7.② 8.④ 9.② 10.④ 11.③ 12.③ 13.③ 14.③

15 200rpm으로 회전하는 스핀들에서 6회전 휴지 (dwell) NC프로그램으로 옳은 것은?

① G01 P1800 ;　　② G01 P2800 ;

③ G04 P1800 ;　　④ G04 P2800 ;

해설 $\dfrac{6\times60}{200}=1.8\text{sec}$이므로 G04 P1800 ;이다.

16 기어절삭에 사용되는 공구가 아닌 것은?

① 호브　　　　　② 랙커터

③ 피니언커터　　④ 더브테일커터

해설 더브테일커터는 기어절삭에 사용되는 공구가 아니다.

17 다음 그림과 같이 더브테일 홈가공을 하려고 할 때 X의 값은 약 얼마인가? (단, tan60°=1.7321, tan30°=0.5774이다.)

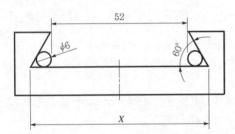

① 60.26　　　　② 68.39

③ 82.04　　　　④ 84.86

해설 $\cot\dfrac{\alpha}{2}=\dfrac{1}{\tan(\alpha/2)}=\dfrac{1}{\tan30°}=1.732$

∴ $X=52+d\left(1+\cot\dfrac{\alpha}{2}\right)$

　　$=52+6(1+1.732)=68.392\text{mm}$

18 절삭속도 150m/min, 절삭깊이 8mm, 이송 0.25mm/rev로 75mm 지름의 원형 단면봉을 선삭 때의 주축회전수(rpm)는?

① 160　　　　　② 320

③ 640　　　　　④ 1,280

해설 $n=\dfrac{1,000v}{\pi d}$

　　$=\dfrac{1,000\times150}{3.14\times75}=636.9\text{rpm}$

19 연삭작업 안전사항으로 틀린 것은?

① 연삭숫돌의 측면 부위로 연삭작업을 수행하지 않는다.

② 숫돌은 나무해머나 고무해머 등으로 음향검사를 실시한다.

③ 연삭가공할 때 안전을 위하여 원주정면에서 작업을 한다.

④ 연삭작업할 때 분진의 비산을 방지하기 위해 집진기를 가동한다.

해설 연삭가공할 때 안전을 위하여 원주정면에서 작업을 하면 위험하다.

20 피복초경합금으로 만들어진 절삭공구의 피복처리방법은?

① 탈탄법　　　　② 경납땜법

③ 접용접법　　　④ 화학증착법

해설 피복초경합금으로 만들어진 절삭공구의 피복처리방법은 화학증착법, 물리증착법이다.

제2과목 : 기계제도

21 다음 그림과 같이 제3각법으로 나타낸 정면도와 우측면도에 가장 적합한 평면도는?

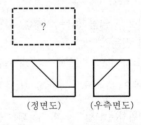

해설 우측면도

22 모듈이 2인 한 쌍의 외접하는 표준스퍼기어잇수가 각각 20과 40으로 맞물려 회전할 때 두 축 간의 중심거리는 척도 1 : 1도면에는 몇 mm로 그려야 하는가?

① 30mm ② 40mm

③ 60mm ④ 120mm

해설 $C = \dfrac{2(20+40)}{2} = 60\text{mm}$

23 KS용접기호 표시와 용접부 명칭이 틀린 것은?

① ⊓ : 플러그용접

② ○ : 점용접

③ || : 가장자리용접

④ ◺ : 필릿용접

해설 || : 평행(I형) 맞대기용접

24 나사의 표시가 "No.8 − 36UNF"로 나타날 때 나사의 종류는?

① 유니파이보통나사

② 유니파이 가는 나사

③ 관용테이퍼수나사

④ 관용테이퍼암나사

해설 UNF는 유니파이 가는 나사이다.

25 I형강의 치수기입이 옳은 것은? (단, B : 폭, H : 높이, t : 두께, L : 길이)

① I $B \times H \times t - L$ ② I $H \times B \times t - L$

③ I $t \times H \times B - L$ ④ I $L \times H \times B - t$

해설 I $H \times B \times t - L$

26 다음 그림과 같은 정면도와 우측면도에 가장 적합한 평면도는?

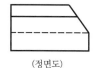

(정면도)　　　　(우측면도)

① ② ③ ④
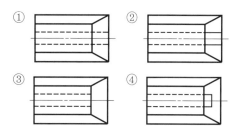

해설 평면도

27 다음 중 투상도법의 설명으로 올바른 것은?

① 제1각법은 물체와 눈 사이에 투상면이 있는 것이다.

② 제3각법은 평면도가 정면도 위에, 우측면도는 정면도 오른쪽에 있다.

③ 제1각법은 우측면도가 정면도 오른쪽에 있다.

④ 제3각법은 정면도 위에 배면도가 있고, 우측면도는 왼쪽에 있다.

해설 제3각법은 평면도가 정면도 위에, 우측면도는 정면도 오른쪽에 있다.

28 다음 정면도와 우측면도에 가장 적합한 평면도는?

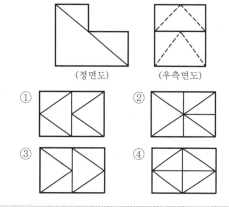

(정면도)　　　　(우측면도)

① ② ③ ④

해설 평면도

29 최대틈새가 0.075mm이고, 축의 최소허용치수가 49.950mm일 때 구멍의 최대허용치수는?

① 50.075mm ② 49.875mm

③ 49.975mm ④ 50.025mm

해설 0.075＋49.950＝50.025

30 베어링기호 608C2P6에서 P6가 뜻하는 것은?

① 정밀도등급기호
② 계열기호
③ 안지름번호
④ 내부틈새기호

해설 P6은 정밀도등급기호이다.

31 두께 5.5mm인 강판을 사용하여 그림과 같은 물탱크를 만들려고 할 때 필요한 강판의 질량은 약 몇 kg인가? (단, 강판의 비중은 7.85로 계산하고, 탱크는 전체 6면의 두께가 동일함)

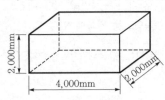

① 1,638 ② 1,727

③ 1,836 ④ 1,928

해설 (2×4×4+2×2×2)×0.0055×7.85×1,000
＝1,727kg

32 재료의 제거가공으로 이루어진 상태든 아니든 앞의 제조공정에서의 결과로 나온 표면상태가 그대로라는 것을 지시하는 것은?

① ② ③ ④

해설
표면상태 그대로는 로 표시한다.

33 다음 중 탄소공구강재에 해당하는 KS재료기호는?

① STS ② STF

③ STD ④ STC

해설 탄소공구강재는 STC이다.

34 제3각법으로 도시한 3면도 중 각 도면 간의 관계를 가장 옳게 나타낸 것은?

①

②

③

④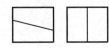

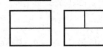

해설 ④만 옳다.

35 기하공차기호 중 위치공차를 나타내는 기호가 아닌 것은?

① ⊕ ② ◎

③ ⌀ ④ ═

해설 ⌀인 원통도는 모양공차에 속한다.

36 다음 그림과 같은 도면의 기하공차에 대한 설명으로 가장 옳은 것은?

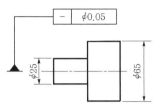

① ϕ25 부분만 중심축에 대한 평면도가 ϕ0.05 이내

② 중심축에 대한 전체의 평면도가 ϕ0.05 이내

③ ϕ25 부분만 중심축에 대한 진직도가 ϕ0.05 이내

④ 중심축에 대한 전체의 진직도가 ϕ0.05 이내

해설 중심축에 대한 전체의 진직도가 ϕ0.05 이내이다.

37 다음 KS재료기호 중 니켈크로뮴몰리브데넘강에 속하는 것은?

① SMn420   ② SCr415

③ SNCM420   ④ SFCM590S

해설 SNCM420은 니켈크로뮴몰리브데넘강이다.

38 다음 그림에서 사용된 단면도의 명칭은?

① 한쪽 단면도   ② 부분단면도

③ 회전도시단면도   ④ 계단단면도

해설 그림은 회전도시단면도이다.

39 가공에 의한 커터의 줄무늬가 여러 방향일 때 도시하는 기호는?

① =   ② X

③ M   ④ C

해설 M은 가공에 의한 커터의 줄무늬가 여러 방향임을 나타낸다.

40 코일스프링제도에 대한 설명으로 틀린 것은?

① 스프링은 원칙적으로 하중이 걸린 상태로 그린다.

② 특별한 단서가 없으면 오른쪽으로 감은 것을 나타낸다.

③ 스프링의 종류 및 모양만을 간략도로 나타내는 경우에는 스프링재료의 중심선만을 굵은 실선으로 그린다.

④ 그림 안에 기입하기 힘든 사항은 일괄적으로 요목표에 나타낸다.

해설 스프링은 원칙적으로 무하중상태로 그린다.

제3과목 : 기계설계 및 기계재료

41 강을 오스테나이트화한 후 공랭하여 표준화된 조직을 얻는 열처리는?

① 퀜칭(Quenching)

② 어닐링(Annealing)

③ 템퍼링(Tempering)

④ 노멀라이징(Normalizing)

해설 강을 오스테나이트화한 후 공랭하여 표준화된 조직을 얻는 열처리는 노멀라이징이다.

42 금속간화합물에 관하여 설명한 것 중 틀린 것은?

① 경하고 취약하다.

② Fe_3C는 금속간화합물이다.

③ 일반적으로 복잡한 결정구조를 갖는다.

④ 전기저항이 작으며 금속적 성질이 강하다.

해설 전기저항이 크며 비금속적 성질이 강하다.

43 담금질조직 중 경도가 가장 높은 것은?

① 펄라이트   ② 마텐자이트

③ 소르바이트   ④ 트루스타이트

해설 담금질조직 중 경도가 가장 높은 것은 마텐자이트이다.

44 다음 구조용 복합재료 중에서 섬유강화금속은 어느 것인가?

① SPF   ② FRM

③ FRP   ④ GFRP

해설 FRM은 섬유강화금속(Fiber Reinforced Metal)이다.

45 알루미늄 및 그 합금의 질별 기호 중 가공경화한 것을 나타내는 것은?

① O   ② W

③ F   ④ H

해설 가공용 알루미늄합금은 냉간가공과 열처리에 의하여 기계적 성질이 달라지므로 합금종별 다음에 질별 기호를 붙인다. 대표적인 질별 기호는 다음과 같다.
- F : 제조한 그대로의 것
- O : 소둔(풀림처리)한 것
- H : 가공경화한 것(냉간가공한 경질상태)
- T : 열처리 실시
- W : 소입 후 시효경화 진행 중

46 다음 원소 중 중금속이 아닌 것은?

① Fe   ② Ni

③ Mg   ④ Cr

해설 Mg은 비중 1.74인 경금속이다.

47 금속침투법에서 Zn을 침투시키는 것은?

① 크로마이징

② 세라다이징

③ 칼로라이징

④ 실리코나이징

해설 금속침투법에서 Zn을 침투시키는 것은 세라다이징이라고 한다.

48 순철에서 나타나는 변태가 아닌 것은?

① A_1 ② A_2

③ A_3 ④ A_4

해설 A_1변태는 탄소강에서 나타나는 변태점이다.

49 특수강에 들어가는 합금원소 중 탄화물 형성과 결정립을 미세화하는 것은?

① P   ② Mn

③ Si   ④ Ti

해설 탄화물 형성과 결정립을 미세화하는 것은 Ti이다.

50 동합금에서 황동에 납을 1.5~3.7%까지 첨가한 합금은?

① 강력황동   ② 쾌삭황동

③ 배빗메탈   ④ 델타메탈

해설 동합금에서 황동에 납을 1.5~3.7%까지 첨가한 합금은 쾌삭황동이다.

51 30° 미터사다리꼴나사(1줄 나사)의 유효지름이 18mm이고, 피치는 4mm이며 나사접촉부 마찰계수는 0.15일 때 이 나사의 효율은 약 몇 %인가?

① 24%   ② 27%

③ 31%   ④ 35%

해설 $\eta = \dfrac{\tan\alpha}{\tan(\alpha+\rho)}$ 에서

$\tan\alpha = \dfrac{P}{\pi d} = \dfrac{4}{3.14 \times 18} = 0.07$이므로 $\alpha = 4°$

$\tan\rho = \dfrac{\mu}{\cos 15°} = 0.155$이므로 $\rho = 8.8°$

$\therefore\ \eta = \dfrac{\tan\alpha}{\tan(\alpha+\rho)} = \dfrac{\tan 4°}{\tan 12.8°} = \dfrac{0.07}{0.227} = 0.308$

52 두께 10mm 강판을 지름 20mm 리벳으로 한 줄 겹치기 리벳이음을 할 때 리벳에 발생하는 전단력과 판에 작용하는 인장력이 같도록 할 수 있는 피치는 약 몇 mm인가? (단, 리벳에 작용하는 전단응력과 판에 작용하는 인장응력은 동일하다고 본다.)

① 51.4   ② 73.6

③ 163.6   ④ 205.6

해설 $p = d + \dfrac{\pi d^2 \tau}{4 t \sigma_t} = 20 + \dfrac{3.14 \times 20^2}{4 \times 10} = 51.4\mathrm{mm}$

53 벨트의 접촉각을 변화시키고 벨트의 장력을 증가시키는 역할을 하는 풀리는?

① 원동풀리
② 인장풀리
③ 종동풀리
④ 원추풀리

해설 벨트의 접촉각을 변화시키고 벨트의 장력을 증가시키는 역할을 하는 풀리는 인장풀리이다.

54 블록브레이크의 드럼이 20m/s의 속도로 회전하는데 블록을 500N의 힘으로 가압할 경우 제동동력은 약 몇 kW인가? (단, 접촉부 마찰계수는 0.30이다.)

① 1.0 ② 1.7
③ 2.3 ④ 3.0

해설 $H' = \dfrac{fv}{102} = \dfrac{\mu Pv}{102} = \dfrac{0.3 \times 500 \times 20}{102 \times 9.8} = 3.0\text{kW}$

55 피치원지름이 무한대인 기어는?

① 랙(rack)기어
② 헬리컬(helical)기어
③ 하이포이드(hypoid)기어
④ 나사(screw)기어

해설 피치원지름이 무한대인 기어는 랙기어이다.

56 구름 베어링에서 실링(sealing)의 주목적으로 가장 적합한 것은?

① 구름 베어링에 주유를 주입하는 것을 돕는다.
② 구름 베어링의 발열을 방지한다.
③ 윤활유의 유출 방지와 유해물의 침입을 방지한다.
④ 축에 구름 베어링을 끼울 때 삽입을 돕는다.

해설 구름 베어링에서 실링의 주목적은 윤활유의 유출 방지와 유해물의 침입을 방지하는 것이다.

57 300rpm으로 3.1kW의 동력을 전달하고, 축재료의 허용전단응력은 20.6MPa인 중실축의 지름은 약 몇 mm 이상이어야 하는가?

① 20 ② 29
③ 36 ④ 45

해설 $T = 9,550 \dfrac{H_{\text{kW}}}{n} = 9,550 \times \dfrac{3.1}{300} = 98.68\text{N} \cdot \text{m}$

$\therefore d = \sqrt[3]{\dfrac{5.1 T}{\tau_a}}$

$= \sqrt[3]{\dfrac{5.1 \times 98.68 \times 1,000}{20.6}} = 29\text{mm}$

58 다음 중 제동용 기계요소에 해당하는 것은?

① 웜 ② 코터
③ 래칫 휠 ④ 스플라인

해설 래칫 휠은 제동용 기계요소이다.

59 다음 중 축에는 가공을 하지 않고 보스 쪽에만 홈을 가공하여 조립하는 키는?

① 안장키(saddle key)
② 납작키(flat key)
③ 묻힘키(sunk key)
④ 둥근키(round key)

해설 안장키는 축에는 가공을 하지 않고 보스 쪽에만 홈을 가공하여 조립하는 키이다.

60 하중이 2.5kN작용하였을 때 처짐이 100mm 발생하는 코일스프링의 소선지름은 10mm이다. 이 스프링의 유효감김수는 약 몇 권인가? (단, 스프링치수(C)는 10이고, 스프링선재의 전단탄성계수는 80GPa이다.)

① 3 ② 4
③ 5 ④ 6

해설 $C = \dfrac{D}{d}$

$D = Cd = 10 \times 10 = 100$

$\therefore n = \dfrac{Gd^4\delta}{8D^3 P} = \dfrac{80 \times 10^4 \times 100}{8 \times 100^3 \times 2.5} = 4\text{회}$

제4과목 : 컴퓨터응용설계

61 2차원 스케치평면에서 임의의 사각형을 정의하기 위해 필요한 형상구속조건 및 치수조건을 합치면 총 몇 개인가? (단, 직사각형이 네 꼭짓점 좌표를 (x_1, y_1), (x_2, y_2), (x_3, y_3), (x_4, y_4)으로 표시할 때 $x_1 = 3$으로 한다면 치수조건을 준 경우이고, $x_1 = x_2$와 같이 표현한다면 형상구속조건을 준 경우이다. 또한 각 조건은 x방향과 y방향을 별개로 한다.)

① 2개 　　　② 4개
③ 6개 　　　④ 8개

해설 8개이다.

62 다음 그림과 같이 여러 개의 단면 형상을 생성하고 이들을 덮어싸는 곡면을 생성하였다. 이는 어떤 모델링방법인가?

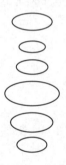 

▲단면들　　　▲생성된 입체

① 스위핑 　　　② 리프팅
③ 블랜딩 　　　④ 스키닝

해설 스키닝은 캐릭터의 뼈대에 물체를 연결하는 작업과정이며, 연결된 물체는 조인트들의 회전으로 캐릭터 변형이 가능하다.

63 솔리드모델의 데이터구조 중 CSG와 비교한 경계표현(Boundary representation)방식의 특징은?

① 파라메트릭모델링을 쉽게 구현할 수 있다.
② 데이터구조의 관리가 용이하다.
③ 경계면 형상을 화면에 빠르게 나타낼 수 있다.
④ 데이터구조가 간단하고 기억용량이 적다.

해설 경계면 형상을 화면에 빠르게 나타낼 수 있다.

64 3차원 변환에서 Y축을 중심으로 α의 각도만큼 회전한 경우의 변환행렬(T)은? (단, 변환식은 $P' = PT$이고, P'는 회전 후 좌표, P는 회전하기 전 좌표이다.)

① $\begin{bmatrix} 1 & 0 & 0 & 0 \\ 0 & \cos\alpha & -\sin\alpha & 0 \\ 0 & \sin\alpha & \cos\alpha & 0 \\ 0 & 0 & 0 & 1 \end{bmatrix}$

② $\begin{bmatrix} \cos\alpha & 0 & -\sin\alpha & 0 \\ 0 & 1 & 0 & 0 \\ \sin\alpha & 1 & \cos\alpha & 0 \\ 0 & 0 & 0 & 1 \end{bmatrix}$

③ $\begin{bmatrix} \cos\alpha & -\sin\alpha & 0 & 0 \\ \sin\alpha & \cos\alpha & 0 & 0 \\ 0 & 0 & 1 & 0 \\ 0 & 0 & 0 & 1 \end{bmatrix}$

④ $\begin{bmatrix} 0 & \cos\alpha & \sin\alpha & 0 \\ 0 & 0 & 0 & 0 \\ \cos\alpha & \sin\alpha & \cos\alpha & 0 \\ 0 & 0 & 0 & 1 \end{bmatrix}$

해설 $\begin{bmatrix} \cos\alpha & 0 & -\sin\alpha & 0 \\ 0 & 1 & 0 & 0 \\ \sin\alpha & 1 & \cos\alpha & 0 \\ 0 & 0 & 0 & 1 \end{bmatrix}$

65 CAD시스템에서 일반적인 선의 속성(attribute)으로 거리가 먼 것은?

① 선의 굵기(line thickness)
② 선의 색상(line color)
③ 선의 밝기(line brightness)
④ 선의 종류(line type)

해설 선의 밝기는 CAD시스템에서 일반적인 선의 속성으로 거리가 멀다.

66 CAD소프트웨어의 도입효과로 가장 거리가 먼 것은?

① 제품개발기간 단축
② 설계생산성 향상
③ 업무표준화 촉진
④ 부서 간 의사소통 최소화

정답 61.④ 62.④ 63.③ 64.② 65.③ 66.④

해설 부서 간 의사소통 원활화

67 다음 중 기존의 제품에 대한 치수를 측정하여 도면을 만드는 작업을 부르는 말로 적절한 것은?

① RE(Reverse Engineering)

② FMS(Flexible Manufacturing System)

③ EDP(Electronic Data Processing)

④ ERP(Enterprise Resoure Planning)

해설 RE(Reverse Engineering)는 기존의 제품에 대한 치수를 측정하여 도면을 만드는 작업이다.

68 CAD용어 중 회전특징 형상 모양으로 잘려나간 부분에 해당하는 특징 형상을 무엇이라고 하는가?

① 홀(hole)   ② 그루브(groove)

③ 챔퍼(chamfer)   ④ 라운드(round)

해설 그루브(groove)는 회전특징 형상모양으로 잘려나간 부분에 해당하는 특징 형상이다.

69 (x, y)좌표계에서 선의 방정식이 "$ax + by + c = 0$"으로 나타났을 때의 선은? (단, a, b, c는 상수이다.)

① 직선(line)

② 스플라인곡선(spline curve)

③ 원(circle)

④ 타원(ellipse)

해설 (x, y)좌표계에서 선의 방정식이 "$ax + by + c = 0$"으로 나타났을 때의 선은 직선이다.

70 3차원 좌표계를 표현하는 데 있어서 P(r, θ, z_1)로 표현되는 좌표계는 무엇인가? (단, r은 (x, y)평면에서의 직선거리, θ는 (x, y)평면에서의 각도, z_1은 z축 방향 거리이다.)

① 직교좌표계   ② 극좌표계

③ 원통좌표계   ④ 구면좌표계

해설 원통좌표계는 P(r, θ, z_1)로 표현되는 좌표계이다.

71 CAD소프트웨어와 가장 관계가 먼 것은?

① Auto CAD   ② EXCEL

③ Solid Works   ④ CATIA

해설 EXCEL은 CAD소프트웨어가 아니다.

72 다음 중 주어진 조정점(기준점)을 모두 통과하는 곡선은?

① Bezier곡선   ② B−Spline곡선

③ Spline곡선   ④ NURBS곡선

해설 주어진 조정점(기준점)을 모두 통과하는 곡선은 Spline 곡선이다.

73 서로 만나는 2개의 평면 혹은 곡면에서 서로 만나는 모서리를 곡면으로 바꾸는 작업을 무엇이라고 하는가?

① blending   ② sweeping

③ remeshing   ④ trimming

해설 blending은 서로 만나는 2개의 평면 혹은 곡면에서 서로 만나는 모서리를 곡면으로 바꾸는 작업이다.

74 CSG방식 모델링에서 기초 형상(primitive)에 대한 가장 기본적인 조합방식에 속하지 않는 것은?

① 합집합   ② 차집합

③ 교집합   ④ 여집합

해설 여집합은 CSG방식 모델링에서 기초 형상(primitive)에 대한 가장 기본적인 조합방식에 속하지 않는다.

75 래스터(Raster)그래픽장치의 Frame buffer에서 1화소당 24bit를 사용한다면 몇 가지의 색을 동시에 나타낼 수 있는가?

① 256   ② 65,536

③ 1,048,576   ④ 16,777,216

해설 래스터그래픽장치의 Frame buffer에서 1화소당 24bit를 사용한다면 16,777,216가지의 색을 동시에 나타낼 수 있다.

76 제품도면정보가 컴퓨터에 저장되어 있는 경우에 공정계획을 컴퓨터를 이용하여 빠르고 정확하게 수행하고자 하는 기술은?

① CAPP(Computer—Aided Process Planning)

② CAE(Computer—Aided Engineering)

③ CAI(Computer—Aided Inspection)

④ CAD(Computer—Aided Design)

해설 CAPP(Computer—Aided Process Planning)는 제품도면정보가 컴퓨터에 저장되어 있는 경우에 공정계획을 컴퓨터를 이용하여 빠르고 정확하게 수행하고자 하는 기술이다.

77 경계표현방식(B—rep)에 의해서 물체 형상을 표현하고자 할 때 기본적인 구성요소라고 할 수 없는?

① 꼭짓점(vetice)　　② 면(face)

③ 모서리(edge)　　④ 벡터(vector)

해설 벡터는 경계표현방식(B—rep)에 의해서 물체 형상을 표현하고자 할 때 기본적인 구성요소가 아니다.

78 B—Spline곡선의 설명으로 옳은 것은?

① 각 조정점(control vertex)들이 전체 곡선의 형상에 영향을 준다.

② 곡선의 형상을 국부적으로 수정하기 어렵다.

③ 곡선의 차수는 조정점의 개수와 무관하다.

④ Hermite곡선식을 사용한다.

해설 곡선의 차수는 조정점의 개수와 무관하다.

79 다음 중 Bezier곡선의 설명으로 틀린 것은?

① 곡선은 조정다각형(control polygon)의 시작점과 끝점을 반드시 통과한다.

② n차 Bezier곡선의 조정점(control vertex)들의 개수는 $n-1$개이다.

③ 조정다각형의 첫 번째 선분은 시작점에서의 접선벡터와 같은 방향이다.

④ 조정다각형의 꼭짓점의 순서가 거꾸로 되어도 같은 Bezier곡선이 만들어진다.

해설 n차 Bezier곡선의 조정점(control vertex)들의 개수는 $n+1$개이다.

80 CAD에서 사용되는 모델링방식에 대한 설명 중 잘못된 것은?

① wire frame model : 음영처리가 용이하다.

② surface model : NC data를 생성할 수 있다.

③ solid model : 정의된 형상의 질량을 구할 수 있다.

④ surface model : tool path를 구할 수 있다.

해설 wire frame model은 음영처리가 용이하지 않다.

2016년도 기사 제3회 필기시험(산업기사)

(2016.08.08. 시행)

자격종목	시험시간	형별	수험번호	성명	가답안/최종정답
기계설계산업기사	2시간	A			

제1과목 : 기계가공 및 안전관리

01 호환성이 있는 제품을 대량으로 만들 수 있도록 가공위치를 쉽고 정확하게 결정하기 위한 보조용 기구는?

① 지그　　　　② 센터
③ 바이스　　　④ 플랜지

해설 지그(jig)는 호환성이 있는 제품을 대량으로 만들 수 있도록 가공위치를 쉽고 정확하게 결정하기 위한 보조용 기구이다.

02 다음 중 소재의 두께가 0.5mm인 얇은 박판에 가공된 구멍의 내경을 측정할 수 없는 측정기는?

① 투영기　　　② 공구현미경
③ 옵티컬플랫　④ 3차원 측정기

해설 옵티컬플랫은 평면측정기이다.

03 밀링작업의 안전수칙에 대한 설명으로 틀린 것은?

① 공작물의 측정은 주축을 정지하여 놓고 실시한다.
② 급속이송은 백래시 제거장치가 작동하고 있을 때 실시한다.
③ 중절삭할 때에는 공작물을 가능한 바이스에 깊숙이 물려야 한다.
④ 공작물을 바이스에 고정할 때 공작물이 변형이 되지 않도록 주의한다.

해설 급속이송은 백래시 제거장치가 동작하지 않고 있음을 확인한 다음 행한다.

04 테이퍼플러그게이지(taper plug gage)의 측정에서 다음 그림과 같이 정반 위에 놓고 핀을 이용해서 측정하려고 한다. M을 구하는 식으로 옳은 것은?

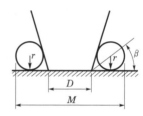

① $M = D + r + r\cot\beta$
② $M = D + r + r\tan\beta$
③ $M = D + 2r + 2r\cot\beta$
④ $M = D + 2r + 2r\tan\beta$

해설 $M = D + 2r + 2\left(\dfrac{r}{\tan\beta}\right) = D + 2r + 2r\cot\beta$

05 드릴의 자루(shank)를 테이퍼자루와 곧은 자루로 구분할 때 곧은 자루의 기준으로 되는 드릴직경은 몇 mm 이하인가?

① 13　　　　② 18
③ 20　　　　④ 25

해설 곧은 자루의 기준으로 되는 드릴직경은 13mm 이하이다.

06 축용으로 사용되는 한계게이지는?

① 봉게이지　　② 스냅게이지
③ 블록게이지　④ 플러그게이지

해설 스냅게이지는 축용으로 사용되는 한계게이지이다.

07 리밍(reaming)에 관한 설명으로 틀린 것은?

① 날 모양에는 평행날과 비틀림날이 있다.

② 구멍의 내면을 매끈하고 정밀하게 가공하는 것을 말한다.

③ 날 끝에 테이퍼를 주어 가공할 때 공작물에 잘 들어가도록 되어 있다.

④ 핸드리머와 기계리머는 자루 부분이 테이퍼로 되어 있어서 가공이 편리하다.

해설 통상 핸드리머는 스트레이트섕크이며, 기계리머는 테이퍼섕크로 되어 있다.

08 유막에 의해 마찰면이 완전히 분리되어 윤활의 정상적인 상태를 말하는 것은?

① 경계윤활 　　　② 고체윤활

③ 극압윤활 　　　④ 유체윤활

해설 유체윤활은 유막에 의해 마찰면이 완전히 분리된 정상적인 상태의 윤활이다.

09 선삭에서 지름 50mm, 회전수 900rpm, 이송 0.25mm/rev, 길이 50mm를 2회 가공할 때 소요되는 시간은 약 얼마인가?

① 13.4초 　　　② 26.7초

③ 33.4초 　　　④ 46.7초

해설 $t = \dfrac{L}{F} i = \dfrac{50}{0.25 \times 900} \times 2 \times 60 = 26.7 \mathrm{sec}$

10 밀링가공에서 공작물을 고정할 수 있는 장치가 아닌 것은?

① 면판 　　　② 바이스

③ 분할대 　　　④ 회전테이블

해설 면판은 선반부속품이다.

11 선반가공에서 절삭저항의 3분력이 아닌 것은?

① 배분력 　　　② 주분력

③ 이송분력 　　　④ 절삭분력

해설 선반가공에서 절삭저항의 3분력은 주분력, 배분력, 이송분력이다.

12 윤활제의 급유방법으로 틀린 것은?

① 강제급유법 　　　② 적하급유법

③ 진공급유법 　　　④ 핸드급유법

해설 윤활제의 급유방법으로 진공급유법이라는 것은 없다.

13 보통형(conventional type)과 유성형(planetary type) 방식이 있는 연삭기는?

① 나사연삭기 　　　② 내면연삭기

③ 외면연삭기 　　　④ 평면연삭기

해설 보통형과 유성형 방식이 있는 연삭기는 내면연삭기이다.

14 원하는 형상을 한 공구를 공작물의 표면에 눌러대고 이동시켜 표면에 소성변형을 주어 정도가 높은 면을 얻기 위한 가공법은?

① 래핑(lapping)

② 버니싱(burnishing)

③ 폴리싱(polishing)

④ 슈퍼피니싱(super−finishing)

해설 버니싱(burnishing)은 원하는 형상을 한 공구를 공작물의 표면에 눌러대고 이동시켜 표면에 소성변형을 주어 정도가 높은 면을 얻기 위한 가공법이다.

15 다음 그림과 같은 공작물을 양 센터작업에서 심압대를 편위시켜 가공할 때 편위량은? (단, 그림의 치수단위는 mm이다.)

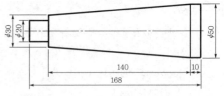

① 6mm 　　　② 8mm

③ 10mm 　　　④ 12mm

해설 $x = \dfrac{(D-d)L}{2l}$

$= \dfrac{(50-30) \times 168}{2 \times 140} = 12 \mathrm{mm}$

16 창성식 기어절삭법에 대한 설명으로 옳은 것은?

① 밀링머신과 같이 총형 밀링커터를 이용하여 절삭하는 방법이다.

② 셰이퍼 등에서 바이트를 치형에 맞추어 절삭하여 완성하는 방법이다.

③ 셰이퍼의 테이블에 모형과 소재를 고정한 후 모형에 따라 절삭하는 방법이다.

④ 호빙머신에서 절삭공구와 일감을 서로 적당한 상대운동을 시켜서 치형을 절삭하는 방법이다.

[해설] 창성식 기어절삭법은 호빙머신에서 절삭공구와 일감을 서로 적당한 상대운동을 시켜서 치형을 절삭하는 방법이다.

17 보링머신의 크기를 표시하는 방법으로 틀린 것은?

① 주축의 지름

② 주축의 이송거리

③ 테이블의 이동거리

④ 보링바이트의 크기

[해설] 보링바이트의 크기로 보링머신의 크기를 표시하지는 않는다.

18 평면도 측정과 관계없는 것은?

① 수준기   ② 링게이지

③ 옵티컬플랫   ④ 오토콜리메이터

[해설] 링게이지는 평면도 측정용 게이지가 아니라 외경측정용 게이지이다.

19 밀링머신 호칭번호를 분류하는 기준으로 옳은 것은?

① 기계의 높이

② 주축모터의 크기

③ 기계의 설치면적

④ 테이블의 이동거리

[해설] 테이블의 이동거리는 밀링머신 호칭번호의 기준이 된다.

20 센터리스연삭기의 특징으로 틀린 것은?

① 긴 홈이 있는 가공물이나 대형 또는 중량물의 연삭이 가능하다.

② 연삭숫돌폭보다 넓은 가공물을 플랜지컷방식으로 연삭할 수 없다.

③ 연삭숫돌의 폭이 크므로 연삭숫돌지름의 마멸이 적고 수명이 길다.

④ 센터가 필요하지 않아 센터구멍을 가공할 필요가 없고 속이 빈 가공물을 연삭할 때 편리하다.

[해설] 긴 홈이 있는 가공물이나 대형 또는 중량물의 연삭이 불가능하다.

제2과목 : 기계제도

21 다음 그림과 같은 입체도의 제3각 정투상도로 가장 적합한 것은?

①

②

③

④

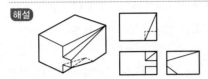

해설

22 베어링호칭번호 "6308ZNR"에서 "08"이 의미하는 것은?

① 실드기호 ② 안지름번호
③ 베어링계열기호 ④ 레이스 형상기호

해설 08은 안지름번호이다.

23 표면의 결 지시방법에서 "제거가공을 허용하지 않는다"를 나타내는 것은?

①   ② 25
③ 6.3 ④

해설 은 제거가공을 허용하지 않는다(그대로이다).

24 나사의 종류를 표시하는 기호 중 미터사다리꼴나사의 기호는?

① M ② SM
③ PT ④ Tr

해설 Tr은 미터사다리꼴나사이다.

25 다음 그림에서 로 표시한 부분의 의미로 올바른 것은?

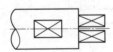

① 정밀가공 부위를 지시
② 평편임을 지시
③ 가공을 금지함을 지시
④ 구멍임을 지시

해설 평편임을 지시한다.

26 다음 형상공차의 종류별 기호 표시가 틀린 것은?

① 평면도 : ▱ ② 위치도 : ⊕
③ 진원도 : ○ ④ 원통도 : ◎

해설 동심도는 ◎이다.

27 가공부에 표시하는 다듬질기호 중 줄다듬질의 기호는?

① FF ② FL
③ FS ④ FR

해설 FF는 줄다듬질이다.

28 도면에 표시된 재료기호가 "SF390A"로 되었을 때 "390"이 뜻하는 것은?

① 재질번호 ② 탄소함유량
③ 최저인장강도 ④ 제품번호

해설 390은 최저인장강도이다.

29 KS나사가 다음과 같이 표시될 때 이에 대한 설명으로 옳은 것은?

"왼 2줄 M50×2 - 6H"

① 나사산의 감긴 방향은 왼쪽이고 2줄 나사이다.
② 미터보통나사로 피치가 6mm이다.
③ 수나사이고 공차등급은 6급, 공차위치는 H이다.
④ 이 기호만으로는 암나사인지 수나사인지를 알 수 없다.

해설 "왼 2줄 M50×2 - 6H"는 나사산의 감긴 방향은 왼쪽이고 2줄 나사이다.

30 단면도의 절단된 부분을 나타내는 해칭선을 그리는 선은?

① 가는 이점쇄선 ② 가는 파선
③ 가는 실선 ④ 가는 일점쇄선

해설 단면도의 절단된 부분을 나타내는 해칭선을 그리는 선은 가는 실선이다.

정답 22.② 23.① 24.④ 25.② 26.④ 27.① 28.③ 29.① 30.③

31 다음 그림과 같은 입체도를 제3각법으로 올바르게 나타낸 것은?

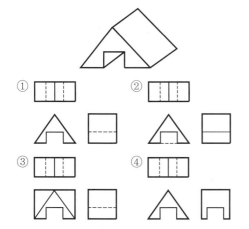

① ② ③ ④

해설

32 다음 중 니켈크로뮴강의 KS기호는?

① SCM415 ② SNC415
③ SMnC420 ④ SNCM420

해설 SNC는 니켈크로뮴강이다.

33 구멍의 치수가 $\phi 50^{+0.05}_{0}$, 축의 치수가 $\phi 50^{0}_{-0.02}$일 때 최대틈새는 얼마인가?

① 0.02 ② 0.03
③ 0.05 ④ 0.07

해설 $0.05-(-0.02)=0.07$

34 철골구조물도면에 2-L75×75×6-1800으로 표시된 형강을 올바르게 설명한 것은?

① 부등변 부등두께 ㄱ형강이며, 길이는 1,800mm이다.
② 형강의 개수는 6개이다.
③ 형강의 두께는 75mm이며, 그 길이는 1,800mm이다.
④ ㄱ형강 양변의 길이는 75mm로 동일하며, 두께는 6mm이다.

해설 ㄱ형강 양변의 길이는 75mm로 동일하며, 두께는 6mm이다.

35 다음 중 위치공차를 나타내는 기호가 아닌 것은?

① ◎ ② ≡
③ ↗ ④ ⊕

해설 ↗ 은 (원주) 흔들림공차이다.

36 다음과 같이 투상된 정면도와 우측면도에 가장 적합한 평면도는?

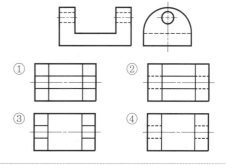

①  ②
③ ④

해설 평면도

37 다음 그림과 같은 입체의 제3각 정투상도에서 누락된 우측면도로 가장 적합한 것은?

(입체도) (정면도) (우측면도)

① ② ③ ④

해설 우측면도

38 다음 그림과 같이 용접기호가 도시될 때 이에 대한 설명으로 잘못된 것은?

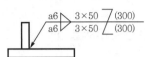

① 양쪽의 용접 목두께는 모두 6mm이다.
② 용접부의 개수(용접수)는 양쪽에 3개씩이다.
③ 피치는 양쪽 모두 50mm이다.
④ 지그재그 단속용접이다.

해설 용접부 길이는 양쪽 모두 50mm이다.

39 다음 중 다이캐스팅용 알루미늄합금에 해당하는 기호는?

① WM1   ② ALDC1
③ BC1   ④ ZDC1

해설 ALDC는 다이캐스팅용 알루미늄합금이다.

40 그림과 같은 물탱크의 측면도에서 원통 부분을 6mm두께의 강판을 사용하여 판금작업하고자 전개도를 작성하려고 한다. 이 원통의 바깥지름이 600mm일 때 필요한 마름질판의 길이는 약 몇 mm인가? (단, 두께는 고려하여 구한다.)

① 1,903.8
② 1,875.5
③ 1,885
④ 1,866.1

해설 $l = \pi(d-t) = 3.14 \times (600 - 6) = 1,865.16$mm

제3과목 : 기계설계 및 기계재료

41 구리에 아연 5%를 첨가하여 화폐, 메달 등의 재료로 사용되는 것은?

① 델타메탈   ② 길딩메탈
③ 먼츠메탈   ④ 네이벌황동

해설 구리에 아연 5%를 첨가하여 화폐, 메달 등의 재료로 사용되는 것은 길딩메탈(gilding metal)이다.

42 공구강에서 경도를 증가시키고 시효에 의한 치수변화를 방지하기 위한 열처리순서로 가장 적합한 것은?

① 담금질 → 심랭처리 → 뜨임처리
② 담금질 → 불림 → 심랭처리
③ 불림 → 심랭처리 → 담금질
④ 풀림 → 심랭처리 → 담금질

해설 담금질 → 심랭처리 → 뜨임처리

43 금속의 이온화경향이 큰 금속부터 나열한 것은 어느 것인가?

① Al > Mg > Na > K > Ca
② Al > K > Ca > Mg > Na
③ K > Ca > Na > Mg > Al
④ K > Na > Al > Mg > Ca

해설 K > Ca > Na > Mg > Al

44 분말야금에 의하여 제조된 소결 베어링합금으로 급유하기 어려운 경우에 사용되는 것은?

① Y합금
② 켈밋(Kelmet)
③ 화이트메탈(white metal)
④ 오일리스 베어링(oilless bearing)

해설 분말야금에 의하여 제조된 소결 베어링합금으로 급유하기 어려운 경우에 사용되는 것은 오일리스 베어링이다.

45 탄소강 및 합금강을 담금질(quenching)할 때 냉각효과가 가장 빠른 냉각액은?

① 물   ② 공기
③ 기름   ④ 염수

해설 탄소강 및 합금강을 담금질할 때 냉각효과가 가장 빠른 냉각액은 염수(소금물)이다.

46 Ni-Cr강에 첨가하여 강인성을 증가시키고 담금질성을 향상시킬 뿐만 아니라 뜨임메짐성을 완화시키기 위하여 첨가하는 원소는?

① 망간(Mn)
② 니켈(Ni)
③ 마그네슘(Mg)
④ 몰리브덴(Mo)

해설 Ni-Cr강에 첨가하여 강인성을 증가시키고 담금질성을 향상시킬 뿐만 아니라 뜨임메짐성을 완화시키기 위하여 첨가하는 원소는 몰리브덴(Mo)이다.

47 Mn강 중 고온에서 취성이 생기므로 1,000~1,100℃에서 수중 담금질하는 수인법(water toughening)으로 인성을 부여한 오스테나이트 조직의 구조용 강은?

① 붕소강
② 듀콜(ducol)강
③ 하드필드(hadfield)강
④ 크로만실(chromansil)강

해설 하드필드강은 1,000~1,100℃에서 수중 담금질하는 수인법으로 인성을 부여한 오스테나이트조직의 구조용 강이다.

48 다음 재료 중 기계구조용 탄소강재를 나타낸 것은?

① STS4   ② STC4
③ SM45C   ④ STD11

해설 SM45C는 기계구조용 탄소강재이다.

49 탄소강에서 공석강의 현미경조직은?

① 초석페라이트와 레데뷰라이트
② 초석시멘타이트와 레데뷰라이트
③ 레데뷰라이트와 주철의 혼합조직
④ 페라이트와 시멘타이트의 혼합조직

해설 공석강의 현미경조직은 페라이트와 시멘타이트의 혼합조직이다.

50 가스질화법의 특징을 설명한 것 중 틀린 것은?

① 질화경화층은 점탄층보다 경하다.
② 가스질화는 NH_3의 분해를 이용한다.
③ 질화를 신속하게 하기 위하여 글로우방전을 이용하기도 한다.
④ 질화용 강은 질화 전에 담금질, 뜨임 등 조직열처리가 필요 없다.

해설 질화용 강은 질화 전에 조직열처리가 필요하다.

51 벨트의 형상을 치형으로 하여 미끄럼이 거의 없고 정확한 회전비를 얻을 수 있는 벨트는?

① 직물벨트   ② 강벨트
③ 가죽벨트   ④ 타이밍벨트

해설 벨트의 형상을 치형으로 하여 미끄럼이 거의 없고 정확한 회전비를 얻을 수 있는 벨트는 타이밍벨트이다.

52 잇수는 54, 바깥지름은 280mm인 표준스퍼기어에서 원주피치는 약 몇 mm인가?

① 15.7   ② 31.4
③ 62.8   ④ 125.6

해설 $D_o = m(Z+2)$

$$m = \frac{D_o}{Z+2} = \frac{280}{56} = 5$$

$$\therefore P = \pi m = 3.14 \times 5 = 15.7$$

53 둥근 봉을 비틀 때 생기는 비틀림변형을 이용하여 스프링으로 만든 것은?

① 코일스프링   ② 토션바
③ 판스프링   ④ 접시스프링

해설 둥근 봉을 비틀 때 생기는 비틀림변형을 이용하여 스프링으로 만든 것은 토션바이다.

54 미끄럼 베어링의 재질로서 구비해야 할 성질이 아닌 것은?

① 눌러 붙지 않아야 한다.
② 마찰에 의한 마멸이 적어야 한다.
③ 마찰계수가 커야 한다.
④ 내식성이 커야 한다.

해설 마찰계수가 작아야 한다.

55 피치가 2mm인 3줄 나사에서 90° 회전시키면 나사가 움직인 거리는 몇 mm인가?

① 0.5   ② 1
③ 1.5   ④ 2

해설 $l = np = 2 \times 3 \times \dfrac{90°}{360°} = 1.5\,mm$

56 1줄 겹치기 리벳이음에서 리벳구멍의 지름은 12mm이고, 리벳의 피치는 45mm일 때 판의 효율은 약 몇 %인가?

① 80   ② 73
③ 55   ④ 42

해설 $\eta_t = 1 - \dfrac{d}{p} = 1 - \dfrac{12}{45} = 73\%$

57 폴(pawl)과 결합하여 사용되며, 한쪽 방향으로는 간헐적인 회전운동을 주고 반대쪽으로는 회전을 방지하는 역할을 하는 장치는?

① 플라이휠(fly wheel)
② 드럼브레이크(drum brake)
③ 블록브레이크(block brake)
④ 래칫 휠(rachet wheel)

해설 래칫 휠은 폴(pawl)과 결합하여 사용되며, 한쪽 방향으로는 간헐적인 회전운동을 주고 반대쪽으로는 회전을 방지하는 역할을 하는 장치이다.

58 400rpm으로 4kW의 동력을 전달하는 중실축의 최소지름은 약 몇 mm인가? (단, 축의 허용 전달응력은 20.60MPa이다.)

① 22   ② 13
③ 29   ④ 36

해설 $T = 9,550\dfrac{H_{kW}}{n} = 9,550 \times \dfrac{4}{400} = 95.5\,N \cdot m$

$\therefore d = \sqrt[3]{\dfrac{5.1T}{\tau_a}} = \sqrt[3]{\dfrac{5.1 \times 95.5 \times 1,000}{20.6}} = 29\,mm$

59 지름이 4cm의 봉재에 인장하중이 1,000N이 작용할 때 발생하는 인장응력은 약 얼마인가?

① 127.3N/cm^2 ② 127.3N/mm^2
③ 80N/cm^2 ④ 80N/mm^2

해설 $\sigma = \dfrac{W}{A} = \dfrac{1,000}{3.14 \times 2^2} = 79.6\,N/cm^2$

60 묻힘키에서 키에 생기는 전단응력을 τ, 압축응력을 σ_c라 할 때 $\tau/\sigma_c = 1/4$이면 키의 폭 b와 높이 h와의 관계식은? (단, 키홈의 높이는 키 높이의 1/2라고 한다.)

① $b = h$ ② $b = 2h$
③ $b = \dfrac{h}{2}$ ④ $b = \dfrac{h}{4}$

해설 $b = 2h$

제4과목 : 컴퓨터응용설계

61 21인치 1600×1200픽셀 해상도 래스터모니터를 지원하는 그래픽보드가 트루컬러(24비트)를 지원하기 위해 다음과 같은 메모리를 검토하고자 한다. 이때 적용할 수 있는 가장 작은 메모리는 어느 것인가?

① 1MB   ② 4MB
③ 8MB   ④ 32MB

해설 21인치 1600×1200픽셀 해상도 래스터모니터를 지원하는 그래픽보드가 트루컬러(24비트)를 지원하기 위한 가장 작은 메모리는 8MB이다.

62 컬러래스터스캔 디스플레이에서 기본이 되는 3색이 아닌 것은?

① 적색(R)   ② 황색(Y)
③ 청색(B)   ④ 녹색(G)

해설 RGB이다.

63 모든 유형의 곡선(직선, 스플라인, 원호 등) 사이를 경사지게 자른 코너를 말하는 것으로 각진 모서리나 꼭짓점을 경사 있게 깎아내리는 작업은?

① Hatch   ② Fillet
③ Rounding   ④ Chamfer

해설 Chamfer는 모든 유형의 곡선(직선, 스플라인, 원호 등) 사이를 경사지게 자른 코너를 말하는 것으로, 각진 모서리나 꼭짓점을 경사 있게 깎아내리는 작업이다.

64 CAD데이터의 교환표준 중 하나로 국제표준화기구(ISO)가 국제표준으로 지정하고 있으며, CAD의 형상데이터뿐만 아니라 NC데이터나 부품표, 재료 등도 표준대상이 되는 규격은?

① IGES   ② DXF
③ STEP   ④ GKS

해설 STEP은 CAD데이터의 교환표준 중 하나로 국제표준화기구(ISO)가 국제표준으로 지정하고 있으며, CAD의 형상데이터뿐만 아니라 NC데이터나 부품표, 재료 등도 표준대상이 되는 규격이다.

65 곡면모델링시스템에서 일반적으로 요구되는 기능으로 거리가 먼 것은?

① 가공(machining)기능
② 변환(transformation)기능
③ 라운딩(rounding)기능
④ 옵셋(offset)기능

해설 가공기능은 곡면모델링시스템에서 일반적으로 요구되는 기능과는 거리가 멀다.

66 3차원 좌표를 변환할 때 4×4동차변환행렬을 사용한다. 그런데 다음과 같이 3×3변환행렬을 사용할 경우 표현할 수 없는 것은?

$$[x'\,y'\,z'] = [x\,y\,z]\begin{bmatrix} a & b & c \\ d & e & f \\ g & h & i \end{bmatrix}$$

① 이동변환   ② 회전변환
③ 스케일링변환   ④ 반사변환

해설 이동변환은 표현할 수 없다.

67 꼭짓점개수 v, 모서리개수 e, 면 또는 외부루프의 개수 f, 면상에 있는 구멍루프의 개수 h, 독립된 셀의 개수 s, 입체를 관통하는 구멍(passage)의 개수 p인 B-rep모델에서 이들 요소 간의 관계를 나타내는 오일러-푸앵카레 공식으로 옳은 것은?

① $v - e + f - h = (s - p)$
② $v - e + f - h = 2(s - p)$
③ $v - e + f - 2h = (s - p)$
④ $v - e + f - 2h = 2(s - p)$

해설 $v - e + f - h = 2(s - p)$

68 PC가 빠르게 발전하고 성능이 강력해짐에 따라 1900년대 중반부터 윈도기반의 CAD시스템의 사용이 시작되었다. 다음 중 윈도기반 CAD시스템의 일반적인 특징에 관한 설명으로 틀린 것은?

① Windows XP, Windows 2000 등 윈도의 기능들을 최대한 이용하며, 사용자 인터페이스(user interface)가 마이크로소프트 사의 다른 프로그램들과 유사하다.
② 구성요소기술(component technology)이라는 접근방식을 사용하여 사용자가 요소의 형상을 직접 변형시키지 않고, 구속조건(constraints)을 사용하여 형상을 정의 또는 수정한다.
③ 객체지향기술(object-oriented technology)을 사용하여 다양한 기능에 따라 프로그램을 모듈화시켜 각 모듈을 독립된 단위로 재사용한다.
④ 엔지니어링협업을 위한 인터넷지원기능을 가지고, 서로 떨어져 있는 설계자들끼리 의견을 교환할 수 있는 기능도 적용이 가능하다.

[해설] CAD시스템의 일반적인 특징
- Windows XP, Windows 2000 등 윈도의 기능들을 최대한 이용하며, 사용자 인터페이스(user interface)가 마이크로소프트 사의 다른 프로그램들과 유사하다.
- 객체지향기술(object-oriented technology)을 사용하여 다양한 기능에 따라 프로그램을 모듈화시켜 각 모듈을 독립된 단위로 재사용한다.
- 엔지니어링협업을 위한 인터넷지원기능을 가지고, 서로 떨어져 있는 설계자들끼리 의견을 교환할 수 있는 기능도 적용이 가능하다.

69 3D CAD데이터를 사용하여 레이아웃이나 조립성 등을 평가하기 위하여 컴퓨터상에서 부품을 설계하고 조립체를 생성하는 것은?

① rapid prototyping
② part programming
③ reverse engineering
④ digital mock-up

[해설] digital mock-up은 3D CAD데이터를 사용하여 레이아웃이나 조립성 등을 평가하기 위하여 컴퓨터상에서 부품을 설계하고 조립체를 생성하는 것이다.

70 (x, y) 평면에서 두 점 $(-5, 0)$, $(4, -3)$을 지나는 직선의 방정식은?

① $y = -\frac{2}{3}x - \frac{5}{3}$ ② $y = -\frac{1}{2}x - \frac{5}{2}$

③ $y = -\frac{1}{3}x - \frac{5}{3}$ ④ $y = -\frac{3}{2}x - \frac{4}{3}$

[해설] $y - y_1 = \frac{y_2 - y_1}{x_2 - x_1}(x - x_1)$

$y - 0 = \frac{-3 - 0}{4 - (-5)}(x + 5)$

$\therefore y = -\frac{1}{3}(x + 5) = -\frac{1}{3}x - \frac{5}{3}$

71 다음 중 CAD시스템의 입력장치가 아닌 것은?

① light pen
② joystick
③ track ball
④ electrostatic plotter

[해설] electrostatic plotter는 출력장치이다.

72 CAD시스템에서 곡선을 표시하는 데 3차식을 사용하는 이유로 가장 적당한 것은?

① 곡면을 생성할 때 고차식에 비해 시간이 적게 걸린다.
② 4차로는 부드러운 곡선을 표현할 수 없기 때문이다.
③ CAD시스템은 3차를 초과하는 차수의 곡선 방정식을 지원할 수 없다.
④ 3차식이 아니면 곡선의 연속성이 보장되지 않는다.

[해설] CAD시스템에서 곡선을 표시하는 데 3차식을 사용하는 이유는 곡면을 생성할 때 고차식에 비해 시간이 적게 걸리기 때문이다.

73 다음과 같은 특징을 가진 곡선은?

- 조정점의 양 끝점을 통과한다.
- 국부적인 곡선조정이 가능하다.
- 원이나 타원 등의 원추곡선은 근사적으로만 나타낼 수 있다.

① Bezier곡선   ② Ferguson곡선
③ NURBS곡선   ④ B-Spline곡선

[해설] B-Spline곡선에 대한 설명이다.

74 폐쇄된 평면영역이 단면이 되어 직진이동 혹은 회전이동시켜 솔리드모델을 만드는 모델링기법은?

① 스키닝(skinning)
② 리프팅(lifting)
③ 스위핑(sweeping)
④ 트위킹(tweaking)

[해설] 스위핑(sweeping)은 폐쇄된 평면영역이 단면이 되어 직진이동 혹은 회전이동시켜 솔리드모델을 만드는 모델링기법이다.

75 CAD(Computer-Aided Design)소프트웨어의 가장 기본적인 역할은?

① 기하 형상의 정의 ② 해석결과의 가시화
③ 유한요소모델링 ④ 설계물의 최적화

해설 CAD소프트웨어의 가장 기본적인 역할은 기하 형상의 정의이다.

76 다음 중 Coon's patch에 대한 설명으로 가장 옳은 것은?

① 주어진 네 개의 점이 곡면의 네 개의 꼭짓점이 되도록 선형보간하여 얻어지는 곡면을 말한다.
② 조정다면체(control polyhedron)에 의해 정의되는 곡면을 말한다.
③ 네 개의 경계곡선을 선형보간하여 생성되는 곡면을 말한다.
④ B-Spline곡선을 확장하여 유도되는 곡면을 말한다.

해설 Coon's patch는 네 개의 경계곡선을 선형보간하여 생성되는 곡면을 말한다.

77 솔리드모델링에서 모델을 구현하는 자료구조가 몇 가지 있는데 복셀표현(voxel representation)은 어느 자료구조에 속하는가?

① CGS트리구조
② B-rep자료구조
③ 날개 모서리(winged-edge) 자료구조
④ 분해모델을 저장하는 자료구조

해설 복셀표현은 분해모델을 저장하는 자료구조에 속한다.

78 $f(x, y) = ax^2 + bxy + cy^2 + dx + ey + g = 0$ 식에 표시된 계수에 의해서 정의되는 도형으로 옳은 것은?

① 원 : $b = 0,\ a = c$
② 타원 : $b^2 - 4ac > 0$
③ 포물선 : $b^2 - 4ac \neq 0$
④ 쌍곡선 : $b^2 - 4ac < 0$

해설 ② 타원 : $b^2 - 4ac < 0$
③ 포물선 : $b^2 - 4ac = 0$
④ 쌍곡선 : $b^2 - 4ac > 0$

79 서피스모델에 관한 설명 중 틀린 것은?

① 단면도를 작성할 수 있다.
② 2면의 교선을 구할 수 있다.
③ 질량과 같은 물리적 성질을 구하기 쉽다.
④ NC데이터를 생성할 수 있다.

해설 질량과 같은 물리적 성질을 구할 수 없다.

80 2차원 평면에서 두 개의 점이 정의되었을 때 이 두 점을 포함하는 원은 몇 개로 정의할 수 있는가?

① 1개   ② 2개
③ 3개   ④ 무수히 많다.

해설 2차원 평면에서 두 개의 점이 정의되었을 때 이 두 점을 포함하는 원은 무수히 많다.

2017년도 기사 제1회 필기시험(산업기사)

(2017.03.05. 시행)

자격종목	시험시간	형별	수험번호	성명	가답안/최종정답
기계설계산업기사	2시간	B			

제1과목 : 기계가공법 및 안전관리

01 상향절삭과 하향절삭에 대한 설명으로 틀린 것은?

① 하향절삭은 상향절삭보다 표면거칠기가 우수하다.

② 상향절삭은 하향절삭에 비해 공구의 수명이 짧다.

③ 상향절삭은 하향절삭과는 달리 백래시 제거장치가 필요하다.

④ 상향절삭은 하향절삭할 때보다 가공물을 견고하게 고정해야 한다.

해설 백래시 제거장치가 필요한 것은 상향절삭이 아니라 하향절삭이다.

02 밀링작업의 단식분할법에서 원주를 15등분하려고 한다. 이때 분할대 크랭크의 회전수를 구하고, 15구멍열분할판을 몇 구멍씩 보내면 되는가?

① 1회전에 10구멍씩 　② 2회전에 10구멍씩

③ 3회전에 10구멍씩 　④ 4회전에 10구멍씩

해설 $\dfrac{40}{N} = \dfrac{40}{15} = 2\dfrac{10}{15}$ 이므로 2회전에 10구멍씩 보내면 된다.

03 절삭공작기계가 아닌 것은?

① 선반 　　　　　② 연삭기

③ 플레이너 　　　④ 굽힘프레스

해설 굽힘프레스는 공작물의 소성변형성을 이용하는 비절삭가공 공작기계이다.

04 연삭숫돌의 표시에 대한 설명으로 옳은 것은?

① 연삭입자 C는 갈색 알루미나를 의미한다.

② 결합제 R은 레지노이드결합제를 의미한다.

③ 연삭숫돌의 입도 #100이 #300보다 입자의 크기가 크다.

④ 결합도 K 이하는 경한 숫돌, L~O는 중간 정도 숫돌, P 이상은 연한 숫돌이다.

해설 ① 연삭입자 C는 갈색 알루미나가 아니라 흑색 탄화규소(SiC 97%)이다.

② 결합제 R은 레지노이드결합제가 아니라 고무결합제이다. 레지노이드결합제는 B로 표시한다.

④ 결합도 K 이하는 연한 숫돌, L~O는 중간 정도 숫돌, P 이상은 경한 숫돌이다.

05 구멍가공을 하기 위해서 가공물을 고정시키고 드릴이 가공위치로 이동할 수 있도록 제작된 드릴링머신은?

① 다두드릴링머신　　② 다축드릴링머신

③ 탁상드릴링머신　　④ 레이디얼드릴링머신

해설 레이디얼드릴링머신은 구멍가공을 하기 위해 가공물을 고정시키고 드릴이 가공위치로 이동할 수 있도록 제작된 드릴링머신으로, 긴 암을 가지고 있는 것이 특징이며 대형 공작물의 구멍가공에 유리하다.

06 기어절삭기에서 창성법으로 치형을 가공하는 공구가 아닌 것은?

① 호브(hob)

② 브로치(broach)

③ 랙커터(rack cutter)

④ 피니언커터(pinion cutter)

정답 　1.③　2.②　3.④　4.③　5.④　6.②

해설 호브, 랙커터, 피니언커터는 기어절삭기에서 창성법으로 치형을 가공하지만, 브로치로 기어를 가공하는 경우는 창성법이 아니다.

07 다음 그림에서 플러그게이지의 기울기가 0.05일 때 M_2의 길이(mm)는? (단, 그림의 치수단위는 mm이다.)

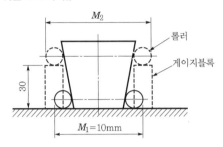

① 10.5 ② 11.5
③ 13 ④ 16

해설 기울기가 0.05이므로 테이퍼양은 0.1이다. 따라서 $0.1 = \dfrac{M_2 - M_1}{H} = \dfrac{M_2 - 10}{30}$ 이므로 $M_2 = 13$mm이다.

08 일반적인 손다듬질작업의 공정순서로 옳은 것은?

① 정 → 줄 → 스크레이퍼 → 쇠톱
② 줄 → 스크레이퍼 → 쇠톱 → 정
③ 쇠톱 → 정 → 줄 → 스크레이퍼
④ 스크레이퍼 → 정 → 쇠톱 → 줄

해설 일반적인 손다듬질작업의 공정순서는 황삭으로부터 시작하여 정삭으로 진행되므로 작업공정순서는 쇠톱 → 정 → 줄 → 스크레이퍼 순이다.

09 선반에서 맨드릴(mandrel)의 종류가 아닌 것은 어느 것인가?

① 갱맨드릴
② 나사맨드릴
③ 이동식 맨드릴
④ 테이퍼맨드릴

해설 맨드릴의 종류에 이동식 맨드릴이라는 것은 존재하지 않는다.

10 선반의 주요 구조부가 아닌 것은?

① 베드
② 심압대
③ 주축대
④ 회전테이블

해설 회전테이블은 선반의 주요 구조부가 아니라 밀링머신의 부속품이다.

11 삼각함수에 의해 각도를 길이로 계산하여 간접적으로 각도를 구하는 방법으로, 블록게이지와 함께 사용하는 측정기는?

① 사인바
② 베벨각도기
③ 오토콜리메이터
④ 콤비네이션세트

해설 사인바(sine bar)는 삼각함수에 의하여 각도를 길이로 계산하여 간접적으로 각도를 구하는 방법으로, 블록게이지와 함께 사용되는 측정기이다.

12 선반을 설계할 때 고려할 사항으로 틀린 것은?

① 고장이 적고 기계효율이 좋을 것
② 취급이 간단하고 수리가 용이할 것
③ 강력절삭이 되고 절삭능률이 클 것
④ 기계적 마모가 높고 가격이 저렴할 것

해설 선반의 가격이 저렴한 것은 바람직하지만, 기계적 마모가 높으면 수명이 저하되므로 내마모성 혹은 내마멸성이 우수해야 한다.

13 일감에 회전운동과 이송을 주며 숫돌을 일감표면에 약한 압력으로 눌러대고 다듬질할 면에 따라 매우 작고 빠른 진동을 주어 가공하는 방법은?

① 래핑 ② 드레싱
③ 드릴링 ④ 슈퍼피니싱

해설 슈퍼피니싱은 일감에 회전운동과 이송을 주며 숫돌을 일감표면에 약한 압력으로 눌러대고 다듬질할 면에 따라 매우 작고 빠른 진동을 주어 가공하는 방법이다.

14 드릴작업에 대한 설명으로 적절하지 않은 것은?

① 드릴작업은 항상 시작할 때보다 끝날 때 이송을 빠르게 한다.

② 지름이 큰 드릴을 사용할 때는 바이스를 테이블에 고정한다.

③ 드릴은 사용 전에 점검하고 마모나 균열이 있는 것은 사용하지 않는다.

④ 드릴이나 드릴소켓에 뽑을 때는 전용 공구를 사용하고 해머 등으로 두드리지 않는다.

해설 드릴작업은 항상 시작할 때보다 끝날 때 이송을 빠르게 하면 드릴 파손의 위험이 커지므로 항상 시작할 때보다 끝날 때 이송을 느리게 해야 한다.

15 주축의 회전운동을 직선왕복운동으로 변화시킬 때 사용하는 밀링부속장치는?

① 바이스　　　　② 분할대

③ 슬로팅장치　　④ 랙절삭장치

해설 슬로팅장치는 주축의 회전운동을 직선왕복운동으로 변환시키는 장치로 좌우 90° 회전이 가능하다.

16 나사연삭기의 연삭방법이 아닌 것은?

① 다인 나사연삭방법

② 단식 나사연삭방법

③ 역식 나사연삭방법

④ 센터리스 나사연삭방법

해설 나사연삭기의 연삭방법으로 역식 나사연삭방법이라는 것은 존재하지 않는다.

17 CNC기계의 움직임을 전기적인 신호로 속도와 위치를 피드백하는 장치는?

① 리졸버(resolver)

② 컨트롤러(controller)

③ 볼스크루(ball screw)

④ 패리티체크(parity-check)

해설 리졸버는 CNC기계의 움직임을 전기적인 신호로 속도와 위치를 피드백하는 장치이다.

18 드릴머신으로서 할 수 없는 작업은?

① 널링　　　　　② 스폿페이싱

③ 카운터 보링　　④ 카운터 싱킹

해설 널(knurl)이라는 공구를 사용하는 널링작업은 드릴링머신으로 불가능하며 선반에서 가능하다.

19 20℃에서 20mm인 게이지블록이 손과 접촉 후 온도가 36℃가 되었을 때 게이지블록에 생긴 오차는 몇 mm인가? (단, 선팽창계수는 $1.0 \times 10^{-6}/℃$이다.)

① 3.2×10^{-4}　　② 3.2×10^{-3}

③ 6.4×10^{-4}　　④ 6.4×10^{-3}

해설 $\delta = l\alpha\Delta t$
$= 20 \times 1.0 \times 10^{-6} \times (36-20) = 3.2 \times 10^{-4} \text{mm}$

20 절삭공구의 절삭면에 평행하게 마모되는 현상은?

① 치핑(chiping)

② 플랭크마모(flank wear)

③ 크레이터마모(crater wear)

④ 온도 파손(temperature failure)

해설 절삭공구의 절삭면에 평행하게 마모되는 현상은 측면마모, 즉 플랭크마모이다.

제2과목 : 기계제도

21 다음 그림과 같이 수직원통을 30° 정도 경사지게 일직선으로 자른 경우의 전개도로 가장 적합한 형상은?

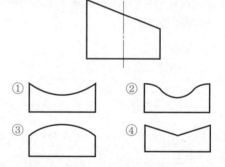

해설 수직원통을 30° 경사로 절단하면 절단면의 전개도는 ②와 같이 나타난다.

22 바퀴의 암(arm), 형강 등과 같은 제품의 단면을 나타낼 때 절단면을 90° 회전하거나 절단할 곳의 전후를 끊어서 그 사이에 단면도를 그리는 방법은?

① 전단면도　　　　② 부분단면도
③ 계단단면도　　　④ 회전도시단면도

해설 회전도시단면도는 바퀴의 암, 형강 등과 같은 제품의 단면을 나타낼 때 절단면을 90° 회전시키거나 절단할 곳의 전후를 끊어 그 사이에 단면도를 그리는 방법이다.

23 구멍의 치수는 $\phi 35^{+0.003}_{-0.001}$, 축의 치수는 $\phi 35^{+0.001}_{-0.004}$ 일 때 최대틈새는?

① 0.004　　　　　② 0.005
③ 0.007　　　　　④ 0.009

해설 최대틈새$=0.003-(-0.004)=0.007$

24 다음 그림과 같은 입체도에서 화살표방향 투상도로 가장 적합한 것은?

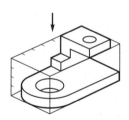

해설 화살표방향은 위에서 본 평면도로 그에 해당되는 것은 ③이다.

25 "2줄 M20×2"와 같은 나사 표시기호에서 리드는 얼마인가?

① 5mm　　　　　② 2mm
③ 3mm　　　　　④ 4mm

해설 리드 $l=np=2\times2=4\text{mm}$

26 다음 중 합금공구강의 재질기호가 아닌 것은?

① STC60　　　　　② STD12
③ STF6　　　　　④ STS21

해설 STC60은 합금공구강이 아니라 탄소공구강이다.

27 다음은 제3각법 정투상도로 그린 그림이다. 우측면도로 가장 적합한 것은?

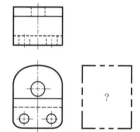

해설 우측면도는 ②이다.

28 가공방법의 표시기호에서 "SPBR"은 무슨 가공인가?

① 기어셰이빙　　　② 액체호닝
③ 배럴연마　　　　④ 숏블라스팅

해설 • 셰이핑 : SH
• 액체호닝 : SPL
• 블라스팅 : SB

29 다음 중 가는 실선으로 나타내지 않는 선은?

① 지시선 ② 치수선
③ 해칭선 ④ 피치선

해설 피치선은 가는 실선으로 나타내지 않고 가는 일점쇄선으로 나타낸다.

30 나사의 표시법 중 관용평행나사 "A"급을 표시하는 방법으로 옳은 것은?

① Rc1/2A ② G1/2A
③ ARc1/2 ④ AG1/2

해설 관용평행나사 A급 : G1/2A

31 다음과 같은 용접기호의 설명으로 옳은 것은?

① 화살표 쪽에서 50mm 용접길이의 맞대기 용접
② 화살표 반대쪽에서 50mm 용접길이의 맞대기용접
③ 화살표 쪽에서 두께가 6mm인 필릿용접
④ 화살표 반대쪽에서 두께가 6mm인 필릿용접

해설 그림은 화살표 쪽에서 50mm 용접길이의 맞대기용접을 의미한다.

32 다음 그림에서 A의 치수는 얼마인가?

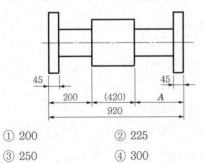

① 200 ② 225
③ 250 ④ 300

해설 $A = 920 - (200 + 420) = 300$mm

33 체인스프로킷휠의 피치원지름을 나타내는 선의 종류는?

① 가는 실선
② 가는 일점쇄선
③ 가는 이점쇄선
④ 굵은 일점쇄선

해설 체인스프로킷휠의 피치원지름은 가는 일점쇄선으로 나타낸다.

34 다음은 제3각법 정투상도로 그린 그림이다. 정면도로 가장 적합한 투상도는?

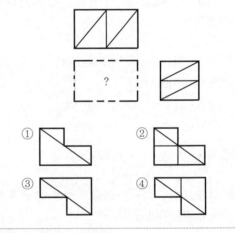

해설 정면도는 ①이다.

35 최대실체공차방식을 적용할 때 공차붙이 형체와 그 데이텀형체 두 곳에 함께 적용하는 경우로 옳게 표현한 것은?

① ⊕ | φ0.04 Ⓜ | A
② ⊕ | φ0.04 | A Ⓜ
③ ⊕ | φ0.04 | Ⓜ | A
④ ⊕ | φ0.04 Ⓜ | A Ⓜ

해설 최대실체공차방식의 표시는 Ⓜ이며, 공차붙이 형체와 데이텀형체 두 곳에 함께 적용하는 경우 ④와 같이 표현한다.

정답 29.④ 30.② 31.① 32.④ 33.② 34.① 35.④

36 대상물의 일부를 파단한 경계 또는 일부를 때어낸 경계를 표시하는 선으로 옳은 것은?

① 가는 일점쇄선
② 가는 이점쇄선
③ 가는 일점쇄선으로 끝부분 및 방향이 변하는 부분을 굵게 한 선
④ 불규칙한 파형의 가는 실선

해설 대상물의 일부를 파단한 경계 또는 일부를 때어낸 경계를 표시하는 선은 불규칙한 파형의 가는 실선이다.

37 도면작성 시 가는 실선을 사용하는 경우가 아닌 것은?

① 특별히 범위나 영역을 나타내기 위한 틀의 선
② 반복되는 자세한 모양의 생략을 나타내는 선
③ 테이퍼가 진 모양을 설명하기 위해 표시하는 선
④ 소재의 굽은 부분이나 가공공정을 표시하는 선

해설 특별히 범위나 영역을 나타내기 위한 틀의 선은 가는 실선이 아니라 굵은 일점쇄선으로 나타낸다.

38 다음 그림은 맞물리는 어떤 기어를 나타낸 간략도이다. 이 기어는 무엇인가?

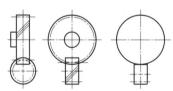

① 스퍼기어
② 헬리컬기어
③ 나사기어
④ 스파이럴베벨기어

해설 그림은 나사기어를 나타낸 것이다.

39 다음과 같은 I형강 재료의 표시법으로 옳은 것은?

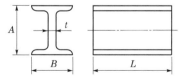

① $I\ A \times B \times t - L$
② $t \times I\ A \times B - L$
③ $L - I \times A \times B \times t$
④ $I\ B \times A \times t - L$

해설 I형강의 재료 표시법 : $I\ A \times B \times t - L$

40 SM20C의 재료기호에서 탄소함유량은 몇 % 정도인가?

① 0.18~0.23%
② 0.2~0.3%
③ 2.0~3.0%
④ 18~23%

해설 SM20C의 탄소함유량은 약 0.2%이며, 범위는 0.18 ~0.23% 사이이다.

제3과목 : 기계설계 및 기계재료

41 다음 중 발전기, 전동기, 변압기 등의 철심재료에 가장 적합한 특수강은?

① 규소강
② 베어링강
③ 스프링강
④ 고속도공구강

해설 발전기, 전동기, 변압기 등의 철심재료로 가장 적합한 특수강은 규소강이다.

42 공구재료가 갖추어야 할 일반적 성질 중 틀린 것은?

① 인성이 클 것
② 취성이 클 것
③ 고온경도가 클 것
④ 내마멸성이 클 것

해설 공구는 인성, 강도 및 내마모성이 우수해야 한다.

43 담금질한 강재의 잔류오스테나이트를 제거하며 치수변화 등을 방지하는 목적으로 0℃ 이하에서 열처리하는 방법은?

① 저온뜨임
② 심랭처리
③ 마템퍼링
④ 용체화처리

해설 심랭처리(서브제로처리)는 잔류오스테나이트를 모두 마텐자이트화시키는 처리이다.

44 알루미늄의 성질로 틀린 것은?

① 비중이 약 7.8이다.
② 면심입방격자구조이다.
③ 용융점은 약 660℃이다.
④ 대기 중에서는 내식성이 좋다.

해설 알루미늄은 비중 2.7의 경금속이다.

45 구리합금 중 최고의 강도를 가진 석출경화성 합금으로 내열성, 내식성이 우수하여 베어링 및 고급스프링의 재료로 이용되는 청동은?

① 납청동   ② 인청동
③ 베릴륨청동   ④ 알루미늄청동

해설 베릴륨청동은 구리합금 중 최고의 강도를 가진 석출 경화성 합금으로 내열성, 내식성이 우수하여 베어링 및 고급스프링의 재료로 이용되는 청동이다.

46 열간가공과 냉간가공을 구별하는 온도는?

① 포정온도   ② 공석온도
③ 공정온도   ④ 재결정온도

해설 열간가공과 냉간가공의 구분은 재결정온도로 한다.

47 주철에서 탄소강과 같이 강인성이 우수한 조직을 만들 수 있는 흑연 모양은?

① 편상 흑연   ② 괴상 흑연
③ 구상 흑연   ④ 공정상 흑연

해설 구상 흑연은 주철에서 탄소강과 같이 강인성이 우수한 조직을 만들 수 있는 모양의 흑연이다.

48 소결합금으로 된 공구강은?

① 초경합금
② 스프링강
③ 탄소공구강
④ 기계구조용 강

해설 보기 중 소결합금으로 된 공구재료는 초경합금이 정답이지만, 초경합금은 공구강의 일종은 아니다.

49 플라스틱재료의 일반적인 성질을 설명한 것 중 틀린 것은?

① 열에 약하다.
② 성형성이 좋다.
③ 표면경도가 높다.
④ 대부분 전기절연성이 좋다.

해설 플라스틱은 일반적으로 표면경도가 낮다.

50 담금질조직 중에 냉각속도가 가장 빠를 때 나타나는 조직은?

① 소르바이트   ② 마텐자이트
③ 오스테나이트   ④ 트루스타이트

해설 담금질조직 중에서 냉각속도가 빠를 때 나타나는 조직은 마텐자이트이다.

51 드럼의 지름이 600mm인 브레이크시스템에서 98.1N·m의 제동토크를 발생시키고자 할 때 블록을 드럼에 밀어붙이는 힘은 약 몇 kN인가? (단, 접촉부의 마찰계수는 0.30이다.)

① 0.54   ② 1.09
③ 1.51   ④ 1.96

해설 $T = \dfrac{\mu W D}{2}$

$98.1 = \dfrac{0.3 \times W \times 600}{2}$

∴ $W = 1.09 \text{kN}$

52 0.45t의 물체를 지지하는 아이볼트에서 볼트의 허용인장응력이 48MPa라 할 때 다음 미터나사 중 가장 적합한 것은? (단, 나사의 바깥지름은 골지름의 1.25배로 가정하고 적합한 사양 중 가장 작은 크기를 선정한다.)

① M14   ② M16
③ M18   ④ M20

해설 골지름 $d_1 = \sqrt{\dfrac{2W}{\pi \sigma_a}} = \sqrt{\dfrac{2 \times 450}{3.14 \times 4.8}} = 10.93 \text{mm}$

∴ 바깥지름 $= 10.93 \times 1.25 = 13.66 ≒ \text{M14}$

53 용접이음의 단점에 속하지 않는 것은?

① 내부결함이 생기기 쉽고 정확한 검사가 어렵다.

② 용접공의 기능에 따라 용접부의 강도가 좌우된다.

③ 다른 이음작업과 비교하여 작업공정이 많은 편이다.

④ 잔류응력이 발생하기 쉬워서 이를 제거하는 작업이 필요하다.

해설 용접이음은 다른 이음작업에 비교하여 작업공정이 적은 편이다.

54 기어의 피치원지름이 무한대로 회전운동을 직선운동으로 바꿀 때 사용하는 기어는?

① 베벨기어 ② 헬리컬기어

③ 랙과 피니언 ④ 웜기어

해설 기어의 피치원지름이 무한대로 회전운동을 직선운동으로 바꿀 때 사용되는 기어는 랙과 피니언이다.

55 원형봉에 비틀림모멘트를 가할 때 비틀림변형이 생기는데, 이때 나타나는 탄성을 이용한 스프링은?

① 토션바 ② 벌류트스프링

③ 와이어스프링 ④ 비틀림코일스프링

해설 원형봉에 비틀림모멘트를 가할 때 비틀림변형이 생기는데, 이때 나타나는 탄성을 이용한 스프링은 토션바이다.

56 주로 회전운동을 왕복운동으로 변환시키는 데 사용하는 기계요소로서 내연기관의 밸브개폐기구 등에 사용되는 것은?

① 마찰차(friction wheel)

② 클러치(clutch)

③ 기어(gear)

④ 캠(cam)

해설 캠은 주로 회전운동을 왕복직선운동으로 변환시키는데 사용되는 기계요소로서 내연기관의 밸브개폐기구 등에 사용된다.

57 볼 베어링에서 수명에 대한 설명으로 옳은 것은?

① 베어링에 작용하는 하중의 3승에 비례한다.

② 베어링에 작용하는 하중의 3승에 반비례한다.

③ 베어링에 작용하는 하중의 10/3승에 비례한다.

④ 베어링에 작용하는 하중의 10/3승에 반비례한다.

해설 볼 베어링의 수명은 베어링에 작용하는 하중의 3승에 반비례한다.

58 잇수 32, 피치 12.7mm, 회전수 500rpm의 스프로킷휠에 50번 롤러체인을 사용하였을 경우 전달동력은 약 몇 kW인가? (단, 50번 롤러체인의 파단하중은 22.10kN, 안전율은 15이다.)

① 7.8 ② 6.4

③ 5.6 ④ 5.0

해설 유효장력 $F_e = \dfrac{파단력}{안전계수} = \dfrac{22,100}{15}$

$= 1,473\text{N} = 150\text{kgf}$

$v = \dfrac{npz}{1,000 \times 60}$

$= \dfrac{500 \times 12.7 \times 32}{60,000} = 33.867\text{m/s}$

$\therefore P = \dfrac{F_e v}{1,000}$

$= \dfrac{150 \times 33.867}{1,000} = 5.08\text{kW}$

59 묻힘키(sunk key)에 생기는 전단응력을 τ, 압축응력을 σ_c라고 할 때 $\dfrac{\tau}{\sigma_c} = \dfrac{1}{2}$이면 키폭 b와 높이 h의 관계식으로 옳은 것은? (단, 키홈의 높이는 키높이의 1/2이다.)

① $b = h$ ② $h = \dfrac{b}{4}$

③ $b = \dfrac{h}{2}$ ④ $b = 2h$

해설 $\dfrac{\tau}{\sigma_c} = \dfrac{1}{2}$이면 키폭과 높이의 관계식은 $b = h$이다.

60 전달동력 2.4kW, 회전수 1,800rpm을 전달하는 축의 지름은 약 몇 mm 이상으로 해야 하는가? (단, 축의 허용전단응력은 20MPa이다.)

① 20
② 12
③ 15
④ 17

해설
$$T = 974,000 \frac{H_{kW}}{n} = 974,000 \times \frac{2.4}{1,800}$$

$$= 1,298.67 \text{kg} \cdot \text{mm} = 1,298.67 \times \frac{9.8}{1,000}$$

$$= 12.727 \text{N} \cdot \text{m}$$

$$\sigma_a = 20 \text{MPa}$$

$$\therefore d = \sqrt[3]{\frac{16T}{\pi \sigma_a}}$$

$$= \sqrt[3]{\frac{16 \times 12.727 \times 1,000}{3.14 \times 20}}$$

$$= 14.8 \approx 15 \text{mm}$$

제4과목 : 컴퓨터응용설계

61 컬러잉크젯플로터에 사용되는 기본적인 색상이 아닌 것은?

① magenta
② black
③ cyan
④ green

해설 컬러잉크젯플로터의 기본색상은 C(Cyan, 파랑), M(Magenta, 빨강), Y(Yellow, 노랑), K(blacK, 검정)이다.

62 다음과 같은 특징을 가진 디스플레이는?

> • 빛을 편광시키는 특성을 가진 유기화합물을 사용한다.
> • 전자총이 없어서 두께가 얇은 모니터를 만들 수 있다.
> • 백라이트가 필요하고 시야각이 좁은 단점이 있다.

① PDP
② TFT-LCD
③ CRT
④ OLED

해설

구분	OLED	TFT-LCD
발광원리	• 전압을 가하면 유기물이 빛을 발하는 특성을 이용 • 유기물에 따라 RGB를 발하며 Full Color 구현	• 전압을 가하면 액정셔터(액정+편광판)가 빛을 통과/차단 • Backlight에서 비추는 백색광이 액정셔터를 통과 후 Color Filter에 의해 RGB로 바뀌게 되어 Full Color 구현
특성	• 자발광소자로서 휘도/색순도 특성이 뛰어남 • 시야각 무제한 • 매우 빠른 응답속도(수μs) : 브라운관과 동일 수준	• 수광소자로 휘도/색순도 떨어짐 • 시야각 제한 • 느린 응답속도(수십 ms) : 동화상 시 눈에 거부감 있음

63 솔리드모델링기법의 일종인 특징 형상모델링기법에 대한 설명으로 옳지 않은 것은?

① 모델링입력을 설계자 또는 제작자에게 익숙한 형상단위로 하자는 것이다.
② 각각의 형상단위는 주요 치수를 파라미터로 입력하도록 되어 있다.
③ 전형적인 특징현상은 모떼기(chamfer), 구멍(hole), 필릿(fillet), 슬롯(slot) 등이 있다.
④ 사용분야와 사용자에 관계없이 특징 형상의 종류가 항상 일정하다는 것이 장점이다.

해설 사용분야, 사용자에 따라 다양한 특징 형상을 만들어낼 수 있다.

64 $(x+7)^2 + (y-4)^2 = 64$인 원의 중심좌표와 반지름을 구하면?

① 중심좌표 $(-7, 4)$, 반지름 8
② 중심좌표 $(7, -4)$, 반지름 8
③ 중심좌표 $(-7, 4)$, 반지름 64
④ 중심좌표 $(7, -4)$, 반지름 64

해설 중심이 (a, b)이고 반지름이 r인 원의 방정식은
$(x-a)^2 + (y-b)^2 = r^2$이므로
$(x+7)^2 + (y-4)^2 = 8^2$의 중심좌표는 $(-7, 4)$이며, 반지름은 8이다.

65 CAD를 이용한 설계과정이 종래의 제도판에서 제도기를 이용하여 2차원적으로 작업하는 설계과정과의 차이점에 해당하지 않는 것은?

① 개념설계단계를 거치는 점

② 전산화된 데이터베이스를 활용한다는 점

③ 컴퓨터에 의한 해석을 용이하게 할 수 있다는 점

④ 형상을 수치데이터화하여 데이터베이스에 저장한다는 점

해설 CAD설계에서도 개념설계단계를 거쳐야 한다.

66 지정된 점(정점 또는 조정점)을 모두 통과하도록 고안된 곡선은?

① Bezier curve ② B-Spline curve

③ Spline curve ④ NURBS curve

해설 지정된 점(정점 또는 조정점)을 모두 통과하도록 고안된 곡선은 스플라인곡선이다.

67 동차좌표(Homogeneous coordinate)에 의한 표현을 바르게 설명한 것은?

① n차원의 벡터를 $(n-1)$차원의 벡터로 표현한 것이다.

② n차원의 벡터를 $(n+1)$차원의 벡터로 표현한 것이다.

③ n차원의 벡터를 $n^{(n-1)}$차원의 벡터로 표현한 것이다.

④ n차원의 벡터를 $n^{(n+1)}$차원의 벡터로 표현한 것이다.

해설 동차좌표는 n차원의 벡터를 $(n+1)$차원의 벡터로 표현한 좌표이다.

68 플로터형식에 있어서 펜(pen)식과 래스터(raster)식으로 구분할 때 다음 중 펜식 플로터에 속하는 것은?

① 정전식 ② 잉크젯식

③ 리니어모터식 ④ 열전사식

해설 플로터형식

• 펜식 : 리니어모터식, 플랫베드식, 드럼식, 벨트베드식

• 래스터식 : 정전식, 잉크젯식, 열전사식 등

69 솔리드모델링방식 중 B-rep과 비교한 CSG의 특징이 아닌 것은?

① 불리언연산자의 사용으로 명확한 모델 생성이 쉽다.

② 데이터가 간결하여 필요메모리가 적다.

③ 형상 수정이 용이하고 체적, 중량을 계산할 수 있다.

④ 투상도, 투시도, 전개도, 표면적 계산이 용이하다.

해설 CSG방식은 투상도, 투시도, 전개도, 표면적 계산을 할 수 없다.

70 베지어(Bezier)곡선에 관한 설명 중 옳지 않은 것은?

① 곡선은 양단의 끝점을 통과한다.

② 1개의 정점변화는 곡선 전체에 영향을 미친다.

③ n개의 정점에 의해서 정의된 곡선은 $(n+1)$차 곡선이다.

④ 곡선은 정점을 연결하는 다각형의 내측에 존재한다.

해설 n개의 정점에 의해서 정의된 곡선은 $(n-1)$차 곡선이다.

71 곡선들 중에서 원추 단면곡선(conic section curve)이 아닌 것은?

① 포물선(parabola)

② 타원(ellipse)

③ 대수곡선(algebraic curve)

④ 쌍곡선(hyperbola)

해설 원추 단면곡선의 4가지는 원, 타원, 포물선, 쌍곡선이다.

72 공학적 해석(부피, 무게중심, 관성모멘트 등의 계산)을 적용할 때 쓰는 가장 적합한 모델은?

① 솔리드모델　　　② 서피스모델
③ 와이어프레임모델　④ 데이터모델

해설 공학적 해석을 적용할 때 쓰는 가장 적합한 모델은 솔리드모델링이다.

73 다음 중 기본적인 2차원 동차좌표변환으로 볼 수 없는 것은?

① extrusion　　　② translation
③ rotation　　　④ reflection

해설 extrusion은 기본적인 2차원 동차좌표에 해당되지 아니한다.

74 모델링과 관계된 용어의 설명으로 잘못된 것은?

① 스위핑(Sweeping) : 하나의 2차원 단면 형상을 입력하고, 이를 안내곡선을 따라 이동시켜 입체를 생성하는 것
② 스키닝(Skinning) : 원하는 경로상에 여러 개의 단면 형상을 위치시키고, 이를 덮는 입체를 생성하는 것
③ 리프팅(Lifting) : 주어진 물체 특정면의 전부 또는 일부를 원하는 방향으로 움직여서 물체가 그 방향으로 늘어난 효과를 갖도록 하는 것
④ 블렌딩(Blending) : 주어진 형상을 국부적으로 변화시키는 방법으로 접하는 곡면을 예리한 모서리로 처리하는 것

해설 블렌딩(blending)은 공간상에 존재하는 2개의 곡면이 교차하여 만들어진 모서리를 주어진 반경으로 부드럽게 처리하는 기능이다.

75 다음 중 데이터의 전송속도를 나타내는 단위는?

① BPS　　　　② MIPS
③ DPI　　　　④ RPM

해설 BPS(Bit Per Second)는 초당 전송속도로 데이터의 전송속도를 나타낸 것이다.

76 CAD소프트웨어가 반드시 갖추고 있어야 할 기능으로 거리가 먼 것은?

① 화면 제어기능　② 치수기입기능
③ 도형편집기능　④ 인터넷기능

해설 CAD소프트웨어는 인터넷기능을 지니고 있으면 유리하지만 반드시 갖춰야 할 기능은 아니다.

77 반지름이 R이고 피치(pitch)가 p인 나사의 나선(helix)을 나선의 회전각(x축과 이루는 각) θ에 대한 매개변수식으로 나타낸 것으로 옳은 것은? (단, $\hat{i}$, $\hat{j}$, $\hat{k}$는 각각 x, y, z축방향의 단위벡터이다.)

① $\vec{r}(\theta) = R\sin\theta\,\hat{i} + R\tan\theta\,\hat{j} + \dfrac{p\theta}{\pi}\hat{k}$

② $\vec{r}(\theta) = R\sin\theta\,\hat{i} + R\tan\theta\,\hat{j} + \dfrac{p\theta}{2\pi}\hat{k}$

③ $\vec{r}(\theta) = R\cos\theta\,\hat{i} + R\sin\theta\,\hat{j} + \dfrac{p\theta}{\pi}\hat{k}$

④ $\vec{r}(\theta) = R\cos\theta\,\hat{i} + R\sin\theta\,\hat{j} + \dfrac{p\theta}{2\pi}\hat{k}$

해설 $\vec{r}(\theta) = R\cos\theta\,\hat{i} + R\sin\theta\,\hat{j} + \dfrac{p\theta}{2\pi}\hat{k}$

78 서피스모델에서 사용되는 기본곡면의 종류에 속하지 않는 것은?

① Revolved surface　② Topology surface
③ Sweep surface　　④ Bezier surface

해설 Topology surface는 서피스모델에서 사용되는 기본곡면의 종류에 속하지 아니한다.

79 $x^2 + y^2 - 25 = 0$인 원이 있다. 원상의 점 (3, 4)에서 접선의 방정식으로 옳은 것은?

① $3x + 4y - 25 = 0$　② $3x + 4y - 50 = 0$
③ $4x + 3y - 25 = 0$　④ $4x + 3y - 50 = 0$

해설 한 원에 접하는 원상의 한 점에서 접선의 방정식은 $x_1x + y_1y = x_1^2 + y_1^2$이므로 원상의 점 (3, 4)에서 접선의 방정식은 $3x + 4y = 3^2 + 4^2$에서 $3x + 4y - 25 = 0$이 된다.

정답 72.① 73.① 74.④ 75.① 76.④ 77.④ 78.② 79.①

80 3차원 형상을 표현하는데 있어서 사용하는 Z−buffer방법은 무엇을 의미하는가?

① 음영을 나타내기 위한 방법
② 은선 또는 은면을 제거하기 위한 방법
③ view−port에 모델을 나타내기 위한 방법
④ 두 곡면을 부드럽게 연결하기 위한 방법

해설 Z−buffer는 은선 또는 은면을 제거하기 위한 방법이다.

2017년도 기사 제2회 필기시험(산업기사)

(2017.05.07. 시행)

자격종목	시험시간	형별	수험번호	성명	가답안/최종정답
기계설계산업기사	2시간	A			

제1과목 : 기계가공법 및 안전관리

01 다이얼게이지 기어의 백래시(back lash)로 인해 발생하는 오차는?

① 인접오차
② 지시오차
③ 진동오차
④ 되돌림오차

해설 다이얼게이지 기어의 백래시로 인해 발생하는 오차는 되돌림오차이다.

02 트위스트드릴은 절삭날의 각도가 중심에 가까울수록 절삭작용이 나쁘게 되기 때문에 이를 개선하기 위해 드릴의 웨브 부분을 연삭하는 것은?

① 시닝(thinning)
② 트루잉(truing)
③ 드레싱(dressing)
④ 글레이징(glazing)

해설 드릴의 웨브 부분을 얇게 재연삭하는 작업은 시닝(thinning)이다.

03 공기마이크로미터에 대한 설명으로 틀린 것은 어느 것인가?

① 압축공기원이 필요하다.
② 비교측정기로서 1개의 마스터로 측정이 가능하다.
③ 타원, 테이퍼, 편심 등의 측정을 간단히 할 수 있다.
④ 확대기구에 기계적 요소가 없기 때문에 장시간 고정도를 유지할 수 있다.

해설 공기마이크로미터는 비교측정기로, 경우에 따라 마스터가 여러 개 필요하다.

04 다음 그림과 같이 피측정물의 구면을 측정할 때 다이얼게이지의 눈금이 0.5mm 움직이면 구면의 반지름(mm)은 얼마인가? (단, 다이얼게이지측정자로부터 구면계의 다리까지의 거리는 20mm이다.)

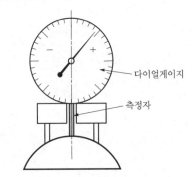

① 100.25
② 200.25
③ 300.25
④ 400.25

해설 구면의 반지름 $= 20^2 + 0.5/2$
$= 400 + 0.25 = 400.25$mm

05 일반적으로 센터드릴에서 사용되는 각도가 아닌 것은?

① 45°
② 60°
③ 75°
④ 90°

해설 센터드릴각도의 종류는 60°, 75°, 90°이다.

06 산화알루미늄(Al_2O_3)분말을 주성분으로 마그네슘(Mg), 규소(Si) 등의 산화물과 소량의 다른 원소를 첨가하여 소결한 절삭공구의 재료는?

① CBN
② 서멧
③ 세라믹
④ 다이아몬드

정답 1.④ 2.① 3.② 4.④ 5.① 6.③

해설 세라믹재질은 산화알루미늄분말을 주성분으로 마그네슘, 규소 등의 산화물과 소량의 다른 원소를 첨가하여 소결한 절삭공구재료이다.

07 밀링머신에서 절삭공구를 고정하는데 사용되는 부속장치가 아닌 것은?

① 아버(arbor)
② 콜릿(collet)
③ 새들(saddle)
④ 어댑터(adapter)

해설 새들은 밀링머신에서 절삭공구를 고정하는데 사용되는 부속장치가 아니라 선반구성품이다.

08 밀링머신에서 테이블의 이송속도(f)를 구하는 식으로 옳은 것은? (단, f_z : 1개의 날당 이송(mm), z : 커터의 날수, n : 커터의 회전수(rpm)이다.)

① $f = f_z z n$
② $f = f_z \pi z n$
③ $f = \dfrac{f_z z}{n}$
④ $f = \dfrac{(f_z z)^2}{n}$

해설 테이블의 이송속도 $f = f_z z n$

09 풀리(pulley)의 보스(boss)에 키홈을 가공하려 할 때 사용되는 공작기계는?

① 보링머신
② 호빙머신
③ 드릴링머신
④ 브로칭머신

해설 풀리의 보스에 키홈을 가공하려면 브로칭머신을 사용한다.

10 범용 밀링머신으로 할 수 없는 가공은?

① T홈가공
② 평면가공
③ 수나사가공
④ 더브테일가공

해설 범용 밀링머신으로 수나사가공은 불가능하다.

11 박스지그(box jig)의 사용처로 옳은 것은?

① 드릴로 대량생산을 할 때
② 선반으로 크랭크절삭을 할 때
③ 연삭기로 테이퍼작업을 할 때
④ 밀링으로 평면절삭작업을 할 때

해설 박스지그는 드릴로 대량생산할 때 적합하다.

12 선반에서 할 수 없는 작업은?

① 나사가공
② 널링가공
③ 테이퍼가공
④ 스플라인홈가공

해설 선반에서 일반적으로 스플라인홈가공은 불가능하다.

13 수기가공을 할 때 작업안전수칙으로 옳은 것은?

① 바이스를 사용할 때는 조에 기름을 충분히 묻히고 사용한다.
② 드릴가공을 할 때에는 장갑을 착용하여 단단하고 위험한 칩으로부터 손을 보호한다.
③ 금긋기 작업을 하는 이유는 주로 절단을 할 때에 절삭성이 좋아지기 위함이다.
④ 탭작업 시에는 칩이 원활하게 배출될 수 있도록 후퇴와 전진을 번갈아 가면서 점진적으로 수행한다.

해설 ① 바이스를 사용할 때 조에 기름을 묻히면 위험하다.
② 드릴가공을 할 때에는 장갑을 착용하지 말아야 한다.
③ 금긋기 작업을 하는 이유는 주로 가공기준선이나 중심 등을 표시하기 위함이다.

14 비교측정하는 방식의 측정기는?

① 측장기
② 마이크로미터
③ 다이얼게이지
④ 버니어캘리퍼스

해설 다이얼게이지는 비교측정기이다.

15 미끄러짐을 방지하기 위한 손잡이나 외관을 좋게 하기 위해 사용되는 다음 그림과 같은 선반가공법은?

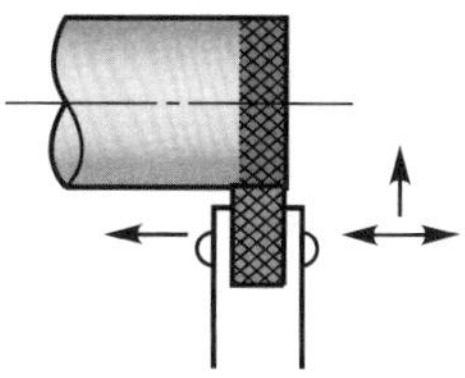

① 나사가공
② 널링가공
③ 총형가공
④ 다듬질가공

해설 미끄러짐을 방지하기 위한 손잡이나 외관을 좋게 하기 위하여 사용되는 가공법을 널링가공이라고 한다.

정답 7.③ 8.① 9.④ 10.③ 11.① 12.④ 13.④ 14.③ 15.②

16 연삭작업에 대한 설명으로 적절하지 않은 것은?

① 거친 연삭을 할 때에는 연삭깊이를 얕게 주도록 한다.

② 연질가공물을 연삭할 때는 결합도가 높은 숫돌이 적합하다.

③ 다듬질연삭을 할 때는 고운 입도의 연삭숫돌을 사용한다.

④ 강의 거친 연삭에서 공작물 1회전마다 숫돌바퀴폭의 1/2~3/4으로 이송한다.

해설 거친 연삭을 할 때에는 연삭깊이를 깊게 주도록 한다.

17 센터리스연삭에 대한 설명으로 틀린 것은?

① 가늘고 긴 가공물의 연삭에 적합하다.

② 긴 홈이 있는 가공물의 연삭에 적합하다.

③ 다른 연삭기에 비해 연삭여유가 작아도 된다.

④ 센터가 필요치 않아 센터구멍을 가공할 필요가 없다.

해설 긴 홈이 있는 가공물의 연삭에 부적합하다.

18 심압대의 편위량을 구하는 식으로 옳은 것은? (단, X : 심압대편위량이다.)

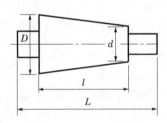

① $X = \dfrac{D-dL}{2l}$ ② $X = \dfrac{L(D-d)}{2l}$

③ $X = \dfrac{l(D-d)}{2L}$ ④ $X = \dfrac{2L}{(D-d)l}$

해설 심압대 편위량 $X = \dfrac{L(D-d)}{2l}$

19 래핑작업에 사용하는 랩제의 종류가 아닌 것은?

① 흑연   ② 산화크롬

③ 탄화규소   ④ 산화알루미나

해설 랩제의 종류에 산화크롬, 탄화규소, 산화알루미늄, 산화철, 다이아몬드미분 등이 있다.

20 입자를 이용한 가공법이 아닌 것은?

① 래핑   ② 브로칭

③ 배럴가공   ④ 액체호닝

해설 브로칭은 입자를 이용한 가공법이 아니라 브로치라는 절삭공구를 이용한 가공법이다.

제2과목 : 기계제도

21 KS기계제도에서 특수한 용도의 선으로 아주 굵은 실선을 사용해야 하는 경우는?

① 나사, 리벳 등의 위치를 명시하는 데 사용한다.

② 외형선 및 숨은선의 연장을 표시하는 데 사용한다.

③ 평면이라는 것을 나타내는 데 사용한다.

④ 얇은 부분의 단면도시를 명시하는 데 사용한다.

해설 얇은 부분의 단면도시에는 아주 굵은 실선을 사용한다.

22 KS용접기호 중 현장용접을 뜻하는 기호가 포함된 것은?

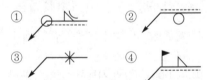

해설 현장용접은 깃발표시가 있는 ④이다.

23 제3각법으로 나타낸 다음 그림에서 정면도와 우측면도를 고려한 가장 적합한 평면도는?

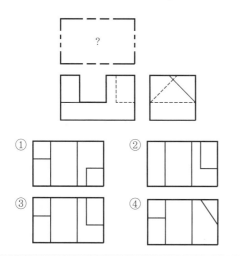

① ② ③ ④

해설 평면도는 ③이다.

24 스프링용 스테인리스강선의 KS재료기호로 옳은 것은?

① STC ② STD
③ STF ④ STS

해설 스프링용 스테인리스강선의 KS재료기호 표시는 STS 이다.

25 다음 그림과 같은 물체(끝이 잘린 원추)를 전개하고자 할 때 방사선법을 사용하지 않는다면 가장 적합한 방법은?

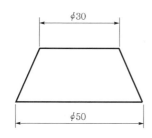

① 삼각형법 ② 평행선법
③ 종합선법 ④ 절단법

해설 끝이 잘린 원추를 전개할 때 방사선법을 사용하지 않는다면 삼각형법이 가장 적당하다.

26 다음의 그림에서 A, B, C, D를 보고 화살표방향에서 본 투상도를 옳게 짝지은 것은?

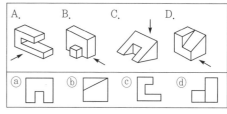

① A - ⓐ, B - ⓒ, C - ⓑ, D - ⓓ
② A - ⓒ, B - ⓓ, C - ⓐ, D - ⓑ
③ A - ⓐ, B - ⓑ, C - ⓓ, D - ⓒ
④ A - ⓓ, B - ⓒ, C - ⓐ, D - ⓑ

해설 A의 것은 ⓒ, B의 것은 ⓓ, C의 것은 ⓐ, D의 것은 ⓑ가 맞는 투상도이다.

27 다음과 같이 치수가 도시되었을 경우 그 의미로 옳은 것은?

① 8개의 축이 $\phi15$에 공차등급이 H7이며, 원통도가 데이텀 A, B에 대하여 $\phi0.1$을 만족해야 한다.
② 8개의 구멍이 $\phi15$에 공차등급이 H7이며, 원통도가 데이텀 A, B에 대하여 $\phi0.1$을 만족해야 한다.
③ 8개의 축이 $\phi15$에 공차등급이 H7이며, 위치도가 데이텀 A, B에 대하여 $\phi0.1$을 만족해야 한다.
④ 8개의 구멍이 $\phi15$에 공차등급이 H7이며, 위치도가 데이텀 A, B에 대하여 $\phi0.1$을 만족해야 한다.

해설 구멍이 8개, 구멍직경이 15mm이며, 공차등급이 H7, 위치도가 데이텀 A, B에 대해서 직경 0.1mm 이내를 만족해야 한다.

28 다음 그림과 같은 입체도에서 화살표방향이 정면일 경우 평면도로 가장 적합한 투상도는?

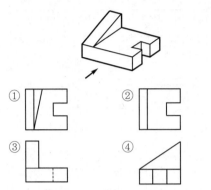

해설 평면도는 ②이다.

29 베어링의 호칭번호가 62/28일 때 베어링의 안지름은 몇 mm인가?

① 28　　　　　② 32
③ 120　　　　　④ 140

해설 28이므로 베어링의 안지름은 28mm이다.

30 다음 V벨트의 종류 중 단면의 크기가 가장 작은 것은?

① M형　　　　　② A형
③ B형　　　　　④ E형

해설 V벨트의 종류 중에서 단면의 크기가 가장 작은 것은 M형이다.

31 기하공차를 나타내는데 있어서 대상면의 표면은 0.1mm만큼 떨어진 두 개의 평행한 평면 사이에 있어야 한다는 것을 나타내는 것은?

① ▭ — │ 0.1
② ▭ ▱ │ 0.1
③ ▭ ⌀ │ 0.1
④ ▭ ⊥ │ 0.1 │ A

해설 평면도 0.1mm 이내일 것을 나타내는 것은 ②이다.

32 치수보조기호의 설명으로 틀린 것은?

① R15 : 반지름 15
② t15 : 판의 두께 15
③ (15) : 비례척이 아닌 치수 15
④ SR15 : 구의 반지름 15

해설 (15) : 참고치수 15

33 제3각법에 대한 설명으로 틀린 것은?

① 눈 → 투상면 → 물체의 순으로 나타난다.
② 좌측면도는 정면도의 좌측에 그린다.
③ 저면도는 우측면도의 아래에 그린다.
④ 배면도는 우측면도의 우측에 그린다.

해설 제3각법에서 저면도는 정면도의 아래에 그린다.

34 가공방법의 약호 중 래핑가공을 나타낸 것은?

① FL　　　　　② FR
③ FS　　　　　④ FF

해설 ② FR : 리머가공
③ FS : 스크레이퍼다듬질
④ FF : 줄다듬질

35 스프링의 도시방법에 대한 설명으로 틀린 것은?

① 코일스프링, 벌류트스프링은 일반적으로 무하중상태에서 그린다.
② 겹판스프링은 일반적으로 스프링판이 수평인 상태에서 그린다.
③ 요목표에 단서가 없는 코일스프링 및 벌류트스프링은 모두 왼쪽으로 감긴 것을 나타낸다.
④ 스프링의 종류 및 모양만을 간략도로 나타내는 경우에는 스프링재료의 중심선만을 굵은 실선으로 그린다.

해설 요목표에 단서가 없는 코일스프링 및 벌류트스프링은 모두 오른쪽으로 감긴 것을 나타낸다.

36 배관결합방식의 표현으로 옳지 않은 것은?

① ── 일반 결합

② ──✳── 용접식 결합

③ ──‖── 플랜지식 결합

④ ─┤├─ 유니언식 결합

해설 용접식 결합은 ──●── 로 나타낸다.

37 도면에 치수를 기입하는 방법을 설명한 것 중 옳지 않은 것은?

① 특별히 명시하지 않는 한 그 도면에 도시된 대상물의 다듬질치수를 기입한다.

② 길이의 단위는 mm이고, 도면에는 반드시 단위를 기입한다.

③ 각도의 단위로는 일반적으로 도(°)를 사용하고 필요한 경우 분(′) 및 초(″)를 병용할 수 있다.

④ 치수는 될 수 있는 대로 주투상도에 집중해서 기입한다.

해설 길이의 단위는 mm이고, 도면에는 단위를 기입하지 않는다.

38 기준치수가 50mm이고 최대허용치수 50.015mm이며, 최소허용치수 49.990mm일 때 치수공차는 몇 mm인가?

① 0.025 ② 0.015

③ 0.005 ④ 0.010

해설 치수공차＝최대허용치수－최소허용치수
＝50.015－49.990＝0.025

39 가는 일점쇄선의 용도가 아닌 것은?

① 도형의 중심을 표시하는 데 쓰인다.

② 수면, 유면 등의 위치를 표시하는 데 쓰인다.

③ 중심이 이동한 중심궤적을 표시하는 데 쓰인다.

④ 되풀이하는 도형의 피치를 취하는 기준을 표시하는 데 쓰인다.

해설 수면, 유면 등의 위치를 표시할 때는 가는 일점쇄선이 아니라 가는 실선을 사용한다.

40 나사가 "M50×2－6H"로 표시되었을 때 이 나사에 대한 설명 중 틀린 것은?

① 미터 가는 나사이다.

② 암나사등급 6이다.

③ 피치 2mm이다.

④ 왼나사이다.

해설 오른 나사이다.

제3과목 : 기계설계 및 기계재료

41 상온에서 순철(α철)의 격자구조는?

① FCC ② CPH

③ BCC ④ HCP

해설 상온에서 순철의 격자구조는 BCC이다.

42 구리 및 구리합금에 관한 설명으로 틀린 것은?

① Cu의 용융점은 약 1,083℃이다.

② 먼츠메탈은 60% Cu＋40% Sn합금이다.

③ 유연하고 전연성이 좋으므로 가공이 용이하다.

④ 부식성 물질이 용존하는 수용액 내에 있는 황동은 탈아연현상이 나타난다.

해설 먼츠메탈(6 : 4황동) : 60% Cu＋40% Zn합금

43 고속도강을 담금질한 후 뜨임하게 되면 일어나는 현상은?

① 경년현상이 일어난다.

② 자연균열이 일어난다.

③ 2차 경화가 일어난다.

④ 응력 부식균열이 일어난다.

해설 고속도강을 담금질한 후 뜨임을 하면 2차 경화가 일어난다.

44 백주철을 고온에서 장시간 열처리하여 시멘타이트조직을 분해하거나 소실시켜 인성 또는 연성을 개선한 주철은?

① 가단주철　　　　② 칠드주철
③ 합금주철　　　　④ 구상흑연주철

[해설] 가단주철은 백주철을 고온에서 장시간 열처리하여 시멘타이트조직을 분해하거나 소실시켜 인성 또는 연성을 개선한 주철이다.

45 강의 표면에 붕소(B)를 침투시키는 처리방법은 어느 것인가?

① 세라다이징　　　② 칼로라이징
③ 크로마이징　　　④ 보로나이징

[해설] ① 세라다이징 : Zn(아연) 침투
② 칼로라이징 : Al(알루미늄) 침투
③ 크로마이징 : Cr(크롬) 침투
④ 보로나이징 : B(붕소) 침투

46 플라스틱성형재료 중 열가소성 수지는?

① 페놀 수지　　　　② 요소 수지
③ 아크릴 수지　　　④ 멜라민 수지

[해설] 아크릴 수지는 플라스틱성형재료 중 열가소성 수지이다.

47 일반적으로 탄소강에서 탄소량이 증가할수록 증가하는 성질은?

① 비중　　　　　　② 열팽창계수
③ 전기저항　　　　④ 열전도도

[해설] 일반적으로 탄소강에서 탄소량이 증가할수록 증가되는 성질은 전기저항, 경도, 강도, 담금질효과, 비열 등이다.

48 다음 중 알루미늄합금이 아닌 것은?

① 라우탈　　　　　② 실루민
③ 두랄루민　　　　④ 화이트메탈

[해설] 화이트메탈은 알루미늄합금이 아니라 베어링합금으로 주석계와 납계가 있다.

49 금속의 일반적인 특성이 아닌 것은?

① 연성 및 전성이 좋다.
② 열과 전기의 부도체이다.
③ 금속적 광택을 가지고 있다.
④ 고체상태에서 결정구조를 갖는다.

[해설] 금속은 일반적으로 열과 전기의 양도체이다.

50 오일리스 베어링(oilless bearing)의 특징을 설명한 것으로 틀린 것은?

① 단공질이므로 강인성이 높다.
② 무급유 베어링으로 사용한다.
③ 대부분 분말야금법으로 제조한다.
④ 동계에는 Cu – Sn – C합금이 있다.

[해설] 오일리스 베어링은 단공질이 아니라 다공질이다.

51 지름 45mm의 축이 200rpm으로 회전하고 있다. 이 축은 길이 1m에 대하여 1/4°의 비틀림 각이 발생한다고 할 때 약 몇 kW의 동력을 전달하고 있는가? (단, 축재료의 가로탄성계수는 84GPa이다.)

① 2.1　　　　　　② 2.6
③ 3.1　　　　　　④ 3.6

[해설] $\theta = \dfrac{Tl}{GI_p}$

$\therefore T = \dfrac{\theta GI_p}{l} = \dfrac{0.25 \times \pi \times 84 \times 10^9 \times \pi \times 0.045^4}{180 \times 32 \times 1}$

$\qquad = 147\text{J}$

$T = 974 \dfrac{H_{kW}}{n}$

$\therefore H_{kW} = \dfrac{Tn}{974 \times 9.8} = \dfrac{147 \times 200}{974 \times 9.8}$

$\qquad = 3.09\text{kW} \simeq 3.1\text{kW}$

52 어느 브레이크에서 제동동력이 3kW이고 브레이크용량(brake capacity)이 $0.8\text{N/mm}^2 \cdot \text{m/s}$ 라고 할 때 브레이크마찰면적의 크기는 약 몇 mm^2인가?

① 3,200　　　　　② 2,250
③ 5,500　　　　　④ 3,750

해설 $\mu qv = \dfrac{H}{A}$

$$\therefore A = \dfrac{H}{\mu qv} = \dfrac{3 \times 10^3}{0.8} = 3,750\text{mm}^2$$

53 스프링에 150N의 하중을 가했을 때 발생하는 최대전단응력이 400MPa이었다. 스프링지수(C)는 10이라고 할 때 스프링소선의 지름은 약 몇 mm인가? (단, 응력수정계수 $K = \dfrac{4C-1}{4C-4} + \dfrac{0.615}{C}$ 를 적용한다.)

① 3.3 ② 4.8
③ 7.5 ④ 12.6

해설 $\tau = \dfrac{8KDP}{\pi d^3} = \dfrac{8KCdP}{\pi d^3} = \dfrac{8KCP}{\pi d^2}$

$$= \dfrac{8 \times 1.145 \times 10 \times 150}{3.14 \times d^2} = 400$$

$$\therefore d = 3.3\text{mm}$$

54 420rpm으로 16.20kN의 하중을 받고 있는 엔드저널의 지름(d)과 길이(l)는? (단, 베어링작용압력은 1N/mm², 폭의 지름비 $l/d = 2$이다.)

① $d = 90$mm, $l = 180$mm
② $d = 85$mm, $l = 170$mm
③ $d = 80$mm, $l = 160$mm
④ $d = 75$mm, $l = 150$mm

해설 $\dfrac{l}{d} = 2$에서 $P = \dfrac{W}{dl} = \dfrac{W}{2d^2}$ 이므로

$d = \sqrt{\dfrac{W}{2P}} = \sqrt{\dfrac{16,200}{2 \times 1}} = 90$mm이며, 길이는 직경의 2배이므로 $l = 2d = 180$mm이다.

55 지름이 10mm인 시험편에 600N의 인장력이 작용한다고 할 때 이 시험편에 발생하는 인장응력은 약 몇 MPa인가?

① 95.2 ② 76.4
③ 7.64 ④ 9.52

해설 $\sigma = \dfrac{W}{A} = \dfrac{600 \times 4}{3.14 \times 10^2} = 7.64$MPa

56 정(Chisel) 등의 공구를 사용하여 리벳머리의 주위와 강판의 가장자리를 두드리는 작업을 코킹(caulking)이라 하는데, 이러한 작업을 실시하는 목적으로 적절한 것은?

① 리벳팅작업에 있어서 강판의 강도를 크게 하기 위해
② 리벳팅작업에 있어서 기밀을 유지하기 위해
③ 리벳팅작업 중 파손된 부분을 수정하기 위해
④ 리벳이 들어갈 구멍을 뚫기 위해

해설 코킹의 목적은 리벳팅작업에 있어서 기밀을 유지하기 위해서이다.

57 맞물린 한 쌍의 인벌류트기어에서 피치원의 공통접선과 맞물리는 부위에 힘이 작용하는 작용선이 이루는 각도를 무엇이라고 하는가?

① 중심각 ② 접선각
③ 전위각 ④ 압력각

해설 압력각은 맞물린 한 쌍의 인벌류트기어에서 피치원의 공통접선과 맞물리는 부위에 힘이 작용하는 작용선이 이루는 각도이다.

58 축방향으로 보스를 미끄럼운동시킬 필요가 있을 때 사용하는 키는?

① 페더(feather)키 ② 반달(woodruff)키
③ 성크(sunk)키 ④ 안장(saddle)키

해설 페더키는 축방향으로 보스를 미끄럼운동시킬 필요가 있을 때 사용되는 키로 슬라이딩키, 안내키 등으로도 부른다.

59 M22 볼트(골지름 19.294mm)가 다음 그림과 같이 2장의 강판을 고정하고 있다. 체결볼트의 허용전단응력이 36.15MPa라 하면 최대 몇 kN까지의 하중(P)을 견딜 수 있는가?

① 3.21
② 7.54
③ 10.57
④ 11.48

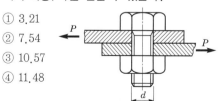

해설 $P = \dfrac{\pi d^2}{4}\tau_a$

$= \dfrac{3.14 \times 19.294^2}{4} \times 36.15$

$= 10.563\text{N} \approx 10.57\text{kN}$

60 평벨트전동장치와 비교하여 V벨트전동장치에 대한 설명으로 옳지 않은 것은?

① 접촉면적이 넓으므로 비교적 큰 동력을 전달한다.

② 장력이 커서 베어링에 걸리는 하중이 큰 편이다.

③ 미끄럼이 작고 속도비가 크다.

④ 바로걸기로만 사용이 가능하다.

해설 V벨트는 평벨트의 경우보다 장력이 적게 걸리므로 베어링에 걸리는 하중이 평벨트보다 낮은 편이다.

제4과목 : 컴퓨터응용설계

61 순서가 정해진 여러 개의 점들을 입력하면 이 모두를 지나는 곡선을 생성하는 것을 무엇이라고 하나?

① 보간(interpolation)

② 근사(approximation)

③ 스무딩(smoothing)

④ 리메싱(remeshing)

해설 보간은 순서가 정해진 여러 개의 점들을 입력하면 이 모두를 지나는 곡선을 생성하는 것이다.

62 플로터(plotter)의 일반적인 분류방식에 속하지 않는 것은?

① 펜(pen)식

② 충격(impact)식

③ 래스터(raster)식

④ 포토(photo)식

해설 플로터의 일반적인 분류에 펜식, 래스터식, 포토식이 있다.

63 NURBS(Non-Uniform Rational B-Spline)에 관한 설명으로 가장 옳지 않은 것은?

① NURBS곡선식은 B-Spline곡선식을 포함하는 일반적인 형태라고 할 수 있다.

② B-Spline에 비해 NURBS곡선이 보다 자유로운 변형이 가능하다.

③ 곡선의 변형을 위해 NURBS곡선에서는 각각의 조정점에서 x, y, z방향에 대한 3개의 자유도가 허용된다.

④ NURBS곡선은 자유곡선뿐만 아니라 원추곡선까지 하나의 방정식형태로 표현이 가능하다.

해설 NURBS곡선에서는 각각의 조정점에서 x, y, z방향에 대한 3개의 자유도가 허용되지 않는다.

64 3차원 형성의 솔리드모델링방법에서 CSG방식과 B-Rep방식을 비교한 설명 중 틀린 것은?

① B-Rep방식은 CSG방식에 비해 보다 복잡한 형상의 물체(비행기 동체 등)를 모델링하는 데 유리하다.

② B-Rep방식은 CSG방식에 비해 3면도, 투시도 작성이 용이하다.

③ B-Rep방식은 CSG방식에 비해 필요한 메모리의 양이 적다.

④ B-Rep방식은 CSG방식에 비해 표면적 계산이 용이하다.

해설 B-Rep방식은 CSG방식에 비해 필요한 메모리의 양이 크다.

65 쾌속조형(Rapid Prototyping) 등에 사용되는 STL파일의 특징에 대한 설명으로 틀린 것은?

① 평면삼각형들의 목록만을 담고 있기 때문에 구조가 간단하다.

② 데이터양이 많으며 데이터를 중복해서 가지고 있기도 하다.

③ 굴곡진 곡면도 실제와 같이 정확하게 표현할 수 있다.

④ 모델의 위상정보를 가지고 있지 않다.

해설 STL파일은 굴곡진 곡면을 실제와 같이 정확하게 표현할 수 없다.

66 CAD시스템의 3차원 공간에서 평면을 정의할 때 입력조건으로 충분치 않는 것은?

① 한 개의 직선과 이 직선의 연장선 위에 있지 않는 한 개의 점

② 일직선상에 있지 않은 세 점

③ 평면의 수직벡터와 그 평면 위의 한 개의 점

④ 두 개의 직선

해설 직선 2개로는 3차원 공간에서 평면을 정의할 수 없다.

67 그림과 같이 중간에 원형구멍이 관통되어 있는 모델에 대해 토폴로지요소를 분석하고자 한다. 여기서 면(face)은 몇 개로 구성되어 있는가?

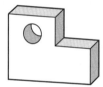

① 7 ② 8
③ 9 ④ 10

해설 중간에 원형 구멍이 관통되어 있는 그림과 같은 모델에 대하여 토폴로지요소를 분석하면 면은 모두 9개로 구성됨을 알 수 있다.

68 래스터스캔 디스플레이에 직접적으로 관련된 용어가 아닌 것은?

① flicker ② Refresh
③ Fram buffer ④ RISC

해설 RISC는 래스터스캔 디스플레이에 직접적으로 관련된 용어가 아니다. RISC(Reduced Instruction Set Computer)는 축소명령세트컴퓨터라고 하며, 컴퓨터처리속도의 혁신을 가져온 차세대 소프트웨어의 핵심 기술이다. 규모가 방대하고 복잡한 작업에서도 수천~수만 가지의 명령어들을 모두 거치지 않고도 실제로 사용되는 핵심 명령어만 뽑아 사용하면 작업속도가 혁신적으로 훨씬 빠르게 작동된다.

69 3차원에서 이미 구성된 도형자료의 확대 또는 축소를 나타내는 변환행렬로 옳은 것은? (단, 행렬에서 S_x, S_y, S_z는 각각 x, y, z방향으로의 확대 또는 축소되는 크기이다.)

① $T_y = \begin{bmatrix} S_x & 0 & 0 & 0 \\ 0 & 1 & 0 & 0 \\ 0 & 0 & S_y & 0 \\ S_z & 0 & 0 & 1 \end{bmatrix}$

② $T_y = \begin{bmatrix} 0 & 0 & 0 & S_x \\ 0 & 0 & S_y & 0 \\ 0 & S_z & 0 & 0 \\ 1 & 0 & 0 & 0 \end{bmatrix}$

③ $T_y = \begin{bmatrix} 0 & 0 & 0 & 1 \\ 0 & S_x & 0 & 0 \\ 0 & 0 & S_y & 0 \\ 0 & 0 & 0 & S_z \end{bmatrix}$

④ $T_y = \begin{bmatrix} S_x & 0 & 0 & 0 \\ 0 & S_y & 0 & 0 \\ 0 & 0 & S_z & 0 \\ 0 & 0 & 0 & 1 \end{bmatrix}$

해설 확대 또는 축소를 나타내는 변환행렬은 ④이다.

70 다음 중 출력용 프린터의 해상도(resolution)를 나타내는 단위는?

① DPI ② BPC
③ LCD ④ CPS

해설 DPI(Dot Per Inch)는 인치당 도트수로 프린터의 해상도를 나타내는 단위이다.

71 미리 정해진 연속된 단면을 덮는 표면곡면을 생성시켜 닫혀진 부피영역 혹은 솔리드모델을 만드는 모델링방법은?

① 트위킹(tweaking)

② 리프팅(lifting)

③ 스위핑(sweeping)

④ 스키닝(skinning)

해설 스키닝은 미리 정해진 연속된 단면을 덮는 표면곡면을 생성시켜 닫혀진 부피영역 혹은 솔리드모델을 만드는 모델링방법이다.

72 CAD시스템에서 두 개의 곡선을 연결하여 복잡한 형태의 곡선을 만들 때 양쪽곡선의 연결점에서 2차 미분까지 연속하게 구속조건을 줄 수 있는 최소차수의 곡선은?

① 2차 곡선 ② 3차 곡선
③ 4차 곡선 ④ 5차 곡선

> **해설** CAD시스템에서 2개의 곡선을 연결하여 복잡한 형태의 곡선을 만들 때 양쪽 곡선의 연결점에서 2차 미분까지 연속하게 구속조건을 줄 수 있는 최소차수의 곡선은 3차 곡선이다.

73 다음 그림과 같이 $P_1(2, 1)$, $P_2(5, 2)$점을 지나는 직선의 방정식은?

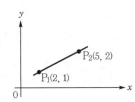

① $y = \dfrac{1}{3}x + \dfrac{1}{3}$ ② $y = -\dfrac{1}{3}x + \dfrac{1}{3}$

③ $y = \dfrac{1}{3}x - \dfrac{1}{3}$ ④ $y = -\dfrac{1}{3}x - \dfrac{1}{3}$

> **해설** 두 점을 지나는 직선의 방정식은
> $y - y_1 = \dfrac{y_2 - y_1}{x_2 - x_1}(x - x_1)$ 이므로
> $y - 1 = \dfrac{2-1}{5-2}(x-2)$에서 $y = \dfrac{1}{3}x + \dfrac{1}{3}$이다.

74 10진수로 표시된 11을 2진수로 옳게 나타낸 것은?

① 1011 ② 1100
③ 1110 ④ 1101

> **해설** 10진수 11을 2진수로 나타내려면 2로 계속 나누고, 마지막의 몫과 나머지 10를 시작으로 해서 그 뒤로 나머지 11을 붙이면 1011이 된다.

75 다음과 같은 원추곡선(conic curve)방정식을 정의하기 위해 필요한 구속조건의 수는?

$$f(x, y) = ax^2 + bxy + cy^2 + dx + ey + g = 0$$

① 3개 ② 4개
③ 5개 ④ 6개

> **해설** 원추곡선방정식을 정의하기 위해 필요한 구속조건의 수는 5개이다(시작점, 끝점, 접선 시작점, 접선 끝점, 접선 교차점).

76 CAD시스템에서 서로 다른 CAD시스템 간의 데이터교환을 위한 대표적인 표준파일형식이 아닌 것은?

① IGES ② ASCII
③ DXF ④ STEP

> **해설** ASCII는 데이터교환을 위한 대표적인 표준파일이 아니라 미국의 표준코드이다.

77 베지어(Bezier)곡선의 특징에 대한 설명으로 옳지 않은 것은?

① 곡선은 첫 조정점과 마지막 조정점을 지난다.
② 곡선은 조정점들을 연결하는 다각형의 내측에 존재한다.
③ 1개의 조정점변화는 곡선 전체에 영향을 미친다.
④ n개의 조정점에 의해서 정의되는 곡선은 $(n+1)$차 곡선이다.

> **해설** n개의 정점에 의해 정의되는 $(n-1)$차 곡선이다.

78 CAD프로그램 내에서 3차원 공간상의 하나의 점을 화면상에 표시하기 위해 사용되는 3개의 기본좌표계에 속하지 않는 것은?

① 세계좌표계(world coordinate system)
② 벡터좌표계(vector coordinate system)
③ 시각좌표계(viewing coordinate system)
④ 모델좌표계(model coordinate system)

> **해설** CAD의 기본좌표계는 세계좌표계, 시각좌표계, 모델좌표계이다.

정답 72.② 73.① 74.① 75.③ 76.② 77.④ 78.②

79 IGES파일포맷에서 엔티티들에 관한 실제 데이터, 즉 예를 들어 직선요소의 경우 두 끝점에 대한 6개의 좌표값이 기록되어 있는 부분(section)은?

① 스타트섹션(start section)
② 글로벌섹션(global section)
③ 디렉토리엔트리섹션(directory entry section)
④ 파라미터데이터섹션(parameter data section)

해설 파라미터데이터섹션은 IGES파일포맷에서 엔티티들에 관한 실제 데이터, 즉 직선요소의 경우 두 끝점에 대한 6개의 좌표값이 기록되어 있는 부분이다.

80 형상모델링방법 중 솔리드모델링(Solid Modeling)의 특징에 대한 설명으로 옳지 않은 것은?

① 은선 제거가 가능하다.
② 단면도 작성이 어렵다.
③ 불리언(Boolean)연산에 의해 복잡한 형상도 표현할 수 있다.
④ 명암, 컬러기능 및 회전, 이동 등의 기능을 이용하여 사용자가 명확히 물체를 파악할 수 있다.

해설 솔리드모델링은 단면도 작성이 용이하다.

2017년도 기사 제3회 필기시험(산업기사)

(2017.08.26. 시행)

자격종목	시험시간	형별	수험번호	성명	가답안/최종정답
기계설계산업기사	2시간	A			

제1과목 : 기계가공 및 안전관리

01 표면거칠기의 측정법으로 틀린 것은?

① NPL식 측정
② 촉침식 측정
③ 광절단식 측정
④ 현미간섭식 측정

해설 NPL식 측정기는 각도를 측정하며, 표면거칠기 측정은 불가능하다.

02 연삭가공에서 내면연삭에 대한 설명으로 틀린 것은?

① 외경연삭에 비하여 숫돌의 마모가 많다.
② 외경연삭보다 숫돌축의 회전수가 느려야 한다.
③ 연삭숫돌의 지름은 가공물의 지름보다 작아야 한다.
④ 숫돌축은 지름이 작기 때문에 가공물의 정밀도가 다소 떨어진다.

해설 정적 절삭속도로 연삭이 이루어질 때 내면연삭은 외경연삭보다 가공부의 지름이 작으므로 숫돌축의 회전수가 외경연삭의 경우보다 빨라야 한다.

03 선반의 주축을 중공축으로 할 때의 특징으로 틀린 것은?

① 굽힘과 비틀림응력에 강하다.
② 마찰열을 쉽게 발산시켜 준다.
③ 길이가 긴 가공물 고정이 편리하다.
④ 중량이 감소되어 베어링에 작용하는 하중을 줄여준다.

해설 선반의 주축을 중공축으로 한다고 해서 마찰열이 쉽게 발산되는 것은 아니다.

04 합금공구강에 대한 설명으로 틀린 것은?

① 탄소공구강에 비해 절삭성이 우수하다.
② 저속절삭용, 총형절삭용으로 사용된다.
③ 탄소공구강에 Ni, Co 등의 원소를 첨가한 강이다.
④ 경화능을 개선하기 위해 탄소공구강에 소량의 합금원소를 첨가한 강이다.

해설 합금공구강 중에서 일부 종류에 Ni이 합금원소로 첨가되기도 하지만, Co는 첨가되지 않는다. 합금공구강에 첨가되는 합금원소들은 Cr, Mo, Ni, W, V 등이다.

05 연삭깊이를 깊게 하고 이송속도를 느리게 함으로써 재료 제거율을 대폭적으로 높인 연삭방법은?

① 경면(mirror)연삭
② 자기(magnetic)연삭
③ 고속(high speed)연삭
④ 크리프피드(creep feed)연삭

해설 크리프피드연삭은 연삭깊이를 깊게 하고 이송속도를 느리게 하여 생산성을 개선시킨 연삭가공법인데, 이때 사용되는 연삭기는 충분한 강성을 유지해야 한다.

06 비교측정방법에 해당되는 것은?

① 사인바에 의한 각도측정
② 버니어캘리퍼스에 의한 길이측정
③ 롤러와 게이지블록에 의한 테이퍼측정
④ 공기마이크로미터를 이용한 제품의 치수측정

정답 1.① 2.② 3.② 4.③ 5.④ 6.④

해설 공기마이크로미터는 비교측정기이다.

07 밀링머신의 테이블 위에 설치하여 제품의 바깥 부분을 원형이나 윤곽가공할 수 있도록 사용되는 부속장치는?

① 더브테일　　　　② 회전테이블
③ 슬로팅장치　　　④ 랙절삭장치

해설 밀링머신의 테이블 위에 설치하여 제품의 바깥 부분을 원형이나 윤곽가공을 할 수 있도록 사용되는 부속장치는 회전테이블이다.

08 높은 정밀도를 요구하는 가공물, 각종 지그 등에 사용하며 온도변화에 영향을 받지 않도록 항온항습실에 설치하여 사용하는 보링머신은?

① 지그 보링머신(jig boring machine)
② 정밀 보링머신(fine boring machine)
③ 코어 보링머신(core boring machine)
④ 수직 보링머신(vertical boring machine)

해설 보링머신 중에서 가장 높은 정밀도를 낼 수 있는 것은 지그 보링머신이다.

09 측정자의 미소한 움직임을 광학적으로 확대하여 측정하는 장치는?

① 옵티미터(optimeter)
② 미니미터(minimeter)
③ 공기마이크로미터(air micrometer)
④ 전기마이크로미터(electrical micrometer)

해설 옵티미터는 측정자의 미소한 움직임을 광학적으로 확대하여 측정하는 장치이다.

10 호닝작업의 특징으로 틀린 것은?

① 정확한 치수가공을 할 수 있다.
② 표면정밀도를 향상시킬 수 있다.
③ 호닝에 의하여 구멍의 위치를 자유롭게 변경하여 가공이 가능하다.
④ 전 가공에서 나타난 테이퍼, 진원도 등에 발생한 오차를 수정할 수 있다.

해설 호닝작업으로 진원도나 원통도 등을 개선시킬 수 있지만 기존 구멍을 따라 들어가서 가공되므로 구멍의 위치를 변경할 수 없다.

11 기어절삭법이 아닌 것은?

① 배럴에 의한 법(barrel system)
② 형판에 의한 법(templet system)
③ 창성에 의한 법(generated tool system)
④ 총형공구에 의한 법(formed tool system)

해설 배럴가공으로는 버(burr)나 표면에 부착된 이물질 제거는 가능하지만 기어절삭은 불가능하다.

12 드릴을 가공할 때 가공물과 접촉에 의한 마찰을 줄이기 위하여 절삭날의 면에 주는 각은 어느 것인가?

① 선단각　　　　② 웨브각
③ 날여유각　　　④ 홈 나선각

해설 절삭날의 여유각은 가공물과의 마찰을 감소시킨다.

13 수직밀링머신의 주요 구조가 아닌 것은?

① 니　　　　② 컬럼
③ 방진구　　④ 테이블

해설 방진구(work rest)는 수직밀링머신의 주요 구조가 아니라 가늘고 긴 공작물가공 시 떨림을 방지하기 위한 선반부속품이다.

14 TiC입자는 Ni 혹은 Ni과 Mo를 결합제로 소결한 것으로 구성인선이 거의 발생하지 않아 공구수명이 긴 절삭공구재료는?

① 서멧
② 고속도강
③ 초경합금
④ 합금공구강

해설 서멧(cermet)은 초경합금과 세라믹의 중간의 성질을 지니며 TiC, TiN, TiCN 등을 Ni로 결합한 재종들이 많이 사용된다.

15 밀링머신테이블의 이송속도 720mm/min, 커터의 날수 6개, 커터회전수가 600rpm일 때 1날당 이송량은 몇 mm인가?

① 0.1　　　　② 0.2
③ 3.6　　　　④ 7.2

해설　$F = Z f_z n$

$\therefore f_z = \dfrac{F}{Zn} = \dfrac{720}{6 \times 600} = 0.2 \text{mm/날}$

16 지름 75mm의 탄소강을 절삭속도 150m/min으로 가공하고자 한다. 가공길이 300mm, 이송은 0.2mm/rev로 할 때 1회 가공 시 가공시간은 약 얼마인가?

① 2.4분　　　　② 4.4분
③ 6.4분　　　　④ 8.4분

해설　$t = \dfrac{L}{F} i = \dfrac{300}{0.2 \times \left(\dfrac{150,000}{3.14 \times 75}\right)} \times 1$

$= \dfrac{300}{127.39} = 2.35 \approx 2.4 \text{min}$

17 선반의 가로이송대에 4mm 리드로 100등분 눈금의 핸들이 달려있을 때 지름 38mm의 환봉을 지름 32mm로 절삭하려면 핸들의 눈금은 몇 눈금을 돌리면 되겠는가?

① 35　　　　② 70
③ 75　　　　④ 90

해설　1눈금 = $\dfrac{4}{100} = 0.04 \text{mm}$

$\therefore n = \dfrac{(38-32)/2}{0.04} = \dfrac{3}{0.04} = 75 \text{눈금}$

18 가연성 액체(알코올, 석유, 등유류)의 화재등급은 어느 것인가?

① A급　　　　② B급
③ C급　　　　④ D급

해설　A급 : 보통화재, B급 : 유류화재, C급 : 전기화재, D급 : 금속화재

19 주축(spindle)의 정지를 수행하는 NC code는 어느 것인가?

① M02　　　　② M03
③ M04　　　　④ M05

해설　M02 : 프로그램 종료, M03 : 주축 정회전, M04 : 주축 역회전, M05 : 주축 정지

20 동일 직경 3개의 핀을 이용하여 수나사의 유효지름을 측정하는 방법은?

① 광학법
② 삼침법
③ 지름법
④ 반지름법

해설　삼침법은 동일 직경의 핀 3개를 이용하여 수나사의 유효지름을 측정하는 방법이다.

제2과목 : 기계제도

21 다음 그림과 같은 정투상도(정면도와 평면도)에서 우측면도로 가장 적합한 것은?

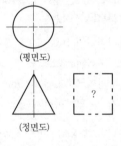

(평면도)

(정면도)

　①
　②

　③
　④

해설　우측면도는 ②이다.

22 다음 그림과 같은 입체도의 정면도(화살표방향)로 가장 적합한 것은?

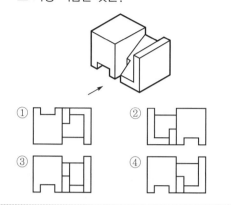

해설 정면도는 ④이다.

23 구름 베어링의 상세한 간략도시방법에서 복렬 자동조심 볼 베어링의 도시기호는?

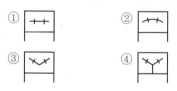

해설 ① 복렬 깊은 홈 볼 베어링, 복렬 원통 롤러 베어링
② 복렬 자동조심 볼 베어링, 복렬 구형 롤러 베어링
③ 복렬 앵귤러 콘택트 고정형 볼 베어링
④ 두 조각 내륜 복렬 앵귤러 콘택트 분리형 볼 베어링

24 그림과 같은 환봉의 "A"면을 선반가공할 때 생기는 표면의 줄무늬방향기호로 가장 적합한 것은?

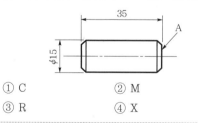

① C
② M
③ R
④ X

해설 A면은 챔퍼면이므로 줄무늬방향기호는 C이다.

25 재료기호가 "SS275"로 나타났을 때 이 재료의 명칭은?

① 탄소강 단강품

② 용접구조용 주강품
③ 기계구조용 탄소강재
④ 일반 구조용 압연강재

해설 SS : 일반 구조용 압연강재

26 도면에서 부분확대도를 그리는 경우로 가장 적합한 것은?

① 특정한 부분의 도형이 작아서 그 부분의 상세한 도시나 치수기입이 어려울 때 사용한다.
② 도형의 크기가 클 경우에 사용한다.
③ 물체의 경사면을 실제 길이로 투상하고자 할 때 사용한다.
④ 대상물의 구멍, 홈 등과 같이 그 부분의 모양을 도시하는 것으로 충분한 경우에 사용한다.

해설 부분확대도는 특정한 부분의 도형이 작아서 그 부분의 상세한 도시나 치수기입이 어려울 때 사용된다.

27 V블록을 제3각법으로 정투상한 다음 그림과 같은 도면에서 "A" 부분의 치수는?

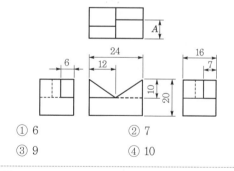

① 6
② 7
③ 9
④ 10

해설 $A = 16 - 7 = 9$

28 공유압장치의 조작방식을 나타낸 다음 그림 중에서 전기조작에 의한 기호는?

해설 ① 전기조작(단동솔레노이드-1방향 조작)
② 기계조작(기계조작 플런저-1방향 조작)
③ 기계조작(스프링조작-1방향 조작)
④ 기계조작(롤러)

29 도면에 마련되는 양식의 종류 중 작성부서, 작성자, 승인자, 도면명칭, 도면번호 등을 나타내는 양식은?

① 표제란　　　　② 부품란
③ 중심마크　　　④ 비교눈금

해설 표제란(title block)은 작성부서, 작성자, 승인자, 도면명칭, 도면번호 등을 나타내는 양식이다.

30 $\phi 40^{-0.021}_{-0.037}$의 구멍과 $\phi 40^{\ 0}_{-0.016}$의 축 사이의 최소죔새는?

① 0.053　　　　② 0.037
③ 0.021　　　　④ 0.005

해설 최소죔새＝0.021－0.016＝0.005

31 다음 그림에서 나타난 기하공차의 도시에 대해 가장 올바르게 설명한 것은?

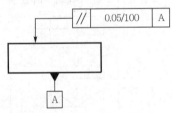

① 임의의 평면에서 평행도가 기준면 A에 대해 $\dfrac{0.05}{100}$ mm 이내에 있어야 한다.
② 임의의 평면 100mm×100mm에서 평행도가 기준면 A에 대해 $\dfrac{0.05}{100}$ mm 이내에 있어야 한다.
③ 지시하는 면 위에서 임의로 선택한 길이 100mm에서 평행도가 기준면 A에 대해 0.05mm 이내에 있어야 한다.
④ 지시한 화살표를 중심으로 100mm 이내에서 평행도가 기준면 A에 대해 0.05mm 이내에 있어야 한다.

해설 그림의 기하공차는 평행도를 의미하며, 선택된 길이 100mm에서 기준면 A에 대해 평행도가 0.05mm 이내에 있어야 한다.

32 헬리컬기어의 제도에 대한 설명으로 틀린 것은?

① 잇봉우리원은 굵은 실선으로 그린다.
② 피치원은 가는 일점쇄선으로 그린다.
③ 이골원은 단면도시가 아닌 경우 가는 실선으로 그린다.
④ 축에 직각인 방향에서 본 정면도에서 단면도시가 아닌 경우 잇줄방향은 경사진 3개의 가는 이점쇄선으로 나타낸다.

해설 축에 직각인 방향에서 본 정면도에서 단면도시가 아닌 경우 잇줄방향은 경사진 3개의 가는 실선으로 나타낸다.

33 기하공차의 도시방법에서 위치도를 나타내는 것은?

① ⌀　　　　② ◯
③ ◎　　　　④ ⊕

해설 ① 원통도, ② 진원도, ③ 동심도

34 강구조물(steel structure) 등의 치수 표시에 관한 KS기계제도의 규격에 관한 설명으로 틀린 것은?

① 구조선도에서 절점 사이의 치수를 표시할 수 있다.
② 형강, 강관 등의 치수를 각각의 도형에 연하여 기입할 때 길이의 치수도 반드시 나타내야 한다.
③ 구조선도에서 치수는 부재를 나타내는 선에 연하여 직접 기입할 수 있다.
④ 등변 ㄱ형강의 경우 "L 100×100×5-1500"과 같이 나타낼 수 있다.

해설 형강, 강관 등의 치수를 각각의 도형에 연하여 기입할 때 길이의 치수를 생략해도 된다.

35 치수기입의 원칙에 관한 설명으로 옳지 않은 것은?

① 치수는 되도록 주투상도에 집중하여 기입한다.

② 치수는 되도록 공정마다 배열을 분리하여 기입한다.

③ 치수는 기능, 제작, 조립을 고려하여 명료하게 기입한다.

④ 중요치수는 확인하기 쉽도록 중복하여 기입한다.

해설 중요치수이더라도 중복하여 기입하지 말아야 한다.

36 다음 용접기호가 나타내는 용접작업명칭은?

① 가장자리 용접

② 표면육성

③ 개선각이 급격한 V형 맞대기용접

④ 표면접합부

해설 그림은 표면육성을 의미하는 용접기호다.

37 필릿용접기호 중 화살표 반대쪽에 필릿용접을 지시하는 것은?

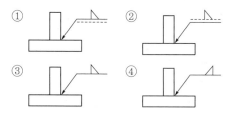

해설 필릿용접기호 중 화살표 반대쪽에 필릿용접을 지시하는 그림은 ②이다.

38 기하학적 형상의 특성을 나타내는 기호 중 자유상태조건을 나타내는 기호는?

① Ⓟ   ② Ⓜ

③ Ⓕ   ④ Ⓛ

해설 ① 돌출공차역, ② 최대실체공차방식, ④ 최소실체조건

39 다음 그림과 같은 도면에서 가는 실선이 교차하는 대각선 부분은 무엇을 의미하는가?

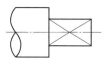

① 평면이라는 뜻

② 나사산가공하라는 뜻

③ 가공에서 제외하라는 뜻

④ 대각선의 홈이 파여있다는 뜻

해설 평면은 가는 실선이 교차하는 대각선으로 나타낸다.

40 다음 그림과 같이 제3각법으로 나타낸 정면도와 평면도에 가장 적합한 우측면도는?

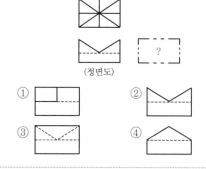

해설 적합한 우측면도는 ②이다.

제3과목 : 기계설계 및 기계재료

41 담금질한 후 치수의 변형 등이 없도록 심랭처리해야 하는 강은?

① 실루민   ② 먼츠메탈

③ 두랄루민   ④ 게이지강

해설 게이지강은 담금질 후 치수변형을 방지하기 위하여 심랭처리를 해야 하는 강이다.

42 열가소성 재료의 유동성을 측정하는 시험방법은?

① 로크웰시험법   ② 브리넬시험법

③ 멜트인덱스법   ④ 샤르피시험법

해설 멜트인덱스법은 열가소성 재료의 유동성을 측정하는 시험방법이다.

43 강의 표면에 Al을 침투시키는 표면경화법은?

① 크로마이징 ② 칼로라이징
③ 실리코나이징 ④ 보로나이징

해설 칼로라이징은 강의 표면에 Al을 침투시키는 표면경화법이다.

44 노 내에서 Fe-Si, Al 등의 강력한 탈산제를 첨가하여 완전히 탈산시킨 강은?

① 킬드강(killed steel)
② 림드강(rimmed steel)
③ 세미킬드강(semi-killed steel)
④ 세미림드강(semi-rimmed steel)

해설 완전탈산강은 킬드강(진정강괴)이다.

45 탄소함유량이 약 0.85~2.0% C에 해당하는 강은?

① 공석강 ② 아공석강
③ 과공석강 ④ 공정주철

해설 과공석강은 탄소함유량이 약 0.85~2.0%에 해당되는 강이다.

46 항공기 재료에 많이 사용되는 두랄루민의 강화기구는?

① 용질경화 ② 시효경화
③ 가공경화 ④ 마텐자이트변태

해설 두랄루민의 강화기구는 시효경화이다.

47 아연을 소량 첨가한 황동으로 빛깔이 금색에 가까워 모조금으로 사용되는 것은?

① 톰백(tombac)
② 델타메탈(delta metal)
③ 하드브라스(hard brass)
④ 먼츠메탈(muntz metal)

해설 톰백은 아연을 소량 첨가한 황동으로 빛깔이 금색에 가까워 모조금으로 사용되는 구리합금이다.

48 진동에너지를 흡수하는 능력이 우수하여 공작기계의 베드 등에 가장 적합한 재료는?

① 회주철
② 저탄소강
③ 고속도공구강
④ 18 : 8 스테인리스강

해설 회주철은 진동에너지를 흡수하는 능력인 감쇠능이 우수하여 공작기계의 베드 등에 적합한 재료이다.

49 금속의 결정구조 중 체심입방격자(BCC)인 것은?

① Ni ② Cu
③ Al ④ Mo

해설 체심입방격자는 Mo이며, 나머지는 모두 FCC이다.

50 비정질합금에 관한 설명으로 틀린 것은?

① 전기저항이 크다.
② 구조적으로 장거리의 규칙성이 있다.
③ 가공경화현상이 나타나지 않는다.
④ 균질한 재료이며 결정이방성이 없다.

해설 비정질합금은 구조적으로 규칙성이 없다.

51 베어링 설치 시 고려해야 하는 예압(preload)에 관한 설명으로 옳지 않은 것은?

① 예압은 축의 흔들림을 적게 하고 회전정밀도를 향상시킨다.
② 베어링 내부틈새를 줄이는 효과가 있다.
③ 예압량이 높을수록 예압효과가 커지고 베어링수명에 유리하다.
④ 적절한 예압을 적용할 경우 베어링의 강성을 높일 수 있다.

해설 예압량을 필요 이상으로 크게 취하면 이상발열, 마찰모멘트의 증대, 피로수명의 저하 등을 초래하므로 사용조건, 예압의 목적 등을 고려해서 예압량을 결정해야 한다.

52 평벨트 전동에서 유효장력이란 무엇인가?

① 벨트의 긴장측 장력과 이완측 장력과의 차를 말한다.

② 벨트의 긴장측 장력과 이완측 장력과의 비를 말한다.

③ 벨트의 긴장측 장력과 이완측 장력의 평균값을 말한다.

④ 벨트의 긴장측 장력과 이완측 장력의 합을 말한다.

해설 유효장력＝긴장측 장력－이완측 장력

53 10kN의 물체를 수직방향으로 들어 올리기 위해서 아이볼트를 사용하려 할 때 아이볼트나사부의 최소골지름은 약 몇 mm인가? (단, 볼트의 허용인장응력은 50MPa이다.)

① 14 　　　　② 16

③ 20 　　　　④ 22

해설 $\sigma = \dfrac{W}{A} = \dfrac{4W}{\pi d^2}$

$\therefore d = \sqrt{\dfrac{4W}{\pi\sigma}} = \sqrt{\dfrac{4 \times 10,000}{3.14 \times 50}}$

$= \sqrt{\dfrac{40,000}{157}} = 15.96 \fallingdotseq 16\text{mm}$

54 드럼의 지름이 300mm인 밴드브레이크에서 1kN·m의 토크를 제동하려고 한다. 이때 필요한 제동력은 약 몇 N인가?

① 667 　　　　② 5,500

③ 6,667 　　　　④ 795

해설 $f = \dfrac{2T}{D} = \dfrac{2 \times 1,000}{0.3} = 6,667\text{N}$

55 랙공구로 모듈 5, 압력각은 20°, 잇수는 15인 인벌류트치형의 전위기어를 가공하려 한다. 이때 언더컷을 방지하기 위하여 필요한 이론전위량은 약 몇 mm인가?

① 0.124 　　　　② 0.252

③ 0.510 　　　　④ 0.613

해설 전위계수 $x = 1 - \dfrac{z}{2}\sin^2\alpha$

$= 1 - \dfrac{15}{2}\sin^2 20° = 0.1227$

$\therefore$ 전위량 $xm = 0.1227 \times 5 = 0.613\text{mm}$

56 두 축의 중심선이 어느 각도로 교차되고 그 사이의 각도가 운전 중 다소 변하여도 자유로이 운동을 전달할 수 있는 축이음은?

① 플랜지이음 　　　② 셀러이음

③ 올덤이음 　　　　④ 유니버설이음

해설 유니버설이음은 두 축의 중심선이 어느 각도로 교차되고, 그 사이의 각도가 운전 중 다소 변해도 자유로이 운동을 전달할 수 있는 축이음이다.

57 다음 그림과 같은 스프링장치에서 전체 스프링상수 k는?

① $k = k_1 + k_2$ 　　　② $k = \dfrac{1}{k_1} + \dfrac{1}{k_2}$

③ $k = \dfrac{k_1 k_2}{k_1 + k_2}$ 　　　④ $k = k_1 k_2$

해설 병렬이므로 $k = k_1 + k_2$ 이다.

58 폭$(b)\times$높이$(h)=10\text{mm} \times 8\text{mm}$인 묻힘키가 전동축에 고정되어 0.25kN·m의 토크를 전달할 때 축지름은 약 몇 mm 이상이어야 하는가? (단, 키의 허용전단응력은 36MPa이며, 키의 길이는 47mm이다.)

① 29.6 　　　　② 35.3

③ 41.7 　　　　④ 50.2

해설 $\tau = \dfrac{W}{A} = \dfrac{W}{bl} = \dfrac{2T}{bld}$

$\therefore d = \dfrac{2T}{bld} = \dfrac{2 \times 250 \times 1,000}{10 \times 47 \times 36} = 29.55 \fallingdotseq 29.6\text{mm}$

59 공업제품에 대한 표준화를 시행 시 여러 장점이 있다. 다음 중 공업제품의 표준화와 관련한 장점으로 거리가 먼 것은?

① 부품의 호환성이 유지된다.

② 능률적인 부품생산을 할 수 있다.

③ 부품의 품질 향상이 용이하다.

④ 표준화의 규격 제정 시에 소요되는 시간과 비용이 적다.

해설 표준화의 규격 제정 시 소요시간과 비용이 든다.

60 두께 10mm의 강판에 지름 24mm의 리벳을 사용하여 1줄 겹치기 이음할 때 피치는 약 몇 mm인가? (단, 리벳에서 발생하는 전단응력은 35.3MPa이고, 강판에 발생하는 인장응력은 42.2MPa이다.)

① 43   ② 62

③ 55   ④ 74

해설 $p = d + \dfrac{\pi d^2 \tau}{4 t \sigma_t} = 24 + \dfrac{3.14 \times 24^2 \times 35.3}{4 \times 10 \times 42.2} \simeq 62\text{mm}$

제4과목 : 컴퓨터응용설계

61 서로 다른 CAD시스템 간의 데이터 상호교환을 위한 표준화파일형식을 모두 고른 것은?

(가) IGES	(나) GKS
(다) PRT	(라) STL

① (가), (나), (다)   ② (가), (다), (라)

③ (가), (나), (라)   ④ (나), (다), (라)

해설 데이터 상호교환 표준화파일형식은 IGES, GKS, STL, DXF 등이다.

62 매개변수 u방향으로 3차 곡선, v방향으로 2차 곡선으로 이루어진 Bezier곡면을 정의하기 위해 필요한 조정점의 개수는?

① 6   ② 12

③ 24   ④ 48

해설 조정점의 개수 $= (3+1) \times (2+1) = 4 \times 3 = 12$

63 와이어프레임모델의 장점에 해당하지 않는 것은?

① 데이터의 구조가 간단하다.

② 모델의 작성이 용이하다.

③ 투시도의 작성이 용이하다.

④ 물리적 성질(질량)의 계산이 가능하다.

해설 와이어프레임모델은 물리적 성질(질량)의 계산이 불가능하다.

64 서피스모델링(surface modeling)의 일반적인 특징으로 거리가 먼 것은?

① NC데이터를 생성할 수 있다.

② 은선 제거가 불가능하다.

③ 질량 등 물리적 성질 계산이 곤란하다.

④ 복잡한 형상표현이 가능하다.

해설 서피스모델링은 은선 제거가 가능하다.

65 4개의 경계곡선이 주어진 경우 그 경계곡선을 선형보간하여 만들어지는 곡면은?

① Coon's곡면   ② Bezier곡면

③ Blending곡면   ④ Sweep곡면

해설 4개의 경계곡선이 주어질 때 이를 선형보간하여 만들어지는 곡면은 쿤스곡면이다.

66 CAD시스템에서 원호를 정의하고자 한다. 다음 중 하나의 원호를 정의내릴 수 없는 경우는?

① 중심점과 원호의 시작점과 끝점, 그리고 시작점에서 원호가 그려지는 방향이 주어질 때

② 중심점과 원호의 시작점, 현의 길이, 그리고 시작점에서 원호가 그려지는 방향이 주어질 때

③ 원호를 이루는 각각의 시작점, 중간점, 끝점이 주어질 때

④ 중심점과 원호반지름의 크기, 그리고 시작점에서 원호가 그려지는 방향이 주어질 때

정답 59.④ 60.② 61.③ 62.② 63.④ 64.② 65.① 66.④

67 다음 중 CAD(Computer aided design)시스템을 사용함으로써 얻을 수 있는 효과로 가장 거리가 먼 것은?

① 제품설계시간의 단축
② 구조해석, 응력해석 등이 가능
③ 제품가공시간의 단축
④ 설계검증의 용이

해설 CAD시스템을 사용한다고 해서 제품가공시간이 단축되는 것은 아니다.

68 솔리드모델링의 데이터구조 중 CSG(Constructive Solid Geometry)트리구조의 특징에 대한 설명으로 틀린 것은?

① 데이터구조가 간단하고 데이터의 양이 적어 데이터구조의 관리가 용이하다.
② CSG트리로 저장된 솔리드는 항상 구현이 가능한 입체를 나타낸다.
③ 화면에 입체의 형상을 나타내는 시간이 짧아 대화식 작업에 적합하다.
④ 기본 형상(primitive)의 파라미터만 간단히 변경하여 입체 형상을 쉽게 바꿀 수 있다.

해설 CSG트리구조는 대화식 작업에 적합하지 않다.

69 다음 중 CAD소프트웨어가 갖추어야 할 기능으로 가장 거리가 먼 것은?

① 제조공정제어
② 데이터변환
③ 화면제어
④ 그래픽요소 생성

해설 CAD소프트웨어는 제조공정제어까지 가능한 것이 아니다.

70 CAD용어에 대한 설명 중 틀린 것은?

① Pan : 도면의 다른 영역을 보기 위해 디스플레이윈도를 이동시키는 행위
② Zoom : 대상물의 실제 크기(치수 포함)를 확대하거나 축소하는 행위
③ Clipping : 필요 없는 요소를 제거하는 방법, 주로 그래픽에서 클리핑윈도로 정의된 영역 밖에 존재하는 요소들을 제거하는 것을 의미
④ Toggle : 명령의 실행 또는 마우스 클릭 시마다 On 또는 Off가 번갈아 나타나는 세팅

해설 Zoom기능은 대상물의 실제 크기(치수 포함)를 확대하거나 축소하는 기능이 아니다.

71 벡터 $\vec{a} = (a_1, a_2, a_3)$가 존재한다. a_1, a_2, a_3는 x, y, z축방향의 변위일 때 벡터의 크기 $|\vec{a}|$는?

① $|\vec{a}| = \sqrt{a_1^2 + a_2^2 + a_3^2}$
② $|\vec{a}| = a_1^2 + a_2^2 + a_3^2$
③ $|\vec{a}| = \sqrt{a_1 + a_2 + a_3}$
④ $|\vec{a}| = \sqrt[3]{a_1^3 + a_2^3 + a_3^3}$

해설 벡터의 크기 $|\vec{a}| = \sqrt{a_1^2 + a_2^2 + a_3^2}$

72 (x, y)좌표 기반의 2차원 평면에서 다음 직선의 방정식 중 기울기의 절대값이 가장 큰 것은?

① 수평축에서 135도 기울어져 있는 직선
② 점 (10, 10), (25, 55)를 지나는 직선
③ 직선의 방정식이 $4y = 2x + 7$인 직선
④ x축 절편이 3, y축 절편이 15인 직선

해설 각 기울기의 절대값은 다음과 같다.
① $|\tan 135°| = |-1| = 1$
② $\left|\dfrac{55-10}{25-10}\right| = 3$
③ $\left|\dfrac{2}{4}\right| = 0.5$
④ $\left|\dfrac{15}{3}\right| = 5$

73 빛을 편광시키는 특성을 가진 유기화합물을 이용하여 투과된 빛의 특성을 수정하여 디스플레이하는 방식으로, CRT모니터에 비해서는 두께가 얇은 모니터를 만들 수 있으나 시야각이 다소 좁고 백라이트가 필요하여 어느 정도의 두께 이상은 줄일 수 없다는 단점을 가진 이 디스플레이장치는?

① 플라즈마패널(Plasma panel)
② 액정디스플레이(Liquid crystal display)
③ 전자발광디스플레이(Electro luminescent display)
④ 래스터스캔디스플레이(Raster scan display)

해설 액정디스플레이(LCD)는 빛을 편광시키는 특성을 가진 유기화합물을 이용하여 투과된 빛의 특성을 수정하여 디스플레이하는 방식으로, CRT모니터에 비해서는 두께가 얇은 모니터를 만들 수 있지만 시야각이 다소 좁고 백라이트가 필요하여 어느 정도의 두께 이상은 줄일 수 없는 디스플레이장치이다.

74 벡터의 성질과 관련하여 다음 중 틀린 것은? (단, $\vec{a}$, $\vec{b}$, $\vec{c}$는 공간상의 벡터를 나타내고, λ, μ, ν는 스칼라의 양을 나타낸다.)

① $\vec{a}+(\vec{b}+\vec{c})=(\vec{a}+\vec{b})+\vec{c}$
② $\lambda(\mu\vec{a})=\lambda\mu\vec{a}$
③ $\vec{a}\times\vec{b}=\vec{b}\times\vec{a}$
④ $(\mu+\nu)\vec{a}=\mu\vec{a}+\nu\vec{a}$

해설 $\vec{a}\times\vec{b}\neq\vec{b}\times\vec{a}$

75 다음 중 B-Rep모델링에서 토폴로지요소 간에 만족해야 하는 오일러-푸앵카레공식으로 옳은 것은? (단, V는 꼭짓점의 개수, E는 모서리의 개수, F는 면 또는 외부루프의 개수, H는 면상의 구멍루프의 개수, C는 독립된 셀의 개수, G는 입체를 관통하는 구멍의 개수이다.)

① $V+F+E+H=2(C+G)$
② $V+F-E+H=2(C+G)$
③ $V+F-E-H=2(C-G)$
④ $V-F+E-H=2(C-G)$

해설 오일러-푸앵카레공식 $V+F-E-H=2(C-G)$

76 래스터그래픽장치의 프레임버퍼(frame buffer)에서 8bit plane을 사용한다면 몇 가지 색상을 동시에 낼 수 있는가?

① 32   ② 64
③ 128   ④ 256

해설 $2^8=256$가지

77 다음 그림과 같은 꽃병 형상의 도형을 그리기에 가장 적합한 방법은?

① 오프셋곡면   ② 원추곡면
③ 회전곡면   ④ 필릿곡면

해설 꽃병 형상과 같은 회전체의 도형을 그리기에 가장 적합한 방법은 회전곡면이다.

78 3차원 그래픽스처리를 위한 ISO국제표준의 하나로서 ISO-IEC TTC 1/SC 24에서 제정한 국제표준으로 구조체 개념을 가지고 있는 것은?

① PHIGS   ② DTD
③ SGML   ④ SASIG

해설 PHIGS는 3차원 그래픽스처리를 위한 ISO국제표준의 하나로서 ISO-IEC TTC 1/SC 24에서 제정한 국제표준으로 구조체 개념을 가지고 있다.

79 CAD시스템을 활용하는 방식에 따라 크게 3가지로 구분한다고 할 때 이에 해당하지 않는 것은?

① 연결형 시스템(connected system)
② 독립형 시스템(stand alone system)
③ 중앙통제형 시스템(host based system)
④ 분산처리형 시스템(distributed based system)

해설 활용방식에 따른 CAD시스템의 분류에는 독립형, 중앙통제형, 분산처리형이 있다.

80 공간상에서 곡면을 작성하고자 한다. 안내선(guide line)과 단면 모양(section)으로 만들어지는 곡면은?

① Revolve곡면   ② Sweep곡면
③ Blending곡면   ④ Grid곡면

해설 안내선과 단면 모양으로 만들어지는 곡면은 스위프(sweep)곡면이다.

2018년도 기사 제1회 필기시험(산업기사)

(2018.03.04. 시행)

자격종목	시험시간	형별	수험번호	성명	가답안/최종정답
기계설계산업기사	2시간	B			

제1과목 : 기계가공 및 안전관리

01 밀링머신에서 사용하는 바이스 중 회전과 상하로 경사시킬 수 있는 기능이 있는 것은?

① 만능바이스　　② 수평바이스
③ 유압바이스　　④ 회전바이스

해설 만능바이스는 공작물을 물고 회전과 상하로 경사시킬 수 있는 기능을 지닌 바이스이다.

02 절삭제의 사용목적과 거리가 먼 것은?

① 공구수명 연장
② 절삭저항의 증가
③ 공구의 온도상승 방지
④ 가공물의 정밀도 저하 방지

해설 절삭제를 사용하면 절삭저항이 다소 감소된다.

03 기어절삭가공방법에서 창성법에 해당하는 것은?

① 호브에 의한 기어가공
② 형판에 의한 기어가공
③ 브로칭에 의한 기어가공
④ 총형바이트에 의한 기어가공

해설 호브에 의한 기어가공은 기어창성법의 대표적인 가공법이다.

04 머시닝센터에서 드릴링사이클에 사용되는 G코드로만 짝지어진 것은?

① G24, G43　　② G44, G65
③ G54, G92　　④ G73, G83

해설 ① G24 : 특수 코드, G43 : 공구길이보정+
② G44 : 공구길이보정－, G65 : 매크로호출
③ G54 : 공작물좌표계 1번 선택, G92 : 공작물좌표계 설정
④ G73 : 고속심공드릴링사이클, G83 : 심공드릴링사이클

05 터릿선반에 대한 설명으로 옳은 것은?

① 다수의 공구를 조합하여 동시에 순차적으로 작업이 가능한 선반이다.
② 지름이 큰 공작물을 정면가공하기 위하여 스윙을 크게 만든 선반이다.
③ 작업대 위에 설치하고 시계부속 등 작고 정밀한 가공물을 가공하기 위한 선반이다.
④ 가공하고자 하는 공작물과 같은 실물이나 모형을 따라 공구대가 자동으로 모형과 같은 윤곽을 깎아내는 선반이다.

해설 터릿선반은 다수의 공구를 조합하여 동시에 순차적으로 작업가능한 선반이다.
② 정면선반, ③ 벤치선반(탁상선반), ④ 모방선반

06 측정자의 직선 또는 원호운동을 기계적으로 확대하여 그 움직임을 지침의 회전변위로 변환시켜 눈금으로 읽을 수 있는 측정기는?

① 수준기　　　　② 스냅게이지
③ 게이지블록　　④ 다이얼게이지

해설 다이얼게이지는 측정자의 직선 또는 원호운동을 기계적으로 확대하여 그 움직임을 지침의 회전변위로 변환시켜 눈금을 읽을 수 있는 측정기이다.

정답 1.① 2.② 3.① 4.④ 5.① 6.④

07 밀링절삭방법 중 상향절삭과 하향절삭에 대한 설명이 틀린 것은?

① 하향절삭은 상향적삭에 비하여 공구수명이 길다.

② 상향절삭은 가공면의 표면거칠기가 하향절삭보다 나쁘다.

③ 상향절삭은 절삭력이 상향으로 작용하여 가공물의 고정이 유리하다.

④ 커터의 회전방향과 가공물의 이송이 같은 방향의 가공방법은 하향절삭이라 한다.

해설 상향절삭은 절삭력이 상향으로 작용하여 가공물의 고정에 불리하다.

08 드릴의 속도가 v[m/min], 지름이 d[mm]일 때 드릴의 회전수 n[rpm]을 구하는 식은?

① $n = \dfrac{1,000}{\pi dv}$

② $n = \dfrac{1,000v}{\pi d}$

③ $n = \dfrac{\pi dv}{1,000}$

④ $n = \dfrac{\pi d}{1,000v}$

해설 절삭속도(원주속도)는 $v = \dfrac{\pi dn}{1,000}$ 이므로 회전수는 $n = \dfrac{1,000v}{\pi d}$ 이다.

09 다음 연삭숫돌기호에 대한 설명이 틀린 것은?

WA 60 K m V

① WA : 연삭숫돌입자의 종류

② 60 : 입도

③ m : 결합도

④ V : 결합제

해설 • WA : 연삭숫돌입자의 종류(백색 알루미나)
• 60 : 입도(보통 : 다듬질연삭용)
• K : 결합도(연한 것)
• m : 조직(중간)
• V : 결합제(비트리파이드)

10 밀링가공에서 일반적인 절삭속도 선정에 관한 내용으로 틀린 것은?

① 거친 절삭에서는 절삭속도를 빠르게 한다.

② 다듬질절삭에서는 이송속도를 느리게 한다.

③ 커터의 날이 빠르게 마모되면 절삭속도를 낮춘다.

④ 적정 절삭속도보다 약간 낮게 설정하는 것이 커터의 수명연장에 좋다.

해설 거친 절삭에서는 절삭속도를 느리게 하고 회전당 이송속도를 빠르게 한다.

11 W, Cr, V, Co들의 원소를 함유하는 합금강으로 600℃까지 고온경도를 유지하는 공구재료는?

① 고속도강　　　　② 초경합금

③ 탄소공구강　　　④ 합금공구강

해설 고속도강은 W, Cr, V, Co 등의 원소를 함유하는 합금강으로 600℃까지 고온경도를 유지하는 공구재료이다.

12 래핑에 대한 설명으로 틀린 것은?

① 습식래핑은 주로 거친 래핑에 사용한다.

② 습식래핑은 연마입자를 혼합한 랩액을 공작물에 주입하면서 가공한다.

③ 건식래핑의 사용용도는 초경질합금, 보석 및 유리 등 특수 재료에 널리 쓰인다.

④ 건식래핑은 랩제를 랩에 고르게 누른 다음, 이를 충분히 닦아내고 주로 건조상태에서 래핑을 한다.

해설 초경질합금, 보석 및 유리 등 특수 재료에 널리 쓰이는 래핑법은 습식래핑이다.

13 다음 중 금속의 구멍작업 시 칩의 배출이 용이하고 가공정밀도가 가장 높은 드릴날은?

① 평드릴

② 센터드릴

③ 직선홈드릴

④ 트위스트드릴

해설 보기의 드릴들은 그 용도가 다르기 때문에 출제문제 내용 자체는 옳지 않다. 그러나 만일 긴 칩이 배출되는 강(steel)소재의 공작물의 드릴링에 대해서 묻는다면 트위스트 형상의 초경강용 드릴이 적절한 드릴이 된다.

14 절삭공구수명을 판정하는 방법으로 틀린 것은?

① 공구인선의 마모가 일정량에 달했을 경우
② 완성가공된 치수의 변화가 일정량에 달했을 경우
③ 절삭저항의 주분력이 절삭을 시작했을 때와 비교하여 동일할 경우
④ 완성가공면 또는 절삭가공한 직후에 가공표면에 광택이 있는 색조 또는 반점이 생길 경우

해설 절삭저항의 주분력이 절삭을 시작했을 때와 비교하여 동일한 경우는 공구수명이 아직 많이 남은 상태이므로 절삭공구수명 판정방법이 될 수 없다.

15 테일러의 원리에 맞게 제작되지 않아도 되는 게이지는?

① 링게이지　　　② 스냅게이지
③ 테이퍼게이지　　④ 플러그게이지

해설 링게이지, 스냅게이지, 플러그게이지는 모두 한계게이지로서 테일러원리가 적용되지만, 테이퍼게이지는 범용 게이지이므로 테일러원리가 적용되지 않는다.

16 선반에서 긴 가공물을 절삭할 경우 사용하는 방진구 중 이동식 방진구는 어느 부분에 설치하는가?

① 베드　　　　② 새들
③ 심압대　　　④ 주축대

해설 이동식 방진구는 선반의 새들 부분에 설치한다.

17 연삭기의 이송방법이 아닌 것은?

① 테이블왕복식
② 플랜지컷방식
③ 연삭숫돌대방식
④ 마그네틱척이동방식

해설 연삭기의 이송방법에 마그네틱척이동방식이라는 것은 존재하지 않는다.

18 탭으로 암나사가공작업 시 탭의 파손원인으로 적절하지 않은 것은?

① 탭이 경사지게 들어간 경우
② 탭 재질의 경도가 높은 경우
③ 탭의 가공속도가 빠른 경우
④ 탭이 구멍바닥에 부딪쳤을 경우

해설 공작물의 재질경도가 높은 경우 부적절한 재료의 탭을 사용하면 탭이 파손될 수 있다.

19 연삭작업에 관련된 안전사항 중 틀린 것은?

① 연삭숫돌을 정확하게 고정한다.
② 연삭숫돌측면에 연삭을 하지 않는다.
③ 연삭가공 시 원주정면에 서 있지 않는다.
④ 연삭숫돌의 덮개 설치보다는 작업자의 보안경 착용을 권장한다.

해설 연삭숫돌의 덮개 설치 및 작업자의 보안경 착용 모두 연삭작업의 안전수칙으로 중요한 내용들이다.

20 다음 중 각도를 측정할 수 잇는 측정기는?

① 사인바　　　② 마이크로미터
③ 하이트게이지　④ 버니어캘리퍼스

해설 사인바는 각도측정기이며, 나머지는 모두 길이측정기에 해당된다.

제2과목 : 기계제도

21 구름 베어링의 안지름번호에 대하여 베어링의 안지름치수를 잘못 나타낸 것은?

① 안지름번호 : 01, 안지름 : 12mm
② 안지름번호 : 02, 안지름 : 15mm
③ 안지름번호 : 03, 안지름 : 18mm
④ 안지름번호 : 04, 안지름 : 20mm

해설 안지름번호 : 03, 안지름 : 17mm

22 다음 그림과 같은 도면에서 참고치수를 나타내는 것은?

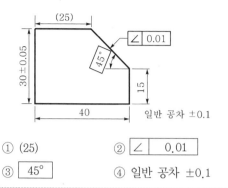

① (25)
② ∠ 0.01
③ 45°
④ 일반 공차 ±0.1

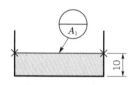

해설 참고치수는 괄호 ( ) 안에 기입한다.

23 다음 도면과 같은 데이텀표적도시기호의 설명으로 올바른 것은?

① 점의 데이텀표적
② 선의 데이텀표적
③ 면의 데이텀표적
④ 구형의 데이텀표적

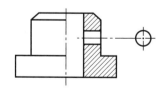

해설 선의 데이텀표적이다.

24 다음 그림에서 오른쪽에 구멍을 나타낸 것과 같이 측면도의 일부분만을 그리는 투상도의 명칭은?

① 보조투상도   ② 부분투상도
③ 국부투상도   ④ 회전투상도

해설 측면도의 일부분만을 그리는 투상도는 국부투상도이다.

25 치수기입에 있어서 누진치수기입방법으로 올바르게 나타낸 것은?

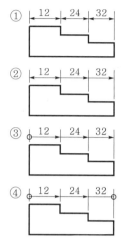

해설 누진치수기입방법은 모든 치수가 기준선으로부터 시작되게 표현하는 방법이다.

26 빗줄널링(knurling)의 표시방법으로 가장 올바른 것은?

① 축선에 대하여 일정한 간격으로 평행하게 도시한다.
② 축선에 대하여 일정한 간격으로 수직으로 도시한다.
③ 축선에 대하여 30°로 엇갈리게 일정한 간격으로 도시한다.
④ 축선에 대하여 80°가 되도록 일정한 간격으로 평행하게 도시한다.

해설 빗줄널링의 표시방법은 축선에 대하여 30°로 엇갈리게 일정한 간격으로 도시한다.

27 도면의 재질란에 "SPCC"로 표시된 재료기호의 명칭으로 옳은 것은?

① 기계구조용 탄소강관
② 냉간 압연강판 및 강대
③ 일반 구조용 탄소강관
④ 열간 압연강판 및 강대

해설 SPCC : 냉간 압연강판 및 강대

28 현대사회는 산업구조의 거대화로 대량생산체제가 이루어지고 있다. 이런 대량생산화의 추세에서 기계제도와 관계된 표준규격의 방향으로 옳은 것은?

① 이익집단 중심의 단체규격화
② 민족 중심의 보수규격화
③ 대기업 중심의 사내규격화
④ 국제교류를 위한 통용된 규격화

해설 기계제도와 관계된 표준규격의 방향은 국제교류를 위한 통용된 규격화이다.

29 다음 그림과 같이 제3각 정투상도로 나타낸 정면도와 우측면도에 가장 적합한 평면도는?

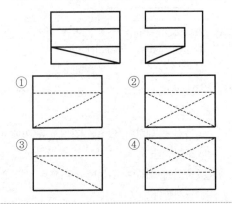

해설 위에서 보면 중간에 파진 홈과 한쪽으로 경사져 있는 밑단 부분이 가려져 있으므로 이들을 점선으로 표시한 ①이 옳은 평면도이다.

30 다음 그림과 같은 도면에서 구멍지름을 측정한 결과 10.1일 때 평행도 공차의 최대허용치는?

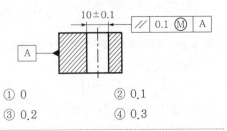

① 0   ② 0.1
③ 0.2   ④ 0.3

해설 평행도 공차가 0.1이며 최대실체방식이므로 치수공차영역를 감안한 0.3이 평행도 공차의 최대허용치가 된다.

31 기준치수가 ϕ50인 구멍기준식 끼워맞춤에서 구멍과 축의 공차값이 다음과 같을 때 옳지 않은 것은?

구멍	위치수허용차 +0.025
	아래치수허용차 0.000
축	위치수허용차 +0.050
	아래치수허용차 +0.034

① 최소틈새는 0.009이다.
② 최대죔새는 0.050이다.
③ 축의 최소허용치수는 50.034이다.
④ 구멍과 축의 조립상태는 억지 끼워맞춤이다.

해설 구멍의 최대지름이 축의 최소지름보다 작으므로 이 끼워맞춤은 억지 끼워맞춤으로 항상 죔새가 발생한다. 최소죔새(=0.000-0.050=-0.050)는 0.050이다.

32 기어제도에서 선의 사용법으로 틀린 것은?

① 피치원은 가는 일점쇄선으로 표시한다.
② 축에 직각인 방향에서 본 그림을 단면도로 도시할 때는 이골(이뿌리)의 선은 굵은 실선으로 표시한다.
③ 잇봉우리원은 굵은 실선으로 표시한다.
④ 내접헬리컬기어의 잇줄방향은 2개의 가는 실선으로 표시한다.

해설 내접헬리컬기어의 잇줄방향은 3개의 가는 실선으로 표시한다.

33 다음 그림과 같은 도면에서 L 치수는 몇 mm 인가?

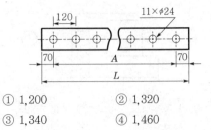

① 1,200   ② 1,320
③ 1,340   ④ 1,460

해설 $L = 70 \times 2 + (120 \times 10) = 140 + 1,200 = 1,340$mm

34 다음 그림과 같이 용접기호가 도시되었을 경우 그 의미로 옳은 것은?

① 양면 V형 맞대기용접으로 표면 모두 평면마 감처리
② 이면용접이 있으며 표면 모두 평면마감처리 한 V형 맞대기용접
③ 토우를 매끄럽게 처리한 V형 용접으로 제거 가능한 이면판재 사용
④ 넓은 루트면이 있고 이면용접된 필릿용접이 며 윗면을 평면처리

해설 이면용접이 있으며 표면 모두 평면마감처리한 V형 맞대기용접

35 다음 그림과 같은 등각투상도에서 화살표방향 이 정면일 경우 제3각법으로 투상한 평면도로 가장 적합한 것은?

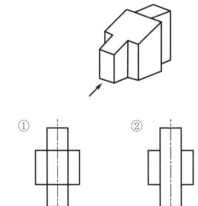

① 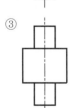 ②

③ ④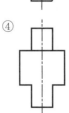

해설 위에서 본 그림인 평면도는 ④이다.

36 다음 중 구멍기준식 억지 끼워맞춤을 올바르게 표시한 것은?

① ⌀50 X7/h6   ② ⌀50 H7/h6
③ ⌀50 H7/s6   ④ ⌀50 F7/h6

해설 구멍기준식은 H7이며, 억지 끼워맞춤은 보기 중에서 축을 표시하는 소문자가 h 이후로 z쪽으로 가장 가까운 s이므로 ⌀50 H7/s6가 구멍기준식 억지 끼워맞춤이다.

37 가공으로 생긴 커터의 줄무늬방향이 기호를 기 입한 그림의 투영면에 비스듬하게 2방향으로 교차하는 것을 의미하는 기호는?

① ⊥   ② ×
③ C   ④ =

38 기계제도에서 특수한 가공을 하는 부분(범위) 을 나타내고자 할 때 사용하는 선은?

① 굵은 실선   ② 가는 일점쇄선
③ 가는 실선   ④ 굵은 일점쇄선

해설 특수한 가공을 하는 부분(범위)은 굵은 일점쇄선으 로 나타낸다.

39 호칭지름이 3/8인치이고 1인치 사이에 나사산이 16개인 유니파이보통나사의 표시로 옳은 것은?

① UNF3/8−16   ② 3/8−16UNF
③ UNC3/8−16   ④ 3/8−16UNC

해설 3/8−16UNC : 호칭지름 3/8, 1인치에 나사산 16개, 유니파이보통나사

40 다음 투상도 중 KS제도 표준에 따라 가장 올 바르게 작도된 투상도는?

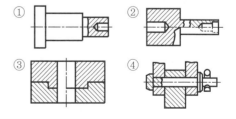

해설 올바르게 작도된 투상도는 ①이다.

제3과목 : 기계설계 및 기계재료

41 주조 시 주형에 냉금을 삽입하여 주물표면을 급랭시킴으로써 백선화하고 경도를 증가시킨 내마모성 주철은?

① 구상흑연주철
② 가단(malleable)주철
③ 칠드(chilled)주철
④ 미하나이트(meehanite)주철

해설 칠드주철은 주조 시 주형에 냉금(chill)을 삽입하여 주물표면을 급랭시켜 백선화하고 경도를 증가시킨 내마모성 주철이다.

42 쾌삭강에서 피삭성을 좋게 만들기 위해 첨가하는 원소로 가장 적합한 것은?

① Mn
② Si
③ C
④ S

해설 피삭성을 좋게 만드는 첨가원소에 S, Ca, P, Pb 등이 있다.

43 다음 중 블랭킹 및 피어싱펀치로 사용되는 금형재료가 아닌 것은?

① STD11
② STS3
③ STC3
④ SM15C

해설 블랭킹 및 피어싱펀치의 재료로 사용되는 금형재료에 STD11, STS3, STC3 등이 있다.

44 Fe-C평형상태도에서 나타나지 않는 반응은?

① 공정반응
② 편정반응
③ 포정반응
④ 공석반응

해설 Fe-C평형상태도에서의 반응에 포정반응, 공정반응, 공석반응이 있다.

45 성형수축이 적고 성형가공성이 양호한 열가소성 수지는?

① 페놀 수지
② 멜라민 수지
③ 에폭시 수지
④ 폴리스티렌 수지

해설 폴리스티렌 수지는 성형수축이 적고 성형가공성이 양호한 열가소성 수지이다.

46 Kelmet의 주요 합금조성으로 옳은 것은?

① Cu-Pb계 합금
② Zn-Pb계 합금
③ Cr-Pb계 합금
④ Mo-Pb계 합금

해설 켈밋(Kelmet)의 주요 합금조성은 Cu-Pb계 합금이다.

47 반도체재료에 사용되는 주요 성분원소는?

① Co, Ni
② Ge, Si
③ W, Pb
④ Fe, Cu

해설 반도체재료에 사용되는 주요 성분원소는 Ge, Si이다.

48 뜨임취성(Temper brittleness)을 방지하는 데 가장 효과적인 원소는?

① Mo
② Ni
③ Cr
④ Zr

해설 뜨임취성 방지원소는 Mo이다.

49 95% Cu-5% Zn합금으로 연하고 코이닝(coining)하기 쉬우므로 동전, 메달 등에 사용되는 황동의 종류는?

① Naval brass
② Cartridge brass
③ Muntz metal
④ Gilding metal

해설 Gilding metal은 95% Cu-5% Zn합금으로 연하고 코이닝하기 쉬우므로 동전, 메달 등에 사용되는 황동이다.

50 불변강의 종류가 아닌 것은?

① 인바
② 엘린바
③ 코엘린바
④ 스프링강

해설 불변강의 종류에는 인바, 엘린바, 코엘린바 등이 있다.

51 응력−변형률선도에서 재료가 저항할 수 있는 최대의 응력을 무엇이라 하는가? (단, 공칭응력을 기준으로 한다.)

① 비례한도(proportional limit)

② 탄성한도(elastic limit)

③ 항복점(yield point)

④ 극한강도(ultimate strength)

해설 극한강도는 응력−변형률선도에서 재료가 저항할 수 있는 최대 공칭응력이다.

52 4kN·m의 비틀림모멘트를 받는 전동축의 지름은 약 몇 mm인가? (단, 축에 작용하는 전단응력은 60MPa이다.)

① 70 ② 80

③ 90 ④ 100

해설 $d = \sqrt[3]{\dfrac{5.1T}{\tau_a}} = \sqrt[3]{\dfrac{5.1 \times 4}{60 \times 1,000}} = 0.0698\text{m} ≒ 70\text{mm}$

53 다음 중 기어에서 이의 크기를 나타내는 방법이 아닌 것은?

① 피치원지름 ② 원주피치

③ 모듈 ④ 지름피치

해설 기어의 이 크기를 나타내는 방법에는 원주피치, 모듈, 지름피치가 있다.

54 안지름 300mm, 내압 100N/cm²이 작용하고 있는 실린더커버를 12개의 볼트로 체결하려고 한다. 볼트 1개에 작용하는 하중 W은 약 몇 N인가?

① 3,257 ② 5,890

③ 8,976 ④ 11,245

해설 $P = \dfrac{12W}{A}$

$\therefore W = \dfrac{AP}{12} = \dfrac{\pi d^2}{4} \times 100 \times \dfrac{1}{12}$

$= \dfrac{3.14 \times 30^2}{4} \times 100 \times \dfrac{1}{12}$

$= \dfrac{70,650}{12} ≒ 5,890\text{N}$

55 다음 그림과 같은 스프링장치에서 각 스프링상수 $k_1 = 40\text{N/cm}$, $k_2 = 50\text{N/cm}$, $k_3 = 60\text{N/cm}$이다. 하중방향의 처짐이 150mm일 때 작용하는 하중 P는 약 몇 N인가?

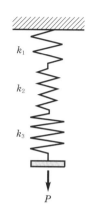

① 2,250 ② 964

③ 389 ④ 243

해설 $\dfrac{1}{k} = \dfrac{1}{k_1} + \dfrac{1}{k_2} + \dfrac{1}{k_3} = \dfrac{1}{40} + \dfrac{1}{50} + \dfrac{1}{60}$

$\therefore k = 16.216\text{N/cm}$

$\therefore P = k\delta = 16.216 \times 15 = 243.24\text{N}$

56 회전속도가 8m/s로 전동되는 평벨트 전동장치에서 가죽벨트의 폭(b)×두께(t)=116mm×8mm인 경우 최대전달동력은 약 몇 kW인가? (단, 벨트의 허용인장응력은 2.35MPa, 장력비($e^{\mu\theta}$)는 2.50이며, 원심력은 무시하고 벨트의 이음효율은 100%이다.)

① 7.45 ② 10.47

③ 12.08 ④ 14.46

해설 $T = bh\sigma$

$= 116 \times 8 \times 2.35$

$= 2,180.8\text{Pa}$

$\therefore H = Pv = Tv\left(\dfrac{e^{\mu\theta} - 1}{e^{\mu\theta}}\right)$

$= 2,180.8 \times 8 \times 0.6$

$= 10,468\text{W} ≒ 10.47\text{kW}$

57 다음 그림과 같은 블록브레이크에서 막대 끝에 작용하는 조작력 F와 브레이크의 제동력 Q와의 관계식은? (단, 드럼은 반시계방향 회전을 하고, 마찰계수는 μ이다.)

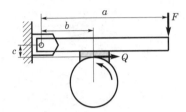

① $F=\dfrac{Q}{a}(b-\mu c)$ ② $F=\dfrac{Q}{\mu a}(b-\mu c)$

③ $F=\dfrac{Q}{\mu a}(b+\mu c)$ ④ $F=\dfrac{Q}{a}(b+\mu c)$

해설 $F=\dfrac{Q}{\mu a}(b-\mu c)$

58 작용하중의 방향에 따른 베어링분류 중에서 축선에 직각으로 작용하는 하중과 축선방향으로 작용하는 하중이 동시에 작용하는데 사용하는 베어링은?

① 레이디얼 베어링(radial bearing)
② 스러스트 베어링(thrust bearing)
③ 테이퍼 베어링(taper bearing)
④ 칼라 베어링(collar bearing)

해설 테이퍼 베어링은 축선에 직각으로 작용하는 하중과 축선방향으로 작용하는 하중이 동시에 작용하는 데 사용되는 베어링이다.

59 용접가공에 대한 일반적인 특징의 설명으로 틀린 것은?

① 공정수를 줄일 수 있어서 제작비가 저렴하다.
② 기밀 및 수밀성이 양호하다.
③ 열의 영향에 의한 재료의 변질이 거의 없다.
④ 잔류응력이 발생하기 쉽다.

해설 용접가공은 열의 영향에 의한 재료의 변질이 발생된다.

60 양쪽 기울기를 가진 코터에서 저절로 빠지지 않기 위한 자립조건으로 옳은 것은? (단, α는 코터 중심에 대한 기울기 각도이고, ρ는 코터와 로드엔드와의 접촉부 마찰계수에 대응하는 마찰각이다.)

① $\alpha \leqq \rho$ ② $\alpha \geqq \rho$
③ $\alpha \leqq 2\rho$ ④ $\alpha \geqq 2\rho$

해설 양쪽 기울기를 가진 코터의 자립조건은 기울기각도 ≤마찰각이다.

제4과목 : 컴퓨터응용설계

61 다음 모델링기법 중 컴퓨터를 이용한 자동공정계획(CAPP)에 가장 적합한 모델링기법은?

① 특징 형상모델링
② 경계모델링
③ 와이어프레임모델링
④ 조립모델링

해설 특징 형상모델링은 컴퓨터를 이용한 자동공정계획(CAPP)에 적합한 모델링기법이다.

62 IGES파일구조가 가지는 5가지 section이 아닌 것은?

① directory entry section
② global section
③ start section
④ local section

해설 IGES파일구조가 지니는 5가지 섹션은 start section, global section, directory entry section, parameter section, terminate section이다.

63 컴퓨터그래픽스에서 3D 형상정보를 화면상에 표현하기 위해서는 필요한 부분의 3D좌표가 2D좌표정보로 변환되어야 한다. 이와 같이 3D 형상에 대한 좌표정보를 2D평면좌표로 변환해주는 것을 무엇이라 하는가?

① 점변환 ② 축척변환
③ 투영변환 ④ 동차변환

정답 57.② 58.③ 59.③ 60.① 61.① 62.④ 63.③

해설 투영변환은 3D 형상에 대한 좌표정보를 2D평면좌표로 변환해주는 것이다.

64 일반적인 B−Spline곡선의 특징을 설명한 것으로 틀린 것은?

① 곡선의 차수는 조정점의 개수와 무관하다.
② 곡선의 형상을 국부적으로 수정할 수 있다.
③ 원, 타원, 포물선과 같은 원추곡선을 정확하게 표현할 수 있다.
④ 조정점의 수가 오더(k)와 같은 비주기적 균일B−Spline곡선은 베지어곡선과 같다.

해설 B−Spline곡선은 원, 타원, 포물선과 같은 원추곡선을 정확하게 표현할 수 없다.

65 다음 중 반지름이 3이고 중심점이 (1, 2)인 원의 방정식은?

① $(x-1)^2 + (y-2)^2 = 3$
② $(x-3)^2 + (y-1)^2 = 2$
③ $x^2 - 2x + y^2 - 4y + 4 = 0$
④ $x^2 - 2x + y^2 - 4y - 4 = 0$

해설 반지름이 3이고 중심점이 (1, 2)인 원의 방정식은 $(x-1)^2 + (y-2)^2 = 3^2$이다. 이것을 풀어서 표현하면 $(x^2 - 2x + 1) + (y^2 - 4y + 4) = 9$에서 $x^2 - 2x + y^2 - 4y - 4 = 0$이다.

66 2차원 평면에서 $y = 3x + 4$인 직선에 직교하면서 점 (3, 1)인 지점을 지나는 직선의 방정식은?

① $y = -\dfrac{1}{3}x + 2$ ② $y = -3x + 10$

③ $y = 3x - 8$ ④ $y = -\dfrac{1}{3}x + 1$

해설 $y = 3x + 4$에 직교하므로 구하고자 하는 직선의 기울기는 $3a = -1$에서 $a = -\dfrac{1}{3}$이므로 구하고자 하는 직선의 식은 ① 또는 ④ 중의 하나이다. 점 (3, 1)인 지점을 지나는 직선의 식은 $y = -\dfrac{1}{3}x + 2$이다.

67 와이어프레임모델의 특징을 잘못 설명한 것은?

① 데이터의 구성이 간단하다.
② 처리속도가 빠르다.
③ 물리적 성질의 계산이 불가능하다.
④ 은선 제거가 가능하다.

해설 와이어프레임모델은 은선 제거가 불가능하다.

68 제시된 단면곡선을 안내곡선에 따라 이동하면서 생기는 궤적을 나타낸 곡면은?

① 룰드(ruled)곡면
② 스윕(sweep)곡면
③ 보간곡면
④ 블렌딩(blending)곡면

해설 스윕(sweep)곡면은 제시된 단면곡선을 안내곡선에 따라 이동하면서 생기는 궤적을 나타낸 곡면이다.

69 솔리드모델링에서 모델링결과 알 수 있는 물리적 성질(property)이 아닌 것은?

① 부피   ② 표면적
③ 비틀림모멘트   ④ 부피 중심

해설 솔리드모델링결과로 여러 가지 알 수 있는 물리적 성질이 있으나 비틀림모멘트는 알 수 없다.

70 다음 중 OLED(유기발광다이오드) 디스플레이의 일반적인 장점으로 옳지 않은 것은?

① LCD와 달리 자체 발광이라 백라이트가 필요 없다.
② CRT와는 달리 발광소자의 수명이 길어서 번인(burn−in)현상과 같은 단점이 없다.
③ 박막화가 가능하고 무게를 가볍게 설계할 수 있다.
④ TFT−LCD보다도 시야각이 넓어서 어느 방향에서나 동일한 화질을 볼 수 있다.

해설 OLED(유기발광다이오드) 디스플레이는 CRT에서도 나타나는 번인(burn−in)현상(화면에 표시됐던 장면이 마치 얼룩처럼 남는 현상)이 발생된다.

71 다음 그림과 같이 $x^2 + y^2 - 2 = 0$인 원이 있다. 원 위의 점 P(1, 1)에서 접선의 방정식으로 옳은 것은?

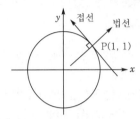

① $2(x-y) + 2(y-1) = 0$
② $(x-1) - (y-1) = 0$
③ $2(x+y) + 2(y-1) = 0$
④ $(x+1) + (y+1) = 0$

해설 원 $(x-a)^2 + (y-b)^2 = r^2$ 위의 점 P(x_1, y_1)을 지나는 접선의 방정식은 $(x_1 - a)(x - a) + (y_1 - b)(y - b) = r^2$이므로 $x^2 + y^2 - 2 = 0$인 원 위의 점 P(1, 1)에서의 접선의 방정식은 $x + y = 2$이다. 즉 $2(x-1) + 2(y-1) = 0$과 같다.

72 솔리드모델링방법 중 CSG방식과 비교할 때 B-rep방식의 특징에 해당하는 것은?

① 메모리용량이 적다.
② 파라메트릭모델링을 쉽게 구현할 수 있다.
③ 3면도, 투시도, 전개도의 작성이 용이하다.
④ 자료구조가 단순하다.

해설 B-rep방식은 3면도, 투시도, 전개도 작성이 용이하다.

73 다음 중 프린터의 해상도를 나타내는 단위인 'DPI'의 원어는?

① digit per increment
② digit per inch
③ dot per increment
④ dot per inch

해설 DPI는 Dot Per Inch이다.

74 주어진 물체를 윈도에 디스플레이할 때 윈도 내에 포함되는 부분만을 추출하기 위하여 사용되는 2차원 절단 코헨-서더랜드알고리즘은 윈도를 포함한 2차원 평면을 9개의 영역으로 구분하여 각 영역을 비트스트링(bit string)으로 표현한다. 모든 영역을 최소비트수로 표현하기 위하여 이 알고리즘에서 사용되는 코드의 길이는?

① 3비트
② 4비트
③ 5비트
④ 6비트

해설 2차원이므로 4비트의 길이가 필요하다(3차원은 6비트의 길이가 필요하다).

75 컴퓨터를 이용한 형상모델링에 대한 일반적인 설명 중 틀린 것은?

① 형상모델링(geometric modeling)은 물체의 모양을 완전히 수학적으로 표현하는 과정이라고 할 수 있다.
② 컴퓨터그래픽스(computer graphics)는 시각적 디스플레이를 통하여 부품의 설계나 복잡한 형상을 표현하는데 이용될 수 있다.
③ 3차원 모델링 및 설계는 현실감 있는 3차원 모델링과 시뮬레이션을 가능하게 하지만 물리적 모델(목업 등)에 비해 비용이 많이 소요되는 단점이 있다.
④ 구조물의 응력해석, 열전달, 변형 및 다른 특성들도 시각적 기법들로 잘 표현될 수 있다.

해설 3차원 모델링 및 설계는 현실감 있는 3차원 모델링과 시뮬레이션을 가능하게 하며, 물리적 모델(목업 등)에 비해 비용이 많이 절감된다.

76 다음 중 베지어곡면의 특징이 아닌 것은?

① 곡면을 부분적으로 수정할 수 있다.
② 곡면의 코너와 코너조정점이 일치한다.
③ 곡면이 조정점들의 볼록포(convex hull) 내부에 포함된다.
④ 곡면이 일반적인 조정점의 형상에 따른다.

해설 베지어곡면은 곡면을 부분적으로 수정할 수 없다.

정답 71.① 72.③ 73.④ 74.② 75.③ 76.①

77 2차원 평면에서 원(circle)을 정의하고자 할 때 필요한 조건으로 틀린 것은?

① 중심점과 원주상의 한 점으로 정의
② 원주상의 3개의 점으로 정의
③ 2개의 접선으로 정의
④ 중심점과 하나의 접선으로 정의

해설 2차원 평면에서 2개의 접선만으로는 원을 정의할 수 없으며 3개의 접선으로 원의 정의가 가능하다.

78 일반적인 CAD소프트웨어의 기본적인 기능으로 볼 수 없는 것은?

① 문자나 데이터의 편집기능
② 디스플레이제어기능
③ 도면작성기능
④ 가공정보제어기능

해설 CAD소프트웨어로 가공정보제어는 할 수 없다.

79 누산기(accumulator)에 대하여 올바르게 설명한 것은?

① 레지스터의 일종으로 산술연산 혹은 논리연산의 결과를 일시적으로 기억하는 장치이다.
② 연산명령이 주어지면 연산준비를 하는 장소이다.
③ 연산명령의 순서를 기억하는 장소이다.
④ 연산부호를 해독하는 장치이다.

해설 누산기는 레지스터의 일종으로 산술연산 혹은 논리연산의 결과를 일시적으로 기억하는 장치이다.

80 CAD모델링방법 중 형상구속조건과 치수조건을 이용하여 형태를 모델링하는 방식은?

① Feature—based modeling
② Parametric modeling
③ Hybrid modeling
④ Non—manifold modeling

해설 파라메트릭모델링은 형상구속조건과 치수조건을 이용하여 형태를 모델링하는 방식이다.

2018년도 기사 제2회 필기시험(산업기사)　　(2018.04.28. 시행)

자격종목	시험시간	형별	수험번호	성명	가답안/최종정답
기계설계산업기사	2시간	A			

제1과목 : 기계가공 및 안전관리

01 공작물을 센터에 지지하지 않고 연삭하며 가늘고 긴 가공물의 연삭에 적합한 특징을 가진 연삭기는?

① 나사연삭기
② 내경연삭기
③ 외경연삭기
④ 센터리스연삭기

[해설] 센터리스연삭기는 공작물을 센터에 지지하지 않고 연삭하며 가늘고 긴 가공물의 연삭에 적합한 특징을 가진 연삭기이다.

02 화재를 A급, B급, C급, D급으로 구분했을 때 전기화재에 해당하는 것은?

① A급
② B급
③ C급
④ D급

[해설] 화재의 분류 : A급 일반 화재(백색), B급 유류화재 (황색), C급 전기화재(청색), D급 금속화재(무색), E급 가스화재(황색)

03 원형 부분을 두 개의 동심의 기하학적 원으로 취했을 경우 두 원의 간격이 최소가 되는 두 원의 반지름의 차로 나타내는 형상정밀도는?

① 원통도
② 직각도
③ 진원도
④ 평행도

[해설] 진원도는 원형 부분을 2개의 동심의 기하학적 원으로 취했을 경우 두 원의 간격이 최소가 되는 두 원의 반지름의 차로 나타내는 형상정밀도이다.

04 절삭유의 사용목적으로 틀린 것은?

① 절삭열의 냉각
② 기계의 부식 방지
③ 공구의 마모감소
④ 공구의 경도저하 방지

[해설] 절삭유는 부식 방지의 역할도 어느 정도 하지만 부식 방지를 주목적으로 하는 것은 방청유이다.

05 도금을 응용한 방법으로 모델을 음극에 전착시킨 금속을 양극에 설치하고 전해액 속에서 전기를 통전하여 적당한 두께로 금속을 입히는 가공방법은?

① 전주가공
② 전해연삭
③ 레이저가공
④ 초음파가공

[해설] 전주가공은 도금을 응용한 방법으로 모델을 음극에 전착시킨 금속을 양극에 설치하고 전해액 속에서 전기를 통전하여 적당한 두께로 금속을 입히는 가공방법이다.

06 밀링가공에서 분할대를 사용하여 원주를 6° 30′씩 분할하고자 할 때 옳은 방법은?

① 분할크랭크를 18공열에서 13구멍씩 회전시킨다.
② 분할크랭크를 26공열에서 18구멍씩 회전시킨다.
③ 분할크랭크를 36공열에서 13구멍씩 회전시킨다.
④ 분할크랭크를 13공열에서 1회전하고 5구멍씩 회전시킨다.

정답 1.④ 2.③ 3.③ 4.② 5.① 6.①

해설 $6° \ 30´ = 6.5°$이며 $n = \dfrac{x}{9} = \dfrac{6.5}{9} = \dfrac{13}{18}$이므로 분할 크랭크를 18공열에서 13구멍씩 회전시키면 6° 30´씩 분할가공할 수 있다.

07 윤활제의 구비조건으로 틀린 것은?

① 사용상태에 따라 점도가 변할 것
② 산화나 열에 대하여 안정성이 높은 것
③ 화학적으로 불활성이며 깨끗하고 균질할 것
④ 한계윤활상태에서 견딜 수 있는 유성이 있을 것

해설 윤활제는 사용상태에 따라 점도가 변하면 안 된다.

08 드릴링머신작업 시 주의해야 할 사항 중 틀린 것은?

① 가공 시 면장갑을 착용하고 작업한다.
② 가공물이 회전하지 않도록 단단하게 고정한다.
③ 가공물을 손으로 지지하여 드릴링하지 않는다.
④ 얇은 가공물을 드릴링할 때에는 목편을 받친다.

해설 드릴링머신가공작업 시 면장갑을 착용하면 매우 위험하다.

09 연삭작업에서 숫돌결합제의 구비조건으로 틀린 것은?

① 성형성이 우수해야 한다.
② 열이나 연삭액에 대하여 안전성이 있어야 한다.
③ 필요에 따라 결합능력을 조절할 수 있어야 한다.
④ 충격에 견뎌야 하므로 기공 없이 치밀해야 한다.

해설 연삭숫돌의 3요소 중의 하나인 기공은 반드시 존재해야 하는 연삭칩의 배출을 위한 공간이다.

10 선박작업에서 구성인선(built-up-edge)의 발생원인에 해당하는 것은?

① 절삭깊이를 적게 할 때
② 절삭속도를 느리게 할 때
③ 바이트의 윗면경사각이 클 때
④ 윤활성이 좋은 절삭유제를 사용할 때

해설 절삭속도가 느린 경우 구성인선의 발생가능성이 증가하므로 구성인선을 감소시키려면 절삭속도를 어느 정도 올려주어야 한다. 나머지 ①, ③, ④는 모두 구성인선 방지대책에 해당된다.

11 CNC프로그램에서 보조기능에 해당하는 어드레스는?

① F
② M
③ S
④ T

해설 ① F : 이송기능
③ S : 주속기능
④ T : 공구기능

12 드릴작업 후 구멍의 내면을 다듬질하는 목적으로 사용하는 공구는?

① 탭
② 리머
③ 센터드릴
④ 카운터 보어

해설 드릴작업 후 구멍의 내면을 다듬질하는 목적으로 사용되는 공구를 리머(reamer)라고 한다.

13 다음 3차원 측정기에서 사용되는 프로브 중 광학계를 이용하여 얇거나 연한 재질의 피측정물을 측정하기 위한 것으로 심출현미경, CMM계측용 TV시스템 등에 사용되는 것은?

① 전자식 프로브
② 접촉식 프로브
③ 터치식 프로브
④ 비접촉식 프로브

해설 비접촉식 프로브는 광학계를 이용하여 얇거나 연한 재질의 피측정물을 측정하기 위한 것으로 심출현미경, CMM계측용 TV시스템 등에 사용되는 프로브이다.

14 4개의 조가 90° 간격으로 구성 배치되어 있으며 보통 선반에서 편심가공을 할 때 사용되는 척은?

① 단동척
② 연동척
③ 유압척
④ 콜릿척

해설 단동척은 4개의 조가 90° 간격으로 구성 배치되어 있으며 보통 선반에서 편심가공을 할 때 사용되는 척이다.

15 밀링머신에 포함되는 기계장치가 아닌 것은 어느 것인가?

① 니
② 주축
③ 컬럼
④ 심압대

해설 심압대는 밀링머신의 기계장치가 아니라 선반의 기계장치에 속한다.

16 가늘고 긴 일정한 단면 모양을 가진 공구를 사용하여 가공물의 내면에 키홈, 스플라인홈, 원형이나 다각형의 구멍 형상과 외면에 세그먼트 기어, 홈, 특수한 외면의 형상을 가공하는 공작기계는?

① 기어셰이퍼(gear shaper)
② 호닝머신(honing machine)
③ 호빙머신(hobbing machine)
④ 브로칭머신(broaching machine)

해설 브로칭머신은 가늘고 긴 일정한 단면 모양을 가진 공구를 사용하여 가공물의 내면에 키홈, 스플라인홈, 원형이나 다각형의 구멍 형상과 외면에 세그먼트기어, 홈, 특수한 외면의 형상을 가공하는 공작기계이다.

17 밀링작업에서 분할대를 사용하여 직접 분할할 수 없는 것은?

① 3등분
② 4등분
③ 6등분
④ 9등분

해설 밀링작업에서 분할대를 사용하여 직접 분할가능한 등분은 24의 약수인 2, 3, 4, 6, 8, 12, 24 등의 7가지 분할이다.

18 표면프로파일 파라미터 정의의 연결이 틀린 것은 어느 것인가?

① Rt : 프로파일의 전체 높이
② RSm : 평가프로파일의 첨도
③ Rsk : 평가프로파일의 비대칭도
④ Ra : 평가프로파일의 산술평균높이

해설 RSm은 거칠기 프로파일요소의 평균길이의 표시이며, 평가프로파일의 첨도는 Rku로 표시한다.

19 다음 나사의 유효지름측정방법 중 정밀도가 가장 높은 방법은?

① 삼침법을 이용한 방법
② 피치게이지를 이용한 방법
③ 버니어캘리퍼스를 이용한 방법
④ 나사마이크로미터를 이용한 방법

해설 나사의 유효지름측정방법 중 삼침법을 이용한 경우가 가장 정밀도가 높다.

20 일반적인 보통선반가공에 관한 설명으로 틀린 것은?

① 바이트절입량의 2배로 공작물의 지름이 작아진다.
② 이송속도가 빠를수록 표면거칠기는 좋아진다.
③ 절삭속도가 증가하면 바이트의 수명은 짧아진다.
④ 이송속도는 공작물의 1회전당 공구의 이동 거리이다.

해설 선반의 회전당 이송속도가 빠를수록 표면거칠기는 나빠진다.

정답 14.① 15.④ 16.④ 17.④ 18.② 19.① 20.②

제2과목 : 기계제도

21 다음은 제3각법으로 나타낸 정면도와 우측면도이다. 이에 대한 평면도를 가장 올바르게 나타낸 것은?

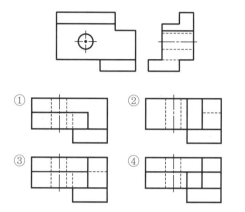

해설 평면도는 위에서 본 그림이다. 정면에서 보이는 구멍은 위에서 볼 때는 가려져 있으므로 점선으로 나타나며, 정면도의 위쪽의 단차는 정면에서 바로 보이므로 실선으로 표시한다. 그리고 아래쪽 단차 부분은 측면도를 보면 앞으로 나와 있고 뒷부분은 공간이 형성되므로 위에서 볼 때는 단차 앞부분은 바로 보이므로 실선으로 표시되고 뒷부분은 보이지 않는 공간이므로 점선으로 표시한다. 이를 정확하게 나타낸 평면도는 ③이다.

22 개스킷, 박판, 형강 등과 같이 절단면이 얇은 경우 이를 나타내는 방법으로 옳은 것은?
① 실제 치수와 관계없이 1개의 가는 일점쇄선으로 나타낸다.
② 실제 치수와 관계없이 1개의 극히 굵은 실선으로 나타낸다.
③ 실제 치수와 관계없이 1개의 굵은 일점쇄선으로 나타낸다.
④ 실제 치수와 관계없이 1개의 극히 굵은 이점쇄선으로 나타낸다.

해설 개스킷, 박판, 형강 등과 같이 절단면이 얇은 경우는 실제 치수와는 무관하게 1개의 극히 굵은 실선으로 나타낸다.

23 다음 그림에서 길이 [23] 부위만을 데이텀 A로 지정하고자 한다. 이때 특정한 선을 사용하여 데이텀 부위를 지정할 수 있는데, 이 선은 무엇인가?

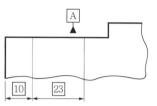

① 가는 일점쇄선　② 굵은 일점쇄선
③ 가는 이점쇄선　④ 굵은 이점쇄선

해설 특정한 부위만을 지정할 때는 굵은 일점쇄선으로 표시한다.

24 다음 그림의 입체도에서 화살표방향이 정면일 경우 정면도로 가장 적합한 것은?

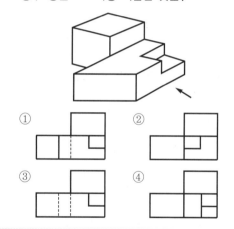

해설 앞으로 돌출된 아랫부분은 앞에서 바로 보이므로 가로측으로 길게 실선으로 그리고 계단 부분도 앞에서 바로 보이므로 실선으로 표시한다. 오른쪽 뒷부분의 그림의 상부는 앞에서 바로 보이는 부분이므로 실선으로 표시하고 아래쪽은 가려져서 보이지 않으므로 점선으로 표시한다. 이렇게 잘 표현한 평면도는 ①이다.

25 다음 중 H7구멍과 가장 억지로 끼워지는 축의 공차는?
① f6　② h6
③ p6　④ g6

해설 소문자 알파벳이 z쪽으로 갈수록 축의 직경이 커지므로 p6의 경우가 가장 억지로 끼워지는 축의 공차가 된다.

26 다음 그림은 제3각 정투상도로 나타낸 정면도와 우측면도이다. 이에 대한 평면도로 가장 적합한 것은?

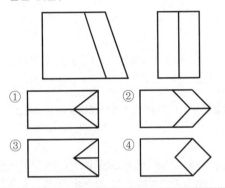

해설 평면도는 ②이다.

27 구멍기준식 끼워맞춤에서 구멍은 $\phi 50^{+0.025}_{0}$ 축은 $\phi 50^{+0.050}_{+0.034}$일 때 최소죔새값은?

① 0.009
② 0.034
③ 0.050
④ 0.075

해설 최소죔새 = 구멍의 최대지름 − 축의 최소지름
= 0.025−0.034
= −0.009이므로 0.009이다.

28 수면, 유면 등의 위치를 표시하는 수준면선에 사용하는 선의 종류는?

① 가는 파선
② 가는 일점쇄선
③ 굵은 파선
④ 가는 실선

해설 수면, 유면 등의 위치를 표시하는 수준면선은 가는 실선으로 표시한다.

29 베어링의 호칭번호가 6026일 때 이 베어링의 안지름은 몇 mm인가?

① 6
② 60
③ 26
④ 130

해설 베어링의 호칭번호 6026일 때 안지름은 $26 \times 5 = 130$mm이다.

30 구멍의 최대치수가 축의 최소치수보다 작은 경우에 해당하는 끼워맞춤의 종류는?

① 헐거운 끼워맞춤
② 억지 끼워맞춤
③ 틈새 끼워맞춤
④ 중간 끼워맞춤

해설 구멍의 최대치수가 축의 최소치수보다 작은 경우는 죔새가 발생되는 억지 끼워맞춤이다.

31 다음 용접기호에 대한 설명으로 틀린 것은?

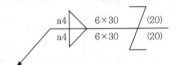

① 지그재그 필릿용접이다.
② 목두께는 4mm이다.
③ 한쪽면의 용접부 개소는 30개이다.
④ 인접한 용접부 간격은 20mm이다.

해설 용접부의 개소는 양쪽면에 각각 6개씩이다.

32 표준스퍼기어의 모듈이 2이고 이끝원지름이 84mm일 때 이 스퍼기어의 피치원지름(mm)은 얼마인가?

① 76
② 78
③ 80
④ 82

해설 $d_o = m(Z+2)$
$84 = 2 \times (Z+2)$
$Z = 40$
$\therefore d = mZ = 2 \times 40 = 80$mm

33 기계구조용 탄소강재의 KS재료기호로 옳은 것은?

① SM40C
② SS235
③ ALDC1
④ GC100

해설 ② SS235 : 일반 구조용 압연강재
③ ALDC1 : 다이캐스팅용 알루미늄
④ GC100 : 회주철품

34 지름이 같은 원기둥이 다음 그림과 같이 직교 할 때의 상관선의 표현으로 가장 적합한 것은?

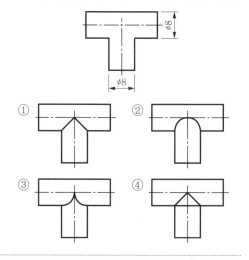

해설 직교하는 원기둥의 상관선은 ①과 같이 표시한다.

35 〈보기〉와 같이 축방향으로 인장력이나 압축력 이 작용하는 두 축을 연결하거나 풀 필요가 있 을 때 사용하는 기계요소는?

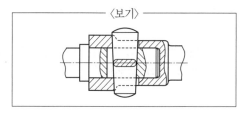

① 핀
② 키
③ 코터
④ 플랜지

해설 코터(cotter)는 축방향으로 인장력이나 압축력이 작 용하는 두 축을 연결하거나 풀 필요가 있을 때 사용 되는 기계요소이다.

36 다음 중 스파이럴스프링의 치수나 요목표에 기 입하지 않아도 되는 사항은?

① 판두께
② 재료
③ 전체 길이
④ 최대하중

해설 스파이럴스프링의 치수나 요목표에 최대하중은 기 입하지 않아도 무방하다.

37 기하공차의 종류에서 위치공차에 해당되지 않 는 것은?

① 동축도 공차
② 위치도 공차
③ 평면도 공차
④ 대칭도 공차

해설 평면도 공차는 위치공차가 아니라 모양공차에 해당 된다.

38 나사의 도시법을 설명한 것으로 틀린 것은?

① 수나사의 바깥지름과 암나사의 골지름은 굵 은 실선으로 표시한다.
② 완전나사부 및 불완전나사부의 경계선은 굵 은 실선으로 표시한다.
③ 보이지 않는 나사 부분은 가는 파선으로 표 시한다.
④ 수나사 및 암나사의 조립 부분은 수나사기 준으로 표시한다.

해설 수나사의 바깥지름과 암나사의 골지름은 가는 실선 으로 표시한다.

39 래핑다듬질면 등에 나타나는 줄무늬로서 가공 에 의한 컷의 줄무늬가 여러 방향일 때 줄무늬 방향 기호는?

① R
② C
③ X
④ M

해설 ① R : 방사상무늬
② C : 동심원무늬
③ X : 2방향 교차무늬
④ M : 여러 방향 또는 무방향

40 도면에서 2종류 이상의 선이 같은 장소에서 겹 치게 될 경우 우선순위로 알맞은 것은?

① 외형선 > 숨은선 > 절단선 > 중심선
② 외형선 > 절단선 > 숨은선 > 중심선
③ 외형선 > 중심선 > 숨은선 > 절단선
④ 외형선 > 절단선 > 중심선 > 숨은선

해설 선의 우선순위는 외형선 > 숨은선 > 절단선 > 중심 선 순이다.

제3과목 : 기계설계 및 기계재료

41 0.8% C 이하의 아공석강에서 탄소함유량 증가에 따라 감소하는 기계적 성질은?

① 경도　　　　　② 항복점
③ 인장강도　　　④ 연신율

해설 0.8% C 이하의 아공석강에서 탄소함유량이 증가할 때 감소되는 기계적 성질은 연신율이며 경도, 항복점, 인장강도 등은 증가된다.

42 노에 들어가지 못하는 대형부품의 국부담금질, 기어, 톱니나 선반의 베드면 등의 표면을 경화시키는데 가장 많이 사용하는 열처리방법은?

① 화염경화법　　② 침탄법
③ 질화법　　　　④ 청화법

해설 화염경화법은 노에 들어가지 못하는 대형부품의 국부담금질, 기어, 톱니나 선반의 베드면 등의 표면을 경화시키는데 가장 많이 사용되는 표면열처리방법이다.

43 주철의 접종(inoculation) 및 그 효과에 대한 설명으로 틀린 것은?

① Ca-Si 등을 첨가하여 접종을 한다.
② 핵 생성을 용이하게 한다.
③ 흑연의 형상을 개량한다.
④ 칠(chil)화를 증가시킨다.

해설 주철의 접종은 흑연의 형상을 개량하여 핵 생성을 용이하게 한다. 접종제로는 Ca-Si 등이 사용된다.

44 알루미늄합금인 Al-Mg-Si의 강도를 증가시키기 위한 가장 좋은 방법은?

① 시효경화(age-hardening)처리한다.
② 냉간가공(cold work)을 실시한다.
③ 담금질(quenching)처리한다.
④ 불림(normalizing)처리한다.

해설 Al-Mg-Si로 구성된 알루미늄합금은 시효경화처리로 강도를 증가시킨다.

45 황동계 실용합금인 톰백에 관한 설명으로 틀린 것은?

① 전연성이 우수하다.
② 5~20%의 Sn을 함유하는 황동이다.
③ 코이닝하기 쉬워 메달, 동전 등에 사용된다.
④ 색깔이 금색에 가까워서 모조금으로 사용된다.

해설 톰백은 아연을 8~20% 함유한 황동계 실용합금으로 전연성이 우수하고 코이닝이 쉬워 메달, 동전 등에 사용되며 색깔이 금색에 가까워 모조금으로 사용된다.

46 마텐자이트(Martensite) 및 그 변태에 대한 설명으로 틀린 것은?

① 경도가 높고 취성이 있다.
② 상온에서는 준안정상태이다.
③ 마텐자이트변태는 확산변태를 한다.
④ 강을 수중에 담금질하였을 때 나타나는 조직이다.

해설 마텐자이트변태는 무확산변태를 한다.

47 금속재료 중 일정온도에서 갑자기 전기저항이 0(zero)이 되는 현상은?

① 공유　　　　　② 초전도
③ 이온화　　　　④ 형상기억

해설 초전도는 재료가 일정온도에서 갑자기 전기저항이 0이 되는 현상이며, 그러한 재료를 초전도재료라고 부른다.

48 다음 중 고속도공구강(SKH2)의 표준조성으로 옳은 것은?

① 18% W-4% Cr-1% V
② 17% Cr-9% W-2% Mo
③ 18% Co-4% Cr-1% V
④ 18% W-4% V-1% Cr

해설 고속도공구강(SKH2)의 표준조성은 18% W-4% Cr-1% V이다.

49 플라스틱재료의 특성을 설명한 것 중 틀린 것은?

① 대부분 열에 약하다.
② 대부분 내구성이 높다.
③ 대부분 전기절연성이 우수하다.
④ 금속재료보다 체적당 가격이 저렴하다.

해설 플라스틱재료는 대부분 내구성이 약하다.

50 섬유강화금속(FRM)의 특성을 설명한 것 중 틀린 것은?

① 비강도 및 비강성이 높다.
② 섬유축방향의 강도가 작다.
③ 2차 성형성, 접합성이 있다.
④ 고온의 역학적 특성 및 열적 안정성이 우수하다.

해설 섬유강화금속(FRM)은 섬유축방향의 강도가 크다.

51 다음 중 일반적으로 안전율을 가장 크게 잡는 하중은? (단, 동일 재질에서 극한강도기준의 안전율을 대상으로 한다.)

① 충격하중
② 편진반복하중
③ 정하중
④ 양진반복하중

해설 충격하중의 경우 충격에 이길 수 있도록 안전율을 크게 잡아야 한다.

52 축의 홈 속에서 자유로이 기울어질 수 있어 키가 자동적으로 축과 보스에 조정되는 장점이 있지만 키홈의 깊이가 커서 축의 강도가 약해지는 단점이 있는 키는?

① 반달키　　　　② 원뿔키
③ 묻힘키　　　　④ 평행키

해설 반달키는 축의 홈 속에서 자유로이 기울어질 수 있어 키가 자동적으로 축과 보스에 조정되는 장점이 있지만 키홈의 깊이가 커서 축의 강도가 약해지는 단점이 있는 키이다.

53 브레이크드럼축에 754N·m의 토크가 작용하면 축을 정지하는데 필요한 제동력은 약 몇 N인가? (단, 브레이크드럼의 지름은 400mm이다.)

① 1,920　　　　② 2,770
③ 3,310　　　　④ 3,770

해설 $F = \dfrac{2T}{D} = \dfrac{2 \times 754 \times 1,000}{400} = 3,770\text{N}$

54 리벳이음의 특징에 대한 설명으로 옳은 것은?

① 용접이음에 비해서 응력에 의한 잔류변형이 많이 생긴다.
② 리벳의 길이방향으로의 인장하중을 지지하는 데 유리하다.
③ 경합금에서는 용접이음보다 신뢰성이 높다.
④ 철골구조물, 항공기 동체 등에는 적용하기 어렵다.

해설 ① 용접이음에서 발생되는 응력의 의한 잔류변형이 생기지 않는다.
② 리벳의 길이방향으로의 인장하중을 지지하는 데에는 불리하다.
④ 리벳이음은 철골구조물, 항공기 동체 등에 적용하기에 적합하다.

55 압축코일스프링의 소선지름이 5mm, 코일의 평균지름이 25mm이고, 200N의 하중이 작용할 때 스프링에 발생하는 최대전단응력은 약 몇 MPa인가? (단, 스프링소재의 가로탄성계수(G)는 80GPa이고, Wahl의 응력수정계수식 $\left[K = \dfrac{4C-1}{4C-4} + \dfrac{0.615}{C}, \ C$는 스프링지수$\right]$을 적용한다.)

① 82　　　　② 98
③ 133　　　　④ 152

해설 $C = \dfrac{D}{d} = \dfrac{25}{5} = 5$

$K = \dfrac{4C-1}{4C-4} + \dfrac{0.615}{C} = \dfrac{4 \times 5 - 1}{4 \times 5 - 4} + \dfrac{0.615}{5} = 1.22$

$\therefore \ \tau_{\max} = K \dfrac{8PD}{\pi d^3}$

$= 1.22 \times \dfrac{8 \times 200 \times 25}{3.14 \times 5^3} = 124.3\text{MPa}$

정답 49.② 50.② 51.① 52.① 53.④ 54.③ 55.③

56 연강제 볼트가 축방향으로 8kN의 인장하중을 받고 있을 때 이 볼트의 골지름은 약 몇 mm 이상이어야 하는가? (단, 볼트의 허용인장응력은 100MPa이다.)

① 7.4　　　　② 8.3
③ 9.2　　　　④ 10.1

해설 $\sigma_a = \dfrac{W}{A} = \dfrac{4W}{\pi d^2}$

$\therefore\ d = \sqrt{\dfrac{4W}{\pi\sigma_a}} = \sqrt{\dfrac{4\times 8}{3.14\times 100}} \fallingdotseq 10.1\text{mm}$

57 긴장측의 장력의 3,800N, 이완측의 장력이 1,850N일 때 전단동력은 약 몇 kW인가? (단, 벨트의 속도는 3.4m/s이다.)

① 2.3　　　　② 4.2
③ 5.5　　　　④ 6.6

해설 $H = T_e v$
$= (3,800 - 1,850) \times 3.4$
$= 6,630\text{N}\cdot\text{m/s} = 6,630\text{W} \fallingdotseq 6.6\text{kW}$

58 볼 베어링에서 작용하중은 5kN, 회전수가 4,000rpm이며, 이 베어링의 기본동정격하중이 63kN이라면 수명은 약 몇 시간인가?

① 6300시간　　　　② 8300시간
③ 9500시간　　　　④ 10200시간

해설 $L_h = L_n\left(\dfrac{10^6}{60n}\right)$

$= \left(\dfrac{C}{P}\right)^r \dfrac{10^6}{60n} = \left(\dfrac{63}{5}\right)^3 \times \dfrac{10^6}{60\times 4,000} \fallingdotseq 8,300\text{hr}$

59 유체클러치의 일종인 유체토크컨버터(fluid torque converter)의 특징을 설명한 것 중 틀린 것은?

① 부하에 의한 원동기의 정지가 없다.
② 장치 내에 스테이터가 있을 경우 작동효율은 97% 수준까지 올릴 수 있다.
③ 무단변속이 가능하다.
④ 진동 및 충격을 완충하기 때문에 기계에 무리가 없다.

해설 유체토크컨버터는 펌프나 임펠러, 스테이터, 터빈이나 러너로 구성되어 있다. 스테이터는 토크변환작용을 하는 중요한 부품이다.

60 헬리컬기어에서 잇수가 50, 비틀림각이 20°일 경우 상당평기어잇수는 약 몇 개인가?

① 40　　　　② 50
③ 60　　　　④ 70

해설 $Z_e = \dfrac{Z}{\cos^3\beta} = \dfrac{50}{\cos^3 20°} \fallingdotseq 60$개

제4과목 : 컴퓨터응용설계

61 CAD시스템에서 많이 사용한 Hermite곡선방정식에서 일반적으로 몇 차식을 많이 사용하는가?

① 1차식　　　　② 2차식
③ 3차식　　　　④ 4차식

해설 Hermite곡선방정식에서는 3차식을 사용한다.

62 원통좌표계에서 표시된 점의 위치가 $(r,\ \theta,\ z)$ 이다. 이를 직교좌표계$(x,\ y,\ z)$로 나타내고자 할 때 $x,\ y$로 옳은 것은?

① $x = r\cos\theta,\ y = r\sin\theta$
② $x = r\sin\theta,\ y = r\cos\theta$
③ $x = r\sin\theta,\ y = -r\cos\theta$
④ $x = -r\cos\theta,\ y = r\sin\theta$

해설 직교좌표계 $x = r\cos\theta,\ y = r\sin\theta$

63 공간상에서 선을 이용하여 3차원 물체를 표시하는 와이어프레임모델의 특징을 설명한 것 중 틀린 것은?

① 3면투시도 작성이 용이하다.
② 단면도 작성이 어렵다.
③ 물리적 성질의 계산이 가능하다.
④ 은선 제거가 불가능하다.

정답 56.④ 57.④ 58.② 59.② 60.③ 61.③ 62.① 63.③

해설 와이어프레임모델은 물리적 성질의 계산이 불가능하다.

64 다음은 곡면모델링에 관한 설명이다. 빈 칸에 알맞은 말로 짝지어진 것은?

> 주어진 점들이 곡면상에 놓이도록 피팅(fitting)하는 것은 [㉮](이)라고 하며, 점들이 곡면으로부터 조금 떨어져 있는 것을 허용하는 경우를 [㉯](이)라고 부른다.

① ㉮ 보간(interpolation)
　㉯ 근사(approximation)
② ㉮ 근사(approximation)
　㉯ 보간(interpolation)
③ ㉮ 블렌딩(blending)
　㉯ 스무싱(smoothing)
④ ㉮ 스무싱(smoothing)
　㉯ 블렌딩(blending)

해설 주어진 점들이 곡면상에 놓이도록 피팅(fitting)하는 것을 보간(interpolation)이라고 하며, 점들이 곡면으로부터 조금 떨어져 있는 것을 허용하는 경우를 근사(approximation)라고 부른다.

65 CAD용어에 관한 설명으로 틀린 것은?

① 표시하고자 하는 화면상의 영역을 벗어나는 선들을 잘라버리는 것을 트리밍(trimming)이라고 한다.
② 물체를 완전히 관통하지 않는 홈을 형성하는 특징 형상을 포켓(pocket)이라고 한다.
③ 명령의 실행 또는 마우스 클릭 시마다 On 또는 Off가 번갈아 나타나는 세팅을 토글(toggle)이라고 한다.
④ 모델을 명암이 포함된 색상으로 처리한 솔리드로 표시하는 작업을 셰이딩(shading)이라 한다.

해설 트리밍(trimming)은 표시하고자 하는 화면상의 영역을 벗어나는 선들을 잘라버리는 것을 말하는 것이 아니라 하나 또는 그 이상의 선, 원, 호 등으로 지정된 가장자리(edge)를 정확하게 잘라 물체의 형상을 다듬을 때 사용되는 명령이다.

66 공간의 한 물체가 세계좌표계의 x축에 평행하면서 세계좌표 (0, 2, 4)를 통과하는 축에 관하여 90° 회전된다. 그 물체의 한 점이 모델좌표 (0, 1, 1)을 가지는 경우 회전 후에 같은 점의 세계좌표를 구하는 식으로 적절한 것은?

① $[X_w \ Y_w \ Z_w \ 1]^T$

$$= \begin{bmatrix} 1&0&0&0 \\ 0&1&0&2 \\ 0&0&1&4 \\ 0&0&0&1 \end{bmatrix} \begin{bmatrix} \cos90°&0&\sin90°&0 \\ 0&1&0&0 \\ -\sin90°&0&\cos90°&0 \\ 0&0&0&1 \end{bmatrix} \begin{bmatrix} 1&0&0&0 \\ 0&1&0&-2 \\ 0&0&1&-4 \\ 0&0&0&1 \end{bmatrix} \begin{bmatrix} 0 \\ 1 \\ 1 \\ 1 \end{bmatrix}$$

② $[X_w \ Y_w \ Z_w \ 1]^T$

$$= \begin{bmatrix} 1&0&0&0 \\ 0&1&0&-2 \\ 0&0&1&-4 \\ 0&0&0&1 \end{bmatrix} \begin{bmatrix} \cos90°&0&\sin90°&0 \\ 0&1&0&0 \\ -\sin90°&0&\cos90°&0 \\ 0&0&0&1 \end{bmatrix} \begin{bmatrix} 1&0&0&0 \\ 0&1&0&2 \\ 0&0&1&4 \\ 0&0&0&1 \end{bmatrix} \begin{bmatrix} 0 \\ 1 \\ 1 \\ 1 \end{bmatrix}$$

③ $[X_w \ Y_w \ Z_w \ 1]^T$

$$= \begin{bmatrix} 1&0&0&0 \\ 0&1&0&2 \\ 0&0&1&4 \\ 0&0&0&1 \end{bmatrix} \begin{bmatrix} 1&0&0&0 \\ 0&\cos90°&-\sin90°&0 \\ 0&\sin90°&\cos90°&0 \\ 0&0&0&1 \end{bmatrix} \begin{bmatrix} 1&0&0&0 \\ 0&1&0&-2 \\ 0&0&1&-4 \\ 0&0&0&1 \end{bmatrix} \begin{bmatrix} 0 \\ 1 \\ 1 \\ 1 \end{bmatrix}$$

④ $[X_w \ Y_w \ Z_w \ 1]^T$

$$= \begin{bmatrix} 1&0&0&0 \\ 0&1&0&-2 \\ 0&0&1&-4 \\ 0&0&0&1 \end{bmatrix} \begin{bmatrix} 1&0&0&0 \\ 0&\cos90°&-\sin90°&0 \\ 0&\sin90°&\cos90°&0 \\ 0&0&0&1 \end{bmatrix} \begin{bmatrix} 1&0&0&0 \\ 0&1&0&2 \\ 0&0&1&4 \\ 0&0&0&1 \end{bmatrix} \begin{bmatrix} 0 \\ 1 \\ 1 \\ 1 \end{bmatrix}$$

해설 $[X_w \ Y_w \ Z_w \ 1]^T$

$$= \begin{bmatrix} 1&0&0&0 \\ 0&1&0&2 \\ 0&0&1&4 \\ 0&0&0&1 \end{bmatrix} \begin{bmatrix} 1&0&0&0 \\ 0&\cos90°&-\sin90°&0 \\ 0&\sin90°&\cos90°&0 \\ 0&0&0&1 \end{bmatrix} \begin{bmatrix} 1&0&0&0 \\ 0&1&0&-2 \\ 0&0&1&-4 \\ 0&0&0&1 \end{bmatrix} \begin{bmatrix} 0 \\ 1 \\ 1 \\ 1 \end{bmatrix}$$

67 다음 중 3차원 뷰잉(viewing)연산에서 투영 중심이 투영면으로부터 유한한 거리에 위치한다고 가정하는 투영법은?

① 경사(oblique)투영
② 원근(perspective)투영
③ 직교(orthographic)투영
④ 축측(axonometric)투영

해설 원근(perspective)투영은 3차원 뷰잉(viewing)연산에서 투영 중심이 투영면으로부터 유한한 거리에 위치한다고 가정하는 투영법이다.

68 3차원 형상모델 중 B-rep과 비교한 CSG방식의 특징을 설명한 것으로 옳은 것은?

① 데이터의 작성에 필요한 메모리가 많이 요구된다.

② 불연산을 통한 모델링기법을 적용하기 곤란하다.

③ 화면재생에 필요한 연산과정이 적게 소요된다.

④ 3면도, 투시도, 전개도 등의 작성이 곤란하다.

해설 ① 데이터의 작성에 필요한 메모리소요가 많지 않다.
② 불연산을 통한 모델링기법 적용이 가능하다.
③ 화면재생에 필요한 연산과정이 많이 소요된다.

69 LAN시스템의 주요 특징으로 가장 거리가 먼 것은?

① 자료의 전송속도가 빠르다.

② 통신망의 결합이 용이하다.

③ 신규장비를 전송매체로 첨가하기가 용이하다.

④ 장거리구역에서의 정보통신에 용이하다.

해설 LAN시스템은 단거리구역에서의 정보통신에 용이하다.

70 데이터표시방법 중 3개의 Zone Bit와 4개의 Digit Bit를 기본으로 하며 Parity Bit 적용 여부에 따라 총 7Bit 또는 8Bit로 한 문자를 표현하는 코드체계는?

① FPDF   ② EBCDIC

③ ASCII   ④ BCD

해설 ASCII는 3개의 존비트와 4개의 디지트비트를 기본으로 하며 패리티비트 적용 여부에 따라 총 7비트 또는 8비트로 한 문자를 표현하는 코드체계이다.

71 다음 중 솔리드모델링에서 일반적으로 사용되는 기본입체로 보기 어려운 것은?

① Block   ② Sphere

③ Wedge   ④ Swing

해설 primitive는 상자, 원통, 구, 관, 원뿔, 프리즘이다.

72 곡면(surface)으로 기하학적 형상을 정의하는 과정에서 곡면구성의 종류가 아닌 것은 어느 것인가?

① 쿤스곡면(Coons surface)

② 회전곡면(Revolved surface)

③ 베지어곡면(Bezier surface)

④ 트위스트곡면(Twist surface)

해설 트위스트곡면은 곡면구성의 종류가 아니다.

73 솔리드모델의 일반적인 특징을 설명한 것 중 틀린 것은?

① 질량 등 물리적 성질의 계산이 곤란하다.

② Boolean연산(더하기, 빼기, 교차)을 통하여 복잡한 형상표현도 가능하다.

③ 와이어프레임모델에 비해 데이터의 처리시간이 많아진다.

④ 은선 제거가 가능하다.

해설 솔리드모델링은 질량 등 물리적 성질의 계산이 가능하다.

74 CAD 관련 용어 중 요구된 색상의 사용이 불가능할 때 다른 색상들을 섞어서 비슷한 색상을 내기 위해 컴퓨터프로그램에 의해 시도되는 것을 의미하는 것은?

① 플리커(flicker)

② 디더링(dithering)

③ 섀도마스크(shadow mask)

④ 라운딩(rounding)

해설 디더링(dithering)은 요구된 색상의 사용이 불가능할 때 다른 색상들을 섞어서 비슷한 색상을 내기 위해 컴퓨터프로그램에 의해 시도되는 것이다.

75 2차원 평면에서 $x^2 + y^2 - 25 = 0$인 원이 있다. 원 상의 점 (3, 4)를 지나는 원의 법선의 방정식으로 옳은 것은?

① $4x + 3y = 0$ ② $3x + 4y = 0$

③ $4x - 3y = 0$ ④ $3x - 4y = 0$

해설 $x^2 + y^2 - 25 = 0$ 위의 한 점 (3, 4)를 지나는 접선의 방정식은 $3x + 4y = 25$이며 법선의 방정식은 원점을 지나고 접선의 방정식과 직각을 이루므로 법선의 방정식의 기울기와 접선의 방정식의 기울기를 곱하면 -1이 된다. 접선의 방정식의 기울기는 $a_1 = -\dfrac{3}{4}$이며 법선의 방정식의 기울기를 a_2라고 하면 $a_1 a_2 = -1$이므로 $a_2 = \dfrac{4}{3}$이다. 따라서 법선의 방정식은 $y = \dfrac{4}{3}x$이므로 $4x - 3y = 0$이다.

76 CAD시스템으로 구축한 형상모델에서 설계해석을 위한 각종 정보를 추출하거나 추가로 필요로 하는 정보를 입력하고 편집하여 필요한 형식으로 재구성하는 소프트웨어프로그램이나 처리절차를 뜻하는 용어는?

① Pre-processor
② Post-processor
③ Multi-processor
④ Multi-programming

해설 Pre-processor는 CAD시스템으로 구축한 형상모델에서 설계해석을 위한 각종 정보를 추출하거나 추가로 필요로 하는 정보를 입력하고 편집하여 필요한 형식으로 재구성하는 소프트웨어프로그램이나 처리절차를 뜻한다.

77 3차 베지어곡면을 정의하기 위하여 최소 몇 개의 점이 필요한가?

① 4   ② 8
③ 12   ④ 16

해설 $2^{3+1} = 2^4 = 16$이므로 3차 베지어곡면을 정의하기 위하여 최소 필요한 점은 16개이다.

78 LCD모니터에 대한 설명 중 틀린 것은?

① 일반CRT모니터에 비해 전력소모가 적다.
② 전자총으로 색상을 표현한다.
③ 액정의 전기적 성질을 광학적으로 응용한 것이다.
④ 액정의 배열방법에 따라 TN(Twisted Nematic), IPS(In-Plane Switching) 등으로 분류한다.

해설 전자총으로 색상을 표현하는 것은 CRT모니터이다. LCD모니터는 전자총으로 색상을 표현하지 않는다. LCD모니터의 가장 뒤쪽에 백라이트조명이 있고 그 앞에 액정판이 있다. LCD모니터는 가해지는 전기신호에 따라 투과율이 바뀌는 특성이 있는 액정을 이용하여 다양한 밝기를 표현하며, 컬러신호는 액정을 통과한 빛이 앞에 붙어있는 RGB컬러필터를 통과하면서 만들어진다. 모니터는 백라이트, 액정, 컬러필터의 특성에 따라 만들어낼 수 있는 색이 달라진다.

79 다음 중 단면곡선을 경로곡선을 따라 이동시켜서 곡면을 만드는 기능을 의미하는 것은?

① sweep   ② extrude
③ pattern   ④ explode

해설 sweep은 단면곡선을 경로곡선을 따라 이동시켜 곡면을 만드는 기능이다.

80 CAD소프트웨어에서 명령어를 아이콘으로 만들어 아이템별로 묶어 명령을 편리하게 이용할 수 있도록 한 것은?

① 스크롤바   ② 툴바
③ 스크린메뉴   ④ 상태(status)바

해설 툴바(tool bar)는 CAD소프트웨어에서 명령어를 아이콘으로 만들어 아이템별로 묶어 명령을 편리하게 이용할 수 있도록 한 것이다.

2018년도 기사 제3회 필기시험(산업기사)

(2018.08.19. 시행)

자격종목	시험시간	형별	수험번호	성명	가답안/최종정답
기계설계산업기사	2시간	B			

제1과목 : 기계가공 및 안전관리

01 절삭공구의 측면과 피삭재의 가공면과의 마찰에 의하여 절삭공구의 절삭면에 평행하게 마모되는 공구인선의 파손현상은?

① 치핑
② 크랙
③ 플랭크마모
④ 크레이터마모

해설 ① 치핑(chipping) : 절삭날 끝이 일부 미세하게 부서져서 떨어져 나가는 현상
② 크랙(crack) : 절삭날에 균열이 발생하는 현상
④ 크레이터마모(crater wear) : 절삭공구와 칩 사이의 화학적인 마모로 절삭공구의 상면에서 발생

02 리머에 관한 설명으로 틀린 것은?

① 드릴가공에 비하여 절삭속도를 빠르게 하고 이송은 적게 한다.
② 드릴로 뚫은 구멍을 정확한 치수로 다듬질하는데 사용한다.
③ 절삭속도가 느리면 리머의 수명은 길게 되나 작업능률이 떨어진다.
④ 절삭속도가 너무 빠르면 랜드(land)부가 쉽게 마모되어 수명이 단축된다.

해설 리머가공은 일반적으로 드릴가공에 비하여 절삭속도를 느리게 하고 이송은 빠르게 한다.

03 절삭유를 사용함으로써 얻을 수 있는 효과가 아닌 것은?

① 공구수명 연장효과
② 구성인선 억제효과
③ 가공물 및 공구의 냉각효과
④ 가공물의 표면거칠기 값 상승효과

해설 절삭유를 사용하면 가공물의 표면거칠기가 좋아지므로 거칠기 값은 작아진다.

04 정밀입자가공 중 래핑(lapping)에 대한 설명으로 틀린 것은?

① 가공면의 내마모성이 좋다.
② 정밀도가 높은 제품을 가공할 수 있다.
③ 작업 중 분진이 발생하지 않아 깨끗한 작업환경을 유지할 수 있다.
④ 가공면에 랩제가 잔류하기 쉽고, 제품을 사용할 때 잔류한 랩제가 마모를 촉진시킨다.

해설 건식래핑은 작업 중 분진이 발생될 수 있으므로 깨끗한 작업환경 유지에 각별한 신경을 써야 한다.

05 나사를 1회전시킬 때 나사산이 축방향으로 움직인 거리를 무엇이라 하는가?

① 각도(angle)
② 리드(lead)
③ 피치(pitch)
④ 플랭크(flank)

해설 ① 각도 : 나사산의 각도, 나선각, 리드각 등
③ 피치 : 인접하는 나사산과 나사산과의 축방향 거리
④ 플랭크 : 나사의 측면

06 나사의 유효지름을 측정하는 방법이 아닌 것은?

① 삼침법에 의한 측정
② 투영기에 의한 측정
③ 플러그게이지에 의한 측정
④ 나사마이크로미터에 의한 측정

해설 나사의 유효지름측정법에는 삼침법, 투영기 이용법, 나사마이크로미터 이용법 등이 있다. 플러그게이지로는 나사의 유효지름측정이 불가능하며, 이것으로 구멍가공의 합부판정용으로 주로 생산현장에서 작업자가 사용한다.

07 CNC 선반에서 나사절삭사이클의 준비기능코드는?

① G02 ② G28
③ G70 ④ G92

해설 ① G02 : 원호보간 CW(시계방향 원호가공)
② G28 : 자동원점 복귀(제1원점 복귀)
③ G70 : 정삭가공사이클

08 센터리스연삭기에 필요하지 않은 부품은?

① 받침판 ② 양 센터
③ 연삭숫돌 ④ 조정숫돌

해설 센터리스연삭기는 센터 없는 가공인 무심연삭을 하므로 양 센터가 불필요하다.

09 절삭공구재료가 갖추어야 할 조건으로 틀린 것은?

① 조형성이 좋아야 한다.
② 내마모성이 커야 한다.
③ 고온경도가 높아야 한다.
④ 가공재료와 친화력이 커야 한다.

해설 절삭공구재료는 가공재료와의 친화력이 작아야 한다.

10 바깥지름원통연삭에서 연삭숫돌이 숫돌의 반지름방향으로 이송하면서 공작물을 연삭하는 방식은?

① 유성형 ② 플런지컷형
③ 테이블왕복형 ④ 연삭숫돌왕복형

해설 ① 유성형 : 내경연삭의 한 방법으로, 공작물의 내경보다 작은 연삭숫돌로 원호를 그리면서 연삭하는 방식
③ 테이블왕복형 : 평면연삭 시 테이블이 좌우로 움직이면서 연삭하는 방식
④ 연삭숫돌왕복형 : 연삭숫돌을 축방향으로 이송시키면서 연삭하는 방식

11 밀링가공할 때 하향절삭과 비교한 상향절삭의 특징으로 틀린 것은?

① 절삭자취의 피치가 짧고 가공면이 깨끗하다.
② 절삭력이 상향으로 작용하여 가공물 고정이 불리하다.
③ 절삭가공을 할 때 마찰열로 접촉면의 마모가 커서 공구의 수명이 짧다.
④ 커터의 회전방향과 가공물의 이송이 반대이므로 이송기구의 백래시(back lash)가 자연히 제거된다.

해설 절삭자취의 피치가 짧고 가공면이 깨끗한 것은 상향절삭이 아니라 하향절삭의 경우에 해당된다.

12 1대의 드릴링머신에 다수의 스핀들이 설치되어 1회에 여러 개의 구멍을 동시에 가공할 수 있는 드릴링머신은?

① 다두 드릴링머신
② 다축 드릴링머신
③ 탁상 드릴링머신
④ 레이디얼 드릴링머신

해설 ① 다두 드릴링머신 : 주축 헤드가 여러 개인 드릴링머신으로 여러 개의 공정을 하나의 드릴링머신에서 가공할 수 있는 드릴링머신
③ 탁상 드릴링머신 : 작업대 위에서 소형 공작물에 소형 구멍을 가공하는 드릴링머신
④ 레이디얼 드릴링머신 : 긴 암이 설치되어 있어서 대형 공작물의 구멍가공에 적합한 드릴링머신

13 다음 중 전해가공의 특징으로 틀린 것은?

① 전극을 양극(+)에 가공물을 음극(−)으로 연결한다.

② 경도가 크고 인성이 큰 재료도 가공능률이 높다.

③ 열이나 힘의 작용이 없으므로 금속학적인 결함이 생기지 않는다.

④ 복잡한 3차원 가공도 공구자국이나 버(burr)가 없이 가공할 수 있다.

해설 전해가공에서는 가공물을 양극(+)으로 하고, 전극을 음극(−)으로 연결한다.

14 선반작업 시 절삭속도 결정조건으로 가장 거리가 먼 것은?

① 베드의 형상　　② 가공물의 경도

③ 바이트의 경도　④ 절삭유의 사용 유무

해설 선반작업의 절삭속도 결정조건으로 가공물의 경도, 바이트의 경도, 절삭유의 사용 유무 등이 있으며, 베드의 형상과는 무관하다.

15 밀링가공에서 커터의 날 수는 6개, 1날당의 이송은 0.2mm, 커터의 외경은 40mm, 절삭속도는 30m/min일 때 테이블의 이송속도는 약 몇 mm/min인가?

① 274　　② 286

③ 298　　④ 312

해설 $f_r = Zf_z = 6 \times 0.2 = 1.2\text{mm/rev}$

$n = \dfrac{1,000v}{\pi d} = \dfrac{1,000 \times 30}{3.14 \times 40} = 238.9\text{rpm}$

$\therefore F = nf_r = 238.9 \times 1.2 = 286.6\text{mm/min}$

16 공작기계의 메인전원스위치 사용 시 유의사항으로 적합하지 않은 것은?

① 반드시 물기 없는 손으로 사용한다.

② 기계운전 중 정전이 되면 즉시 스위치를 끈다.

③ 기계시동 시에는 작업자에게 알리고 시동한다.

④ 스위치를 끌 때에는 반드시 부하를 크게 한다.

해설 공작기계의 메인전원스위치를 끌 때는 반드시 부하를 작게 한다.

17 수직 밀링머신에서 좌우이송을 하는 부분의 명칭은?

① 니(knee)　　② 새들(saddle)

③ 테이블(table)　④ 컬럼(column)

해설 수직 밀링머신에서 좌우이송을 하는 부분은 테이블이다.

18 측정오차에 관한 설명으로 틀린 것은?

① 기기오차는 측정기의 구조상에서 일어나는 오차이다.

② 계통오차는 측정값에 일정한 영향을 주는 원인에 의해 생기는 오차이다.

③ 우연오차는 측정자와 관계없이 발생하고, 반복적이고 정확한 측정으로 오차보정이 가능하다.

④ 개인오차는 측정자의 부주의로 생기는 오차이며, 주의해서 측정하고 결과를 보정하면 줄일 수 있다.

해설 우연오차는 측정자와 관계없이 발생하고, 반복적이고 정확한 측정으로 오차보정이 가능한 오차가 아니다.

19 센터펀치작업에 관한 설명으로 틀린 것은? (단, 공작물의 재질은 SM45C이다.)

① 선단은 45° 이하로 한다.

② 드릴로 구멍을 뚫을 자리 표시에 사용된다.

③ 펀치의 선단을 목표물에 수직으로 펀칭한다.

④ 펀치의 재질은 공작물보다 경도가 높은 것을 사용한다.

해설 센터펀치의 선단각은 90°이다.

20 선반에서 지름 100mm의 저탄소강재를 이송 0.25mm/rev, 길이 80mm를 2회 가공했을 때 소요된 시간이 80초라면 회전수는 약 몇 rpm 인가?

① 450 ② 480

③ 510 ④ 540

해설 $t = \left(\dfrac{L}{F}\right)i \times 60 = \left(\dfrac{L}{nf_r}\right)i \times 60[\sec]$

$80 = \dfrac{80}{n \times 0.25} \times 2 \times 60$

$\therefore n = \dfrac{80 \times 2 \times 60}{0.25 \times 80} = 480\,\mathrm{rpm}$

제2과목 : 기계제도

21 가공방법에 따른 KS가공방법기호가 바르게 연결된 것은?

① 방전가공 : SPED
② 전해가공 : SPU
③ 전해연삭 : SPEC
④ 초음파가공 : SPLB

해설 특수가공의 KS가공방법기호 SP(Special Processing)
• 방전가공 : SPED(Electric Discharge machining)
• 전해가공 : SPEC(Electro−Chemical machining)
• 전해연삭 : SPEG(Electrolytic Grinding)
• 초음파가공 : SPU(Ultrasonic machining)
• 전자빔가공 : SPEB(Electron Beam machining)
• 레이저가공 : SPLB(Laser Beam machining)

22 나사의 표시가 다음과 같이 나타날 때 이에 대한 설명으로 틀린 것은?

L 2N M10−6H/6g

① 나사의 감김방향은 오른쪽이다.
② 나사의 종류는 미터나사이다.
③ 암나사등급은 6H, 수나사등급은 6g이다.
④ 2줄나사이며 나사의 바깥지름은 10mm 이다.

해설 나사의 감김방향은 왼쪽(L)이다.

23 다음 중 복렬 깊은 홈 볼 베어링의 약식도시기호가 바르게 표기된 것은?

해설 ① 복렬 깊은 홈 볼 베어링, 복렬 원통 롤러 베어링
② 복렬 자동조심 볼 베어링, 복렬 구형 롤러 베어링
③ 두 조각 내륜 복렬 앵귤러 콘택트 분리형 볼 베어링
④ 두 조각 내륜 복렬 테이퍼 롤러 베어링

24 앵글구조물을 다음 그림과 같이 한쪽 각도가 30°인 직각삼각형으로 만들고자 한다. A의 길이가 1,500mm일 때 B의 길이는 약 몇 mm 인가?

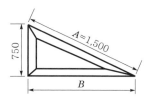

① 1,299 ② 1,100

③ 1,131 ④ 1,185

해설 $\cos 30° = \dfrac{B}{A} = \dfrac{B}{1,500}$

$\therefore B = 1,500 \times \cos 30° = 1,299\,\mathrm{mm}$

25 다음 그림과 같이 도면에 기입된 기하공차에 관한 설명으로 옳지 않은 것은?

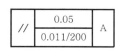

① 제한된 길이에 대한 공차값이 0.011이다.
② 전체 길이에 대한 공차값이 0.05이다.
③ 데이텀을 지시하는 문자기호는 A이다.
④ 공차의 종류는 평면도 공차이다.

해설 공차의 종류는 평행도 공차이다.

26 다음과 같은 입체도에서 화살표방향 투상도로 가장 적합한 것은?

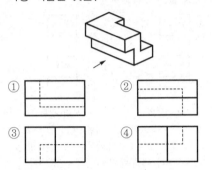

해설 화살표방향으로 보이는 것을 먼저 가로축 중간이 실선으로 아래와 위로 구분됨을 알 수 있다. 따라서 정답은 ①, ② 중의 하나가 된다. 그리고 직접 보이지 않는 뒷면을 파선으로 나타내야 하는데, 좌측과 아래쪽에 붙어있는 것을 나타내는 ①이 정답이다.

27 금속재료의 표시기호 중 탄소공구강강재를 나타낸 것은?

① SPP
② STC
③ SBHG
④ SWS

해설 ① SPP : 일반 배관용 탄소강관
③ SBHG : 아연도강판
④ SWS : 용접구조용 압연강재

28 다음 그림과 같이 도시된 용접기호의 설명이 옳은 것은?

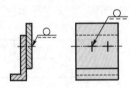

① 화살표 쪽의 점용접
② 화살표 반대쪽의 점용접
③ 화살표 쪽의 플러그용접
④ 화살표 반대쪽의 플러그용접

해설 화살표 쪽의 용접을 나타낸 것이며, 동그라미 표시는 점용접이다.

29 가상선의 용도에 해당되지 않은 것은?

① 가공 전 또는 가공 후의 모양을 표시하는 데 사용
② 인접 부분을 참고로 표시하는 데 사용
③ 대상의 일부를 생략하고 그 경계를 나타내는 데 사용
④ 되풀이되는 것을 나타내는 데 사용

해설 대상의 일부를 생략하고 그 경계를 나타낼 때는 가상선이 아니라 파단선이 사용된다.

30 다음과 같은 입체도를 제3각법으로 투상한 투상도로 가장 적합한 것은?

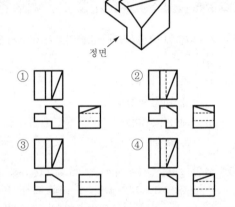

정면

해설 먼저 정면을 보면 ①, ②, ④가 옳고, 평면을 보면 보이지 않는 아랫부분을 파단선으로 표시한 ②, ③이 옳음을 알 수 있다. 그리고 우측면도를 보면 우측에서 보이지 않는 두 부분의 파단선이 표시되며, 보이는 면은 좌측으로 경사져 내려온 것으로 보인다. 이것을 나타낸 그림은 ④이다.

31 다음 나사기호 중 관용평행나사를 나타내는 것은?

① Tr   ② E
③ R   ④ G

해설 ① Tr : 미터사다리꼴나사
② E : 전구나사
③ R : 관용테이퍼수나사

32 축의 치수가 φ20±0.10이고 그 축의 기하공차가 다음과 같다면 최대실체공차방식에서 실효치수는 얼마인가?

⊥	φ0.2Ⓜ	A

① 19.6 　　② 19.7
③ 20.3 　　④ 20.4

해설 최대실체방식으로 표기되었으므로 실효치수는 축의 경우이므로 위치허용차 +0.1와 직각도의 0.2를 합한 20+(0.1+0.2)=20.3이 된다.

33 축에 센터구멍이 필요한 경우의 그림기호로 올바른 것은?

해설 ② 센터구멍을 반드시 남겨둔다.
④ 센터구멍이 남아 있지 않아야 한다.

34 다음 그림과 같이 가공된 축의 테이퍼값은 얼마인가?

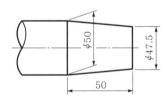

① $\frac{1}{5}$ 　　② $\frac{1}{10}$
③ $\frac{1}{20}$ 　　④ $\frac{1}{40}$

해설 $Taper = \frac{50-47.5}{50} = \frac{1}{20}$

35 지름이 동일한 두 원통을 90°로 교차시킬 경우 상관선을 옳게 나타낸 것은?

해설 동일한 지름의 원통이 직교할 때의 상관도는 ④와 같이 나타낸다.

36 다음 그림과 같은 입체도를 제3각법으로 나타낸 정투상도로 가장 적합한 것은?

해설 먼저 정면도를 보면 좌측에 기둥이 하나 서 있는 것처럼 나타나며, 그 옆으로 ㄴ자 모양으로 나타나면서 오른쪽 끝에는 먼 쪽에 돌출된 부분이 실선으로 나타나야 하므로 ②, ③, ④ 중 정답이 있다. 이들의 평면도는 같으므로 우측면도를 보면 정면도에 좌측으로 서 있던 기둥이 보이지 않으므로 이것을 파선으로 나타내고 돌출된 부분 때문에 보이지 않는 부분을 파선으로 나타낸 ④가 정답이다.

37 다음과 같이 도면에 지시된 베어링호칭번호의 설명으로 옳지 않은 것은?

6312 Z NR

① 단열 깊은 홈 볼 베어링
② 한쪽 실드붙이
③ 베어링 안지름 312mm
④ 멈춤링붙이

해설 베어링의 안지름=12×5=60mm

38 끼워맞춤치수 $\phi20$ H6/g5는 어떤 끼워맞춤인가?

① 중간 끼워맞춤

② 헐거운 끼워맞춤

③ 억지 끼워맞춤

④ 중간 억지 끼워맞춤

해설 축의 치수가 구멍치수 표시 H보다 앞쪽으로 가 있는 g이므로 축의 최대치수가 구멍의 최소치수보다 작으므로 이것은 항상 틈새가 생기는 헐거운 끼워맞춤이다.

39 물체의 경사진 부분을 그대로 투상하면 이해가 곤란하여 경사면에 평행한 별도의 투상면을 설정하여 나타낸 투상도의 명칭을 무엇이라고 하는가?

① 회전투상도   ② 보조투상도

③ 전개투상도   ④ 부분투상도

해설 ① 회전투상도 : 투상면이 어느 정도의 각도를 가지고 있어서 실제 모양이 나타나지 않을 때 그 부분을 평행한 위치까지 회전시켜 실제의 길이가 나타날 수 있도록 그린 투상도

③ 전개투상도 : 이런 투상도는 없음

④ 부분투상도 : 물체의 일부분만을 도시하여 전체를 이해할 수 있을 때 그 필요 부분만을 나타낸 투상도

40 다음 기하공차 중 자세공차에 속하는 것은?

① 평면도 공차   ② 평행도 공차

③ 원통도 공차   ④ 진원도 공차

해설 자세공차에는 평행도 공차, 직각도 공차, 경사도 공차가 있다.

제3과목 : 기계설계 및 기계재료

41 다음 중 세라믹공구의 주성분으로 가장 적합한 것은?

① Cr_2O_3 ② Al_2O_3

③ MnO_2 ④ Cu_3O

해설 세라믹의 종류 : 백세라믹(알루미나, Al_2O_3기), 흑세라믹(Al_2O_3-TiC기), 사이알론(Si_3N_4기), 섬유강화세라믹(FRC, Al_2O_3-SiC기)

42 금속침투법 중 철강표면에 Al을 확산침투시켜 표면처리하는 방법은?

① 세라다이징

② 크로마이징

③ 칼로라이징

④ 실리코나이징

해설 ① 세라다이징 : Zn 침투

② 크로마이징 : Cr 침투

④ 실리코나이징 : Si 침투

43 다음 중 펄라이트의 구성조직으로 옳은 것은?

① $\alpha-Fe+Fe_3S$

② $\alpha-Fe+Fe_3C$

③ $\alpha-Fe+Fe_3P$

④ $\alpha-Fe+Fe_3Na$

해설 펄라이트 : $\alpha-Fe$(페라이트)와 Fe_3C(시멘타이트)의 충상조직

44 다음 금속재료 중 용융점이 가장 높은 것은?

① W   ② Pb

③ Bi   ④ Sn

해설 ① W : 3,410℃

② Pb : 327.5℃

③ Bi : 271.4℃

④ Sn : 231.9℃

45 비정질합금의 특징을 설명한 것 중 틀린 것은?

① 전기저항이 크다.

② 가공경화를 매우 잘 일으킨다.

③ 균질한 재료이고 결정이방성이 없다.

④ 구조적으로 장거리의 규칙성이 없다.

해설 비정질합금은 가공경화가 일어나지 않는다.

46 다음 철강조직 중 가장 경도가 높은 것은?

① 펄라이트   ② 소르바이트
③ 마텐자이트   ④ 트루스타이트

해설 고경도 순 : 마텐자이트＞트루스타이트＞소르바이트
＞펄라이트

47 다음 중 Cu+Zn계 합금이 아닌 것은?

① 톰백
② 문쯔메탈
③ 길딩메탈
④ 하이드로날륨

해설 하이드로날륨은 Al−Mg계 합금이다.

48 다음 중 니켈−크롬강(Ni−Cr)에서 뜨임취성을 방지하기 위하여 첨가하는 원소는?

① Mn   ② Si
③ Mo   ④ Cu

해설 Mo은 뜨임취성을 방지한다.

49 복합재료 중 FRP는 무엇인가?

① 섬유강화목재
② 섬유강화금속
③ 섬유강화세라믹
④ 섬유강화플라스틱

해설 FRP : Fiber Reinforced Plastic(섬유강화플라스틱)

50 다음 중 철강에 합금원소를 첨가하였을 때 일반적으로 나타나는 효과와 가장 거리가 먼 것은?

① 소성가공성이 개선된다.
② 순금속에 비해 용융점이 높아진다.
③ 결정립의 미세화에 따른 강인성이 향상된다.
④ 합금원소에 의한 기지의 고용강화가 일어난다.

해설 합금을 하면 일반적으로 순금속에 비해 용융점이 낮아진다.

51 다음 중 두 축이 평행하거나 교차하지 않으며 자동차 차동기어장치의 감속기어로 주로 사용되는 것은?

① 스퍼기어
② 래크와 피니언
③ 스파이럴베벨기어
④ 하이포이드기어

해설 하이포이드기어는 두 축이 평행하거나 교차하지 않는 기어이며, 스퍼기어와 래크와 피니언은 두 축이 평행한 기어, 스파이럴베벨기어는 두 축이 교차하는 기어이다.

52 다음 중 스프링의 용도로 거리가 먼 것은?

① 하중과 변형을 이용하여 스프링저울에 사용
② 에너지를 축적하고, 이것을 동력으로 이용
③ 진동이나 충격을 완화하는 데 이용
④ 운전 중인 회전축의 속도조절이나 정지에 이용

해설 스프링은 운전 중인 회전축의 속도조절이나 정지에 이용될 수 없다.

53 사각나사의 유효지름이 63mm, 피치가 3mm인 나사잭으로 5t의 하중을 들어 올리려면 레버의 유효길이는 약 몇 mm 이상이어야 하는가? (단, 레버의 끝에 작용시키는 힘은 200N이며, 나사접촉부 마찰계수는 0.1이다.)

① 891
② 958
③ 1,024
④ 1,168

해설
$$T = FL = W\left(\frac{d_2}{2}\right)\frac{p + \mu\pi d_2}{\pi d_2 - \mu p}$$
$$= 5,000 \times \frac{63}{2} \times \frac{3 + 0.1 \times 3.14 \times 63}{3.14 \times 63 - 0.1 \times 3}$$
$$= 18,166 \text{kg} \cdot \text{mm}$$
$$= 178,027.6 \text{N} \cdot \text{mm}$$
$$\therefore L = \frac{T}{F} = \frac{178,027.6}{200} = 890.14 \text{mm}$$

54 다음 중 체인전동장치의 일반적인 특징이 아닌 것은?

① 미끄럼이 없는 일정한 속도비를 얻을 수 있다.

② 진동과 소음이 없고 회전각의 전달정확도가 높다.

③ 초기장력이 필요 없으므로 베어링마멸이 적다.

④ 전동효율이 대략 95% 이상으로 좋은 편이다.

해설 체인전동장치는 진동과 소음이 발생되지만 회전각의 전달정확도는 높다.

55 리베팅 후 코킹(caulking)과 풀러링(fullering)을 하는 이유는 무엇인가?

① 기밀을 좋게 하기 위해

② 강도를 높이기 위해

③ 작업을 편리하게 하기 위해

④ 재료를 절약하기 위해

해설 리베팅 후 코킹과 풀러링을 하는 이유는 기밀을 더 좋게 하기 위함이다.

56 다음 중 체결용 기계요소로 거리가 먼 것은?

① 볼트, 너트   ② 키, 핀, 코터

③ 클러치   ④ 리벳

해설 클러치는 체결용 기계요소가 아니며 단속이 가능한 축이음 기계요소이다.

57 다음 그림과 같은 단식 블록브레이크에서 드럼을 제동하기 위해 레버(lever) 끝에 가할 힘(F)을 비교하고자 한다. 드럼이 좌회전할 경우 필요한 힘을 F_1, 우회전할 경우 필요한 힘을 F_2라고 할 때 이 두 힘의 차이($F_1 - F_2$)는? (단, P는 블록과 드럼 사이에서 블록의 접촉면에 수직방향으로 작용하는 힘이며, μ는 접촉부 마찰계수이다.)

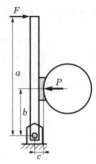

① $F_1 - F_2 = -\dfrac{\mu Pc}{a}$

② $F_1 - F_2 = \dfrac{\mu Pc}{a}$

③ $F_1 - F_2 = -\dfrac{2\mu Pc}{a}$

④ $F_1 - F_2 = \dfrac{2\mu Pc}{a}$

해설 $F_1 - F_2 = \dfrac{f(b-\mu c)}{\mu a} - \dfrac{f(b+\mu c)}{\mu a}$

$= -\dfrac{2f\mu c}{\mu a} = \dfrac{2fc}{a} = -\dfrac{2\mu Pc}{a}$

58 2,405N·m의 토크를 전달시키는 지름 85mm의 전동축이 있다. 이 축에 사용되는 묻힘키(sunk key)의 길이는 전단과 압축을 고려하여 최소 몇 mm 이상이어야 하는가? (단, 키의 폭은 24mm, 높이는 16mm이고, 키재료의 허용전단응력은 68.7MPa, 허용압축응력은 147.2MPa이며, 키홈의 깊이는 키높이의 1/2로 한다.)

① 12.4   ② 20.1

③ 28.1   ④ 48.1

해설 $l = \dfrac{4T}{hd\sigma_c} = \dfrac{4\times2,405}{0.016\times85\times147.2} = 48.05 \fallingdotseq 48.1\text{mm}$

59 다음 그림과 같이 외접하는 A, B, C 3개의 기어에 잇수는 각각 20, 10, 40이다. 기어 A가 매분 10회전하면 C는 매분 몇 회전하는가?

① 2.5

② 5

③ 10

④ 12.5

해설 $\dfrac{N_C}{N_A}=\dfrac{N_B}{N_A}\times\dfrac{N_C}{N_B}=\dfrac{Z_A}{Z_B}\times\dfrac{Z_B}{Z_C}=\dfrac{Z_A}{Z_C}$ 이므로

$\dfrac{N_C}{10}=\dfrac{20}{40}$ 에서 $N_C=\dfrac{20\times10}{40}=5$

60 4,000rpm으로 회전하고 기본동정격하중이 32kN인 볼 베어링에서 2kN의 레이디얼하중이 작용할 때 이 베어링의 수명은 약 몇 시간인가?

① 9,048   ② 17,066

③ 34,652   ④ 54,828

해설 $L_h=L_n\left(\dfrac{10^6}{60n}\right)=\left(\dfrac{C}{P}\right)^r\dfrac{10^6}{60n}$

$\quad=\left(\dfrac{32}{2}\right)^3\times\dfrac{10^6}{60\times4,000}$

$\quad=4,096\times4.167=17,066.7\text{hr}$

제4과목 : 컴퓨터응용설계

61 PC가 빠르게 발전하고 성능이 발달됨에 따라 윈도우기반 CAD시스템이 발달되었다. 다음 중 윈도우기반 CAD시스템의 일반적인 특징으로 보기 어려운 것은?

① 컴퓨터장치의 발전에 따라 대형 컴퓨터가 중앙에서 관리하는 중앙집중관리방식의 CAD시스템이 발전되었다.

② 구성요소기술(component technology)을 사용하여 기 검증된 구성요소들을 결합시켜 시스템을 개발할 수 있다.

③ 객체지향기술(object-oriented technology)을 사용하여 다양한 기능에 따라 프로그램을 모듈화시켜 각 모듈을 독립된 단위로 재사용한다.

④ 파라메트릭모델링(parametric modeling)기능을 제공하여 사용자가 요소의 형상을 직접 변형시키지 않고 구속조건(constraints)을 사용하여 형상을 정의 또는 수정한다.

해설 컴퓨터장치의 발전에 따라 대형 컴퓨터가 중앙에서 관리하는 중앙집중관리방식의 CAD시스템을 사용하지 않고 현재는 소형 독립형 시스템을 CAD 전용 시스템으로 사용하고 있다.

62 다음 그림과 같은 선분 A의 양 끝점에 대한 행렬값 $\begin{bmatrix}1&1\\2&4\end{bmatrix}$를 원점을 기준으로 하여 x방향과 y방향으로 각각 3배만큼 스케일링(scaling)할 때 그 행렬결과값으로 옳은 것은?

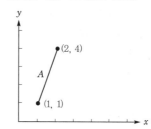

① $\begin{bmatrix}3&3\\3&6\end{bmatrix}$

② $\begin{bmatrix}3&3\\6&12\end{bmatrix}$

③ $\begin{bmatrix}4&1\\2&7\end{bmatrix}$

④ $\begin{bmatrix}3&12\\6&3\end{bmatrix}$

해설 3배로 스케일링하였으므로 $T_H=\begin{bmatrix}1&1\\2&4\end{bmatrix}\times3=\begin{bmatrix}3&3\\6&12\end{bmatrix}$

63 지구의 중심에 원점을 설정한 구면좌표계(spherical coordinate system)에서 경도 30도(경도), 위도 60도(북위)에 있는 점을 직교좌표계값으로 변환한 것으로 옳은 것은? (단, 지구의 반경은 1로 가정하고, x축은 위도와 경도가 모두 0인 축으로 한다.)

① $\left(\dfrac{\sqrt{3}}{4},\ \dfrac{1}{4},\ \dfrac{\sqrt{3}}{2}\right)$

② $\left(\dfrac{\sqrt{3}}{4},\ -\dfrac{1}{4},\ \dfrac{\sqrt{3}}{2}\right)$

③ $\left(-\dfrac{\sqrt{3}}{4},\ \dfrac{1}{4},\ \dfrac{\sqrt{3}}{2}\right)$

④ $\left(-\dfrac{\sqrt{3}}{4},\ -\dfrac{1}{4},\ \dfrac{\sqrt{3}}{2}\right)$

해설 $x = r\cos a\cos b$

$$= 1 \times \cos 30 \times \cos 60 = 1 \times \frac{\sqrt{3}}{2} \times \frac{1}{2} = \frac{\sqrt{3}}{4}$$

$y = r\sin a\cos b$

$$= 1 \times \sin 30 \times \cos 60 = 1 \times \frac{1}{2} \times \frac{1}{2} = \frac{1}{4}$$

$z = r\sin b = 1 \times \sin 60 = \frac{\sqrt{3}}{2}$

$$\therefore \left(\frac{\sqrt{3}}{4},\ \frac{1}{4},\ \frac{\sqrt{3}}{2}\right)$$

64 설계해석프로그램의 결과에 따라 응력, 온도 등의 분포도나 변형도를 작성하거나 CAD시스템으로 만들어진 형상모델을 바탕으로 NC 공작기계의 가공data를 생성하는 소프트웨어프로그램이나 절차를 뜻하는 것은 무엇인가?

① Post-processor

② Pre-processor

③ Multi-processor

④ Co-processor

해설 • Post-processor : 설계해석프로그램의 결과에 따라 응력, 온도 등의 분포도나 변형도를 작성하거나 CAD시스템으로 만들어진 형상모델을 바탕으로 NC 공작기계의 가공데이터를 생성하는 소프트웨어프로그램이나 절차

• Pre-processor : CAD시스템으로 구축한 형상모델에서 설계해석을 위한 각종 정보를 추출하거나 추가로 필요로 하는 정보를 입력하고 편집하여 필요한 형식으로 재구성하는 소프트웨어프로그램이나 처리절차

65 점 P(x, y, z)가 xy평면에 직교투영되는 경우 나타나는 투영 P*를 생성하는 변환행렬식으로 옳은 것은?

① $[x^*\,0\,z^*\,1] = [x\ y\ z\ 1]\begin{bmatrix} 1&0&0&0 \\ 0&0&0&0 \\ 0&0&1&0 \\ 0&0&0&1 \end{bmatrix}$

② $[x^*\,y^*\,0\,1] = [x\ y\ z\ 1]\begin{bmatrix} 1&0&0&0 \\ 0&1&0&0 \\ 0&0&0&0 \\ 0&0&0&1 \end{bmatrix}$

③ $[0\,y^*\,z^*\,1] = [x\ y\ z\ 1]\begin{bmatrix} 0&0&0&0 \\ 0&1&0&0 \\ 0&0&1&0 \\ 0&0&0&1 \end{bmatrix}$

④ $[x^*\,y^*\,z^*\,1] = [x\ y\ z\ 1]\begin{bmatrix} 1&0&0&0 \\ 0&1&0&0 \\ 0&0&1&0 \\ 0&0&0&1 \end{bmatrix}$

해설 xy평면에 직교투영되는 경우이므로 변환행렬식은

$[x^*\,y^*\,0\,1] = [x\,y\,z\,1]\begin{bmatrix} 1&0&0&0 \\ 0&1&0&0 \\ 0&0&0&0 \\ 0&0&0&1 \end{bmatrix}$ 이 된다.

66 서피스모델링의 특징으로 거리가 먼 것은?

① 관성모멘트값을 계산할 수 있다.

② 표면적 계산이 가능하다.

③ NC data를 생성할 수 있다.

④ 은선이 제거될 수 있고 면의 구분이 가능하다.

해설 서피스모델링에서는 관성모멘트값을 계산할 수 없다.

67 공간상의 한 점을 표시하기 위해 사용되는 좌표계로 xy평면으로 한 점을 투영했을 때 원점으로부터 투영점까지의 거리(r), x축과 원점과 투영점이 지나는 직선과의 각도(θ), xy평면과 그 점의 높이(z)로써 나타내어지는 좌표계는?

① 직교좌표계   ② 극좌표계

③ 원통좌표계   ④ 구면좌표계

해설 원통좌표계 : 공간상의 한 점을 표시하기 위해 사용되는 좌표계로, xy평면으로 한 점을 투영했을 때 원점으로부터 투영점까지의 거리(r), x축과 원점과 투영점이 지나는 직선과의 각도(θ), xy평면과 그 점의 높이(z)로써 나타내어지는 좌표계(r, θ, z)

68 컴퓨터의 구성요소 중 중앙처리장치(CPU)의 3가지 주요 요소가 아닌 것은?

① 제어장치(control unit)

② 연산장치(ALU)

③ 기억장치(memory unit)

④ 입출력장치(input output unit)

해설 중앙처리장치(CPU)의 3가지 주요 요소 : 제어장치, 연산장치, 기억장치

69 3차원 공간에서 y축을 중심으로 θ만큼 회전했을 때의 변환행렬(4×4)로 옳은 것은? (단, 변환행렬식은 다음과 같다.)

$$[x'\ y'\ z'\ 1] = [x\ y\ z\ 1] \times 변환행렬$$

① $\begin{bmatrix} \cos\theta & -\sin\theta & 0 & 0 \\ \sin\theta & \cos\theta & 0 & 0 \\ 0 & 0 & 1 & 0 \\ 0 & 0 & 0 & 1 \end{bmatrix}$

② $\begin{bmatrix} \cos\theta & 0 & -\sin\theta & 0 \\ 0 & 1 & 0 & 0 \\ \sin\theta & 0 & \cos\theta & 0 \\ 0 & 0 & 0 & 1 \end{bmatrix}$

③ $\begin{bmatrix} 1 & 0 & 0 & 0 \\ 0 & \cos\theta & \sin\theta & 0 \\ 0 & -\sin\theta & \cos\theta & 0 \\ 0 & 0 & 0 & 1 \end{bmatrix}$

④ $\begin{bmatrix} \cos\theta & 0 & \sin\theta & 0 \\ 0 & 1 & 0 & 0 \\ -\sin\theta & 0 & \cos\theta & 0 \\ 0 & 0 & 1 & 0 \end{bmatrix}$

해설 3차원 공간에서 y축을 중심으로 θ만큼 회전했을 때의 변환행렬식은 $[x'\ y'\ z'\ 1] = [x\ y\ z\ 1] \times 변환행렬$이며, 변환행렬(4×4)은 $\begin{bmatrix} \cos\theta & 0 & -\sin\theta & 0 \\ 0 & 1 & 0 & 0 \\ \sin\theta & 0 & \cos\theta & 0 \\ 0 & 0 & 0 & 1 \end{bmatrix}$이다.

70 화면에 영상을 구성하기 위해서는 최소한 1픽셀(pixel)당 1비트가 소요된다. 이와 같이 하나의 화면을 구성하는데 소요되는 메모리를 무엇이라고 하는가?

① 룩업(look up)테이블

② DAC

③ 비트플레인(bit plane)

④ 버퍼(buffer)

해설 ① 룩업(look up)테이블(LUT) : 배열, 연관배열로 된 데이터구조이며 런타임 계산을 더 단순한 배열색인화과정으로 대체하는 데 사용
② DAC(Digital to Analog Converter) : 디지털아날로그변환기

④ 버퍼(buffer) : 데이터를 전송하는 동안 일시적으로 전송데이터를 보관하는 메모리영역의 임시저장공간

71 자동차 차체곡면과 같이 곡면모델링시스템을 활용하여 곡면을 생성하고자 한다. 이를 생성하기 위해 주로 사용하는 방법 3가지로 가장 거리가 먼 것은?

① 곡면상의 점들을 입력받아 보간곡면을 생성한다.

② 곡면상의 곡선들을 그물형태로 입력받아 보간곡면을 생성한다.

③ 주어진 단면곡선을 직선 또는 회전이동하여 곡면을 생성한다.

④ 곡면의 경계에 있는 꼭짓점만을 입력받아 보간곡면을 생성한다.

해설 곡면생성방법 3가지
• 곡면상의 점들을 입력받아 보간곡면을 생성한다.
• 곡면상의 곡선들을 그물형태로 입력받아 보간곡면을 생성한다.
• 주어진 단면곡선을 직선 또는 회전이동하여 곡면을 생성한다.

72 CSG모델링방식에서 불연산(boolean operation)이 아닌 것은?

① Union(합)

② Subtract(차)

③ Intersect(적)

④ Project(투영)

해설 CSG모델링방식에서 불연산 : Union(합), Subtract(차), Intersect(적)

73 8비트 ASCII코드는 몇 개의 패리티비트를 사용하는가?

① 1개   ② 2개

③ 3개   ④ 4개

해설 8비트 ASCII코드는 문자 표시에 7개의 데이터비트와 1개의 패리티비트를 사용하며, 존비트 3개와 디짓비트 4개로 구성된다.

74 CAD시스템에서 이용되는 2차 곡선방정식에 대한 설명으로 거리가 먼 것은?

① 매개변수식으로 표현하는 것이 가능하기도 하다.

② 곡선식에 대한 계산시간이 3차, 4차식보다 적게 걸린다.

③ 연결된 여러 개의 곡선 사이에서 곡률의 연속이 보장된다.

④ 여러 개 곡선을 하나의 곡선으로 연결하는 것이 가능하다.

해설 2차 곡선방정식에서는 연결된 여러 개의 곡선 사이에서 곡률의 연속이 보장되지 않는다.

75 산업현장에서 컴퓨터를 활용한 제품설계(CAD)와 컴퓨터를 활용한 제품생산(CAM)이 많이 활용되고 있다. 다음 중 CAD의 응용분야에 속하는 것은?

① 컴퓨터이용 공정계획

② 컴퓨터이용 제품공차 해석

③ 컴퓨터이용 NC프로그래밍

④ 컴퓨터이용 자재소요계획

해설 컴퓨터이용 제품공차 해석은 CAD의 응용분야에 속한다.

76 번스타인다항식(Bernstein polynomial)을 근본으로 하여 만들어낸 표면은?

① 이차식표면(Quadric surface)

② 베지어표면(Bezier surface)

③ 스플라인표면(Spline surface)

④ 헤르밋표면(Hermite surface)

해설 번스타인다항식을 근본으로 하여 만들어낸 표면은 베지어표면이다.

77 2차원 도형을 임의의 선을 따라 이동시키거나 임의의 회전축을 중심으로 회전시켜 입체를 생성하는 것을 나타내는 용어는?

① 블렌딩   ② 스위핑

③ 스키닝   ④ 라운딩

해설 ① 블렌딩(blending) : 두 곡면이 만나는 부분을 매끄럽게 연결시키는 것

③ 스키닝(skinning) : 여러 개의 단면 형상을 배치하고, 여기에 막을 입혀 3차원 입체를 만드는 것으로 loft라고도 함

④ 라운딩(rounding) : 볼록한 모서리를 깎아내어 인접면을 형성시키는 것

78 곡면을 모델링하는 여러 방법들 중에서 평면도, 정면도, 측면도 상에 나타난 곡면의 경계곡선들로부터 비례적인 관계를 이용하여 곡면을 모델링(modeling)하는 방법은?

① 점데이터에 의한 방식

② 쿤스(coons)방식

③ 비례전개법에 의한 방식

④ 스윕(sweep)에 의한 방식

해설 비례전개법에 의한 방식 : 평면도, 정면도, 측면도 상에 나타난 곡면의 경계곡선들로부터 비례적인 관계를 이용하여 곡면을 모델링하는 방법

79 잉크젯프린터 등의 해상도를 나타내는 단위는?

① LPM   ② PPM

③ DPI   ④ CPM

해설 잉크젯프린터의 해상도단위 : DPI(Dot Per Inch)

80 CAD에서 사용하는 기하학적 형상의 3차원 모델링방법이 아닌 것은?

① 와이어프레임(wire frame)모델링

② 서피스(surface)모델링

③ 솔리드(solid)모델링

④ 윈도우(window)모델링

해설 3차원 모델링방법의 종류 : 와이어프레임모델링, 서피스모델링, 솔리드모델링

정답 74.③ 75.② 76.② 77.② 78.③ 79.③ 80.④

2019년도 기사 제1회 필기시험(산업기사)

(2019.03.03. 시행)

자격종목	시험시간	형별	수험번호	성명	가답안/최종정답
기계설계산업기사	2시간	A			

제1과목 : 기계가공 및 안전관리

01 밀링머신에서 커터지름이 120mm, 한 날당 이송이 0.1mm, 커터날수가 4날, 회전수가 900rpm일 때 절삭속도는 약 몇 m/min인가?

① 33.9
② 113
③ 214
④ 339

해설 $v = \dfrac{\pi dn}{1,000} = \dfrac{3.14 \times 120 \times 900}{1,000} ≒ 339\text{m/min}$

02 측정에서 다음 설명에 해당하는 원리는?

> 표준자와 피측정물은 동일 축선상에 있어야 한다.

① 아베의 원리
② 버니어의 원리
③ 에어리의 원리
④ 헤르츠의 원리

해설 아베의 원리는 표준자와 피측정물은 동일 축선상에 있어야 한다.

03 일반적인 밀링작업에서 절삭속도와 이송에 관한 설명으로 틀린 것은?

① 밀링커터의 수명을 연장하기 위해서는 절삭속도는 느리게, 이송을 작게 한다.
② 날 끝이 비교적 약한 밀링커터에 대해서는 절삭속도는 느리게, 이송을 작게 한다.
③ 거친 절삭에서는 절삭깊이를 얇게, 이송은 작게, 절삭속도를 빠르게 한다.
④ 일반적으로 너비와 지름이 작은 밀링커터에 대해서는 절삭속도를 빠르게 한다.

해설 거친 절삭에서는 절삭깊이를 깊게, 이송은 빠르게, 절삭속도는 느리게 한다.

04 밀링분할판의 브라운샤프형 구멍열을 나열한 것으로 틀린 것은?

① No.1 : 15, 16, 17, 18, 19, 20
② No.2 : 21, 23, 27, 29, 31, 33
③ No.3 : 37, 39, 41, 43, 47, 49
④ No.4 : 12, 13, 15, 16, 17, 18

해설 밀링분할판의 구멍열

종류	분할판	구멍열
브라운 샤프형	No.1	15, 16, 17, 18, 19, 20
	No.2	21, 23, 27, 29, 31, 33
	No.3	37, 38, 41, 43, 47, 49
신시 내티형	앞면	24, 25, 28, 30, 34, 37, 38, 39, 41, 42, 43
	뒷면	46, 47, 49, 51, 53, 54, 57, 58, 59, 62, 66
밀워키형	앞면	60, 66, 72, 84, 92, 96, 100
	뒷면	54, 58, 68, 76, 78, 88, 98

05 절삭공구에서 칩 브레이커(chip breaker)의 설명으로 옳은 것은?

① 전단형이다.
② 칩의 한 종류이다.
③ 바이트샹크의 종류이다.
④ 칩이 인위적으로 끊어지도록 바이트에 만든 것이다.

해설 절삭공구에서 칩 브레이커는 칩이 인위적으로 끊어지도록 바이트에 만든 것이다.

정답 01.④ 02.① 03.③ 04.④ 05.④

06 구성인선의 방지대책으로 틀린 것은?

① 경사각을 작게 할 것
② 절삭깊이를 적게 할 것
③ 절삭속도를 빠르게 할 것
④ 절삭공구의 인선을 날카롭게 할 것

해설 경사각을 크게 할 것

07 게이지블록 구조 형상의 종류에 해당되지 않은 것은?

① 호크형   ② 캐리형
③ 레버형   ④ 요한슨형

해설 게이지블록 구조 형상의 종류 : 요한슨형(직사각형 단면), 호크형(중앙에 구멍이 뚫린 정사각형 단면), 캐리형(원형으로 중앙에 구멍이 뚫린 것), 팔각형(단면이면서 구멍 2개가 나 있는 것) 등

08 호칭치수가 200mm인 사인바로 21°30′의 각도를 측정할 때 낮은 쪽 게이지블록의 높이가 5mm라면 높은 쪽 얼마인가? (단, sin21°30′ =0.3665이다.)

① 73.3mm   ② 78.3mm
③ 83.3mm   ④ 88.3mm

해설 $\sin\theta = \sin21°30' = 0.3665 = \dfrac{H-h}{L} = \dfrac{H-5}{200}$
$\therefore H = 0.3665 \times 200 + 5 = 73.3 + 5 = 78.3\text{mm}$

09 드릴가공에서 깊은 구멍을 가공하고자 할 때 다음 중 가장 좋은 드릴가공조건은?

① 회전수와 이송을 느리게 한다.
② 회전수는 빠르게, 이송을 느리게 한다.
③ 회전수는 느리게, 이송은 빠르게 한다.
④ 회전수와 이송은 정밀도와는 관계없다.

해설 깊은 구멍의 드릴가공 시 회전수와 이송을 느리게 하는 것이 바람직하다.

10 가공능률에 따라 공작기계를 분류할 때 가공할 수 있는 기능이 다양하고 절삭 및 이송속도의 범위도 크기 때문에 제품에 맞추어 절삭조건을 선정하여 가공할 수 있는 공작기계는?

① 단능 공작기계   ② 만능 공작기계
③ 범용 공작기계   ④ 전용 공장기계

해설 범용 공작기계는 가공기능이 다양하고 절삭 및 이송 속도의 범위도 크므로 제품에 맞추어 절삭조건을 선정하여 가공할 수 있는 공작기계이다.

11 주성분이 점토와 장석이고 균일한 기공을 나타내며 많이 사용하는 숫돌의 결합제는?

① 고무결합제(R)
② 셸락결합제(E)
③ 실리케이트결합제(S)
④ 비트리파이드결합제(V)

해설 비트리파이드결합제(V)는 주성분이 점토와 장석이고 균일한 기공을 나타내며 가장 많이 사용하는 숫돌의 결합제이다.

12 윤활유의 사용목적이 아닌 것은?

① 냉각   ② 마찰
③ 방청   ④ 윤활

해설 윤활유의 사용목적 : 윤활, 냉각, 청정, 방청, 밀폐 등

13 ϕ13 이하의 작은 구멍뚫기에 사용하며 작업대 위에 설치하여 사용하고 드릴이송은 수동으로 하는 소형의 드릴링머신은?

① 다두 드릴링머신
② 직립 드릴링머신
③ 탁상 드릴링머신
④ 레이디얼 드릴링머신

해설 탁상 드릴링머신은 ϕ13 이하의 작은 구멍뚫기에 사용하며 작업대 위에 설치하여 사용하고 드릴이송은 수동으로 하는 소형 드릴링머신이다.

14 서보기구의 종류 중 구동전동기로 펄스전동기를 이용하며 제어장치로 입력된 펄스수만큼 움직이고 검출기나 피드백회로가 없으므로 구조가 간단하며 펄스전동기의 회전정밀도와 볼나사의 정밀도에 직접적인 영향을 받는 방식은?

① 개방회로방식   ② 폐쇄회로방식
③ 반폐쇄회로방식   ④ 하이브리드서보방식

해설 개방회로방식은 구동전동기로 펄스전동기를 이용하며 제어장치로 입력된 펄스수만큼 움직이고 검출기나 피드백회로가 없으므로 구조가 간단하며 펄스전동기의 회전정밀도와 볼나사의 정밀도에 직접적인 영향을 받는 방식이다.

15 마이크로미터의 나사피치가 0.2mm일 때 심블의 원주를 100등분하였다면 심블 1눈금의 회전에 의한 스핀들의 이동량은 몇 mm인가?

① 0.005
② 0.002
③ 0.01
④ 0.02

해설 이동량 $= \dfrac{0.2}{100} = 0.002$mm

16 슬로터(slotter)에 관한 설명으로 틀린 것은?

① 규격은 램의 최대행정과 테이블의 지름으로 표시된다.
② 주로 보스(boss)에 키홈을 가공하기 위해 발달된 기계이다.
③ 구조가 셰이퍼(shaper)를 수직으로 세워놓은 것과 비슷하여 수직셰이퍼라고도 한다.
④ 테이블의 수평길이방향 왕복운동과 공구의 테이블 가로방향 이송에 의해 비교적 넓은 평면을 가공하므로 평삭기라고도 한다.

해설 테이블의 수평길이방향 왕복운동과 공구의 테이블 가로방향 이송에 의해 비교적 넓은 평면을 가공하는 평삭기라고도 하는 것은 플레이너(planer)이다.

17 드릴링머신의 안전사항으로 틀린 것은?

① 장갑을 끼고 작업을 하지 않는다.
② 가공물을 손으로 잡고 드릴링한다.
③ 구멍뚫기가 끝날 무렵은 이송을 천천히 한다.
④ 얇은 판의 구멍가공에는 보조판나무를 사용하는 것이 좋다.

해설 가공물을 손으로 잡고 드릴링하면 위험하므로 반드시 바이스 등으로 가공물을 물린 후 드릴링한다.

18 절삭공구에서 크레이터마모(crater wear)의 크기가 증가할 때 나타나는 현상이 아닌 것은?

① 구성인선(built up edge)이 증가한다.
② 공구의 윗면경사각이 증가한다.
③ 칩의 곡률반지름이 감소한다.
④ 날 끝이 파괴되기 쉽다.

해설 크레이터마모는 공구의 상면에서 발생되는 마모로 구성인선과의 연관성은 매우 약하다.

19 방전가공용 전극재료의 구비조건으로 틀린 것은?

① 가공정밀도가 높을 것
② 가공전극의 소모가 적을 것
③ 방전이 안전하고 가공속도가 빠를 것
④ 전극을 제작할 때 기계가공이 어려울 것

해설 전극을 제작할 때 기계가공이 용이할 것

20 연삭숫돌의 입도(grain size)선택의 일반적인 기준으로 가장 적합한 것은?

① 절삭깊이와 이송량이 많고 거친 연삭은 거친 입도를 선택
② 다듬질연삭 또는 공구를 연삭할 때는 거친 입도를 선택
③ 숫돌과 일감의 접촉면적이 작을 때는 거친 입도를 선택
④ 연성이 있는 재료는 고운 입도를 선택

해설 ② 다듬질연삭 또는 공구를 연삭할 때는 고운 입도를 선택
③ 숫돌과 일감의 접촉면적이 작을 때는 고운 입도를 선택
④ 연성이 있는 재료는 거친 입도를 선택

제2과목 : 기계제도

21 다음 끼워맞춤 중에서 헐거운 끼워맞춤인 것은?

① 25 N6/h5
② 20 P6/h5
③ 6 JS7/h6
④ 50 G7/h6

해설 ① 25 N6/h5 : 축기준 억지 끼워맞춤
② 20 P6/h5 : 축기준 억지 끼워맞춤
③ 6 JS7/h6 : 축기준 중간 끼워맞춤

22 다음 치수보조기호에 대한 설명으로 옳지 않은 것은?

① (50) : 데이텀치수 50mm를 나타낸다.
② t=5 : 판재의 두께 5mm를 나타낸다.
③ ⌒20 : 원호의 길이 20mm를 나타낸다.
④ SR30 : 구의 반지름 30mm를 나타낸다.

해설 (50)은 참고치수 50mm를 나타낸다.

23 다음 그림은 축과 구멍의 끼워맞춤을 나타낸 도면이다. 다음 중 중간 끼워맞춤에 해당하는 것은?

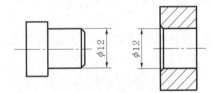

① 축 : ϕ12k6, 구멍 : ϕ12H7
② 축 : ϕ12h6, 구멍 : ϕ12G7
③ 축 : ϕ12e8, 구멍 : ϕ12H8
④ 축 : ϕ12h5, 구멍 : ϕ12N6

해설 ② 축기준 헐거운 끼워맞춤
③ 구멍기준 헐거운 끼워맞춤
④ 축기준 억지 끼워맞춤

24 암, 리브, 핸들 등의 전단면을 다음 그림과 같이 나타내는 단면도를 무엇이라 하는가?

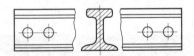

① 온단면도   ② 회전도시단면도
③ 부분단면도   ④ 한쪽 단면도

해설 암, 리브, 핸들 등의 단면도는 회전도시단면도로 도시한다.

25 나사의 제도방법을 설명한 것으로 틀린 것은?

① 수나사에서 골지름은 가는 실선으로 도시한다.
② 불완전나사부를 나타내는 골지름선은 축선에 대해서 평행하게 표시한다.
③ 암나사를 축방향으로 본 측면도에서 호칭지름에 해당하는 선은 가는 실선이다.
④ 완전나사부란 산봉우리와 골밑 모양의 양쪽 모두 완전한 산형으로 이루어지는 나사부이다.

해설 불완전나사부를 나타내는 골지름선은 축선에 대해서 30°의 경사각을 갖는 가는 실선으로 표시한다.

26 도면에 나사의 표시가 "M50×2-6H"로 기입되어 있을 경우 이에 대한 올바른 설명은?

① 감김방향은 왼나사이다.
② 나사의 피치는 알 수 없다.
③ M50×2의 2는 수량 2개를 의미한다.
④ 6H는 암나사의 등급 표시이다.

해설 ① 감김방향은 오른나사이다.
② 나사의 피치는 2이다.
③ 2는 피치를 의미한다.

27 다음 도면에 대한 설명으로 옳은 것은?

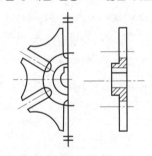

① 부분확대하여 도시하였다.
② 반복되는 형상을 모두 나타냈다.
③ 대칭되는 도형을 생략하여 도시하였다.
④ 회전도시단면도를 이용하여 키홈을 표현하였다.

해설 ① 부분확대하여 도시된 부위는 없다.
② 반복 형상과는 무관하다.
④ 회전도시단면도가 아니다.

28 KS용접기호 표시와 용접부 명칭이 틀린 것은?

① ⌐⌐ : 플러그용접

② ◯ : 점용접

③ ∥ : 가장자리용접

④ ◺ : 필릿용접

> **해설** 용접기호 ∥은 I형(평행) 맞대기용접이며, 가장자리 용접의 기호는 ⫴ 로 표시한다.

29 스퍼기어의 도시방법에 대한 설명으로 틀린 것은?

① 잇봉우리원은 굵은 실선으로 그린다.

② 피치원은 가는 이점쇄선으로 그린다.

③ 이골원은 가는 실선으로 그린다.

④ 축에 직각방향으로 단면투상할 경우 이골원은 굵은 실선으로 그린다.

> **해설** 스퍼기어의 피치원은 가는 일점쇄선으로 그린다.

30 다음 〈보기〉의 설명에 적합한 기하공차기호는?

〈보기〉
구 형상의 중심은 데이텀평면 A로부터 30mm, B로부터 25mm 떨어져 있고, 데이터 C의 중심선 위에 있는 점의 위치를 기준으로 지름 0.3mm 구 안에 있어야 한다.

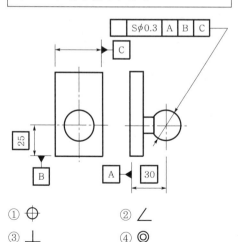

① ⊕

② ∠

③ ⊥

④ ◎

> **해설** 〈보기〉는 위치도에 대한 설명이므로 적합한 기하공차기호는 ⊕ 이다.

31 절단면 표시방법인 해칭에 대한 설명으로 틀린 것은?

① 같은 절단면상에 나타나는 같은 부품의 단면에는 같은 해칭을 한다.

② 해칭은 주된 중심선에 대하여 45°로 하는 것이 좋다.

③ 인접한 단면의 해칭은 선의 방향 또는 각도를 변경하여 구별한다.

④ 해칭을 하는 부분에 글자 또는 기호를 기입할 경우에는 해칭선을 중단하지 말고 그 위에 기입해야 한다.

> **해설** 해칭을 하는 부분에 글자 또는 기호를 기입할 경우에는 해칭선을 중단한다.

32 다음 중 표시해야 할 선이 같은 장소에 중복될 경우 선의 우선순위가 가장 높은 것은?

① 무게중심선 ② 중심선

③ 치수보조선 ④ 절단선

> **해설** 선의 우선순위 : 외형선 > 숨은선 > 절단선 > 중심선 > 무게중심선 > 치수선

33 다음 그림과 같은 입체도를 화살표방향에서 본 투상도면으로 가장 적합한 것은?

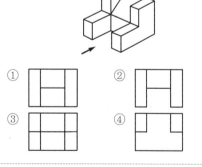

> **해설** 정면도는 ③이다.

34 KS나사에서 ISO표준에 있는 관용테이퍼암나사에 해당하는 것은?

① R 3/4 ② Rc 3/4

③ PT 3/4 ④ Rp 3/4

해설 ① R 3/4 : 관용테이퍼수나사(ISO규격)
③ PT 3/4 : 관용테이퍼수나사(ISO규격 아님)
④ Rp 3/4 : 관용평행암나사

35 다음 그림에 대한 설명으로 가장 올바른 것은?

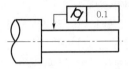

① 대상으로 하고 있는 면은 0.1mm만큼 떨어진 두 개의 동축원통면 사이에 있어야 한다.
② 대상으로 하고 있는 원통의 축선은 $\phi 0.1mm$의 원통 안에 있어야 한다.
③ 대상으로 하고 있는 원통의 축선은 0.1mm만큼 떨어진 두 개의 평행한 평면 사이에 있어야 한다.
④ 대상으로 하고 있는 면은 0.1mm만큼 떨어진 두 개의 평행한 평면 사이에 있어야 한다.

해설 대상으로 하고 있는 면은 0.1mm만큼 떨어진 두 개의 동축원통면 사이에 있어야 한다.

36 가공방법의 기호 중에서 다듬질가공인 스크레이핑가공기호는?

① FS   ② FSU
③ CS   ④ FSD

해설 스크레이핑가공기호는 FS이며, CS는 사형주조를 뜻한다.

37 다음 그림과 같은 도시기호에 대한 설명으로 틀린 것은?

① 용접하는 곳이 화살표 쪽이다.
② 온둘레 현장용접이다.
③ 필릿용접을 오목하게 작업한다.
④ 한쪽 플랜지형을 필릿용접으로 작업한다.

해설 플랜지형 용접과는 무관하다.

38 다음 제3각법으로 그린 투상도 중 옳지 않은 것은?

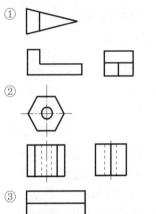
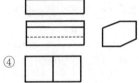
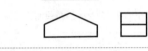
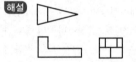

해설

39 최대실체공차방식으로 규제된 축의 도면이 다음과 같다. 실제 제품을 측정한 결과 축지름이 49.8mm일 경우 최대로 허용할 수 있는 직각도 공차는 몇 mm인가?

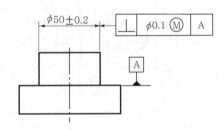

① $\phi 0.3mm$ ② $\phi 0.4mm$
③ $\phi 0.5mm$ ④ $\phi 0.6mm$

해설 최대직각도 공차 $= \phi 0.1 + \phi 0.4 = \phi 0.5mm$

40 다음 그림과 같은 입체도를 제3각법으로 투상할 때 가장 적합한 투상도는?

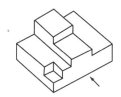

①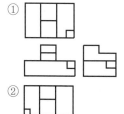

②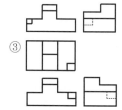

③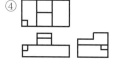

④

해설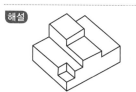

제3과목 : 기계설계 및 기계재료

41 기계가공으로 소성변형된 제품이 가열에 의하여 원래의 모양으로 돌아가는 것과 관련 있는 것은?

① 초전도효과
② 형상기억효과
③ 연속주조효과
④ 초소성효과

해설 형상기억효과란 기계가공으로 소성변형된 제품이 가열에 의하여 원래의 모양으로 돌아가는 효과이다.

42 다음 중 강자성체 금속에 해당되지 않는 것은?

① Fe
② Ni
③ Sb
④ Co

해설 강자성체 금속 : Fe, Ni, Co

43 Al을 침투시켜 내식성을 향상시키는 금속침투법은?

① 보로나이징
② 칼로라이징
③ 세라다이징
④ 실리코나이징

해설 ① 보로나이징 : B(붕소)를 침투시켜 경도를 향상시키는 금속침투법
② 세라다이징 : Zn(아연)을 침투시켜 내식성을 향상시키는 금속침투법
④ 실리코나이징 : Si(실리콘)를 침투시켜 내고온산화성과 내산성을 향상시키는 금속침투법

44 다음 중 합금공구강에 해당되는 것은?

① SUS316
② SC40
③ STS5
④ GCD550

해설 ① SUS316 : 스테인리스강
② SC40 : 탄소주강품
④ GCD550 : 구상흑연주철

45 철강소재에서 일어나는 다음 반응은 무엇인가?

$$\gamma\,\text{고용체} \rightarrow \alpha\,\text{고용체} + Fe_3C$$

① 공석반응
② 포석반응
③ 공정반응
④ 포정반응

해설 ② 포석반응 : 철강소재에서 일어나지 않는 반응
③ 공정반응 : 액체 → γ고용체 + Fe_3C
④ 포정반응 : 액체 1 → δ고용체 + 액체 2

46 두랄루민이 구성성분으로 가장 적절한 것은?

① $Al + Cu + Mg + Mn$
② $Al + Fe + Mo + Mn$
③ $Al + Zn + Ni + Mn$
④ $Al + Pb + Sn + Mn$

해설 두랄루민의 구성성분은 $Al + Cu + Mg + Mn$이다.

47 다음 중 열처리방법과 목적이 서로 맞게 연결된 것은?

① 담금질 : 서랭시켜 재질에 연성을 부여한다.

② 뜨임 : 담금질한 것에 취성을 부여한다.

③ 풀림 : 재질을 강하게 하고 불균일하게 한다.

④ 불림 : 재료의 결정입자를 미세하게 하고 조직을 균일하게 한다.

해설 ① 담금질 : 경도 향상
② 뜨임 : 담금질한 것에 인성 부여
③ 풀림 : 서랭시켜 재질에 연성 부여

48 일반적인 청동합금의 주요 성분은?

① Cu-Sn

② Cu-Zn

③ Cu-Pb

④ Cu-Ni

해설 일반적인 청동합금의 주요 성분은 Cu-Sn이다.

49 금속표면에 스텔라이트, 초경합금 등을 용착시켜 표면경화층을 만드는 방법은?

① 침탄처리법

② 금속침투법

③ 쇼트피닝

④ 하드페이싱

해설 ① 침탄처리법 : 금속표면(주로 저탄소강)에 탄소를 침입 및 고용시켜 표면경도를 향상시키는 방법
② 금속침투법 : 강의 표면에 다른 금속을 침투시켜 표면을 경화하는 방법
③ 쇼트피닝 : 금속표면에 강철의 작은 입자를 고속으로 분사시켜 표면의 피로강도를 향상시키는 방법

50 플라스틱의 일반적인 특성에 대한 설명으로 옳은 것은?

① 금속재료에 비해 강도가 높다.

② 전기절연성이 있다.

③ 내열성이 우수하다.

④ 비중이 크다.

해설 ① 금속재료에 비해 강도가 낮다.
③ 내열성이 좋지 않다.
④ 비중이 작다.

51 코일스프링에서 코일의 평균지름은 32mm, 소선의 지름은 4mm이다. 스프링소재의 허용전단응력이 340MPa일 때 지지할 수 있는 최대하중은 약 몇 N인가? (단, Wahl의 응력수정계수(K)는 $K = \dfrac{4C-1}{4C-4} + \dfrac{0.615}{C}$ (C : 스프링지수)이다.)

① 174

② 198

③ 225

④ 246

해설 $C = \dfrac{D}{d} = \dfrac{32}{4} = 8$

$K = \dfrac{4C-1}{4C-4} + \dfrac{0.615}{C} = \dfrac{31}{28} + \dfrac{0.615}{8} = 1.184$

$\tau = K\dfrac{8PD}{\pi d^3} = 340$

$\therefore P = \dfrac{\tau \pi d^3}{8KD} = \dfrac{340 \times 3.14 \times 4^3}{8 \times 1.184 \times 32} ≒ 225\text{N}$

52 응력-변형률선도에서 재료가 파괴하지 않고 견딜 수 있는 최대응력은? (단, 공칭응력을 기준으로 한다.)

① 탄성한도

② 비례한도

③ 극한강도

④ 상항복점

해설 ① 탄성한도 : 영구변형을 일으키지 않고 재료에 적용될 수 있는 최대응력
② 비례한도 : 응력이 변형률에 정비례하는 최대응력
④ 상항복점 : 탄성한도를 지나 응력이 증가함에 따라 변형률도 증가하는 최대점

53 다음 중 마찰력을 이용하는 브레이크가 아닌 것은?

① 블록브레이크

② 밴드브레이크

③ 폴브레이크

④ 내부확장식 브레이크

해설 블록브레이크, 밴드브레이크, 내부확장식 브레이크 등은 마찰력을 이용하지만, 폴브레이크는 기계적 구조를 이용한다.

54 950N · m의 토크를 전달하는 지름 50mm인 축에 안전하게 사용할 키의 최소길이는 약 몇 mm인가? (단, 묻힘키의 폭과 높이는 모두 8mm이고, 키의 허용전단응력은 80N/mm²이다.)

① 45
② 50
③ 65
④ 60

해설 $\sigma_a = \dfrac{2T}{bld}$

$\therefore l = \dfrac{2T}{bd\sigma_a} = \dfrac{2 \times 950 \times 1,000}{8 \times 50 \times 80} ≒ 60\text{mm}$

55 길이에 비하여 지름이 5mm 이하로 아주 작은 롤러를 사용하는 베어링으로, 일반적으로 리테이너가 없으며 단위면적당 부하용량이 큰 베어링은?

① 니들 롤러 베어링
② 원통 롤러 베어링
③ 구면 롤러 베어링
④ 플렉시블 롤러 베어링

해설 ② 원통 롤러 베어링 : 원통상의 롤러와 궤도가 선접촉을 하고 있는 단순한 형상의 베어링이다. 부하능력이 크고, 주로 레이디얼하중을 부하한다. 전동체와 궤도륜 턱면과의 마찰이 적기 때문에 고속회전에 적합하다.
③ 구면 롤러 베어링 : 표면이 구면으로 된 구면 롤러를 전동체로 한 베어링으로 내륜과는 선접촉, 외륜과는 점접촉을 한다. 외륜궤도면이 구면 형상이므로 자동조심작용이 있다. 롤러가 선접촉을 하므로 큰 레이디얼하중과 양방향의 스러스트하중도 지지가능하다.
④ 플렉시블 롤러 베어링(유연 롤러 베어링) : Cr-V강을 코일 모양으로 감아서 담금질한 후 바깥표면을 연마하여 롤러로 사용한 베어링으로 탄성이 풍부하므로 충격하중이 작용하는 경우에 적합하다.

56 체인피치가 15.875mm, 잇수 40, 회전수가 500rpm이면 체인의 평균속도는 약 몇 m/s인가?

① 4.3
② 5.3
③ 6.3
④ 7.3

해설 $v = \dfrac{npZ}{1,000 \times 60} = \dfrac{500 \times 15.875 \times 40}{60,000} ≒ 5.3\text{m/s}$

57 축방향으로 32MPa의 인장응력과 21MPa이 전단응력이 동시에 작용하는 볼트에서 발생하는 최대전단응력은 약 몇 MPa인가?

① 23.8
② 26.4
③ 29.2
④ 31.4

해설 $\tau_{\max} = \dfrac{1}{2}\sqrt{\sigma_t^2 + 4\tau^2}$

$= \dfrac{1}{2} \times \sqrt{32^2 + 4 \times 21^2} ≒ 26.4\text{mm}$

58 기어감속기에서 소음이 심하여 분해해보니 이뿌리 부분이 깎여나가 있음을 발견하였다. 이것을 방지하기 위한 대책으로 틀린 것은?

① 압력각이 작은 기어로 교체한다.
② 깎이는 부분의 치형을 수정한다.
③ 이 끝을 깎아 이의 높이를 줄인다.
④ 전위기어를 만들어 교체한다.

해설 압력각이 큰 기어로 교체한다.

59 10kN의 인장하중을 받는 1줄 겹치기 이음이 있다. 리벳의 지름이 16mm라고 하면 몇 개 이상의 리벳을 사용해야 하는가? (단, 리벳의 허용전단응력은 6.5MPa이다.)

① 5
② 6
③ 7
④ 8

해설 $x\sigma_a = \dfrac{W}{A}$

$\therefore x = \dfrac{W}{\sigma_a A} = \dfrac{10,000 \times 4}{6.5 \times 3.14 \times 16^2} ≒ 8\text{개}$

60 다음 커플링의 종류 중 원통커플링에 속하지 않는 것은?

① 머프커플링
② 올덤커플링
③ 클램프커플링
④ 셀러커플링

해설 머프커플링, 클램프커플링, 셀러커플링 등은 고정커플링의 한 종류인 원통커플링에 속하지만, 올덤커플링은 비고정커플링(가동커플링)에 속한다.

정답 54.④ 55.① 56.② 57.② 58.① 59.④ 60.②

제4과목 : 컴퓨터응용설계

61 공간상에 존재하는 2개의 곡면이 서로 교차하는 경우 교차되는 부분에서 모서리(edge)가 발생하는데, 이 모서리를 주어진 반경으로 부드럽게 처리하는 기능을 무엇이라고 하는가?

① intersecting
② projecting
③ blending
④ stretching

해설 ① intersecting(솔리드 교집합) : 둘 이상의 존재하는 솔리드의 공통체적으로 이루어진 부분을 빼내어 새로운 복합솔리드를 만드는 기능(2개 이상의 솔리드개체에서 중복된 부분을 하나의 개체로 만드는 기능)
② projecting : 3D 형상에 대한 좌표정보를 2D평면 좌표로 변환시키는 기능
④ stretching(늘이기) : 선택된 개체를 잡아당겨서 늘리는 기능

62 CAD시스템을 활용하기 위한 주변장치 중 입력장치는 어느 것인가?

① 프린터(printer)
② LCD
③ 모니터(monitor)
④ 마우스(mouse)

해설 프린터, LCD, 모니터 등은 출력장치이고, 마우스는 입력장치이다.

63 솔리드모델을 정육면체와 같은 간단한 입체의 집합으로 대략 근사적으로 표현하는 모델을 분해모델(decomposition model)이라고 하는데, 다음 중 이러한 분해모델의 표현에 해당하지 않는 것은?

① 복셀(voxel)표현
② 콤파운드(compound)표현
③ 옥트리(octree)표현
④ 세포(cell)표현

해설 분해모델은 3차원 모델을 정육면체와 같은 간단한 입체의 집합으로 대략 근사적으로 표현하는 모델을 말한다. 3차원 형상모델을 분해모델로 저장하는 방법에는 복셀모델, 옥트리모델, 세포분해모델 등이 있다.

64 m행과 n열을 가진 행렬을 $m \times n$행렬이라고 한다. 3×2행렬과 2×3행렬을 서로 곱했을 때 행(row)의 개수는?

① 2
② 3
③ 5
④ 6

해설 두 행렬의 곱은 앞 행렬의 행이 행의 개수가 되며, 뒤 행렬의 열이 열의 개수가 된다.

65 다음 설명에 해당하는 것은?

> 이미 제작된 제품에서 3차원 데이터를 측정하여 CAD모델로 만드는 작업

① Reverse engineering
② Feature−based modelling
③ Digital mock−up
④ Virtual manufacturing

해설 ② Feature-based modelling : 자주 설계되는 구멍, 키슬롯, 포켓 등을 라이브러리에 미리 갖추어 놓고 필요 시 이들의 치수를 변화시켜 단품설계에 사용하는 모델링방식이다.
③ Digital mock-up : 실물목업의 사용빈도를 줄일 수 있는 대안이다. 간섭검사, 기구학적 검사, 그리고 조립체 속을 걸어 다니는듯한 등의 효과를 낼 수 있다. 적어도 서피스나 솔리드모델로 각각의 단품이 모델링되어야 한다. CAD에 의해 조립체모델링에 적용가능하다.
④ Virtual manufacturing : 시간과 비용을 절감하기 위하여 제품을 가상으로 제작하는 기법이다.

66 퍼거슨(Ferguson)곡면의 방정식에는 경계조건으로 16개의 백터가 필요하다. 그중에서 곡면 내부의 볼록한 정도에 영향을 주는 것은 무엇인가?

① 꼭짓점벡터
② U방향 접선벡터
③ V방향 접선벡터
④ 꼬임벡터

해설 곡면 내부의 볼록한 정도에 영향을 주는 것은 꼬임벡터이다.

67 화면에 나타난 데이터를 확대하여 데이터의 일부분만을 스크린에 나타낼 때 상당 부분이 viewport를 벗어나는데, 이와 같이 일정한 영역을 벗어나는 부분을 잘라버리는 것을 무엇이라고 하는가?

① 윈도잉(Windowing)
② 클리핑(Clipping)
③ 매핑(Mapping)
④ 패닝(Panning)

해설 ① Windowing(윈도잉) : 여러 객체를 동시에 선택하기 위하여 영역을 지정하는 기능
③ Mapping(매핑) : 2차원의 이미지를 3차원의 굴곡이 있는 표면 위로 옮겨 표현하는 기능. 평면상에서 작성한 무늬와 질감을 입체로 변환시킴
④ Panning(패닝) : 화면의 보이는 공간을 축척은 그대로 두고 화면을 이동하여 보여주는 기능

68 전자발광형 디스플레이장치(혹은 EL패널)에 대한 설명으로 틀린 것은?

① 스스로 빛을 내는 성질을 가지고 있다.
② TFT-LCD보다 시야각에 제한이 없다.
③ 백라이트를 사용하여 보다 선명한 화질을 구현한다.
④ 응답시간이 빨라 고화질 영상을 자연스럽게 처리할 수 있다.

해설 전자발광형 디스플레이장치(EL패널)는 백라이트가 필요 없는 장치이다.

69 래스터방식의 그래픽모니터에서 수직, 수평선을 제외한 선분들이 계단 모양으로 표시되는 현상을 무엇이라고 하나?

① 플리커   ② 언더컷
③ 클리핑   ④ 앨리어싱

해설 ① 플리커 : 모니터의 화면이 미세하게 깜박거리는 현상
② 언더컷 : 기어의 절하 혹은 용접 불량 등에 사용되는 용어
③ 클리핑 : 필요 없는 요소를 제거하는 기능으로, 주로 그래픽에서 클리핑윈도로 정의된 영역 밖에 존재하는 요소들을 제거

70 CAD활용의 확장과 관련하여 공정의 계획, 운용, 공장자원과의 직·간접적인 인터페이스를 통한 생산운전제어를 위해 컴퓨터를 활용하는 기술은?

① CAP(Computer-aided Planning)
② CAM(Computer-aided Manufacturing)
③ CAE(Computer-aided Engineering)
④ CAI(Computer-aided Inspection)

해설 ① CAP(Computer-aided Planning) : 컴퓨터를 이용하여 신속하고 정확하게 계획하고 소요시간을 산출해내는 기법이다.
③ CAE(Computer-aided Engineering) : 컴퓨터를 이용하여 설계모델의 성능을 검토하고 개선하는 기법이다.
④ CAI(Computer-aided Inspection) : 컴퓨터를 이용하여 검사하는 기법으로 정확한 치수와 재료의 일관성을 갖춘 부품 제작 및 보다 빠른 생산공정 구축을 목적으로 한다.

71 일반적인 CAD시스템에서 2차원 평면에서 정해진 하나의 원을 그리는 방법이 아닌 것은?

① 원주상의 세 점을 알 경우
② 원의 반지름과 중심점을 알 경우
③ 원주상의 한 점과 원의 반지름을 알 경우
④ 원의 반지름과 2개의 접선을 알 경우(단, 2개의 접선은 만나는 점을 기준으로 한쪽으로만 무한히 연장되는 경우로 가정한다.)

해설 원(circle)의 작도
• 1점 지점(중심점과 반지름, 중심점과 지름)
• 중심과 원주상의 1점(원의 중심과 접하는 도형요소)
• 2점 지점(2개의 접하는 도형요소와 반지름)
• 3점 지점(3개의 접하는 도형요소)
• 원의 중심과 2개의 도형요소 또는 2개의 점
• 원의 중심점과 반지름과 접하는 도형요소
• 2점 사이의 거리를 지름으로 하는 원(2차원 평면)
• 동심원 구성
• 2개의 접선과 반지름(TTR)
• 3개의 접선을 지나는 원(TTT)
• 2점 사이의 거리를 반지름으로 하고, 이 2점의 벡터에 수직한 평면

72 컴퓨터에서 최소의 입출력단위로 물리적으로 읽기를 할 수 있는 레코드에 해당하는 것은?

① block
② field
③ word
④ bit

> **해설** ② field : 하나 이상의 byte가 특정한 의미를 갖는 단위로 파일구성의 최소단위. 서로 관련 있는 정보를 표현하는 최소단위
> ③ word : 연산처리를 하는 기본자료를 나타내기 위해 설정한 bit수를 가진 단위로 컴퓨터에서 수행되는 연산의 기본단위
> ④ bit : 정보를 기억하는 자료표현의 최소단위로서 컴퓨터의 표현수인 1과 0으로 표시

73 다음 모델링에 관한 설명 중 틀린 것은?

① 솔리드모델링은 3차원의 형상정보를 명확하게 표현하는 표현방식이다.
② 솔리드모델의 표현방식에는 CSG(Constructive Solid Geometry)방식과 B-rep(Boundary representation)방식 등이 있다.
③ B-rep방식은 경계가 잘 정의되는 단위 형상(primitive)의 조합으로 솔리드를 표현하는 방법이다.
④ 모떼기(chamfer), 필릿(fillet), 포켓(pocket) 등 전형적인 특징 형상을 시스템에 기억하고 있다가 불러내어 모델링하는 방법도 있다.

> **해설** CSG방식은 경계가 잘 정의되는 단위 형상의 조합으로 솔리드를 표현하는 방법이다.

74 다음 그림에서 벡터 a의 크기가 5, 벡터 b의 크기가 3이고 $\theta = 30°$라면 이 두 벡터의 내적은 얼마인가?

① 7.50
② 10.58
③ 12.99
④ 15.39

> **해설** $\vec{a} \cdot \vec{b} = |\vec{a}||\vec{b}|\cos\theta = 5 \times 3 \times \cos 30° = 12.99$

75 Bezier곡선을 이루기 위한 블렌딩함수의 성질에 대한 설명으로 틀린 것은?

① 시작점이나 끝점에서 n번 미분한 값은 그 점을 포함하여 인접한 $n-1$개의 꼭짓점에 의해 결정된다.
② 생성되는 곡선은 다각형의 시작점과 끝점을 반드시 통과해야 한다.
③ Bezier곡선을 이루는 다각형의 첫 번째 선분은 시작점에서의 접선벡터와 같은 방향이고, 마지막 선분은 끝점에서의 접선벡터와 같은 방향이어야 한다.
④ 다각형의 꼭짓점순서가 거꾸로 되어도 같은 곡선이 생성되어야 한다.

> **해설** 베지어곡선을 이루기 위한 블렌딩함수는 시작점이나 끝점에서 n번 미분한 값은 그 점을 포함하여 인접한 $(n+1)$개의 꼭짓점에 의해 결정된다.

76 다음 중 형상구속조건과 치수조건을 입력하여 모델링하는 기법은?

① 파라메트릭모델링
② Wire frame모델링
③ B-rep(Boundary Representation)
④ CSG(Constructive Solid Geometry)

> **해설** ② Wire frame모델링 : 기하학적 형상을 나타내는 방법 중 점, 직선, 곡선에 의해서만 3차원 형상을 표시하는 모델링기법
> ③ B-rep(Boundary Representation) : 하나의 입체를 둘러싸고 있는 면의 조합으로 물체를 표현하는 모델링기법
> ④ CSG(Constructive Solid Geometry) : 복잡한 물체를 빌딩블록의 개념을 이용하여 기본입체(사각블록, 정육면체, 구, 원통, 피라미드 등)의 단순(primitive)조합으로 몸체를 표현하는 모델링기법

77 일반적으로 3차원 기하학적 형상모델링이 아닌 것은?

① 서피스모델링
② 솔리드모델링
③ 시스템모델링
④ 와이어프레임모델링

정답 72.① 73.③ 74.③ 75.① 76.① 77.③

해설 일반적인 3차원 기하학적 형상모델링에는 서피스모델링, 와이어프레임모델링, 솔리드모델링이 해당한다.

78 다음은 CAD시스템에서 사용되고 있는 출력장치들이다. 이 중 래스터방식을 이용한 장치가 아닌 것은?

① 펜플로터　　　　② 정전식 플로터
③ 열전사식 플로터　④ 잉크젯식 플로터

해설 래스터방식을 이용한 장치에 정전식 플로터, 열전사식 플로터, 잉크젯식 플로터, 레이저빔식 플로터 등이 있다.

79 CAD에서 곡선을 표현하기 위한 방법 중 고전적인 보간법과 관계가 먼 것은?

① 선형보간
② 3차 스플라인보간
③ Lagrange다항식에 의한 보간
④ Bernstein다항식에 의한 보간

해설 선형보간, 3차 스플라인보간, Lagrange다항식에 의한 보간 등은 고전적인 보간법이다.
- 선형보간 : 두 점 사이를 최소거리인 직선으로 긋는 방식
- 3차 스플라인보간 : 자연스러운 곡선을 그릴 수 있는 방식
- Lagrange다항식에 의한 보간 : n차 다항식을 이용하는 방식
- Bernstein다항식에 의한 보간 : 베지어곡선을 대수적으로 표현할 수 있는 방식

80 3차원 직교좌표계상의 세 점 A(1, 1, 1), B(2, 1, 4), C(5, 1, 3)가 이루는 삼각형의 면적은 얼마인가?

① 4　　　　　　② 5
③ 8　　　　　　④ 10

해설
$(a_1, a_2, a_3) = (x_2 - x_1, y_2 - y_1, z_2 - z_1)$
$\qquad = (2-1, 1-1, 4-1) = (1, 0, 3)$
$(b_1, b_2, b_3) = (x_3 - x_1, y_3 - y_1, z_3 - z_1)$
$\qquad = (5-1, 1-1, 3-1) = (4, 0, 2)$

$\therefore S = \dfrac{\sqrt{(a_2 b_3 - b_2 a_3)^2 + (a_1 b_3 - b_1 a_3)^2 + (a_1 b_2 - b_1 a_2)^2}}{2}$

$\quad = \dfrac{\sqrt{(0\times2 - 0\times3)^2 + (1\times2 - 4\times3)^2 + (1\times0 - 4\times0)^2}}{2}$

$\quad = \dfrac{\sqrt{100}}{2} = 5$

자격종목	시험시간	형별	수험번호	성명	가답안/최종정답
기계설계산업기사	2시간	A			

제1과목 : 기계가공 및 안전관리

01 다음 중 수용성 절삭유에 속하는 것은?

① 유화유
② 혼성유
③ 광유
④ 동식물유

해설 ・ 수용성 절삭유의 종류 : 유화유(에멀션형), 솔루블형, 솔루선형
・ 비수용성 절삭유의 종류 : 광물유, 동식물유, 혼성유, 극압유

02 구성인선(built-up edge)이 생기는 것을 방지하기 위한 대책으로 틀린 것은?

① 절삭속도를 높인다.
② 절삭깊이를 깊게 한다.
③ 절삭유를 충분히 공급한다.
④ 공구의 윗면경사각을 크게 한다.

해설 구성인선을 방지하려면 절삭깊이를 얇게 해야 한다.

03 원주를 단식분할법으로 32등분하고자 할 때 다음 준비된 〈분할판〉을 사용하여 작업하는 방법으로 옳은 것은?

〈분할판〉
・ No.1 : 20, 19, 18, 17, 16, 15
・ No.2 : 33, 31, 29, 27, 23, 21
・ No.3 : 49, 47, 43, 41, 39, 37
---

① 16구멍열에서 1회전과 4구멍씩
② 20구멍열에서 1회전과 10구멍씩
③ 27구멍열에서 1회전과 18구멍씩
④ 33구멍열에서 1회전과 18구멍씩

해설 $\dfrac{40}{N} = \dfrac{40}{32} = 1\dfrac{8}{32} = 1\dfrac{4}{16}$ 이므로 16구멍열에서 1회전과 4구멍씩 작업한다.

04 다음 중 대형이며 중량의 공작물을 가공하기 위한 밀링머신으로 중절삭이 가능한 것은?

① 나사 밀링머신(thread milling machine)
② 만능 밀링머신(universal milling machine)
③ 생산형 밀링머신(production milling machine)
④ 플레이너형 밀링머신(planer type milling machine)

해설 ① 나사 밀링머신 : 나사를 전용으로 절삭하는 전용기로 작동이 간단하고 가공능률이 우수하며 나사 가공면조도가 깨끗하다.
② 만능 밀링머신 : 새들 위에 회전대가 있어 수평면 인에서 필요한 각도로 테이블을 회전시킨다. 헬리컬기어, 트위스트드릴의 트위스트(비틀림)홈 등을 가공한다.
③ 생산형 밀링머신 : 대량생산에 적합하도록 단순화, 자동화를 한 밀링머신이다.

05 다음 중 산화알루미늄(Al_2O_3)분말을 주성분으로 소결한 절삭공구재료는?

① 세라믹
② 고속도강
③ 다이아몬드
④ 주조경질합금

해설 ② 고속도강 : 합금성분이 철, 텅스텐, 몰리브덴, 크롬, 코발트, 바나듐 등으로 이루어진 절삭공구재료
③ 다이아몬드 : 천연 다이아몬드(드레서) 혹은 인조 다이아몬드(바이트 등)로 이루어진 절삭공구재료
④ 주조경질합금 : 철, 코발트, 크롬, 텅스텐, 탄소 등을 주조하여 만들며 열처리가 불필요한 절삭공구재료

정답 01.① 02.② 03.① 04.④ 05.①

06 선반가공에 영향을 주는 절삭조건에 대한 설명으로 틀린 것은?

① 이송이 증가하면 가공변질층은 깊어진다.
② 절삭각이 커지면 가공변질층은 깊어진다.
③ 절삭속도가 증가하면 가공변질층은 얕아진다.
④ 절삭온도가 상승하면 가공변질층은 깊어진다.

해설 절삭온도가 상승하면 가공변질층은 얕아진다.

07 드릴로 구멍가공을 한 다음에 사용하는 공구가 아닌 것은?

① 리머
② 센터펀치
③ 카운터 보어
④ 카운터 싱크

해설 ② 센터펀치 : 드릴로 구멍가공하기 전에 구멍위치를 센터마킹하는 수공구
① 리머 : 드릴로 구멍가공 후 가공면을 더 곱게 하고 진원도를 향상시키는 절삭공구
③ 카운터 보어 : 드릴로 구멍가공 후 드릴구멍 입구 일정 부분에 드릴구멍보다 직경이 크게 보링하는 절삭공구
④ 카운터 싱크 : 드릴로 구멍가공 후 접시머리나사의 머리부가 조립되도록 가공하는 절삭공구

08 CNC선반에 대한 설명으로 틀린 것은?

① 축은 공구대가 전후좌우의 2방향으로 이동하므로 2축을 사용한다.
② 휴지(dwell)기능은 지정한 시간 동안 이송이 정지되는 기능을 의미한다.
③ 좌표치의 지령방식에는 절대지령과 증분지령이 있고 한 블록에 2가지를 혼합하여 지령할 수 없다.
④ 테이퍼나 원호를 절삭 시 임의의 인선반지름을 가지는 공구의 인선반지름에 의한 가공경로의 오차를 CNC장치에서 자동으로 보정하는 인선반지름보정기능이 있다.

해설 좌표치의 지령방식에는 절대지령과 증분지령이 있으며 한 블록에 2가지를 혼합하여 지령할 수 있다.

09 탭(tap)이 부러지는 원인이 아닌 것은?

① 소재보다 경도가 높은 경우
② 구멍이 바르지 못하고 구부러진 경우
③ 탭 선단이 구멍바닥에 부딪혔을 경우
④ 탭의 지름에 적합한 핸들을 사용하지 않는 경우

해설 소재보다 경도가 높은 경우는 탭이 부러지는 원인이 아니다.

10 다음 중 기어가공의 절삭법이 아닌 것은?

① 형판을 이용하는 절삭법
② 다인공구를 이용하는 절삭법
③ 총형공구를 이용하는 절삭법
④ 창성을 이용하는 절삭법

해설 기어절삭가공법의 종류는 형판을 이용하는 절삭법, 총형공구를 이용하는 절삭법, 창성을 이용하는 절삭법 등이다.

11 도면에 편심량이 3mm로 주어졌다. 이때 다이얼게이지눈금의 변위량이 얼마로 나타나도록 편심시켜야 하는가?

① 3mm
② 4.5mm
③ 6mm
④ 7.5mm

해설 도면에 편심량이 3mm로 주어졌다면 다이얼게이지눈금의 변위량은 6mm로 나타나도록 편심시켜야 한다.

12 고속도강 절삭공구를 사용하여 저탄소강재를 절삭할 때 가장 일반적인 구성인선(built-up edge)의 임계속도(m/min)는?

① 50
② 120
③ 150
④ 170

해설 고속도강 절삭공구를 사용하여 저탄소강재를 절삭할 때 가장 일반적인 구성인선의 임계속도는 120m/min이다.

13 일반적으로 니형 밀링머신의 크기 또는 호칭을 표시하는 방법으로 틀린 것은?

① 콜릿척의 크기
② 테이블작업면의 크기(길이×폭)
③ 테이블의 이동거리(좌우×전후×상하)
④ 테이블의 전후이송을 기준으로 한 호칭번호

해설 니형 밀링머신의 크기 또는 호칭을 표시하는 방법에 테이블작업면의 크기(길이×폭), 테이블의 이동거리(좌우×전후×상하), 테이블의 전후이송을 기준으로 한 호칭번호 등이 있다.

14 연삭가공 중 가공표면의 표면거칠기가 나빠지고 정밀도가 저하되는 떨림현상이 나타나는 원인이 아닌 것은?

① 숫돌의 평형상태가 불량할 경우
② 숫돌축이 편심되어 있을 경우
③ 숫돌의 결합도가 너무 작을 경우
④ 연삭기 자체에 진동이 있을 경우

해설 숫돌의 결합도가 너무 작으면 숫돌입자의 탈락이 심하여 연삭숫돌의 수명이 저하된다.

15 연삭균열에 관한 설명으로 틀린 것은?

① 열팽창에 의해 발생된다.
② 공석강에 가까운 탄소강에서 자주 발생된다.
③ 연삭균열을 방지하기 위해서는 결합도가 연한 숫돌을 사용한다.
④ 이송을 느리게 하고 연삭액을 충분히 사용하여 방지할 수 있다.

해설 연삭균열은 이송을 빠르게 하고 연삭액을 충분히 사용하여 방지할 수 있다.

16 밀링머신에 관한 안전사항으로 틀린 것은?

① 장갑을 끼지 않도록 한다.
② 가공 중에 손으로 가공면을 점검하지 않는다.
③ 칩받이가 있기 때문에 보호안경은 필요 없다.
④ 강력절삭을 할 때에는 공작물을 바이스에 깊게 물린다.

해설 밀링머신의 칩받이가 있더라도 밀링작업 시에는 보호안경을 착용하는 것이 안전하다.

17 게이지블록 중 표준용(calibration grade)으로서 측정기류의 정도검사 등에 사용되는 게이지의 등급은?

① 00(AA)급　　　② 0(A)급
③ 1(B)급　　　　④ 2(C)급

해설 블록게이지의 등급에는 C급(공작용), B급(검사용), A급(표준용), AA급(연구용, 참조용) 등이 있다.

18 가늘고 긴 일정한 단면 모양을 가진 공구에 많은 날을 가진 절삭공구가 사용되며 공작물의 홈을 빠르게 가공할 수 있어 대량생산에 적합한 가공방법은?

① 보링(boring)　　　② 태핑(tapping)
③ 셰이핑(shaping)　　④ 브로칭(broaching)

해설 ① 보링 : 보링바이트를 사용하여 구멍을 확장시키는 가공방법
② 태핑 : 탭을 사용하여 암나사를 만드는 가공방법
③ 셰이핑 : 바이트를 사용하여 홈 등을 만드는 가공방법

19 허용할 수 있는 부품의 오차 정도를 결정한 후 각각 최대 및 최소 치수를 설정하여 부품의 치수가 그 범위 내에 드는지를 검사하는 게이지는?

① 다이얼게이지　　② 게이지블록
③ 간극게이지　　　④ 한계게이지

해설 ① 다이얼게이지 : 기어장치를 이용한 대표적인 비교측정기로서, 기어장치로 미소한 변위를 확대하여 길이나 변위를 정밀하게 측정하는 평면도, 원통도, 진원도, 축 흔들림 등을 측정한다.
② 게이지블록 : 블록게이지라고도 하며 기준게이지의 대표적인 것으로 면과 면, 선과 선 사이의 길이의 기준을 정하는 데 사용되는 게이지이다.
③ 간극게이지 : 틈새게이지 혹은 필러게이지라고도 부르며 여러 두께의 박강판게이지를 조합하여 0.2~0.7mm의 두께를 가진 것을 측정물과 기준면과의 틈과 비교하여 간극이나 편차를 측정하는 게이지이다.

20 선반에서 테이퍼의 각이 크고 길이가 짧은 테이퍼를 가공하기에 가장 적합한 방법은?

① 백기어사용방법
② 심압대의 편위방법
③ 복식공구대를 경사시키는 방법
④ 테이퍼절삭장치를 이용하는 방법

해설 범용선반에서 테이퍼절삭을 할 때와 길이가 긴 공작물을 테이퍼절삭할 때에는 심압대를 편위시키는 방법을 이용하고, 테이퍼의 각이 크고 길이가 짧을 경우에는 복식공구대를 경사시키는 방법을 이용한다.

제2과목 : 기계제도

21 다음 중 가는 일점쇄선으로 표시하지 않는 선은?

① 피치선
② 기준선
③ 중심선
④ 숨은선

해설 피치선, 기준선, 중심선 등은 가는 일점쇄선으로 그리며, 숨은선은 가는 파선 또는 굵은 파선으로 그린다.

22 다음과 같은 표면의 결 도시기호에서 C가 의미하는 것은?

① 가공에 의한 컷의 줄무늬가 투상면에 평행
② 가공에 의한 컷의 줄무늬가 투상면에 경사지고 두 방향으로 교차
③ 가공에 의한 컷의 줄무늬가 투상면의 중심에 대하여 동심원 모양
④ 가공에 의한 컷의 줄무늬가 투상면에 대해 여러 방향

해설 ① 가공에 의한 컷의 줄무늬가 투상면에 평행 : =
② 가공에 의한 컷의 줄무늬가 투상면에 경사지고 두 방향으로 교차 : ×
④ 가공에 의한 컷의 줄무늬가 투상면에 대해 여러 방향 : M

23 다음 그림과 같이 스퍼기어의 주투상도를 부분 단면도로 나타낼 때 'A'가 지시하는 곳의 선의 모양은?

① 가는 실선
② 굵은 파선
③ 굵은 실선
④ 가는 파선

해설 'A'가 지시하는 곳은 이뿌리원이므로 선은 가는 실선이다.

24 다음 그림과 같은 제3각법으로 정투상한 정면도와 평면도에 대한 우측면도로 가장 적합한 것은?

①   ②
③   ④

해설

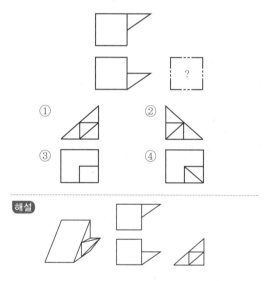

25 다음 그림과 같은 용접기호의 명칭으로 맞는 것은?

① 개선각이 급격한 V형 맞대기용접
② 개선각이 급격한 일면개선형 맞대기용접
③ 가장자리(edge)용접
④ 표면육성

해설 ① 개선각이 급격한 V형 맞대기용접 : ▽

② 개선각이 급격한 일면개선형 맞대기용접 : ⎸⎹

④ 표면육성 : ⌒

26 다음 중 단열 앵귤러 볼 베어링의 간략도시기호는?

①   ②

③   ④

해설 ① 단열 깊은 홈 볼 베어링, 단열 원통 롤러 베어링
② 단열 앵귤러 볼 베어링, 단열 테이퍼 롤러 베어링
③ 복렬 자동조심 볼 베어링, 복렬 구형 롤러 베어링

27 다음 그림과 같은 치수 120 숫자 위의 기호가 뜻하는 것은?

⌢
120

① 원호의 길이   ② 참고치수
③ 현의 길이   ④ 각도치수

해설 ② 참고치수 : 치수에 괄호를 친다.
③ 현의 길이 : 현에 직각으로 치수보조선을 긋고 현에 평행한 치수선을 사용하여 표시한다.
④ 각도치수 : ∠으로 나타낸다.

28 크로뮴몰리브데넘강의 KS재료기호는?

① SMn   ② SMnC
③ SCr   ④ SCM

해설 ① SMn : 망간강
② SMnC : 망간크롬강
③ SCr : (구조용) 크롬강

29 다음 도면의 크기 중 A1용지의 크기를 나타내는 것은? (단, 치수의 단위는 mm이다.)

① 841×1,189   ② 594×841
③ 420×594   ④ 297×420

해설 ① 841×1,189 : A0
③ 420×594 : A2
④ 297×420 : A3

30 KS에서 정의하는 기하공차기호 중에서 위치공차기호들만으로 짝지어진 것은?

① ▱ ○ ―

② ∠ ⊥ ⌀

③ ⌖ ◎ ≡

④ ⌰ ⌒ ◎

해설 ① 순서대로 평면도, 진원도, 진직도이며, 모두 모양공차에 해당된다.
② 순서대로 경사도, 직각도, 원통도이며, 경사도와 직각도는 자세공차에, 원통도는 모양공차에 해당된다.
③ 순서대로 위치도, 동심도, 대칭도이며, 모두 위치공차에 해당된다.
④ 순서대로 원주흔들림, 선의 윤곽도, 동심도이며, 원주흔들림은 흔들림공차에, 선의 윤곽도는 모양공차에, 동심도는 위치공차에 해당된다.

31 기계제도에서 도면이 구비해야 할 기본요건으로 거리가 먼 것은?

① 대상물의 도형과 함께 필요로 하는 크기, 모양, 자세 등의 정보를 포함하여야 하며 필요에 따라 재료, 가공방법 등의 정보를 포함하여야 한다.
② 무역 및 기술의 국제교류의 입장에서 국제성을 가져야 한다.
③ 도면표현에 있어서 설계자의 독창성이 잘 나타나야 한다.
④ 마이크로필름촬영 등을 포함한 복사 및 도면의 보존, 검색, 이용이 확실히 되도록 내용과 양식이 구비되어야 한다.

해설 도면표현에 있어서 설계자의 독창성은 배제되어야 한다.

32 지름이 10cm이고, 길이가 20cm인 알루미늄봉이 있다. 이 알루미늄의 비중이 2.7일 때 질량(kg)은?

① 0.424kg   ② 4.24kg
③ 1.70kg   ④ 17.0kg

해설 $V = \dfrac{\pi d^2 l}{4} = \dfrac{3.14 \times 10^2 \times 20}{4} = 1,570\text{cm}^3$

∴ $W = 2.7 \times 1,570 = 4,239\text{g} ≒ 4.24\text{kg}$

33 다음 그림은 제3각법으로 투상한 정면도와 평면도를 나타낸 것이다. 여기에 가장 적합한 우측면도는?

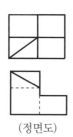

(정면도)

① ②

③ ④

해설

34 구름베어링기호 중 안지름이 10mm인 것은?

① 7000
② 7001
③ 7002
④ 7010

해설 ② 7001 : 안지름 12mm
③ 7002 : 안지름 15mm
④ 7010 : 안지름 50mm(=10×5)

35 끼워맞춤관계에 있어서 헐거운 끼워맞춤에 해당하는 것은?

① H7/g6 ② H7/n6
③ P6/h6 ④ N6/h6

해설 ① H7/g6 : 구멍기준 헐거운 끼워맞춤
② H7/n6 : 구멍기준 억지 끼워맞춤
③ P6/h6 : 축기준 억지 끼워맞춤
④ N6/h6 : 축기준 억지 끼워맞춤

36 다음 그림과 같은 기하공차의 해석으로 가장 적합한 것은?

① 지정길이 100mm에 대하여 0.05mm, 전체 길이에 대해 0.005mm의 대칭도
② 지정길이 100mm에 대하여 0.05mm, 전체 길이에 대해 0.005mm의 평행도
③ 지정길이 100mm에 대하여 0.005mm, 전체 길이에 대해 0.05mm의 대칭도
④ 지정길이 100mm에 대하여 0.005mm, 전체 길이에 대해 0.05mm의 평행도

37 다음 그림과 같은 제3각법 정투상도면의 입체도로 가장 적합한 것은?

① ②

③ ④

해설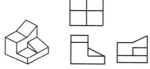

38 다음 용접기호에 대한 설명으로 옳지 않은 것은?

① ⊿ : 매끄럽게 처리한 필릿용접

② ⊻ : 넓은 루트면이 있고 이면용접된 V형 맞대기용접

③ ▽ : 평면마감처리한 V형 맞대기용접

④ ⊿ : 볼록한 필릿용접

해설 ④는 오목한 필릿용접의 기호이다.

39 KS나사의 표시기호에 대한 설명으로 잘못된 것은?

① 호칭기호 M은 미터나사이다.
② 호칭기호 UNF는 유니파이 가는 나사이다.
③ 호칭기호 PT는 관용평행나사이다.
④ 호칭기호 TW는 29도 사다리꼴나사이다.

해설 호칭기호 PT는 관용테이퍼수나사이다.

40 다음 그림과 같이 크기와 간격이 같은 여러 구멍의 치수기입에서 (A)에 들어갈 치수로 옳은 것은?

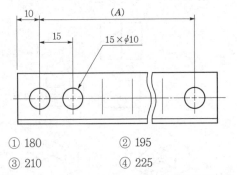

① 180
② 195
③ 210
④ 225

해설 $A = 15 \times (15-1) = 210$

제3과목 : 기계설계 및 기계재료

41 강의 표면경화법에 대한 설명으로 틀린 것은?

① 침탄법에는 고체침탄법, 액체침탄법, 가스침탄법 등이 있다.

② 질화법은 강의 표면에 질소를 침투시켜 경화하는 방법이다.
③ 화염경화법은 일반 담금질법에 비해 담금질 변형이 적다.
④ 세라다이징은 철강표면에 Cr을 확산침투시키는 방법이다.

해설 세라다이징은 철강표면에 Zn(아연)을 확산침투시키는 방법이다.

42 아공석강에서 탄소함량이 증가함에 따른 기계적 성질변화에 대한 설명으로 틀린 것은?

① 인장강도가 증가한다.
② 경도가 증가한다.
③ 항복강도가 증가한다.
④ 연신율이 증가한다.

해설 아공석강에서 탄소함량이 증가하면 연신율은 감소한다.

43 다음 중 열가소성 수지로 나열된 것은?

① 페놀, 폴리에틸렌, 에폭시
② 알키드 수지, 아크릴, 페놀
③ 폴리에틸렌, 염화비닐, 폴리우레탄
④ 페놀, 에폭시, 멜라민

해설 ① 열경화성 수지, 열가소성 수지, 열경화성 수지
② 열경화성 수지, 열가소성 수지, 열경화성 수지
③ 모두 열가소성 수지(단, 폴리우레탄은 여러 종류의 수지가 포함되어 있는데, 그중에는 열경화성 수지의 성질을 지닌 경우도 있다.)
④ 모두 열경화성 수지

44 구리에 아연이 5~20% 정도 첨가되어 전연성이 좋고 색깔이 아름다워 장식용 악기 등에 사용되는 것은?

① 톰백
② 백동
③ 6-4황동
④ 7-3황동

해설 ② 백동 : 동과 니켈의 합금으로 Ni 15~25%, 나머지는 Cu의 일반 조성을 갖는 백색의 강인동합금이다.
③ 6-4황동 : 구리 60%, 아연 40% 함유, 인장강도 최대, 단조성·고온가공성 우수, 상온가공 불량, 일반 판금가공품에 사용하며 일명 먼츠메탈이라고 한다.
④ 7-3황동 : 구리 70%, 아연 30% 함유, 연신율 최대, 상온가공 양호, 봉·선·관·전구소켓·탄피 등의 복잡한 가공물에 사용하며 일명 카트리지브라스라고 한다.

45 다음 중 철-탄소상태도에서 나타나지 않는 불변점은?

① 공정점 ② 포석점
③ 공석점 ④ 포정점

해설 불변점은 상태도에서 상변화반응식이 일어나는 점으로, 철-탄소상태도에서는 포정점, 공정점, 공석점 등이 존재한다.

46 공구재료가 구비해야 할 조건으로 틀린 것은?

① 내마멸성과 강인성이 클 것
② 가열에 의한 경도변화가 클 것
③ 상온 및 고온에서 경도가 높을 것
④ 열처리와 공작이 용이할 것

해설 공구재료는 가열에 의한 경도변화가 크지 않아야 한다.

47 다음 중 결정격자가 면심입방격자인 금속은?

① Al ② Cr
③ Mo ④ Zn

해설 ② Cr : 체심입방격자(α조직), 조밀육방격자(β조직)
③ Mo : 체심입방격자
④ Zn : 조밀육방격자

48 다음 중 구리에 대한 설명과 가장 거리가 먼 것은?

① 전기 및 열의 전도성이 우수하다.
② 전연성이 좋아 가공이 용이하다.
③ 건조한 공기 중에서는 산화하지 않는다.
④ 광택이 없으며 귀금속적 성질이 나쁘다.

해설 구리는 고유 광택이 있고 귀금속적 성질이 우수하다.

49 금속재료와 비교한 세라믹의 일반적인 특징으로 옳은 것은?

① 인성이 크다.
② 내충격성이 높다.
③ 내산화성이 양호하다.
④ 성형성 및 기계가공성이 좋다.

해설 세라믹은 일반적으로 인성과 내충격성이 낮고 성형성 및 기계가공성이 나쁘지만 경도가 크고 내산화성이 양호하다.

50 다음 구조용 복합재료 중에서 섬유강화금속은?

① SPF
② FRTP
③ FRM
④ GFRP

해설 ① SPF : Super Plastic Forming
② FRTP : Fiber Reinforced ThermoPlastic(섬유강화 열가소성 수지 혹은 열가소성 복합재료)
④ GFRP : Glass Fiber Reinforced Plastic(유리섬유강화플라스틱)

51 재료의 파손이론 중 취성재료에 잘 일치하는 것은?

① 최대주응력설
② 최대전단응력설
③ 최대주변형률설
④ 변형률에너지설

해설 ① 최대주응력설 : 인장응력이나 압축응력에 의하여 재료가 파손된다는 이론으로 취성재료의 분리 파손에 잘 일치한다.
② 최대전단응력설 : 전단응력에 의하여 재료가 파손된다는 이론으로 연성재료의 미끄럼 파손과 잘 일치한다.
③ 최대주변형률설 : 최대주변형률이 단순인장 또는 단순압축일 때의 항복점에 있어서의 변형률에 이르렀을 때 탄성 파손이 일어난다는 이론으로 연성재료에 잘 일치한다.
④ 변형률에너지설 : 재료 내의 단위체적에 대한 변형률에너지가 단순인장의 경우 항복점의 단위체적에 대한 변형률에너지와 같아질 때 파손이 발생한다는 이론으로 연성재료에 잘 일치한다.

52 다음 그림과 같은 기어열에서 각각의 잇수가 Z_A는 16, Z_B는 60, Z_C는 12, Z_D는 64인 경우 A기어가 있는 I축이 1,500rpm으로 회전할 때 D기어가 있는 III축의 회전수는 얼마인가?

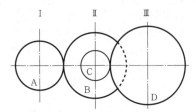

① 56rpm   ② 60rpm

③ 75rpm   ④ 85rpm

해설 ・$\dfrac{N_B}{N_A}=\dfrac{Z_A}{Z_B}$ 에서

$$N_B=N_C=\frac{Z_A}{Z_B}N_A=\frac{16}{60}\times1,500=400\text{rpm}$$

・$\dfrac{N_D}{N_C}=\dfrac{Z_C}{Z_D}$ 에서

$$N_D=\frac{Z_C}{Z_D}N_C=\frac{12}{64}\times400=75\text{rpm}$$

---

53 레이디얼 볼 베어링 '6304'에서 한계속도계수 ($dN[\text{mm}\cdot\text{rpm}]$)값을 120,000이라 하면 이 베어링의 최고사용회전수는 약 몇 rpm인가?

① 4,500

② 6,000

③ 6,500

④ 8,000

해설 $120,000=4\times5\times N$

$$\therefore N=\frac{120,000}{20}=6,000\text{rpm}$$

---

54 다음 중 스프링의 용도와 거리가 먼 것은?

① 하중의 측정

② 진동흡수

③ 동력전달

④ 에너지축적

해설 스프링은 진동흡수, 동력전달, 에너지축적 등에 사용한다.

55 원주속도 5m/s로 2.2kW의 동력을 전달하는 평벨트 전동장치에서 긴장측 장력은 약 몇 N 인가? (단, 벨트의 장력비($e^{\mu\theta}$)는 2이다.)

① 450   ② 660

③ 750   ④ 880

해설 $H=Fv$

$$F=\frac{H}{v}=\frac{2.2\times1,000}{5}=440\text{N}$$

$$\therefore\ T_t=\frac{e^{\mu\theta}}{e^{\mu\theta}-1}F=\frac{2}{2-1}\times440=880\text{N}$$

56 기계의 운동에너지를 마찰에 따른 열에너지 등으로 변환・흡수하여 속도를 감소시키는 장치는?

① 기어   ② 브레이크

③ 베어링   ④ V-벨트

해설 브레이크는 기계의 운동에너지를 마찰에 따른 열에너지 등으로 변환・흡수하여 속도를 감소시키는 장치이다.

57 두 축을 주철 또는 주강제로 이루어진 2개의 반원통에 넣고 두 반원통의 양쪽을 볼트로 체결하여 조립이 용이한 커플링은?

① 클램프커플링   ② 셀러커플링

③ 머프커플링   ④ 플랜지커플링

해설 클램프커플링은 두 축을 주철 또는 주강제로 이루어진 2개의 반원통에 넣고 두 반원통의 양쪽을 볼트로 체결하여 조립이 용이하도록 한 것이다.

58 축방향으로 10,000N의 인장하중이 작용하는 볼트에서 골지름은 약 몇 mm 이상이어야 하는가? (단, 볼트의 허용인장응력은 48N/mm²이다.)

① 13.2   ② 14.6

③ 15.4   ④ 16.3

해설 $\sigma_a=\dfrac{W}{A}$

$$\frac{4\times10,000}{3.14\times d^2}=48$$

$$\therefore\ d=\sqrt{\frac{4\times10,000}{48\times3.14}}\fallingdotseq16.3\text{mm}$$

59 접합할 모재의 한쪽에 구멍을 뚫고 판재의 표면까지 용접하여 다른 쪽 모재와 접합하는 용접방법은?

① 그루브용접　　② 필릿용접

③ 비드용접　　　④ 플러그용접

해설 플러그용접은 접합할 모재의 한쪽에 구멍을 뚫고 판재의 표면까지 용접하여 다른 쪽 모재와 접합한 용접방법이다.

60 너클핀이음에서 인장하중(P) 20kN을 지지하기 위한 핀의 지름(d_1)은 약 몇 mm 이상이어야 하는가? (단, 핀의 전단응력은 50N/mm²이며 전단응력만 고려한다.)

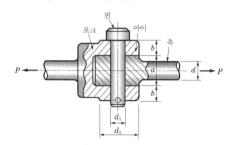

① 10　　　　　② 16

③ 20　　　　　④ 28

해설 $\tau = \dfrac{P}{2A} = \dfrac{2P}{\pi d_1^2}$

$\therefore d_1 = \sqrt{\dfrac{2P}{\pi \tau}} = \sqrt{\dfrac{2 \times 20 \times 1,000}{3.14 \times 50}} \fallingdotseq 16mm$

제4과목 : 컴퓨터응용설계

61 변환행렬(Matrix)을 사용할 필요가 없는 작업은?

① Scaling

② Erasing

③ Rotation

④ Reflection

해설 Scaling, Rotation, Reflection, Translation, Inverse 등은 변환행렬을 사용한다.

62 솔리드모델을 구성하는 면의 일부 혹은 전부를 원하는 방향으로 당겨서 결과적으로 물체가 늘어나도록 하는 모델링작업은?

① 스키닝(skinning)

② 리프팅(lifting)

③ 스위핑(sweeping)

④ 트위킹(tweaking)

해설 ① 스키닝 : 미리 정해진 연속된 단면을 덮는 표면곡면을 생성시켜 닫힌 부피영역 혹은 솔리드모델을 만드는 모델링방법

③ 스위핑 : 하나의 2차원 단면 형상을 입력하고, 이를 안내곡선을 따라 이동시켜 입체를 생성하는 방법

④ 트위킹 : 수정하고자 하는 솔리드모델 혹은 곡면의 모서리, 꼭짓점의 위치를 변화시켜 모델을 수정하는 방법

63 CAD용어 중 회전특징 형상 모양으로 잘려나간 부분에 해당하는 특징 형상은?

① 그루브(groove)

② 챔퍼(chamfer)

③ 라운드(round)

④ 홀(hole)

해설 ② 챔퍼 : 두 직선의 교차점으로부터 일정한 거리에서 두 직선을 조절하거나 연장하고 조절된 끝을 연결(모따기)하여 새로운 라인을 만드는 것

③ 라운드 : 모서리를 둥글게 만드는 것

④ 홀 : 구멍뚫기 기능

64 화면에 CAD모델들을 현실감 있게 나타내기 위하여 채색이나 음영 등을 주는 작업은 무엇인가?

① Animation

② Simulation

③ Modelling

④ Rendering

해설 Rendering은 화면에 CAD모델들을 현실감 있게 나타내기 위하여 채색이나 음영 등을 주는 작업이다.

65 분산처리형 CAD시스템이 갖추어야 할 기본성능에 해당하지 않는 것은?

① 사용자별로 단일프로세서를 사용하거나 혹은 정보통신망으로 각자의 시스템별로 상호 간에 연결되어 중앙에서 제어받는 것과 같은 방식으로도 사용할 수 있어야 한다.

② 어떤 시스템에서 작성된 자료나 프로그램을 다른 사용자가 사용하고자 할 때 언제라도 해당 자료를 사용하거나 보내줄 수 있어야 한다.

③ 분산처리시스템의 주시스템과 부시스템에서 각각 별도의 자료처리 및 계산작업이 이루어질 수 있어야 한다.

④ 자료의 정합성을 담보하기 위해 일부 시스템에 고장이 발생하면 다른 시스템에서도 자료의 이동 및 교환을 막아야 한다.

해설 분산처리형 CAD시스템에서는 일부 시스템에 고장이 발생하더라도 나머지는 정상적으로 작동된다.

66 미국표준협회에서 제정한 코드로서 기계와 기계 또는 시스템과 시스템 사이의 상호정보교환을 목적으로 개발된 7비트 혹은 8비트로 한 문자를 표현하며 총 128가지의 문자를 표현할 수 있는 코드는?

① BCD

② EIA

③ EBCDIC

④ ASCII

해설 ① BCD(Binary Coded Decimal code, 2진화 10진수 표기법) : 각 자리의 10진 숫자를 동등한 2진수(보통 4비트 2진코드)로 대체하여 표기하며 컴퓨터(2진수)와 인간(십진수) 사이에 정보전달의 가교역할을 한다. BCD코드는 과거 일부 컴퓨터에서 내부코드로 사용되던 6비트코드를 지칭한다. 컴퓨터통신을 할 경우에는 패리티비트를 덧붙여 7비트로 사용한다.
② EIA코드 : EIA규격(EIA-244-B : 1992년 7월에 폐지)에 준거한 수치제어 등에 쓰이는 정보교환용 부호이다.

③ EBCDIC(Extended Binary Coded Decimal Interchange Code) : BCD코드를 확장시킨 8비트코드를 EBCDIC코드(확장 2진화 10진코드)라고 하는데, 과거에 일부 컴퓨터 내부코드 또는 그들 간의 통신용 코드로 사용했지만 ASCII코드가 광범위하게 사용됨에 따라 BCD코드와 EBCDIC코드 사용은 거의 사라졌다.

67 솔리드모델링기법에서 B-Rep방식을 사용하는 경우 물체를 형성하는데 사용되는 기본요소로서 위상요소가 아닌 것은?

① 면(face) ② 공간(space)

③ 모서리(edge) ④ 꼭짓점(vertex)

해설 B-Rep방식을 사용하여 물체를 형성하는 위상요소로 면(face), 모서리(edge), 꼭짓점(vertex) 등이 있다.

68 중심점이 (1, 2, 3)이고 반지름이 5인 구면(spherical surface)의 점 (4, 2, 7)에서 단위법선벡터 $\vec{n}$을 계산한 것으로 옳은 것은? (단, $\hat{i}$, $\hat{j}$, $\hat{k}$는 각각 x, y, z축방향의 단위벡터이다.)

① $\vec{n} = 0.6\hat{i} + 0.8\hat{j}$

② $\vec{n} = 0.6\hat{i} + 0.8\hat{k}$

③ $\vec{n} = 0.8\hat{i} + 0.6\hat{j}$

④ $\vec{n} = 0.8\hat{i} + 0.6\hat{k}$

해설 중심점이 (1, 2, 3)이고 반지름이 5인 구면의 방정식은 $(x-1)^2 + (y-2)^2 + (z-3)^2 = 5^2$이다. 점 (4, 2, 7)에서 단위법선벡터는 $\vec{n} = \left[\dfrac{4-1}{5}, \dfrac{2-2}{5}, \dfrac{7-3}{5}\right]$
$= \dfrac{3}{5}\hat{i} + \dfrac{4}{5}\hat{k} = 0.6\hat{i} + 0.8\hat{k}$이다.

69 컴퓨터 하드웨어의 기본적인 구성요소라고 할 수 없는 것은?

① 중앙처리장치(CPU)

② 기억장치(Memory Unit)

③ 운영체제(Operating System)

④ 입출력장치(Input-Output Device)

해설 컴퓨터 하드웨어는 중앙처리장치, 기억장치, 입출력장치 등으로 구성되어 있다.

정답 65.④ 66.④ 67.② 68.② 69.③

70 다음 설명의 특징을 가진 곡면에 해당하는 것은?

> • 평면상의 곡선뿐만 아니라 3차원 공간에 있는 형상도 간단히 표현할 수 있다.
> • 곡면의 일부를 표현하고자 할 때는 매개변수의 범위를 두므로 간단히 표현할 수 있다.
> • 곡면의 좌표변환이 필요하면 단순히 주어진 벡터만을 좌표변환하여 원하는 결과를 얻을 수 있다.

① 원추(Cone)곡면
② 퍼거슨(Ferguson)곡면
③ 베지어(Bezier)곡면
④ 스플라인(Spline)곡면

해설 ① 원추곡면 : 원추를 임의의 각도로 잘랐을 때 생기는 원추곡선을 대칭축을 중심으로 회전시킬 때 얻어지는 곡면
③ 베지어곡면 : 주어진 다각형의 각을 평활화하여 얻어지는 곡선구간의 정의에 있어서 양 끝점의 위치벡터와 내부조정점을 이용하는 방법
④ 스플라인곡면 : 곡선이 지나가는 위치를 몇 개로 고정하여 놓으면 나머지 위치에서는 부드러운 곡선으로 연결되는 곡면

71 일반적으로 CAD도면에서 형상정보로 분류될 수 있는 것은?

① 부품의 수량
② 부품의 재질
③ 부품 간의 위치
④ 부품의 제작방법

해설 일반적으로 CAD도면에서 형상정보로 분류될 수 있는 것은 부품 간의 위치이다.

72 다음 행렬의 곱($A \times B$)을 옳게 구한 것은?

$$A = \begin{bmatrix} 2 & 4 \\ 1 & 3 \end{bmatrix}, \ B = \begin{bmatrix} 6 & -1 \\ 3 & 5 \end{bmatrix}$$

① $\begin{bmatrix} 24 & 18 \\ 14 & 15 \end{bmatrix}$
② $\begin{bmatrix} 18 & 24 \\ 15 & 14 \end{bmatrix}$
③ $\begin{bmatrix} 24 & 18 \\ 15 & 14 \end{bmatrix}$
④ $\begin{bmatrix} 18 & 24 \\ 14 & 15 \end{bmatrix}$

해설 $A \times B = \begin{bmatrix} 2 & 4 \\ 1 & 3 \end{bmatrix} \begin{bmatrix} 6 & -1 \\ 3 & 5 \end{bmatrix}$
$= \begin{bmatrix} 2\times6+4\times3 & 2\times(-1)+4\times5 \\ 1\times6+3\times3 & 1\times(-1)+3\times5 \end{bmatrix} = \begin{bmatrix} 24 & 18 \\ 15 & 14 \end{bmatrix}$

73 국제표준화기구(ISO)에서 제정한 제품모델의 교환과 표현의 표준에 관한 줄인 이름으로 형상정보뿐 아니라 제품의 가공, 재료, 공정, 수리 등 수명주기정보의 교환을 지원하는 것은?

① IGES
② DXF
③ SAT
④ STEP

해설 ① IGES(Initial Graphics Exchange Specification) : 서로 다른 CAD/CAM시스템에 의해 만들어진 자료를 서로 공유하여 설계와 가공정보로 활용하기 위한 표준데이터구성방식
② DXF(Drawing eXchange Format or Drawing interchange Format) : 타 기종의 컴퓨터에서 수행하는 오토캐드 사이에서 그리고, 오토캐드와 다른 프로그램 사이에서 각각 작성된 도면의 변환을 지원하기 위해 정의된 도면파일서식
③ SAT : 지정된 운영체계에서만 호환되는 캐드파일

74 기본입체에 적용한 불리안(Boolean)연산과정을 트리구조로 저장하는 CSG구조에 대한 설명으로 틀린 것은?

① 내부와 외부가 분명하게 구분되지 않는 입체라도 구현이 가능하다.
② 자료구조가 간단하고 데이터의 양이 적어 데이터의 관리가 용이하다.
③ CSG표현은 대응되는 B-rep모델로 치환가능하다.
④ 파라메트릭(Parametric)모델링의 구현이 쉽다.

해설 CSG구조는 내부와 외부가 분명하게 구분되지 않는 입체의 구현은 불가능하다.

75 다음은 3차원 모델링에 대한 설명으로 틀린 것은?

① 와이어프레임모델링은 구조가 간단하여 도형처리가 용이하다.
② 서피스모델링은 은선 제거가 가능하다.
③ 솔리드모델링은 데이터를 처리하는데 소요되는 시간이 상대적으로 짧다.
④ 서피스모델링은 내부에 관한 정보가 없어 해석용 모델로는 사용하지 못한다.

해설 솔리드모델링은 데이터를 처리하는데 소요되는 시간이 상대적으로 길다.

76 평면좌표값 (x, y)에서 x, y가 다음과 같은 식으로 주어질 때 그리는 궤적의 모양은? (단, r은 일정한 상수이다.)

$$x = r\cos\theta, \ y = r\sin\theta \ (-\pi \leq \theta \leq \pi)$$

① 원   ② 타원
③ 쌍곡선   ④ 포물선

해설 원은 $x = r\cos\theta$, $y = r\sin\theta \ (-\pi \leq \theta \leq \pi)$의 식으로 주어질 때 그리는 궤적의 모양이다.

77 CAD시스템의 입력장치 중 미리 작성된 문자나 도형의 이미지입력에 사용되는 장치는?

① 프린터   ② 키보드
③ 스캐너   ④ 썸휠

해설 CAD시스템의 입력장치 중 미리 작성된 문자나 도형의 이미지입력에 사용되는 장치는 스캐너이다.

78 베지어(Bezier)곡선의 특징이 아닌 것은?

① 다각형의 양 끝의 선분은 시작점과 끝점의 접선벡터와 다른 방향이다.
② 곡선은 정점을 통과시킬 수 있는 다각형의 내측에 존재한다.
③ 1개의 정점변화가 곡선 전체에 영향을 미친다.
④ 곡선은 양단의 끝점을 반드시 통과한다.

해설 다각형의 양 끝의 선분은 시작점과 끝점의 접선벡터와 같은 방향이다.

79 제품도면정보가 컴퓨터에 저장되어 있는 경우에 공정계획을 컴퓨터를 이용하여 빠르고 정확하게 수행하고자 하는 기술은?

① CAPP(Computer-aided Process Planning)
② CAE(Computer-aided Engineering)
③ CAI(Computer-aided Inspection)
④ CAD(Computer-aided Design)

해설 ② CAE(Computer-aided Engineering) : 컴퓨터를 이용하여 설계모델의 성능을 검토하고 개선하는 기법이다.
③ CAI(Computer-aided Inspection) : 컴퓨터를 이용하여 검사하는 기법으로 정확한 치수와 재료의 일관성을 갖춘 부품제작 및 보다 빠른 생산공정구축을 목적으로 한다.
④ CAD(Computer-aided Design) : 컴퓨터를 이용한 설계기술이다.

80 다음에서 설명하고 있는 모델링방식은?

- CSG 등의 물체표현방식이 있다.
- 표면적, 부피, 관성모멘트 계산이 가능하다.

① 와이어프레임모델   ② 서피스모델
③ 솔리드모델   ④ 지오메트릭모델

해설 ① 와이어프레임모델 : 속이 없이 철사로 만든 것과 같이 선만으로 표현하여 3차원 형상의 정점과 능선을 기본으로 한 모델
② 서피스모델 : 라면상자와 같이 면을 이용한 모델이며 선에 의해 둘러싸인 면을 이용한 모델

국가기술자격 필기시험문제

2019년도 기사 제3회 필기시험(산업기사)

자격종목	시험시간	형별	수험번호	성명	가답안/최종정답
기계설계산업기사	2시간	B			

제1과목 : 기계가공 및 안전관리

01 드릴머신에서 공작물을 고정하는 방법으로 적합하지 않은 것은?

① 바이스 사용
② 드릴척 사용
③ 박스지 사용
④ 플레이트지그 사용

해설 드릴척으로는 공작물이 아니라 절삭공구인 드릴을 고정한다.

02 연삭가공 중 발생하는 떨림의 원인으로 가장 관계가 먼 것은?

① 연삭기 자체의 진동이 없을 때
② 숫돌축이 편심되어 있을 때
③ 숫돌의 결합도가 너무 클 때
④ 숫돌의 평행상태가 불량할 때

해설 연삭기 자체의 진동이 있을 때

03 선반의 심압대가 갖추어야 할 구비조건으로 틀린 것은?

① 센터는 편위시킬 수 있어야 한다.
② 베드의 안내면을 따라 이동할 수 있어야 한다.
③ 베드의 임의위치에서 고정할 수 있어야 한다.
④ 심압축은 중공으로 되어 있으며 끝부분은 내셔널테이퍼로 되어 있어야 한다.

해설 심압축은 중공으로 되어 있으며 끝부분은 모스테이퍼(morse taper)로 되어 있어야 한다.

04 연삭숫돌의 성능을 표시하는 5가지 요소에 포함되지 않는 것은?

① 기공
② 입도
③ 조직
④ 숫돌입자

해설 연삭숫돌의 성능 표시요소 : 숫돌입자, 입도, 결합도, 조직, 결합제

05 접시머리나사를 사용할 구멍에 나사머리가 들어갈 부분을 원추형으로 가공하기 위한 드릴가공방법은?

① 리밍
② 보링
③ 카운터 싱킹
④ 스폿페이싱

해설 접시머리나사를 사용할 구멍에 나사머리가 들어갈 부분을 원추형으로 가공하기 위한 드릴가공방법을 카운터 싱킹(counter sinking)이라고 한다.

06 연마제를 가공액과 혼합하여 짧은 시간에 매끈해지거나 광택이 적은 다듬질면을 얻게 되며 피닝(peening)효과가 있는 가공법은?

① 래핑
② 쇼트피닝
③ 배럴가공
④ 액체호닝

해설 액체호닝은 연마제를 가공액과 혼합하여 짧은 시간에 매끈해지거나 광택이 적은 다듬질면을 얻게 되며 피닝효과가 있는 가공법이다.

07 절삭가공에서 절삭조건과 거리가 가장 먼 것은?

① 이송속도
② 절삭깊이
③ 절삭속도
④ 공작기계의 모양

해설 3대 절삭조건 : 절삭속도, 회전당 이송량(이송속도), 절삭깊이

08 척을 선반에서 떼어내고 회전센터와 정지센터로 공작물을 양 센터에 고정하면 고정력이 약해서 가공이 어렵다. 이때 주축의 회전력을 공작물에 전달하기 위해 사용하는 부속품은?

① 면판
② 돌리개
③ 베어링센터
④ 앵글플레이트

해설 돌리개는 척을 선반에서 떼어놓고 회전센터와 정지센터로 공작물을 양 센터에 고정하면 고정력이 약해져서 가공이 어렵게 되는데, 이때 주축의 회전력을 공작물에 전달하기 위해 사용하는 부속품이다.

09 브로칭머신의 특징으로 틀린 것은?

① 복잡한 면의 형상도 쉽게 가공할 수 있다.
② 내면 또는 외면의 브로칭가공도 가능하다.
③ 스플라인기어, 내연기관 크랭크실의 크랭크 베어링부는 가공이 용이하지 않다.
④ 공구의 1회 통과로 거친 절삭과 다듬질절삭을 완료할 수 있다.

해설 스플라인기어, 내연기관 크랭크실의 크랭크 베어링부는 가공이 용이하다.

10 다음 공작기계 중 공작물이 직선왕복운동을 하는 것은?

① 선반
② 드릴머신
③ 플레이너
④ 호빙머신

해설 ①, ④ 회전운동
② 운동 없음

11 투영기에 의해 측정할 수 있는 것은?

① 각도
② 진원도
③ 진직도
④ 원주흔들림

해설 투영기로 피측정물의 각도, 윤곽, 길이 등을 측정할 수 있다.

12 옵티컬패러렐을 이용하여 외측 마이크로미터의 평행도를 검사하였더니 백색광에 의한 적색 간섭무늬의 수가 앤빌에서 2개, 스핀들에서 4개였다. 평행도는 약 얼마인가? (단, 측정에 사용한 빛의 파장은 $0.32\mu m$이다.)

① $1\mu m$
② $2\mu m$
③ $4\mu m$
④ $6\mu m$

해설 평행도 $= (n_1 + n_2)\dfrac{\lambda}{2} = (2+4) \times \dfrac{0.32}{2}$
$= 0.96 ≒ 1\mu m$

13 공작물의 단면절삭에 쓰이는 것으로 길이가 짧고 직경이 큰 공작물의 절삭에 사용되는 선반은?

① 모방선반
② 수직선반
③ 정면선반
④ 터릿선반

해설 정면선반은 공작물의 단면절삭에 쓰이는 것으로 길이가 짧고 직경이 큰 공작물의 절삭에 주로 사용되는 선반이다.

14 드릴링작업 시 안전사항으로 틀린 것은?

① 칩의 비산이 우려되므로 장갑을 착용하고 작업한다.
② 드릴이 회전하는 상태에서 테이블을 조정하지 않는다.
③ 드릴링의 시작 부분에 드릴이 정확히 자리잡힐 수 있도록 이송을 느리게 한다.
④ 드릴링이 끝나는 부분에서는 공작물과 드릴이 함께 돌지 않도록 이송을 느리게 한다.

해설 드릴링작업 시 장갑을 착용하고 작업하면 위험하다.

15 일반적인 손다듬질가공에 해당되지 않는 것은?

① 줄가공
② 호닝가공
③ 해머작업
④ 스크레이퍼작업

해설 호닝가공은 정밀입자가공법에 속한다.

16 삼점법에 의한 진원도측정에 쓰이는 측정기기가 아닌 것은?

① V블록   ② 측미기

③ 3각게이지   ④ 실린더게이지

해설 삼침법에 의한 진원도측정에 쓰이는 측정기기는 V블록, 측미기, 3각게이지, 다이얼게이지이다.

17 절삭조건에 대한 설명으로 틀린 것은?

① 칩의 두께가 두꺼워질수록 전단각이 작아진다.

② 구성인선을 방지하기 위해서는 절삭깊이를 적게 한다.

③ 절삭속도가 빠르고 경사각이 클 때 유동형 칩이 발생하기 쉽다.

④ 절삭비는 공작물을 절삭할 때 가공이 용이한 정도로 절삭비가 1에 가까울수록 절삭성이 나쁘다.

해설 절삭비는 깎기 전의 칩의 두께를 깎은 후의 칩의 두께로 나눈 값이다. 금속절삭에서는 깎은 후의 칩의 두께가 깎기 전의 칩의 두께보다 언제나 크기 때문에 금속절삭의 절삭비는 1보다 크다. 공작물을 절삭할 때 가공이 용이한 정도는 피절삭성(machinability)이라고 한다.

18 커터의 지름이 100mm이고, 커터의 날 수가 10개인 정면밀링커터로 200mm인 공작물을 1회 절삭할 때 가공시간은 약 몇 초인가? (단, 절삭속도는 100m/min, 1날당 이송량은 0.1mm이다.)

① 48.4   ② 56.4

③ 64.4   ④ 75.4

해설 $t = \dfrac{L}{F} i$

$= \dfrac{절삭길이 + 커터직경}{n f_r} \times 절삭횟수$

$= \dfrac{200 + 100}{\dfrac{1,000 \times 100}{3.14 \times 100} \times (10 \times 0.1)} \times 1$

$≒ 0.94 min = 56.4 sec$

19 CNC선반에서 홈가공 시 1.5초 동안 공구의 이송을 잠시 정지시키는 지령방식은?

① G04 Q1500

② G04 P1500

③ G04 X1500

④ G04 U1500

해설 • G04 : 일시정지

• P1500 : 1.5초

20 지름이 150mm인 밀링커터를 사용하여 30m/min의 절삭속도로 절삭할 때 회전수는 약 몇 rpm인가?

① 14   ② 38

③ 64   ④ 72

해설 $n = \dfrac{1,000v}{\pi d} = \dfrac{1,000 \times 30}{3.14 \times 150} ≒ 64 rpm$

제2과목 : 기계제도

21 다음과 같이 3각법으로 나타낸 도면에서 정면도와 우측면도를 고려할 때 평면도로 가장 적합한 것은?

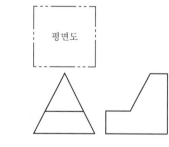

①   ②

③   ④

해설

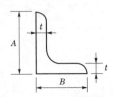

22 다음 기계재료 중 기계구조용 탄소강재에 해당하는 것은?

① SS235   ② SCr410

③ SM40C   ④ SCS55

해설 ① SS : 일반구조용 압연강
② SCr : 크롬강
④ SCS : 스테인리스강

23 물체를 단면으로 나타낼 때 길이방향으로 절단하여 나타내지 않은 부품으로만 짝지어진 것은?

① 핀, 커버
② 브래킷, 강구
③ O링, 하우징
④ 원통롤러, 기어의 이

해설 물체를 단면으로 나타낼 때 길이방향으로 절단하여 나타내지 않는 부품은 원통롤러, 기어의 이, 핸들, 볼트, 스크루, 세트스크루, 너트, 와셔, 축, 로드, 스핀들, 키, 코터, 리벳, 핀, 캡, 강구, 밸브 등이다.

24 다음 그림과 같은 부등변 ㄱ형강의 치수 표시 방법은? (단, 형강의 길이는 L이고, 두께는 t 로 동일하다.)

① L $A \times B \times t - L$ ② L $t \times A \times B \times L$

③ L $B \times A + 2t - L$ ④ L $A + B \times \dfrac{t}{2} - L$

해설 부등변 ㄱ형강의 치수 표시는 L $A \times B \times t - L$이다.

25 다음 그림과 같이 정면도와 평면도가 표시될 때 우측면도가 될 수 없는 것은?

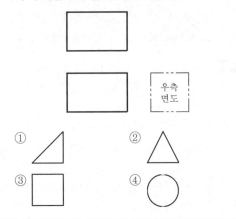

①   ②

③   ④

해설 우측면도가 될 수 있는 것은 ①, ③, ④이다.

26 다음과 같은 리벳의 호칭법으로 옳은 것은? (단, 재질은 SV330이다.)

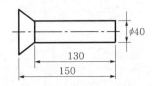

① 납작머리 리벳 40×130 SV330
② 납작머리 리벳 40×150 SV330
③ 접시머리 리벳 40×130 SV330
④ 접시머리 리벳 40×150 SV330

해설 납작머리 리벳 40×150 SV330으로 호칭한다.

27 KS재료 표시기호 중 'SS235'에서 '235'의 의미는?

① 경도
② 종별 번호
③ 탄소함유량
④ 최저항복강도

해설 SS235에서 SS는 일반구조용 압연강재를, 235는 최저항복(인장)강도를 의미한다.

28 표준스퍼기어의 모듈이 2이고 잇수가 35일 때 이끝원(잇봉우리원)의 지름은 몇 mm로 도시하는가?

① 65   ② 70
③ 72   ④ 74

해설 $D_o = m(Z+2) = 2 \times (35+2) = 74\text{mm}$

29 가공방법의 기호 중 호닝(Honing)가공기호는?

① GB   ② GH
③ HG   ④ GSP

해설 ① 벨트샌딩가공
　　③ 시효
　　④ 슈퍼피니싱가공

30 다음 중 주어진 평면도와 우측면도를 보고 누락된 정면도로 가장 적합한 것은?

정면도

①   ②

③   ④

해설

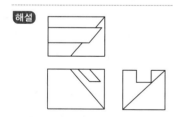

31 다음과 같이 도시된 도면에서 치수 A에 들어갈 치수기입으로 옳은 것은?

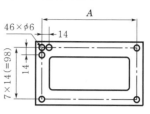

① $7 \times 7 (= 49)$ ② $15 \times 14 (= 210)$
③ $16 \times 14 (= 224)$ ④ $17 \times 14 (= 238)$

해설 $A = \dfrac{46-14}{2} \times 14 = 16 \times 14 (= 224)$

32 다음 그림과 같은 도형일 때 기하학적으로 정확한 도형을 기준으로 설정하고, 여기에서 벗어나는 어긋남의 크기를 대상으로 하는 기하공차는?

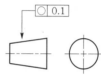

① 대칭도   ② 윤곽도
③ 진원도   ④ 평면도

해설 ○는 진원도 공차이다.

33 기하공차의 표현이 틀린 것은?

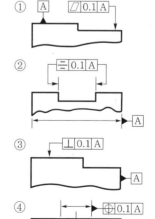

해설 ①의 ▱는 평면도 표시이며 별도의 데이텀을 필요로 하지 않는다. 이 경우에는 데이텀 A를 기준으로한 동심도 표시 ◎나 원주흔들림공차 ↗ 가 적절한 표현이다.

34 나사제도에 대한 설명으로 틀린 것은?

① 나사부의 길이경계가 보이는 경우는 그 경계를 굵은 실선으로 나타낸다.

② 숨겨진 암나사를 표시할 경우 나사산의 봉우리와 골 밑은 모두 가는 파선으로 나타낸다.

③ 수나사를 측면에서 볼 경우 나사산의 봉우리는 굵은 실선, 나사의 골 밑은 가는 실선으로 표시한다.

④ 나사의 끝면에서 본 그림에서 나사의 골 밑은 굵은 실선으로 그린 원주의 3/4에 거의 같은 원의 일부로 나타낸다.

해설 나사의 끝면에서 본 그림에서 나사의 골 밑은 가는 실선으로 그린 원주의 3/4에 거의 같은 원의 일부로 나타낸다.

35 다음 그림과 같은 용접기호의 의미는?

① 현장용접 표시이다.

② 양쪽 용접 표시이다.

③ 용접 시작점 표시이다.

④ 전체 둘레용접 표시이다.

해설 제시된 그림은 현장용접 표시기호이다.

36 허용한계치수기입이 틀린 것은?

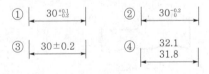

해설 ②의 상하표기가 반대로 되어 있다.

37 축의 중심에 센터구멍을 표현하는 방법으로 틀린 것은?

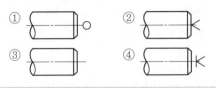

해설 ② 센터구멍을 반드시 남겨둔다.
③ 센터구멍이 남아 있어도 좋다.
④ 센터구멍이 남아 있어서는 안 된다.

38 다음 중 온흔들림 기하공차의 기호는?

해설 ①, ④ 사용하지 않는 기호
③ 원주흔들림

39 다음 도면에서 대상물의 형상과 비교하여 치수기입이 틀린 것은?

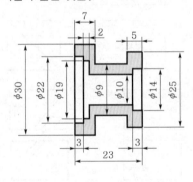

① 7   ② φ9

③ φ14   ④ φ30

해설 φ9의 표시는 φ19보다는 작지만 φ14보다는 커야 한다.

40 치수가 $80^{+0.008}_{+0.002}$일 경우 위치수허용차는?

① 0.002   ② 0.006

③ 0.008   ④ 0.010

해설 위치수허용차는 우측 위쪽에 기입한 0.008이다.

제3과목 : 기계설계 및 기계재료

41 표준상태의 탄소강에서 탄소의 함유량이 증가함에 따라 증가하는 성질로 짝지어진 것은?

① 비열, 전기저항, 항복점
② 비중, 열팽창계수, 열전도도
③ 내식성, 열팽창계수, 비열
④ 전기저항, 연신율, 열전도도

해설 표준상태의 탄소강에서 탄소의 함유량이 증가함에 따라 강도, 경도, 담금질효과, 비열, 전기저항, 항자력, 항복점 등은 증가한다.

42 담금질한 강재의 잔류오스테나이트를 제거하며 치수변화 등을 방지하는 목적으로 0℃ 이하에서 열처리하는 방법은?

① 저온뜨임
② 심랭처리
③ 마템퍼링
④ 용체화처리

해설 심랭처리는 담금질한 강재의 잔류오스테나이트를 제거하며 치수변화 등을 방지하는 목적으로 0℃ 이하에서 열처리하는 방법으로 서브제로처리라고도 부른다.

43 Fe-Mn, Fe-Si으로 탈산시켜 상부에 작은 수축관과 소수의 기포만이 존재하며 탄소함유량이 0.15~0.3% 정도인 강은?

① 킬드강
② 캡드강
③ 림드강
④ 세미킬드강

해설 Fe-Mn, Fe-Si으로 탈산시켜 상부에 작은 수축관과 소수의 기포만이 존재하며 탄소함유량이 0.15~0.3% 정도인 강은 세미킬드강이다.

44 다음 중 뜨임의 목적과 가장 거리가 먼 것은?

① 인성 부여
② 내마모성의 향상
③ 탄화물의 고용강화
④ 담금질할 때 생긴 내부응력 감소

해설 뜨임의 목적 : 조직 균일화, 경도 조절, 가공성 향상

45 다음 중 온도변화에 따른 탄성계수의 변화가 미세하여 고급시계, 정밀저울의 스프링에 사용되는 것은?

① 인코넬
② 엘린바
③ 니크롬
④ 실리콘브론즈

해설 엘린바는 온도변화에 따른 탄성계수의 변화가 미세하여 고급시계, 정밀저울의 스프링에 사용한다.

46 다음 중 피로수명이 높으며 금속스프링과 같은 탄성을 가지는 수지는?

① PE
② PC
③ PS
④ POM

해설 ① PE(폴리에틸렌) : 내화학성과 내마모성이 우수한 열가소성 합성수지
② PC(폴리카보네이트) : CD, 전경들의 방패, 주차장 지붕에 사용되는 Sheet, 고속도로 방음판 등 많은 분야에서 사용됨. 분자량이 클수록 강성이 높아지며 태우면 연기를 내면서 불에 잘 타며 연소 중 소독약 냄새가 나는 열가소성 합성수지
③ PS(폴리스틸렌) : 쉽게 연화되며 휘발유에 녹으며 태우면 다량의 연기가 나는 열가소성 합성수지
④ POM(폴리아세탈) : 피로수명이 높으며 금속스프링과 같은 탄성을 가지는 열가소성 합성수지

47 티타늄합금의 일반적인 성질에 대한 설명으로 틀린 것은?

① 열팽창계수가 작다.
② 전기저항이 높다.
③ 비강도가 낮다.
④ 내식성이 우수하다.

해설 티타늄합금의 비강도는 일반적으로 우수하다.

48 다음 금속재료 중 인장강도가 가장 낮은 것은?

① 백심가단주철
② 구상흑연주철
③ 회주철
④ 주강

해설 인장강도 : 주강 > 구상흑연주철 > 백심가단주철 > 회주철

49 다음 조직 중 2상혼합물은?

① 펄라이트 ② 시멘타이트

③ 페라이트 ④ 오스테나이트

해설 펄라이트는 페라이트＋시멘타이트의 2상혼합물이다.

50 초경합금에 관한 사항으로 틀린 것은?

① WC분말에 Co분말을 890℃에서 가열소결시킨 것이다.

② 내마모성이 아주 크다.

③ 인성, 내충격성 등을 요구하는 곳에는 부적합하다.

④ 전단, 인발, 압출 등의 금형에 사용된다.

해설 WC분말에 Co분말을 Co의 용융점 부근인 1,300~1,500℃에서 가열소결시킨 것이다.

51 폴(pawl)과 결합하여 사용되며 한쪽 방향으로는 간헐적인 회전운동을 주고 반대쪽으로는 회전을 방지하는 역할을 하는 장치는?

① 플라이휠(fly wheel)

② 래칫휠(rachet wheel)

③ 블록브레이크(block brake)

④ 드럼브레이크(drum brake)

해설 래칫휠은 폴과 결합하여 사용되며 한쪽 방향으로는 간헐적인 회전운동을 주고 반대쪽으로는 회전을 방지하는역할을 하는 장치이다.

52 회전수 600rpm, 베어링하중 18kN의 하중을 받는 레이디얼저널 베어링의 지름은 약 몇 mm인가? (단, 이때 작용하는 베어링압력은 1N/mm², 저널의 폭(l)과 지름(d)의 비 l/d=2.0으로 한다.)

① 80 ② 85

③ 90 ④ 95

해설 $P = \dfrac{W}{dl} = \dfrac{W}{d^2\left(\dfrac{l}{d}\right)}$

$\therefore d = \sqrt{\dfrac{W}{P\dfrac{l}{d}}} = \sqrt{\dfrac{18 \times 1,000}{1 \times 2}} \fallingdotseq 95\text{mm}$

53 다음 중 용접법을 분류할 경우 용접부의 형상에 따라 구분한 것은?

① 가스용접 ② 필릿용접

③ 아크용접 ④ 플라스마용접

해설 용접은 용접부의 형상에 따라 그루브용접, 필릿용접, 플러그용접, 비드용접, 덧붙이용접 등으로 구분한다.

54 스퍼기어에서 이의 크기를 나타내는 방법이 아닌 것은?

① 모듈로서 나타낸다.

② 전위량으로 나타낸다.

③ 지름피치로 나타낸다.

④ 원주피치로 나타낸다.

해설 이의 크기는 모듈, 지름피치, 원주피치로 나타낸다.

55 하중이 W[N]일 때 변위량을 δ[mm]라 하면 스프링상수 k[N/mm]는?

① $k = \dfrac{\delta}{W}$

② $k = \dfrac{W}{\delta}$

③ $k = \delta W$

④ $k = W - \delta$

해설 $W = k\delta$

$\therefore k = \dfrac{W}{\delta}$

56 V벨트의 회전속도가 30m/s, 벨트의 단위길이당 질량이 0.15kg/m, 긴장측의 장력이 196N일 경우 벨트의 회전력(유효장력)은 약 몇 N인가? (단, 벨트의 장력비는 $e^{\mu'\theta}$=4이다.)

① 20.21 ② 34.84

③ 45.75 ④ 56.55

해설 $T_e = T_1 - T_2 = (T_1 - wv^2)\dfrac{e^{\mu'\theta} - 1}{e^{\mu'\theta}}$

$= (196 - 0.15 \times 30^2) \times \dfrac{4-1}{4}$

$= 45.75\text{N}$

57 재료의 기준강도(인장강도)가 400N/mm²이고 허용응력이 100N/mm²일 때 안전율은?

① 0.2 ② 1.0

③ 4.0 ④ 16.0

해설 $S = \dfrac{인장강도}{허용응력} = \dfrac{400}{100} = 4$

58 150rpm으로 5kW의 동력을 전달하는 중실축의 지름은 약 몇 mm 이상이어야 하는가? (단, 축재료의 허용전단응력은 19.6MPa이다.)

① 36 ② 40

③ 44 ④ 48

해설 $H = Fv = \omega T = \dfrac{2\pi n}{60} T$

$T = \dfrac{30H}{\pi n} = \dfrac{30 \times 5 \times 10^3}{3.14 \times 150} \fallingdotseq 318\text{N} \cdot \text{m}$

$\therefore d = \sqrt[3]{\dfrac{16T}{\pi \tau_a}} = \sqrt[3]{\dfrac{16 \times 318 \times 10^3}{3.14 \times 19.6}} \fallingdotseq 44\text{mm}$

59 핀 전체가 두 갈래로 되어 있어 너트의 풀림 방지나 핀이 빠져나오지 않게 하는데 사용되는 핀은?

① 너클핀 ② 분할핀

③ 평행핀 ④ 테이퍼핀

해설 분할핀은 핀 전체가 두 갈래로 되어 있어 너트의 풀림 방지나 핀이 빠져나오지 않게 하는데 사용된다.

60 다음 ( ) 안에 들어갈 내용으로 옳은 것은?

> 나사에서 나사가 저절로 풀리지 않고 체결되어 있는 상태를 자립상태(self-sustenance)라고 한다. 이 자립상태를 유지하기 위한 사각나사 효율은 ( )이어야 한다.

① 50% 이상 ② 50% 미만

③ 25% 이상 ④ 25% 미만

해설 나사에서 나사가 저절로 풀리지 않고 체결되어 있는 상태를 자립상태라고 한다. 이 자립상태를 유지하기 위한 사각나사효율은 50% 미만이어야 한다.

제4과목 : 컴퓨터응용설계

61 3차원 공간상에서 세 점 $r_0(x_0,\ y_0,\ z_0)$, $r_1(x_1,\ y_1,\ z_1)$, $r_2(x_2,\ y_2,\ z_2)$를 지나는 평면의 방정식($r(x,\ y,\ z)$)을 나타내는 식으로 옳은 것은?

① $r[(r_1 - r_0) \times (r_2 - r_0)]$
$= r_1[(r_1 - r_0) \times (r_2 - r_1)]$

② $r[(r_1 - r_0) \times (r_2 - r_0)]$
$= r_0[(r_1 - r_0) \times (r_2 - r_0)]$

③ $r[(r_1 - r_0) \times (r_2 - r_1)]$
$= r_2[(r_1 - r_0) \times (r_2 - r_0)]$

④ $r_1[(r_2 - r_1) \times (r_2 - r_0)]$
$= r_0[(r_2 - r_1) \times (r_2 - r_1)]$

해설 평면 $r(x,\ y,\ z)$의 법선벡터를 $n(a,\ b,\ c)$라고 할 때 $(r - r_0)n = 0$에서 $rn = r_0 n$이며
$n = (r_1 - r_0)(r_2 - r_0)$이므로
$r[(r_1 - r_0)(r_2 - r_0)] = r_0[(r_1 - r_0)(r_2 - r_0)]$가 성립한다.

62 이진법 1011을 십진법으로 계산하면 얼마인가?

① 2 ② 4

③ 8 ④ 11

해설 $(1011)_2 = 1 \times 2^3 + 0 \times 2^2 + 1 \times 2^1 + 1 \times 2^0 = 11$

63 기존에 만들어진 제품의 도면이 없는 경우 실제 제품의 크기와 형상자료를 얻는데 편리한 입력장치는?

① 3차원 측정기

② 비트플레인

③ 태블릿(tablet)

④ 스타일러스펜(stylus pen)

해설 3차원 측정기는 기존에 만들어진 제품의 도면이 없는 경우 실제 제품의 크기와 형상자료를 얻는데 편리한 입력장치이다.

64 제품이 수정되어 최적화될 수 있도록 제품이 어떻게 작동할지를 모의실험하고 연구하는데 컴퓨터를 활용하는 기술은?

① CAD(Computer−aided Design)
② CAM(Computer−aided Manufacturing)
③ CAI(Computer−aided Inspection)
④ CAE(Computer−aided Engineering)

해설 CAE는 제품이 수정되어 최적화될 수 있도록 제품이 어떻게 작동할지를 모의실험하고 연구하는데 컴퓨터를 활용하는 기술이다.

65 다음 중 솔리드모델링시스템에서 사용하는 일반적인 기본 형상(Primitive)이 아닌 것은?

① 곡면   ② 실린더
③ 구   ④ 원추

해설 실린더(원기둥), 구, 원추, 육면체(프리즘), 회전체, 스윕 등은 솔리드모델링시스템에서 사용하는 일반적인 기본 형상이다.

66 CAD시스템의 출력장치로 볼 수 없는 것은?

① 플로터(Plotter)
② 프린터(Printer)
③ 라이트펜(Light Pen)
④ 래피드프로토타이핑(Rapid Prototyping)

해설 라이트펜은 입력장치이다.

67 곡선의 양 끝점을 P_0과 P_1, 양 끝점에서의 접선벡터를 P_0'과 P_1'이라고 할 때 다음과 같은 식으로 표현되는 곡선($P(u)$)은?

$$P(u) = \begin{bmatrix} 1-3u^2+2u^3 & 3u^2-2u^3 \\ u-2u^2+u^3 & -u^2+u^3 \end{bmatrix} \begin{bmatrix} P_0 \\ P_1 \\ P_0' \\ P_1' \end{bmatrix}$$

① Rezier곡선   ② B−spline곡선
③ Hermite곡선   ④ NURBS곡선

해설 제시된 식에 의한 곡선은 Hermite곡선이다.

68 다음 그림과 같이 2개의 경계곡선(위 그림)에 의해서 하나의 곡면(아래 그림)을 구성하는 기능을 무엇이라고 하는가?

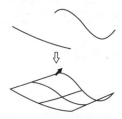

① revolution   ② twist
③ loft   ④ extrude

해설 Loft는 2개의 경계곡선에 의해서 하나의 곡면을 구성하는 기능이다.

69 R(빨강), G(초록), B(파랑)계열의 색상에 각각 4bit씩 할당된 총 12bit plane을 사용하는 그래픽장치에서 동시에 표시할 수 있는 색깔의 개수는 얼마인가?

① 512
② 1,024
③ 2,048
④ 4,096

해설 색깔의 개수 $= 2^{12} = 4,096$ 개

70 곡면(Surface)모델링기법에 관한 설명으로 틀린 것은?

① 곡면모델링시스템은 와이어프레임모델에 면 정보를 추가한 형태이다.
② 곡면을 이루는 각 면들의 곡면방정식이 데이터베이스 내에 추가로 저장된다.
③ 곡면과 곡면의 인접한 정보는 Solid모델에서 다루는 정보이며 Surface모델에서는 다루지 않는다.
④ 금형가공을 위한 NC공구경로 계산프로그램에서 가공곡면의 형상을 제공하는데 사용될 수 있다.

해설 곡면과 곡면의 인접한 정보는 Solid모델에서 다루는 정보이며 Wire Frame모델에서는 다루지 않는다.

정답 64.④ 65.① 66.③ 67.③ 68.③ 69.④ 70.③

71 3차원 형상의 솔리드모델링에서 B-rep(Boundary representation)과 비교한 CSG(Constructive Solid Geometry)의 상대적인 특징으로 틀린 것은?

① 데이터의 구조가 간단하다.
② 데이터의 수정이 용이하다.
③ 전개도의 작성이 용이하다.
④ 메모리의 용량이 소용량이다.

해설 CSG의 경우 전개도의 작성이 용이하지 않다.

72 다음 중 NURBS곡선의 방정식으로 옳은 것은? (단, $\vec{V}$는 조정점, h_i는 동차좌표, $N_{i,k}$는 블렌딩함수를 각각 의미한다.)

① $\vec{r}(u) = \sum_{i=0}^{n} \vec{V_i} N_{i,k}(u)$

② $\vec{r}(u) = \dfrac{\sum_{i=0}^{n} \vec{V_i} N_{i,k}(u)}{\sum_{i=0}^{n} h_i N_{i,k}(u)}$

③ $\vec{r}(u) = \dfrac{\sum_{i=0}^{n} \vec{V_i} h_i N_{i,k}(u)}{\sum_{i=0}^{n} N_{i,k}(u)}$

④ $\vec{r}(u) = \dfrac{\sum_{i=0}^{n} \vec{V_i} h_i N_{i,k}(u)}{\sum_{i=0}^{n} h_i N_{i,k}(u)}$

해설 $\vec{r}(u) = \dfrac{\sum_{i=0}^{n} \vec{V_i} h_i N_{i,k}(u)}{\sum_{i=0}^{n} h_i N_{i,k}(u)}$

73 CAD소프트웨어에서 형상모델러가 하는 가장 기본적인 역할은?

① 컴퓨터 내에 저장되어 있는 형상정보를 인쇄하는 기능
② 물체의 기하학적인 형상을 컴퓨터 내에서 표현하는 기능
③ 물체의 3차원 위상정보를 컴퓨터에 입력하는 기능
④ 컴퓨터 내에 저장되어 있는 형상을 다른 소프트웨어로 보내는 기능

해설 CAD소프트웨어에서 형상모델러가 하는 가장 기본적인 역할은 물체의 기하학적인 형상을 컴퓨터 내에서 표현하는 기능이다.

74 (x, y)평면좌표계에서 두 점 P₁(x_1, y_1), P₂(x_2, y_2)를 알고 있을 때 두 점을 지나는 직선의 방정식을 바르게 표현한 것은?

① $(x_2 - x_1)(y - y_1) = (y_2 - y_1)(x - x_1)$
② $(y_2 - x_1)(y - y_2) = (x_2 - y_1)(x - x_1)$
③ $(x - y_2)(y_1 - x_2) = (x_2 - y_1)(y - x_1)$
④ $(x_2 - x_1)(x - x_1) = (y_2 - y_1)(y - y_1)$

해설 두 점을 지나는 직선의 방정식은
$y - y_1 = \dfrac{y_2 - y_1}{x_2 - x_1}(x - x_1)$이다.

75 특징 형상모델링(Feature-based Modeling)의 특징으로 거리가 먼 것은?

① 기본적인 형상구성요소와 형상단위에 관한 정보를 함께 포함하고 있다.
② 전형적인 특징 형상으로 모떼기(chamfer), 구멍(hole), 슬롯(slot) 등이 있다.
③ 특징 형상모델링기법을 응용하여 모델로부터 공정계획을 자동으로 생성시킬 수 있다.
④ 주로 트위킹(tweaking)기능을 이용하여 모델링을 수행한다.

해설 특징 형상모델링의 특징
• 모델링입력을 설계자 또는 제작자에게 익숙한 형상단위로 한다.
• 각각의 형상단위는 주요 치수를 파라미터로 입력한다.
• 모델링된 입체를 제작하는 단계의 공정계획에서 매우 유용하게 사용된다.

76 IGES파일의 구분에 해당하지 않는 것은?

① Start Section

② Local Section

③ Directory Entry Section

④ Parameter Data Section

해설 IGES파일은 개시섹션(start section), 글로벌섹션(global section), 디렉토리섹션(directory section), 파라미터섹션(parameter section), 종결섹션(terminate section) 등 5개 섹션으로 구성된다.

77 서로 다른 CAD/CAM프로그램 간의 데이터를 상호교환하기 위한 데이터표준이 아닌 것은?

① PHIGS   ② DIN

③ DXF   ④ STEP

해설 DIN은 데이터를 상호교환하기 위한 데이터표준이 아니라 독일국가규격이다.

78 B-spline곡선의 특징으로 틀린 것은?

① 하나의 꼭짓점을 움직여도 이웃하는 단위곡선과의 연속성이 보장된다.

② 1개의 정점변화는 곡선 전체에 영향을 준다.

③ 다각형에 따른 형상예측이 가능하다.

④ 곡선상의 점 몇 개를 알고 있으면 B-spline 곡선을 쉽게 알 수 있다.

해설 B-spline곡선에서 1개의 정점변화는 곡선 전체에 영향을 주지 않는다.

79 솔리드모델을 나타내는데 있어서 분해모델 (decomposition model)을 나타내는 표현방법에 속하지 않는 것은?

① 복셀표현(voxel representation)

② 옥트리표현(Octree representation)

③ 날개모서리자료표현(Winged-edge representation)

④ 세포표현(cell representation)

해설 분해모델은 3차원 모델을 정육면체와 같은 간단한 입체의 집합으로 대략 근사적으로 표현하는 모델을 말한다. 3차원 형상모델을 분해모델로 저장하는 방법에는 복셀모델, 옥트리모델, 세포분해모델 등이 있다.

80 2차원 변환행렬이 다음과 같을 때 좌표변환 H는 무엇을 의미하는가?

$$H = \begin{bmatrix} 3 & 0 & 0 \\ 0 & 3 & 0 \\ 0 & 0 & 1 \end{bmatrix}$$

① 확대   ② 회전

③ 이동   ④ 반사

해설 $[x' \; y' \; 1] = [x \; y \; 1] \begin{bmatrix} S_x & 0 & 0 \\ 0 & S_y & 0 \\ 0 & 0 & 1 \end{bmatrix}$

여기서, S_x : x축으로 확대

S_y : y축으로 확대

1 : 전체 확대

2020년도 기사 제1·2회 통합 필기시험(산업기사)

(2020.06.21. 시행)

자격종목	시험시간	형별	수험번호	성명	가답안/최종정답
기계설계산업기사	2시간	B			

제1과목 : 기계가공 및 안전관리

01 구성인선에 대한 설명으로 틀린 것은?

① 치핑현상을 막는다.
② 가공정밀도를 나쁘게 한다.
③ 가공면의 표면거칠기를 나쁘게 한다.
④ 절삭공구의 마모를 크게 한다.

해설 치핑현상을 야기한다.

02 GC 60 K m V 1호이며 외경이 300mm인 연삭 숫돌을 사용한 연삭기의 회전수가 1,700rpm이라면 숫돌의 원주속도는 약 몇 m/min인가?

① 102
② 135
③ 1,602
④ 1,725

해설 $v = \dfrac{\pi dn}{1,000} = \dfrac{\pi \times 300 \times 1,700}{1,000} ≒ 1,602 \text{m/min}$

03 게이지블록을 취급할 때 주의사항으로 적절하지 않은 것은?

① 목재작업대나 가죽 위에서 사용할 것
② 먼지가 적고 습한 실내에서 사용할 것
③ 측정면은 깨끗한 천이나 가죽으로 잘 닦을 것
④ 녹이나 돌기의 해를 막기 위하여 사용한 뒤에는 잘 닦아 방청유를 칠해둘 것

해설 먼지가 적고 습하지 않은 실내에서 사용할 것

04 총형공구에 의한 기어절삭에 만능 밀링머신의 분할대와 같이 사용되는 밀링커터는?

① 베벨 밀링커터
② 헬리컬 밀링커터
③ 인벌류트 밀링커터
④ 하이포이드 밀링커터

해설 인벌류트 밀링커터 : 총형공구에 의한 기어절삭에 만능 밀링머신의 분할대와 같이 사용되는 밀링커터

05 리드스크루가 1인치당 6산의 선반으로 1인치에 대하여 $5\dfrac{1}{2}$ 산의 나사를 깎으려고 할 때 변환 기어값은? (단, 주동측 기어 : A, 종동측 기어 : C이다.)

① A : 127, C : 110
② A : 130, C : 110
③ A : 110, C : 127
④ A : 120, C : 110

해설 $\dfrac{A}{C} = \dfrac{\dfrac{25.4}{5\frac{1}{2}}}{\dfrac{25.4}{6}} = 6 \times \dfrac{2}{11} = \dfrac{12}{11} = \dfrac{120}{110}$

06 수평 밀링과 유사하나 복잡한 형상의 지그, 게이지, 다이 등을 가공하는 소형 밀링머신은?

① 공구 밀링머신
② 나사 밀링머신
③ 플레이너형 밀링머신
④ 모방 밀링머신

해설 공구 밀링머신 : 수평 밀링과 유사하나 복잡한 형상의 지그, 게이지, 다이 등을 가공하는 소형 밀링머신

07 드릴 선단부에 마멸이 생긴 경우 선단부의 끝날을 연삭하여 사용하는 방법은?

① 시닝(thinning)
② 트루잉(truing)
③ 드레싱(dressing)
④ 글레이징(glazing)

해설 시닝(thinning) : 드릴 선단부에 마멸이 생긴 경우 선단부의 끝날을 연삭하여 사용하는 방법

08 진직도를 수치화할 수 있는 측정기가 아닌 것은?

① 수준기
② 광선정반
③ 3차원 측정기
④ 레이저측정기

해설 광선정반으로는 진직도를 수치화할 수 없다.

09 공작기계의 종류 중 테이블의 수평길이방향 왕복운동과 공구는 테이블의 가로방향으로 이송하며 대형 공작물의 평면작업에 주로 사용하는 것은?

① 코어 보링머신
② 플레이너
③ 드릴링머신
④ 브로칭머신

해설 플레이너 : 테이블의 수평길이방향 왕복운동과 공구는 테이블의 가로방향으로 이송하며 대형 공작물의 평면작업에 주로 사용하는 공작기계

10 다음 연삭숫돌의 규격표시에서 'L'이 의미하는 것은?

WA 60 L m V

① 입도
② 조직
③ 결합제
④ 결합도

해설 WA 60 L m V : 숫돌입자-입도-결합도-조직-결합제

11 수평식 보링머신의 분류가 아닌 것은?

① 베드형
② 플로형
③ 테이블형
④ 플레이너형

해설 수평식 보링머신의 분류로 베드형이라는 것은 존재하지 않는다.

12 CNC선반에서 다음 그림과 같이 A에서 B로 이동 시 증분좌표계프로그램으로 옳은 것은?

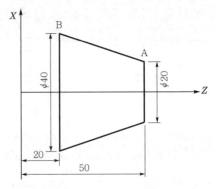

① X40.0 Z20.0 ;
② U20.0 Z20.0 ;
③ U20.0 W−30.0 ;
④ X40.0 W−30.0 ;

해설 X의 증분은 U, Z의 증분을 W로 표시하며 각각 현 위치에서 움직인 거리를 나타내므로 A에서 B로 이동 시 증분좌표계프로그램은 'U20.0 W−30.0 ;'으로 입력된다.

13 게이지블록 등의 측정기 측정면과 정밀기계부품, 광학렌즈 등의 마무리 다듬질가공방법으로 가장 적절한 것은?

① 연삭
② 래핑
③ 호닝
④ 밀링

해설 게이지블록 등의 측정기 측정면과 정밀기계부품, 광학렌즈 등의 마무리 다듬질가공방법으로 래핑작업이 적절하다.

14 밀링가공에서 테이블의 이송속도를 구하는 식으로 옳은 것은? (단, F는 테이블이송속도(mm/min), f_z는 커터 1개의 날당 이송(mm/tooth), Z는 커터의 날수, n은 커터의 회전수(rpm), f_r은 커터 1회전당 이송(mm/rev)이다.)

① $F = f_z Z$
② $F = f_r f_z$
③ $F = f_z f_r n$
④ $F = f_z Z n$

해설 $F = f_r n = f_z Z n [\text{mm/min}]$

15 전해연삭의 특징이 아닌 것은?

① 가공면은 광택이 나지 않는다.

② 기계적인 연삭보다 정밀도가 높다.

③ 가공물의 종류나 경도에 관계없이 능률이 좋다.

④ 복잡한 형상의 가공물을 변형 없이 가공할 수 있다.

해설 기계적인 연삭보다 정밀도가 낮다.

16 치공구를 사용하는 목적으로 틀린 것은?

① 복잡한 부품의 경제적인 생산

② 작업자의 피로가 증가하고 안전성 감소

③ 제품의 정밀도 및 호환성의 향상

④ 제품의 불량이 적고 생산능력을 향상

해설 작업자의 피로가 감소하고 안전성 증가

17 선반작업에서의 안전사항으로 틀린 것은?

① 칩(chip)은 손으로 제거하지 않는다.

② 공구는 항상 정리 정돈하며 사용한다.

③ 절삭 중 측정기로 바깥지름을 측정한다.

④ 측정, 속도변환 등은 반드시 기계를 정지한 후에 한다.

해설 절삭 중 측정기로 바깥지름을 측정하면 매우 위험하다.

18 배럴가공 중 가공물의 치수정밀도를 높이고 녹이나 스케일 제거의 역할을 하기 위해 혼합되는 것은?

① 강구

② 맨드릴

③ 방진구

④ 미디어

해설 배럴가공 중 가공물의 치수정밀도를 높이고 녹이나 스케일 제거의 역할을 하기 위해 혼합되는 것은 미디어(media)이다.

19 범용 선반작업에서 내경테이퍼절삭가공방법이 아닌 것은?

① 테이퍼리머에 의한 방법

② 복식공구대의 회전에 의한 방법

③ 테이퍼절삭장치를 이용하는 방법

④ 심압대를 편위시켜 가공하는 방법

해설 심압대를 편위시켜 가공하는 방법으로는 외경테이퍼절삭은 가능하지만, 내경테이퍼절삭은 불가능하다.

20 절삭유의 사용목적이 아닌 것은?

① 공작물 냉각

② 구성인선 발생 방지

③ 절삭열에 의한 정밀도 저하

④ 절삭공구의 날 끝의 온도 상승 방지

해설 절삭열 감소에 의한 정밀도 향상

제2과목 : 기계제도

21 다음 용접기호 중 필릿용접기호는?

① ‖ ② ∨

③ ∨ (밑줄) ④ ◣

해설 ① 평행(I형) 맞대기용접
② V형 맞대기용접
③ 일면개선형 맞대기용접

22 베어링호칭번호가 6301인 구름 베어링의 안지름은 몇 mm인가?

① 10 ② 11

③ 12 ④ 15

해설 베어링 안지름번호(세 번째 숫자, 네 번째 숫자) : 00(10mm), 01(12mm), 02(15mm), 03(17mm), 04(20mm)이며, 05(25mm), 06(30mm) 등 05부터는 5를 곱한 값이다. 그리고 ' / '가 있으면 안지름은 / 뒤의 숫자이다. 예를 들면 62/22(단열홈형, 경하중형)라면 안지름은 22mm라는 것이다.

23 다음 그림에서 도시한 KS A ISO 6411−A4/8.5
의 해석으로 틀린 것은?

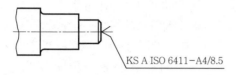

KS A ISO 6411−A4/8.5

① 센터구멍의 간략표시를 나타낸 것이다.

② 종류는 A형으로 모따기가 있는 경우를 나타
낸다.

③ 센터구멍이 필요한 경우를 나타내었다.

④ 드릴구멍의 지름은 4mm, 카운터 싱크구멍
지름은 8.5mm이다.

해설 이 표시에는 모따기에 대한 언급은 없다.

24 다음 기하공차 중에서 자세공차를 나타내는
것은?

① — ② ▱

③ ○ ④ ⊥

해설 ① 진직도
② 평면도
③ 진원도
④ 직각도(자세공차에 해당)

25 다음 그림과 같은 입체도에서 화살표방향이 정
면일 경우 평면도로 가장 적합한 투상도는?

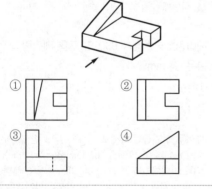

해설 ① 해당 없음
③ 정면도
④ 우측면도

26 다음과 같은 3각법으로 그린 투상도의 입체도로
가장 옳은 것은? (단, 화살표방향이 정면이다.)

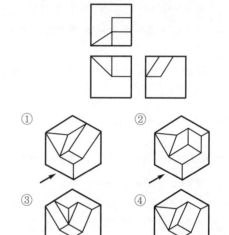

해설

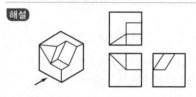

27 다음 그림과 같은 탄소강재질의 가공품질량은
약 몇 g인가? (단, 치수의 단위는 mm이며, 탄
소강의 밀도는 7.8g/cm³로 계산한다.)

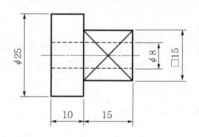

① 49.09 ② 54.81

③ 64.54 ④ 71.75

해설 $m = dV$

$$= 7.8 \times \left[\left(\frac{\pi \times 25^2 \times 10}{4} + 15^3 - \frac{\pi \times 8^2 \times 25}{4} \right) \times 10^{-3} \right]$$

$\fallingdotseq 54.81\text{g}$

28 다음과 같은 기하공차에 대한 설명으로 틀린 것은?

◎	φ0.01	A

① 허용공차가 φ0.01 이내이다.
② 문자 'A'는 데이텀을 나타낸다.
③ 기하공차는 원통도를 나타낸다.
④ 지름이 여러 개로 구성된 다단 축에 주로 적용하는 기하공차이다.

해설 기하공차는 동심도를 나타낸다.

29 치수를 기입할 때 기준면을 설정하여 기점기호(O)를 사용한 후 기점기호를 기준으로 치수를 기입하는 방법은?

① 직렬치수기입   ② 병렬치수기입
③ 누진치수기입   ④ 좌표치수기입

해설 ① 직렬치수기입 : 직렬로 연속되는 개개의 치수에 주어진 치수공차가 차례로 누적되어도 상관없는 경우에 사용된다.
② 병렬치수기입 : 개개의 치수공차는 다른 치수공차에 영향을 주지 않는다. 공통된 치수보조선의 위치는 기능, 가공 등의 조건을 고려하여 적절히 선택한다.
③ 누진치수기입 : 치수공차에 관하여 병렬치수기입법과 동등한 의미를 가지면서 한 개의 연속된 치수선으로 간편하게 표시하는 방법이다. 치수기점의 위치는 기점기호(O)를 사용하고, 치수선의 다른 끝은 화살표로 나타낸다.
④ 좌표치수기입 : 구멍의 위치나 크기 등의 치수는 좌표를 사용하여 나타내도 좋다. 기점은 기준구멍, 물체의 한 구석 등 기능 또는 가공의 조건을 고려하여 적절하게 선택한다.

30 다음 중 토우를 매끄럽게 하라는 용접부 및 용접부표면의 보조기호는?

① ───   ② ⌒
③ ⋃   ④ [M]

해설 ① 평면(동일 평면으로 다듬질)
② 볼록형
④ 영구적인 덮개판 사용

31 KS재료기호명칭 중에서 "SF340A"로 나타내는 재질의 명칭은?

① 냉간 압연강재
② 탄소강 단강품
③ 보일러용 압연강재
④ 일반 구조용 탄소강관

해설 ① 냉간 압연강재 : SCP
③ 보일러용 압연강재 : SBB
④ 일반 구조용 탄소강관 : SPS

32 다음 그림의 기호가 의미하는 표면의 무늬결의 지시에 대한 설명으로 옳은 것은?

① 표면의 무늬결이 여러 방향이다.
② 표면의 무늬결방향이 기호가 사용된 투상면에 수직이다.
③ 기호가 적용되는 표면의 중심에 관해 대략적으로 원이다.
④ 기호가 사용되는 투상면에 관해 2개의 경사방향에 교차한다.

해설 ② ⊥, ③ C, ④ X

33 다음 제3각법으로 투상된 도면 중 잘못된 투상도가 포함된 것은?

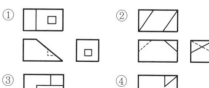

해설 • ③의 입체도

• ③의 정면도

34 다음 그림과 같은 KS용접기호의 명칭은?

① 플러그용접　　② 점용접
③ 이면용접　　　④ 심용접

해설 ①
② ◯
③ ◡

35 다음 그림과 같이 절단할 곳의 전후를 파단선
으로 끊어서 회전도시단면도로 나타낼 때 단면
도의 외형선은 어떤 선을 사용해야 하는가?

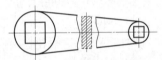

① 굵은 실선　　　② 가는 실선
③ 굵은 일점쇄선　④ 가는 이점쇄선

해설 단면도의 외형선은 굵은 실선으로 나타낸다.

36 일반적으로 다음 그림과 같은 입체도를 제1각
법과 제3각법으로 도시할 때 배열위치가 동일
한 것을 모두 고른 것은?

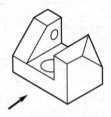

① 정면도, 배면도　　② 정면도, 평면도
③ 우측면도, 배면도　④ 정면도, 우측면도

해설 제1각법과 제3각법에서의 배열위치가 동일한 것은
정면도와 배면도이다.

37 다음 그림과 같은 I형강의 표기방법으로 옳은
것은? (단, L은 형강의 길이이다.)

① I $H \times B \times t \times L$　　② I $B \times H \times t - L$
③ I $B \times H \times t \times L$　　④ I $H \times B \times t - L$

해설 I형강 : I $H \times B \times t - L$

38 다음 도면에서 l로 표시된 부분의 길이(mm)는?

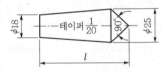

① 52.5　　　　② 85.0
③ 140.0　　　④ 152.5

해설 전체 길이 l은 테이퍼 부분의 길이 l_1과 센터 부분의
길이 l_2의 합이다.

• $\dfrac{25-18}{l_1} = \dfrac{1}{20}$

$\therefore l_1 = 20 \times (25-18) = 140$mm

• $l_2 = \dfrac{25}{2} = 12.5$mm

• $l = l_1 + l_2 = 140 + 12.5 = 152.5$mm

39 구멍의 치수가 $\phi 50^{+0.005}_{-0.004}$이고, 축의 치수가
$\phi 50^{+0.005}_{-0.004}$일 때 최대 틈새는?

① 0.004　　　　② 0.005
③ 0.008　　　　④ 0.009

해설 최대 틈새 = 0.005 - (-0.004) = 0.009

40 다음 중 무하중상태로 그려지는 스프링이 아닌
것은?

① 접시스프링　　② 겹판스프링
③ 벌류트스프링　④ 스파이럴스프링

해설 겹판스프링은 하중의 상태로 그려진다.

제3과목 : 기계설계 및 기계재료

41 다음 중 소결경질합금이 아닌 것은?

① 위디아(Widia)

② 탕갈로이(Tungaloy)

③ 카보로이(Carboloy)

④ 코비탈륨(Cobitalium)

해설 ① 위디아 : 소결경질합금인 초경합금을 세계 최초로 개발한 독일의 Krupp Widia의 브랜드였지만 미국의 Kennametal사가 인수하였다(위디아는 영어식 발음이며, 독일식 발음은 비디아이다. 산업계에서는 일반적으로 비디아로 통용된다).

② 탕갈로이 : 일본의 도시바그룹의 초경합금부문에서 사용된 브랜드였지만 일본의 OSG사가 인수하였다.

③ 카보로이 : 미국의 GE그룹의 초경합금부문에서 사용된 브랜드였지만 스웨덴의 SECO사가 인수하였다.

42 0.4% C의 탄소강을 950℃로 가열하여 일정시간 충분히 유지시킨 후 상온까지 서서히 냉각시켰을 때의 상온조직은?

① 페라이트+펄라이트

② 페라이트+소르바이트

③ 시멘타이트+펄라이트

④ 시멘타이트+소르바이트

해설 0.4% C의 탄소강은 아공석강이며, 이를 950℃로 가열하여 일정시간 충분히 유지시킨 후 상온까지 서서히 냉각시켰을 때 페라이트+펄라이트의 조직이 된다.

43 순철의 변태에서 $\alpha-Fe$이 $\gamma-Fe$로 변화하는 변태는?

① A₁변태

② A₂변태

③ A₃변태

④ A₄변태

해설 ① A₁변태 : 강의 동소변태점(723℃)

② A₂변태 : 순철의 자기변태점(768℃), 큐리점

③ A₃변태 : 순철의 동소변태점(910℃), $\gamma-Fe \leftrightarrow \alpha-Fe$

④ A₄변태 : 순철의 동소변태점(1,394~1,401℃), $\delta-Fe \leftrightarrow \gamma-Fe$

44 다공질재료에 윤활유를 흡수시켜 계속해서 급유하지 않아도 되는 베어링합금은?

① 켈밋

② 루기메탈

③ 오일라이트

④ 하이드로날륨

해설 오일라이트 : 다공질재료에 윤활유를 흡수시켜 계속해서 급유하지 않아도 되는 베어링합금인 오일리스 베어링의 상품명

45 7 : 3황동에 Sn을 1% 첨가한 것으로 전연성이 우수하여 관 또는 판을 만들어 증발기와 열교환기 등에 사용되는 것은?

① 애드미럴티황동

② 네이벌황동

③ 알루미늄황동

④ 망간황동

해설 ② 네이벌황동 : 6 : 4황동에 0.7~1.5% Sn을 첨가한 재료로 판, 봉 등으로 가공하여 용접봉, 파이프, 선박용 기계에 사용한다.

③ 알루미늄황동 : 알루미늄황동은 없고, 알루미늄청동은 구리에 8~12% Al을 첨가한 재료로 강도·경도·인성·내마모성·내식성·내피로성이 우수하나, 주조성·가공성·용접성이 불량하다.

④ 망간황동 : 망간황동은 없고, 망간청동은 망가닌(manganin)으로도 부르며 Cu-Mn-Ni계의 합금으로 전기저항재료로 사용된다.

46 다음 중 열처리에서 풀림의 목적과 가장 거리가 먼 것은?

① 조직의 균질화

② 냉간 가공성 향상

③ 재질의 경화

④ 잔류응력 제거

해설 재질의 경화는 담금질에 의해 이루어진다.

47 열가소성 재료의 유동성을 측정하는 시험방법은?

① 뉴턴인덱스법

② 멜트인덱스법

③ 캐스팅인덱스법

④ 샤르피시험법

해설 • 멜트인덱스법 : 열가소성 재료의 유동성을 측정하는 시험방법

• 샤르피시험법 : 금속재료의 인성을 측정하는 시험방법

48 18－8형 스테인리스강의 특징에 대한 설명으로 틀린 것은?

① 합금성분은 Fe를 기반으로 Cr 18%, Ni 8%이다.

② 비자성체이다.

③ 오스테나이트계이다.

④ 탄소를 다량 첨가하면 피팅부식을 방지할 수 있다.

해설 피팅부식 방지에 효과가 있는 성분원소 : Mo, Cr, Ni 등

49 Fe에 Ni이 42~48%가 합금화된 재료로 전등의 백금선에 대응되는 것은?

① 콘스탄탄　　　　② 백동

③ 모넬메탈　　　　④ 플래티나이트

해설 ① 콘스탄탄 : Cu－Ni 45%, 열전대, 전기저항선

② 백동 : 동과 니켈의 합금으로 Ni 15~25%, 나머지는 Cu의 일반 조성을 갖는 백색의 강인동합금, 소성·가공성이 좋고 열간가공 등에 적합하며 해수에 대한 내식성도 좋음

③ 모넬메탈 : Ni 60~70%, 경도·강도·내식성 우수, 화학공업용, 내열용 합금, 증기밸브, 펌프, 디젤엔진에 이용, S모넬(4% Si 첨가), H모넬(3% Si 첨가), R모넬(0.035% S 첨가), K모넬(2.75% Al 첨가)

50 주철을 파면에 따라 분류할 때 해당되지 않는 것은?

① 회주철　　　　② 가단주철

③ 반주철　　　　④ 백주철

해설 파면에 따른 주철의 분류 : 회주철, 반주철, 백주철

51 용접이음의 단점에 속하지 않는 것은?

① 내부결함이 생기기 쉽고 정확한 검사가 어렵다.

② 다른 이음작업과 비교하여 작업공정이 많은 편이다.

③ 용접공의 기능에 따라 용접부의 강도가 좌우된다.

④ 잔류응력이 발생하기 쉬워서 이를 제거하는 작업이 필요하다.

해설 용접이음은 다른 이음작업과 비교하여 작업공정이 적은 편이다.

52 어떤 블록브레이크장치가 5.5kW의 동력을 제동할 수 있다. 브레이크블록의 길이가 80mm, 폭이 20mm라면 이 브레이크의 용량은 몇 MPa·m/s인가?

① 3.4　　　　　　② 4.2

③ 5.9　　　　　　④ 7.3

해설
$$\mu q v = \frac{102 H_{kW}}{be} = \frac{102 \times 5.5}{80 \times 20}$$
$$= 0.35\text{kg/mm}^2 \cdot \text{m/s} \times 9.8$$
$$\fallingdotseq 3.4\text{MPa} \cdot \text{m/s}$$

53 회전수 1,500rpm, 축의 직경 110mm인 묻힘키를 설계하려고 한다. 폭이 28mm, 높이가 18mm, 길이가 300mm일 때 묻힘키가 전달할 수 있는 최대 동력(kW)은? (단, 키의 허용전단응력 τ_a＝40MPa이며 키의 허용전단응력만을 고려한다.)

① 933　　　　　　② 1,265

③ 2,903　　　　　④ 3,759

해설
$$\tau_a = \frac{2T}{bld}$$
$$T = \frac{\tau_a bld}{2} = \frac{40 \times 28 \times 300 \times 110}{2}$$
$$= 18,480,000\text{N} \cdot \text{mm} = 18,480\text{N} \cdot \text{m}$$
$$\therefore \ H = \omega T = \frac{2\pi n}{60} T$$
$$= \frac{2\pi \times 1,500}{60} \times 18,480$$
$$\fallingdotseq 2,902,832\text{W}$$
$$\fallingdotseq 2,903\text{kW}$$

54 45kN의 하중을 받는 엔드저널의 지름은 약 몇 mm인가? (단, 저널의 지름과 길이의 비 $\frac{길이}{지름}$＝1.5이고, 저널이 받는 평균압력은 5MPa이다.)

① 70.9　　　　　② 74.6

③ 77.5　　　　　④ 82.4

해설 $\dfrac{길이}{지름} = \dfrac{l}{d} = 1.5$에서 $l = 1.5d$이므로

$$P = \dfrac{W}{dl} = \dfrac{W}{d \times 1.5d} = \dfrac{W}{1.5d^2}$$

$$5 \times 10^6 = \dfrac{45 \times 10^3}{1.5d^2}$$

$$\therefore \ d = \sqrt{\dfrac{45 \times 10^3}{1.5 \times 5 \times 10^6}} = 0.0775\text{m} = 77.5\text{mm}$$

55 기어절삭에서 언더컷을 방지하기 위한 방법으로 옳은 것은?

① 기어의 이높이를 낮게, 압력각은 작게 한다.
② 기어의 이높이를 낮게, 압력각은 크게 한다.
③ 기어의 이높이를 높게, 압력각은 작게 한다.
④ 기어의 이높이를 높게, 압력각은 크게 한다.

해설 기어절삭에서 언더컷을 방지하기 위해서는 기어의 이높이를 낮게, 압력각은 크게 한다.

56 외경 10cm, 내경 5cm의 속빈 원통이 축방향으로 100kN의 인장하중을 받고 있다. 이때 축방향 변형률은? (단, 이 원통의 세로탄성계수는 120GPa이다.)

① 1.415×10^{-4} ② 2.415×10^{-4}
③ 1.415×10^{-3} ④ 2.415×10^{-3}

해설 $\varepsilon = \dfrac{\sigma}{E} = \dfrac{W}{AE} = \dfrac{4W}{\pi d^2 E}$

$$= \dfrac{4 \times 100 \times 10^3}{3.14 \times (0.1^2 - 0.05^2) \times 120 \times 10^9}$$

$$= 1.415 \times 10^{-4}$$

57 8m/s의 속도로 15kW의 동력을 전달하는 평벨트의 이완측 장력(N)은? (단, 긴장측의 장력은 이완측 장력의 3배이고, 원심력은 무시한다.)

① 938 ② 1,471
③ 1,961 ④ 2,942

해설 • $H = Fv = T_e v$

$$\therefore \ T_e = \dfrac{H}{v} = \dfrac{15 \times 1,000}{8} = 1,875\text{N}$$

• $T_t = 3T_s$
• $T_e = T_t - T_s = 3T_s - T_s = 2T_s = 1,875\text{N}$

$$\therefore \ T_s = 937.5 = 938\text{N}$$

58 나사의 종류 중 먼지, 모래 등이 나사산 사이에 들어가도 나사의 작동에 별로 영향을 주지 않으므로 전구와 소켓의 결합부 또는 호스의 이음부에 주로 사용되는 나사는?

① 사다리꼴나사 ② 톱니나사
③ 유니파이보통나사 ④ 둥근나사

해설 ① 사다리꼴나사 : 나사산이 사다리꼴이며 산의 각도가 30°인 미터식(TM)과 애크미(Acme)나사라고도 부르는 29°의 위드워드계열(TW)이 있는데, 30°가 주로 사용된다. 사다리꼴나사는 접촉이 정확하므로 선반의 리드스크루 등에 사용된다.
② 톱니나사 : 톱날형으로 경사된 형상이며 직각삼각형과 형상이 비슷하여 바이스와 같이 한쪽에만 강한 힘이 작용하는 곳에 사용된다. 사각나사와 삼각나사의 좋은 점만을 모아서 하중면에 수직이 되게 하고 진행면은 경사지게 만든 것이다.
③ 유니파이보통나사 : 미국, 영국, 캐나다가 공통의 목적을 위하여 만든 것이다. 나사산은 60°이며 기준산모양은 미국의 보통나사와 같다. UNC로 표시되며 주로 죔용으로 사용한다.
④ 둥근나사 : 먼지나 모래 등이 많은 곳에 쓰이며 전구의 꼭지쇠 및 소켓에 사용한다. 산과 골 부분이 동일한 둥글기로 되어 있다.

59 축을 형상에 따라 분류할 경우 이에 해당되지 않는 것은?

① 크랭크축 ② 차축
③ 직선축 ④ 유연성축

해설 차축은 작용하중에 의한 분류에 해당된다.

60 스프링의 종류 중 하나인 고무스프링(rubber spring)의 일반적인 특징에 관한 설명으로 틀린 것은?

① 여러 방향으로 오는 하중에 대한 방진이나 감쇠가 하나의 고무로 가능하다.
② 형상을 자유롭게 선택할 수 있고 다양한 용도로 적용이 가능하다.
③ 방진 및 방음효과가 우수하다.
④ 저온에서의 방진능력이 우수하여 −10℃ 이하의 저온저장고방진장치에 주로 사용된다.

해설 고무스프링은 −10℃ 이하의 저온에서는 탄성이 떨어져 방진능력을 발휘하지 못하므로 0~70℃의 범위에서 사용된다.

제4과목 : 컴퓨터응용설계

61 B−rep모델링방식의 특성이 아닌 것은?

① 화면재생시간이 적게 소요된다.
② 3면도, 투시도, 전개도 작성이 용이하다.
③ 데이터의 상호교환이 쉽다.
④ 입체의 표면적 계산이 어렵다.

해설 B−rep모델링방식은 입체의 표면적 계산이 가능하다.

62 미리 정해진 내용의 문자나 숫자들을 컴퓨터가 인식할 수 있도록 정한 후 사람의 글씨 또는 인쇄된 문자를 스캔하여 컴퓨터에 문자를 인식시키는 입력장치는?

① CRT
② MICR
③ OCR
④ OMR

해설 ① CRT(Cathode Ray Tube, 음극선관, 브라운관) : 전기신호를 받아서 빔으로 도형, 문자, 영상 등으로 표시를 하는 특수 진공관이다.
② MICR(Magnetic Ink Character Recognition, 자기잉크문자판독기) : 자기잉크로 기록된 문자를 자기헤드로 감지하여 판독하는 장치이다. 자기잉크문자는 수정이 어려우므로 변조를 방지하기 위하여 주로 수표나 어음 등에 사용한다.
④ OMR(Optical Mark Recognition, 광학마크판독기) : 마크시트 등의 용지에 연필이나 펜으로 마크를 기입한 것을 광학적으로 판독하여 전기신호로 변환하는 장치이다.

63 Bezier곡선방정식의 특징으로서 적당하지 않은 것은?

① 생성되는 곡선은 조정다각형의 시작점과 끝점을 반드시 통과해야 한다.

② 조정다각형의 첫째 선분은 시작점의 접선벡터와 같은 방향이고, 마지막 선분은 끝점의 접선벡터와 같은 방향이다.
③ 조정다각형의 꼭짓점의 순서를 거꾸로 하여 곡선을 생성하여도 같은 곡선을 생성하여야 한다.
④ 꼭짓점의 한 곳이 수정될 경우 그 점을 중심으로 일부만 수정이 가능하므로 곡선의 국부적인 조정이 가능하다.

해설 Bezier곡선방정식은 꼭짓점의 한 곳이 수정될 경우 그 점을 중심으로 일부만 수정할 수 없으므로 곡선의 국부적인 조정이 불가능하다.

64 원기둥을 3가지 3차원 형상모델(CSG, B−rep, Voxel)로 표현할 때 요구되는 메모리공간의 일반적인 크기의 비교로 옳은 것은?

① B−rep > CSG > Voxel
② B−rep > Voxel > CSG
③ Voxel > CSG > B−rep
④ Voxel > B−rep > CSG

해설 원기둥의 3차원 형상모델표현 시 요구되는 메모리공간의 크기 : Voxel > B−rep > CSG

65 3D CAD데이터를 사용하여 레이아웃이나 조립성 등을 평가하기 위하여 컴퓨터상에서 부품을 설계하고 조립체를 생성하는 것은?

① rapid prototyping
② digital mock−up
③ part programming
④ reverse engineering

해설 ① rapid prototyping(RP) : CAD파일 또는 디지털 방식으로 스캔된 데이터로부터 3차원의 시제품을 직접 만드는 다양한 기술에 붙여진 통칭이다.
③ part programming : NC프로그램을 의미하며 컴퓨터프로그램과 구분하기 위하여 붙여진 명칭이다. NC장치가 이해할 수 있는 언어(NC code)로 가공순서와 방법을 지시한 명령문으로 이루어진다.
④ reverse engineering(역공학) : 장치 또는 시스템의 기술적인 원리를 그 구조분석을 통해 발견하는 과정이다.

66 다음은 컴퓨터를 구성하는 장치의 5대 요소에 의한 기본적인 정보처리과정을 나타낸 것이다. (A) 안에 들어갈 것으로 옳은 것은?

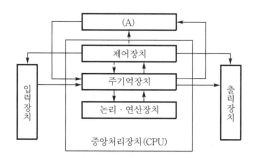

① 인터페이스(interface)
② 보조기억장치(auxiliary memory)
③ 부호기(encoder)
④ 마이크로프로세서(microprocessor)

해설 보조기억장치는 주기억장치의 기억용량이 부족하여 그것을 보조하기 위한 장치로 비휘발성의 성질을 가진다. 자기디스크(Magnetic Disk), 광디스크(Optical Disk), 자기드럼(Magnetic Drum), 자기테이프(Magnetic Tape) 등으로 구성된다.

67 B-spline곡선을 다양하게 변형할 수 있는 non-uniform한 곡선을 무엇이라고 하는가?

① Bezier곡선
② Spline곡선
③ NURBS곡선
④ Coons곡선

해설 ① Bezier곡선 : 일련의 조정점들로 정의되는 다항식 곡선으로 고려되는 조정점들의 수보다 하나가 적은 차수방정식으로 표현된다. 베지어곡선은 B-스플라인곡선의 특별한 경우이다.
② Spline곡선 : 추(ducks)의 무게에 의해 부드러운 곡선이 유래이며 수학의 발전에 의해 다항식으로 표현되는 다항식 곡선으로 곡선설계, 곡면설계, 영상윤곽의 디지타이제이션, 애니메이션의 동작 경로 등에 사용된다.
④ Coons곡면 : 곡면패치의 4개 점의 위치벡터와 4개의 경계곡선을 주어 그 경계조건을 만족하는 곡면이다.

68 (x, y)좌표기반의 2차원 평면에서 정의되는 직선의 방정식에서 기울기의 절대값이 가장 큰 것은?

① 수평축에서 135도 기울어져 있는 직선
② x축 절편이 3, y축 절편이 15인 직선
③ 점 (10, 10), (25, 55)을 지나는 직선
④ 직선의 방정식이 $4y = 2x + 7$인 직선

해설 ① $\tan135 = -\tan45 = -1$이므로 기울기의 절대값은 1이다.
② (0, 15), (3, 0)이므로 $\frac{-15}{3} = -5$이므로 기울기의 절대값은 5이다.
③ $\frac{55-10}{25-10} = 3$이므로 기울기의 절대값은 3이다.
④ $y = 0.5x + 3.5$이므로 기울기의 절대값은 0.5이다.

69 다음 중 knot벡터를 사용하여 국부적인 변형이 가능한 곡선은?

① Bezier곡선
② B-spline곡선
③ Ferguson곡선
④ 음함수곡선

해설 knot벡터를 사용하여 국부적인 변형이 가능한 곡선은 B-spline곡선이다.

70 다음과 같은 원추곡선(conic curve)방정식을 정의하기 위해 필요한 구속조건의 수는?

$$f(x, y) = ax^2 + bxy + cy^2 + dx + ey + g = 0$$

① 3개
② 4개
③ 5개
④ 6개

해설 원추곡선방정식을 정의하기 위해 필요한 구속조건의 수는 5개이다(시작점, 끝점, 접선시작점, 접선끝점, 접선교차점).

71 다음 중 기본적인 2차원 동차좌표변환으로 볼 수 없는 것은?

① 압출(extrusion)
② 이동(translation)
③ 회전(rotation)
④ 반사(reflection)

해설 기본적인 2차원 동차좌표변환 : 이동, 스케일변환, 회전, 반사, 역변환

72 모델 형상의 실제 기하학적 크기는 변화 없이 화면상의 출력이미지에 대한 시각적인 확대 또는 축소가 이루어지는 것은?

① Panning
② Clipping
③ Zooming
④ Grouping

해설 ① Panning : 화면의 보이는 공간을 축척은 그대로 두고 화면을 이동하여 보여지는 것
② Clipping : 필요 없는 요소를 제거하는 방법으로 주로 그래픽에서 클리핑윈도로 정의된 영역 밖에 존재하는 요소들을 제거하는 것
④ Grouping : 객체들을 그룹으로 선택하는 것

73 CAD(Computer-Aided Design)소프트웨어의 가장 기본적인 역할은?

① 기하 형상의 정의
② 해석결과의 가시화
③ 유한요소모델링
④ 설계물의 최적화

해설 CAD소프트웨어의 가장 기본적인 역할은 기하 형상을 정의하는 것이다.

74 다음 출력장치 중 래스터스캔방식으로 운영되는 장치가 아닌 것은?

① 정전식 플로터
② 레이저프린터
③ 잉크젯플로터
④ 평판플로터

해설 래스터스캔방식으로 운영되는 장치 : 정전식 플로터, 레이저프린터, 잉크젯플로터

75 NC데이터에 의한 NC가공작업이 쉬운 모델링은?

① 와이어프레임모델링
② 서피스모델링
③ 솔리드모델링
④ 윈도우모델링

해설 서피스모델링의 특징
• 단면을 구할 수 있다.
• NC가공정보를 얻을 수 있다.
• 은선 제거가 가능하다.

76 솔리드모델이 저장되는 데이터자료구조의 종류로서 적당하지 않은 용어는?

① CSG트리구조
② half-edge데이터구조
③ winged-edge데이터구조
④ Polyhedron데이터구조

해설 솔리드모델의 데이터구조
• CSG(Constructive Solid Geometry)트리구조 : 물체가 모델링된 불리안트리를 저장하며 물체에 대한 정보가 필요할 때마다 경계 계산(boundary evaluation)을 수행하는 데이터구조이다.
• B-Rep(Boundary Representation)구조 : 솔리드의 표현을 그것을 둘러싸고 있는 면, 모서리, 꼭짓점 등의 경계요소를 사용하여 표현하며 경계요소 간의 그래프구조를 이루는 Graph-based model의 데이터구조이다.
  – 날개모서리(winged edge)데이터구조 : edge 중심의 자료저장방법으로 하나의 edge에 대해 8개의 연결요소(Right-arm edge, Right Loop, Right-leg edge, Previous Vertex, Left-leg edge, Left Loop, Left-arm edge, Next Vertex)를 저장한다.
  – 반모서리(half edge)데이터구조 : face 중심의 자료저장방법이며 하나의 edge를 공유하는 면은 항상 2개인 점에 착안하여 edge를 반으로 나누어 양 Loop의 경계요소로 나누어준다.
• 분해(Decomposition)모델의 저장
  – Voxel모델 : 공간을 가능한 한 많은 복셀로 분할하여 물체에 의해 점유되는 복셀을 표시한다.
  – Octree representation : 물체에 의해 점유되는 복셀만을 세분화하며 쿼트트리의 3차원 확장으로 표현된다.
  – 세포분해(Cell decomposition) : 세포의 형태에 아무런 제약이 없다.

77 타원 $\dfrac{x^2}{2}+\dfrac{y^2}{3}=1$에 접하고 기울기가 1인 직선의 방정식은?

① $y=x\pm\sqrt{5}$
② $y=x\pm\sqrt{7}$
③ $y=x\pm\sqrt{11}$
④ $y=x\pm\sqrt{13}$

해설 타원 $\dfrac{x^2}{a^2}+\dfrac{y^2}{b^2}=1$에 접하고 기울기 m인 직선의 방정식은 $y=mx\pm\sqrt{a^2m^2+b^2}$ 이므로
∴ $y=x\pm\sqrt{2+3}=x\pm\sqrt{5}$

정답 72.③ 73.① 74.④ 75.② 76.④ 77.①

78 다음 중 원추면을 하나의 평면으로 절단할 때 얻을 수 있는 원추곡선을 모두 고른 것은?

㉠ 원	㉡ 타원
㉢ 포물선	㉣ 쌍곡선

① ㉡, ㉣
② ㉠, ㉡, ㉣
③ ㉡, ㉢, ㉣
④ ㉠, ㉡, ㉢, ㉣

해설 원추면을 하나의 평면으로 절단할 때 얻을 수 있는 원추곡선과 함수식
- 원 : 원추를 일정한 높이에서 절단하여 생기는 곡선, $x^2 + y^2 - z^2 = 0$
- 타원 : 원추를 비스듬하게 절단하여 생기는 곡선, $\dfrac{x^2}{a^2} + \dfrac{y^2}{b^2} = 0$
- 포물선 : 원추를 원추의 경사와 평행하게 절단하여 생기는 곡선, $y^2 - 4ax = 0$
- 쌍곡선 : 원추를 z축 방향으로 절단하여 생기는 곡선, $\dfrac{x^2}{a^2} - \dfrac{y^2}{b^2} - 1 = 0$

79 기하학적 형상(geometric model)을 표현하는 방법 중 점, 직선, 곡선만으로 3차원 형상을 표현하는 것은?

① 와이어프레임모델링
② 라인모델링
③ shaded모델링
④ 서피스모델링

해설 와이어프레임모델링 : 면과 면이 만나서 이루어지는 모서리(edge)만으로 모델을 표현하는 방법으로 점, 직선, 곡선만으로 구성되는 모델링

80 반지름 3, 중심점 (6, 7)인 원을 반지름 6, 중심점 (8, 4)의 원으로 변환하는 변환행렬로 알맞은 것은? (단, 변환 전과 후 원상의 점좌표는 동차좌표를 사용하여 각각 $\vec{r} = \begin{bmatrix} x \\ y \\ 1 \end{bmatrix}$, $\vec{r'} = \begin{bmatrix} x' \\ y' \\ 1 \end{bmatrix}$ 로 표시된다.)

① $\begin{bmatrix} x' \\ y' \\ 1 \end{bmatrix} = \begin{bmatrix} 1 & 0 & 8 \\ 0 & 1 & 4 \\ 0 & 0 & 1 \end{bmatrix} \begin{bmatrix} 2 & 0 & 0 \\ 0 & 2 & 0 \\ 0 & 0 & 1 \end{bmatrix} \begin{bmatrix} 1 & 0 & -6 \\ 0 & 1 & -7 \\ 0 & 0 & 1 \end{bmatrix} \begin{bmatrix} x \\ y \\ 1 \end{bmatrix}$

② $\begin{bmatrix} x' \\ y' \\ 1 \end{bmatrix} = \begin{bmatrix} 1 & 0 & -8 \\ 0 & 1 & -4 \\ 0 & 0 & 1 \end{bmatrix} \begin{bmatrix} 2 & 0 & 0 \\ 0 & 2 & 0 \\ 0 & 0 & 1 \end{bmatrix} \begin{bmatrix} 1 & 0 & 6 \\ 0 & 1 & 7 \\ 0 & 0 & 1 \end{bmatrix} \begin{bmatrix} x \\ y \\ 1 \end{bmatrix}$

③ $\begin{bmatrix} x' \\ y' \\ 1 \end{bmatrix} = \begin{bmatrix} 1 & 0 & 6 \\ 0 & 1 & 7 \\ 0 & 0 & 1 \end{bmatrix} \begin{bmatrix} 2 & 0 & 0 \\ 0 & 2 & 0 \\ 0 & 0 & 1 \end{bmatrix} \begin{bmatrix} 1 & 0 & -8 \\ 0 & 1 & -4 \\ 0 & 0 & 1 \end{bmatrix} \begin{bmatrix} x \\ y \\ 1 \end{bmatrix}$

④ $\begin{bmatrix} x' \\ y' \\ 1 \end{bmatrix} = \begin{bmatrix} 1 & 0 & -6 \\ 0 & 1 & -7 \\ 0 & 0 & 1 \end{bmatrix} \begin{bmatrix} 2 & 0 & 0 \\ 0 & 2 & 0 \\ 0 & 0 & 1 \end{bmatrix} \begin{bmatrix} 1 & 0 & 8 \\ 0 & 1 & 4 \\ 0 & 0 & 1 \end{bmatrix} \begin{bmatrix} x \\ y \\ 1 \end{bmatrix}$

해설 변환행렬＝[변환 후의 중심점][스케일링][변환 전의 중심점]$\begin{bmatrix} x \\ y \\ 1 \end{bmatrix}$ 이므로

$\therefore \begin{bmatrix} x' \\ y' \\ 1 \end{bmatrix} = [x, y][S_x, S_y][-x, -y] \begin{bmatrix} x \\ y \\ 1 \end{bmatrix}$

$= \begin{bmatrix} 1 & 0 & x \\ 0 & 1 & y \\ 0 & 0 & 1 \end{bmatrix} \begin{bmatrix} S_x & 0 & 0 \\ 0 & S_y & 0 \\ 0 & 0 & 1 \end{bmatrix} \begin{bmatrix} 1 & 0 & -x \\ 0 & 1 & -y \\ 0 & 0 & 1 \end{bmatrix} \begin{bmatrix} x \\ y \\ 1 \end{bmatrix}$

$= \begin{bmatrix} 1 & 0 & 8 \\ 0 & 1 & 4 \\ 0 & 0 & 1 \end{bmatrix} \begin{bmatrix} 2 & 0 & 0 \\ 0 & 2 & 0 \\ 0 & 0 & 1 \end{bmatrix} \begin{bmatrix} 1 & 0 & -6 \\ 0 & 1 & -7 \\ 0 & 0 & 1 \end{bmatrix} \begin{bmatrix} x \\ y \\ 1 \end{bmatrix}$

$= \begin{bmatrix} 2 & 0 & -4 \\ 0 & 2 & -10 \\ 0 & 0 & 1 \end{bmatrix} \begin{bmatrix} x \\ y \\ 1 \end{bmatrix}$

2020년도 기사 제3회 필기시험(산업기사) (2020.08.23. 시행)

자격종목	시험시간	형별	수험번호	성명	가답안/최종정답
기계설계산업기사	2시간	B			

제1과목 : 기계가공 및 안전관리

01 공작기계의 3대 기본운동이 아닌 것은?

① 전단운동
② 절삭운동
③ 이송운동
④ 위치조정운동

해설 공작기계의 3대 기본운동 : 위치조정운동, 이송운동, 절삭운동

02 숫돌입자의 크기를 표시하는 단위는?

① mm
② cm
③ mesh
④ inch

해설 숫돌입자의 크기단위는 mesh로 표시한다.

03 고속가공의 특성에 대한 설명으로 틀린 것은?

① 황삭부터 정삭까지 한 번의 셋업으로 가공이 가능하다.
② 열처리된 소재는 가공할 수 없다.
③ 칩(chip)에 열이 집중되어 가공물은 절삭열의 영향이 적다.
④ 가공시간을 단축시켜 가공능률을 향상시킨다.

해설 열처리된 소재는 가공할 수 있다.

04 다음 중 분할법의 종류에 해당하지 않는 것은?

① 단식분할법
② 직접분할법
③ 차동분할법
④ 간접분할법

해설 분할법의 종류 : 단식분할법, 직접분할법, 차동분할법

05 보링머신에서 사용되는 공구는?

① 엔드밀
② 정면커터
③ 아버
④ 바이트

해설 보링머신에서 사용되는 공구는 바이트(bite)이다.

06 길이 400mm, 지름 50mm의 둥근 일감을 절삭속도 100m/min로 1회 선삭하려면 절삭시간은 약 몇 분 걸리겠는가? (단, 이송은 0.1mm/rev 이다.)

① 2.7
② 4.4
③ 6.3
④ 9.2

해설 $t = \dfrac{L}{F} = \dfrac{L}{nf_r} = \dfrac{400}{\left(\dfrac{1,000 \times 100}{\pi \times 50}\right) \times 0.1} ≒ 6.3분$

07 밀링머신에서 절삭공구를 고정하는데 사용되는 부속장치가 아닌 것은?

① 아버(arbor)
② 콜릿(collet)
③ 새들(saddle)
④ 어댑터(adapter)

해설 새들은 선반의 구성품에 해당된다.

08 연삭숫돌의 결합제(bond)와 표시기호의 연결이 바른 것은?

① 셸락 : E
② 레지노이드 : R
③ 고무 : B
④ 비트리파이드 : F

해설 ② 레지노이드 : B
③ 고무 : R
④ 비트리파이드 : V

정답 01.① 02.③ 03.② 04.④ 05.④ 06.③ 07.③ 08.①

09 목재, 피혁, 직물 등 탄성이 있는 재료로 된 바퀴표면에 부착시킨 미세한 연삭입자로서 연삭작용을 하게 하여 가공표면을 버핑 전에 다듬질하는 방법은?

① 폴리싱　　　　② 전해가공
③ 전해연마　　　　④ 버니싱

해설 ② 전해가공(ECM) : 공작물과 전극을 0.1~0.4mm 정도의 간격을 유지하여 그 사이로 알칼리성 전해액을 강제로 유동시켜 공작물이 전기의 용해작용으로 전극모양을 따라 가공하는 방법
③ 전해연마 : 전기도금과는 반대로 하여(공작물 양극, 불용해성 Cu, Zn 음극) 공작물을 전해액 속에 달아매어 전기화학적인 방법으로 공작물의 표면을 다듬질하는 데 응용되는 가공방법
④ 버니싱 : 1차로 가공된 가공물의 안지름보다 다소 큰 강구(steel ball)를 압입통과시켜서 가공물의 표면을 소성변형으로 가공하는 방법

10 기어절삭기에서 창성법으로 치형을 가공하는 공구가 아닌 것은?

① 호브(hob)
② 브로치(broach)
③ 래크커터(rack cutter)
④ 피니언커터(pinion cutter)

해설 브로치는 여러 이형 형상의 모양으로 가공하는 방법이며 기어절삭 시에는 스플라인 형상의 기어를 브로칭으로 직선절삭하여 가공한다.

11 공기마이크로미터에 대한 설명으로 틀린 것은?

① 압축공기원이 필요하다.
② 비교측정기로 1개의 마스터로 측정이 가능하다.
③ 타원, 테이퍼, 편심 등의 측정을 간단히 할 수 있다.
④ 확대기구에 기계적 요소가 없기 때문에 장시간 고정도를 유지할 수 있다.

해설 공기마이크로미터는 비교측정기로 측정기준값에 따라 여러 개의 마스터가 필요하다.

12 밀링가공에서 하향절삭작업에 관한 설명으로 틀린 것은?

① 절삭력이 하향으로 작용하여 가공물 고정이 유리하다.
② 상향적삭보다 공구수명이 길다.
③ 백래시 제거장치가 필요하다.
④ 기계강성이 낮아도 무방하다.

해설 밀링가공에서 하향절삭작업은 기계강성이 좋아야 한다.

13 3개 조(jaw)가 120° 간격으로 배치되어 있고, 조가 동일한 방향, 동일한 크기로 동시에 움직이며 원형, 삼각, 육각제품을 가공하는데 사용하는 척은?

① 단동척　　　　② 유압척
③ 복동척　　　　④ 연동척

해설 ① 단동척 : 4개의 조를 각각 단독으로 움직여 편심가공이나 규칙성이 떨어지는 외경을 지닌 공작물 가공에 사용되며 비교적 체결력이 강하다.
② 유압척 : 유압을 이용한 특수척이다.
③ 복동척 : 단동척과 연동척을 합한 기능을 지닌 척이다.

14 구성인선의 방지대책에 관한 설명 중 틀린 것은?

① 경사각을 작게 한다.
② 절삭깊이를 적게 한다.
③ 절삭속도를 빠르게 한다.
④ 절삭공구의 인선을 예리하게 한다.

해설 구성인선을 방지하려면 경사각을 크게 한다.

15 고속도강드릴을 이용하여 황동을 드릴링할 때 적합한 드릴의 선단각은?

① 60°
② 90°
③ 110°
④ 125°

해설 고속도강 트위스트드릴의 표준선단각은 110°이다.

16 공기마이크로미터를 원리에 따라 분류할 때 이에 속하지 않는 것은?

① 광학식   ② 배압식
③ 유량식   ④ 유속식

해설 원리에 따른 공기마이크로미터의 분류
- 유량식 : 단위시간에 측정노즐 속에 흐르는 공기량을 길이로 지시
- 배압식 : 측정노즐과 제어노즐 사이의 압력을 측정
- 유속식 : 측정노즐 앞쪽 단면적을 일정하게 하고 고속공기속도를 측정
- 진공식

17 밀링작업에 대한 안전사항으로 틀린 것은?

① 가동 전에 각종 레버, 자동이송, 급속이송장치 등을 반드시 점검한다.
② 정면커터로 절삭작업을 할 때 칩커버를 벗겨 놓는다.
③ 주축속도를 변속시킬 때에는 반드시 주축이 정지한 후에 변환한다.
④ 밀링으로 절삭한 칩은 날카로우므로 주의하여 청소한다.

해설 정면커터로 절삭작업을 할 때 칩커버를 반드시 씌워 놓는다.

18 금긋기 작업을 할 때 유의사항으로 틀린 것은?

① 선은 가늘고 선명하게 한 번에 그어야 한다.
② 금긋기 선은 여러 번 그어 혼동이 일어나지 않도록 한다.
③ 기준면과 기준선을 설정하고 금긋기 순서를 결정하여야 한다.
④ 같은 치수의 금긋기 선은 전후, 좌우를 구분하지 말고 한 번에 긋는다.

해설 금긋기 선은 단번에 그어 혼동이 일어나지 않도록 한다.

19 해머작업 시 유의사항으로 틀린 것은?

① 녹이 있는 재료를 가공할 때는 보호안경을 착용한다.

② 처음에는 큰 힘을 주면서 가공한다.
③ 기름이 묻은 손이나 장갑을 끼고 가공을 하지 않는다.
④ 자루가 불안정한 해머는 사용하지 않는다.

해설 해머작업 시 처음에는 작은 힘을 주면서 서서히 가공한다.

20 합금공구강에 대한 설명으로 틀린 것은?

① 탄소공구강에 비해 절삭성이 우수하다.
② 저속절삭용, 총형절삭용으로 사용된다.
③ 합금공구강에는 Ag, Hg의 원소가 포함되어 있다.
④ 경화능을 개선하기 위해 탄소공구강에 소량의 합금원소를 첨가한 강이다.

해설 합금공구강에는 일반적으로 Ag, Hg와 같은 원소는 포함되어 있지 않다.

제2과목 : 기계제도

21 다음 그림과 같은 입체도의 화살표방향 투상도로 가장 적합한 것은?

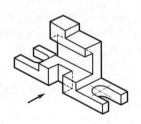

① 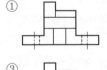   ②

③   ④

해설 정면도

22 스퍼기어의 도시방법에 관한 설명으로 옳은 것은?

① 잇봉우리원은 가는 실선으로 표시한다.

② 피치원은 가는 이점쇄선으로 표시한다.

③ 이골원은 가는 일점쇄선으로 그린다.

④ 축에 직각인 방향에서 본 그림을 단면으로 도시할 때는 이골의 선은 굵은 실선으로 그린다.

해설 ① 잇봉우리원은 굵은 실선으로 표시한다.
② 피치원은 가는 일점쇄선으로 표시한다.
③ 이골원은 가는 실선으로 그린다.

23 다음 입체도의 화살표방향이 정면일 경우 평면도로 가장 적합한 투상은?

(정면)

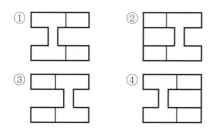

해설 평면도

24 $\phi 100$ e7인 축에서 치수공차가 0.035이고, 위 치수허용차가 -0.072라면 최소 허용치수는 얼마인가?

① 99.893　　② 99.928

③ 99.965　　④ 100.035

해설 • 아래치수허용차를 x라 하면
$0.035 = -0.072 - x$
$\therefore x = -0.107$
• 최소 허용치수 $= 100 - 0.107 = 99.893$

25 기하공차를 나타내는데 있어서 대상면의 표면은 0.1mm만큼 떨어진 두 개의 평행한 평면 사이에 있어야 한다는 것을 나타내는 것은?

① ⎯ | 0.1

② ▱ | 0.1

③ ⌀ | 0.1

④ ⊥ | 0.1 | A

해설 기하공차를 나타내는데 있어서 대상면의 표면은 0.1mm만큼 떨어진 두 개의 평행한 평면 사이에 있어야 한다는 것은 평면도에 대한 것이므로 ②가 정답이다.

26 재료기호가 'STD10'으로 나타낼 때 이 강재의 종류로 옳은 것은?

① 기계구조용 합금강

② 탄소공구강

③ 기계구조용 탄소강

④ 합금공구강

해설 ① 기계구조용 합금강 : SCM, SCr 등
② 탄소공구강 : STC
③ 기계구조용 탄소강 : SM C

27 나사의 호칭방법 'L M20×2-6H'의 설명으로 옳은 것은?

① 리드가 3mm

② 암나사등급 6H

③ 왼쪽 감김방향 2줄나사

④ 나사산의 수가 6개

해설 L M20×2-6H : 왼쪽 감김방향, 미터 가는 나사, 외경 20mm, 피치 2mm, 암나사등급 6H

28 리벳의 호칭길이를 나타낼 때 머리 부분까지 포함하여 호칭길이를 나타내는 것은?

① 접시머리리벳　　② 둥근머리리벳

③ 얇은 납작머리리벳　④ 냄비머리리벳

해설 접시머리리벳은 호칭길이를 나타낼 때 머리 부분까지 포함한다.

29 치수를 나타내는 방법에 관한 설명으로 틀린 것은?

① 도면에서 정보용으로 사용되는 참고(보조)치수는 공차를 적용하거나 ( ) 안에 표시한다.

② 척도가 다른 형체의 치수는 치수값 밑에 밑줄을 그어서 표시한다.

③ 정면도에서 높이를 나타낼 때는 수평의 치수선을 꺾어 수직으로 그은 끝에 90°의 개방형 화살표로 표시하며, 높이의 수치값은 수평으로 그은 치수선 위에 표시한다.

④ 같은 형체가 반복될 경우 형체개수와 그 치수값을 'X'기호로 표시하여 치수기입을 해도 된다.

해설 도면에서 정보용으로 사용되는 참고(보조)치수는 ( ) 안에 표시한다.

30 기계도면을 용도에 따른 분류와 내용에 따른 분류로 구분할 때 용도에 따른 분류에 속하지 않는 것은?

① 부품도　　　　② 제작도
③ 견적도　　　　④ 계획도

해설 기계도면의 분류
• 용도에 따른 분류 : 계획도, 제작도, 주문도, 견적도, 승인도, 설명도
• 내용에 다른 분류 : 부품도, 조립도, 기초도, 배치도, 배근도, 장치도, 스케치도
• 표현형식에 따른 분류 : 외관도, 전개도, 곡면선도, 선도, 입체도

31 기계제도의 투상도법의 설명으로 옳은 것은?

① KS규격은 제3각법만 사용한다.

② 제1각법은 물체와 눈 사이에 투상면이 있는 것이다.

③ 제3각법은 평면도가 정면도 위에, 우측면도는 정면도 오른쪽에 있다.

④ 동일한 부품을 각각 제1각법과 제3각법으로 도면을 작성할 경우 배면도의 투상도는 다르다.

해설 ① KS규격은 제1각법만 사용한다.
② 제1각법은 눈과 투상면 사이에 물체가 있는 것이다.
④ 동일한 부품을 각각 제1각법과 제3각법으로 도면을 작성할 경우 정면도와 배면도의 배열위치가 같다.

32 다음 그림과 같은 도형에서 화살표방향에서 본 투상을 정면으로 할 경우 우측면도로 옳은 것은?

(정면)

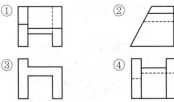

해설 ① 해당 없음, ③ 정면도, ④ 저면도

33 다음 그림과 같은 제품을 굽힘가공하기 위한 전개길이는 약 몇 mm인가?

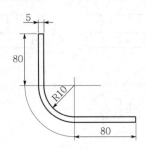

① 169.93　　　② 179.63
③ 185.83　　　④ 190.83

해설 $L = 80 \times 2 + 2\pi \times 12.5 \times \dfrac{90}{360} \fallingdotseq 179.63mm$

34 전동용 기계요소 중 표준스퍼기어와 헬리컬기어항목표에 모두 기입하는 것으로 옳은 것은?

① 리드　　　　② 비틀림방향
③ 비틀림각　　④ 기준래크압력각

해설 기준래크압력각은 표준스퍼기어와 헬리컬기어항목
표에 모두 기입한다.

35 다음 그림이 나타내는 가공방법은?

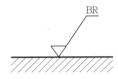

① 대상면의 선삭가공
② 대상면의 밀링가공
③ 대상면의 드릴링가공
④ 대상면의 브로칭가공

해설 ① 대상면의 선삭가공 : L
② 대상면의 밀링가공 : M
③ 대상면의 드릴링가공 : D

36 압력배관용 탄소강관을 나타내는 KS재료기호는?

① SPP   ② SPLT
③ SPPS   ④ SPHT

해설 ① SPP : 배관용 탄소강관
② SPLT : 저온배관용 강관
④ SPHT : 고온배관용 강관

37 나사의 종류 중 ISO규격에 있는 관용테이퍼나
사에서 테이퍼암나사를 표시하는 기호는?

① PT   ② PS
③ Rp   ④ Rc

해설 ① PT : 관용테이퍼나사―테이퍼나사(ISO규격에 없음)
② PS : 관용테이퍼나사―관용평행나사(ISO규격에 없음)
③ Rp : 관용테이퍼나사―평행암나사(ISO규격에 있음)

38 다음 그림과 같은 도면에서 '가' 부분에 들어갈
가장 적절한 기하공차기호는?

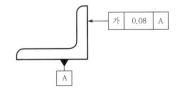

① // ② ⊥
③ □ ④ ⊕

해설 '가'에는 직각도 표시가 필요하다.

39 리벳의 일반적인 호칭방법순서로 옳은 것은?

① 표준번호, 종류, 호칭지름(d)×길이(l), 재료
② 표준번호, 재료, 호칭지름(d)×길이(l), 종류
③ 재료, 종류, 호칭지름(d)×길이(l), 표준번호
④ 종류, 재료, 호칭지름(d)×길이(l), 표준번호

해설 리벳의 일반적인 호칭방법순서 : 표준번호, 종류, 호
칭지름(d)×길이(l), 재료

40 다음의 원뿔을 전개하였을 때 전개각도 θ는 약
몇 도인가? (단, 전개도의 치수단위는 mm이다.)

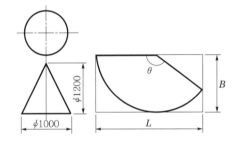

① 120°   ② 128°
③ 138°   ④ 150°

해설 $\theta = 360° \times \dfrac{500}{\sqrt{500^2 + 1,200^2}} ≒ 138°$

제3과목 : 기계설계 및 기계재료

41 분말야금에 의하여 제조된 소결 베어링합금으
로 급유하기 어려운 경우에 사용되는 것은?

① Y합금   ② 켈밋
③ 화이트메탈   ④ 오일리스 베어링

해설 오일리스 베어링 : 구리, 주석, 흑연분말을 고온소결
한 합금이며 20~30%의 기름을 흡수시켜 기름보급
이 곤란한 곳의 베어링용 소재로 사용한다.

정답 35.④ 36.③ 37.④ 38.② 39.① 40.③ 41.④

42 황동에 납을 1.5~3.7%까지 첨가한 합금은?

① 강력황동

② 쾌삭황동

③ 배빗메탈

④ 델타메탈

해설 쾌삭황동 : 황동에 납을 1.5~3.7%까지 첨가하여 피절삭성을 좋게 한 합금

43 양은 또는 양백은 어떤 합금계인가?

① Fe−Ni−Mn계 합금

② Ni−Cu−Zn계 합금

③ Fe−Ni계 합금

④ Ni−Cr계 합금

해설 ① Fe−Ni−Mn계 합금 : 바이메탈이나 제진합금의 한 종류로 적용됨

③ Fe−Ni계 합금 : 인바, 슈퍼인바, 엘린바, 플래티나이트, 니칼로이, 퍼말로이

④ Ni−Cr계 합금 : 인코넬, 크로멜

44 수지 중 비결정성 수지에 해 당하는 것은?

① ABS수지

② 폴리에틸렌수지

③ 나일론수지

④ 폴리프로필렌수지

해설 • 결정성 수지 : 폴리아미드(나일론), 폴리에틸렌(PE), 폴리프로필렌(PP) 등

• 비결정성 수지 : 폴리스티렌(PS), 폴리염화비닐(PVC), 폴리초산비닐(PVA), 폴리카보네이트(PC), 아크릴, ABS 등

45 다음 중 합금강을 제조하는 목적으로 적당하지 않은 것은?

① 내식성을 증대시키기 위하여

② 단접 및 용접성 향상을 위하여

③ 결정입자의 크기를 성장시키기 위하여

④ 고온에서의 기계적 성질 저하를 방지하기 위하여

해설 결정입자의 미세화를 위하여

46 일반적으로 탄소강의 청열취성이 나타나는 온도(℃)는?

① 50~150

② 200~300

③ 400~500

④ 600~700

해설 탄소강은 200~300℃에서 청열취성이 발생된다.

47 금속을 0K 가까이 냉각하였을 때 전기저항이 0에 근접하는 현상은?

① 초소성현상

② 초전도현상

③ 감수성현상

④ 고상접합현상

해설 초전도현상 : 금속을 온도 0K 가까이 냉각하였을 때 전기저항이 0에 근접하는 현상

48 탄소강에 대한 설명 중 틀린 것은?

① 인은 상온취성의 원인이 된다.

② 탄소의 함유량이 증가함에 따라 연신율은 감소한다.

③ 황은 적열취성의 원인이 된다.

④ 산소는 백점이나 헤어크랙의 원인이 된다.

해설 수소는 백점이나 헤어크랙의 원인이 된다.

49 주철의 성장을 억제하기 위하여 사용되는 첨가원소로 가장 적합한 것은?

① Pb

② Sn

③ Cr

④ Cu

해설 주철의 성장 억제를 위한 첨가원소 : 크롬, 망간, 몰리브덴, 황, 티탄(다량, 흑연화 방해)

50 심랭처리의 효과가 아닌 것은?

① 재질의 연화

② 내마모성 향상

③ 치수의 안정화

④ 담금질한 강의 경도 균일화

해설 재질의 경도 향상

정답 42.② 43.② 44.① 45.③ 46.② 47.② 48.④ 49.③ 50.①

51 블록브레이크의 설명으로 틀린 것은?

① 큰 회전력의 전달에 알맞다.

② 마찰력을 이용한 제동장치이다.

③ 블록수에 따라 단식과 복식으로 나뉜다.

④ 블록브레이크는 회전장치의 제동에 사용된다.

해설 블록브레이크는 큰 회전력의 전달에 부적합하다.

52 표준평기어를 측정하였더니 잇수 $Z=54$, 바깥지름 $D_o=280mm$이었다. 모듈 m, 원주피치 p, 피치원지름 D는 각각 얼마인가?

① $m=5$, $p=15.7mm$, $D=270mm$

② $m=7$, $p=31.4mm$, $D=270mm$

③ $m=5$, $p=15.7mm$, $D=350mm$

④ $m=7$, $p=31.4mm$, $D=350mm$

해설
- $D_o = D+2m = Zm+2m = m(Z+2)$

  $280 = m \times (54+2)$

  $\therefore m=5$
- $D = mZ = 5 \times 54 = 270mm$
- $p = \dfrac{\pi D}{Z} = \dfrac{3.14 \times 270}{54} = 15.7mm$

53 베어링 설치 시 고려해야 하는 예압(preload)에 관한 설명으로 옳지 않은 것은?

① 예압은 축의 흔들림을 적게 하고 회전정밀도를 향상시킨다.

② 베어링 내부틈새를 줄이는 효과가 있다.

③ 예압량이 높을수록 예압효과가 커지고 베어링수명에 유리하다.

④ 적절한 예압을 적용할 경우 베어링의 강성을 높일 수 있다.

해설 예압량이 적절해야 예압효과가 커지고 베어링수명에 유리하다.

54 지름 50mm인 축에 보스의 길이 50mm인 기어를 붙이려고 할 때 250N·m의 토크가 작용한다. 키에 발생하는 압축응력은 약 몇 MPa인가? (단, 키의 높이는 키홈깊이의 2배이며, 묻힘키의 폭과 높이는 $b \times h = 15mm \times 10mm$이다.)

① 30   ② 40

③ 50   ④ 60

해설 $\sigma_c = \dfrac{W}{A} = \dfrac{4T}{hld} = \dfrac{4 \times 250 \times 1,000}{10 \times 50 \times 50} = 40MPa$

55 잇수가 20개인 스프로킷휠이 롤러체인을 통해 8kW의 동력을 받고 있다. 이 스프로킷휠의 회전수는 약 몇 rpm인가? (단, 파단하중은 22.1kN, 안전율은 15, 피치는 15.88mm이며, 부하보정계수는 고려하지 않는다.)

① 505

② 1,026

③ 1,650

④ 1,868

해설 $H = Fv = \dfrac{22.1 \times 1,000}{15} \times \dfrac{n \times 15.88 \times 20}{1,000 \times 60} = 8 \times 10^3$

$\therefore n = \dfrac{8,000}{7.8} \fallingdotseq 1,026 \mathrm{rpm}$

56 공기스프링에 대한 설명으로 틀린 것은?

① 감쇠성이 적다.

② 스프링상수 조절이 가능하다.

③ 종류로 벨로즈식, 다이어프램식이 있다.

④ 주로 자동차 및 철도차량용의 서스펜션(suspension) 등에 사용된다.

해설 공기스프링은 감쇠성이 우수하다.

57 다음 중 변형률(strain, ε)에 관한 식으로 옳은 것은? (단, l : 재료의 원래 길이, λ : 줄거나 늘어난 길이, A : 단면적, σ : 작용응력)

① $\varepsilon = \lambda l^2$

② $\varepsilon = \dfrac{\sigma}{l}$

③ $\varepsilon = \dfrac{\lambda}{A}$

④ $\varepsilon = \dfrac{\lambda}{l}$

해설 $\varepsilon = \dfrac{\lambda}{l}$

58 굽힘모멘트만을 받는 중공축의 허용굽힘응력 σ_b, 중공축의 바깥지름 D, 여기에 작용하는 굽힘모멘트 M일 때 중공축의 안지름 d를 구하는 식으로 옳은 것은?

① $d = \sqrt[4]{\dfrac{D(\pi\sigma_b D^3 - 16M)}{\pi\sigma_b}}$

② $d = \sqrt[4]{\dfrac{D(\pi\sigma_b D^3 - 32M)}{\pi\sigma_b}}$

③ $d = \sqrt[3]{\dfrac{\pi\sigma_b D^3 - 16M}{\pi\sigma_b}}$

④ $d = \sqrt[3]{\dfrac{\pi\sigma_b D^3 - 32M}{\pi\sigma_b}}$

해설 $d = \sqrt[4]{\dfrac{D(\pi\sigma_b D^3 - 32M)}{\pi\sigma_b}}$

59 1줄 겹치기 리벳이음에서 리벳의 수는 3개, 리벳지름은 18mm, 작용하중은 10kN일 때 리벳 하나에 작용하는 전단응력은 약 몇 MPa인가?

① 6.8
② 13.1
③ 24.6
④ 32.5

해설 $\tau = \dfrac{W}{nA} = \dfrac{4W}{\pi d^2} = \dfrac{4 \times 10 \times 1,000}{3 \times \pi \times 18^2} \fallingdotseq 13.1\text{MPa}$

60 50kN의 축방향 하중과 비틀림이 동시에 작용하고 있을 때 가장 적절한 최소 크기의 체결용 미터나사는? (단, 허용인장응력은 45N/mm²이고, 비틀림전단응력은 수직응력의 $\frac{1}{3}$이다.)

① M36
② M42
③ M48
④ M56

해설 $d = \sqrt{\dfrac{8W}{3\sigma_a}} = \sqrt{\dfrac{8 \times 50,000}{3 \times 45}} \fallingdotseq 54.55\text{mm}$
→ M56

제4과목 : 컴퓨터응용설계

61 좌표계의 원점이 중심이고 경도 u, 위도 v로 표시되는 구의 매개변수식($r(u, v)$)으로 옳은 것은? (단, 구의 반경은 R로 가정하고, $\hat{i}$, $\hat{j}$, $\hat{k}$는 각각 x, y, z축방향의 단위벡터이며 $0 \leq u \leq 2\pi$, $-\frac{\pi}{2} \leq v \leq \frac{\pi}{2}$이다.)

① $R\cos(u)\cos(v)\hat{i} + R\cos(u)\sin(v)\hat{j}$
   $+ R\sin(v)\hat{k}$

② $R\cos(v)\cos(u)\hat{i} + R\cos(v)\sin(u)\hat{j}$
   $+ R\sin(v)\hat{k}$

③ $R\cos(u)\cos(v)\hat{i} + R\cos(u)\sin(v)\hat{j}$
   $+ R\cos(v)\hat{k}$

④ $R\cos(v)\cos(u)\hat{i} + R\cos(v)\sin(u)\hat{j}$
   $+ R\cos(v)\hat{k}$

해설 캐드시스템의 좌표계의 종류에는 직교좌표계, 극좌표계, 원통좌표계, 구면좌표계가 있는데, 문제에서 묻는 것은 ②인 구면좌표계이다.

62 다음 중 와이어프레임모델에 관한 설명으로 틀린 것은?

① 은선 제거가 불가능하다.
② 단면도 작성을 간단히 할 수 있다.
③ 질량이나 체적 계산이 불가능하다.
④ 3면투시도 작성이 편리하다.

해설 와이어프레임모델은 단면도 작성이 불가능하다.

63 다음 중 설계기능을 지원하기 위해서 CAD시스템을 사용하는 이유로 보기 어려운 것은?

① 설계자의 생산성을 높이기 위해
② 설계의 품질을 개선하기 위해
③ 설계문서화 개선을 위해
④ 설계이력을 제거하기 위해

해설 설계이력을 유지하기 위해

---

64 3차원 형상의 솔리드모델링에서 B-rep과 비교하여 CSG(Constructive Solid Geometry)방식을 나타낸 것은?

① 입체의 표면적 계산이 비교적 용이하다.
② 3면도, 투시도, 전개도 작성이 용이하다.
③ 화면의 재생시간이 적게 소요된다.
④ 기본입체 형상의 불연산(boolean)에 의한 모델링이다.

해설 ① 입체의 표면적 계산이 곤란하다.
② 3면도, 투시도, 전개도 작성이 곤란하다.
③ 화면의 재생시간이 많이 소요된다.

65 부품들 사이의 만남조건(mating condition)을 이용하여 형상을 모델링하는 방법은?

① 파라메트릭(parametric)모델링
② 비다양체(nonmanifold)모델링
③ B-rep모델링
④ 조립체(assembly)모델링

해설 ① 파라메트릭모델링 : 기하학적 제약조건(평행구속, 직각구속 등), 차원제약조건(형태에 부여된 치수값 사이의 관계를 나타낸 식)을 정해만 주고 직접 치수를 넣지 않고 형상을 모델링하는 방법이다.
② 비다양체모델링 : wireframe, surface, solid모델링 등의 3가지 형태의 모델이 결합된 형태로 형상을 모델링하는 방법으로 셀구조의 모델이나 경계가 불완전한 모델까지도 표현이 가능하다.
③ B-rep모델링 : 물체의 경계, 면, 모서리, 꼭짓점의 연결성을 이용하여 형상을 모델링하는 방법이다.

66 점, 선, 프로파일(윤곽선)을 경로에 따라 이동하여 베이스, 보스, 자르기 또는 곡면 형상을 생성하는 모델링기법은?

① 스키닝(skinning)
② 리프팅(lifting)
③ 스윕(sweep)
④ 특징 형상모델링(feature-based modeling)

해설 ① 스키닝 : 미리 정해진 연속된 단면을 덮는 표면곡면을 생성시켜 닫혀진 부피영역 혹은 솔리드모델을 만드는 모델링방법이며 loft라고도 한다.

② 리프팅 : 솔리드모델링에서 면의 일부 혹은 전부를 원하는 방향으로 당겨서 물체를 늘어나도록 하는 모델링기능이다.
④ 특징 형상모델링 : 일종의 기본형 모델링과 유사한 개념이나 더 유연하고 보편적인 모델링방식이며 형태(shape)와 조작(operation)으로 정의된다. 형태는 보스(boss), 컷(cut), 구멍(hole) 등의 2차원 스케치이며, 조작은 압출(extrude), 회전(revolve), 모따기(chamfer), 스윕(sweep) 등의 2차원 스케치를 3차원 형상으로 변환하는 작업을 한다.

67 다음 중 서로 다른 기종의 CAD데이터를 호환하기 위한 데이터포맷으로 적절하지 않은 것은?

① DXF ② IGES
③ STEP ④ OpenGL

해설 서로 다른 기종의 CAD데이터를 호환하기 위한 데이터포맷의 종류 : DXF, IGES, STEP, PHIGS 등

68 (x, y)좌표계에서 다음 방정식으로 정의될 수 있는 형태는? (단, a, b, c는 상수이다.)

$$ax + by + c = 0$$

① 타원 ② 원
③ 직선 ④ 포물선

해설 ① 타원 : $\dfrac{x^2}{a^2} + \dfrac{y^2}{b^2} = 0$
② 원 : $x^2 + y^2 - z^2 = 0$
④ 포물선 : $y^2 - 4ax = 0$

69 컴퓨터의 입력장치 중 압력감지기가 달려 있는 작은 평판을 의미하며 손가락이나 펜 등을 이용해 접촉하면 그 위치정보를 컴퓨터가 인식할 수 있는 장치는?

① 트랙볼
② 디지타이저
③ 터치패드
④ 라이트펜

해설 터치패드 : 컴퓨터의 입력장치 중 압력감지기가 달려 있는 작은 평판을 의미하며 손가락이나 펜 등을 이용해 접촉하면 그 위치정보를 컴퓨터가 인식할 수 있는 장치

70 CAD의 디스플레이기능 중 줌(ZOOM)기능 사용 시 화면에서 나타나는 현상으로 옳은 것은?

① 도형요소의 치수가 변화한다.
② 도형 형상의 방향이 반대로 바뀌어서 출력된다.
③ 도형요소가 시각적으로 확대, 축소된다.
④ 도형요소가 회전한다.

해설 CAD의 디스플레이기능 중 줌기능 사용 시 화면에서 도형요소가 시각적으로 확대, 축소된다.

71 다음 그림과 같이 곡면모델링시스템에 의해 만들어진 곡면을 불러들여 기존 모델의 평면을 바꿀 수 있는 모델링기능은?

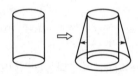

① 네스팅(nesting)
② 트위킹(tweaking)
③ 돌출하기(extruding)
④ 스트레칭(stretching)

해설 트위킹 : 모델링시스템에 의해 만들어진 곡면을 불러들여 기존 모델의 평면을 바꿀 수 있는 모델링기능

72 컴퓨터에 자료를 입력하기 위한 문자자료의 표현규칙 중 각각 4비트인 zone과 digit 부분이 합쳐져 8개의 데이터비트(bit)가 정의되어 있는 코드체계는?

① EBCDIC
② 4−3−2−1code
③ ASCII
④ BCDIC

해설 EBCDIC : 컴퓨터에 자료를 입력하기 위한 문자자료의 표현규칙 중 각각 4비트인 zone과 digit 부분이 합쳐져 8개의 데이터비트(bit)가 정의되어 있는 코드체계

73 활용방식에 따른 CAD시스템종류 중 퍼스널컴퓨터시스템에 의한 CAD시스템에 해당하며 널리 보급되고 가격이 비교적 저렴한 특징을 갖는 것은?

① 독립형 CAD시스템
② 대형 CAD시스템
③ 중앙통제형 CAD시스템
④ 분산처리형 CAD시스템

해설 독립형 CAD시스템 : 활용방식에 따른 CAD시스템종류 중 퍼스널컴퓨터시스템에 의한 CAD시스템에 해당하며 널리 보급되고 가격이 비교적 저렴한 특징을 갖는다.

74 정전기식 플로터에 대한 설명으로 옳지 않은 것은?

① 주로 마이크로필름에 출력하는 장치로 사용된다.
② 래스터식으로 운영되는 대표적인 플로터이다.
③ 도형의 복잡 유무와 관계없이 작화속도가 거의 일정하다.
④ 펜식 플로터와 비교하여 작화속도가 빠르다.

해설 주로 마이크로필름에 출력하는 장치로 사용되는 것은 COM(Computer Output to Microfilm)플로터이다.

75 네 개의 경계곡선을 선형보간하여 얻어지는 곡면은?

① 쿤스곡면 ② 선형곡면
③ Bezier곡면 ④ 그리드곡면

해설 쿤스곡면은 4개의 경계곡선을 선형보간하여 얻어지는 곡면이다.

76 CAD시스템에서 점을 정의하기 위해 사용되는 좌표계가 아닌 것은?

① 직교좌표계 ② 원통좌표계
③ 벡터좌표계 ④ 구면좌표계

해설 CAD시스템에서 점을 정의하기 위해 사용되는 좌표계 : 직교좌표계, 원통좌표계, 구면좌표계

77 베지어(Bezier)곡선의 특징으로 틀린 것은?

① 특성다각형의 시작점과 끝점을 반드시 통과한다.

② 특성다각형의 내측에 존재한다.

③ 특성다각형의 꼭짓점순서를 거꾸로 하여 베지어곡선을 생성할 경우 다른 곡선이 된다.

④ 특성다각형의 1개의 꼭짓점변화가 베지어곡선 전체에 영향을 미친다.

해설 특성다각형의 꼭짓점순서를 거꾸로 하여 베지어곡선을 생성할 경우 같은 곡선이 된다.

78 이미 정의된 두 곡면을 매끄러운 곡선으로 필릿(fillet)처리하여 연결하는 기능은?

① Smoothing　② Blending

③ Remeshing　④ Levelling

해설 이미 정의된 두 곡면을 매끄러운 곡선으로 필릿(fillet)처리하여 연결하는 기능은 Blending이다.

79 서피스모델(surface model)의 특징이 아닌 것은?

① 은선 제거가 가능하다.

② 단면도를 작성할 수 없다.

③ 복잡한 형상표현이 가능하다.

④ 물리적 성질을 구하기 어렵다.

해설 서피스모델은 단면도를 작성할 수 있다.

80 3차원 좌표계에서 물체의 크기를 각각 x축방향으로 2배, y축방향으로 3배, z축방향으로 4배의 크기변환을 하고자 할 때 사용되는 좌표변환행렬식은?

① $\begin{bmatrix}1&0&0&0\\0&1&0&0\\0&0&1&0\\2&3&4&1\end{bmatrix}$　② $\begin{bmatrix}1&1&2&1\\1&3&1&1\\4&1&1&1\\1&1&1&1\end{bmatrix}$

③ $\begin{bmatrix}1&0&0&2\\0&1&0&3\\0&0&1&4\\0&0&0&1\end{bmatrix}$　④ $\begin{bmatrix}2&0&0&0\\0&3&0&0\\0&0&4&0\\0&0&0&1\end{bmatrix}$

해설

MEMO

MEMO

•저자 소개•

박병호

- 기계기술사
- 인하대학교, 인하공업전문대학, 세경대학교 겸임교수 역임

[저서]

- 기사 관련 : 일반기계기사, 에너지관리기사, 품질경영기사, 산업안전기사, 건설안전기사, 가스기사
- 산업기사 관련 : 기계설계산업기사, 가스산업기사, 기계정비산업기사, 품질경영산업기사, 산업안전산업기사
- 기능사 관련 : 컴퓨터응용선반・밀링기능사, 전산응용기계제도기능사
- 공무원 수험서 관련 : 기계일반, 기계설계
- 제조공정설계원론

기계설계산업기사 필기

2017. 1. 10. 초 판 1쇄 발행
2018. 1. 5. 개정증보 1판 1쇄 발행
2021. 1. 7. 개정증보 4판 1쇄 발행

지은이 | 박병호
펴낸이 | 이종춘
펴낸곳 | BM (주)도서출판 성안당
주소 | 04032 서울시 마포구 양화로 127 첨단빌딩 3층(출판기획 R&D 센터)
10881 경기도 파주시 문발로 112 파주 출판 문화도시(제작 및 물류)
전화 | 02) 3142-0036
031) 950-6300
팩스 | 031) 955-0510
등록 | 1973. 2. 1. 제406-2005-000046호
출판사 홈페이지 | www.cyber.co.kr
ISBN | 978-89-315-9083-8 (13550)
정가 | 28,000원

이 책을 만든 사람들
기획 | 최옥현
진행 | 이희영
교정·교열 | 문 황
전산편집 | 이다혜
표지 디자인 | 박원석
홍보 | 김계향, 유미나
국제부 | 이선민, 조혜란, 김혜숙
마케팅 | 구본철, 차정욱, 나진호, 이동후, 강호묵
마케팅 지원 | 장상범
제작 | 김유석